SI 基 本 単 位

物理量	SI 単位の名称	SI 単位の記号
長　さ	メートル	m
質　量	キログラム	kg
時　間	秒	s
電　流	アンペア	A
熱力学温度	ケルビン	K
物質量	モル	mol
光　度	カンデラ	cd

SI 組 立 単 位

物理量	SI 単位の名称	SI 単位の記号	SI 基本単位による表現
エネルギー, 仕事, 熱量	ジュール	J	$kg\ m^2\ s^{-2}$
力	ニュートン	N	$kg\ m\ s^{-2}$
工率・仕事率	ワット	W	$kg\ m^2\ s^{-3}$
電荷・電気量	クーロン	C	$A\ s$
電気抵抗	オーム	Ω	$kg\ m^2\ s^{-3}\ A^{-2}$
電位差(電圧)・起電力	ボルト	V	$kg\ m^2\ s^{-3}\ A^{-1}$
静電容量・電気容量	ファラド	F	$A^2\ s^4\ kg^{-1}\ m^{-2}$
周波数・振動数	ヘルツ	Hz	s^{-1}

よく用いられる SI 以外の単位

単位の名称	物理量	記号	換算値
オングストローム	長さ	Å	$1\ \text{Å} = 10^{-10}\ \text{m} = 100\ \text{pm}$
熱化学カロリー	エネルギー	cal	$1\ \text{cal} = 4.184\ \text{J}$
デバイ	電気双極子モーメント	D	$1\ \text{D} = 3.335\,641 \times 10^{-30}\ \text{C m}$
ガウス	磁場 (磁束密度)	G	$1\ \text{G} = 10^{-4}\ \text{T}$
リットル	体積	l, L	$1\ \text{l} = 10^{-3}\ \text{m}^3$

SI 接 頭 語

接頭語	記号	倍数	接頭語	記号	倍数
ペタ	P	10^{15}	デシ	d	10^{-1}
テラ	T	10^{12}	センチ	c	10^{-2}
ギガ	G	10^{9}	ミリ	m	10^{-3}
メガ	M	10^{6}	マイクロ	μ	10^{-6}
キロ	k	10^{3}	ナノ	n	10^{-9}
ヘクト	h	10^{2}	ピコ	p	10^{-12}
デカ	da	10	フェムト	f	10^{-15}

生命科学系のための
物理化学

Raymond Chang 著
岩澤康裕・北川禎三・濵口宏夫 訳

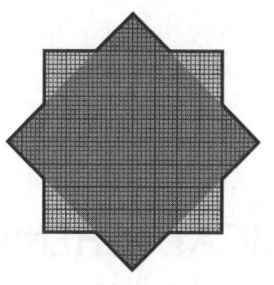

東京化学同人

PHYSICAL CHEMISTRY
for the Biosciences

Raymond Chang
WILLIAMS COLLEGE

Copyright © 2005 by University Science Books

序

　本書，"Physical Chemistry for the Biosciences" は，物理化学の半期の入門講座の授業のために企画された．物理化学の授業をとる学生たちの多くは，一般化学，有機化学，そして物理学や微積分をそれぞれ1年間履修してきているだろう．本書の式の理解に必要なのは微分・積分の基本的な技術だけである．医学部の学部生にとっては本書は，医科大学院で生理学や薬理学のような授業をとる際の基礎をつくるであろう．生物科学系の大学院での研究を目指す学生にとっては，ここで提示される題材は，生物物理化学の授業（Gennis, van Holde, Cantor & Schimmel のようなより上級の教科書が使われる）の，主題に入る際の導入部として役に立つだろう．

　本書では細かな数学的展開や実際の実験的詳細よりも，物理学の概念の理解と化学系・生物学系へのその応用に筆者は重点を置いた．本書を適切な大きさに保つために何を削除すべきか選ぶ必要があった．熱力学，化学反応速度論，化学結合といった物理化学における基本的かつ重要なトピックスはすべて詳しく取扱った．分光学，光化学と光生物学，巨大分子のような章は時間が許せば取扱うことができるだろう．各章には成書と論文の広範なリストが参考文献としてあげてある．重要な式は周りに色をつけて示してある．章末問題（全部で約900問）は各章のトピックスに従って順に並べてある．補充問題にはより挑戦的で多様な概念の問題が含まれている．Helen Leung と Mark Marshall 著の解答解説書には偶数番号の問題の完全な解答が載っている〔訳注：この解答解説書，"Problems and Solutions to accompany Chang's Physical Chemistry for the Biosciences," University Science Books, Sausalito, CA (2005) の日本語版は出版されていない〕．

　この本のために有益なコメントや示唆を与えてくださったつぎの方々にお礼を申し上げたい：Christopher Barrett（McGill University），Ron Christensen（Bowdoin College），Kirsten Eberth（The Royal Danish School of Pharmacy），Raymond Esquerra（San Francisco State University），Gary Lorigan（Miami University），Robert O'Brien（Portland State University），Keith Orrell（University of Exeter），Karen Singmaster（San Jose State University）．さらにつぎの方々にも感謝を捧げたい．Bruce Armbruster と Kathy Armbruster は全般的な助力をくださった．Cecile Joyner は専門的な製作の指揮をとってくれた．Bob Ishi は機能的かつ趣のあるデザインをしてくれた．John Murdzek は注意深い校正作業を行ってくれた．John Waller と Judy Waller は効果的かつ楽しい図版を作成してくれた．最後に Jane Ellis に，本書を書き上げる上でのすべての段階での大小の一部始終に注意を払ってくれたことに特にお礼を申し上げたい．

Raymond Chang
Williamstown, Massachusetts

訳 者 序

本書は，米国で大好評の学部学生向けの教科書，Raymond Chang, "Physical Chemistry for the Chemical and Biological Sciences"*を，同じ著者が大幅に書き直した "Physical Chemistry for the Biosciences" の全訳である．前者の構成をかなり変更し，全編を約3分の2に縮めると同時に生命科学を対象とした物理化学の内容を大幅に増やし，以前にもまして，読みやすく理解しやすいようになっている．有機化学，無機化学，分析化学，材料科学を理解するための基礎として物理化学の法則と考え方を学ぶと同時に，超分子，酵素，光生物学，生体膜，DNA，タンパク質など生体分子系に適用するための基礎知識を手際よく整理しまとめた教科書としてほぼ完璧な内容となっている．その意味で通年授業に十分な内容となっているが，一方，生物化学や医学を専攻する学生には半年の授業として使える構成にもなっている．最新の話題や物質が取上げられ，各章には多くの参考文献があり，出典がわかるようになっている．また，章ごとに多くの問題があり，巻末には偶数番号の解答も付けられている．さらに数学的な基本公式や誘導に必要な式も整理されていて，教科書として現代物理化学の一つの手本になるものであるように思われる．生命科学を専攻する学部学生のみならず，化学や物質・材料科学を専攻する学部学生の立場に立って平易に書かれている物理化学の教科書である．

生命現象や化学現象を観察し，解析し，理解するために，また，構造，物性，反応など分子や物質の基本的事項を理解するために，さらには新しい物質や材料を合成，開発するうえで，物理化学の知識と理解が必要である．扱う対象が複雑になっても，基本的原理や法則を提供してくれる物理化学の役割が非常に重要であることに変わりはない．本書が，これから生命科学や医・薬学，あるいは化学や物質科学・材料科学を学ぼうとする大学生にとってだけでなく，それらの応用分野や関連分野の大学生に対しても，物理化学の基礎を提供するものとして役立てば幸いである．

本書 "Physical Chemistry for the Biosciences" の翻訳は，われわれ三人の専門分野を考慮して分担を決めたが，自然に三等分に近い分け方となった．"Physical Chemistry for the Chemical and Biological Sciences" と同じ箇所は前訳を一部利用したが，全面的に見直し，錯誤や不明確な文章は修正した．北川の担当箇所については，水谷泰久（大阪大学大学院理学研究科 教授）と北川が翻訳・校正を行った．水谷氏の貢献に感謝する．また岩澤が訳者を代表して全体を通読した．東京化学同人編集部の植村信江氏は，われわれの翻訳をすべて原著と対照して誤りや欠落を指摘し，また用語の統一でも細心の注意を払って修正し，さらに読みやすい文章に直してくださった．深く感謝申し上げたい．

---

* 邦訳は岩澤康裕，北川禎三，濵口宏夫訳，"化学・生命科学系のための物理化学"，東京化学同人 (2003).

最後に，本書の出版にあたっては，全体の企画を担当された東京化学同人の住田六連氏に大変お世話になった．住田氏と植村氏の編集作業と暖かなご配慮および献身的なご尽力に心からの謝意を表したい．

2006年8月

岩　澤　康　裕
北　川　禎　三
濵　口　宏　夫

翻　　訳

岩　澤　康　裕　　電気通信大学燃料電池イノベーション研究センター長・特任教授，理学博士
北　川　禎　三　　兵庫県立大学大学院生命理学研究科 客員研究員，理学博士
濱　口　宏　夫　　株式会社分光科学研究所 代表取締役，理学博士

翻　訳　協　力

水　谷　泰　久　　大阪大学大学院理学研究科 教授，博士(理学)
渡　辺　大　助　　警察庁科学警察研究所，博士(理学)

本書は，下記の人たちの協力のもとに岩澤・北川・濱口が翻訳したR. Chang 著，"化学・生命科学系のための物理化学"の訳を一部利用した．

内　田　　　毅	太　田　雄　大	奥　野　大　地	加　納　英　明
草　刈　俊　明	熊　沢　亮　一	佐々木　岳　彦	佐　藤　　　亮
重　藤　真　介	紫　藤　貴　文	鈴　木　あかね	高　草　木　達
唯　美津木	谷　沢　靖　洋	手　老　龍　吾	富　永　崇　史
長　友　重　紀	生　井　勝　康	林　　　　　賢	春　田　奈　美
平　松　弘　嗣	福　井　賢　一	水　谷　泰　久	(五十音順)

目 次

1. 序　章 ……………………………………………………………………… 1
1・1　物理化学の本質 …………………… 1
1・2　単　位 ……………………………… 2
　　力 ……………………………………… 2
　　圧　力 ………………………………… 2
　　エネルギー …………………………… 3
1・3　原子量,分子量,およびモル ……… 3
参考文献 …………………………………… 4

2. 気体の性質 ………………………………………………………………… 6
2・1　基本定義 …………………………… 6
2・2　温度の操作上の定義 ……………… 6
2・3　理想気体 …………………………… 7
　　ボイルの法則 ………………………… 7
　　シャルルの法則
　　　　（ゲイリュサックの法則）…… 7
　　アボガドロの法則 …………………… 8
　　理想気体の式 ………………………… 8
　　ドルトンの分圧の法則 ……………… 9
2・4　実在気体 …………………………… 10
　　ファンデルワールスの式 …………… 10
　　状態方程式のビリアル展開 ………… 11
2・5　気体の凝縮と臨界状態 …………… 12
2・6　気体分子運動論 …………………… 13
　　気体のモデル ………………………… 14
　　気体の圧力 …………………………… 14
　　運動エネルギーと温度 ……………… 15
2・7　マクスウェル分布則 ……………… 16
2・8　分子間衝突と平均自由行程 ……… 17
2・9　拡散と噴散のグレアムの法則 …… 19
参考文献 …………………………………… 19
問題 ………………………………………… 20

3. 熱力学第一法則 …………………………………………………………… 26
3・1　仕事と熱 …………………………… 26
　　仕　事 ………………………………… 26
　　熱 ……………………………………… 29
3・2　熱力学第一法則 …………………… 29
　　エンタルピー ………………………… 30
　　ΔU と ΔH の比較 ……………………… 31
3・3　熱容量 ……………………………… 31
　　定容熱容量と定圧熱容量 …………… 32
　　熱容量に関する分子的な解釈 ……… 33
　　C_V と C_P の比較 ……………………… 34
　　熱容量と低体温 ……………………… 34
3・4　気体の膨張 ………………………… 35
　　等温膨張 ……………………………… 35
　　断熱膨張 ……………………………… 35
3・5　カロリメトリー …………………… 37
　　定容熱量計 …………………………… 37
　　定圧熱量計 …………………………… 38
　　示差走査熱量測定法 ………………… 39
3・6　熱化学 ……………………………… 40
　　標準生成エンタルピー ……………… 40
　　反応エンタルピーの温度依存性 …… 42
3・7　結合エネルギーと結合エンタルピー … 43
　　結合エンタルピーと結合解離エンタルピー … 44
参考文献 …………………………………… 45
問題 ………………………………………… 46

4. 熱力学第二法則 ... 52

- 4・1 自発過程 ... 52
- 4・2 エントロピー ... 53
  - エントロピーの統計学的な定義 ... 53
  - エントロピーの熱力学的な定義 ... 55
  - カルノーサイクルと熱効率 ... 56
- 4・3 熱力学第二法則 ... 56
- 4・4 エントロピー変化 ... 58
  - 理想気体の混合によるエントロピー変化 ... 58
  - 相転移によるエントロピー変化 ... 58
  - 熱によるエントロピー変化 ... 58
- 4・5 熱力学第三法則 ... 60
  - 絶対エントロピー（第三法則エントロピー）... 61
  - 化学反応におけるエントロピー ... 61
  - エントロピーの意味 ... 62
- 4・6 ギブズエネルギー ... 63
  - ギブズエネルギーの意味 ... 65
- 4・7 標準モル生成ギブズエネルギー（$\Delta_f \overline{G}^\circ$）... 66
- 4・8 ギブズエネルギーの温度および圧力依存性 ... 67
  - G の温度依存性 ... 67
  - G の圧力依存性 ... 67
- 4・9 相平衡 ... 68
  - クラペイロンの式とクラウジウス・クラペイロンの式 ... 69
  - 相 図 ... 70
  - 相 律 ... 72
- 4・10 ゴムの弾性に関する熱力学 ... 72
- 参考文献 ... 73
- 問 題 ... 75

5. 溶 液 ... 80

- 5・1 濃度の単位 ... 80
- 5・2 部分モル量 ... 81
  - 部分モル体積 ... 81
  - 化学ポテンシャル（部分モルギブズエネルギー）... 81
  - 化学ポテンシャルの意味 ... 82
- 5・3 混合の熱力学 ... 82
- 5・4 揮発性液体の二成分混合物 ... 84
  - ラウールの法則 ... 84
  - ヘンリーの法則 ... 85
- 5・5 実在溶液 ... 86
  - 溶媒成分 ... 87
  - 溶質成分 ... 87
- 5・6 束一的性質 ... 88
  - 蒸気圧降下 ... 88
  - 沸点上昇 ... 89
  - 凝固点降下 ... 90
  - 浸 透 圧 ... 91
- 5・7 電解質溶液 ... 94
  - 電解質溶解過程の分子像 ... 94
  - 溶液中のイオンの熱力学 ... 96
  - 溶液中のイオン生成のエンタルピー，エントロピー，ギブズエネルギー ... 97
- 5・8 イオン活量 ... 98
  - 電解質におけるデバイ・ヒュッケルの理論 ... 100
  - 塩溶効果と塩析効果 ... 101
- 5・9 電解質溶液の束一的性質 ... 103
  - ドナン効果 ... 104
- 5・10 生体膜 ... 106
  - 膜 輸 送 ... 107
- 補遺 5・1 静電気学についての注解 ... 110
  - 比誘電率（ε_r）と静電容量（C）... 110
  - 膜 容 量 ... 111
- 参考文献 ... 111
- 問 題 ... 113

6. 化学平衡 ... 118

- 6・1 気体系の化学平衡 ... 118
  - 理想気体 ... 118
  - 式(6・7)に関するより詳しい考察 ... 120
  - $\Delta_r G^\circ$ と $\Delta_r G$ の比較 ... 121
  - 実在気体 ... 122
- 6・2 溶液中の反応 ... 123
- 6・3 不均一系平衡 ... 123
- 6・4 平衡定数に対する温度，圧力，および触媒の影響 ... 124
  - 温度の影響 ... 125
  - 圧力の影響 ... 126
  - 触媒の影響 ... 126
- 6・5 配位子と金属イオンの巨大分子への結合 ... 127
  - 一つの巨大分子あたり一つの結合部位 ... 127

一つの巨大分子あたり n 個の等価な結合部位 ······ 128
　　結合の平衡の実験的研究 ·································· 130
6・6　生体エネルギー論 ·· 132
　　生化学における標準状態 ······································ 132
　　ATP —— 生体エネルギーの通貨 ························· 133
　　共役反応の原理 ·· 134
　　解　糖 ·· 134
　　生物学における熱力学の限界 ································ 138
　　参考文献 ·· 138
　　問　題 ·· 140

7. 電気化学 ··· 144

7・1　化学電池 ·· 144
7・2　単極電位 ·· 145
7・3　化学電池の熱力学 ·· 146
　　ネルンスト式 ·· 148
　　起電力の温度依存性 ·· 148
7・4　化学電池の種類 ·· 149
　　濃淡電池 ·· 149
　　燃料電池 ·· 149
7・5　起電力測定の応用 ·· 150
　　活量係数の決定 ·· 150
　　pH の決定 ·· 150
7・6　生体酸化 ·· 151
　　酸化的リン酸化の化学浸透圧説 ·························· 153
7・7　膜電位 ·· 155
　　ゴールドマンの式 ·· 156
　　活動電位 ·· 156
参考文献 ·· 158
問　題 ·· 159

8. 酸と塩基 ··· 163

8・1　酸と塩基の定義 ·· 163
8・2　水における酸と塩基の性質 ···························· 164
　　pH —— 酸性度の単位 ·· 164
8・3　酸と塩基の解離 ·· 165
　　酸とその共役塩基の解離定数の相関 ·················· 166
　　塩の加水分解 ·· 167
8・4　二塩基酸および多塩基酸 ································ 168
8・5　緩衝溶液 ·· 169
　　イオン強度と温度の緩衝溶液への影響 ·············· 171
　　特定の pH での緩衝溶液の調製 ························· 172
　　緩衝能 ·· 172
8・6　酸塩基滴定 ·· 173
　　酸塩基指示薬 ·· 173
8・7　アミノ酸 ·· 174
　　アミノ酸の解離 ·· 174
　　等電点（pI）··· 174
　　タンパク質の滴定 ·· 176
8・8　血液の pH の維持 ·· 176
補遺 8・1　酸塩基平衡のより正確な扱い ················ 179
　　弱酸の解離 ·· 179
　　弱酸とその塩 ·· 179
　　弱い一塩基酸の強塩基による滴定 ······················ 180
　　弱い二塩基酸の強塩基による滴定 ······················ 180
参考文献 ·· 182
問　題 ·· 183

9. 化学反応速度論 ··· 187

9・1　反応速度 ·· 187
9・2　反応次数 ·· 188
　　零次反応 ·· 188
　　一次反応 ·· 188
　　二次反応 ·· 190
　　反応次数の決定 ·· 193
9・3　反応分子数 ·· 194
　　単分子反応 ·· 194
　　二分子反応 ·· 195
　　三分子反応 ·· 195
9・4　より複雑な反応 ·· 196
　　可逆反応 ·· 196
　　逐次反応 ·· 196
　　連鎖反応 ·· 197
9・5　反応速度に対する温度の影響 ······················· 198
　　アレニウス式 ·· 199
9・6　ポテンシャルエネルギー面 ···························· 199
9・7　反応速度論 ·· 200
　　衝突理論 ·· 200
　　遷移状態理論 ·· 201
　　遷移状態理論の熱力学的記述 ····························· 202
9・8　化学反応における同位体効果 ······················· 204

10. 酵素反応速度論 ··· 217

- 10・1 触媒作用の一般原理 ··· 217
  - 酵素触媒 ··· 217
- 10・2 酵素反応速度論の式 ··· 219
  - ミカエリス・メンテン速度論 ··· 219
  - 定常状態速度論 ··· 220
  - K_M と V_{max} の重要性 ··· 221
- 10・3 キモトリプシン: ケーススタディー ··· 222
- 10・4 多基質系 ··· 224
  - 逐次機構 ··· 225
  - 非逐次，または"ピンポン"機構 ··· 225
- 10・5 酵素阻害 ··· 225
  - 可逆阻害 ··· 225
  - 不可逆阻害 ··· 229
- 10・6 アロステリック相互作用 ··· 229
  - ミオグロビンやヘモグロビンへの酸素結合 ··· 229
  - ヒルの式 ··· 231
  - 協奏モデル ··· 232
  - 逐次モデル ··· 233
  - 酸素結合によって誘発されるヘモグロビンのコンホメーション変化 ··· 234
- 10・7 酵素反応速度論における pH の影響 ··· 234
- 参考文献 ··· 236
- 問題 ··· 238

11. 量子力学と原子の構造 ··· 241

- 11・1 波としての光の理論 ··· 241
- 11・2 プランクの量子仮説 ··· 242
- 11・3 光電効果 ··· 243
- 11・4 ボーアの水素原子の発光スペクトルの理論 ··· 244
- 11・5 ド・ブロイの仮説 ··· 245
- 11・6 ハイゼンベルクの不確定性原理 ··· 248
- 11・7 シュレーディンガー波動方程式 ··· 249
- 11・8 一次元の箱の中の粒子 ··· 250
  - ポリエンの電子スペクトル ··· 253
- 11・9 量子力学的トンネル効果 ··· 253
- 11・10 水素原子のシュレーディンガー方程式 ··· 255
  - 原子軌道 ··· 256
- 11・11 多電子原子と周期表 ··· 258
  - 電子配置 ··· 259
  - 周期的性質の変化 ··· 262
- 参考文献 ··· 263
- 問題 ··· 265

12. 化学結合 ··· 269

- 12・1 ルイス構造 ··· 269
- 12・2 原子価結合法 ··· 270
- 12・3 原子軌道の混成 ··· 271
  - メタン (CH_4) ··· 271
  - エチレン (C_2H_4) ··· 273
  - アセチレン (C_2H_2) ··· 273
- 12・4 電気陰性度と双極子モーメント ··· 274
  - 電気陰性度 ··· 274
  - 双極子モーメント ··· 274
- 12・5 分子軌道理論 ··· 276
- 12・6 二原子分子 ··· 277
  - 第2周期元素から成る等核二原子分子 ··· 277
  - 第1，第2周期元素から成る異核二原子分子 ··· 279
- 12・7 共鳴と電子非局在化 ··· 280
  - ペプチド結合 ··· 281
- 12・8 配位化合物 ··· 282
  - 結晶場理論 ··· 283
  - 分子軌道理論 ··· 286
  - 原子価結合 (VB) 理論 ··· 286

9・9 溶液中での反応 ··· 205
9・10 溶液中での高速反応 ··· 206
　流通法 ··· 207
　化学緩和法 ··· 207
9・11 振動反応 ··· 209
参考文献 ··· 210
問題 ··· 211

12・9	生物学的な系での金属錯体 …… 287		亜　　鉛 …………………………… 290
	鉄 …………………………………… 287		毒性の重金属 ……………………… 291
	銅 …………………………………… 289		参考文献 ……………………………… 292
	マンガン，コバルト，ニッケル …… 289		問　　題 ……………………………… 293

13. 分 子 間 力 ……………………………………………………………………………………… 296

13・1	分子間相互作用 …………………… 296		鎌状赤血球貧血における分散力の役割 …… 302
13・2	イオン結合 ………………………… 296	13・4	水素結合 …………………………… 302
13・3	分子間力の様式 …………………… 298	13・5	水の構造と性質 …………………… 304
	双極子-双極子相互作用 …………… 298		氷の構造 …………………………… 305
	イオン-双極子相互作用 …………… 298		水の構造 …………………………… 305
	イオン-誘起双極子および		水のいくつかの物理化学的性質 …… 306
	双極子-誘起双極子相互作用 …… 299	13・6	疎水性相互作用 …………………… 307
	分散相互作用，あるいはロンドン相互作用 …… 300		参考文献 ……………………………… 308
	反発および全相互作用 …………… 301		問　　題 ……………………………… 309

14. 分 光 学 ……………………………………………………………………………………… 311

14・1	用　　語 …………………………… 311		ボルツマン分布 …………………… 327
	吸収および発光 (放出) …………… 311		化学シフト ………………………… 327
	単 位 系 …………………………… 311		スピン-スピン結合 ………………… 328
	スペクトル領域 …………………… 311		NMR と反応過程 …………………… 329
	線　　幅 …………………………… 311		^1H 以外の核の NMR …………… 330
	分 解 能 …………………………… 313		フーリエ変換 NMR ………………… 331
	強　　度 …………………………… 313		磁気共鳴画像 (MRI) ……………… 333
	選 択 律 …………………………… 314	14・6	電子スピン共鳴分光法 …………… 333
	信号対雑音比 ……………………… 315	14・7	蛍光とりん光 ……………………… 335
	ランベルト・ベールの法則 ………… 315		蛍　　光 …………………………… 335
14・2	マイクロ波分光法 ………………… 316		りん光 ……………………………… 336
14・3	赤外 (IR) 分光法 ………………… 318	14・8	レーザー …………………………… 336
	振動・回転の同時遷移 …………… 321		レーザー光の特性と応用 ………… 338
14・4	電子分光法 ………………………… 322	14・9	旋光分散と円 (偏光) 二色性 …… 339
	有機分子 …………………………… 323		分子対称と光学活性 ……………… 339
	遷移金属錯体 ……………………… 324		偏光と旋光性 ……………………… 339
	電荷移動相互作用下にある分子 …… 324		旋光分散 (ORD) と円二色性 (CD) …… 341
	ランベルト・ベールの法則の応用 …… 325		参考文献 ……………………………… 342
14・5	核磁気共鳴 (NMR) 分光法 ……… 325		問　　題 ……………………………… 345

15. 光化学と光生物学 ………………………………………………………………………… 350

15・1	はじめに …………………………… 350	15・2	光 合 成 …………………………… 352
	熱反応と光化学反応 ……………… 350		葉 緑 体 …………………………… 353
	一次過程と二次過程 ……………… 350		葉緑体と他の色素分子 …………… 353
	量子収率 …………………………… 350		反応中心 …………………………… 353
	光強度の測定 ……………………… 351		光化学系 I および光化学系 II …… 355
	作用スペクトル …………………… 352		暗 反 応 …………………………… 357

15・3 視　　覚 ……………………………… 358
　ロドプシンの構造 ……………………… 358
　視覚の機構 ……………………………… 358
　C＝C 結合周りの内部回転 …………… 359
15・4 放射の生物学的影響 ……………… 360
　太陽光と皮膚がん ……………………… 360
　光 医 学 ………………………………… 361
　参考文献 ………………………………… 362
　問　　題 ………………………………… 364

16. 巨 大 分 子 …………………………………………………………………… **366**

16・1 巨大分子の大きさ，形状，
　　　モル質量を調べる方法 ……………… 366
　巨大分子のモル質量 …………………… 366
　超遠心機を用いた沈降法 ……………… 366
　粘度（粘性率） ………………………… 370
　電気泳動 ………………………………… 371
16・2 合成高分子の構造 ………………… 374
　立体配置と立体配座 …………………… 374
　ランダム歩行モデル …………………… 374
16・3 タンパク質と DNA の構造 ……… 376
　タンパク質 ……………………………… 376
　DNA ……………………………………… 379
16・4 タンパク質の安定性 ……………… 380
　疎水性相互作用 ………………………… 380
　変　　性 ………………………………… 381
　タンパク質の折りたたみ ……………… 384
　参考文献 ………………………………… 386
　問　　題 ………………………………… 388

付 録 1　数学の概論 ……………………………………………………………… 391
付 録 2　熱力学データ …………………………………………………………… 396
用 語 解 説 ………………………………………………………………………… 398
問題の解答 ── 偶数番号の計算問題 …………………………………………… 409
和 文 索 引 ………………………………………………………………………… 412
欧 文 索 引 ………………………………………………………………………… 428

序　章

1・1　物理化学の本質

　物理化学は，定量性を特徴とする化学研究の方法論の体系である．物理化学者は，確実なモデルや仮説を用いて，化学的事象を定量的に予言したり，説明したりすることを目指す．

　物理化学で取扱う問題は広範囲にわたり，また複雑であるので，数多くの異なったアプローチが必要となる．たとえば，熱力学や反応速度論では，現象論的，巨視的なアプローチが用いられる．しかし，分子の動力学や反応機構を理解するためには，分子論的，微視的なアプローチが必要となる．すべての現象を，その変化の根源に立ち戻り，分子レベルで解明することができれば理想的である．しかし実際には，われわれのもつ原子や分子についての知識は，すべての事象を分子レベルで解明することを可能にするほどの広がりと深さをもっていない．したがって，適切な半定量的な理解で満足しなければならない場合もある．与えられたアプローチに対して，その適用範囲や限界を心得ておくことはきわめて大切である．

　物理化学の原理は，あらゆる化学的系の研究に適用できる．例として，"ヘモグロビンに対する酸素分子（O_2）の結合"の問題の解明に，複数の物理化学的アプローチがどのように用いられるか考えてみよう．ヘモグロビン-酸素系は，最も重要な生化学反応系の一つであり，またおそらく最も広範に研究されている系でもある．ヘモグロビンは分子量約 65 000 のタンパク質で，二つの α 鎖（それぞれ 141 のアミノ酸残基をもつ）と二つの β 鎖（それぞれ 146 のアミノ酸残基をもつ）から成るサブユニット 4 個から構成される．それぞれのサブユニットには，酸素分子が結合するヘムが 1 個含まれる．ヘモグロビンの主たる機能は，肺から組織に血中酸素を輸送し，そこで酸素分子をミオグロビンに渡し，組織から二酸化炭素を受け取って肺に輸送することである．ミオグロビンは 153 個のアミノ酸残基をもつポリペプチド鎖から成り，1 個のヘムをもち，代謝に使われる酸素を貯蔵する．

　ヘモグロビンなどのタンパク質分子の三次元構造を詳細に解明することは，その機能の秘密のベールを剥ぐうえで，おそらく最も決定的な鍵となる．物理化学は，分光学的手法や X 線回折など，この構造決定のための手法を数多く提供する．

　物理化学の原理に基づいて解決される問題のもう一つの例は，ヘモグロビンに対する酸素の結合の特性に関するものである．酸素や一酸化炭素などのその他の分子がどのようにしてヘムに結合するのかを理解するためには，遷移金属イオンの配位化学，特に鉄錯体についての研究が必要である．一酸化炭素のヘムへの結合定数は，酸素の結合定数に比べて 200 倍ほども大きい．この事実は，鉄と配位子の相互作用を，分子軌道という物理化学的概念に基づいて解明することによってはじめて説明できる．また錯形成に関与する分子軌道の知識は，ヘモグロビンの分光学的性質，静脈血の赤紫色（デオキシヘモグロビン）と動脈血の赤色（オキシヘモグロビン），を説明するうえでも有用である．

　ヘモグロビンに関するきわめて興味深い現象に，酸素-ヘモグロビン結合の協同効果がある．これも物理化学の力を借りて説明することができる．酸素分子はヘモグロビンの四つのヘムに独立に結合するのではなく，最初の酸素分子が結合すると，2 個目の酸素が結合しやすくなり，さらに 2 個目の酸素分子が 3 個目以降の結合を容易にするという酸素結合の協同効果を示すことが，古くから知られている．同様に，完全に酸素化されたヘモグロビンから酸素分子が 1 個脱離すると，2 個目以降の酸素はより脱離しやすくなる．この酸素結合の協同効果は，酸素の輸送と放出の効率を高くするという重要な生物学的機能をもつ．この協同現象の動力学的，熱力学的詳細は，タンパク質分子の構造変化によって媒介された（空間的に隔たった）異なる配位子結合部位間に働く長距離相互作用，すなわち **アロステリック相互作用**（allosteric interaction），という概念に基づいて物理化学的に解明されている．

　タンパク質や酵素の機能とその効率は，水素イオン濃度（pH）によって決定的な影響を受ける．ヘモグロビンも例

外ではない．血液中の CO_2-O_2 輸送過程は，二酸化炭素-炭酸系の緩衝作用を受ける．ヘモグロビン自身も，両性化合物（酸としても塩基としても作用することができる化合物）として緩衝作用を示す．これらの作用は，物理化学的に見れば酸塩基平衡反応である．

ヘモグロビンのような巨大なサイズの分子に対しては，膨大な数の異なった三次元構造が考えられる．しかし，自然界ではそのうちたった一つのみが実現される．なぜだろう．この問題に答えるには，分子構造を決める要因として，通常の化学結合だけでなく，静電的相互作用，水素結合，ファンデルワールス力などの分子間相互作用をも考慮しなければならない．巨大なタンパク質分子の異なった三次元構造のうち，これらの相互作用をすべて含めて最も低いギブズエネルギーをもつものが，自然に存在する天然状態の構造となる．ヘモグロビンに対する酸素や二酸化炭素の結合の特異性は，このようにして決まるタンパク質三次元構造が結合部位やその近傍につくりだす特別な分子環境によって精密に規定されている．タンパク質の三次元構造を決める相互作用間のバランスがいかにデリケートであるかを理解するために，ヘモグロビンの β 鎖中のグルタミン酸をバリンで置き換えた場合を考察する．

この一見小さな差異は，三次元構造を変化させるのに十分であり，結果としてヘモグロビン分子間の引力を増大させ，分子間の凝集をひき起こす．不溶性凝集ヘモグロビンは赤血球を鎌のような形状に変形させ，鎌状赤血球貧血の症状をひき起こす．

少なくとも理論的には，上述した現象はすべて物理化学の原理に基づいて理解することができる．ヘモグロビンの化学を完全に究明するには，さらに多種多様なアプローチが必要であり，それは光合成，大気化学など他の重要課題についても同様である．大切なことは，多くの興味ある化学的，生物学的現象を解明するうえで，物理化学の原理がその基礎となるということである．

1・2 単 位

物理化学の勉強に進む前に，化学者が物理量の定量的測定に用いる単位についてまとめておく．

1960 年に国際度量衡総会で，国際単位系（International System of Units, SI と略す）が定められた*．SI 単位系の優れた点は，すべての単位が自然界の基礎物理定数から誘導されることである．たとえば，SI 単位系では，メートル（m）は 1 秒の 1/299 792 458 の時間に光が真空中を伝わる行程の長さである．時間の単位，秒（s）は，セシウム 133 原子の基底状態の二つの超微細構造準位の間の遷移に対応する放射の周期の 9 192 631 770 倍の継続時間である．また，質量の基本単位キログラム（kg）は，プランク定数（h＝6.626 070 15×10^{-34} J s）を定義値（誤差のない値）として，1 kg＝{h/(6.626 070 15×10^{-34})} m^{-2} s である．

表 1・1 に七つの SI 基本単位を示す．SI 単位系では，温度は度（°）の表示を付けずに，300 ケルビン（300 K）のようにケルビン（K）単位で表されることに注意せよ．多くの物理量を表す単位が表 1・1 のリストから導かれる．以下，重要ないくつかの例をあげる（見返し参照）．

表 1・1 SI 基本単位

基本物理量	SI 単位の名称	SI 単位の記号
長　さ	メートル（metre）	m
質　量	キログラム（kilogram）	kg
時　間	秒（second）	s
電　流	アンペア（ampere）	A
熱力学温度	ケルビン（kelvin）	K
物質量	モル（mole）	mol
光　度	カンデラ（candela）	cd

力

力の SI 単位は**ニュートン**（newton, 記号 N）〔英国の物理学者，Isaac Newton 卿（1642～1726）にちなむ〕で，1 kg の質量に 1 m s^{-2} の加速度を与えるのに必要な力として定義される．すなわち，

$$1\,\mathrm{N} = 1\,\mathrm{kg\,m\,s^{-2}}$$

面白いことに，1 N は，1 個のリンゴに働く重力の大きさにほぼ等しい．

圧　力

圧力は

$$圧　力 = \frac{力}{面　積}$$

で定義される．圧力の SI 単位は**パスカル**（pascal, 記号 Pa）〔フランスの数学者，物理学者，Blaise Pascal（1623～1662）にちなむ〕で，

---

* 訳注：2019 年 5 月，国際単位系（SI）の基本単位の定義が変更された．本書は第 9 刷でこれに対応して §1・2, §1・3 に変更を加えた（SI 単位の新旧の対照は東京化学同人ホームページ参照）．

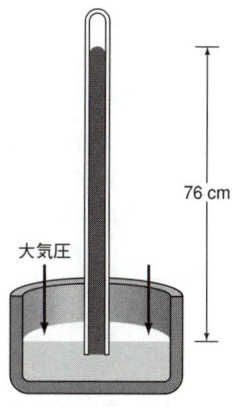

図1・1 大気圧測定のための気圧計.細管内の水銀の上部は真空になっている.細管内の水銀柱は大気圧によって支えられている.

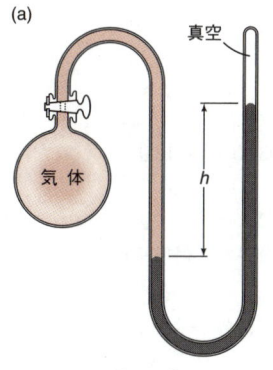
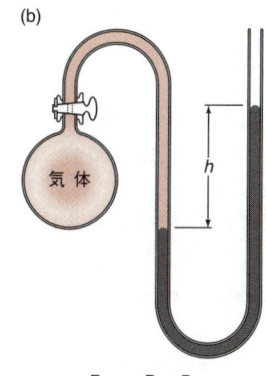

図1・2 気体の圧力を測るための2種のマノメーター.(a) 大気圧より低い圧力.(b) 大気圧より高い圧力〔訳注: P_h は高さ h の水銀柱が及ぼす圧力〕.

$$1\,\text{Pa} = 1\,\text{N m}^{-2}$$

である.以下の関係が厳密に成立する.

$$1\,\text{bar} = 1 \times 10^5\,\text{Pa} = 100\,\text{kPa}$$
$$1\,\text{atm} = 1.013\,25 \times 10^5\,\text{Pa} = 101.325\,\text{kPa}$$
$$1\,\text{atm} = 1.013\,25\,\text{bar}$$
$$1\,\text{atm} = 760\,\text{Torr}$$

単位 Torr はイタリアの数学者, Evangelista Torricelli (1608〜1674) にちなむ.標準大気圧 (1 atm) は物質の標準融点と沸点を定義する際に用いられ,バール (bar) は物理化学では標準状態を定義するのに使われる.本書では,これらの圧力の単位すべてを用いる.

圧力はしばしばミリメートル水銀柱 (mmHg) で表される.1 mmHg は,密度 13.5951 g cm^{-3} で高さ 1 mm の水銀柱が,重力加速度 980.67 cm s^{-2} のときにその下面に及ぼす圧力である.単位 mmHg と Torr の関係は 1 mmHg = 1 Torr のようになる.

大気の圧力を測る機器の一つに気圧計がある.簡単な気圧計は,一方が閉じられた長いガラス細管を水銀で満たし,それを注意深く傾けながら,空気が入らないように開口端を水銀だめに浸してガラス管を倒立させることによって組立てられる.このようにすると,細管中の水銀の一部が水銀だめに流出し,細管の閉口端に真空のギャップが生じる (図1・1).細管に残った水銀柱の重量は,水銀だめの表面に作用する大気圧によって支えられている.

大気圧以外の気体の圧力を測定する装置としてマノメーターがある.その動作原理は,気圧計と同様である.マノメーターには二つの種類がある (図1・2).閉管型マノメーター (図1・2a) は,通常大気圧より低い圧力を測るのに用いられ,開管型マノメーター (図1・2b) は大気圧以上の圧力を測るのに適している.

エネルギー

エネルギーの SI 単位はジュール (joule, 記号 J)〔英国の物理学者,James Prescott Joule (1818〜1889) にちなむ〕である.エネルギーは可能な仕事量であり,仕事は力と距離の積であるから,

$$1\,\text{J} = 1\,\text{N m}$$

の関係がある.エネルギーの非 SI 単位,カロリー (cal) は依然として使われることがある.1 cal = 4.184 J である.

1・3 原子量,分子量,およびモル

国際協定により,炭素 12 同位体 (6個の陽子と6個の中性子をもつ) の原子の質量は厳密に 12 **統一原子質量単位** (unified atomic mass unit, 記号 u) である*.1 u は炭素 12 同位体の質量の 1/12 の質量に等しいと定義されている.実験的に決められた水素の質量は,標準である炭素 12 原子の 8.400 % である.したがって,水素原子の質量は,0.084 00 × 12 = 1.008 u である.同様に,実験的に決められた酸素原子の質量は,16.00 u であり,鉄原子の質量は 55.85 u である.

本書の表見返しの周期表には,炭素の原子量は 12.00 ではなく 12.01 と記されている.この差異は,炭素を含む自然界の元素が複数の同位体をもつことに起因する.つまり,実験的に求められる元素の原子量は,自然に存在する同位体の混合物に対する平均値である.たとえば,自然界における炭素の同位体存在率は,炭素 12 が 98.93 %,炭素 13 が 1.07 % である.炭素 13 の原子の質量は,13.003 35 u

---

* 統一原子質量単位 (1 u) は 1 ドルトン (dalton, 記号 Da, 2006 年から正式に承認された)〔英国の科学者 J. Dalton にちなむ〕に等しい (現時点で最も正確と信じられている物理定数を用いて求めた大きさは 1.660 539 066 60(50) × 10^{-27} kg).

と求められている．したがって，炭素原子の平均質量は，つぎのように計算できる：

炭素原子の平均質量＝
$(0.9893)(12.0000 \text{ u})+(0.0107)(13.00335 \text{ u}) = 12.01 \text{ u}$

炭素12の存在率が炭素13より大きいので，平均原子量は13より12にずっと近くなる．このような平均を**荷重平均**（weighted mean）という．

分子を構成する原子の原子量がわかれば，分子量が求まる．H_2O の分子量は，

$$2(1.008)+16.00 = 18.02$$

である．

モル（mole，記号 mol）は物質量の単位で，1 mol は**アボガドロ定数** N_A（Avogadro constant，イタリアの物理学者，数学者 Amedeo Avogadro, 1776～1856 にちなむ）を厳密に $6.02214076×10^{23}$ mol^{-1} とすることにより定義される．すなわち，ある物質 1 mol は N_A の数値部分（これをアボガドロ数という）の個数の要素粒子（原子，分子，イオンなど）を含む*．アボガドロ定数は多くの場合，近似的に $N_A=6.022×10^{23}$ mol^{-1} とすることができる．以下の例は，物質量 1 mol 中に含まれる粒子の数と種類を示す．

1. ヘリウム 1 mol は，$6.022×10^{23}$ 個の He 原子を含む．
2. 水 1 mol は $6.022×10^{23}$ 個の H_2O 分子，もしくは $2×(6.022×10^{23})$ 個の H 原子と，$6.022×10^{23}$ 個の O 原子を含む．
3. 食塩 1 mol は，$6.022×10^{23}$ 個の NaCl 単位，もしくは $6.022×10^{23}$ 個の Na^+ イオンと $6.022×10^{23}$ 個の Cl^- イオンを含む．

物質の**モル質量**（molar mass）は，その物質 1 mol の質量をグラムまたはキログラム単位で表したものである．原子の場合，原子量に $g \text{ mol}^{-1}$ の単位を付けたものにほぼ等しい．水素原子，水素分子，ヘモグロビンのモル質量はそれぞれ 1.008 g mol^{-1}, 2.016 g mol^{-1}, $65\,000 \text{ g mol}^{-1}$ である．モル質量を $kg \text{ mol}^{-1}$ 単位で計算すると便利な場合も多い．

＊ 訳注：炭素12原子12g中の原子数はほぼアボガドロ数に等しい．すなわち 1 mol の炭素12原子は12gとして差し支えない．

参考文献

以下に有用な標準的教科書や文献を示す．これらの物理化学や生物物理化学の教科書には，式の数学的導出が解説されていると共に，本書で取扱う多くのトピックスの実験的詳細が述べられている．生化学の教科書は，本書に出てくる生物学的事例の理解に必要な背景となる知識を与える．

物理化学
一　般：

R. A. Alberty, R. J. Silbey, "Physical Chemistry," 3rd Ed., John Wiley & Sons, Inc., New York (2001).

P. W. Atkins, "Physical Chemistry," 7th Ed., W. H. Freeman and Company, New York (2002) 〔第10版翻訳書：中野元裕ほか訳，"アトキンス物理化学（上）（下）"，東京化学同人 (2017)〕.

R. Chang, "Physical Chemistry for the Chemical and Biological Sciences," 3rd Ed., University Science Books, Sausalito, CA (2000) 〔岩澤康裕，北川禎三，濱口宏夫訳，"化学・生命科学系のための物理化学"，東京化学同人 (2003)〕.

K. J. Laidler, J. H. Meiser, B. C. Sanctuary, "Physical Chemistry," 4th Ed., Houghton Mifflin Company, Boston (2002).

I. N. Levine, "Physical Chemistry," 5th Ed., McGraw-Hill, Inc., New York (2002).

D. A. McQuarrie, J. D. Simon, "Physical Chemistry," University Science Books, Sausalito, CA (1997) 〔千原秀昭，江口太郎，齋藤一弥訳，"マッカーリ・サイモン物理化学 ── 分子論的アプローチ（上）（下）"，東京化学同人 (1999, 2000)〕.

J. H. Noggle, "Physical Chemistry," 3rd Ed., Harper-Collins College Publishers, New York (1996).

J. S. Winn, "Physical Chemistry," Harper-Collins College Publishers, New York (1995).

物理化学の歴史的な発展：

E. B. Wilson, Jr., 'One Hundred Years of Physical Chemistry,' Am. Sci., **74**, 70 (1986).

K. J. Laidler, "The World of Physical Chemistry," Oxford University Press, New York (1993).

C. Cobb, "Magic, Mayhem, and Mavericks: The Spirited History of Physical Chemistry," Prometheus Books, Amherst, NY (2002).

生物物理化学

P. R. Bergethon, "The Physical Basis of Biochemistry," Springer-Verlag, New York (1998).

P. R. Bergethon, E. R. Simons, "Biophysical Chemistry: Molecules to Membranes," Springer-Verlag, New York (1990).

C. R. Cantor, P. R. Schimmel, "Biophysical Chemistry," W.

H. Freeman and Company, San Francisco, CA(1980).

D. Freifelder, "Physical Biochemistry," 2nd Ed., W. H. Freeman, New York(1982).

K. van Holde, "Physical Biochemistry," 2nd Ed., Prentice Hall, Inc., Englewood Cliffs, NJ(1984).

K. van Holde, W. C. Johnson, P. S. Ho, "Principles of Physical Biochemistry," Prentice Hall, Upper Saddle River, NJ(1998).

生 化 学

A. L. Lehninger, D. C. Nelson, M. M. Cox, "Principles of Biochemistry," 3rd Ed., W. H. Freeman, New York(2000).

C. K. Mathews, K. E. van Holde, "Biochemistry," The Benjamin/Cummings Publishing Company, Inc., Menlo Park, CA(1996).

J. M. Berg, J. L. Tymoczko, L. Stryer, "Biochemistry," 5th Ed., W. H. Freeman and Company, New York(2002)〔入村達郎，岡山博人，清水孝雄監訳，"ストライヤー生化学"，第5版，東京化学同人(2004)〕．

D. Voet, J. G. Voet, "Biochemistry," 3rd Ed., John Wiley & Sons, New York(2004)〔田宮信雄，村松正実，八木達彦，吉田 浩，遠藤斗志也訳，"ヴォート生化学(上)(下)"，第3版，東京化学同人(2005)〕．

2 気体の性質

気体のふるまいの研究から膨大な化学的および物理的な理論が生まれてきた．多くの点で，気体状態は最も研究しやすいものである．本章では実験的観察に基づいたいくつかの気体の法則を考察し，温度の概念を導入し，さらに気体分子運動論について論ずる．

2・1 基本定義

気体の法則を議論する前に，本書を通して使用されるいくつかの基本用語を定義する．宇宙の中で問題にしている特定の部分を**系**（system）とよぶことが多い．系は容器に詰められた酸素分子の集合の場合もあれば，NaCl溶液や，テニスボールまたはシャム猫の場合もある．系が定義されると，宇宙の残りの部分は**外界**（surroundings）とよばれる．系*には3種ある（図2・1）．**開いた系**（open system）とは，外界と質量とエネルギーの両方を交換する系である．**閉じた系**（closed system）とは，外界と質量は交換しないが，エネルギーは交換可能な系である．**孤立系**（isolated system）とは，外界とは質量もエネルギーも交換しない系である．系を完全に定義するためには，系の状態を集団として記述する，圧力，体積，温度，組成などの実験的変数を理解する必要がある．

物質の性質の大半は二つに分類することができる．すなわち**示量性**（extensive property）と**示強性**（intensive property）である．たとえば，同温度において同量の水が入った二つのビーカーを考えよう．一方から他方のビーカーへ水を注いで，二つの系を結合すると，水は体積も質量も2倍になる．一方，水の温度と密度は変化しない．その値が系内に存在する物質の量に正比例する性質は示量性とよばれ，物質の量に依存しない性質は示強性とよばれる．示量性には，質量，面積，体積，エネルギー，電荷などが含まれる．すでに述べたように，温度と密度はどちらも示強性であり，圧力，電位も示強性の性質である．

2・2 温度の操作上の定義

温度は科学の多くの分野において非常に重要な量であり，当然のことながらさまざまな定義の仕方がある．日常の経験から，温度は寒さ，暑さの測定単位であることを知っている．しかし，われわれの目的のためにはより正確な操作上の定義が必要である．つぎのような気体Aが入った容器を系として考えよう．容器の壁は柔軟であり，体積は膨張も収縮もできる．これは質量は駄目だが熱は容器に流入および流出できる閉じた系である．初期状態の圧力（P）および体積（V）はP_AおよびV_Aである．今，この容器を圧力P_Bおよび体積V_Bの気体Bが入った同様の容器Bと接触した状態にする．熱平衡に到達するまで熱交換が起こるだろう．平衡点においては，AとBの圧力および体積はP'_A, V'_AおよびP'_B, V'_Bに変わる．一時的に容器Aを除去し，その圧力および体積をP''_A, V''_Aに再調整し，そしてAをP'_B, V'_BのBと熱平衡にすることが可能である．実際に，平衡条件を満たす (P'_A, V'_A)，(P''_A, V''_A)，(P'''_A, V'''_A)，…などの無数の組合わせが得られる．図2・2はこれらの点をプロットしたものである．

Bと熱平衡にあるAのこれらすべての状態に対して，温度とよばれる変数は同じ値をもつ．二つの系がもし第三

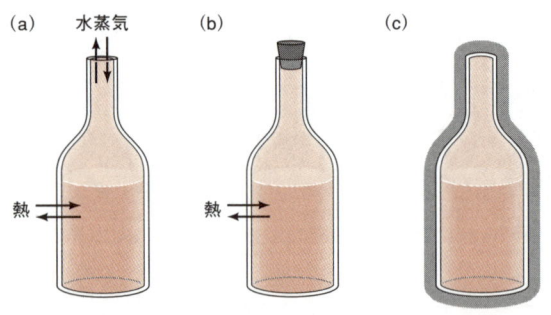

図2・1 (a) 開いた系は質量とエネルギーの両方を交換する．(b) 閉じた系は質量は交換しないがエネルギーの交換が可能である．(c) 孤立系は質量もエネルギーも交換しない．

* 系は壁や表面のような明確な境界によって外界と隔てられている．

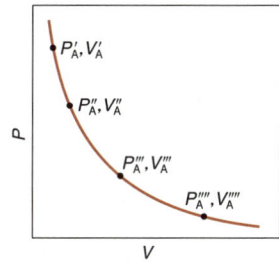

図 2・2 ある量の気体の一定温度における圧力–体積プロット．このようなグラフは等温曲線とよばれる．

の系と熱平衡にあるならば，それらはまた互いに熱平衡にあるに違いない．この法則は，**熱力学第零法則**（zeroth law of thermodynamics）として一般に知られている．図 2・2 の曲線は系 B と熱平衡にある状態を表すすべての点の軌跡である．このような曲線は**等温**（isotherm）曲線，すなわち"同じ温度における"曲線とよばれる．別の温度においては異なる等温曲線が得られる．

2・3 理想気体

本節では，理想気体のふるまいについての気体の法則の式を手短に見ていく．

ボイルの法則

1662 年，気体の物理的ふるまいの研究において，英国の化学者，Robert Boyle（1627～1691）は，温度一定ではある量の気体の体積（V）が圧力（P）に反比例することを発見した．

$$V \propto \frac{1}{P}$$

または

$$PV = 一定 \tag{2・1}$$

式(2・1)は**ボイルの法則**（Boyle's law）として知られている．ある温度で V に対して P をプロットすると図 2・2 で等温曲線として示された双曲線が得られる．

ボイルの法則は体積が変化する際の気体の圧力を予測する場合やその逆の場合に利用される．圧力と体積の初期値を P_1 および V_1，最終値を P_2 および V_2 とすると，

$$P_1 V_1 = P_2 V_2 \quad (n, 温度：一定) \tag{2・2}$$

ここで，n は気体の物質量（モル数）である．

シャルルの法則（ゲイリュサックの法則）

ボイルの法則は系の温度が一定の場合，気体の量に依存する．しかし，温度が変化するとしよう．この場合，温度変化は気体の体積および圧力にどのような影響を与えるだろう．まず気体の体積に対する温度の効果を見ることにしよう．この関係について最初に研究したのはフランスの物理学者，Jacques Alexandre Charles（1746～1823）および Joseph Louis Gay-Lussac（1778～1850）であった．彼らの研究から，圧力一定では，加熱すると気体試料の体積は膨張し，冷却されると収縮することがわかった．気体の温度および体積の変化に含まれる量的な関係は明らかに一貫したものであった．たとえば，さまざまな圧力で温度–体積の関係について調べると，興味深い現象を見ることができる．ある圧力では，温度–体積のプロットは直線を与える．この直線を体積 0 まで延長すると，温度軸と −273.15 ℃ で交差することがわかる．圧力を変えれば，体積–温度プロットについて別の直線を得るが，体積 0 の温度軸との交点はまったく同じ −273.15 ℃ になる（図 2・3）．（現実的には，気体はすべて低温では凝縮して液体になるため，限定された温度範囲でしか気体の体積を測定することができない．）

1848 年に，スコットランドの数学者，物理学者，William Thomson（Lord Kelvin, 1824～1907）は，この現象の重要性に気がついた．彼は −273.15 ℃ を**絶対零度**（absolute zero）と名づけた．これは理論的に達成できる最低温度である．彼は**絶対温度目盛**（absolute temperature scale）を設定し，現在ではケルビン温度目盛とよばれており，絶対零度を開始点とする．ケルビン温度目盛では，1 ケルビン（K）は大きさとしては 1 ℃ に等しい．ケルビン温度目盛とセルシウス目盛の唯一の違いはゼロ点位置が移動していることである．二つの目盛の関係は次式[*1]の通りである．

$$T/K = t/℃ + 273.15$$

二つの目盛に関して重要な点を比較すると下のようになる[*2]．

	ケルビン温度目盛	セルシウス温度目盛
絶対零度	0 K	−273.15 ℃
水の凝固点	273.15 K	0 ℃
水の沸点	373.15 K	100 ℃

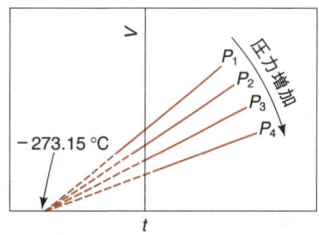

図 2・3 温度（t）に対して，ある量の気体の体積を異なる圧力でプロットしたもの．十分低温に冷却されると気体はすべて最終的には凝縮する．これらの線は補外されると，すべて温度 −273.15 ℃ で体積 0 を示す点に収束する．

[*1] 単位で記号を割るとただの数になる．すなわち $T = 298$ K ならば，$T/K = 298$ となる．
[*2] 標準沸点および標準凝固点は圧力 1 atm で測定している．

二つの目盛を関係づける項として，273.15の代わりに273を使うことが多い．慣習的に，絶対（ケルビン）温度を記述する場合にはTを，セルシウス温度を指す場合にはtを用いる．温度の絶対零度は非常に理論的な重要性をもっていることについては後述するが，気体の法則の問題や熱力学の計算においては必ず絶対温度を用いなくてはならない．

一定圧力下では，ある量の気体の体積は絶対温度に正比例する．

$$V \propto T$$

$$\frac{V}{T} = \text{一定} \qquad (2 \cdot 3)$$

式(2・3)は**シャルルの法則**（Charles' law）または**ゲイリュサックの法則**（Gay-Lussac's law）として知られている．シャルルの法則を別の形で表すと，一定体積下のある量の気体の圧力と温度との間を関係づけることができる．

$$P \propto T$$

または

$$\frac{P}{T} = \text{一定} \qquad (2 \cdot 4)$$

式(2・3)および式(2・4)によって，次式のように，状態1および状態2の気体の体積-温度および圧力-温度の値を関係づけることができる．

$$\frac{V_1}{T_1} = \frac{V_2}{T_2} \qquad (n, P: \text{一定}) \qquad (2 \cdot 5)$$

$$\frac{P_1}{T_1} = \frac{P_2}{T_2} \qquad (n, V: \text{一定}) \qquad (2 \cdot 6)$$

式(2・6)の実際的な結果としては，自動車のタイヤの圧力は車がしばらくの間停止しているときにのみ検査すべきであるというようなことに示される．長距離ドライブの後ではタイヤが非常に熱くなっているため中の空気圧が上昇してしまうからである．

アボガドロの法則

もう一つの重要な気体の法則はAmedeo Avogadroによって1811年に定式化された．彼は同じ温度と圧力においては，同体積の気体は同数の分子を含むことを指摘した．この概念の意味するところはつぎの通りである．

$$V \propto n$$

または

$$\frac{V}{n} = \text{一定} \qquad (T, P: \text{一定}) \qquad (2 \cdot 7)$$

式(2・7)は**アボガドロの法則**（Avogadro's law）として知られている．

理想気体の式

式(2・1)，式(2・3)，式(2・7)に従えば，気体の体積は次式のように圧力，温度，物質量（モル数）に依存している．

$$V \propto \frac{1}{P} \qquad (T, n: \text{一定}) \qquad (\text{ボイルの法則})$$
$$V \propto T \qquad (P, n: \text{一定}) \qquad (\text{シャルルの法則})$$
$$V \propto n \qquad (T, P: \text{一定}) \qquad (\text{アボガドロの法則})$$

それゆえ，Vはこれら3項の積に比例しなければならない．すなわち

$$V \propto \frac{nT}{P} \qquad V = R\frac{nT}{P}$$

または

$$PV = nRT \qquad (2 \cdot 8)$$

である．ここで比例定数Rは**気体定数**（gas constant）である．式(2・8)は**理想気体の式**（ideal-gas equation）とよばれる．理想気体の式は，系の状態を定義するP, T, Vなどの性質間の数学的な関係を示す**状態方程式**（equation of state）の一例である．

Rの値は以下のようにして得られる．実験的には，理想気体1 molは1 atm，273.15 K〔この条件は**標準温度・圧力**（standard temperature and pressure, STP）とよばれる〕において，22.414 lを占める．このことから，

$$R = \frac{(1\,\text{atm})(22.414\,\text{l})}{(1\,\text{mol})(273.15\,\text{K})} = 0.082\,06\,\text{l atm K}^{-1}\,\text{mol}^{-1}$$

RをJ K^{-1} mol^{-1}単位で表すには，換算係数，

$$1\,\text{atm} = 1.013\,25 \times 10^5\,\text{Pa} \qquad 1\,\text{l} = 1 \times 10^{-3}\,\text{m}^3$$

を用いて

$$R = \frac{(1.013\,25 \times 10^5\,\text{N m}^{-2})(22.414 \times 10^{-3}\,\text{m}^3)}{(1\,\text{mol})(273.15\,\text{K})}$$
$$= 8.314\,\text{N m K}^{-1}\,\text{mol}^{-1} = 8.314\,\text{J K}^{-1}\,\text{mol}^{-1}$$
$$(1\,\text{J} = 1\,\text{N m})$$

が得られる．Rの二つの値から，次式のように書くことができる．

$$0.082\,06\,\text{l atm K}^{-1}\,\text{mol}^{-1} = 8.314\,\text{J K}^{-1}\,\text{mol}^{-1}$$

または

$$1\,\text{l atm} = 101.3\,\text{J}$$

および

$$1\,\text{J} = 9.87\times10^{-3}\,\text{l atm}$$

> **例題 2・1**
>
> 肺に入った空気は最終的に肺胞とよばれる小嚢に入り，肺胞から酸素が血液中に拡散する．肺胞の平均半径は 0.0050 cm であり，内部の空気はモル百分率で 14 % の酸素を含んでいる．肺胞内の圧力が 1.0 atm，温度が 37 ℃ であるとして，肺胞 1 個中の酸素分子の数を計算せよ．
>
> **解** 1 個の肺胞の体積は
>
> $$V = \frac{4}{3}\pi r^3 = \frac{4}{3}\pi(0.0050\,\text{cm})^3$$
> $$= 5.2\times10^{-7}\,\text{cm}^3 = 5.2\times10^{-10}\,\text{l} \quad (1\,\text{l} = 10^3\,\text{cm}^3)$$
>
> 肺胞 1 個中の空気の物質量（モル数）は，
>
> $$n = \frac{PV}{RT} = \frac{(1.0\,\text{atm})(5.2\times10^{-10}\,\text{l})}{(0.082\,06\,\text{l atm K}^{-1}\text{mol}^{-1})(310\,\text{K})}$$
> $$= 2.0\times10^{-11}\,\text{mol}$$
>
> で与えられる．肺胞内の空気は 14 % が酸素であるので，酸素分子の数は次式のようになる．
>
> $$2.0\times10^{-11}\,\text{mol 空気} \times \frac{14\,\%\,O_2}{100\,\%\,\text{空気}} \times$$
> $$\frac{6.022\times10^{23}\,O_2\,\text{分子}}{1\,\text{mol}\,O_2} = 1.7\times10^{12}\,O_2\,\text{分子}$$

ドルトンの分圧の法則

これまで，純粋な気体の圧力-体積-温度のふるまいについて議論してきた．しかしながら，われわれはしばしば気体の混合物を扱うことがある．たとえば，大気中のオゾンの減少を研究している化学者はいくつかの気体成分を扱わなければならない．二つもしくはそれ以上の異なる気体を含む系については，全圧 (P_T) は，それぞれの気体が単独で同体積を占有した場合に示す圧力の和となる．このように，

$$P_T = P_1 + P_2 + \cdots$$
$$P_T = \sum_i P_i \qquad (2\cdot 9)$$

ここで，$P_1, P_2, \cdots$ は成分 1, 2, $\cdots$ のそれぞれの圧力すなわち**分圧** (partial pressure) であり，Σ はその総和を表す記号である．式(2・9)は**ドルトンの分圧の法則** (Dalton's law of partial pressure) として知られている〔英国の化学者，数学者，John Dalton (1766～1844) にちなむ〕．

温度 T および体積 V において，二つの気体（1 と 2）を含む系を考える．気体の分圧はそれぞれ P_1 および P_2 である．式(2・8)から，

$$P_1 V = n_1 RT \quad \text{または} \quad P_1 = \frac{n_1 RT}{V}$$
$$P_2 V = n_2 RT \quad \text{または} \quad P_2 = \frac{n_2 RT}{V}$$

ここで，n_1 および n_2 は二つの気体の mol 単位の物質量（モル数）である．ドルトンの分圧の法則に従えば，

$$P_T = P_1 + P_2 = n_1\frac{RT}{V} + n_2\frac{RT}{V} = (n_1 + n_2)\frac{RT}{V}$$

分圧を全圧で割り，整理すると，次式が得られる．

$$P_1 = \frac{n_1}{n_1+n_2}P_T = x_1 P_T$$
$$P_2 = \frac{n_2}{n_1+n_2}P_T = x_2 P_T$$

ここで，x_1 および x_2 は気体 1 および 2 のモル分率である．モル分率は，一つの気体の物質量（モル数）と存在する全気体の合計物質量（モル数）の比として定義され，無次元の量である．さらに，定義によれば，混合物中すべてのモル分率の総和は 1 である．すなわち，

$$\sum_i x_i = 1 \qquad (2\cdot 10)$$

一般に気体混合物では，i 番目の成分の分圧 P_i は下式で与えられる．

$$P_i = x_i P_T \qquad (2\cdot 11)$$

分圧はどのように決定されるだろう．マノメーターは気体混合物の全圧しか測定できない．分圧を得るためには，成分気体のモル分率を知る必要がある．分圧を測定する最も直接的な方法は質量分析計を用いることである．質量スペクトルのピークの相対強度はその気体の量に正比例し，すなわち存在する気体のモル分率に正比例することになる．

気体の法則は，原子論の発展において重要な役割を果たした．さらに日常生活において気体の法則の実際的な例を多く見ることができる．つぎに示す二つの簡単な例はスキューバダイバーにとって特に重要なものである．海水は純粋よりもわずかに密度が高い —— 1.00 g ml^{-1} に対して約 1.03 g ml^{-1} である*．33 フィート (10 m) の海水の柱体によって生じる圧力は 1 atm の圧力に相当する．ダイバーが海面までかなり早く上がろうとする場合，どのようなことが起こるだろうか．仮に海面下 40 フィートから上昇し始めた場合，この深さから海面までの圧力の減少は (40 フィート/33 フィート)×1 atm，すなわち 1.2 atm になるだろう．一定温度であるとすると，ダイバーが海面に到達したとき，肺の中に蓄えられた空気の体積は (1+1.2)

---

* 海水により生じる圧力を**静水** (hydrostatic) 圧とよぶ．

atm/1 atm すなわち 2.2 倍に膨張するのである．このような急激な空気の膨張が起こると，肺の膜組織の破裂が起こり，ダイバーは致命的な傷を負うか命を落とすことになる．

ドルトンの分圧の法則はスキューバダイビングに直接活用されている．空気中の酸素の分圧は約 0.2 atm である．酸素はわれわれの生存に不可欠であるため，酸素も呼吸しすぎると有害であるというのは信じ難い．実際，酸素の毒性については多くの文献によって立証されている[*]．生理学的には，ヒトの生体は酸素の分圧が 0.2 atm のときに最も良く機能する．このため，ボンベ内の空気の組成はダイバーが潜水するときに調整される．たとえば，全圧（静水圧＋大気圧）が 4 atm になる深さでは，最適な分圧を維持するために空気中の酸素含有量を体積にして 5％ に減らしている（0.05×4 atm＝0.2 atm）．より深いところでは，酸素含有量はさらに低くしなければならない．窒素は空気のおもな成分であるため，ボンベの中の酸素に混合するのが適当な選択であるように思えるが，実はそうではない．窒素の分圧が 1 atm を超えると，**窒素麻酔**（窒素酔い，潜水夫病，nitrogen narcosis）をひき起こすのに十分な量の窒素が血液中に溶解してしまう．この病気の症状はアルコール中毒に類似しており，意識がもうろうとして，判断力が低下する．窒素麻酔にかかったダイバーは，海底で踊ったり，鮫を追いかけたり不思議な行動をすることが知られている．このため，通常ボンベ内の酸素を希釈するためにはヘリウムが使われる．不活性ガスであるヘリウムは窒素よりも血液に溶解しにくく，麻酔性効果を起こしにくい．

2・4 実在気体

理想気体の式はつぎの性質をもつ気体に対してのみ適用できる：1) 気体分子は無視できるほどのわずかな体積しか有しない，2) 分子間には引力も反発力も，相互作用はない．明らかにそのような気体は実在しない．にもかかわらず，式(2・8)は高温にあるかもしくは適度に低圧（≲10 atm）にある多くの気体にはかなり有効である．

気体が圧縮されると，分子は互いにより接近し，気体は理想的なふるまいからかなりずれるようになる．理想状態からのずれを測定する方法は，圧力に対して気体の**圧縮因子**（compressibility factor），Z をプロットすることである．理想気体の式から始めると，まず

$$PV = nRT$$

すなわち

$$Z = \frac{PV}{nRT} = \frac{P\overline{V}}{RT} \quad (2 \cdot 12)$$

ここで $\overline{V}$ は気体のモル体積（V/n），すなわちある温度と圧力における気体 1 mol の体積である．理想気体については，ある T における P のあらゆる値に対して $Z=1$ である．しかしながら，図 2・4 に示すように，実在気体の圧縮因子は圧力に依存してかなりの発散を示す．低圧下では，大半の気体の圧縮因子は 1 に近い．実際に，P が限りなく 0 に近づくと，すべての気体について $Z=1$ となる．この結果は予期されたものであるが，それはすべての気体が低圧下では理想的にふるまうからである．圧力が増加するにつれて，$Z<1$ となる気体もあるが，これは理想気体よりも圧縮されやすいことを意味している．さらに圧力が増加すると，すべての気体は $Z>1$ となる．この領域では，気体は理想気体よりも圧縮されにくくなる．これらのふるまいは分子間力に対してわれわれが理解していることとつじつまが合う．一般に，引力は長距離力であり，一方，反発力は短距離でのみ作用する（この話題については第 13 章で詳しく述べる）．分子が遠くに離れると（たとえば低圧下），支配的な分子間力は引力となる．分子間の距離が縮まるにつれて，分子間の反発力がより重要になる．

長年，理想気体の式を実在気体に合うよう修正するために，かなりの努力が払われてきた．提案された多くの方程式のうち，二つ —— ファンデルワールスの式とビリアル展開 —— について考えよう．

ファンデルワールスの式

ファンデルワールスの式（状態方程式）（van der Waals equation）〔オランダの物理学者，Johannes Diderik van der Waals（1837～1923）にちなむ〕は非理想気体中の個々の分子がもつ有限体積と分子間に働く引力を説明しようとするものである．

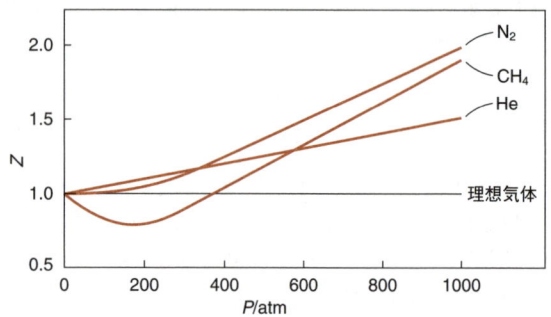

図 2・4 273 K における実在気体および理想気体の圧力−圧縮因子プロット．理想気体では，どのような圧力でも $Z=1$ であることに注意せよ．

---

[*] 2 atm を超える分圧では，酸素はけいれんや昏睡をひき起こすほどの毒性を有するようになる．何年も前，新生児が保育器内で**後水晶体線維形成**（retrolental fibroplasia，未熟児網膜症）を発症する事件がたびたび起こった．これは，過剰の酸素で網膜組織が損傷を受けるもので，視野欠損や失明に至ることが多い．

$$\left(P+\frac{an^2}{V^2}\right)(V-nb)=nRT \quad (2 \cdot 13)$$

個々の分子が容器の壁に及ぼす圧力は，壁と分子の衝突の頻度および分子によって壁に伝えられる運動量の両方に依存している．どちらの寄与も分子間引力によって減少する（図 2・5）．どの場合も圧力は，存在する分子の数，または気体の密度 n/V に依存して減少する．すなわち，

$$\text{引力による圧力の減少} \propto \left(\frac{n}{V}\right)\left(\frac{n}{V}\right)=a\frac{n^2}{V^2}$$

ここで a は比例定数である．

式(2・13)では，P は気体の実測圧力であり，仮に分子間力が存在しないならば，$(P+an^2/V^2)$ が気体の圧力となる．an^2/V^2 は圧力の単位をもたなければならないので，a は $\text{atm l}^2\text{mol}^{-2}$ で表される．分子が有限体積をもつことを可能にするために，理想気体の式の V を $(V-nb)$ に置き換える．ここで nb は n モルの気体の全実効体積を表す．したがって，nb は体積の単位をもたなければならず，b の単位は l mol^{-1} である．a と b はどちらも研究対象である気体に特有の定数である．表 2・1 にいくつかの気体について a および b の値をあげた．a の値は引力の大きさに関係している．分子間力の強さの尺度として沸点を用いると（沸点が高ければ高いほど，分子間力は強い），a の値とこれらの物質の沸点との間には大まかな相関関係があることがわかる．b の解釈はさらに難しい．b は分子の大きさに比例するが，相関関係は常に直接的とは限らない．たとえば，ヘリウムの b の値は，0.0237 l mol^{-1} であり，ネオンは 0.0174 l mol^{-1} である．これらの値に基づくと，ヘリウムはネオンよりも大きいと予想できるが，しかしこれは正しくない．

ファンデルワールスの式は理想気体の式よりも広範囲の

表 2・1 各物質のファンデルワールス定数と沸点

物質	$a/\text{atm l}^2\text{mol}^{-2}$	$b/\text{l mol}^{-1}$	沸点/K
He	0.0341	0.0237	4.2
Ne	0.214	0.0174	27.2
Ar	1.34	0.0322	87.3
H_2	0.240	0.0264	20.3
N_2	1.35	0.0386	77.4
O_2	1.34	0.0312	90.2
CO	1.45	0.0395	83.2
CO_2	3.60	0.0427	195.2
CH_4	2.26	0.0430	109.2
H_2O	5.47	0.0305	373.15
NH_3	4.25	0.0379	239.8

圧力および温度領域において有効である．さらに，状態方程式の分子論的な解釈も提供する．非常に高い圧力および低温においては，ファンデルワールスの式も信頼性が低下する．

状態方程式のビリアル展開

気体の非理想状態を記述するもう一つの方法が状態方程式の**ビリアル展開**（virial expansion）である．この関係式では，圧縮因子はモル体積 $\overline{V}$ の累乗の逆数の級数の展開として表される．

$$Z=1+\frac{B}{\overline{V}}+\frac{C}{\overline{V}^2}+\frac{D}{\overline{V}^3}+\cdots \quad (2 \cdot 14)$$

ここで，$B, C, D \cdots$ は第二，第三，第四$\cdots$ビリアル係数とよばれる．第一ビリアル係数は 1 である．第二以上のビリアル係数はすべて温度依存である．与えられた気体について，これらの係数は，気体の P–V–T データにコンピューターを用いたカーブフィッティングを行って評価する．理想気体について，第二以上のビリアル係数は 0 であり，式(2・14)は式(2・8)になる．

ビリアル展開の別の形式は圧縮因子の圧力 P による展開式として与えられる．

$$Z=1+B'P+C'P^2+D'P^3+\cdots \quad (2 \cdot 15)$$

P と V は関係しているため，B と B'，C と C' などの間に関係があることは驚くに当たらない．各方程式において，係数の値は急速に減少する．たとえば，式(2・15)において，係数の大きさが $B' \gg C' \gg D'$ であるので，0 atm と 10 atm の間の圧力において，温度がそれほど低くないとすると，考える必要があるのは第二項まででよい．

$$Z=1+B'P \quad (2 \cdot 16)$$

式(2・13)と，式(2・14)もしくは式(2・15)は，かなり異なった二つのアプローチである．ファンデルワールスの式は有限の分子体積と分子間力を修正することによって気

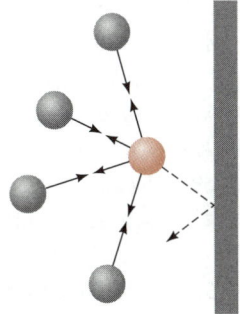

図 2・5 気体によって生じる圧力における分子間力の影響．器壁に向かって動く分子（●）の速度は近辺にある分子（●）によって生じる引力によって減速される．結果として，この分子が器壁に及ぼす衝撃は，分子間力がない場合よりも低くなる．一般に測定される気体の圧力は理想気体としてふるまうときに示す圧力よりも低い．

体の非理想性を説明するものである．これらの修正は理想気体の式を的確に改良したものだが，それでも式(2・13)は近似式である．その理由は，分子間力に関する現在の知識が，巨視的なふるまいを定量的に説明するには不十分であるためである．もちろん，さらに修正項を加えることによって改良することは可能である．事実，van der Waals が彼の式の解析結果を報告して以来，多くの状態方程式が提案されてきた．一方，式(2・14)は理想気体については正確であるが，分子の直接的な解釈については何も与えない．気体の非理想性は実験的に決定される係数 $B, C \cdots$ を含む展開式によって数学的に説明できるが，係数は分子間力とは直接関係せず，物理的な意味をまったくもたない．したがって，物理的直感を与える近似式をとるか，気体のふるまいを正確に記述する（係数が既知であるならば）が分子のふるまいについては何も教えてくれない式をとるかのいずれかを，この場合選択することになる．

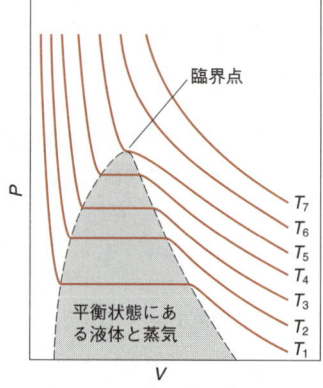

図 2・6 さまざまな温度（温度は T_1 から T_7 まで増加する）における二酸化炭素の等温曲線．臨界温度は T_5 である．この温度以上では，いくら圧力が高くても二酸化炭素は液化できない．

例題 2・2

メタンの第二ビリアル係数 (B) が -0.042 l mol^{-1} であるとして，300 K，100 atm におけるメタンのモル体積を計算せよ．その結果と理想気体の式から得られた結果とを比較せよ．

解 式(2・14)から，C, D を含む項を無視して，

$$Z = 1 + \frac{B}{\overline{V}} = 1 + \frac{BP}{RT}$$

$$= 1 + \frac{(-0.042 \text{ l mol}^{-1})(100 \text{ atm})}{(0.082\,06 \text{ l atm K}^{-1} \text{mol}^{-1})(300 \text{ K})}$$

$$= 1 - 0.17 = 0.83$$

$$\overline{V} = \frac{ZRT}{P} = \frac{(0.83)(0.082\,06 \text{ l atm K}^{-1} \text{mol}^{-1})(300 \text{ K})}{100 \text{ atm}}$$

$$= 0.20 \text{ l mol}^{-1}$$

理想気体について，

$$\overline{V} = \frac{RT}{P} = \frac{(0.082\,06 \text{ l atm K}^{-1} \text{mol}^{-1})(300 \text{ K})}{100 \text{ atm}}$$

$$= 0.25 \text{ l mol}^{-1}$$

コメント 100 atm，300 K においては，CH_4 分子間の分子間引力のために，メタンは理想気体よりも圧縮されやすいことになる（$Z=1$ に対して $Z=0.83$）．

2・5 気体の凝縮と臨界状態

気体が液体へ凝縮するのは身近な現象である．この過程の圧力−体積の関係についてはじめて定量的研究を行ったのは，1869 年，アイルランドの化学者 Thomas Andrews (1813〜1885) である．彼はさまざまな温度において，ある量の二酸化炭素体積を圧力の関数として測定し，図 2・6 に示した一連の等温曲線を得た．高温では曲線は大体双曲線となり，これは気体がボイルの法則に従うことを示している．低温では，ずれが明らかになり，T_4 では劇的に異なったふるまいが観察される．等温曲線上を右から左に沿って動くと，圧力と共に気体の体積が減少するが，積 PV はもはや定数ではなくなる（曲線ももはや双曲線ではなくなる）．圧力がさらに増加すると，等温曲線と右側の点線が交差する点に到達する．もしこの過程を観察することができれば，液体二酸化炭素がこの圧力で生成することに気づくだろう．圧力を一定に保てば体積は減少し続け（さらに蒸気が液体に変化する），最終的にすべての蒸気が凝縮する．この点（水平線と左側の点線の交点）を超えると，系は完全に液体となり，圧力がさらに増加しても体積はわずかに減少するだけになる．液体は気体よりも非常に圧縮されにくいからである（図 2・7）．

水平線に相当する圧力（蒸気と液体が混在する領域）は，実験温度における**平衡蒸気圧**（equilibrium vapor pressure）もしくは単に液体の**蒸気圧**（vapor pressure）とよばれる．温度の上昇と共に水平線の長さは減少する．特定の温度（この場合 T_5）において，等温曲線は点線の接線となり単一の相（気相）のみが存在する．ここで水平線は**臨界点** (critical point) とよばれる点にある．この点における温度，圧力および体積をそれぞれ臨界温度 (T_c)，臨界圧 (P_c)，臨界体積 (V_c) とよぶ．**臨界温度** (critical temperature) はそれ以上ではどのように圧力が増加しようとも凝縮が起こらない温度である．いくつかの気体の臨界定数を表 2・2 に示した*．臨界体積は通常モル量として表示され，モル臨界体積 ($\overline{V_c}$) とよばれ，V_c/n で与えられる．ここで n

---

* 気体のファンデルワールス定数（式 2・13 参照）は臨界定数から求めることができる．数学的な詳細については第 1 章であげた物理化学の教科書を参照せよ．

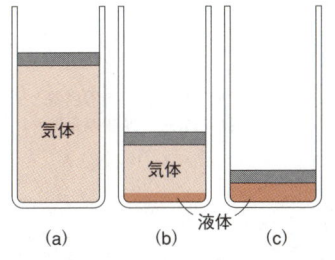
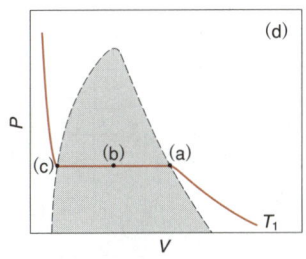
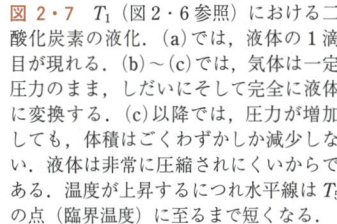

図2・7 T_1（図2・6参照）における二酸化炭素の液化．(a)では，液体の1滴目が現れる．(b)〜(c)では，気体は一定圧力のまま，しだいにそして完全に液体に変換する．(c)以降では，圧力が増加しても，体積はごくわずかしか減少しない．液体は非常に圧縮されにくいからである．温度が上昇するにつれ水平線はT_5の点（臨界温度）に至るまで短くなる．

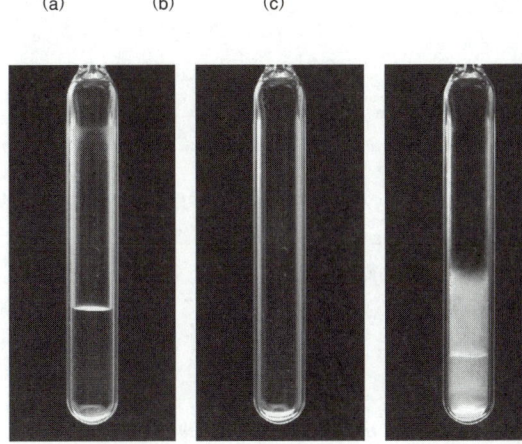

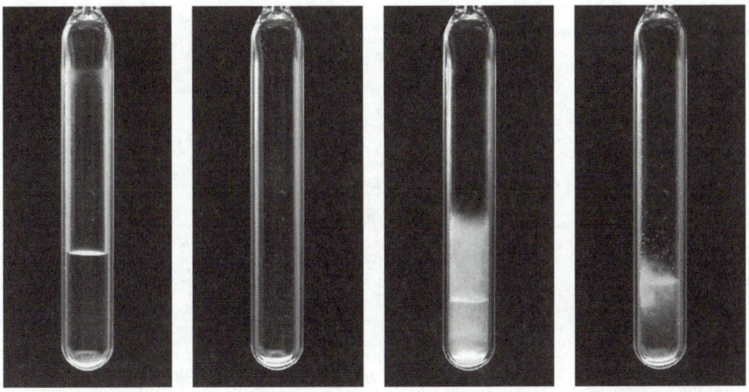

図2・8 六フッ化硫黄（T_c=45.5℃，P_c=37.6 atm）の臨界現象．(a) 臨界温度以下では透明な液相が見られる．(b) 臨界温度以上では液相が消える．(c) 物質が臨界温度以下に冷却されると，(d) 最終的に液相が再び現れる．

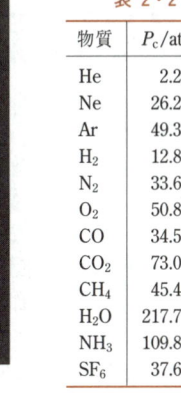

表2・2　各物質の臨界定数

物質	P_c/atm	$\bar{V}_c$/l mol^{-1}	T_c/K
He	2.25	0.0578	5.2
Ne	26.2	0.0417	44.4
Ar	49.3	0.0753	151.0
H_2	12.8	0.0650	32.9
N_2	33.6	0.0901	126.1
O_2	50.8	0.0764	154.6
CO	34.5	0.0931	132.9
CO_2	73.0	0.0957	304.2
CH_4	45.4	0.0990	190.2
H_2O	217.7	0.0560	647.6
NH_3	109.8	0.0724	405.3
SF_6	37.6	0.2052	318.7

は存在する物質の物質量（モル数）である．

　凝縮現象および臨界温度の存在は気体の非理想的ふるまいの直接の結果である．結局，分子が相互に引き合わなければ凝縮は起こらないし，分子が体積をもたなければ液体を観察することもできないのである．先に述べたように，分子間相互作用の特性のために，分子間の力は，分子が比較的離れている場合には引力であり，互いに接近すると（たとえば圧力下での液体），原子核間および電子間の静電的反発のために，この力は反発力になる．一般に，引力はある有限の分子間距離において最大値をとる．T_cより低い温度では，気体を圧縮して，分子の凝縮が起こりうる引力領域にもちこむことができる．T_cより高い温度では，気体分子の運動エネルギーが大きくなり，分子はこの引力領域から離脱し，凝縮は起こらない．図2・8は六フッ化硫黄（SF_6）の臨界現象を示したものである．

　最近では，**超臨界流体**（supercritical fluid, SCF）すなわち臨界温度以上での物質状態の，実際上の応用に非常に興味がもたれている．最も研究されているSCFの一つは二酸化炭素である．適当な温度，圧力条件の下では，二酸化炭素の超臨界流体はコーヒーの生豆からカフェインを除去したり，油抜きのポテトチップをつくるために食用油を除去するための溶媒として用いることができる．また二酸化炭素は塩素化炭化水素を溶解するため，環境浄化にも利用されている．CO_2，NH_3およびヘキサン，ヘプタンなどの特定の炭化水素の超臨界流体はクロマトグラフィーに使用される．CO_2の超臨界流体は抗生物質やホルモンなどの物質の有効な担体媒質であることがわかってきた．これらの物質は通常のクロマトグラフィー分離に必要な高温では不安定である．

2・6 気体分子運動論

　気体法則の研究は物理化学の現象論的で巨視的な手法の典型的なものである．気体法則を記述する数式は比較的単純であり，実験結果と容易に対応づけられる．しかし，気体法則の研究は，分子レベルで起こっていることの本当の物理的理解をもたらさない．ファンデルワールスの式は分子間の相互作用による理想的でない気体のふるまいを説明するために考え出された．とはいえ，かなりあいまいなやり方でなされたにすぎない．気体の圧力はどのように個々の分子の運動に関連づけられるのか，あるいは，気体は定圧条件で加熱するとどうして膨張するのか，といった問いに答えるものではない．そこで，気体のふるまいを分子運動の動力学によって論理的に説明することが必要となる．本章では，気体分子の性質をより定量的に解釈するために，気体分子運動論についてふれる．

気体のモデル

実験結果を説明するための理論を展開するときはいつでも取扱う系を最初に定義する必要がある．たいていの場合，系のすべての性質を理解しているわけではないので，いくつかの仮定をおかなければならない．**気体分子運動論モデル**（model for the kinetic theory of gases）は以下のような仮定に基づいている．

1. 気体は多数の原子または分子から成っており，互いの距離は原子，分子の大きさに比べて大きい．
2. 気体分子は質量をもつが，大きさは無視できるほど小さい．
3. 気体分子は無秩序に運動している．
4. 気体分子間および気体分子と容器の壁との衝突は**弾性的**（elastic）である．すなわち，運動エネルギーは分子間を移動するが，ほかのエネルギー状態には変換されない（内部エネルギー状態は変わらない）．
5. 分子間には引力や斥力などの相互作用はない．

2と5の仮定は理想気体の議論でおなじみである．理想気体の法則と気体分子運動論の違いは，気体分子運動論では，圧力や温度などの巨視的な性質を個々の分子の運動で記述するために明確な形で前述の仮定を用いることである．

気体の圧力

気体分子運動論のモデルを使って，圧力を分子の性質で表すことができる．一辺の長さが l の立方体の箱に入っている質量 m の N 個の分子から成る理想気体を考えよう．いかなる瞬間においても，箱の内部の気体分子の運動は完全に無秩序である．速度 v の特定の分子の運動を見てみよう．速度は<u>ベクトル量</u>なので，大きさと方向をもち，相互に直交する三つの成分，v_x, v_y, v_z に分解できる．それらの成分はそれぞれ x, y, z 軸方向の速度を表す．図 2・9 に示すように v は合成速度である．速度ベクトルの xy 平面への投影は $\overline{0A}$ であり，それはピタゴラスの定理により，

$$\overline{0A}^2 = v_x^2 + v_y^2$$

と表される．同様に，

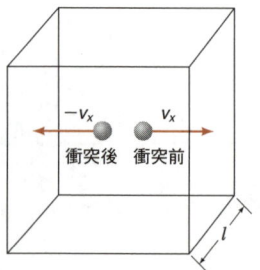

図 2・10 v_x で容器内壁と衝突した分子の速度の変化

$$v^2 = \overline{0A}^2 + v_z^2 = v_x^2 + v_y^2 + v_z^2 \qquad (2・17)$$

となる．

今，x 方向のみの分子の運動を考えよう．図 2・10 に分子が容器の壁（yz 面）に速度成分 v_x で衝突したときに起こる変化を示す．衝突は弾性的なので，衝突後の速度は衝突前の速度と等しいが反対向きとなる．分子の運動量は m を分子の質量とすると mv_x である．したがって，運動量の<u>変化</u>は

$$mv_x - m(-v_x) = 2mv_x$$

で表される．分子が左から右に動くとき v_x を正に，右から左に動くとき負にとる．衝突後，l/v_x 時間後には，分子はもう一方の壁に衝突し，$2l/v_x$ 後には，同じ壁に再び衝突する*．したがって，分子と壁との衝突の頻度（単位時間あたりの衝突数）は $v_x/2l$ となり，単位時間あたりの運動量の変化は $(2mv_x)(v_x/2l)$，または mv_x^2/l となる．ニュートンの運動の第二法則によると，

（力）＝（質量）×（加速度）
　　＝（質量）×（距離）×（時間）$^{-2}$
　　＝（運動量）×（時間）$^{-1}$

である．したがって，一つの分子が 1 回の壁との衝突で生じる力は mv_x^2/l であり，N 個の分子による全体の力は，Nmv_x^2/l である．圧力は（力）／（面積）であり，面積（A）は l^2 であるので，一つの壁に生ずる圧力は

$$P = \frac{F}{A} = \frac{Nmv_x^2}{l(l^2)} = \frac{Nmv_x^2}{V}$$

または

$$PV = Nmv_x^2 \qquad (2・18)$$

である．ここで，V は立方体の体積（l^3 に等しい）である．多数の分子（たとえば 6×10^{23} の桁）を扱う場合には，分子の速度に広い分布が生ずる．したがって，式(2・18)の

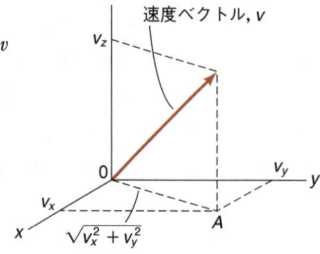

図 2・9　速度ベクトル v とそれの x, y, z 成分

＊分子の運動する経路上に存在する他の分子との衝突は起こらないものと仮定した．分子間の衝突を考慮した厳密な扱いでもまったく同じ結果になる．

v_x^2 を平均値 $\overline{v_x^2}$ で置き換えるのが適当である。速度成分の二乗の平均と速度の二乗の平均 $\overline{v^2}$ は式 (2・17) と同様に

$$\overline{v^2} = \overline{v_x^2} + \overline{v_y^2} + \overline{v_z^2}$$

の関係がある。$\overline{v^2}$ は**平均二乗速度**（mean-square velocity）とよばれ，

$$\overline{v^2} = \frac{v_1^2 + v_2^2 + \cdots + v_N^2}{N} \qquad (2 \cdot 19)$$

で定義される。N が大きいときは，x, y, z 軸方向の分子の運動は等しいとおくことができるので，

$$\overline{v_x^2} = \overline{v_y^2} = \overline{v_z^2} = \frac{\overline{v^2}}{3}$$

となり，式 (2・18) は

$$P = \frac{Nm\overline{v^2}}{3V}$$

と書ける。分子と分母を 2 倍し，分子の運動エネルギー，E_{trans} が $\frac{1}{2}mv^2$ で表されることを用いる（ここで，下つき文字の <u>trans</u> は，並進運動，すなわち空間を通しての分子全体の運動を表す）と，

$$P = \frac{2N}{3V}\left(\frac{1}{2}m\overline{v^2}\right) = \frac{2N}{3V}\overline{E}_{\text{trans}} \qquad (2 \cdot 20)$$

を得る。これは，N 個の分子が一つの壁に衝突することによって生ずる圧力である。同じ結果は，分子の運動の方向にかかわらず，y, z 方向についても得ることができる。この結果から，圧力は平均運動エネルギー，より正確には分子の平均二乗速度に正比例することがわかる。この関係の物理的な意味は，速度が増すほど衝突の頻度が増加し，そして運動量の変化が大きくなるということである。したがって，これらの二つの独立した物理量（頻度と運動量変化）から，圧力に関する気体分子運動論表現での $\overline{v^2}$ が求まる。

運動エネルギーと温度

ここで，式 (2・20) と理想気体の状態方程式（式 2・8）を比べよう。

$$PV = nRT = \frac{N}{N_A}RT$$

または

$$P = \frac{NRT}{N_A V} \qquad (2 \cdot 21)$$

ここで N_A はアボガドロ定数である。式 (2・20) と式 (2・21) を等しいとおいて，

$$\frac{2}{3}\frac{N}{V}\overline{E}_{\text{trans}} = \frac{N}{N_A}\frac{RT}{V}$$

または

$$\boxed{\overline{E}_{\text{trans}} = \frac{3}{2}\frac{RT}{N_A} = \frac{3}{2}k_B T} \qquad (2 \cdot 22)$$

が得られる[*1]。ここで，$R = k_B N_A$ で，k_B はボルツマン定数である〔オーストリアの物理学者，Ludwig Eduard Boltzmann (1844～1906) にちなむ〕。値は $1.380\,649 \times 10^{-23}$ J K^{-1}（誤差のない定義値）であるが，ほとんどの計算では丸めた値の 1.381×10^{-23} J K^{-1} を用いる。式 (2・22) から，1 分子の平均運動エネルギーは絶対温度に比例することがわかる。

式 (2・22) の重要な点は，分子の運動に基づいて気体の温度が説明できることを示していることにある。この理由で，無秩序な分子運動はしばしば**熱運動**（thermal motion）とよばれる。ここで心に留めておいて欲しい重要なことは，分子運動論はここでのモデルの<u>統計的取扱い</u>であり，したがって，少数の分子の運動エネルギーに温度を関係づけることは意味がないという点である。式 (2・22) は，二つの理想気体の温度 T が同じ場合にはいつでも<u>等しい</u>平均運動エネルギーをもたねばならないということも意味する。その理由は，式 (2・22) の $\overline{E}_{\text{trans}}$ が，N が大きい場合は，分子サイズ，分子量，気体の量などの，分子の性質によらないからである。

$\overline{v^2}$ を測ることは，それができたとしても非常に難しいように思われる。そうするためには，個々の分子の速度を測定し，二乗して平均をとらねばならない（式 2・19 参照）。幸い，$\overline{v^2}$ は他の式から直接求めることができる。式 (2・22) から，

$$\frac{1}{2}m\overline{v^2} = \frac{3}{2}\frac{RT}{N_A} = \frac{3}{2}k_B T$$

と書くことができ，したがって，

$$\overline{v^2} = \frac{3RT}{mN_A} = \frac{3k_B T}{m}$$

または

$$\sqrt{\overline{v^2}} = v_{\text{rms}} = \sqrt{\frac{3RT}{\mathcal{M}}} = \sqrt{\frac{3k_B T}{m}} \quad (\mathcal{M} = mN_A) \qquad (2 \cdot 23)$$

と書ける[*2]。ここで，v_{rms} は**根平均二乗速度**（root-mean-

[*1] 気体 1 mol の運動エネルギーは $\frac{3}{2}N_A k_B T = \frac{3}{2}RT$ で与えられる。

[*2] k_B は一つの分子に適用され，R はそのような分子の 1 モルに適用される，すなわち $k_B = R/N_A$ であることに注意せよ。

square velocity)* であり，m は分子 1 個あたりの質量（kg 単位），M はモル質量（kg mol^{-1} 単位）である．ここで，v_{rms} は温度の平方根に正比例し，分子のモル質量の平方根に反比例する．したがって，分子が重くなるほど運動は遅くなる．

2・7 マクスウェル分布則

根平均二乗速度 v_{rms} は多数の分子の運動の研究に非常に有益な平均値を与える．たとえば，もしわれわれが 1 mol の気体の研究をしているとき，個々の分子の速度を求めることは以下の二つの理由で不可能である．一つは，分子の数が途方もなく多いので，それらすべての運動を追跡する方法がない．二つめは，分子の運動はよく定義された量であるが，その速度を正確に測定することはできない．したがって，個々の分子の速度を取上げるのではなく，以下の問いをしよう．既知の温度の与えられた系で，どれだけの分子がある瞬間に v から $v+\Delta v$ の範囲の速度で運動しているか．または，巨視的な気体試料の中で，ある瞬間にたとえば 306.5 m s^{-1} から 306.6 m s^{-1} の範囲の速度で運動する分子はどれだけあるか．

分子の全体の数はとても大きいので，衝突の結果，速度の連続的な広がりまたは **分布**（distribution）が生じる．したがって，この速度の幅 Δv を極限まで小さくしていくと dv になる．このことは，速度が v から $v+$dv の間の分子の数を計算するうえで，和を積分に置き換えることができるので非常に都合がよい．数学的にいえば，多数の数列の総和をとるよりは積分の方が容易である．この速度分布の手法は最初にスコットランドの物理学者 James Clerk Maxwell（1831～1879）によって 1860 年に用いられ，その後 L. E. Boltzmann によって改良された．彼らは，外部と熱平衡にある N 個の理想気体分子を含む系では，x 軸方向に v_x から v_x+dv_x の速度で運動する分子の割合（dN/N）は

$$\frac{\mathrm{d}N}{N} = \left(\frac{m}{2\pi k_\mathrm{B} T}\right)^{1/2} \mathrm{e}^{-mv_x^2/2k_\mathrm{B} T} \, \mathrm{d}v_x \qquad (2\cdot24)$$

で与えられることを示した．ここで，m は分子の質量，k_B はボルツマン定数，T は絶対温度である．

すでに述べたように，速度はベクトル量であるが，多くの場合，大きさはもつが方向はもたないスカラー量である分子の速さ（c）を取扱えばよい．c と $c+$dc の間の速さで動く分子の割合 dN/N は

---

* 速度はベクトル量なので，分子の平均速度 $\bar{v}$ は 0 のはずである．というのは，正の方向に動く分子と負の方向に動く分子の数は等しいからである．一方，v_{rms} は大きさはもつが方向をもたないスカラー量である．

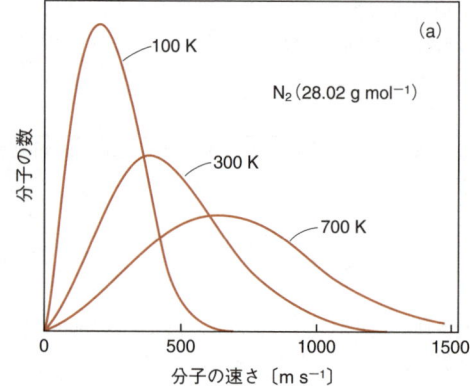

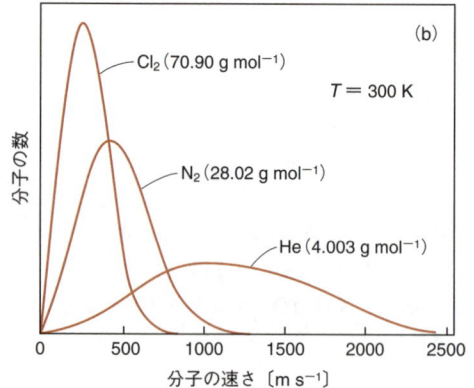

図 2・11 (a) 三つの異なる温度での窒素ガスの速さ分布．高温ではより多くの分子がより速い速さで動く．(b) 300 K での 3 種類の気体の速さ分布．ある一定の温度では，より軽い分子が平均してより速く動く．

$$\frac{\mathrm{d}N}{N} = 4\pi c^2 \left(\frac{m}{2\pi k_\mathrm{B} T}\right)^{3/2} \mathrm{e}^{-mc^2/2k_\mathrm{B} T} \, \mathrm{d}c = f(c)\,\mathrm{d}c$$

$$(2\cdot25)$$

で表される．ここで，$f(c)$ は **マクスウェルの速さ分布関数**（Maxwell speed distribution function）であり，下式で与えられる．

$$f(c) = 4\pi c^2 \left(\frac{m}{2\pi k_\mathrm{B} T}\right)^{3/2} \mathrm{e}^{-mc^2/2k_\mathrm{B} T} \qquad (2\cdot26)$$

図 2・11 は，速さ分布曲線の温度依存性，およびモル質量依存性を示す．いかなる温度においても，分布曲線の一般的な形状は以下のように説明できる．まず，c が小さい場合は，式 (2・25) の c^2 の項が優勢なので，$f(c)$ は c が増すにつれて増加する．c が大きい場合には，$\mathrm{e}^{-mc^2/2k_\mathrm{B} T}$ が重要になる．これらの二つの反対の項により分布曲線はあるところで最大値をとり，それより大きい c では c の増加につれて $f(c)$ はほぼ指数関数的に減少する．$f(c)$ が最大になる c の値をそれが最も多くの分子がとる速さなので，**最**

確の速さ (most probable speed), c_{mp} とよぶ.

図2・11a は分布曲線の形状が温度にどのように依存するかを示す. 低い温度では, 分布は比較的狭い. 温度が上昇するにつれて, 曲線は平たんになり, 早く運動する分子がより多くなることを意味する. 分布関数の温度への依存性は化学反応速度と密接に関連している. 第9章で述べるように, 反応するためには**活性化エネルギー** (activation energy) とよばれる最低量のエネルギーを分子が有する必要がある. 低い温度では, 速く運動する分子の数は少なく, したがって反応はゆっくりと進行する. 温度が上昇すると, エネルギー豊富な分子の数が増し, 反応速度が増大する. 図2・11b から, 同じ温度の条件ではより重い気体が軽い気体よりも速さ分布の幅が狭いことがわかる. このことは, より重い気体が軽い気体よりも平均してより遅く動くということを考えれば, 予想できる. マクスウェルの速さ分布の正しいことは実験的に確かめられた.

マクスウェルの速さ分布関数は平均の量を計算できるため, 役に立つ. 要するに, 上で述べた最確の速さ (c_{mp}), 平均の速さ (全分子の速さの合計を分子の数で割った値, $\bar{c}$), 根平均二乗速さ (c_{rms}) に対して関係を表す三つの式を得ることができる*.

$$c_{mp} = \sqrt{\frac{2RT}{\mathcal{M}}} \quad (2 \cdot 27)$$

$$\bar{c} = \sqrt{\frac{8RT}{\pi \mathcal{M}}} \quad (2 \cdot 28)$$

$$c_{rms} = \sqrt{\frac{3RT}{\mathcal{M}}} \quad (2 \cdot 29)$$

例題 2・3

300 K での O_2 の c_{mp}, $\bar{c}$ および c_{rms} を求めよ.
解 定数は

$$R = 8.314 \text{ J K}^{-1} \text{mol}^{-1}$$
$$T = 300 \text{ K}$$
$$\mathcal{M} = 0.032\,00 \text{ kg mol}^{-1}$$

である. 最確の速さ c_{mp} は

$$c_{mp} = \sqrt{\frac{2 \times 8.314 \text{ J K}^{-1} \text{mol}^{-1} \times 300 \text{ K}}{0.032\,00 \text{ kg mol}^{-1}}}$$
$$= \sqrt{1.56 \times 10^5 \text{ J kg}^{-1}} = \sqrt{1.56 \times 10^5 \text{ m}^2 \text{s}^{-2}}$$
$$= 395 \text{ m s}^{-1}$$

同様に $\bar{c}$ と c_{rms} は下式のようになる.

$$\bar{c} = \sqrt{\frac{8RT}{\pi \mathcal{M}}} = 446 \text{ m s}^{-1}$$

$$c_{rms} = \sqrt{\frac{3RT}{\mathcal{M}}} = 484 \text{ m s}^{-1}$$

コメント この計算では $c_{rms} > \bar{c} > c_{mp}$ となるが, 事実一般的に正しい. c_{mp} がこの三つの中で最小なのは曲線の非対称性のためである (図2・11参照). c_{rms} が $\bar{c}$ より大きいのは式(2・19)の二乗する過程でより大きな c に重みづけがなされるからである.

最後に, N_2 と O_2 の $\bar{c}$ と c_{rms} は共に空気中の音速に近いということをあげておこう. 音波は圧力波である. それらの波の伝播は分子の運動, したがってその速さに直接関係している.

2・8 分子間衝突と平均自由行程

平均の速さ $\bar{c}$ を明確に記述できたので, それを使って気体のいくつかの動的な過程を調べることができる. 分子の速さはいつも一定というわけでなく, 衝突によって頻繁に変化する. したがって, ここでの質問は, 分子はどれくらい頻繁に互いに衝突するのかである. 衝突の頻度は気体の密度と分子の速さに依存し, したがって系の温度に依存する. 気体分子運動論モデルでは, 個々の分子は直径 d の剛体球であると仮定される. 分子間の衝突は, 二つの剛体球間の (おのおのの中心間の) 距離が d となる場合に起こる.

特定の分子の運動について考えよう. 単純な方法はある瞬間にその一つを除いてすべての分子が静止していると仮定することである. 時間 t の間にこの分子は $\bar{c}t$ だけ移動し (ここで $\bar{c}$ は平均の速さである), 断面積 πd^2 の衝突管を形づくる (図2・12). 筒の体積は $(\pi d^2)(\bar{c}t)$ である. 中心がこの筒の内部にあるすべての分子は動いてくる分子と衝突する. もし, 体積 V の筒の中に全部で N 個の分子があるとすると, 気体の数密度は N/V であり, 時間 t の間に起こる衝突数は $\pi d^2 \bar{c} t (N/V)$ であり, そして単位時間あたりの衝突数, または**衝突頻度** (collision frequency),

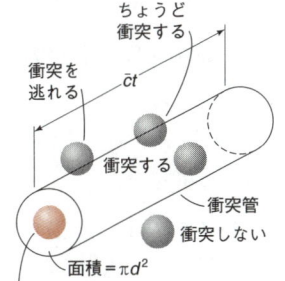

図2・12 衝突断面積と衝突管. 中心が筒の中にあるか筒上にいる分子は動いてくる分子(赤い球)と衝突する.

---

* c_{mp} の誘導については問題 2・66 を参照せよ. $\bar{c}$ の誘導については第1章であげた物理化学の教科書を見よ. 平均速度の二乗はスカラー量であるため, $\overline{v^2} = \bar{c}^2$, それゆえ $v_{rms} = c_{rms}$ である.

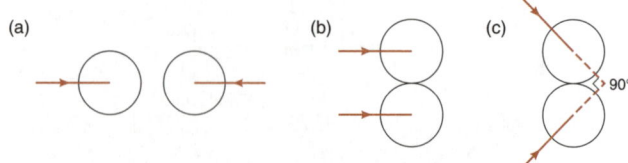

図 2・13 衝突する二つの分子の三つの異なる接近の仕方.(a)と(b)に示した状況は二つの極端な場合である.一方,(c)は分子の衝突の"平均的"な場合である.

図 2・14 連続した衝突の間に分子が移動する距離.これらの距離の平均は 平均自由行程 とよばれる.

Z_1 は $\pi d^2 \bar{c}(N/V)$ である.もし,その他の分子が同じ位置に止まっていないとすると,衝突頻度の表現は訂正する必要があり,$\bar{c}$ を平均相対速さで置き換える必要がある.図 2・13 は二つの分子の三つの異なる衝突を示す.図 2・13c の場合の相対速さは $\sqrt{2}\,\bar{c}$ であるので,

$$Z_1 = \sqrt{2}\pi d^2 \bar{c}\left(\frac{N}{V}\right) \text{ 衝突数 s}^{-1} \quad (2\cdot 30)$$

となる.これは,単一の分子が 1 秒間に衝突する回数である.体積 V 中には N 個の分子があり,それぞれが毎秒 Z_1 回の衝突をするので,単位体積,単位時間あたりの全体の分子間の衝突の総数,すなわち 二体衝突(binary collisions)総数 Z_{11} は

$$Z_{11} = \frac{1}{2}Z_1\left(\frac{N}{V}\right) = \frac{\sqrt{2}}{2}\pi d^2 \bar{c}\left(\frac{N}{V}\right)^2 \text{ 衝突数 m}^{-3}\text{s}^{-1}$$
$$(2\cdot 31)$$

で与えられる.係数 $\frac{1}{2}$ が式(2・31)に掛かっているのは,二分子間の衝突を重複して数えないためである.三分子以上が同時に衝突する頻度は高圧の場合を除き,とても小さい.化学反応の速度は一般に反応分子がどのくらいの頻度で互いに接触するかによるので,式(2・31)は気相の反応速度論にとってきわめて重要である.この式については第 9 章で再び取上げる.

衝突数に密接に関連する量は連続的に衝突する分子が移動する平均の距離である.この距離は 平均自由行程(mean free path),λ(図 2・14)とよばれ,

$$\lambda = (\text{平均の速さ}) \times (\text{衝突の平均の時間間隔})$$

で定義される.衝突の平均の時間間隔は衝突頻度の逆数であるので,

$$\lambda = \frac{\bar{c}}{Z_1} = \frac{\bar{c}}{\sqrt{2}\pi d^2 \bar{c}(N/V)} = \frac{1}{\sqrt{2}\pi d^2 (N/V)} \quad (2\cdot 32)$$

となる.平均自由行程は気体の数密度 (N/V) に反比例することに注意せよ.このことは,密度の高い気体では単位時間あたりにより多く衝突し,したがって,連続衝突の間に移動する距離は短くなることを意味する.平均自由行程は圧力でも表される.理想気体を仮定すると,

$$P = \frac{nRT}{V} = \frac{(N/N_A)RT}{V}$$
$$\frac{N}{V} = \frac{PN_A}{RT}$$

したがって,式(2・32)は下式のようになる.

$$\lambda = \frac{RT}{\sqrt{2}\pi d^2 PN_A} \quad (2\cdot 33)$$

例題 2・4

1.00 atm, 298 K で,乾燥空気の数密度は約 2.5×10^{19} 分子 cm^{-3} である.空気が窒素分子のみから成っているとして,この条件下での窒素原子の衝突頻度,二体衝突数,および平均自由行程を計算せよ.窒素の衝突直径 (d) は 3.75 Å (1 Å=10^{-8} cm) である.

解 最初に窒素の平均の速さを計算する.式(2・28)から,$\bar{c}=4.7\times 10^2$ m s^{-1} である.衝突頻度は

$$Z_1 = \sqrt{2}\,\pi (3.75\times 10^{-8}\text{ cm})^2 (4.7\times 10^4\text{ cm s}^{-1})(2.5\times 10^{19} \text{ 分子 cm}^{-3})$$
$$= 7.3\times 10^9 \text{ 衝突数 s}^{-1}$$

で与えられる.ここで単位を"分子数"から"衝突数"に置き換えたことに注意しよう.その理由は,Z_1 の誘導の過程で,衝突体積(単位時間の衝突管の体積)内のそれぞれの分子が一つの衝突数を表すからである.二体衝突数は

$$Z_{11} = \frac{Z_1}{2}\left(\frac{N}{V}\right)$$
$$= \frac{(7.3\times 10^9 \text{ 衝突数 s}^{-1})}{2}\times 2.5\times 10^{19} \text{ 分子 cm}^{-3}$$
$$= 9.1\times 10^{28} \text{ 衝突数 cm}^{-3}\text{ s}^{-1}$$

で表される.ここでも,二体衝突の総数を計算するときに分子数を衝突数に換えた.最後に,平均自由行程は

$$\lambda = \frac{\bar{c}}{Z_1} = \frac{4.7\times 10^4 \text{ cm s}^{-1}}{7.3\times 10^9 \text{ 衝突数 s}^{-1}}$$
$$= 6.4\times 10^{-6} \text{ cm 衝突数}^{-1} = 640 \text{ Å 衝突数}^{-1}$$

で与えられる.

コメント 通常は平均自由行程は衝突あたりの距離ではなく,距離で表せば十分である.したがって,この例では,窒素の平均自由行程は 640 Å または 6.4×10^{-6} cm である.

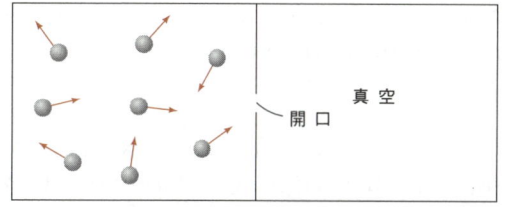

図 2・15 噴散過程.分子は開口(穴)を通って真空領域に移動する.噴散の条件は分子の平均自由行程が開口サイズに比べて大きく,穴がある壁が薄いことである.この条件では開口部を通る際に分子間の衝突が起こらない.同様に,右側の容器の圧が十分に低く穴を通って移動する分子を妨げないことである.

2・9 拡散と噴散のグレアムの法則

気づかないうちに日々の生活でわれわれは分子運動を目の当たりにしている.香水のにおいと膨張したヘリウムゴム風船の収縮はそれぞれ**拡散**(diffusion)と**噴散**(エフュージョン,effusion)の例である.気体分子運動論は両方の過程に適用することができる.

気体の拡散の現象は分子運動の直接の証拠となる.拡散がなければ香水産業は成り立たず,スカンクはただのかわいらしい毛皮動物になったであろう.容器の中で 2 種類の気体を隔てている仕切りを取除くと,分子はすぐに完全に混ざってしまう.それは自然に起こる過程であり,その熱力学的基礎は第 4 章で議論する.噴散においては,気体は高圧の領域から低圧の領域に細孔または開口(穴)を通して動いていく(図 2・15).噴散が起こるためには,開口の直径に比べて分子の平均自由行程が長い必要がある.このことは分子が孔が空いているところに来たときに他の分子と衝突しないで孔を通り抜けることを保証する.つまり,開口を通り抜けうる分子数は開口の穴と等しい面積の壁に衝突する分子数と等しい.

拡散と噴散の分子論的な機構はかなり異なっている(前者は容器に含まれる分子全体の流れが関与し,後者は分子流が関与する)にもかかわらず,それらの二つの現象は同じ形の法則に従う.それらの法則は両方共スコットランドの化学者,Thomas Graham(1805〜1869)によって,拡散の法則は 1831 年に,噴散の法則は 1864 年に発見された.これらの法則によると,等しい温度と圧力下ではガスの拡散(または噴散)の速度は分子量の平方根に反比例する.したがって,2 種類の気体 1 と気体 2 では

$$\frac{r_1}{r_2} = \sqrt{\frac{M_2}{M_1}} \qquad (2\cdot 34)$$

である.ここで r_1, r_2 は 2 種類の気体の拡散(または噴散)の速度である.

参考文献

書 籍

J. O. Hirschfelder, C. F. Curtiss, R. B. Bird, "The Molecular Theory of Gases and Liquids," John Wiley & Sons, New York (1954).

J. H. Hildebrand, "An Introduction to Molecular Kinetic Theory," Chapman & Hall, London (1963) (Van Nostrand Reinhold Company, New York).

A. J. Walton, "The Three Phases of Matter," 2nd Ed., Oxford University Press, New York (1983).

D. Tabor, "Gases, Liquids, and Solids," 3rd Ed., Cambridge University Press, New York (1996).

論 文

気体の法則と状態方程式:

F. S. Swinbourne, 'The van der Waals Gas Equation,' *J. Chem. Educ.*, **32**, 366 (1955).

S. S. Winter, 'A Simple Model for van der Waals,' *J. Chem. Educ.*, **33**, 459 (1959).

J. B. Ott, J. R. Goales, H. T. Hall, 'Comparisons of Equations of State in Effectively Describing *PVT* Relations,' *J. Chem. Educ.*, **48**, 515 (1971).

E. D. Cooke, 'Scuba Diving and the Gas Laws,' *J. Chem. Educ.*, **50**, 425 (1973).

S. Levine, 'Derivation of the Ideal Gas Law,' *J. Chem. Educ.*, **62**, 399 (1985).

D. B. Clark, 'The Ideal Gas Law at the Center of the Sun,' *J. Chem. Educ.*, **66**, 826 (1989).

J. G. Eberhart, 'The Many Faces of van der Waals's Equation of State,' *J. Chem. Educ.*, **66**, 906 (1989).

G. Rhodes, 'Does a One-Molecule Gas Obey Boyle's Law?' *J. Chem. Educ.*, **69**, 16 (1992).

M. Ross, 'Equations of State,' "Encyclopedia of Applied Physics," ed. by G.L. Trigg, Vol. 6, p. 291, VCH Publishers, New York (1993).

J. Wisniak, 'Interpretation of the Second Virial Coefficient,' *J. Chem. Educ.*, **76**, 671(1999).

臨界状態:

F. L. Pilar, 'The Critical Temperature: A Necessary Consequence of Gas Nonideality,' *J. Chem. Educ.*, **44**, 284 (1967).

E. F. Meyer, T. P. Meyer, 'Supercritical Fluids: Liquid, Gas, Both, or Neither? A Different Approach,' *J. Chem. Educ.*, **63**, 463(1986).

C. L. Phelps, N. G. Smart, C. M. Wai, 'Past, Present, and Possible Future Applications of Supercritical Fluid Extraction Technology,' *J. Chem. Educ.*, **73**, 1163(1996).

気体分子運動論:

J. C. Aherne, 'Kinetic Energies of Gas Molecules,' *J. Chem. Educ.*, **42**, 655(1965).

D. K. Carpenter, 'Kinetic Theory, Temperature, and Equilibrium,' *J. Chem. Educ.*, **43**, 332(1966).

E. A. Mason, B. Kronstadt, 'Graham's Laws of Diffusion and Effusion,' *J. Chem. Educ.*, **44**, 740(1967).

W. H. Bowman, R.M. Lawrence, 'The Cabin Atmosphere in Manned Space Vehicles,' *J. Chem. Educ.*, **48**, 152(1971).

B. Rice, C. J. G. Raw, 'The Assumption of Elastic Collisions in Elementary Gas Kinetic Theory,' *J. Chem. Educ.*, **51**, 139 (1974).

B. A. Morrow, D. F. Tessier, 'Velocity and Energy Distribution in Gases,' *J. Chem. Educ.*, **59**, 193(1982).

G. D. Peckham, I. J. McNaught, 'Applications of Maxwell-Boltzmann Distribution Diagrams,' *J. Chem. Educ.*, **69**, 554(1992).

S. J. Hawkes, 'Misuse of Graham's Laws,' *J. Chem. Educ.*, **70**, 836(1993).

S. J. Hawkes, 'Graham's Law and Perpetuation of Error,' *J. Chem. Educ.*, **74**, 1069(1997).

総説:

J. H. Comroe, 'The Lung,' *Sci. Am.*, February(1966).

A. F. Scott, 'The Invention of the Balloon and the Birth of Modern Chemistry,' *Sci. Am.*, January(1984).

S. M. Cohen, 'Temperature, Cool but Quick,' *J. Chem. Educ.*, **63**, 1038(1986).

C. S. Houston, 'Mountain Sickness,' *Sci. Am.*, October (1992).

問題

理想気体

2・1 つぎの各性質を示量性か示強性に分類せよ．力，圧力 (P)，体積 (V)，温度 (T)，質量，密度，モル質量，モル体積 ($\overline{V}$)．

2・2 NO_2，NF_2 などのいくつかの気体はどのような圧力下でもボイルの法則に従わない．説明せよ．

2・3 0.85 atm, 66 ℃ の状態にある理想気体を体積，圧力および温度がそれぞれ 94 ml，0.60 atm，45 ℃ になるまで膨張させた．元々の体積はいくらだったか．

2・4 ボールペンの本体に小孔が空いているものがあるが，この穴の目的は何か．

2・5 理想気体の式から始めて，密度がわかれば気体のモル質量が計算できることを示せ．

2・6 STP (標準温度・圧力) において，0.280 l の気体は 0.400 g である．この気体のモル質量を計算せよ．

2・7 成層圏のオゾン分子は太陽からの有害な放射線の多くを吸収する．成層圏中の典型的なオゾンの温度および分圧はそれぞれ 250 K および 1.0×10^{-3} atm である．この条件で，1.0 l の空気中には何分子のオゾンが存在するか．理想気体を仮定せよ．

2・8 733 mmHg および 46 ℃ において，HBr の密度を g l^{-1} で計算せよ．理想気体を仮定せよ．

2・9 不純物を含む $CaCO_3$ 3.00 g を過剰の HCl に溶解させたところ，0.656 l の CO_2 (20 ℃，792 mmHg で測定) を生成した．試料中の $CaCO_3$ の質量分率 (質量パーセント) を計算せよ．

2・10 水銀の飽和蒸気圧は 300 K で 0.0020 mmHg であり，300 K における空気の密度は 1.18 g l^{-1} である．(a) 空気中の水銀蒸気の濃度を mol l^{-1} で計算せよ．(b) 空気中の水銀の質量を ppm で求めよ．

2・11 1.0 atm, 300 K で体積が 1.2 l の非常に柔らかい風船を成層圏まで上昇させた．成層圏の温度および圧力はそれぞれ 250 K および 3.0×10^{-3} atm である．風船の最終体積はいくらになるか．理想気体を仮定せよ．

2・12 炭酸水素ナトリウム ($NaHCO_3$) は俗に重曹とよばれ，加熱すると二酸化炭素を放出し，クッキー，ドーナッツやパンを膨らませる．(a) 180 ℃，1.3 atm において $NaHCO_3$ 5.0 g を加熱した場合に生成する CO_2 の体積 (l 単位で) を計算せよ．(b) 炭酸水素アンモニウム (NH_4HCO_3) もまたパン種として使われる．パン作りに $NaHCO_3$ の代わりに NH_4HCO_3 を用いた場合の利点および欠点を一つずつ述べよ．

2・13 圧力の一般的な非 SI 単位はポンド毎平方インチ (psi) である．1 atm=14.7 psi である．18 ℃ と寒い場合には，自動車タイヤはゲージ圧で 28.0 psi まで膨張する．(a) 自動車を運転してタイヤが 32 ℃ まで加熱されると，圧力はいくらになるか．(b) タイヤの圧力を元の 28.0 psi に減圧するためにはタイヤ内の空気の何パーセントを放出すればよいか．タイヤの体積は温度によらず一定であるとする〔タイヤのゲージはタイヤ内の圧力ではなく，外部の

圧力（14.7 psi）からの超過分を測定している〕．

2・14 (a) 22 ℃ において 0.98 l の自転車のタイヤを，圧力 5.0 atm になるまで満たすには，同温で 1.0 atm の空気がどれくらいの体積必要だろうか．(5.0 atm はゲージ圧であり，タイヤ内部の圧力と大気圧の差であることに注意せよ．はじめタイヤのゲージ圧は 0 atm である．) (b) ゲージの読みが 5.0 atm であるとき，タイヤ内の全圧はいくらか．(c) タイヤにハンドポンプで 1.0 atm の空気を注入した．シリンダー内に気体を圧縮すると，ポンプ内の空気はすべてタイヤ内に加えられる．ポンプの体積がタイヤの体積の 33 % であるとすれば，ポンプを 3 往復動かすとタイヤのゲージ圧はいくらになるか．

2・15 学生が温度計を壊して，水銀（Hg）の大半が長さ 15.2 m，幅 6.6 m，高さ 2.4 m の実験室の床にこぼれた．(a) 気温 20 ℃ の室内の水銀蒸気の質量を g 単位で計算せよ．(b) 水銀蒸気の濃度は空気の環境規制である 0.050 mg Hg m^{-3} を超えるか．(c) 少量のこぼれた水銀を処理する方法の一つとして，水銀上に硫黄粉末を吹きかけるという方法がある．この処理方法の物理的および化学的な根拠を述べよ．20 ℃ において水銀の蒸気圧は 1.7×10^{-6} atm である．

2・16 窒素はいくつかの気体状酸化物を形成する．そのうちの一つは 764 mmHg，150 ℃ で測定した密度が 1.27 g l^{-1} である．この化合物の化学式を書け．

2・17 純粋な二酸化窒素（NO_2）は気相では得られない．NO_2 と N_2O_4 の混合物として存在するためである．25 ℃ および 0.98 atm において，この混合物気体の密度は 2.7 g l^{-1} である．各気体の分圧はいくらか．

2・18 超高真空ポンプは空気圧を 1.0 atm から 1.0×10^{-12} mmHg に減圧することができる．この圧力下 298 K で 1 l 中に含まれる空気分子の数を計算せよ．計算結果を 1.0 atm，298 K で 1 l 中の空気分子の数と比較せよ．理想気体を仮定せよ．

2・19 温度が 8.4 ℃，圧力が 2.8 atm の湖底にある半径 1.5 cm の気泡が水面に上昇する．水面では温度が 25.0 ℃，圧力が 1.0 atm である．水面に到達したときの気泡の半径を計算せよ．理想気体を仮定せよ〔ヒント：半径 r の球の体積は $\frac{4}{3}\pi r^3$ である〕．

2・20 1.00 atm，34.4 ℃ における乾燥空気の密度は 1.15 g l^{-1} である．空気は窒素および酸素を含み，理想気体としてふるまうと仮定して，空気の組成〔質量分率（質量パーセント）〕を計算せよ〔ヒント：まず空気の"モル質量"を計算し，つぎにモル分率，そして O_2 と N_2 の質量分率を計算せよ〕．

2・21 グルコースの燃焼中に発生する気体は 20.1 ℃，1.0 atm で測ると 0.78 l である．燃焼温度が 36.5 ℃ の場合にはこの気体の体積はいくらになるか．理想気体を仮定せよ．

2・22 体積 V_A および V_B の二つの気球がコックで連結されている．気球内の気体の物質量は n_A モルおよび n_B モルで，はじめの状態では気体は圧力 P，温度 T にある．コックを開くと系の最終的な圧力は P に等しくなることを示せ．理想気体を仮定せよ．

2・23 平均海面での乾燥空気の組成は体積で N_2 78.03 %，O_2 20.99 %，CO_2 0.033 % である．(a) この空気試料の平均モル質量を計算せよ．(b) N_2, O_2, CO_2 の分圧を atm 単位で計算せよ（定温，定圧下では気体の体積は気体のモル数に正比例する）．

2・24 窒素と水素を含む混合気体の質量が 3.50 g であり，300 K，1.00 atm において 7.46 l の体積を占めている．これら二つの気体の質量分率を計算せよ．理想気体を仮定せよ．

2・25 容積 645.2 m^3 の閉め切った部屋の相対湿度は 300 K では 87.6 % であり，300 K における水の蒸気圧は 0.0313 atm である．空気中に含まれる水の質量を計算せよ〔ヒント：相対湿度は $(P/P_s) \times 100$ % で定義され，ここで P および P_s はそれぞれ水蒸気の分圧および飽和分圧である〕．

2・26 密閉容器内での窒息死は通常酸素不足ではなく，体積にして約 7 % で起こる CO_2 の中毒によるものである．10×10×20 フィートの密閉した部屋内で，どのくらいの時間，安全にいられるか〔出典：J. A. Campbell, 'Eco-Chem,' *J. Chem. Educ.*, **49**, 538 (1972)〕．

2・27 2 種類の理想気体 A と B が入ったフラスコがある．系の全圧は気体 A の量にどのように依存するかを図示せよ．すなわち A のモル分率に対して全圧をプロットせよ．同じグラフに B についても同様にプロットせよ．A および B の全モル数は一定である．

2・28 気体ヘリウムと気体ネオンの混合物を 28.0 ℃，745 mmHg において水上置換により回収した．ヘリウムの分圧が 368 mmHg であるとき，ネオンの分圧はいくらになるか〔注意：28 ℃ での水の蒸気圧は 28.3 mmHg である〕．

2・29 気圧計が示す圧力は地球のある場所では低下し，また別のある場所では上昇する．なぜかを説明せよ．

2・30 一片の金属ナトリウムはつぎのように水と完全に反応する．

$$2\,Na(s) + 2\,H_2O(l) \longrightarrow 2\,NaOH(aq) + H_2(g)$$

生成した気体水素を 25.0 ℃ で水上置換により回収した．1.00 atm で測定した気体の体積は 246 ml である．反応で消費されたナトリウムは何グラムか，計算せよ〔注意：25 ℃ での水の蒸気圧は 0.0313 atm である〕．

2・31 金属亜鉛試料は過剰の濃塩酸と完全に反応する．

$$Zn(s) + 2\,HCl(aq) \longrightarrow ZnCl_2(aq) + H_2(g)$$

生成した気体水素を 25.0 ℃ で水上置換により回収した．気体の体積は 7.80 l であり，圧力は 0.980 atm である．反応で消費された金属亜鉛の量（g 単位で）を計算せよ〔注意：25 ℃ での水の蒸気圧は 23.8 mmHg である〕．

2・32 深海ダイバー用の酸素にはヘリウムが混合される．

ダイバーが全圧が 4.2 atm になる深度まで潜水しなければならない場合の気体酸素の体積分率(%)を求めよ(この深さで酸素の分圧は 0.20 atm に維持されている).

2・33 アンモニア(NH₃)気体試料を銅綿上で加熱して窒素と水素に完全に分解した.全圧が 866 mmHg であるとき N_2 と H_2 の分圧を計算せよ.

2・34 空気中の二酸化炭素の分圧は季節によって変化する.北半球での分圧は夏と冬でどちらが高いと予想されるか.説明せよ.

2・35 健康体の成人は1回の呼吸で約 5.0×10^2 ml の気体混合物を吐き出す.37 ℃, 1.1 atm においてこの体積中に含まれる分子数を計算せよ.この気体混合物の主成分を書き出せ.

2・36 気体混合物の分圧を測定する化学的または物理的手法(質量分析法以外で)を記述せよ.(a) CO_2 および H_2, (b) He および N_2.

2・37 気体の法則はスキューバダイバーにとって生死にかかわるほど重要である.33 フィートの海水によって生じる水圧は 1 atm に匹敵する.(a) ダイバーが肺の中の空気を吐き出さずに,36 フィートの深さから水面まで素早く上昇する.彼が水面に到達するとき,彼の肺の体積は何倍に増加するか.温度は一定であると仮定せよ.(b) 空気中の酸素の分圧は約 0.20 atm である(空気は体積にして 20 % が酸素である).深海でのダイビングにおいて,この分圧を保つために,ダイバーが呼吸する空気の組成を変えなければならない.ダイバーに掛かる全圧が 4.0 atm であるとき,酸素の含有量〔体積分率(%)で〕はいくらにしなければならないか.

2・38 コックを通して連結されている 1.00 l と 1.50 l の気球にそれぞれ 0.75 atm のアルゴン, 1.20 atm のヘリウムが同温で満たされている.コックを開いた後の全圧と各気体の分圧および各気体のモル分率を計算せよ.理想気体のふるまいを仮定せよ.

2・39 ヘリウムとネオンの混合物 5.50 g は 300 K, 1.00 atm において 6.80 l の体積を占める.混合物の組成を質量分率(質量パーセント)で計算せよ.

非理想気体

2・40 気体が理想的なふるまいをとらない実例を二つ述べよ.

2・41 理想的にふるまう気体に最も影響を及ぼす条件の組合わせはつぎのどれか.(a) 低圧,低温,(b) 低圧,高温,(c) 高圧,高温,(d) 高圧,低温.

2・42 気体のファンデルワールス定数はその臨界定数から求めることができて,$a = (27R^2T_c^2/64P_c)$, $b = (RT_c/8P_c)$ である.ベンゼンについて,$T_c = 562$ K, $P_c = 48.0$ atm として,その a, b の値を求めよ.

2・43 表 2・1 に示したデータを用いて, 450 K において 1.000 l の体積をもつ 2.500 mol の二酸化炭素によって生じる圧力を計算せよ.理想気体を仮定した場合の圧力と比較せよ.

2・44 表を参照せずに,ファンデルワールスの式の b の最大値をもつ気体をつぎから選択せよ: CH_4, O_2, H_2O, CCl_4, Ne.

2・45 図 2・4 を見ると,He のプロットは低圧下でも正の勾配をもっている.このふるまいを説明せよ.

2・46 300 K において, N_2 と CH_4 のビリアル係数(B)はそれぞれ -4.2 cm³ mol⁻¹, -15 cm³ mol⁻¹ である.この温度では,どちらの気体がより理想的にふるまうだろうか.

2・47 CO_2 の第二ビリアル係数(B)を -0.0605 l mol⁻¹ として, 400 K, 30 atm における二酸化炭素のモル体積を計算せよ.この結果を理想気体の式を用いて得られる結果と比較せよ.

2・48 ある温度における気体のふるまいを記述したビリアル展開 $Z = 1 + B'P + C'P^2$ を考える.つぎの Z-P プロットから,B' と C' の符号($<0, =0, >0$)を導け.

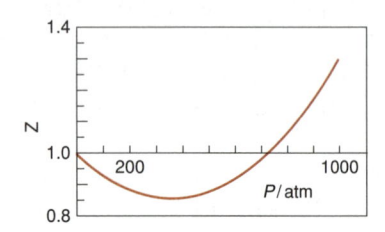

気体分子運動論

2・49 ボイルの法則,シャルルの法則,およびドルトンの法則を気体分子運動論を用いて説明せよ.

2・50 温度は微視的な概念かそれとも巨視的な概念か.説明せよ.

2・51 気体に分子運動論を適用するときに,容器の内壁は分子衝突に対して弾性的であると仮定する.しかし実際は,衝突が弾性的か非弾性的かは気体と内壁とが同じ温度である限り何の違いも与えない.このことを説明せよ.

2・52 45 000 cm s⁻¹ の速さで動いている 2.0×10^{23} 個のアルゴン(Ar)原子が, 4.0 cm² の壁に壁と 90°の角度で毎秒衝突するとき,壁に及ぼす圧力は何 atm か.

2・53 25 ℃ の He が入った立方体の箱がある.もし,原子が垂直(90°)に毎秒 4.0×10^{22} 回の割合で壁に当たるとすると,壁に及ぼす力と圧力を計算せよ.ここで,壁の面積 100 cm², 原子の速度は 600 m s⁻¹ とする.

2・54 20 ℃ での N_2 1 分子,および N_2 1 mol の平均の並進運動エネルギーを計算せよ.

2・55 v_{rms} を 25 ℃ の O_2 のものと同じにするには He を何度まで冷やす必要があるか.

2・56 CH_4 の c_{rms} が 846 m s⁻¹ である.気体の温度は何度か.

2・57 成層圏のオゾン分子の c_{rms} を計算せよ.温度は 250 K である.

2・58 He 原子は何度で 25 ℃ の N_2 分子と同じ c_{rms} をも

つか. N_2 の c_{rms} を計算しないで解け.

マクスウェルの速さ分布

2・59 マクスウェルの速さ分布を導くときに用いる条件をあげよ.

2・60 以下の速さ分布関数をプロットせよ. (a) 同じ温度での He, O_2, UF_6, (b) 300 K と 1000 K での CO_2.

2・61 以下の二つの曲線を同じグラフにプロットすることによってマクスウェルの速さ分布曲線 (図 2・11) の最大値を説明せよ. (1) c に対する c^2 のプロットおよび, (2) c に対する $e^{-mc^2/2k_BT}$ のプロット. (2) のプロットには 300 K のネオン, Ne を用いよ.

2・62 20 °C の一つの N_2 分子を海抜 0 m で放して上向きに移動させる. 温度が一定で, 他の分子と衝突しないとすると, 静止するまでどれだけ移動するか (m 単位で). He 原子についても同様の計算をせよ. 〔ヒント: 分子が到達する高さ h では, ポテンシャルエネルギー mgh が運動エネルギーの初期値に等しくなる. ここで m は質量で, g は重力加速度 (9.81 m s^{-2}) である.〕

2・63 12 個の粒子の速さが 0.5, 1.5, 1.8, 1.8, 1.8, 1.8, 2.0, 2.5, 2.5, 3.0, 3.5, 4.0 cm s^{-1} だとする. 粒子の (a) 平均の速さ, (b) 根平均二乗速さ, (c) 最確の速さを計算し, その結果を説明せよ.

2・64 ある温度で, 容器内の 6 個の気体分子の速さが 2.0, 2.2, 2.6, 2.7, 3.3, 3.5 m s^{-1} である. 根平均二乗速さと分子の平均の速さを求めよ. それら二つの値は互いに似ている. しかし, 根平均二乗値の方がいつも大きい. なぜか.

2・65 以下のグラフはある理想気体の二つの温度 T_1, T_2 でのマクスウェル速さ分布曲線である. T_2 の値を求めよ.

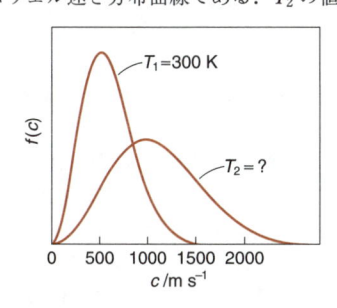

2・66 c_{mp} を表す式を導け 〔ヒント: 式 (2・26) の $f(c)$ を c について微分し, 結果を 0 とおけ〕.

2・67 298 K のアルゴンの c_{rms}, c_{mp}, $\bar{c}$ の値を計算せよ.

2・68 25 °C での C_2H_6 の c_{mp} の値を計算せよ. 速さが 989 m s^{-1} の分子の数と c_{mp} がその値をもつ分子の数の比はいくつか.

分子の衝突と平均自由行程

2・69 分子の速さの大きさを考え, 実験台の一方の端で誰かが高濃度のアンモニアの瓶を開けたとき, 臭うまでになぜそんなに長い時間 (分の単位) がかかるのかを説明せよ.

2・70 気体の平均自由行程は以下の変数にどのように依存するか. (a) 定積下での温度, (b) 密度, (c) 定温下での圧力, (d) 定温下での体積, (e) 分子の大きさ.

2・71 20 個のビー玉が入った袋を激しく揺するときのビー玉の平均自由行程を計算せよ. 袋の体積は 850 cm^3 でビー玉の直径は 1.0 cm である.

2・72 300 K, 1.00 atm での HI 分子の平均自由行程と 1 l あたりの毎秒の二体衝突数を計算せよ. HI 分子の衝突直径は 5.10 Å とし, 理想気体を仮定せよ.

2・73 超高真空実験が日常的に全圧 1.0×10^{-10} Torr で行われている. この条件で 350 K での N_2 分子の平均自由行程を計算せよ. N_2 の衝突直径は 3.75 Å である.

2・74 密閉された容器内ですべてのヘリウム原子が同じ速さ 2.74×10^4 cm s^{-1} で動き出したとする. それらの原子はマクスウェル分布が達成されるまで衝突しあうことが可能である. 平衡での気体の温度は何度か. 気体と外界との熱交換はないとせよ.

2・75 (a) 海抜 0 m ($T=300$ K, 密度 1.2 g l^{-1}) と, (b) 成層圏 ($T=250$ K, 密度 5.0×10^{-3} g l^{-1}) とで, 空気分子の衝突回数と平均自由行程を比較せよ. 1 mol あたりの空気の質量を 29.0 g とし, 衝突直径を 3.72 Å とせよ.

2・76 40 °C での水銀 (Hg) 蒸気の Z_1 と Z_{11} を $P=1.0$ atm と $P=0.10$ atm で計算せよ. それらの二つの値は圧力にどのように依存するか. Hg の衝突直径は 4.26 Å である.

気体の拡散と噴散

2・77 式 (2・23) から式 (2・34) を導け.

2・78 ある種の嫌気細菌によって湿地や下水では可燃性の気体が発生する. この気体の純粋な試料は開口を通って 12.6 分で噴散する. 同一の温度および圧力条件下で, 同じ開口を通って噴散するのに酸素は 17.8 分かかる. この気体分子の質量を計算し, 気体が何であるかを推定せよ.

2・79 ニッケルは化学式が Ni(CO)$_x$ の気体化合物を形成する. 同じ温度および圧力条件下でメタン (CH_4) がこの化合物より 3.3 倍速く噴散するなら, そのときの x の値を求めよ.

2・80 2.00 分で 29.7 ml の He が細孔から噴散する. 同じ温度, 圧力条件下で 10.0 ml の CO と CO_2 の混合気体は同じ時間で噴散する. この混合気体の体積比を計算せよ.

2・81 ^{235}U は ^{238}U から UF$_6$ の噴散によって分離することができる. はじめに 50:50 の混合物があったとすると, 1 回の分離操作後の濃縮の割合を計算せよ.

2・82 等量の H_2 と D_2 がある温度で開口を通して噴散する. 開口を通った気体の組成を (モル分率で) 計算せよ. 重水素のモル質量は 2.014 g mol^{-1} である.

2・83 容積 V に閉じ込められた分子が面積 A の開口を通って噴散する速度 (r_{eff}) は $\frac{1}{4}nN_A\bar{c}A/V$ で表される. ここで n は気体の量 (mol 単位) である. 容積 30.0 l, 圧力 1500 Torr の自動車のタイヤが, とがったくぎの上を通ってパンクした. (a) 穴の直径が 1.0 mm のときの噴散速度

を計算せよ．(b) 中の空気の半分が噴散によって失われる時間を計算せよ．噴散速度とタイヤの容積は一定だと仮定せよ．空気のモル質量は 29.0 g で，温度は 32.0 ℃ である．

補 充 問 題

2・84 平均海面において 1.00 cm^2 の断面積をもつ気圧計は，760 mmHg の圧力を示す．この水銀柱によって生じた圧力は地球表面 1 cm^2 上のすべての空気によって生じる圧力に等しい．水銀の密度が 13.6 g cm^{-3}，地球の平均半径が 6371 km であるとして，地球の大気の全質量を kg 単位で計算せよ〔ヒント：球の表面積は $4\pi r^2$ であり r は球の半径〕．

2・85 ヒトの呼吸 1 回には，平均すれば Wolfgang Amadeus Mozart (1756～1791) がかつて吐き出した分子が含まれている，と言われている．つぎの計算はこの記述の正当性を例示したものである．(a) 大気中の全分子数を計算せよ〔ヒント：問題 2・84 の結果と空気のモル質量 29.0 g mol^{-1} を用いよ〕．(b) 1 回の呼吸（吸い込みまたは吐き出し）の体積を 500 ml として，体温が 37 ℃ であるとき，1 回に吐き出される分子数を計算せよ．(c) Mozart の寿命が正確に 35 年であったとして，この期間（平均的なヒトは 1 分間に 12 回呼吸するとして）に吐き出した分子数を計算せよ．(d) Mozart によって吐き出された空気の大気中のモル分率を計算せよ．ヒトは 1 回の呼吸あたり何個の Mozart の分子を吸っているか．有効数字 1 桁で概算せよ．(e) これらの計算における重要な仮定を，三つ書き出せ．

2・86 温度が 18.0 ℃，大気圧が 750 mmHg である日に，ある貯蔵庫の管理者が部分的にアセトンが満たされた 25.0 ガロンのドラム缶の中身を測定したところ，15.4 ガロンの溶媒が残っていることがわかった．ドラム缶をしっかり密閉した後，助手が階上の有機実験室まで運ぶ途中に落としてしまった．ドラム缶がへこんで内容積が 20.4 ガロンに減少した．この事故の後，ドラム缶内の全圧はいくらになるか．18.0 ℃ においてアセトンの蒸気圧は 400 mHg である〔ヒント：ドラム缶を密閉した際にドラム缶内の圧力（これは空気およびアセトンの圧力の合計に等しい）は大気圧に等しくなった〕．

2・87 気圧の公式として知られている関係は，高度に伴う大気圧の変化を見積もるときに便利である．(a) 高度に伴って大気圧が減少するという知識から，$dP = -\rho g\, dh$ を得る．ここで ρ は空気の密度，g は重力加速度（9.81 m s^{-2}），P と h は圧力および高さである．理想気体および一定温度であると仮定して，高さ h における圧力 P が平均海面での圧力 $P_0(h=0)$ と $P = P_0 e^{-gMh/RT}$ によって関係づけられることを示せ〔ヒント：理想気体について $\rho = PM/RT$，ここで M はモル質量である〕．(b) 空気の平均モル質量が 29.0 g mol^{-1} であるとき，温度が 5.0 ℃ で一定であるとして，高さ 5.0 km における大気圧を計算せよ．

2・88 剛体球気体モデルの場合，分子は有限体積をもつが，分子間に相互作用がないとする．(a) 理想気体と剛体球気体の $P-V$ 等温曲線を比較せよ．(b) b を気体の実効体積として，この気体の状態方程式を書け．(c) この式から，剛体球気体について $Z = P\bar{V}/RT$ を導き，T の二つの値（T_1 および T_2, $T_2 > T_1$）について P に対して Z をプロットせよ．Z 軸の切片の値を必ず示せ．(d) 理想気体および剛体球気体に関して，P を固定して T に対して Z をプロットせよ．

2・89 ファンデルワールスの式の b を物理的に理解する方法の一つは，"排除体積" を計算することである．2 個の同種球体分子間の最近接距離が分子半径の和 ($2r$) であると仮定せよ．(a) 他の分子の中心が通過できない各分子の周りの体積を計算せよ．(b) (a) の結果から，分子 1 mol による排除体積すなわち定数 b を計算せよ．同分子 1 mol の体積の合計とどのように比較できるか．

2・90 水中に立てた燃焼中のロウソクが逆さにしたコップで覆われている実演を見たことがあるかもしれない．ロウソクは消えコップの中の水は上昇する．この現象に対する一般的な説明は，コップ中の酸素が燃焼によって消費されるというものである．しかし酸素の損失分はごく微量である．(a) パラフィンろうの分子式として $C_{12}H_{26}$ を用いて，燃焼の反応式を書け．生成物の性質に基づいて，酸素が排除されることによる水面の予測される上昇分は観測される変化よりもかなり小さいことを示せ．(b) 捕集した空気中の酸素の体積を測定するための化学プロセスを考案せよ〔ヒント：スチールウールを用いよ〕．(c) 炎が消えた後のコップ中の水面上昇のおもな理由は何か．

2・91 ファンデルワールスの式を式(2・14)の形で表せ．ファンデルワールス定数 (a, b) とビリアル係数 (B, C, D) の関係式を導け．ただし次式を用いよ．

$$\frac{1}{1-x} = 1 + x + x^2 + x^3 + \cdots \quad |x| < 1$$

2・92 ボイル温度は係数 B が 0 になる温度である．したがって，実在気体はこの温度では理想気体としてふるまう．(a) このふるまいの物理的解釈を与えよ．(b) 問題 2・91 のファンデルワールスの式の B の結果を用いて，アルゴンのボイル温度を計算せよ．ここで $a = 1.345$ atm l^2 mol^{-2}, $b = 3.22 \times 10^{-2}$ l mol^{-1} とする．

2・93 100 ℃，1.0 atm において水蒸気分子間の距離 (Å) を見積もれ．理想気体を仮定せよ．100 ℃ における水の密度が 0.96 g cm^{-3} であるとして，100 ℃ の液体の水についての計算を繰返せ．結果について考察せよ（H$_2$O 分子の直径はおよそ 3 Å で 1 Å = 10^{-8} cm）．

2・94 原子や分子の速さを測定するために以下の装置を用いることができる．金属原子のビームを真空中で回転する筒に向ける．筒の小さい穴を通って金属原子は目標に到達する．筒は回転しているので，異なる速さで動く原子は異なる場所に当たることになる．結局，標的に金属の層が付着し，その厚さはマクスウェルの速さ分布に対応するこ

とがわかる．ある実験で，850 ℃でいくらかの Bi 原子がスリットの正反対の地点から 2.80 cm だけ離れた場所に当たったとする．筒の直径は 15.0 cm で，1 秒間に 130 回転する．(a) 標的が動く速さ($m\ s^{-1}$) を計算せよ〔ヒント：円周は $2\pi r$ で与えられる．ここで r は半径である〕．(b) 標的が 2.80 cm 動くのに必要な時間（秒単位）を計算せよ．(c) Bi 原子の速さを決定せよ．この結果と Bi の 850 ℃での c_{rms} の値とを比較し，違いについて説明せよ．

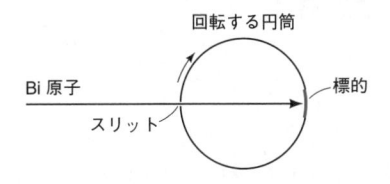

回転する円筒
Bi 原子　標的
スリット

2・95 地球の重力場からの脱出速度 v は $(2GM/r)^{1/2}$ で与えられる．ここで G は万有引力定数 ($6.67\times10^{-11}\ m^3\ kg^{-1}\ s^{-2}$)，$M$ は地球の質量 (6.0×10^{24} kg)，そして r は地球の中心から対象物までの距離 (m) である．熱圏（高度 100 km，$T=250$ K）での He と N_2 分子の平均の速さを比較せよ．これら二つの分子のうちどちらが脱出しやすいか．地球の半径は 6.4×10^6 m である．

2・96 360 K と 293 K とで 1300 $m\ s^{-1}$ の速さをもつ O_3 分子の数比を求めよ．

2・97 300 K，1.0 atm で平衡状態にある 1.0 mol のクリプトン (Kr) の衝突頻度を計算せよ．以下の変化のうちどちらが衝突頻度を増加させるか．(a) 一定圧力で温度を 2 倍にする，(b) 一定温度で圧力を 2 倍にする〔ヒント：Kr の衝突直径は 4.16 Å である〕．

2・98 以下の状況に気体分子運動論の知識を応用して答えよ．(a) 容積 V_1, V_2 の二つのフラスコ ($V_2>V_1$) 内に同じ数のヘリウム原子が同じ温度で入っている．(i) 二つのフラスコ内のヘリウム (He) 原子の根平均二乗速さ (c_{rms}) と平均運動エネルギーを比較せよ．(ii) He 原子が容器の内壁に衝突する頻度と力を比較せよ．(b) 同じ数の He 原子が温度 T_1 と T_2 の同じ容積の二つのフラスコの中に入っている ($T_2>T_1$)．(i) 二つのフラスコ内の He 原子の c_{rms} を比較せよ．(ii) He 原子が容器の内壁に衝突する頻度と力を比較せよ．(c) 同じ数の He とネオン (Ne) 原子が同じ容積の二つのフラスコに入っている．両方の気体の温度は 74 ℃ である．以下の文の正当性についてコメントせよ．(i) He の c_{rms} は Ne のそれと等しい．(ii) 二つの気体の平均運動エネルギーは等しい．(iii) 個々の He 原子の c_{rms} は $1.47\times10^3\ m\ s^{-1}$ である．

2・99 同温，同圧の気体状の He および N_2 それぞれ 1 mol を考えよう．どちらの気体がより大きな値をもつか（もし差があるならば）述べよ．(a) $\bar{c}$，(b) c_{rms}，(c) $\bar{E}_{trans}$，(d) Z_1，(e) Z_{11}，(f) 密度，(g) 平均自由行程．N_2 の直径は He の直径よりも 1.7 倍大きい．

2・100 ある気体状酸化物の根平均二乗速度は 20 ℃ で 493 $m\ s^{-1}$ である．この化合物の分子式はどうなるか．

2・101 つぎの分子の 350 K での平均の運動エネルギー ($\bar{E}_{trans}$) をジュール単位で計算せよ．(a) He，(b) CO_2，(c) UF_6．理由も述べよ．

2・102 ネオンガス試料を 300 K から 390 K まで加熱した．その運動エネルギーの増加の割合を計算せよ．

2・103 マサチューセッツのビルの外側には CO_2 消火器があるが，冬の間の数カ月に消火器を穏やかに振ると中に水があるような音がする．夏期には振っても音がしないことが多い．これを説明せよ．消火器は未使用のもので漏れはないものとする．

3

熱力学第一法則

熱力学 (thermodynamics) は熱と温度に関する学問であり，特に，熱エネルギーから力学的，電気的エネルギーなど他のエネルギー形態への変換の法則を扱う．熱力学は化学，物理学，生物学，工学などに応用される科学の根幹的分野といえる．一体何が熱力学をしてそんなに強力な手法にさせているのか．また熱力学は完全に理論化された分野であり，数学的な技巧を必要としない．熱力学の実用的価値は，ある系で得られた実験事実を体系化し，それを用いてその系における別の事象や，別の系における類似の事象について，さらなる実験なしに推断することを可能とすることにある．たとえば，ある反応が進むかどうか，あるいは反応の最高収率はいくらかを予測することができる．

熱力学は，圧力，温度，体積のような性質に関する巨視的な学問である．量子力学とは異なり，熱力学は特定の分子モデルをもとにしたものではないため，原子や分子の概念が変わってもその理論体系は変わらない．実際，熱力学のおもな基礎は，詳細な原子論が登場するずっと以前にすでに成立していた．このことは熱力学の強みでもあるが，逆に，熱力学の法則から導かれる式によっては複雑な現象を分子レベルで解釈することはできない．また，熱力学は，反応が進む方向やどの程度反応が進むかを予測する助けになるが，それがどのような**速度**で進むかということに対しては何も知見を与えない．このような速度論については，第9章の化学反応速度論で学ぶ．

本章では，熱力学第一法則を説明し，熱化学のいくつかの例について議論する．

3・1 仕事と熱

本節では熱力学第一法則の基礎となる二つの概念，仕事と熱について学ぶ．

仕　事

古典力学では**仕事** (work) は力と距離の積で表される．熱力学では，仕事は表面の仕事，電気による仕事，磁力による仕事など，より広い範囲の作用を含む．気体の膨張を例に，系が外界に対して及ぼす仕事について考えてみよう．気体が，重さや摩擦の無視できるピストンによってシリンダー内に閉じ込められているとする．系の温度は常に一定で T とする．図3・1のように気体は始状態 P_1, V_1, T から終状態 P_2, V_2, T へと膨張できる．また，ピストンの外側には気体は存在しない，つまり，外圧はかかっていないとする．したがって，シリンダー内の気体が膨張しようとする力に対して，ピストンを押さえつける力はピストン上に置かれた質量 m のおもりによる力だけである．おもりをはじめの位置 h_1 から h_2 まで持ち上げるときになされる仕事 (w) は，

$$\text{仕事}(w) = -\text{力} \times \text{距離} = -\text{質量} \times \text{重力加速度} \times \text{距離}$$
$$= -mg(h_2 - h_1) = -mg\Delta h \qquad (3・1)$$

となる．ここで，g は重力加速度 (9.81 m s^{-2})，$\Delta h = h_2 - h_1$ である．m, h の単位はそれぞれキログラム (kg)，メートル (m) なので，w はエネルギー (J) の単位をもつことになる．式(3・1)の $-$ の符号は，$h_2 > h_1$ つまり気体が膨張する過程において w が負であることを示す．この書き方は，系が外界に対して仕事をした場合，なされた仕事は負であるとする慣例に従っている．一方，圧縮の過程では $h_2 < h_1$ なので系に対して仕事がなされることになり w は正となる．

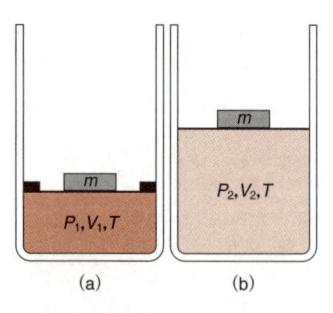

図 3・1 気体の等温膨張．(a) 始状態　(b) 終状態

外側から内部の気体に対してかかる圧力 P_ex は，力/面積であるから

$$P_\text{ex} = \frac{mg}{A}$$

または

$$w = -P_\text{ex} A \Delta h = -P_\text{ex}(V_2 - V_1)$$
$$w = -P_\text{ex} \Delta V \tag{3・2}$$

となる．A はピストンの面積であり，したがって $A\,\Delta h$ は体積の変化を表す．式(3・2)は，膨張の際になされる仕事量は P_ex に依存するということを示している．つまり，実験条件に依存して，温度 T において V_1 から V_2 まで気体が膨張する際になされる仕事量もかなり変わりうる．極端な例として，気体が真空に対して膨張する過程（たとえば，おもり m がピストンから取去られたとき）を考えてみよう．$P_\text{ex} = 0$ なので，なされた仕事 $-P_\text{ex}\Delta V$ も 0 となる．もっと一般的な状況を想定するとピストン自体の重さも考えなくてはならない．このときには気体は<u>一定の外界からの圧力 P_ex に抗して膨張</u>することになる．このような場合の仕事量はこれまで述べてきたように $-P_\text{ex}\Delta V$ となる（$P_\text{ex} \neq 0$）．ここで注意しなくてはならないことは，気体が膨張するに従って気体の圧力 P_in は徐々に小さくなっていくということである．気体が膨張するためには，膨張過程のあらゆる段階において $P_\text{in} > P_\text{ex}$ でなければならない．たとえば，一定温度 T において，はじめの気体の圧力 P_in が 5 atm であり，一定の外圧 1 atm ($P_\text{ex} = 1$ atm) に抗して気体が膨張する状態を考えると，ピストンが上昇するに従って P_in が減少していき，1 atm に等しくなった時点でピストンは静止する．

同じ体積変化の膨張過程から，最大限の仕事を取出すにはどのようにしたらよいのだろうか．ここで，同じ質量をもった無限個のおもりがピストン上に載っていると想定し，そのおもりがピストンに及ぼす圧力が合計 5 atm であるとしよう．この状態では $P_\text{in} = P_\text{ex}$ であるから力学的に平衡にある．つぎにおもりを一つピストン上から取去ると外圧 P_ex はごくわずかに減少し $P_\text{in} > P_\text{ex}$ となるため，内部の気体は膨張し，再び P_in が P_ex と等しくなる．続いて二つめのおもりを取去れば，再び少し気体が膨張し，P_in が P_ex と等しくなる．この動作を最終的に $P_\text{ex} = 1$ atm となるまで繰返す．$P_\text{ex} = 1$ atm において膨張過程は終わる．この一連の動作で得られた仕事量は，どのように見積もることができるだろうか．膨張の各段階で（つまり，おもりをピストンから一つ取除くごとに）得られる仕事量は体積の微小変化量を dV として $-P_\text{ex} dV$ と表すことができる．したがって体積が V_1 から V_2 まで変化する過程で得られた仕事の総量は，

$$w = -\int_{V_1}^{V_2} P_\text{ex}\,dV \tag{3・3}$$

と表される．この式において P_ex はもはや一定ではないため，この積分を計算することはできない．しかしながら膨張の各段階において P_in が P_ex よりわずかだけ大きいことに留意すれば，

$$P_\text{in} - P_\text{ex} = dP$$

とおくことができる．これを用いて式(3・3)は，

$$w = -\int_{V_1}^{V_2} (P_\text{in} - dP)\,dV$$

となる．$dP\,dV$ は，二つの微小量の積であるから $dP\,dV \approx 0$ として無視することができる．したがって，上の式は

$$w = -\int_{V_1}^{V_2} P_\text{in}\,dV \tag{3・4}$$

と書ける．P_in は系（すなわち気体）の圧力であるから，特別に気体の状態方程式を用いて表すことができる．理想気体の場合，

$$P_\text{in} = \frac{nRT}{V}$$

であり，n, T が一定のとき $P_1 V_1 = P_2 V_2$ であるので，式(3・4)は

$$w = -\int_{V_1}^{V_2} \frac{nRT}{V}\,dV$$

$$w = -nRT \ln \frac{V_2}{V_1} = -nRT \ln \frac{P_1}{P_2} \tag{3・5}$$

となる．

式(3・5)は P_ex 一定でなされた仕事 $-P_\text{ex}\Delta V$ とは異なっており，体積が V_1 から V_2 に膨張する際の<u>最大の仕事量</u>を表している．なぜなら，仕事は外圧に抗してなされるから，あらゆる段階で外圧を内部の圧力よりも常に少しだけ小さな値にして膨張するときに最大量の仕事をすることができるからである．このような過程では膨張は**可逆的**（reversible）であるといえる．可逆的の意味するところは，もし微小量 dP だけ外圧を増加させれば膨張をすぐに止めることができ，さらに微小量 dP だけ P_ex を増加させれば気体を圧縮することができる，ということである．したがって，可逆過程とは常に平衡状態からわずかだけずらしてできる過程といえる．

本当の意味での可逆過程を実現するためには無限大の時間が必要である[*]．したがって実際には可逆過程を実現す

---

[*] 1 回に 1 個ずつおもりをピストンから取除こうとすると，無限個のおもりを取除くためには無限大の時間がかかる．

ることはできない．気体を非常にゆっくりと膨張させて系を可逆過程に近づけることはできるが，真の意味での可逆過程とは言えない．実験室において実現できるのは常に不可逆過程の仕事である．われわれが可逆過程に注目するのは，ある一つの過程から取出しうる最大仕事量を計算によって求めることができるからである．第4章で述べるが，この最大仕事量は，化学的過程あるいは生物学的過程の効率を評価するために重要な値である．

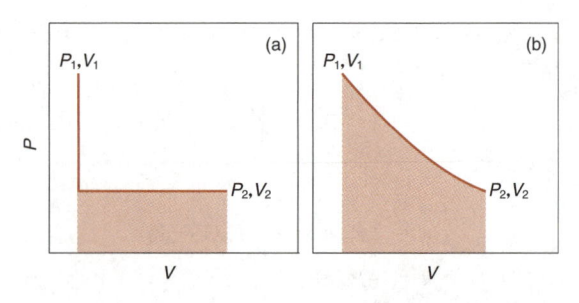

図 3・2 P_1, V_1 から P_2, V_2 への等温膨張．(a) 不可逆過程，P_2 は一定の外圧であることに注意．(b) 可逆過程．それぞれの場合で，影の付いた部分の面積は膨張の間にした仕事量を示す．可逆過程において最大の仕事がなされる．

例題 3・1

0.850 mol の理想気体を 300 K で 15.0 atm から 1.00 atm まで等温膨張させる．以下の場合のそれぞれの仕事量を求めよ．(a) 真空に抗しての膨張，(b) 一定の外圧 1.00 atm に抗する膨張，(c) 可逆膨張．

解 (a) $P_{ex}=0$ であるから $-P_{ex}\Delta V=0$，したがって仕事はされない．

(b) 外圧が 1.00 atm であるから系は膨張に際して仕事を行う．理想気体の状態方程式よりはじめと終わりのそれぞれの体積は，

$$V_1 = \frac{nRT}{P_1}, \quad V_2 = \frac{nRT}{P_2}$$

また，終わりの状態の圧力は外圧に等しい（＝1 atm）ので，$P_{ex}=P_2$ である．したがって，式(3・2)より，下式が得られる*．

$$w = -P_2(V_2-V_1) = -nRTP_2\left(\frac{1}{P_2} - \frac{1}{P_1}\right)$$
$$= -(0.850 \text{ mol})(0.082\,06 \text{ l atm K}^{-1}\text{ mol}^{-1}) \times$$
$$(300 \text{ K})(1.00 \text{ atm})\left(\frac{1}{1.00 \text{ atm}} - \frac{1}{15.0 \text{ atm}}\right)$$
$$= -19.5 \text{ l atm} = -1.98 \times 10^3 \text{ J}$$

(c) 等温可逆過程では，仕事は式(3・5)で与えられる．

$$w = -nRT \ln\frac{V_2}{V_1} = -nRT \ln\frac{P_1}{P_2}$$
$$= -(0.850 \text{ mol})(8.314 \text{ J K}^{-1}\text{ mol}^{-1})(300 \text{ K}) \ln\frac{15}{1}$$
$$= -5.74 \times 10^3 \text{ J}$$

これまで述べた通り，可逆過程においては系から最大限の仕事を取出すことが可能である．図3・2に例題3・1の (b) および (c) で求められた仕事量を示す．不可逆過

---

* 1 l atm＝101.3 J を思い出すこと．

程（図3・2a）では得られた仕事は $P_2(V_2-V_1)$ であり，これは図中で影を付けた部分の面積に対応する．可逆過程（図3・2b）においても仕事量は図中の影を付けた部分の面積で示されるが，可逆過程では，外圧はもはや一定値をとらないから，影を付けた部分の面積はかなり大きいことが理解できよう．

以下で述べることがらから，仕事についてのいくつかの結論を導き出すことができる．第一に，仕事はエネルギー移動の方法の一つであるといえる．内外の圧力に差があれば気体は膨張する．内部の圧力と外部の圧力が等しくなれば，もはや仕事という言葉は意味をもたなくなる．第二に，仕事の量はその過程がどのようにして行われたかに依存するということである．つまり，始状態と終状態が同じだったとしても，途中にたどる**経路** (path) が異なれば（たとえば，可逆的であるか，あるいは不可逆的であるか），得られる仕事量は違ってくる．その意味では，仕事は系の状態だけで決まる**状態量**（quantity of state）または**状態関数**（state function）ではない．仕事はある系がもつ固有の値ではないため，"系が多くの仕事をもっている" などのような使い方はされない．

状態量の重要な性質の一つは，系の状態が変化したときの状態量の変化量は，系の始状態と終状態だけに依存し，系がどのような経路で変化したかにはよらないということである．ここで，一定の温度で気体が体積 $V_1(2\text{ l})$ から $V_2(4\text{ l})$ まで膨張したときについて考えてみよう．体積の増加量は，

$$\Delta V = V_2 - V_1 = 4 \text{ l} - 2 \text{ l} = 2 \text{ l}$$

で与えられる．体積を変化させる方法は何通りもある．たとえば，直接 2 l から 4 l まで膨張させることも可能だし，初めに 6 l まで膨張させてから 4 l まで圧縮させる方法もある．どのような方法で変化させたとしても，体積の変化量は常に 2 l である．体積と同じように，圧力，温度も状態量である．

熱

熱（heat）とは温度の異なる二つの物体間で起こるエネルギーの移動である*. 仕事と同様に, 熱も系の境界に現れるもので経路に依存する. 物体の間に温度差があればエネルギーは熱い物体から冷たい物体へと移動する. 二つの物体の温度が等しくなれば, もはや熱という言葉は意味をもたなくなる. 熱は系がもつ固有の値ではないため, 状態量ではない. したがって熱は経路によって変わる量である. 100.0 g の水を 1 atm で 20.0 ℃ から 30.0 ℃ まで加熱するとしよう. この過程の熱の移動はどのようになっているだろうか. この問いは, どのような経路によって温度の変化がもたらされたかを明らかにしない限り答えることができない. ここではヒーターを用いて電気的に, またはブンゼンバーナーで水を加熱し, 温度を上昇させたとしよう. 外界から系に伝達された熱量 q は,

$$q = ms\,\Delta T$$
$$= (100.0\,\text{g})(4.184\,\text{J g}^{-1}\,\text{K}^{-1})(10.0\,\text{K}) = 4184\,\text{J}$$

となる. ここで s は水の比熱容量である. 温度上昇は系に対する機械的仕事によってもなされうる. たとえば, マグネチックスターラーを用いて水をかくはんすれば, 水とかくはん子の間の摩擦によって水温を上げることができる. この場合, 熱の移動は 0 である. あるいは, はじめヒーターによって水を 20.0 ℃ から 25.0 ℃ まで加熱し, その後, スターラーを用いて水をかくはんし 30.0 ℃ まで昇温したとしよう. この場合, q は 0 と 4184 J の間の値をもつことになる. 系の温度をある一定の値だけ上昇しようとする場合に考えられる方法は無限にあり, 熱量はどのような方法, 経路を通ったかによって異なっている.

まとめると, 仕事と熱は状態量ではなく, どれくらいのエネルギーが移動したかを測る物差しである. また, 仕事, 熱の変化量は, どのような経路を通って状態が変化したかに依存している. **熱化学カロリー**（thermochemical calorie）とジュールの間には, 1 cal = 4.184 J の変換式が成り立つ（この式は熱を力学的な値に変換するのにも役立つ）.

3・2 熱力学第一法則

熱力学第一法則（first law of thermodynamics）は, エネルギーは一つの形態から別の形態へと変換することはできるが, 新たに生み出したり無くしてしまうことはできない, というものである. 別の見方をすれば, 全宇宙のエネルギーの総量は一定であるということを意味している. 一般的に, 全宇宙のエネルギー E_{univ} は, 二つに分けられる.

---
* 熱という言葉自体がエネルギーの移動を意味しているが, 熱の出入り, 熱の流れ, 熱の吸収・放出のように使われることが多い.

$$E_{\text{univ}} = E_{\text{sys}} + E_{\text{surr}}$$

ここで, E_{sys} および E_{surr} は, それぞれ系がもつエネルギーと系を取囲む外界がもつエネルギーを示す. ある与えられた過程において, エネルギー変化量は

$$\Delta E_{\text{univ}} = \Delta E_{\text{sys}} + \Delta E_{\text{surr}} = 0$$

または

$$\Delta E_{\text{sys}} = -\Delta E_{\text{surr}}$$

である. したがって, ある系においてエネルギーが ΔE_{sys} だけ増加あるいは減少すれば, 宇宙のそれ以外の部分, すなわち外界がもつエネルギーはそれと同じ量だけ減少あるいは増加することになる. つまり, 一方で増加した分のエネルギーが別の場所で失われているということである. また, エネルギーはその形態をさまざまなものに変えることができるため, ある系において失われたエネルギーが, 別の系において異なったエネルギー形態でエネルギーの増加が起こるということもありうる. たとえば, 発電所において石油を燃やしたときに失ったエネルギーは, 最終的に電気エネルギー, 熱エネルギー, 光エネルギーとしてわれわれの家庭までやってくることになる.

化学では, 普通われわれの興味の対象となるのは系のもつエネルギーの変化であって, 外界のもつエネルギー変化ではない. われわれは, これまで仕事や熱は状態量ではなく, 系がどれくらいの熱や仕事をもっているかという質問には意味がないということを学んできた. それに対し, 系の内部エネルギーは状態量であり, 温度, 圧力, 組成などの状態に関する熱力学パラメーターだけで決まる量である. ここで "内部" と言ったのは, 系がもつエネルギーには他の形態のものも多く含まれていることを示唆している. たとえば, 系全体が動いていれば系は運動エネルギー（E_{k}）をもつ. 系が位置エネルギー（E_{p}）をもつこともある. したがって, 系が保有する全エネルギー E_{total} は,

$$E_{\text{total}} = E_{\text{k}} + E_{\text{p}} + U$$

で表されることになる. ここで U は内部エネルギーである. 内部エネルギーには分子の, 並進, 回転, 振動, 電子の各エネルギー, 核エネルギー, さらには分子間相互作用によるエネルギーも含まれている. われわれが想定する系のほとんどは静止した系であり, 電場や磁場などのような外部からの作用は存在しないとする. したがって E_{k} および E_{p} は 0 で $E_{\text{total}} = U$ となる. これまでに述べたように, 熱力学はある特定のモデルをもとにしているものではない. ゆえに, われわれは内部エネルギー U の厳密な本質を知る必要はないし, 実際, U の値を正確に計算する手段をもっていない. これから述べるように, 必要なのはある過程に

おける U の変化を見積もる方法である．簡単のため，これ以後は内部エネルギーを単にエネルギーとよび，その変化量 ΔU を

$$\Delta U = U_2 - U_1$$

とする．ここで U_1, U_2 はそれぞれ始状態および終状態の内部エネルギーである．

エネルギーは，系がある状態から別の状態に変わるとき，その経路によらず常に同じ量だけ変化するという点において，仕事や熱とは異なる．数学的には熱力学第一法則はつぎの式で表される．

$$\Delta U = q + w \qquad (3 \cdot 6)$$

微小変化量について，

$$dU = đq + đw \qquad (3 \cdot 7)$$

式(3・6)および式(3・7)は，系の内部エネルギー変化量は，系と外界との間の熱の移動 q と，系が外界にした仕事[*1]（あるいは外界からされた仕事）w との和で表されるということを示している．q と w の符号は慣例上，表3・1のように決められている．ここで q と w については Δ を付けないことに注意されたい．Δ は始状態での値と終状態での値との違いを意味するが，状態量ではない q と w は系の状態によって決まる量ではないため Δ を付けることに意味がないからである．また，dU は完全微分であり（付録1参照），その積分形である $\int_1^2 dU$ は経路によらない値をもっているのに対して，$đ$ は不完全微分で，$đq$, $đw$ は経路に依存するものである．本書では，状態量である熱力学量に関しては，U, P, T, V のように大文字を用い，状態量ではない q, w などには小文字を用いることにする．

式(3・6)の簡単な説明として，閉じた容器の中の気体の加熱を考えてみよう．気体の体積が一定であるから膨張の仕事はなされない．そのため $w=0$ で

$$\Delta U = q_V + w = q_V \qquad (3 \cdot 8)$$

となる．ここで下付きの $_V$ は定容過程であることを示す．したがって気体のエネルギーの増加は気体が外界から吸収する熱に等しいことになる．式(3・8)は状態量である ΔU が，前述したように状態量ではない熱量と，直接等号で結

表3・1 仕事と熱の符号

過程	符号
系が外界に対してする仕事	−
外界から系がされる仕事	+
系によって外界から吸収される熱量（吸熱反応）	+
系から外界に放出される熱量（発熱反応）	−

[*1] なされた仕事はすべて P-V の性質を有すると仮定した．

びつけられているので，奇妙に感じるかもしれない．しかし，一定体積下で起こるなどのように，特定の過程あるいは経路の下でと条件を制限すれば，q_V はある決まった条件下では一つの値のみをもちうることになる．

エンタルピー

実験室での化学的，物理的過程の多くは，定容条件下ではなく定圧条件下（すなわち大気圧下）で行われる．一定の外圧 P に抗して不可逆膨張する気体を考えよう．すなわち $w = -P\Delta V$ で，式(3・6)は

$$\Delta U = q + w = q_P - P\Delta V$$

または

$$U_2 - U_1 = q_P - P(V_2 - V_1)$$

となる．ここで下つき文字 $_P$ は定圧過程を示す．この式を変形して

$$q_P = (U_2 + PV_2) - (U_1 + PV_1) \qquad (3 \cdot 9)$$

となる．**エンタルピー**（enthalpy），H とよばれる関数を以下のように定義する．

$$H = U + PV \qquad (3 \cdot 10)$$

U, P, V はそれぞれ系のエネルギー，圧力，体積である．式(3・10)の項はすべて状態量であるから H も状態量であり，H はエネルギーの単位をもっている．式(3・10)から H の変化は，

$$\Delta H = H_2 - H_1 = (U_2 + P_2V_2) - (U_1 + P_1V_1)$$

となる．一定圧力での変化なので $P_2 = P_1 = P$ とおくと，式(3・9)との比較から，

$$\Delta H = (U_2 + PV_2) - (U_1 + PV_1) = q_P$$

となる．つまり，特定の経路——ここでは一定圧力条件——の変化に限っては，熱量の変化 q_P が状態量である H の変化と直接結び付けられるということを示している．

通常，ある系において状態1から状態2に変化するときのエンタルピーの変化は

$$\begin{aligned}\Delta H &= \Delta U + \Delta(PV) \\ &= \Delta U + P\Delta V + V\Delta P + \Delta P\Delta V \end{aligned} \qquad (3 \cdot 11)$$

で表される．最後の項，$\Delta P \Delta V$ は無視することができない[*2]．この式(3・11)は圧力や体積が一定に保たれていな

[*2] 状態1から状態2への PV の変化を表す $\Delta(PV)$ は $[(P+\Delta P)\cdot(V+\Delta V)-PV] = P\Delta V + V\Delta P + \Delta P\Delta V$ と書けることに注意せよ．微小量の変化であれば，$dH = dU + PdV + VdP + dPdV$ と書ける．$dPdV$ は二つの微小量の積なので無視することができ，$dH = dU + PdV + VdP$ となる．

くても用いることができる．圧力が一定であり，また系から外界に向かってかかる圧力 P_{in} と外界から系にかかる圧力 P_{ext} とが等しいという条件の下では，

$$P_{in} = P_{ext} = P$$

となり，すなわち $\Delta P=0$ なので式(3・11)は

$$\Delta H = \Delta U + P\Delta V \tag{3・12}$$

となる．同様に微小変化量に対して下式が成り立つ．

$$dH = dU + PdV \tag{3・13}$$

ΔU と ΔH の比較

ΔU と ΔH の違いは何であろうか．ΔU と ΔH は共にエネルギー変化であるが，用いられる条件が異なるためそれらの値が異なる．つぎのような状況を考えてみよう．2 mol の Na が水と反応するとき，

$$2\,Na(s) + 2\,H_2O(l) \longrightarrow 2\,NaOH(aq) + H_2(g)$$

放出される熱量は 367.5 kJ である．反応は定圧下で行われるので $q_P = \Delta H = -367.5$ kJ である．内部エネルギーの変化を見積もるため式(3・12)を

$$\Delta U = \Delta H - P\Delta V$$

と変形する．温度は 25 ℃ とし，溶液の体積変化は小さいので無視する．1 atm で発生する 1 mol の H_2 のもつ体積は 24.5 l なので，$-P\Delta V = -24.5$ l atm すなわち -2.5 kJ となる．したがって

$$\Delta U = -367.5\,kJ - 2.5\,kJ = -370.0\,kJ$$

この計算の結果，ΔU と ΔH の値がわずかに異なることがわかった．ΔH が ΔU より小さくなる理由は，放出される内部エネルギーの一部が，気体を膨張させる（発生する H_2 ガスが空気を押しのける）仕事に使われたため，発生する熱が減少したからである．一般に，気体が関与する反応では，ΔH と ΔU の差は $\Delta(PV)$ または $\Delta(nRT)$（温度 T が一定ならば $RT\Delta n$）である．ここで，Δn は気体の物質量（モル数）の変化であり，

$$\Delta n = n_{生成物} - n_{反応物}$$

と表される．一定温度では $\Delta H = \Delta U + RT\Delta n$ となる．上の反応では $\Delta n = 1$ mol である．したがって，$T = 298$ K では $RT\Delta n$ は約 2.5 kJ である．この値は小さいが，現実には無視しきれない量である．それに対して，凝縮相（液相，固相）での化学反応では，通常 ΔV は小さく（1 mol の反応物が生成物に変換されるにあたり 0.1 l 以下），$P\Delta V$ は 0.1 l atm すなわち 10 J で，ΔU や ΔH に比べて無視しうる．したがって，気体が関与しない反応や $\Delta n=0$ である反応であれば，ΔU と ΔH はまったく同一であると考えてよい．

例題 3・2

つぎの物理変化での ΔH と ΔU の値を比較せよ．(a) 1 atm, 273 K での 1 mol の氷から 1 mol の水への変化, (b) 1 atm, 373 K での 1 mol の水から 1 mol の水蒸気への変化．273 K での氷と水のモル体積は，それぞれ 0.0196 l mol^{-1} と 0.0180 l mol^{-1} である．373 K での水と水蒸気のモル体積は，それぞれ 0.0188 l mol^{-1} と 30.61 l mol^{-1} である．

解 両方とも定圧条件下での変化であるから，

$$\Delta H = \Delta U + \Delta(PV) = \Delta U + P\Delta V$$

または

$$\Delta H - \Delta U = P\Delta V$$

である．
(a) 氷が溶けるときのモル体積変化は，

$$\begin{aligned}\Delta V &= \overline{V}(l) - \overline{V}(s) \\ &= (0.0180 - 0.0196)\,l\,mol^{-1} = -0.0016\,l\,mol^{-1}\end{aligned}$$

であるから，

$$\begin{aligned}P\Delta V &= (1\,atm)(-0.0016\,l\,mol^{-1}) \\ &= -0.0016\,l\,atm\,mol^{-1} = -0.16\,J\,mol^{-1}\end{aligned}$$

となる．
(b) 水が気化するときのモル体積変化は，

$$\begin{aligned}\Delta V &= \overline{V}(g) - \overline{V}(l) \\ &= (30.61 - 0.0188)\,l\,mol^{-1} = 30.59\,l\,mol^{-1}\end{aligned}$$

であるから，

$$\begin{aligned}P\Delta V &= (1\,atm)(30.59\,l\,mol^{-1}) \\ &= 30.59\,l\,atm\,mol^{-1} = 3100\,J\,mol^{-1}\end{aligned}$$

となる．

コメント この例から，凝縮相における ΔH と ΔU の違いは無視できるほど小さいが，気体が関与した場合には無視できない値をもつことがわかる．また，(a) の例では，$\Delta U > \Delta H$ なので，系の内部エネルギーの増加量は系が吸収した熱量よりも大きい．これは，氷が解けるときに体積が減少し，系が外界から仕事をされたからである．(b) では逆に体積が増加するため，水蒸気が外界に対して仕事をすることになる．

3・3 熱 容 量

本節では，**熱容量** (heat capacity) とよばれる熱力学量について学ぶ．これを用いると，系の温度変化の結果として

系のエネルギー変化（ΔUやΔH）を見積もることができる.

物質に熱を加えれば，物質の温度は上昇する*. これはよく知られた事実である. しかし，その温度がどれくらい上昇するかは，1) 加えられた熱の量（q），2) 存在する物質の量（m），3) 物質の化学的性質と物理的状態で決定される比熱（s），4) 熱が物質に加えられたときの状況，に影響される. ある量の物質に熱が与えられたときの温度上昇ΔTは，比例定数Cを用いて，

$$q = ms\,\Delta T = C\,\Delta T$$

または

$$C = \frac{q}{\Delta T} \tag{3・14}$$

と表される. 比例定数Cは熱容量とよばれる（ある物質の比熱とは1℃または1Kだけ物質1gの温度をあげるのに必要なエネルギーである. 単位は$\mathrm{J\,g^{-1}\,K^{-1}}$で，ここで$C=ms$で$m$が$g$の単位であるから$C$は$\mathrm{J\,K^{-1}}$の単位をもつ）.

温度の増加量は存在する物質の量にも依存するから，物質1 molあたりの熱容量，モル熱容量（$\overline{C}$）を考えると便利なことが多い. $\overline{C}$は，

$$\overline{C} = \frac{C}{n} = \frac{q}{n\,\Delta T} \tag{3・15}$$

と表される. ここでnは存在する物質のモル数で，$\overline{C}$は$\mathrm{J\,K^{-1}\,mol^{-1}}$の単位をもつ. Cは示量性であるが，$\overline{C}$は他のモル量と同様，示強性であることに注意されたい.

定容熱容量と定圧熱容量

熱容量は直接測定が可能な値である. 物質の量とそこに加えられた熱量，温度の変化量がわかれば，式（3・15）に基づいて$\overline{C}$を容易に求めることができる. しかし，$\overline{C}$は熱がどのような過程によって物質に加えられたかにも依存していることは明白である. この過程にはさまざまなものが実用上考えられるが，ここでは重要な二つのケース，定容条件下と定圧条件下でのものを考えてみよう. これまで§3・2において，定容条件下では系が得た熱は内部エネルギーの増加に等しい，つまり$\Delta U = q_V$であることを学んだ. したがって，定容条件下での熱容量C_Vはある一定量の物質に対して，

$$C_V = \frac{q_V}{\Delta T} = \frac{\Delta U}{\Delta T}$$

となる. または偏微分を用いて（付録1参照），

---
*ここでの熱容量に関する議論では相変化は起こらないと仮定している.

$$C_V = \left(\frac{\partial U}{\partial T}\right)_V \tag{3・16}$$

または下式のようになる.

$$dU = C_V\,dT \tag{3・17}$$

すでに見たように定圧過程では$\Delta H = q_P$であるから，定圧熱容量は

$$C_P = \frac{q_P}{\Delta T} = \frac{\Delta H}{\Delta T}$$

となる. あるいは偏微分を用いて

$$C_P = \left(\frac{\partial H}{\partial T}\right)_P \tag{3・18}$$

であるから，下式が得られる.

$$dH = C_P\,dT \tag{3・19}$$

C_VおよびC_Pの定義から，定容または定圧過程でのΔU，ΔHをそれぞれ計算することができる. 式（3・17）および式（3・19）をT_1からT_2の間で積分すると，

$$\Delta U = \int_{T_1}^{T_2} C_V\,dT = C_V(T_2 - T_1) = C_V\,\Delta T = n\overline{C}_V\,\Delta T \tag{3・20}$$

$$\Delta H = \int_{T_1}^{T_2} C_P\,dT = C_P(T_2 - T_1) = C_P\,\Delta T = n\overline{C}_P\,\Delta T \tag{3・21}$$

が得られる. nは対象となる物質のモル数であり，$C_V = n\overline{C}_V$，$C_P = n\overline{C}_P$となる. これまで，C_VおよびC_Pは温度に関係なく一定であるとしてきたが，これは正しくない. 多くの物質についてたとえば定圧熱容量の温度依存性を調べたところ，ある温度範囲において$C_P = a + bT$（a，bは物質の種類で決まる定数）となることがわかった. これを，式（3・21）に適用すればより厳密な計算が可能である. 同様の式はC_Vにも当てはまる. しかし$\Delta T \leq 50\,K$程度の小さい温度変化であれば，C_VとC_Pは温度によらず一定であると見なして差し支えない.

表 3・2 種々の気体の定容モル熱容量（298 K）

気体	$\overline{C}_V/\mathrm{J\,K^{-1}\,mol^{-1}}$	気体	$\overline{C}_V/\mathrm{J\,K^{-1}\,mol^{-1}}$
He	12.47	O_2	21.05
Ne	12.47	CO_2	28.82
Ar	12.47	H_2O	25.23
H_2	20.50	SO_2	31.51
N_2	20.50		

図 3・4 並進，回転，振動，および電子的運動に対応するエネルギー準位

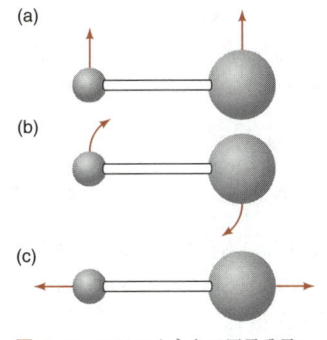

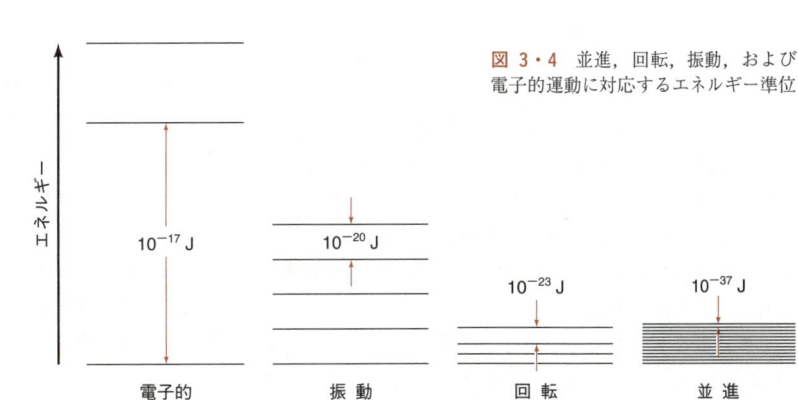

図 3・3 HClのような二原子分子の (a) 並進，(b) 回転，(c) 振動の運動

熱容量に関する分子的な解釈

さてここで理想的なふるまいをする気体に焦点を絞ろう．§2・6で気体1molの並進の運動エネルギーは$\frac{3}{2}RT$であることがわかった．それゆえモル熱容量$\overline{C}_V$は

$$\overline{C}_V = \left(\frac{\partial U}{\partial T}\right)_V = \left(\frac{\partial \frac{3}{2}(RT)}{\partial T}\right)_V = \frac{3}{2}R = 12.47 \text{ J K}^{-1}\text{mol}^{-1}$$

で得られる．表3・2はいくつかの気体に対するモル熱容量の測定値である．単原子気体（すなわち希ガス）では非常によい一致を示すが，分子ではかなりの違いが見いだされる．熱容量が分子で$12.47 \text{ J K}^{-1}\text{mol}^{-1}$より大きいのはなぜかを考えるためには量子力学を用いる必要がある．分子は原子とは違い，並進運動——分子全体が空間を通る運動——に加え，回転運動，振動運動をもちうる（図3・3）．量子力学によれば，分子の電子，振動，および回転のエネルギーは量子化されている（第11, 14章でさらに議論する）．すなわち，図3・4に示すように，運動の種類によって分子のエネルギー準位が異なる．連続する二つの電子的エネルギー準位の隔たりは振動エネルギー準位の隔たりに比べてはるかに大きく，そして振動エネルギー準位の隔たりは回転エネルギー準位の隔たりに比べてはるかに大きい．連続する並進運動エネルギー準位の隔たりは非常に小さく，実際上は，連続したエネルギー準位として扱える．要するに，たいていの実用的な目的においては連続準位として扱える．したがって，並進運動はエネルギーが連続して変化するので，量子論的というより古典現象として扱える．

それらのエネルギー準位は熱容量にどう関与するのか．ある気体試料が外界から熱を吸収すると，そのエネルギーはいろいろな種類の運動を促進するのに使われる．この意味で，熱容量の本当の意味はエネルギー容量である．なぜなら，この値は系がエネルギーを保持する能力を示すからである．エネルギーは一部は回転運動として保持され，分子はより高い回転準位に上がる（すなわちより速く回転する）かもしれない．または，エネルギーは一部は振動運動として保持されるかもしれない．それぞれの場合で，分子はより高いエネルギー準位に上がる．

図3・4に示すように，高い回転準位に励起する方が高い振動や電子準位に励起するよりも簡単であり，実際その通りである．定量的には，温度Tにおいて二つのエネルギー準位E_1, E_2の占有数の比N_2/N_1は**ボルツマン分布則**（Boltzmann distribution law）に従う．

$$\frac{N_2}{N_1} = e^{-\Delta E/k_B T} \qquad (3 \cdot 22)$$

ここでN_2とN_1はそれぞれE_2, E_1の分子数で$\Delta E = E_2 - E_1$，k_Bはボルツマン定数で$1.381 \times 10^{-23} \text{ J K}^{-1}$である．式(3・22)から，有限の温度で熱平衡にある系では$N_2/N_1 < 1$であり，すなわち，高い準位にある分子数は低い準位の分子数よりいつも少ない（図3・5a～c）．

式(3・22)を用いていくつかの簡単な見積もりをすることができる．並進運動では，隣り合ったエネルギー準位のエネルギー差ΔEは約10^{-37} Jであり，298 Kでの$\Delta E/k_B T$は

図 3・5 三つの異なる種類 (a)～(c) のエネルギー準位におけるある有限の温度Tでの定性的なボルツマン分布．もし，エネルギー準位間の間隔が$k_B T$に比べて大きければ，ほとんどの分子は最低の準位にとどまる．

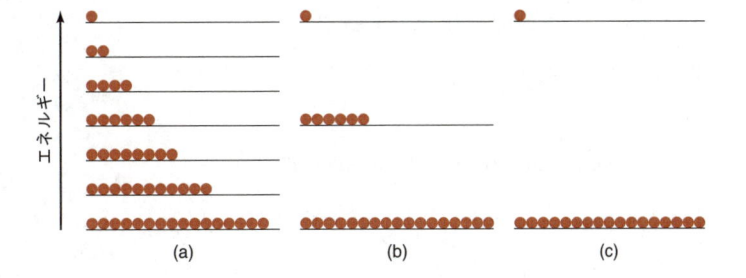

$$\frac{10^{-37}\,\text{J}}{(1.381\times 10^{-23}\,\text{J K}^{-1})(298\,\text{K})} = 2.4\times 10^{-17}$$

である．この数は非常に小さいので，式(3・22)の右辺の指数項は本質的には1である．したがって，上の準位にある分子数は下の準位にある分子数と等しい．この結果の物理的な意味は運動エネルギーは量子化されていないで，分子は並進運動を増すために任意の量のエネルギーを吸収できるということである．

回転運動をもつ場合，二原子分子などの例外を除いてΔE は $k_B T$ に比べて小さい．したがって，N_2/N_1 の比は（1よりは小さいものの）1に近い．

振動運動を考えると状況は大きく異なる．ここでは，準位間のエネルギー差はかなり大きく $\Delta E \gg k_B T$，N_2/N_1 は1よりはるかに小さい．したがって，298 K で，ほとんどの分子は最低の振動エネルギー準位にあり，ほんの一部の分子が上の準位にある．電子的エネルギー準位間の差は非常に大きく，ほとんどすべての分子は室温では最低エネルギー準位にある．

ここでの議論から，室温では並進運動も回転運動も共に分子の熱容量に寄与し，それゆえ $\overline{C}_V$ は 12.47 J K^{-1} mol^{-1} より大きいことがわかる．温度上昇に伴い振動運動も $\overline{C}_V$ に寄与し始める．そのため熱容量は温度と共に増大する（多くの場合，非常に高温の場合を除いて，熱容量への電子的運動の寄与は無視できる）．

C_V と C_P の比較

一般的には，同一の物質でも C_P と C_V は異なっている．定圧条件では系は外界に対して仕事をしなければならないため，一定量の物質を同じ温度だけ上昇させる場合でも定容条件下よりも定圧条件下の方が多くの熱を要する．そのため，主として気体の場合は $C_P > C_V$ になる．液体や固体の場合は，温度変化に伴う体積変化はほとんどないため，膨張するときになされる仕事は，気体の場合と比べ非常に少ない．したがってたいていの場合，凝縮相においては C_V および C_P は実質的に同じである．

それでは，C_P と C_V はどのように異なっているのであろうか．理想気体で見てみよう．はじめに，エンタルピーを以下の式のように書き改めよう．

$$H = U + PV = U + nRT$$

温度の微小変化 dT に対して，理想気体のエンタルピー変化は，

$$dH = dU + d(nRT) = dU + nR\,dT$$

と表される．ここで，$dH = C_P\,dT$，$dU = C_V\,dT$ を上式に代入して，

$$C_P\,dT = C_V\,dT + nR\,dT$$
$$C_P = C_V + nR \qquad (3\cdot 23)$$
$$C_P - C_V = nR$$

または

$$\overline{C}_P - \overline{C}_V = R \qquad (3\cdot 24)$$

となる．したがって，理想気体の場合の定圧モル熱容量は定容モル熱容量に比べ，気体定数 R だけ大きい．付録2 にさまざまな物質の $\overline{C}_P$ の値を示す．

例題 3・3

55.40 g のキセノンを 300 K から 400 K に加熱したときの ΔU および ΔH を求めよ．理想気体としてふるまうことを仮定し，定容熱容量，定圧熱容量は共に温度に依存しないとする．

解 キセノンは単原子気体なので，すでに見たように $\overline{C}_V = \frac{3}{2}R = 12.47$ J K^{-1} mol^{-1} である．また，式(3・24) より $\overline{C}_P = \frac{3}{2}R + R = \frac{5}{2}R = 20.79$ J K^{-1} mol^{-1} である．キセノン 55.40 g は 0.4219 mol である．式(3・20)と式(3・21)より

$$\begin{aligned}\Delta U &= n\overline{C}_V \Delta T \\ &= (0.4219\,\text{mol})(12.47\,\text{J K}^{-1}\text{mol}^{-1})(400-300)\,\text{K}\\ &= 526\,\text{J}\end{aligned}$$

$$\begin{aligned}\Delta H &= n\overline{C}_P \Delta T \\ &= (0.4219\,\text{mol})(20.79\,\text{J K}^{-1}\text{mol}^{-1})(400-300)\,\text{K}\\ &= 877\,\text{J}\end{aligned}$$

となる．

例題 3・4

酸素の定圧モル熱容量は $(25.7 + 0.0130\,T)$ J K^{-1} mol^{-1} で表される．1.46 mol の酸素を 298 K から 367 K まで加熱するときのエンタルピー変化を求めよ．

解 式(3・21)から，

$$\begin{aligned}\Delta H &= \int_{T_1}^{T_2} n\overline{C}_P\,dT \\ &= \int_{298\,\text{K}}^{367\,\text{K}} (1.46\,\text{mol})(25.7 + 0.0130\,T)\,\text{J K}^{-1}\text{mol}^{-1}\,dT\\ &= (1.46\,\text{mol})\left[25.7\,T + \frac{0.0130\,T^2}{2}\right]_{298\,\text{K}}^{367\,\text{K}}\,\text{J K}^{-1}\text{mol}^{-1}\\ &= 3.02\times 10^3\,\text{J}\end{aligned}$$

熱容量と低体温

厳しい寒さにさらされることで，熱の生産と保持のための体のメカニズムの限界を越えてしまった状態が低体温で

ある．恒温動物としてわれわれの体温はおよそ37℃に維持されている．ヒトの体は重量にして70％が水であり，水が大きい熱容量をもつおかげで体温の変動はふつうわずかである．われわれを取巻くしばしば室温として記述される25℃の温度が暖かく感じられるのは，空気の比熱が小さく（約 $1\,\mathrm{J\,g^{-1}\,{}^\circ C^{-1}}$），密度も小さいからである．結果として，体から失われて周囲の空気へ移動する熱はほとんどない．もしヒトが同じ温度の水に浸かっていたら状況はまったく異なる．外界の流体（空気または水）の温度を同じだけ上げるのに，大ざっぱな見積もりでも，体から失われる熱は，水の場合にはおよそ3000倍の大きさである．あまりひどくない低体温の場合では体温が35℃まで下がるくらいだが，ひどい場合は28℃まで下がってしまうこともある．低体温となってしまうと，程度の軽い方から，悪寒（熱を発生しようとする身震い），筋肉の硬直，異常な拍動などの症状を示し，そしてついには死に至る．ひとたび体温がかなりの程度下がってしまうと，外からの熱源なしには復帰できないところまで代謝の速度が遅くなってしまう．

上で述べたことからわかるように，ヒトは低い気温のところにさらされた場合よりも凍った池に落ちたときの方がずっと簡単に低体温になってしまう．子供が氷に覆われた水に浸かって30分もの長い間呼吸が停止してしまった後で低体温から生還することもある．氷に覆われた水を飲み込んでしまうと，それは肺に入り，血流を通して素早く体に広まってしまう．冷却された血流は脳を冷やすので，脳細胞の酸素に対する要求が下がることになるからである．

3・4　気体の膨張

熱力学第一法則についてこれまで学んできたことを単純な過程である気体の膨張に適用してみよう．気体の膨張は化学的にはあまり重要でないが，本章ですでに出てきた式を用いていくつかの熱力学量を求めることができる．ここでは，理想気体のふるまいを仮定し，等温膨張と断熱膨張の二つの場合を扱う．

等温膨張

等温（isothermal）過程とは温度が一定に保たれた過程である．§3・1で，等温膨張における可逆過程と不可逆過程の両方について仕事量を求めた．ここでは，これら過程の間の熱量，内部エネルギーおよびエンタルピーの変化について見てみよう．

等温過程では温度が変化しないため，エネルギー変化はなく，$\Delta U = 0$ である．これは理想気体であれば分子間に引力や反発力が働かないためである．つまり体積が変化して分子間の距離が変化しても内部エネルギーは常に一定の値をとる．このことは，偏微分を用いて，

$$\left(\frac{\partial U}{\partial V}\right)_T = 0$$

と表される．この偏微分は，系の内部エネルギー変化は等温条件下では体積の変化にかかわらず0であるということを示している．そこで等温過程では，式(3・6)より

$$\Delta U = q + w = 0$$

であり，

$$q = -w$$

となる．等温膨張では理想気体が得る熱量は気体が外界に対してする仕事量に等しくなる．例題3・1から，理想気体が300 K において 15 atm から 1 atm まで膨張する過程で気体が得る熱量は，(a)の場合0, (b)の場合1980 J, (c)の場合5740 J と見積もられる．可逆過程では最大の仕事がなされるため，気体が得る熱量が最大になるのが(c)であることがわかるだろう．

最後に等温過程でのエンタルピー変化についても求めてみよう．

$$\Delta H = \Delta U + \Delta(PV)$$

において，上で述べたように $\Delta U = 0$，また，T と n が一定ならボイルの法則から PV も一定であり，$\Delta(PV) = 0$，したがって，$\Delta H = 0$ である．あるいは，$\Delta(PV) = \Delta(nRT)$ であり，等温膨張では温度が不変で化学変化が起こっていない，つまり n と T は一定であるので，$\Delta(nRT) = 0$ となり，やはり $\Delta H = 0$ が得られる．

断熱膨張

図3・1のシリンダーを外界から熱的に隔離し，膨張の間に外部との熱交換が起こらないようにする．このとき $q = 0$ であり，このような過程を**断熱的**（adiabatic）という（断熱的という言葉は外界との熱の交換がないことを意味する）．断熱膨張ではもはや系の温度は一定にはならない．ここで二つの場合を考える．

断熱可逆膨張　はじめに，可逆膨張について考えてみよう．二つの問題がある：始状態と終状態の間の P-V の関係は？，また膨張に必要な仕事はどれくらいだろうか．

微小の断熱膨張に対して，熱力学第一法則は，

$$dU = đq + đw = đw = -P\,dV = -\frac{nRT}{V}dV$$

あるいは

$$\frac{dU}{nT} = -R\frac{dV}{V}$$

と表される．ここで，đ$q=0$ であることと，可逆過程なので気体の内部の圧力と外圧が等しいことを用いた．$dU = C_V dT$ を用いると式は，

$$\frac{C_V dT}{nT} = \overline{C}_V \frac{dT}{T} = -R \frac{dV}{V} \quad (3 \cdot 25)$$

と変形できる．式(3・25)を始状態と終状態の間で積分すると，

$$\int_{T_1}^{T_2} \overline{C}_V \frac{dT}{T} = -R \int_{V_1}^{V_2} \frac{dV}{V}$$

$$\overline{C}_V \ln \frac{T_2}{T_1} = R \ln \frac{V_1}{V_2}$$

が得られる（$\overline{C}_V$ は温度によって変わらないものと仮定する）．理想気体では，$\overline{C}_P - \overline{C}_V = R$ であるから，

$$\overline{C}_V \ln \frac{T_2}{T_1} = (\overline{C}_P - \overline{C}_V) \ln \frac{V_1}{V_2}$$

となる．$\overline{C}_V$ で両辺を割ると，

$$\ln \frac{T_2}{T_1} = \left(\frac{\overline{C}_P}{\overline{C}_V} - 1\right) \ln \frac{V_1}{V_2} = (\gamma - 1) \ln \frac{V_1}{V_2} = \ln \left(\frac{V_1}{V_2}\right)^{\gamma-1}$$

となる．γ は次式で定義される**熱容量比**（heat capacity ratio）である．

$$\gamma = \frac{\overline{C}_P}{\overline{C}_V} \quad (3 \cdot 26)$$

単原子気体では，$\overline{C}_V = \frac{3}{2}R$, $\overline{C}_P = \frac{5}{2}R$ であるから，$\gamma = \frac{5}{3}$, すなわち1.67である．γ を用いて以下の式が得られる．

$$\left(\frac{V_1}{V_2}\right)^{\gamma-1} = \frac{T_2}{T_1} = \frac{P_2 V_2}{P_1 V_1} \quad \left(\frac{P_1 V_1}{T_1} = \frac{P_2 V_2}{T_2}\right)$$

$$\left(\frac{V_1}{V_2}\right)^{\gamma} = \frac{P_2}{P_1}$$

したがって，断熱過程における $P-V$ の関係は

$$P_1 V_1^\gamma = P_2 V_2^\gamma \quad (3 \cdot 27)$$

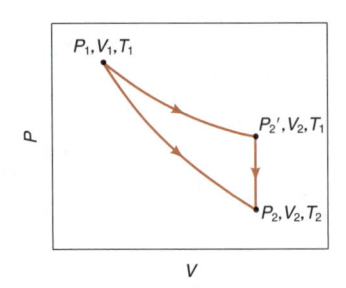

図 3・6 U は状態量であるから，P_1, V_1, T_1 から P_2, V_2, T_2 への変化に関しては，直接でもそうではなくても，経路にかかわらず，ΔU の値は同じである．

となる．この式が成り立つのは，1) 理想気体の，2) 断熱可逆変化に対してであるという条件を覚えておくと役に立つ．断熱膨張では温度は一定ではないので，式(3・27)はボイルの法則（$P_1 V_1 = P_2 V_2$）からべき指数 γ の分だけずれる．

断熱過程での仕事は，

$$w = \int_1^2 dU = \Delta U = \int_{T_1}^{T_2} C_V dT = C_V(T_2 - T_1)$$

$$w = n\overline{C}_V (T_2 - T_1) \quad (3 \cdot 28)$$

となる．ここで $T_2 < T_1$ である．気体が膨張すると系の内部エネルギーは減少する．

体積が変化しているにもかかわらず，式(3・28)に $\overline{C}_V$ が現れるのを奇妙に感じるかもしれない．断熱膨張（P_1, V_1, T_1 から P_2, V_2, T_2）は図3・6に示すように，二つのステップに分けて考えることができる．はじめに温度 T_1 のまま P_1, V_1 から P_2', V_2 へと等温膨張させる．このとき，温度一定であるから $\Delta U = 0$ である．つぎに体積一定のまま，T_1 から T_2 に冷却し，このとき圧力も P_2' から P_2 へと変化する．このとき，$\Delta U = n\overline{C}_V (T_2 - T_1)$ となり，式(3・28)に等しくなる．U は状態量であるから，別の経路を想定しても値は変わらない．

例題 3・5

0.850 mol の単原子分子の理想気体を 300 K で 15.0 atm から 1.00 atm まで膨張させる（例題3・1参照）．断熱可逆過程で膨張させたときの仕事量を求めよ．

解 最初に終状態の温度 T_2 を求める．これにはつぎの三つのステップを要する．まず気体の状態方程式 $V_1 = nRT_1/P_1$ を用いてはじめの体積 V_1 を求める．

$$V_1 = \frac{(0.850 \text{ mol})(0.082\,06 \text{ l atm K}^{-1}\text{mol}^{-1})(300 \text{ K})}{15.0 \text{ atm}}$$

$$= 1.40 \text{ l}$$

つぎに，次式を用いて終状態の体積 V_2 を求める．

$$P_1 V_1^\gamma = P_2 V_2^\gamma$$

$$V_2 = \left(\frac{P_1}{P_2}\right)^{1/\gamma} V_1 = \left(\frac{15.0}{1.00}\right)^{3/5} (1.40 \text{ l}) = 7.1 \text{ l}$$

最後に気体の状態方程式 $P_2 V_2 = nRT_2$ を用いて，T_2 は

$$T_2 = \frac{P_2 V_2}{nR} = \frac{(1.00 \text{ atm})(7.1 \text{ l})}{(0.850 \text{ mol})(0.082\,06 \text{ l atm K}^{-1}\text{mol}^{-1})}$$

$$= 102 \text{ K}$$

となる．したがって，仕事量は下のようになる．

$$\Delta U = w = n\overline{C}_V (T_2 - T_1)$$

$$= (0.850 \text{ mol})(12.47 \text{ J K}^{-1}\text{mol}^{-1})(102 - 300) \text{ K}$$

$$= -2.1 \times 10^3 \text{ J}$$

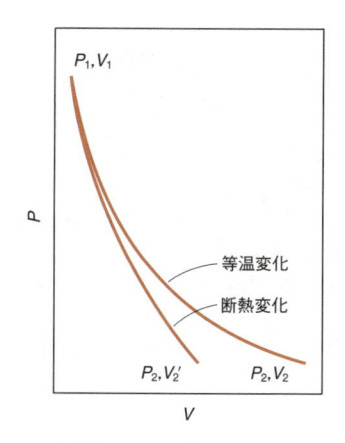

図 3・7 理想気体の断熱可逆膨張と，等温可逆膨張の P-V 曲線．それぞれの場合で系が膨張中に行う仕事量は，曲線の下の部分の面積に対応する．γ は 1 より大きいので断熱膨張の曲線の方が減少が急である．したがって，等温変化よりも断熱変化の方が仕事量が少ない．

例題 3・1 と例題 3・5 から，断熱可逆膨張から得られる仕事量は，等温可逆膨張から得られる仕事よりも少ないことがわかった[*1]．後者の場合，気体が膨張するときにした仕事の分を補うような形で外界から系に熱が供給されるが，断熱過程では外部からの熱の供給がないため，温度の減少が起こる．等温可逆膨張と断熱可逆膨張の P-V 曲線を図 3・7 に示す．

断熱不可逆膨張　それでは，断熱不可逆膨張の場合はどうであろうか．P_1, V_1, T_1 の理想気体があり，外圧が P_2 で一定であると仮定する．終状態の体積，温度を V_2, T_2 とする．また，$q=0$ なので，

$$\Delta U = n\overline{C}_V(T_2 - T_1) = w = -P_2(V_2 - V_1) \quad (3\cdot29)$$

となる．さらに，理想気体の状態方程式から，

$$V_1 = \frac{nRT_1}{P_1} \quad \text{および} \quad V_2 = \frac{nRT_2}{P_2}$$

であるので，そのまま

$$n\overline{C}_V(T_2 - T_1) = -P_2\left(\frac{nRT_2}{P_2} - \frac{nRT_1}{P_1}\right) \quad (3\cdot30)$$

と変形できる．したがって，始状態と P_2 がわかれば T_2 を求めることができ，それゆえなされた仕事がわかる（問題 3・35 参照）．

断熱膨張において系の温度が下がるということは，実際，興味深い結果を生じさせる．よく知られた例では，瓶に入った炭酸飲料の栓を抜くと霧ができる．栓を閉じた状態では炭酸飲料の瓶は，二酸化炭素と空気で高圧状態にあり，さらに飲料の液体上の空間には水の蒸気が飽和している．栓を抜くとこれらの気体が勢いよく飛び出す．気体は素早く膨張するので，この過程は断熱過程とみなすことができる．その結果，気体の温度が下がり，水蒸気が冷やされて凝縮して霧ができる．

この原理を用いて気体を冷却して液化させることが可能である．1) 気体を等温で圧縮する，2) 圧縮した気体を断熱膨張させる，3) 再び等温で圧縮する，という過程を繰返せば最終的に気体を液化することができる．

3・5 カロリメトリー

カロリメトリー（熱量測定）は熱の出入りを測定する方法である．実験室では物理的，化学的過程における熱量の変化を，熱量計というこの目的のために特別に設計された装置で測定する．実験の目的にあわせて多くの種類の熱量計がある．本節では三つのタイプを考える．

定容熱量計

燃焼熱はふつう定容断熱ボンベ熱量計[*2]（図 3・8）で測定される．装置は厚いステンレスの容器で密閉され，それを水の中に入れ，その水と共に外界から熱的に孤立させる．測定したい物質を容器の内部に入れ，酸素を満たしておよそ 30 atm にする．試料に 1 対の点火線を取付け，放電によって燃焼を開始させる．反応によって放出された熱は熱量計内に満たされた水の温度上昇の測定記録から見積もることができる．燃焼熱の定量のためには熱量計の熱容量を

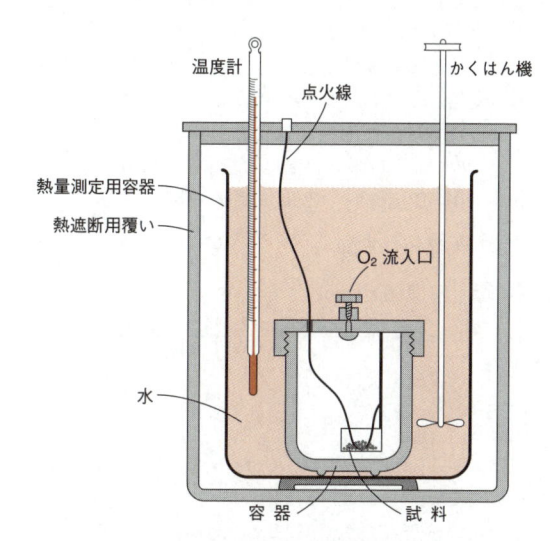

図 3・8　定容ボンベ熱量計のしくみ

[*1] すべての可逆過程が同じ量の仕事をするわけではないことがこの比較からわかる．

[*2] **断熱**（adiabatic）とは熱量計と外界の間に熱交換がないことを意味する．**ボンベ**（bomb）とは反応の爆発的な性質（小規模ではあるが）を示す．

求める必要がある．燃焼熱の正確な値が既知の化合物を燃焼させて，最初にボンベと水，両方をあわせた熱容量を決定する．すでに見たように定容過程では発生する熱は系の内部エネルギー変化に等しいから

$$\Delta U = q_V + w = q_V - P\Delta V = q_V$$

例題 3・6

0.5122 g のナフタレン（$C_{10}H_8$）試料を定容ボンベ熱量計中で燃焼させたところ，内部の水の温度が 20.17 ℃ から 24.08 ℃ まで上昇した（図 3・8 参照）．このボンベ熱量計と水の熱容量の合計（C_V）を 5267.8 $J\,K^{-1}$ として，ナフタレンが燃焼するときの ΔU および ΔH を $kJ\,mol^{-1}$ 単位で求めよ．

解 反応は，

$$C_{10}H_8(s) + 12\,O_2(g) \longrightarrow 10\,CO_2(g) + 4\,H_2O(l)$$

である．発生する熱量は，

$$C_V \Delta T = (5267.8\,J\,K^{-1})(3.91\,K) = 20.60\,kJ$$

であるから，ナフタレンのモル質量（128.2 g）より，

$$q_V = \Delta U = -\frac{(20.60\,kJ)(128.2\,g\,mol^{-1})}{0.5122\,g}$$
$$= -5156\,kJ\,mol^{-1}$$

となる．ーの符号は発熱反応であることを示す．

$\Delta H = \Delta U + \Delta(PV)$ を用いて，ΔH を求めてみよう．すべての反応物と生成物が凝縮相にあれば ΔH, ΔU と比較して $\Delta(PV)$ は無視できる．気体が反応に関与していれば $\Delta(PV)$ は無視できない．理想気体としてふるまうと仮定すると，Δn を反応における気体のモル数の変化量として，$\Delta(PV) = \Delta(nRT) = RT\,\Delta n$ である．ここでは，反応物と生成物を同じ条件で比較しているので，T は最初の温度を指す．この反応では，$\Delta n = (10 - 12)\,mol = -2\,mol$ であるから，

$$\Delta H = \Delta U + RT\,\Delta n$$
$$= -5156\,kJ\,mol^{-1}$$
$$\quad + \frac{(8.314\,J\,K^{-1}\,mol^{-1})(293.32\,K)(-2)}{1000\,J/kJ}$$
$$= -5161\,kJ\,mol^{-1}$$

となる．

コメント 1) この反応では ΔU と ΔH の差はきわめて少ない．それは，$\Delta(PV)$（ここでは $RT\,\Delta n$ に等しい）の値が ΔU や ΔH に比べて小さいためである．理想気体のふるまいを仮定し，また，凝縮相の体積変化を無視しているので，反応が定圧下で行われたか定容下で行われたかにかかわらず，ΔU は同じ値（$-5156\,kJ\,mol^{-1}$）をとる（内部エネルギーは温度と物質量だけで決まり，圧力，体積によらないため）．同様に定圧，定容のどちらであるかによらず，ΔH は $-5161\,kJ\,mol^{-1}$ である．しかし，熱量変化 q は経路によって異なるため，定容条件下では $-5156\,kJ\,mol^{-1}$，定圧条件下では $-5161\,kJ\,mol^{-1}$ と異なる．
2) この計算では，水と二酸化炭素の熱容量はボンベ熱量計の熱容量に比べて小さいので，無視してもほとんど影響はない．

定圧熱量計

大気圧条件下で起こる，多くの物理過程（相転移や溶解や希釈などのような）および化学過程（たとえば酸塩基中和）に対しては，熱量の変化はエンタルピー変化と等しく，すなわち $q_P = \Delta H$ である．図 3・9 に，発泡スチロール材の二つのコーヒーカップで手作りした定圧熱量計を示す．ΔH の決定のためには，熱量計の熱容量（C_P）と温度変化がわからなければいけない．もっときちんとした熱量計はデュワーフラスコと温度のモニターのための熱電対から成る．定容熱量計の場合と同様に，熱量計と外界の間に実験中の熱交換は起こらないものと仮定する．

アデノシン 5′-三リン酸（ATP）が加水分解してアデノシン 5′-二リン酸（ADP）となる反応の熱（ΔH）を測定したいとしよう．これは多くの生物学的過程の鍵となる反応で

$$ATP + H_2O \longrightarrow ADP + P_i$$

ここで P_i は無機リン酸を意味する．熱量計内に ATP 濃度が既知の溶液を入れ，それから少量の酵素，アデノシントリホスファターゼ（ATP アーゼ）を加えて反応を開始す

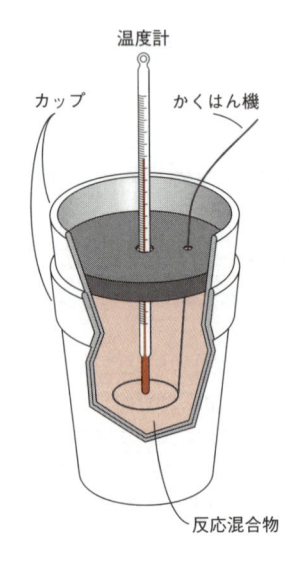

図 3・9　二つの発泡スチロール製カップを重ねてつくった定圧熱量計．外側のカップは反応混合物を外界から断熱するために用いられる．2 種類の反応物をそれぞれ溶媒に溶かして，温度の等しい二つの溶液を調製する．二つの溶液を熱量計の中で慎重に混ぜて反応させる．反応によって放出あるいは吸収された熱量は，温度変化，用いた溶液の量，熱量計の熱容量から求めることができる．

る．この酵素は加水分解反応を触媒する．温度の上昇 ΔT から

$$\Delta H = C_P \Delta T$$

を得る．実際には ΔH は pH や対イオンの性質のような多くの因子によって変わる．典型的な値は，ADP に加水分解される ATP 1 mol あたり，$\Delta H \approx -30 \, \text{kJ}$ である．

示差走査熱量測定法

示差走査熱量測定法（differential scanning calorimetry, DSC）は生体高分子（たとえばタンパク質や核酸）のエネルギー論の研究に役立つ強力な技法である．タンパク質の変性の熱力学に関心があるとしよう．生理学的に機能する状態では，さまざまな分子内力，分子間力によって，タンパク質分子はまとまってユニークな三次元構造をもっている．しかし，この微妙なバランスにある構造はさまざまな試薬（変性剤とよばれる），pH や温度の変化によって破壊され，タンパク質はほぐれる（アンフォールディング）．

この状態が起こると，タンパク質は生物学的な機能を失うが，これを変性されたと言う．たいていのタンパク質は温度が上昇すると変性し，機能を発揮できる温度から数度上昇しただけでも変性することもある．

タンパク質変性のエンタルピー変化（ΔH_d）を測定するために示差走査熱量測定法が用いられる（図3・10に概略を示した）．緩衝溶液に入れたタンパク質から成る試料セルと，緩衝溶液だけを入れた参照セルを電気的にゆっくり加熱する．両方のセルの温度上昇は同じになるようにする．タンパク質溶液は熱容量が大きいため，より多くの電流が温度上昇を維持するのに必要になる．図3・11aに，タンパク質溶液と参照溶液の熱容量の差を温度に対してプロットした比熱容量の曲線を示す．曲線ははじめゆっくりと上昇し，タンパク質が変性すると，その過程が吸熱反応であるため大きな熱の吸収が起こる．ピークに当たる温度は融解温度（T_m）とよばれる．完全にアンフォールディングしてしまうと比熱容量は再びゆっくりと上昇する．ただし変性タンパク質の方が未変性のものよりも熱容量は大きいのでその上昇の割合は大きくなる．色付きの部分の面積から変性のエンタルピーが下式のように得られる．

$$\Delta H_d = \int_{T_1}^{T_2} C_P \, dT$$

多くの小さなタンパク質（モル質量 $\leq 40\,000 \, \text{g}$）について，変性のメカニズムは二状態モデルで表すことができる．未変性天然状態（N）と変性（D）タンパク質の間の遷移を

$$N \rightleftharpoons D$$

のように表す（図3・12）．変性する温度の近くでは，一つの非共有結合が破壊されると同様の結合がいっせいに壊れてしまう（すべてか無かの妥協を許さないようなやり方で）．過程が協同的であればあるほどピークの幅は狭くな

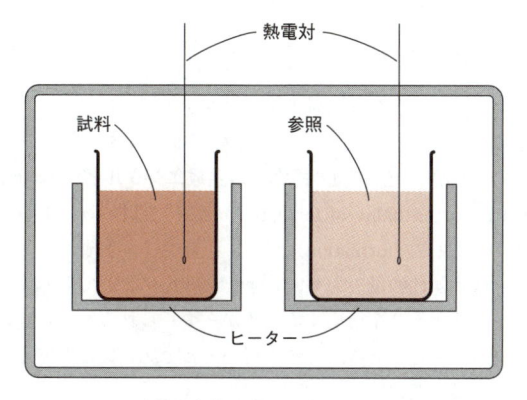

図 3・10　示差走査熱量計の概略図．試料溶液，参照溶液はゆっくりと加熱する．実験の間，二つの溶液を同じ温度に保つため，熱電対を通るフィードバック回路を用いて試料溶液にさらに熱を加える．

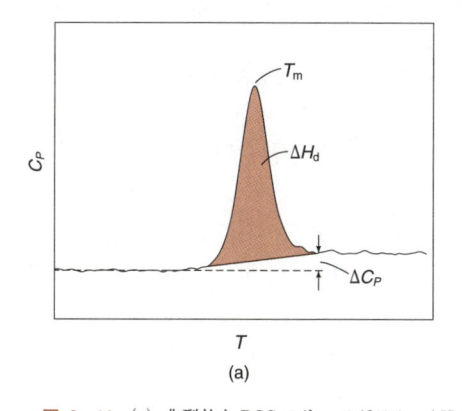

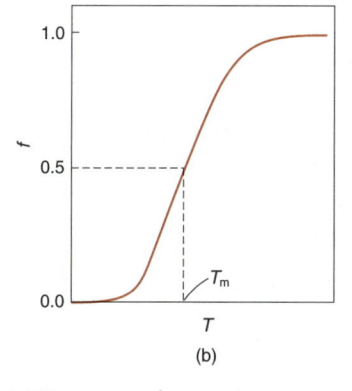

図 3・11　(a) 典型的な DSC のサーモグラム．ΔH_d は変性のエンタルピー，T_m はタンパク質の半分が変性する温度である．ΔC_P は変性タンパク質溶液の熱容量から天然状態のタンパク質溶液の熱容量を引いた値である．(b) 温度の関数としての変性タンパク質の割合 (f)．

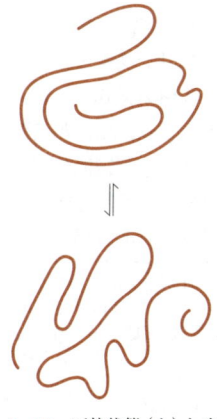

図 3・12　天然状態（上）と変性（下）タンパク質の模式図

る（協同的な二状態遷移でよく見られる例は 0℃ での水と氷の遷移である）．融解温度 T_m は $[\mathrm{N}]=[\mathrm{D}]$ になる温度，すなわちタンパク質が半分変性された温度として定義される（図 3・11b）．研究から，変性のエンタルピー（ΔH_d）はたいていのタンパク質で 200～800 kJ mol^{-1} の間に収まることがわかっている．一般則として，タンパク質が安定であればあるほど T_m と ΔH_d の値は大きくなる．このような熱量測定において，ΔH_d の定量に，分子の構造やタンパク質の組成は知る必要がない，ということに注意してほしい．同じ理由で，T_m や ΔH_d が大きいからより安定なタンパク質であると言う場合，X 線回折や分光学的なデータがないときには，その理由はまったくわからない．

3・6 熱 化 学

本節では，熱力学第一法則を，化学反応におけるエネルギー変化を取扱う学問である熱化学に適用してみよう．熱量測定によって実験的なアプローチが得られたので，ここでは，そのような過程を取扱うのに必要な式を誘導しよう．

標準生成エンタルピー

化学反応はほとんどすべての場合において熱のやりとりを含む．**反応熱**（heat of reaction）は，ある温度と圧力におかれた反応物が同じ温度と圧力で生成物になるときの熱量変化として定義される．定圧過程において，反応熱 q_P は反応におけるエンタルピー変化 $\Delta_\mathrm{r} H$ に等しい．ここで下つき文字 r は反応を意味する．**発熱反応**（exothermic reaction）は外界に熱を与える過程で，このとき $\Delta_\mathrm{r} H$ は負である．逆に，**吸熱反応**（endothermic reaction）は外界から熱を吸収する過程なので $\Delta_\mathrm{r} H$ は正である．

つぎのグラファイト（黒鉛）の反応を考えてみよう．

$$\mathrm{C}(グラファイト)+\mathrm{O}_2(\mathrm{g}) \longrightarrow \mathrm{CO}_2(\mathrm{g})$$

1 mol のグラファイトが過剰の酸素 1 bar の下 298 K で燃焼し，等温，等圧で 1 mol の二酸化炭素を生じるとすると 393.5 kJ の熱が放出される*1．この過程のエンタルピー変化は**標準反応エンタルピー**（standard enthalpy of reaction）とよばれ，$\Delta_\mathrm{r} H°$ と表記される．単位としては，kJ (1 mol の反応)$^{-1}$ を用いる*2．1 mol の反応とは，反応式の左辺にある（反応式の化学量論係数で決められた）適当な物質量（1 mol）の反応物質が右辺の生成物に変換されること

---

*1 実際の燃焼の際の温度は 298 K よりずっと高いが，ここでは 1 bar, 298 K の等温，等圧条件で反応物が生成物に変換されるときの全熱量変化を測定している．したがって，実際に生成物を 298 K に冷却する際に放出される熱量は反応エンタルピーに含まれている．

*2 ΔH 値を引用するときは，化学反応式や化学量論係数を明記しなくてはならない．簡単のため，$\Delta_\mathrm{r} H°$ の単位として kJ mol^{-1} を用いることにする．

である．ここでグラファイトの燃焼に関して，$\Delta_\mathrm{r} H°$ は -393.5 kJ mol^{-1} と表すことができ，それは，標準状態の反応物が標準状態の生成物に変換されるときのエンタルピー変化と定義される．**標準状態**[*3] とは，"純粋な固体または液体の場合は圧力 P が 1 bar（§1・2 参照）で，ある温度 T にある状態である．純粋な気体の場合は 1 bar で，ある温度をもつ仮想的な理想気体に当てはめた状態"と定義される．標準状態における値は ° にして表す．

一般的に化学反応の標準エンタルピー変化は生成物のエンタルピーの和から反応物のエンタルピーの和を引いたものと考えることができる．

$$\Delta_\mathrm{r} H° = \Sigma \nu \bar{H}°(生成物) - \Sigma \nu \bar{H}°(反応物)$$

ここで $\bar{H}°$ は標準モルエンタルピー，ν は化学量論係数である．$\bar{H}°$ の単位は kJ mol^{-1} で，ν は無名数である．いま以下のような化学反応を考えると

$$a\mathrm{A}+b\mathrm{B} \longrightarrow c\mathrm{C}+d\mathrm{D}$$

標準反応エンタルピーは以下のように与えられる．

$$\Delta_\mathrm{r} H° = c\bar{H}°(\mathrm{C})+d\bar{H}°(\mathrm{D})-a\bar{H}°(\mathrm{A})-b\bar{H}°(\mathrm{B})$$

しかし，われわれは物質のモルエンタルピーの絶対的な値を測定することはできない．このジレンマを克服するために，反応物や生成物の**標準モル生成エンタルピー**（standard molar enthalpy of formation）$\Delta_\mathrm{f} H°$ を用いる．下つき文字 f は生成（formation）を表す．標準モル生成エンタルピーは示強性の量であり，1 bar, 298 K においてその化合物 1 mol がそれを構成する元素からつくられるときのエンタルピー変化である．これを用いると上記の反応の標準エンタルピー変化は

$$\Delta_\mathrm{r} H° = c\,\Delta_\mathrm{f}\bar{H}°(\mathrm{C})+d\,\Delta_\mathrm{f}\bar{H}°(\mathrm{D})-a\,\Delta_\mathrm{f}\bar{H}°(\mathrm{A})-b\,\Delta_\mathrm{f}\bar{H}°(\mathrm{B}) \quad (3\cdot 31)$$

と書くことができる．一般的にはつぎのように書き表す．

$$\Delta_\mathrm{r} H° = \Sigma \nu\,\Delta_\mathrm{f}\bar{H}°(生成物)-\Sigma \nu\,\Delta_\mathrm{f}\bar{H}°(反応物) \quad (3\cdot 32)$$

上記の CO_2 生成の場合，反応の標準エンタルピーはつぎのように書ける．

$$\Delta_\mathrm{r} H° = \Delta_\mathrm{f}\bar{H}°(\mathrm{CO}_2) - \Delta_\mathrm{f}\bar{H}°(グラファイト) - \Delta_\mathrm{f}\bar{H}°(\mathrm{O}_2)$$
$$= -393.5 \text{ kJ mol}^{-1}$$

慣例として，それぞれの元素について特定の温度で最も安定な同素体[*4] の $\Delta_\mathrm{f}\bar{H}°$ の値を 0 とおくことにする．298 K を

---

*3 標準状態は圧力によってのみ定義される．

*4 同素体とは，同じ元素から成る単体であるが，物理的，化学的性質の異なる二つ以上の物質のこと．

選ぶと，この温度では酸素分子やグラファイトが酸素や炭素の安定な同素体であるから

$$\Delta_f \bar{H}°(O_2) = 0$$
$$\Delta_f \bar{H}°(グラファイト) = 0$$

となる．そのとき，オゾンやダイヤモンドは 1 bar，298 K では酸素分子やグラファイトより安定ではないので

$$\Delta_f \bar{H}°(O_3) \neq 0 \quad および \quad \Delta_f \bar{H}°(ダイヤモンド) \neq 0$$

である．グラファイトの標準燃焼エンタルピーはつぎのように書ける．

$$\Delta_r H° = \Delta_f \bar{H}°(CO_2) = -393.5 \text{ kJ mol}^{-1}$$

上式でみたように，CO_2 の標準モル生成エンタルピーは標準反応エンタルピーに等しい．

元素の $\Delta_f \bar{H}°$ を 0 とおいてしまう[*1]ことを心配する必要はない．上述したように，われわれは物質のエンタルピーの絶対値を決定することができない．ある任意の基準に対する相対的な値しか得られないのである．熱力学においては，H の変化がおもな興味の対象となる．元素の $\Delta_f \bar{H}°$ に何らかの任意の値を与えてもよいのだが，0 とした方が計算が楽になる．標準モル生成エンタルピーの重要な点は，いったんその値がわかったら，標準反応エンタルピーが計算できるということにある．以下に示すように $\Delta_f \bar{H}°$ の値を得るには直接的な方法と間接的な方法がある．

直接的方法 化合物がそれを構成する元素から容易に合成できる場合にこの方法により $\Delta_f \bar{H}°$ が求まる．グラファイトと O_2 とから CO_2 が生成する場合などがこれに該当する．構成元素から直接合成できる化合物の例としては SF_6, P_4O_{10}, CS_2 などがあげられる．それらの合成の反応式は以下のように表すことができる．

$$S(斜方硫黄) + 3 F_2(g) \rightarrow SF_6(g)$$
$$\Delta_r H° = -1209 \text{ kJ mol}^{-1}$$
$$4 P(黄リン) + 5 O_2(g) \rightarrow P_4O_{10}(s)$$
$$\Delta_r H° = -2984.0 \text{ kJ mol}^{-1}$$
$$C(グラファイト) + 2 S(斜方硫黄) \rightarrow CS_2(l)$$
$$\Delta_r H° = 89.7 \text{ kJ mol}^{-1}$$

ここで S(斜方硫黄) や P(黄リン) は 1 bar，298 K での硫黄やリンの最も安定な同素体なので[*2]，$\Delta_f \bar{H}°$ の値は 0 である．CO_2 の場合と同様に，これら三つの反応についての標準反応エンタルピー ($\Delta_r H°$) はそれぞれの化合物の $\Delta_f \bar{H}°$ と等しい．

間接的方法 多くの化合物は，その構成元素から直接合成することはできない．ある場合には反応が非常にゆっくりしか進まないかまったく進まない，あるいは副反応により目的以外の生成物ができてしまう．このような場合，$\Delta_f \bar{H}°$ はヘスの法則に基づく間接的方法により決定することができる．**ヘスの法則** (Hess's law)〔スイス人化学者，Germain Henri Hess (1802〜1850) にちなむ〕はつぎのように表せる．"反応物が生成物に変換されるとき，それが一つのステップで起ころうと多段階のステップで起ころうと，生じるエンタルピー変化は等しい"．言い換えれば，ある反応を $\Delta_r H°$ の値が測定できうる一連の反応にばらしてしまえれば反応全体の $\Delta_r H°$ を計算できるということである．ヘスの法則は，エンタルピーは状態量であるから経路には無関係であることを示す．

ヘスの法則を身の回りの現象に置き換えてみよう．あなたがビルの 1 階から 6 階までエレベーターで上がったとしよう．あなたが得た重力のポテンシャルエネルギー（全体の過程のエンタルピー変化に相当）は，まっすぐ 6 階に上がったときと各階に止まりながら上がったとき（ある反応を各素過程に分けたときに相当）とで同じはずである．

ヘスの法則を用いて一酸化炭素の $\Delta_f \bar{H}°$ の値を求めてみよう．一酸化炭素 CO をその構成元素から合成するのにつぎの反応が考えられる．

$$C(グラファイト) + \frac{1}{2} O_2(g) \longrightarrow CO(g)$$

しかし，グラファイトを酸素中で燃焼させたら必ず同時に CO_2 が生成してしまうので，このアプローチはうまく行かない．この問題に対しては，つぎのような独立な二つの反応を考えればよい．

(1) $\quad C(グラファイト) + O_2(g) \rightarrow CO_2(g)$
$$\Delta_r H° = -393.5 \text{ kJ mol}^{-1}$$

(2) $\quad CO(g) + \frac{1}{2} O_2(g) \rightarrow CO_2(g)$
$$\Delta_r H° = -283.0 \text{ kJ mol}^{-1}$$

まず，式(2)の左辺と右辺を逆にするとつぎの式が得られる[*3]．

(3) $\quad CO_2(g) \rightarrow CO(g) + \frac{1}{2} O_2(g)$
$$\Delta_r H° = +283.0 \text{ kJ mol}^{-1}$$

化学反応式はちょうど代数方程式のように式同士を足したり引いたりできるから，式(1)と式(3)を足すと式(4)が得られる．

[*1] このやり方は海面を 0 m とおいて陸地の標高を測るやり方に似ている．

[*2] 訳注：リンの同素体中，最安定なのは黒リンであるが，手に入れやすく性質のよくわかっている黄リンが基準とされている（例外である）．

[*3] 反応式の右辺と左辺を入れ替えた場合は $\Delta_r H°$ の符号は逆になる．

(4) C(グラファイト) + $\frac{1}{2}$ O$_2$(g) → CO(g)

$$\Delta_r H^\circ = -110.5 \text{ kJ mol}^{-1}$$

このようにして $\Delta_f \bar{H}^\circ$(CO) = −110.5 kJ mol^{-1} が求まる．別の見方をすると，全体の反応は CO$_2$ の生成反応（式 1）で，それを二つの部分にばらした（式 2 および式 4）わけである．図 3・13 はここで行った手順の全体像を模式的に示したものである．

ヘスの法則を適用する一般的なルールは，考えるいくつかの化学反応（段階的な化学反応に相当）は最終的にすべての式を足したときに，求めたい全体の反応式に現れる反応物と生成物以外が相殺されるようにする，ということである．これはつまり，構成元素は矢印の左に，欲しい化合物は右に置いた式がつくりたいということで，これを達成するために，しばしば個々の過程を表す反応式のいくつか（またはすべて）に適当な係数を掛けて足す必要が出てくる．

一般的な元素や無機・有機化合物の $\Delta_f \bar{H}^\circ$ の値を表 3・3 にあげた（他の物質については付録 2 を参照）．注意すべき点は，物質によって $\Delta_f \bar{H}^\circ$ の絶対値としての大小が異なるのはもちろん，その符号も異なっているということである．水を始めとする $\Delta_f \bar{H}^\circ$ が負の値をもつ物質は，エンタ

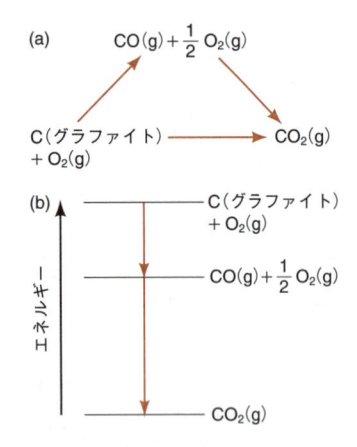

図 3・13 (a) グラファイトと O$_2$ からの CO$_2$ 生成は二つの過程に分けられる．(b) 全体の反応のエンタルピー変化は二つの過程のエンタルピー変化の和で与えられる．

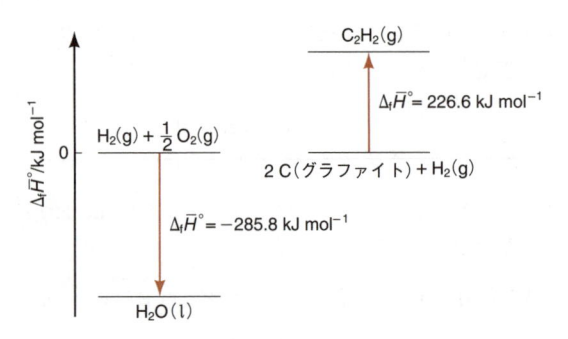

図 3・14 正および負の $\Delta_f \bar{H}^\circ$ をもつ二つの代表的化合物

ルピー軸においてその構成元素よりも"下"側にある（図 3・14 参照）．これらの化合物は正の $\Delta_f \bar{H}^\circ$ をもつ化合物よりも安定なことが多い．$\Delta_f \bar{H}^\circ$ が負の化合物を構成元素に分解するには外部からエネルギーを必要とする（吸熱）が，$\Delta_f \bar{H}^\circ$ が正の化合物は熱を発生する（発熱）からである．

反応エンタルピーの温度依存性

今，ある温度，たとえば 298 K での標準反応エンタルピーを測定した後で，350 K での値を知りたいとしよう．その値を知る一つの方法は，350 K で同じ測定を繰返すことである．しかし，われわれはもう一度実験を繰返すことなく，熱力学データの表を用いて望みの値を得ることができる．どんな反応についても，ある温度でのエンタルピーの変化はつぎのように書ける．

$$\Delta_r H = \sum H(\text{生成物}) - \sum H(\text{反応物})$$

反応のエンタルピー（$\Delta_r H$）自身が温度によってどう変化するかを知るには，この式を定圧条件で温度で微分してみればよい．

$$\left(\frac{\partial \Delta_r H}{\partial T}\right)_P = \left(\frac{\partial \sum H(\text{生成物})}{\partial T}\right)_P - \left(\frac{\partial \sum H(\text{反応物})}{\partial T}\right)_P$$
$$= \sum C_P(\text{生成物}) - \sum C_P(\text{反応物})$$
$$= \Delta C_P \quad (3 \cdot 33)$$

ここで $(\partial H/\partial T)_P = C_P$ を用いた．式(3・33)を積分すると

表 3・3 いくつかの無機および有機物質の 1 bar, 298 K での標準モル生成エンタルピー

物質の種類	$\Delta_f \bar{H}^\circ$/kJ mol^{-1}	物質の種類	$\Delta_f \bar{H}^\circ$/kJ mol^{-1}	物質の種類	$\Delta_f \bar{H}^\circ$/kJ mol^{-1}	物質の種類	$\Delta_f \bar{H}^\circ$/kJ mol^{-1}
C(グラファイト)	0	H$_2$O(l)	−285.8	CH$_4$(g)	−74.85	C$_6$H$_6$(l)	49.04
C(ダイヤモンド)	1.90	NH$_3$(g)	−46.3	C$_2$H$_6$(g)	−84.7	CH$_3$OH(l)	−238.7
CO(g)	−110.5	NO(g)	90.4	C$_3$H$_8$(g)	−103.8	C$_2$H$_5$OH(l)	−277.0
CO$_2$(g)	−393.5	NO$_2$(g)	33.9	C$_2$H$_2$(g)	226.6	CH$_3$CHO(l)	−192.3
HF(g)	−271.1	N$_2$O$_4$(g)	9.7	C$_2$H$_4$(g)	52.3	HCOOH(l)	−424.7
HCl(g)	−92.3	N$_2$O(g)	81.56			CH$_3$COOH(l)	−484.2
HBr(g)	−36.4	O$_3$(g)	142.7			C$_6$H$_{12}$O$_6$(s)	−1274.5
HI(g)	26.48	SO$_2$(g)	−296.1			C$_{12}$H$_{22}$O$_{11}$(s)	−2221.7
H$_2$O(g)	−241.8	SO$_3$(g)	−395.2				

3・7 結合エネルギーと結合エンタルピー

$$\int_1^2 d\Delta_r H = \Delta_r H_2 - \Delta_r H_1 = \int_{T_1}^{T_2} \Delta C_P \, dT = \Delta C_P (T_2 - T_1)$$

(3・34)

ここで，$\Delta_r H_1$ と $\Delta_r H_2$ はそれぞれ温度 T_1 および T_2 における反応のエンタルピーである．式(3・34)は**キルヒホッフの法則**（Kirchhoff's law）として知られている〔ドイツの物理学者，Gustav-Robert Kirchhoff（1824～1887）にちなむ〕．この法則によると，二つの異なる温度における反応のエンタルピーの差は，生成物と反応物をそれぞれ T_1 から T_2 へ加熱したときのエンタルピー変化の差で表される（図 3・15）．この式を導き出すときに C_P が温度に対して一定であると仮定したことに注意しよう．もしそうでないなら，§3・3 で述べたように，C_P は温度 T の関数として積分中に置いておかなければならない．

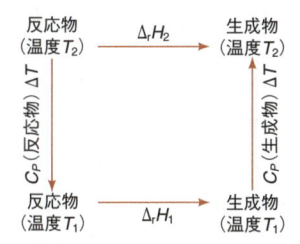

図 3・15 キルヒホッフの法則（式 3・34）を示す模式図．エンタルピー変化は $\Delta_r H_2 = \Delta_r H_1 + \Delta C_P (T_2 - T_1)$．ここで ΔC_P は生成物と反応物の熱容量の差である．

例題 3・7

下の反応の標準エンタルピー変化は 1 bar, 298 K において $\Delta_r H° = 285.4 \text{ kJ mol}^{-1}$ と与えられる．

$$3\, O_2(g) \longrightarrow 2\, O_3(g)$$

380 K での $\Delta_r H°$ の値を計算せよ．ただし $\overline{C_P}$ の値は温度に依存しないとする．

解 付録 2 より O_2 と O_3 の定圧モル熱容量はそれぞれ 29.4 J K^{-1} mol^{-1} と 38.2 J K^{-1} mol^{-1} である．式（3・34）よりつぎのように計算できる．

$$\Delta_r H°_{380} - \Delta_r H°_{298} = \frac{[(2) 38.2 - (3) 29.4] \text{ J K}^{-1} \text{mol}^{-1}}{(1000 \text{ J/kJ})} \times (380 - 298) \text{ K}$$

$$= -0.97 \text{ kJ mol}^{-1}$$

$$\Delta_r H°_{380} = (285.4 - 0.97) \text{ kJ mol}^{-1}$$

$$= 284.4 \text{ kJ mol}^{-1}$$

コメント $\Delta_r H°_{380}$ の値が $\Delta_r H°_{298}$ の値とさほど違わないことに注目しよう．気相反応については，T_1 から T_2 への温度変化に伴う生成物のエンタルピーの増加は反応物のそれで打ち消されてしまうことが多い．

化学反応は反応物や生成物分子の化学結合を切ったりつないだりする過程を含むので，反応の熱化学的性質をよく理解するためには結合エネルギーについての詳細な知識が必要である．結合エネルギーは二つの原子間の結合を切断するのに必要なエネルギーである．1 mol の H_2 分子を 1 bar, 298 K で解離することを考えてみよう．

$$H_2(g) \longrightarrow 2\, H(g) \qquad \Delta_r H° = 436.4 \text{ kJ mol}^{-1}$$

この式から H–H 結合のエネルギーは 436.4 kJ mol^{-1} だと言いたくなるかもしれないが，事態はもう少し複雑である．ここで測定した量は H_2 分子の結合エンタルピーであって結合エネルギーではない．この二つの物理量の違いを理解するために，まず結合エネルギーというものの意味を考えてみよう．

図 3・16 は H_2 分子の**ポテンシャルエネルギー曲線**（potential-energy curve）である．まずどうやって分子ができるのかを考えることから始めよう．最初は，二つの水素原子が非常に遠く離れていて，互いにまったく影響を及ぼさない．両者の距離が縮まってくると，（電子と原子核の間に働く）クーロン引力と（電子–電子間と原子核–原子核間に働く）クーロン反発力が両方の原子に働き始める．反発力よりも引力が勝るので系のポテンシャルエネルギーは距離が縮まるほど下がる．この過程は正味の引力が最大に達するまで続き，水素分子を形成する．さらに距離を縮めると逆に反発が大きくなり急激にポテンシャルが上昇する．エネルギーの基準状態（ポテンシャルが 0 の点）は水素原子同士の距離が無限大のときである．ポテンシャルエネルギーが負のときが結合状態（つまり水素分子）で，結合をつくることによりエネルギーが熱の形で放出される．

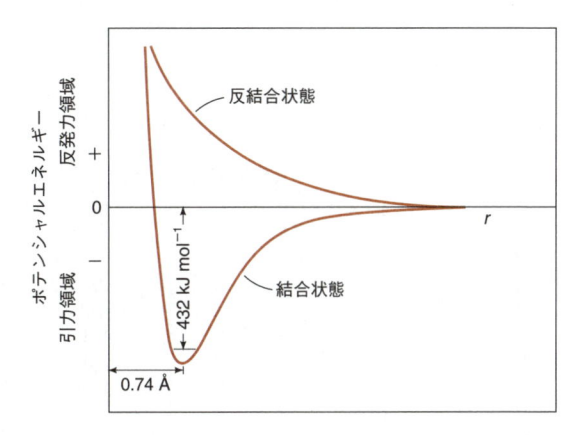

図 3・16 二原子分子のポテンシャルエネルギー曲線．短い水平線は分子（たとえば H_2）の最低振動エネルギー準位（ゼロ点エネルギー）を示す．この水平線とエネルギー曲線の二つの交点は振動している分子の最大および最小の結合長に相当する．

図 3・16 で重要な点は，結合状態のポテンシャルエネルギー曲線における最小の点（分子が最も安定な状態に相当する）と，**平衡距離** (equilibrium distance) とよばれるそのときの原子間距離である．しかし，分子は 0 K においても振動運動をしている．さらに，振動のもつエネルギーは，原子の中の電子のエネルギーのように量子化されている．最低の振動エネルギーは 0 ではなく，$\frac{1}{2}h\nu$ に等しく，**ゼロ点エネルギー** (zero-point energy) とよばれる．ここで ν は H_2 分子振動の振動数である．したがって，二つの水素原子は分子中で，エネルギーの最小値をとる一つの距離に固定されるようなことはない．その代わり，H_2 分子の最低振動準位は水平線で表され，その線とポテンシャルエネルギー曲線との二つの交点が，振動するうちで最も長い結合と短い結合となる．この場合も平衡結合距離を考えることができ，通常，両極端の結合長の平均がとられる．H_2 分子の結合エネルギーとは，最低振動エネルギー準位からポテンシャルエネルギーが 0 のエネルギー基準状態までの垂直方向の差に当たる．

観測されたエンタルピー変化 (436.4 kJ mol^{-1}) は二つの理由により H_2 の結合エネルギーと同一とは見なせない．第一に，分子が解離するときは気相分子の数が 2 倍になり，よって気体が膨張することにより，周囲に仕事を及ぼす．その場合エンタルピー変化 (ΔH) は結合エネルギーに当たる内部エネルギー変化 (ΔU) とは等しくなく，つぎの式のような関係をもつ．

$$\Delta H = \Delta U + P\Delta V$$

第二に，水素分子は解離する前には振動，回転，並進エネルギーをもっているが，水素原子は並進エネルギーしかもたない．このように反応物の全運動エネルギーが生成物のそれとは異なる．これらの運動エネルギーは結合エネルギーを考えるときには関係ないが，運動エネルギーの差が $\Delta_r H°$ の値に含まれてしまうのは避けられない．結合エネルギーは確固たる理論的な裏付けをもっている量である

が，化学反応のエネルギー変化を学習するうえでは，実用的な理由により，結合エンタルピーを用いることにする．

結合エンタルピーと結合解離エンタルピー

H_2 分子やつぎの例

$$N_2(g) \longrightarrow 2N(g) \qquad \Delta_r H° = 941.4 \text{ kJ mol}^{-1}$$
$$HCl(g) \longrightarrow H(g) + Cl(g) \qquad \Delta_r H° = 430.9 \text{ kJ mol}^{-1}$$

のような二原子分子にとっては結合エンタルピーとは特別重要な意味をもっている．なぜなら，一つの分子に一つの結合しかもたず，エンタルピー変化は間違いなくその結合によるものだからである．この理由により，二原子分子の場合は**結合解離エンタルピー** (bond dissociation enthalpy) という．多原子分子の場合はそれほど直接的ではない．H_2O 分子の一つめの O-H 結合を切断するときと残ったもう一つの O-H 結合を切断するときは必要とするエネルギーが異なることが測定で示されている．

$$H_2O(g) \longrightarrow H(g) + OH(g) \qquad \Delta_r H° = 502 \text{ kJ mol}^{-1}$$
$$OH(g) \longrightarrow H(g) + O(g) \qquad \Delta_r H° = 427 \text{ kJ mol}^{-1}$$

それぞれの過程で O-H 結合が切断されるが，最初は 2 番めより吸熱的である．この二つの $\Delta_r H°$ の値の違いは，化学的環境が変わったために第二の O-H 結合自体が変化することを示唆している．H_2O_2，CH_3OH などのような他の化合物で O-H 切断過程を調べると，また別の $\Delta_r H°$ 値が得られるだろう．このように多原子分子の場合は，ある特定の結合の平均結合エンタルピーのみしか評価できない．たとえば，異なる 10 個の多原子分子について O-H 結合エンタルピーを測定し，そのエンタルピーの和を 10 で割ることで O-H 結合の平均結合エンタルピーを算出することができる．**結合エンタルピー** (bond enthalpy) は平均値を指しているのに対し，結合解離エンタルピーは精密に測定される値である．表 3・4 に一般的な化学結合の結合エンタルピーを示す．三重結合は二重結合よりも強

表 3・4 平均結合エンタルピー（単位は kJ mol^{-1}）[†1]

結合の種類	結合エンタルピー	結合の種類	結合エンタルピー	結合の種類	結合エンタルピー	結合の種類	結合エンタルピー
H-H	436.4	C-C	347	C=S	477	O=S	469
H-N	393	C=C	619	N-N	393	P-P	197
H-O	460	C≡C	812	N=N	418	P=P	490
H-S	368	C-N	276	N≡N	941.4	S-S	268
H-P	326	C=N	615	N-O	176	S=S	351
H-F	568.2	C≡N	891	N-P	209	F-F	150.6
H-Cl	430.9	C-O	351	O-O	142	Cl-Cl	242.7
H-Br	366.1	C=O[†2]	724	O=O	498.8	Br-Br	192.5
H-I	298.3	C-P	264	O-P	502	I-I	151.0
C-H	414	C-S	255				

[†1] 二原子分子の結合エンタルピーは直接測定可能な量であり，多原子分子のように多くの分子での値の平均値ではないから，多原子分子の結合エンタルピーよりも有効数字が大きい．

[†2] CO_2 分子の C=O 結合のエンタルピーは 799 kJ mol^{-1} である．

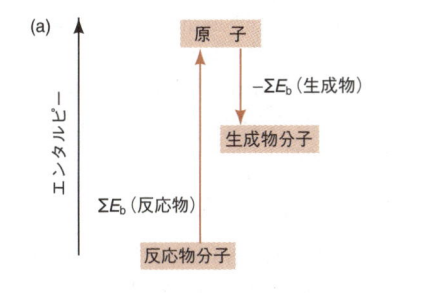

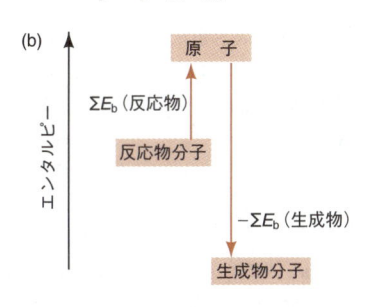

図3・17 (a) 吸熱反応，(b) 発熱反応における結合エンタルピー変化

く，二重結合は単結合より強いことがわかる．

結合エンタルピーの便利なところは，正確な熱化学データ（すなわち $\Delta_f H°$ の値）が得られないときにも $\Delta_r H°$ の値を見積もれることだろう．化学結合を切断するにはエネルギーが必要で，化学結合を生成するには熱の放出を伴うことから，反応によって解離した結合の数と生成した結合の数を数えて，それに伴うすべてのエネルギー変化を記録することにより，$\Delta_r H°$ の値を見積もることができる．気相反応のエンタルピー変化は次式で与えられる．

$$\Delta_r H° = \sum E_b(反応物) - \sum E_b(生成物)$$
$$= (全流入エネルギー) - (全放出エネルギー)$$
(3・35)

ここで，E_b は平均結合エンタルピーである．前述のように，式(3・35)で $\Delta_r H°$ の符号には気をつける必要がある．流入したエネルギーが放出されるエネルギーよりも大きいなら，$\Delta_r H°$ の値は正で反応は吸熱反応である．逆に，吸収するより多くのエネルギーが放出されるなら，$\Delta_r H°$ の値は負で反応は発熱反応となる（図3・17）．もし反応物と生成物がすべて二原子分子ならば，二原子分子の結合解離エンタルピーは正確に求まるから式(3・35)は正しい結果を与える．反応物や生成物のうちのいくつかあるいはすべてが多原子分子ならば，計算に用いる結合エンタルピーは平均値だから式(3・35)は近似的な結果を与えるだけである．

例題 3・8

表3・4の結合エンタルピーの値を用いて，1 bar，298 K でのメタンの燃焼エンタルピーを見積もれ．

$$CH_4(g) + 2\,O_2(g) \longrightarrow CO_2(g) + 2\,H_2O(g)$$

得られた結果を反応物や生成物の生成エンタルピーから求めた値と比較せよ．

解 最初にすべきことは，切断された結合の数と生成された結合の数を数えることである．これはつぎのような表を用いるとよいだろう．

切断された結合の種類	切断された結合の数	結合エンタルピー/kJ mol⁻¹	エンタルピー変化/kJ mol⁻¹
C–H	4	414	1656
O=O	2	498.8	997.6

生成された結合の種類	生成された結合の数	結合エンタルピー/kJ mol⁻¹	エンタルピー変化/kJ mol⁻¹
C=O	2	799	1598
O–H	4	460	1840

式(3・35)より

$$\Delta_r H° = [(1656\,\text{kJ mol}^{-1} + 997.6\,\text{kJ mol}^{-1}) - (1598\,\text{kJ mol}^{-1} + 1840\,\text{kJ mol}^{-1})]$$
$$= -784.4\,\text{kJ mol}^{-1}$$

式(3・32)より $\Delta_r H°$ の値を計算するために表3・3中の $\Delta_f \bar{H}°$ の値を用いると以下のようになる．

$$\Delta_r H° = [\Delta_f \bar{H}°(CO_2) + 2\,\Delta_f \bar{H}°(H_2O)] - [\Delta_f \bar{H}°(CH_4) + 2\,\Delta_f \bar{H}°(O_2)]$$
$$= [-393.5\,\text{kJ mol}^{-1} + 2(-241.8\,\text{kJ mol}^{-1})] - (-74.85\,\text{kJ mol}^{-1})$$
$$= -802.3\,\text{kJ mol}^{-1}$$

コメント この例の場合は結合エンタルピーを用いて見積もった $\Delta_r H°$ の値と実際の $\Delta_r H°$ の値は非常によく一致している．一般的に反応が発熱的（または吸熱的）であればあるほど一致はよい．逆に実際の $\Delta_r H°$ の値がわずかに正か負の値ならば結合エンタルピーから求められる値は信頼できなくなる．場合によると，反応のエンタルピー変化の正負が逆転してしまうこともある．

参 考 文 献

書 籍

J. T. Edsall, H. Gutfreund, "Biothermodynamics," John Wiley & Sons, New York (1983).

P. A. Rock, "Chemical Thermodynamics," University Science Books, Sausalito, CA (1983).

I. M. Klotz, R. M. Rosenberg, "Chemical Thermodynamics:

Basic Theory and Methods," 5th Ed., John Wiley & Sons, New York(1994).

D. A. McQuarrie, J. D. Simon,"Molecular Thermodynamics," University Science Books, Sausalito, CA(1999).

論文
仕事と熱：

F. J. Dyson, 'What is Heat,' *Sci. Am.*, September(1954).

T. B. Tripp, 'The Definition of Heat,' *J. Chem. Educ.*, **53**, 782(1976).

J. N. Spencer, 'Heat, Work, and Metabolism,' *J. Chem. Educ.*, **62**, 571(1985).

E. A. Gislason, N. C. Craig, 'General Definitions of Work and Heat in Thermodynamic Processes,' *J. Chem. Educ.*, **64**, 660(1987).

熱力学第一法則：

E. R. Boyko, J. F. Belliveau, 'Simplification of Some Thermochemical Calculations,' *J. Chem. Educ.*, **67**, 743 (1990).

M. Hamby, 'Understanding the Language: Problem Solving and the First Law of Thermodynamics,' *J. Chem. Educ.*, **67**, 923(1990).

熱容量：

J. B. Dence, 'Heat Capacity and the Equipartition Theorem,' *J. Chem. Educ.*, **49**, 798(1972).

D. R. Kimbrough, 'Heat Capacity, Body Temperature, and Hypothermia,' *J. Chem. Educ.*, **75**, 48(1998).

熱化学：

T. Solomon, 'Standard Enthalpies of Formation of Ions in Solution,' *J. Chem. Educ.*, **68**, 41(1991).

R. S. Treptow, 'Bond Energies and Enthalpies,' *J. Chem. Educ.*, **72**, 497(1995).

P. A. G. O'Hare, 'Thermochemistry,' "Encyclopedia of Applied Physics," ed. by G. L. Trigg, Vol.21, p. 265, VCH Publishers, New York(1997).

総説：

M. L. McGlashan, 'The Use and Misuse of the Laws of Thermodynamics,' *J. Chem. Educ.*, **43**, 226(1966).

K. G. Denbigh, 'The Scope and Limitations of Thermodynamics,' *Chem. Brit.*, **4**, 339(1968).

S. W. Angrist, 'Perpetual Motion Machines,' *Sci. Am.*, January(1968).

H. C. Heller, L. L. Crawshaw, H. T. Hammel, 'The Thermostat of Vertebrate Animals,' *Sci. Am.*, August (1978).

'Conversion of Standard (1 atm) Thermodynamic Data to the New Standard-State Pressure, 1 bar(10^5 Pa),' *Bull. Chem. Thermodynamics*, **25**, 523(1982).

R. D. Freeman, 'Conversion of Standard Thermodynamic Data to the New Standard-State Pressure,' *J. Chem. Educ.*, **62**, 681(1985).

M. F. Granville, 'Student Misconceptions in Thermodynamics,' *J. Chem. Educ.*, **62**, 847(1985).

T. R. Penney, P. Bharathan, 'Power From the Sea,' *Sci. Am.*, January(1987).

W. H. Corkern, L. H. Holmes, Jr., 'Why There's Frost on the Pumpkin,' *J. Chem. Educ.*, **68**, 825(1991).

R. Q. Thompson, 'The Thermodynamics of Drunk Driving,' *J. Chem. Educ.*, **74**, 532(1997).

R. S. Treptow, 'How Thermodynamic Data and Equilibrium Constants Changed When the Standard-State Pressure Became 1 Bar,' *J. Chem. Educ.*, **76**, 212(1999).

問題

仕事と熱

3・1 状態量を説明せよ．P, V, T, w, q のうち状態量はどれか．

3・2 熱とは何か．熱エネルギーと熱の違いは何か．どのような条件下で，ある系から別の系に熱は伝達されるか．

3・3 1 l atm = 101.3 J であることを示せ．

3・4 7.24 g のエタン試料は 294 K で 4.65 l を占める．(a) この気体が一定の外圧 0.500 atm に抗して等温的に体積が 6.87 l になるまで膨張するときの仕事を計算せよ．(b) 同様の膨張が可逆的に起こったときの仕事を計算せよ．

3・5 19.2 g のドライアイス（CO_2 の固体）を図 3・1 に示したような装置の中で昇華（蒸発）させる．22 ℃ の一定温度で気体の膨張により一定の外圧 0.995 atm に抗してなす仕事を計算せよ．ドライアイスの最初の体積は無視できるものとし，CO_2 の気体は理想気体としてふるまうものと仮定せよ．

3・6 つぎの反応

$$Zn(s) + H_2SO_4(aq) \rightarrow ZnSO_4(aq) + H_2(g)$$

により 1 mol の水素の気体が 1.0 atm，273 K で得られたときの仕事を計算せよ（気体以外の体積の変化は無視せよ）．

熱力学第一法則

3・7 時速 60 km で走るトラックが赤信号で完全に止まるとする．この速度の変化はエネルギー保存則に反するだろうか．

3・8 いくつかの運転教本には，速度が倍になると静止するまでの距離は 4 倍になると書いてある．この記述を力学

と熱力学を用いて立証せよ.

3・9 つぎのそれぞれのケースを熱力学第一法則で説明してみよ. (a) 自転車のタイヤを手動のポンプで膨らませるとき, タイヤの内部の温度は上昇する. 温まっているのは弁棒に触ってみればわかる. (b) 人工雪は約 20 atm に圧縮した空気と水蒸気の混合物を人工降雪機から素早く周囲に吹き出させることによりつくられる.

3・10 理想気体が 85 N の力で 0.24 m だけ等温的に圧縮される. ΔU と q の値を求めよ.

3・11 2 mol のアルゴンガス (理想気体としてふるまうと仮定せよ) が 298 K でもつ内部エネルギーを計算せよ. 内部エネルギーを 10 J 増やすための方法を二つ提案せよ.

3・12 牛乳の入った魔法瓶を勢いよく振った. 牛乳を系と考えよ. (a) 振ることにより温度上昇は起こるか. (b) 系内に熱は流入したか. (c) 系に対して仕事はなされたか. (d) 系の内部エネルギーは変化したか.

3・13 可動式ピストンの付いたシリンダーに入った 14.0 atm, 25 ℃ の 1.00 mol のアンモニア試料が 1.00 atm で一定の外圧に抗して膨張するとする. 平衡状態では気体の圧力と体積は 1.00 atm, 23.5 l である. (a) 試料の最終的な温度を計算せよ. (b) この過程における $q, w, \Delta U$ の値を計算せよ.

3・14 理想気体が 2.0 atm, 2.0 l から 4.0 atm, 1.0 l に等温的に圧縮される. この過程が, (a) 可逆的に行われた場合と, (b) 不可逆的に行われた場合, それぞれの ΔU と ΔH の値を計算せよ.

3・15 液体のアセトンが沸点で気体に変換されるときの分子レベルでのエネルギー変化を説明せよ.

3・16 カリウムの金属片を水を入れたビーカーに加える. そのとき起こる反応はつぎのようなものである.

$$2\,K(s) + 2\,H_2O(l) \longrightarrow 2\,KOH(aq) + H_2(g)$$

$w, q, \Delta U, \Delta H$ の符号を予測せよ.

3・17 1 atm, 373.15 K で, 液体の水と水蒸気のモル体積はそれぞれ, $1.88 \times 10^{-5}\,\mathrm{m^3}$ と $3.06 \times 10^{-2}\,\mathrm{m^3}$ である. 水の蒸発熱を 40.79 kJ mol^{-1} としたとき, つぎの過程の 1 mol あたりの ΔH と ΔU の値を計算せよ.

$$H_2O(l, 373.15\,K, 1\,atm) \longrightarrow H_2O(g, 373.15\,K, 1\,atm)$$

3・18 1 種類の気体を含む循環過程を考える. その過程の途中では気体の圧力が変わるが, 最終的にはもとの値に戻るとき $\Delta H = q_P$ と書くのは正しいだろうか.

3・19 1 mol の単原子の気体の温度が 25 ℃ から 300 ℃ に増加したときの ΔH の値を計算せよ.

3・20 1 mol の理想気体が 300 K で 1.00 atm から最終的な圧力まで等温膨張により 200 J の仕事をしたとする. 外圧が 0.20 atm としたときの気体の最終的な圧力を計算せよ.

熱容量

3・21 6.22 kg の銅の金属片を 20.5 ℃ から 324.3 ℃ まで加熱する. 銅の比熱容量を 0.385 J g^{-1} ℃$^{-1}$ としたときの金属片が吸収する熱量 (kJ 単位) を計算せよ.

3・22 18.0 ℃ の 10.0 g の金板を 55.6 ℃ の 20.0 g の鉄板の上に重ねる. 金, 鉄それぞれの比熱容量をそれぞれ 0.129 J g^{-1} ℃$^{-1}$, 0.444 J g^{-1} ℃$^{-1}$ とすると, 重ねた金属の最終的な温度は何度になるか. ただし周囲への熱の逃げはないものとせよ〔ヒント: 金板の得る熱量は鉄板の失う熱量と等しいはずである〕.

3・23 定圧で 24.6 g のベンゼンの温度を 21.0 ℃ から 28.7 ℃ まで上昇させるには 330 J のエネルギーが必要である. ベンゼンの定圧モル熱容量はいくらか.

3・24 水の 1 mol あたりの蒸発熱は 298 K で 44.01 kJ mol^{-1}, 373 K で 40.79 kJ mol^{-1} である. この二つの値の違いを定性的に説明せよ.

3・25 窒素の定圧モル熱容量はつぎの式で与えられる.

$$\bar{C}_P = (27.0 + 5.90 \times 10^{-3}\,T - 0.34 \times 10^{-6}\,T^2)\,\mathrm{J\,K^{-1}\,mol^{-1}}$$

1 mol の窒素を 25.0 ℃ から 125 ℃ まで加熱するときの ΔH の値を計算せよ.

3・26 ある理想気体の熱容量比 (γ) は 1.38 である. $\bar{C}_V$ と $\bar{C}_P$ はいくらか.

3・27 気体の熱容量比 (γ) を測定する一つの方法は, 次式で与えられるその気体中での音速 (c) を測定することである.

$$c = \left(\frac{\gamma RT}{\mathcal{M}}\right)^{1/2}$$

ここで, $\mathcal{M}$ は気体のモル質量である. ヘリウムガス中の 25 ℃ における音速を計算せよ.

3・28 He, N$_2$, CCl$_4$, HCl の 4 種類の気体のうち 298 K で最も大きな $\bar{C}_V$ の値をもつものはどれか.

3・29 (a) 冷蔵庫の冷凍室を最も効率良く使うには, すき間なく食料を詰めてしまうのがよい. 熱化学的根拠は何か. (b) 紅茶やコーヒーは, 同じ温度のスープよりも冷めるのが遅い. 説明せよ.

3・30 19 世紀に Dulong と Petit という二人の科学者は, 固体元素のモル質量とその比熱容量との積は約 25 J ℃$^{-1}$ であることを見いだした. 現在デュロン・プティの法則とよばれるこの所見は, 金属の比熱容量を見積もるのに用いられた. アルミニウム (0.900 J g^{-1} ℃$^{-1}$), 銅 (0.385 J g^{-1} ℃$^{-1}$), 鉄 (0.444 J g^{-1} ℃$^{-1}$) についてこの法則が成り立つか確認せよ. 三つのうち一つはこの法則が当てはまらない. それはどれか, またなぜ成り立たないのか.

気体の膨張

3・31 下図はある気体の P-V 変化を表している. 外界に対してなした全体の仕事を書き表せ.

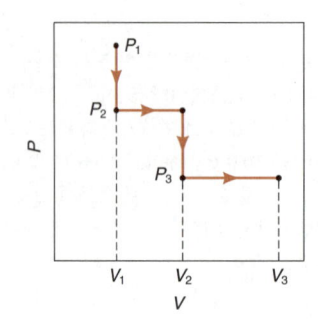

3・32 ある気体の状態方程式は $P[(V/n)-b]=RT$ で与えられる．この気体が V_1 から V_2 まで等温可逆膨張するときになす最大の仕事を式で表せ．

3・33 1 mol の単原子の理想気体が 5.00 m³ から 25.0 m³ まで断熱可逆膨張するときの $q, w, \Delta U, \Delta H$ の値を計算せよ．気体の初期温度は 298 K とする．

3・34 0.27 mol のネオンを 2.50 atm, 298 K で容器に密閉し，(a) 可逆的に 1.00 atm まで，または，(b) 1.00 atm の一定の外圧に抗して，どちらも断熱膨張させる．それぞれの場合の最終的な温度を計算せよ．

3・35 15.0 atm, 300 K にあった単原子の理想気体 1 mol を 1.00 atm になるまで膨張させた．その膨張は，(a) 等温可逆過程，(b) 等温不可逆過程，(c) 断熱可逆過程，(d) 断熱不可逆過程，のいずれかの経路により起こった．不可逆過程では外圧 1.00 atm に抗して膨張が起こったとする．それぞれの場合について $q, w, \Delta U, \Delta H$ の値を計算せよ．

熱量測定法

3・36 0.1375 g のマグネシウム試料を熱容量 1769 J ℃⁻¹ の定容ボンベ熱量計中で燃焼させる．熱量計中には正確に 300 g の水が入っており，温度上昇は 1.126 ℃ であった．マグネシウムが燃焼することにより放出した熱量を kJ g⁻¹ と kJ mol⁻¹ の単位で計算せよ．

3・37 安息香酸 (C_6H_5COOH) の燃焼エンタルピーは，定容ボンベ熱量計の較正用標準としてよく用いられる．その値は -3226.7 kJ mol⁻¹ と正確に決定されている．(a) 0.9862 g の安息香酸が酸化されたとき，温度が 21.84 ℃ から 25.67 ℃ まで上がったとすると，その熱量計の熱容量はいくらか．(b) 同じ熱量計を使って，0.4654 g の α-D-グルコース ($C_6H_{12}O_6$) を酸化すると温度は 21.22 ℃ から 22.28 ℃ まで上がった．グルコースの燃焼エンタルピー，燃焼反応の $\Delta_r U$ の値，グルコースのモル生成エンタルピーを計算せよ．

3・38 453 J ℃⁻¹ の熱容量をもつ定圧熱量計の中で，0.862 M の HCl, 2.00×10^2 ml と 0.431 M の $Ba(OH)_2$, 2.00×10^2 ml を混合する．HCl と $Ba(OH)_2$ の水溶液はどちらも最初 20.48 ℃ だったとする．つぎの過程

$$H^+(aq) + OH^-(aq) \longrightarrow H_2O(l)$$

の中和熱は -56.2 kJ mol⁻¹ である．混合した水溶液の最終的な温度は何度か．

3・39 1.034 g のナフタレン ($C_{10}H_8$) を定容ボンベ熱量計中 298 K で完全に燃焼させると 41.56 kJ の熱量が得られる．この反応について $\Delta_r U$ および $\Delta_r H$ の値を計算せよ．

熱化学

3・40 次式の反応を考えよう．

$$2\,CH_3OH(l) + 3\,O_2(g) \longrightarrow 4\,H_2O(l) + 2\,CO_2(g)$$
$$\Delta_r H^\circ = -1452.8 \text{ kJ mol}^{-1}$$

(a) 反応式の両辺を 2 倍したとき，(b) 反応物と生成物を逆になるように反応式を逆にしたとき，(c) 液体の水ではなく水蒸気が生成物の場合について，それぞれ $\Delta_r H^\circ$ の値を求めよ．

3・41 Na(s), Ne(g), CH_4(g), S_8(s), Hg(l), H(g) のうち，25 ℃での標準生成エンタルピーが 0 でないものはどれか．

3・42 水溶液中のイオンの標準生成エンタルピーは便宜的に H^+ イオンの値を 0 すなわち $\Delta_f \bar{H}^\circ[H^+(aq)]=0$ とすることにより求める．(a) 次式

$$HCl(g) \longrightarrow H^+(aq) + Cl^-(aq) \quad \Delta_r H^\circ = -74.9 \text{ kJ mol}^{-1}$$

で与えられる反応において，Cl^- イオンの $\Delta_f \bar{H}^\circ$ の値を計算せよ．(b) HCl 溶液と NaOH 溶液の中和の標準エンタルピーは -56.2 kJ mol⁻¹ であることがわかっている．25 ℃ における水酸化物イオンの標準生成エンタルピーを計算せよ．

3・43 1.26×10^4 g のアンモニアがつぎの反応

$$N_2(g) + 3\,H_2(g) \longrightarrow 2\,NH_3(g) \quad \Delta_r H^\circ = -92.6 \text{ kJ mol}^{-1}$$

により生成されるときに放出される熱量を kJ 単位で求めよ．ただし，反応は 25 ℃ の標準状態で起こるとする．

3・44 2.00 g のヒドラジンが定圧条件で分解すると 7.00 kJ の熱が外界に伝達される．

$$3\,N_2H_4(l) \longrightarrow 4\,NH_3(g) + N_2(g)$$

この反応の $\Delta_r H^\circ$ の値はいくらか．

3・45 つぎの反応を考える．

$$N_2(g) + 3\,H_2(g) \longrightarrow 2\,NH_3(g) \quad \Delta_r H^\circ = -92.6 \text{ kJ mol}^{-1}$$

2.0 mol の N_2 が 6.0 mol の H_2 と反応して NH_3 が生成するとき，25 ℃ で 1.0 atm の外圧に抗してなす仕事を J を単位として計算せよ．また，この反応の $\Delta_r U$ の値はいくらか．その際，反応は右向きに完全に進行すると仮定せよ．

3・46 フマル酸とマレイン酸の燃焼（二酸化炭素と水を生成する）の標準燃焼エンタルピーは，それぞれ -1336.0 kJ mol⁻¹ と -1359.2 kJ mol⁻¹ である．つぎの異性化過程のエンタルピーを計算せよ．

マレイン酸 → フマル酸

3・47 次式の反応

$$C_{10}H_8(s) + 12\,O_2(g) \rightarrow 10\,CO_2(g) + 4\,H_2O(l)$$
$$\Delta_r H° = -5153.0 \text{ kJ mol}^{-1}$$

および付録2にあげた CO_2 と H_2O の生成エンタルピーから、ナフタレン ($C_{10}H_8$) の生成エンタルピーを計算せよ。

3・48 298 K における酸素分子の標準モル生成エンタルピーは0である。315 K での値はいくらか〔ヒント：付録2にあげた $\overline{C}_P$ の値を参照せよ〕。

3・49 $Fe(s)$, $I_2(l)$, $H_2(g)$, $Hg(l)$, $O_2(g)$, C(グラファイト)のうち25 ℃ の $\Delta_f \overline{H}°$ の値が0でない物質はどれか。

3・50 エチレンの水素化反応は次式で与えられる。

$$C_2H_4(g) + H_2(g) \rightarrow C_2H_6(g)$$

反応温度を 298 K から 398 K にしたときの水素化反応のエンタルピー変化を計算せよ。ただし、$\overline{C}_P$ は C_2H_4 43.6 J K^{-1} mol^{-1}、C_2H_6 52.7 J K^{-1} mol^{-1} である。

3・51 次式の反応の 298 K における $\Delta_r H°$ の値を、付録2のデータを用いて計算せよ。また、350 K での値を求めよ。

$$N_2O_4(g) \rightarrow 2\,NO_2(g)$$

計算するのに用いた仮定について述べよ。

3・52 以下の式から、ダイヤモンドの標準生成エンタルピーを計算せよ。

$$C(\text{グラファイト}) + O_2(g) \rightarrow CO_2(g)$$
$$\Delta_r H° = -393.5 \text{ kJ mol}^{-1}$$
$$C(\text{ダイヤモンド}) + O_2(g) \rightarrow CO_2(g)$$
$$\Delta_r H° = -395.4 \text{ kJ mol}^{-1}$$

3・53 光合成は二酸化炭素と水からグルコース ($C_6H_{12}O_6$) と酸素を生成する。

$$6\,CO_2 + 6\,H_2O \rightarrow C_6H_{12}O_6 + 6\,O_2$$

(a) この反応の $\Delta_r H°$ の値をどうやったら実験的に決定できるか。(b) 地球上では太陽光により1年間に約 7.0×10^{14} kg のグルコースがつくられている。それに相当する $\Delta_r H°$ の値はいくらか。

3・54 つぎにあげる燃焼熱

$$CH_3OH(l) + \tfrac{3}{2} O_2(g) \rightarrow CO_2(g) + 2\,H_2O(l)$$
$$\Delta_r H° = -726.4 \text{ kJ mol}^{-1}$$
$$C(\text{グラファイト}) + O_2(g) \rightarrow CO_2(g)$$
$$\Delta_r H° = -393.5 \text{ kJ mol}^{-1}$$
$$H_2(g) + \tfrac{1}{2} O_2(g) \rightarrow H_2O(l)$$
$$\Delta_r H° = -285.8 \text{ kJ mol}^{-1}$$

を用いて、その構成元素からのメタノール (CH_3OH) の生成エンタルピーを計算せよ。反応を次式に示す。

$$C(\text{グラファイト}) + 2\,H_2(g) + \tfrac{1}{2} O_2(g) \rightarrow CH_3OH(l)$$

3・55 次式の標準エンタルピー変化は 436.4 kJ mol^{-1} である。

$$H_2(g) \rightarrow H(g) + H(g)$$

原子状水素(H)の標準生成エンタルピーを計算せよ。

3・56 298 K における α-D-グルコースの酸化

$$C_6H_{12}O_6(s) + 6\,O_2(g) \rightarrow 6\,CO_2(g) + 6\,H_2O(l)$$

について、$\Delta_r H°$ と $\Delta_r U°$ の値の差を計算せよ。

3・57 アルコールの発酵は炭水化物がエタノールと二酸化炭素に分解する過程である。この反応は非常に複雑で、いくつもの酵素触媒反応段階を含む。全体の反応は

$$C_6H_{12}O_6(s) \rightarrow 2\,C_2H_5OH(l) + 2\,CO_2(g)$$

と書き表せる。炭水化物が α-D-グルコースだとして、この反応の標準エンタルピー変化を計算せよ。

結合エンタルピー

3・58 (a) なぜ分子の結合エンタルピーが常に気相反応により定義されているのか説明せよ。(b) F_2 の結合解離エンタルピーは 150.6 kJ mol^{-1} である。$F(g)$ の $\Delta_f \overline{H}°$ の値を計算せよ。

3・59 373 K における水のモル蒸発エンタルピーと H_2 と O_2 の結合解離エンタルピー(表3・4参照)から、水の O−H 結合の平均結合エンタルピーを求めよ。ただし、

$$H_2(g) + \tfrac{1}{2} O_2(g) \rightarrow H_2O(l)$$
$$\Delta_r H° = -285.8 \text{ kJ mol}^{-1}$$

である。

3・60 表3・4の結合エンタルピーの値を用いてエタンの燃焼エンタルピーを計算せよ。

$$2\,C_2H_6(g) + 7\,O_2(g) \rightarrow 4\,CO_2(g) + 6\,H_2O(l)$$

その結果を、付録2にあげた反応物と生成物の生成エンタルピーから計算した値と比較せよ。

補 充 問 題

3・61 17.0 ℃ の 2.10 mol の酢酸の結晶を 1.00 atm で 17.0 ℃ で融解し、118.1 ℃ (酢酸の標準沸点) に加熱する。118.1 ℃ で蒸発させた後 17.0 ℃ に急冷して再結晶する。この全過程の $\Delta_r H°$ の値を計算せよ。

3・62 つぎにあげる過程について、q, w, ΔU, ΔH の値が正、0、もしくは負のいずれか予測せよ。(a) 1 atm, 273 K での氷の融解、(b) 1 atm で固体シクロヘキサンの通常の融点での融解、(c) 理想気体の等温可逆膨張、(d) 理

想気体の断熱可逆膨張．

3・63 アインシュタインの特殊相対性理論の方程式は E をエネルギー，m を質量，c を光の速度とし，$E = mc^2$ である．この方程式はエネルギー保存則や熱力学第一法則を無効にするものだろうか．

3・64 標準状態，そして（通常は）298 K で，すべての元素の（最も安定な状態の）エンタルピーの値を便宜上 0 と仮定する慣習は，化学過程のエンタルピー変化を取扱うのに都合がよい．しかし，ある 1 種類の過程についてはこの取決めは適用できない．その過程とは何か．また，なぜ適用できないのか．

3・65 2 mol の理想気体を 298 K で 1.00 atm から 200 atm まで等温圧縮する．この過程が，可逆的に行われた場合の $q, w, \Delta U, \Delta H$ の値を計算せよ．

3・66 ハンバーガーの 1 g あたりのカロリー（燃焼価）は約 3.6 kcal g^{-1} である．あるヒトが 1 ポンド（1 ポンド = 454 g）のハンバーガーを昼食に食べ，身体にそのエネルギーがまったく蓄えられないとすると，体温を一定に保つにはどれだけの水が発汗により失われる必要があるか見積もれ．

3・67 4.50 g の CaC$_2$ が大気圧下，298 K で過剰な水と反応したとする．

$$\text{CaC}_2(\text{s}) + 2\,\text{H}_2\text{O}(l) \longrightarrow \text{Ca(OH)}_2(\text{aq}) + \text{C}_2\text{H}_2(\text{g})$$

アセチレンの気体が大気圧に抗してなす仕事を J を単位として計算せよ．

3・68 酸素-アセチレン炎は金属の溶接によく用いられる．つぎの反応により生じる炎の温度を見積もれ．

$$2\,\text{C}_2\text{H}_2(\text{g}) + 5\,\text{O}_2(\text{g}) \longrightarrow 4\,\text{CO}_2(\text{g}) + 2\,\text{H}_2\text{O}(\text{g})$$

ただし，この反応により生じる熱はすべて生成物を熱するのに使われるとせよ〔ヒント: 最初にこの反応の $\Delta_r H^\circ$ の値を計算せよ．その後，生成物の熱容量を調べよ．その際，熱容量は温度に依存しないと仮定せよ〕．

3・69 付録 2 にあげられている $\Delta_f \overline{H}^\circ$ の値は 1 bar, 298 K での値である．ある学生が 1 bar, 273 K での $\Delta_f \overline{H}^\circ$ の表を新たに作成しようと思ったとする．アセトンを例にとり，どのように値の変換を行ったらよいか示せ．

3・70 エチレンとベンゼンの 298 K での水素化反応のエンタルピーがつぎのように求められている．

$$\text{C}_2\text{H}_4(\text{g}) + \text{H}_2(\text{g}) \longrightarrow \text{C}_2\text{H}_6(\text{g}) \quad \Delta_r H^\circ = -132\,\text{kJ mol}^{-1}$$
$$\text{C}_6\text{H}_6(\text{g}) + 3\,\text{H}_2(\text{g}) \longrightarrow \text{C}_6\text{H}_{12}(\text{g}) \quad \Delta_r H^\circ = -246\,\text{kJ mol}^{-1}$$

ベンゼンが三つの局在化した非共役二重結合を含むとしたら，ベンゼンの水素化反応のエンタルピー変化はいくらになるか．この仮定に基づいた計算結果と実測値との差はどのように説明できるか．

3・71 水のモル融解エンタルピーとモル蒸発エンタルピーはそれぞれ（298 K において）6.01 kJ mol^{-1} と 44.01 kJ mol^{-1} である．これらの値から，氷のモル昇華エンタルピーを見積もれ．

3・72 298 K での HF(aq) の標準生成エンタルピーは -320.1 kJ mol^{-1}, OH$^-$(aq) は -229.6 kJ mol^{-1}, F$^-$(aq) は -329.11 kJ mol^{-1}, H$_2$O(l) は -285.84 kJ mol^{-1} である．(a) 次式で与えられる HF(aq) の中和エンタルピーを計算せよ．

$$\text{HF(aq)} + \text{OH}^-(\text{aq}) \longrightarrow \text{F}^-(\text{aq}) + \text{H}_2\text{O}(l)$$

(b) 次式の反応

$$\text{H}^+(\text{aq}) + \text{OH}^-(\text{aq}) \longrightarrow \text{H}_2\text{O}(l)$$

のエンタルピー変化が -55.83 kJ mol^{-1} であることを用いてつぎの解離のエンタルピー変化を計算せよ．

$$\text{HF(aq)} \longrightarrow \text{H}^+(\text{aq}) + \text{F}^-(\text{aq})$$

3・73 反応が凝縮相で起こる場合は $\Delta_r H$ と $\Delta_r U$ の値の差は通常無視できるぐらい小さいと本章で述べた．この記述はその過程が大気圧下で行われる場合は正しい．しかし，ある地球化学的過程を考えると，外部の圧力が非常に大きいために $\Delta_r H$ と $\Delta_r U$ の値の差は相当大きくなる．よく知られた例としては，地表近くでグラファイトがゆっくりダイヤモンドに変換される過程がある．50 000 atm の圧力下で 1 mol のグラファイトが 1 mol のダイヤモンドに変換されるときの ($\Delta_r H - \Delta_r U$) の値を計算せよ．グラファイトとダイヤモンドの密度はそれぞれ 2.25 g cm^{-3}, 3.52 g cm^{-3} とする．

3・74 ヒトの身体の代謝活動は 1 日あたりおよそ 1.0×10^4 kJ の熱を発散する．身体を 50 kg の水と仮定し，それが孤立系だとするならば，体温はどのくらいの速度で上昇するか．通常の体温（98.6 °F = 37 ℃）を維持するためにはどれだけの水を発汗により外に出す必要があるか．計算結果についてコメントせよ．水の蒸発熱は 2.41 kJ g^{-1} としてよい．

3・75 可動式ピストンの付いたシリンダーに理想気体を入れ，断熱的に V_1 から V_2 まで圧縮したとする．その結果，気体の温度は上昇する．気体の温度が上昇する原因は何か，説明せよ．

3・76 標準沸点において，水の蒸発エンタルピーのうち水蒸気の膨張に使われる割合を計算せよ．

3・77 燃焼による熱で 855 g の水を 25.0 ℃ から 98.0 ℃ まで加熱するのに必要な，エタン (C$_2$H$_6$) の 23.0 ℃, 752 mmHg での体積を求めよ．

3・78 1.2×10^5 Pa のヘリウムガスが入った，Goodyear 社製ゴム製気球の，空の気球に対する内部エネルギーを計算せよ．膨らませた気球の体積は 5.5×10^3 m^3 である．このすべてのエネルギーを 21 ℃ の 10.0 トンの銅を加熱するのに使ったら，金属の最終的な温度は何度になるか計算せよ〔ヒント: 1 米トン = 9.072×10^5 g〕．

3・79 本章の内容を参照せずに，つぎの方程式の成り立つ条件を述べよ．(a) $\Delta H = \Delta U + P\Delta V$, (b) $C_P = C_V + nR$,

(c) $\gamma = \frac{5}{3}$, (d) $P_1 V_1^\gamma = P_2 V_2^\gamma$, (e) $w = n\overline{C}_V (T_2 - T_1)$, (f) $w = -P\Delta V$, (g) $w = -nRT \ln(V_2/V_1)$, (h) $dH = dq$.

3・80 理想気体が P_1, V_1 から P_2, V_2 まで等温圧縮される．どのような条件のときに仕事が最小になるか，また最大になるか．この過程の最小，最大の仕事を式で示せ．また，その論拠を説明せよ．

3・81 $q, w, \Delta U, \Delta H$ を見出しとする表を作成せよ．以下の各過程について，それぞれの量が正（＋），負（－），0のいずれかを推測し，表に記せ．(a) 1 atmでアセトンの通常の融点におけるアセトンの凝固，(b) 理想気体の等温非可逆膨張，(c) 理想気体の断熱圧縮，(d) ナトリウムと水との反応，(e) 液体アンモニアの通常の沸点での沸騰，(f) 一定の外圧に抗する気体の断熱不可逆膨張，(g) 理想気体の等温可逆圧縮，(h) 気体の定容過程での加熱，(i) 水の0℃での凝固．

3・82 以下の記述が正しいか誤りかを答えよ．(a) 気体や高圧過程を除けば $\Delta U \approx \Delta H$ である．(b) 気体の圧縮において，可逆過程が最も仕事が大きい．(c) ΔU は状態量である．(d) 開いた系では $\Delta U = q + w$ である．(e) C_V は気体については温度に依存しない．(f) 実在気体の内部エネルギーは温度のみに依存する．

3・83 理想気体について $(\partial C_V/\partial V)_T = 0$ を示せ．

3・84 ファンデルワールス気体の等温可逆膨張によってなされる仕事の式を誘導せよ．最終的な式に係数 a, b が現れる道筋を物理的に説明せよ．〔ヒント：$\ln(V - nb)$ にテイラー級数

$$\ln(1-x) = -x - \frac{x^2}{2} \cdots \quad \text{ここで} \quad |x| \ll 1$$

を適用せよ．a は引力項，b は反発力項を表すことを思い出せ．〕

3・85 理想気体の断熱可逆膨張が次式を満たすことを示せ．

$$T_1^{C_V/R} V_1 = T_2^{C_V/R} V_2$$

3・86 はじめ5℃の1 molのアンモニアが，はじめ90℃の3 molのヘリウムと接触している．もし定容過程であれば，アンモニアの $\overline{C}_V$ は $3R$ で与えられる．これらの気体の最終温度を計算せよ．

3・87 連続した，回転，振動および電子的エネルギー準位の典型的なエネルギー差はそれぞれ，5.0×10^{-22} J，0.50×10^{-19} J，および 1.0×10^{-17} J である．298 K での，それぞれの場合について，二つの隣り合ったエネルギー準位間の分子数の比（低い準位に対する高い準位）を計算せよ．

3・88 ヘリウム原子の電子の第一励起エネルギー準位は基底準位より 3.13×10^{-18} J 上にある．電子的な運動が熱容量に対して有意な寄与をし始める温度を見積もれ．つまり，第一励起状態と基底状態の原子数の比が 5.0 % になる温度を計算せよ．

3・89 24℃，1.2 atm で，半径 43.0 cm の球状の風船の中の空気分子の全並進運動エネルギーを計算せよ．これは，カップ1杯のお茶を用意するのに 200 ml の水を20℃から90℃に加熱するのに十分か．水の密度は $1.0 \mathrm{~g~cm^{-3}}$ で，比熱は $4.184 \mathrm{~J~g^{-1}~℃^{-1}}$ である．

3・90 熱容量に関する知識から，なぜ暑い湿った空気は暑い乾いた空気より不快で，冷たい湿った空気は冷たい乾いた空気より不快であるかを説明せよ．

3・91 ヘモグロビン分子（モル質量＝65 000 g）は四つの酸素分子と結合できる．ある実験で，6.0 g のデオキシ型ヘモグロビンを含む溶液 0.085 l を，熱容量の無視できる定圧熱量計内で，過剰の酸素と反応させた．温度が 0.044 ℃ だけ上昇したとして，結合した酸素1モルあたりの反応エンタルピーを計算せよ．溶液は希薄で，そのため溶液の比熱容量は水の比熱容量に等しいと仮定せよ．

3・92 タンパク質の熱的な変性を表すつぎの DSC のサーモグラムを解釈せよ．

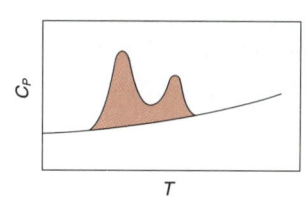

4

熱力学第二法則

　第3章で学習したように，熱力学第一法則は，"エネルギーは宇宙のある部分から他の部分に流れたり，ある形態から別の形態に変換されるが，生成することも消滅することもない"と言うことを述べている．つまり，宇宙における全エネルギーの総和は一定である．これは，化学反応のエネルギー論の研究において非常に重要なものであるが，第一法則には，変化する方向は予測できないという制約が存在する．流入してきたエネルギー，放出された熱，なされた仕事などのようなエネルギー収支を付けるのに，熱力学第一法則は役立つのであるが，この制約のために，問題としている過程が実際に起こりうるのかどうかについては何もわからないのである．そこで，それについて知るために，熱力学第二法則を学習することが重要となってくる．

　本章では，熱力学第二および第三法則において中心となるエントロピー（S）とよばれている新しい熱力学関数についてふれる．エントロピー変化（ΔS）は，あらゆる反応過程の方向を予測するのに必要な情報を与えてくれる．系や特定の実際の状態に注目する際に役立つように，化学熱力学の基礎となる関数，ギブズエネルギー（G）についても詳しく説明する．

4・1　自発過程

　角砂糖をコーヒーに入れると溶ける．氷は手の中で解ける．マッチを擦ると大気中で燃える．われわれは，毎日の生活の中でこのような多くの**自発**（spontaneous）過程を目にしており，それらのすべてをあげることはほとんど不可能なほどである．自発過程の興味深い点は，同じ条件下では逆の過程は絶対に起こらないことである．氷は，20℃，1 atmで融解するが，水は同じ温度，圧力下では自発的に氷に戻ることはできないのである．地面に落ちている落ち葉が自然に舞い上がって再びもとの木の枝に戻ることはできないのである．野球の球が窓ガラスを粉々にするシーンを逆回しの映像で見て面白いのは，実際にはそんな過程は起こらないことを誰もが知っているからなのである．しかしなぜ起こらないのであろうか．確かにここに示した（そしてここで述べきれなかった他の数えきれない）変化は，熱力学第一法則と矛盾しないどちらの方向にも起こる可能性があるが，それにもかかわらず，実際には，それぞれの過程は一方向でしか起こらないのである．われわれは，多くの観察結果から，一方向に自発的に起こる過程は，反対方向では，自発的には起こらないことを知っている．つまり，逆過程では何も起こらないのである（図4・1）．

　それでは，なぜ，自発過程の逆は独りでには起こらないのか．ゴムの球が床から上のある位置に存在する場合を考えてみよう．球を離すと床に落ちる．球は床に衝突して上方に跳ね上がる．そして，ある位置まで上がると再び落下するのである．落下する過程で，球のポテンシャルエネルギーは運動エネルギーに変えられる．これらの経験から，跳ね上がった球が再び同じ高さに戻らないことがわかる．その理由は，球と床の衝突は非弾性的なため，球が床と衝突するごとに，球の運動エネルギーの一部が床内部の分子の間に散逸してしまうからである．そして，跳ね返るごとに，床の温度はわずかずつ上昇するのである*．このようなエネルギーにより，床内部の分子の回転運動，振動運動が増大する（図4・2a）．最終的には，球の運動エネルギーは床の方に完全に散逸されるため，球は完全に静止することになる．この過程を言い換えると，球がはじめに

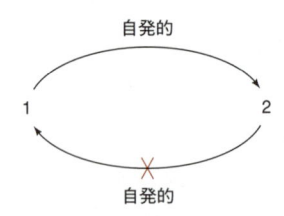

図 4・1　状態1から状態2に変化する過程が自発的であるとき，その逆過程，つまり，状態2から状態1に変化する過程は自発的に起こらない．

＊ 実際には，球や周囲の空気の温度も衝突後わずかに上昇している．しかし，ここでは床で起こっていることだけに着目している．

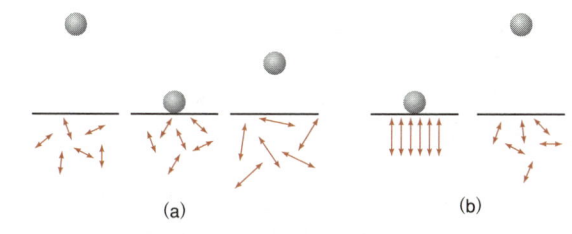

図 4・2 (a) 自発過程. 球が床に落ちたとき, その運動エネルギーは, 床の内部分子の方に消失する. 結果として, 球は最初と同じ高さまで上がることはなく, 床の温度がわずかに上昇する. 図中の矢印は, 分子振動の振幅を示している. (b) 不可能な事象. 床の上に置いてある球が, 床から熱エネルギーを吸収して自発的に跳ね上がることはありえない.

もっているポテンシャルエネルギーがすべて運動エネルギーに変換され, これらが熱として逃げて減少していくということである.

ここで自発過程の逆過程が起こる場合, つまり, 床の上にあるボールが床から熱を吸収し, 大気中である高さまで自発的に上昇するような場合を考えてみよう. このような過程は熱力学第一法則を破らないであろう. 仮に球の質量を m, 床からの高さを h とすると,

$$\text{床から受けるエネルギー} = mgh$$

となる. ここで g は重力加速度である. 床の熱エネルギーは, 乱雑な分子運動である. 床から球が跳ね上がるのに十分なエネルギーを与えるには, 図 4・2b に示すように, 分子の大部分は球の真下で整列し, 同位相で振動していなくてはならない. 球が床から離れる瞬間に, 球が上方に移動するのに見合うエネルギー移動を起こすために, これらの分子内の原子がすべて上向きに動かなくてはならない. このような同期した運動を起こすのは, 200 万個の分子なら考えられる. しかし, 必要なエネルギー移動の大きさを考えると, その分子数はアボガドロ数, すなわち 6×10^{23} の桁でなければならないのである. 分子運動の乱雑な性質を考えると, これはとても起こりそうには思えない, 実際には不可能な出来事である. 事実, 誰も床から球が自発的に跳ね上がるのをかつて見たことはなく, これからも見ることはないと結論づけても差し支えないのである.

床から自発的に球が跳ね上がる確率を考えることは, 多くの自発過程の性質を理解する上で役に立つものである. 可動ピストン付きのシリンダー内に閉じ込められた気体試料というよく使われる例で考えてみよう. もし, 気体の圧力がシリンダーの外圧よりも大きいとすると, シリンダーの内圧と外圧が等しくなるまで気体は膨張し続けるだろう. これは自発的な過程である. では, 気体が自発的に収縮するためには何が必要だろうか. 気体分子の大部分はピストンから離れる方向に動くのと同時に, シリンダーの他の部分に向かって移動するはずである. ここで, 多くの気体分子は実際にどの瞬間をとってもこのような動きをしているが, 分子の並進運動は総体的には無秩序であるから, 6×10^{23} 個の分子が一方向に動いていることを見ることは決してないだろう. 同様に, 一定の温度にある金属棒の一端が突然熱くなったり, 他端が冷たくなったりというようなことはないのである. このような温度勾配が成り立つには, 乱雑に振動している原子間の衝突による熱の移動が一端で減少し他端で増加したりしなければならず, これはかなり不自然なことである.

この問題を違った角度から眺めて, 自発過程に伴ってどんな変化が起こるかを考えてみよう. 必然的に, あらゆる自発過程は系のエネルギーが減少する方向に起こるものと考えられる. このような仮定は, "なぜ物は落下するのか", "なぜバネは緩むのか", などを説明する手助けとなる. しかし, ある過程が自発的であるかどうかを予言するにはエネルギー変化だけでは十分でない. たとえば, 第 3 章で, 真空に抗する理想気体の膨張は内部エネルギー変化をもたらさないということを学んだ. それにもかかわらず, その過程は自発的である. 氷が 20 ℃ で自発的に解けて水になったとき, 系の内部エネルギーは実際に<u>増加</u>する. 事実, 多くの吸熱的な物理, 化学過程は自発的である. もし, エネルギー変化を用いて自発過程の方向を示すことができないのであれば, 別の熱力学関数を使う必要がある. これが**エントロピー** (entropy), S である.

4・2 エントロピー

自発過程の議論は巨視的な事象に基づいている. 自発過程を理解しようとするには, 全分子中の数分子の運動ではなく, 非常に多くの分子の統計学的ふるまいに注目すべきである. 本節では, エントロピーの統計学的な定義を導き, それから熱力学量を用いてエントロピーを定義する.

エントロピーの統計学的な定義

図 4・3 のようなヘリウム原子の入っているシリンダー

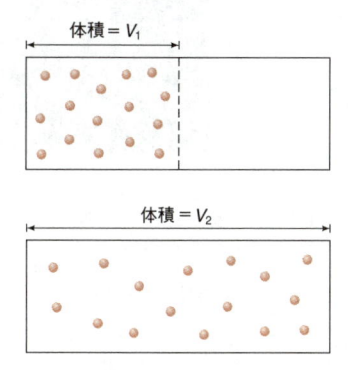

図 4・3 体積 V_1 と V_2 の容器に入っている N 個の分子の概略図

を考えると，すべての He 原子がシリンダーに入っていることがわかっているので，シリンダーの全体積 V_2 に，ある一つの He 原子を見つける確率は 1 である．一方，シリンダーの半分に相当する体積 V_1 にヘリウム原子を見つける確率は $\frac{1}{2}$ だけとなる．仮に，ヘリウム原子の数が二つになったとすると，V_2 にこの両方のヘリウム原子を見つける確率は依然 1 であるが，V_1 にこの両方の He 原子を見つける確率は，$\left(\frac{1}{2}\right)\left(\frac{1}{2}\right)$ すなわち $\frac{1}{4}$ となる*1．$\frac{1}{4}$ はかなり大きな値であるので，与えられた時間内で同じ領域中に両方の He 原子を見いだすことは意外なことではない．しかしながら，He 原子の数が増加すると，V_1 にヘリウム原子を見いだす確率はさらに小さくなる．

$$W = \left(\frac{1}{2}\right)\left(\frac{1}{2}\right)\left(\frac{1}{2}\right)\cdots\cdots = \left(\frac{1}{2}\right)^N$$

ここで N は全原子数である．もし，$N=100$ であるならば，その確率は，

$$W = \left(\frac{1}{2}\right)^{100} = 8 \times 10^{-31}$$

となる．もし，N が 6×10^{23} の桁であるのならば，その確率は $\left(\frac{1}{2}\right)^{6 \times 10^{23}}$ となり，実際上はほとんど 0 と見なせる小さな値である*2．これらの単純な計算結果には非常に重要な情報が含まれている．最初に，V_1 中にすべての He 原子を圧縮し，この気体が自発的に膨張可能だとすると，最終的には，ヘリウム原子は，全体積 V_2 に均等に分布することがわかる．これは最も起こりやすい状態に対応している．このように，自発変化は気体の体積が V_1 から V_2 になる方向，すなわち，存在確率が低い状態から最大の確率をもつ状態になる方向で起こる．

始状態と終状態が起こる確率を用いて自発変化の方向を予測する方法を学んだが，確率に正比例するエントロピー (S) を取扱う方が適当だろう．ここで $S=k_\mathrm{B}W$ (k_B は比例定数) で表される．しかし，この表現は以下の理由から役に立たない．U や H のように，エントロピーは示量性をもっている．結果として，分子数が 2 倍になれば，その系のエントロピーも 2 倍となる．しかし，これまで見てきたように，確率は分子数で累乗した体積に比例する．つまり，$W \propto V^N$ である*3．したがって，分子数を 1 から 2 にすると確率は W^2 となる．このように，エントロピーの増加 (S から $2S$) と確率の増加 (W から W^2) は，前述の単純な式から予測されるような相関が互いに見られないのである．そこでこのジレンマから脱出するために，以下のように確率の自然対数としてエントロピーを表すことにする．

$$S = k_\mathrm{B} \ln W \qquad (4\cdot 1)$$

この式から，確率 W が W^2 に増加するときのエントロピー S は，$\ln W^2 = 2 \ln W$ となるので $2S$ に増加することがわかる．式 (4·1) はボルツマンの式として知られており，k_B は $1.381 \times 10^{-23}\,\mathrm{J\,K^{-1}}$ で与えられるボルツマン定数である．$\ln W$ 自体は無次元なので，エントロピーの単位は $\mathrm{J\,K^{-1}}$ である．

ある系が始状態 1 から終状態 2 に変化するときのエントロピー変化は式 (4·1) より計算できる．これらの二つの状態での系のエントロピーは

$$S_1 = k_\mathrm{B} \ln W_1 \qquad S_2 = k_\mathrm{B} \ln W_2$$

となる．エントロピーは状態量である（実際に見いだされる状態の確率にだけ依存し状態がどのように生じるかには依存しない）ので，1→2 の過程でのエントロピー変化 ΔS は次式のようになる．

$$\Delta S = S_2 - S_1 = k_\mathrm{B} \ln \frac{W_2}{W_1} \qquad (4\cdot 2)$$

理想気体が等温的に V_1 から V_2 に膨張するときのエントロピー変化は，式 (4·2) より計算できる．先に見たように，N 個の分子における確率 W_1，W_2 と体積 V_1，V_2 は，以下の

オーストリアのウィーンにある Ludwing Boltzmann の墓碑には彼の有名な式が刻まれている〔写真提供: John Simon，許諾を得て転載〕．

---

*1 両方の事象が起こる確率は，二つの独立した事象の確率の積になる．ここでは，ヘリウムを理想気体として仮定しているので，V_1 の中にある一つの He 原子の存在はどんな場合でも同体積の中の他の He 原子の存在に影響しない．

*2 目安として，ある野生ザルの一族にでたらめにコンピューターのキーボードをたたかせて，一つのミスもなくシェークスピアの作品を完成させる確率よりも，この確率は，15×10^{15} 倍も低いことになる．

*3 $W \propto V$ より，$W=CV$ (C は比例定数) と表せる．図 4·3 のような場合を考えると，この定数は $1/V_2$ で与えられる．したがって，V_1 中に He 原子を見いだす確率は，$V_1=V_2/2$ より，$W_1=(1/V_2)(V_1)=(V_1/V_2)=\frac{1}{2}$ と表せる．一般的に，体積 V の中に N 個の粒子を見いだす確率はそれぞれの事象における確率の積により与えられる．すなわち $W=(CV)^N$ であり，$W \propto V^N$ となる．

ような関係式で表せる.

$$W_1 = (CV_1)^N \qquad W_2 = (CV_2)^N$$

これらを式(4・2)に代入すると,

$$\Delta S = k_B \ln \frac{(CV_2)^N}{(CV_1)^N} = k_B \ln \left(\frac{V_2}{V_1}\right)^N$$

となる. ボルツマン定数 $k_B = R/N_A$ であるから下式のように表すことができる.

$$\Delta S = \frac{N}{N_A} R \ln \frac{V_2}{V_1} = nR \ln \frac{V_2}{V_1} \qquad (4 \cdot 3)$$

ただし, R は気体定数, N_A はアボガドロ定数, n は存在する気体の物質量 (モル数) である. 系のエントロピーは, 温度変化にも依存するので, 式(4・3)は等温膨張のときしか成り立たない. さらに, S は状態量であるので, 膨張による変化が起こっているときの状況, つまり, 可逆的か不可逆的であるかを特定する必要はないのである.

例題 4・1

2.0 mol の理想気体の体積が 1.5 l から 2.4 l に等温膨張するときのエントロピー変化を計算せよ. また, この気体が 2.4 l から 1.5 l に自発的に収縮するときの確率を求めよ.

解 式(4・3)より

$$\Delta S = (2.0 \text{ mol})(8.314 \text{ J K}^{-1} \text{mol}^{-1}) \ln \frac{2.4 \text{ l}}{1.5 \text{ l}}$$
$$= 7.8 \text{ J K}^{-1}$$

となる. 自発的に収縮する確率を求めるために, この過程が起こるには, -7.8 J K^{-1} に等しいエントロピー減少が必要であるということに注目しよう. 2→1 の変化として定義されるので, 式(4・2)より

$$\Delta S = k_B \ln \frac{W_1}{W_2}$$
$$-7.8 \text{ J K}^{-1} = (1.381 \times 10^{-23} \text{ J K}^{-1}) \ln \frac{W_1}{W_2}$$
$$\ln \frac{W_1}{W_2} = -5.7 \times 10^{23}$$

もしくは,

$$\frac{W_1}{W_2} = e^{-5.7 \times 10^{23}}$$

となる. このような非常に小さい比は, 状態1の起こる確率が状態2の確率よりもずっと小さいので, この過程が独りでに起こる可能性が事実上ないことを意味している. もちろん, この計算結果は気体が 2.4 l から 1.5 l に収縮できないことを示しているのではない. ただ外力の助けがないと収縮できないことを表している.

エントロピーの熱力学的な定義

式(4・1)は, 統計学的に考えた場合のエントロピーの式であり, 確率によるエントロピーの定義から分子的な解釈が得られた. しかしながら, 一般的に, この式はエントロピー変化の計算には使われない. たとえば, 化学反応が起こる複雑な系において W の値を計算するのは非常に難しい. エントロピー変化は, ΔH のような他の熱力学量の変化から都合よく測定できる. §3・4 で見たように等温可逆膨張での理想気体により吸収される熱は,

$$q_{rev} = -w_{rev}$$
$$q_{rev} = nRT \ln \frac{V_2}{V_1}$$

もしくは,

$$\frac{q_{rev}}{T} = nR \ln \frac{V_2}{V_1}$$

で与えられる. 上式の右辺は ΔS (式4・3参照) に等しいので,

$$\Delta S = \frac{q_{rev}}{T} \qquad (4 \cdot 4)$$

となる. 言い換えると, 式(4・4)は, 可逆過程での系のエントロピー変化は, 吸収される熱をその過程が起こる温度で割ったものである. 一方, 微小過程では,

$$dS = \frac{dq_{rev}}{T} \qquad (4 \cdot 5)$$

と表せる. 式(4・4)と式(4・5)のどちらもエントロピーの熱力学的な定義である. これらの式は, 気体の膨張に対して得られたものであるが, 一定温度では, どんな過程にも適用できる. その定義は, 下つきの $_{rev}$ で示されているように可逆過程においてだけ成り立つことに注意せよ. S は経路に依存しない状態量であるが, q はそうではないためエントロピーを定義する際に可逆的な経路を特定しなくてはいけない. もし, 膨張が不可逆的であるならば, 可逆過程のときよりも, 気体によって外界になされる仕事は小さくなるため, 気体が外界から吸収する熱も小さくなり, $q_{irrev} < q_{rev}$ となる. このときエントロピー変化は同じで, $\Delta S_{rev} = \Delta S_{irrev} = \Delta S$ となるはずであるが, 不可逆過程では $\Delta S > q_{irrev}/T$ となる. この点については, 次節で再びふれることにしよう.

カルノーサイクルと熱効率

熱機関は熱を力学的仕事に変換するので，蒸気機関（今やほとんど時代遅れではあるが），発電のための蒸気タービン，自動車の内燃機関などの科学技術分野においてきわめて重要な役割を果たしている．1824 年，フランス人技術者，Sadi Carnot（1796～1832）は熱機関の効率を解析し，熱力学第二法則の基礎をつくった．カルノー熱機関は，あらゆる熱機関の操作に対する理想化したモデルとなっている．ここで，カルノー熱機関を記述するのに，摩擦のない可動ピストン付きのシリンダーに理想気体が入っていて，P-V 仕事を気体に及ぼしたり気体からなされると考えてみる．

図 4・4 は，熱的外界および力学的外界と熱機関との関係を示したものである．熱機関は，すべての機械と同様，サイクル過程で働く．すなわち熱機関は高温の熱源から熱を奪って，気体が膨張し外界に仕事をする．つぎに気体は圧縮され，熱の一部を低温の熱源に放出する．最終的にもとの状態に戻って，過程を繰返す．熱機関の効率は出力量と入力量との比によって表せるので，以下のようになる．

$$\text{熱効率} = \frac{\text{熱機関によりなされた正味の仕事}}{\text{熱機関で吸収された熱}} \quad (4 \cdot 6)$$

可逆過程の条件で働く熱機関に対して，Carnot は下式を示した*．

$$\text{熱効率} = \frac{T_2 - T_1}{T_2} = 1 - \frac{T_1}{T_2} \quad (4 \cdot 7)$$

ここで，T_2 と T_1 はそれぞれ高温の熱源と低温の熱源の温度である．熱機関は可逆過程で動かされ，式(4・7)で与えられる効率は得ることのできる最大の値である．実際に，T_1 は 0 になることはなく T_2 は無限大になることもないので，熱効率は決して，1，すなわち 100 ％にならない．たとえば，ある発電所では，電気を発生させる熱タービンを稼働させるときに約 560 ℃（833 K）に過熱した蒸気を使っている．そのときの蒸気が，38 ℃（311 K）の冷却塔に放出されたとすれば，式(4・7)より

$$\text{熱効率} = \frac{833\,\text{K} - 311\,\text{K}}{833\,\text{K}} \times 100\,\% = 0.63 \quad \text{または} \quad 63\,\%$$

実際には熱機関は可逆的に働かず，また，摩擦による損失やそのほかのさまざまな要因により，熱機関の効率は理論的な見積もりよりかなり小さくなる．たいていの蒸気タービンの最大効率は約 40 ％にまで減少する．

Carnot の結果の重要性は，熱をすべて仕事に変えることはできない——熱の一部は常に外界に放出される，ということである．熱機関のかかわる他の場合でも，蒸気機関の例で見たように，低温の熱源に放出される熱は無駄な熱となってしまうことが多い．放出した熱を用いてもう一つの熱機関をつくって仕事をさせることを考えてみよう．$T_2 = 311$ K，$T_1 = 298$ K（周囲の温度）でそのような熱機関をつくると，理想的な条件の下でもわずか 4.2 ％という低い熱効率である．そのため，この熱は仕事に用いることなく，結局，空気分子の運動（主として並進と回転）を増強させておしまいである．それに対して，ダムから水を落として水力発電で電気を起こすことを考えてみよう．この過程は熱が関与せず，そのためエネルギー変換における熱力学的な制限を受けないので，原理的には，水のもつ重力のポテンシャルエネルギーがすべて機械的な仕事（すなわちタービンを駆動する）に変換できる．エネルギーの他の形に比べて熱は質的に低級である．エネルギーを熱に変換したときに，エネルギーが下位になった，というような言い方もする．

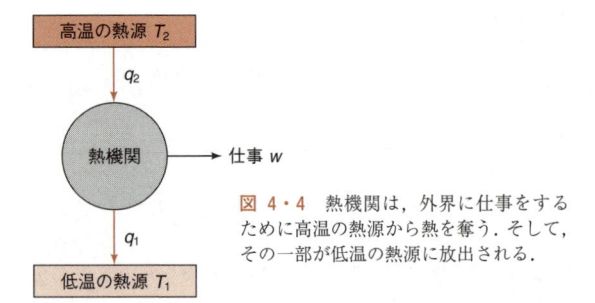

熱力学の効率の議論をすることで，多くの化学的，生物学的過程の性質を理解することができる．たとえば，光合成において，植物は太陽から放射エネルギーを捕捉して，成長と機能のための複雑な分子をつくる．そのために，植物は，可視領域に密集した光子エネルギーを吸収できるクロロフィルのような分子を進化させた．しかし，放射エネルギーのうち高エネルギーの部分が熱に変換されたとしても，散逸されて役に立たない．加熱された葉が高温の熱源として働くという仮説の熱機関の効率は，植物で行われるすべての意味のある生合成に対して低すぎるだろう．

4・3　熱力学第二法則

ここまでは，系に焦点をおいてエントロピー変化を考えてきたが，さらに，エントロピーについて理解を深めるために，外界で起こっているエントロピー変化についても考えなければならない．外界の大きさと外界が含む物質量のために，系の外界は無限に大きな熱浴として考えられる．したがって，ある系とその外界の間の熱と仕事の交換は，

図 4・4　熱機関は，外界に仕事をするために高温の熱源から熱を奪う．そして，その一部が低温の熱源に放出される．

---

* 式(4・7)の誘導については，p.4 であげた物理化学の教科書を参照せよ．

その外界の性質を微小な量しか変化させない．微小変化は可逆過程の特徴であるので，あらゆる過程は可逆過程としてその外界に同じ影響を及ぼすことになる．かくして，ある過程がその系において可逆的か不可逆的であるかに関係なく，その外界で起こる熱量変化は以下のように表せる．

$$(dq_{surr})_{rev} = (dq_{surr})_{irrev} = dq_{surr}$$

この理由のために，dq_{surr} の経路を決めなくてもよいのである．外界のエントロピー変化は，

$$dS_{surr} = \frac{dq_{surr}}{T_{surr}}$$

となり，ある有限の等温過程，つまり，実験室で研究できるような過程においては下のように表せる．

$$\Delta S_{surr} = \frac{q_{surr}}{T_{surr}}$$

理想気体の等温膨張過程に戻って考えてみると，可逆過程の間に外界から吸収された熱量は，T_{sys} をその系の温度とすると，$nRT_{sys} \ln(V_2/V_1)$ と表せる．系は，過程全体を通じて外界と熱的平衡状態にあるので，$T_{sys} = T_{surr} = T$ となる．したがって，系の外界で失われた熱量は，$-nRT \cdot \ln(V_2/V_1)$ であり，それに相当するエントロピー変化は

$$\Delta S_{surr} = \frac{q_{surr}}{T}$$

である．宇宙（系と外界）における全エントロピー変化 ΔS_{univ} は

$$\Delta S_{univ} = \Delta S_{sys} + \Delta S_{surr} = \frac{q_{sys}}{T} + \frac{q_{surr}}{T}$$
$$= \frac{nRT\ln(V_2/V_1)}{T} + \frac{[-nRT\ln(V_2/V_1)]}{T} = 0$$

で与えられる．このように，可逆過程において，宇宙の全エントロピー変化は 0 に等しくなる．

ところで，膨張が不可逆過程であったとしたら何が起こるだろうか．極端な場合，気体は真空下においても膨張することが想定できる．よって，S が状態量であることから，系のエントロピー変化は，$\Delta S_{sys} = nR\ln(V_2/V_1)$ で与えられる．しかしながら，この過程では仕事はなされないので，系と外界との間では，熱交換は起こらないことになる．よって，$q_{surr} = 0$，$\Delta S_{surr} = 0$ である．ここで宇宙全体でのエントロピー変化は，

$$\Delta S_{univ} = \Delta S_{sys} + \Delta S_{surr} = nR\ln\frac{V_2}{V_1} > 0$$

により与えられる．ΔS_{univ} においてこれらの 2 通りの表し方を組合わせると，

$$\Delta S_{univ} = \Delta S_{sys} + \Delta S_{surr} \geq 0 \qquad (4\cdot8)$$

が得られる．ここでは，可逆過程のときに等号が成り立ち，不可逆過程（すなわち自発過程）においては不等号（＞）が成り立つ．式(4・8)は，**熱力学第二法則**（second law of thermodynamics）の数式による表現である．言葉で表すと，第二法則は以下のように表せる：<u>孤立系のエントロピーは，不可逆過程では増大し，可逆過程では不変である．決して減少することはない</u>*．このように，ある特定の過程では，ΔS_{sys} や ΔS_{surr} のどちらかは負の値をとりうるが，これらの合計は決して 0 より小さい値をとることはない．

例題 4・2

20 ℃ で 0.50 mol の理想気体が 2.0 atm の一定圧力下で，1.0 l から 5.0 l に等温膨張するときの ΔS_{sys}，ΔS_{surr}，ΔS_{univ} を計算せよ．

解 与えられた条件から気体の圧力は 2 atm であることがわかる．まず，ΔS_{sys} を計算する．この過程が等温的であることに着目すると，ΔS_{sys} はその過程が可逆的であっても不可逆的であっても同じになるので，式(4・3)より，

$$\Delta S_{sys} = nR\ln\frac{V_2}{V_1}$$
$$= (0.50\,\text{mol})(8.314\,\text{J K}^{-1}\,\text{mol}^{-1})\ln\frac{5.0\,\text{l}}{1.0\,\text{l}}$$
$$= 6.7\,\text{J K}^{-1}$$

となる．つぎに，ΔS_{surr} を求めるのに，まずは，不可逆的な気体膨張下でなされた仕事を求めると

$$w = -P\Delta V = -(2.0\,\text{atm})(5.0 - 1.0)\,\text{l}$$
$$= -8.0\,\text{l atm} = -810\,\text{J} \qquad (1\,\text{l atm} = 101.3\,\text{J})$$

となる．$\Delta U = 0$ より，$q = -w = +810$ J である．よって，外界が消失した熱量は，-810 J でなければならない．外界のエントロピー変化は，以下のように与えられる．

$$\Delta S_{surr} = \frac{q_{surr}}{T} = \frac{-810\,\text{J}}{293\,\text{K}} = -2.8\,\text{J K}^{-1}$$

したがって，式(4・8)より下のようになる．

$$\Delta S_{univ} = 6.7\,\text{J K}^{-1} - 2.8\,\text{J K}^{-1} = 3.9\,\text{J K}^{-1}$$

コメント この結果は，その過程が自発過程であることを示しており，それは，気体の初期圧力が与えられれば予測できるものである．

---

* 宇宙全体ではエントロピーの値は増大するということである．

4・4 エントロピー変化

これまで，エントロピーの統計学的定義および熱力学的定義についてふれ，熱力学第二法則について学習してきたので，さまざまな過程が系のエントロピーにどのように影響しているかを学ぶ用意ができた．すでに，理想気体の等温可逆膨張過程に対するエントロピー変化は $nR \ln(V_2/V_1)$ で与えられることをみてきた．本節では，エントロピー変化のほかの例について考えることにする．

理想気体の混合によるエントロピー変化

図 4・5 に示したように，ある容器内に T, P, V_A の n_A mol の理想気体 A と T, P, V_B の n_B mol の理想気体 B が，仕切り板で分けられているとする．ここで，仕切り板を取除いたとすると，気体は自発的に混ざり合い，この系のエントロピーは増大する．混合エントロピー $\Delta_{mix}S$ を計算するために，この過程を二つの等温的な気体膨張過程として取扱うことができる．

気体 A について： $\Delta S_A = n_A R \ln \dfrac{V_A + V_B}{V_A}$

気体 B について： $\Delta S_B = n_B R \ln \dfrac{V_A + V_B}{V_B}$

したがって

$$\Delta_{mix}S = \Delta S_A + \Delta S_B = n_A R \ln \frac{V_A + V_B}{V_A} + n_B R \ln \frac{V_A + V_B}{V_B}$$

となる．アボガドロの法則によれば，体積は，一定の T, P 下で，気体の物質量（モル数）に正比例するので，上式は，以下のように表せる．

$$\begin{aligned}\Delta_{mix}S &= n_A R \ln \frac{n_A + n_B}{n_A} + n_B R \ln \frac{n_A + n_B}{n_B} \\ &= -n_A R \ln \frac{n_A}{n_A + n_B} - n_B R \ln \frac{n_B}{n_A + n_B} \\ &= -n_A R \ln x_A - n_B R \ln x_B\end{aligned}$$

$$\Delta_{mix}S = -R(n_A \ln x_A + n_B \ln x_B) \quad (4 \cdot 9)$$

ここで，x_A と x_B は，それぞれ気体 A と B のモル分率である．$x<1$ であるので，$\ln x<0$ であるから，式 (4・9) の右辺は正となり，このことは，この過程が自発的な性質をもつことに一致する[*1]．

相転移によるエントロピー変化

氷の融解はおなじみの相転移であり，0 ℃，1 atm で氷と水は平衡にある．この条件下で，融解過程の間に氷が可逆的に熱を吸収する．さらに，この過程は定圧下で起こっ

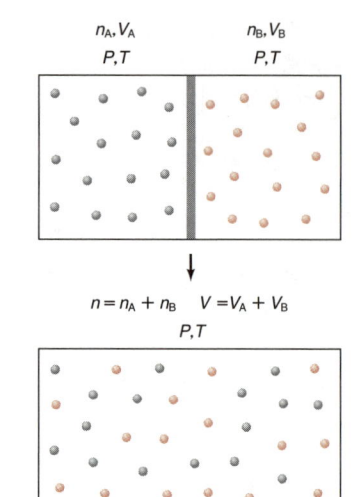

図 4・5 同温，同圧で，二つの理想気体を混合するとエントロピーは増大する．

ているので，吸収される熱は系のエンタルピー変化に等しくなり，$q_{rev} = \Delta_{fus}H$ と表せる．ここで $\Delta_{fus}H$ は，**融解熱** (heat of fusion) または**融解エンタルピー** (enthalpy of fusion) とよばれている．H は状態量であるから，もはや経路を特定する必要がなく，融解過程が可逆的に起こる必要もないことになる．よって，融解エントロピー $\Delta_{fus}S$ は，

$$\Delta_{fus}S = \frac{\Delta_{fus}H}{T_f} \quad (4 \cdot 10)$$

で与えられる．ここで，T_f は融点（融解点）である（氷のとき 273 K）．同様に，蒸発エントロピー $\Delta_{vap}S$ は，

$$\Delta_{vap}S = \frac{\Delta_{vap}H}{T_b} \quad (4 \cdot 11)$$

となる[*2]．ここで，$\Delta_{vap}H$ は蒸発エンタルピー，T_b は液体の沸点である．

熱によるエントロピー変化

系の温度が，T_1 から T_2 に上昇するとき，系のエントロピーも増大する．このときのエントロピーの増大は以下のように計算できる．まず，状態 1 と 2（T_1, T_2 に対応する）での系のエントロピーをそれぞれ S_1 と S_2 とする．もし，その系に熱が可逆的に伝達されるとすると，微小量の熱伝達に対するエントロピーの増大は式 (4・5) より

$$dS = \frac{dq_{rev}}{T}$$

と与えられる．ここで，T_2 でのエントロピー S_2 は，

$$S_2 = S_1 + \int_{T_1}^{T_2} \frac{dq_{rev}}{T}$$

[*1] A と B は理想気体であるので，分子間力は無くなり，混合による熱変化は起こらないことになる．結果として，外界のエントロピー変化は 0 となり，その方向は，系のエントロピー変化にのみ依存することになる．

[*2] 式 (4・10) と式 (4・11) は等温過程で成り立つ．

と表せる.これが普通よくあるように,定圧過程であるなら,$dq_{rev} = dH$ となるので,

$$S_2 = S_1 + \int_{T_1}^{T_2} \frac{dH}{T}$$

となる.そして,式(3・19)より,$dH = C_P dT$ であるので,S_2 は,

$$S_2 = S_1 + \int_{T_1}^{T_2} \frac{C_P}{T} dT = S_1 + \int_{T_1}^{T_2} C_P d\ln T \quad (4・12)$$

と書ける*.もし,温度領域が狭く,C_P が温度に依存しないとすると,式(4・12)は,以下のように表せる.

$$S_2 = S_1 + C_P \ln \frac{T_2}{T_1} \quad (4・13)$$

よって,加熱の際のエントロピーの増大,ΔS は下のようになる.

$$\Delta S = S_2 - S_1 = C_P \ln \frac{T_2}{T_1}$$

$$\boxed{\Delta S = n \overline{C_P} \ln \frac{T_2}{T_1}} \quad (4・14)$$

例題 4・3

定圧下で,水 200 g が 10 ℃ から 20 ℃ に加熱される際の,エントロピーの増大を計算せよ.ここで,定圧下での水のモル熱容量は,$75.3\,\mathrm{J\,K^{-1}\,mol^{-1}}$ とする.

解 ここで存在する水は,$200\,\mathrm{g}/18.02\,\mathrm{g\,mol^{-1}} = 11.1\,\mathrm{mol}$ となる.よって,式(4・14)より,エントロピーの増大,ΔS が求められる.

$$\Delta S = (11.1\,\mathrm{mol})(75.3\,\mathrm{J\,K^{-1}\,mol^{-1}}) \ln \frac{293\,\mathrm{K}}{283\,\mathrm{K}}$$

$$= 29.0\,\mathrm{J\,K^{-1}}$$

コメント この計算において,$\overline{C_P}$ は温度に依存せず,加熱時に水の膨張は起こらず,仕事はまったくなされないものと仮定している.

ここで,ブンゼンバーナーを使用した場合のように,例題4・3 での水の加熱が不可逆的になされた(実際にはこれが普通である)と仮定してみよう.エントロピーの増大はどうなるだろうか.経路に関係なく,始状態と終状態が同じである,つまり,水 200 g を 10 ℃ から 20 ℃ まで加熱していることに注目しよう.したがって,式(4・12)の右辺の積分から不可逆的な加熱における ΔS を求めることができ

---

* $\int \frac{dx}{x} = \int d\ln x = \ln x$ である.

る.この結論は,ΔS は T_1 と T_2 という温度にだけ依存し,経路には依存しないという事実から得られた.かくして,加熱を可逆的に行っても不可逆的に行ってもどちらでも,この過程における ΔS は $29.0\,\mathrm{J\,K^{-1}}$ となる.

例題 4・4

過冷却の水とは,通常の凝固点以下に冷却された状態の液体の水のことである.この状態は熱力学的に不安定であり,自発的に氷になる傾向がある.ここで,2.0 mol の過冷却された水が,-10 ℃, 1.0 atm で氷になるとする.この過程における ΔS_{sys}, ΔS_{surr}, ΔS_{univ} を計算せよ.ここで,0 ℃ と -10 ℃ の温度範囲での水と氷の $\overline{C_P}$ は,それぞれ,$75.3\,\mathrm{J\,K^{-1}\,mol^{-1}}$ と $37.7\,\mathrm{J\,K^{-1}\,mol^{-1}}$ とする.水のモル融解熱は 6.01 kJ $\mathrm{mol^{-1}}$ である.

解 まず,相変化は,二つの相が平衡にある温度でのみ可逆的であることに注目する.-10 ℃ で過冷却された水と -10 ℃ での氷は平衡ではないので,凝固過程は可逆的ではない.ΔS_{sys} を計算するには,-10 ℃ で過冷却された水が -10 ℃ で氷に変化する過程を一連の可逆的な段階に分ける工夫が必要である(図4・6).

段階 1: 過冷却された水を -10 ℃ から 0 ℃ に可逆的に加熱する過程:

$$\mathrm{H_2O(l)} \longrightarrow \mathrm{H_2O(l)}$$
$$-10\,℃ \qquad\qquad 0\,℃$$

であり,式(4・14)より下のようになる.

$$\Delta S_1 = (2.0\,\mathrm{mol})(75.3\,\mathrm{J\,K^{-1}\,mol^{-1}}) \ln \frac{273\,\mathrm{K}}{263\,\mathrm{K}}$$

$$= 5.6\,\mathrm{J\,K^{-1}}$$

段階 2: 水が 0 ℃ で氷に凝固する過程:

$$\mathrm{H_2O(l)} \longrightarrow \mathrm{H_2O(s)}$$
$$0\,℃ \qquad\qquad 0\,℃$$

式(4・10)によれば,モル融解エントロピーは

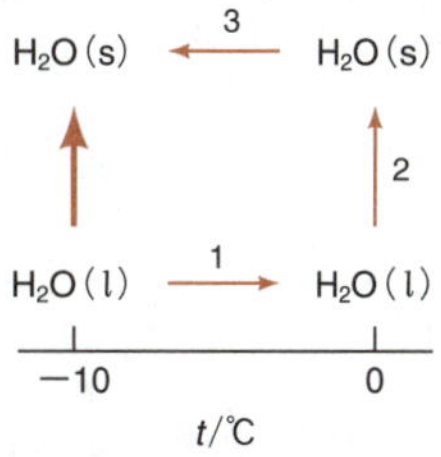

図 4・6 -10 ℃ に過冷却された水の自発的な凝固(太い矢印で表す)は三つの可逆過程(1, 2, 3)に分けて考えることができる.

$$\Delta_{\text{fus}}\overline{S} = \frac{\Delta_{\text{fus}}\overline{H}}{T_{\text{f}}}$$

で表される．そのため，水 2.0 mol の凝固に対しては $\Delta_{\text{fus}}\overline{H}$ の符号を逆にして次式のように書ける*．

$$\Delta S_2 = (2.0\,\text{mol})\frac{-6.01\times 10^3\,\text{J mol}^{-1}}{273\,\text{K}}$$
$$= -44.0\,\text{J K}^{-1}$$

<u>段階 3</u>: 氷を 0 ℃ から −10 ℃ に可逆的に冷却する過程:

$$\text{H}_2\text{O(s)} \longrightarrow \text{H}_2\text{O(s)}$$
$$\phantom{\text{H}_2\text{O(s)}}\;0\,℃ -10\,℃$$

再び，式 (4·14) から，

$$\Delta S_3 = (2.0\,\text{mol})(37.7\,\text{J K}^{-1}\,\text{mol}^{-1})\ln\frac{263\,\text{K}}{273\,\text{K}}$$
$$= -2.8\,\text{J K}^{-1}$$

となる．よって，これらをまとめると下のようになる．

$$\Delta S_{\text{sys}} = \Delta S_1 + \Delta S_2 + \Delta S_3$$
$$= (5.6 - 44.0 - 2.8)\,\text{J K}^{-1} = -41.2\,\text{J K}^{-1}$$

ΔS_{surr} を計算するには，まず，上記の段階のそれぞれにおける外界の熱変化を決めなければならない．

<u>段階 1</u>: 過冷却された水が得た熱は，外界から逃げた熱に等しくなるので下のようになる．

$$(q_{\text{surr}})_1 = -n\overline{C}_P\Delta T$$
$$= -(2.0\,\text{mol})(75.3\,\text{J K}^{-1}\,\text{mol}^{-1})(10\,\text{K})$$
$$= -1.5\times 10^3\,\text{J}$$

<u>段階 2</u>: 水が 0 ℃ で凝固するとき，熱が外界に与えられる．

$$(q_{\text{surr}})_2 = (2.0\,\text{mol})(6010\,\text{J mol}^{-1}) = 1.2\times 10^4\,\text{J}$$

<u>段階 3</u>: 0 ℃ から −10 ℃ に氷が冷却されるとき，外界に放出される熱は

$$(q_{\text{surr}})_3 = (2.0\,\text{mol})(37.7\,\text{J K}^{-1}\,\text{mol}^{-1})(10\,\text{K}) = 754\,\text{J}$$

に等しくなる．よって，全熱量変化は，

$$(q_{\text{surr}})_{\text{total}} = (-1.5\times 10^3 + 1.2\times 10^4 + 754)\,\text{J}$$
$$= 1.1\times 10^4\,\text{J}$$

となり，−10 ℃ でのエントロピー変化は，

$$\Delta S_{\text{surr}} = \frac{1.1\times 10^4\,\text{J}}{263\,\text{K}} = 41.8\,\text{J K}^{-1}$$

---

* 凝固は発熱過程である．

となる．したがって，ΔS_{univ} は最終的に下のようになる．

$$\Delta S_{\text{univ}} = \Delta S_{\text{sys}} + \Delta S_{\text{surr}}$$
$$= -41.2\,\text{J K}^{-1} + 41.8\,\text{J K}^{-1} = 0.6\,\text{J K}^{-1}$$

コメント ここでの結果（$\Delta S_{\text{univ}} > 0$）は，過冷却された水は不安定であり，自発的に凝固しそのままの状態でいることを確認するものである．この過程において，水が氷に変化するので，系のエントロピーは減少する．しかし，外界に放出される熱は，ΔS_{sys} よりも（絶対値の）大きい ΔS_{surr} の値を増加させることになり，ΔS_{univ} は正の値となる．

4·5 熱力学第三法則

熱力学では，たとえば ΔU や ΔH のように性質の変化だけが，通常興味の対象である．内部エネルギーやエンタルピーの絶対的な値を測定することはできないが，ある物質のエントロピーの絶対的な値は求めることができる．実際に，式 (4·12) から，T_1 と T_2 というある適当な温度領域にわたるエントロピー変化を測定することができる．ここで，絶対零度を下限の温度，つまり，$T_1 = 0\,\text{K}$ とし，上限の温度を T とすると，式 (4·12) は

$$\Delta S = S_T - S_0 = \int_0^T \frac{C_P}{T}\,\text{d}T \tag{4·15}$$

となる．エントロピーは示量性であるので，いかなる温度 T においてもその値は，0 K から T K までのエントロピーの寄与の総和に等しくなる．式 (4·15) の積分を計算するために，温度の関数として熱容量を測定し，もしあるならば，相転移を含んだエントロピー変化を計算することができる．しかしながらこの方法では，二つの問題点が生じることになる．第一に，絶対零度にある物質のエントロピー，S_0 はいくらになるのかである．第二に，測定可能な最も低い温度と絶対零度との間のエントロピーの部分的な寄与を全エントロピーに対してどのように見積もればよいのかである．

ボルツマンの式 (式 4·1) によると，エントロピーは，ある状態が存在する確率に関係している．ここで，巨視的な系の<u>微視的状態</u>の数を示すのに W を用いることにする．ここで言う微視的状態の意味は，たとえば，不純物や欠陥の存在しない仮想的な完全結晶によって説明できる．そのような結晶では原子や分子の配列がたった一つに特定できる．つまり微視的状態はただ一つであるから，$W = 1$ となり，

$$S = k_\text{B}\ln W = k_\text{B}\ln 1 = 0$$

と表せる．これは**熱力学第三法則**（third law of thermodynamics）として知られており，これの述べるところは，すべての物質は有限の正のエントロピーをもっているが，絶対零度では，エントロピーは 0 になるかもしれない．そして，このことは完全な結晶状態の純物質で成立する．数学的には，第三法則は以下のように表せる．

$$\lim_{T \to 0\,\mathrm{K}} S = 0 \quad (完全結晶)$$

絶対零度を超える温度では，熱運動が物質のエントロピーに寄与するため，たとえその結晶が不純物のない完全結晶であっても，エントロピーはもはや 0 にはならない．第三法則の重要性は，以下に述べるように，エントロピーの絶対的な値の計算を可能にしたことである．

絶対エントロピー（第三法則エントロピー）

熱力学第三法則より，温度 T での物質のエントロピーを求めることができる．完全結晶物質では，$S_0 = 0$ であり，式(4・15)より，このときのエントロピー S_T は，

$$S_T = \int_0^T \frac{C_P}{T} dT = \int_0^T C_P \, d\ln T \quad (4・16)$$

となる[*1]．求めたい温度領域での熱容量を測定することはできるが，かなりの低温域（≤15 K）では，熱容量測定を行うことは難しいので，デバイの熱容量式〔オランダ生まれの米国の物理学者，Peter Debye（1884〜1966）にちなむ〕を用いて熱容量を求める．

$$C_P = aT^3 \quad (4・17)$$

ただし，a は物質により定義される定数である．このわずかな温度域でのエントロピー変化は，

$$\Delta S = \int_0^T \frac{aT^3}{T} dT = \int_0^T aT^2 \, dT$$

となる．式(4・17)は，絶対零度付近でのみ適用できる．

表 4・1 おもな無機物と有機物の 298 K，1 bar での標準モルエントロピー

物　質	$\overline{S}°$ / J K^{-1} mol^{-1}	物　質	$\overline{S}°$ / J K^{-1} mol^{-1}
C（グラファイト）	5.7	CH$_4$(g)	186.2
C（ダイヤモンド）	2.4	C$_2$H$_6$(g)	229.5
CO(g)	197.9	C$_3$H$_8$(g)	269.9
CO$_2$(g)	213.6	C$_2$H$_2$(g)	200.8
HF(g)	173.5	C$_2$H$_4$(g)	219.5
HCl(g)	186.5	C$_6$H$_6$(l)	172.8
HBr(g)	198.7	CH$_3$OH(l)	126.8
HI(g)	206.3	C$_2$H$_5$OH(l)	161.0
H$_2$O(g)	188.7	CH$_3$CHO(l)	160.2
H$_2$O(l)	69.9	HCOOH(l)	129.0
NH$_3$(g)	192.5	CH$_3$COOH(l)	159.8
NO(g)	210.6	α-D-C$_6$H$_{12}$O$_6$(s)	210.3
NO$_2$(g)	240.5	C$_{12}$H$_{22}$O$_{11}$(s)	360.2
N$_2$O$_4$(g)	304.3		
N$_2$O(g)	220.0		
O$_2$(g)	205.0		
O$_3$(g)	237.7		
SO$_2$(g)	248.5		

式(4・16)を用いる際には，0 K で完全に秩序立って配列した物質についてのみこれが成り立つことを思い出さなくてはならない．図 4・7 は，一般的な物質の，温度に対する $\overline{S}°$ のプロットを示したものである．° は標準状態を意味する．

式(4・16)を用いて計算したエントロピー値は，ある参照となる状態に基づいていないので絶対エントロピー（第三法則エントロピー）とよばれている．表 4・1 は，おもな元素や化合物について，1 bar, 298 K での絶対標準モルエントロピーを示したものである[*2]．付録 2 にはこれら以外の物質のデータを示した．これらの値は絶対的な値であるので，Δ の記号と下つきの f を省略して，$\overline{S}°$ と表しているが，標準生成モルエンタルピーではこれらの記号は付けたままである（$\Delta_\mathrm{f}\overline{H}°$）ことに注意せよ．

化学反応におけるエントロピー

これで，化学反応時に起こるエントロピー変化を計算する準備はできたことになる．先に反応エンタルピーを求めたのと同様に（式 3・32 参照），以下の反応

$$a\,\mathrm{A} + b\,\mathrm{B} \longrightarrow c\,\mathrm{C} + d\,\mathrm{D}$$

を仮定すると，エントロピー変化は

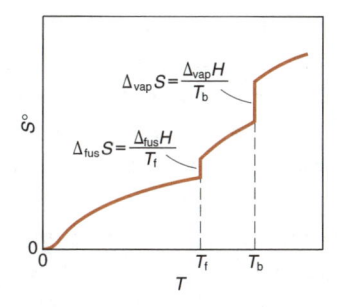

$$\Delta_\mathrm{r} S° = c\,\overline{S}°(\mathrm{C}) + d\,\overline{S}°(\mathrm{D}) - a\,\overline{S}°(\mathrm{A}) - b\,\overline{S}°(\mathrm{B})$$

$$\Delta_\mathrm{r} S° = \sum \nu \overline{S}°(生成物) - \sum \nu \overline{S}°(反応物) \quad (4・18)$$

図 4・7 絶対零度からある温度の気体状態までの，完全結晶物質におけるエントロピーの増加．相転移（融解と沸騰）による $S°$ 値への寄与に注意せよ．

[*1] 相転移による S への寄与も，式(4・16)に当然含めなくてはならない．

[*2] 単純化するために，標準モルエントロピーの値を参照するときに"絶対"をしばしば省くことにする．

と表される．ここで，νは，化学量論係数を表す．

例題 4・5

25 ℃ でのアンモニア合成

$$N_2(g) + 3H_2(g) \longrightarrow 2NH_3(g)$$
$$\Delta_rH^\circ = -92.6 \text{ kJ mol}^{-1}$$

における $\Delta S_{sys}, \Delta S_{surr}, \Delta S_{univ}$ を計算せよ．

解 付録2のデータと式(4・18)の手順を参考にすると，この反応におけるエントロピー変化 ΔS_{sys} は，

$$\Delta S_{sys} = 2\overline{S}^\circ(NH_3) - [\overline{S}^\circ(N_2) + 3\overline{S}^\circ(H_2)]$$
$$= (2)(192.5 \text{ J K}^{-1}\text{mol}^{-1}) - [191.6 \text{ J K}^{-1}\text{mol}^{-1} + (3)(130.6 \text{ J K}^{-1}\text{mol}^{-1})]$$
$$= -198.4 \text{ J K}^{-1}\text{mol}^{-1}$$

となる．ΔS_{surr} を計算するには，系は外界と熱的平衡にあることを踏まえて，$\Delta H_{surr} = -\Delta H_{sys}$ より，

$$\Delta S_{surr} = \frac{\Delta H_{surr}}{T} = \frac{-(-92.6 \times 1000) \text{ J mol}^{-1}}{298 \text{ K}}$$
$$= 311 \text{ J K}^{-1}\text{mol}^{-1}$$

となる．また宇宙のエントロピー変化，ΔS_{univ} は下のようになる．

$$\Delta S_{univ} = \Delta S_{sys} + \Delta S_{surr}$$
$$= -198 \text{ J K}^{-1}\text{mol}^{-1} + 311 \text{ J K}^{-1}\text{mol}^{-1}$$
$$= 113 \text{ J K}^{-1}\text{mol}^{-1}$$

コメント ΔS_{univ} は正の値であるので，この反応は25 ℃ では自発的であると予測できる．反応が自発的であるというそれだけで，観測できる反応速度で反応が起こっていると言うことはできない．事実，アンモニアの合成はその活性化エネルギーが大きいため，室温では非常にゆっくりとしか進行しない．このように，熱力学は，特定の条件下で反応が自発的に起こりうるかどうかを教えてくれるが，その反応がどのくらいの速度で起こりうるかを示すものではない．反応速度は，化学反応速度論の章で取扱う問題である（第9章参照）．

エントロピーの意味

エントロピーの統計学的および熱力学的定義については学んだ．熱力学第三法則を用いて物質の絶対エントロピーを決めることもできる．物理的過程と化学反応におけるエントロピー変化の例もいくつか見てきた．しかしエントロピーとははたして何なのだろうか．

しばしばエントロピーは無秩序とか不規則性だとかの目安として述べられている．無秩序であればあるほど系のエントロピーは大きい．この言い方は役に立つと同時に，主観的な概念であるため注意して用いることが必要である*．一方，エントロピーと確率を関係付けることは，確率が定量的な概念であることから，十分な意味がある．前述したように気体の膨張の仕方を確率の見地から眺めることができる．自発過程では，確からしさの低い状態からより確かである状態に向かって系は進む．エントロピーにおける対応する変化はボルツマンの式（式4・1）を用いて計算することができる．W は確率と結び付けられたが，一般にはある巨視的状態に対応する微視的状態の数として解釈されるべきである．

微視的状態と巨視的状態の違いをはっきりさせるためにいくつかのエネルギー準位に分布した，同一かつ相互作用しない三つの分子を含む系を考えよう．系の全エネルギーは3エネルギー単位で一定であるとする．この分布にはいくつの異なった取り方があるだろうか．分子は同一であるけれども，それらは居る位置によって互いに区別できる（たとえばそれらが結晶中で異なった格子点を占めるなら）．分子の分布には10通りの方法（10個の微視的状態）があり，図4・8にⅠ，Ⅱ，Ⅲと示すように3種類の異なった分布（三つの巨視的状態）が存在する．すべての巨視的状態の確からしさは等しくない——巨視的状態Ⅱは状態Ⅰに比べ6倍確率が高く，状態Ⅲに比べ2倍確率が高い．この分析に基づいて，特定の分布（状態）の存在確率はその分布がなされた方法（微視的状態）の数に依存すると，結論づけられる．三つの分子では巨視的な系を構成することはできないが，分子の数が増えるにつれ（それゆえ系の全エネルギーも増える），より多くの微視的状態を他の分布よりも多く有する巨視的状態が見いだされてくるであろう．たとえば，分子の数がアボガドロ定数に近づくと，最も起こりそうな巨視的状態は他のすべての巨視的状態に比べて圧倒的に多数の微視的状態をもつので，その巨視的状態の系がいつも見いだされることになる（図4・9）．

ここでの議論から，エントロピーについてつぎのように言うことができる．エントロピーは，使える分子エネルギー準位間へのエネルギー分配，分布に関係する．熱的平衡においては常に最も起こりやすい巨視的状態の系が見られるが，その系は最大数の微視的状態と最も起こりやすいエネルギー分布をもつ．顕著な占有を示すエネルギー準位数が多ければ多いほど，エントロピーは大きい．そのため，系のエントロピーは，W それ自体が最大となるから，平衡状態で最大になる．しかしながら，普通 W がいくつかはわからないので，式(4・1)はエントロピーの計算には用いられない．前述のように，エントロピーの値は熱量測定の方法で普通は決定される．それにもかかわらず分子的

---

* D. F. Styer, *Am. J. Phys.*, **68**, 1090(2000), および F. L. Lambert, *J. Chem. Educ.*, **79**, 187(2002) を参照．

図 4・8 3単位の全エネルギーをもった三つの分子の，エネルギー準位への並べ方

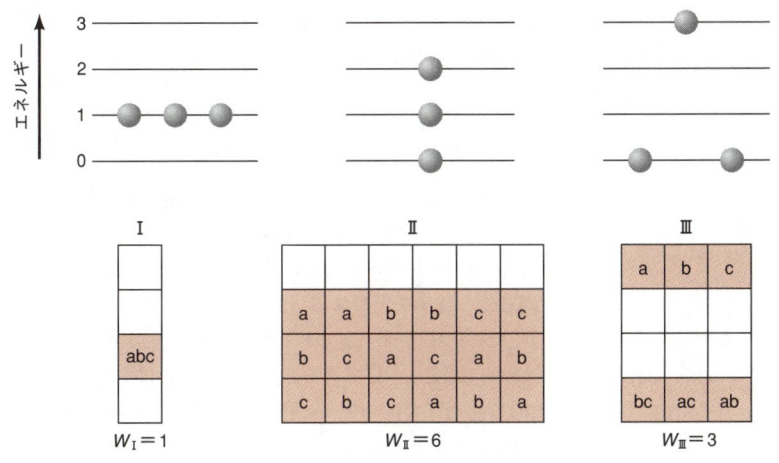

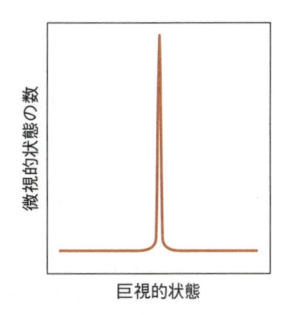

図 4・9 アボガドロ数個の分子では，最も確からしい巨視的状態は他の巨視的状態に比べて圧倒的に多くの微視的状態をもっている．

な解釈をすることで，エントロピーとエントロピー変化の理解は深まる．以下にいくつかの例を考えよう．

等温気体膨張　膨張においては気体分子は体積を大きくする方向に動く．第 11 章 (p.251) で見るように，一つの分子の並進の運動エネルギーは量子化され，どの準位のエネルギーも容器の大きさに反比例する．それゆえ，より大きな体積では準位は間隔が狭くなってエネルギー分配がしやすくなることになる．結果として，より多くのエネルギー準位が占有され，最も起こりやすい巨視的状態に対応する微視的状態の数が増えて，エントロピーが増大する．

等温気体混合　二つの気体の一定温度での混合は，別々の気体の膨張二つとして取扱うことができる．ここでもエントロピーの増大が予測される．

加　熱　物質の温度を上昇させるとき加えられたエネルギーは，分子の運動（並進，回転，振動）準位の低い方から高い方へ昇位するのに使われる．そのため，分子のエネルギー準位それぞれへの占有の仕方が増加して微視的状態の数が増え，結果として，エントロピーは増大する．これが，一定体積での加熱で起こることである．もし，加熱を定圧で行うと膨張によるエントロピーへの寄与がさらに加わる．定積条件と定圧条件の間の違いは，物質が気体である場合にのみ重要である．

相転移　固体では原子や分子は一定の位置に固定されており，微視的状態の数は小さい．融解すると，原子や分子はその格子点から離れて行くことができるため，より多くの場所を占めることができるようになる．結果として，粒子を配列する場合の数がより多くなるため，微視的状態の数は増える．それゆえ，この"秩序→無秩序"の相転移は微視的状態の数の増加のためエントロピー増大の結果になると予測できる．同様に気化過程についても系のエントロピーは増大すると予測できる．しかしながら，気相において分子の占有するスペースは液相におけるよりもずっと広く，そのためはるかに多くの微視的状態をもつため，融解に比べて増大の程度はずっと大きい．

化学反応　例題 4・5 を参照すると，窒素と水素からアンモニアを合成すると，正味 2 mol の気体が反応ごとに失われることがわかる．分子の運動の減少は微視的状態の数が減ることに反映されるから，系のエントロピーが減少することになると期待できる．反応が発熱的であるため，放出される熱は外界の空気の分子の運動を活発にする．空気分子の微視的状態の増加は外界のエントロピー増大をひき起こす．外界のエントロピー増大は系のエントロピー減少よりもまさるため，反応は自発的である．エントロピー変化の予測は，凝縮相の関与する反応，すなわち気体成分の数が変化しない場合には，信頼性が小さくなることを覚えておいて欲しい．

4・6　ギブズエネルギー

エネルギーの収支を扱う熱力学第一法則およびある過程が自発的に進行するかどうかを判断するのに役立つ熱力学第二法則によって，十分な熱力学量を得ることができるので，どんな状況でも取扱えそうである．これは原則的には正しいが，ここまで誘導した式は実際に応用するにはあまり便利ではない．たとえば，熱力学第二法則の式（式 4・8）を使うためには，系とその外界の両方のエントロピー変化を計算しなければならない．通常関心がもたれるのは，ある系において何が起こるのかであって，外界で起こることは重要ではないため，ΔS_{univ} のような全宇宙に対するものではなく，ある系内における熱力学関数の変化によって平衡と自発性に関する指標を確立できれば，より簡便になると思われる．

ある温度 T において外界と熱的平衡にある系を考えてみよう．系で一つの過程が起こった結果，無限小の熱量 dq が系から外界へ伝達されたとする．当然，$-dq_{sys} = dq_{surr}$ となる．式(4・8)によると全エントロピーの変化は，

$$dS_{univ} = dS_{sys} + dS_{surr} \geq 0$$
$$= dS_{sys} + \frac{dq_{surr}}{T} \geq 0$$
$$= dS_{sys} - \frac{dq_{sys}}{T} \geq 0$$

となる．上式の右辺の量が系内についてのものであることに注意せよ．もしこの過程が定圧過程ならば，$dq_{sys} = dH_{sys}$ であり，下式のように記述できる．

$$dS_{sys} - \frac{dH_{sys}}{T} \geq 0$$

両辺に $-T$ を掛けると下式のようになる[*1]．

$$dH_{sys} - T\,dS_{sys} \leq 0$$

ここで，**ギブズエネルギー**[*2] (Gibbs energy) とよばれる関数，G を以下のように定義する〔米国の物理学者，Josiah Willard Gibbs (1839～1903) にちなむ〕．

$$G = H - TS \quad (4\cdot19)$$

式(4・19)からわかるように，H, T, S はすべて状態量であるから，G もまた状態量である．加えてエンタルピー同様，G の単位もエネルギーである．

等温ならば，微小過程における系のギブズエネルギー変化は下式で与えられる．

$$dG_{sys} = dH_{sys} - T\,dS_{sys}$$

dG_{sys} を平衡および自発性の指標として以下のように用いる．

$$dG_{sys} \leq 0 \quad (4\cdot20)$$

$<$ の符号は自発過程であることを示し，等号は一定温度，一定圧力において平衡であることを示す．

特に記述しない限り，今後はギブズエネルギー変化を議論する際は，系についてのみ考えることにする．よって，以下 sys という下つき文字を省略することにする．ある限定された等温過程 1→2 においてギブズエネルギー変化は

$$\Delta G = \Delta H - T\Delta S \quad (4\cdot21)$$

と表すことができ，一定温度，一定圧力における平衡および自発性の状態は以下のように表せる．

$\Delta G = G_2 - G_1 = 0$　　系は平衡状態にある
$\Delta G = G_2 - G_1 < 0$　　1→2 の過程は自発的に進行する

もし ΔG が負であるならば，その過程は**発エルゴン的** (exergonic) (ギリシャ語で"仕事を生じる"意) であると言われ，ΔG が正であるならば**吸エルゴン的** (endergonic) (同じく"仕事を消費する"意) であると言う．$q = \Delta H$ とおくために圧力は一定である必要があり，式(4・21)を導くために温度も一定である必要があることに注意する．一般的に，過程の間中ずっと圧力が一定である場合のみ，q を ΔH と置き換えることができる．しかしながら，G は状態量であるため，ΔG は経路には依存しない．したがって，式(4・21)は温度および圧力が過程の始状態，終状態で等しいならばどんな過程に対しても適用できる．

ギブズエネルギーはエントロピー，エンタルピー両方を含んでいるために有用である．いくつかの反応において，エンタルピーとエントロピーの寄与は互いに強めあう．たとえば，ΔH が負（発熱反応）で，ΔS が正である場合は，$\Delta H - T\Delta S$ すなわち ΔG は負となり，その過程は左辺から右辺に進行するのが有利である．エンタルピーとエントロピーが互いに反対方向に働く反応もある．つまり，ΔH と $(-T\Delta S)$ が逆符号の場合である．このような場合，ΔG の符号は ΔH と $T\Delta S$ の大小によって決定される．$|\Delta H| \gg |T\Delta S|$ であるならば，ΔG の符号は ΔH の符号によって支配的に決定されるため，その反応はエンタルピー支配とよばれる．反対に $|T\Delta S| \gg |\Delta H|$ であるならばエントロピー支配とよばれる．表4・2に，異なる温度において ΔH および ΔS の符号が ΔG に及ぼす影響をまとめた．

ギブズエネルギーと同様の熱力学関数を，等温定容過程において，得ることができる．それが**ヘルムホルツエネルギー** (Helmholtz energy)，A であり〔ドイツの生理学者，物理学者，Hermann Ludwig Helmholtz (1821～1894) にちなむ〕，以下のように定義される．

$$A = U - TS \quad (4\cdot22)$$

すべての項は系について示している．ギブズエネルギーと同様に，ヘルムホルツエネルギーは状態量であり，エネルギーの単位をもつ．ギブズエネルギーに対するのと同じ手順で，一定温度，一定体積における平衡と自発性に関する基準式が以下のように求められる[*3]．

$$dA_{sys} \leq 0 \quad (4\cdot23)$$

下つき文字 sys を省略して，ある有限過程において一定温

[*1] $x > 0$ ならば $-x < 0$ であるから，不等式の両辺に負の数を掛けると不等号の向きが逆転する．

[*2] ギブズエネルギーは以前，**ギブズの自由エネルギー** (Gibbs free energy)，もしくは単に**自由エネルギー** (free energy) とよばれていた．しかし，IUPAC（国際純正応用化学連合）により自由の語は付けないことが推奨された．手短に言えば，ヘルムホルツエネルギーについても同様の推奨が行われている．

[*3] 定容過程は生物学的な系ではむしろ一般的ではない．

表 4・2　反応の ΔG に影響を及ぼす因子[†]

ΔH	ΔS	ΔG	反応例
+	+	低温において正，高温において負． 高温では反応は正方向に自発的に進行．低温では逆方向に自発的に進行．	$2\,HgO(s) \rightarrow 2\,Hg(l) + O_2(g)$
+	−	温度によらず正．反応は温度によらず逆方向に自発的に進行．	$3\,O_2(g) \rightarrow 2\,O_3(g)$
−	+	温度によらず負．反応は温度によらず正方向に自発的に進行．	$2\,H_2O_2(l) \rightarrow 2\,H_2O(l) + O_2(g)$
−	−	低温において負，高温において正． 低温では反応は自発的に進行，高温では逆方向に進行する傾向．	$NH_3(g) + HCl(g) \rightarrow NH_4Cl(s)$

[†] ΔH と ΔS は共に温度に依存しないものと仮定した．

度では以下の式が得られる．

$$\Delta A = \Delta U - T\Delta S \qquad (4\cdot24)$$

ギブズエネルギーの意味

式(4・20)により，自発変化の方向性，化学的および物理的平衡の性質をより簡単に扱うことができる．加えて，ある過程においてなされうる仕事の量を決定することも可能になる．

ギブズエネルギー変化と仕事との関係を表すために，G の定義から始める．

$$G = H - TS$$

微小過程においては下式が導かれる．

$$dG = dH - T\,dS - S\,dT$$

ここで，エンタルピーの定義から下式を得ることができる．

$$H = U + PV$$
$$dH = dU + P\,dV + V\,dP$$

また，熱力学第一法則から下式を導くことができる．

$$dU = đq + đw$$
$$dU = đq - P\,dV$$

可逆変化については，

$$đq_{rev} = T\,dS$$

とおけ，dU, dH は以下のようにおくことができる．

$$dU = T\,dS - P\,dV \qquad (4\cdot25)$$
$$dH = (T\,dS - P\,dV) + P\,dV + V\,dP = T\,dS + V\,dP$$

最後に，dG は以下のようになる．

$$dG = (T\,dS + V\,dP) - T\,dS - S\,dT$$
$$dG = V\,dP - S\,dT \qquad (4\cdot26)$$

式(4・25)は熱力学第一法則および第二法則を表している

のに対し，式(4・26)は G の圧力および温度への依存の仕方を示している．これら両方が重要であり，熱力学の基礎公式である．

式(4・26)は膨張による仕事のみを伴う過程に対してだけ適用でき，その他の種類の仕事がある場合には，それに加えて考慮しなければならない．例として，電子を生成し，電気的な仕事（w_{el}）をする化学電池の酸化還元反応の場合には，式(4・25)，式(4・26)はつぎのように修正される．

$$dU = T\,dS - P\,dV + dw_{el}$$
$$dG = V\,dP - S\,dT + dw_{el}$$

下つき文字 el は電気的の意である．P, T 一定では，

$$dG = dw_{el,\,rev}$$

となり，有限過程においては以下の式が導かれる．

$$\Delta G = w_{el,\,rev} = w_{el,\,max} \qquad (4\cdot27)$$

上式は ΔG が P, T 一定における過程で得られる非膨張による最大仕事であることを示している．式(4・27)は第7章において電気化学について議論する際に用いられる．

例題 4・6

燃料電池中では，メタンのような天然ガスが，燃焼過程におけるのと同様な酸化還元反応を経て，二酸化炭素と水になり，電気を生じる（§7・4参照）．25℃において 1 mol のメタンから得られる最大の電気的仕事を求めよ．

解　反応は以下のように記述できる．

$$CH_4(g) + 2\,O_2(g) \longrightarrow CO_2(g) + 2\,H_2O(l)$$

付録2の $\Delta_f\overline{H}°$，$\overline{S}°$ から $\Delta_r H = -890.3\,\text{kJ mol}^{-1}$，$\Delta_r S = -242.8\,\text{J K}^{-1}\text{mol}^{-1}$ が求められる．よって式(4・21)から下式が導かれる．

$$\Delta_r G = -890.3\,\text{kJ mol}^{-1} - 298\,\text{K} \left(\frac{-242.8\,\text{J K}^{-1}\text{mol}^{-1}}{1000\,\text{J/kJ}}\right)$$
$$= -818.0\,\text{kJ mol}^{-1}$$

また，式(4・27)から以下のようになる．

$$w_{el, max} = -818.0 \text{ kJ mol}^{-1}$$

よってこの系は，CH_4 1 mol につき，最大で 818.0 kJ mol^{-1} の電気的仕事を外界にすることができる．

コメント　興味深い点は2点ある．一つは，反応によってエントロピーが減少するために，生成する熱よりもなされる電気的仕事の方が<u>小さい</u>という点である．二つめは，燃焼エンタルピーが熱機関で仕事をするのに使われるとするならば，熱-仕事変換の効率は式(4・7)によって制限されてしまう．しかし，燃料電池は熱機関ではないので，熱力学第二法則による制限に左右されることなく，ギブズエネルギーを 100 % 仕事に変換することが原則的には可能となる．

4・7　標準モル生成ギブズエネルギー（$\Delta_f \overline{G}°$）

エンタルピーに対するのと同様，ギブズエネルギー（$\overline{G}°$）の絶対値を測定することはできないので，簡便のために，1 bar, 298 K における最も安定な同素体の状態の元素について標準モル生成ギブズエネルギーを0とする．グラファイトの燃焼をもう一度例として取上げる（§3・6参照）．

$$C(\text{グラファイト}) + O_2(g) \longrightarrow CO_2(g)$$

この反応が，反応前後において圧力 1 bar でなされたならば，この反応における標準ギブズエネルギー変化 $\Delta_r G°$ は以下のように記述される．

$$\Delta_r G° = \Delta_f \overline{G}°(CO_2) - \Delta_f \overline{G}°(\text{グラファイト}) - \Delta_f \overline{G}°(O_2)$$
$$= \Delta_f \overline{G}°(CO_2)$$

つまり，

$$\Delta_f \overline{G}°(CO_2) = \Delta_r G°$$

となる．これはグラファイトと O_2 の $\Delta_f \overline{G}°$ が共に 0 であるためである．$\Delta_r G°$ を求めるために式(4・21)が用いられる．

$$\Delta_r G° = \Delta_r H° - T \Delta_r S°$$

第3章(p.40)から，$\Delta_r H° = -393.5 \text{ kJ mol}^{-1}$ である．$\Delta_r S°$ を求めるために，式(4・18)と付録2のデータを用いる．

$$\Delta_r S° = \overline{S}°(CO_2) - \overline{S}°(\text{グラファイト}) - \overline{S}°(O_2)$$
$$= (213.6 - 5.7 - 205.0) \text{ J K}^{-1} \text{ mol}^{-1}$$
$$= 2.9 \text{ J K}^{-1} \text{ mol}^{-1}$$

以上から，標準ギブズエネルギー変化は

$$\Delta_r G° = -393.5 \text{ kJ mol}^{-1} - 298 \text{ K} \left(\frac{2.9 \text{ J K}^{-1} \text{ mol}^{-1}}{1000 \text{ J/kJ}} \right)$$
$$= -394.4 \text{ kJ mol}^{-1}$$

のように求められる．最終的に，到達する結果は

$$\Delta_f \overline{G}°(CO_2) = -394.4 \text{ kJ mol}^{-1}$$

このやり方で，たいていの物質の $\Delta_f \overline{G}°$ を求めることができる．表4・3には，多くの一般的な無機および有機物質の $\Delta_f \overline{G}°$ を示した（付録2にはさらに多くの物質についての標準生成ギブズエネルギーを示した）．

一般に，下式の反応

$$a\text{A} + b\text{B} \longrightarrow c\text{C} + d\text{D}$$

における $\Delta_r G°$ は，次式によって求められる．

$$\Delta_r G° = c \Delta_f \overline{G}°(C) + d \Delta_f \overline{G}°(D) - a \Delta_f \overline{G}°(A) - b \Delta_f \overline{G}°(B)$$
$$\Delta_r G° = \sum \nu \Delta_f \overline{G}°(\text{生成物}) - \sum \nu \Delta_f \overline{G}°(\text{反応物}) \quad (4 \cdot 28)$$

ν は化学量論係数である．後の章において，$\Delta_r G°$ を平衡定数や電気化学的測定から求める例がある．

ギブズエネルギー変化は二つの部分——エンタルピーによる部分と温度とエントロピーの積による部分——から構成されているために，ある過程における $\Delta_r G°$ へのそれらの寄与の比較は非常に有用である．メタンとグルコースの燃焼を考える．

$$CH_4(g) + 2 O_2(g) \longrightarrow CO_2(g) + 2 H_2O(l)$$
$$C_6H_{12}O_6(s) + 6 O_2(g) \longrightarrow 6 CO_2(g) + 6 H_2O(l)$$

先に述べたグラファイトが燃焼して二酸化炭素が生成する際と同様の手順に従って

$C_6H_{12}O_6$	CH_4
$\Delta_r H° = -2801.3 \text{ kJ mol}^{-1}$	$\Delta_r H° = -890.3 \text{ kJ mol}^{-1}$
$-T\Delta_r S° = -77.7 \text{ kJ mol}^{-1}$	$-T\Delta_r S° = 72.3 \text{ kJ mol}^{-1}$
$\Delta_r G° = -2879.0 \text{ kJ mol}^{-1}$	$\Delta_r G° = -818.0 \text{ kJ mol}^{-1}$

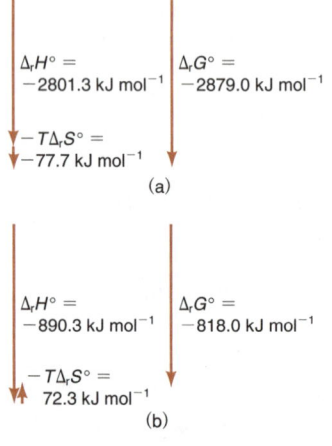

図 4・10　(a) グルコースと，(b) メタンの，298 K での燃焼反応における $\Delta_r H°$, $-T\Delta_r S°$, $\Delta_r G°$ の変化を示したベクトル図

表 4・3 いくつかの無機および有機物質の 1 bar, 298 K における標準モル生成ギブズエネルギー

物 質	$\Delta_f \overline{G}°$ / kJ mol^{-1}	物 質	$\Delta_f \overline{G}°$ / kJ mol^{-1}
C(グラファイト)	0	CH$_4$(g)	−50.79
C(ダイヤモンド)	2.87	C$_2$H$_6$(g)	−32.9
CO(g)	−137.3	C$_3$H$_8$(g)	−23.49
CO$_2$(g)	−394.4	C$_2$H$_2$(g)	209.2
HF(g)	−270.7	C$_2$H$_4$(g)	68.12
HCl(g)	−95.3	C$_6$H$_6$(l)	124.5
HBr(g)	−53.45	CH$_3$OH(l)	−166.3
HI(g)	1.7	C$_2$H$_5$OH(l)	−174.2
H$_2$O(g)	−228.6	CH$_3$CHO(l)	−128.1
H$_2$O(l)	−237.2	HCOOH(l)	−361.4
NH$_3$(g)	−16.6	CH$_3$COOH(l)	−389.9
NO(g)	86.7	C$_6$H$_{12}$O$_6$(s)	−910.6
NO$_2$(g)	51.84	C$_{12}$H$_{22}$O$_{11}$(s)	−1544.3
N$_2$O$_4$(g)	98.29		
N$_2$O(g)	103.6		
O$_3$(g)	163.4		
SO$_2$(g)	−300.4		
SO$_3$(g)	−370.4		

のデータを得る．図 4・10 の矢印を用いた図に各反応の変化を比較して示した．

4・8 ギブズエネルギーの温度および圧力依存性

ギブズエネルギーは化学熱力学において中心的な役割を担っているために，この特性の理解は重要である．式(4・26)はギブズエネルギーが温度および圧力の両方の関数であることを示している．本節では G がそれらの各変数によってどのように変化するかを考察し，これらの条件下である特定の過程に対する ΔG の式を導く．

G の温度依存性

式(4・26)から式を展開していく．

$$dG = V dP - S dT$$

一定圧力条件下においては，この式は以下のようになる．

$$dG = -S dT$$

よって一定圧力条件下における T に対する G の変化量は以下のように求められる．

$$\left(\frac{\partial G}{\partial T}\right)_P = -S \quad (4・29)$$

上式から式(4・19)は以下のように記述できる．

$$G = H + T\left(\frac{\partial G}{\partial T}\right)_P$$

上式両辺を T^2 で割り，変形することで下式が得られる．

$$-\frac{G}{T^2} + \frac{1}{T}\left(\frac{\partial G}{\partial T}\right)_P = -\frac{H}{T^2}$$

上式の左辺は，G/T を T で偏微分したものである．つまり，

$$\left[\frac{\partial (G/T)}{\partial T}\right]_P = -\frac{G}{T^2} + \frac{1}{T}\left(\frac{\partial G}{\partial T}\right)_P$$

であることから，下式のように書き直すことができる．

$$\left[\frac{\partial (G/T)}{\partial T}\right]_P = -\frac{H}{T^2} \quad (4・30)$$

式(4・30)はギブズ・ヘルムホルツの式として知られている．有限過程に応用すると，G および H は ΔG および ΔH となるので，式は以下のようになる．

$$\left[\frac{\partial (\Delta G/T)}{\partial T}\right]_P = -\frac{\Delta H}{T^2} \quad (4・31)$$

式(4・31)はギブズエネルギー変化の温度依存性，したがって平衡の位置を，エンタルピー変化と関係づけているために重要である．第 6 章において再度この式を使用することになる．

G の圧力依存性

ギブズエネルギーの圧力依存性について議論するために，再度，式(4・26)を用いる．一定温度においては式(4・26)は以下のようになる．

$$dG = V dP$$

つまり，下式を導くことができる．

$$\left(\frac{\partial G}{\partial P}\right)_T = V \quad (4・32)$$

体積は正でなければいけないから，式(4・32)は，一定温度下のある系におけるギブズエネルギーは圧力に伴って常に増加することを示している．圧力が P_1 から P_2 に増加するのに伴い，どのように G が増加するのかは興味がもたれるところである．G の変化を ΔG と表記すると，系が状態 1 から状態 2 に変化するにつれて，ΔG は以下のように求められる．

$$\Delta G = \int_1^2 dG = G_2 - G_1 = \int_{P_1}^{P_2} V dP$$

理想気体においては，$V = nRT/P$ であるので，

$$\Delta G = G_2 - G_1 = \int_{P_1}^{P_2} \frac{nRT}{P} dP$$

$$\Delta G = nRT \ln \frac{P_2}{P_1} \qquad (4\cdot 33)$$

となる. $P_1 = 1$ bar（標準状態）とすると, G_1 は標準状態を表す ° を付けて $G°$, G_2 は G, P_2 は P と表記できるので, 式(4・33)は以下のようになる.

$$G = G° + nRT \ln \frac{P}{1\,\text{bar}}$$

モル量あたりに表現し直すと以下のようになる.

$$\overline{G} = \overline{G}° + RT \ln \frac{P}{1\,\text{bar}} \qquad (4\cdot 34)$$

$\overline{G}$ は温度と圧力両方に依存し, $\overline{G}°$ は温度のみの関数である. 式(4・34)は理想気体のモルギブズエネルギーとその圧力とを関連づけている. 後に, 混合物中でのある物質のギブズエネルギーとその濃度とを関連づける類似の式を学ぶであろう.

例題 4・7

300 K, 1.50 bar, 0.590 mol の理想気体を, 圧力が 6.90 bar になるまで等温的に圧縮した. この過程におけるギブズエネルギー変化を求めよ.

解 式(4・33)を用いる.

$$P_1 = 1.50\,\text{bar}, \quad P_2 = 6.90\,\text{bar}$$

であるので,

$$\Delta G = (0.590\,\text{mol})(8.314\,\text{J K}^{-1}\,\text{mol}^{-1})(300\,\text{K}) \ln \frac{6.90\,\text{bar}}{1.50\,\text{bar}}$$
$$= 2.25 \times 10^3\,\text{J}$$

これまでは, G の圧力依存性を議論するにあたって気体に注目していた. これは液体や固体の体積が実質的にかけた圧力に依存しないためであり, よって以下のように記述できる.

$$G_2 - G_1 = \int_{P_1}^{P_2} V\,\mathrm{d}P = V(P_2 - P_1) = V\Delta P$$

つまり,

$$G_2 = G_1 + V\Delta P$$

体積 V は定数と見なせるため, 積分記号の外に出すことができる. 通常は, 液体や固体のギブズエネルギーは圧力によってほとんど変化しないため, 地球内部の地質学的過程や実験室における特別な高圧条件下の場合を除いて, G の P に伴う変化は無視される.

4・9 相平衡

本節では, 相平衡の理解にギブズエネルギーを適用する方法を見ていこう. **相**（phase）とは, ある系内におけるある均一な部分であり, この部分は同じ系内の他の部分と接しているが, 明白な境界をもって他の部分と分かれている. 相平衡の例として, 凝固や蒸発などの物理的過程があげられる. 第6章において化学平衡へのギブズエネルギーの適用を学ぶことになる. 本節での議論は一成分系に限定することにする.

ある温度, 圧力において, 一成分系の二相（たとえば固体と液体）が平衡状態にあるとしよう. この状態についてどのような式が立てられるであろうか. 下式のようにギブズエネルギーが等しいと考えがちかもしれない.

$$G_{\text{solid}} = G_{\text{liquid}}$$

しかしこの式は当てはまらない. というのは, 0℃の真水の大洋に小さな氷片を浮かべることはできるが, それにもかかわらず水のギブズエネルギーは氷片のそれよりずっと大きいのである. 上式の代わりに, 示強性状態量である, その物質の単位モルあたりのギブズエネルギー（すなわちモルギブズエネルギー）が, 平衡にある二つの相において等しいことを示すべきである. これは示強性状態量は存在する物質量によらないからである. 以上から下式が導かれる.

$$\overline{G}_{\text{solid}} = \overline{G}_{\text{liquid}}$$

もし温度や圧力などの外部条件が変化して, $\overline{G}_{\text{solid}} > \overline{G}_{\text{liquid}}$ となったとすると, 固体はいくらか溶ける. それは

$$\Delta G = \overline{G}_{\text{liquid}} - \overline{G}_{\text{solid}} < 0$$

となるからである. 反対に, $\overline{G}_{\text{solid}} < \overline{G}_{\text{liquid}}$ となった場合はある量の液体が自発的に凝固することになる.

つぎに, 固体, 液体, 気体のモルギブズエネルギーが温度や圧力にどのように依存しているか見ていこう. 式(4・29)をモル量で表記すると以下のようになる.

$$\left(\frac{\partial \overline{G}}{\partial T}\right)_P = -\overline{S}$$

物質のエントロピーは相にかかわらず常に正であるため, 一定圧力下で $\overline{G}$ を T に対してプロットすると負の勾配をもった直線となる. ある一つの物質の三つの相に対して, それぞれ以下の式が得られる*.

---

* **気体**（gas）と **蒸気**（vapor）を同義語として用いているが, 厳密に言うと, これらの言葉の意味は異なる. 気体とは常温, 常圧において通常気体の状態にある物質を指すのに対し, 蒸気は標準的な温度, 圧力においては液体か固体である物質の気体である状態を指す. よって 25℃, 1 atm においては水は蒸気, 酸素は気体と言うことになる.

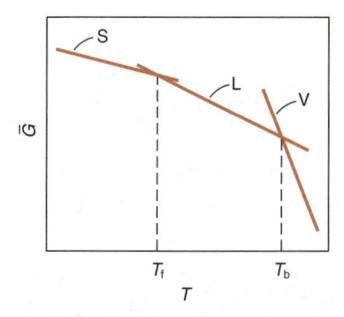

4・9 相平衡

図 4・11 ある物質の定圧条件下のモルギブズエネルギーの気相，液相，固相における温度依存性．ある温度において最小の $\overline{G}$ になる相が最も安定な相である．気相線 (V) と液相線 (L) の交点の温度が沸点 (T_b)，液相線と固相線 (S) の交点の温度が融点 (T_f) である．

$$\left(\frac{\partial \overline{G}_{solid}}{\partial T}\right)_P = -\overline{S}_{solid}, \quad \left(\frac{\partial \overline{G}_{liquid}}{\partial T}\right)_P = -\overline{S}_{liquid},$$

$$\left(\frac{\partial \overline{G}_{vap}}{\partial T}\right)_P = -\overline{S}_{vap}$$

いかなる温度でも，物質のモルエントロピーは以下の順番で減少する．

$$\overline{S}_{vap} \gg \overline{S}_{liquid} > \overline{S}_{solid}$$

これらの違いは図 4・11 に示す直線の勾配の差となって反映されている．高温においては，モルギブズエネルギーが最も小さいので気相が最も安定であるのに対し，温度が減少するに従って，液相が安定な相となり，さらに温度を減少させると，最終的には固相が最も安定となる．気相線と液相線の交点はこれら二つの相が平衡にある点を示し，$\overline{G}_{vap} = \overline{G}_{liquid}$ である．これに対応する温度 T_b は沸点である．同様に，固体と液体が平衡状態で共存する温度 T_f は融点である．

圧力の増加は相平衡にどのような影響を与えるのであろうか．前節で物質のギブズエネルギーは圧力増加に伴い常に増加することがわかった（式 4・32 参照）．さらに，圧力が増加した場合の影響は，気相に対してが最も大きく，液相および固相に対してはかなり小さい．この結果は式 (4・32) から求められる．式 (4・32) をモル量で表記すると以下のようになる．

$$\left(\frac{\partial \overline{G}}{\partial P}\right)_T = \overline{V}$$

気相のモル体積は通常，液相および固相のモル体積よりおよそ千倍大きい．

図 4・12 は圧力が P_1 から P_2 に増加した際の，気，液，固相の $\overline{G}$ の増加について示したものである．T_f, T_b が共により高い値に移動していることがわかるが，T_b の変化の方が大きい．これは気相の $\overline{G}$ の増加が他相の変化に比べ大きいためである．このように，外部圧力の増加によって物質の融点および沸点は共に一般的に上昇する．図 4・12 には示していないが，逆もまた真である．つまり，外部圧力の減少によって融点および沸点は共に降下する．ここまでの議論における，融点に対する圧力の影響についての結論は，液体のモル体積が固体のモル体積より大きいという前提のもとに成立している. この前提はたいていの物質について成立するが，物質によっては成立しないこともある．重要な例外は水である．実際，氷のモル体積は水のそれより大きいために氷は水に浮くのである．加えて，水の場合には外部圧力の増加によって融点は降下する．水のさらなる特性については後に譲る．

クラペイロンの式とクラウジウス・クラペイロンの式

ここで，相平衡の定量的理解に役立つ，一般的ないくつかの関係式を誘導しよう．α, β 二相から成るある物質があるとしよう．一定温度，一定圧力下における平衡状態において下式が成り立つ．

$$\overline{G}_\alpha = \overline{G}_\beta$$
$$d\overline{G}_\alpha = d\overline{G}_\beta$$

これら二相の間の変化において dP と dT の関係式を導くために式 (4・26) を用いて，

$$d\overline{G}_\alpha = \overline{V}_\alpha\,dP - \overline{S}_\alpha\,dT = d\overline{G}_\beta = \overline{V}_\beta\,dP - \overline{S}_\beta\,dT$$
$$(\overline{S}_\beta - \overline{S}_\alpha)\,dT = (\overline{V}_\beta - \overline{V}_\alpha)\,dP$$

つまり，下式が得られる．

$$\frac{dP}{dT} = \frac{\Delta \overline{S}}{\Delta \overline{V}}$$

$\Delta \overline{V}$ および $\Delta \overline{S}$ はそれぞれ，$\alpha \to \beta$ の相転移によるモル体積およびモルエントロピーの変化を示している．平衡状態に

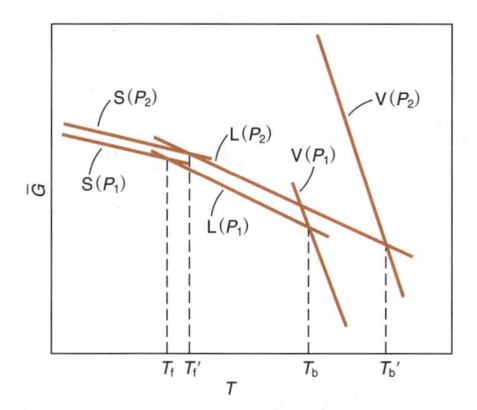

図 4・12 モルギブズエネルギーの圧力依存性．ほとんどの物質（水は重要な例外である）は圧力の上昇に伴って融点も沸点も共に上昇する（ここでは $P_2 > P_1$ である）．

おいて $\Delta\overline{S}=\Delta\overline{H}/T$ が成り立つため、上式は以下のように書き換えることができる.

$$\frac{dP}{dT}=\frac{\Delta\overline{H}}{T\Delta\overline{V}} \qquad (4\cdot35)$$

ここで T は相転移温度,すなわち融点や沸点など,異なる二相が平衡状態で共存できる温度のことである.式(4・35)は,クラペイロンの式とよばれている〔この式を導いたフランス人技師,Benoit-Paul-Émile Clapeyron (1799～1864) にちなむ〕.この簡単な式によって,圧力変化と温度変化の比を,その過程におけるモル体積変化やモルエンタルピー変化のような容易に測定可能な状態量で表すことが可能となる.この式はグラファイト-ダイヤモンドというような同素体間の平衡はもちろん,融解,蒸発および昇華という現象に当てはめることができる.

クラペイロンの式を蒸発および昇華平衡に用いる際は,便利な近似形で表すことができる.これらの場合では,気相のモル体積は凝縮相のそれに対し非常に大きいので以下のように近似できる.

$$\Delta_{\text{vap}}\overline{V}=\overline{V}_{\text{vap}}-\overline{V}_{\text{condensed}}\approx\overline{V}_{\text{vap}}$$

さらに,気相を理想気体とみなすことで以下のように記述できる.

$$\Delta_{\text{vap}}\overline{V}=\overline{V}_{\text{vap}}=\frac{RT}{P}$$

式(4・35)に上式の $\Delta_{\text{vap}}\overline{V}$ を代入して下式が得られる.

$$\frac{dP}{dT}=\frac{P\Delta_{\text{vap}}\overline{H}}{RT^2}$$

もしくは式(4・36)が得られる.

$$\frac{dP}{P}=d\ln P=\frac{\Delta_{\text{vap}}\overline{H}\,dT}{RT^2} \qquad (4\cdot36)$$

式(4・36)はクラウジウス・クラペイロンの式とよばれる〔Clapeyron とドイツの物理学者,Rudolf Julius Clausius (1822～1888) にちなむ〕.式(4・36)を P_1, T_1 から P_2, T_2 の範囲で定積分することによって次式が得られる.

$$\int_{P_1}^{P_2}d\ln P=\ln\frac{P_2}{P_1}=\frac{\Delta_{\text{vap}}\overline{H}}{R}\int_{T_1}^{T_2}\frac{dT}{T^2}=-\frac{\Delta_{\text{vap}}\overline{H}}{R}\left(\frac{1}{T_2}-\frac{1}{T_1}\right)$$

もしくは以下のようになる.

$$\ln\frac{P_2}{P_1}=\frac{\Delta_{\text{vap}}\overline{H}}{R}\frac{(T_2-T_1)}{T_1T_2} \qquad (4\cdot37)$$

$\Delta_{\text{vap}}\overline{H}$ は温度に依存しないと仮定している.式(4・36)を不定積分すると下式のように $\ln P$ を温度の関数として表すことができる.

$$\ln P=-\frac{\Delta_{\text{vap}}\overline{H}}{RT}+\text{定数} \qquad (4\cdot38)$$

したがって,$1/T$ に対して $\ln P$ をプロットすると,$-\Delta_{\text{vap}}\overline{H}/R$ という負の勾配をもった直線になる.

例題 4・8

下のデータは水の蒸気圧の変化を温度の関数として表したものである.

P/mmHg	17.54	31.82	55.32	92.51	149.38	233.7
t/℃	20	30	40	50	60	70

水のモル蒸発エンタルピーを求めよ.

解 式(4・38)を用いる.はじめにこれらのデータをプロットするのに適した形に変換する.

$\ln P$	2.864	3.460	4.013
K/T	3.41×10^{-3}	3.30×10^{-3}	3.19×10^{-3}
10^3 K/T	3.41	3.30	3.19

$\ln P$	4.527	5.007	5.454
K/T	3.10×10^{-3}	3.00×10^{-3}	2.92×10^{-3}
10^3 K/T	3.10	3.00	2.92

$\ln P$ と $1/T$ それぞれを縦軸,横軸にしたプロットを図 4・13 に示す.図から勾配を求めると,勾配とモル蒸発エンタルピーには以下の関係式が成り立つ.

$$-5090\,\text{K}=-\frac{\Delta_{\text{vap}}\overline{H}}{R}$$

よって,モル蒸発エンタルピーは以下のように求められる.

$$\Delta_{\text{vap}}\overline{H}=(8.314\,\text{J K}^{-1}\text{mol}^{-1})(5090\,\text{K})$$
$$=42.3\,\text{kJ mol}^{-1}$$

コメント 標準沸点で測定された水のモル蒸発熱は,40.79 kJ mol^{-1} である.$\Delta_{\text{vap}}\overline{H}$ はある程度は温度に依存するが,しかしながら図 4・13 から求められた値は 20 ℃ から 70 ℃ における平均値である.

相 図

ここまで勉強してきて,いくつかのおなじみの系の相平衡について議論する準備ができたことになる.系が固,液,気のどのような相で存在しているかは,横軸に温度,縦軸に圧力をとった**相図** (phase diagram) に簡単にまとめられる.水と二酸化炭素の相平衡について考察を進めていこう.

4・9 相平衡

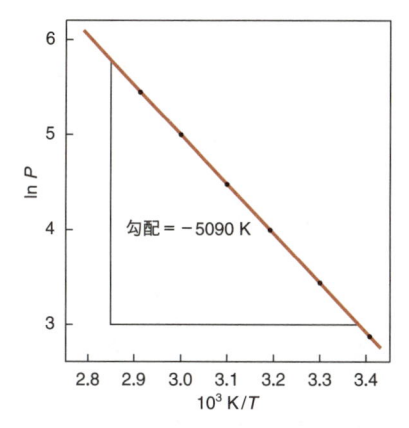

図 4・13 水の $\Delta_{vap}\overline{H}$ を求めるための $\ln P$ 対 $1/T$ のグラフ．圧力の表現が mmHg でも atm でも同じ傾きになることに注意せよ．

水 水の相図を図 4・14 に示す．S, L, V の各領域では固相，液相，気相の各単一相のみが存在でき，おのおのの曲線に沿ってはそれぞれ対応する二相が共存可能である．それら曲線の勾配は dP/dT によって与えられる．例として，領域 L と領域 V を分ける曲線は，温度による水の蒸気圧変化を表している．373.15 K においては水の蒸気圧は 1 atm であり，これらの条件が水の標準沸点を表す．ここで，L–V 曲線が臨界点で突然終わってしまうことにふれておく．この点を超えて液相が存在することはできない．水の標準凝固点（氷の標準融点）は S–L 曲線の 1 atm における温度から同様に 273.15 K と定義される．最後に，三重点とよばれる一点において，気，液，固相すべてが共存できる．水の場合は $T=273.16$ K, $P=0.006$ atm を満たす点である．

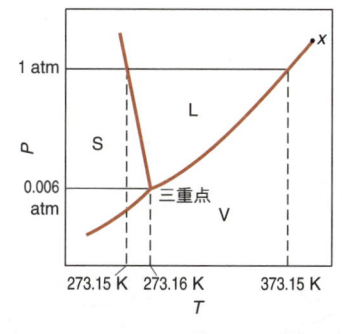

図 4・14 水の相図．固相–液相曲線が負の勾配をもつことに注意せよ．気相–液相曲線は臨界点 x (647.6 K, 219.5 atm) において終わる．

例題 4・9

S–L 曲線の 273.15 K における勾配を atm K^{-1} 単位で求めよ．$\Delta_{fus}\overline{H}=6.01$ kJ mol^{-1}, $\overline{V}_L=0.0180$ l mol^{-1}, $\overline{V}_S=0.0196$ l mol^{-1} の値を用いよ．

解 クラペイロンの式（式 4・35）を用いる．

$$\frac{dP}{dT} = \frac{\Delta_{fus}\overline{H}}{T_f\,\Delta_{fus}\overline{V}}$$

1 J $=9.87\times10^{-3}$ l atm であるので，以下のようになる．

$$\frac{dP}{dT} = \frac{(6010\text{ J mol}^{-1})(9.87\times10^{-3}\text{ l atm J}^{-1})}{(273.15\text{ K})(0.0180-0.0196)\text{ l mol}^{-1}}$$
$$= -136 \text{ atm K}^{-1}$$

コメント (1) 液体の水のモル体積は氷のそれより小さいため，図 4・14 に示すように勾配は負の値となる．さらに，$(\overline{V}_L-\overline{V}_S)$ の値が小さいため勾配は非常に急になる．(2) dT/dP の計算によって，融点の変化（減少）を圧力の関数として表せるという興味深い結果が得られる．先の結果から，$dT/dP=-7.35\times10^{-3}$ K atm^{-1} であることがわかるが，これは圧力が 1 atm 増加するごとに氷の融点が 7.35×10^{-3} K ずつ降下することを示している．この効果によってアイススケートは可能になる．スケート靴の刃の面積は小さいので，体重によって氷にはかなりの圧力がかかる (500 atm 程度)．したがって氷は解け，解けた氷によってできた，スケート靴の刃と氷の間の水の膜が潤滑剤として働き，氷上での動きを容易にするのである．しかしながら，さらなる詳しい研究によると，スケートの刃と氷の間に生じる摩擦熱が氷が解ける主たる要因である．

二酸化炭素 図 4・15 は二酸化炭素の相図である．水の相図との最も大きな違いは，CO_2 の S–L 曲線の勾配が正の値であることである．これは，二酸化炭素では $\overline{V}_{liquid}>\overline{V}_{solid}$ であるために，式 (4・35) の右辺が正の値となり，dP/dT も正となるためである．ここで留意すべきことは，液体の CO_2 は 5 atm 未満の圧力では不安定であることである．この理由から固体の CO_2 は常圧下では融解

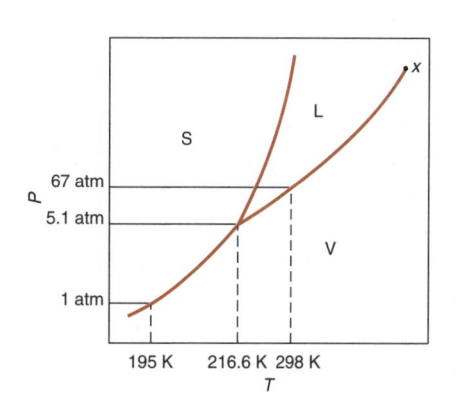

図 4・15 二酸化炭素の相図．固相–液相曲線は正の勾配をもつことに注意せよ．たいていの物質でそうである．気相–液相曲線は臨界点 x (304.2 K, 73.0 atm) において終わる．

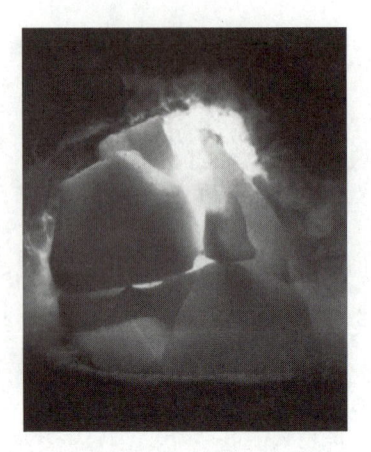

図 4・16　1 atm では固体の二酸化炭素は融解せず，昇華だけが可能である．

せずに昇華のみし，"ドライアイス"とよばれる．そのうえドライアイスは図 4・16 に示すように氷と似ている．液体 CO_2 は室温で存在はできる．しかし通常は 67 atm の圧力下，金属製円筒容器中に保管される．

相　律

相平衡に関する議論の最後に，Gibbs によって導かれた以下に示す有用な法則について考察してみよう[*1]．

$$f = c - p + 2 \tag{4・39}$$

ここで c は系内の成分の数，p は系内の相の数である．**自由度**（degree of freedom），f は，平衡状態において相の数を変化させることなく独立して変えることが可能である示強性変数（圧力，温度，組成など）の数である．たとえば容器中の気体のような，単一成分，単一相系（$c=1$, $p=1$）では，気体の温度および圧力は相の数を変えることなく，それぞれ独立に操作可能である．これは $f=2$, つまりこの系は 2 の自由度をもつからである．

相律を水（$c=1$）に適用してみる．図 4・14 中の S, L, V の各領域のような単一相においては $p=1$ であるので $f=2$ となり，温度と独立に圧力を変化させることができる（2 の自由度をもつ）．S-L, L-V, S-V の各境界では，$p=2$ であり，$f=1$ となる．したがって，P を決めると同時に T も決定されてしまう．逆も同じである（自由度は 1 である）．最後に，三重点では $p=3$ であるので $f=0$（自由度は 0）である．この条件下では系は完全に固定されており，圧力も温度も変化させることができない．このような系を**不変系**（invariant system）といい，圧力と温度をプロットした図では点として表される．

4・10　ゴムの弾性に関する熱力学

本節では熱力学関数を気体以外の系——ありふれた輪ゴム——に応用してみる．

天然ゴムの成分は cis-ポリイソプレンであり，下式に示すような単量体単位の繰返しから構成されている．

$$\left(\begin{array}{c} CH_3 \quad H \\ C=C \\ CH_2 \quad CH_2 \end{array} \right)_n$$

重合度 n は数百程度である．ゴムの特徴的な性質はその弾性にあり，引っ張ることによって 10 倍程度にまで伸びるが，手を離せば元の長さに戻る．この挙動はゴムの長鎖状分子が柔軟性をもつことに由来している．伸ばしていないときには，ゴムは高分子鎖のもつれたものであると言えるが，外力が十分に大きいと個々の鎖は互いにずれあい弾性をほぼ失う．1839 年，米国の化学者，Charles Goodyear（1800～1860）は，天然ゴムの鎖を硫黄で橋かけ結合（架橋）すると高分子鎖のずれを阻止できることを発見した．この方法を**加硫**（vulcanization）という．図 4・17 に示すように，伸びていない状態のゴムはいろいろな立体配置をとることができ，それゆえ，より少ない立体配置しかとれない伸びた状態よりも，大きなエントロピーをもつ．

輪ゴムが外力 f によって弾性的に伸びるときになされる仕事，dw は以下のように二つの項によって書ける[*2]．

$$dw = f\,dl - P\,dV \tag{4・40}$$

第 1 項は力と伸びた長さの積である．第 2 項は小さいため通常は無視できる（輪ゴムは伸ばすと通常薄くなるが，また長くもなるので，体積変化，dV は無視できる）．もし輪ゴムがゆっくり伸ばされたとすると，ゴムに及ぼす外力とゴムの復元力はすべての段階で等しく，その結果この過程は可逆過程と仮定することができて，下式のように書ける．

$$dw_{rev} = f\,dl \tag{4・41}$$

定容等温過程としてこれを取扱い，ヘルムホルツエネル

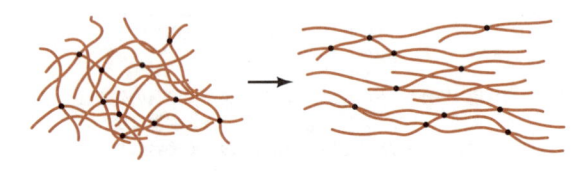

図 4・17　伸びていないゴム（左）は伸びたゴム（右）よりもはるかに多くの立体配置をとることができる．長鎖状の加硫されたゴム分子は，硫黄原子の架橋によって互いを支え合い，ずれを防いでいる．

[*1] **相律**（phase rule）の誘導には p.4 であげた物理化学の教科書を参照せよ．

[*2] $f\,dl$ と $P\,dV$ の符号が異なっているのは，正の dV が系によってなされた仕事を示すのに対し，正の dl が系に及ぼされた仕事を示すからである．

ギー(式4・22)から始める.無限小変化については下式の形に書ける.

$$dA = dU - TdS \quad (4・42)$$

可逆過程では,$dq_{rev}=TdS$ であるから式(4・42)は

$$dA = dU - dq_{rev}$$

となる.熱力学第一法則から,$dU = dq_{rev} + dw_{rev}$ であるから

$$dA = dq_{rev} + dw_{rev} - dq_{rev} = dw_{rev} \quad (4・43)$$

式(4・41)と式(4・43)を組合わせて

$$dA = fdl \quad (4・44)$$

また,復元力はヘルムホルツエネルギーを用いて次式のように表すことができる.

$$f = \left(\frac{\partial A}{\partial l}\right)_T \quad (4・45)$$

式(4・22)から,

$$A = U - TS$$

であるので,A を伸び l について等温で偏微分すると下式が得られる.

$$\left(\frac{\partial A}{\partial l}\right)_T = \left(\frac{\partial U}{\partial l}\right)_T - T\left(\frac{\partial S}{\partial l}\right)_T \quad (4・46)$$

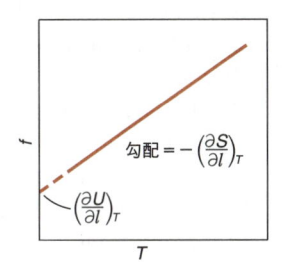

図4・18 輪ゴムの復元力対温度のグラフ

式(4・45)を式(4・46)に代入することによって

$$f = \left(\frac{\partial U}{\partial l}\right)_T - T\left(\frac{\partial S}{\partial l}\right)_T \quad (4・47)$$

が得られる.式(4・47)は復元力に二つの寄与 —— 伸びによる内部エネルギー変化の寄与とエントロピー変化の寄与 —— があることを示している.

伸びた輪ゴムの復元力の測定は簡単である*.図4・18に復元力を温度の関数としてプロットした.直線は正の勾配をもつ,つまり $(\partial S/\partial l)_T$ が負であることに注意せよ.これは,ゴムが伸びることによって高分子の絡み合いがより少なく(微視的状態が少なく)なり,エントロピーが減少するという概念と一致する.また,$(\partial U/\partial l)_T$ 項 (y 切片) は $(\partial S/\partial l)_T$ 項の $\frac{1}{5}$ から $\frac{1}{10}$ ほどの大きさしかもたないことも実験結果から明らかである.これは炭化水素分子間に働く分子間力は比較的小さいので,伸びによって輪ゴムの内部エネルギーはあまり変化しないためである.したがって,復元力にはエネルギーではなくエントロピーが支配的に寄与する.伸びた輪ゴムがもとの形に回復する際,その過程は主としてエントロピーの増大によってひき起こされるわけである.

最後に,輪ゴムの伸張と気体の圧縮に類似性があることは興味深い.ゴムと気体が理想的にふるまうとすると,それぞれについて下式が成り立つ.

$$\left(\frac{\partial U}{\partial l}\right)_T = 0 (ゴム) \quad および \quad \left(\frac{\partial U}{\partial V}\right)_T = 0 (気体)$$

ゴムにとって理想的なふるまいとは分子間力が分子の立体配置に依存しないということである.一方,理想気体には分子間力が存在しない.一定温度下でゴムを伸ばすと,輪ゴムのエントロピーは減少する.これは等温的に気体を圧縮すると気体のエントロピーが減少することにまさに類似している.

---

* J. P. Byrne, *J. Chem. Educ.*, **71**, 531(1994) を参照せよ.

参考文献

書籍

P. W. Atkins, "The Second Law," Scientific American Books, New York(1984).

H. A. Bent, "The Second Law," Oxford University Press, New York(1965).

J. T. Edsall, H. Gutfreund, "Biothermodynamics," John Wiley & Sons, New York(1983).

I. M. Klotz, R. M. Rosenberg, "Chemical Thermodynamics: Basic Theory and Methods," 6th Ed., John Wiley & Sons, New York(2000).

D. A. McQuarrie, J. D. Simon, "Molecular Thermodynamics," University Science Books, Sausalito, CA(1999).

P. A. Rock, "Chemical Thermodynamics," University Science Books, Sausalito, CA(1983).

H. C. von Baeyer, "Warmth Disperses and Time Passes," Random House, New York(1998).

論 文

エントロピーと熱力学第二法則：

H. A. Bent, 'The Second Law of Thermodynamics,' *J. Chem. Educ.*, **39**, 491(1962).

J. Braunstein, 'States, Indistinguishability, and the Formula $S=k \ln W$ in Thermodynamics,' *J. Chem. Educ.*, **46**, 719 (1969).

A. Wood, 'Temperature-Entropy Diagrams,' *J. Chem. Educ.*, **47**, 285(1970).

D. Layzer, 'The Arrow of Time,' *Sci. Am.*, December (1975).

W. G. Proctor, 'Negative Absolute Temperature,' *Sci. Am.*, August(1978).

J. A. Campbell, 'Reversibility and Returnability,' *J. Chem. Educ.*, **57**, 345(1980).

J. P. Lowe, 'Heat-Fall and Entropy,' *J. Chem. Educ.*, **59**, 353 (1982).

J. N. Spencer, E. S. Holmboe, 'Entorpy and Unavailable Energy,' *J. Chem. Educ.*, **60**, 1018(1983).

P. Djurdjevic, I. Gutman, 'A Simple Method for Showing that Entropy is a Function of State,' *J. Chem. Educ.*, **65**, 399(1988).

J. P. Lowe, 'Entropy: Conceptual Disorder,' *J. Chem. Educ.*, **65** 403(1988).

N. C. Craig, 'Entropy Analyses of Four Familiar Processes,' *J. Chem. Educ.*, **65**, 760(1988).

D. F. R. Gilson, 'Order and Disorder and Entropies of Fusion,' *J. Chem. Educ.*, **69**, 23(1992).

T. Thoms, 'Periodic Trends for the Entropy of Elements,' *J. Chem. Educ.*, **72**, 16(1995).

R. S. Ochs, 'Thermodynamics and Spontaneity,' *J. Chem. Educ.*, **73**, 952(1996).

N. C. Craig, 'Entrpoy Diagrams,' *J. Chem. Educ.*, **73**, 716 (1996).

F. L. Lambert, 'Shuffled Cards, Messy Desks, and Disorderly Dorm Rooms —— Examples of Entropy Increase? Nonsense!' *J. Chem. Educ.*, **76**, 1385(1999).

B. B. Laird, 'Entropy, Disorder, and Freezing,' *J. Chem. Educ.*, **76**, 1388(1999).

D. F. Styer, 'Inside into Entropy,' *Am. J. Phys.*, **68**, 1090 (2000).

L. S. Bartell, 'Stories to Make Thermodynamics and Related Subjects More Palatable,' *J. Chem. Educ.*, **78**, 1059(2001).

L. A. Watson, O. Eisenstein, 'Entropy Explained: The Origin of Some Simple Trends,' *J. Chem. Educ.*, **79**, 1269(2002).

熱力学第三法則：

L. K. Runnels, 'Ice,' *Sci. Am.*, December(1966).

M. M. Julian, F. H. Stillinger, R. R. Festa, 'The Third Law of Thermodynamics and the Residual Entropy of Ice,' *J. Chem. Educ.*, **60**, 65(1983).

相平衡：

F. L. Swinton, 'The Triple Point of Water,' *J. Chem. Educ.*, **44**, 541(1967).

J. Walker, C. A. Vanse, 'Reappearing Phases,' *Sci. Am.*, May(1987).

L. F. Loucks, 'Subtleties of Phenomena Involving Ice-Water Equilibria,' *J. Chem. Educ.*, **63**, 115(1986). *J. Chem. Educ.*, **65**, 186(1988) も参照.

K. M. Scholsky, 'Supercritical Phase Transitions at Very High Pressure,' *J. Chem. Educ.*, **66**, 989(1989).

B. L. Earl, 'The Direct Relation Between Altitude and Boiling Point,' *J. Chem. Educ.*, **67**, 45(1990).

G. D. Peckham, I. J. McNaught, 'Phase Diagrams of One-Component Systems,' *J. Chem. Educ.*, **70**, 560(1993).

J. S. Wettlaufer, J. G. Dash, 'Melting Below Zero,' *Sci. Am.*, February(2000).

総 説：

H. Hall, 'The Synthesis of Diamond,' *J. Chem. Educ.*, **38**, 484(1961).

A. J. Ayer, 'Chance,' *Sci. Am.*, October(1965).

M. L. McGlashan, 'The Use and Misuse of the Laws of Thermodynamics,' *J. Chem. Educ.*, **43**, 226(1966).

W. Ehrenberg, 'Maxwell's Demon,' *Sci. Am.*, November (1967).

K. G. Denbigh, 'The Scope and Limitations of Thermodynamics,' *Chem. Brit.*, **4**, 339(1968).

L. K. Runnels, 'Thermodynamics of Hard Molecules,' *J. Chem. Educ.*, **47**, 742(1970).

D. E. Stull, 'The Thermodynamic Transformation of Organic Chemistry,' *Am. Sci.*, **54**, 734(1971).

C. Kittel, 'Introduction to the Thermodynamics of Biopolymer Growth,' *Am. J. Phys.*, **40**, 60(1972).

A. P. Hagen, 'High Pressure Synthetic Chemistry,' *J. Chem. Educ.*, **55**, 620(1978)

R. D. Freeman, 'Conversion of Standard Thermodynamic Data to the New Standard-State Pressure,' *J. Chem. Educ.*, **62**, 681(1985).

M. F. Granville, 'Student Misconceptions in Thermodynamics,' *J. Chem. Educ.*, **62**, 847(1985).

C. H. Bennett, 'Demons, Engines, and the Second Law,' *Sci. Am.*, November(1987).

D. Fain, 'The True Meaning of Isothermal,' *J. Chem. Educ.*, **65**, 187(1988).

D. J. Wink, 'The Conversion of Chemical Energy,' *J. Chem. Educ.*, **69**, 109(1992).

D. L. Gibbon, K. Kennedy, N. Reading, M. Quierox, 'The

Thermodynamics of Home-Made Ice Cream,' *J. Chem. Educ.*, **69**, 658 (1992).

S. E. Wood, R. B. Battino, 'The Gibbs Function Controversy,' *J. Chem. Educ.*, **73**, 408 (1996).

R. S. Treptow, 'How Thermodynamic Data and Equilibrium Constants Changed When the Standard-State Pressure Became 1 Bar,' *J. Chem. Educ.*, **76**, 212 (1999).

問　題

熱力学第二法則とエントロピー変化

4・1　つぎの文章について意見を述べよ："エントロピーについて考えるだけでも，宇宙のエントロピー値は増大してしまう"．

4・2　熱力学第二法則に関する多くの記述の中の一つとして，"外部からの作用を受けずに，熱が低温度の物体から高温度の物体に移動することはありえない"というものがある．今，温度がそれぞれ T_1, T_2 ($T_2 > T_1$) である1, 2という二つの系を考える．熱量 q が，1から2に自発的に流れるとすると，その過程は宇宙のエントロピーを減少させることを示せ．(この過程を可逆的なものと考えてよいほどに，熱の流れは非常に遅いものとして考えてよい．また，系1での熱の損失と系2での熱の獲得は温度 T_1 と T_2 には影響を与えないものとする．)

4・3　インド洋を航海している船が，32℃の海水を取込み，使用後に海面に放出することで，動力となる熱機関を動かしている．この過程は熱力学第二法則に反するか．また，その場合には，何を変えればこの仕事はうまく行くようになるだろうか．

4・4　絶対零度よりも高い任意の温度 T で，気体分子が一定の動きをしているとする．このような"絶え間ない動き"は，熱力学の法則に反するか．

4・5　熱力学第二法則によると，孤立系での不可逆過程のエントロピーは常に増大しなければならない．一方，生体系でのエントロピーは小さいまま保たれていることはよく知られている（たとえば，それぞれのアミノ酸からより複雑なタンパク質分子を合成する過程は，エントロピーを減少させる過程である）．生体系では熱力学第二法則は成り立たないのか．説明せよ．

4・6　ある暑い夏の日に，冷蔵庫の扉を開けて自分自身を冷やそうと考えた．これは賢い方法だろうか．熱力学的に説明せよ．

4・7　エタノールのモル蒸発熱が 39.3 kJ mol^{-1}，沸点が78.3℃であるとすると，エタノール 0.50 mol の蒸発について $\Delta_{vap}S$ を計算せよ．

4・8　以下の過程の ΔU, ΔH, ΔS を計算せよ．

　　25℃, 1 atm での 1 mol の水 ⟶
　　　　　　　　100℃, 1 atm での 1 mol の水蒸気

ここで，373 K での水のモル蒸発熱は 40.79 kJ mol^{-1}，水のモル熱容量は 75.3 J K^{-1} mol^{-1} とする．また，モル熱容量は温度に依存せず，理想気体のふるまいをすると考える．

4・9　定圧下で，50℃ から 77℃ に 3.5 mol の単原子理想気体を加熱するときの ΔS を計算せよ．

4・10　6.0 mol の理想気体を 17℃ から 35℃ に定容下で可逆的に加熱したとする．このときのエントロピー変化を計算せよ．また，この過程が不可逆的であるとした場合の ΔS はどうなるか．

4・11　1 mol の理想気体を，はじめ定圧下で T から $3T$ に加熱し，つぎに定容下で T まで冷却したとする．(a) 過程全体における ΔS の式を誘導せよ．(b) 過程全体を考えると，温度 T における，もとの体積 V から $3V$ への気体の等温膨張過程に等しくなることを示せ．(c) (a) の過程の ΔS の値が (b) の過程の値と一致することを示せ．

4・12　25.0℃の水 35.0 g (A) と，86.0℃の水 160.0 g (B) を混ぜたとする．このとき，(a) 混合が断熱的に行われたと仮定したときの系の最終温度を計算せよ．(b) A, B, および系全体でのエントロピー変化を計算せよ．

4・13　塩素ガスの熱容量は，

$$\overline{C}_P = (31.0 + 0.008\,T)\ \mathrm{J\,K^{-1}\,mol^{-1}}$$

で与えられる．定圧下で 300 K から 400 K まで加熱したときの 2 mol の気体のエントロピー変化を計算せよ．

4・14　はじめ，20℃ で 1.0 atm であったネオン (Ne) 気体の試料が，1.2 l から 2.6 l に膨張し，同時に 40℃ に加熱されたとする．この過程のエントロピー変化を計算せよ．

4・15　原子爆弾の開発における初期の実験の一つは，^{235}U は核分裂を起こす同位体であるが，^{238}U はそうではないことを示すことであった．質量分析計を用いて，^{238}UF$_6$ から ^{235}UF$_6$ を分離した．気体混合物 100 mg を分離するときの ΔS を計算せよ．ただし，^{235}U と ^{238}U の天然の同位体存在度は，それぞれ，0.72% と 99.28% であり，^{19}F は 100% であるとする．

4・16　298 K で 1 mol の理想気体が，(a) 可逆的に，および (b) 12.2 atm の一定の外圧に対して，1.0 l から 2.0 l に等温膨張を起こすとする．このときの ΔS_{sys}, ΔS_{surr}, ΔS_{univ} を (a), (b) の両方について計算せよ．また計算結果は，その過程の性質に一致しているか．

4・17　O$_2$ と N$_2$ の絶対モルエントロピーは 25℃ で，それぞれ，205 J K^{-1} mol^{-1}, 192 J K^{-1} mol^{-1} である．同温，同圧下で，2.4 mol の O$_2$ と 9.2 mol の N$_2$ を混合したときのエントロピーはどうなるか．

4・18　350℃, 2.4 atm で，0.54 mol の蒸気が，$q = -74$ J でサイクル過程を経るとする．このとき，その過程の ΔS を計算せよ．

4・19　以下の 298 K におけるそれぞれの反応においてエ

ントロピー変化が正であるか，負であるかを予測せよ．
(a) $4\,\mathrm{Fe(s)} + 3\,\mathrm{O_2(g)} \longrightarrow 2\,\mathrm{Fe_2O_3(s)}$
(b) $\mathrm{O(g)} + \mathrm{O(g)} \longrightarrow \mathrm{O_2(g)}$
(c) $\mathrm{NH_4Cl(g)} \longrightarrow \mathrm{NH_3(g)} + \mathrm{HCl(g)}$
(d) $\mathrm{H_2(g)} + \mathrm{Cl_2(g)} \longrightarrow 2\,\mathrm{HCl(g)}$

4・20 付録2のデータを用いて，問題4・19に示したそれぞれの反応において $\Delta_r S^\circ$ を計算せよ．

4・21 0.35 mol の理想気体が 15.6 ℃ で，1.2 l から 7.4 l に膨張するとする．この過程が，(a) 等温可逆的，および (b) 1.0 atm の外圧に対して等温不可逆的に，起こるとする．このときの $w, q, \Delta U, \Delta S$ の値を計算せよ．

4・22 1 mol の理想気体が，300 K で等温的に，5.0 l から 10 l に膨張するとする．この過程が，(a) 可逆的，および (b) 2.0 atm の外圧に対して不可逆的に，起こるとする．系，外界，宇宙のエントロピー変化を比較せよ．

4・23 水素の熱容量が以下の式で表されるとする．

$$\overline{C}_P = (1.554 + 0.0022\,T)\,\mathrm{J\,K^{-1}\,mol^{-1}}$$

300 K から 600 K まで 1.0 mol の水素を，(a) 可逆的に加熱，および (b) 不可逆的に加熱したとき，系，外界，宇宙のエントロピー変化を計算せよ〔ヒント：(b) では外界は 600 K であると仮定する〕．

4・24 反応

$$\mathrm{N_2(g)} + \mathrm{O_2(g)} \longrightarrow 2\,\mathrm{NO(g)}$$

を考える．298 K での反応混合物，外界，宇宙の $\Delta_r S^\circ$ をそれぞれ計算せよ．また，この結果がどうして地球上の生物にとって有意であるのか，説明せよ．

熱力学第三法則

4・25 $\Delta_f \overline{H}^\circ$ は，負の値，0，正の値のいずれもとりうるが，$\overline{S}^\circ$ は，0 と正の値しかとれず負の値にはならない．この理由を説明せよ．

4・26 以下の二つの物質で，モルエントロピーが大きい方を選べ．特に断りがない限り，温度は 298 K とする．(a) $\mathrm{H_2O(l)}, \mathrm{H_2O(g)}$；(b) $\mathrm{NaCl(s)}, \mathrm{CaCl_2(s)}$；(c) $\mathrm{N_2}$(0.1 atm), $\mathrm{N_2}$(1 atm)；(d) C(ダイヤモンド)，C(グラファイト)；(e) $\mathrm{O_2(g)}, \mathrm{O_3(g)}$；(f) エタノール $\mathrm{C_2H_5OH}$，ジメチルエーテル $\mathrm{C_2H_6O}$；(g) $\mathrm{N_2O_4(g)}, 2\,\mathrm{NO_2(g)}$；(h) Fe(s)(298 K), Fe(s)(398 K).

4・27 298 K において $\overline{S}^\circ$(グラファイト) は，$\overline{S}^\circ$(ダイヤモンド) よりも大きくなるが，この理由を説明せよ（付録2を参照）．また，この関係は 0 K でも成り立つだろうか．

ギブズエネルギー

4・28 初期温度，15.6 ℃，0.35 mol の理想気体を 1.2 l から 7.4 l に膨張させた．(a) 過程が等温可逆的な場合，(b) 等温不可逆的な場合それぞれについて，$w, q, \Delta U, \Delta H, \Delta S, \Delta G$ を求めよ．外圧は 1.0 atm とする．

4・29 一時期，調理用の家庭ガスは "水性ガス" とよばれ，以下のようにつくられていた．

$$\mathrm{H_2O(g)} + \mathrm{C}(グラファイト) \longrightarrow \mathrm{CO(g)} + \mathrm{H_2(g)}$$

付録2の値を用いて，何度で，この反応が生成物の生成に有利になるか予測せよ．$\Delta_r H^\circ$ および $\Delta_r S^\circ$ は温度によらず一定であると仮定する．

4・30 付録2の値を用いて以下のアルコール発酵における $\Delta_r G^\circ$ の値を求めよ．$\Delta_f \overline{G}^\circ [\alpha\text{-D-グルコース(aq)}] = -914.5\,\mathrm{kJ\,mol^{-1}}$ である．

$$\alpha\text{-D-グルコース(aq)} \longrightarrow 2\,\mathrm{C_2H_5OH(l)} + 2\,\mathrm{CO_2(g)}$$

4・31 タンパク質は，未変性の（生理学的に機能する）状態と変性した状態のどちらかの形で存在すると近似的に仮定することができる．あるタンパク質の変性の標準モルエンタルピーおよび標準モルエントロピーはそれぞれ 512 kJ mol^{-1}, 1.60 kJ K^{-1} mol^{-1} である．これらの値の符号，大小について考察し，変性が自発的に進行する温度を求めよ．

4・32 土壌中のある細菌は亜硝酸イオンを硝酸イオンに酸化することで増殖に必要なエネルギーを得ている．

$$2\,\mathrm{NO_2^-(aq)} + \mathrm{O_2(g)} \longrightarrow 2\,\mathrm{NO_3^-(aq)}$$

$\mathrm{NO_2^-}$ および $\mathrm{NO_3^-}$ の標準生成ギブズエネルギーは，それぞれ $-34.6\,\mathrm{kJ\,mol^{-1}}$, $-110.5\,\mathrm{kJ\,mol^{-1}}$ である．1 mol の $\mathrm{NO_2^-}$ を 1 mol の $\mathrm{NO_3^-}$ に酸化することで得られるギブズエネルギーを求めよ．

4・33 下式による尿素の合成について考察する．

$$\mathrm{CO_2(g)} + 2\,\mathrm{NH_3(g)} \longrightarrow (\mathrm{NH_2})_2\mathrm{CO(s)} + \mathrm{H_2O(l)}$$

付録2の値を用いて，この反応の 298 K での $\Delta_r G^\circ$ を求めよ．理想気体と仮定して，この反応の 10.0 bar における $\Delta_r G$ を求めよ．尿素の $\Delta_f \overline{G}^\circ$ は $-197.15\,\mathrm{kJ\,mol^{-1}}$ である．

4・34 グラファイトからのダイヤモンド合成に関して

$$\mathrm{C}(グラファイト) \longrightarrow \mathrm{C}(ダイヤモンド)$$

(a) この反応の $\Delta_r H^\circ$ と $\Delta_r S^\circ$ を求めよ．この反応は 25 ℃ もしくは他の温度で有利な変換だろうか．(b) 密度測定から，グラファイトのモル体積はダイヤモンドより 2.1 cm^3 大きいことがわかった．グラファイトからダイヤモンドへの反応は，グラファイトに圧力を掛けることで 25 ℃ において進行するか．進行するならば，反応が自発的に進行する圧力を求めよ〔ヒント：式(4・32)から，等温過程における式 $\Delta G = (\overline{V}_{ダイヤモンド} - \overline{V}_{グラファイト})\Delta P$ を誘導する．つぎに，ΔP の値を計算して，必要とされるギブズエネルギーの減少が求まる〕．

4・35 ある学生が A, B, C 3種の物質，各 1 g を容器の中に置いたところ，1 週間後，何の変化も起こっていないことがわかった．反応が起こらなかったことについて，考えられる解釈をせよ．A, B, C は完全に混合できる液体と仮定する．

4・36 1 atm での以下の過程における系の $\Delta H, \Delta S, \Delta G$ の符

号について予測せよ．(a) $-60\,°C$ でのアンモニアの融解，(b) $-77.7\,°C$ でのアンモニアの融解，(c) $-100\,°C$ でのアンモニアの融解（アンモニアの標準融点は $-77.7\,°C$ である）．

4・37 過飽和溶液からの酢酸ナトリウムの結晶化は自発的に進行する．ΔS および ΔH の符号について考察せよ．

4・38 ある学生が付録 2 から CO_2 の $\Delta_f \overline{G}°, \Delta_f \overline{H}°, \overline{S}°$ を探し出した．これらの値を式 (4・21) に代入することによって，彼は 298 K において $\Delta_f \overline{G}° \neq \Delta_f \overline{H}° - T\overline{S}°$ であることを見つけた．彼の試みのどこが誤りであるか．

4・39 ある反応は $72\,°C$ において自発的に進行する．この反応によるエンタルピー変化が 19 kJ であるとき，この反応における $\Delta_r S$ の最小値を $J\,K^{-1}$ 単位で求めよ．

4・40 ある反応の $\Delta_r G°$ が -122 kJ であることがわかっている．反応物を混合すればこの反応は必然的に進行するか．

相平衡

4・41 いろいろな温度での水銀の蒸気圧は以下のように決定されている．水銀の $\Delta_{vap}\overline{H}$ を求めよ．

T/K	323	353	393.5	413	433
P/mmHg	0.0127	0.0888	0.7457	1.845	4.189

4・42 体重 60.0 kg のスケーターが氷に及ぼす圧力は約 300 atm である．凝固点降下を求めよ．水および氷のモル体積はそれぞれ $\overline{V}_L = 0.0180\,\text{l mol}^{-1}$，$\overline{V}_S = 0.0196\,\text{l mol}^{-1}$ である．

4・43 図 4・14 の水の相図から以下の反応の方向を予測せよ．(a) 水の三重点で，定圧で温度を下げる，(b) S-L 曲線上の任意の点で，等温で圧力を増加する．

4・44 図 4・14 の水の相図から，水の凝固点および沸点の圧力依存性について考察せよ．

4・45 平衡状態にある以下の系について考える．

$$CaCO_3(s) \rightleftharpoons CaO(s) + CO_2(g)$$

いくつの相が存在するか．

4・46 下図は炭素の相図の概略図である．(a) 三重点はいくつ存在し，それぞれの三重点において共存できる相は何か．(b) ダイヤモンドとグラファイトで密度がより大きいのはどちらか．(c) 合成ダイヤモンドはグラファイトからつくることができる．相図を利用したダイヤモンドの合成方法について考察せよ．

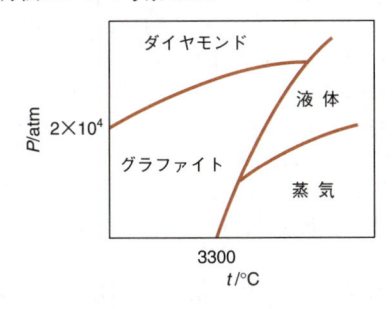

4・47 一成分系について示した以下の相図において誤っているところはどこか．

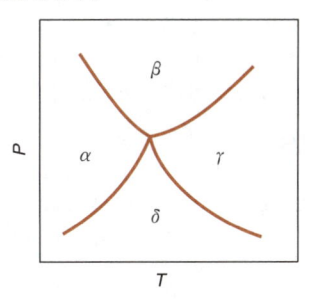

4・48 図 4・13 のグラフは高温では直線ではなくなる．説明せよ．

4・49 コロラドのパイク山頂はおよそ海抜 4300 m である（$0\,°C$）．山頂での水の沸点は何度か．〔ヒント: 問題 2・87 参照．空気のモル質量は $29.0\,\text{g mol}^{-1}$ であり，水の $\Delta_{vap}\overline{H}$ は $40.79\,\text{kJ mol}^{-1}$ である．〕

4・50 エタノールの標準沸点は $78.3\,°C$，モル蒸発エンタルピーは $39.3\,\text{kJ mol}^{-1}$ である．$30\,°C$ での蒸気圧を求めよ．

補充問題

4・51 エントロピーは別名 "時間の矢" と記述されることがある．それは，将来の時間がどちらかを決定する性質をもっているからである．これについて説明せよ．

4・52 以下の式が成り立つときの条件を述べよ．(a) $\Delta S = \Delta H/T$，(b) $S_0 = 0$，(c) $dS = C_P\,dT/T$，(d) $dS = dq/T$

4・53 以下のそれぞれの反応においてエントロピー変化が，正の値，ほとんど 0，負の値のどれをとるのか．熱力学データを参照せずに予測せよ．

(a) $N_2(g) + O_2(g) \longrightarrow 2\,NO(g)$

(b) $2\,Mg(g) + O_2(g) \longrightarrow 2\,MgO(s)$

(c) $2\,H_2O_2(l) \longrightarrow 2\,H_2O(l) + O_2(g)$

(d) $H_2(g) + CO_2(g) \longrightarrow H_2O(g) + CO(g)$

4・54 体積 0.780 l の容器に入っている $25\,°C$，1.0 atm のネオンが，1.25 l に膨張するのと同時に，$85\,°C$ に加熱されるとする．このときのエントロピー変化を計算せよ．ただし，ネオンは理想気体のふるまいをすると考える〔ヒント: S は状態量であるので，まず，膨張過程における ΔS を計算し，続いて，1.25 l での定容下の加熱に対する ΔS を計算すればよい〕．

4・55 光合成は，化学変化をもたらすのに，可視光の光子を使用している．赤外部の光子の形での熱エネルギーが光合成において効果的でないのはどうしてか．説明せよ．

4・56 1 mol の単原子理想気体が，400 K から 300 K までの冷却中に 2.0 atm から 6.0 atm に圧縮された．この過程における $\Delta U, \Delta H, \Delta S$ を計算せよ．

4・57 熱力学の三法則は以下のように表現されることもある．"第一法則: 無から有は生じない．第二法則: 一様になることが最良の方法である．第三法則: 一様になることはありえない"．これらの記述のそれぞれに科学的根拠を与えよ〔ヒント: 第三法則の帰結の一つは，"絶対零度

4・58 以下のデータを使って，水銀の標準沸点を求めよ（K単位で）．また，この計算を可能にするために，どのような仮定をしなくてはいけないか．説明せよ．

$$Hg(l): \quad \Delta_f \overline{H}^\circ = 0 (定義),$$
$$\overline{S}^\circ = 77.4 \text{ J K}^{-1}\text{mol}^{-1}$$
$$Hg(g): \quad \Delta_f \overline{H}^\circ = 60.78 \text{ kJ mol}^{-1},$$
$$\overline{S}^\circ = 174.7 \text{ J K}^{-1}\text{mol}^{-1}$$

4・59 トルートンの規則から，液体のモル蒸発エンタルピーと沸点（K単位）との比率はおよそ 90 J K^{-1} mol^{-1} である．(a) つぎのデータではトルートンの規則が成り立っているだろうか．またその理由を説明せよ．

	t_{bp}/℃	$\Delta_{vap}\overline{H}$/kJ mol^{-1}
ベンゼン	80.1	31.0
ヘキサン	68.7	30.8
水銀	357	59.0
トルエン	110.6	35.2

(b) トルートンの規則はエタノール（t_{bp}=78.3 ℃，$\Delta_{vap}\overline{H}$=39.3 kJ mol^{-1}）と水（t_{bp}=100 ℃，$\Delta_{vap}\overline{H}$=40.79 kJ mol^{-1}）に関しては成り立たない．理由を説明せよ．
(c) (a) の比率は液体の HF ではかなり小さい．なぜか．

4・60 以下のそれぞれの用語について詳しい例をあげて説明せよ．(a) 熱力学的自発過程；(b) 熱力学第一法則に反する過程；(c) 熱力学第二法則に反する過程；(d) 不可逆過程；(e) 平衡過程

4・61 理想気体の可逆的な断熱膨張において，エントロピー変化には，気体の膨張と冷却という二つの寄与がある．これらの二つの寄与は，大きさは同じで符号が反対であることを示せ．また，これが不可逆的な断熱膨張の場合には，これらの二つの寄与の大きさはもはや等しくない．このことを示し，ΔS の符号を予測せよ．

4・62 過熱状態の水とは，100 ℃ を超えても沸騰せずに加熱されている状態の水である．過冷却状態の水（例題 4・4 参照）に比べて，過熱状態の水は熱力学的には不安定である．110 ℃, 1.0 atm で過熱状態にある 1.5 mol の水が，同温，同圧下で水蒸気に変化するときの ΔS_{sys}, ΔS_{surr}, ΔS_{univ} を計算せよ（水のモル蒸発エンタルピーは，40.79 kJ mol^{-1}，100～110 ℃ の温度範囲での水と水蒸気のモル熱容量は，それぞれ，75.5 J K^{-1} mol^{-1} と 34.4 J K^{-1} mol^{-1} とする）．

4・63 トルエン（C_7H_8）は双極子モーメントをもっているが，一方，ベンゼン（C_6H_6）は無極性である．

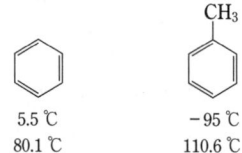

	ベンゼン	トルエン（CH$_3$）
融点：	5.5 ℃	-95 ℃
沸点：	80.1 ℃	110.6 ℃

予想に反して，ベンゼンがトルエンよりも高い温度で融解する理由を説明せよ．またトルエンの沸点が，ベンゼンよりも高くなる理由も説明せよ．

4・64 以下の式が成立するための条件を求めよ．
(a) $dA \leq 0$（平衡と自発性に関する式）
(b) $dG \leq 0$（平衡と自発性に関する式）
(c) $\ln \dfrac{P_2}{P_1} = \dfrac{\Delta \overline{H}}{R}\dfrac{(T_2-T_1)}{T_1 T_2}$
(d) $\Delta G = nRT \ln \dfrac{P_2}{P_1}$

4・65 硝酸アンモニウムを水に溶かすと，溶液は冷たくなる．この過程における ΔS° についてどのような結論がひき出されるか．考察せよ．

4・66 タンパク質はアミノ酸から成るポリペプチド鎖である．生理学的機能を有する未変成の状態では，これらの鎖は，アミノ酸残基の非極性部分が水にほとんどあるいはまったく接しないように，普通はタンパク質内部に埋まっているというような特殊な様式をもって折りたたまれている．タンパク質が変性すると，これらの折りたたみがほぐれて非極性部分が水と接する．変性によってひき起こされる熱力学量の変化を見積もるには，メタン（無極性物質）のような炭化水素が不活性溶媒（ベンゼンや四塩化炭素など）から水溶液へ移動するのを考察する有用な方法がある．
(a) CH_4（不活性溶媒）$\longrightarrow CH_4(g)$
(b) $CH_4(g) \longrightarrow CH_4(aq)$

ΔH° および ΔG° がそれぞれ近似的に，(a) では 2.0 kJ mol^{-1}, -14.5 kJ mol^{-1}，(b) では -13.5 kJ mol^{-1}, 26.5 kJ mol^{-1} であるとするとき，下式の反応における 1 mol の CH_4 の移動による ΔH° および ΔG° を求めよ．

$$CH_4(不活性溶媒) \longrightarrow CH_4(aq)$$

結果について意見を述べよ．T = 298 K と仮定する．

4・67 幅が約 0.5 cm の輪ゴムがある．素早く輪ゴムを伸ばした後，すぐに輪ゴムを唇に付けると，少し温かく感じるだろう．つぎに，今の逆，輪ゴムを素早く伸ばした後，その位置で数秒固定する．そして素早く手を離したら，すぐに唇に輪ゴムを付ける，今度は少し冷たく感じるだろう．この現象を熱力学的に考察せよ．

4・68 引っ張られている輪ゴムは加熱によって収縮する．説明せよ．

4・69 水素化反応は Ni や Pt などの遷移金属触媒によって促進される．水素がニッケル表面に吸着されるときの $\Delta_r H$, $\Delta_r S$, $\Delta_r G$ の符号について考察せよ．

4・70 過冷却された水試料はたとえば -10 ℃ で凍る．この過程における ΔH, ΔS, ΔG の符号について考察せよ．すべての変化は系に関係する．

4・71 ベンゼンの沸点は 80.1 ℃ である．(a) $\Delta_{vap}\overline{H}$ と (b) 74 ℃ における蒸気圧を見積もれ〔ヒント：問題 4・59 を参照〕．

4・72 ある化学者が炭化水素化合物（C_xH_y）を合成した．この化合物の $\Delta_f \overline{H}^\circ$, $\overline{S}^\circ$, $\Delta_f \overline{G}^\circ$ を決定するのに必要な測定

4・73 7.8 l の密封フラスコ内に 1.0 g の水がある．水の半分量が気相になる温度を求めよ〔ヒント：見返しの水の蒸気圧を調べよ〕．

4・74 ある人がお茶を飲もうと電子レンジを使って密閉された容器中の水を温めていた．容器をレンジから出した後で，ティーバッグをお湯に入れたところ，驚いたことにお湯が突沸し始めた．何が起こったのか説明せよ．

4・75 0.45 mol の気体ヘリウムを 25 ℃ で 0.50 atm, 22 l の状態から 1.0 atm まで可逆的に，等温圧縮する過程について考察せよ．(a) この過程における $w, \Delta U, \Delta H, \Delta S, \Delta G$ を求めよ．(b) この過程が自発的に進行するかどうかを ΔG の符号から予測することができるか．説明せよ．(c) この圧縮過程によってなされうる最大の仕事はどのくらいか．理想気体と見なしてよい．

4・76 アルゴン (Ar) のモルエントロピーは下式で与えられる．

$$\overline{S}^\circ = (36.4 + 20.8 \ln T) \, \text{J K}^{-1} \, \text{mol}^{-1}$$

1.0 mol の Ar を 20 ℃ から 60 ℃ まで一定圧力下で加熱したときのギブズエネルギー変化を求めよ〔ヒント：$\int \ln x \, dx = x \ln x - x$ であることを利用する〕．

4・77 §4・2 で 100 個のヘリウム原子がすべてピストンの片側に見いだされる確率は 8×10^{-31} であった（図 4・3 参照）．宇宙が 130 億歳であるとして，このできごとが観測される時間は何秒か．

4・78 学生寮の部屋が不規則に乱雑になることとエントロピーの増大を関係づけるたとえについて，批評せよ．

4・79 式 (4・1) を用いて一酸化炭素が 4.2 J K^{-1} mol^{-1} という残余エントロピー（すなわち絶対零度におけるエントロピー）をもつ事実を説明せよ．

4・80 DSC の実験（p.39 を参照）において，あるタンパク質の融解温度 (T_m) は 46 ℃，変性のエンタルピーは 382 kJ mol^{-1} であることがわかった．変性は二状態遷移過程，すなわち天然タンパク質 ⇌ 変性タンパク質であると仮定して変性のエントロピーを見積もれ．ポリペプチド鎖 1 本は 122 アミノ酸をもつ．アミノ酸あたりの変性のエントロピーを計算せよ．結果について説明せよ．

5

溶 液

　ほとんどの興味深く役に立つ化学および生化学過程は液体状溶体（溶液）中で起こるので，溶液の研究は非常に重要である．一般的に，溶体は，単一相を形成する二つ以上の成分の均質な混合物として定義される．ほとんどの溶体は液体であるが，気溶体（たとえば空気）や固溶体（たとえばハンダ）なども存在する．本章ではまず，イオン種を含まない非電解質の理想溶液，非理想溶液の熱力学的研究とこれら溶液の束一的性質について学ぶ．

　すべての生体系，多くの化学系はさまざまなイオンを含む水溶液であるから，電解質溶液の性質についても学ぼう．生体高分子の安定性と多くの生化学反応の速度は，存在するイオンの種類と濃度に強く依存する．このため，溶液中のイオンのふるまいを正しく理解することは大切である．最後に生体膜と膜輸送について簡潔に見てみよう．

5・1 濃度の単位

　溶液に関するいかなる定量的な研究も，溶媒中に溶解している溶質の量，すなわち溶液の濃度を知っていることが必要になる．化学者はいくつかの異なる濃度の単位を採用しているが，それらおのおのには利点と制限がある．溶液の利用の仕方により，その濃度をいかに表現するかが決まる．本節では，四つの濃度単位，質量パーセント，モル分率，モル濃度，質量モル濃度，を定義する．

　質量パーセント　　溶液中の溶質の**質量パーセント**（percentage by mass）〔**質量分率**（mass fraction）の 100 倍，**重量パーセント**（percentage by weight）ともいう〕は次式のように定義される．

$$\text{質量パーセント} = \frac{\text{溶質の質量}}{\text{溶質の質量} + \text{溶媒の質量}} \times 100\%$$

$$= \frac{\text{溶質の質量}}{\text{溶液の質量}} \times 100\% \quad (5・1)$$

　モル分率（x）　　**モル分率**（mole fraction）の概念は §2・3 で導入された．溶液の成分 i のモル分率 x_i は次式のように定義される．モル分率には単位はない．

$$x_i = \frac{\text{成分 }i\text{ の物質量/mol}}{\text{全成分の物質量/mol}} = \frac{n_i}{\sum_j n_j} \quad (5・2)$$

　モル濃度（M）　　モル濃度（molarity）（物質量濃度）は 1 l の溶液中に溶解している溶質の物質量（モル数）として定義される．すなわち，

$$\text{モル濃度}(M) = \frac{\text{溶質の物質量/mol}}{\text{溶液の体積/l}} \quad (5・3)$$

したがってモル濃度の単位は l あたりのモル数（mol l^{-1}）となる．慣例で，ある物質 A のモル濃度を表すのに［A］を用いる．

　質量モル濃度（m）　　質量モル濃度（molality）は 1 kg（1000 g）の溶媒に溶解している溶質の物質量（モル数）で定義される．すなわち

$$\text{質量モル濃度}(m) = \frac{\text{溶質の物質量/mol}}{\text{溶媒の質量/kg}} \quad (5・4)$$

したがって質量モル濃度の単位は溶媒の kg あたりのモル数（mol kg^{-1}）となる．

　これら四つの濃度の単位の便利さを比較してみよう．質量パーセントは溶質のモル質量を知っている必要がない，という点で有利である．この単位は，モル質量がわからない，あるいは純度がわからない巨大分子をよく扱う生化学者にとって便利である（ただしタンパク質や DNA 溶液でよく用いる単位は mg ml^{-1} である）．さらに，質量で定義されているために，溶液中の溶質の質量パーセントは温度に依存しない．モル分率は気体の分圧（§2・3 参照）を計算したり，溶液の蒸気圧（後で導入する）を研究するのに便利である．モル濃度は最もよく用いられる濃度単位の一つである．モル濃度を使用する利点は，溶媒を秤量するより，正確に較正されたメスフラスコを用いて溶液の体積

5・2 部分モル量

一定の温度と圧力の一成分系では，示量性は，存在する系の量にのみ依存している．たとえば水の体積は存在している水の量に依存している．しかしながらもし，体積がモル量により表された場合には示強性になる．たとえ，水がいかに少なく，あるいは多く存在しても，1 atm，298 K において水のモル体積は 0.018 l mol^{-1} である．溶液では基準が異なる．溶液は定義により少なくとも二成分を含んでいる．溶液の示量性は温度，圧力，溶液の組成に依存する．どのような溶液の性質を議論する場合でもモル量を用いることはできず，代わりに**部分モル量**（partial molar quantity）を用いなければならない．多分，最も理解しやすい部分モル量は下に述べる**部分モル体積**（partial molar volume）である．

部分モル体積

298 K において水とエタノールのモル体積はそれぞれ 0.018 l と 0.058 l である．各液体の 0.5 mol ずつを混合する場合，体積は 0.018 l/2 と 0.058 l/2 の和の 0.038 l と予想されるが，実際には体積は 0.036 l である*．体積の減少は異なる分子間の非等価な分子間相互作用の結果である．水分子とエタノール分子間の引力的相互作用が水分子同士およびエタノール分子同士の場合より大きいために，全体積はそれぞれの体積の和よりも小さくなる．もし，分子間相互作用がより小さい場合には膨張が起こり，最終的な体積は各体積の和よりも大きくなる．同種分子間の相互作用と異種分子間の相互作用が同じ場合にのみ体積は加法的になる．最終的な体積が個別の体積の和と等しい場合に溶液は理想溶液とよばれる．図 5・1 はモル分率の関数として表した水-エタノール溶液の全体積を示す．実在（非理想）溶液においては各成分の部分モル体積は他成分の存在に影響される．

一定の温度，圧力において，溶液の体積は存在する異なる物質のモル数の関数となる．すなわち，

$$V = V(n_1, n_2, \cdots)$$

二成分系において全微分 dV は

$$dV = \left(\frac{\partial V}{\partial n_1}\right)_{T,P,n_2} dn_1 + \left(\frac{\partial V}{\partial n_2}\right)_{T,P,n_1} dn_2$$

$$dV = \overline{V}_1 dn_1 + \overline{V}_2 dn_2 \qquad (5\cdot5)$$

と表される．ここで $\overline{V}_1$ と $\overline{V}_2$ はそれぞれ成分 1 と 2 の部分モル体積である．たとえば，部分モル体積 $\overline{V}_1$ は，T, P, 成分 2 の物質量（モル数）が一定という条件下での，成分 1 のモル数についての体積の変化率を示す．あるいは，$\overline{V}_1$ は，成分 1 の 1 mol を濃度が変化しないような非常に大きい体積の溶液に加えたときの体積増加と考えることもできる．$\overline{V}_2$ も同様に解釈できる．式 (5・5) は積分できて

$$V = n_1 \overline{V}_1 + n_2 \overline{V}_2 \qquad (5\cdot6)$$

となる．この式を用いると，各成分のモル数と部分モル体積の積の和を計算することで溶液の体積を計算できる（問題 5・63 参照）．

図 5・2 に部分モル体積の測定法を示した．物質 1 と 2 から成る溶液を考える．$\overline{V}_2$ を測定するためには，ある T と P において，成分 1 の決まったモル数を含み（すなわち n_1 が一定），異なる n_2 の量を含んだ一連の溶液を用意する．溶液の体積 V を測定して n_2 に対してプロットすると，ある 2 の組成における曲線の勾配がその組成における $\overline{V}_2$ を与える．ひとたび $\overline{V}_2$ が測定されたら，同じ組成における $\overline{V}_1$ は式 (5・6) を用いて計算できる．

$$\overline{V}_1 = \frac{V - n_2 \overline{V}_2}{n_1}$$

図 5・3 はエタノール-水溶液のエタノールと水の部分モル体積を示す．ある成分の部分モル体積が増加するときには，必ず他方の成分が減少することに注意せよ．この関係はすべての部分モル量の特徴である．

化学ポテンシャル（部分モルギブズエネルギー）

部分モル量を用いれば，任意の組成の溶液について，体積，エネルギー，エンタルピー，ギブズエネルギーなど示量性をまるごと表すことができる．溶液中の成分 i の部分モルギブズエネルギー $\overline{G}_i$ は

$$\overline{G}_i = \left(\frac{\partial G}{\partial n_i}\right)_{T,P,n_j} \qquad (5\cdot7)$$

と与えられる．ここで，n_j は他に存在するすべての成分のモル数を表す．ここでもまた，$\overline{G}_i$ は，一定の温度と圧力において，成分 i の 1 mol を，濃度の特定された大量の溶液に加える際のギブズエネルギーの増加量を示す係数と考

---

* 財政的には，この体積の減少はバーテンダーにとって損失効果をもたらす．

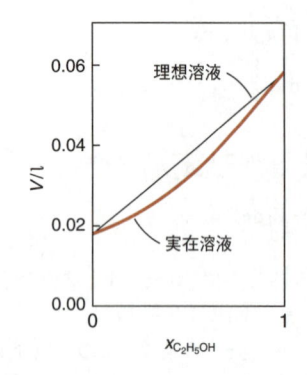

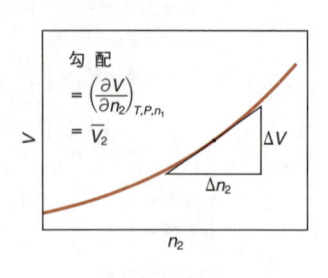

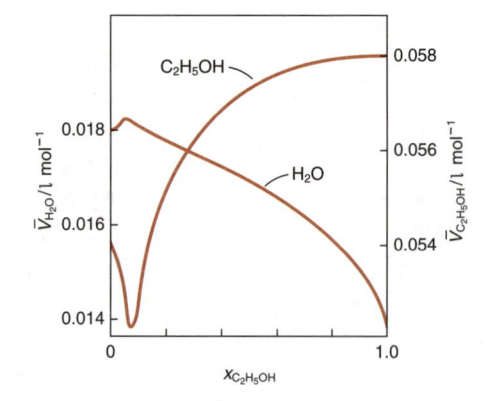

図 5・1 エタノールのモル分率の関数としての水-エタノール混合物の全体積. いかなる濃度においてもモル数の和は 1 になる. 直線は理想溶液のモル分率についての体積変化を示す. 曲線は実際の変化を示す. $x_{C_2H_5OH}=0$ において, 体積は水のモル体積に対応し, $x_{C_2H_5OH}=1$ において, V はエタノールのモル体積である.

図 5・2 部分モル体積の決定. 二成分溶液の体積は成分 2 のモル数, n_2 の関数として測定される. ある値 n_2 における勾配が, 温度, 圧力, 成分 1 のモル数を一定に保っている際のその濃度における部分モル体積 $\bar{V}_2$ を与える.

図 5・3 エタノールのモル分率の関数としての水とエタノールの部分モル体積. 縦軸の目盛りは水 (左) とエタノール (右) とで異なることに注意せよ.

えることができる. 部分モルギブズエネルギーは**化学ポテンシャル** (chemical potential), μ ともよばれ,

$$\bar{G}_i = \mu_i \qquad (5\cdot8)$$

と書くことができる. 二成分溶液の全ギブズエネルギーの式は体積についての式 (5・6) と似ている.

$$G = n_1\mu_1 + n_2\mu_2 \qquad (5\cdot9)$$

化学ポテンシャルの意味

化学ポテンシャルは, 単一成分系のモルギブズエネルギーと同様に, 多成分系の平衡と自発性の尺度を与える. 化学ポテンシャルが μ_i^A のある始状態 A から, 化学ポテンシャルが μ_i^B のある終状態 B に, 成分 i の dn_i mol を移すことを考えよう. 一定の温度, 圧力において実行されるこの過程に対して, ギブズエネルギーの変化 dG は

$$dG = \mu_i^B dn_i - \mu_i^A dn_i = (\mu_i^B - \mu_i^A)\,dn_i$$

と与えられる. もし $\mu_i^B < \mu_i^A$ ならば, $dG<0$ で, A から B への dn_i mol の移動は自発過程となり, もし $\mu_i^B > \mu_i^A$ ならば, $dG>0$ で, B から A への移動が自発過程となる. 後に見るように, 移動は, ある相から他の相へ, または, ある化学結合状態から他の化学結合状態への変化となる. 移動は, 拡散, 蒸発, 昇華, 凝縮, 結晶化, 溶液生成, 化学反応による輸送のこともある. 過程の本質にかかわらず, どの場合でも, 移動はより高い μ_i の値からより低い μ_i の値に進む. 化学ポテンシャルという名はこの特徴による. 力学においては, 系の自発変化は常に, より高いポテンシャルエネルギーの状態からより低い状態に向かう. 熱力学においては, エネルギーとエントロピー因子の双方を考慮す

る必要があるために, 状況はこれほど単純ではない. しかしながら, 一定の温度と圧力において, 自発変化の方向は常に, 系のギブズエネルギーが減少する方向に向かう. したがって, ギブズエネルギーが熱力学において果たす役割は力学におけるポテンシャルエネルギーと類似している. これが, モルギブズエネルギー, 普通は部分モルギブズエネルギーのことを化学ポテンシャルとよぶ理由である.

5・3 混合の熱力学

溶体の生成は熱力学の原理に支配されている. 本節においては, 混合により生じる熱力学量の変化について議論する. 特に気体に焦点を絞る.

式 (5・9) は系のギブズエネルギーの組成に対する依存性を与える. 気体の自発的混合は組成の変化を伴い, 結果として系のギブズエネルギーは減少する. §4・8 において理想気体のモルギブズエネルギーの式を求めた (式 4・34).

$$\bar{G} = \bar{G}^\circ + RT\ln\frac{P}{1\,\text{bar}}$$

理想気体の混合において, 第 i 成分の化学ポテンシャルは

$$\mu_i = \mu_i^\circ + RT\ln\frac{P_i}{1\,\text{bar}} \qquad (5\cdot10)$$

と与えられる. ここで, P_i は混合気体の成分 i の分圧で, μ_i° は分圧が 1 bar のときの成分 i の標準化学ポテンシャルである. 温度 T, 圧力 P における気体 1 の n_1 mol と, 同じ T, P の気体 2 の n_2 mol の混合を考える. 混合前には系の全ギブズエネルギーは式 (5・9) で与えられ, ここで, 化

学ポテンシャルはモルギブズエネルギーと等しい[*1].

$$G = n_1\overline{G}_1 + n_2\overline{G}_2$$
$$G_{\text{initial}} = n_1(\mu_1^\circ + RT \ln P) + n_2(\mu_2^\circ + RT \ln P)$$

混合後は,気体は P_1 と P_2 の分圧を示す.ここで,$P_1+P_2=P$ であり,ギブズエネルギーは[*2]

$$G_{\text{final}} = n_1(\mu_1^\circ + RT \ln P_1) + n_2(\mu_2^\circ + RT \ln P_2)$$

となる.混合ギブズエネルギー $\Delta_{\text{mix}}G$ は

$$\Delta_{\text{mix}}G = G_{\text{final}} - G_{\text{initial}} = n_1 RT \ln \frac{P_1}{P} + n_2 RT \ln \frac{P_2}{P}$$
$$= n_1 RT \ln x_1 + n_2 RT \ln x_2$$

となる.ここで,$P_1 = x_1 P$ かつ $P_2 = x_2 P$ であり,x_1, x_2 はそれぞれ 1 と 2 のモル分率である(標準化学ポテンシャル,μ° は純粋状態および混合状態で同じである).さらに,全モル数を n とすると,関係式

$$x_1 = \frac{n_1}{n_1 + n_2} = \frac{n_1}{n} \quad \text{および} \quad x_2 = \frac{n_2}{n_1 + n_2} = \frac{n_2}{n}$$

より

$$\Delta_{\text{mix}}G = nRT(x_1 \ln x_1 + x_2 \ln x_2) \qquad (5 \cdot 11)$$

を得る.x_1 と x_2 は 1 より小さいため,$\ln x_1$ と $\ln x_2$ は負であり $\Delta_{\text{mix}}G$ も負である.この結果は一定の T と P において気体の混合は自発過程であるという予測と矛盾しない.

これで,混合の他の熱力学量を計算できる.式(4・29)より一定圧力において,

$$\left(\frac{\partial G}{\partial T}\right)_P = -S$$

したがって,混合エントロピーは式(5・11)を一定圧力のもとで温度に対して微分すれば得られる.

$$\left(\frac{\partial \Delta_{\text{mix}}G}{\partial T}\right)_P = nR(x_1 \ln x_1 + x_2 \ln x_2) = -\Delta_{\text{mix}}S$$

すなわち,

$$\Delta_{\text{mix}}S = -nR(x_1 \ln x_1 + x_2 \ln x_2) \qquad (5 \cdot 12)$$

この結果は式(4・9)と同等である.式(5・12)のマイナスの符号は $\Delta_{\text{mix}}S$ を正の量にし,自発過程であることと合致する.混合エンタルピーは式(4・21)を組替えることで得られる.

$$\Delta_{\text{mix}}H = \Delta_{\text{mix}}G + T\Delta_{\text{mix}}S = 0$$

この結果は驚くべきことではない.なぜなら,理想気体の分子は互いに相互作用しないので,混合の結果,熱は吸収も放出もされないからである.図5・4は二成分系の $\Delta_{\text{mix}}G$, $T\Delta_{\text{mix}}S$, $\Delta_{\text{mix}}H$ を組成の関数としてプロットしたものである.$T\Delta_{\text{mix}}S$ の極大と $\Delta_{\text{mix}}G$ の極小が,共に $x_1=0.5$ において起こることに注意せよ.この結果は,気体の等モル量の混合により最大数の微視的状態を達成することができ,また,この点において,混合ギブズエネルギーが極小となることを意味する(問題5・65参照).

等モル分率から成る二成分溶液について,この過程を逆向きにたどってみると,系のギブズエネルギーは増加し,エントロピーは減少する.そのため,外界から系にエネルギーを供給する必要がある.はじめに,$x_1 \approx x_2$ において,$\Delta_{\text{mix}}G$ と $T\Delta_{\text{mix}}S$ の曲線はほぼ平坦であり(図5・4参照),分離は容易に行うことができる.しかしながら,一方の成分(たとえば成分1)が多くなると,曲線は非常に急峻になる.そこで,成分1から成分2を分離するにはかなりの量のエネルギー入力が必要になる.たとえば,少量の望ましくない化学物質により汚染された湖を清浄化しようとする際に,この困難に直面する.同じ考察は化合物の精製にも当てはまる.たいていの化合物を 95 % の純度にすることは比較的容易だが,99 %,あるいはそれ以上の純度を達成するにはより一層の労力が必要である.たとえば,固体エレクトロニクスに使用されるケイ素結晶に対してはそのことが必要になる.

別の例として,海から金を得ることの可能性を探ってみよう.海の水にはおよそ 4×10^{-12} g ml^{-1} の金が存在すると評価されている.この量は多くないように見えるかもしれないが,この量に海水の全体積 1.5×10^{21} l を掛けてみると,金は 6×10^{12} g すなわち 600 万トン存在しており,

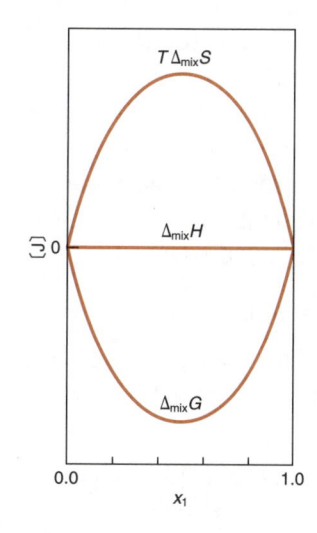

図 5・4 二成分の混合で理想溶液ができる場合の $T\Delta_{\text{mix}}S$, $\Delta_{\text{mix}}H$, $\Delta_{\text{mix}}G$ の組成 x_1 に対するプロット

[*1] 簡単にするため,"1 bar" の項を省いた.結果として,P の値は無次元となることに注意する.

[*2] 混合の結果,体積に変化がない場合にのみ $P_1+P_2=P$ が成り立つ.すなわち,$\Delta_{\text{mix}}V=0$.この条件は理想溶体について成立する.

$$\mu^*(\text{l}) = \mu^*(\text{g}) = \mu°(\text{g}) + RT \ln \frac{P^*}{1\,\text{bar}} \quad (5\cdot13)$$

ここで $\mu°(\text{g})$ は $P^*=1\,\text{bar}$ における標準化学ポテンシャルである．蒸気相と平衡にある二成分溶液については各成分の化学ポテンシャルは，やはり二つの相において等しい．したがって，成分1については，

$$\mu_1(\text{l}) = \mu_1(\text{g}) = \mu_1°(\text{g}) + RT \ln \frac{P_1}{1\,\text{bar}} \quad (5\cdot14)$$

が成り立つ．ここで P_1 は分圧である．成分1の標準化学ポテンシャルは純粋状態と溶液中とで等しい．すなわち，$\mu°(\text{g}) = \mu_1°(\text{g})$ で，$\mu_1°(\text{g}) = \mu_1^*(\text{l}) - RT \ln(P_1^*/1\,\text{bar})$ であるから，式(5·13)と式(5·14)をまとめて次式が得られる．

$$\begin{aligned}\mu_1(\text{l}) &= \mu_1°(\text{g}) + RT \ln \frac{P_1}{1\,\text{bar}} \\ &= \mu_1^*(\text{l}) - RT \ln \frac{P_1^*}{1\,\text{bar}} + RT \ln \frac{P_1}{1\,\text{bar}} \\ &= \mu_1^*(\text{l}) + RT \ln \frac{P_1}{P_1^*} \quad (5\cdot15)\end{aligned}$$

このように，溶液中の成分1の化学ポテンシャルは純粋状態の液体の化学ポテンシャルと，溶液および純粋状態の液体の蒸気圧の比の対数を用いて表すことができる．

ラウールの法則

フランスの化学者，François Marie Raoult（1830～1901）は，いくつかの溶液に対して，式(5·15)の比 P_1/P_1^* が成分1のモル分率と等しいことを見いだした．すなわち，

$$\frac{P_1}{P_1^*} = x_1$$

あるいは

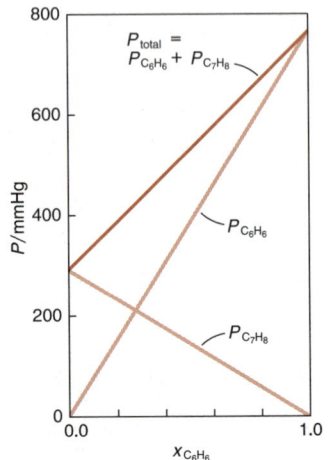

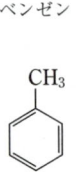

図5·5 80.1℃におけるベンゼンのモル分率の関数としてのベンゼン-トルエン混合物の全蒸気圧．——は二成分の分圧を表す．

例題 5·1

1 atm, 25℃のアルゴン 1.6 mol を，1 atm, 25℃の窒素 2.6 mol に混合する際のギブズエネルギーとエントロピーを計算せよ．理想的なふるまいを仮定せよ．

解 アルゴンと窒素のモル分率は

$$x_{\text{Ar}} = \frac{1.6}{1.6+2.6} = 0.38 \quad x_{\text{N}_2} = \frac{2.6}{1.6+2.6} = 0.62$$

式(5·11)より

$$\begin{aligned}\Delta_{\text{mix}}G &= (4.2\,\text{mol})\cdot(8.314\,\text{J K}^{-1}\text{mol}^{-1})\cdot(298\,\text{K})\cdot \\ &\qquad [(0.38)\ln 0.38 + (0.62)\ln 0.62] \\ &= -6.9\,\text{kJ}\end{aligned}$$

$\Delta_{\text{mix}}S = \Delta_{\text{mix}}G/T$ なので

$$\Delta_{\text{mix}}S = -\frac{-6.9\times 10^3\,\text{J}}{298\,\text{K}} = 23\,\text{J K}^{-1}$$

コメント この例題では，混合されるときに気体は温度と圧力が同じである．もし気体のはじめの圧力が異なる場合には，$\Delta_{\text{mix}}G$ には二つの寄与があることになる．すなわち，混合それ自身と圧力の変化である．問題5·66はこの状況を例にあげて説明する．

5·4 揮発性液体の二成分混合物

§5·3で得られた気体混合物についての結果は理想溶液にも同様に適用される．溶液を研究するには，各成分の化学ポテンシャルの表し方を知らなければならない．二つの揮発性液体，すなわち容易に測定可能な蒸気圧を示す液体を，2種類含んだ溶液について考える．

密閉された容器中の蒸気と平衡にある液体から始める．系は平衡状態にあるので，液相の化学ポテンシャルと蒸気相の化学ポテンシャルは等しい．すなわち，

$$\mu^*(\text{l}) = \mu^*(\text{g})$$

ここで，＊は純粋な成分であることを示す．さらに，理想気体の $\mu^*(\text{g})$ の式からつぎのように書ける＊．

＊ 式(5·13)は式(4·34)から導かれる．純粋成分については化学ポテンシャルはモルギブズエネルギーに等しい．

5・4 揮発性液体の二成分混合物

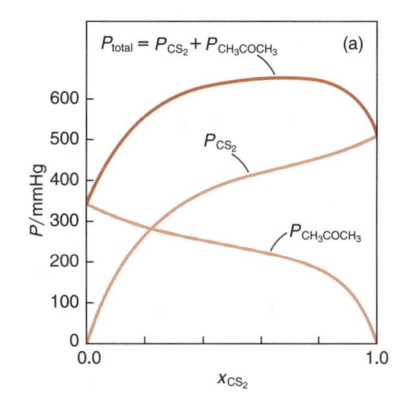

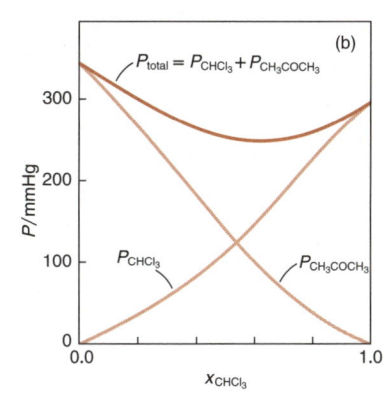

図 5・6 非理想溶液. (a) ラウールの法則からの正のずれ: 35.2 ℃における二硫化炭素-アセトン系. (b) 負のずれ: 35.2 ℃におけるクロロホルム-アセトン系〔J. Hildebrand, R. Scott, "The Solubility of Nonelectrolytes," ©1950 by Litton Educational Publishing, Inc. Van Nostrand Reinhold Company の許諾を得て転載〕

$$P_1 = x_1 P_1^* \tag{5・16}$$

式(5・16)は,**ラウールの法則**(Raoult's law)として知られており,"溶液の成分の蒸気圧がモル分率と純粋な液体の成分の蒸気圧との積に等しい",ということを述べている. 式(5・16)を式(5・15)に代入すると,

$$\mu_1(l) = \mu_1^*(l) + RT \ln x_1 \tag{5・17}$$

が得られる. 純粋な液体($x_1 = 1$であり$\ln x_1 = 0$)では,$\mu_1(l) = \mu_1^*(l)$ となることがわかる. ラウールの法則に従う溶液は**理想溶液**(ideal solution)とよばれる. ほぼ理想溶液である例としてベンゼン-トルエン系がある. 図5・5はベンゼンのモル分率に対する蒸気圧のプロットを示す.

理想溶液においては,分子が似ている,いないにかかわらず,すべての分子間力は等しい. ベンゼン-トルエン系は,ベンゼンとトルエン分子が似た形と電子構造をもっているために,この要求を満たしている. 理想溶液では,$\Delta_{mix}H = 0$ であり,$\Delta_{mix}V = 0$ である. しかしながら,たいていの溶液は,理想的にふるまわない. 図5・6はラウールの法則からの正,および負のずれを示す. 正のずれ(図5・6a)は異種分子間の分子間力が同種分子間の分子間力より弱い場合に対応し,これらの分子については,理想溶液の場合よりも,溶液を離れ蒸気になる傾向がより強い. 結果として,溶液の蒸気圧は理想溶液の蒸気圧の和よりも大きくなる. ラウールの法則からの負のずれは(図5・6b),ちょうど逆が当てはまる. この場合,異種分子同士は,同種分子同士よりも強く引き合い,溶液の蒸気圧は理想溶液の蒸気圧の和よりも小さくなる.

ヘンリーの法則

一つの溶液の成分が過剰に存在するとき(この成分が溶媒とよばれる),その蒸気圧は式(5・16)によりきわめて正確に記述される*. 図5・7にラウールの法則が成り立つ領域を二硫化炭素-アセトン系について示した. 対照的に,少量の成分(この成分は溶質とよばれる)の蒸気圧は,式(5・16)から予想されるような,溶液の組成に伴う変化はしない. しかし,それでも溶質の蒸気圧は濃度に伴って線形で変化する.

$$P_2 = Kx_2 \tag{5・18}$$

式(5・18)は**ヘンリーの法則**(Henry's law)〔英国の化学者,William Henry(1775~1836)にちなむ〕として知られる. ここで,ヘンリーの法則の定数(ヘンリー係数)K は atm あるいは Torr で表される. ヘンリーの法則は溶質のモル分率をその分圧(蒸気圧)と関係づける. 上式に代

例題 5・2

液体AとBが理想溶液をつくる. 45 ℃において純粋なAとBの蒸気圧はそれぞれ 66 Torr と 88 Torr である. この温度においてモル分率(%)が 36 の A を含む溶液と平衡にある蒸気の組成を計算せよ.

解 $x_A = 0.36$ で $x_B = 1 - 0.36 = 0.64$ であるから,ラウールの法則により

$$P_A = x_A P_A^* = 0.36(66 \text{ Torr}) = 23.8 \text{ Torr}$$
$$P_B = x_B P_B^* = 0.64(88 \text{ Torr}) = 56.3 \text{ Torr}$$

全蒸気圧, P_T は

$$P_T = P_A + P_B = 23.8 \text{ Torr} + 56.3 \text{ Torr} = 80.1 \text{ Torr}$$

最後に,蒸気相のAとBのモル分率 x_A^v と x_B^v は

$$x_A^v = \frac{23.8 \text{ Torr}}{80.1 \text{ Torr}} = 0.30$$

および

$$x_B^v = \frac{56.3 \text{ Torr}}{80.1 \text{ Torr}} = 0.70$$

---

* 溶質と溶媒の明確な区別はない. 区別できるときには,成分1を溶媒とよび,成分2を溶質とよぶ.

図 5・7 二成分系に対してラウールの法則とヘンリーの法則が適用できる領域を示した図（図5・6参照）．(a) は正のずれ，(b) は負のずれ．どちらもヘンリー係数は y（圧力）軸に対する勾配として求められる．

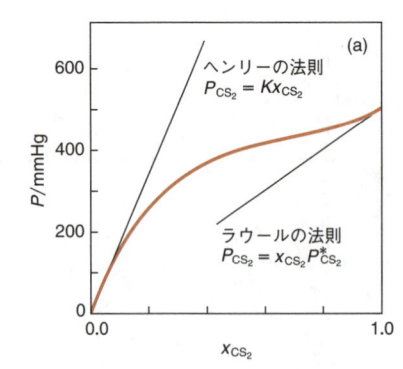

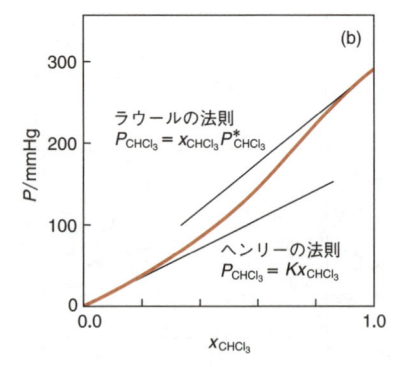

えてヘンリーの法則は

$$P_2 = K'm \quad (5 \cdot 19)$$

とも表せる．ここで，m は溶液の質量モル濃度で，定数 K' は溶媒に関する atm mol^{-1} kg の単位で表される．表 5・1 はいくつかの気体について 298 K の水に関する K と K' の値を示している．

ヘンリーの法則は通常，液体への気体の溶解に関するものであるが，気体状態でない揮発性の溶質を含む溶液にも同様に適用できる．化学および生物系に大きな実用的重要性があるので，さらに議論するに値する．ソフトドリンクやシャンパンの瓶を開けるときに見られる泡立ちは，気体——たいていは CO_2 ——の分圧が下がったときに気体の溶解度が減少することの良い例示になっている．深海に潜ったダイバーが水面に早く上がりすぎたときにかかるガス塞栓（血流中の気体の泡）もヘンリーの法則で説明できる．海面下約 40 m の位置において，全圧はおよそ 6 atm となる．血漿中の N_2 の溶解度はおよそ 0.8×6 atm/1610 atm mol^{-1} kg H$_2$O すなわち 3.0×10^{-3} mol (kg H$_2$O)$^{-1}$ であり，海面の溶解度の6倍である．もしダイバーがあまりにも早く上昇したら，溶存窒素が沸きだし始める．最も穏やかな症状は浮動性めまいであり，最も深刻な場合には死に至る*．ヘリウムは窒素よりも血漿中の溶解度が低いので，深海の潜水用タンクの酸素ガスを希釈するために好んで用いられる．

ヘンリーの法則からのずれにはいくつかの種類がある．第一に，先に述べたように，法則は希薄溶液についてのみ成立する．第二に，もし溶解した気体が溶媒と化学的に相互作用したら，溶解度は大きく増大する．CO_2，H_2S，NH_3，HCl などの気体はみな水への溶解度が高い．なぜなら，これらは溶媒と反応するからである．第三のタイプのずれは，血液中の酸素の溶解を例として説明できる．通常，酸

表 5・1 298 K の水に対するいくつかの気体のヘンリー係数

気体	K/Torr	K'/atm mol^{-1} kg H$_2$O
H$_2$	5.54×10^7	1311
He	1.12×10^8	2649
Ar	2.80×10^7	662
N$_2$	6.80×10^7	1610
O$_2$	3.27×10^7	773
CO$_2$	1.24×10^6	29.3
H$_2$S	4.27×10^5	10.1

素は水に対してきわめて溶解度が低い（表5・1参照）が，溶液がヘモグロビンやミオグロビンを含んでいると溶解度は劇的に増加する．これらの分子中のヘムに酸素が結合する性質については，後の章でさらに議論する．

例題 5・3

298 K の水と空気中の CO_2 の分圧に相当する 3.3×10^{-4} atm の CO_2 の圧力に対する二酸化炭素の溶解度を求めよ（質量モル濃度で）．

解 式(5・19)と表5・1のデータを用いることができる．

$$m = \frac{P_{CO_2}}{K'} = \frac{3.3 \times 10^{-4} \text{ atm}}{29.3 \text{ atm mol}^{-1} \text{ kg H}_2\text{O}}$$
$$= 1.13 \times 10^{-5} \text{ mol (kg H}_2\text{O)}^{-1}$$

コメント 水に溶解した二酸化炭素は炭酸に変化するので，長時間空気にさらされていた水は酸性になる．

5・5 実在溶液

§5・4 で指摘したように，ほとんどの溶液は理想的にはふるまわない．非理想溶液を扱う場合にすぐ生じる問題は，溶媒と溶質成分に対して化学ポテンシャルをどのように記述するか，ということである．

---

* 他の興味深いヘンリーの法則の実例としては，T. C. Loose, *J. Chem. Educ.*, **48**, 154(1971); W. J. Ebel, *J. Chem. Educ.*, **50**, 559 (1973); E. D. Cook, *J. Chem. Educ.*, **50**, 425(1973) 参照．

溶媒成分

まず溶媒成分に注目しよう．先に見た通り，理想溶液の溶媒の化学ポテンシャルは（式 5·17 参照）

$$\mu_1(l) = \mu_1^*(l) + RT \ln x_1$$

となる．ここで，$x_1 = P_1/P_1^*$ であり，P_1^* は純粋な成分 1 の T における平衡蒸気圧である．標準状態は純粋な液体であり，$x_1 = 1$ において達成される．非理想溶液については

$$\mu_1(l) = \mu_1^*(l) + RT \ln a_1 \quad (5·20)$$

となり，a_1 は溶媒の**活量**（activity）である．非理想性は溶媒-溶媒と溶媒-溶質分子間の分子間力が異なる結果である．それゆえ，非理想性の程度は溶液の組成に依存し，溶媒の活量は"実効的な"濃度の役割を果たす．溶媒の活量は蒸気圧を用いて

$$a_1 = \frac{P_1}{P_1^*} \quad (5·21)$$

と表される．ここで，P_1 は（非理想）溶液の成分 1 の分圧（蒸気圧）である．活量と濃度（モル分率）は次式のように関係づけられる．

$$a_1 = \gamma_1 x_1 \quad (5·22)$$

ここで γ_1 は**活量係数**（activity coefficient）である．式(5·20)はつぎのように書ける．

$$\mu_1(l) = \mu_1^*(l) + RT \ln \gamma_1 + RT \ln x_1 \quad (5·23)$$

γ_1 の値は理想性からのずれの尺度となる．$x_1 \to 1$ の極限の場合には $\gamma_1 \to 1$ となり，活量とモル分率は等しくなる．この条件はすべての濃度の理想溶液で成り立つ．

式(5·21)から溶媒の活量を求めることができる．一連の範囲の濃度にわたり溶媒の蒸気圧 P_1 を測定することで，P_1^* が既知なら各濃度において a_1 の値を計算することができる[*1]．

例題 5·4

6.00 mol kg^{-1} 尿素溶液における水の蒸気圧は 273 K で 5.501×10^{-3} atm である．水の活量と活量係数を計算せよ．純水の蒸気圧は同じ温度で 6.025×10^{-3} である．

解 水の活量を計算するのに，式(5·21)を用いて

$$a_1 = \frac{5.501 \times 10^{-3} \text{ atm}}{6.025 \times 10^{-3} \text{ atm}} = 0.913$$

活量係数を計算するのに溶液中の水のモル分率をまず決定しなくてはならない．溶液 1 kg の水の物質量は （1000 g/18.02 g mol^{-1}）すなわち 55.50 mol であるから，

$$x_1 = \frac{m_1}{m_1 + m_2} = \frac{55.50}{55.50 + 6.00} = 0.902$$

最後に，式(5·22)から

$$\gamma_1 = \frac{a_1}{x_1} = \frac{0.913}{0.902} = 1.012$$

溶質成分

つぎに溶質を扱う．すべての濃度範囲で両方の成分がラウールの法則に従う理想溶液はまれである．非理想溶液が希薄で，化学的相互作用が存在しないならば，溶媒はラウールの法則に従うが，溶質はヘンリーの法則に従う[*2]．そのような溶液は"理想希薄溶液"とよばれることがある．もし溶液が理想的なら溶質の化学ポテンシャルもラウールの法則より

$$\mu_2(l) = \mu_2^*(l) + RT \ln x_2 = \mu_2^*(l) + RT \ln \frac{P_2}{P_2^*}$$

と与えられる．理想希薄溶液においてヘンリーの法則が成り立つ．これは $P_2 = Kx_2$ であるので，

$$\mu_2(l) = \mu_2^*(l) + RT \ln \frac{K}{P_2^*} + RT \ln x_2$$

$$\mu_2(l) = \mu_2^\circ(l) + RT \ln x_2 \quad (5·24)$$

ここで $\mu_2^\circ(l) = \mu_2^*(l) + RT \ln (K/P_2^*)$ である．式(5·24)は式(5·17)と同じ形をとっているように見えるが重要な違いがあり，それは標準状態の選び方にある．式(5·24)によれば標準状態は純粋な溶質として定義され，$x_2 = 1$ とすることで達成される．しかし，式(5·24)は希薄溶液についてのみ成り立つ．これら二つの条件はいかにして同時に満たされるのであろうか．このジレンマの簡単な解決法は標準状態はしばしば，仮説的な状態であり，物理的に実現可能ではない，ということを認識することである．したがって，式(5·24)で定義される溶質の標準状態は，K に等しい蒸気圧（$x_2 = 1$ のときに $P_2 = K$）を示す仮想的な純粋な成分 2 である．ある意味では，これは"モル分率 1 の無限希釈状態"である．すなわち，溶媒である成分 1 に関

[*1] P_1 の値を求めるためには全圧 P を測定し，混合物の組成を分析する必要がある．そして，ドルトンの法則を用いて分圧 P_1 を計算することができる．すなわち，$P_1 = x_1^v P$，ここで x_1^v は蒸気相における溶媒のモル分率である．

[*2] 理想溶液ではラウールの法則とヘンリーの法則は等しくなる．すなわち，$P_2 = Kx_2 = P_2^* x_2$．

図 5・8 (a) 非理想溶液について，質量モル濃度の対数に対する溶質の化学ポテンシャルのプロット．(b) 非理想溶液の質量モル濃度の関数として表示された溶質の活量．標準状態は $m_2/m° = 1$ である．

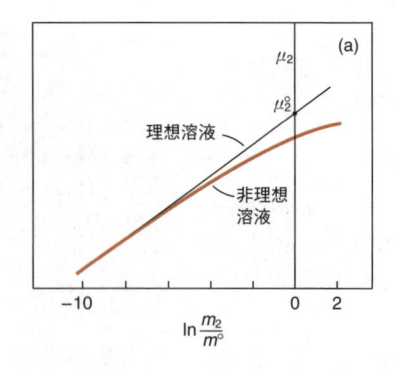

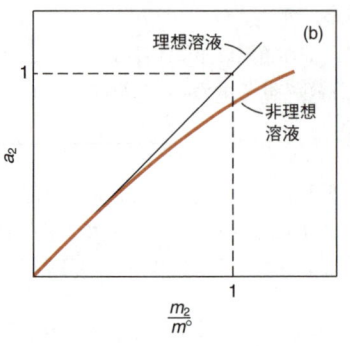

してはモル分率1の溶質により無限希釈されている．一般的に，非理想溶液（希薄溶液の限界を超えた）に対しては式(5・24)は

$$\mu_2(l) = \mu_2°(l) + RT \ln a_2 \quad (5・25)$$

に変更される．ここで，a_2 は溶質の活量である．溶媒成分の場合と同様，$a_2 = \gamma_2 x_2$ であり，ここで，γ_2 は溶質の活量係数である．ここで，$x_2 \to 0$ で $a_2 \to x_2$ すなわち $\gamma_2 \to 1$ である．そこでヘンリーの法則は下式のようになる．

$$P_2 = Ka_2 \quad (5・26)$$

濃度は普通，モル分率ではなく，質量モル濃度（あるいはモル濃度）で表される．質量モル濃度では，式(5・24)は

$$\mu_2(l) = \mu_2°(l) + RT \ln \frac{m_2}{m°} \quad (5・27)$$

の形をとる．ここで，$m° = 1 \text{ mol kg}^{-1}$ であり，比 $m_2/m°$ は無次元である．ここで，標準状態は質量モル濃度が1であるが溶液は理想的にふるまう状態として定義される．この場合もまた，この標準状態は仮説的なものであり，実際には到達できない（図5・8a）．非理想溶液に対しては式(5・27)は

$$\mu_2(l) = \mu_2°(l) + RT \ln a_2 \quad (5・28)$$

と書き直せる．ここで $a_2 = \gamma_2(m_2/m°)$ である．$m_2 \to 0$ の極限の場合には $a_2 \to m_2/m°$ すなわち $\gamma_2 \to 1$ となる（図5・8b 参照）．

式(5・24)と式(5・27)がヘンリーの法則を用いて導かれたが，溶質が揮発性であるか否かにかかわらず，どんな溶質にも適用できることに留意する必要がある．これらの表現は溶液の束一的性質を議論する上で（§5・6参照），また，第6章で見るように，平衡定数を求めるときに役に立つ．

5・6 束一的性質

溶体の一般的な性質には，蒸気圧降下，沸点上昇，凝固点降下，浸透圧などがある．これらの性質は，これらが共通の起源を通して結びつけられることから，一般に，**束一的性質**（colligative property）あるいは**集合的性質**（collective property）とよばれる．束一的性質は存在する溶質分子の数にのみ依存し，分子の大きさやモル質量には依存しない．これらの現象を記述する式を導くために，二つの重要な仮定を行う：1) 溶液は理想希薄溶液で，溶媒がラウールの法則に従う，2) 溶液は非電解質を含む．いつものように二成分系のみ考えよう．

蒸気圧降下

スクロースの水溶液のような，溶媒1と不揮発性溶質2を含む溶液を考える．溶液は理想希薄溶液なので，ラウールの法則が適用される．

$$P_1 = x_1 P_1^*$$

$x_1 = 1 - x_2$ なので，上式は

$$P_1 = (1 - x_2) P_1^*$$

となる．この式を書き換えると

$$P_1^* - P_1 = \Delta P = x_2 P_1^* \quad (5・29)$$

となる．ここで，純粋な溶媒の蒸気圧からの減少，ΔP は，溶質のモル分率に正比例する．

溶液の蒸気圧はなぜ溶質の存在で減少するのだろうか．分子間力が変化を受けるためである，と提案したくなるかもしれない．しかし，この考えは正しくない．なぜなら，溶質-溶媒間と溶媒-溶媒間相互作用に違いがない理想溶液においてでさえ蒸気圧降下が起こるからである．より説得力のある説明はエントロピー効果によってなされる．溶媒が蒸発するときに，宇宙のエントロピーは増大する．なぜならどんな物質のエントロピーも，（同じ温度において）液体状態の場合より気体状態の方が大きいからである．§5・3で見たように，溶解過程そのものはエントロピー増大を伴う．溶液は純粋な溶媒よりも大きなエントロピーをもつために蒸発のための駆動力は小さい．言い換えると溶

液からの蒸発は純粋な溶媒の場合よりも小さいエントロピー変化となる．結果として溶媒は溶液から離れる傾向が低くなり，溶液は純粋な溶媒よりもより低い蒸気圧を示す．

沸点上昇

溶液の沸点はその蒸気圧が外圧と等しくなる温度である．先に述べた議論より，不揮発性の溶質を加えることで蒸気圧は降下するので，溶液の沸点も高くなることを予想するかもしれないが，実際に，この効果はある．

不揮発性溶質を含む溶液については，沸点上昇は溶質の存在により溶媒の化学ポテンシャルが変化することに起因する．式(5・17)より，溶液の溶媒の化学ポテンシャルは，$RT \ln x_1$ の量だけ純粋な溶媒の化学ポテンシャルより小さくなる．この変化がいかに溶液の沸点に影響を与えるかは図5・9からわかる．実線は純粋な溶媒を示す．溶質は不揮発性なので蒸発しない．それゆえ，蒸気相の曲線は純粋な蒸気と同様である．他方，液体は溶質を含んでいるので溶媒の化学ポテンシャルは減少する（----- 参照）．蒸気の曲線が液体の曲線（純粋な液体と溶液）と交差する点が，それぞれ純粋な溶媒と溶液の沸点に対応する．溶液の沸点 (T_b') は純粋な溶媒の沸点 (T_b) よりも高いことがわかる．

ここで，沸点上昇現象の定量的取扱いを行う．沸点では溶媒の蒸気は溶液中の溶媒と平衡にあるので

$$\mu_1(g) = \mu_1(l) = \mu_1^*(l) + RT \ln x_1$$

あるいは

$$\Delta \mu_1 = \mu_1(g) - \mu_1^*(l) = RT \ln x_1 \qquad (5 \cdot 30)$$

ここで $\Delta \mu_1$ は溶液の沸点である温度 T において，溶媒 1 mol を溶液から蒸発させるのにかかわるギブズエネルギー変化である．したがって $\Delta \mu_1 = \Delta_{vap} \bar{G}$ と書くことができる．

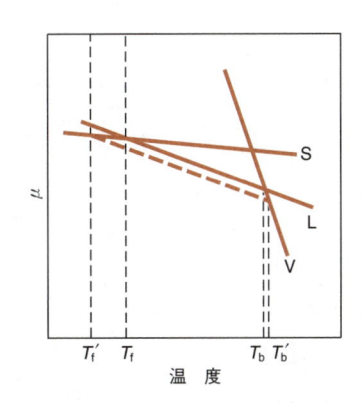

図5・9 束一的性質を示すための温度に対する化学ポテンシャルのプロット．----- は溶液相を示す．T_b と T_b' はそれぞれ溶媒と溶液の沸点で，T_f と T_f' とはそれぞれ溶媒と溶液の凝固点である．

式(5・30)を T で割ることにより，

$$\frac{\Delta \bar{G}_{vap}}{T} = \frac{\mu_1(g) - \mu_1^*(l)}{T} = R \ln x_1$$

が得られる．ギブズ–ヘルムホルツの式（式4・31）から

$$\frac{d(\Delta G/T)}{dT} = -\frac{\Delta H}{T^2} \qquad (P\ 一定)$$

と書くことができる．すなわち，

$$\frac{d(\Delta \bar{G}_{vap}/T)}{dT} = \frac{-\Delta_{vap} \bar{H}}{T^2} = R \frac{d(\ln x_1)}{dT}$$

ここで $\Delta_{vap} \bar{H}$ は溶液から溶媒が蒸発する場合のモル蒸発エンタルピーである．溶液は希薄なので，$\Delta_{vap} \bar{H}$ は純粋な溶媒のモル蒸発エンタルピーと同様であるとみることができる．最後の式を書き換えると

$$d \ln x_1 = \frac{-\Delta_{vap} \bar{H}}{RT^2} dT \qquad (5 \cdot 31)$$

となり，x_1 と T との関係を探すために式(5・31)を，それぞれ，溶液と純粋な溶媒の沸点に対応する上端 T_b' と下端 T_b の間で積分する．溶媒のモル分率は T_b' において x_1 で，T_b において 1 なので，

$$\int_{\ln 1}^{\ln x_1} d \ln x_1 = \int_{T_b}^{T_b'} \frac{-\Delta_{vap} \bar{H}}{RT^2} dT$$

すなわち

$$\ln x_1 = \frac{\Delta_{vap} \bar{H}}{R} \left(\frac{1}{T_b'} - \frac{1}{T_b} \right)$$
$$= \frac{-\Delta_{vap} \bar{H}}{R} \left(\frac{T_b' - T_b}{T_b' T_b} \right) = \frac{-\Delta_{vap} \bar{H}}{R} \frac{\Delta T}{T_b^2} \qquad (5 \cdot 32)$$

ここで，$\Delta T = T_b' - T_b$ である．式(5・32)を求める際に二つの仮定を用いたが，両方とも T_b' と T_b が少量（数度）しか違わないという事実に基づいている．第一に，$\Delta_{vap} \bar{H}$ が温度に依存しないこと，第二に $T_b' \approx T_b$ なので，$T_b' T_b \approx T_b^2$ ということである．

式(5・32)は沸点上昇，ΔT を溶媒の濃度 (x_1) を用いて与える．しかしながら，慣習では，濃度を表すのに存在する溶質の量を用いるので，

$$\ln x_1 = \ln(1 - x_2) = \frac{-\Delta_{vap} \bar{H}}{R} \frac{\Delta T}{T_b^2}$$

ここで*

---

* この級数展開はマクローリンの定理として知られる．この関係は，小さい x_2 (≤ 0.2) を用いて確かめることができる．

$$\ln(1-x_2) = -x_2 - \frac{x_2^2}{2} - \frac{x_2^3}{2} \cdots = -x_2 \quad (x_2 \ll 1)$$

であるから，下式のようになる．

$$\Delta T = \frac{RT_b^2}{\Delta_{vap}\overline{H}} x_2$$

モル分率 x_2 を，質量モル濃度 (m_2) などのより実用的な濃度単位に変換するために

$$x_2 = \frac{n_2}{n_1+n_2} \approx \frac{n_2}{n_1} = \frac{n_2}{w_1/\mathcal{M}_1} \quad (n_1 \gg n_2)$$

と書く．ここで，w_1 は kg 単位の溶媒の質量で，$\mathcal{M}_1$ は kg mol^{-1} 単位の溶媒のモル質量である．n_2/w_1 が溶液の質量モル濃度 m_2 を与えるので，$x_2 = \mathcal{M}_1 m_2$ となり，したがって

$$\Delta T = \frac{RT_b^2 \mathcal{M}_1}{\Delta_{vap}\overline{H}} m_2 \quad (5 \cdot 33)$$

となる．式(5・33)の右辺の m_2 の前の係数のすべての量は，与えられた溶媒に対して定数となるので，

$$K_b = \frac{RT_b^2 \mathcal{M}_1}{\Delta_{vap}\overline{H}} \quad (5 \cdot 34)$$

と書ける．ここで，K_b は**モル沸点上昇定数**（molar boiling-point-elevation constant）とよばれる．K_b の単位は K mol^{-1} kg である．最終的に下式が得られる．

$$\Delta T = K_b m_2 \quad (5 \cdot 35)$$

質量モル濃度を用いる利点は，§5・1 で述べたように，温度に依存しないので，沸点上昇を研究するのに適しているということである．

図 5・10 は純水と水溶液の相図を示す．不揮発性の溶質を加えるに従い溶液の蒸気圧が各温度で減少する．結果として，1 atm における溶液の沸点は 373.15 K よりも大きくなる．

凝固点降下

化学者でなければ沸点上昇現象には永久に気づかないだろうが，寒冷気候で暮らしている偶然の観察者でも凝固点降下の例は目撃するだろう——冬の道路や歩道の氷は塩と共に散水すると容易に解ける[*1]．この解凍法は水の凝固点を降下させている．

凝固点降下の熱力学的解析は沸点上昇の場合と似ている．溶液が凍るときに溶液から分離する固体が溶媒のみを含んでいると仮定すると，固体の化学ポテンシャルの曲線は変化しない（図5・9参照）．結果として，固体の曲線（———）と溶液中の溶媒の曲線（- - - -）は純粋な溶媒の凝固点（T_f）よりも低い点（T_f'）で交差する．沸点上昇の場合とまったく同様の手順で，凝固点降下，ΔT（すなわち $T_f - T_f'$，ここで T_f と T_f' はそれぞれ純粋な溶媒と溶液の凝固点である）は

$$\Delta T = K_f m_2 \quad (5 \cdot 36)$$

であることが示される．ここで，K_f は**モル凝固点降下定数**（molar freezing-point-depression constant）であり，

$$K_f = \frac{RT_f^2 \mathcal{M}_1}{\Delta_{fus}\overline{H}} \quad (5 \cdot 37)$$

で与えられる．ここで，$\Delta_{fus}\overline{H}$ は溶媒のモル融解エンタルピーである．

凝固点降下現象も図 5・10 によって理解することができる．1 atm において，溶液の凝固点は（固相と液相の間の）破線の曲線と 1 atm における水平線の交点にある．沸点上昇の場合[*2]には溶質は不揮発性でなければならなかったが，凝固点降下の際にはそのような制約が存在しないことは興味深い．このことの証拠は，エタノール（沸点 351.65 K）が不凍剤として使用されていることである．

式(5・35)と式(5・36)は両方共，溶質のモル質量を決定するのに使用することができる．一般に凝固点降下の実験

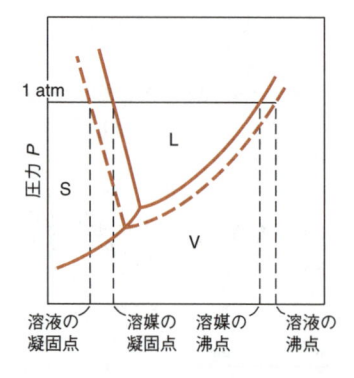

図 5・10 純水（———）と不揮発性溶質を含む水溶液（- - - -）中の水の相図

表 5・2 一般的な溶媒のモル沸点上昇定数とモル凝固点降下定数

溶 媒	K_b/K mol^{-1}kg	K_f/K mol^{-1}kg
H$_2$O	0.51	1.86
C$_2$H$_5$OH	1.22	—
C$_6$H$_6$	2.53	5.12
CHCl$_3$	3.63	—
CH$_3$COOH	2.93	3.90
CCl$_4$	5.03	—

[*1] 使用される塩は普通，塩化ナトリウムであり，セメントを冒し，多くの植物に有害である．J. O. Olson, L. H. Bowman, 'Freezing Ice Cream and Making Caramel Topping,' *J. Chem. Educ.*, **53**, 49(1976) も参照．

[*2] 揮発性の溶質は実際には溶液の沸点を低下させる．たとえば，水の中の 95 % 体積のエタノールは 351.3 K で沸騰する．

の方がより容易に行うことができる．表5・2にはいくつかの一般的な溶媒の K_b と K_f の値をあげた．

例題 5・5

316.0 g の水に溶解したスクロース（$C_{12}H_{22}O_{11}$）45.20 g の水溶液について，(a) 沸点と (b) 凝固点を計算せよ．

解 (a) 沸点：$K_b = 0.51\ \text{K mol}^{-1}\ \text{kg}$ であり，溶液の質量モル濃度は

$$m_2 = \frac{(45.20\ \text{g})(1000\ \text{g/1 kg})}{(342.3\ \text{g mol}^{-1})(316.0\ \text{g})} = 0.418\ \text{mol kg}^{-1}$$

と与えられる．式 (5・35) より

$$\Delta T = (0.51\ \text{K mol}^{-1}\ \text{kg})(0.418\ \text{mol kg}^{-1}) = 0.21\ \text{K}$$

したがって，溶液は (373.15 + 0.21) K，すなわち 373.36 K で沸騰する．

(b) 凝固点：式 (5・36) より

$$\Delta T = (1.86\ \text{K mol}^{-1}\ \text{kg})(0.418\ \text{mol kg}^{-1}) = 0.78\ \text{K}$$

したがって，溶液は (273.15 − 0.78) K，すなわち 272.37 K で凝固する．

コメント 等しい濃度の水溶液に対して，凝固点降下の大きさは常に対応する沸点上昇の大きさより大きい．式 (5・34) と式 (5・37) から，二つの表現を比較すると理由がわかる．

$$K_b = \frac{RT_b^2 \mathcal{M}_1}{\Delta_{\text{vap}}\overline{H}} \qquad K_f = \frac{RT_f^2 \mathcal{M}_1}{\Delta_{\text{fus}}\overline{H}}$$

$T_b > T_f$ であるが，水の $\Delta_{\text{vap}}\overline{H}$ は 40.79 kJ mol^{-1} である一方，$\Delta_{\text{fus}}\overline{H}$ は 6.01 kJ mol^{-1} しかない．分母の $\Delta_{\text{vap}}\overline{H}$ の大きい値が K_b とそして ΔT をより小さくしている．

凝固点降下現象は日常生活や生物系に多くの例がある．上で述べたように，塩化ナトリウムや塩化カルシウムなどのような塩が道路や歩道の氷を融解するのに使用される．有機化合物のエチレングリコール，$[CH_2(OH)CH_2(OH)]$ は，一般的な自動車の不凍液であり，飛行機の防氷にも用いられている．近年では，ある種の魚がいかにして極海の氷のように冷たい水で生き延びることができるかを理解することに大きな関心が集まっている．海水の凝固点はおよそ −1.9 ℃ であり，これは氷山を取巻く海水の温度である．1.9 ℃ の凝固点降下は質量モル濃度にして 1 mol kg^{-1} に対応し，正常な生理学的機能にとってはあまりに高すぎる．たとえば，この濃度では浸透圧の平衡を変えてしまうのである（浸透圧については次項参照）．極地の魚の血液には，凝固点を束一的に低下させる溶解している塩や他の物質のほかに，ある種の防御的効果をもつ特別な種類のタンパク質が含まれている．これらのタンパク質はアミノ酸単位と糖単位の両方をもち，糖タンパク質とよばれている．魚の血液中の糖タンパク質濃度はきわめて低く（およそ 4×10^{-4} mol kg^{-1}），それらの作用は束一的性質によっては説明できない．糖タンパク質は微小な氷結晶が生成し始めるとすぐに，その表面に吸着することができ，生体に損傷を与えるような大きさに氷が成長することを妨げている，と考えられている．結果として，これらの魚の血液の凝固点は −2 ℃ 以下になる．

浸 透 圧

図5・11 に**浸透**（osmosis）現象を示した．装置の左側の区画には純粋な溶媒が入っている．右側には溶液が入っている．二つの区画は**半透膜**（semipermeable membrane）（たとえばセロハン膜）で仕切られており，溶媒分子は通過できるが，溶質分子が右から左に移動することはできない．事実上，この系は二つの異なる相をもっていることになる．平衡において，右側の管の溶液の高さは左側の純粋な溶媒の高さより h だけ大きくなる．この静水圧の差が**浸透圧**（osmotic pressure）とよばれる．以下のようにして浸透圧の式を導くことができる．

μ_1^L と μ_1^R をそれぞれ左側と右側の区画の溶媒の化学ポテンシャルとする．まず，平衡に到達する前に，

$$\mu_1^L = \mu_1^* + RT \ln x_1 = \mu_1^* \quad (x_1 = 1)$$

および

$$\mu_1^R = \mu_1^* + RT \ln x_1 \quad (x_1 < 1)$$

である．したがって，

$$\mu_1^L = \mu_1^* > \mu_1^R = \mu_1^* + RT \ln x_1$$

となる．μ_1^L は純粋な溶媒の標準化学ポテンシャル μ_1^* と同じであり，不等号は $RT \ln x_1$ が負の量であることを示しているのに注意せよ．結果として，平均すれば，より多くの溶媒分子が膜を通って左から右に移動する．右区画の溶液

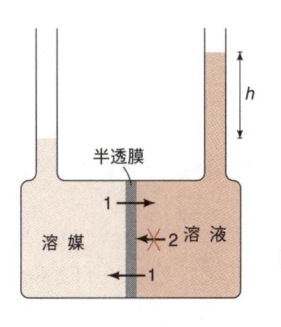

図 5・11 浸透圧現象を示す装置

を溶媒によって希釈することはギブズエネルギーが減少し，エントロピーが増大することになるので，この過程は自発的である．溶媒の流れが二つの側管の静水圧の差と正確に釣り合ったときに平衡が達成される．この圧力差は溶液の溶媒の化学ポテンシャル，μ_1^R を増加する．式(4・32)より

$$\left(\frac{\partial G}{\partial P}\right)_T = V$$

であることがわかっている．一定温度において，化学ポテンシャルの圧力に伴う変化について同様な式を書くことができる．したがって，右区画の溶媒成分について，

$$\left(\frac{\partial \mu_1^R}{\partial P}\right)_T = \overline{V}_1 \tag{5・38}$$

ここで，$\overline{V}_1$ は溶媒の部分モル体積である．希薄溶液については，$\overline{V}_1$ は純粋な溶媒のモル体積 $\overline{V}$ とほぼ等しい．圧力が外部の大気圧 P から $(P+\Pi)$ に増加した際の，溶液区画の溶媒の化学ポテンシャルの増加 ($\Delta\mu_1^R$) は

$$\Delta\mu_1^R = \int_P^{P+\Pi} \overline{V}\,dP = \overline{V}\Pi$$

と与えられる．液体の体積は圧力による変化が小さいため，$\overline{V}$ は定数として扱われる．ギリシャ文字 Π は浸透圧を表す．溶液の浸透圧という言葉は，溶媒の化学ポテンシャルを，大気圧下の純粋な液体の値にまで増加させるために溶液に加える必要のある圧力を指す．

平衡において，次式の関係が成り立っていなくてはならない．

$$\mu_1^L = \mu_1^R = \mu_1^* + RT\ln x_1 + \Pi\overline{V}$$

$\mu_1^L = \mu_1^*$ なので，

$$\Pi\overline{V} = -RT\ln x_1 \tag{5・39}$$

が成り立つ．Π を溶質の濃度と関係づけるために，以下の段階を踏んで考える．沸点上昇 (p.89) の際に用いた手続きにより

$$-\ln x_1 = -\ln(1-x_2) = x_2 \quad (x_2 \ll 1)$$

さらに

$$x_2 = \frac{n_2}{n_1 + n_2} \approx \frac{n_2}{n_1} \quad (n_1 \gg n_2)$$

ここで，n_1 と n_2 はそれぞれ溶媒と溶質のモル数である．式(5・39)は

$$\Pi\overline{V} = RT\,x_2 = RT\left(\frac{n_2}{n_1}\right) \tag{5・40}$$

となる．式(5・40)に $\overline{V} = V/n_1$ を代入して

$$\Pi V = n_2 RT \tag{5・41}$$

を得る．V が l 単位であれば，

$$\Pi = \frac{n_2}{V}RT$$

$$\Pi = MRT \tag{5・42}$$

ここで，M は溶液のモル濃度である[*1]．浸透圧測定は通常一定温度で行われるので，ここではモル濃度が便利な濃度単位である．あるいは，式(5・42)は次式のように書き換えることができる．

$$\Pi = \frac{c_2}{\mathcal{M}_2}RT \tag{5・43}$$

あるいは，

$$\frac{\Pi}{c_2} = \frac{RT}{\mathcal{M}_2} \tag{5・44}$$

ここで，c_2 は溶液の溶質の $g\,l^{-1}$ 単位の濃度であり，$\mathcal{M}_2$ は溶質の $g\,mol^{-1}$ 単位のモル質量である．式(5・44)は浸透圧測定から化合物のモル質量を決定する方法を与えている．

式(5・44)は理想的なふるまいを仮定して誘導しているので，モル質量の決定のためには，いくつかの異なる濃度で Π を測定し，濃度 0 に補外することが望ましい（図5・12）．非理想溶液については，任意の濃度，c_2 における浸透圧は

$$\frac{\Pi}{c_2} = \frac{RT}{\mathcal{M}_2}(1 + Bc_2 + Cc_2^2 + Dc_2^3 + \cdots) \tag{5・45}$$

と与えられる[*2]．ここで，B, C, D はそれぞれ第二，第三，第四ビリアル係数とよばれる．ビリアル係数の大きさは $B \gg C \gg D$ となっている．希薄溶液では第二ビリアル係

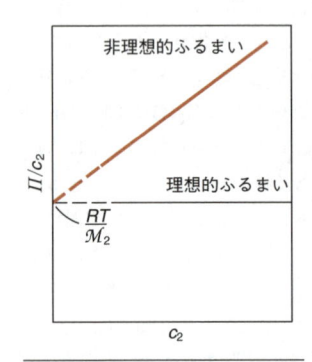

図 5・12 理想溶液および非理想溶液の浸透圧測定による溶質のモル質量の決定．（$c_2 \to 0$ のときの）y 軸の切片がモル質量の正確な値を与える．

[*1] 式(5・42)は異なる濃度をもつ二つの同様な溶液にも適用される．この場合，M は溶液の間の濃度の違いである．
[*2] 式(5・45)を式(2・14)と比較せよ．

数のみを注意すればよい．理想溶液では，第二および高次のビリアル係数はすべて 0 になり，式(5・45)は式(5・44)になる．

浸透圧はよく研究された現象であるが，関与する機構は必ずしも明確に理解されていない．ある場合には，半透膜は分子ふるい（モレキュラーシーブ）としてふるまい，より小さな溶媒分子は通過させ，より大きな溶質分子はブロックする．別の場合には，膜において，溶質よりも溶媒の溶解度がより高いことから浸透圧がひき起こされるようである．それぞれの系の研究は別々になされるべきである．これまでの議論は，熱力学の便利さと限界の両方を示している．ここまで化学ポテンシャルの差だけを用いて，溶質のモル質量を実験的に測定可能な量——浸透圧——と関係づける便利な式を導いてきた．しかしながら，熱力学はいかなる特定のモデルにも基づいていないので，式(5・44)からは浸透圧の機構については何もわからない．

例題 5・6

つぎの配置を考えよ．右区画には 20 g のヘモグロビンを含む 1 l の溶液が入り，左区画には純水が入っている（図 5・11 参照）．平衡において，右のカラムの溶液の高さは左のカラムの水の高さより 77.8 mm 高い．ヘモグロビンのモル質量はいくらか．系の温度は一定で 298 K である．

解 ヘモグロビンのモル質量を決定するために，まず，溶液の浸透圧を計算する必要がある．つぎのように書くことから始める．

$$\text{圧 力} = \frac{\text{力}}{\text{面 積}}$$

$$\text{圧 力} = \frac{Ah\rho g}{A} = h\rho g$$

ここで，A は管の断面積で，h は右カラムの液体の超過分の長さで，ρ は溶液の密度，g は重力加速度である．定数は

$$h = 0.0778 \text{ m}$$
$$g = 9.81 \text{ m s}^{-2}$$
$$\rho = 1 \times 10^3 \text{ kg m}^{-3}$$

（希薄溶液の密度は水の密度と等しいと仮定した．）パスカル単位（N m^{-2}）の浸透圧は

$$\Pi = 0.0778 \text{ m} \times 1 \times 10^3 \text{ kg m}^{-3} \times 9.81 \text{ m s}^{-2}$$
$$= 763 \text{ kg m}^{-1} \text{s}^{-2} = 763 \text{ N m}^{-2}$$

のように与えられる．式(5・44)から

$$\mathcal{M}_2 = \frac{c_2}{\Pi} RT$$

$1 \text{ g} = 1 \times 10^{-3} \text{ kg}$, $1 \text{ l} = 1 \times 10^{-3} \text{ m}^3$ で変換して，

$$\mathcal{M}_2 = \frac{(20 \text{ kg m}^{-3})(8.314 \text{ J K}^{-1} \text{ mol}^{-1})(298 \text{ K})}{763 \text{ N m}^{-2}}$$
$$= 65 \text{ kg mol}^{-1}$$

例題 5・6 は浸透圧測定が沸点上昇や凝固点降下の技術よりもモル質量を決定するより敏感な方法であることを示している．なぜなら，7.8 cm は容易に測定可能な高さだからである．一方で，同じ溶液はおよそ 1.6×10^{-4} ℃ の沸点上昇と 5.8×10^{-4} ℃ の凝固点降下を示すが，これらは正確に測定するにはあまりに小さい．ほとんどのタンパク質はヘモグロビンより溶解度が低い．それにもかかわらず，それらのモル質量もしばしば浸透圧測定で決定することができる．第 16 章において，巨大分子のモル質量を決定するための他の便利な方法について議論する．

化学系および生物系において，浸透圧現象の多くの例が見いだされる．もし，二つの溶液が等しい濃度を有し，したがって同じ浸透圧を示す場合，それらは **等張**（isotonic）とよばれる．浸透圧の等しくない二つの溶液については，より濃度の高い溶液を **高張**（hypertonic），濃度の低い溶液を **低張**（hypotonic）とよぶ（図 5・13）．半透膜で外界から保護されている赤血球の中身を研究するときには，生化学者は **溶血**（hemolysis）とよばれる技術を用いる．低張溶液に赤血球を入れると，水が細胞の中に入り込む．細胞は膨張し，ついには破裂し，ヘモグロビンや他のタンパク質分子が流出する．一方，細胞が高張溶液に入れられたときには，浸透圧により，細胞内の水が細胞から周囲のより濃度の高い溶液に移動しようとする．この過程は **金平糖状化**（crenation）とよばれ*，細胞の収縮を起こし，ついには機能が停止する．

哺乳類の腎臓は著しく有能な浸透圧装置である．そのおもな機能は，半透膜を通して，血流から尿へ代謝老廃物や他の不純物を除去することである．この方法によって失われる生物的に重要なイオン（Na^+ や Cl^- など）は同じ膜を通して，血液へ能動的に戻される（§ 5・10 参照）．腎臓を通した水の損失は抗利尿ホルモン（ADH）により制御される．ADH は視床下部と下垂体後葉により血液に分泌される．ADH がわずかしか，あるいはまったく分泌されないと，毎日大量（おそらく正常の 10 倍）の水が尿として流れ出る．他方，大量の ADH が血液中に存在すると膜を通した水の透過性が減少し，生成される尿の体積は正常量の半分程度になろう．このように，腎臓-ADH の組合わせが水と他の低分子老廃物の損失量を制御している．

---

* 金平糖状化は空気に触れたジャムの日保ちをよくするのに役立っている．

94   5. 溶 液

○ : 水分子
● : 溶質分子

図 5・13 (a) 等張溶液, (b) 低張溶液, (c) 高張溶液中の細胞. (a)では細胞に変化がなく, (b)では膨張し, (c)では収縮する. (d) 等張溶液 (左), 低張溶液 (中), 高張溶液 (右) 中の赤血球 〔(d) Copyright David Phillips/Photo Researchers Inc. 許諾を得て転載〕

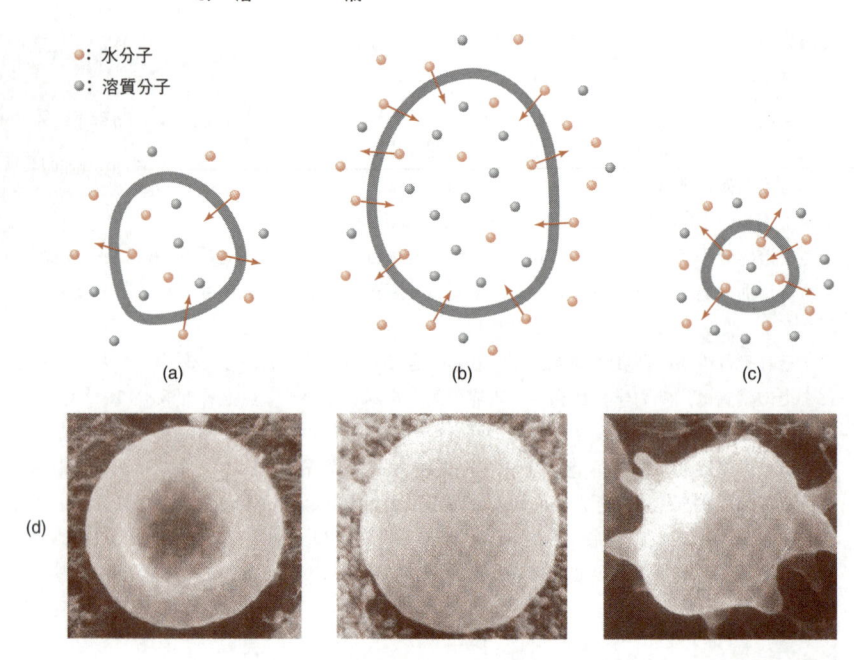

(a)   (b)   (c)

(d)

淡水魚の体液中の水の化学ポテンシャルはそれらの環境中の水より小さいので，えらの膜を通した浸透により水を取込むことができる．過剰の水は尿として排泄される．逆の過程が海洋硬骨魚類で起こっている．浸透によりえらの膜を通して体の水をより濃度の高い環境に捨てているので損失を釣り合わせるために海水を飲んでいる．

浸透圧は植物において水が上に上がっていくためのおもな機構となっている．木の葉は周囲に定常的に水を捨てており，この過程は**蒸散**（transpiration）とよばれる．したがって，葉の流動液の溶質濃度は増加する．かくして浸透圧によって水は幹や枝を通って押し上げられ，最も高い木の頂上に到達できるように，10〜15 atm にも達することがある[*1]．葉の動きも同様に浸透圧に関係しているかもしれない興味深い現象である．光が存在するとき，なんらかの過程が，葉の細胞中の塩の濃度を増加させることができる，と信じられている．浸透圧が上昇し，細胞が拡大し，腫れ上がり，葉を光に向けさせる．

逆 浸 透　浸透に関係する現象で**逆浸透**（reverse osmosis）とよばれるものがある．図 5・11 に示す溶液区画に平衡浸透圧よりも大きい圧力を掛けると純粋な溶媒が溶液区画から溶媒区画に流れる．この浸透の逆過程を行うと溶液成分が分離できる．逆浸透の重要な応用は，水の淡水化である．本章で議論したいくつかの技術は，少なくとも原理的には海水から純水を得るために適している．たとえば，海水の蒸留，あるいは凍結で目的を達成できるだろ

う．しかしながら，これらの過程は液体から蒸気，あるいは液体から固体という相変化を含み，維持するにはエネルギーの入力がかなり必要である．逆浸透は，相変化を含まず，大量の水を処理しても経済的に適正であるため，より魅力的である[*2]．およそ 0.7 M の NaCl 水溶液である海水は 30 atm と評価される浸透圧を示す[*3]．海水から純水を 50 % 回収するために逆浸透を起こすには，海水区画にさらに 60 atm を掛けなければならない．大規模な淡水化の成功は水は透過するが溶解している塩は透過せず，長時間にわたって高圧に耐えられる適切な膜を選ぶことにかかっている．

5・7　電解質溶液

これまでに非電解質溶液の一般的性質について学んだので，つぎに電解質溶液に注目することにしよう．電解質とは，溶媒（通常は水）に溶かしたときに，電気伝導性をもつ溶液となるような物質のことである．酸や塩基，塩などが電解質となりうる．

電解質溶解過程の分子像

なぜ NaCl は水に溶けてベンゼンに溶けないのだろうか．NaCl は Na⁺ と Cl⁻ が結晶格子の中で互いに電気的な引力で結びつき安定した化合物をつくることが知られている．

[*1] P. E. Steveson, 'Entropy Makes Water Run Uphill —— in Trees,' *J. Chem. Educ.*, **48**, 837 (1971) 参照.

[*2] C. E. Hecht, 'Desalination of Water by Reverse Osmosis,' *J. Chem. Educ.*, **44**, 53 (1967).
[*3] §5・9 の電解質溶液の束一的性質参照.

NaClが水性の環境に入り込むには，なんとかしてその強い引力に打ち勝たなくてはならない．NaClが水に溶解するということからつぎのような二つの疑問が生じる．すなわち，どうやってイオンは水分子と相互作用しているのか，さらにどうやってイオン同士が相互作用しているのか．

水はイオン化合物に対する良い溶媒である．水は極性分子であり，それゆえにイオンをイオン−双極子相互作用によって安定化させ，水和することができる．一般に小さいイオンは大きいイオンよりも効果的に水和される．小さいイオンは高い電荷密度をもつため，極性分子である水と大きな電気的相互作用を生じる[*1]．図5・14は水和の概要を図示したものである．それぞれの型のイオンは，異なった数の水分子に取囲まれているので，イオンの**水和数**（hydration number）という量を考える．この数は価数に比例し，イオンの大きさに反比例する．バルクの水分子と"水和圏"内の水は異なった性質をもち[*2]，それらは核磁気共鳴（NMR）などの分光学的手法によって見分けることができる．水分子は二つの状態間で動的平衡になっている．水分子が水和圏内にいる平均寿命はイオンによって大きく変化する．たとえば，イオンと水和圏内の水の平均寿命を列挙すれば，Br^-, 10^{-11}秒；Na^+, 10^{-9}秒；Cu^{2+}, 10^{-7}秒；Fe^{3+}, 10^{-5}秒；Al^{3+}, 7秒；Cr^{3+}, $1.5×10^5$秒（42時間）のようになる．

溶けたイオンと水分子のイオン−双極子相互作用（第13章参照）はバルクの水のいくつかの特性に影響を与える．Li^+, Na^+, Mg^{2+}, Al^{3+}, Er^{3+}, OH^-, F^-のような，小さくかつ多価のイオン，および小さいかまたは多価のイオンは，**構造形成イオン**（structure-making ion）とよばれる．これらのイオンの強い電場は水分子を分極させ，第一水和圏を越えてさらなる秩序を生み出す．この相互作用が溶液の粘度を大きくする．一方，大きくてかつ1価のイオンであるK^+, Rb^+, Cs^+, NH_4^+, Cl^-, NO_3^-, ClO_4^-などは**構造破壊イオン**（structure-breaking ion）である．広がった表面

電荷とそれゆえに弱い電場は，第一水和圏を越えて水分子を分極させることはできない．その結果，これらのイオンを含む溶液の粘度は純粋な水よりも低くなる．

溶液中で水和されたイオンの有効半径は結晶内の半径，すなわちイオン半径よりもかなり大きくなりうる．たとえば，水和したLi^+, Na^+, K^+の有効半径はそれぞれ3.66 Å，2.80 Å，1.87 Åと見積もられているが，水和していないイオンの半径はLi^+からK^+へと順に大きくなっている．

今度は先にあげたもう一つの疑問について考えよう．すなわち，どうやってイオン同士は相互作用しているのか，である．クーロンの法則〔フランスの物理学者，Charles Augustin de Coulomb（1736〜1806）にちなむ〕に従えば，真空中でNa^+とCl^-との間に働く力（F）は

$$F = \frac{q_{Na^+} q_{Cl^-}}{4\pi\varepsilon_0 r^2} \qquad (5・46)$$

で与えられる．ε_0は**真空の誘電率**（permittivity of vacuum）（$8.854×10^{-12}$ $C^2 N^{-1} m^{-2}$）でq_{Na^+}とq_{Cl^-}はイオンの電荷，rはイオン間の距離である．因子$4\pi\varepsilon_0$は，FをN（ニュートン）単位で表すためにSI単位系を使った結果である．極性分子である水の中では，図5・15のように，水分子は＋の端を−電荷に，−の端を＋の電荷に向けるように配列する．この配列により，正と負の電荷の中心部分で有効な電荷は$1/\varepsilon_r$に減少する（p.110，補遺5・1参照）．ここでε_rは媒質の**比誘電率**（relative permittivity，またはdielectric constant）である．それゆえ真空以外のすべての媒質について式(5・46)は下式の形になる．

$$F = \frac{q_{Na^+} q_{Cl^-}}{4\pi\varepsilon_0 \varepsilon_r r^2} \qquad (5・47)$$

表5・3にいろいろな溶媒の比誘電率をあげた．ε_rは温度が上昇すると常に小さくなることを覚えておくこと．たとえば343 Kの水の比誘電率は約64である．Na^+とCl^-イオンの間の引力を弱め，それらが溶液中で分離することを可能にするのは水の大きな比誘電率である．

溶媒の比誘電率はまた溶液の中のイオンの"構造"を決める．溶液中での電気的中性を保つため，カチオンの近くには必ずアニオンが存在しなければならず，また逆も同様である．二つのイオンの近接度により，それらを"自由"イオンまたは"イオン対"のどちらであるとも考えることができる．個々の自由イオンは少なくとも1層，あるいは多分何層かの水和圏の水分子によって取囲まれている．イオン対ではカチオンとアニオンは互いに接近しており，それらの間にはたかだか数個の溶媒分子しか存在しない．一般に，自由イオンとイオン対は化学的反応性のまったく異なる種として熱力学的に区別することができる．NaClのような1:1の希薄電解質水溶液中では，イオンは自由イオ

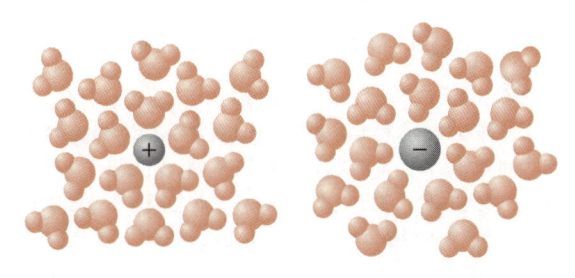

図 5・14 水和されたカチオンとアニオン．一般に，個々のカチオンとアニオンは水和圏内で，イオンに固有の数の水分子と結びつく．

[*1] 電磁気学によれば，半径rの帯電した球の表面での電場はze/r^2に比例する．zは価数，eは電子の電荷である．
[*2] イオンの水和圏内の水分子は個々の並進運動を行わない．それらはイオン全体として動く．

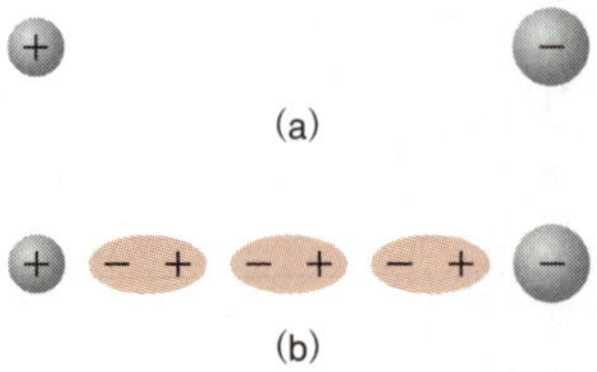

5. 溶　液

表 5・3　298 K における純粋な液体の比誘電率

液　体	比誘電率 ε_r[†]	液　体	比誘電率 ε_r[†]
H_2SO_4	101	CH_3OH	32.6
H_2O	78.54	C_2H_5OH	24.3
$(CH_3)_2SO$（ジメチルスルホキシド）	49	CH_3COCH_3	20.7
$C_3H_8O_3$（グリセロール）	42.5	CH_3COOH	6.2
CH_3NO_2（ニトロメタン）	38.6	C_6H_6	4.6
$HOCH_2CH_2OH$（エチレングリコール）	37.7	$C_2H_5OC_2H_5$	4.3
CH_3CN（アセトニトリル）	36.2	CS_2	2.6

[†] 比誘電率は次元のない量である．

図 5・15　(a) 真空中の独立して存在するカチオンとアニオン，(b) 水中で独立して存在する同じカチオンとアニオン．直線極性分子として表された水の配向は誇張されている．熱運動のため，極性分子は部分的にしか配向しない．にもかかわらず，この配向は電場やその結果としてイオン間の引力を減少させる．

ンの形であると考えられる．一方，より高い価数の $CaCl_2$ や Na_2SO_4 などの電解質では，中性で電気を通さないイオン対の生成が伝導率の測定から示されている．溶液の中で自由イオン，イオン対，どちらが存在するかは，二つの要因で決まっている．すなわちカチオンとアニオン間の引力のポテンシャルエネルギーと，k_BT 程度の個々のイオンの運動（熱）エネルギーである．

なぜ NaCl がベンゼンに溶けないかがもう容易にわかるだろう．無極性分子であるベンゼンは Na^+ と Cl^- を効果的に溶媒和しないのである．さらに，その小さな比誘電率は，カチオンとアニオンを離して溶解する傾向がほとんどないことを意味している．

例題 5・7

正確に 1 nm (10 Å) 離れた Na^+ と Cl^- のイオン対の間に働く力（N 単位で）を (a) 真空中，(b) 25 ℃ の水中での場合について求めよ．Na^+ と Cl^- の電荷はそれぞれ 1.602×10^{-19} C と -1.602×10^{-19} C である．

解　式(5・46)，式(5・47)，表 5・3 より

(a) $F = \dfrac{(1.602 \times 10^{-19} \text{ C})(-1.602 \times 10^{-19} \text{ C})}{4\pi(8.854 \times 10^{-12} \text{ C}^2 \text{ N}^{-1} \text{ m}^{-2})(1 \times 10^{-9} \text{ m})^2}$

$= -2.31 \times 10^{-10}$ N

(b) $F = \dfrac{(1.602 \times 10^{-19} \text{ C})(-1.602 \times 10^{-19} \text{ C})}{4\pi(8.854 \times 10^{-12} \text{ C}^2 \text{ N}^{-1} \text{ m}^{-2})(1 \times 10^{-9} \text{ m})^2}$

$\times \dfrac{1}{78.54} = -2.94 \times 10^{-12}$ N

コメント　予想された通り，イオン間に働く引力は，真空中に比べて水のような環境では大体 1/80 に減少する．F の負の符号は引力であることを表す．

溶液中のイオンの熱力学

本節ではイオン化合物が溶液に溶け込む過程の熱力学変数と水溶液中のイオン生成の熱力学関数について簡単に説明する．

定圧下での NaCl の溶解はつぎのように書ける．

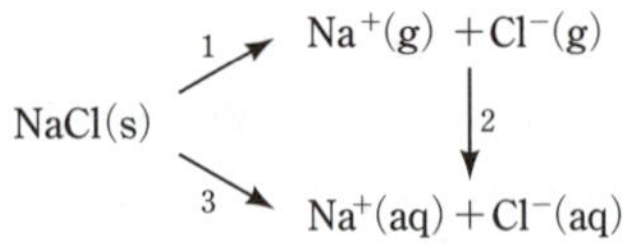

$$\begin{array}{c} \text{NaCl(s)} \xrightarrow{1} Na^+(g) + Cl^-(g) \\ \downarrow 2 \\ \xrightarrow{3} Na^+(aq) + Cl^-(aq) \end{array}$$

過程 1 でのエンタルピー変化は，イオンを結晶格子から無限遠に離すのに必要なエネルギーと一致する．このエネルギーを**格子エネルギー** (lattice energy)，U_0 とよぶ．過程 3 でのエンタルピー変化は，NaCl が多量の水に溶解するときの吸熱もしくは発熱の溶解エンタルピー $\Delta_{soln}H$ である．過程 2 の水和エンタルピー $\Delta_{hydr}H$ はヘスの法則で与えられる．すなわち

$$\Delta_{hydr}H = \Delta_{soln}H - U_0$$

$\Delta_{soln}H$ の値は実験的に測定できる．U_0 の値は結晶構造がわかれば見積もることができる．NaCl では $U_0 = 787$ kJ mol^{-1} と $\Delta_{soln}H = 3.8$ kJ mol^{-1} であり，したがって

$$\Delta_{hydr}H = 3.8 - 787 = -783 \text{ kJ mol}^{-1}$$

となる．ゆえに Na^+ と Cl^- の水和は大きな発熱になる．

上で得られた水和エンタルピーは両方のイオンからの寄与の和であるが，イオン個々の値を求めたいと思うことも多い．実際には，イオンをばらばらにして調べることはできないが，個々の値はつぎのようにして得ることができる．

$$H^+(g) \longrightarrow H^+(aq)$$

のような過程の水和エンタルピーは，理論的方法により高い信頼度で 1089 kJ mol^{-1} と見積もられている．この値を出発点として，F^-，Cl^-，Br^-，I^- の各アニオンそれぞれの $\Delta_{hydr}H$ の値を計算することができ（HF, HCl, HBr, HI の

表 5・4　298 K におけるガス状イオンの水和の熱力学量

イオン	$-\Delta_{hydr}H°$ kJ mol^{-1}	$-\Delta_{hydr}S°$ J K^{-1} mol^{-1}	イオン半径 Å	イオン	$-\Delta_{hydr}H°$ kJ mol^{-1}	$-\Delta_{hydr}S°$ J K^{-1} mol^{-1}	イオン半径 Å	イオン	$-\Delta_{hydr}H°$ kJ mol^{-1}	$-\Delta_{hydr}S°$ J K^{-1} mol^{-1}	イオン半径 Å
H$^+$	1089†	132†	—	Mg^{2+}	1926	268	0.65	F$^-$	506	151	1.36
Li$^+$	520	119	0.60	Ca^{2+}	1579	209	0.99	Cl$^-$	378	96	1.81
Na$^+$	405	89	0.95	Ba^{2+}	1309	159	1.35	Br$^-$	348	80	1.95
K$^+$	314	51	1.33	Mn^{2+}	1832	243	0.80	I$^-$	308	60	2.16
Ag$^+$	468	94	1.26	Fe^{2+}	1950	272	0.76				
				Cu^{2+}	2092	259	0.72				
				Fe^{3+}	4355	460	0.64				

† 理論的な見積もり.

データから), さらに Li$^+$, Na$^+$, K$^+$, そしてその他のカチオンの値を得ることができる (ハロゲン化アルカリ金属のデータから). 表 5・4 にいくつかのイオンの $\Delta_{hydr}H$ の値をあげた. すべての $\Delta_{hydr}H$ の値が負である. これはイオンの水和が発熱過程であることによる. さらに (イオンの価数/半径) と水和エンタルピーの間には粗い相関関係がある. $\Delta_{hydr}H$ の値は同じ価数であれば小さいイオンが大きいイオンよりも大きな負の値をもつ. 小さいイオンはより大きな電荷密度をもち, より強く水分子と相互作用することができるからである. 大きな電荷をもつイオンもまた同様に大きな負の $\Delta_{hydr}H$ の値をもつ.

他の興味深い量としては水和エントロピー $\Delta_{hydr}S$ がある. 水和過程では, 個々のイオンの周りに少なからぬ水分子の配列が生じ, 種々の分子運動ひいては微視的状態の数を減じるため, その結果 $\Delta_{hydr}S$ もまた負の値になる. 表 5・4 からわかるように, 標準 $\Delta_{hydr}S$ のイオン半径に伴う変化は, $\Delta_{hydr}H$ の変化にきわめてよく似ている. 最後に, 溶解エントロピー $\Delta_{soln}S$ には二つの寄与があることに注意する必要がある. 一つは水和過程で, これはエントロピーを減少させる. もう一つは, 固体から自由に動ける溶液中イオンへの分解によるエントロピーの増大である. $\Delta_{soln}S$ の符号は対立する二つの要因の大小による.

溶液中のイオン生成のエンタルピー, エントロピー, ギブズエネルギー

イオンをばらばらにして調べることができないため, 個々のイオンの生成エンタルピー, $\Delta_f\bar{H}°$ を測定することはできない. この困難を回避するために, 水素イオンの生成エンタルピーを 0, つまり $\Delta_f\bar{H}°[H^+(aq)]=0$, とし, その他のイオンの $\Delta_f\bar{H}°$ の値をこれと相対的に評価することにする. つぎの反応について考察してみよう.

$$\frac{1}{2}H_2(g) + \frac{1}{2}Cl_2(g) \longrightarrow H^+(aq) + Cl^-(aq)$$
$$\Delta_rH° = -167.2 \text{ kJ mol}^{-1}$$

標準反応エンタルピーは実験で測定できる量であり, つぎの式で表せる.

$$\Delta_rH° = \Delta_f\bar{H}°[H^+(aq)] + \Delta_f\bar{H}°[Cl^-(aq)] - \left(\frac{1}{2}\right)(0) - \left(\frac{1}{2}\right)(0)$$

したがって

$$\Delta_rH° = \Delta_f\bar{H}°[Cl^-(aq)]$$

ゆえに

$$\Delta_f\bar{H}°[Cl^-(aq)] = -167.2 \text{ kJ mol}^{-1}$$

ひとたび $\Delta_f\bar{H}°[Cl^-(aq)]$ の値が決まってしまえば, 次式の反応の $\Delta_r\bar{H}°$ は測定することができるから,

$$Na(s) + \frac{1}{2}Cl_2(g) \longrightarrow Na^+(aq) + Cl^-(aq)$$

それから, $\Delta_f\bar{H}°[Na^+(aq)]$ などの値を決定することができる.

表 5・5 にいくつかのカチオンとアニオンの $\Delta_f\bar{H}°$ の値をあげた. この表では二つの点に注目する価値がある. 第一に, 水溶液の場合には, 298 K の標準状態というのは, 1 bar の圧力下で質量モル濃度が 1 の溶質 (イオン) の活量が 1 の, 理想溶液という仮想の状態である. したがって, 表 5・5 はイオン間に働く相互作用が無視できるような無限希釈の溶液がもつであろう性質を表している. 二つめは, すべての $\Delta_f\bar{H}°$ の値は, $\Delta_f\bar{H}°[H^+(aq)]$ の値を基準値 (0) とした相対的な値であるという点である.

$\Delta_f\bar{G}°[H^+(aq)]$, $\bar{S}°[H^+(aq)]$ を 0 にするという同様の方法によって, 298 K におけるイオンの 1 mol あたりの標準生成ギブズエネルギーとイオンの標準モルエントロピーを決定することができる. それらの値も表 5・5 にあげてある. 水溶液中のイオンのエントロピーの値は H$^+$ の値を基準にしたことから, 正負どちらにもなりうる. たとえば Ca^{2+}(aq) のエントロピーは -55.23 J K^{-1} mol^{-1}, NO$_3^-$(aq) のエントロピーは 146.4 J K^{-1} mol^{-1} である. エントロピーの大きさと符号は, H$^+$(aq) と比較して, 溶液中で水分子をどの程度周囲に配列させるかによって決まる. 小さく, 高い価数をもつイオンは負のエントロピーの値をもつが,

5. 溶　液

表 5・5　1 bar, 298 K における水溶液中のイオンの熱力学データ

イオン	$\Delta_f\overline{H}°$/kJ mol^{-1}	$\Delta_f\overline{G}°$/kJ mol^{-1}	$\overline{S}°$/J K^{-1} mol^{-1}	イオン	$\Delta_f\overline{H}°$/kJ mol^{-1}	$\Delta_f\overline{G}°$/kJ mol^{-1}	$\overline{S}°$/J K^{-1} mol^{-1}
H$^+$	0	0	0	OH$^-$	-229.9	-157.3	-10.54
Li$^+$	-278.5	-293.8	14.23	F$^-$	-329.1	-276.5	-13.8
Na$^+$	-239.7	-261.9	60.25	Cl$^-$	-167.2	-131.2	56.5
K$^+$	-251.2	-282.3	102.5	Br$^-$	-120.9	-102.8	80.71
Mg^{2+}	-462.0	-456.0	-138.1	I$^-$	-55.9	-51.7	109.37
Ca^{2+}	-543.0	-553.0	-55.23	CO$_3^{2-}$	-676.3	-528.1	-53.14
Fe^{2+}	-87.9	-84.9	-137.7	NO$_3^-$	-206.6	-110.5	146.4
Zn^{2+}	-152.4	-147.2	-112.1	PO$_4^{3-}$	-1284.1	-1025.6	-217.6
Fe^{3+}	-47.7	-4.7	-293.3				

大きく，1価のイオンは正のエントロピーの値をもつ．

例題 5・8

下に示す式の反応の標準反応エンタルピーを使って $\Delta_f\overline{H}°[\text{Na}^+(\text{aq})]$ の値を計算せよ．$\Delta_f\overline{H}°[\text{Cl}^-(\text{aq})] = -167.2\ \text{kJ mol}^{-1}$ とする．

$$\text{Na(s)} + \frac{1}{2}\text{Cl}_2(\text{g}) \longrightarrow \text{Na}^+(\text{aq}) + \text{Cl}^-(\text{aq})$$
$$\Delta_r H° = -406.9\ \text{kJ mol}^{-1}$$

解　標準反応エンタルピーは，次式

$$\Delta_r H° = \Delta_f\overline{H}°[\text{Na}^+(\text{aq})] + \Delta_f\overline{H}°[\text{Cl}^-(\text{aq})] - (0) - \left(\frac{1}{2}\right)(0)$$

$$-406.9\ \text{kJ mol}^{-1} = \Delta_f\overline{H}°[\text{Na}^+(\text{aq})] - 167.2\ \text{kJ mol}^{-1}$$

で与えられる．したがって

$$\Delta_f\overline{H}°[\text{Na}^+(\text{aq})] = -239.7\ \text{kJ mol}^{-1}$$

5・8　イオン活量

つぎにしなければならないことは，溶液中の電解質の化学ポテンシャルを書けるようにすることである．はじめに，質量モル濃度で濃度を表した理想的な電解質溶液について議論しよう．

理想的な NaCl 溶液の化学ポテンシャル，μ_{NaCl} は，式 (5・48) で与えられる．

$$\mu_{\text{NaCl}} = \mu_{\text{Na}^+} + \mu_{\text{Cl}^-} \tag{5・48}$$

カチオンとアニオンをばらばらにして調べることができないため，μ_{Na^+} と μ_{Cl^-} は測定することができない．それでも，カチオンとアニオンの化学ポテンシャルをつぎのように表すことができる*．

---

* それぞれ m の項は $m°$ で割っている（ここで $m° = 1\ \text{mol kg}^{-1}$）ので，対数中の項は無次元である．

$$\mu_{\text{Na}^+} = \mu°_{\text{Na}^+} + RT\ln m_{\text{Na}^+}$$
$$\mu_{\text{Cl}^-} = \mu°_{\text{Cl}^-} + RT\ln m_{\text{Cl}^-}$$

$\mu°_{\text{Na}^+}$ と $\mu°_{\text{Cl}^-}$ はイオンの標準化学ポテンシャルである．式 (5・48) は

$$\mu_{\text{NaCl}} = \mu°_{\text{NaCl}} + RT\ln m_{\text{Na}^+}m_{\text{Cl}^-}$$

のように書け，ここで，

$$\mu°_{\text{NaCl}} = \mu°_{\text{Na}^+} + \mu°_{\text{Cl}^-}$$

である．

一般に，$\text{M}_{\nu_+}\text{X}_{\nu_-}$ の式をもつ塩は，つぎのような方式で分離して考えることができる．

$$\text{M}_{\nu_+}\text{X}_{\nu_-} \rightleftharpoons \nu_+\text{M}^{z+} + \nu_-\text{X}^{z-}$$

ν_+ と ν_- はそれぞれ塩に含まれるカチオンとアニオンの数であり，z_+ と z_- はそれぞれカチオンとアニオンの価数である．NaCl では $\nu_+ = \nu_- = 1$, $z_+ = +1$, $z_- = -1$ で，CaCl$_2$ では $\nu_+ = 1$, $\nu_- = 2$, $z_+ = +2$, $z_- = -1$ である．化学ポテンシャルは

$$\mu = \nu_+\mu_+ + \nu_-\mu_- \tag{5・49}$$

で与えられる．ここで

$$\mu_+ = \mu°_+ + RT\ln m_+$$
$$\mu_- = \mu°_- + RT\ln m_-$$

である．カチオンとアニオンの質量モル濃度は，はじめに溶液に溶かした塩の質量モル濃度 m とつぎのように関係づけられる．

$$m_+ = \nu_+ m \qquad m_- = \nu_- m$$

μ_+ と μ_- の式を式 (5・49) に代入すると

$$\mu = (\nu_+\mu°_+ + \nu_-\mu°_-) + RT\ln m_+^{\nu_+}m_-^{\nu_-} \tag{5・50}$$

イオンの平均質量モル濃度（mean ionic molality），$m_\pm$ を個々のイオンの質量モル濃度の相乗平均として定義でき

5・8 イオン活量

(付録1参照),

$$m_\pm = (m_+^{\nu_+} m_-^{\nu_-})^{1/\nu} \tag{5・51}$$

ここで $\nu = \nu_+ + \nu_-$ であり, 式(5・50)は

$$\mu = (\nu_+\mu_+^\circ + \nu_-\mu_-^\circ) + \nu RT \ln m_\pm \tag{5・52}$$

となる. イオンの平均質量モル濃度は溶液の質量モル濃度 m で表すことができる. $m_+ = \nu_+ m$ と $m_- = \nu_- m$ であるので,

$$m_\pm = [(\nu_+ m)^{\nu_+}(\nu_- m)^{\nu_-}]^{1/\nu} = m[(\nu_+^{\nu_+})(\nu_-^{\nu_-})]^{1/\nu} \tag{5・53}$$

が得られる.

例題 5・9

$Mg_3(PO_4)_2$ の化学ポテンシャルを溶液の質量モル濃度の項で表せ.

解 $Mg_3(PO_4)_2$ は $\nu_+ = 3, \nu_- = 2, \nu = 5$ である. イオンの平均質量モル濃度は

$$m_\pm = (m_+^3 m_-^2)^{1/5}$$

で, 化学ポテンシャルは

$$\mu_{Mg_3(PO_4)_2} = \mu_{Mg_3(PO_4)_2}^\circ + 5RT\ln m_\pm$$

である. 式(5・53)より

$$m_\pm = m(3^3 \times 2^2)^{1/5} = 2.55\,m$$

ゆえに

$$\mu_{Mg_3(PO_4)_2} = \mu_{Mg_3(PO_4)_2}^\circ + 5RT\ln 2.55\,m$$

非電解質溶液と異なり, ほとんどの電解質溶液は非理想的にふるまう. その理由は以下の通りである. 電荷のない分子種間に働く分子間力は, 一般に $1/r^7$ に従う. ここで r は分子間の距離である. $0.1\,mol\,kg^{-1}$ の非電解質溶液は, ほとんどの実際上の用途において理想溶液と見なすことができる. しかし, クーロンの法則は $1/r^2$ の依存性をもつ (図 5・16). この依存性は, かなりの希薄溶液 (たとえば $0.05\,mol\,kg^{-1}$) であっても, イオン間に働く電気的な力が, 理想的なふるまいからの逸脱をひき起こすのに十分大きいことを意味している. したがって, 多くの場合において質量モル濃度を活量に置き換えなければならない. イオンの平均質量モル濃度と同じようにして, **イオンの平均活量** (mean ionic activity), $a_\pm$ をつぎのように定義できる.

$$a_\pm = (a_+^{\nu_+} a_-^{\nu_-})^{1/\nu} \tag{5・54}$$

a_+ と a_- はそれぞれカチオンとアニオンの活量である. イオンの平均活量とイオンの平均質量モル濃度は**イオンの平均活量係数** (mean ionic activity coefficient), $\gamma_\pm$ と関連し, それは

$$a_\pm = \gamma_\pm m_\pm \tag{5・55}$$

である. ここで,

$$\gamma_\pm = (\gamma_+^{\nu_+}\gamma_-^{\nu_-})^{1/\nu} \tag{5・56}$$

である. 非理想電解質溶液の化学ポテンシャルは

$$\begin{aligned}\mu &= (\nu_+\mu_+^\circ + \nu_-\mu_-^\circ) + \nu RT\ln a_\pm \\ &= (\nu_+\mu_+^\circ + \nu_-\mu_-^\circ) + RT\ln a_\pm^\nu \\ &= (\nu_+\mu_+^\circ + \nu_-\mu_-^\circ) + RT\ln a\end{aligned} \tag{5・57}$$

で与えられる. ここで電解質の活量 a はイオンの平均活量に関係し,

$$a = a_\pm^\nu$$

となる.

$\gamma_\pm$ の実験値は, 凝固点降下, 浸透圧測定*, 電気化学的研究 (第7章参照) によって得られる. ゆえに, $a_\pm$ の値は式(5・55)によって計算できる. 極限の場合の無限希釈時 ($m \to 0$) には

$$\lim_{m\to 0}\gamma_\pm = 1$$

が得られる.

図 5・17 にいくつかの電解質について $\gamma_\pm$ を m に対してプロットした. 非常に低い濃度では $\gamma_\pm$ はすべての電解質で1に近づく. 電解質の濃度が上がると, 理想状態からの逸脱が生じる. 希薄溶液の $\gamma_\pm$ の濃度変化は, つぎに議論するデバイ・ヒュッケルの理論で説明できる.

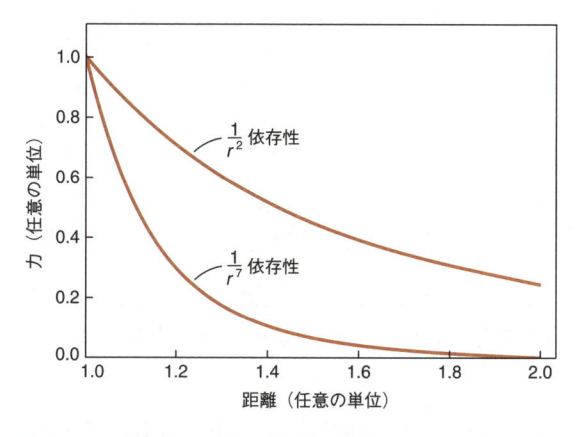

図 5・16 距離 r への引力の依存性の比較. イオン間に働く電気的引力 ($1/r^2$) と分子間に働くファンデルワールス力 ($1/r^7$)

---

* 興味のある読者は第1章 (p.4) にあげた物理化学の標準的な教科書で $\gamma_\pm$ 測定の詳細について調べられたい.

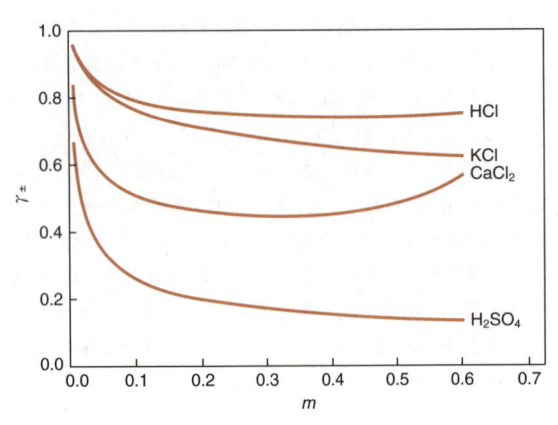

図 5・17 それぞれの電解質について平均活量係数, $\gamma_\pm$ を質量モル濃度, m に対してプロットした. 無限希釈時 $(m \to 0)$ には平均活量係数は1になる.

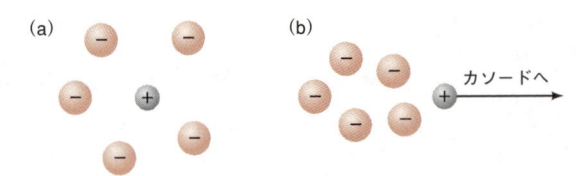

図 5・18 (a) 簡略化した, 溶液中のカチオンの周囲のイオン雰囲気. (b) 伝導率測定中, カソードへのカチオンの移動は, あとに残されるイオン雰囲気がつくる電場のために遅くなる.

例題 5・10

KCl, Na_2CrO_4, $Al_2(SO_4)_3$ の活量 (a) を質量モル濃度とイオンの平均活量係数の項で表せ.

解 $a = a_\pm^\nu = (\gamma_\pm m_\pm)^\nu$ の関係を用いる.

KCl: $\nu = 1+1 = 2$; $m_\pm = (m^2)^{1/2} = m$ ゆえに
$$a_{KCl} = m^2 \gamma_\pm^2$$

Na_2CrO_4: $\nu = 2+1 = 3$; $m_\pm = [(2m)^2(m)]^{1/3} = 4^{1/3}m$ ゆえに $a_{Na_2CrO_4} = 4m^3\gamma_\pm^3$

$Al_2(SO_4)_3$: $\nu = 2+3 = 5$; $m_\pm = [(2m)^2(3m)^3]^{1/5} = 108^{1/5}m$ ゆえに $a_{Al_2(SO_4)_3} = 108m^5\gamma_\pm^5$

電解質におけるデバイ・ヒュッケルの理論

これまで述べてきた電解質溶液の理想状態からの逸脱の取扱い方は経験的なものであった——活量係数と既知の濃度から得られるイオンの活量を使い, 化学ポテンシャル, 平衡定数, その他の特性を計算した. この方法には, 溶液中のイオンのふるまいの物理的解釈が欠けている. 1923年に Debye とドイツの化学者, Walter Karl Hückel (1895〜1980) は, 電解質溶液の学問を大きく進める定量的な理論を提唱した. かなり単純なモデルを基に, デバイ・ヒュッケルの理論によって, 溶液の特性から $\gamma_\pm$ の値を計算できる.

デバイ・ヒュッケルの理論の数学的詳細は, ここで述べるには複雑すぎる (興味ある読者は第1章にあげた標準的な物理化学の教科書を参照するとよい). ここでは, それよりも, この理論の背景にある基本的な仮定と, 最終的な結果を議論したい. デバイ・ヒュッケルの理論ではまずつぎの三つの仮定を行う. 1) 溶液中で電解質は完全にイオンに解離する, 2) 溶液は 0.01 mol kg^{-1} かそれ以下の希薄溶液である, 3) 平均的には個々のイオンは反対電荷のイオンに取囲まれ**イオン雰囲気** (ionic atmosphere) を形成する (図5・18a). この仮説から Debye と Hückel は, イオン雰囲気下で, 他のイオンの存在によって生じる各イオンの位置における平均静電ポテンシャルを計算した. そうすると, イオンのギブズエネルギーは個々のイオンの活量係数と関係づけられる. γ_+ も γ_- も直接測定できないため, 最終結果は電解質のイオンの平均活量係数によってつぎのように表現される*.

$$\log \gamma_\pm = -\frac{1.824 \times 10^6}{(\varepsilon_r T)^{3/2}} |z_+ z_-| \sqrt{I} \quad (5 \cdot 58)$$

ここで | | 記号は積 $z_+ z_-$ の大きさを示し, 符号は考えない. $CuSO_4$ では, $z_+ = 2$, $z_- = -2$ であるが, $|z_+ z_-| = 4$ である. I は**イオン強度** (ionic strength) とよばれ, つぎのように表される.

$$I = \frac{1}{2} \sum m_i z_i^2 \quad (5 \cdot 59)$$

ここで m_i と z_i はそれぞれ電解質中の i 番目のイオンの質量モル濃度と価数である. この量は最初, 米国の化学者 Gilbert Newton Lewis (1875〜1946) によって導入された. 彼は, 電解質溶液中で観測される非理想性は, それぞれのイオン種の化学的性質というよりはむしろ, 存在する電荷の総量に由来することに気づいていた. 式(5・59)は, あらゆるタイプの電解質溶液のイオン濃度を共通に表現でき, その結果個々のイオンの電荷を分類する必要が無くなるのである. ほとんどの研究が 298 K の水中 ($\varepsilon_r = 78.54$, $T = 298$ K) で行われているため, 式(5・58)は

$$\log \gamma_\pm = -0.509 |z_+ z_-| \sqrt{I} \quad (5 \cdot 60)$$

となる. この式は式(5・58)と共に, **デバイ・ヒュッケルの極限法則** (Debye–Hückel limiting law) として知られている.

---

* 式(5・58)およびそれ以後のイオンの平均活量係数を含むすべての式の中では, イオン強度 I は m° で割られており, 無次元の量になっている.

例題 5・11

298 K, 0.010 mol kg^{-1} の CuSO$_4$ 水溶液の平均活量係数 ($\gamma_\pm$) を計算せよ.

解 溶液のイオン強度は式(5・59)で与えられ,

$$I = \frac{1}{2}[(0.010 \text{ mol kg}^{-1}) \times 2^2 + (0.010 \text{ mol kg}^{-1}) \times (-2)^2] = 0.040 \text{ mol kg}^{-1}$$

式(5・60)より

$$\log \gamma_\pm = -0.509(2 \times 2)\sqrt{0.040} = -0.407$$

すなわち

$$\gamma_\pm = 0.392$$

同じ濃度で $\gamma_\pm$ は実験的には 0.41 である.

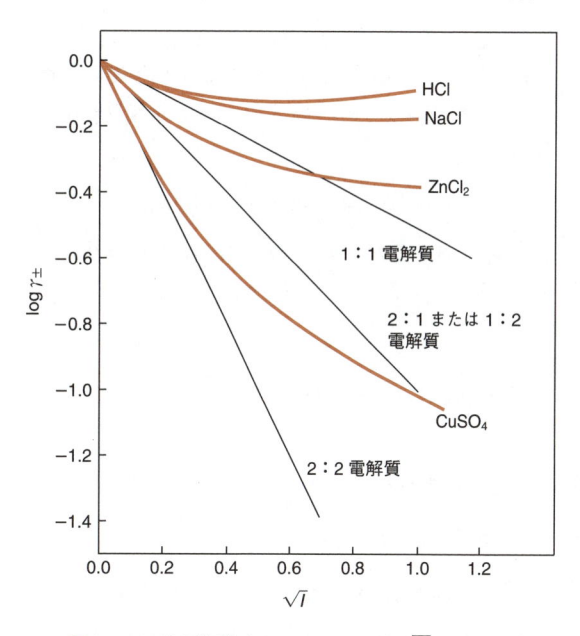

図 5・19 各電解質イオンの $\log \gamma_\pm$ 対 $\sqrt{I}$ のプロット. 直線は式(5・60)によって予言されたものである.

式(5・60)を適用するうえで, 二つの点に注意する価値がある. 一つは, いくつかの種類の電解質を含む溶液中では, 溶液中のすべてのイオンがイオン強度に寄与するが, z_+ と z_- は $\gamma_\pm$ を計算しようとする特定の電解質のイオンの価数のみを指すことである. 二つめは, 式(5・60)を使って個々のカチオンとアニオンについてイオンの活量係数を計算することができることである. i 番目のイオンについて

$$\log \gamma_i = -0.509 z_i^2 \sqrt{I} \qquad (5 \cdot 61)$$

と書ける. ここで, z_i はイオンの価数である. この方法で計算された γ_+ と γ_- の値は式(5・56)のように $\gamma_\pm$ と関係する.

図 5・19 に種々のイオン強度での $\log \gamma_\pm$ の計算値と実験値をあげた. 希薄溶液では式(5・60)がよく成立するが*, 電解質の濃度が高いとき起こる大きな逸脱を説明するためには, この式を修正する必要がある. より高濃度の溶液を取扱うために, この式に対していくつかの改良と修正が加えられてきた.

実験的に決定された $\gamma_\pm$ とデバイ・ヒュッケルの理論を用いて計算された値との間のおおむねの一致は, 溶液中のイオン雰囲気の存在を強力に裏付ける. このモデルは, 非常に強い電場中で電気伝導率測定を行って試すことができる. 実際には, 伝導率測定セル中で, イオンは電極間をまっすぐに動くわけではなく, ジグザグに動く. 微視的には, 溶媒は連続的な媒質ではない. それぞれのイオンは溶媒の穴から別の穴へ"飛び", イオンが溶液を横切って動くと, その

---

* デバイ・ヒュッケルの理論は, 非常に希薄な, 悪い言い方をすればわずかに汚染された蒸留水と言われるような溶液に対して適用可能なものとして説明されている.

のイオン雰囲気は破壊と形成を繰返す. イオン雰囲気は即座に形成されるのではなく, **緩和時間** (relaxation time) とよばれる有限の時間が必要で, 0.01 mol kg^{-1} の溶液中では, およそ 10^{-7} 秒である. 通常の伝導率測定の条件下ではイオンの速度は十分に小さく, イオン雰囲気による電場はイオンの運動を遅らせ, その結果, 伝導率を減少させる傾向がある (図 5・18b 参照). もし電気伝導率測定が非常に強力な電場 (およそ 2×10^5 V cm^{-1}) 下で行われたなら, イオンの速度はおよそ 10 cm s^{-1} になるだろう. 0.01 mol kg^{-1} の溶液のイオン雰囲気の半径はおおよそ 5 Å または 5×10^{-8} cm であり, イオンがイオン雰囲気から外に出るのに必要な時間は 5×10^{-8} cm/(10 cm s^{-1}), すなわち 5×10^{-9} s となり, これは緩和時間と比べてずっと短い時間である. したがって, イオンはイオン雰囲気の形成による遅延の影響を受けずに自由に溶液中を動くことができる. 自由な運動は伝導率の顕著な増加につながる. この現象はドイツの物理学者, Wilhelm Wien (1864〜1928) にちなんで**ウィーン効果** (Wien effect) とよばれる (彼が 1927 年にはじめてこの実験を行った). ウィーン効果はイオン雰囲気が存在することの最も強力な証拠の一つである.

塩溶効果と塩析効果

デバイ・ヒュッケルの極限法則は, タンパク質の溶解度の研究にも応用できるものである. 水溶液におけるタンパク質の溶解度は, 温度, pH, 比誘電率, イオン強度, さらに媒質のその他の特性に依存する. 本節では, この中で

イオン強度の影響に焦点を合わせて考えていこう．

まず最初に，無機化合物である AgCl の溶解度に対するイオン強度の影響について調べていこう．溶解の平衡状態では，

$$AgCl(s) \rightleftharpoons Ag^+(aq) + Cl^-(aq)$$

この過程に対する熱力学的溶解度積，K_{sp}° はつぎのように与えられる．

$$K_{sp}^\circ = a_{Ag^+} a_{Cl^-}$$

イオンの活量は，イオン濃度と以下のように関係づけられている．

$$a_+ = \gamma_+ m_+ \quad \text{および} \quad a_- = \gamma_- m_-$$

したがって，

$$K_{sp}^\circ = \gamma_{Ag^+} m_{Ag^+} \gamma_{Cl^-} m_{Cl^-} = \gamma_{Ag^+} \gamma_{Cl^-} K_{sp}$$

ここで，$K_{sp} = m_{Ag^+} m_{Cl^-}$ は見かけの溶解度積である．熱力学的溶解度積と見かけの溶解度積との違いはつぎのようである．よく知られているように，見かけの溶解度積は質量モル濃度（あるいは何か他の濃度単位）によって表される．この量は，一定量の水で飽和溶液を作製するのに必要な AgCl の量がわかれば，すぐに計算することができる．しかしながら，静電力があるので，溶解したイオンはすぐ隣のイオンの影響を受ける．このために，実際のイオンの数，あるいは実効的なイオンの数は，溶液の濃度から計算された数と同じではなくなる．たとえば，もしカチオンがアニオンと強いイオン対をつくるような場合には，溶液中に存在する化学種は，熱力学的な観点からは1種類であり，単純に期待されるように2種類ではない．これが，濃度の代わりに活量を考える理由である．活量は実効的な濃度を表すのである．このため，熱力学的溶解度積が溶解度積の真の値を表すのである．この溶解度積は，一般的には，見かけの溶解度積とは異なる値をもつ．

$$\gamma_{Ag^+} \gamma_{Cl^-} = \gamma_\pm^2$$

であるので，

$$K_{sp}^\circ = \gamma_\pm^2 K_{sp}$$

と書くことができる．両辺の対数をとり整理すると，つぎのようになる．

$$-\log \gamma_\pm = \log \left(\frac{K_{sp}}{K_{sp}^\circ}\right)^{1/2} = 0.509 |z_+ z_-| \sqrt{I}$$

上式の最後の等式は，デバイ・ヒュッケルの極限法則である．溶解度積は溶解度（S）そのものと直接に関係づけることができる．1:1の電解質においては，

$$(K_{sp})^{1/2} = S \quad \text{および} \quad (K_{sp}^\circ)^{1/2} = S^\circ$$

となる．ここで，S と S° は，それぞれ，mol l^{-1} で表された*，見かけの溶解度と，熱力学的溶解度である．最後に，電解質の溶解度と溶液のイオン強度とを関係づけて

$$\log \frac{S}{S^\circ} = 0.509 |z_+ z_-| \sqrt{I} \tag{5・62}$$

となる．この式で，S° の値は $\log S$ を $\sqrt{I}$ に対してプロットしたグラフから決めることができることに注目しよう．$\log S$ 軸の切片（$I=0$）が $\log S^\circ$ を与えるので，これから S° を得ることができる．

AgCl が純水に溶解する場合には，溶解度（S）は 1.3×10^{-5} mol l^{-1} である．ところが，KNO$_3$ 水溶液に溶解する場合には，式(5・62)によると，溶液のイオン強度が増加するので，溶解度は大きくなることがわかる．KNO$_3$ 水溶液の中では，イオン強度は二つの濃度の和になる．一つは，AgCl からのものであり，もう一つは，KNO$_3$ からのものである．イオン強度の増加による溶解度の増加は，**塩溶効果**（salting-in effect）とよばれる．

式(5・62)はイオン強度の限られた範囲の値においてのみ成り立つものである．イオン強度がさらに増加すると，つぎのような関係式に置き換える必要が生じる．

$$\log \frac{S}{S^\circ} = -K'I \tag{5・63}$$

この式で，K' は，溶質の性質と存在する電解質の特性に依存する正の定数である．溶質分子が大きくなると，K' の値は大きくなる．式(5・63)によると，高イオン強度の領域での溶解度の比は，実際に I と共に減少することがわかる（式中の $-$ に注意しよう）．イオン強度の増加による溶解度の減少は，**塩析効果**（salting-out effect）とよばれる．この現象は，水和によって説明することができる．水和は溶液中のイオンを安定化する過程であることを思い出すこと．塩の濃度が高いときは，水和に使える水分子の数が減少する．その結果，イオン化合物の溶解度もまた減少するのである．塩析効果は，特にタンパク質にとって注目すべき現象である．タンパク質は表面積が大きいので，水に対する溶解度がイオン強度に敏感なのである．式(5・62)と式(5・63)を合わせると，以下のような近似的な関係式を得ることができる．

$$\log \frac{S}{S^\circ} = 0.509 |z_+ z_-| \sqrt{I} - K'I \tag{5・64}$$

式(5・64)は広範囲のイオン強度に対して適用できる．

---

* 希薄な水溶液に対しては，質量モル濃度はモル濃度にほぼ等しい．

図 5・20 いくつかの無機塩の存在下でのウマのヘモグロビン水溶液に対して，$\log(S/S°)$ をイオン強度に対してプロットした図．$I=0$ のときには，すべての曲線が $\log(S/S°)$ 軸の同じ点に収束していることに注目しよう．このとき，$S=S°$ である〔E. J. Cohn, *Chem. Rev.*, **19**, 241 (1936). Copyright 1936 American Chemical Society〕．

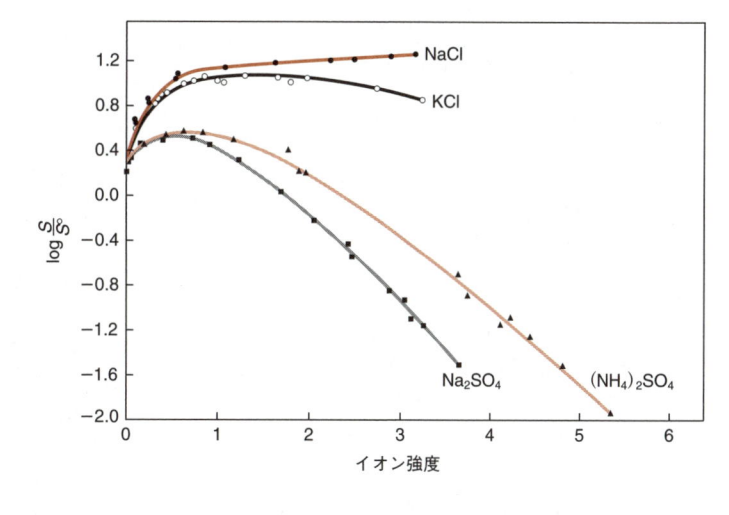

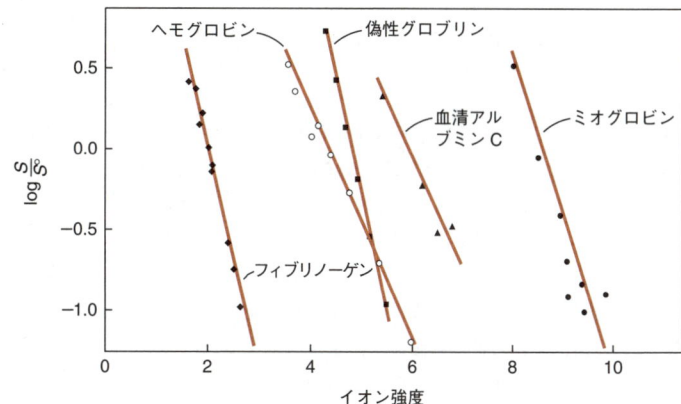

図 5・21 硫酸アンモニウム水溶液中でのいくつかのタンパク質に対する塩析効果〔E. Cohn, J. Edsall, "Proteins, Amino Acids, and Peptides," © 1943 by Litton Educational Publishing, Inc. Van Nostrand Reinhold Company の許諾を得て転載〕．

図5・20は，種々の無機塩のイオン強度が，いかにウマのヘモグロビンの溶解度に対して影響を与えているかを示したものである．見ればわかるように，タンパク質はイオン強度が低い領域＊で塩溶を示す．I が増加するにつれて曲線は最大値をとり，最後には勾配が負になり，イオン強度が増加するにつれて溶解度が減少することを示す．この勾配が負の領域では，式(5・64)の第2項がおもに効いている．この傾向は Na_2SO_4 と $(NH_4)_2SO_4$ のような塩で最も顕著に現れる．

塩析効果の実際上の価値は，それによって，溶液からタンパク質を沈殿させることができることである．さらに，この効果はタンパク質を精製する際にも用いることができる．図5・21は，硫酸アンモニウムの存在下で，いくつかのタンパク質が塩析現象を起こす領域を示している．タンパク質の溶解度は，水和の程度に敏感であるが，水分子が結合する強さは，すべてのタンパク質に対して同じではない．ある特定のイオン強度におけるそれぞれのタンパク質の溶解度が相対的に異なれば，これらを選択的に沈殿させることができる．この方法のポイントは，タンパク質の塩析には高イオン強度が必要であるが，沈殿はイオン強度の狭い領域において生じるということである．このために，鋭敏な分離ができるのである．

5・9 電解質溶液の束一的性質

電解質溶液の束一的性質は，溶液中に存在するイオンの数によって決まる．たとえば，0.01 mol kg^{-1} の NaCl 水溶液での水の凝固点降下は，もし，塩が完全に電離しているものとすれば，0.01 mol kg^{-1} のスクロース（ショ糖）水溶液の場合と比べて2倍になっていると考えられる．塩が完全に電離していなかったり，イオン対が生成していたりする場合には，この関係はより複雑になる．ここで，ファントホッフ係数〔オランダの化学者 Jacobus Hendricus van't Hoff (1852〜1911) にちなむ〕とよばれる係数 i をつぎのように定義しよう．

＊ I が1より小さいとき $\sqrt{I} > I$ となる．したがってイオン強度が低いと式(5・64)では第1項の影響が大きくなる．

$$i = \frac{\text{平衡状態の溶液中の実際の粒子の数}}{\text{電離する前の溶液中の粒子の数}} \quad (5\cdot 65)$$

今,溶液が N 個の弱電解質単位を含んでおり,その解離度を α とすると

$$M_{\nu_+}X_{\nu_-} \rightleftharpoons \nu_+ M^{z+} + \nu_- X^{z-}$$
$$N(1-\alpha) \qquad N\nu_+\alpha \qquad N\nu_-\alpha$$

と書くことができる.この式を見ると,$N(1-\alpha)$ 個の電離していない単位と,$(N\nu_+\alpha + N\nu_-\alpha)$,すなわち $N\nu\alpha$ 個のイオンが平衡状態の溶液中で存在することがわかるであろう.ここで,$\nu = \nu_+ + \nu_-$ である.これから,ファントホッフ係数をつぎのように書くことができる.

$$i = \frac{N(1-\alpha) + N\nu\alpha}{N} = 1 - \alpha + \nu\alpha$$

$$\boxed{\alpha = \frac{i-1}{\nu-1}} \quad (5\cdot 66)$$

強電解質については,i は電解質 1 単位から生成するイオンの数にほぼ等しい.たとえば,NaCl や $CuSO_4$ では,$i \approx 2$,K_2SO_4 や $BaCl_2$ では $i \approx 3$ となる.これら溶液の濃度の増加と共に i の値は減少するが,これはイオン対の生成に起因するものである.

イオン対の存在は,溶液の束一的性質にも影響を及ぼすが,これは溶液中における自由粒子の数が減少するためである.一般的に,イオン対の生成は電荷の大きなカチオンとアニオンの間で,誘電率の低い溶媒中において最も顕著となる.たとえば,$Ca(NO_3)_2$ の水溶液中において,Ca^{2+} と NO_3^- はつぎのようにイオン対を生成する.

$$Ca^{2+}(aq) + NO_3^-(aq) \rightleftharpoons Ca(NO_3)^+(aq)$$

しかし,このようなイオン対生成に対する平衡定数は正確には知られておらず,そのため電解質溶液の束一的性質の計算は困難なものとなっている.最近の研究[*]によれば,多くの電解質溶液における束一的性質からのずれは,イオン対生成にではなく水和に起因するものである.電解質溶液中では,カチオンやアニオンはその水和圏の中に多くの水分子を拘束するために,バルクの溶媒中の自由な水分子の数は減少する.溶液の濃度(モル濃度あるいは質量モル濃度)を計算する際に,溶媒の水分子の総数から水和圏にある水分子の正確な数を差し引いて考えると,この束一的性質からのずれは消える.

例題 5・12

一塩基酸 HA の 0.01 mol kg^{-1} 溶液,およびスクロースの 0.01 mol kg^{-1} 溶液の 298 K における浸透圧は,それぞれ 0.306 atm と 0.224 atm である.HA のファントホッフ係数と解離度を計算せよ.ただし,理想的なふるまいを仮定し,イオン対の生成は起こらないものとする.

解 浸透圧の測定に関する限り,HA とスクロースとの間のおもな違いは,ただ HA はイオン(H^+ と A^-)に電離できる,という点だけである.もし電離が起こらなければ,同じ濃度の HA とスクロースの溶液は同じ浸透圧を示すはずである.浸透圧は溶液中に存在する粒子の数に直接比例する.それゆえ,HA(電離する)とスクロース(電離しない)との浸透圧の比は,そのままファントホッフ係数に等しい.すなわち,

$$i = \frac{0.306 \text{ atm}}{0.224 \text{ atm}} = 1.37$$

である.HA に対しては $\nu_+ = 1$,$\nu_- = 1$ なので,$\nu = 2$ である.したがって,式(5・66)より,

$$\alpha = \frac{1.37 - 1}{2 - 1} = 0.37$$

となる.すなわち,酸の 37% は解離している.

最後に,非電解質溶液の束一的性質を決定する際に用いられる関係式(式 5・35,式 5・36,式 5・43)は,電解質溶液に対してはつぎのように修正しなければならないということに注意する必要がある.

$$\Delta T = K_b (im_2) \quad (5\cdot 67)$$
$$\Delta T = K_f (im_2) \quad (5\cdot 68)$$
$$\Pi = \frac{RT(ic_2)}{\mathcal{M}_2} \quad (5\cdot 69)$$

ただし,理想的なふるまいを仮定し,イオン対の生成は起こらないものとしている.

ドナン効果

ドナン効果〔英国の化学者,Frederick George Donnan(1870~1956)にちなむ〕は,浸透圧の取扱いをその端緒とする.この効果によって,小さな拡散可能なイオンは自由に透過させるが高分子電解質イオンは透過させない膜の片側に高分子電解質が存在する場合の,膜の両側での小さなイオンの平衡分布が不均等になる現象を記述することができる.

細胞が半透膜によって二つの部分に仕切られているとしよう.この半透膜は水や小さなイオンは拡散させるが,タンパク質分子は拡散させないものである.以下の二つの場

---

[*] A. A. Zavitsas, *J. Phys. Chem.*, **105**, 7805 (2002).

5・9 電解質溶液の束一的性質

合について考えよう．

ケース1 タンパク質溶液を左の区画に，水を右の区画におく．タンパク質は両性電解質である．つまり，酸の性質と塩基の性質を両方併せもつ．溶媒のpHに依存して，タンパク質 (P) はアニオン，カチオン，または中性種として存在しうる．タンパク質は z の電荷をもつアニオンであり，Na^+ を対イオンとすると仮定しよう．このタンパク質は，溶液中において次式のように解離する．

$$Na_z^+ P^{z-} \longrightarrow z\,Na^+ + P^{z-}$$

この溶液の浸透圧 (Π_1) は，溶液中に存在する粒子の数に依存し，次式のように与えられる．

$$\Pi_1 = (z+1)cRT \tag{5・70}$$

ここで，c はタンパク質溶液の濃度（モル濃度）である．z は通常30程度の大きさなので，この手法でタンパク質のモル質量を求めようとすると，真の値の1/31の値しか得られないことになる．

ケース2 再びタンパク質溶液を左の区画におく．しかし，今回は右の区画にはNaCl溶液をおく（図5・22）．ある成分の化学ポテンシャルは系全体にわたって等しくなければならないという要請は，水だけではなくNaClに対しても適用される．平衡に達するためには，一部のNaClは右側から左側の区画に移る必要がある．移動するNaClの実際の量は計算で求めることができる．はじめの状態における $Na_z^+ P^{z-}$ のモル濃度を c，NaClのモル濃度を b とする．平衡状態では，それぞれの濃度は次式のようになっている．

$$[P^{z-}]^L = c \quad [Na^+]^L = (zc+x) \quad [Cl^-]^L = x$$
$$[Na^+]^R = (b-x) \quad [Cl^-]^R = (b-x)$$

ここで，LとRとは，それぞれ左の区画と右の区画とを表しており，x は右から左へ移動したNaClの量である．

平衡状態では $(\mu_{NaCl})^L = (\mu_{NaCl})^R$ であるので，

$$(\mu^\circ + RT \ln a_\pm)^L_{NaCl} = (\mu^\circ + RT \ln a_\pm)^R_{NaCl}$$

標準化学ポテンシャル μ° は両側で共通であるので，つぎの関係式が得られる．

$$(a_\pm)^L_{NaCl} = (a_\pm)^R_{NaCl}$$

式(5・54)より，

$$(a_{Na^+} a_{Cl^-})^L = (a_{Na^+} a_{Cl^-})^R$$

溶液が希薄であれば，イオン活量は対応する濃度で置き換えることができる．つまり，$a_{Na^+} = [Na^+]$，$a_{Cl^-} = [Cl^-]$ となる．したがって，

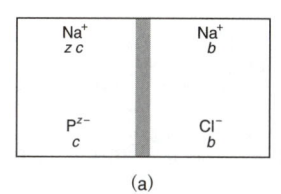

図 5・22 ドナン効果の模式図．(a) 拡散の起こる前．(b) 平衡状態．左と右の区画を分けている膜は，P^{z-} イオン以外はすべて透過させる．

$$([Na^+][Cl^-])^L = ([Na^+][Cl^-])^R$$

すなわち，

$$(zc+x)(x) = (b-x)(b-x)$$

である．これを x について解くとつぎの結果が得られる．

$$x = \frac{b^2}{zc+2b} \tag{5・71}$$

浸透圧 (Π_2) は，それぞれの区画の間の溶質濃度の差に比例し，次式のように与えられる．

$$\Pi_2 = [\underbrace{(c+zc+x+x)}_{\text{左の区画}} - \underbrace{(b-x+b-x)}_{\text{右の区画}}]RT$$

すなわち，

$$\Pi_2 = (c+zc-2b+4x)RT$$

である．x を式(5・71)の結果で置き換えると，

$$\Pi_2 = \left(c+zc-2b+\frac{4b^2}{zc+2b}\right)RT$$
$$= \frac{zc^2+2cb+z^2c^2}{zc+2b}RT \tag{5・72}$$

を得る．式(5・72)を導くに当たっては，溶液のpHや体積は一定であると仮定している．つぎの二つの極限的な場合について考えてみよう．

ケース1 $b \ll zc$（塩濃度はタンパク質濃度よりもはるかに低い）である場合，

$$\Pi_2 = \frac{zc^2+z^2c^2}{zc}RT = (zc+c)RT$$
$$= (z+1)cRT$$
$$= \Pi_1$$

ケース2 $b \gg z^2c$（塩濃度がタンパク質濃度よりもはるかに高い）である場合*，

---

* 実際には，$c \leq 1\times 10^{-4}$ M，$z \leq 30$ なので，$z^2 c \approx 0.1$ M となる．よって，この極限的な条件が成立するためには，加える塩の濃度はおよそ1 M 程度でなければならない．

図 5・23 (a) ホスファチジン酸（リン脂質の一種）の構造. (b) 簡略化したホスファチジン酸構造

$$\Pi_2 = \frac{2cb}{2b} RT = cRT$$

この極限の場合では，浸透圧はタンパク質が正味の電荷をもっていない場合の値に近づく．実際には，塩を加えることでドナン効果は減少する（塩濃度が十分に高い場合には完全に無くなる）．このような条件の下では，浸透圧の測定から得られたモル質量は，その真の値に近いものとなる．

ドナン効果を考えに入れずにすむための別の方法は，タンパク質が正味の電荷をもたなくなるような pH を選ぶことである．このような pH を **等電点**（isoelectric point）（第 8 章参照）とよぶ．この pH においては，すべての拡散可能なイオンの分布が，両方の区画において常に等しくなる．しかし，たいていのタンパク質は等電点で最も溶けにくいので，この方法を実際に用いることは困難である．

ドナン効果に関する以上の議論は，溶液の pH や体積が変化しないと仮定することで簡単化されている．さらに話を簡単にするために，1 価イオンとして一般的な Na^+ を用いた．しかし，より複雑な状況の場合の関係式も，同じ原理から導くことができる．ドナン効果は，生体中における膜の両側でのイオンの分布を理解するうえで非常に重要である．特に重要な例の一つは，血漿と赤血球との間での，炭酸水素イオンと塩化物イオンの分配であるが，これについては § 8・8 で議論する．また，神経細胞の場合などのように，イオンがその濃度勾配に逆らって膜を横切って輸送されるという能動輸送現象のために，ドナン効果が単純には適用できない場合もある（p.108 参照）．

5・10 生 体 膜

本節では生体膜の構造と機能について，特にこれらの膜を透過するイオン輸送について考える．

細胞膜は 2 種類の分子で構成されている．脂質とタンパク質である．脂肪やろうのような脂質は水には溶けないが，多くの有機溶媒には溶ける．膜脂質には 3 種類のものがある．それらは **リン脂質**（phospholipid），**コレステロール**（cholesterol），そして **糖脂質**（glycolipid）であるが，本節ではリン脂質だけを取上げる．細胞膜で見られるリン脂質の中で，最もありふれたものの一つは図 5・23 に示すようなホスファチジン酸である．膜脂質は分子の片方の末端に親水性の極性基を含んでおり，もう一方の末端には疎水性の長鎖炭化水素を含んでいるという点に特色がある．脂質は，極性基は膜の底と表面に，非極性基は膜の内部になるように二重層（厚みはおよそ 60 Å）を形成し，比誘電率は約 3 である．

図 5・24 は **流動モザイクモデル**（fluid mosaic model）とよばれる，広く受け入れられている細胞膜構造のモデルである．タンパク質分子は内膜あるいは外膜表面に，もしくはその近くにあり，膜を部分的にまたは全体を貫通している．タンパク質と脂質との相互作用の程度は分子間力の種類と熱力学的な安定性に依存している．一般的に細胞膜は非常に大きな物理的強度と高い電気的絶縁性を備えてい

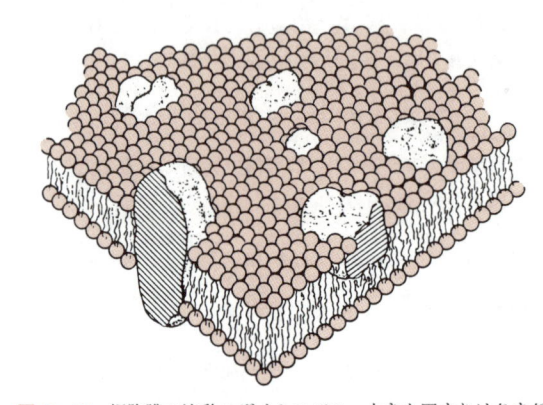

図 5・24 細胞膜の流動モザイクモデル．大きな固まりはさまざまな程度で脂質二重層に埋まっているタンパク質分子である〔S. J. Singer, G. L. Nicolson, *Science*, **175**, 723 (1972). Copyright 1972 by the American Association for the Advancement of Science〕.

(a) 側方拡散　　**(b) フリップ-フロップ拡散**

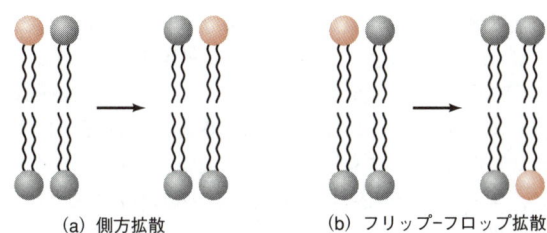

図 5・25 脂質の側方拡散(a)は，フリップ-フロップ拡散(b)よりもはるかに速い．膜タンパク質では側方拡散しか起こらない．

るが，それらは硬い構造ではない．それどころか，多くの膜タンパク質や脂質は常に動いている（図5・25）．蛍光プローブによって膜タンパク質が通常1分間におよそ数百オングストローム（Å）側方拡散できることが示されている．個々のリン脂質分子は小さいため，膜タンパク質よりもずっと速く拡散することができる．

膜タンパク質は，さまざまな機能を有している．たとえば受容体としての働き，ミトコンドリア膜でのアデノシン三リン酸（ATP）のような重要な分子を合成する際や葉緑体膜での光合成の明反応における酵素としての働き，そして膜を通してイオンや他の分子を運ぶ担体としての働きなどである．

膜 輸 送

細胞膜の重要な機能の一つは透過性をもつ障壁としての機能である．一般的に言うと，膜は一つの側からもう一方の側への物質の移動を選択的に制御している．たとえば，膜は細胞内部に栄養分を入れ，代謝による老廃物を細胞外へ排出している．膜を通過する物質の動き，つまり膜輸送においては膜透過性と膜輸送機構が重要である．

細胞膜は水や二酸化炭素や酸素を自由に透過させるが，イオンを始め，極性分子や他の物質の透過はずっと少ない．一般に，小さな分子は巨大な分子よりも膜を通りやすく，ほとんどの膜はタンパク質のような巨大な分子を透過させない．脂質二重層の内部は疎水性なので，イオンや極性分子に比べると電荷を帯びていない化学種や，無極性分子が透過しやすいと予想され，実際その通りになっている（はっきりとした例外は水である）．イオンの膜透過性は一般に非常に低い．したがって，イオンの膜通過は特別な機構によって助けられているはずである．その機構については後で簡単に議論する．

多くの重要な生物学的過程が順調に進むためには，細胞内部の水相のイオンや分子の構成は，外部のそれとはかなり異なっているに違いない．たとえばカリウムイオンの濃度は赤血球細胞の内部では外部の血漿よりも35倍くらい高い．ナトリウムイオンはその逆で，細胞外部のナトリウムイオン濃度は細胞内部液の濃度の約15倍である．十分時間をかければ，同じ種類のイオン濃度は細胞内と外で最終的には等しくなると期待できる．そうでない場合は，通常の拡散以外の過程によってイオンの濃度差が保たれているに違いない．ここで簡単に三つのタイプの膜輸送機構を取上げよう．

単 純 拡 散　　多くの物質が**単純拡散**（simple diffusion）によって膜を透過する．つまり物質の濃度の高い膜の一方の領域から，濃度の低いもう一方の領域へ物質が移動する．小分子が通る膜構造には，小分子ごとに別々の孔（膜に結合したタンパク質によって形成されると考えられている）があり，その結果疎水性の脂質二重層に抜け道ができていることになる．この機構は酸素や二酸化炭素が膜を非常に速く透過することを説明するだけでなく，水のような極性分子が膜を容易に透過することも説明してくれる．孔は，脂質二重層を貫通するタンパク質がつくったチャネルのようなものと想像すればよい．膜構造は流動的であるため，これらの孔は常に壊れたり，できたりしている．膜を透過する分子の速度は膜を介した濃度勾配に正比例する．膜中には，アクアポリンとよばれる水に特異的な膜チャネルタンパク質が存在することが知られており，このタンパク質のおかげで，水分子は高速度（1秒あたり10^9分子）で膜を通過することができる．これは，細胞の浸透圧バランスを維持するのに必須である．コンピューターシミュレーションによると，水分子は互いに水素結合をつくることによって，またチャネルの内壁を形成するタンパク質の骨格上の原子と水素結合をつくることによって，きわめて協同的な様式でチャネル内を拡散することが明らかになった．イオン（たとえば，H_3O^+）は，チャネルに沿った局所的な静電場によって反発されるため，チャネルを通過できない．

促 進 拡 散　　**促進拡散**（facilitated diffusion）もまた，高濃度の領域から低濃度の領域への分子の移動を意味するが，担体の助けを借りた輸送過程という点で単純拡散とは異なる．促進拡散では，輸送される物質は担体と複合体を形成する（図5・26）．担体分子は膜を横切って自由に行ったり来たりできる．膜の外側（すなわち細胞外液と接触する表面）では，担体は物質と結合することができ，でき

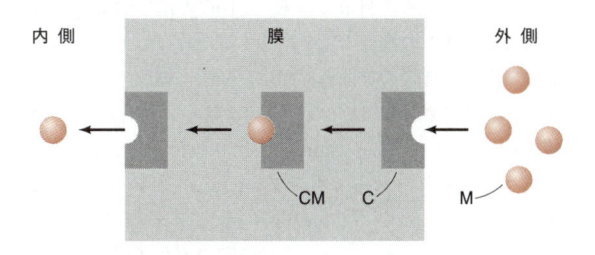

図 5・26 促進拡散の説明．代謝産物（M）が膜の外側表面で担体分子（C）に結合する．複合体（CM）は膜を通って拡散し内側表面で解離し細胞の内部に M を放出する．

た複合体は高濃度から低濃度領域へと膜を横切って拡散する．低濃度領域に来るとその物質は担体から解離して，遊離した物質となる．担体にはそれぞれ，輸送物質を結合する特異的な部位が少なくとも一つはある．荷物を運んだ後は，担体分子は身軽になって膜の逆側へと拡散して戻っていく．この過程が何回も繰返される．運ばれる物質に関して膜の両側で濃度勾配がある限り促進拡散は続く．促進拡散のもう一つの例は，赤血球へのグルコース分子の輸送である．グルコース自体は脂質二重膜にまったく溶けないので，これら分子の単純拡散の速度は代謝過程を維持するには遅すぎるであろう．そのため拡散ではなく，グルコースはグルコースパーミアーゼ（透過酵素）とよばれるタンパク質複合体に仲介されて赤血球に入る．この酵素は，膜の疎水的な中心部を貫いて親水的な経路を形成し，移動を仲介するのである．

すでに述べたように，単純拡散と促進拡散による膜輸送は自発過程である．高濃度の領域（α）から低濃度の領域（β）へ溶質 X が 1 mol 移動する場合を考えよう．式(5・27)から，X の化学ポテンシャルは

$$\mu_X = \mu_X^\circ + RT \ln [X]$$

のように書ける．ここで，μ_X° は標準化学ポテンシャルであり，活量の代わりに濃度を用いている．化学ポテンシャルの違いによるギブズエネルギー変化は，

$$\Delta G = (\mu_X)_\beta - (\mu_X)_\alpha = RT \ln [X]_\beta - RT \ln [X]_\alpha$$
$$= RT \ln \frac{[X]_\beta}{[X]_\alpha}$$

（μ_X° は定数なので，引き算で相殺されることに注意）となる．$[X]_\beta < [X]_\alpha$ なので，$\Delta G < 0$ である．したがって二つの領域の濃度が等しくなる，つまり $\Delta G = 0$ になるまで，この過程は続く．

能動輸送 単純拡散や促進拡散とは違い，**能動輸送**（active transport）は濃度勾配に逆らった膜を介した物質の移動を意味する．これは熱力学的には，自発的な過程ではない．したがって能動輸送が起こるためには，エネルギーが外部から供給されなければならない．すでに述べたように，細胞内液と外液では K^+ と Na^+ の濃度は等しくない．このイオンの濃度の差を維持するためには能動輸送が必要である．普通の拡散過程では，Na^+ は細胞の外側から内側へ輸送され，K^+ はその逆方向に動く．同時に Na^+ は絶えず細胞から"汲み（pump）"出され，一方，K^+ は細胞内へ汲み入れられる．**ポンプ**（pump）という言葉は，濃度勾配に逆らったイオンの動きを記述するのに用いる．能動輸送による，あるイオンの一方向の流れが同じ種類のイオンの逆方向の移動（拡散）である"漏れ"と釣り合っているとき，定常状態が達成される．

能動輸送の機構は現在かなり明らかになっている．たとえば，膜を横切る Na^+ と K^+ の能動輸送は連携していることが知られていて，**ナトリウム–カリウムポンプ**（sodium/potassium pump）とよばれている．促進拡散の場合と同様に能動輸送においても担体分子が必要で，担体分子の動きは，エネルギー供給と直接共役していなければならない．この場合の担体分子は**ナトリウム/カリウム ATPアーゼ**（Na^+, K^+–ATPアーゼ, sodium/potassium-ATPase）とよばれる酵素であり，エネルギーの供給源はアデノシン三リン酸（ATP）である．この酵素の作用で ATP はアデノシン二リン酸（ADP）と無機リン酸へと加水分解され，輸送に必要なエネルギーを得る．ATPアーゼはアデノシントリホスファターゼともいう．

$$ATP^{4-} + H_2O \longrightarrow ADP^{3-} + HPO_4^{2-} + H^+$$
$$\Delta_r G^\circ \approx -30 \text{ kJ mol}^{-1}$$

この自発的な過程（標準ギブズエネルギーの大きな減少に注目）はナトリウム/カリウム ATPアーゼに共役して，濃度勾配に逆らってイオンを動かすというエネルギー的に不利な過程を駆動する（図 5・27）．

濃度勾配に逆らって輸送する過程についてのギブズエネルギーの増加を以下のように見積もることができる．ある化合物 "X" 1 mol が細胞の内（1.0×10^{-4} M）から外（1.0×10^{-3} M）へ輸送されたと仮定する．濃度勾配に逆らって輸送が起こっているので，化学ポテンシャルについてつぎの不等式を得る．

$$(\mu_X)_{ex} > (\mu_X)_{in}$$

in, ex はそれぞれ内，外を表す．37℃でこの過程のギブズエネルギーの変化量はつぎのようになる．

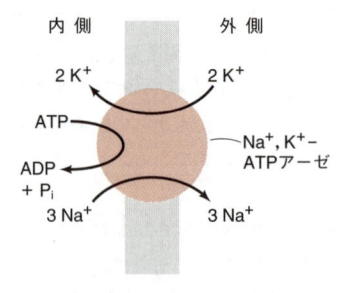

$$\Delta_r G = (\mu_X)_{ex} - (\mu_X)_{in} = RT \ln \frac{[X]_{ex}}{[X]_{in}}$$
$$= (8.314 \text{ J K}^{-1} \text{ mol}^{-1})(310 \text{ K}) \ln \frac{1.0 \times 10^{-3} \text{ M}}{1.0 \times 10^{-4} \text{ M}}$$
$$= 5.9 \text{ kJ mol}^{-1}$$

図 5・27 Na^+, K^+–ATPアーゼは主として細胞内の Na^+ と K^+ の濃度を所定の値に合わせてかつ維持する役割を果たすが，それを二つの K^+ が細胞内に入るたびに細胞から三つの Na^+ を放出することによって遂行している．結果として，膜を介した電位もまた形成される．

5・10 生体膜

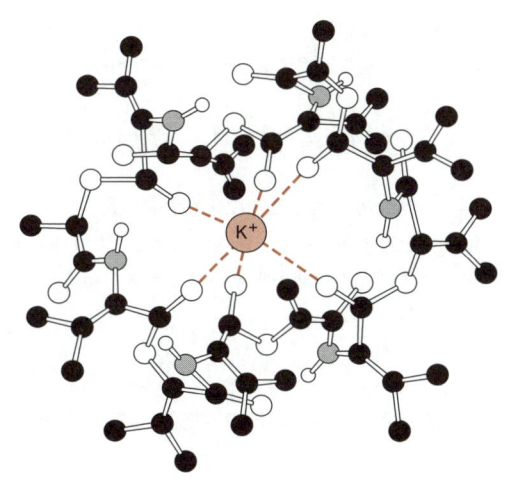

図 5・28 バリノマイシン-K$^+$ 錯体は，細胞膜を貫通するのを可能にする無極性の周縁部を有している．● は C, ● は N, ○ は O, ○ は H を表している．

図 5・29 親水性の孔をもつチャネルを形成する能力を有し，それによってイオン輸送を可能にする抗生物質の模式図

もし，移動する物質が電荷 —— たとえばX^{z+}（Xはイオン，z^+ はイオンの電荷を表す）—— をもっているなら，さらにもう一つの効果がかかわってくる，すなわち，膜を隔てたイオンの不均衡な濃度により発生する電気ポテンシャルである．したがって，ギブズエネルギー変化は次式のようになる．

$$\Delta_r G = RT \ln \frac{[X^{z+}]_{ex}}{[X^{z+}]_{in}} + zF \Delta V \quad (5 \cdot 73)$$

ここで，F はファラデー定数（96 500 C mol^{-1}），ΔV は膜を隔てた電位差（単位は V）である．Na$^+$ イオンが細胞の内側から外側へ運ばれる場合について考えよう．ΔG を評価するために，つぎのような典型的なデータを用いる：[Na$^+$]$_{ex}$/[Na$^+$]$_{in}$ = 10, ΔV = 80 mV（8.0×10^{-2} V），T = 37 ℃（310 K）．これらの値を使うと，

$$\begin{aligned}\Delta_r G &= (8.314 \text{ J K}^{-1} \text{ mol}^{-1})(310 \text{ K}) \ln 10 \\ &\quad + (1)(96\,500 \text{ C mol}^{-1})(8.0 \times 10^{-2} \text{ V}) \\ &= 13.7 \text{ kJ mol}^{-1}\end{aligned}$$

ここで，1 J = 1 C × 1 V である．この場合，Na$^+$ イオンによる正の電位によって，能動輸送はより非自発的になる．前述のように，この非自発過程は ATP の加水分解によって駆動される．

最近，イオンチャネル —— イオンの細胞への出入りの流れを制御するタンパク質による門番 —— の構造と機能を理解するために多大な努力が払われている．このようなチャネルを形成する膜結合タンパク質に関してX線構造解析から多くの知識が得られた．たとえば，カリウムチャネルを考えてみよう．動物では，これらのチャネルは，神経細胞の信号伝達，心拍のリズム，インスリンの放出を制御している．実験によると，チャネルは四つのタンパク質サブユニットから成る複合体によって形成されていることがわかった．これらのチャネルに関して以前不可解だった点は，どうしてより小さな Na$^+$ イオン（イオン半径 0.98 Å）に比べてより大きな K$^+$ イオン（イオン半径 1.33 Å）の方が，約 1000 : 1 の比率で（1000倍）親和性が高いのかというものであった．イオンがそのようなチャネルに入ると，水中に溶けているときに通常周りにある水和層がはがされる．K$^+$ イオンの大きさは酸素原子に富んだトンネル構造にぴったり合う．水和層においては，水とイオンとの間には，有利なイオン-双極子相互作用が働いているが，チャネル内の酸素原子（アミノ酸残基由来）は，その水分子にとって代わる．他方，Na$^+$ イオンはこの相互作用を形成するには小さすぎ，普通チャネルの内側には入れないのである．活発に研究されているもう一つの分野は，イオンチャネルの<u>ゲート</u>機構である．化学的環境，物理的環境の両方あるいはいずれかに依存して，いくつかのチャネルはマイクロ秒のオーダーで非常に速く開いたり閉まったりする．あるチャネルは，周囲の細胞膜を隔てた電圧差の変化にだけ応答して開く．これらのいわゆる電位依存性イオンチャネルは，神経伝導に特に重要である（§7・7 参照）．

最後に，細胞膜のイオン透過性は，バリノマイシンやノナクチンといった天然に存在する抗生物質によって変化しうるということについて注意しよう．これらの分子は*，中心に孔をもち，外側が疎水的な大環状構造をしていて（図 5・28），アルカリ金属イオンと錯体を（通常 1：1 の比率で）形成することができる．外側が疎水的な性質をもっているため，抗生物質-金属錯体は細胞膜を通ることがで

---

* 金属イオン輸送に影響を与えることのできるバリノマイシンやクラウンエーテルのような化合物は**イオノフォア**（ionophore）もしくはイオン担体とよばれている．

きる．さらに，錯体の形成能は個々のイオンに対してきわめて特異的である．その理由は，イオンが抗生物質の孔にぴったり合う適切な大きさをもっていなければならないからである．たとえば，バリノマイシン-K^+錯体の生成定数はバリノマイシン-Na^+錯体のそれに比べて約1000倍大きい．K^+イオンの透過性が増すと，細胞内，細胞外の濃度のデリケートなバランスが乱され，標的とする細菌細胞を殺すことができる．グラミシジンAは別のタイプの天然抗生物質であるが，二量化することによって1価のイオンを透過させる膜貫通型の孔をつくることができる（図5・29）．

補遺5・1 静電気学についての注解

電荷（q_A）はその周りの空間に**電場**（electric field），Eをつくり出し，その空間内のいかなる電荷（q_B）にも力を及ぼす．クーロンの法則により，真空中で距離rだけ隔てられているこれら二つの電荷の間のポテンシャルエネルギー（V）は以下のように与えられる．

$$V = \frac{q_A q_B}{4\pi\varepsilon_0 r} \tag{1}$$

そして電荷間の静電力Fは

$$F = \frac{q_A q_B}{4\pi\varepsilon_0 r^2} \tag{2}$$

である．ε_0は真空の誘電率である（p.95参照）．電場は単位正電荷が受ける静電力である．したがってq_Aによるq_Bでの電場は，Fをq_Bで割ったものである．つまり，

$$E = \frac{q_A q_B}{4\pi\varepsilon_0 r^2 q_B} = \frac{q_A}{4\pi\varepsilon_0 r^2} \tag{3}$$

である．Eはベクトルでq_Aからq_Bへの方向をもつことに注意しよう．その単位は$V\,m^{-1}$もしくは$V\,cm^{-1}$である．

電場の他の重要な特性はその**電位**（electric potential, 静電ポテンシャルともいう），ϕで，それは電場中の単位正電荷のポテンシャルエネルギーである．その単位は$J\,C^{-1}$もしくはVである．電場E中の単位正電荷は大きさがEと等しい力を受ける．電荷qが電場Eによってある距離drだけ動かされるとき，ポテンシャルエネルギーの変化は$qE\,dr$であるが，$q=1\,C$であるので$E\,dr$となる．電場を生み出している正電荷q_Aに単位正電荷が近づくほど，反発的なポテンシャルエネルギーは増加するので，ポテンシャルエネルギーの変化$d\phi$は$-E\,dr$である（-符号となっていることで，確かにdrの減少に対して$-E\,dr$は正の値になり，これは二つの正電荷の間の反発が増加するということを意味する）．電荷q_Aから距離r離れたある点での電位というのは，単位正電荷を無限遠から距離rまで運んだときに起こるポテンシャルエネルギーの変化である．

$$\phi = -\int_{r=\infty}^{r=r} E\,dr = -\int_{r=\infty}^{r=r} \frac{q_A}{4\pi\varepsilon_0 r^2}\,dr = \frac{q_A}{4\pi\varepsilon_0 r} \tag{4}$$

$r=\infty$で$\phi=0$であることに注意する．式(4)をもとに，単位電荷を点1から点2へ運ぶのになされた仕事として電場中の点2と点1の間の電位の差を定義することができる．すなわち

$$\Delta\phi = \phi_2 - \phi_1 \tag{5}$$

この差は点1と点2の間の電位差（電圧）と通常よばれる．

比誘電率（ε_r）と静電容量（C）

2枚の金属の平行平板で絶縁体の物質〔**誘電体**（dielectric）とよばれる〕を挟んだものを**コンデンサー**（capacitor）とよぶ．2枚の平板が，大きさが等しく符号が逆の電荷をもつとき，誘電体は分極する．理由は図5・30に示されているように，板間の電場が誘電体の永久双極子を配向させるか，もしくは双極子モーメントを誘起するためである．物質の**比誘電率**，ε_rはつぎのように定義されている．

$$\varepsilon_r = \frac{E_0}{E} \tag{6}$$

E_0とEはそれぞれ，誘電体がないとき（真空）と，あるときのコンデンサーの板の間の空間の電場である．双極子（もしくは誘起双極子）の配向はコンデンサー板の間の電場を減少させる．そのため$E<E_0$，つまり$\varepsilon_r>1$となることを覚えておこう．水溶液中のイオンについていうと，電場のこの減少はカチオンとアニオンの間の引力を減少させる（図5・15参照）．

コンデンサーの**静電容量**（キャパシタンス, capacitance），Cは電極間にある電位差を与えた際の電荷を蓄える能力（容量）の単位である．電極間が誘電体で満たされているときの静電容量（C）および真空の場合の静電容量（C_0）は

$$C = \frac{Q}{\Delta\phi} \tag{7}$$

$$C_0 = \frac{Q}{\Delta\phi_0} \tag{8}$$

で与えられる．$\Delta\phi = Ed$（dは電極間の距離）なので，式(6)はまたつぎのように書くことができる．

$$\varepsilon_r = \frac{(\Delta\phi_0/d)}{(\Delta\phi/d)} = \frac{(Q/C_0)}{(Q/C)} = \frac{C}{C_0} \tag{9}$$

静電容量は実験的に測定できる量であるから，それによっ

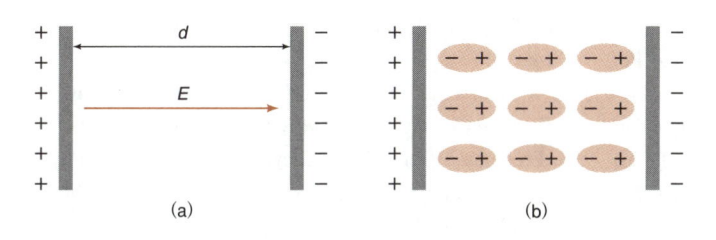

図 5・30 (a) コンデンサーに誘起された電荷．電場 E の向きは距離 d だけ隔てられた＋に帯電した電極板から－に帯電した電極板へと向かっている．電極板の間が真空である場合は比誘電率は 1 である．(b) コンデンサーに挿入された誘電体の双極子の配向．配向の程度は誇張して描いてある．誘電体物質はコンデンサーの電極板間の電場を弱める．

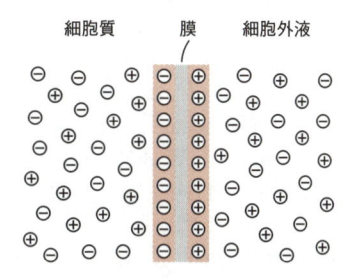

図 5・31 細胞膜はコンデンサーとして働く．K^+, Na^+ の濃度は不均衡なため，図示したように電荷分離をひき起こす．平衡状態においては，細胞膜の両面に隣接した狭い領域で，静電的相互作用によって電荷が保持される．溶液中のごくわずかなイオンだけが電荷分離を起こすのにかかわっていることに注目しよう．

て物質の比誘電率を決めることができる．静電容量の単位はファラド（F）で，$1\,\text{F} = (1\,\text{C}/1\,\text{V})$ である．式(9)の C/C_0 は比であるから ε_r は無次元量となることに注意しよう．

膜容量

本章で説明したように，イオンはイオンチャネルを通ってのみ膜の脂質二重層を横切ることができる．細胞質と細胞外液のイオン濃度の不均衡は，図 5・31 のような電荷分離を生じる．イオンは脂質二重層の疎水性のために脂質二重層を横切ることができないので，膜の二つの表面に集まる．そうすると，膜は電気回路のコンデンサーによって電荷が蓄えられたのと同じ原理で電荷を蓄えることになる．

約 5 nm の脂質層の厚さと比誘電率 3（おおよそ 18 炭素の脂肪酸の比誘電率）を考慮すると，膜容量は $1\,\text{cm}^2$ あたり約 1 マイクロファラッド（$1\,\mu\text{F}$）と計算される．この結果は実験的に決められた値とよく一致する．

参考文献

書籍

D. J. Aidley, P. R. Stanfield, "Ion Channel," Cambridge University Press, New York (1996).

R. B. Gennis, "Biomembranes: Molecular Structure and Function," Springer-Verlag, New York (1989).

R. Harrison, G. G. Lunt, "Biological Membranes," Halsted Press, New York (1976).

J. P. Hunt, "Metal Ions in Aqueous Solution," W. A. Benjamin, Menlo Park, CA (1963).

M. K. Jain, R. C. Wagner, "Introduction to Biological Membranes," Wiley-Interscience, New York (1980).

G. Pass, "Ions in Solution," Clarendon Press, Oxford (1973).

S. G. Schultz, "Basic Principles of Membrane Transport," Cambridge University Press, New York (1980).

M. P. Tombs, A. R. Peacocke, "The Osmotic Pressure of Biological Macromolecules," Clarendon Press, New York (1975).

論文

非電解質溶液と電解質溶液：

W. A. Oates, 'Ideal Solutions,' *J. Chem. Educ.*, **46**, 501 (1969).

J. E. Prue, 'Ion Pairs and Complexes: Free Energies, Enthalpies, and Entropies,' *J. Chem. Educ.*, **46**, 12 (1969).

R. I. Holliday, 'Electrolyte Theory and SI Units,' *J. Chem. Educ.*, **53**, 21 (1976).

C. A. Vincent, 'The Motion of Ions in Solution Under the Influence of an Electric Field,' *J. Chem. Educ.*, **53**, 490 (1976).

C. M. Criss, M. Salomon, 'Thermodynamics of Ion Solvation and Its Significance in Various Systems,' *J. Chem. Educ.*, **53**, 763 (1976).

D. W. Smith, 'Ionic Hydration Enthalpies,' *J. Chem. Educ.*, **54**, 540 (1977).

A. Lainez, G. Tardajos, 'Standard States of Real Solutions,' *J. Chem. Educ.*, **62**, 678 (1985).

E. F. Meyer, 'Thermodynamics of Mixing of Ideal Gases: A Persistent Pitfall,' *J. Chem. Educ.*, **64**, 676 (1987).

E-I. Ochiai, 'Paradox of the Activity Coefficient $\gamma_\pm$,' *J. Chem. Educ.*, **67**, 489 (1990).

T. Solomon, 'Standard Enthalpies of Formation of Ions in Solution,' *J. Chem. Educ.*, **68**, 41 (1991).

J. J. Carroll, 'Henry's Law: A Historical View,' *J. Chem.*

Educ., **70**, 91(1993).

M. P. Tarazona, E. Saiz, 'Understanding Chemical Potential,' *J. Chem. Educ.*, **72**, 882(1995).

D. B. Green, G. Rechtsteiner, A. Honodel, 'Determination of the Thermodynamic Solubility Product, $K_{sp}^°$, of PbI$_2$ Assuming Nonideal Behavior,' *J. Chem. Educ.*, **73**, 789 (1996).

T. Solomon, 'The Definition and Unit of Ionic Strength,' *J. Chem. Educ.*, **78**, 1691(2001).

相平衡:

L. Earl, 'The Direct Relation Between Altitude and Boiling Point,' *J. Chem. Educ.*, **67**, 45(1990).

R. E. Treptow, 'Phase Diagrams for Aqueous Systems,' *J. Chem. Educ.*, **70**, 616(1993).

N. K. Kildahl, 'Journey Around a Phase Diagram,' *J. Chem. Educ.*, **71**, 1052(1994).

束一的性質:

H. W. Smith, 'The Kidney,' *Sci. Am.*, January(1953).

K. J. Mysels, 'The Mechanism of Vapor Pressure Lowering,' *J. Chem. Educ.*, **32**, 179(1955).

D. W. Kupke, 'Osmotic Pressure,' *Adv. Protein Chem.*, **15**, 57(1960).

A. E. Snyder, 'Desalting Water by Freezing,' *Sci. Am.*, December(1962).

M. L. McGlashan, 'Deviations from Raoult's Law,' *J. Chem. Educ.*, **40**, 516(1963).

C. E. Hecht, 'Desalination of Water by Reverse Osmosis,' *J. Chem. Educ.*, **44**, 53(1967).

J. W. Ledbetter, Jr., H. D. Jones, 'Demonstrating Osmotic and Hydrostatic Pressures in Blood Capillaries,' *J. Chem. Educ.*, **44**, 362(1967).

M. J. Suess, 'Reverse Osmosis,' *J. Chem. Educ.*, **48**, 190 (1971).

R. F. Probstein, 'Desalination,' *Am. Sci.*, **61**, 280(1973).

F. Rioux, 'Colligative Properties,' *J. Chem. Educ.*, **50**, 490 (1973).

R. K. Hobbie, 'Osmotic Pressure in the Physics Course for Students of the Life Sciences,' *Am. J. Phys.*, **42**, 188 (1974).

H. T. Hammel, 'Colligative Properties of a Solution,' *Science*, **192**, 748(1976).

K. W. Boddeker, 'Reverse Osmosis,' *Angew. Chem. Int. Ed.*, **16**, 607(1977).

R. Chang, L. J. Kaplan, 'The Donnan Equilibrium and Osmotic Pressure,' *J. Chem. Educ.*, **54**, 218(1977).

F. E. Schubert, 'Removal of an Assumption in Deriving the Phase Change Formula $\Delta T=Km$,' *J. Chem. Educ.*, **56**, 259(1979).

J. S. Walker, C. A. Vause, 'Reappearing Phases,' *Sci. Am.*, May(1987).

H. F. Franzen, 'The Feezing Point Depression Law in Physical Chemistry,' *J. Chem. Educ.*, **65**, 1077(1988).

B. Freeman, 'Osmosis,' "Encyclopedia of Applied Physics," ed. by G. L. Trigg, Vol.13, p.59, VCH Publishers, New York(1995).

F. Lang, S. Waldegger, 'Regulating Cell Volume,' *Am. Sci.*, **85**, 456(1997).

M. J. Canny, 'Transporting Water in Plants,' *Am. Sci.*, **86**, 152(1998).

生体膜:

C. F. Fox, 'The Structure of Cell Membranes,' *Sci. Am.*, February(1972).

S. J. Singer, G. L. Nicolson, 'The Fluid Mosaic Model of the Structure of Cell Membranes,' *Science*, **175**, 720(1972).

M. S. Bretscher, 'Membrane Structure: Some General Principles,' *Science*, **181**, 622(1973).

R. A. Capaldi, 'A Dynamic Model of Cell Membranes,' *Sci. Am.*, March(1974).

A. C. Knipe, 'Crown Ethers,' *J. Chem. Educ.*, **53**, 618 (1976).

M. E. Starzak, 'Ion Fluxes Through Membranes,' *J. Chem. Educ.*, **54**, 200(1977).

H. F. Lodish, J. E. Rothman, 'The Assembly of Cell Membranes,' *Sci. Am.*, January(1979).

R. D. Keynes, 'Ion Channels in the Nerve Cell Membrane,' *Sci. Am.*, March(1979).

D. C. Tosterson, 'Lithium and Mania," *Sci. Am.*, April (1981).

N. Unwin, R. Henderson, 'The Structure of Proteins in Biological Membranes,' *Sci. Am.*, February(1984).

M. S. Bretscher, 'The Molecules of the Cell Membrane,' *Sci. Am.*, October(1985).

G. W. Goldstein, A. L. Betz, 'The Blood-Brain Barrier,' *Sci. Am.*, September(1986).

M. O. Eze, 'Consequences of the Lipid Bilayer to Membrane-Associated Reactions,' *J. Chem. Educ.*, **67**, 17 (1990).

A. L. Koch, 'Growth and Form of the Bacterial Cell Wall,' *Am. Sci.*, **78**, 326(1990).

S. D. Kohlwein, 'Biological Membranes,' *J. Chem. Educ.*, **69**, 3(1992).

G. E. Lienhard, J. W. Slot, D. E. James, M. M. Mueckler, 'How Cells Absorb Glucose,' *Sci. Am.*, January(1992).

E. Neher, B. Sakmann, 'The Patch Clamp Technique,' *Sci. Am.*, March(1992).

F. Lang, S. Waldegger, 'Regulating Cell Volume,' *Am. Sci.*, **85**, 456(1997).

H. Bayley, 'Building Doors Into Cells,' *Sci. Am.*, September(1997).

T. Zeuthen, 'How Water Molecules Pass Through Aquaporins,' *Trends Biochem. Sci.*, **26**, 77(2001).

総 説：

A. K. Solomon, 'The State of Water in Red Cells,' *Sci. Am.*, February(1971).

R. E. Feeney, 'A Biological Antifreeze,' *Am. Sci.*, **62**, 172 (1974).

J. T. Eastman, A. C. DeVries, 'Antarctic Fishes,' *Sci. Am.*, November(1986).

P. L. McNeil, 'Cell Wounding and Healing,' *Am. Sci.*, **79**, 222(1991).

M. E. Linder, A. G. Gilman, 'G Proteins,' *Sci. Am.*, July (1992).

D. L. Gibbon, K. Kennedy, N. Reading, M. Quierox, 'The Thermodynamics of Home-Made Ice Cream,' *J. Chem. Educ.*, **69**, 658(1992).

問 題

濃度の単位

5・1 質量パーセントにして5.00％の尿素水溶液を調製するには，20.0 gの尿素に何gの水を加えなければならないか．

5・2 2.12 mol kg^{-1}の硫酸水溶液のモル濃度はいくらか．この溶液の密度は1.30 g cm^{-3}である．

5・3 1.50 Mのエタノール水溶液の質量モル濃度を計算せよ．この溶液の密度は0.980 g cm^{-3}である．

5・4 実験室で使用する濃硫酸は質量パーセントにして98.0％の硫酸である．溶液の密度が1.83 g cm^{-3}であるとして，濃硫酸の質量モル濃度とモル濃度を計算せよ．

5・5 0.25 mol kg^{-1}のスクロース溶液を質量パーセントに変換せよ．溶液の密度は1.2 g cm^{-3}である．

5・6 溶液の密度が純粋な溶媒とほぼ等しい希薄水溶液について，溶液のモル濃度は質量モル濃度と同じである．この記述が0.010 Mの尿素[(NH$_2$)$_2$CO]水溶液について正しいことを示せ．

5・7 糖尿病患者の血糖（グルコース）値は100 mlの血液あたりおよそ0.140 gである．患者がグルコース40 gを摂取するたびに，血糖値はおよそ0.240 g/血液100 mlに上昇する．グルコースの摂取前と後の，血液1 mlあたりのグルコースと血液中の全グルコースは何モルか，また何gか．計算せよ（患者の体の血液の全体積は5.0 lと仮定せよ）．

5・8 アルコール飲料の強度は通常，"標準強度"で表される．標準強度はエタノールの体積分率（％）の2倍で定義される．75標準強度の2クォートのジンに含まれているアルコールは何gか，計算せよ．ジンの質量モル濃度はいくらか（エタノールの密度は0.80 g cm^{-3}であり，1クォート=0.946 lである）．

混合の熱力学

5・9 液体AとBは非理想溶液をつくる．以下の各場合について分子論的解釈を与えよ：$\Delta_{mix}H > 0$，$\Delta_{mix}H < 0$，$\Delta_{mix}V > 0$，$\Delta_{mix}V < 0$．

5・10 以下の過程についてエントロピー変化を計算せよ．(a) 1 molの窒素と1 molの酸素との混合，(b) 2 molのアルゴン，1 molのヘリウム，3 molの水素の混合．(a)，(b)共に一定温度（298 K）と一定圧力下において行われる．理想的ふるまいを仮定せよ．

5・11 25℃，1 atmにおいてメタンとエタンの絶対エントロピーは，それぞれ気相で186.19 J K^{-1} mol^{-1}と229.49 J K^{-1} mol^{-1}である．各気体1 molが含まれる"溶体"の絶対エントロピーを計算せよ．理想的ふるまいを仮定せよ．

化学ポテンシャル

5・12 以下のどちらがより高い化学ポテンシャルをもっているか．もしどちらでもなければ，"同じ"と答えよ．(a) 水の標準融点におけるH$_2$O(s)またはH$_2$O(l)．(b) -5℃で1 barにおけるH$_2$O(s)または-5℃で1 barにおけるH$_2$O(l)．(c) 25℃で1 barにおけるベンゼン，または25℃で1 barにおけるベンゼン中の0.1 Mトルエン溶液中のベンゼン．

5・13 エタノールとn-プロパノールの溶液は理想的にふるまう．沸点（78.3℃）におけるモル分率が0.40であるときに，純粋なエタノールを基準として，溶液中のエタノールの化学ポテンシャルを計算せよ．

5・14 メタノールと水の液相がその気相と平衡状態にある場合の相平衡条件を書け．

ヘンリーの法則

5・15 気体の溶解度に関するヘンリーの法則の別な表現の仕方としては，"溶液の決まった体積中に溶解する気体の体積は，与えられた温度において圧力に依存しない"がある．これを証明せよ．

5・16 地表から900フィート下で働いている鉱夫が昼食休憩の間にソフトドリンクを飲んだ．驚いたことに，飲料はかなり気が抜けているようだった（すなわち，栓を開けてもあまり泡立ちが見られなかった）．昼食後まもなく，彼は地表へのエレベーターに乗った．上への移動中に，彼はとてもげっぷをしたくなった．説明せよ．

5・17 25℃の水に対する酸素のヘンリー係数は，773 atm mol^{-1} kg（水に関して）である．0.20 atmの分圧での水中の酸素の質量モル濃度を計算せよ．37℃の血液への

酸素の溶解度が 25 ℃ の水への場合とほぼ等しいと仮定し，ヘモグロビン分子がない場合のヒトの生存の見込みについてコメントせよ（ヒトの血液の全体積はおよそ 5 l である）．

5・18 37 ℃ で分圧 0.80 atm の条件での血液への N_2 の溶解度は 5.6×10^{-4} mol l^{-1} である．深海に潜るダイバーは N_2 の分圧が 4.0 atm の圧縮空気を呼吸する．体の中の血液の全体積を 5.0 l と仮定せよ．ダイバーが N_2 の分圧が 0.80 atm の水面に戻ってきたときに，放出される N_2 ガスの量（l 単位）を計算せよ．

束一的性質

5・19 式 (5・35) を導く際の重要な仮定を列挙せよ．

5・20 液体 A（沸点 T_A°）と B（沸点 T_B°）は理想溶液をつくる．異なる量の A と B を混合してつくる溶液の沸点の範囲を予測せよ．

5・21 36.4 ℃ においてエタノールと n-プロパノールの混合物は理想的にふるまう．(a) 36.4 ℃, 72 mmHg で沸騰するエタノールと n-プロパノールの混合物の n-プロパノールのモル分率を図により求めよ．(b) n-プロパノールのモル分率が 0.60 であるときに，36.4 ℃ において混合物上の全蒸気圧はいくらか．(c) (b) の蒸気の組成を計算せよ（36.4 ℃ においてエタノールと n-プロパノールの平衡蒸気圧はそれぞれ 108 mmHg と 40.0 mmHg である）．

5・22 50 ml の 0.10 M 尿素と 50 ml の 0.20 M 尿素をそれぞれ含むビーカー 1 と 2 が，298 K においてよく密閉されたガラス鐘中に置かれている．平衡時の溶液中の尿素のモル分率を計算せよ．理想的ふるまいを仮定せよ〔ヒント：ラウールの法則を用い，平衡において両方の溶液の尿素のモル分率は同じであることに注意せよ〕．

5・23 298 K において純水の蒸気圧は 23.76 mmHg であり，海水の蒸気圧は 22.98 mmHg である．海水が NaCl のみを含むと仮定し，その濃度を評価せよ〔ヒント：塩化ナトリウムは強電解質である〕．

5・24 寒冷気候の木は −60 ℃ くらい低い温度にさらされる．この温度において凍らないでいられる木の幹の中の水溶液の濃度を評価せよ．これは理にかなった濃度であるか．結果についてコメントせよ．

5・25 ジャムが大気圧の条件の下で，長期間腐敗せずに保存できるのはなぜか．説明せよ．

5・26 沸点曲線における正と負のいずれの分子論的解釈を行え．

5・27 アセトン中の安息香酸の凝固点降下の測定よりモル質量が 122 g と求まった．ベンゼン中での同様な測定では 242 g という値が得られた．この違いを説明せよ〔ヒント：溶媒-溶質および溶質-溶質相互作用を考えよ〕．

5・28 車のラジエーターのよく使われる不凍液はエチレングリコール，$CH_2(OH)CH_2(OH)$ である．もし冬の最も寒い日が −20 ℃ ならば，ラジエーターの 6.5 l の水にこの物質を何 ml 加えればよいだろうか．夏に，水の沸騰を防ぐために，ラジエーター中にこの物質を入れたままにしておいてよいだろうか（エチレングリコールの密度と沸点はそれぞれ 1.11 g cm^{-3} と 470 K である）．

5・29 静脈内注射のためには，注射される溶液の濃度は血漿の濃度と同等になるように非常に注意する必要がある．なぜか．

5・30 知られている最も高い木はカリフォルニアのアメリカスギである．アメリカスギの高さを 105 m（およそ 350 フィート）と仮定して，根から木の頂上まで水を押し上げるのに必要な浸透圧を見積もれ．

5・31 液体 A と B の混合物は理想的ふるまいを示す．84 ℃ において A を 1.2 mol, B を 2.3 mol 含む溶液の全蒸気圧は 331 mmHg である．溶液にさらに B を 1 mol 加えると蒸気圧は 347 mmHg に増加した．84 ℃ における純粋な A と B の蒸気圧を計算せよ．

5・32 魚はえらを通して水に溶解した空気を呼吸している．空気中の酸素と窒素の分圧をそれぞれ 0.20 atm と 0.80 atm と仮定して，298 K における水中の酸素と窒素のモル分率を計算せよ．結果についてコメントせよ．

5・33 液体 A（モル質量 100 g mol^{-1}）と B（モル質量 110 g mol^{-1}）は理想溶液をつくる．55 ℃ において A は 95 mmHg の蒸気圧を示し，B は 42 mmHg の蒸気圧を示す．溶液は A と B の等しい重量を混合してつくられる．(a) 溶液中の各成分のモル分率を計算せよ．(b) 55 ℃ における溶液上の A と B の分圧を計算せよ．(c) (b) で記述される蒸気の一部が液体に凝縮したと仮定する．この液体中の各成分のモル分率と 55 ℃ におけるこの液上の各成分の蒸気圧を計算せよ．

5・34 ニワトリの卵白から抽出したリゾチームは 13 930 g mol^{-1} のモル質量を示す．298 K で 50 g の水にこのタンパク質が正確に 0.1 g 溶解している．この溶液の蒸気圧降下，凝固点降下，沸点上昇，浸透圧を計算せよ．298 K の純粋な水の蒸気圧は 23.76 mmHg である．

5・35 溶媒の蒸気圧が純粋な溶媒の上よりも，溶液の上の方が低くなること，および降下の大きさが濃度に比例することを説明するために，以下の議論がよく用いられる．両方の場合に動的平衡が存在し，溶媒分子が液体から蒸発する速度が凝縮する速度と常に等しくなる．凝縮速度は蒸気の分圧に比例するが，蒸発の速度は純粋な溶媒では減じられることはないが，溶液の表面の溶質分子により低下する．それゆえ，脱出の速度は溶質の濃度に比例して低下し，平衡の維持のためには対応する凝縮の速度の低下が必要となり，したがって蒸気相の分圧の降下が必要となる．この議論がなぜ不正確かを説明せよ〔出典：K. J. Mysels, *J. Chem. Educ.*, **32**, 179 (1955)〕．

5・36 0.458 g の重さの化合物を 30.0 g の酢酸に溶解した．溶液の凝固点は純粋な溶媒よりも 1.50 K 降下していることがわかった．化合物のモル質量を計算せよ．

5・37 ある温度において，二つの尿素水溶液がそれぞれ 2.4 atm と 4.6 atm の浸透圧を示す．同じ温度において，こ

れら二つの溶液を等しい体積で混合してできる溶液の浸透圧はいくらか．

5・38 化学捜査官が分析のために白い粉を与えられた．彼女は 0.50 g の物質を 8.0 g のベンゼンに溶解させた．溶液は 3.9 ℃ で凝固した．彼女は化合物がコカイン ($C_{17}H_{21}NO_4$) であると結論することができるだろうか．この分析にはどんな仮定がなされているだろうか．ベンゼンの凝固点は 5.5 ℃ である．

5・39 "持効性"薬剤は一定の速度で体に薬を放出する利点があり，任意の時間において，薬剤濃度を有害な副作用が出るほど高くしない，すなわち副作用が有効でないように濃度を低くしておくことができる．この原理に基づく薬剤の作用の模式図を下に示す．どのように作用するか説明せよ．

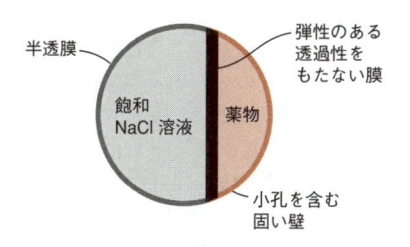

5・40 不揮発性の有機化合物 Z を用いて二つの溶液をつくった．溶液 A は 100 g の水に溶解した 5.00 g の Z を含み，溶液 B は 100 g のベンゼンに Z が 2.31 g 溶解している．溶液 A は水の標準沸点において 754.5 mmHg の蒸気圧を示し，溶液 B はベンゼンの標準沸点において同じ蒸気圧を示す．溶液 A と B の中の Z のモル質量を計算し，違いを説明せよ．

5・41 酢酸分子は極性分子で水分子と水素結合をつくることができる．それゆえ，水に高い溶解度を示す．それにもかかわらず，酢酸は無極性溶媒であり水素結合をつくる能力に欠けているベンゼン (C_6H_6) にも溶解できる．80 g の C_6H_6 中に CH_3COOH 3.8 g を含む溶液の凝固点は 3.5 ℃ である．溶質のモル質量を計算し，その構造を推定せよ〔ヒント: 酢酸分子は同じ分子同士で水素結合をつくることができる〕．

5・42 85 ℃ において A の蒸気圧は 566 Torr で B の蒸気圧は 250 Torr である．圧力が 0.60 atm であるときに，85 ℃ で沸騰する A と B の混合物の組成を計算せよ．同様に，蒸気混合物の組成を計算せよ．理想的ふるまいを仮定せよ．

5・43 以下の各記述について，正しいか誤りかをコメントし，簡単にその答えを説明せよ: (a) 溶液の一成分がラウールの法則に従うなら，他の成分も同じ法則に従わなくてはならない．(b) 理想溶液においては分子間力は小さい．(c) 3.0 M のエタノール水溶液 15.0 ml を 3.0 M のエタノール水溶液 55.0 ml と混合したら，全体積は 70.0 ml である．

5・44 液体 A と B はある温度において理想溶液をつくる．純粋な A と B の蒸気圧はこの温度においてそれぞれ 450 Torr と 732 Torr である．(a) 溶液の蒸気試料を凝縮した．もとの溶液が A を 3.3 mol，B を 8.7 mol 含んでいたとして，凝縮物のモル分率での組成を計算せよ．(b) 平衡のときの A と B の分圧を測定する方法を提案せよ．

5・45 非理想溶液は成分間の分子間力が等しくないことの結果である．この知識に基づき，液体のラセミ混合物が理想溶液としてふるまうか否かについてコメントせよ．

5・46 水のモル沸点上昇定数 (K_b) を計算せよ．水のモル蒸発エンタルピーは 100 ℃ において 40.79 kJ mol^{-1} である．

5・47 つぎの現象を説明せよ．(a) キュウリを濃い塩水につけておくと縮んでピクルスになる．(b) 真水につけておいたニンジンの体積が膨張する．

5・48 以下のデータは 35.2 ℃ における二硫化炭素-アセトン溶液の圧力を示したものである．ラウールの法則とヘンリーの法則からのずれに基づき両成分の活量係数を計算せよ〔ヒント: まず，ヘンリー係数を図を用いて求めよ〕．

x_{CS_2}	0	0.20	0.45	0.67	0.83	1.00
P_{CS_2}/Torr	0	272	390	438	465	512
$P_{C_3H_6O}$/Torr	344	291	250	217	180	0

5・49 73 g のグルコース ($C_6H_{12}O_6$, モル質量 180.2 g) を 966 g の水に溶解して溶液をつくった．この溶液が -0.66 ℃ で凍る場合，溶液中のグルコースの活量係数を計算せよ．

5・50 ある希薄溶液は 20 ℃ において 12.2 atm の浸透圧を示す．溶液中の溶媒の化学ポテンシャルと純粋な水の化学ポテンシャルとの差を計算せよ．密度は水と等しいと仮定せよ〔ヒント: 化学ポテンシャルをモル分率 x_1 を用いて表し，浸透圧式を $\Pi V = n_2 RT$ のように書き直す．ここで n_2 は溶質のモル数で，$V = 1\,l$ である〕．

5・51 45 ℃ において，グルコースのモル分率が 0.080 であるグルコース溶液の水の蒸気圧は 65.76 mmHg である．溶液中の水の活量と活量係数を計算せよ．45 ℃ において純水の蒸気圧は 71.88 mmHg である．

5・52 A が揮発性，B が不揮発性であるときに，A と B の液体二成分系を考える．モル分率による溶液の組成は $x_A = 0.045$ および $x_B = 0.955$ である．混合物からの A の蒸気圧は 5.60 mmHg であり，同じ温度において純粋な A の示す蒸気圧は 196.4 mmHg である．この濃度における A の活量係数を計算せよ．

イオン活量とデバイ・ヒュッケルの極限法則

5・53 つぎの各電解質，KI, $SrSO_4$, $CaCl_2$, Li_2CO_3, $K_3Fe(CN)_6$, $K_4Fe(CN)_6$ について，各イオンの値 (a_+, a_-, γ_+, γ_-, m_+, m_-) を用いて，平均活量，平均活量係数，平均質量モル濃度を示せ．

5・54 つぎの溶液の 298 K におけるイオン強度と平均活量係数を計算せよ．(a) 0.10 mol kg^{-1} NaCl, (b) 0.010

mol kg^{-1} MgCl$_2$, (c) 0.10 mol kg^{-1} K$_4$Fe(CN)$_6$.

5・55 0.010 mol kg^{-1} の H$_2$SO$_4$ 溶液の平均活量係数は 0.544 である. イオンの平均活量はいくらか.

5・56 25 ℃ において 0.20 mol kg^{-1} の Mg(NO$_3$)$_2$ 溶液のイオンの平均活量係数は 0.13 である. 化合物の平均質量モル濃度, 平均活量係数, 活量を計算せよ.

5・57 デバイ・ヒュッケルの極限法則は 2:2 の電解質よりも 1:1 の電解質の方がより信頼できる. このことを説明せよ.

5・58 理論ではデバイ半径とよばれるイオン雰囲気の大きさは $1/\kappa$ であり, κ はつぎのように与えられる.

$$\kappa = \left(\frac{e^2 N_A}{\varepsilon_0 \varepsilon_r k_B T}\right)^{1/2} \sqrt{I}$$

ここで, e は電荷, N_A はアボガドロ定数, ε_0 は真空の誘電率 (8.854×10^{-12} C^2 N^{-1} m^{-2}), ε_r は溶媒の比誘電率, k_B はボルツマン定数, T は絶対温度, I はイオン強度 (第 1 章にあげた物理化学の教科書を参照) である. 25 ℃ の 0.010 mol kg^{-1} Na$_2$SO$_4$ 水溶液のデバイ半径を計算せよ.

5・59 平均活量, 平均質量モル濃度, 平均活量係数を定義するとき, 相加平均よりも相乗平均が好ましい理由を説明せよ.

5・60 0.0020 mol kg^{-1} の MgCl$_2$ 水溶液の 298 K におけるイオン強度を計算せよ. デバイ・ヒュッケルの極限法則を用いて, (a) この溶液中における Mg^{2+} と Cl$^-$ の活量係数と, (b) これらのイオンの平均活量係数を見積もれ.

補充問題

5・61 血漿中と尿中の尿素の濃度がそれぞれ 0.005 mol kg^{-1} と 0.326 mol kg^{-1} であるとしたとき, ヒトの腎臓が血漿から尿へ水 1 kg あたり 0.275 mol の尿素を分泌する際の 37 ℃ におけるギブズエネルギー変化を計算せよ.

5・62 (a) つぎのどちらの表現が二成分溶液中の成分 A の部分モル体積の表現として正しくないか. それはなぜか. どのように訂正したらよいか.

$$\left(\frac{\partial V_m}{\partial n_A}\right)_{T,P,n_B} \quad \left(\frac{\partial V_m}{\partial x_A}\right)_{T,P,x_B}$$

(b) この混合物のモル体積 (V_m) が

$$V_m = 0.34 + 3.6 x_A x_B + 0.4 x_B (1 - x_A) \text{ l mol}^{-1}$$

で与えられるとき, $x_A = 0.20$ のときの A の部分モル体積の式を導け.

5・63 25 ℃ で, モル分率が 0.5 のベンゼン-四塩化炭素溶液の部分モル体積はそれぞれ $\bar{V}_b = 0.106$ l mol^{-1} と $\bar{V}_c = 0.100$ l mol^{-1} である. ここで, 下つき文字 $_b$ と $_c$ は C$_6$H$_6$ と CCl$_4$ を表す. (a) おのおの 1 mol ずつから成る溶液の体積はいくらか. (b) モル体積が C$_6$H$_6 = 0.089$ l mol^{-1} と CCl$_4 = 0.097$ l mol^{-1} であるとき, C$_6$H$_6$ と CCl$_4$ をそれぞれ 1 mol ずつ混合する際の体積変化はいくらか. (c) C$_6$H$_6$ と CCl$_4$ の間の分子間力の特性について何が推論できるか.

5・64 298 K においてトルエン中のポリメタクリル酸メチルの浸透圧を濃度を変えて測定した. ポリマーのモル質量を図を用いて決定せよ.

Π/atm	8.40×10^{-4}	1.72×10^{-3}	2.52×10^{-3}
c/g l^{-1}	8.10	12.31	15.00
Π/atm	3.23×10^{-3}	7.75×10^{-3}	
c/g l^{-1}	18.17	28.05	

5・65 ベンゼンとトルエンは理想溶液をつくる. 混合のエントロピーが最大であるためには各成分のモル分率が 0.5 でなければならないことを証明せよ.

5・66 0.80 atm で 25 ℃ の He 2.6 mol を 2.7 atm で 25 ℃ の Ne 4.1 mol と混合すると仮定する. この過程のギブズエネルギー変化を計算せよ. 理想的ふるまいを仮定せよ.

5・67 二つのビーカーを密閉した容器中に入れる. ビーカー A ははじめ 100 g のベンゼン (C$_6$H$_6$) 中に 0.15 mol のナフタレン (C$_{10}$H$_8$) を含み, ビーカー B ははじめ 100 g のベンゼン中に未知化合物 31 g を含んでいる. 平衡において, ビーカー A は 7.0 g を失っていることがわかった. 理想的ふるまいを仮定して, 未知化合物のモル質量を計算せよ. 行った仮定をすべて記せ.

5・68 以下の表のデータが与えられているとき, KI 溶液の溶解熱を求めよ.

	NaCl	NaI	KCl	KI
格子エネルギー/kJ mol^{-1}	787	700	716	643
溶解熱/kJ mol^{-1}	3.8	-5.1	17.1	?

5・69 神経細胞の細胞内液での K$^+$ と Na$^+$ の濃度は, それぞれ, 約 400 mM と 50 mM であるが, 細胞外液での K$^+$ と Na$^+$ の濃度は, それぞれ, 20 mM と 440 mM である. 細胞内での電位が細胞外に対して -70 mV であるとき, それぞれのイオン 1 mol が, 37 ℃ での濃度勾配に逆らって, 輸送されるときのギブズエネルギー変化を求めよ.

5・70 本章 (図 5・12, 図 5・17, 図 5・19 を参照) では, 濃度依存性をもった物理量を溶質濃度が 0 のところまで補外して値を求めた. これらの補外値はどのような物理的な意味をもつのだろうか. また, これらの値が純粋の溶媒の値と異なるのはなぜかを説明せよ.

5・71 (a) 植物の根の細胞は土壌の水よりも相対的に浸透圧の高い溶液 (高張液) を含む. したがって水は根の中に浸透する. 氷を溶かすために塩 (NaCl と CaCl$_2$) を道路にまくことがなぜ近くの樹に有害なのかを説明せよ.

(b) 尿がヒトの身体から排出される直前, 腎臓中の集合管は塩分濃度が血液や組織中よりもかなり大きい液体の中を通る. どのようにしてこのことが身体の中に水を保持することに役立つのかを説明せよ.

5・72 非常に長いパイプの一方の端が半透膜で閉じられている. このパイプを海中に入れたとき, どのくらいの深さ (m) まで沈めれば, この半透膜を通して真水が浸透し

てくるようになるか. 海水は 20 ℃ で 0.70 M NaCl 溶液であるとせよ. また, 海水の密度は 1.03 g cm^{-3} とせよ.

5・73 (a) デバイ・ヒュッケルの極限法則を用いて, 25 ℃ における 2.0×10^{-3} mol kg^{-1} の Na$_3$PO$_4$ 溶液の $\gamma_{\pm}$ の値を計算せよ. (b) Na$_3$PO$_4$ 溶液について γ_+ と γ_- の値を計算せよ. それらの値から $\gamma_{\pm}$ を求め, (a) で得られた値と同じであることを示せ.

5・74 (a) 水中および, (b) 6.5×10^{-5} M の MgSO$_4$ 溶液中における BaSO$_4$ の溶解度 (g l^{-1} の単位で) を計算せよ. ただし, BaSO$_4$ の溶解度積は 1.1×10^{-10} である. 理想的なふるまいを仮定せよ.

5・75 AgCl の熱力学的溶解度積は 1.6×10^{-10} である. (a) 0.020 M の KNO$_3$ 溶液中および (b) 0.020 M の KCl 溶液中における [Ag$^+$] の値を求めよ.

5・76 シュウ酸 (COOH)$_2$ はホウレン草などの多くの植物や野菜の中に含まれる有毒性の化合物である. シュウ酸カルシウムはごくわずか水に溶け (25 ℃ で $K_{sp} = 3.0 \times 10^{-9}$), その摂取は腎臓結石の原因となる. (a) 水中におけるシュウ酸カルシウムの, 見かけの溶解度と熱力学的溶解度, および (b) 0.010 M の Ca(NO$_3$)$_2$ 溶液中におけるカルシウムイオンとシュウ酸イオンの濃度を計算せよ. ただし, (b) では理想的なふるまいを仮定せよ.

5・77 0.010 mol kg^{-1} の酢酸溶液の凝固点降下は 0.0193 K である. この濃度における酢酸の解離度を計算せよ.

5・78 イオン化合物 Co(NH$_3$)$_5$Cl$_3$ の 0.010 mol kg^{-1} 水溶液の凝固点降下は 0.0558 K である. このことから, この化合物の構造について何が言えるか. ただし, この化合物は強電解質であると仮定せよ.

5・79 血漿の浸透圧は, 37 ℃ において約 7.5 atm である. 溶解しているすべての化学種の濃度の総計, および血漿の凝固点を見積もれ.

5・80 図 5・22 を参照して, 以下の場合について 298 K における浸透圧を計算せよ. (a) 左の区画には 1 l 中に 200 g のヘモグロビンを含む溶液を, 右の区画には純水を置いた場合. (b) 左の区画には (a) と同じヘモグロビン溶液を, 右の区画には初期状態で 1 l 中に 6.0 g の NaCl を含む溶液を置いた場合. ただし, 溶液の pH については, ヘモグロビン分子が Na$^+$ Hb$^-$ の形となるような pH 領域であると仮定せよ (ヘモグロビンのモル質量は 65 000 g mol^{-1} である).

5・81 抗生物質グラミシジン A は, ある細胞に, チャネルあたり Na$^+$ イオン 5.0×10^7 個 s^{-1} の速度で Na$^+$ イオンを運ぶことができる. 細胞内の体積が 2.0×10^{-10} ml の細胞において, 8.0×10^{-3} M だけ Na$^+$ イオンの濃度を上げるのに要する時間を秒の単位で計算せよ.

5・82 細胞内のグルコース濃度は 0.12 mM で, 細胞外側の濃度は 12.3 mM である. 37 ℃ において, 細胞へ 3 mol のグルコースが移動する際のギブズエネルギー変化を計算せよ.

5・83 図 5・22 に関して, 左の区画に 0.0010 M の濃度でタンパク質溶液 (Na$_{30}$P) があるとしよう. 右の区画の NaCl 溶液の濃度が 0 M, 0.10 M, 2.0 M, 10 M の場合, 溶液の浸透圧を計算せよ. 温度は 298 K とする.

5・84 式 (5・34) と式 (5・37) を使って, 表 5・2 にある水の K_b と K_f を計算せよ.

5・85 水を輸送するアクアポリンを含む細胞と含まない細胞の 2 種類を実験的に区別する方法を述べよ.

6

化 学 平 衡

　第5章では，非電解質溶液と電解質溶液の物理平衡について議論したが，本章では気相および凝縮相における化学平衡に注目する．平衡とは，何の経時変化も観測されない状態である．すなわち，平衡では化学反応の反応物と生成物の濃度が一定に保たれている．しかしながら，分子レベルで見ると活発に化学反応が起こっている．というのは，平衡においても反応物分子は生成物分子を生成し続ける一方で，生成物分子は反応物分子へ戻る反応をし続けるからである．この過程は，動的平衡の一つの例である．熱力学の法則を用いることにより，さまざまな化学反応条件下における平衡組成を予測することができる．さらには，生物学的過程にも熱力学的原理を適用してみる．

6・1 気体系の化学平衡

　本節では，気相中の化学反応のギブズエネルギー変化を，反応種の濃度および温度に関係づける式を誘導する．まずはじめに，すべての気体が理想的にふるまう場合について考える．

理想気体

　最も単純な化学平衡

$$A(g) \rightleftharpoons B(g)$$

の例としては，シス-トランス異性化，ラセミ化，シクロプロパンからプロペンを生成する開環反応があげられる．化学反応の進行は，**反応進行度**（extent of reaction）とよばれる量 ξ（ギリシャ文字のグザイ）を使ってモニターできる．微少量のAがBに変化したとすると，Aの変化量は $dn_A = -d\xi$ であり，Bの変化量は $dn_B = +d\xi$ である．ここで dn は，何モル変化したかを表す．この変化が一定温度 T および一定圧力 P で起こるときのギブズエネルギー変化は次式で与えられる．

$$\begin{aligned}dG &= \mu_A dn_A + \mu_B dn_B = -\mu_A d\xi + \mu_B d\xi \\ &= (\mu_B - \mu_A) d\xi\end{aligned} \quad (6 \cdot 1)$$

ここで μ_A と μ_B は，それぞれAとBの化学ポテンシャルを表している．式(6・1)を書き直すと

$$\left(\frac{\partial G}{\partial \xi}\right)_{T,P} = \mu_B - \mu_A \quad (6 \cdot 2)$$

$(\partial G/\partial \xi)_{T,P}$ の値は，$\Delta_r G$ によって表される．$\Delta_r G$ は，1 mol あたりの反応におけるギブズエネルギー変化であり，単位は kJ mol^{-1} である*．

　反応の間，化学ポテンシャルは系の組成の変化と共に変わる．反応は G が減少する方向，すなわち $(\partial G/\partial \xi)_{T,P} < 0$ の方向へ進行する．したがって，$\mu_A > \mu_B$ のときは正反応（AからBへの反応）が自発的に進行するが，$\mu_B > \mu_A$ のときには逆反応（BからAへの反応）が自発的に進行する．平衡では $\mu_A = \mu_B$ であり

$$\left(\frac{\partial G}{\partial \xi}\right)_{T,P} = 0$$

となる．

　図6・1は，反応進行度に対するギブズエネルギーのプロットを示している．一定温度 T および一定圧力 P の下では

$\Delta_r G < 0$ 　正反応が自発的
$\Delta_r G > 0$ 　逆反応が自発的
$\Delta_r G = 0$ 　反応系は平衡

である．

　より複雑な場合を考えてみる．

$$a A(g) \rightleftharpoons b B(g)$$

a および b は化学量論係数である．式(5・10)によると，

---
* 簡単のために kJ (mol 反応$^{-1}$) ではなく kJ mol^{-1} の単位を使う．

6・1 気体系の化学平衡

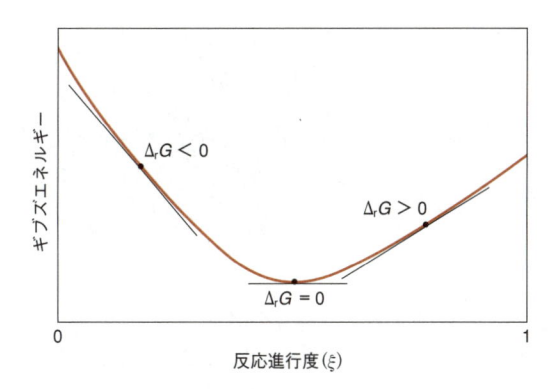

図 6・1 反応進行度に対するギブズエネルギーのプロット。反応系が平衡にあるとき曲線の勾配は 0 である。

混合物中の i 番目の成分の化学ポテンシャルは，理想的ふるまいを仮定したとき

$$\mu_i = \mu_i^\circ + RT \ln \frac{P_i}{P^\circ}$$

で与えられる．ここで，P_i は混合物中の成分 i の分圧，μ_i° は成分 i の標準化学ポテンシャルであり，$P^\circ = 1\,\text{bar}$ である．したがって

$$\mu_A = \mu_A^\circ + RT \ln \frac{P_A}{P^\circ} \quad (6 \cdot 3a)$$

$$\mu_B = \mu_B^\circ + RT \ln \frac{P_B}{P^\circ} \quad (6 \cdot 3b)$$

と書ける．反応ギブズエネルギー変化 $\Delta_r G$ は

$$\Delta_r G = b\mu_B - a\mu_A \quad (6 \cdot 4)$$

と表すことができる．式(6・3)を式(6・4)に代入して

$$\Delta_r G = b\mu_B^\circ - a\mu_A^\circ + bRT \ln \frac{P_B}{P^\circ} - aRT \ln \frac{P_A}{P^\circ} \quad (6 \cdot 5)$$

を得る．標準反応ギブズエネルギー変化 $\Delta_r G^\circ$ は，ちょうど反応物と生成物の標準ギブズエネルギーの差である．すなわち

$$\Delta_r G^\circ = b\mu_B^\circ - a\mu_A^\circ$$

したがって，式(6・5)を

$$\Delta_r G = \Delta_r G^\circ + RT \ln \frac{(P_B/P^\circ)^b}{(P_A/P^\circ)^a} \quad (6 \cdot 6)$$

と書くことができる．定義より平衡では $\Delta_r G = 0$ であるから式(6・6)は

$$0 = \Delta_r G^\circ + RT \ln \frac{(P_B/P^\circ)^b}{(P_A/P^\circ)^a}$$

$$0 = \Delta_r G^\circ + RT \ln K_P$$

すなわち

$$\Delta_r G^\circ = -RT \ln K_P \quad (6 \cdot 7)$$

K_P は平衡定数であり（下つき文字 P は反応種の濃度が圧力で表されていることを示している），

$$K_P = \frac{(P_B/P^\circ)^b}{(P_A/P^\circ)^a} = \frac{P_B^b}{P_A^a}(P^\circ)^{a-b} \quad (6 \cdot 8)$$

で与えられる．

式(6・7)は，化学熱力学において最も重要かつ役に立つ式の一つであり，平衡定数 K_P と標準反応ギブズエネルギー変化 $\Delta_r G^\circ$ をきわめて簡潔に関係づけている．$\Delta_r G^\circ$ はある与えられた温度の下では定数であり，反応物と生成物の性質にのみ依存することを覚えておこう．ここの例では，上に示す通り $\Delta_r G^\circ$ は，温度 T および圧力 1 bar の状態の A が，同じく温度 T で圧力 1 bar の状態にある B へと変化する反応 1 mol あたりの標準ギブズエネルギー変化である．図 6・2 は $\Delta_r G^\circ < 0$ の反応について，反応進行度に対するギブズエネルギーを示している．反応物と生成物が混合しないときは，ギブズエネルギーは反応が進行するにつれて直線的に減少し，最終的にはすべての反応物が生成物へと変化するだろう．しかしながら式(5・11)が示す通り，$\Delta_{mix} G$ は負の量であるから，実際の反応経路におけるギブズエネルギーは，非混合の場合よりも低くなるだろう．結果として，ギブズエネルギーの最小値をとる点である平衡点は，これらの二つの相反する傾向，すなわち反応物から生成物へと変化する傾向と生成物と反応物が混合しようと

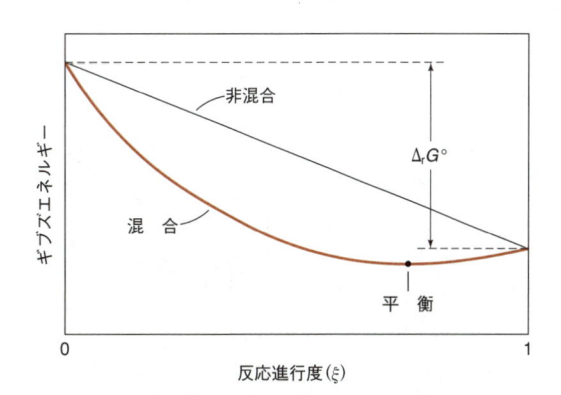

図 6・2 $a\,\text{A(g)} \rightleftharpoons b\,\text{B(g)}$ の反応について $\Delta_r G^\circ < 0$ を仮定したときの反応進行度に対する全ギブズエネルギー．平衡は生成物側に偏っている．ギブズエネルギーが最小値をとる平衡点は，$\Delta_r G^\circ$ と混合ギブズエネルギーの折り合いの付く点になることに注意する．

式(6・7)は, $\Delta_r G°$ の値を知れば平衡定数 K_P を計算することができ, また逆に K_P から $\Delta_r G°$ を知ることができることを示している. §4・7で議論したように, 標準反応ギブズエネルギーは, ちょうど生成物と反応物の標準生成ギブズエネルギー ($\Delta_f G°$) の差である. したがって, ある反応を定義したときにその反応の平衡定数は, 付録2に列挙した $\Delta_f G°$ 値と式(6・7)から通常計算できる. これらの値はすべて298 Kのときの値であることに注意する. 本章の後半 (§6・4) で, 298 Kにおける K_P の値がわかっているときの, 他の温度における K_P の値の求め方を, 学ぶ予定である.

最後に, 平衡定数は温度のみの関数であり ($\mu°$ は温度のみに依存するから) 無次元であることに注意しよう. これは, K_P の式において, 各圧力項を標準状態の値 1 bar で割り算しており, それによって P の値を変えることなく圧力の単位が相殺されることによる.

例題 6・1

付録2に列挙した熱力学データを用いて, 298 Kにおける下の反応の平衡定数を求めよ.

$$N_2(g) + 3 H_2(g) \rightleftharpoons 2 NH_3(g)$$

解 上の化学反応式に対する平衡定数は

$$K_P = \frac{(P_{NH_3}/P°)^2}{(P_{N_2}/P°)(P_{H_2}/P°)^3}$$

で与えられる. K_P の値を計算するために, 式(6・7)と $\Delta_r G°$ の値が必要である. 式(4・28)と付録2から

$$\begin{aligned}\Delta_r G° &= 2 \Delta_f \overline{G}°(NH_3) - \Delta_f \overline{G}°(N_2) - 3 \Delta_f \overline{G}°(H_2) \\ &= (2)(-16.6\,\text{kJ mol}^{-1}) - (0) - (3)(0) \\ &= -33.2\,\text{kJ mol}^{-1}\end{aligned}$$

を得る. 式(6・7)より

$$-33\,200\,\text{J mol}^{-1} = -(8.314\,\text{J K}^{-1}\,\text{mol}^{-1})(298\,\text{K}) \ln K_P$$
$$\ln K_P = 13.4$$

すなわち

$$K_P = 6.6 \times 10^5$$

コメント 化学反応式を

$$\tfrac{1}{2} N_2(g) + \tfrac{3}{2} H_2(g) \rightleftharpoons NH_3(g)$$

と書いたとしたら, $\Delta_r G°$ の値は $-16.6\,\text{kJ mol}^{-1}$ であり, 平衡定数は以下のように求めることに注意する.

$$K_P = \frac{(P_{NH_3}/P°)}{(P_{N_2}/P°)^{1/2}(P_{H_2}/P°)^{3/2}} = 8.1 \times 10^2$$

したがって, 釣り合いのとれた化学式を n 倍したときは, 常に平衡定数 K_P を K_P^n へと換える. ここでは $n = 1/2$ であるから, K_P を $K_P^{1/2}$ に換えた.

式(6・7)に関するより詳しい考察

標準反応ギブズエネルギー変化, $\Delta_r G°$, は通常0ではない. 式(6・7)は, もし $\Delta_r G°$ が負の値をもつならば, 平衡定数は1より大きいということを示している. 事実, ある温度で $\Delta_r G°$ が負に大きいほど, K_P は大きくなる. もし, $\Delta_r G°$ が正の値をもつならば, 逆のことが成立し, 平衡定数は1より小さくなる. もちろん, ただ $\Delta_r G°$ が正であるからといって, 反応が進行しないわけではない. たとえば, もし $\Delta_r G° = 10\,\text{kJ mol}^{-1}$ で $T = 298\,\text{K}$ のとき, $K_P = 0.018$ である. 0.018は1に比べ小さいけれども, 大量の反応物を反応させたら, 平衡において十分検知できる程度の生成物がそれでも得られるだろう. $\Delta_r G° = 0$ という特別な場合もあり, そのとき K_P の値は1である. すなわち, 平衡においては生成物と反応物の有利さ加減は等しい.

理解を深めるために, $\Delta_r G°$ および K_P に影響する因子について考察しよう. 式(4・21)から

$$\Delta_r G° = \Delta_r H° - T \Delta_r S°$$

を得るので, 温度 T での平衡定数は二つの項, すなわちエンタルピー変化の項と温度とエントロピー変化の積の項とによって支配されていることがわかる. 室温以下での多くの発熱反応 ($\Delta_r H° < 0$) では, 上記の右辺の第一項が支配的である. この結果, K_P は1より大きな値となり, したがって生成物は反応物に比べて有利となる. 吸熱反応 ($\Delta_r H° > 0$) では, $\Delta_r S° > 0$ の場合のみ平衡は生成物に有利であって, 反応は高温でのみ進行する. このことを理解するために, $A \to B$ の段階が吸熱的であるようなつぎの反応を考えよう.

$$A \rightleftharpoons B$$

図6・3に示すように, Aのエネルギー準位はBのそれよりも低く, したがってAからBへの変換はエネルギー的には不利である. これはすべての吸熱反応の性質である. しかし, Bのエネルギー準位の間隔はより密であるので, ボルツマン分布則 (式3・22参照) に基づいて考えると, B分子のエネルギー準位にわたる分布の広がりはA分子のそれよりも大きいことがわかる. その結果, Bのエントロピーはエントロピーよりも大きくなり, $\Delta_r S° > 0$ となる. したがって十分高い温度では, $T \Delta_r S°$ の項は $\Delta_r H°$ の項より

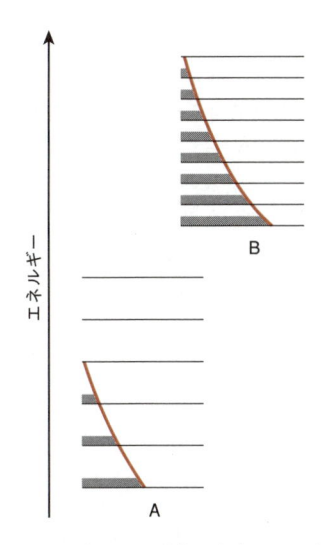

図 6・3 B のエネルギー準位の占有は A よりも大きく，その結果，B の微視的状態はより多く，B のエントロピーは A のエントロピーより大きい．平衡状態では，たとえ A→B が吸熱反応であっても B が生成する．

も大きさが勝り，結果として $\Delta_r G°$ は負の値をもつ．

$T\Delta_r S°$ に対する $\Delta_r H°$ の相対的な重要性の実例として，石灰岩やチョーク ($CaCO_3$) の熱分解反応を考えてみよう．

$$CaCO_3(s) \rightleftharpoons CaO(s) + CO_2(g)$$
$$\Delta_r H° = 177.8 \text{ kJ mol}^{-1}$$

付録 2 のデータを使って，$\Delta_r S° = 160.5 \text{ J K}^{-1} \text{ mol}^{-1}$ を得る．298 K では，

$$\Delta_r G° = 177.8 \text{ kJ mol}^{-1} - $$
$$(298 \text{ K})(160.5 \text{ J K}^{-1} \text{ mol}^{-1})\left(\frac{1 \text{ kJ}}{1000 \text{ J}}\right)$$
$$= 130.0 \text{ kJ mol}^{-1}$$

である．$\Delta_r G°$ は正に大きな値であるので，反応は 298 K において生成物の生成に有利ではないと結論できる[*1]．実際，発生した CO_2 の圧力は室温において非常に低く，測定できないレベルである．$\Delta_r G°$ が負の値をとる条件を考えるため，$\Delta_r G°$ が 0 になる温度をまず求めよう．すなわち，

$$0 = \Delta_r H° - T\Delta_r S°$$

ここから，

$$T = \frac{\Delta_r H°}{\Delta_r S°}$$
$$= \frac{177.8 \text{ kJ mol}^{-1}}{160.5 \text{ J K}^{-1} \text{ mol}^{-1}} \cdot \frac{1000 \text{ J}}{1 \text{ kJ}}$$
$$= 1108 \text{ K または } 835 \text{ °C}$$

である．835 °C より高温では，$\Delta_r G°$ は負になり，つまり反応は CaO と CO_2 の生成に有利になる．たとえば，840 °C (1113 K) では，

$$\Delta_r G° = \Delta_r H° - T\Delta_r S°$$
$$= 177.8 \text{ kJ mol}^{-1} - $$
$$(1113 \text{ K})(160.5 \text{ J K}^{-1} \text{ mol}^{-1})\left(\frac{1 \text{ kJ}}{1000 \text{ J}}\right)$$
$$= -0.8 \text{ kJ mol}^{-1}$$

である．

上記の計算について，指摘しておくべきことが二つある．一つは，25 °C での $\Delta_r H°$ と $\Delta_r S°$ の値を用いてそれよりはるかに高温で起こる変化を計算したという点である．$\Delta_r H°$ と $\Delta_r S°$ は共に温度に対して変化するので，このやり方では $\Delta_r G°$ について正確な値を得ることはできないものの，大よその見積もりには十分よい．第二に，835 °C 以下では何も起こらず，835 °C になると $CaCO_3$ が突然分解し始めると誤解してはいけないという点である．それは大きな間違いである．835 °C 以下のある温度で $\Delta_r G°$ が正の値をとるということは，CO_2 がまったく生成しないということを意味するわけではない．その温度で生成した CO_2 ガスの圧力が 1 bar (標準状態の値) より低いということを意味するのである．CO_2 の平衡圧力が 1 bar に到達する温度というのが 835 °C のもつ意味である．835 °C より高温では，CO_2 の平衡圧力は 1 bar を超える．

$\Delta_r G°$ と $\Delta_r G$ の比較

すべてが標準状態にある (つまりすべてが 1 bar にある) 反応物の気相反応から考察を始めよう．反応が始まるとすぐに，反応物あるいは生成物には標準状態の条件は成立しなくなる．なぜなら，それらの圧力は 1 bar ではなくなるからである．標準状態ではない条件の下では，反応の方向を予想するのに $\Delta_r G°$ よりも $\Delta_r G$ を用いなければならない．

標準反応ギブズエネルギー変化 ($\Delta_r G°$) と式 (6・6) から $\Delta_r G$ の値[*2]を求めることができる．$\Delta_r G$ の値は二つの項，すなわち $\Delta_r G°$ と濃度依存項から決めることができる．ある設定された温度の下で $\Delta_r G°$ は一定であるが，気体の分圧を調節することにより $\Delta_r G$ の値を変えることができる．反応物と生成物の分圧から成る比率は平衡定数の形をしているが，P_A と P_B が平衡における分圧でない限り，それは平衡定数では**ない**．一般に，式 (6・6) は

$$\Delta_r G = \Delta_r G° + RT \ln Q \qquad (6・9)$$

と書き直すことができる．ここで，Q は**反応比** (reaction quotient) であり，$\Delta_r G = 0$ でない限り平衡定数，K_P とは等しくならない．式 (6・6) または式 (6・9) の有用さは，反

[*1] この反応の K_P は実質的に 0 である．

[*2] $\Delta_r G°$ ではなく，$\Delta_r G$ の符号が自発的な反応の方向を定める．

応種の濃度がわかっているときに，自発変化の方向を知ることができる点にある[*1]．式(6・9)の $RT \ln Q$ が $\Delta_r G°$ と逆符号で同じ程度の大きさをもつくらいに反応物もしくは生成物のどちらかが大量に存在する場合を除くと，$\Delta_r G°$ の絶対値が大きい（50 kJ mol^{-1} 以上）場合は，反応の進む方向はおもに $\Delta_r G°$ だけで決定される（$\Delta_r G$ の符号はおもに $\Delta_r G°$ の符号で決まる）．$\Delta_r G°$ の絶対値が小さい（たとえば 10 kJ mol^{-1} 以下）ときは，反応はどちらにも進行しうる．

例題 6・2

$$N_2O_4(g) \rightleftharpoons 2\,NO_2(g)$$

の反応の平衡定数（K_P）は 298 K において 0.113 である．これは 5.40 kJ mol^{-1} の標準ギブズエネルギー変化に相当する．ある実験で，初期圧力が $P_{NO_2} = 0.122$ bar および $P_{N_2O_4} = 0.453$ bar であった．これらの圧力での反応の $\Delta_r G$ を計算し，正味の反応の方向を予測せよ．

解 正味の反応の方向を求めるためには，式(6・9)と与えられた $\Delta_r G°$ の値を使って非標準状態でのギブズエネルギー変化（$\Delta_r G$）を計算する必要がある．それぞれの分圧は 1 bar の標準状態の値で割ってあるので，分圧は反応比 Q においては無次元の量として表されていることに注意する必要がある．

$$\begin{aligned}\Delta_r G &= \Delta_r G° + RT \ln Q \\ &= \Delta_r G° + RT \ln \frac{P_{NO_2}^2}{P_{N_2O_4}} \\ &= 5.40 \times 10^3 \text{ J mol}^{-1} + \\ &\quad (8.314 \text{ J K}^{-1}\text{mol}^{-1})(298\text{ K}) \times \ln \frac{(0.122)^2}{0.453} \\ &= 5.40 \times 10^3 \text{ J mol}^{-1} - 8.46 \times 10^3 \text{ J mol}^{-1} \\ &= -3.06 \times 10^3 \text{ J mol}^{-1} \\ &= -3.06 \text{ kJ mol}^{-1}\end{aligned}$$

$\Delta_r G < 0$ なので，正味の反応は平衡に向かって左から右へと進行する．

コメント $\Delta_r G° > 0$ であるけれども，最初は生成物の濃度（圧力）は反応物のそれよりも小さいために，反応は生成物の生成に有利となるという点に注意しよう．

実在気体

実在気体の場合，平衡定数はどんな形で表されるのだろうか．第 2 章で見たように，実在気体のふるまいは理想気体の式で表すことができず，たとえばファンデルワールス式やビリアル方程式のような，より正確な状態方程式を必要とする．しかしながら，もしファンデルワールス式を，たとえばすべての気体に対して用いて P の値を計算しようとし，さらにこの値を平衡定数式に代入するとしたら，最終的な式は大変扱いにくいものになるだろう．代わりに，第 5 章で濃度に対して活量を用いたような方法で，より簡略化した方法を採用する．実在気体に対して，**フガシティー**（fugacity）とよばれ f で表される新しい変数を定義して，分圧の代理を務めさせる．式(6・3)は理想気体にのみ当てはまるが，実在気体に対しては

$$\mu = \mu° + RT \ln \frac{f}{P°} \tag{6・10}$$

と書かなければいけない．フガシティーは，圧力と同じ次元をもつ．低圧では気体は理想的にふるまい，フガシティーと圧力は等しいが，圧力が増すとそれらにずれが生じる．実在気体が 1 bar にあって理想的にふるまうとした仮想的な状態を，実在気体のフガシティーについての標準状態として定義する．一般的に

$$\lim_{P \to 0} f = P$$

である．フガシティー係数は γ で表され

$$\gamma = \frac{f}{P} \tag{6・11}$$

で与えられる[*2]．また

$$\lim_{P \to 0} \gamma = 1$$

となる．圧力は直接測定できるが，フガシティーは気体についての P–V–T データと適当な状態方程式を用いての計算によってのみ得られる[*3]，ということを理解することは重要である．

式(6・10)から出発して，先に議論した仮想的な反応（$a\,A \rightleftharpoons b\,B$）に対する平衡定数 K_f（ここで下つき文字 f はフガシティーを表す）を導出しよう．

$$K_f = \frac{(f_B/1\text{ bar})^b}{(f_A/1\text{ bar})^a} \tag{6・12}$$

$f = \gamma P$ であるから，式(6・12)は

$$K_f = \frac{\gamma_B^b (P_B/1\text{ bar})^b}{\gamma_A^a (P_A/1\text{ bar})^a} = K_\gamma K_P \tag{6・13}$$

[*1] もう一つの方法として，Q と K_P を比較することにより反応の進行方向を決めることもできる．式(6・7)と式(6・9)から，$\Delta_r G = RT \ln(Q/K_P)$ となることが示される．したがって，もし $Q < K_P$ なら，$\Delta_r G$ は負であり，反応は正方向（左から右）へ進行する．もし $Q > K_P$ なら，$\Delta_r G$ は正である．この場合，反応は逆方向（右から左）へ進行する．

[*2] $\gamma < 1$ は分子間引力がおもに働いていることを示している．逆に $\gamma > 1$ は反発的な分子間力が働いていることを意味する．

[*3] フガシティーの導出の仕方は，p.4 にあげた一般的な物理化学のテキストで議論されている．

と書き直すことができる．K_γ は γ_B^b/γ_A^a で，K_P は $(P_B^b/P_A^a)\cdot(1\text{ bar})^{a-b}$ で与えられる．式(6・12)または式(6・13)で定義される K_f は**熱力学平衡定数**(thermodynamic equilibrium constant) とよばれ，厳密な結果を与える（フガシティーが正確にわかっていれば）．一方，K_P は定数でなく，ある与えられた温度で圧力に依存するので，**見かけの平衡定数**(apparent equilibrium constant) とよばれる．理想気体の反応において，K_f は K_P と等しい．多くの工業的な過程の平衡定数の計算には，フガシティーを用いることが不可欠である．たとえば水素と窒素からアンモニアを合成する反応では反応気体を数百 bar の圧力にして行う．表 6・1 からわかるように，このような高圧下では K_P と K_f に顕著なずれが生ずる．生物学的な過程は普通は大気圧の条件下で起こるため，気体はほぼ理想的にふるまい，圧力だけを用いても平衡定数の信頼できる値が見積もれる．このため生体系の平衡過程の研究においてはフガシティーを用いる必要はない．

表 6・1 450 ℃ における反応，$\frac{1}{2}\text{N}_2(\text{g}) + \frac{3}{2}\text{H}_2(\text{g}) \rightleftharpoons \text{NH}_3(\text{g})$ の平衡定数†

全圧/bar	K_P	K_f
10.2	0.0064	0.0064
30.3	0.0066	0.0064
50.6	0.0068	0.0065
101.0	0.0072	0.0064
302.8	0.0088	0.0062
606	0.0130	0.0065

† A. J. Larson, *J. Am. Chem. Soc.*, **46**, 367 (1924) のデータによる．

6・2 溶液中の反応

溶液中の反応種の濃度は，通常，質量モル濃度かモル濃度で表すが，溶液中の化学平衡の扱いは気相中のときと類似している．再び仮想的な反応の考察から始めよう．今回は溶液中である．

$$a\text{A} \rightleftharpoons b\text{B}$$

A と B は非電解質溶質である．理想的ふるまいを仮定し，かつ，溶質の濃度を質量モル濃度で表す．式(5・27)から

$$\mu_A = \mu_A^\circ + RT\ln\frac{m_A}{m^\circ}$$

を得る．m° は 1 mol (kg 溶媒)$^{-1}$ を表す．§6・1 において理想気体に対して用いたのと同じ手順に従って，標準ギブズエネルギー変化を得る．

$$\Delta_r G^\circ = -RT\ln K_m \quad (6\cdot 14)$$

ここで

$$K_m = \frac{(m_B/m^\circ)^b}{(m_A/m^\circ)^a}$$

である．溶質の濃度をモル濃度で表す場合には，平衡定数は

$$K_c = \frac{([\text{B}]/1\text{ M})^b}{([\text{A}]/1\text{ M})^a}$$

という形をとる．[ ] は mol l^{-1} を意味する．また，各濃度項は標準状態の値（1 mol kg^{-1} または 1 M）で割り算しているので，K_m と K_c は再び無次元量である．非平衡反応についてギブズエネルギー変化は

$$\Delta_r G = \Delta_r G^\circ + RT\ln Q$$

で与えられる．ここで Q は反応比である．

非理想溶液のとき，濃度を活量で置き換えなければいけない．式(5・25)から，i 番目の成分の化学ポテンシャルは

$$\mu_i = \mu_i^\circ + RT\ln a_i$$

と書く．濃度を活量で置換することは，圧力をフガシティーで置き換えることに類似している．上記の化学ポテンシャルの表式から出発して，熱力学平衡定数 K_a を得る．

$$K_a = \frac{a_B^b}{a_A^a} \quad (6\cdot 15)$$

$a = \gamma m$ であるから，式(6・15)は

$$K_a = \frac{\gamma_B^b}{\gamma_A^a} \times \frac{(m_B/m^\circ)^b}{(m_A/m^\circ)^a} = K_\gamma K_m \quad (6\cdot 16)$$

と書くことができる．K_γ は (γ_B^b/γ_A^a) で与えられ，非理想溶液反応の見かけの平衡定数 K_m は，$(m_B^b/m_A^a)(m^\circ)^{a-b}$ で与えられる．

6・3 不均一系平衡

これまでは，均一系の平衡，すなわち単一相中で起こる反応について集中的に考察した．本節では，反応物と生成物が 2 相以上において存在するときの不均一系平衡について考察する．

閉じた系で炭酸カルシウムを熱分解する反応を考える．

$$\text{CaCO}_3(\text{s}) \rightleftharpoons \text{CaO}(\text{s}) + \text{CO}_2(\text{g})$$

二つの固体と一つの気体が三つの異なる相を形成する．この反応の平衡定数を

$$K_c' = \frac{[\text{CaO}][\text{CO}_2]}{[\text{CaCO}_3]}$$

のように書くことができるだろう．しかしながら，慣習により固体の濃度は平衡定数の表式に含めないことにする．どんな純粋な固体の濃度も，固体に含まれる全物質量（モル数）を固体の体積で割った比率である．固体の一部を取除くと固体のモル数は減少するが，同様に固体の体積も小さくなる．逆の場合も正しくて，固体物質を加えると固体のモル数が増えるが，体積も大きくなる．この理由で，固体の体積に対するモル数の比率は常に一定である．よって，最初に用いる $CaCO_3$ の量にかかわらず，平衡において多少なりとも固体が存在する限り，生成する CO_2 と CaO の相対的な量は常に同じである．そこで，先に与えられた平衡定数表式は以下のように変形できる．

$$\frac{[CaCO_3]}{[CaO]} K_c' = [CO_2]$$

$[CaCO_3]$ と $[CaO]$ は共に定数であるから，左辺のすべての項は定数であり

$$K_c = [CO_2]$$

と書く．K_c は"新しい"平衡定数で，$[CaCO_3] K_c'/[CaO]$ で与えられる．さらに都合のよいことに，CO_2 の圧力は測定できるから

$$K_P = P_{CO_2}$$

と書くことができる．$[CO_2]$ は標準状態における値 1 M で，P_{CO_2} は 1 bar で，それぞれ割り算しているので，K_c と K_P は共に無次元である．平衡定数 K_c と K_P は，互いに単純に関係づけられる（問題 6・1 参照）．

不均一系の平衡は，見かけの平衡定数の代わりに熱力学平衡定数を書くことで，より簡単に取扱うことができる．濃度を活量で置き換えて

$$K_a = \frac{a_{CaO} a_{CO_2}}{a_{CaCO_3}}$$

と書き，慣習により，標準状態（すなわち 1 bar）における純粋固体（および純粋液体）の活量は 1 とする．すなわち $a_{CaO}=1$ および $a_{CaCO_3}=1$ である．穏和な圧力下における反応について，それらの値は 1 から大きく外れないと仮定することができ，平衡定数を CO_2 のフガシティーによって書くことができる．

$$K_a = \frac{f_{CO_2}}{1\ bar}$$

または，気体の理想的ふるまいを仮定して

$$K_P = \frac{P_{CO_2}}{1\ bar}$$

ここでフガシティーと圧力は bar の単位をもつ．図 6・4 は $CaCO_3$ の熱分解における CO_2 の平衡圧力を温度の関数として示している．

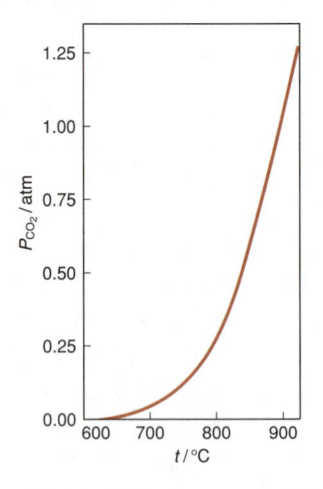

図 6・4 温度 (t) の関数として，CaO および $CaCO_3$ 上の CO_2 の平衡圧力 (P) をプロットした図

例題 6・3

付録 2 に列挙したデータを用いて，298 K における以下の反応の平衡定数を求めよ．

$$2\ H_2(g) + O_2(g) \rightleftharpoons 2\ H_2O(l)$$

解 熱力学平衡定数は

$$K_a = \frac{a_{H_2O}^2}{(f_{H_2}/1\ bar)^2 (f_{O_2}/1\ bar)} = \frac{1}{f_{H_2}^2 f_{O_2}} (1\ bar)^3$$

で与えられる．理想的ふるまいを仮定して

$$K_P = \frac{1}{P_{H_2}^2 P_{O_2}} (1\ bar)^3$$

と書く．標準反応ギブズエネルギーの変化量は

$$\Delta_r G° = 2\ \Delta_f \overline{G}°(H_2O) - 2\ \Delta_f \overline{G}°(H_2) - \Delta_f \overline{G}°(O_2)$$
$$= (2)(-237.2\ kJ\ mol^{-1}) = -474.4\ kJ\ mol^{-1}$$

で与えられる．最後に，式 (6・7) から

$$-474.4 \times 10^3\ J\ mol^{-1} =$$
$$-(8.314\ J\ K^{-1} mol^{-1})(298\ K) \ln K_P$$
$$K_P = 1.4 \times 10^{83}$$

この非常に大きな K_P 値は，反応がほぼ完全に進行することを示唆している．

6・4 平衡定数に対する温度，圧力，および触媒の影響

本節では，平衡定数に対する温度，圧力，触媒の使用

の影響について考える．

温度の影響

式(6・7)は，標準反応ギブズエネルギー変化と平衡定数をいかなる温度においても関係づける式であるけれども，通常は，熱力学データが入手しやすいことから，298 K における平衡定数，K を求めるのが最も都合がよい．しかしながら，実際には反応が 298 K で行われるとは限らないので，他の温度における $\Delta_r G°$ を知る必要があるし，そのときの K 値を求める方法も見つけなければいけない．温度 T_1 におけるある反応の平衡定数 K_1 がわかっているとき，温度 T_2 における同じ反応の平衡定数 K_2 を計算できるだろうか．答えはイエスである．

温度と平衡定数を関係づける非常に便利な式を，以下で導いてみよう．式(6・7)を，標準状態の変化について書かれたギブズ・ヘルムホルツの式（式4・31）に代入して

$$\left[\partial\left(\frac{\Delta_r G°}{T}\right)\Big/\partial T\right]_P = -\frac{\Delta_r H°}{T^2}$$

$$\left[\partial\left(\frac{-RT\ln K}{T}\right)\Big/\partial T\right]_P = -\frac{\Delta_r H°}{T^2}$$

$$\left(\frac{\partial \ln K}{\partial T}\right)_P = \frac{\Delta_r H°}{RT^2} \quad (6 \cdot 17)$$

式(6・17)は**ファントホッフの式**（van't Hoff equation）として知られている．$\Delta_r H°$ が温度に依存しないと仮定すると，この式は積分でき，

$$\ln \frac{K_2}{K_1} = \frac{\Delta_r H°}{R}\left(\frac{1}{T_1} - \frac{1}{T_2}\right)$$

$$\ln \frac{K_2}{K_1} = \frac{\Delta_r H°}{R}\left(\frac{T_2 - T_1}{T_1 T_2}\right) \quad (6 \cdot 18)$$

を与える．

$$\ln K = -\frac{\Delta_r G°}{RT}$$

であり，かつ

$$\Delta_r G° = \Delta_r H° - T \Delta_r S°$$

であるから

$$\ln K = -\frac{\Delta_r H°}{RT} + \frac{\Delta_r S°}{R} \quad (6 \cdot 19)$$

が導かれる．式(6・19)はファントホッフの式のもう一つの形であり，$\Delta_r S°$ は反応の標準エントロピー変化である*．したがって，$\ln K$ を $1/T$ に対してプロットすると勾配が

---

* もし $\Delta_r H°$ に温度依存性がないのなら，生成物と反応物の熱容量の変化は 0 である．そのことは，$\Delta_r S°$ にも温度依存性がないことを意味する．$\Delta_r S°/R$ 項は，式(6・17)の不定積分の積分定数である．

$-\Delta_r H°/R$ に等しく縦軸の切片が $\Delta_r S°/R$ となる直線が得られる（図6・5）．これは，反応の $\Delta_r H°$ と $\Delta_r S°$ の値を決める便利な方法である．このグラフは，$\Delta_r H°$ と $\Delta_r S°$ が共に温度依存性を示さないときに限り直線が得られることに注意せよ．比較的小さな温度範囲においては（たとえば 50 K 以内），この方法はまずまず良い近似値を与える．

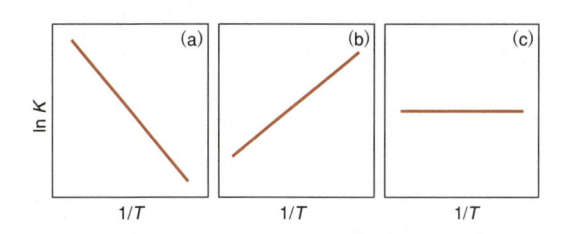

図 6・5 ファントホッフの式について $\ln K$ 対 $1/T$ のグラフ．勾配は $-\Delta_r H°/R$ に等しく，縦軸（$\ln K$）の切片は $\Delta_r S°/R$ と等しい．(a) $\Delta_r H°>0$, (b) $\Delta_r H°<0$, (c) $\Delta_r H°=0$. すべての場合について，$\Delta_r H°$ は温度に依存しないと仮定する．

式(6・18)からいくつか興味深い性質が見いだされる．ある反応が正方向に対して吸熱的であるとき（すなわち $\Delta_r H°$ が正），$T_2>T_1$ を仮定すると，式(6・18)の左辺は正になり，$K_2>K_1$ を意味する．反対に，その反応が正方向に対して発熱的であるとき（すなわち $\Delta_r H°$ が負），式(6・18)の左辺は負になり，すなわち $K_2<K_1$ となる．したがって，温度が上昇すると吸熱反応において平衡は左から右（生成物の生成の方向）へずれるが，発熱反応では右から左（反応物の生成の方向）へ平衡が移ると結論することができる．この結果は，**ルシャトリエの原理**（Le Chatelier's principle）〔フランスの化学者，Henry Louis Le Chatelier(1850〜1936)にちなむ〕と一致する．ルシャトリエの原理は，平衡にある系に外部からのストレスが加えられると，その平衡を再び達成するうえで外部からのストレスを部分的に相殺するように，系はそれ自身を調整するということを言っている．今の場合，"ストレス"は温度変化になる．

例題 6・4

気相中において，ヨウ素分子の解離

$$I_2(g) \rightleftharpoons 2 I(g)$$

の平衡定数が，下記の温度の下で測定されている．

T/K	872	973	1073	1173
K_P	1.8×10^{-4}	1.8×10^{-3}	1.08×10^{-2}	0.0480

グラフを用いることで，この反応の $\Delta_r H°$ と $\Delta_r S°$ の値を求めよ．

解 式(6・19)が必要である．まずはじめに，つぎの表をつくる．

K/T	1.15×10^{-3}	1.03×10^{-3}	9.32×10^{-4}	8.53×10^{-4}
$\ln K_P$	-8.62	-6.32	-4.53	-3.04

つぎに，$1/T$ に対して $\ln K_P$ をプロットする（図6・6）．プロットした点は直線に乗り，その式は $\ln K_P = -1.875\times10^4\,\text{K}/T + 12.954$ となる．$\Delta_r H°$ が温度に依存しないと仮定すると

$$-\frac{\Delta_r H°}{R} = -1.875\times10^4\,\text{K}$$

すなわち

$$\Delta_r H° = 1.56\times10^2\,\text{kJ mol}^{-1}$$

縦軸の切片は，$\Delta_r S°/R$ に等しいから

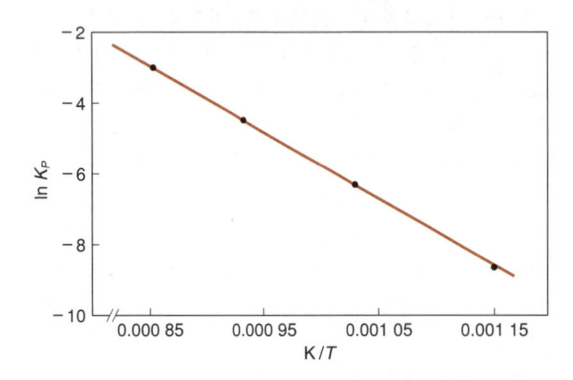

$$\Delta_r S° = 12.954(8.314\,\text{J K}^{-1}\text{mol}^{-1}) = 108\,\text{J K}^{-1}\text{mol}^{-1}$$

図6・6 ヨウ素蒸気の解離反応に対するファントホッフのプロット

圧力の影響

式(6・12)で見たように熱力学平衡定数 (K_f) はフガシティーで表され，圧力に依存しない．しかし，見かけの平衡定数 (K_P) は，理想的なふるまいから誘導するため圧力に依存する．理想気体の反応については $K_f = K_P$ であるから，一定温度 T の下で

$$\left(\frac{\partial K_P}{\partial P}\right)_T = 0$$

と書く．

K_P が圧力の影響を受けないということは，平衡にある種々の気体の量が圧力により変化しないということではない．この点を明らかにするために，つぎのような平衡にある理想気相反応について考察しよう．

$$\text{A(g)} \rightleftharpoons 2\,\text{B(g)}$$
$$n(1-\alpha) \qquad 2n\alpha$$

ここで n はもともと存在する A の物質量（モル数）で，α は解離した A 分子の割合を表す．平衡にある分子の全モル数は $n(1+\alpha)$ で，A と B のモル分率は

$$x_A = \frac{n(1-\alpha)}{n(1+\alpha)} = \frac{(1-\alpha)}{(1+\alpha)}$$

および

$$x_B = \frac{2n\alpha}{n(1+\alpha)} = \frac{2\alpha}{1+\alpha}$$

であり，A と B の分圧は

$$P_A = \frac{(1-\alpha)}{(1+\alpha)}P \quad \text{および} \quad P_B = \frac{2\alpha}{1+\alpha}P$$

である．ここで P は系の全圧である．平衡定数は

$$K_P = \frac{P_B^2}{P_A} = \left(\frac{2\alpha}{1+\alpha}P\right)^2 \bigg/ \frac{(1-\alpha)}{(1+\alpha)}P = \left(\frac{4\alpha^2}{1-\alpha^2}\right)P$$

で与えられる[*1]．最後の式を変形して

$$\alpha = \sqrt{\frac{K_P}{K_P + 4P}}$$

が得られる．K_P は定数であるから，α の値は P のみに依存する[*2]．P が大きければ α は小さいし，P が小さければ α は大きい．この予測はルシャトリエの原理を再び思い起こさせるものである．系が受けるストレスが圧力の増加であるとき，平衡は分子数をより減らす方向，ここでの例だと右から左側へと平衡がずれ，それゆえに α が小さくなる．圧力が減少する場合には逆が成り立つ．

触媒の影響

触媒は，それ自身消費されることなく反応速度を増大させる物質と定義されている．触媒を平衡にある反応系に添加すると，その平衡を特定の方向へとずらすだろうか．この疑問に答えるために，気相平衡

$$\text{A(g)} \rightleftharpoons 2\,\text{B(g)}$$

を思考実験として再度考察してみよう．逆反応 (2B→A) を有利にし，正反応 (A→2B) を不利にする触媒が存在すると想定しよう．つぎに，図6・7に示すような装置を組立てるとする．可動式ピストンの付いたシリンダーの中に小さな箱を置く．箱のふたは糸でピストンに連結し，

[*1] 簡略化のため，K_P の中の $P°$ 項は省略する．
[*2] 凝縮相，あるいは反応物から生成物に至る際に気体の量〔mol〕に変化がない場合の平衡の位置には，圧力は何の影響も及ぼさない．

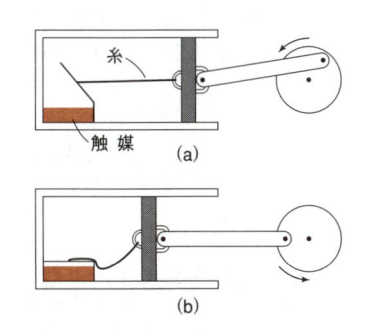

ピストンの動きに合わせて箱のふたの開閉ができるようになっている．シリンダー中に気体AとBの平衡混合物が入っている状態から始め，つぎにそこに触媒を添加する（図6・7a）．すぐに平衡はAを生成する方向へずれる．1分子のAを生成するのに2分子のBが消費されることから，この段階はシリンダー中の全分子数を減少させ，それゆえに内部の気圧を低下させる．その結果，ピストンは外部の圧力により内側へと押込まれ，その動きはシリンダーの内部と外部の圧力の均衡が再びとれるまで続く．この段階で，箱のふたは下ろされる（図6・7b）．触媒との接触が無くなり，気体は徐々にそれぞれもとの濃度に戻りBが生成する結果，全分子数が増加しピストンを左から右へと箱のふたが開くまで押し返す．その後，この全過程はこの系自身により繰返される．

図6・7 気体反応の平衡の位置を一方向にずらすことができる仮想的な触媒を使った永久運動機械

この企てた全過程に矛盾があることに気が付いただろうか．このピストンはエネルギーを与えられることなく，また，化学物質の消耗なくして働き続けることができる．そのような装置は永久運動機械として知られる．しかしながら永久運動機械をつくることはできない．なぜならそれは熱力学の法則に矛盾するからである．上に書いたような機械が実現されない理由は，いかなる触媒も逆反応の速度を同様に増大させることなくして，一方向のみの反応の速度を増大させることはできないからである．この簡単な思考実験から導かれる重要な結論は，触媒は平衡の位置をずらすことができないということである[*1]．平衡にない反応混合物に対し，触媒は正方向と逆方向の反応速度を上げ，その結果，系はより早く平衡に到達するが，たとえ触媒がなくても最終的には同じ平衡状態に達するのである．

6・5 配位子と金属イオンの巨大分子への結合

小分子（配位子）とタンパク質および膜表面上の特定の受容体部位との相互作用は，最も広範囲に研究された生化学的現象の一例である．これらの可逆的相互作用の例として，タンパク質中の酸性基および塩基性基によるプロトンの結合および放出，Mg^{2+}やCa^{2+}などのカチオンとタンパク質や核酸との結合，抗原－抗体反応，ミオグロビンやヘモグロビンによる可逆的な酸素分子の結合があげられる．これらの過程は第10章で学ぶ課題であり，酵素と基質および阻害剤との結合と深くかかわっている．

本節では，溶液中における配位子および金属イオンの巨大分子への結合に，平衡論を用いた取扱い方を応用してみる．二つの場合に話を絞る．一つは，1巨大分子あたり一つの結合部位を有している場合で，もう一つは，1巨大分子あたりn個の等価で独立した結合部位を含んでいる場合である．ここで用いる手法は完全に熱力学的であるから，巨大分子の構造および，結合にかかわる共有結合力および，他の分子間力の性質について，議論する必要はない．

一つの巨大分子あたり一つの結合部位

これは最も簡単な場合で，巨大分子Pの一つの結合部位が配位子（L）の1分子（もしくは一つのイオン）と結合する場合である．この反応は

$$P + L \rightleftharpoons PL$$

のように表すことができる．この結合反応の平衡定数K_aは[*2]

$$K_a = \frac{[PL]}{[P][L]}$$

である．しばしば，解離定数K_dを取扱った方がより便利である．

$$K_d = \frac{[P][L]}{[PL]} \quad (6\cdot20)$$

K_dの値が小さいほど，PL複合体は"より強く"結合している．これら平衡定数は，単純に$K_a K_d = 1$で関係づけられている．

K_dの値を決めるために，まず**結合部位の飽和分率**（fractional saturation of sites）とよばれるY値をつぎのように定義する．

$$Y = \frac{\text{Pに結合したLの濃度}}{\text{Pについてすべての形の全濃度}}$$
$$= \frac{[PL]}{[P]+[PL]} \quad (6\cdot21)$$

[*1] 触媒が正方向と逆方向の両方の反応速度を増大させる事実は，微視的可逆性の原理から予測される（第9章参照）．

[*2] 理想的ふるまいを仮定し，活量の代わりに濃度を用いる．

Y の値は 0（[PL]＝0 のとき）から 1（[P]＝0 のとき）の範囲をとる．たとえば $Y=0.5$ のとき，P 分子の半分が L と複合体を形成していて，残りの半分は結合していない形である．したがって，[P]＝[PL] および [L]＝K_d である．K_d の値を決めるために，まず式(6・20)を変形して

$$[PL] = \frac{[P][L]}{K_d}$$

この [PL] の表式を式(6・21)に代入して

$$Y = \frac{[P][L]/K_d}{[P]+[P][L]/K_d}$$
$$Y = \frac{[L]}{[L]+K_d} \tag{6・22}$$

を得る．[L] は平衡において結合していない配位子の濃度であることに留意する．Y の値（式 6・21 参照）は，以下の方法で決めることができる．はじめに，既知濃度（[L]$_0$）の L を既知濃度（[P]$_0$）の P に加える．平衡においては [PL] もしくは [L] のいずれかを測定すればよい．なぜなら [L]$_0$ は最初にわかっているうえ，質量収支から [L]＋[PL]＝[L]$_0$ が満たされねばならないからである．[P]＋[PL]＝[P]$_0$ より [P]＝[P]$_0$－[PL] となるので，[P] の値を測定する必要はない．[L] と [PL] を実験的に決める手順については，すぐ後で説明する．

式(6・22)の逆数をとり

$$\frac{1}{Y} = 1 + \frac{K_d}{[L]} \tag{6・23}$$

を得る．$1/Y$ を $1/[L]$ に対してプロットすると勾配 K_d の直線になる．もう一つの方法として，式(6・22)を変形して

$$\frac{Y}{[L]} = \frac{1}{K_d} - \frac{Y}{K_d} \tag{6・24}$$

この場合，$Y/[L]$ を Y に対してプロットすると，勾配，$-1/K_d$ の直線となる（図6・8）．

一つの巨大分子あたり n 個の等価な結合部位

つぎに，1 巨大分子が n 個の等価な結合部位をもつ場合を考えてみる．n 個の等価な結合部位とは，各結合部位は同じ K_d 値をもっているということで，同一分子内の他の部位が占められてもその値は変わることはない．まずはじめに $n=2$ の場合を考察し，その後に $n>2$ の場合について一般化する．

もし巨大分子が二つの等価な結合部位を有する場合，二つの結合平衡が存在するだろう．

$$P + L \rightleftharpoons PL \quad K_1 = \frac{[P][L]}{[PL]}$$
$$PL + L \rightleftharpoons PL_2 \quad K_2 = \frac{[PL][L]}{[PL_2]}$$

K_1 と K_2 は解離定数（図6・9）である．今回は Y を

$$Y = \frac{\text{P に結合した L の濃度}}{\text{P についてすべての形の全濃度}}$$
$$= \frac{[PL]+2[PL_2]}{[P]+[PL]+[PL_2]} \tag{6・25}$$

のように定義する．PL_2 は 1 分子の P あたり 2 分子の L が結合しているから，その濃度を 2 倍する必要があることに注意する．

$$[PL] = \frac{[P][L]}{K_1} \quad \text{と} \quad [PL_2] = \frac{[PL][L]}{K_2} = \frac{[P][L]^2}{K_1 K_2}$$

という関係式を式(6・25)に代入して

$$Y = \frac{[P][L]/K_1 + 2[P][L]^2/K_1 K_2}{[P]+[P][L]/K_1 + [P][L]^2/K_1 K_2}$$
$$= \frac{[L]/K_1 + 2[L]^2/K_1 K_2}{1+[L]/K_1 + [L]^2/K_1 K_2} \tag{6・26}$$

と書き表す．

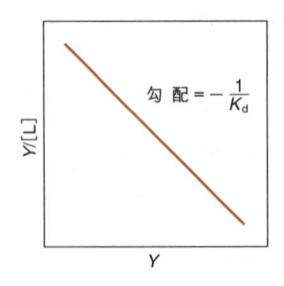

図6・8 式(6・24)に従い，Y に対して $Y/[L]$ をプロットした図

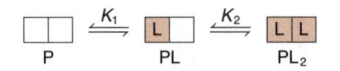

図6・9 二つの等価な結合部位を有する巨大分子への配位子 L の逐次的結合

二つの結合部位は独立で同じ解離定数をもっていることから，K_1 と K_2 は同じになると最初は思うかもしれない．しかし，ある統計的要因のためにこれは真ではない．K をある結合部位の解離定数としよう．このとき，K は **固有解離定数**（intrinsic dissociation constant）とよばれる．すると，$2K_1=K$ である．なぜなら，L が P と結合する方法は 2 通りあり，PL から L が脱離するには 1 通りだからである（もし一つの結合部位しかないとしたら，K_1 は K と等しいだろう）．L が結合した後では，L と PL の結合の仕方は 1 通りあり，PL_2 から L が脱離するには 2 通りある．ゆえに，$K_2=2K$ である．i 番目の解離定数 K_i と K の一般的な関係式は

6・5 配位子と金属イオンの巨大分子への結合

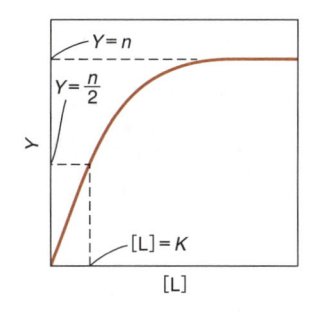

図 6・10 配位子濃度（[L]）に対する飽和分率（Y）のプロット

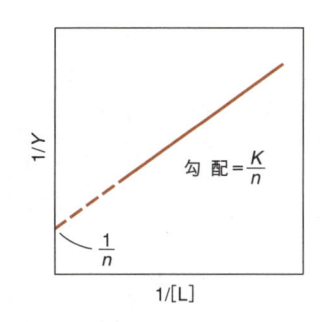

図 6・11 1/[L] に対する 1/Y のプロット．このグラフはヒューズ・クロッツプロットとしても知られている．

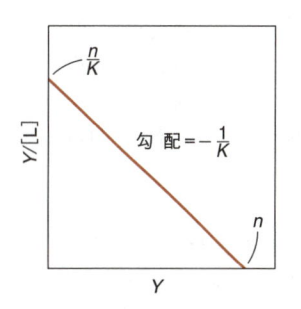

図 6・12 Y に対する Y/[L] のプロット．このグラフはスキャッチャードプロットとしても知られている．

$$K_i = \left(\frac{i}{n-i+1}\right)K \quad (6 \cdot 27)$$

で与えられる．今回の例では $i=1, 2$ で $n=2$ であり，式(6・27)から

$$K_1 = \frac{K}{2} \quad \text{と} \quad K_2 = 2K$$

したがって，純粋な統計的分析に基づいて，第二解離定数は第一解離定数より4倍大きい，すなわち $K_2 = 4K_1$ であることがわかる．K は個々の解離定数の相乗平均であることに注目する．すなわち

$$K = \sqrt{K_1 K_2} \quad (6 \cdot 28)$$

つぎに，式(6・26)は

$$Y = \frac{2[L]/K + 2[L]^2/K^2}{1 + 2[L]/K + [L]^2/K^2}$$
$$= \frac{(2[L]/K)(1+[L]/K)}{(1+[L]/K)^2} = \frac{2[L]}{[L]+K} \quad (6 \cdot 29)$$

と書くことができる．式(6・29)は二つの等価な結合部位に対して得られた結果である．

一般的に n 個の等価な結合部位に対して

$$Y = \frac{n[L]}{[L]+K} \quad (6 \cdot 30)$$

である*．式(6・30)は，グラフ化するのに適した形に変形することができる．最もよく行われる三つの方法を見てみることにする．

1．直接プロット　図6・10は，Y を配位子濃度に対してプロットしたグラフを示している．このタイプの直接プロットは双曲線を与える．これは単純な結合（すなわち，その結合部位がすべて等価で相互作用しないような結合）に特徴的なものである．[L]=K のときは $Y=n/2$ が得られ，配位子が非常に高濃度のときには [L]≫K を仮定することができるので，$Y=n$ となる．しかしながら，直接プロットは n と K の値を求めるのに一般にそれほど便利ではない．なぜなら，非常に高濃度の配位子が含まれるときはしばしば n を決めるのが難しく，さらに K を決めるためには n の値を知らなければならないからである．

2．二重逆数プロット　式(6・30)の各辺の逆数をとると

$$\frac{1}{Y} = \frac{1}{n} + \frac{K}{n[L]} \quad (6 \cdot 31)$$

を得る．したがって，1/Y を 1/[L] に対してプロットすると勾配 K/n の直線になり，縦軸の切片が 1/n となる（図6・11）．このプロットは**二重逆数プロット**（double reciprocal plot）またはヒューズ・クロッツプロットとして知られている．

3．スキャッチャードプロット　式(6・30)から出発して

$$Y[L] + KY = n[L]$$
$$\frac{Y[L]}{K} + Y = \frac{n[L]}{K}$$
$$Y = \frac{n[L]}{K} - \frac{Y[L]}{K}$$

すなわち

$$\frac{Y}{[L]} = \frac{n}{K} - \frac{Y}{K} \quad (6 \cdot 32)$$

を得る．式(6・32)のプロットは**スキャッチャードプロット**（Scatchard plot）として知られている〔米国の化学者，George Scatchard（1892〜1973）にちなむ〕．したがって，Y に対して Y/[L] をプロットすることで，勾配が $-1/K$ で横軸の切片が n の直線が得られる（図6・12）．

---

* n 個の結合部位に対して，$K = (K_1 K_2 K_3 \cdots K_n)^{1/n}$ である．

結合の平衡の実験的研究

巨大分子への配位子の結合の理論的側面を議論したので，つぎに，n と K の値を決めるための実験方法である**平衡透析**（equilibrium dialysis）と**等温滴定熱量測定**（isothermal titration calorimetry, ITC）を概観してみる．

平衡透析　透析とは，タンパク質溶液に含まれる小さなイオンや他の溶質分子を，半透膜を通してタンパク質溶液から取除く過程である．硫酸アンモニウムを用いた塩析によって，ヘモグロビンを溶液から析出させたとしよう（§5・8 参照）．析出したタンパク質から以下の方法で $(NH_4)_2SO_4$ 塩を取除ける．まず析出物を水，もしくはより一般的に緩衝液へ溶かす．つぎにこのタンパク質溶液をセロハン袋に移してから，その袋と同じ緩衝液が入ったビーカーに浸す（図 6・13）．NH_4^+ と SO_4^{2-} イオンは共に十分小さいので膜を貫通して拡散できるが，タンパク質分子は膜を通り抜けることができないので，袋内のイオンは化学ポテンシャルの低い袋外の溶液へと溶け込んでいく．

$$(\mu_{NH_4^+})_{袋内} > (\mu_{NH_4^+})_{袋外}$$
$$(\mu_{SO_4^{2-}})_{袋内} > (\mu_{SO_4^{2-}})_{袋外}$$

袋からのイオンの流出は，袋の内と外とでカチオンとアニオンの化学ポテンシャルが等しくなるまで続き，平衡に達する．もし望むなら，ビーカー中の緩衝液を何回も交換することにより，すべての $(NH_4)_2SO_4$ を除くことができる．

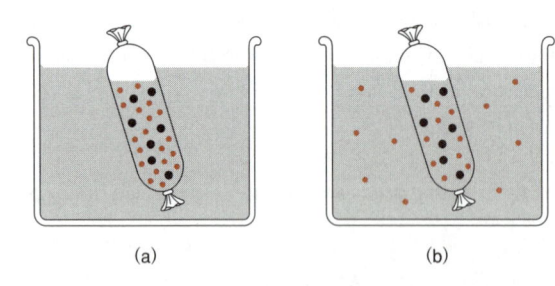

図 6・13　透析実験．小さな点は配位子を表し，大きな点はタンパク質を表す．(a) 透析の始まり，(b) 平衡状態では，いくらかの小さいイオンはセロハン袋の外へ拡散している．ビーカーの中の緩衝液を繰返し交換することにより，タンパク質に未結合のすべての小さいイオンを取除くことができる．

上述した方法は，逆に，イオンや小さな配位子とタンパク質の結合について調べる方法としても利用できる．その場合，まず配位子を含まない緩衝液に溶かしたタンパク質溶液（相1とよぶ）をセロハン袋に入れる．つぎに既知濃度の配位子（L）を含む同類の緩衝液（相2とよぶ）にセロハン袋を浸す．平衡においては，自由な（結合していない）配位子の化学ポテンシャル（μ_L）は両相において同じでなければいけない（図 6・14）．したがって

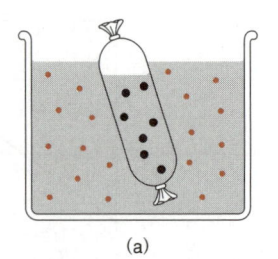

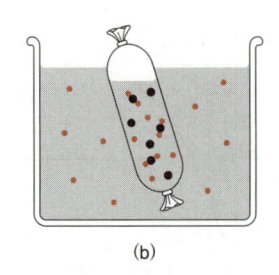

図 6・14　平衡透析．小さな点は配位子を，大きな点はタンパク質を表す．(a) はじめにタンパク質溶液が入ったセロハン袋を配位子を含む緩衝液に浸す．(b) 平衡状態では，いくらかの配位子は袋の中へと拡散し，タンパク質分子と結合する．

$$(\mu_L)^1_{未結合} = (\mu_L)^2_{未結合} \qquad (6·33)$$

すなわち

$$(\mu^\circ + RT \ln a_L)^1_{未結合} = (\mu^\circ + RT \ln a_L)^2_{未結合} \qquad (6·34)$$

ここで標準化学ポテンシャル μ° は，袋の両側において同じなので

$$(a_L)^1_{未結合} = (a_L)^2_{未結合} \qquad (6·35)$$

である．希薄溶液のときは，活量を濃度で置き換えられるので

$$[L]^1_{未結合} = [L]^2_{未結合} \qquad (6·36)$$

であるが，袋の中の配位子の全濃度は

$$[L]^1_{全} = [L]^1_{結合} + [L]^1_{未結合} \qquad (6·37)$$

で与えられる．したがって，タンパク質分子に結合した配位子の濃度は

$$[L]^1_{結合} = [L]^1_{全} - [L]^1_{未結合} \qquad (6·38)$$

である．式(6・38)の右辺の1番目の量は，ビーカーから袋を取出した後，袋の中の溶液を分析することにより決めることができる．2番目の量は，ビーカーに残っている溶液中の配位子の濃度を測定することによって得ることができる（結合していない配位子の濃度は相1と2において等しいことを思い出そう）．

さてここで，平衡透析法により固有解離定数 K と結合部位の数 n がいかに求められるか見ていこう．既知濃度のタンパク質溶液が相1に，既知濃度の配位子溶液が相2に入っているところから始めるとしよう．平衡において Y は

$$Y = \frac{[L]^1_{結合}}{[P]_{全}} \qquad (6·39)$$

で与えられる（式 6・25 の Y の定義参照）．$[P]_{全}$ は元々のタンパク質溶液の濃度である．実験は，タンパク質溶液と

配位子溶液の濃度を変化させて繰返し行うことができるので，ヒューズ・クロッツプロットもしくはスキャッチャードプロットから K と n の値を決めることができる．式(6・31)と式(6・32)中の[L]は，平衡において結合していない配位子の濃度に当たることに留意しよう．今の場合だと，$[L]^1_{未結合}$ である．配位子は非電解質であることとし，相1および相2の中の結合していない配位子の濃度は平衡において等しいことを暗黙のうちに仮定していたことに注意しよう．もし配位子が電解質ならば，透析のデータを扱ううえでドナン効果を適用しなければならない．

長い間，平衡透析法は，薬剤，ホルモン，その他の小分子をタンパク質や核酸に結合させる方法として非常にうまく用いられてきた．しかしながら，これは時間のかかる長たらしい方法であるし，また，すべての意義のある熱力学的情報（たとえば，$\Delta_r H°$ や $\Delta_r S°$ の値）をすぐに与えてくれるわけではない．この方法は結合平衡を調べる目的には今日ではほとんど用いられないが，透析現象それ自身は巨大高分子を精製する方法としては依然として有効な方法である．

等温滴定熱量測定 等温滴定熱量測定（ITC）は，結合する成分の添加によって化学反応を開始し，そこで発生する熱を測定するものである．ほとんどの等温滴定熱量測定では，緩衝液中に巨大分子を含んだ試料セルと緩衝液のみを含む参照セルとの間の熱効果の差を測定する（図6・15）．電気回路（パワーフィードバック）を使って，二つのセルを等しい温度に保つ（このため<u>等温</u>という言葉が使われる）．典型的な実験では，試料溶液には配位子溶液の一部を，注射器を使って一定間隔で加える（滴定と同じように）．結合相互作用によって生じる温度変化の符号は，

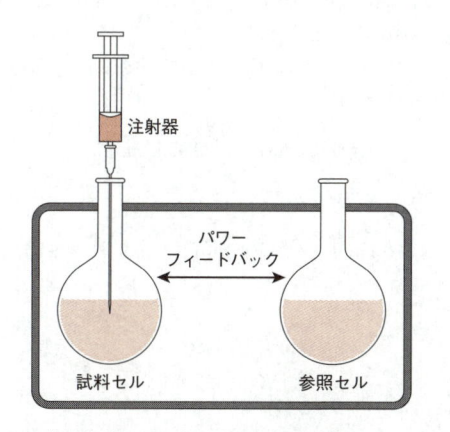

図 6・15 等温滴定熱量測定装置の模式図．試料セルに配位子溶液を加えていくと，結合相互作用による温度変化が生じる．パワーフィードバック機構によって，試料セルの温度は参照セルと等しい温度を保つよう調節される．このように，反応は一定温度の条件で行われる．ITC 法はきわめて高感度であり，重要な熱力学量を，非常に薄い溶液（10^{-6} M 以下）を使って得ることができる．

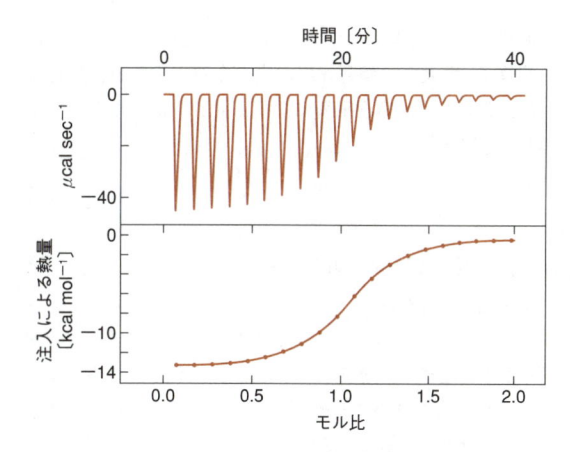

図 6・16 上：タンパク質への配位子結合が関与する等温反応について，パワー出力（単位時間あたりに放出されたエネルギー）を時間に対してプロットした実験データ．それぞれの下向きのピークは配位子溶液の注入に対応している．一番右の小さなピークは希釈熱および混合熱によるものである．それらは解析の前にデータから差し引かれる．下：反応の，結合に伴う等温曲線．このカーブは，上の図のピーク面積を，モル比（$[L]_全/[P]_全$）に対してプロットしたものである．Q をカーブにフィットすることによって（本文を参照），反応の K_a, n, $\Delta_r H°$ の値を得ることができる．これらのプロットにおいて，エネルギーの単位はカロリーであることに注意せよ〔MicroCal 社の厚意による〕．

反応が発熱的か吸熱的かに依存する．たとえば，配位子がタンパク質分子に結合すると熱が発生する場合，この相互作用によってセルのフィードバックパワーに下向きのピークが生じる（図6・16）．なぜならば試料セルの温度を維持するのに熱を送り込む必要がないからである．セルのフィードバックはパワーの単位をもつ量であるので，ピークの時間積分を求めることで，添加のそれぞれの段階における結合相互作用について $\Delta_r H°$ を測定することができる．

配位子溶液の添加1回ずつについて，熱変化量（q）は次式で与えられる．

$$q = V \Delta_r H° \Delta[L]_{結合}$$

ここで V は反応体積，$\Delta_r H°$ はエンタルピー変化，$\Delta[L]_{結合}$ は巨大分子に結合した配位子の濃度変化を表す．n 個の結合部位が関与したつぎのような結合平衡を考えよう．

$$P + nL \rightleftharpoons PL_n$$

一つの実験のカーブフィッティングによって，累積熱変化量（Q）（すなわち，すべての部位が飽和したときの全熱変化量）から，結合定数 K_a, n, $\Delta_r H°$ の値を得ることが可能である[*]．さらに，$\Delta_r G° = -RT \ln K_a$ と $\Delta_r G° = \Delta_r H° - T\Delta_r S°$ の関係から，同じ反応について $\Delta_r G°$ と $\Delta_r S°$ の値を得ることができる．

---

[*] Q と熱力学パラメーターとの関係はかなり複雑である．興味のある読者は E. Freire, O. L. Mayorga, M. Straume, *Anal. Chem.*, **62**(18), 950A (1990) を参照されたい．

6・6 生体エネルギー論

生体エネルギー論は，生体系でのエネルギー変換を研究する学問である．多くの生物学的もしくは生化学的現象が分子レベルで理解できるようになるにつれて，科学者は熱力学を生体系の研究に適用するようになってきた．生化学反応のエネルギー論を議論するために，例として解糖を取扱う．特に，この過程におけるアデノシン5′-三リン酸（ATP）の役割を見ていくことにする．

生化学における標準状態

物理化学者と生化学者は標準状態に対して，異なる定義をもっている．物理化学において理想溶液の標準状態とはすべての反応物と生成物の濃度が1モル濃度（または質量モル濃度）である状態である．生化学では，生理的pHは約7なので，標準状態の水素イオンの濃度として10^{-7} Mと定義する．その結果，水素イオンの取込みおよび放出を含む反応の標準ギブズエネルギー変化は，これら二つの慣習のどちらを用いるかにより異なってくる．したがって，生化学的過程を議論するときには$\Delta_r G^\circ$を$\Delta_r G^{\circ\prime}$と書き表す．

$$A + B \longrightarrow C + xH^+$$

という反応を考えてみよう．この反応過程におけるギブズエネルギー変化（$\Delta_r G$）は

$$\Delta_r G = \Delta_r G^\circ + RT \ln \frac{([C]/1\,M)([H^+]/1\,M)^x}{([A]/1\,M)([B]/1\,M)}$$

で与えられる．1 Mは，溶液中の溶質に対して物理化学者が定義した標準状態を表している．生化学者のH^+イオンに対する標準状態は1×10^{-7} Mであるから，同じ過程におけるギブズエネルギー変化は，

$$\Delta_r G = \Delta_r G^{\circ\prime} + RT \ln \frac{([C]/1\,M)([H^+]/1\times 10^{-7}\,M)^x}{([A]/1\,M)([B]/1\,M)}$$

で与えられる．標準状態に対する慣習にかかわらず，$\Delta_r G$は変わらないことに注意しよう．先の二つの式から

$$\Delta_r G^\circ = \Delta_r G^{\circ\prime} + xRT \ln \frac{1}{1\times 10^{-7}} \qquad (6・40)$$

を得る．$x=1$で$T=298$ Kのとき

$$\Delta_r G^\circ = \Delta_r G^{\circ\prime} + 39.93\,\text{kJ mol}^{-1}$$

この式は，H^+イオンを生成する反応において，$\Delta_r G^\circ$の値は，放出するH^+イオン1 molあたり39.93 kJだけ$\Delta_r G^{\circ\prime}$より大きいことを意味する．したがって，標準状態でその反応は，pH 7のときの方がpH 0のときよりもより自発的に反応が進行することがわかる．反対に，もしH^+イオンが反応物として存在するときは，

$$C + xH^+ \longrightarrow A + B$$

であるから

$$\Delta_r G^\circ = \Delta_r G^{\circ\prime} - xRT \ln \frac{1}{1\times 10^{-7}} \qquad (6・41)$$

すなわち，$x=1$で

$$\Delta_r G^\circ = \Delta_r G^{\circ\prime} - 39.93\,\text{kJ mol}^{-1}$$

この反応は，pH 0のときの方がpH 7のときより自発的に進行するだろう．H^+イオンを含まない反応では，$\Delta_r G^\circ$と$\Delta_r G^{\circ\prime}$は等しい．

例題 6・5

NAD^+と$NADH$はそれぞれ酸化型および還元型ニコチンアミドアデニンジヌクレオチドである．$NADH$の酸化に対して，

$$NADH + H^+ \longrightarrow NAD^+ + H_2$$

$\Delta_r G^\circ$は298 Kにおいて-21.8 kJ mol^{-1}である．この反応の$\Delta_r G^{\circ\prime}$，K，K'の値を計算せよ．ここで$\Delta_r G^{\circ\prime} = -RT \ln K'$である．また，物理化学者および生化学者両方の標準状態を使い，反応ギブズエネルギー変化（$\Delta_r G$）も計算せよ．このとき，[NADH]$=1.5\times 10^{-2}$ M，[H^+]$=3.0\times 10^{-5}$ M，[NAD$^+$]$=4.6\times 10^{-3}$ M，$P_{H_2}=0.010$ barとする．

解 H^+イオンは反応物として含まれているので，式(6・41)を使う．

$$\Delta_r G^\circ = \Delta_r G^{\circ\prime} - 39.93\,\text{kJ mol}^{-1}$$

$\Delta_r G^\circ = -RT \ln K$の関係から

$$-21\,800\,\text{J mol}^{-1} = -(8.314\,\text{J K}^{-1}\text{mol}^{-1})(298\,\text{K}) \ln K$$

ゆえに

$$\ln K = 8.80$$
$$K = 6.6 \times 10^3$$

つぎに，$\Delta_r G^{\circ\prime}$の値を計算する．

$$\begin{aligned}\Delta_r G^{\circ\prime} &= \Delta_r G^\circ + 39.93\,\text{kJ mol}^{-1} \\ &= -21.8\,\text{kJ mol}^{-1} + 39.93\,\text{kJ mol}^{-1} \\ &= 18.13\,\text{kJ mol}^{-1}\end{aligned}$$

つぎに，$\Delta_r G^{\circ\prime} = -RT \ln K'$ であるから

$$18\,130 \text{ J mol}^{-1} = -(8.314 \text{ J K}^{-1} \text{mol}^{-1})(298 \text{ K}) \ln K'$$
$$\ln K' = -7.32$$
$$K' = 6.6 \times 10^{-4}$$

したがって

$$\frac{K}{K'} = 10^7$$

この比率は，[H$^+$] に対する二つの標準状態の相違に相当する．前述したように，反応に対する $\Delta_r G$ の値はどの標準状態を用いたかにかかわらず同じでなければいけない．

物理化学者の標準状態:

$$\Delta_r G = \Delta_r G^\circ + RT \ln \frac{([\text{NAD}^+]/1\text{M})(P_{\text{H}_2}/1\text{ bar})}{([\text{NADH}]/1\text{M})([\text{H}^+]/1\text{M})}$$
$$= -21\,800 \text{ J mol}^{-1} + (8.314 \text{ J K}^{-1}\text{mol}^{-1})(298 \text{ K})$$
$$\times \ln \frac{(4.6 \times 10^{-3})(0.010)}{(1.5 \times 10^{-2})(3.0 \times 10^{-5})}$$
$$= -10.3 \text{ kJ mol}^{-1}$$

生化学者の標準状態:

$$\Delta_r G = \Delta_r G^{\circ\prime} + RT \ln \frac{([\text{NAD}^+]/1\text{M})(P_{\text{H}_2}/1\text{ bar})}{([\text{NADH}]/1\text{M})([\text{H}^+]/10^{-7}\text{M})}$$
$$= 18\,130 \text{ J mol}^{-1} + (8.314 \text{ J K}^{-1}\text{mol}^{-1})(298 \text{ K})$$
$$\times \ln \frac{(4.6 \times 10^{-3})(0.010)}{(1.5 \times 10^{-2})(3.0 \times 10^{-5}/10^{-7})}$$
$$= -10.3 \text{ kJ mol}^{-1}$$

ATP —— 生体エネルギーの通貨

アデノシン 5′-三リン酸（ATP）（図 6・17）は，タンパク質合成やイオン輸送から筋肉の収縮や神経細胞の電気的活動に至るまで，多くの生体内反応のおもなエネルギー源である．これらの過程を行うのに必要なエネルギーは，pH 7 における ATP の加水分解によって供給される．

$$\text{ATP}^{4-} + \text{H}_2\text{O} \longrightarrow \text{ADP}^{3-} + \text{H}^+ + \text{HPO}_4^{2-}$$

この反応で，1 mol の ATP が加水分解されると，25～40 kJ mol^{-1} ほどの標準ギブズエネルギーが減少する．厳密な値は pH，温度，存在する金属イオンに依存する．最も精密に研究された系の一つとして Mg-ATP 複合体があり，その加水分解では，温度 310 K および pH=7 の条件下で，$\Delta_r G^{\circ\prime} = -30.5$ kJ mol^{-1} と見積もられた[*]．生化学者は ATP の加水分解に対して，上とは異なったつぎの表記

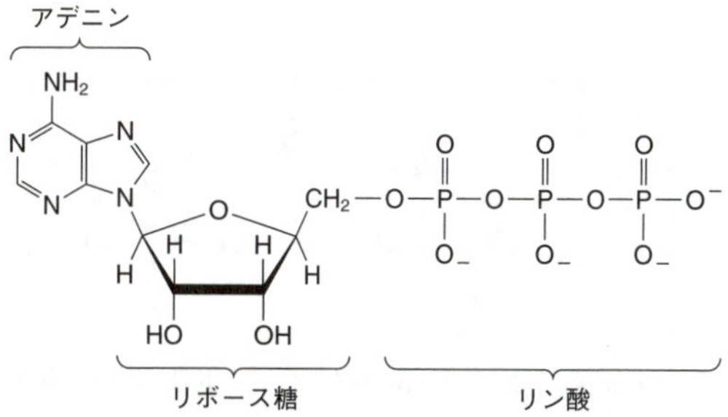

---

[*] R. A. Alberty, *J. Biol. Chem.*, **243**, 1337 (1968) を参照．同著者によってこの研究がよりわかりやすいレベルで *J. Chem. Educ.*, **46**, 713 (1969) に発表されている．

図 6・17 アデノシン 5′-三リン酸（ATP）の構造．加水分解により末端部のリン酸基を失いアデノシン 5′-二リン酸（ADP）を生成する．ADP はさらに加水分解されてアデノシン 5′-一リン酸（AMP）となる場合もある．

を好んで使うことに注意しよう．

$$\text{ATP} + \text{H}_2\text{O} \longrightarrow \text{ADP} + \text{P}_i$$

この式で，水素原子の収支と電荷の均衡はとれていない．ATP と P$_i$ は，反応中に含まれるあらゆる形の ATP と無機リン酸イオンの総和を表している．したがって，P$_i$ は PO$_4^{3-}$，HPO$_4^{2-}$，H$_2$PO$_4^-$ を含み，ATP として ATP^{4-}，HATP^{3-}，H$_2$ATP^{2-} などが含まれる．

ATP と ADP の加水分解がギブズエネルギーの大きな減少をもたらすことから，ある生化学者らは，これらの化合物を表現するのに**高エネルギーリン酸結合**（high-energy phosphate bond）という用語を用いた．しかしながら残念なことに，その用語には，これらの分子中の P-O 結合が通常の共有結合といくらか異なった性質を有している，といった誤った意味を含んでおり，これは真実ではない．ではなぜ，$\Delta_r G^{\circ\prime}$ はそのような大きな負の値となるのだろうか．この疑問に答えるために，ATP とその加水分解の生成物である ADP および HPO$_4^{2-}$ の構造を調べる必要がある．なぜなら，$\Delta_r G^{\circ\prime}$ は生成物と反応物の標準生成ギブズエネルギーの差異に依存するからである．少なくとも静電反発と共鳴安定化の二つの要因について考察しなければならない．pH 7 で ATP の三リン酸部位は四つの負電荷を有する．

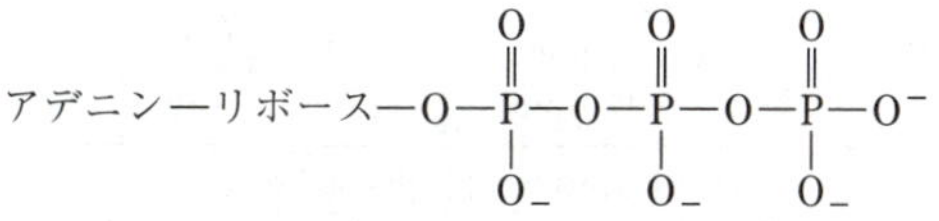

四つの負電荷が密集しているため，大きな静電反発がある．ADP には三つの負電荷しかないため，ATP が ADP と HPO$_4^{2-}$ に加水分解することで静電反発は緩和される．大きな $\Delta_r G^{\circ\prime}$ 値に寄与するその他の要因として，ADP と HPO$_4^{2-}$ が ATP より多くの共鳴構造をもっていることがあげられる．たとえば，HPO$_4^{2-}$ にはいくつか重要な共鳴構造がある．

ATPの末端部には1リン酸基あたりに重要な共鳴構造はほとんどない．下に示すようなATPの共鳴構造はありえない．

なぜなら，一つの酸素原子が3本の結合をつくり，かつ正電荷をもち，正電荷を有するリン原子に結合しているからである．最後に，共鳴効果に比べより小さな程度ではあるが，ATPの隣接するリン酸基の酸素原子間の立体的な混雑が加水分解により解消されることも，標準ギブズエネルギーが大きく減少することに寄与している点をあげることができる．

表6・2に示す通り，ATPの加水分解が最も発エルゴン的（p.64，§4・6参照）な加水分解反応というわけではない．他のリン酸塩に比べATPが相対的に重要であることについては少し説明するが，それは後回しにして，まずはじめに生体内過程における**共役反応**（coupled reaction）というものについて調べよう．

表6・2 pH 7におけるリン酸化合物の加水分解の標準ギブズエネルギー†

リン酸	$\Delta_r G^{\circ\prime}/\text{kJ mol}^{-1}$
ホスホエノールピルビン酸	−61.9
アセチルリン酸	−43.1
ホスホクレアチン	−43.1
ピロリン酸（二リン酸）	−33.5
アデノシン 5′-三リン酸	−30.5
グルコース 1-リン酸	−20.9
グルコース 6-リン酸	−13.8
グリセロール 1-リン酸	−9.2

† 出典: "Handbook of Biochemistry," ed. by H. A. Sober, © The Chemical Rubber Co., 1968. The Chemical Rubber Co. の許諾を得て転載．

共役反応の原理

多くの化学反応および生体反応は吸エルゴン反応であり，標準状態では自発的には起こらない．しかしながら，ある場合には発エルゴン反応と共役することにより，それらの反応は十分に行われうる．まず，銅をその鉱石，Cu_2Sから抽出する化学的過程を考察してみる．下の式に示すように，この反応の$\Delta_r G^\circ$は大きな正の値をもつので，鉱石を加熱するだけでは銅を十分な収量で得ることはできないだろう．

$$Cu_2S(s) \rightarrow 2\,Cu(s) + S(s) \quad \Delta_r G^\circ = 86.2\,\text{kJ mol}^{-1}$$

しかしながら，Cu_2Sの熱分解を硫黄から二酸化硫黄への酸化反応と共役させると*，結果は劇的に変わる．

$$Cu_2S(s) \rightarrow 2\,Cu(s) + S(s) \quad \Delta_r G^\circ = 86.2\,\text{kJ mol}^{-1}$$
$$S(s) + O_2(g) \rightarrow SO_2(g) \quad \Delta_r G^\circ = -300.1\,\text{kJ mol}^{-1}$$

全反応:
$$Cu_2S(s) + O_2(g) \rightarrow 2\,Cu(s) + SO_2(g) \quad \Delta_r G^\circ = -213.9\,\text{kJ mol}^{-1}$$

全反応のギブズエネルギー変化は，二つの反応のギブズエネルギー変化の和である．Cu_2Sの熱分解における正のギブズエネルギー変化に対して，硫黄の酸化反応の負のギブズエネルギー変化はかなり大きいため，全反応のギブズエネルギー変化は大きく負であり，Cu生成に有利になる．図6・18は，共役反応に対する力学的な類似物を示している．

図6・18 共役反応に対する力学的な類似物．普通は重力の影響でおもりは下向きに落ちる（自発過程）が，大きなおもりが落ちるのと組合わせることで小さなおもりを上に動かすこと（非自発過程）が可能になる．全体の過程はまだ自発的のままである．同様に，大きな負の$\Delta_r G^\circ$は，より小さな正の$\Delta_r G^\circ$をもつもう一つの反応を非自発的な方向に進ませることができる．

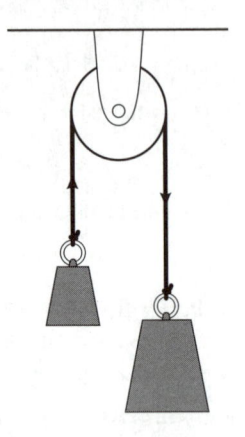

共役生体反応は，つぎの性質を有する: 1) 吸エルゴン反応が発エルゴン反応と共役することにより，組合わさった共役反応は全体として発エルゴン的なものとなる，2) 発エルゴン反応は通常ATPをADPとHPO_4^{2-}へと加水分解する反応である，3) 共役反応は常に酵素によって触媒される．つぎに，**解糖**（glycolysis）における共役反応の例を見てみよう．

解糖

すべての生命体は，成長と機能遂行のためにエネルギー

---

* この共役反応の代償は，SO_2の生成によってひき起こされる酸性雨である．

を必要とする．植物は，光合成の過程を経て日光からエネルギーを取出す．そのような生物は，日光という身近なエネルギー源を利用して，細胞において生命維持に必要な成分とエネルギーをつくりだしているので，**独立栄養生物**（autotroph）とよばれている．ヒトは，他の生命体を食べることで生命を維持しているので，**従属栄養生物**（heterotroph）とよばれる．ヒトが食べる食物に最も多く含まれているものは炭水化物，タンパク質，そして脂肪であり，これらの化合物の段階的な酸化反応を経て，これら分子に蓄えられた，ヒトにとって必要なエネルギーを獲得している．たとえば，炭水化物は二つの目的に使われる．一つは，生合成のための基礎単位を供給することであり，もう一つは，酸化反応によってエネルギーを生み出すことである．このエネルギー産出に注目してみよう．

図6・19は，グルコースからピルビン酸への代謝経路を示している．9段階を経て，6個の炭素を含む分子であるグルコースを1分子分解し，三つの炭素原子を含む分子であるピルビン酸を2分子生成する*．それぞれの段階は酵素によって触媒される．いくつかの段階においてはATPが利用され，また他の段階ではATPが合成されるが，全体として1 molのグルコースがピルビン酸へと代謝される結果，正味2 molのATPが生じる．

解糖の第一段階は，グルコースからグルコース6-リン酸への転換である．

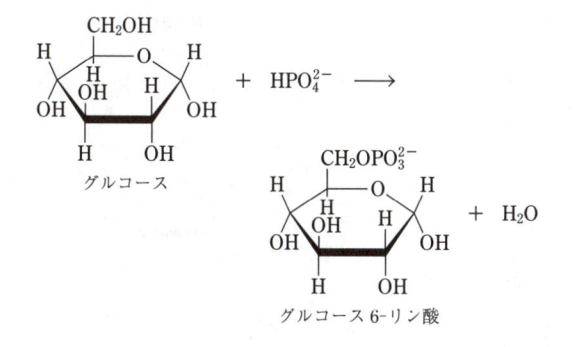

図6・19 解糖経路．酸素がない場合，人体中での最終生成物は乳酸である．括弧内の数字は生成する分子の数を示す．1分子しか生成しないときは数字は書いていない．

この反応は吸エルゴン反応であるから，反応物の生成が有利である．しかしこの反応は，発エルゴン反応であるATPの加水分解と共役すると駆動力を得る．共役した反応をつぎのように書くことができる．

グルコース ＋ ATP ⟶ グルコース6-リン酸 ＋ ADP
$$\Delta_r G^{\circ\prime} = -17.2 \text{ kJ mol}^{-1}$$

$\Delta_r G^{\circ\prime}$ は大きな負の値であるので，反応は自発的に進行するだろう．

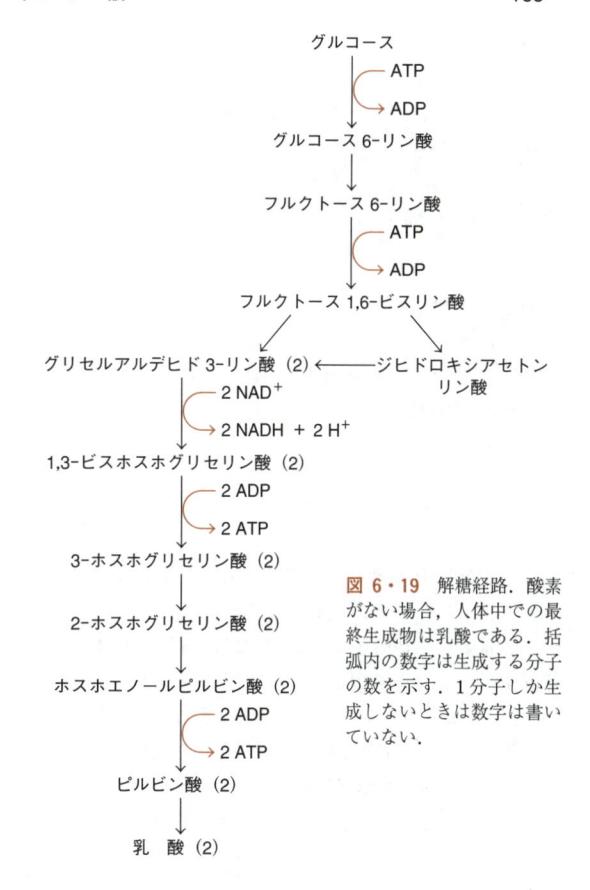

---

* 解糖についての詳細な議論は第1章に列挙した標準的な生化学の本を参照のこと．

グルコースとATPとの共役反応は，生体系における共役反応の重要性を示す良い例である．重要なことは，グルコースからグルコース6-リン酸への反応はエネルギー的には不利だが，代謝のために必要なものであるということである．その反応は，大きなギブズエネルギーを放出する反応と結びつくことにより進行するようになる．グルコキナーゼ（もしくはヘキソキナーゼ）という酵素の存在により，共役反応が可能になるのである．

もう一つの共役反応は，フルクトース6-リン酸をフルクトース1,6-ビスリン酸へと転換するもので，ここでも，1 molのフルクトース6-リン酸がリン酸化されるごとに，1 molのATPが加水分解される．

これら反応で消費されるATPは，続いて起こる段階で生成する4 molのATPで十分補われる．このようにして，正味2 molのATPが増えたことになる．pH 7.5で温度298 Kのとき，ADPとHPO_4^{2-}からATPを合成するには$\Delta_r G^{\circ\prime}=31.4 \text{ kJ mol}^{-1}$のギブズエネルギーの増加を伴う．したがって，この反応は発エルゴン反応と結びつかないといけない．この場合だと，グリセルアルデヒド3-リン酸から1,3-ビスホスホグリセリン酸（以前は1,3-ジホスホグリセリン酸とよばれていた）への酸化反応である．

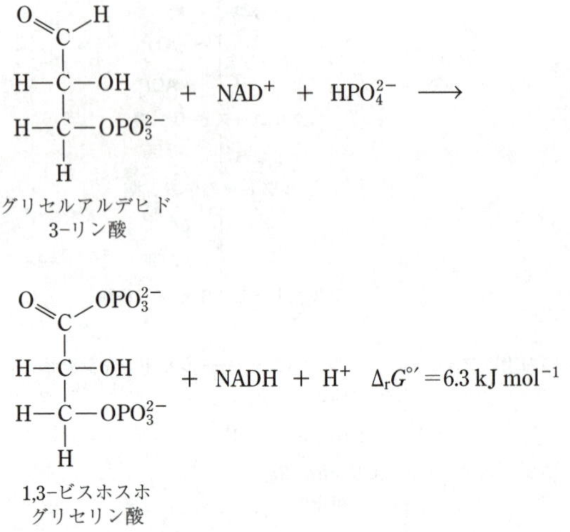

[グリセルアルデヒド 3-リン酸の構造式] + NAD⁺ + HPO₄²⁻ ⟶

[1,3-ビスホスホグリセリン酸の構造式] + NADH + H⁺ $\Delta_r G^{\circ\prime} = 6.3 \text{ kJ mol}^{-1}$

NAD⁺とNADHはそれぞれ酸化型および還元型ニコチンアミドアデニンジヌクレオチドである（図6・20）. もう一つの重要な生体分子であるNAD⁺は電子運搬体として機能する. 先に示した反応は, わずかに吸エルゴン反応であり, そのため他のエネルギー的に不利な過程を駆動するのに用いることはできない. しかしながら重要な点は, 生成物の1,3-ビスホスホグリセリン酸の加水分解は大きな発エルゴン反応であり, そのためホスホグリセリン酸キナーゼ酵素の存在下では,

1,3-ビスホスホグリセリン酸 + ADP ⟶
3-ホスホグリセリン酸 + ATP
$\Delta_r G^{\circ\prime} = -18.8 \text{ kJ mol}^{-1}$

となることである. この過程における標準ギブズエネルギーの減少は大きいので, 反応は確実に左から右へと進行する. 化学量論から, グルコースが1 mol分解するごとに, 2 molの1,3-ビスホスホグリセリン酸が生成し, ゆえに2 molのATPが生成する. ホスホエノールピルビン酸からピルビン酸への反応も共役反応を伴って起こり, さらに2 molのATPが生成する.

解糖のいくつかの段階のエネルギー論について考察したので, そのような過程に対してどのように平衡定数を適用できるかがつぎの関心事となる. 連続する反応において重要な量は, 一つ一つの反応の平衡定数ではなくて, 全過程に対する平衡定数である. 以下の反応を考えてみよう.

$$A + B \rightleftharpoons C + D \quad K_1 = \frac{[C][D]}{[A][B]}$$

$$C + D \rightleftharpoons E + F \quad K_2 = \frac{[E][F]}{[C][D]}$$

$$E + F \rightleftharpoons G + H \quad K_3 = \frac{[G][H]}{[E][F]}$$

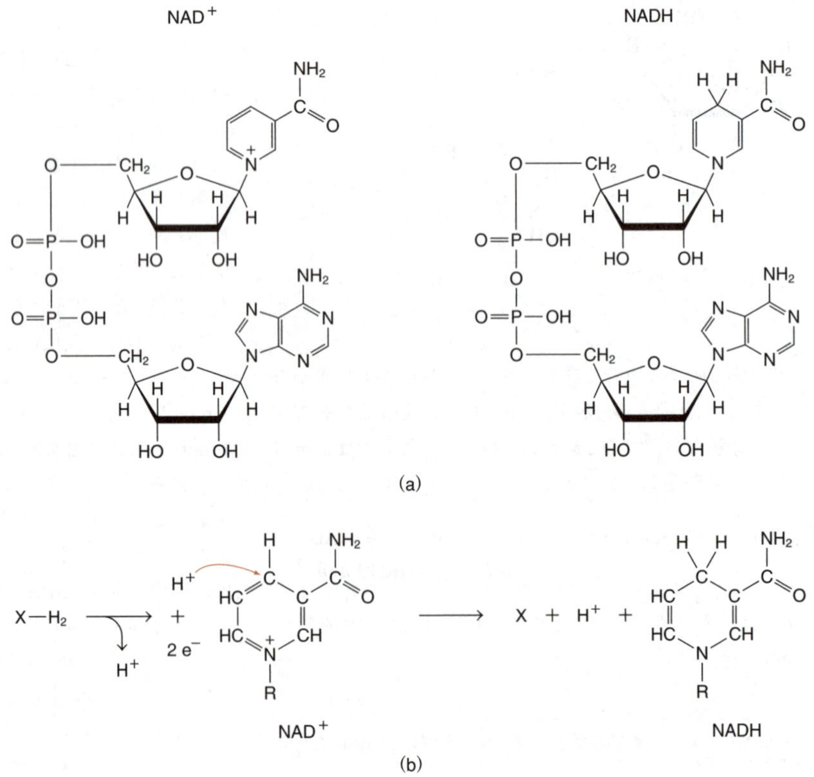

図6・20 (a) NAD⁺とNADHの構造. (b) NAD⁺のNADHへの還元. Rは(a)に示されている分子の残りの部分を表す. XH₂はNAD⁺が還元されるにつれて酸化される基質分子である. 基質XH₂は二つの水素イオンと二つの電子を失う. 一つの水素イオンは溶液に放出され, もう一つの水素イオンは二つの電子を伴いNAD⁺と結合しNADHを生成する. 反応は, NAD⁺ + 2H⁺ + 2e⁻ ⟶ NADH + H⁺ もしくは, 単純にNAD⁺ + H₂ ⟶ NADH + H⁺と書ける.

全過程の平衡定数は

$$A + B \rightleftharpoons G + H \qquad K_4 = \frac{[G][H]}{[A][B]} = K_1 K_2 K_3$$

で与えられる．ここで重要な点は，たとえ中間段階の一つが小さな平衡定数をもっていたとしても，その他の段階が左から右に進みやすければ，十分な量の生成物がまだ生成できるということである．たとえば，$K_1 = 10^5$，$K_2 = 10^{-4}$，$K_3 = 10^2$ のとき，$K_4 = 10^3$ とまだ十分大きな値を保っている．また

$$RT \ln K_4 = RT \ln K_1 + RT \ln K_2 + RT \ln K_3$$

であるから

$$\Delta_r G_4^{\circ\prime} = \Delta_r G_1^{\circ\prime} + \Delta_r G_2^{\circ\prime} + \Delta_r G_3^{\circ\prime}$$

が導かれる．現実には，解糖が平衡に達することはない．この解析は単に，いくつかの段階が熱力学的に不利であっても，全過程についての $\Delta_r G^{\circ\prime}$ が反応の駆動力の役割を果たしうることを示している．

これまで議論した解糖系は**嫌気的**（anaerobic）過程である．すなわち酸素分子がない状態で反応が行われている．酸素がない場合，ピルビン酸を生成した時点で反応は止まらず，さらにもう一段階進行する．

$$\text{CH}_3\text{COCOO}^- + \text{NADH} + \text{H}^+ \longrightarrow$$
ピルビン酸
$$\text{CH}_3\text{CH(OH)COO}^- + \text{NAD}^+$$
乳酸

嫌気性細胞にとって，これが解糖系の終点である．すなわち，生成した乳酸は最終的に細胞から排出される*．乳酸のような複雑な分子からはまだギブズエネルギーが取出せるであろうから，この過程はあまり効率的ではない．解糖系を経てグルコースから乳酸が生成する反応は，おそらく地球上に酸素分子がほとんどない，もしくはまったくないころの進化の初期の過程において発生したのであろう．その後，おそらくは 2, 30 億年前地球の大気の変化と共に，**好気性**（aerobic）細胞が進化を遂げた．これらの細胞では，酸素分子を用いて，クエン酸回路と末端呼吸鎖を経由して，ピルビン酸をさらに二酸化炭素と水に分解する（第 7 章参照）．その結果，さらに 36 mol の ATP が合成されることから，1 mol のグルコースが完全に分解されることで全部で 38 mol の ATP がつくられる．

---

* ヒトにおいて，乳酸は筋肉のこむら返りすなわち "筋肉硬直" をひき起こす．この痛みを伴う症状は，筋肉に酸素が十分に行きわたらない状態で不意に力を入れてしまったときに生じる．たとえば酵母のような他の生物中では，乳酸ではなくエタノールが生成する．

$$\text{C}_6\text{H}_{12}\text{O}_6 + 38\,\text{H}^+ + 38\,\text{ADP}^{3-} + 38\,\text{HPO}_4^{2-} + 6\,\text{O}_2 \longrightarrow$$
$$38\,\text{ATP}^{4-} + 6\,\text{CO}_2 + 44\,\text{H}_2\text{O}$$

ここで論じたような生体過程の効率を見積もることは興味深い．§4・7 で見たように，空気中でのグルコースの完全燃焼は

$$\text{C}_6\text{H}_{12}\text{O}_6(\text{s}) + 6\,\text{O}_2(\text{g}) \longrightarrow 6\,\text{CO}_2(\text{g}) + 6\,\text{H}_2\text{O}(\text{l})$$
$$\Delta_r G^\circ = -2879\,\text{kJ mol}^{-1}$$

と表される．一方，ATP は ADP と HPO_4^{2-} から以下のように合成される．

$$\text{ADP}^{3-} + \text{H}^+ + \text{HPO}_4^{2-} \longrightarrow \text{ATP}^{4-} + \text{H}_2\text{O}$$
$$\Delta_r G^{\circ\prime} = 31.4\,\text{kJ mol}^{-1}$$

したがって，グルコースが解糖によって二酸化炭素と水に分解される効率は

$$\text{効率} = \frac{\text{ATP 分子に蓄えられているギブズエネルギー}}{\text{放出された全ギブズエネルギー}}$$
$$= \frac{38 \times 31.4\,\text{kJ}}{2879\,\text{kJ}} \times 100\,\% = 41\,\%$$

となる．この結果は下限値である．さまざまな成分の生理的濃度を考慮すると，この効率は 50 % 以上になると考えられる．もしヒトの体が内部燃焼エンジンとして働くとすると，効率はどうなるだろうか．式（4・7）と体温が 37 ℃（310 K）で周囲の温度が 25 ℃（298 K）であることを用いて

$$\text{効率} = \left(\frac{310\,\text{K} - 298\,\text{K}}{310\,\text{K}}\right) = 0.039 \quad \text{すなわち} \quad 3.9\,\%$$

となるが，これでは通常の体の機能を維持するのにはまったく非効率である．

見事なくらいの非常に高い生体効率は数十億年かけて試行錯誤して得られた結果である．気体の膨張に関する先の議論で（§3・1 参照），可逆的な過程は不可逆的な過程に比べてより多くの仕事をすることがわかった．グルコースの空気中での燃焼は，完全に不可逆な反応である．そのため，グルコース分子に蓄えられていたエネルギーは非常に利用しにくい形（すなわち熱）として放出されてしまう．しかしながら，その反応が酵素の助けのもとで数段階に分割されると，ほとんどのエネルギーを ATP の合成を経て蓄えることができるのである．

一般的には高効率が望まれるが，反応過程の速度も考慮する必要がある．先に述べたように，最大効率は完全な可逆過程のときのみに得られるが，その過程は完了するのに無限大の時間がかかる．したがって，もし解糖がさらに 10 段階延ばされたら，過程はより可逆的になるので確実に効率は上がるだろう．しかしながら，反応速度はより遅くなり，生存のためにはおそらく危険になるだろう．多分，

進化を通じて最終的に効率と速度の折り合いのつく点に達したのだろう．

ATPがそれほどまでに多くの生物反応にかかわっていることは驚くべきことであるが，その理由は疑いなく，ATPの加水分解に関する$\Delta_r G^{\circ\prime}$が中間的な値をもつということである（表6・2参照）．$\Delta_r G^{\circ\prime}$値がより負に大きな値だとしたら，ATPの合成により大きなエネルギーが必要となり不利な状況になるだろう．逆に，加水分解に対する$\Delta_r G^{\circ\prime}$値がより負に小さな値だとしたら，ATPは共役反応にはあまり使えるものでなくなるだろう．

生物学における熱力学の限界

いくつかの熱力学的概念が，生化学的過程の性質を理解するのにどのように役立つのかという議論は，ここまでかなり一般的であり定性的であった．本項ではより基本的な疑問，すなわち，どんな状況なら熱力学が生物学に適用できるのだろうか，ということについて考察してみる．この解は自明ではなく，この問題に対して非常に多くの議論がなされている．

標準反応ギブズエネルギー変化$\Delta_r G^{\circ\prime}$という概念のもつ限界は，標準状態にある反応物が標準状態にある生成物へと変化するときに限り有効であるという点である．そのような反応は，生体内での実際の過程においては決して起こらない．

$$A + B \rightleftharpoons C + D$$

のような型の反応が進む方向は$\Delta_r G$により決まる．ここで

$$\Delta_r G = \Delta_r G^{\circ\prime} + RT \ln \frac{[C][D]}{[A][B]}$$

である．したがって，温度310 KおよびpH=7の条件下でATPを加水分解すると，標準ギブズエネルギーの減少が$-30.5 \text{ kJ mol}^{-1}$に等しいという事実は，この数値が$\Delta_r G$と等しいことを意味しているのでない．生きている細胞内では，生理的な温度，pH，反応物と生成物の濃度，金属イオンなどの因子は系によって変わりえて，しかも必ず$\Delta_r G$の値に影響する．溶液中のさまざまな化学種の濃度を正確に測定することは難しく，不可能な場合もある．それでも，高性能な装置を用いれば，ある場合には濃度を妥当に見積もることができ，それによって$\Delta_r G$の符号を判断することができる．

さらにその上，熱力学は平衡にある閉じた系のみを扱っている．生体系は開いた系であり，平衡状態というよりむしろ定常状態で維持されている*．実際，真に平衡状態にある細胞は死んだ細胞であるので，生化学反応の速度の方が，その平衡定数の値よりもより意味をもつのである．

最後に，生きている細胞中の反応は，一般の化学反応と同様に二つの範ちゅうに分けられる．すなわち，熱力学支配を受けている反応と速度支配を受けている反応である．前者の例として，二つのアミノ酸からジペプチドを合成する反応があげられる．

$$\text{アラニン} + \text{グリシン} \longrightarrow \text{アラニルグリシン} + H_2O$$
$$\Delta_r G^{\circ\prime} = 17.2 \text{ kJ mol}^{-1}$$

この反応の平衡定数は298 Kで約1×10^{-3}である．明らかに，そのような過程は自発的には十分に進行しない．しかしながら，もしこの過程が酵素の作用により，ATPの加水分解反応と共役するなら，この反応は左から右へと進むだろう（図6・21）．この反応は自発的には進行せず，外部からエネルギーを供給されないといけないから，熱力学支配を受けていると言う．

速度支配を受けている反応では，全体の$\Delta_r G$の値は負であり（それゆえ熱力学的に好ましいが），適切な酵素触媒が存在しない限り，反応速度は非常に遅い．グルコースをリン酸化してグルコース6－リン酸を生成する反応は，ATPの加水分解反応と共役することで確かに発エルゴン過程であるが，酵素，ヘキソキナーゼが共存しないと反応速度は測定不可能なほどに遅い．

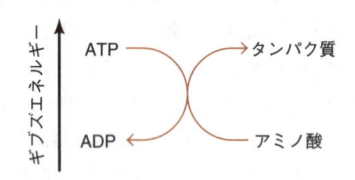

図6・21 タンパク質合成で起こるギブズエネルギー変化の模式図

* 定常状態は，化学種の濃度が経時変化しないという点において，表面上，平衡状態に似ている．しかしながら，この定常状態に至るには，系に対し絶え間なく物質を供給しかつ除かねばならない．さらに，平衡にある系は均一系であるが，定常状態に保たれている系は濃度勾配を有している．開いた系の取扱いには非平衡熱力学が必要で，それはこの本の範囲外である．

参考文献

書籍

W. A. Cramer, D. B. Knaff, "Energy Transduction in Biological Membranes," Springer-Verlag, New York (1991).

J. T. Edsall, H. Gutfreund, "Biothermodynamics," John Wiley & Sons, New York (1983).

F. M. Harold, "The Vital Force: A Study of Bioenergetics," W. H. Freeman, New York (1986).

D. A. Harris, "Bioenergetics at a Glance," Blackwell Science, Oxford (1995).

I. M. Klotz, "Energy Changes in Biochemical Reactions," Academic Press, New York (1967).

I. M. Klotz, "Ligand-Receptor Energetics," John Wiley & Sons, New York (1997).

A. L. Lehninger, "Bioenergetics," W. A. Benjamin, New York (1965).

D. G. Nicholls, "Bioenergetics," Academic Press, New York (1982).

D. G. Nicholls, S. J. Ferguson, "Bioenergetics," Academic Press, New York (1992).

J. Wyman, S. J. Gill, "Binding and Linkage: Functional Chemistry of Biological Macromolecules," University Science Books, Sausalito, CA (1990).

論 文
総 説：

J. T. MacQueen, 'Some Observations Concerning the van't Hoff Equation,' *J. Chem. Educ.*, **44**, 755 (1967).

M. D. Seymour, Q. Fernando, 'Effect of Ionic Strength on Equilibrium Constants,' *J. Chem. Educ.*, **54**, 225 (1977).

W. F. Harris, 'Clarifying the Concept of Equilibrium in Chemically Reacting Systems,' *J. Chem. Educ.*, **59**, 1034 (1982).

M. L. Hernandez, J. M. Alvarino, 'On the Dynamic Nature of Chemical Equilibrium,' *J. Chem. Educ.*, **60**, 930 (1983).

R. T. Allsop, N. H. George, 'Le Chatelier's Principle—a Redundant Principle?' *Educ. Chem.*, **21**, 82 (1984).

J. Gold, V. Gold, 'Le Chatelier's Principle and the Law of van't Hoff,' *Educ. Chem.*, **22**, 82 (1985).

R. J. Tykodi, 'A Better Way of Dealing with Chemical Equilibrium,' *J. Chem. Educ.*, **63**, 582 (1986).

H. R. Kemp, 'The Effect of Temperature and Pressure on Equilibria: A Derivation of the van't Hoff Rules,' *J. Chem. Educ.*, **64**, 482 (1987).

S. R. Logan, 'Entropy of Mixing and Homogeneous Equilibrium,' *Educ. Chem.*, **25**, 44 (1988).

J. J. MacDonald, 'Equilibrium, Free Energy, and Entropy: Rates and Differences,' *J. Chem. Educ.*, **67**, 380 (1990).

J. J. MacDonald, 'Equilibria and $\Delta G°$,' *J. Chem. Educ.*, **67**, 745 (1990).

A. A. Gordus, 'Chemical Equilibrium,' *J. Chem. Educ.*, **68**, 138, 215, 291, 397, 566, 656, 759, 927 (1991).

F. M. Horuack, 'Reaction Thermodynamics: A Flawed Derivation,' *J. Chem. Educ.*, **69**, 112 (1992).

D. J. Wink, 'The Conversion of Chemical Energy,' *J. Chem. Educ.*, **69**, 264 (1992).

K. Anderson, 'Practical Calculation of the Equilibrium Constant and the Enthalpy of Reaction at Different Temperatures,' *J. Chem. Educ.*, **71**, 474 (1994).

A. C. Banerjee, 'Teaching Chemical Equilibrium and Thermodynamics in Undergraduate General Chemistry Classes,' *J. Chem. Educ.*, **72**, 879 (1995). *J. Chem. Educ.*, **73**, A 261 (1996) も参照.

R. S. Ochs, 'Thermodynamics and Spontaneity,' *J. Chem. Educ.*, **73**, 952 (1996).

R. S. Treptow, 'Free Energy Versus Extent of Reaction,' *J. Chem. Educ.*, **73**, 51 (1996). *J. Chem. Educ.*, **74**, 22 (1997) も参照.

R. S. Treptow, L. Jean, 'The Iron Blast Furnace: A Study in Chemical Thermodynamics,' *J. Chem. Educ.*, **75**, 43 (1998).

S. V. Glass, R. L. DeKock, 'A Mechanical Analogue for Chemical Potential, Extent of Reaction, and the Gibbs Energy,' *J. Chem. Educ.*, **75**, 190 (1998).

F. H. Chapple, 'The Temperature Dependence of $\Delta G°$ and the Equilibrium Constant, K_{eq}; Is There a Paradox?' *J. Chem. Educ.*, **75**, 342 (1998).

R. S. Treptow, 'How Thermodynamic Data and Equilibrium Constants Changed When the Standard-State Pressure Became 1 Bar,' *J. Chem. Educ.*, **76**, 212 (1999).

結合における平衡：

S. A. Katz, C. Parfitt, R. Purdy, 'Equilibrium Dialysis,' *J. Chem. Educ.*, **47**, 721 (1970).

A. Orstan, J. F. Wojcik, 'Spectroscopic Determination of Protein-Ligand Binding Constants,' *J. Chem. Educ.*, **64**, 814 (1987).

R. H. Barth, 'Dialysis,' "Encyclopedia of Applied Physics," ed. by G. L. Trigg, Vol. 4, p. 533, VCH Publishers, New York (1992).

A. D. Atlie, R. T. Raines, 'Analysis of Receptor-Ligand Interactions,' *J. Chem. Educ.*, **72**, 119 (1995).

A. T. Marcoline, T. E. Elgren, 'A Thermodynamic Study of Azide Binding to Myoglobin,' *J. Chem. Educ.*, **75**, 1622 (1998).

生化学における熱力学：

B. E. C. Banks, 'Thermodynamics and Biology,' *Chem. Brit.*, **5**, 514 (1969).

L. Pauling, 'Structure of High-Energy Molecules,' *Chem. Brit.*, **6**, 468 (1970).

D. Wilkie, 'Thermodynamics and Biology,' *Chem. Brit.*, **6**, 473 (1970).

A. F. Huxley, 'Energetics of Muscle,' *Chem. Brit.*, **6**, 477 (1970).

P. C. Hinkle, R. E. McCarthy, 'How Cells Make ATP,' *Sci. Am.*, March (1972).

R. R. Richards, 'Composite Formulated Biochemical

Equilibria,' *J. Chem. Educ.*, **56**, 514 (1979).

I. H. Segel, L. D. Segel, 'Energetics of Biological Processes,' "Encyclopedia of Applied Physics," ed. by G. L. Trigg, Vol. 6, p. 207, VCH Publishers, New York (1993).

R. A. Alberty, 'Biochemical Thermodynamics,' *Biochem. Biophys. Acta*, **1207**, 1 (1994).

問題

化学平衡

6・1 気体反応の平衡定数は，圧力のみ (K_P)，濃度のみ (K_c)，またはモル分率のみ (K_x) で表すことができる．

$$a\,A(g) \rightleftharpoons b\,B(g)$$

という仮想的な反応に対し，以下の関係式を導け．(a) $K_P = K_c(RT)^{\Delta n}(P°)^{-\Delta n}$ および (b) $K_P = K_x P^{\Delta n}(P°)^{-\Delta n}$. ここで，$\Delta n$ は反応物と生成物の差（モル単位）であり，P は系の全圧である．理想気体の挙動を仮定せよ．

6・2 1024 ℃ において酸化銅(Ⅱ)(CuO)の分解で発生する酸素の圧力は 0.49 bar である．

$$4\,CuO(s) \rightleftharpoons 2\,Cu_2O(s) + O_2(g)$$

(a) 反応の K_P の値はいくらか．(b) 0.16 mol の CuO を 2.0 l のフラスコに入れ，1024 ℃ に加熱したときに CuO が分解する割合を求めよ．(c) 1.0 mol の CuO を用いたときは CuO の分解する割合はどうなるか．(d) 反応が平衡に達するための CuO の最少量は何モルか．

6・3 気体の二酸化窒素は実際には，二酸化窒素 (NO_2) と四酸化二窒素 (N_2O_4) の混合気体である．もしその混合物の密度が 74 ℃ および 1.3 atm で 2.3 g l^{-1} ならば，それらの気体の分圧を求め，N_2O_4 の解離に対する K_P の値を計算せよ．

6・4 工業用水素の製造は約 75 % が**水蒸気改質法**（steam-reforming）によっている．この製造過程は第一変成および第二変成とよばれる，二つの段階から成っている．第一段階では，約 30 atm の水蒸気とメタンの混合物を 800 ℃ のニッケル触媒上で加熱することにより，水素と一酸化炭素を生成する．

$$CH_4(g) + H_2O(g) \rightleftharpoons CO(g) + 3\,H_2(g)$$
$$\Delta_r H° = 206\,kJ\,mol^{-1}$$

第二段階は，約 1000 ℃ で行われ，空気の存在下で未反応のメタンを水素へと転換する．

$$CH_4(g) + \frac{1}{2}O_2(g) \rightleftharpoons CO(g) + 2\,H_2(g)$$
$$\Delta_r H° = 35.7\,kJ\,mol^{-1}$$

(a) どんな温度と圧力の条件下で，第一段階と第二段階の反応を共に有利に進めることができるか．(b) 800 ℃ における第一段階の平衡定数 K_c は 18 である．(i) 反応の K_P の値を計算せよ．(ii) メタンと水蒸気の初期分圧を共に 15 atm にすると，平衡におけるすべての気体の圧力はいくらになるか．

6・5 以下の反応を考える．

$$PCl_5(g) \rightleftharpoons PCl_3(g) + Cl_2(g)$$

250 ℃ における K_P は 1.05 である．2.50 g の PCl_5 を真空にした 0.500 l のフラスコに入れ，250 ℃ に加熱した．(a) PCl_5 が解離しないときの PCl_5 の圧力を計算せよ．(b) 平衡での PCl_5 の分圧を計算せよ．(c) 平衡での全圧はいくらか．(d) PCl_5 の解離度はいくらか（解離度は解離した PCl_5 の比率で与えられるとする）．

6・6 26 ℃ での水銀の蒸気圧は 0.002 mmHg である．(a) $Hg(l) \rightleftharpoons Hg(g)$ の過程について K_c と K_P の値を計算せよ．(b) ある化学者が温度計を壊し，長さ 6.1 m，幅 5.3 m，高さ 3.1 m の実験室の床の上に水銀をまき散らしてしまった．水銀蒸気が平衡に達したときの蒸気になった水銀の質量（単位は g）と水銀蒸気の濃度（単位は mg m^{-3}）を計算せよ．この濃度は，安全限界値 0.05 mg m^{-3} を上回るか（実験室内の備品および他の器物の体積は無視せよ）．

6・7 密閉容器の中で 0.20 mol の二酸化炭素を過剰のグラファイトと共にある温度まで加熱し，以下の平衡に至った．

$$C(s) + CO_2(g) \rightleftharpoons 2\,CO(g)$$

これらの条件下で，気体の平均モル質量は 35 g mol^{-1} であった．(a) CO と CO_2 のモル分率を計算せよ．(b) 全圧が 11 atm のとき K_P の値はいくらか〔ヒント：平均モル質量は，それぞれの気体のモル分率に各モル質量を掛け合せ，その和をとったものである〕．

ファントホッフの式

6・8 $CaCO_3$ の熱分解について考える．

$$CaCO_3(s) \rightleftharpoons CaO(s) + CO_2(g)$$

CO_2 の平衡蒸気圧は 700 ℃ で 22.6 mmHg，950 ℃ では 1829 mmHg である．この反応の標準エンタルピーを計算せよ．

6・9 以下の反応について考える．

$$CO_2(g) + H_2(g) \rightleftharpoons CO(g) + H_2O(g)$$

この反応の平衡定数は 960 K で 0.534，1260 K で 1.571 である．この反応のエンタルピーはいくらか．

6・10 ドライアイス（固体の CO_2）の蒸気圧は −80 ℃ に

おいて 672.2 Torr であり，−70 ℃ において 1486 Torr である．CO_2 のモル昇華熱を計算せよ．

6・11 自動車の排気ガスに含まれる一酸化窒素は，主たる大気汚染物質である．付録2に列挙したデータを用いて，25 ℃における以下の反応の平衡定数を計算せよ．

$$N_2(g) + O_2(g) \rightleftharpoons 2\,NO(g)$$

このとき，$\Delta_r H°$ と $\Delta_r S°$ はどちらも温度に依存しないと仮定せよ．1500 ℃におけるこの反応の平衡定数を計算せよ．この温度は，自動車が走り出してからしばらくしたときの，自動車エンジンのシリンダー内部の典型的な温度である．

$\Delta G°$ と K

6・12 298 K における平衡定数, 1.0×10^{-4}, 1.0×10^{-2}, 1.0, 1.0×10^2, 1.0×10^4 のそれぞれについて, $\Delta_r G°$ を計算せよ．

6・13 付録2に列挙したデータを用いて，298 K で HCl を合成するときの平衡定数 K_P を計算せよ．

$$H_2(g) + Cl_2(g) \rightleftharpoons 2\,HCl(g)$$

平衡が以下のように表されたときの K_P の値はいくらか．

$$\tfrac{1}{2} H_2(g) + \tfrac{1}{2} Cl_2(g) \rightleftharpoons HCl(g)$$

6・14 298 K および 1 atm の下で, N_2O_4 の NO_2 への解離

$$N_2O_4(g) \rightleftharpoons 2\,NO_2(g)$$

は 16.7 % 達成される．この反応に対して，平衡定数と標準反応ギブズエネルギー変化を計算せよ．〔ヒント：解離度を α とし, $K_P = 4\alpha^2 P/(1-\alpha^2)$ を示せ．ここで P は全圧である．〕

6・15 気体の cis- および trans-2-ブテンの標準生成ギブズエネルギーはそれぞれ 67.15 kJ mol^{-1} および 64.10 kJ mol^{-1} である．298 K における気体異性体の平衡圧力の比を計算せよ．

6・16 炭酸マグネシウムの分解について考える．

$$MgCO_3(s) \rightleftharpoons MgO(s) + CO_2(g)$$

分解が生成物に有利になるときの温度を計算せよ．$\Delta_r H°$ と $\Delta_r S°$ は温度に依存しないと仮定せよ．計算には付録2のデータを用いよ．

6・17 付録2のデータを用い，25 ℃ における以下の反応の平衡定数 (K_P) を計算せよ．

$$2\,SO_2(g) + O_2(g) \rightleftharpoons 2\,SO_3(g)$$

60 ℃ における K_P を，(a) ファントホッフの式（式6・18）を用いて計算せよ．(b) また，ギブズ・ヘルムホルツの式（式4・31）を用いて 60 ℃ における $\Delta_r G°$ を求め，それによって同じ温度での K_P を計算せよ．(c) $\Delta_r G° = \Delta_r H° - T\Delta_r S°$ を用いて 60 ℃ での $\Delta_r G°$ を求め，それによって同じ温度での K_P を計算せよ．それぞれの場合において用いた近似を述べて，結果を比較せよ．〔ヒント：式(4・31)からつぎの関係式が導かれる〕．

$$\frac{\Delta_r G_2}{T_2} - \frac{\Delta_r G_1}{T_1} = \Delta_r H \left(\frac{1}{T_2} - \frac{1}{T_1} \right)$$

ルシャトリエの原理

6・18 つぎの反応について考える．

$$2\,NO_2(g) \rightleftharpoons N_2O_4(g) \quad \Delta_r H° = -58.04\ \text{kJ mol}^{-1}$$

この系が平衡にあるときに，(a) 温度が上昇したらどうなるか，(b) 系の圧力が増したらどうなるか，(c) 一定圧力で不活性ガスを注入したらどうなるか，(d) 一定体積で不活性ガスを注入したらどうなるか，(e) 触媒を加えたらどうなるか．

6・19 問題 6・14 に関して，全圧が 10 atm のとき N_2O_4 の解離度を計算せよ．結果についてコメントせよ．

6・20 ある温度の下で NO_2 と N_2O_4 の平衡圧力は，それぞれ 1.6 bar と 0.58 bar である．一定温度の下で容器の体積を 2 倍にしたときに，平衡が再び成立したときのそれぞれの気体の分圧はどのようになっているか．

6・21 卵の殻の主成分は，以下の反応により生成した炭酸カルシウム（$CaCO_3$）である．

$$Ca^{2+}(aq) + CO_3^{2-}(aq) \rightleftharpoons CaCO_3(s)$$

炭酸イオンは，代謝の過程で生成した二酸化炭素から供給される．ニワトリの呼吸が荒くなる夏に，卵の殻が薄くなる理由を説明せよ．この改善策を提案せよ．

6・22 光合成は

$$6\,CO_2(g) + 6\,H_2O(l) \rightleftharpoons C_6H_{12}O_6(s) + 6\,O_2(g)$$
$$\Delta_r H° = 2801\ \text{kJ mol}^{-1}$$

で表せる．以下の変化によって，平衡がどのように影響を受けるか説明せよ．(a) CO_2 の分圧が増したとき，(b) O_2 を混合物から除いたとき，(c) $C_6H_{12}O_6$（グルコース）を混合物から取除いたとき，(d) さらに水を加えたとき，(e) 触媒を加えたとき，(f) 温度を下げたとき，(g) より強く日光がその植物に降り注いだとき．

6・23 大気圧にある気体を加熱したとき，25 ℃でその色が濃くなった．150 ℃以上に加熱するとその色はあせてきて，550 ℃ ではほとんど色が識別できなくなった．しかしながら，550 ℃ において系の圧力を増すことにより部分的に色を取戻した．以下のどの場合が上記の現象と最も一致するか．その選択の理由も述べよ．(a) 水素と臭素の混合物，(b) 純粋な臭素，(c) 二酸化窒素と四酸化二窒素の混合物〔ヒント：臭素は赤色，二酸化窒素は茶色，その他の気体は無色である〕．

6・24 工業的な金属ナトリウムの製法は，融解塩化ナトリウムの電気分解である．カソードでの反応は Na^+ +

142

e⁻ → Na である．金属カリウムも同様に，融解塩化カリウムの電気分解でつくられると考えるかもしれない．しかし金属カリウムは融解塩化カリウムに溶解するため，回収するのが難しい．さらに，カリウムはその作業温度で容易に気化するため，大変危険な状況になる．その代わりにカリウムは，892 ℃ においてナトリウム蒸気存下，融解塩化カリウムを蒸留してつくられる．

$$Na(g) + KCl(l) \rightleftharpoons NaCl(l) + K(g)$$

カリウムは，ナトリウムよりも強い還元剤であることを考慮して，なぜこの製法がうまくいくのか説明せよ（ナトリウムとカリウムの沸点は，それぞれ 892 ℃ と 770 ℃ である）．

6・25 高地に住んでいるヒトの赤血球細胞の中には，海面の近くに住んでいるヒトよりも，多くのヘモグロビンが含まれている．なぜか説明せよ．

結合平衡

6・26 式(6・23)を式(6・21)より導け．

6・27 カルシウムイオンは，あるタンパク質と1：1複合体を形成し，結合する．以下のデータが実験により得られている．

| すべての $Ca^{2+}/\mu M$ | 60 | 120 | 180 | 240 | 480 |
| タンパク質に結合した $Ca^{2+}/\mu M$ | 31.2 | 51.2 | 63.4 | 70.8 | 83.4 |

Ca^{2+}-タンパク質複合体の解離定数をグラフから決めよ．どの実験においてもタンパク質の濃度は $96\,\mu M$ とした（$1\,\mu M = 1 \times 10^{-6}\,M$）．

6・28 ある平衡透析の実験により，結合していない配位子，結合した配位子，および配位子の結合していないタンパク質の濃度がそれぞれ 1.2×10^{-5} M，5.4×10^{-6} M，4.9×10^{-6} M とわかった．$PL \rightleftharpoons P + L$ の反応について解離定数を計算せよ．タンパク質1分子あたり一つの結合部位があると仮定せよ．

生体エネルギー論

6・29 つぎの反応

$$\text{L-グルタミン酸} + \text{ピルビン酸} \longrightarrow \text{2-オキソグルタル酸} + \text{L-アラニン}$$

は，L-グルタミン酸-ピルビン酸アミノトランスフェラーゼ（アラニンアミノトランスフェラーゼ）という酵素によって触媒される．300 K でこの反応の平衡定数は 1.11 である．反応物と生成物の濃度が，[L-グルタミン酸] $= 3.0 \times 10^{-5}$ M，[ピルビン酸] $= 3.3 \times 10^{-4}$ M，[2-オキソグルタル酸] $= 1.6 \times 10^{-2}$ M，[L-アラニン] $= 6.25 \times 10^{-3}$ M のとき，この反応は正方向（左から右）に自発的に進行するか予測せよ．

6・30 本章で述べたように，310 K における ATP から ADP への加水分解の標準ギブズエネルギーは，約 -30.5 kJ mol^{-1} である．-1.5 ℃ の北極海に生息している魚の筋肉中で起こるその加水分解反応の $\Delta_r G^{\circ\prime}$ の値を計算せよ〔ヒント：$\Delta_r H^{\circ\prime} = -20.1$ kJ mol^{-1}〕．

6・31 標準状態では，解糖の中の一つの段階は自発的には起こらない．

$$\text{グルコース} + HPO_4^{2-} \longrightarrow \text{グルコース 6-リン酸} + H_2O$$
$$\Delta_r G^{\circ\prime} = 13.4 \text{ kJ mol}^{-1}$$

この反応は，細胞の細胞質中では自発的に進行するだろうか．ただし細胞質中では，温度 310 K で濃度が，[グルコース] $= 4.5 \times 10^{-2}$ M，[HPO_4^{2-}] $= 2.7 \times 10^{-3}$ M，[グルコース 6-リン酸] $= 1.6 \times 10^{-4}$ M である．

6・32 ジペプチドの生成は，タンパク質分子の生成の第一段階である．つぎの反応を考えよ．

$$\text{グリシン} + \text{グリシン} \longrightarrow \text{グリシルグリシン} + H_2O$$

付録2のデータを使って，298 K での $\Delta_r G^{\circ\prime}$ の値と平衡定数を求めよ．ただし，反応は緩衝液中で起こることに留意する．$\Delta_r G^{\circ\prime}$ の値は，310 K においてもまったく同じであると仮定せよ．その結果からどのような結論が導けるか．

6・33 25 ℃ における以下の反応

$$\text{フマル酸イオン}^{2-} + NH_4^+ \longrightarrow \text{アスパラギン酸イオン}^{1-}$$
$$\Delta_r G^{\circ\prime} = -36.7 \text{ kJ mol}^{-1}$$

$$\text{フマル酸イオン}^{2-} + H_2O \longrightarrow \text{リンゴ酸イオン}^{2-}$$
$$\Delta_r G^{\circ\prime} = -2.9 \text{ kJ mol}^{-1}$$

から，つぎの反応について，標準ギブズエネルギー変化と平衡定数を計算せよ．

$$\text{リンゴ酸イオン}^{2-} + NH_4^+ \longrightarrow \text{アスパラギン酸イオン}^{1-} + H_2O$$

6・34 ポリペプチドは，ヘリックス形かランダムコイル形で存在する．ヘリックス形からランダムコイル形への転移反応の平衡定数は，40 ℃ で 0.86，60 ℃ で 0.35 である．この反応の $\Delta_r H^\circ$ と $\Delta_r S^\circ$ の値を計算せよ．

補充問題

6・35 定常状態と平衡状態の間の二つの重要な相違を列挙せよ．

6・36 ある温度で平衡分圧は，それぞれ $P_{NH_3} = 321.6$ atm，$P_{N_2} = 69.6$ atm，$P_{H_2} = 208.8$ atm である．(a) 例題 6・1 に記述した反応の K_P の値を計算せよ．(b) $\gamma_{NH_3} = 0.782$，$\gamma_{N_2} = 1.266$，$\gamma_{H_2} = 1.243$ のとき，熱力学平衡定数を計算せよ．

6・37 これまで本書で扱った物質について，$\Delta_r G^\circ$ 値を反応過程について計算する方法をできるだけ多く述べよ．

6・38 n-ヘプタンの水への溶解度は，25 ℃ の溶液1l あたり 0.050 g である．同じ温度で n-ヘプタンを水へ 2.0 g l^{-1} の濃度で溶解させる仮想的過程について，ギブズエネルギー変化はいくらか〔ヒント：平衡過程からまず

$\Delta_r G^\circ$ の値を計算し，つぎに式(6・6)を使って $\Delta_r G$ の値を計算せよ〕．

6・39 本章で，反応物と生成物が生化学の標準状態にある反応についての標準ギブズエネルギー変化として $\Delta_r G^{\circ\prime}$ という値を導入した．その議論は，H^+ イオンの取込みおよび放出に絞られていた．$\Delta_r G^{\circ\prime}$ は，O_2 や CO_2 のような気体の取込みおよび放出が含まれる反応に対しても適用できる．これらの場合，生化学の標準状態は $P_{O_2}=0.2$ bar および $P_{CO_2}=0.0003$ bar（値はそれぞれ空気中の O_2 および CO_2 の分圧）である．

$$A(aq)+B(aq) \longrightarrow C(aq)+CO_2(g)$$

の反応について考えよ．ここで，A, B, C は分子種を表す．310 K におけるこの反応の $\Delta_r G^\circ$ と $\Delta_r G^{\circ\prime}$ の関係を導け．

6・40 酸素のヘモグロビン (Hb) への結合はきわめて複雑であるが，ここでの目的のためにはその過程は

$$Hb(aq)+O_2(g) \longrightarrow HbO_2(aq)$$

と表してよい．この反応に対する $\Delta_r G^\circ$ の値が 20 ℃ において -11.2 kJ mol^{-1} のとき，$\Delta_r G^{\circ\prime}$ の値を計算せよ〔ヒント: 問題 6・39 の結果を参考にせよ〕．

6・41 AgCl の K_{sp} の値は 25 ℃ において 1.6×10^{-10} である．60 ℃ ではその値はいくらか．

6・42 多くの炭化水素は，分子組成式が同じだが異なる構造を有する構造異性体として存在する．たとえば，ブタンとイソブタンは C_4H_{10} と同じ分子組成式で表される．ブタンおよびイソブタンの標準生成ギブズエネルギーがそれぞれ -15.9 kJ mol^{-1} および -18.0 kJ mol^{-1} であるとき，25 ℃ におけるこれらの平衡混合物中の分子のモル分率を計算せよ．得られた結果は，直鎖の炭化水素（すなわち，C 原子が直線でつながっている炭化水素）が枝分かれ鎖を有する炭化水素より不安定であるという概念を支持しているか．

6・43 $3A \rightleftharpoons B$ という平衡系を考える．以下の状況での A と B の濃度の経時変化を説明せよ．(a) はじめに A のみが存在するとき，(b) はじめに B のみが存在するとき，(c) はじめに A と B が共存するとき（A が B より高濃度で存在する）．それぞれの場合において，平衡では B の濃度が A の濃度よりも高いと仮定せよ．

6・44 細胞での反応を議論するときに，活量の代わりに濃度を用いることの妥当性について述べよ．

6・45 配位子 (L) とタンパク質 (P) の 1：1 錯体の解離定数 (K_d) は 2.0×10^{-6} である．タンパク質の初期濃度が 1.3×10^{-6} M で，配位子の初期濃度が (a) 1.8×10^{-6} M, (b) 6.4×10^{-5} M での飽和度 (Y) を計算せよ．

6・46 つぎのデータは，n 個の等価な部位をもつタンパク質と Mg^{2+} との結合を示している．

$[Mg^{2+}]_{全}/\mu M$	108	180	288	501	752
$[Mg^{2+}]_{未結合}/\mu M$	35	65	115	248	446

スキャッチャードプロットを使って，n と K_d を求めよ．タンパク質の濃度を $98\,\mu M$ とせよ．

7

電 気 化 学

　電気化学反応は電気分解の逆作用である．電気分解が電気的エネルギーを化学的エネルギーに変換するのに対し，電気化学反応は化学的エネルギーを直接，電気的エネルギーに変換する．電気化学反応と通常の化学反応にはわかりやすい違いがある．それは電気化学反応におけるギブズエネルギー変化は，その系から取出しうる最大の電気的な仕事に等しいことであり，またそれは容易に測定できる．

　本章では，電気化学の基本的な原理および膜電位を含む化学的な系および生物的な系への応用について述べる．

7・1 化学電池

　亜鉛の金属片を $CuSO_4$ 水溶液中に浸すと二つのことが起こる．亜鉛の金属片の一部は Zn^{2+} イオンとして溶液中に溶解し，さらに明白な現象として，溶液中に存在する Cu^{2+} イオンは金属銅として亜鉛電極上に析出し始める．この自発的な酸化還元反応は次式で表される．

$$Zn(s) + Cu^{2+}(aq) \longrightarrow Zn^{2+}(aq) + Cu(s)$$

反応が進行するにつれ，$CuSO_4$ 溶液の青色は次第に色あせていく．また一片の銅線を $AgNO_3$ 溶液中に浸すと，金属銀が銅線上に析出し，銅の金属片の一部は水和 Cu^{2+} イオンとして溶解し始めるため，溶液はしだいに青みがかっていく．いずれの場合においても金属の組合わせを替えて実験を行ってみると何も起こらないことがわかる．

　さてつぎに以下のような系について考えてみる．図7・1に示すように $ZnSO_4$ 溶液および $CuSO_4$ 溶液にそれぞれ亜鉛および銅の金属棒を浸す．これらの水溶液を含んだ各隔室は NH_4NO_3 や KCl などの不活性な電解質溶液を含んだ管である，**塩橋**（salt bridge）により電気的に接続されている．この電解質溶液が隔室中に流れ出ないように，管の両端を焼結した円盤で塞いだり，寒天*などを電解質溶

---

* 寒天は多糖類の一種である．

液と混ぜてゼラチン状にするなどの処理を行っている．亜鉛および銅の金属電極を金属線によって接続すると，電子が金属線を通じて亜鉛電極から銅電極へと流れ始める．同時に亜鉛電極の一部は Zn^{2+} イオンとなって左の隔室中の溶液に溶け出し，Cu^{2+} イオンは金属銅として銅電極上に析出し始める．塩橋の役割は二つの溶液間の電気回路を完成することと，溶液中に存在するイオンの溶液間移動を容易にすることである．

　上で述べた化学電池は，**ガルバニ電池**（galvanic cell）あるいは**ボルタ電池**（voltaic cell）とよばれるタイプの一つである，**ダニエル電池**（Daniell cell）として知られている．ガルバニ電池の電池作用は**酸化還元反応**（oxidation-reduction reaction）または**レドックス反応**（redox reaction）により生じる．亜鉛-銅電池では，この酸化還元反応は各電極における二つの**半電池反応**（half-cell reaction）を用いて表される．

アノード：　　　　　　$Zn(s) \longrightarrow Zn^{2+}(aq) + 2\,e^-$

カソード：　　$Cu^{2+}(aq) + 2\,e^- \longrightarrow Cu(s)$

亜鉛電極では酸化反応（電子が奪われる）が起こり，銅電極では還元反応（電子を奪う）が起こる．酸化が起こる方の電極を**アノード**（anode），還元が起こる方の電極を**カソード**（cathode）という．ダニエル電池に対する**電池図式**（cell diagram）は

$$Zn(s)\,|\,ZnSO_4(1.00\,\text{M})\,\|\,CuSO_4(1.00\,\text{M})\,|\,Cu(s)$$

と記される．｜は相の境界を表し，‖は塩橋を表す．慣例として，まずアノードをはじめに書き‖の左まで続け，残りの隔室も，電気の通り道に従ってカソードまで書いていく．通常各溶液の濃度も電池図式に併記しておく．

　アノードからカソードへ電子が流れるという事実は電極間に電位差が生じていることを意味する．この電位差のことを電池の**起電力**（electromotive force，すなわち emf），E とよぶ．ダニエル電池では温度 298 K，$CuSO_4$ および $ZnSO_4$ 水溶液同濃度の条件で $E = 1.104$ V である．

7・2 単極電位

溶液中のある一つのイオンの活量をモニターするのが不可能であるのと同様，ある単一の電極の電位を測定するのは不可能である．電気回路を形成するには必ず二つの電極が必要である．すべての電極について，電極電位は**標準水素電極**（standard hydrogen electrode すなわち SHE）を基準として測定を行うのが慣例となっている（図 7・2）．SHE の 298 K，H_2 圧 1 bar，H^+ 濃度 1 M（より正確には単位活量）での電位を任意で 0 とする．すなわち

$$H^+(1\,M) + e^- \rightleftharpoons \frac{1}{2} H_2(1\,bar) \qquad E° = 0\,V$$

$\rightleftharpoons$ は SHE がカソードにもアノードにもなりうることを示す．SHE を一方の電極として測定した起電力をその電極の電位とする．しかしながらすべての電極電位の測定に SHE を用いる必要はないことに注意されたい．すでに SHE に対して較正された別の電極を用いて，問題の電極の標準還元電位を測定する方が便利なことが多い．

表 7・1 に一般的な半電池反応に対する**標準還元電位**（standard reduction potential）をあげた．還元電位の値が

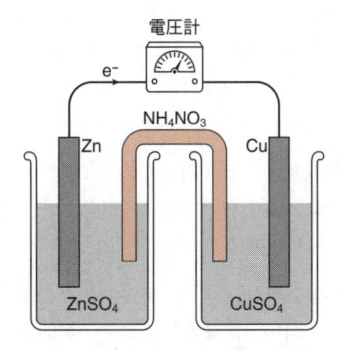

図 7・1 ガルバニ電池の模式図．電子は亜鉛電極から銅電極へと外部回路を流れる．溶液中ではアニオン（SO_4^{2-}, NO_3^-）は亜鉛アノードに向かって移動し，カチオン（Zn^{2+}, Cu^{2+}, NH_4^+）は銅カソードに向かって移動する．

表 7・1 298 K（pH=0）での各半電池に対する標準還元電位，$E°$ [†]

電極	電極反応	$E°/V$
$Pt\|F_2\|F^-$	$F_2(g) + 2\,e^- \longrightarrow 2\,F^-$	+2.87
$Pt\|Co^{3+}, Co^{2+}$	$Co^{3+} + e^- \longrightarrow Co^{2+}$	+1.92
$Pt\|Ce^{4+}, Ce^{3+}$	$Ce^{4+} + e^- \longrightarrow Ce^{3+}$	+1.72
$Pt\|MnO_4^-, Mn^{2+}$	$MnO_4^- + 8\,H^+ + 5\,e^- \longrightarrow Mn^{2+} + 4\,H_2O$	+1.507
$Pt\|Mn^{3+}, Mn^{2+}$	$Mn^{3+} + e^- \longrightarrow Mn^{2+}$	+1.54
$Au\|Au^{3+}$	$Au^{3+} + 3\,e^- \longrightarrow Au$	+1.498
$Pt\|Cl_2\|Cl^-$	$Cl_2(g) + 2\,e^- \longrightarrow 2\,Cl^-$	+1.36
$Pt\|Cr_2O_7^{2-}, Cr^{3+}$	$Cr_2O_7^{2-} + 14\,H^+ + 6\,e^- \longrightarrow 2\,Cr^{3+} + 7\,H_2O$	+1.23
$Pt\|Tl^{3+}, Tl^+$	$Tl^{3+} + 2\,e^- \longrightarrow Tl^+$	+1.252
$Pt\|O_2, H_2O$	$O_2(g) + 4\,H^+ + 4\,e^- \longrightarrow 2\,H_2O$	+1.229
$Pt\|Br_2, Br^-$	$Br_2 + 2\,e^- \longrightarrow 2\,Br^-$	+1.087
$Pt\|Hg^{2+}, Hg_2^{2+}$	$2\,Hg^{2+} + 2\,e^- \longrightarrow Hg_2^{2+}$	+0.92
$Hg\|Hg^{2+}$	$Hg^{2+} + 2\,e^- \longrightarrow Hg$	+0.851
$Ag\|Ag^+$	$Ag^+ + e^- \longrightarrow Ag$	+0.800
$Pt\|Fe^{3+}, Fe^{2+}$	$Fe^{3+} + e^- \longrightarrow Fe^{2+}$	+0.771
$Pt\|I_2, I^-$	$I_2 + 2\,e^- \longrightarrow 2\,I^-$	+0.536
$Pt\|O_2, OH^-$	$O_2(g) + 2\,H_2O + 4\,e^- \longrightarrow 4\,OH^-$	+0.401
$Pt\|Fe(CN)_6^{3-}, Fe(CN)_6^{4-}$	$Fe(CN)_6^{3-} + e^- \longrightarrow Fe(CN)_6^{4-}$	+0.36
$Cu\|Cu^{2+}$	$Cu^{2+} + 2\,e^- \longrightarrow Cu$	+0.342
$Pt\|Hg\|Hg_2Cl_2\|Cl^-$	$Hg_2Cl_2 + 2\,e^- \longrightarrow 2\,Hg + 2\,Cl^-$	+0.268
$Ag\|AgCl\|Cl^-$	$AgCl + e^- \longrightarrow Ag + Cl^-$	+0.222
$Pt\|Sn^{4+}, Sn^{2+}$	$Sn^{4+} + 2\,e^- \longrightarrow Sn^{2+}$	+0.151
$Pt\|Cu^{2+}, Cu^+$	$Cu^{2+} + e^- \longrightarrow Cu^+$	+0.153
$Ag\|AgBr\|Br^-$	$AgBr + e^- \longrightarrow Ag + Br^-$	+0.0713
$Pt\|H_2\|H^+$	$2\,H^+ + 2\,e^- \longrightarrow H_2(g)$	0.0
$Pb\|Pb^{2+}$	$Pb^{2+} + 2\,e^- \longrightarrow Pb$	−0.126
$Sn\|Sn^{2+}$	$Sn^{2+} + 2\,e^- \longrightarrow Sn$	−0.138
$Co\|Co^{2+}$	$Co^{2+} + 2\,e^- \longrightarrow Co$	−0.277
$Tl\|Tl^+$	$Tl^+ + e^- \longrightarrow Tl$	−0.336
$Pb\|PbSO_4\|SO_4^{2-}$	$PbSO_4 + 2\,e^- \longrightarrow Pb + SO_4^{2-}$	−0.359
$Cd\|Cd^{2+}$	$Cd^{2+} + 2\,e^- \longrightarrow Cd$	−0.403
$Pt\|Cr^{3+}, Cr^{2+}$	$Cr^{3+} + e^- \longrightarrow Cr^{2+}$	−0.41
$Fe\|Fe^{2+}$	$Fe^{2+} + 2\,e^- \longrightarrow Fe$	−0.447
$Zn\|Zn^{2+}$	$Zn^{2+} + 2\,e^- \longrightarrow Zn$	−0.762
$Pt\|H_2O\|H_2, OH^-$	$2\,H_2O + 2\,e^- \longrightarrow H_2(g) + 2\,OH^-$	−0.828
$Mn\|Mn^{2+}$	$Mn^{2+} + 2\,e^- \longrightarrow Mn$	−1.180
$Al\|Al^{3+}$	$Al^{3+} + 3\,e^- \longrightarrow Al$	−1.662
$Mg\|Mg^{2+}$	$Mg^{2+} + 2\,e^- \longrightarrow Mg$	−2.372
$Na\|Na^+$	$Na^+ + e^- \longrightarrow Na$	−2.714
$Ca\|Ca^{2+}$	$Ca^{2+} + 2\,e^- \longrightarrow Ca$	−2.868
$Sr\|Sr^{2+}$	$Sr^{2+} + 2\,e^- \longrightarrow Sr$	−2.899
$Ba\|Ba^{2+}$	$Ba^{2+} + 2\,e^- \longrightarrow Ba$	−2.905
$K\|K^+$	$K^+ + e^- \longrightarrow K$	−2.931
$Li\|Li^+$	$Li^+ + e^- \longrightarrow Li$	−3.05

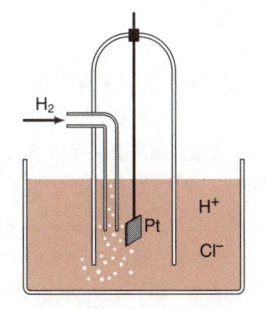

図 7・2 水素気体電極の模式図．水素気体は H^+ イオンを含んだ溶液中に導入され，溶液中に浸された白金電極上で半電池の酸化還元反応が起こる．

[†] データはおもに "CRC Handbook of Chemistry and Physics," 74th Ed., CRC Press, Boca Raton, FL (1993) より．

正で大きいほど，より強い酸化剤として働く．表より，電子を引き付ける傾向が最も大きい電気陰性な F_2 が最も強い酸化剤であり，F^- が最も弱い還元剤であることがわかる．また最も弱い酸化剤は Li^+ であり，これは Li が最も強力な還元剤として働くことを意味する．表に示した標準還元電位は温度 298 K，水溶液中の各成分濃度 1 M，気体の圧力 1 bar の条件で測定した値である．

電極電位は示強性変数であり，物質の種類，濃度，温度のみに依存し，電極の大きさや存在する溶液の量には依存しない．さらに半電池反応は可逆反応であり，条件によってはいかなる電極もアノードあるいはカソードになりうる．ある半電池反応の逆反応を考えると $E°$ の絶対値は同じであるが符号は逆転する．たとえば次式のようになる．

$$Sr^{2+}(aq) + 2\,e^- \longrightarrow Sr(s) \qquad E° = -2.899\,V$$
$$Sr(s) \longrightarrow Sr^{2+}(aq) + 2\,e^- \qquad E° = 2.899\,V$$

化学電池に対する標準電極電位は表 7・1 に示した標準還元電位を用いて容易に求められる．ガルバニ電池の起電力（$E°$）は次式のように求めるのが慣例である．

$$E° = E°_{cathode} - E°_{anode} \qquad (7\cdot1)$$

ここで $E°_{cathode}$ および $E°_{anode}$ はカソード，アノードの標準還元電位を表す．例としてダニエル電池を用いると

アノード： $Zn(s) \longrightarrow Zn^{2+}(aq) + 2\,e^-$
カソード： $Cu^{2+}(aq) + 2\,e^- \longrightarrow Cu(s)$
全体： $Zn(s) + Cu^{2+}(aq) \longrightarrow Zn^{2+}(aq) + Cu(s)$

よって電池の起電力は以下のように求められる．

$$E° = 0.342\,V - (-0.762\,V) = 1.104\,V$$

最後につぎのことを述べておく．電極反応が進行するにつれ，アノード室およびカソード室の溶液濃度は変化し，もはや標準状態の濃度ではなくなる．すなわち標準還元電位から求めた電池の起電力は反応開始時のそれを表しているにすぎない．

7・3 化学電池の熱力学

電池より得られる電気化学的なエネルギーを反応の $\Delta_r G$ と関係づけるには，電池がつぎのように可逆的にふるまわなくてはならない．外部から電池の電位に等しく逆向きの電位を与えた場合，当然電池内で反応は進行しない．しかしながら外部電位にさらに微小量の増減を与えてやれば電池反応は正あるいは逆向きに進行するであろう．このようなふるまいを示す電池は**可逆電池**（reversible cell）とよばれる．ここでの議論は §3・1 で述べた気体の可逆膨張のそ

れと似ている．とはいうものの通常の条件下で，電池は決して可逆的にはふるまわない．なぜならもし可逆的に動作したとすると，電池から電流を取出すことは決してできないからである．しかしながら，電池の起電力を測定する際にはあえて反応を逆向きに進行させることを先ほど学んだ．

電子が，ある電極から他の電極（すなわちアノードからカソード）へと流れる化学電池反応を考えよう．1 mol が反応したときに電極の間を移動した総電荷量 Q（クーロン単位）は

$$Q = \nu F$$

となる．ν は化学量論係数である．F はファラデー定数（英国の化学者・物理学者 Michael Faraday（1791〜1867）の名をとってよばれる）で電子 1 mol あたりの電荷の大きさである．すなわち

$$\begin{aligned}
\text{ファラデー定数} &= \text{電気素量} \times 1\,\text{mol あたりの電子数} \\
&= 1.6022 \times 10^{-19}\,C \times 6.022 \times 10^{23}\,mol^{-1} \\
&= 96\,485\,C\,mol^{-1}
\end{aligned}$$

となる．非常に厳密な測定以外は，ファラデー定数として丸めた値 96 500 C mol^{-1} を用いる．原理的には化学電池により得られる全電流を仕事として用いることができる．化学電池により得られる電気的仕事の総量は電荷量 νF（C）と起電力 E（V）の積に−符号を付けたもの（$-\nu FE$）で与えられ，単位は 1 J = 1 V × 1 C である．−の符号は §3・1 で述べた慣例に従って，仕事が電池反応により外界に対してなされるということを示している．

ある温度および圧力条件下で可逆電池として動作する電池に対して，$-\nu FE$ は得られる最大仕事を表し，それは系のギブズエネルギーの減少量に等しくなる（式 4・27 参照）[*]．

$$\Delta_r G = -\nu FE \qquad (7\cdot2)$$

ここで $\Delta_r G$ は生成物と反応物のギブズエネルギーの差である．式（7・2）は次式のようにも書ける．

$$E = \frac{-\Delta_r G}{\nu F} \qquad (7\cdot3)$$

一定の温度，圧力条件下で反応が自発的に進行するには，その反応の $\Delta_r G$ が負の値でなければならない．式（7・3）より，$\Delta_r G$ が負の値となるには起電力 E が正の値をとることが必要である．ある化学電池において E が正の値をとるときはその電池はガルバニ電池であり，電池反応は書かれた通りの方向に自発的に進行する．逆に E が負の値をとるとき，正反応は電気分解である．書かれた方向の非自発的な電気分解反応を稼働するには，E より大きな外部電

---

[*] 電気化学的な測定手法により，反応の $\Delta_r G$（または $\Delta_r G°$）を最も直接的に求めることができる．

位を供給しなくてはならない．

式(7・3)の特別な場合として，すべての反応物および生成物が標準状態にある電池を考える．このときの起電力は標準起電力 $E°$ とよばれ，標準ギブズエネルギー変化 $\Delta_r G°$ とつぎのような関係にある．

$$E° = \frac{-\Delta_r G°}{\nu F} \tag{7・4}$$

$\Delta_r G°$ は平衡定数と式(6・7)のような関係にあるので

$$E° = \frac{RT \ln K}{\nu F} \tag{7・5}$$

あるいは

$$K = e^{\nu F E°/RT} \tag{7・6}$$

が得られる．すなわち $E°$ がわかれば電池反応の酸化還元平衡定数を算出することができる．

例題 7・1

25℃におけるつぎの反応の平衡定数を求めよ．

$$Sn(s) + 2\,Ag^+(aq) \rightleftharpoons Sn^{2+}(aq) + 2\,Ag(s)$$

解 二つの半反応は

酸化: $Sn(s) \longrightarrow Sn^{2+}(aq) + 2\,e^-$
還元: $2[Ag^+(aq) + e^- \longrightarrow Ag(s)]$
全体: $Sn(s) + 2\,Ag^+(aq) \longrightarrow Sn^{2+}(aq) + 2\,Ag(s)$

表7・1よりこれら二つの半反応の標準還元電位が求められ，式(7・1)を用いて全反応の $E°$ を求めると

$$E° = 0.800\,V - (-0.138\,V) = 0.938\,V$$

のようになる．ここで $E°$ は正の値なので，この反応は平衡状態では生成物が生成する方が有利になる．

つぎに平衡定数は，$\nu = 2$（全反応で二つの電子が移動する）であるので式(7・6)から下のように求まる．

$$K = \exp\left[\frac{(2)\,(96\,500\,C\,mol^{-1})\,(0.938\,V)}{(8.314\,J\,K^{-1}\,mol^{-1})\,(298\,K)}\right]$$
$$= 5.4 \times 10^{31}$$

例題 7・2

下の二つの半反応における電極電位から

$Fe^{2+}(aq) + 2\,e^- \longrightarrow Fe(s)$ (1) $E_1° = -0.447\,V$
$Fe^{3+}(aq) + e^- \longrightarrow Fe^{2+}(aq)$ (2) $E_2° = 0.771\,V$

次式の半反応の標準還元電位を求めよ．

$Fe^{3+}(aq) + 3\,e^- \longrightarrow Fe(s)$ (3) $E_3° = ?$

解 式(3)が式(1)と式(2)の和で与えられるので，$E_3°$ は $E_1° + E_2°$ すなわち 0.324 V であると思われるかもしれないが，これは正しくない．なぜ正しくないかというと，起電力は示量性変数ではないので $E_3° = E_1° + E_2°$ のように加えることはできない．一方，ギブズエネルギーは示量性変数なので，全反応のギブズエネルギーを求めるのに各反応のギブズエネルギーを加えることができる．すなわち

$$\Delta_r G_3° = \Delta_r G_1° + \Delta_r G_2°$$

$\Delta_r G° = -\nu F E°$ の関係を用いると，次式が得られる．

$$\nu_3 F E_3° = \nu_1 F E_1° + \nu_2 F E_2°$$

すなわち

$$E_3° = \frac{\nu_1 E_1° + \nu_2 E_2°}{\nu_3} = \frac{(2)(-0.447\,V) + (0.771\,V)}{3}$$
$$= -0.041\,V \qquad (\nu_1 = 2,\ \nu_2 = 1,\ \nu_3 = 3)$$

式(7・4)から，水との反応性が高いアルカリ金属やいくつかのアルカリ土類金属の $E°$ 値を決定できる．ここでリチウムの標準還元電位を求めてみる．

$$Li^+(aq) + e^- \longrightarrow Li(s) \qquad E° = ?$$

リチウムは水と反応して水素と水酸化リチウムを生成するため，リチウム電極を実際に水溶液中に浸すことはできないが，次式のような電気化学反応を仮定する*．

$$Li^+(aq) + \frac{1}{2} H_2(g) \longrightarrow Li(s) + H^+(aq)$$

この反応においてリチウムイオンはリチウム電極で還元され，H_2 分子は水素電極で酸化される．付録2のデータを用いて，$\Delta_r H°$ および $\Delta_r S°$ を求めると

$$\Delta_r H° = \Delta_f \overline{H}°[Li(s)] + \Delta_f \overline{H}°[H^+(aq)] -$$
$$\Delta_f \overline{H}°[Li^+(aq)] - \left(\frac{1}{2}\right)\Delta_f \overline{H}°[H_2(g)]$$
$$= -(-278.5\,kJ\,mol^{-1}) = 278.5\,kJ\,mol^{-1}$$

$$\Delta_r S° = \overline{S}°[Li(s)] + \overline{S}°[H^+(aq)] -$$
$$\overline{S}°[Li^+(aq)] - \left(\frac{1}{2}\right)\overline{S}°[H_2(g)]$$
$$= 28.03\,J\,K^{-1}\,mol^{-1} - (14.23\,J\,K^{-1}\,mol^{-1})$$
$$- \left(\frac{1}{2}\right)(130.6\,J\,K^{-1}\,mol^{-1})$$
$$= -51.5\,J\,K^{-1}\,mol^{-1}$$

---

* この反応は自発的に進まない．

となる．したがって 298 K では

$$\Delta_r G° = \Delta_r H° - T \Delta_r S°$$
$$= 278.5 \text{ kJ mol}^{-1} - (298 \text{ K})\left(\frac{-51.5 \text{ J K}^{-1}}{1000 \text{ J/kJ}}\right) \text{mol}^{-1}$$
$$= 293.8 \text{ kJ mol}^{-1}$$

式(7・4)より

$$E° = \frac{-\Delta_r G°}{\nu F} = \frac{-293.8 \times 1000 \text{ J mol}^{-1}}{96\,485 \text{ C mol}^{-1}} = -3.05 \text{ V}$$

と求まる．同様な手順によって他の反応性の高い金属やフッ素分子（F_2）（こちらも水と反応する）の $E°$ 値を求めることができる（問題7・43参照）．

ネルンスト式

つぎに，電池の起電力を温度や反応物，生成物の濃度と関係づける式を求めてみる．次式の電池反応

$$a\text{A} + b\text{B} \longrightarrow c\text{C} + d\text{D}$$

に対するギブズエネルギー変化は式(6・6)よりつぎのように表される．

$$\Delta_r G = \Delta_r G° + RT \ln \frac{a_C^c a_D^d}{a_A^a a_B^b}$$

ここで a は活量である．両辺を $-\nu F$ で割り，式(7・3)および式(7・4)を用いると次式が得られる．

$$E = E° - \frac{RT}{\nu F} \ln \frac{a_C^c a_D^d}{a_A^a a_B^b} \quad (7 \cdot 7)$$

式(7・7)はドイツの化学者，Walter Hermann Nernst（1864~1941）にちなみ**ネルンスト式**（Nernst equation）とよばれる．E は電池の起電力の測定値で，$E°$ は標準起電力，すなわちすべての反応物および生成物の活量が1の標準状態での起電力である．平衡状態では $E = 0$ であるから

$$E° = \frac{RT}{\nu F} \ln K = \frac{-\Delta_r G°}{\nu F}$$

たいていの化学電池は室温近くで動作するので，$R = 8.314$ J K^{-1} mol^{-1}, $T = 298$ K, $F = 96\,500$ C mol^{-1} とすると RT/F は

$$\frac{(8.314 \text{ J K}^{-1} \text{ mol}^{-1})(298 \text{ K})}{96\,500 \text{ C mol}^{-1}} = 0.0257 \text{ J C}^{-1} = 0.0257 \text{ V}$$

となる．結局，式(7・7)はつぎのように書ける．

$$E = E° - \frac{0.0257 \text{ V}}{\nu} \ln \frac{a_C^c a_D^d}{a_A^a a_B^b} \quad (7 \cdot 8)$$

例題 7・3

つぎの反応は温度 298 K で自発的に進行するか．

$$\text{Cd(s)} + \text{Fe}^{2+}(\text{aq}) \longrightarrow \text{Cd}^{2+}(\text{aq}) + \text{Fe(s)}$$

なお $[\text{Cd}^{2+}] = 0.15$ M, $[\text{Fe}^{2+}] = 0.68$ M とする．

解 半電池反応は

アノード： $\text{Cd(s)} \longrightarrow \text{Cd}^{2+}(\text{aq}) + 2\text{e}^-$
カソード： $\text{Fe}^{2+}(\text{aq}) + 2\text{e}^- \longrightarrow \text{Fe(s)}$

式(7・1), 表7・1から

$$E° = -0.447 \text{ V} - (-0.403 \text{ V}) = -0.044 \text{ V}$$

ここで溶液は理想的ふるまいをすると仮定する．固体の活量は1であるから，この反応に対するネルンスト式は

$$E = -0.044 \text{ V} - \frac{0.0257 \text{ V}}{2} \ln \frac{[\text{Cd}^{2+}]}{[\text{Fe}^{2+}]}$$
$$= -0.044 \text{ V} - \frac{0.0257 \text{ V}}{2} \ln \frac{0.15 \text{ M}}{0.68 \text{ M}} = -0.025 \text{ V}$$

E は負の値なので反応は自発的に起こらない．したがって反応は以下の方向で進行する．

$$\text{Cd}^{2+}(\text{aq}) + \text{Fe(s)} \longrightarrow \text{Cd(s)} + \text{Fe}^{2+}(\text{aq})$$

$[\text{Cd}^{2+}]$ と $[\text{Fe}^{2+}]$ の比がいくらのときに，例題7・3の電池反応は自発的に進行するだろうか．これを求めるにはまず E を0とおき，すなわち平衡状態のときの $[\text{Cd}^{2+}]$ と $[\text{Fe}^{2+}]$ の比を求める．すなわち

$$0 = -0.044 \text{ V} - \frac{0.0257 \text{ V}}{2} \ln \frac{[\text{Cd}^{2+}]}{[\text{Fe}^{2+}]}$$

よって

$$\frac{[\text{Cd}^{2+}]}{[\text{Fe}^{2+}]} = 0.033 = K$$

したがって $[\text{Cd}^{2+}]/[\text{Fe}^{2+}]$ が 0.033 より小さいときに E は正となり，反応は自発的に進行する．

起電力の温度依存性

電池反応における各熱力学量は起電力の温度依存性から求められる．まずつぎの式

$$\Delta_r G° = -\nu F E°$$

を圧力一定の条件の下で温度で微分すると

$$\left(\frac{\partial \Delta_r G°}{\partial T}\right)_P = -\nu F \left(\frac{\partial E°}{\partial T}\right)_P$$

が得られる．式(4・29)より

$$\left(\frac{\partial \Delta_r G^\circ}{\partial T}\right)_P = -\Delta_r S^\circ$$

であるから

$$\Delta_r S^\circ = \nu F \left(\frac{\partial E^\circ}{\partial T}\right)_P \qquad (7\cdot 9)$$

となる．したがって E° の温度変化[*1]から，電池反応の標準エントロピー変化を求めることができる．ここでダニエル電池の $(\partial E^\circ/\partial T)_P$ の値を決定したいとしよう．$[Zn^{2+}]=1.00\,M$, $[Cu^{2+}]=1.00\,M$（標準状態）として，いくつかの温度 T に対して起電力を測定するのが最も簡便である．ある温度での $\Delta_r G^\circ$ と $\Delta_r S^\circ$ がわかれば，次式から $\Delta_r H^\circ$ を計算できる．

$$\Delta_r G^\circ = \Delta_r H^\circ - T \Delta_r S^\circ$$

あるいは

$$\Delta_r H^\circ = \Delta_r G^\circ + T \Delta_r S^\circ$$
$$\Delta_r H^\circ = -\nu F E^\circ + \nu F T \left(\frac{\partial E^\circ}{\partial T}\right)_P \qquad (7\cdot 10)$$

一般的に $\Delta_r H^\circ$ と $\Delta_r S^\circ$ の温度変化は非常に小さく，50 K あるいはそれより小さい温度範囲では温度変化は無視できる．しかし $\Delta_r G^\circ$ は温度と共に変化する．式(7・10)は，直接熱量を測定しなくても反応のエンタルピー変化が求められることを示している．

7・4 化学電池の種類

前に述べたガルバニ電池は，現在用いられている数種類の化学電池の一つである．本節では他の例として，濃淡電池および燃料電池の2種類について述べることにする．

濃 淡 電 池

濃淡電池（concentration cell）は同じ金属および同じイオンを含んだ溶液の二つの電極から構成されるが，溶液の濃度が異なる．たとえば $ZnSO_4$ 濃淡電池は

$$Zn(s)\,|\,ZnSO_4(0.10\,M)\,\vdots\,ZnSO_4(1.0\,M)\,|\,Zn(s)$$

のように表記され[*2]，電極反応は下のように表される．

[*1] たいていの自動車で用いられているバッテリーの起電力の温度依存性は，普通非常に小さく，$5\times 10^{-4}\,V\,K^{-1}$ 程度である．この値は，冬の寒い朝に車のエンジンがなぜなかなか掛からないかを説明するには十分でない．これに関する本当の理由を説明した興味深い記事はつぎの文献を参照されたい．L. K. Nash, *J. Chem. Educ.*, **47**, 382 (1970).

[*2] 濃淡電池では常にカソード室の溶液濃度の方が，アノード室の溶液濃度よりも高い．それは電子を受け入れる傾向が大きいからである．

アノード： $Zn(s) \longrightarrow Zn^{2+}(0.10\,M) + 2\,e^-$
カソード： $Zn^{2+}(1.0\,M) + 2\,e^- \longrightarrow Zn(s)$
全体： $Zn^{2+}(1.0\,M) \longrightarrow Zn^{2+}(0.10\,M)$

電極反応が進行するにつれ，アノード室の Zn^{2+} 濃度は増加し，カソード室の Zn^{2+} 濃度は減少する．すなわち全体の反応は希釈過程である．最終的に両隔室の溶液濃度が等しくなると電池は機能しなくなる．この電池の 298 K での反応開始時における起電力は

$$E = E^\circ - \frac{RT}{\nu F}\ln\frac{[Zn^{2+}]_{dil}}{[Zn^{2+}]_{conc}} = -\frac{0.0257\,V}{2}\ln\frac{0.10\,M}{1.0\,M}$$
$$= 0.030\,V$$

となる．濃淡電池ではまったく同じ電極が用いられるので，ネルンスト式において E° は 0 となる．濃淡電池は一般的に起電力は小さいため，実用上用いられない．しかし後で述べる膜電位について学習する際に，濃淡電池の動作原理を学んでおくのは有用である．

燃 料 電 池

化石燃料は現在主要なエネルギー源となっている．しかしながらあいにく化石燃料の燃焼は非常に不可逆的な過程であり，その熱力学的な効率は低い．一方，**燃料電池**（fuel cell）は多量の化学エネルギーを有効な仕事に変換することにより，燃焼をより可逆的に行うことが可能である．さらに燃料電池は熱機関のようには動作しないので，エネルギー変換において同種の熱力学的な制限を受けることはない（式4・7参照）．

最も簡単な例として水素–酸素燃料電池について考えよう．この電池は硫酸や水酸化ナトリウムなどの電解質溶液と二つの不活性電極から成る．水素と酸素はおのおのアノード室，カソード室を通じて導入され，各電極ではつぎの反応が起こる[*3]．

アノード： $H_2(g) + 2\,OH^-(aq) \longrightarrow 2\,H_2O(l) + 2\,e^-$
カソード： $\frac{1}{2}O_2(g) + H_2O(l) + 2\,e^- \longrightarrow 2\,OH^-(aq)$
全体： $H_2(g) + \frac{1}{2}O_2(g) \longrightarrow H_2O(l)$

全体の反応は水素を空気中で燃焼した場合と同じである．二つの電極間で電位差が生じ，アノードからカソードへ二つの電極をつないだ導線を通じて電子が流れ出す．

電極の役割はつぎの二つである．一つはアノードが電子供給源，カソードが電子だめとして働くこと．二つめは各電極表面が分子を原子状に分解するのに必要であるということである．これらの電極は**電極触媒**（electrocatalyst）

[*3] 298 K での電池の E° は 1.229 V である．

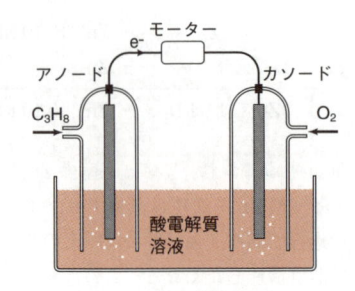

図 7・3 プロパン-酸素燃料電池の模式図

とよばれ，白金，イリジウム，ロジウムなどは非常に良い電極触媒となる．

もう一つの燃料電池の例としてプロパン-酸素燃料電池を図 7・3 に示した．半電池反応および全体の反応は以下のように表される．

アノード： $C_3H_8(g) + 6\,H_2O(l) \longrightarrow$
$\qquad 3\,CO_2(g) + 20\,H^+(aq) + 20\,e^-$
カソード： $5\,O_2(g) + 20\,H^+(aq) + 20\,e^- \longrightarrow$
$\qquad 10\,H_2O(l)$
全体： $C_3H_8(g) + 5\,O_2(g) \longrightarrow$
$\qquad 3\,CO_2(g) + 4\,H_2O(l)$

全体の反応はプロパンを酸素中で燃焼した場合と同じである．本電池のエネルギー変換効率は最大 70 % に達し，これは内燃機関を用いた場合の約 2 倍である．さらに燃料電池は従来の発電所で通常連想されるような，騒音，振動，熱伝達などの問題なく電気を生み出すことができる．こうした長所は非常に魅力的であるため，21 世紀に大規模な稼働が最も見込まれるものである．現在，さまざまなガスに適した電極触媒の開発が精力的に行われている．

7・5 起電力測定の応用

続いて起電力測定の重要な応用を二つ述べよう．

活量係数の決定

起電力測定はイオンの活量係数を決定するための最も簡便で正確な方法の一つである．例としてつぎのような電池を考えよう．

$$Pt\,|\,H_2(1\,bar)\,|\,HCl(m)\,|\,AgCl(s)\,|\,Ag$$

この電池の全体の反応は

$$\tfrac{1}{2}H_2(g) + AgCl(s) \longrightarrow Ag(s) + H^+(aq) + Cl^-(aq)$$

であり，298 K での電池の起電力は

$$E = E^\circ - 0.0257\,\text{V}\ln\frac{a_{H^+}a_{Cl^-}a_{Ag}}{f_{H_2}^{1/2}a_{AgCl}}$$

となる．Ag，AgCl 共に固体なので，活量は 1 である．水素ガス 1 bar でのフガシティーは約 1 であるから，前式はつぎのようになる．

$$E = E^\circ - 0.0257\,\text{V}\ln a_{H^+}a_{Cl^-}$$

式 (5・55) より

$$a_{H^+}a_{Cl^-} = \gamma_\pm^2 m_\pm^2 = \gamma_\pm^2 m^2$$

HCl のような 1：1 の電解質溶液では，$m_\pm = m$ である．したがって電池の起電力は次式のように表される．

$$E = E^\circ - 0.0257\,\text{V}\ln(\gamma_\pm m)^2$$
$$\quad = E^\circ - 0.0514\,\text{V}\ln m - 0.0514\,\text{V}\ln\gamma_\pm$$

上の式はつぎのようにも書き直せる．

$$E + 0.0514\,\text{V}\ln m = E^\circ - 0.0514\,\text{V}\ln\gamma_\pm$$

さまざまな HCl の質量モル濃度 m での E を測定して，$(E + 0.0514\,\text{V}\ln m)$ を算出する．つぎに各 m に対して $(E + 0.0514\,\text{V}\ln m)$ をグラフ上にプロットし，$m = 0$ での値を補外すれば，$m = 0$ では $\gamma_\pm = 1$ で $\ln\gamma_\pm = 0$ であるから E° の値を決定できる．一度 E° の値を求めてしまえば，ある m に対する $\gamma_\pm$ を求めることができる（問題 7・45 参照）．

pH の決定

起電力の測定により pH を求める方法は広く用いられている．pH を求めるのに水素電極そのものを用いるのは実用的でないので，実際の装置は，H^+ イオンに選択的な**ガラス電極**（glass electrode）と**カロメル電極**[*1]（calomel electrode）とよばれる参照電極を組合わせている．電池はつぎのように表される．

$$\underbrace{Ag(s)\,|\,AgCl(s)\,|\,HCl(aq),NaCl(aq)}_{\text{ガラス電極}}\,|\,\underbrace{HCl(aq)}_{\text{pH 未知の溶液}}\,|\,\underbrace{KCl(飽和)\,|\,Hg_2Cl_2(s)\,|\,Hg(l)}_{\text{カロメル電極}}$$

298 K でのこの電池反応の起電力 E は次式で与えられる．

$$E = E_{\text{ref}} - 0.0591\,\text{V}\log a_{H^+} = E_{\text{ref}} + 0.0591\,\text{V}\,\text{pH}$$

ここで pH $= -\log a_{H^+}$ であり[*2]，E_{ref} はガラス電極とカロメル電極間の標準電極電位の差である．実用上，精密な実験以外では a_{H^+} を [H^+] で置き換えることができる．上の式はつぎのようにも書ける．

[*1] ガラス電極やカロメル電極については p.4 にあげた物理化学の教科書を参照．
[*2] pH の定義に従って対数を自然対数（ln）から常用対数（log）へ変更した．

$$pH = \frac{E - E_{ref}}{0.0591 \text{ V}}$$

あらかじめ正確に pH 値のわかったいくつかの溶液に対して E を測定することにより E_{ref} を決定することができる. E_{ref} が決まれば, ガラス電極とカロメル電極の組合わせによって, pH のわからない溶液に対して E を測定することにより, pH を求めることができる. この組合わせで広く用いられているのは, pH を測定する機器の pH メーターである.

7・6 生体酸化

第6章では, 解糖系が非効率的な過程であることがわかった. 系が酸素を欠く場合解糖系の最終生成物であるピルビン酸は還元剤の NADH によって乳酸に還元される. 好気的条件ではグルコースの分解は**クエン酸回路**(citric acid cycle) と末端**呼吸鎖**(respiratory chain) (図 7・4) というさらに二つの過程を経て進行し, 最終生成物として二酸化炭素と水を生じる[*1]. 解糖系とクエン酸回路でつくられた NADH と $FADH_2$[*2] は酸素を還元し, その結果 ATP 合成に使うことのできる多量のギブズエネルギーを放出する. **酸化的リン酸化**(oxidative phosphorylation) は, 一連の電子伝達体による NADH や $FADH_2$ から O_2 への電子伝達の結果として ATP がつくられる過程を指す. これが好気生物の ATP のおもな源である.

いくつかの生物学的な酸化還元反応, もしくは単純な**生体酸化**(biological oxidation) では, 水素イオンは電子と一緒に運ばれる. つまり,

$$AH_2 + B \longrightarrow [A + 2H^+ + 2e^- + B] \longrightarrow A + BH_2$$

のような形の反応となる. 酸化される物質が水素イオンを失い, 一方で還元される物質に電子だけを渡す他の例もある.

図 7・4 グルコースの二酸化炭素と水への分解の三つのおもな段階

[*1] 有機化合物は CO_2 や H_2O に比べて熱力学的に不安定であり, O_2 と反応すると CO_2 と H_2O を生じる. 幸運にも O_2 は三重項(二つの不対電子)が基底状態になっており, それに対してほとんどすべての他の分子は一重項(対電子のみ)が基底状態となっている. この基底電子状態の違いのため反応はスピン禁制になって, 大きな活性化エネルギー障壁をもつ. この速度論的な障壁が, 生存を可能にしているものである.

[*2] FAD と $FADH_2$ はフラビンアデニンジヌクレオチドの酸化型と還元型であり, NAD^+ と NADH と同じく一般的なタイプの酸化還元電子伝達体分子である.

$$AH_2 + B \longrightarrow [A + 2H^+ + 2e^- + B] \longrightarrow A + B^{2-} + 2H^+$$

生体酸化の第三のタイプは, 電子の伝達だけを伴うものである.

$$A^{2-} + B \longrightarrow [A + 2e^- + B] \longrightarrow A + B^{2-}$$

生体酸化は, 単純な, 直接的な様式ではまずめったに起こらない. 一般的に機構はとても複雑で, さまざまな酵素を必要とする. 本節では, 酸化還元電位の知識がいくつかの生物学的な過程の研究にどのように適用できるかについて簡単に述べる.

クエン酸回路に先んじる, "入場" 段階は, 還元型補酵素 A (CoA) とピルビン酸との組合わせが, アセチル CoA を生じる反応である.

$$\underset{\text{ピルビン酸}}{CH_3COCOO^-} + NAD^+ + CoA \longrightarrow \underset{\text{アセチル CoA}}{CH_3COCoA} + CO_2 + NADH$$

グルコース 1 mol は解糖系によって 2 mol のピルビン酸を生成するので (図 6・19 参照), グルコース 1 mol を分解するには, クエン酸回路 (図 7・5, p.152) をまる 2 周することが必要である. したがってクエン酸回路によって, 1 mol のグルコースの分解に対して 2 mol の ATP が生成し, さらに電子伝達体分子の還元型である NADH や $FADH_2$ がつくられ, それらが代謝過程の最終段階である末端呼吸鎖 (図 7・6, p.153) で, ATP の合成に使われる.

末端呼吸鎖では, グルコースによって与えられ, NADH によって運ばれた電子は, 電子伝達体分子につぎからつぎへと移される. 最終的に電子は酸素分子へ渡され, 酸素は水へと変換される. シトクロム類はヘム基をもつ電子伝達タンパク質である. b, c, a, a_3 という文字は異なった種類のシトクロムを意味している. それぞれのシトクロム分子の鉄原子は酸化型 (Fe^{3+}) もしくは還元型 (Fe^{2+}) で存在する. 図 7・6 においてシトクロム a, a_3 とある部分は, どちらも**シトクロムオキシダーゼ**(cytochrome oxidase) もしくは**呼吸酵素**(respiratory enzyme) とよばれる酵素に含まれている. この酵素は分子状酸素に電子を直接渡す働きをする. 呼吸鎖中での電子伝達体の働く順番と相対的な酸化還元電位には関係がある. 表 7・2 (p.153) には, いくつかの重要な生体系の標準酸化還元電位をあげた.

標準還元電位 ($E^{\circ\prime}$) は, pH 0 でなく pH 7 で, 水素電極を基準にして表したものであるが, 表 7・1 の値は pH = 0 における値であることに注目してほしい. 類似した事情は, $\Delta_r G^\circ$ と $\Delta_r G^{\circ\prime}$ との関係について §6・6 においてすでに議論した. ここでもまた H^+ イオンを生ずる反応を考えよう (p.132 参照).

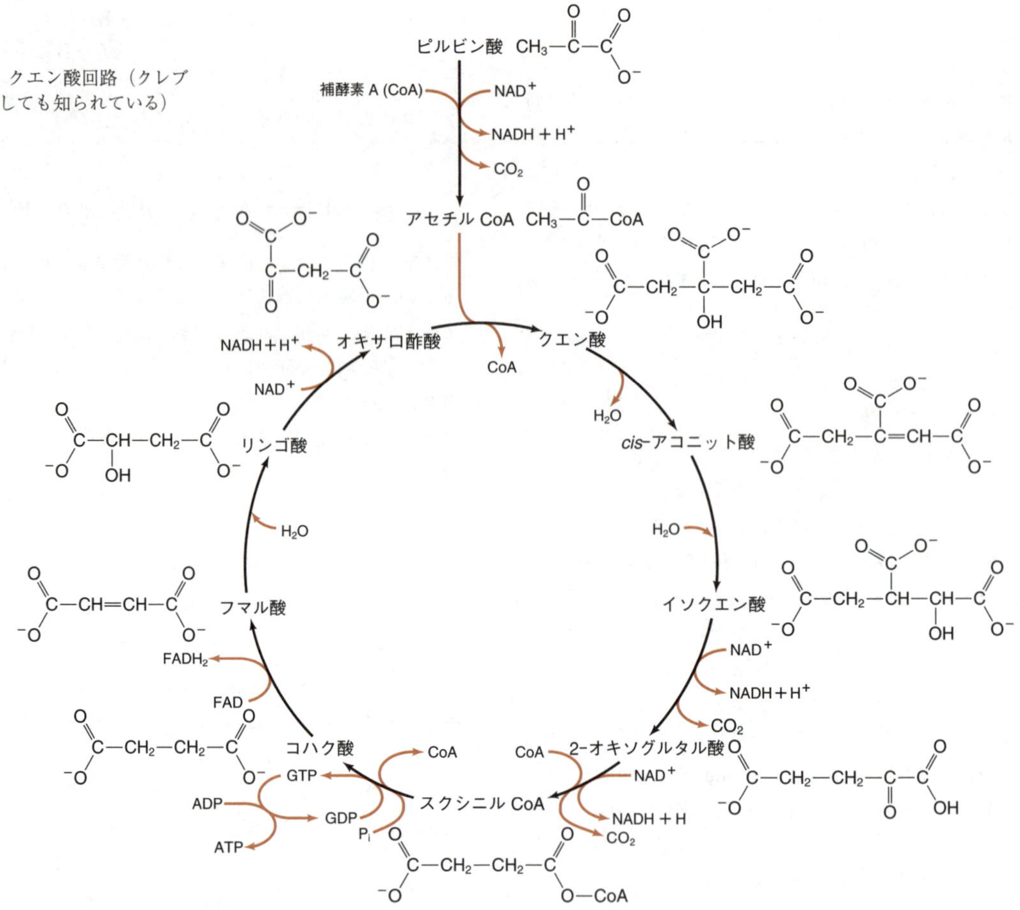

図 7・5 クエン酸回路（クレブス回路としても知られている）

$$A + B \longrightarrow C + xH^+$$

$T = 298\,\text{K}$, $x = 1$ のとき

$$\Delta_r G^\circ = \Delta_r G^{\circ\prime} + 39.93\,\text{kJ mol}^{-1}$$

最後の式を $-\nu F$ で割って

$$E^\circ = E^{\circ\prime} - \frac{39\,930\,\text{J mol}^{-1}}{\nu(96\,500\,\text{C mol}^{-1})}$$

$$E^\circ = E^{\circ\prime} - \frac{0.414}{\nu}\,\text{V}$$

を得る．この結果は H^+ イオンをつくり出す反応において，E° の値は $E^{\circ\prime}$ の値よりも，生成された H^+ イオン 1 mol あたり $0.414/\nu$ V だけ小さいことを意味する．それゆえ反応は物理化学者が用いる標準状態である pH 0 よりも，生化学者が用いる標準状態である pH 7 の方がより自発的に起こる．逆に，もし H^+ イオンが反応物として現れる場合，

$$C + xH^+ \longrightarrow A + B$$

次式を容易に導き出すことができる．

$$E^\circ = E^{\circ\prime} + \frac{0.414}{\nu}\,\text{V}$$

反応は pH 7 よりも pH 0 の方が，より自発的に起こる．水素イオンを含まない反応においては $E^\circ = E^{\circ\prime}$ である．

末端呼吸鎖を通って二つの電子が移動する際の，ギブズエネルギー変化を計算してみよう．NADH から NAD^+ への変換は二つの電子を放出し（最初の段階），それは分子状酸素を水に還元するのに使われる．表 7・2 から，半反応は

$$NAD^+ + H^+ + 2\,e^- \longrightarrow NADH \quad E^{\circ\prime} = -0.32\,\text{V}$$
$$\tfrac{1}{2}O_2 + 2\,H^+ + 2\,e^- \longrightarrow H_2O \quad E^{\circ\prime} = 0.816\,\text{V}$$

である．全体の反応は

$$NADH + H^+ + \tfrac{1}{2}O_2 \longrightarrow NAD^+ + H_2O \quad E^{\circ\prime} = 1.136\,\text{V}$$

$\Delta_r G^{\circ\prime} = -\nu F E^{\circ\prime}$ であるから，

$$\Delta_r G^{\circ\prime} = -(2)(96\,500\,\text{C mol}^{-1})(1.136\,\text{V}) = -219\,\text{kJ mol}^{-1}$$

この反応で放出されるギブズエネルギーは，ATP 分子を合成することによって蓄えておけるエネルギー（$\Delta_r G^{\circ\prime} =$

7・6 生体酸化

表 7・2 298 K, pH 7 における, いくつかの生体系の半反応の標準還元電位, $E^{\circ\prime}$ [1]

系	半電池反応	$E^{\circ\prime}/V$
O_2/H_2O	$O_2(g) + 4H^+ + 4e^- \longrightarrow 2H_2O$	+0.816
Cu^{2+}/Cu^+ ヘモシアニン	$Cu^{2+} + e^- \longrightarrow Cu^+$	+0.540
Cyt f^{3+}/Cyt f^{2+}	$Fe^{3+} + e^- \longrightarrow Fe^{2+}$	+0.365
Cyt a^{3+}/Cyt a^{2+}	$Fe^{3+} + e^- \longrightarrow Fe^{2+}$	+0.29
Cyt c^{3+}/Cyt c^{2+}	$Fe^{3+} + e^- \longrightarrow Fe^{2+}$	+0.254
Fe^{3+}/Fe^{2+} ヘモグロビン	$Fe^{3+} + e^- \longrightarrow Fe^{2+}$	+0.17
Fe^{3+}/Fe^{2+} ミオグロビン	$Fe^{3+} + e^- \longrightarrow Fe^{2+}$	+0.046
フマル酸/コハク酸	$^-OOCCH=CHCOO^- + 2H^+ + 2e^- \longrightarrow {}^-OOCCH_2CH_2COO^-$	+0.031
MB/MBH_2 [2]	$MB + 2H^+ + 2e^- \longrightarrow MBH_2$	+0.011
オキサロ酢酸/リンゴ酸	$^-OOC-COCH_2COO^- + 2H^+ + 2e^- \longrightarrow {}^-OOCCHOHCH_2COO^-$	−0.166
ピルビン酸/乳酸	$CH_3COCOO^- + 2H^+ + 2e^- \longrightarrow CH_3CHOHCOO^-$	−0.185
アセトアルデヒド/エタノール	$CH_3CHO + 2H^+ + 2e^- \longrightarrow CH_3CH_2OH$	−0.197
$FAD/FADH_2$	$FAD + 2H^+ + 2e^- \longrightarrow FADH_2$	−0.219
$NAD^+/NADH$	$NAD^+ + H^+ + 2e^- \longrightarrow NADH$	−0.320
$NADP^+/NADPH$	$NADP^+ + H^+ + 2e^- \longrightarrow NADPH$	−0.324
CO_2/ギ酸	$CO_2(g) + 2H^+ + 2e^- \longrightarrow HCOO^-$	−0.414
H^+/H_2	$2H^+ + 2e^- \longrightarrow H_2(g)$	−0.421
Fe^{3+}/Fe^{2+} フェレドキシン	$Fe^{3+} + e^- \longrightarrow Fe^{2+}$	−0.432
酢酸/アセトアルデヒド	$CH_3COOH + 2H^+ + 2e^- \longrightarrow CH_3CHO + H_2O$	−0.581
酢酸/ピルビン酸	$CH_3COOH + CO_2(g) + 2H^+ + 2e^- \longrightarrow CH_3COCOOH + H_2O$	−0.70

[1] "Handbook of Biochemistry," ed. by H. A. Sober, © The Chemical Rubber Co., 1968. The Chemical Rubber Co. の許諾を得て転載.
[2] MB と MBH_2 の記号は, 酸化還元指示薬として使われているメチレンブルーのそれぞれ酸化状態, 還元状態を表している.

図 7・6 末端呼吸鎖. 呼吸鎖は二つの独立した反応の組から構成されており, それは電子伝達鎖と酸化的リン酸化である. クエン酸回路の反応から得られた電子は, つぎつぎに電子伝達体へ順に渡される. 各電子伝達体は還元状態と酸化状態の間を交互に入れ替わる. 最後の電子受容体は分子状酸素である.

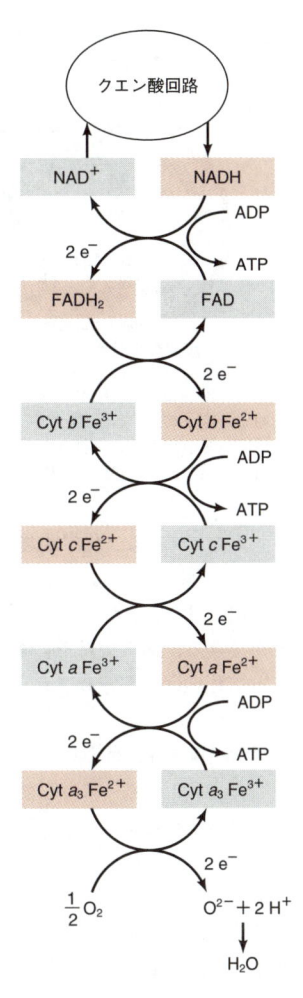

31.4 kJ mol^{-1})[*1] に比べてはるかに大きい. そのため, 図7・6に示したように, 反応に沿ってギブズエネルギーを放出する一連の小さな段階を設けることによって, エネルギーロスを小さくしている. 実際に, ATP 合成の場所が3箇所あり, 一つめは NADH と FAD の間, 二つめはシトクロム b と c の間, 三つめはシトクロム a と a_3 の間である.

最後に, グルコースが完全に H_2O と CO_2 へ酸化されるとき合成される ATP の総モル数を計算してみる. 解糖系 (2 mol) とクエン酸回路 (2 mol) において形成される ATP のモル数は明確にわかる. さらに酸化的リン酸化によって合成される数は 34 mol と見積もられている[*2]. このようにグルコース 1 分子が H_2O と CO_2 へ分解される際に放出されたギブズエネルギーのほとんどは末端呼吸鎖に蓄えられ, 全体として 38 個の ATP 分子が合成される (表 7・3).

酸化的リン酸化の化学浸透圧説

前節で考えた一連の代謝反応において, クエン酸回路で生成された還元型補酵素は電子受容体の一群 (これを電子伝達鎖という) に電子を渡す. 電子がこの電子伝達系の中を移動するときに放出する酸化還元エネルギーのほとんどは ADP から ATP へのリン酸化に共役している. 一連の伝達体分子を介しての電子伝達がどのようにして ATP 合成

[*1] 訳注: これは pH 7.5 での値である. 厳密には pH 7 での値と比較するべきであるが, 両者の違いはわずかであり, −219 kJ mol^{-1} という値がそれらよりはるかに大きいことに変わりはない.
[*2] グルコースの二酸化炭素と水への完全な酸化によって合成された ATP 分子の総数については生化学の教科書の中でも一致していない. 数の範囲は 30〜38 である.

表 7・3 1 mol のグルコースが二酸化炭素と水へ生体系で分解されるときの生成物

過程	生成物/mol		
	NADH	FADH	ATP
解糖系			
共役反応に必要な ATP			−2
生成される ATP			+4
生成される NADH	+2		
クエン酸回路			
生成される ATP			+2
生成される NADH	+8		
生成される FADH		+2	
末端呼吸鎖			
解糖からの 2 mol の NADH から生成される ATP(2×3)			+6
クエン酸回路からの 8 mol の NADH から生成される ATP(8×3)			+24
クエン酸回路からの 2 mol の FADH から生成される ATP(2×2)			+4
解糖からの ATP			2 (5 %)
クエン酸回路からの ATP			2 (5 %)
末端呼吸鎖からの ATP			34 (90 %)

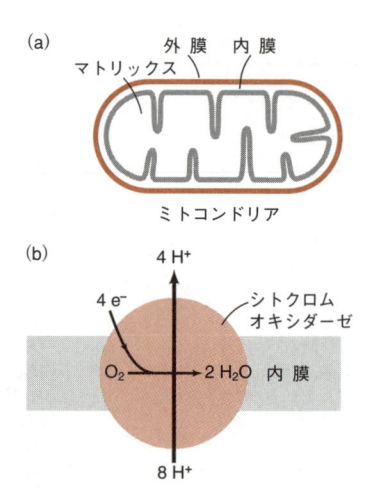

図 7・7 (a) ミトコンドリアは二つの膜系を有している．外膜と折りたたまれた内膜である．ミトコンドリアの二つの区画は外膜と内膜の間の膜間腔部分とマトリックスで，内膜がその境界をつくっている．(b) 酸化的リン酸化は内膜で，一方クエン酸回路はマトリックスで起こっている．一つの酸素分子を還元するには四つの電子が必要である．その過程で，八つのプロトンが膜のマトリックス側から抜き取られる．このうち四つのプロトンを用いて水が合成され，残りの四つは膜間腔へと汲み上げられる．

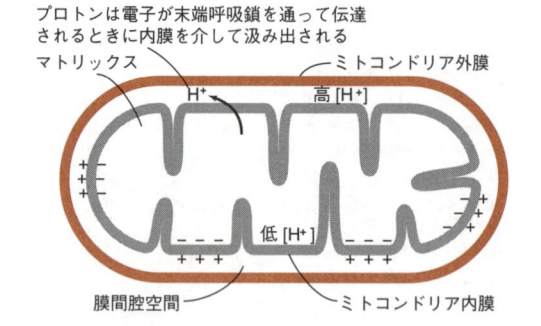

図 7・8 化学浸透圧説によると，電子伝達ネットワークを通った電子の流れが，マトリックスから膜間腔空間へ内膜を横切って H^+ イオンを汲み上げる．H^+ イオンのマトリックス側への逆の流れは ADP と P_i からの ATP の形成を駆動する．

に共役しているのだろうか．その解答は 1961 年に英国の生化学者，Peter Mitchell (1920～1992) によって提唱された化学浸透圧説によって与えられる．

真核細胞（細胞核をもつ細胞）での酸化的リン酸化はミトコンドリアでなされる．ミトコンドリアは数ある細胞小器官の中で呼吸代謝の反応を担っている．図 7・7a にミトコンドリアの模式図を示してある．ミトコンドリアは 2 種類の膜構造をもっていて，それぞれ外膜と内膜とよばれる．内膜には呼吸鎖の酵素や他の成分が埋まっていて，そこで酸化的リン酸化が起こっている．Mitchell によれば，電子伝達鎖に沿った電子移動の間に放出されたエネルギーは水素イオン濃度勾配や電位勾配の形に変えて保存され，それらが酸化的リン酸化を駆動する．電子伝達鎖に電子が流れ込むと，水素イオンはマトリックスから膜間腔へ放出される（図 7・7b）．この放出は内膜の内側での pH の上昇と外側での pH 減少をひき起こし，pH の勾配がつくりだされる（図 7・8）．また膜を介した電位は上昇する．なぜならより多くのカチオン（H^+）が内側よりも外側にあるからである．外膜表面のプロトンは内側へ戻ろうとし，電位勾配を下げようとするであろう．つまりこのプロトンの勾配は電池によって生み出される電流に似ていて，仕事をするために利用することができる．ATP 合成のためにこのプロトンの流れを利用するには，内膜にある ATP 合成酵素（ATP アーゼ）を必要とする．見積もりをしてみると，ATP アーゼ複合体を通して外側の媒体からミトコンドリアマトリックスへ四つの H^+ イオンが輸送されると，ADPと P_i から 1 分子の ATP の形成に必要なエネルギーが供給

されることになる．**化学浸透圧説**（chemiosmotic theory）という言葉は，膜によって分けられた，異なった浸透圧をもつ領域間の分子やイオンの動きを化学反応が駆動することができる，あるいはそのような分子やイオンの動きによって化学反応が駆動されうるという事実に基づいている．

化学浸透圧説に対する最初の信頼できる証拠はチラコイド（§ 15・2 参照）に対して得られた．葉緑体で ATP 合成が起こる原理はミトコンドリアでの酸化的リン酸化に対する原理とほとんど同一である．

最後に，プロトンがマトリックスへ戻ることによって放出されるギブズエネルギーを計算してみよう．ギブズエネルギー変化は膜の両側のプロトン濃度の比と両側の電位の

差の両方に依存する．まずH$^+$イオンの化学ポテンシャルを書くことから始める．

$$\mu_{H^+} = \mu^\circ_{H^+} + RT \ln[H^+] + zF\psi \quad (7\cdot 11)$$

$zF\psi$ の項は電気化学ポテンシャルを表しており，z は電荷，F はファラデー定数，ψ は電位である．pH$=-\log[H^+]$，そして $z=1$ であるので，式 (7・11) は

$$\mu_{H^+} = \mu^\circ_{H^+} - 2.3\,RT\,\text{pH} + F\psi \quad (7\cdot 12)$$

となる．1 mol の H$^+$ イオンが膜を横切ってマトリックス側へ入ってきたとき，ギブズエネルギー変化はつぎのように与えられる．

$$\Delta_r G = \mu_{H^+(in)} - \mu_{H^+(out)} = -2.3\,RT\,\Delta\text{pH} + F\Delta\psi \quad (7\cdot 13)$$

ここで下つき文字 in, out はそれぞれ内膜の内側領域，外側領域を表しており，ΔpH$=$pH$_{in}-$pH$_{out}$，$\Delta\psi=\psi_{in}-\psi_{out}$ である．ΔpH$=0.5$，$\Delta\psi=-0.15$ V そして $T=310$ K とおくと，

$$\begin{aligned}
\Delta_r G &= -2.3(8.314\,\text{J K}^{-1}\,\text{mol}^{-1})(310\,\text{K})(0.5) + \\
&\quad (96\,500\,\text{C mol}^{-1})(-0.15\,\text{V}) \\
&= -3.0\,\text{kJ mol}^{-1} - 14.5\,\text{kJ mol}^{-1} \\
&= -17.5\,\text{kJ mol}^{-1}
\end{aligned}$$

である．ATP 分子が合成される際に四つのプロトンが膜を透過するならば，プロトンの移動に伴う $\Delta_r G$ は $4\times(-17.5\,\text{kJ mol}^{-1})$，すなわち $-70\,\text{kJ mol}^{-1}$ であり，それは ATP 合成に必要な $\Delta_r G^{\circ\prime}$ の値（31.4 kJ mol^{-1}）の 2 倍以上である．このようにギブズエネルギー減少は非常に大きく，このことから，生理的な条件下でミトコンドリアが生み出す [ATP]/[ADP][P$_i$] の比の大きいことが説明できる．

7・7 膜電位

電位はさまざまな種類の細胞の膜を挟んで存在する．神経細胞や筋肉細胞のようないくつかの細胞は興奮性であると言われているが，なぜならそれらの膜に沿って電位の変化を伝達する能力があるからである．本節では膜電位の性質を簡単に議論する．

ヒトの神経細胞は細胞体と**軸索**（axon）とよばれる直径，約 $10^{-5}\sim10^{-3}$ cm の単一で長く伸びた繊維から成り，軸索は細胞体からのインパルスを隣接した神経細胞に伝達する（図 7・9）．表 7・4 は典型的な神経細胞のイオン分布を示している．軸索の膜は他の細胞膜と構造に関して似ており（§ 5・10 参照），また細胞体中の液体と組成に関しても似ている．膜を介したイオン濃度の差により生じた電位は**膜電位**（membrane potential）として知られている．

どのようにして膜電位が上昇するのかを理解するため，

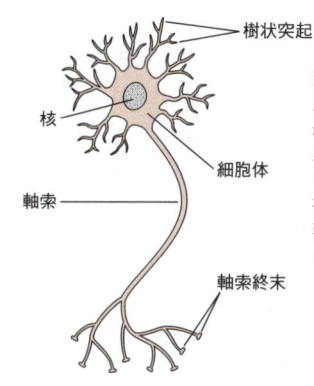

図 7・9 ニューロン（神経細胞）の概略図．ニューロンは細胞体，軸索，樹状突起から成る．樹状突起が他のニューロンから細胞体への一方向の神経インパルスを伝達する．軸索は隣接したニューロンへインパルスを伝達する．

表 7・4 典型的な神経細胞の膜の両側の主要なイオン分布

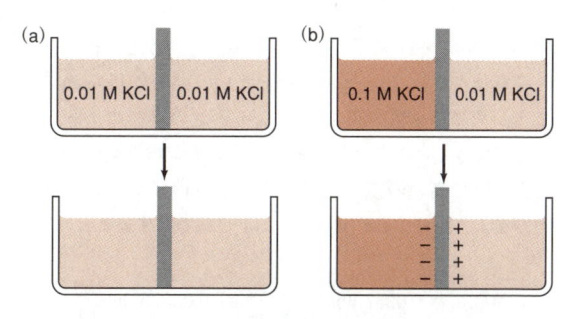

イオン	濃度/mM 細胞内	濃度/mM 細胞外
Na$^+$	15	150
K$^+$	150	5
Cl$^-$	10	110

図 7・10 K$^+$ イオンのみが透過できる膜で二つの区画に分けられている．(a) 二つの区画の濃度は等しいために膜を横切るイオンの正味の流れはない．(b) 濃度差によって左の区画から右の区画へ K$^+$ イオンが移動する．平衡状態では，膜の左側で負の電荷，右側で正の電荷が集まることによって膜を介した電位が発生する．量的にはほんのわずかな割合の K$^+$ イオンが膜電位を生じるのに関与している．

図 7・10 に示した単純な化学系を考えてみよう．図 7・10a は二つの KCl 溶液を表している．両方共 0.01 M の濃度であり，二つの区画は K$^+$ イオンは通すが，Cl$^-$ イオンは通さない膜によって分けられている．そのため K$^+$ が対イオン（Cl$^-$）なしで膜を横切って拡散する．二つの区画での濃度は同じであるので両方向の K$^+$ イオンの正味の移動は 0，それゆえ膜を介した電位も 0 である．図 7・10b の配置は左の区画の濃度は右の区画の濃度の 10 倍である場合を示している．この場合，より多くの K$^+$ イオンが左から右へと拡散し，右側に正の電荷が増加するので，膜を介した電位差ができあがる．K$^+$ イオンの動きは，右側の区画の余分な正電荷が，さらに追加される正電荷を反発するまで続き，同時に左側の区画では過度の負電荷の静電引力

はK$^+$イオンを引き止める働きをする．平衡状態での膜を介した電荷分離による電位差はK$^+$イオンの平衡膜電位である．あるいは単純にK$^+$イオンの膜電位とよばれる*．

以下のようにしてK$^+$イオンの膜電位を計算できる．298 Kでの単一のイオン種のネルンスト式は

$$E_{K^+} = E°_{K^+} - \frac{0.0257 \text{ V}}{\nu} \ln [K^+]$$

である．神経細胞もしくは他の生きている細胞の内側の電位，E_{in}を細胞の外側の電位E_{ex}に対して相対的に表すのが慣例である．すなわち膜電位は$E_{in}-E_{ex}$と定義される．$\nu=1$であるので，K$^+$イオンの膜電位ΔE_{K^+}は

$$\Delta E_{K^+} = E_{K^+,in} - E_{K^+,ex} = 0.0257 \text{ V} \ln \frac{[K^+]_{ex}}{[K^+]_{in}}$$

と書ける．表7・4から

$$\Delta E_{K^+} = 0.0257 \text{ V} \ln \frac{5}{150} = -8.7 \times 10^{-2} \text{ V} = -87 \text{ mV}$$

を得る．図7・11に示したような装置を使うと，神経細胞の膜電位が約-70 mVしかないという結果が得られてしまう．その不一致の理由はNa$^+$イオンの存在によって膜電位ができていることにある．Na$^+$イオンの濃度が細胞の内より外で高いので，細胞の中へのNa$^+$イオンの動きは内側をより正にする．再び表7・4を参考にすると，

$$\Delta E_{Na^+} = 0.0257 \text{ V} \ln \frac{[Na^+]_{ex}}{[Na^+]_{in}} = 0.0257 \text{ V} \ln \frac{150}{15}$$
$$= 5.9 \times 10^{-2} \text{ V} = 59 \text{ mV}$$

と書ける．しかしながら，膜がNa$^+$イオンよりもK$^+$イオンに対して透過性が高いので，測定される電位はK$^+$イオンの膜電位に近い．

上に述べたように実験的に測定される膜電位は，K$^+$膜電位と等しくない．なぜならNa$^+$イオンがとぎれなく細胞内へ入り，これと同時に出ていくK$^+$イオンの効果を幾分打ち消すためである．もしそのような正味のイオンの動きが起こるなら，なぜ細胞内部のNa$^+$の濃度が段々と増え，そして細胞内部のK$^+$の濃度が段々と減らないのだろうか．その理由はATP加水分解のエネルギーを使って，Na$^+$を細胞中から，そしてK$^+$を細胞中に輸送する，Na$^+$，K$^+$-ATPアーゼとよばれる特異的な膜タンパク質が働いているからである（図5・27参照）．

ゴールドマンの式

ネルンスト式は，単一のイオン種の膜電位を計算するのに使えるが，同じ膜を介して不均衡な濃度で分布する数種のイオンによる膜電位の計算には適用できない．そのような場合の膜電位を計算するには，ゴールドマンの式〔米国の生物物理学者，David Eliot Goldman（1910～1998）にちなむ〕を用いなければならない．この式はネルンスト式を一般化したものであり，それぞれのイオン種の相対的な透過性を含めて拡張されたものである．298 Kでの神経細胞へ応用すると，ゴールドマンの式はつぎのようになる．

$$E = 0.0257 \text{ V} \ln \frac{[K^+]_{ex}P_{K^+} + [Na^+]_{ex}P_{Na^+} + [Cl^-]_{in}P_{Cl^-}}{[K^+]_{in}P_{K^+} + [Na^+]_{in}P_{Na^+} + [Cl^-]_{ex}P_{Cl^-}}$$
(7・14)

Pはイオンに対する膜の透過性を表すパラメーター（透過定数）である．静止状態（非撹動状態）の神経細胞膜はNa$^+$よりもK$^+$に対して約100倍透過性が高く，Cl$^-$に対してはほとんど非透過である．すなわち$P_{Cl^-}\approx 0$である．これらの条件下で式(7・14)は

$$E = 0.0257 \text{ V} \ln \frac{[K^+]_{ex}P_{K^+} + [Na^+]_{ex}P_{Na^+}}{[K^+]_{in}P_{K^+} + [Na^+]_{in}P_{Na^+}}$$
$$= 0.0257 \text{ V} \ln \frac{[K^+]_{ex}P_{K^+}/P_{Na^+} + [Na^+]_{ex}}{[K^+]_{in}P_{K^+}/P_{Na^+} + [Na^+]_{in}} \quad (7 \cdot 15)$$

となる．$P_{K^+}/P_{Na^+} \approx 100$なので，

$$E = 0.0257 \text{ V} \ln \frac{5 \times 100 + 150}{150 \times 100 + 15} = -81 \text{ mV}$$

この値は実験的に求められた膜電位に近い．

活 動 電 位

もし神経細胞が電気的，化学的もしくは機械的に刺激されると，細胞膜はK$^+$イオンよりもNa$^+$イオンをより透過しやすくなり，その結果$P_{K^+}/P_{Na^+} \approx 0.17$となる（はじめK$^+$イオンに対する膜の透過性はあまり大きく変化しないが，Na$^+$イオンに対する透過性は600倍増加する）．神経細胞への刺激によって細胞内に少量のNa$^+$イオンが急激に入り，膜電位の変化が生じる（膜が脱分極すると言われる）．式(7・15)から

図7・11 細胞の膜電位を測定するための装置

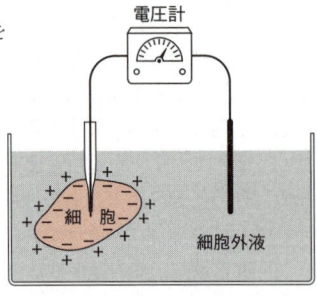

---

* もし膜がある種のイオン（この場合Cl$^-$）に対して透過性をもたない場合，そのイオンの存在は膜電位に対して影響を及ぼさないであろう．

7・7 膜電位

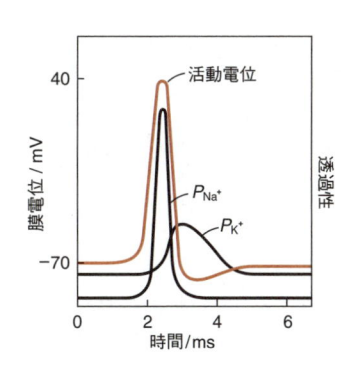

図7・12 活動電位の上昇と下降および，このできごとの間のNa$^+$とK$^+$イオンに対する膜の透過性の変化

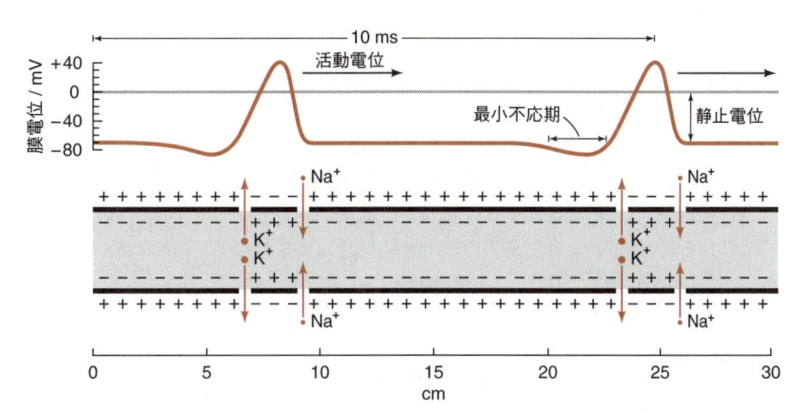

図7・13 軸索膜を介した電位変化によって"扉の開閉"が調節されている．言い換えれば，制御されたチャネルを通って局所的なNa$^+$イオンの流入と，それに続いてK$^+$イオンの流出が起こり，これらと同時に軸索に沿った神経インパルスの伝播が起こる．軸索を伝わる神経インパルスを送る電気的な現象は通常，細胞体の中で始まる．軸索膜を介したわずかな脱分極，すなわち負の電位の減少が，インパルスを細胞体から進行させる．わずかな電位シフトがNa$^+$チャネルの開口を誘発し，さらにいっそう電位をシフトさせる．Na$^+$イオンの流入は膜の内側表面が局所的に正になるまで進行する．電位の反転は，Na$^+$チャネルを閉じ，K$^+$チャネルを開ける．K$^+$イオンの流出によって素早く負の電位が回復する．活動電位として知られる電位反転は，それ自身を軸索に沿って伝播する．短い不応期の後，第二のインパルスが続いて発生しうる（不応期とは活動電位の間およびその後しばらく膜が再度興奮できない期間のことである）．このインパルス伝播の速度はヤリイカの巨大軸索で測定されたものである．

$$E = 0.0257\,\text{V}\ln\frac{5\times 0.17 + 150}{150\times 0.17 + 15} = 34\,\text{mV}$$

非常に短い間に（1 ms以下），膜電位は－70 mVから約35 mV（内側が正）へ変化し，その後急速にもとの値に戻る（図7・12）．膜電位の瞬間的なスパイク波は**活動電位**（action potential）とよばれる．

なぜ膜電位はそんなに速くその静止状態の値に戻るのだろうか．それには二つの要因が関係している．第一に，増加したNa$^+$透過性は，細胞の中へのNa$^+$イオンの初期の流入後すぐにもとに戻る．第二に，ある短い時間（約1 ms）にわたって，K$^+$イオンに対する膜の透過性はその静止状態のときの値に比べて増加する．このため，膜電位は，実際には－70 mV以下に下がってから，その後普段の値に戻る．そして，つぎの信号を受け取ると再び"発火"できるよう準備ができるのである（図7・12参照）．細胞内のわずかに過剰なNa$^+$イオンはやがては細胞から汲み出される．

活動電位をひき起こすできごとは，神経細胞膜の限られた領域の中やその周りで起こる．そのとき活動電位は神経の軸索に沿って伝えられる．図7・9を見てみると，軸索が電気のケーブルのように働いていると実感できるだろう．それはつまるところ，軸索の構造がケーブルに似ているからである．軸索は電解質溶液の芯をもっており，電気的な絶縁体として働く膜に囲まれている．しかしながら軸索原形質（軸索内部の細胞質）の抵抗は同じ大きさの銅の抵抗よりも数億倍大きい．そのため，軸索は比較的弱い電気伝導体である．それにもかかわらず活動電位がニューロンの特定の場所で発生したとき，軸索に沿って素早くしかもその大きさを減らすことなく伝えられる．図7・13は活動電位の伝播の機構を示している．活動電位の起こるまさしくその場所で，Na$^+$イオンが流入することによって脱分極が起こると，近接した領域で膜電位のゆっくりとした脱分極が起こる．このゆっくりとした脱分極が，**しきい（閾）ポテンシャル***（threshold potential）とよばれるある値以上に近くの膜の電位を押し上げたときに，Na$^+$イオンに対する膜の透過性は劇的に増加し，K$^+$イオンの流出よりも多量なNa$^+$が細胞の中へ流れ込む．したがって，電位はより正になり，そして活動電位はその場所で発生する．このできごとは，つぎにもとの場所からさらに下流側の隣接する細胞体にゆっくりとした脱分極をひき起こす．このような様式で活動電位は大きさを減少させることなくニューロンを伝わっていく．ヒト神経の軸索に沿って伝わる最も速い活動電位伝搬速度は約30 m s^{-1}である．

活動電位は軸索に沿って伝わっていき，**シナプス結合**（synaptic junction）（神経細胞間の結合）もしくは**神経筋接合部**（neuromuscular junction）（神経細胞と筋肉細胞の間の結合）に到着する．シナプスでは活動電位が到着すると**神経伝達物質**（neurotransmitter）が放出される．その物質は小さく拡散できる分子であり，たとえばシナプス小胞中のアセチルコリンがそれに当たる．そのアセチルコリ

---

* しきいポテンシャルは漸進的な脱分極が爆発的な脱分極により取って代わられるところの電位である．それは静止膜電位よりも約20～40 mV高い．つまり，およそ－30～－50 mVの間である．

ン分子はシナプス後膜に拡散し，そこで膜の透過性に大きな変化をひき起こす．すなわち Na$^+$ と K$^+$ イオン両方の電気伝導性は著しく増加し，Na$^+$ イオンの内側への巨大な流れと K$^+$ イオンの外側への小さな流れを生じる．Na$^+$ イオンの内部への流れはシナプス後膜を再び脱分極させ，そして近接した軸索の活動電位をひき起こす．最後に，アセチルコリンは，以下のように酵素のアセチルコリンエステラーゼによって酢酸とコリンに加水分解される．

$$CH_3-\overset{\overset{O}{\|}}{C}-O-CH_2-CH_2-\overset{+}{N}(CH_3)_3 + H_2O \longrightarrow$$
アセチルコリン

$$HO-CH_2-CH_2-\overset{+}{N}(CH_3)_3 + CH_3COO^- + H^+$$
コリン

似たような方式で，神経細胞中で発生した活動電位が筋肉細胞へ伝えられる．心臓の筋肉細胞では，大きな活動電位

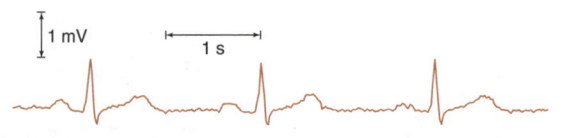

図 7・14 著者の EKG の出力．心房と心室での脱分極と再分極のために見かけ上は図 7・13 に示されている活動電位よりも複雑な形をしている．皮膚の上から測定されたので，活動電位の大きさは心臓で測られたものよりもかなり小さい．

がそれぞれの心拍の間に発生する．この電位は胸に電極を置くことによって検出できるくらい大きな電流を生み出す．増幅後，この信号を移動記録紙に記録したり，オシロスコープに表示できる．**心電図**（electrocardiogram）〔ECG，EKG としても知られており，K はドイツ語の kardio（心臓）からきている〕とよばれるこのような記録は，心臓病を診断するのに大変有効である（図 7・14）．

参考文献

書籍

C. M. A. Brett, A. M. Oliveira Brett, "Electrochemistry: Principles, Methods, and Applications," Oxford University Press, New York (1993).

P. H. Rieger, "Electrochemistry," Prentice-Hall, Englewood Cliffs, NJ (1987).

D. T. Sawyer, A. Sobkowiak, J. L. Roberts, Jr., "Electrochemistry for Chemists," John Wiley & Sons, New York (1995).

論文
総説:

J. Weissbart, 'Fuel Cells —— Electrochemical Converts of Chemical to Electrical Energy,' *J. Chem. Educ.*, **38**, 267 (1961).

H. Taube, 'Mechanisms of Oxidation-Reduction Reactions,' *J. Chem. Educ.*, **45**, 452 (1968).

D. P. Gregory, 'Fuel Cells —— Present and Future,' *Chem. Brit.*, **5**, 308 (1969).

C. A. Vincent, 'Thermodynamic Parameters from an Electrochemical Cell,' *J. Chem. Educ.*, **47**, 365 (1970).

A. K. Vijh, 'Electrochemical Principles Involved in a Fuel Cell,' *J. Chem. Educ.*, **47**, 680 (1970).

R. A. Durst, 'Ion-Selective Electrodes in Science, Medicine and Technology,' *Am. Sci.*, **59**, 353 (1971).

R. M. Lawrence, W. H. Bowman, 'Electrochemical Cells for Space Power,' *J. Chem. Educ.*, **48**, 359 (1971).

D. N. Bailey, A. Moe, Jr., J. N. Spencer, 'On the Relationship Between Cell Potential and Half-Cell Reactions,' *J. Chem. Educ.*, **53**, 77 (1976).

R. E. Treptow, 'Dental Filling Discomforts Illustrates the Electrochemical Potential of Metals,' *J. Chem. Educ.*, **55**, 189 (1978).

G. A. Rechnitz, 'Ion and Bio-Selective Membrane Electrodes,' *J. Chem. Educ.*, **60**, 282 (1983).

J. J. MacDonald, 'Cathodes, Terminals, and Signs,' *Educ. Chem.*, **25**, 52 (1988).

P. J. Morgan, 'Alleviating the Common Confusion Caused by Polarity in Electrochemistry,' *J. Chem. Educ.*, **66**, 912 (1989).

R. R. Adzic, E. B. Yeager, 'Electrochemistry,' "Encyclopedia of Applied Physics," ed. by G. L. Trigg, Vol. 5, p. 223, VCH Publishers, New York (1993).

I. H. Segel, L. D. Segel, 'Energetics of Biological Processes,' "Encyclopedia of Applied Physics," ed. by G. L. Trigg, Vol. 6, p.207, VCH Publishers, New York (1993).

A. S. Feiner, A. J. McEvoy, 'The Nernst Equation,' *J. Chem. Educ.*, **71**, 493 (1994).

R. L. DeKock, 'Tendency of Reaction, Electrochemistry, and Units,' *J. Chem. Educ.*, **73**, 955 (1996).

P. Millet, 'Electric Potential Distribution in an Electrochemical Cell,' *J. Chem. Educ.*, **73**, 956 (1996).

M. J. Sanger, T. J. Greenbowe, 'Students' Misconceptions in Electrochemistry,' *J. Chem. Educ.*, **74**, 819 (1997).

'The Future of Fuel Cells（三つの記事），' *Sci. Am.*, July (1999).

生物電気化学:

P. F. Baker, 'The Nerve Axon,' *Sci. Am.*, March(1966).

W. D. Hobey, 'Biogalvanic Cells,' *J. Chem. Educ.*, **49**, 413 (1972).

N. Sutin, 'Electron Transfer in Chemical and Biological Systems,' *Chem. Brit.*, **8**, 148(1972).

D. A. Gough, J. D. Andrade, 'Enzyme Electrodes,' *Science*, **180**, 380(1973).

I. Axelrod, 'Neurotransmitters,' *Sci. Am.*, June(1974).

T. P. Chirpith, 'Electrochemistry in Organism,' *J. Chem. Educ.*, **52**, 99(1975).

G. A. Rechnitz, 'Membrane Electrode Probes for Biological Systems,' *Science*, **190**, 234(1975).

K. A. Rubinson, 'Chemistry and Nerve Conduction,' *J. Chem. Educ.*, **54**, 345(1977).

P. C. Hinkle, R. E. McCarty, 'How Cells Make ATP,' *Sci. Am.*, March(1978).

R. D. Keynes, 'Ion Channels in the Nerve-Cell Membrane,' *Sci. Am.*, March(1979).

C. F. Stevens, 'The Neuron,' *Sci. Am.*, September(1979).

P. Mitchell, 'Keilin's Respiratory Chain Concept and Its Chemiosmotic Consequences,' *Science*, **206**, 1148(1979).

J. H. Schwartz, 'The Transport of Substances in Nerve Cells,' *Sci. Am.*, April(1980).

P. Mitchell, 'Davy's Electrochemistry: Nature's Protochemistry,' *Chem. Brit.*, **17**, 14(1981).

D. C. Tosteson, 'Lithium and Mania,' *Sci. Am.*, April(1981).

Y. Dunant, M. Israel, 'The Release of Acetylcholine,' *Sci. Am.*, April(1985).

H. A. O. Hill, 'Bio-Electrochemistry,' *Pure Appl., Chem.*, **59**, 743(1987).

J. E. Frew, H. A. O. Hill, 'Direct and Indirect Electron Transfer Between Electrodes and Redox Proteins,' *Eur. J. Biochem.*, **172**, 261(1988).

A. Veca, J. H. Dreisbach, 'Classical Neurotransmitters and Their Significance within the Nervous System,' *J. Chem. Educ.*, **65**, 108(1988).

B. R. Eggins, G. McAteer, 'Experimenting with Biosensors,' *Educ. Chem.*, **34**, 20(1997).

問 題

化学電池の起電力

7・1 つぎの反応の 298 K における標準起電力を求めよ．

$$Fe(s) + Tl^{3+} \longrightarrow Fe^{2+} + Tl^+$$

7・2 $CuSO_4$ 水溶液および $ZnSO_4$ 水溶液の濃度がそれぞれ 0.50 M, 0.10 M のときの 298 K におけるダニエル電池の起電力を求めよ．濃度の代わりに活量を用いたときの起電力はどうなるだろうか（$CuSO_4$ および $ZnSO_4$ の各濃度での $\gamma_\pm$ 値はそれぞれ 0.068, 0.15 である）．

7・3 つぎの電極での半反応

$$Al^{3+}(aq) + 3e^- \longrightarrow Al(s)$$

において 1.00 ファラデーの電気量が電極を流れたときに何 g の Al が析出するか求めよ．

7・4 標準状態でない条件下で動作するダニエル電池について考える．電池反応が2倍になったとすると，ネルンスト式における以下の量はどう変化するか．(a) E, (b) $E°$, (c) Q, (d) $\ln Q$, (e) ν

7・5 学生が実験室で二つの溶液が入ったビーカーを与えられたとする．一方のビーカーには 0.15 M Fe^{3+} と 0.45 M Fe^{2+} を含んだ溶液，もう一方のビーカーには 0.27 M I^- と 0.050 M I_2 を含んだ溶液が入っている．各溶液には白金の金属線が浸してある．(a) 25 ℃ での標準水素電極に対する各電極電位を求めよ．(b) 二つの電極をつなぎ，塩橋で溶液を電気的に接続したときどんな化学反応が進行するか予想せよ．

7・6 表 7・1 に記載の $Cu^{2+}|Cu$ および $Pt|Cu^{2+}, Cu^+$ の標準還元電位を用いて $Cu^+|Cu$ の標準還元電位を求めよ．

化学電池の熱力学とネルンスト式

7・7 つぎの表の空欄を埋めよ．また電池反応が自発的に進行するか否かも記せ．

E	$\Delta_r G$	電池反応
+		
	+	
0		

7・8 次式の反応の 25 ℃ における $E°$, $\Delta_r G°$, K の値を求めよ．

(a) $Zn + Sn^{4+} \rightleftharpoons Zn^{2+} + Sn^{2+}$

(b) $Cl_2 + 2I^- \rightleftharpoons 2Cl^- + I_2$

(c) $5Fe^{2+} + MnO_4^- + 8H^+ \rightleftharpoons Mn^{2+} + 4H_2O + 5Fe^{3+}$

7・9 下の反応

$$Sr + Mg^{2+} \rightleftharpoons Sr^{2+} + Mg$$

において平衡定数は 25 ℃ で 6.56×10^{17} である．$Sr|Sr^{2+}$, $Mg|Mg^{2+}$ 半電池から成る電池の $E°$ を求めよ．

7・10 二つの水素電極から成る濃淡電池を考える．25 ℃ でこの電池の起電力は 0.0267 V であった．アノードの水素ガス圧が 4.0 bar であったとするとカソードの水素ガス圧はいくらか．

7・11 つぎの二つの半電池から成る化学電池を考える．一方は 2.0 M KBr と 0.050 M Br_2 を含んだ溶液に白金金属線を浸したもの，もう一方は 0.38 M Mg^{2+} 溶液にマグネシウム金属線を浸したものである．(a) どちらがアノードで，どちらがカソードか．(b) この電池の起電力はいくらか．(c) 自発的電池反応はどうなるか．(d) 電池反応の平衡定数はいくらか．ただし温度は 25 ℃ とする．

7・12 表 7・1 に示した $Sn^{2+}|Sn$ および $Pb^{2+}|Pb$ の標準還元電位を用いて，25 ℃ での平衡状態における $[Sn^{2+}]/[Pb^{2+}]$ 比と反応の $\Delta_r G^\circ$ を求めよ．

7・13 つぎの電池反応を考える．

$$Ag(s)\,|\,AgCl(s)\,|\,NaCl(aq)\,|\,Hg_2Cl_2(s)\,|\,Hg(l)$$

(a) 半電池反応を書け．(b) 下の表に各温度での電池の標準起電力を示してある．

T/K	291	298	303	311
E°/mV	43.0	45.5	47.1	50.1

上の表を用いて 298 K における $\Delta_r G^\circ$, $\Delta_r S^\circ$, $\Delta_r H^\circ$ を求めよ．

7・14 つぎの濃淡電池の 298 K における起電力を求めよ．

$$Mg(s)\,|\,Mg^{2+}(0.24\,M)\,\|\,Mg^{2+}(0.53\,M)\,|\,Mg(s)$$

7・15 0.100 M $AgNO_3$ 溶液 346 ml に浸した銀電極と 0.100 M $Mg(NO_3)_2$ 溶液 288 ml に浸したマグネシウム電極から成る化学電池がある．(a) 25 ℃ における電池の起電力を求めよ．(b) 電流が，1.20 g の銀が銀電極上に析出するまで流れた．この段階の電池の起電力を求めよ．

生物電気化学

7・16 反応

$$NAD^+ + H^+ + 2\,e^- \longrightarrow NADH$$

において，$E^{\circ\prime}$ は 25 ℃ で -0.320 V である．pH=1 のときの E' の値を計算せよ．NAD^+, NADH 共に濃度は 1 M と仮定する．

7・17 表 7・2 のつぎの反応の $E^{\circ\prime}$ 値から，pH=5.0, 298 K での E' の値を計算せよ．

$$CH_3CHO + 2\,H^+ + 2\,e^- \longrightarrow C_2H_5OH$$

$[C_2H_5OH]=5.0\times10^{-6}$ M，$[CH_3CHO]=2.4\times10^{-4}$ M とする．

7・18 表 7・2 のつぎの反応

$$CH_3CHO + 2\,H^+ + 2\,e^- \longrightarrow C_2H_5OH$$
$$NAD^+ + H^+ + 2\,e^- \longrightarrow NADH$$

の $E^{\circ\prime}$ を調べてつぎの反応の 298 K における平衡定数を計算せよ．

$$CH_3CHO + NADH + H^+ \rightleftharpoons C_2H_5OH + NAD^+$$

7・19 つぎの反応はクエン酸回路の直前に起こるものであり，乳酸デヒドロゲナーゼ酵素によって触媒される．

$$\underset{\text{ピルビン酸}}{CH_3COCOO^-} + NADH + H^+ \rightleftharpoons \underset{\text{乳酸}}{CH_3CH(OH)COO^-} + NAD^+$$

表 7・2 にあげたデータから，298 K における反応の $\Delta_r G^{\circ\prime}$ 値と平衡定数を計算せよ．

7・20 1 mol のグルコースの酸化により得られるギブズエネルギーで，シトクロム c^{2+} から何 mol のシトクロム c^{3+} がつくられるか，計算せよ（1 mol のグルコースを CO_2 および H_2O に分解するための $\Delta_r G^\circ = -2879$ kJ である）．

7・21 末端呼吸鎖では酸化還元対 $NAD^+|NADH$ および $FAD|FADH_2$ が関与する．298 K においてつぎの反応

$$NADH + FAD + H^+ \longrightarrow NAD^+ + FADH_2$$

の $\Delta_r G^{\circ\prime}$ 値を計算せよ．このギブズエネルギー変化は ADP と無機リン酸塩から ATP を合成するのに十分だろうか．これら二つの酸化還元対から成る細胞の起電力を測定するための実験装置を組立ててみよ．

7・22 リンゴ酸をオキサロ酢酸に酸化する反応は，クエン酸回路の鍵となる反応である．

$$リンゴ酸 + NAD^+ \longrightarrow オキサロ酢酸 + NADH + H^+$$

pH 7 および 298 K におけるこの反応の $\Delta_r G^{\circ\prime}$ の値と平衡定数を求めよ．

7・23 298 K でシトクロム c によりコハク酸をフマル酸に酸化する場合の $\Delta_r G^{\circ\prime}$ 値を計算せよ．

7・24 フラビンアデニンジヌクレオチド（FAD）は半反応

$$FAD + 2\,H^+ + 2\,e^- \longrightarrow FADH_2$$

に従って，いくつかの生体酸化還元反応にあずかる．上記の酸化還元対の $E^{\circ\prime}$ 値が 298 K, pH 7 で -0.219 V であるとして，この温度と pH で，(a) 85 % の酸化体，(b) 15 % の酸化体，をそれぞれ溶液が含むときの還元電位を計算せよ．

7・25 化学浸透圧説によると，ATP 1 mol の合成は，4 mol の H^+ イオンの膜の低 pH 側から高 pH 型への移動と共役している．(a) 4 H^+ の移動の ΔG の式を誘導せよ．(b) 標準状態で ADP と P_i から ATP 1 mol を合成するのに 25 ℃ では膜を横切る pH 変化はどれほど必要か計算せよ．ATP の合成 1 mol につき $\Delta_r G^{\circ\prime} = 31.4$ kJ である．

7・26 土壌中の亜硝酸イオンは，酸素の存在下，細菌 *Nitrobacter agilis* により硝酸イオンに酸化される．還元の半反応は

$$NO_3^- + 2\,H^+ + 2\,e^- \longrightarrow NO_2^- + H_2O \qquad E^{\circ\prime} = 0.42\,\text{V}$$
$$\tfrac{1}{2}O_2 + 2\,H^+ + 2\,e^- \longrightarrow H_2O \qquad E^{\circ\prime} = 0.82\,\text{V}$$

膜電位

7・27 神経細胞膜は Na^+ に対してよりも K^+ に対して透過性が大きいことを示す実験について説明せよ.

7・28 K^+ イオンに対してのみ透過性のある膜を用いて,つぎの二つの溶液を分離する.

α: [KCl] = 0.10 M 　　[NaCl] = 0.050 M
β: [KCl] = 0.050 M 　　[NaCl] = 0.10 M

25℃での膜電位を計算し,より負の電位をもつ溶液はどちらか決めよ.

7・29 図7・14bを参照して,つぎの操作を行え.(a) 25℃における K^+ イオンによる膜電位を計算せよ.(b) 生体膜は典型的におよそ $1\,\mu\mathrm{F}\,\mathrm{cm}^{-2}$ の静電容量(キャパシタンス)をもっているとする.膜の単位面積あたり($1\,\mathrm{cm}^2$)の電荷をクーロン単位で計算せよ(静電容量の単位については補遺5・1参照).(c) (b)を K^+ イオンの数に対する電荷として求めてみよ.(d) (c)の結果を左の区画に入れた溶液 $1\,\mathrm{cm}^3$ 中の K^+ イオンの数についてのものと比較してみよ.膜電位を生じるのに必要な K^+ イオンの相対的な数について,どんな結論が得られるだろうか.

補 充 問 題

7・30 次式の半電池反応の $E°$ の値を調べよ.

$$Ag^+ + e^- \longrightarrow Ag$$
$$AgBr + e^- \longrightarrow Ag + Br^-$$

その値を用いて25℃における AgBr の溶解度積(K_{sp})を求める方法を述べよ.

7・31 よく知られた有機酸化還元系にキノン–ヒドロキノン対がある.pH 8以下の水溶液中では以下のようになっている.

キノン(Q)　　　　　　　ヒドロキノン(HQ)
　　　　　　　　　　　　　　　　　　$E° = 0.699\,\mathrm{V}$

この系はキンヒドロン,QH(Q と HQ が等モル含まれた分子化合物)を水に溶解することによって調製できる.キンヒドロン電極はキンヒドロン溶液に白金線を浸して作成する.(a) キノン–ヒドロキノン対の電極電位を求める式を $E°$ および水素イオン濃度を用いて表せ.(b) キノン–ヒドロキノン対を飽和カロメル電極と接続したときの電池の起電力は 0.18 V であった.この電池では飽和カロメル電極がアノードとなる.キンヒドロン溶液の pH を求めよ.ただし温度は25℃とする.

7・32 土中に埋めた鉄パイプがさびるのを防ぐ一つの方法はそれをマグネシウムあるいは亜鉛の金属棒と導線でつないでおくことである.この現象の電気化学的な原理を述べよ.

7・33 アルミニウムの標準還元電位は鉄に比べてより大きな負の値をもっているにもかかわらず,鉄ほどさびたり腐食したりしない.理由を述べよ.

7・34 ダニエル電池の $\Delta_\mathrm{r}S°$ が $-21.7\,\mathrm{J\,K^{-1}\,mol^{-1}}$ のとき,電池の温度係数,$(\partial E°/\partial T)_P$ および 80℃における電池の起電力を求めよ.

7・35 長い間,水銀(I)イオンは溶液中で Hg^+ として存在するのか Hg_2^{2+} として存在するのか,はっきりとわからなかった.そこで二つの可能性を区別するために次式のような実験を行った.

$$Hg(l)\,|\,溶液A\,\|\,溶液B\,|\,Hg(l)$$

溶液Aは 1 l あたり硝酸水銀(I)を 0.263 g 含んでおり,溶液Bは 1 l あたり同物質を 2.63 g 含んでいる.18℃で測定した起電力が 0.0289 V だったとすると,溶液中の水銀イオンの存在状態についてどういった結論が導き出されるか.

7・36 つぎの標準還元電位を用いて25℃における水のイオン積 K_w([H^+][OH^-])を求めよ.

$2\,H^+(aq) + 2\,e^- \longrightarrow H_2(g)$ 　　　$E° = 0.00\,\mathrm{V}$
$2\,H_2O(l) + 2\,e^- \longrightarrow H_2(g) + 2\,OH^-(aq)$　$E° = -0.828\,\mathrm{V}$

7・37 下の2式

$2\,Hg^{2+}(aq) + 2\,e^- \longrightarrow Hg_2^{2+}(aq)$　$E° = 0.920\,\mathrm{V}$
$Hg_2^{2+}(aq) + 2\,e^- \longrightarrow 2\,Hg(l)$　　　$E° = 0.797\,\mathrm{V}$

から次式の反応の25℃における,$\Delta_\mathrm{r}G°$,K を求めよ.

$$Hg_2^{2+}(aq) \longrightarrow Hg^{2+}(aq) + Hg(l)$$

〔上の反応はある酸化状態の元素に対し,酸化と還元が同時に起こる反応の例で**不均化反応**(disproportionation reaction)とよばれる.〕

7・38 次式の二つの金属電極 X, Y の標準電極電位の大きさがわかっているとする.

$X^{2+} + 2\,e^- \longrightarrow X$　　$|E°| = 0.25\,\mathrm{V}$
$Y^{2+} + 2\,e^- \longrightarrow Y$　　$|E°| = 0.34\,\mathrm{V}$

ここで | | は絶対値であることを表し,符号に関しては不明であることを示している.半電池,X, Y を電気的に接続すると,X から Y へ電子が流れ出し,X を SHE に接続すると X から SHE へと電子が流れる.(a) X, Y の $E°$ 値はどちらが正でどちらが負の値か.(b) X と Y から成る電池の標準起電力はいくらか.

7・39 つぎのような化学電池を考える.一方の半電池は 1.0 M Sn^{2+} と 1.0 M Sn^{4+} を含んだ溶液に白金属線を浸したもの,もう一方の半電池は 1.0 M Tl^+ 溶液にタリウム金

属棒を浸したものから成る．(a) 半電池反応および全体の反応を書け．(b) 25 ℃ における平衡定数を求めよ．(c) Tl$^+$ の濃度が10倍になったときの電池の電圧はいくらか．

7・40 表7・1から Au^{3+} の標準還元電位を求め，次式

$$\mathrm{Au^+(aq) + e^- \longrightarrow Au(s)} \quad E° = 1.69\ \mathrm{V}$$

が与えられたとして，つぎの問いに答えよ．(a) なぜ金は空気中でさびないのか．(b) つぎの不均化反応は自発的に進行するか．

$$\mathrm{3\ Au^+(aq) \longrightarrow Au^{3+}(aq) + 2\ Au(s)}$$

(c) 金とフッ素ガスの間で進行する反応を予測せよ．

7・41 図7・1のダニエル電池について考える．この図では電子がアノードからカソードへ流れるため，アノードが負にカソードが正に帯電するように思われる．しかし溶液中のアニオンはアノードに向かって移動するので，アニオンに対して正に帯電しているとも考えられる．アノードは同時に正および負にはなりえないのであるから，この明らかに矛盾した状況を説明せよ．

7・42 次式の 25 ℃ での反応において平衡を維持するのに必要な H$_2$ 圧（bar 単位で）を求めよ．

$$\mathrm{Pb(s) + 2\ H^+(aq) \rightleftharpoons Pb^{2+}(aq) + H_2(g)}$$

ただし [Pb^{2+}]=0.035 M，溶液は緩衝溶液で pH 1.60 に保たれている．

7・43 付録2のデータと $\Delta_\mathrm{f}\overline{G}°[\mathrm{H^+(aq)}]=0$ であることを用いてナトリウム，フッ素の標準還元電位を求めよ（フッ素もナトリウムと同様水と激しく反応する）．

7・44 表7・1のデータを用いて，Fe^{2+}(aq) の $\Delta_\mathrm{f}\overline{G}°$ を求めよ．

7・45 つぎの電池を考える．

$$\mathrm{Pt\,|\,H_2(1\ bar)\,|\,HCl}(m)\,|\,\mathrm{AgCl(s)\,|\,Ag}$$

25 ℃ における各質量モル濃度での起電力は下表のようになった．

m/mol kg^{-1}	0.124	0.0539	0.0256	0.0134
E/V	0.342	0.382	0.418	0.450
m/mol kg^{-1}	0.009 14	0.005 62	0.003 22	
E/V	0.469	0.493	0.521	

(a) 上の値をグラフにし，そこから $E°$ の値を求めよ．求めた値を表7・1の値と比べてみよ．(b) HCl 0.124 mol kg^{-1} での平均活量係数 ($\gamma_\pm$) を求めよ．

7・46 p.150で述べたプロパン燃料電池の $E°$ を計算せよ．C$_3$H$_8$ の $\Delta_\mathrm{f}G° = -23.5$ kJ mol^{-1} である．

7・47 水溶液中，Fe^{3+} + e$^-$ → Fe^{2+} の半反応（表7・1参照）とシトクロムで起こる半反応（表7・2参照）の $E°$ 値を比較せよ．この違いの生物学的な意味を説明せよ．

8

酸 と 塩 基

　酸と塩基は特に重要な電解質の一種である．酸と塩基を含む平衡ほど広く知られた化学平衡はない．われわれの体内における酸と塩基の濃度または pH の正確な釣り合いは，酵素が適切に働いたり，浸透圧を維持したりすることなどにおいて必要不可欠である．通常の pH 値からわずか $\frac{1}{10}$ 程度ずれただけでも，疾病やときには死に至ることもある．
　化学系および生物学系における酸と塩基の釣り合いを正しく理解するためには，弱酸と弱塩基の挙動，さらに水素イオンの挙動について明確に理解することが必要である．本章では一般的な酸塩基反応，緩衝液，アミノ酸について議論する．

8・1　酸と塩基の定義

　1923 年，デンマークの化学者である Johannes Nicolaus Brønsted（1879～1947）は，酸はプロトンを供給する物質であり，塩基はプロトンを受容する物質であるという見解を提唱した．ブレンステッドの定義によると HCl はつぎのように水分子にプロトンを供与しうるので酸である．

$$\underset{酸}{HCl(aq)} + H_2O(l) \longrightarrow H_3O^+(aq) + \underset{共役塩基}{Cl^-(aq)}$$

塩化物イオンはプロトンを受容することができるので塩基である．HCl と Cl⁻ は**共役** (conjugate) しているといわれる，すなわち酸と共役塩基は互いに対をなしている．HCl のような強酸は，大部分または完全に解離していると考えられており，弱い共役塩基，Cl⁻ をもつ．一方，弱酸は強い共役塩基をもつ．たとえば，酢酸の解離を考えると，

$$\underset{酸}{CH_3COOH(aq)} + H_2O(l) \rightleftharpoons \underset{共役塩基}{CH_3COO^-(aq)} + H_3O^+(aq)$$

酢酸は弱酸なので，その共役塩基である酢酸イオンは Cl⁻ イオンよりずっと強い塩基である．
　たとえば，アンモニアはプロトンを受容するのでブレンステッド塩基であり，

$$\underset{塩基}{NH_3(aq)} + H_2O(l) \rightleftharpoons \underset{共役酸}{NH_4^+(aq)} + OH^-(aq)$$

アンモニウムイオンは共役酸である．一方，NaOH や KOH のような金属水酸化物はプロトンを受容することができないので，ブレンステッドの定義においてはそれ自身は塩基ではない．しかし，あらゆる実際上の用途において，これらの化合物は水中では Na⁺，K⁺ と OH⁻ イオンに完全に解離する．水酸化物イオンそれ自身はプロトンを受容することができる（OH⁻ + H⁺ → H₂O）ので塩基である．
　酸，塩基に関するブレンステッドの定義は水中でプロトンを交換する物質に限定されない．純液体の形で，NH₃ はつぎの反応からブレンステッド酸かつブレンステッド塩基とみなされる．

$$NH_3 + NH_3 \rightleftharpoons NH_4^+ + NH_2^-$$

水もまたこの性質をもっていることを §8・2 ですぐに学ぶ．
　酸と塩基に関するより広い定義は 1923 年に Gilbert Lewis により与えられた．Lewis によると酸とは電子対を受け入れることのできるあらゆる物質であり，塩基は電子対を供給することのできるすべての物質である．この定義は先に議論した反応を包含するだけでなく，プロトンの関与しない酸塩基反応をも記述することができる．たとえば

$$\underset{酸}{BF_3} + \underset{塩基}{F^-} \longrightarrow BF_4^-$$

$$\underset{酸}{BCl_3} + \underset{塩基}{(CH_3)_3N} \longrightarrow (CH_3)_3NBCl_3$$

$$\underset{酸}{Ag^+} + \underset{塩基}{2\,CN^-} \longrightarrow Ag(CN)_2^-$$

ルイスの定義はより広範囲の物質に当てはまり，理論的な見地からより根本的である．しかし，本章では水溶液中での酸塩基反応に焦点を合わせるので，主としてブレンステッドの概念を扱うことにする．

8・2 水における酸と塩基の性質

水はユニークな溶媒である.後述するように,水の特別な性質の一つは,酸または塩基としてふるまうことができる能力である.水は非常に弱い電解質であり,したがって,電気をほとんど通さないが,ある程度は解離する.

$$H_2O(l) + H_2O(l) \rightleftharpoons H_3O^+(aq) + OH^-(aq)$$

この反応[*1]はしばしば水の自己プロトリシス(autoprotolysis)とよばれる.水溶性の媒質では,プロトンは水和した形で存在し,H_3O^+ 種はヒドロキソニウムイオンとよばれる.H_3O^+ 以外にも,$H_9O_4^+$ のようなより複雑な構造をもつ分子種も存在することを示す証拠がある.

しかし,酸塩基平衡の熱力学的扱いはどちらの種を使うにかかわらず同じである.簡単のためほとんどの場合,H^+ という表記を用いることにする.したがって水の自己プロトリシスは次式のように表すことができる.

$$H_2O(l) \rightleftharpoons H^+(aq) + OH^-(aq)$$

水の解離定数,すなわち**水のイオン積**(ion product of water),K_w は

$$K_w = \frac{a_{H^+} a_{OH^-}}{a_{H_2O}}$$

$a_{H_2O} = 1$ とおいて

$$K_w = a_{H^+} a_{OH^-} \quad (8 \cdot 1)$$

または濃度で表して,

$$K_w = [H^+][OH^-] \quad (8 \cdot 2)$$

ほとんどの平衡定数と同様 K_w は温度の関数である.

T/K	273	298	313	373
K_w	0.12×10^{-14}	1.0×10^{-14}	2.9×10^{-14}	5.4×10^{-13}

K_w の値が示すように水はきわめて弱い塩基であると共に,きわめて弱い酸でもある.中性の溶液では 298 K で $[H^+] = [OH^-] = 1.0 \times 10^{-7}$ M.溶液が酸性であれば,$[H^+] > [OH^-]$.塩基性であれば $[OH^-] > [H^+]$ である.

[*1] 水はブレンステッド酸としてもブレンステッド塩基としてもふるまう.

pH —— 酸性度の単位

H^+ イオンは多くの化学的プロセスおよび生物学的プロセスにおいて中心的な役割を果たしており,その濃度は広い範囲で変化しうる.したがって,pH の目盛りをつぎのように決めると便利である.

$$pH = -\log a_{H^+} \quad (8 \cdot 3)$$

ここで a_{H^+} は溶液中の H^+ イオンの活量で,$\gamma_{H^+}[H^+]$ で与えられる.第 5 章で見たように実験的には平均イオン活量係数のみが求まるので,γ_{H^+} の値は推定することができるだけである.たとえば,0.050 M の HCl 溶液では,H^+ イオンのイオン活量はつぎのように書ける(式 5・61 を参照).

$$\log \gamma_{H^+} = -0.509 z^2 \sqrt{I}$$
$$= -0.509 (1^2) \sqrt{0.050} = -0.114$$

すなわち

$$\gamma_{H^+} = 0.77$$

最終的に

$$pH = -\log(0.77)(0.050) = 1.4$$

となる.一般に低イオン強度で比較的希薄な溶液($[H^+] \leq 0.1$ M, $I \leq 0.1$)では,つぎの近似式を使うことができる[*2].

$$pH = -\log[H^+] \quad (8 \cdot 4)$$

溶液の pH の測定値は非理想的なふるまいのため式(8・4)に基づく計算値とはまず一致しないことを頭に入れておくべきである[*3].

pOH スケールもつぎのように定義することができる.

$$pOH = -\log[OH^-] \quad (8 \cdot 5)$$

式(8・2)の対数をとり,それに − 符号を付けて

$$-\log K_w = -\log[H^+] - \log[OH^-]$$
$$pK_w = pH + pOH \quad (8 \cdot 6)$$

ここで $pK_w = -\log K_w$ である.25℃ で式(8・6)は

$$pH + pOH = 14.00 \quad (8 \cdot 7)$$

となる.濃度の表現を使って,溶液の酸性度をつぎのように書くことができる.

[*2] 厳密にいうと $[H^+]$ は 1 M という標準状態での値で割られるべきである.しかしながら,このステップは簡略化のために省略される.

[*3] T. P. Dirkse, *J. Chem. Educ.*, **38**, 261 (1961); S. J. Hawkes, *ibid.*, **71**, 747 (1994) を参照.

酸性溶液: $[H^+] > 1\times 10^{-7}$ M, pH < 7
塩基性溶液: $[H^+] < 1\times 10^{-7}$ M, pH > 7
中性溶液: $[H^+] = 1\times 10^{-7}$ M, pH $= 7$

実用上のpHの範囲は1から14であるが，負のpHも存在し，14を超えるpHの値も存在する．たとえば，2.0 MのHCl溶液は負のpH値をとり，また2.0 MのNaOH溶液のpHは14より大きい．

8・3 酸と塩基の解離

近似として，HClやHNO₃のような強酸は溶液中では完全に解離すると仮定する．

$$HCl(aq) + H_2O(l) \longrightarrow H_3O^+(aq) + Cl^-(aq)$$
$$HNO_3(aq) + H_2O(l) \longrightarrow H_3O^+(aq) + NO_3^-(aq)$$

溶液中での化学種（H_3O^+とその共役塩基）の濃度を計算する方法は簡単である．一方，弱酸，HA，の解離は不完全である．

$$HA(aq) + H_2O(l) \rightleftharpoons H_3O^+(aq) + A^-(aq)$$

この過程の熱力学平衡定数は

$$K_a = \frac{a_{H_3O^+}\, a_{A^-}}{a_{HA}\, a_{H_2O}} \quad (8\cdot 8)$$

ここで a は種の活量を表す．ほとんどの水溶液において水の濃度は純水の濃度に近いので〔純水1lは1000 g/(18.02 g mol^{-1})，すなわち55.5 mol〕，水の濃度は解離過程では本質的な変化はない．したがって，H_2Oは標準状態にある（すなわち純液体）と考えることができ，その活量は1である．もし，簡単のため $a_{H_3O^+}$ を a_{H^+} で置き換えると式(8・8)はつぎのようになる．

$$K_a = \frac{a_{H^+} a_{A^-}}{a_{HA}} = \frac{[H^+]\gamma_+ [A^-]\gamma_-}{[HA]\gamma_{HA}} \quad (8\cdot 9)$$

HAは電荷をもたない種なので，希薄溶液に関しては $\gamma_{HA} \approx 1$ とおくことができ，式(5・56)から $\gamma_\pm^2 = \gamma_+ \gamma_-$ なので，

$$K_a = \frac{[H^+][A^-]\gamma_\pm^2}{[HA]} \quad (8\cdot 10)$$

もし酸が十分弱く，イオン種の濃度が低ければ（≤ 0.050 M），$\gamma_\pm^2$を無視してもよい近似であり，つぎのように書ける．

$$K_a = \frac{[H^+][A^-]}{[HA]} \quad (8\cdot 11)$$

酸の強さは K_a の大きさで示唆される．すなわち，K_a 値が大きいほど酸は強い．酸の強さを測るもう一つの別な方法は次式で定義される解離度(%)を計算することである．

$$解離度(\%) = \frac{[H^+]_{eq}}{[HA]_0} \times 100\,\% \quad (8\cdot 12)$$

ここで $[H^+]_{eq}$ は平衡時の水素イオン濃度で，$[HA]_0$ は酸の初濃度である．強酸は100%解離すると考える．表8・1に多くの一般的な酸の解離定数をまとめておく．この表

表 8・1 一般的な弱酸の 298 K での解離定数

酸	K_a	pK_a	酸	K_a	pK_a
HF	7.1×10^{-4}	3.15	HOOCCOOH	6.5×10^{-2} (K_a')	1.19 (pK_a')
HCN	4.9×10^{-10}	9.31	（シュウ酸）	6.1×10^{-5} (K_a'')	4.21 (pK_a'')
HNO₂	4.5×10^{-4}	3.35	(CH₂COOH)₂	6.4×10^{-5} (K_a')	4.19 (pK_a')
H₂S	5.7×10^{-8} (K_a')	7.24 (pK_a')	（コハク酸）	2.7×10^{-6} (K_a'')	5.57 (pK_a'')
HS⁻	1.2×10^{-15} (K_a'')	14.92 (pK_a'')	C₆H₈O₆	8×10^{-5} (K_a')	4.1 (pK_a')
H₂CO₃	4.2×10^{-7} (K_a')	6.38 (pK_a')	（アスコルビン酸）	1.6×10^{-12} (K_a'')	11.79 (pK_a'')
HCO₃⁻	4.8×10^{-11} (K_a'')	10.32 (pK_a'')	(CHCOOH)₂	9.3×10^{-4} (K_a')	3.03 (pK_a')
H₂SO₄	非常に大 (K_a')	—	（フマル酸）	3.4×10^{-5} (K_a'')	4.47 (pK_a'')
HSO₄⁻	1.3×10^{-2} (K_a'')	1.89	CH₃CH(OH)COOH	1.39×10^{-4}	3.86
H₃BO₃†	7.3×10^{-10}	9.14	（乳 酸）		
H₃PO₄	7.5×10^{-3} (K_a')	2.13 (pK_a')	HOOCCH(OH)CH₂COOH	4×10^{-4} (K_a')	3.40 (pK_a')
H₂PO₄⁻	6.2×10^{-8} (K_a'')	7.21 (pK_a'')	（リンゴ酸）	9×10^{-6} (K_a'')	5.50 (pK_a'')
HPO₄²⁻	4.8×10^{-13} (K_a''')	12.32 (pK_a''')	HOOCCH₂C(OH)COOHCH₂COOH	8.7×10^{-4} (K_a')	3.06 (pK_a')
CH₃COOH	1.75×10^{-5}	4.76	（クエン酸）	1.8×10^{-5} (K_a'')	4.74 (pK_a'')
C₆H₅COOH	6.30×10^{-5}	4.20		4.0×10^{-6} (K_a''')	5.40 (pK_a''')
HCOOH	1.77×10^{-4}	3.75	(アセチルサリチル酸，別名アスピリン)	3×10^{-4}	3.5
ClCH₂COOH	1.36×10^{-3}	2.87			
C₆H₅OH	1.30×10^{-10}	9.89			

† ホウ酸は水中ではイオン化できずH⁺を生じない．表のpK_aは，水との反応，$B(OH)_3(aq) + H_2O(l) \rightleftharpoons B(OH)_4^-(aq) + H^+(aq)$ での値である．

により，平衡溶液中の解離したイオンと解離していない酸の濃度を計算することができる．

例題 8・1

0.050 M HCN 溶液の 25 ℃ での非解離の酸，H^+ イオン，CN^- イオンの各濃度および解離度（%）を計算せよ．

解 x を平衡時の H^+ イオンと CN^- イオンの濃度とすると，

$$HCN(aq) \rightleftharpoons H^+(aq) + CN^-(aq)$$
$$(0.050-x)\ M \qquad x\ M \qquad x\ M$$

となる．表 8・1 の K_a 値を使うと，

$$\frac{x^2}{0.050-x} = 4.9 \times 10^{-10}$$

この二次方程式を解くことも近似を当てはめることもできる．弱酸の K_a 値の精度は一般に ±5 % の程度であるので[*1]，x を 0.050 の 5 % 未満であるとみなしても妥当である．この近似が通用すると（$0.050-x \approx 0.050$）が成り立ち

$$x^2 = 2.5 \times 10^{-11}$$

すなわち

$$x = 5.0 \times 10^{-6}\ M$$

したがって，平衡状態では

$$[H^+] = 5.0 \times 10^{-6}\ M$$
$$[CN^-] = 5.0 \times 10^{-6}\ M$$
$$[HCN] = 0.050\ M - 5.0 \times 10^{-6}\ M \approx 0.050\ M$$

最終的に，解離度(%)はつぎの式で与えられる．

$$\frac{5.0 \times 10^{-6}\ M}{0.050\ M} \times 100\ \% = 1.0 \times 10^{-2}\ \%$$

この解離度(%)の計算結果もまた，"5 %" 近似がこの場合に妥当であることを示していることに注目しよう．

コメント この計算において水分子による水素イオン濃度への寄与を無視していることに注目する．この仮定は，非常に希薄な溶液を扱っているのでなければ，たいてい通用する．酸の解離のより厳密な取扱いは p. 179 の補遺 8・1 に説明してある（問題 8・11 も参照）．

もし，例題 8・1 の HCN をフッ化水素（HF）に置き換えると，

$$\frac{x^2}{0.050-x} = 7.1 \times 10^{-4}$$

ここでは "5 %" 近似は通用しない．この場合，二次方程式を解いて $x = 5.6 \times 10^{-3}$ M と求めるか，以下のように**逐次近似法**（method of successive approximation）を適用することができる．はじめに，$0.050-x \approx 0.050$ として x を解く．この近似により，6.0×10^{-3} M という値が得られる．つぎに，この近似により得られた x の値（6.0×10^{-3} M）を用い，平衡時の HF の濃度のより正確な値を求める．

$$[HF] = 0.050\ M - 6.0 \times 10^{-3}\ M = 0.044\ M$$

この値を K_a の式に代入すると

$$\frac{x^2}{0.044} = 7.1 \times 10^{-4}$$
$$x = 5.6 \times 10^{-3}\ M$$

この値は二次方程式を解いて得られる結果と同じである．一般に，最後のステップで得られた x の値がその一つ前の値と同じになるまで，逐次近似法を繰返し適用する．たいていの場合，この方法を 2 回適用すると正確な値が得られる．

塩基の解離の扱いも酸の場合と同じである．たとえば，NH_3 が水中で解離すると，つぎのように反応する[*2]．

$$NH_3 + H_2O \rightleftharpoons NH_4^+ + OH^-$$

酸解離定数から類推して，塩基解離定数 K_b を

$$K_b = \frac{a_{NH_4^+} a_{OH^-}}{a_{NH_3} a_{H_2O}}$$

と書くことができる．$a_{H_2O} = 1$ とし，活量を濃度で置き換えるとつぎの式が得られる．

$$K_b = \frac{[NH_4^+][OH^-]}{[NH_3]}$$

表 8・2 に一般的な塩基の解離定数をいくつかあげておく．

酸とその共役塩基の解離定数の相関

酸解離定数とその共役塩基の解離定数の重要な関係は，酢酸を例としてつぎのように導くことができる．

$$CH_3COOH(aq) \rightleftharpoons H^+(aq) + CH_3COO^-(aq)$$
$$K_a = \frac{[H^+][CH_3COO^-]}{[CH_3COOH]}$$

酢酸ナトリウム溶液（CH_3COONa）により与えられる共

[*1] 訳注：さらに K_a の値が非常に小さいことから，x の値も小さく，0.050 に対し，十分無視できると予想されるので．

[*2] 水酸化アンモニウム，すなわち NH_4OH は存在しない．

表 8・2 弱塩基の 298 K での解離定数

塩基	K_b	pK_b
アニリン	3.80×10^{-10}	9.42
アンモニア	1.8×10^{-5}	4.75
エチルアミン	5.6×10^{-4}	3.25
カフェイン	4.1×10^{-4}	3.39
キニーネ	$1.1\times10^{-6}\ (K_b')$	5.96 (pK_b')
	$1.35\times10^{-10}\ (K_b'')$	9.87 (pK_b'')
クレアチン	1.92×10^{-11}	10.72
コカイン	2.57×10^{-6}	5.59
ストリキニーネ	$1\times10^{-6}\ (K_b')$	6.0 (pK_b')
	$2\times10^{-12}\ (K_b'')$	11.7 (pK_b'')
ニコチン	7×10^{-7}	6.2
尿素	1.5×10^{-14}	13.82
ノボカイン	7×10^{-6}	5.2
ピリジン	1.71×10^{-9}	8.77
メチルアミン	4.38×10^{-4}	3.36
モルヒネ	7.4×10^{-7}	6.13

役塩基,CH_3COO^-,はつぎの式のように水と反応する.

$$CH_3COO^-(aq)+H_2O(l) \rightleftharpoons CH_3COOH(aq)+OH^-(aq)$$

塩基解離定数はつぎのように書くことができる.

$$K_b = \frac{[CH_3COOH][OH^-]}{[CH_3COO^-]}$$

K_a と K_b の積は

$$K_aK_b = \frac{[H^+][CH_3COO^-]}{[CH_3COOH]} \times \frac{[CH_3COOH][OH^-]}{[CH_3COO^-]}$$
$$= [H^+][OH^-]$$

$$\boxed{K_aK_b = K_w} \quad (8\cdot13)$$

この式から重要な結論を引き出すことができる.つまり,酸が強ければ強いほど(K_a が大きいほど),その共役塩基は弱く(K_b が小さい),その逆もまた成り立つ.

最後に,表 8・1 と表 8・2 にあげた pK 値は解離定数の対数をとり逆符号としたものとして定義されていることを注意しておく.

$$\boxed{pK = -\log K} \quad (8\cdot14)$$

pK の値が大きいほど,その酸または塩基が弱いことを覚えておこう.

塩の加水分解

NaCl や K_2SO_4 を水に溶かすと,本来中性の溶液ができる.一方,酢酸ナトリウムや塩化アンモニウム溶液は決して中性にはならない.濃度に依存し,酢酸ナトリウムの pH は 7 より明らかに高くなりうる一方,塩化アンモニウム溶液の pH は 7 よりずいぶん低い.pH 7 からのずれは**塩の加水分解**(salt hydrolysis)により生ずる.これは,塩のアニオンまたはカチオン,またはその両方と水との反応である.

酢酸ナトリウムと水との反応を考えてみる.

$$CH_3COONa(s) \xrightarrow{H_2O} CH_3COO^-(aq)+Na^+(aq)$$
$$CH_3COO^-(aq)+H_2O(l) \rightleftharpoons CH_3COOH(aq)+OH^-(aq)$$

酢酸ナトリウムは,強電解質であり,完全に解離する.酢酸は弱酸なので 2 段階目の平衡は右にずれており,過剰な水酸化物イオンをつくり,溶液は塩基性となる.平衡定数は塩基解離定数と同じである.

$$K_b = \frac{[CH_3COOH][OH^-]}{[CH_3COO^-]}$$

式(8・13)と表 8・1 より

$$K_b = \frac{1.0\times10^{-14}}{1.75\times10^{-5}} = 5.7\times10^{-10}$$

ここで,Na^+ イオンは水と反応しないと仮定している.塩化アンモニウムが水に溶けるときの反応は

$$NH_4Cl(s) \xrightarrow{H_2O} NH_4^+(aq)+Cl^-(aq)$$
$$NH_4^+(aq) \rightleftharpoons NH_3(aq)+H^+(aq)$$

である.アンモニウムイオンの解離は溶液を酸性にする.塩化物イオンは塩酸のきわめて弱い共役塩基であり,加水分解しないことを覚えておこう.

小さく,高度に荷電したカチオン,Be^{2+},Al^{3+},Bi^{4+} なども水中で加水分解する.たとえば,$AlCl_3$ 溶液はつぎの反応により酸性である.

$$AlCl_3(s) \xrightarrow{H_2O} Al^{3+}(aq)+3\,Cl^-(aq)$$

Al^{3+} イオンは水和層の H_2O 分子の O−H 結合を分極し,その結果プロトンが溶媒の水へ付いて失われることになる.

$$Al(H_2O)_6^{3+}+H_2O \rightleftharpoons Al(H_2O)_5(OH)^{2+}+H_3O^+$$

$Al(H_2O)_5(OH)^{2+}$ イオンはさらに解離することができる.厳密に言うと,アルカリ金属およびアルカリ土類金属のカチオンを含むすべての金属カチオンは,ある程度加水分解することができ,それらの存在も溶液の pH に影響を与える(下げる)ことができる.

最後に,塩は溶液中で完全に解離するという仮定はせいぜい近似にすぎないということに注意する.たとえば,解離は濃度に依存し,$CaCl_2$ 溶液は実際に Ca^{2+} と Cl^- 以外にも,$Ca^{2+}Cl^-$ や $Cl^-Ca^{2+}Cl^-$ という荷電したイオン対と中性のイオン対も含む.溶液の性質に関する精密な研究ではこれらすべての種を考慮に入れなければならない[*].

---

[*] S. J. Hawkes, *J. Chem. Educ.*, **73**, 421 (1996) を参照.

8・4 二塩基酸および多塩基酸

ここまでの議論では一塩基酸に焦点を絞ってきた．二つ以上の解離基をもつ酸の酸塩基平衡はより複雑である．本節では，生体系において非常に重要な二つの酸，炭酸とリン酸について考えてみる．

二酸化炭素は容易に水に溶けるが，ごくわずかな割合（約 0.25 %）の溶存二酸化炭素だけが，いわゆる水和した形，H_2CO_3 に変換されている．

$$CO_2(aq) + H_2O(l) \rightleftharpoons H_2CO_3(aq)$$

この反応の平衡定数はわずか 0.002 58 である．実験的には溶存 CO_2 と H_2CO_3 を区別することはできないので，"炭酸"の第一解離をつぎのように書くことができる．

$$CO_2(aq) + H_2O(l) \rightleftharpoons H^+(aq) + HCO_3^-(aq)$$

またはもっと簡単に

$$H_2CO_3(aq) \rightleftharpoons H^+(aq) + HCO_3^-(aq)$$

この平衡定数，すなわち第一酸解離定数の形は，酸の濃度として水中の全二酸化炭素の濃度を使う限り同じである．一般的には解離を表す式としては後者を使い，すべての溶存 CO_2 は H_2CO_3 の形で存在すると仮定する．このことに基づくと，第一酸解離定数はつぎの値になる（表 8・1 を参照）．

$$K_a' = \frac{[H^+][HCO_3^-]}{[H_2CO_3]} = 4.2 \times 10^{-7}$$

第一解離によって生じた共役塩基 HCO_3^- は第二解離段階の酸になる．

$$HCO_3^-(aq) \rightleftharpoons H^+(aq) + CO_3^{2-}(aq)$$

したがって，

$$K_a'' = \frac{[H^+][CO_3^{2-}]}{[HCO_3^-]} = 4.8 \times 10^{-11}$$

このように，K_a' は K_a'' よりおよそ 4 桁大きい*（H^+ イオンは，中性の化学種からよりもアニオンから解離させる方が困難である）．

例題 8・2

例題 5・3 では，298 K，分圧 3.3×10^{-4} atm での平衡状態での二酸化炭素の水への溶解度は 1.1×10^{-5} mol $(kg\ H_2O)^{-1}$ であると示している．この溶液のすべての種の濃度はいくらか．

解 溶液は希薄なので，質量モル濃度をモル濃度に等しいと見なし，理想的ふるまいを仮定する．そのため，H_2CO_3 の初濃度は 1.1×10^{-5} M である．この溶液中では三つの平衡が考えられる．

$$H_2CO_3 \rightleftharpoons H^+ + HCO_3^-$$
$$HCO_3^- \rightleftharpoons H^+ + CO_3^{2-}$$
$$H_2O \rightleftharpoons H^+ + OH^-$$

全部でつぎの五つ，$[H^+]$, $[OH^-]$, $[H_2CO_3]$, $[HCO_3^-]$, $[CO_3^{2-}]$ が未知である．炭酸塩の基を含む種の質量収支から，

$$1.1 \times 10^{-5}\ M = [H_2CO_3] + [HCO_3^-] + [CO_3^{2-}] \quad (1)$$

さらに，電気的中性から

$$[H^+] = [HCO_3^-] + 2[CO_3^{2-}] + [OH^-] \quad (2)$$

炭酸イオンは二つの負電荷をもつため，その濃度に 2 を掛ける必要がある．上記の五つの未知量はつぎの五つの独立した式，式(1)，式(2)，K_a', K_a'', K_w, から決定することができる．ある仮定により手順は簡単になる．$K_a' \gg K_a''$ で，K_a' 自身は小さな数なので

$$[H_2CO_3] \gg [HCO_3^-] \gg [CO_3^{2-}]$$

第一解離から

$$H_2CO_3 \rightleftharpoons H^+ + HCO_3^-$$
$$(1.1 \times 10^{-5} - x)\ M \quad x\ M \quad x\ M$$

第一解離の式に代入すると

$$4.2 \times 10^{-7} = \frac{x^2}{1.1 \times 10^{-5} - x}$$

x の二次方程式を解くと

$$x = 1.9 \times 10^{-6}\ M = [H^+] = [HCO_3^-]$$

第二解離はつぎのように与えられる．

$$HCO_3^- \rightleftharpoons H^+ + CO_3^{2-}$$
$$(1.9 \times 10^{-6} - y)\ M \quad (1.9 \times 10^{-6} + y)\ M \quad y\ M$$

ここで，

$$4.8 \times 10^{-11} = \frac{(1.9 \times 10^{-6} + y)y}{(1.9 \times 10^{-6} - y)}$$

$1.9 \times 10^{-6} \gg y$ なので，上の式は

$$y = 4.8 \times 10^{-11}\ M$$

となる．最終的に

$$[OH^-] = \frac{1.0 \times 10^{-14}}{1.9 \times 10^{-6}} = 5.3 \times 10^{-9}\ M$$

---

* 大きさが 1 桁違うと 10 倍に相当する．

平衡時の各濃度*は

$$[H^+] = 1.9 \times 10^{-6} \text{ M}$$
$$[OH^-] = 5.3 \times 10^{-9} \text{ M}$$
$$[H_2CO_3] = 1.1 \times 10^{-5} \text{ M}$$
$$[HCO_3^-] = 1.9 \times 10^{-6} \text{ M}$$
$$[CO_3^{2-}] = 4.8 \times 10^{-11} \text{ M}$$

コメント この計算は大気中の二酸化炭素と平衡にある水は酸性（pH=5.7）になることを示している．また，2桁の有効数字以内で，H_2CO_3 の平衡濃度は初濃度と同じである．

例題 8・2 の結果はつぎのように一般化されうる．ほとんどの二塩基酸では $K_a' \gg K_a''$ なので，H^+ の濃度はおもに第一解離によって生じ，第二解離による共役塩基の濃度は数値上 K_a'' と等しいと仮定することができる．K_a' と K_a'' とに大きな差があることから，ある適当な pH においては二塩基酸の解離で生成する化学種のうち連続した2種類程度の種しか，十分な濃度では存在しないことが保証されている．炭酸において，どの pH においても溶液中のおもな種は H_2CO_3 または HCO_3^- または CO_3^{2-} であり，さもなくば，H_2CO_3/HCO_3^- の組か HCO_3^-/CO_3^{2-} の組である．図 8・1 は炭酸の**分配図**（distribution diagram）を示しており，この図から溶液に存在する種の相対量を pH の関数として推測することができる．

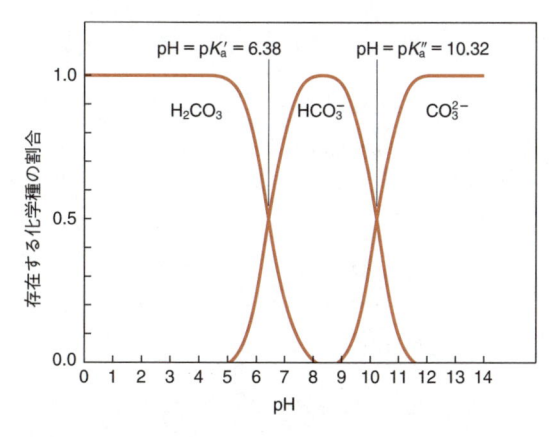

図 8・1 pH の関数としての炭酸系の分配図．どの pH においてもおもな成分は2種類以下であることに注意せよ．

---

*訳注: ここでの計算には誤りがあり，平衡時の各濃度の正しい値は，$[H^+]=1.9\times10^{-6}$ M，$[OH^-]=5.3\times10^{-9}$ M，$[H_2CO_3]=9.1\times10^{-6}$ M，$[HCO_3^-]=1.9\times10^{-6}$ M，$[CO_3^{2-}]=4.8\times10^{-11}$ M，である．この場合，H_2CO_3 の初濃度の値が小さいため，平衡時の濃度と同じにはならない．しかし，H_2CO_3 の初濃度がある程度大きい場合，仮に 0.02 M として同様の計算を行うと，$[H^+]=9.2\times10^{-5}$ M，$[OH^-]=1.1\times10^{-10}$ M，$[H_2CO_3]=0.02$ M，$[HCO_3^-]=9.2\times10^{-5}$ M，$[CO_3^{2-}]=4.8\times10^{-11}$ M となり，コメントにあるように H_2CO_3 の初濃度と平衡濃度とは等しくなる．

特に重要な三塩基酸はリン酸，H_3PO_4 である．解離の3段階は

$$H_3PO_4 \rightleftharpoons H^+ + H_2PO_4^-$$
$$H_2PO_4^- \rightleftharpoons H^+ + HPO_4^{2-}$$
$$HPO_4^{2-} \rightleftharpoons H^+ + PO_4^{3-}$$

例題 8・2 と同じ手順を使って，平衡時のすべての種の濃度を計算することができる．図 8・2 に H_3PO_4 の分配図を示す．

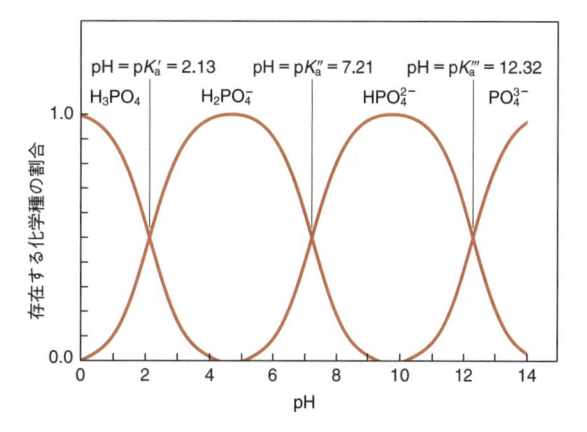

図 8・2 pH の関数としてのリン酸系の分配図．どの pH においてもおもな成分は2種類以下であることに注意せよ．

8・5 緩衝溶液

酸-塩基溶液の最も重要な応用の一つは緩衝作用である．緩衝溶液とは，1) 弱酸または弱塩基と，2) その塩の共存する溶液であり，この両方の成分が溶液中に含まれる必要がある．緩衝溶液は少量の酸または塩基の添加による pH の変化を防ぐ能力をもつ．緩衝溶液（または簡単に緩衝液）は化学系および生物学系で重要な役割を果たしている．ヒトの体液の pH は，場所により大きく異なる．たとえば，血漿の pH は約 7.4 であり，胃液（胃の裏うちの粘膜中の腺によってつくられる液体）の pH はおよそ 1.2 である．その値は緩衝液により維持される．これらの pH は酵素が適度に働いたり，浸透圧の釣り合いを保つために重要である．表 8・3 に一般的な液体の pH をまとめた．

弱酸 HA の解離について考える．

$$HA \rightleftharpoons H^+ + A^- \qquad K_a = \frac{[H^+][A^-]}{[HA]}$$

この式を変形するとつぎのようになる．

$$[H^+] = K_a \frac{[HA]}{[A^-]} \qquad (8\cdot15)$$

表 8・3 一般的な液体のpH

試料	pH範囲
胃中の胃液	1.0 ～2.0
レモン汁	2.4
酢	3.0
グレープフルーツジュース	3.2
オレンジジュース	3.5
尿	4.8 ～7.5
空気にさらした水[†1]	5.5
唾液	6.4 ～6.9
牛乳	6.5
純水	7.0
血液	7.35～7.45
涙	7.4
マグネシア乳[†2]	10.6
家庭用アンモニア	11.5

[†1] 長い間空気中にさらされていた水は大気のCO_2を吸収し，炭酸，H_2CO_3を形成する．
[†2] 訳注：水酸化マグネシウムの白色懸濁液．緩下剤．

式(8・15)の対数をとり，それに−符号を付けて，

$$-\log[H^+] = -\log K_a - \log\frac{[HA]}{[A^-]}$$

$$pH = pK_a + \log\frac{[A^-]}{[HA]} \quad (8・16)$$

式(8・16)は，ヘンダーソン・ハッセルバルヒの式として知られ，一般的につぎのように表される[*1]．

$$pH = pK_a + \log\frac{[共役塩基]}{[酸]} \quad (8・17)$$

ある酸に対して（すなわちあるK_aに対して），溶液の水素イオン濃度（あるいはpH）は平衡状態にある酸と共役塩基の相対的な量によって決まるということが，式(8・15)と式(8・17)からわかる．酸溶液の共役塩基濃度は非常に低いので，酸溶液単独で緩衝液として働くのは無理である．しかし，たとえばナトリウム塩（NaA）を溶液に加えることで［A^-］を増加させることができるので，平衡状態で［HA］≈［A^-］を達成することができる[*2]．簡単な緩衝溶液としては，等物質量の酢酸（CH_3COOH）とその塩である酢酸ナトリウム（CH_3COONa）を水に加えることで調製できる．溶液中で酢酸は解離し，

$$CH_3COOH \rightleftharpoons CH_3COO^- + H^+$$

酢酸イオン（CH_3COONa由来）は加水分解し，

$$CH_3COO^- + H_2O \rightleftharpoons CH_3COOH + OH^-$$

[*1] 式(8・17)と式(7・7)が似ていることに注意する．酸塩基反応と酸化還元反応は多くの点で似ている．
[*2] 式(8・17)によると［A^-］＝［HA］のとき，pH＝pK_aである．

しかし，CH_3COOHは弱酸であるため，ほんのわずか解離するだけである．酢酸イオンの加水分解の程度も無視できる（問題 8・25参照）．さらに，酸の存在が共役塩基の加水分解を抑制し，共役塩基の存在が酸の解離を抑制する．本質的には，酸と共役塩基との反応は新たな化学種を生み出さない．

$$CH_3COOH + CH_3COO^- \rightleftharpoons CH_3COO^- + CH_3COOH$$

これらの理由から，良い近似として，酸とその共役塩基の平衡時における濃度が初濃度と同じであるとして扱うことができる．どんな塩基が加えられてもCH_3COOHがそれを中和するので，この溶液は緩衝液として働く．

$$CH_3COOH + OH^- \longrightarrow CH_3COO^- + H_2O$$

そして，存在するCH_3COO^-が，加えられたどの酸とも結合することができる．

$$CH_3COO^- + H^+ \longrightarrow CH_3COOH$$

例題 8・3

0.40 MのCH_3COOHと 0.55 MのCH_3COONaを含む緩衝系のpHを計算せよ．この溶液 1.0 lに 0.10 molのHClを加えた後の溶液のpHはいくらか．溶液の体積は変化しないとする．

解 式(8・17)と表 8・1から，塩酸を加える前は

$$pH = 4.76 + \log\frac{0.55 \text{ M}}{0.40 \text{ M}} = 4.90$$

0.10 molのHClを加えると 0.10 molのH^+イオンが生じる．元々 0.40 molのCH_3COOHと 0.55 molのCH_3COO^-があった．HClによりCH_3COO^-を中和した後，

$$CH_3COO^- + H^+ \longrightarrow CH_3COOH$$
$$\quad 0.10 \text{ mol} \quad 0.10 \text{ mol} \quad \quad 0.10 \text{ mol}$$

であるので溶液のpHは

$$pH = 4.76 + \log\frac{(0.55-0.10) \text{ mol}}{(0.40+0.10) \text{ mol}} = 4.71$$

コメント 溶液の体積はどちらの化学種についても同じなので，それらのモル濃度の比を存在するモル数の比で置き換えた．上記の緩衝溶液にNaOH 0.10 molを加えると，pHが 5.10に上昇することを，練習として示してみるとよい．

例題 8・3で調べた緩衝溶液では，HClの添加の結果，pHは減少している．［H^+］の変化をつぎのように比べる

こともできる．

HCl の添加前：　$[H^+] = 10^{-4.90} = 1.3 \times 10^{-5}$ M
HCl の添加後：　$[H^+] = 10^{-4.71} = 1.9 \times 10^{-5}$ M

したがって，H^+ 濃度はつぎの比率で増加する．

$$\frac{1.9 \times 10^{-5} \text{ M}}{1.3 \times 10^{-5} \text{ M}} = 1.5$$

緩衝液の有効性を評価するため，0.10 mol の HCl が 1 l の水に加えられるとどのようなことが起こるか調べ，H^+ 濃度の増加を比較しよう．

HCl の添加前：　$[H^+] = 1.0 \times 10^{-7}$ M
HCl の添加後：　$[H^+] = 0.10$ M

HCl の添加の結果，H^+ 濃度はつぎの比率で増加し，これは 100 万倍の増加に達する！．

$$\frac{0.10 \text{ M}}{1.0 \times 10^{-7} \text{ M}} = 1.0 \times 10^6$$

ここまでの議論は NH_3 のような弱塩基（B）とその共役酸（BH^+），NH_4^+ の緩衝系にも同様によく当てはまり，それに関してはつぎのヘンダーソン・ハッセルバルヒの式を導くことができる．

$$\text{pH} = pK_a + \log \frac{[B]}{[BH^+]}$$

表 8・4 に一般の緩衝系の pH の範囲を示す．

イオン強度と温度の緩衝溶液への影響

式 (8・17) は理想的な挙動を仮定することで導かれた．より正確な取扱いには，濃度を活量で置き換えねばならな
い．そこで，まず，弱い一塩基酸 HA から始めてみよう．

$$K_a = \frac{a_{H^+} a_{A^-}}{a_{HA}}$$

中性の HA 種に関しては a_{HA} を [HA] で置き換えることができる．上の式を変形すると，

$$a_{H^+} = K_a \frac{[HA]}{\gamma_{A^-}[A^-]}$$

ここで，$a_{A^-} = \gamma_{A^-}[A^-]$ である．この式の対数をとり，それに − 符号を付けて

$$\text{pH} = pK_a + \log\frac{[A^-]}{[HA]} + \log \gamma_{A^-}$$

式 (5・61) から

$$\log \gamma_{A^-} = -0.509(-1)^2 \sqrt{I} = -0.509\sqrt{I}$$

最終的に，修正ヘンダーソン・ハッセルバルヒの式にたどり着く．

$$\text{pH} = pK_a + \log\frac{[A^-]}{[HA]} - 0.509\sqrt{I} \qquad (8・18)$$

例題 8・3 において HCl を加える前の緩衝溶液のイオン強度は，CH_3COOH の解離を無視しているので，Na^+ と CH_3COO^- の両方によることを考慮すると（式 5・59 参照），

$$I = \frac{1}{2}(0.55)(-1)^2 + \frac{1}{2}(0.55)(1)^2 = 0.55 \text{ mol l}^{-1*}$$

そのため緩衝液の pH は

$$\text{pH} = 4.76 + \log\frac{0.55}{0.40} - 0.509\sqrt{0.55} = 4.52$$

これは 4.90 とは大分異なる．

緩衝溶液を含む正確な仕事をするためのもう一つの修正は温度変化を考慮に入れることである．多くの緩衝溶液は 25 ℃ での値があげてあるが，一般的な生化学反応は 30 ℃ から 40 ℃ の間で起こるため，K_a 値をより高い温度での値に変換することは重要である．式 (8・17) や式 (8・18) を見ると，濃度およびイオン強度項は共に，大まかに言って温度に依存しないことがわかる．したがって，緩衝溶液の pH は pK_a と同じ分だけ変化する．25 ℃ での K_a 値と解離のエンタルピー（$\Delta H°$），それに式 (6・18) を使うことで，37 ℃ での K_a 値を計算することができる．つまり，その温度での pH を求めることができる（問題 8・80 参照）．

表 8・4　一般的な緩衝液

緩衝液	pH 範囲[†1]
酢酸ナトリウム/酢酸	3.8〜5.8
ホウ酸ナトリウム/ホウ酸	8.1〜10.1
クエン酸ナトリウム/クエン酸	2.1〜4.1
フタル酸水素カリウム/フタル酸	2.1〜4.1
フタル酸ナトリウムカリウム/フタル酸水素カリウム	4.4〜6.4
$Na_2CO_3/NaHCO_3$	9.3〜11.3
Na_2HPO_4/KH_2PO_4	4.4〜6.4
Na_3PO_4/Na_2HPO_4	11.3〜13.3
HEPES（ヘペス）[†2]	6.6〜8.6
トリス/HCl[†3]	7.1〜9.1

[†1] pK_a=pH±1 で定義される．
[†2] HEPES: N-2-ヒドロキシエチルピペラジン−N'-2-エタンスルホン酸（N-2-hydroxyethylpiperazine−N'-2-ethanesulfonic acid）の略．
[†3] トリス (Tris): トリス (ヒドロキシメチル) アミノメタンの略．

* モル濃度 [mol l^{-1}] を質量モル濃度 [mol kg^{-1}] に等しいと仮定する．

特定の pH での緩衝溶液の調製

ある特定の pH で緩衝溶液を調製したい場合を考える．どのようにして調製したらよいであろうか．酸とその共役塩基のモル濃度が等しければ，式(8・17)はつぎのことを示唆する．

$$\log \frac{[共役塩基]}{[酸]} \approx 0$$

すなわち

$$\mathrm{pH} \approx \mathrm{p}K_\mathrm{a}$$

かくして緩衝液を調製するため逆向きに考える．はじめに，$\mathrm{p}K_\mathrm{a}$ が望みの pH に近い弱酸を選ぶ．つぎに，式(8・17)に pH と $\mathrm{p}K_\mathrm{a}$ の値を代入し，[共役塩基]/[酸] の比を求める．この比を変換して，緩衝溶液を調製するためのモル量を求めることができる．

例題 8・4

リン酸緩衝液，すなわちリン酸基を含む緩衝液は血漿のような生体系に存在する．pH 7.40 のリン酸緩衝液の調製の仕方を記述せよ．ただし，理想的なふるまいを仮定する．

解 表8・1から，

$$\mathrm{H_3PO_4} \rightleftharpoons \mathrm{H^+} + \mathrm{H_2PO_4^-} \quad K_\mathrm{a}' = 7.5\times10^{-3} \quad \mathrm{p}K_\mathrm{a}' = 2.13$$
$$\mathrm{H_2PO_4^-} \rightleftharpoons \mathrm{H^+} + \mathrm{HPO_4^{2-}} \quad K_\mathrm{a}'' = 6.2\times10^{-8} \quad \mathrm{p}K_\mathrm{a}'' = 7.21$$
$$\mathrm{HPO_4^{2-}} \rightleftharpoons \mathrm{H^+} + \mathrm{PO_4^{3-}} \quad K_\mathrm{a}''' = 4.8\times10^{-13} \quad \mathrm{p}K_\mathrm{a}''' = 12.32$$

三つの緩衝系の中で最適なのは，$\mathrm{HPO_4^{2-}/H_2PO_4^-}$ である．というのも酸 $\mathrm{H_2PO_4^-}$ の $\mathrm{p}K_\mathrm{a}''$ 値は望みの pH に最も近いからである．式(8・17)から

$$7.40 = 7.21 + \log \frac{[\mathrm{HPO_4^{2-}}]}{[\mathrm{H_2PO_4^-}]}$$

すなわち

$$\frac{[\mathrm{HPO_4^{2-}}]}{[\mathrm{H_2PO_4^-}]} = 1.5$$

このように，緩衝溶液を調製する一つの方法はリン酸水素二ナトリウム（$\mathrm{Na_2HPO_4}$）とリン酸二水素ナトリウム（$\mathrm{NaH_2PO_4}$）を 1.5 : 1.0 のモル比で水に溶かし，緩衝溶液を望みの体積と pH にすることである．

例題 8・4 に書かれた方法に加え，1) 弱酸を等濃度の酸と共役塩基ができるまで NaOH で部分的に中和する，または，2) 弱酸のナトリウム塩の溶液に弱酸と共役塩基の濃度が等しくなるまで HCl を加える，ことによっても緩衝溶液を調製することができる（問題8・47参照）．

緩 衝 能

緩衝液の有効性を**緩衝能**（buffer capacity），β として測定する．これは，溶液の pH が 1 変化するのに必要な酸または塩基の量である．したがって，

$$\beta = \frac{\mathrm{d}[\mathrm{B}]}{\mathrm{d\,pH}} \quad (8\cdot19)$$

ここで d[B] は塩基 B の濃度の増加分（mol l^{-1}）であり，d pH はそれに対応する pH の増加分である．もし，ある酸が緩衝溶液に加えられると，塩基の濃度は減少し，溶液の pH も減少する．この場合，緩衝能はつぎの式で与えられる．

$$\beta = \frac{-\mathrm{d}[\mathrm{B}]}{-\mathrm{d\,pH}}$$

ここで $-$ 符号は減少を意味する．このように，d[B] と d pH はいつも同じ符号をもち，緩衝能は常に正の値をもつ．緩衝能は緩衝液の性質や酸と共役塩基の濃度に依存すると共に，pH にも依存する．

図 8・3 に $\mathrm{CH_3COONa/CH_3COOH}$ 系の緩衝能の pH に対するプロットを示す．図から明らかなように，この緩衝液はその $\mathrm{p}K_\mathrm{a}$ 値付近（4.76）で最もよく機能する．この pH では $\mathrm{pH} = \mathrm{p}K_\mathrm{a}$ なので $[\mathrm{CH_3COOH}] = [\mathrm{CH_3COO^-}]$ であり，加えられた酸または塩基に反応する酸と共役塩基が等量存在するので，この結果は驚くことではない．一般に，緩衝液は [共役塩基]/[酸] の割合が 0.1 から 10 の間にある限り，この範囲にわたって，対数項の変化が緩やかであるため，ほぼ一定の pH を維持する．このように，その緩衝液が最も有効である pH の範囲，**緩衝領域**（buffer range）を記憶しておくと役立つだろう．すなわち，

$$\mathrm{pH} = \mathrm{p}K_\mathrm{a} \pm 1 \quad (8\cdot20)$$

である．したがって，$\mathrm{CH_3COONa/CH_3COOH}$ 対の緩衝領域は 4.76 ± 1，つまり 3.76〜5.76 である．

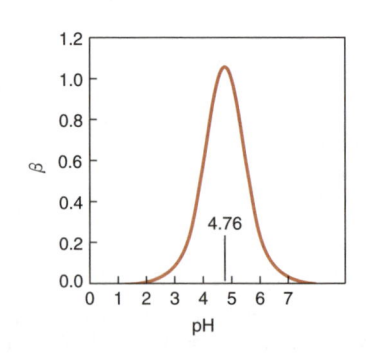

図 8・3 1 M $\mathrm{CH_3COONa}$/1 M $\mathrm{CH_3COOH}$ 緩衝系の緩衝能．ピークの最大は pH 4.76 であり，これは $\mathrm{p}K_\mathrm{a}$ 値に等しい．

8・6 酸塩基滴定

本節では分析化学の分野で最も一般的で重要な手法の一つを取扱う．酸塩基滴定は簡単な実験方法である．当量点に達するまで酸溶液にビュレットから塩基を加える．もし片方の溶液の濃度が既知ならば，酸と塩基の体積がわかれば，他方の濃度を計算することが簡単にできる．pH メーターは滴定を観測する最も便利な装置であるが，他の多くの装置もまた同様に使われる．

強酸と強塩基は，滴定実験において最も明瞭な結果を与える．良い例は HCl の NaOH による滴定である．

$$HCl + NaOH \longrightarrow NaCl + H_2O$$

はじめのうちは，溶液の pH は存在する酸によりほぼ決まり，塩基の添加により非常にゆっくりと増加する．当量点近くでは，少量の塩基の添加により急激に pH が上昇する．当量点を越えると溶液の pH は，存在する過剰の塩基によって決まる．Na^+ と Cl^- は大して加水分解しないので，当量点での溶液はほぼ中性であり pH は 7 であるはずである．今度は酢酸のような弱酸を NaOH で滴定することを考える．

$$CH_3COOH + NaOH \longrightarrow CH_3COONa + H_2O$$

先に述べたように，酢酸イオン（CH_3COONa からの）はある程度加水分解して OH^- イオンを生じる．その結果，酢酸が NaOH によって完全に中和された段階では，溶液は中性ではなく塩基性である．図 8・4a は 0.10 M NaOH 溶液で 25.0 ml の 0.10 M 酸溶液を滴定した滴定曲線を示す．酸の強度が減少すると滴定曲線の鋭い立ち上がりの部分が次第に短くなることに注目されたい．

強酸で弱塩基を滴定するときも同様である．

$$HCl + NH_3 \longrightarrow NH_4^+ + Cl^-$$

NH_4^+ イオンの加水分解の結果，当量点での pH は 7 以下である．図 8・4b の下側の曲線は弱塩基に強酸が加えられた滴定曲線を表している．ここでも，塩基の強度が弱まると鋭い立ち上がりの部分が短くなっている．弱酸の弱塩基による滴定はカチオンとアニオンが共に塩の加水分解をするため一般に困難であることを最後に注意しておこう．

酸塩基指示薬

滴定を観測する別な方法は溶液の pH により色が変わる指示薬を使うことである．指示薬それ自身は酸または塩基である．酸形（HIn）がその共役塩基形（In^-）と色がはっきりと異なる化合物を想像してみよう．溶液中では，つぎの式が成り立っている．

$$HIn \rightleftharpoons H^+ + In^-$$

これに関し，

$$K_{In} = \frac{[H^+][In^-]}{[HIn]}$$

式(8・17)を当てはめると

$$pH = pK_{In} + \log\frac{[In^-]}{[HIn]}$$

つぎの比はたいていの指示薬で当てはまる．

$\dfrac{[In^-]}{[HIn]} \leq 0.1$: 酸性での色　　$\dfrac{[In^-]}{[HIn]} \geq 10$: 塩基性での色

したがって，指示薬が色を変える pH の範囲は

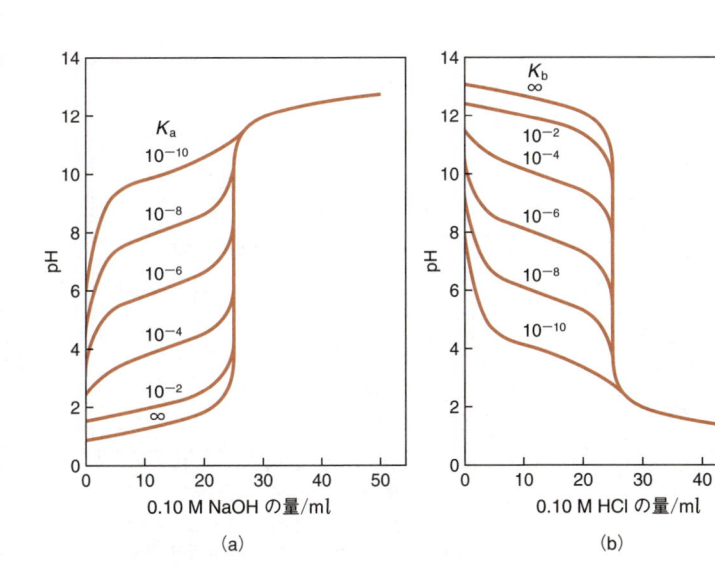

図 8・4 (a) 0.10 M NaOH と一連の酸との滴定曲線．∞ の記号は強酸を表す．(b) 0.10 M HCl と一連の塩基との滴定曲線．∞ の記号は強塩基を表す．

$$\text{pH} = \text{p}K_{\text{In}} \pm 1 \qquad (8 \cdot 21)$$

である．ある特定の滴定のための指示薬を選ぶには，指示薬の色を変える範囲が滴定曲線の急激に変化する部分に入っていることを確認しなければならない．

表 8・5 に一般に使われる多くの酸塩基指示薬とその変色の pH 範囲をまとめた．指示薬の色の変化が急激に変わる pH は **終点**（end point）とよばれ，当量点とは同じでないことを覚えておこう．しかし，指示薬の変色の pH 範囲が滴定曲線の急激に変化する部分にあれば，終点は当量点に十分近い．

表 8・5 一般的な酸塩基指示薬

指示薬	色 酸	色 塩基	$\text{p}K_{\text{In}}$	変色の pH 範囲
チモールブルー	赤	黄	1.51	1.2〜2.8
ブロモフェノールブルー	黄	青	3.98	3.0〜4.6
クロロフェノールブルー	黄	赤	5.98	4.8〜6.4
ブロモチモールブルー	黄	青	7.0	6.0〜7.6
クレゾールレッド	黄	赤	8.3	7.2〜8.8
メチルオレンジ	オレンジ	黄	3.7	3.1〜4.4
メチルブルー	赤	黄	5.1	4.2〜6.3
フェノールフタレイン	無色	ピンク	9.4	8.3〜10.0

† これらの値は式 (8・21) を用いてではなく実験的に求められた．

8・7 アミノ酸

アミノ酸はタンパク質の構成単位である．タンパク質の構造と機能を理解するためには，はじめに個々のアミノ酸の性質を調べなければならない．定義によると，アミノ酸は少なくとも一つのアミノ基（−NH₂）とカルボキシ基（−COOH）をもつ．人体のすべてのタンパク質は表 8・6 に示される 20 個のアミノ酸から成る（グリシンを除くすべてのアミノ酸はキラルであり，L 形の立体配置である）．

アミノ酸の解離

アミノ酸は水と同様，両性である．すなわち酸としても塩基としても働く．アミノ酸が溶液中で $NH_2CHRCOOH$ か $^+NH_3CHRCOO^-$ 〔これは **両性イオン**（amphoteric ion）または **双性イオン**（zwitter ion）*とよばれている〕のどちらの形なのか長年の間不確かであった．現在は，多くの証拠が溶液中では両性イオンが主であることを示唆している．この結論を支持する特徴として，その高い双極子モーメントと極性溶媒中での高い溶解度をあげることができる．

最も簡単なアミノ酸，グリシンから始めよう．溶液中では，グリシンは両性イオン，$^+NH_3CH_2COO^-$，として存在する．これは塩酸で滴定される場合，塩基としてふるまい，

---

* zwitter は混成（hybrid）を表すドイツ語である．

$$^+NH_3CH_2COO^- + HCl \longrightarrow {}^+NH_3CH_2COOH + Cl^-$$

水酸化ナトリウムで滴定した場合は酸としてふるまう．

$$^+NH_3CH_2COO^- + NaOH \longrightarrow \\ NH_2CH_2COO^- + Na^+ + H_2O$$

図 8・5 にグリシンの HCl と NaOH による滴定曲線を示す．最初の半当量点での pH は $\text{p}K_a'$ に等しく，2 番目の半当量点での pH は $\text{p}K_a''$ に等しい（詳細は補遺 8・1 を参照）．当量点での pH はつぎのように与えられる．

$$\text{pH} = \frac{\text{p}K_a' + \text{p}K_a''}{2} = \frac{2.34 + 9.60}{2} = 5.97$$

この pH では，両性イオンが優勢である．グリシンの解離はつぎのようにまとめられる．

$$\underset{\text{カチオン}}{\overset{+NH_3}{\underset{COOH}{\overset{|}{CH_2}}}} \underset{}{\overset{\text{p}K_a'=2.34}{\rightleftharpoons}} \underset{\substack{\text{両性イオン}\\\text{pH}=5.97}}{\overset{+NH_3}{\underset{COO^-}{\overset{|}{CH_2}}}} \underset{}{\overset{\text{p}K_a''=9.60}{\rightleftharpoons}} \underset{\text{アニオン}}{\overset{NH_2}{\underset{COO^-}{\overset{|}{CH_2}}}}$$

等電点（p*I*）

ある分子の正味の電荷が 0 のとき（たとえば，グリシンの両性イオンに代表されるように）その種は電気的に中性である．この条件では，分子は **等電的**（isoelectric）であるといわれる．両性イオンが，外部電場のかかっている中で移動しないような pH は **等電点**（isoelectric point）または p*I* とよばれる．先に見たように，グリシンの等電点は 5.97 である．

三つ以上の解離可能なプロトンを含む酸の場合，この状況はもっと複雑である．アスパラギン酸について考えてみる．これは，つぎのように解離する．

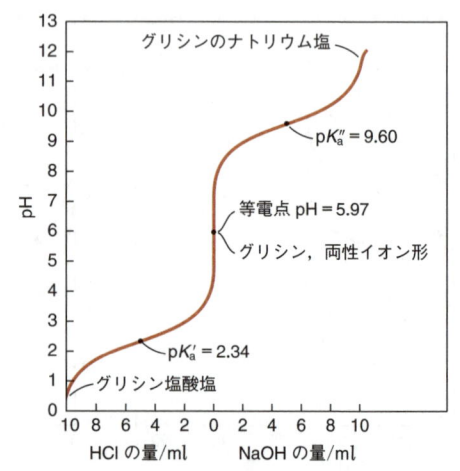

図 8・5 0.1 M グリシンの当量（すなわち 0.1 M）の塩酸および水酸化ナトリウムによる滴定曲線

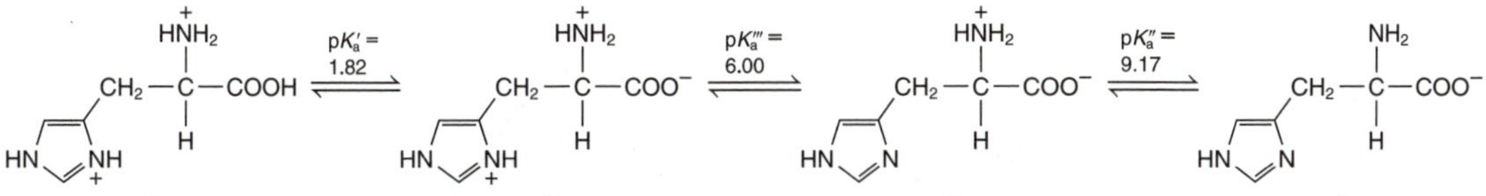

図 8・6 完全にプロトン化したヒスチジン分子の段階的な解離. 解離した H$^+$ イオンは書いていない.

表 8・6 タンパク質から単離されたアミノ酸, R—CH(NH$_3^+$)—COOH

名 称	側鎖 (R)	pK_a' —COOH	pK_a'' —NH$_3^+$	pK_a''' R	pI	略号[1]	
アラニン	CH$_3$—	2.35	9.69		6.02	Ala	A
アルギニン	H$_2$N—C(=NH$_2^+$)—NH(CH$_2$)$_3$—	2.17	9.04	12.48	10.76	Arg	R
アスパラギン	H$_2$N—C(=O)—CH$_2$—	2.02	8.80		5.41	Asn	N
アスパラギン酸	HOOC—CH$_2$—	2.09	9.82	3.86	2.98	Asp	D
システイン	HS—CH$_2$—	1.71	8.90	8.50	5.02	Cys	C
グルタミン酸	HOOC—CH$_2$—CH$_2$—	2.19	9.67	4.25	3.22	Glu	E
グルタミン	H$_2$N—C(=O)—CH$_2$—CH$_2$—	2.17	9.13		5.70	Gln	Q
グリシン	H—	2.34	9.60		5.97	Gly	G
ヒスチジン	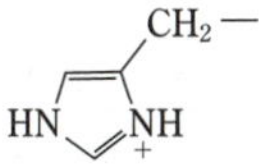 (imidazole)—CH$_2$—	1.82	9.17	6.00	7.59	His	H
イソロイシン	CH$_3$—CH$_2$—CH(CH$_3$)—	2.36	9.68		6.02	Ile	I
ロイシン	(CH$_3$)$_2$CH—CH$_2$—	2.36	9.60		5.98	Leu	L
リシン	H$_3$N$^+$(CH$_2$)$_3$CH$_2$—	2.18	8.95	10.53	9.74	Lys	K
メチオニン	CH$_3$S—CH$_2$—CH$_2$—	2.28	9.21		5.75	Met	M
フェニルアラニン	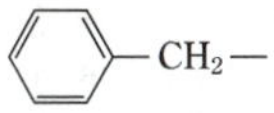 C$_6$H$_5$—CH$_2$—	1.83	9.13		5.48	Phe	F
プロリン[2]	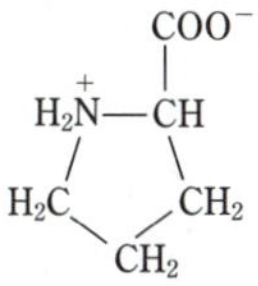 (環状構造)	1.95	10.65		6.30	Pro	P
セリン	HO—CH$_2$—	2.21	9.15		5.68	Ser	S
トレオニン	CH$_3$—CH(OH)—	2.09	9.10		5.60	Thr	T
トリプトファン	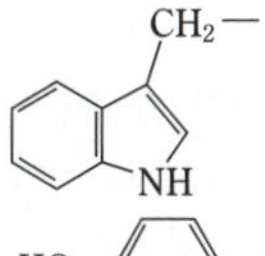 (indole)—CH$_2$—	2.38	9.39		5.88	Trp	W
チロシン	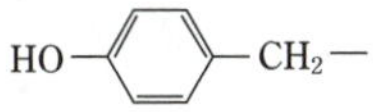 HO—C$_6$H$_4$—CH$_2$—	2.20	9.11	10.07	5.67	Tyr	Y
バリン	(CH$_3$)$_2$CH—	2.32	9.62		5.97	Val	V

[1] アミノ酸の略号には 1 文字表記と 3 文字表記がある.
[2] プロリンは, その側鎖が, C$_\alpha$ 原子のみならず N 原子とも結合しているという点で, その他の一般的なアミノ酸と異なっている. 本表の構造は R 基だけでなく全体を示した.

176　　　　　　　　　　　　　　　　　　　　　　　　　　　　8. 酸 と 塩 基

$$\underset{A}{\overset{\mathrm{COOH}}{\underset{\mathrm{CH_2COOH}}{\mathrm{H_3\overset{+}{N}-C-H}}}} \underset{pK'_a = 2.09}{\rightleftarrows} \underset{B}{\overset{\mathrm{COO^-}}{\underset{\mathrm{CH_2COOH}}{\mathrm{H_3\overset{+}{N}-C-H}}}} \underset{pK''_a = 3.86}{\rightleftarrows}$$

$$\underset{C}{\overset{\mathrm{COO^-}}{\underset{\mathrm{CH_2COO^-}}{\mathrm{H_3\overset{+}{N}-C-H}}}} \underset{pK'''_a = 9.82}{\rightleftarrows} \underset{D}{\overset{\mathrm{COO^-}}{\underset{\mathrm{CH_2COO^-}}{\mathrm{H_2N-C-H}}}}$$

Bだけが同じ数の正電荷と負電荷をもっているので，等電点は pK'_a と pK'''_a の平均の値である．すなわち，

$$pI = \frac{2.09 + 3.86}{2} = 2.98$$

もう一つの多塩基アミノ酸の例はヒスチジンである．このアミノ酸はイミダゾール環からのプロトンの解離が血液中のタンパク質——特にヘモグロビン——（§8・8参照）の緩衝作用の主要な要因であるため重要である．図8・6に完全にプロトン化したヒスチジン分子の段階的な解離の様子を示す．**C**のみが同じ数の正電荷と負電荷をもつので，等電点は pK''_a と pK'''_a の中間の値，すなわち

$$pI = \frac{6.00 + 9.17}{2} = 7.59$$

である．表8・6に20個すべてのアミノ酸のpI値をまとめた．

第16章では，**等電点電気泳動**（isoelectric focusing）とよばれる手法において，pI値の違いがタンパク質の混合物を分離するのにどのように使われるかを説明する．

タンパク質の滴定

個々のアミノ酸の酸塩基特性については議論したので，これから，タンパク質分子内のアミノ酸ではこの特性がどう影響されるかを見てみよう．これを調べる一つの方法が滴定実験である．タンパク質は滴定で取扱うには複雑すぎると思うかもしれない．実際は，状況は予想よりは簡単である．タンパク質分子は多くの解離性のプロトンをもつが，そのほとんどは表8・6にあるpK値に従って同定することができる．しかしながら，pK値がばらついているため，滴定曲線は幅広になり，正確に帰属するためにはより注意が必要である．

タンパク質を滴定するおもな目的は，解離性のプロトンの数を数え，それらを同定し，その結果をアミノ酸分析での結果と比較することである．この手法は溶液中の巨大分子のコンホメーションに関し，付加的な情報も与える．図8・7はリボヌクレアーゼという酵素の滴定曲線を表している．曲線の形は溶液のイオン強度にある程度依存する．この曲線は三つの領域に分けられる：pH 1〜5，11個のプロトンが解離；pH 5〜8，5個のプロトンが解離；pH 8〜

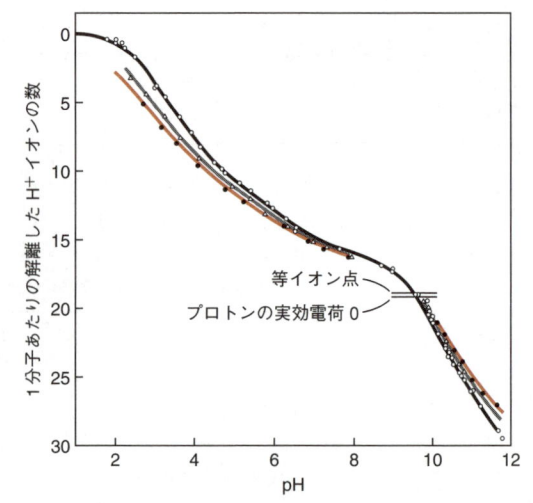

図 8・7　リボヌクレアーゼの滴定曲線．三つの曲線はイオン強度の異なる三つの溶液に対応する．〔提供：C. Tanford, J. D. Hauenstein. 許諾を得て転載．*J. Am. Chem. Soc.*, **78**, 5288 (1956). Copyright by the American Chemical Society.〕〔訳注：水溶液中の両性電解質において，酸性基と塩基性基のイオン価が等しくなるときのpHを**等イオン点**（isoionic point）とよぶ．タンパク質は，溶媒成分イオンを吸着して電離以外の原因による電荷をもつことがあるため，一般には等電点とは値が異なる．〕

表 8・7　リボヌクレアーゼの滴定[†]

アミノ酸の基	プロトンの数 滴定	プロトンの数 アミノ酸分析	pK_a 観測値	pK_a 標準値
α-COOH	1	1	3.75	3.75
β, γ-COOH	10	10		4.6
イミダゾール基	4	4	6.5	6.5〜7
α-$\overset{+}{\mathrm{NH_3}}$	1	1	7.8	7.8
ε-$\overset{+}{\mathrm{NH_3}}$	10	10	10.2	10.1〜10.6
フェノール基	3	6	9.5	9.6
グアニジル基	4	4	≥12	>12

[†] 提供：C. Tanford, J. D. Hauenstein. 許諾を得て転載．*J. Am. Chem. Soc.*, **78**, 5290 (1956). Copyright by the American Chemical Society.

12，17個のプロトンが解離．プロトンの帰属は表8・7に示した．フェノール基を除くと，結果は非常によく一致している．三つの滴定されない残基はタンパク質分子の内部に存在し，酸塩基反応に関与できないと仮定すると，この例外は容易に説明できる．同様の例は他の系でも見られる．たとえば，ミオグロビンの12個のイミダゾール基のうち，わずか6個だけが滴定可能である．いずれの場合も，埋もれた残基は変性によって表面に露出するので，それにより滴定が可能になる．

8・8　血液のpHの維持

ほとんどの細胞内液体のpHは6.8〜7.8の間にある．適当なpHを維持するのに役立つ多くの緩衝系の中には，

HCO_3^-/H_2CO_3 と $HPO_4^{2-}/H_2PO_4^-$ がある．これらは酸や塩基とつぎのように反応する．

$$HA + HCO_3^- \rightleftharpoons A^- + H_2CO_3$$
$$B + H_2CO_3 \rightleftharpoons BH^+ + HCO_3^-$$
$$HA + HPO_4^{2-} \rightleftharpoons A^- + H_2PO_4^-$$
$$B + H_2PO_4^- \rightleftharpoons BH^+ + HPO_4^{2-}$$

体重 70 kg の成人では，およそ 0.1 mol の H^+ と 15 mol の CO_2 が毎日代謝でつくりだされる．人体には，代謝によって生じた酸が pH を下げるのを防ぐ二つの機構，緩衝と H^+ の排出がある．はじめに，血液の緩衝作用について議論する．

血液は本質的につぎの二つの成分から成る．すなわち血漿――多くの必須の生化学的化合物（炭水化物，アミノ酸，タンパク質，酵素，ホルモン，ビタミン，無機イオン）を含む複雑な溶液――と赤血球（右の写真参照）から成る．平均的な成人の血液は 1 ml あたり 500 万個の赤血球を含む．赤血球の中には酸素運搬タンパク質であるヘモグロビンが存在する．赤血球 1 個あたりおよそ 2×10^5 個のヘモグロビンが存在する．血漿はおもに HCO_3^-/H_2CO_3 および $HPO_4^{2-}/H_2PO_4^-$ 緩衝能とさまざまなタンパク質によって pH 7.4 に維持されている．表 8・6 に示すように，ほとんどのカルボキシ基とアミノ基は，適度な pH の範囲からずっと離れた pK_a 値をもつ．唯一の例外はヒスチジンで，イミダゾール基の pK_a 値は 6.0 で，$[H^+]$ を緩衝するのに適している（図 8・6 参照）．

血液中の HCO_3^- と H_2CO_3 の相対比をつぎのように推定することができる．pH 7.4（血漿の pH）で，式(8・17)はつぎのようになる*[1]．

$$7.4 = 6.1 + \log \frac{[HCO_3^-]}{[H_2CO_3]}$$

そのため，$[HCO_3^-]/[H_2CO_3] = 20$ となる．普通は，CO_2 と HCO_3^- の濃度はそれぞれおよそ 1.2×10^{-3} M と 0.024 M であるため，比は $0.024/(1.2 \times 10^{-3})$，つまり 20 となり，上で計算したのと同じ値になる．赤血球では，緩衝液は HCO_3^-/H_2CO_3 とヘモグロビンのヒスチジンである．pH はおよそ 7.25 である．再び，式(8・17)から，$[HCO_3^-]/[H_2CO_3]$ はおよそ 14 である．赤血球の膜は，他のほとんどの細胞の膜とは異なり，K^+ や Na^+ カチオンよりも HCO_3^-，OH^-，Cl^- のようなアニオンに対し透過性がある．

オキシヘモグロビンは，肺で酸素がヘモグロビンに結合する*[2] ことで生成するが，動脈血で組織に運ばれ，そこ

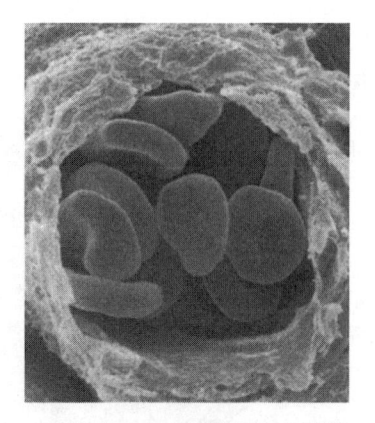

動脈の毛管内の赤血球の電子顕微鏡写真〔提供: P. P. Botta 教授および S. Correr. Science Picture Library/ Photo Researchers, Inc. 許諾を得て転載．〕

で酸素はミオグロビンに渡される．ヘモグロビンもオキシヘモグロビンも共に弱酸であるが，後者は前者よりかなり強い．

$$HHb \rightleftharpoons H^+ + Hb^- \qquad pK_a = 8.2$$
$$HHbO_2 \rightleftharpoons H^+ + HbO_2^- \qquad pK_a = 6.95$$

ここで HHb と $HHbO_2$ はそれぞれ"一塩基性"のヘモグロビンとオキシヘモグロビンを表す．このように，pH = 7.25 では，約 65 % の $HHbO_2$ が解離形である一方，HHb ではわずか 10 % が解離しているのみである．$HHbO_2$ による酸素の放出は二酸化炭素の存在によって大いに影響を受ける．代謝をしている組織において，二酸化炭素の分圧（P_{CO_2}）は血漿中より間質の液体（すなわち，組織空間内の液体）中の方が高い．結果的に，CO_2 は血管中に拡散し，その後赤血球に拡散する．ここで，ほとんどの CO_2 は炭酸デヒドラターゼにより，H_2CO_3 に変換されている．

$$CO_2 + H_2O \rightleftharpoons H_2CO_3$$

H_2CO_3 の存在は pH を下げる．これが酸素の放出に直接影響を与える．酸素は $HHbO_2$ または HbO_2^- のいずれかからつぎのように放出されるであろう．

$$HHbO_2 \rightleftharpoons HHb + O_2$$
$$HHbO_2 \rightleftharpoons H^+ + HbO_2^-$$
$$HbO_2^- \rightleftharpoons Hb^- + O_2$$

$HHbO_2$ は HbO_2^- より容易に酸素を放出するので，pH の減少は $HHbO_2$ の濃度を増加させ，第 1 段階の反応を促進する．弱酸 HHb の共役塩基である Hb^- はつぎのように H_2CO_3 と非常に反応しやすい傾向がある．

$$Hb^- + H_2CO_3 \rightleftharpoons HHb + HCO_3^-$$

生成した炭酸水素イオンは細胞膜を透過し，血漿中へ運ば

---

*[1] 表 8・1 から $[HCO_3^-]/[H_2CO_3]$ の $pK_a' = 6.38$ であるが，これは 25 ℃ での解離定数である．しかし，血液のイオン強度で生理的な温度（37 ℃）では $pK_a' = 6.1$ である．
*[2] 酸素-ヘモグロビンの結合の性質は第 10 章で議論される．

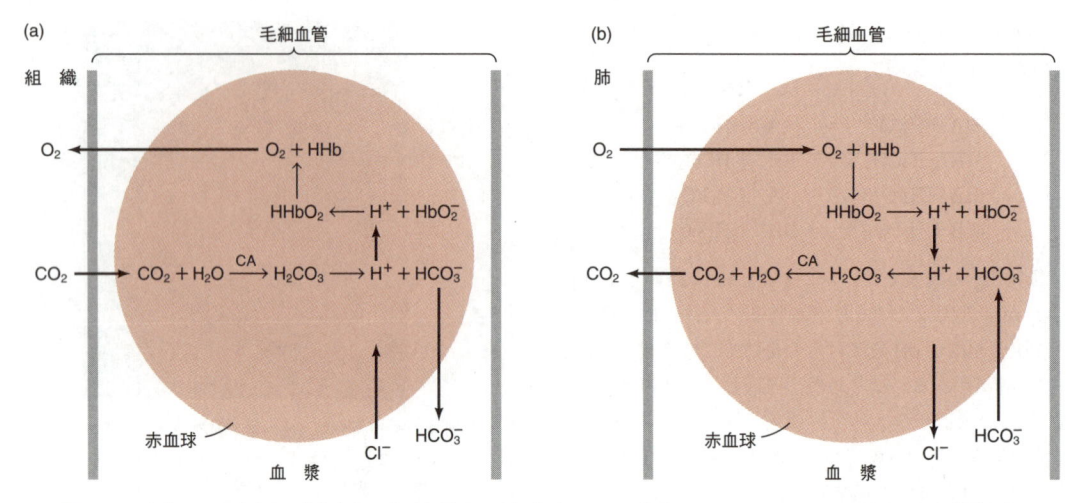

図 8・8 血液による酸素-二酸化炭素の輸送と放出．(a) 代謝している細胞では，CO_2 の分圧が血漿中より組織液（細胞内の溶液）の中の方が高い．そのため，CO_2 は毛細血管を拡散して赤血球に拡散し，そこで，炭酸デヒドラターゼ（CA）により炭酸に変換される．炭酸により与えられたプロトンはオキシヘモグロビンアニオンと結合し，$HHbO_2$ を形成する．これは最終的には HHb と O_2 に解離する．酸素分圧は組織液中より赤血球中の方が高いので，酸素分子は赤血球から拡散し，組織へと入る．炭酸水素イオンもまた赤血球から拡散し，血漿により肺へ運ばれる．CO_2 のいくらかはヘモグロビンと結合し，カルバミノヘモグロビンを形成する．(b) 肺では，これらのプロセスの逆が起こる．

れる．これが CO_2 を取除く主要なメカニズムである*．静脈血が循環し肺に戻ってきたとき，肺では P_{CO_2} が低く，P_{O_2} が高いので，ヘモグロビンは酸素と再結合し，オキシヘモグロビンを形成する．

$$HHb + O_2 \rightleftharpoons HHbO_2$$

血漿中の炭酸水素イオンは今度は赤血球に拡散し，血漿の pH を上げる．

$$HHbO_2 + HCO_3^- \rightleftharpoons HbO_2^- + H_2CO_3$$

その後，H_2CO_3 は炭酸デヒドラターゼに触媒され，CO_2 に変換される．

$$H_2CO_3 \rightleftharpoons CO_2 + H_2O$$

肺中の P_{CO_2} が低いため，生成した CO_2 は赤血球から拡散し，その後大気中に発散される．

　赤血球で生じた炭酸水素イオンを優先的に血漿中へ拡散させる原因は何だろうか．第5章で議論されたドナン効果がこの問題に対する答えを与える．赤血球中の Hb^- と HbO_2^- の濃度は非常に高い．結果として，赤血球中と血漿中で拡散性のアニオンの不均一な分布ができる．今度は，ドナン効果により，HCO_3^-，Cl^-，OH^- の濃度は血漿中の方

が赤血球中より高い（タンパク質はアニオン形で存在していると仮定する）．さらに，任意の塩 MX に関し，つぎのように書ける．

$$(\mu_{MX})_c = (\mu_{MX})_p$$

ここで，c と p はそれぞれ赤血球と血漿を表す．ドナン効果（p.104 参照）で使われた手順に従うと，つぎの結果にたどり着く．

$$[M^+]_c[X^-]_c = [M^+]_p[X^-]_p$$

すなわち

$$\frac{[M^+]_p}{[M^+]_c} = \frac{[X^-]_c}{[X^-]_p}$$

したがって，任意のカチオンに対して，さまざまなアニオンはつぎのように示すことができる．

$$\frac{[HCO_3^-]_c}{[HCO_3^-]_p} = \frac{[Cl^-]_c}{[Cl^-]_p}$$

組織では，CO_2 は毛細血管を通り赤血球に拡散し，H_2CO_3 に変換される．この炭酸は Hb^- や HbO_2^- と反応し，炭酸水素イオンを形成し，$[HCO_3^-]_c/[HCO_3^-]_p$ の比を増加させる．イオン濃度の収支を合わせるため，炭酸水素イオンは血漿に拡散する．一方，塩化物イオンは細胞へ拡散し，上記の均等が回復されるまで，全体の電気的中性を保つ．赤血球では，HCO_3^- イオンの解離によって，それに対応する pH の減少が起こる．しかし，この減少は OH^- イオンの逆

---

* 少量の CO_2 の輸送を説明するもう一つ別の機構は CO_2 とヘモグロビンが反応し，カルバミノヘモグロビンを生成する反応（$CO_2 + RNH_2 \rightarrow RNHCOO^- + H^+$）を伴う．カルバミノヘモグロビンはヘモグロビンより O_2 親和性が低い．そのため，血液中の CO_2 の濃度が高いとき，ヘモグロビンの酸素親和性が減少する．肺ではこの逆が起こる．

方向への流れにより釣り合いがとれている．よって，

$$[H^+]_c[OH^-]_c = [H^+]_p[OH^-]_p$$

すなわち，

$$\frac{[OH^-]_c}{[OH^-]_p} = \frac{[H^+]_p}{[H^+]_c}$$

赤血球と血漿中では，異なる pH レベルが常に維持されていることがわかる．図 8・8 にこの議論をまとめた．

上記の現象は**炭酸水素塩–塩化物シフト**（bicarbonate-chloride shift）とよばれることもある．肺では，このプロセスはそっくり逆になっており，そこでは，炭酸水素イオンは酸素化したヘモグロビンと反応し，$[HCO_3^-]_c/[HCO_3^-]_p$ 比を減少させる．HCO_3^- は血漿から赤血球に拡散する一方，Cl^- と OH^- イオンはすべての濃度比が再び同じになるまで，逆方向に拡散する．

酸素の組織までの移動と二酸化炭素の除去はわれわれの体が緩衝液を利用する効率的で魅力的な仕組みの良い例である．しかし，緩衝だけでは生理的なプロセスを維持するには不十分である．たえず生成されるプロトンの排出もまた正常な血液 pH を維持するのに重要な役割を担う．腎臓は H^+ イオンを排出し，HCO_3^- イオンを血液中に戻す．通常，尿の pH は 4.8 と 7.5 の間にある．それにもかかわらず，pH 7.4 の血液から，腎臓は pH 4.5 という低い pH の尿を生産することができる．腎臓による水素イオンの排出を可能にする以下の二つの機構は注目に値する．一つは弱酸，特にリン酸のアニオンの分泌である．pH 7.4 では，$H_2PO_4^-$ は存在するリン酸の $\frac{1}{3}$ を占め，HPO_4^{2-} が残りの $\frac{2}{3}$ である．しかし，酸性の尿では排出されるリン酸のほとんどは $H_2PO_4^-$ である．二つ目の機構は NH_4^+ イオンの生成を伴う．アミノ酸は腎臓で分解され，アンモニアを形成する．アンモニアはつぎのように H^+ イオンと結合する．

$$NH_3 + H^+ \longrightarrow NH_4^+$$

アンモニウムイオンはその後，尿中に排出される．

補遺 8・1　酸塩基平衡のより正確な扱い

本補遺では，弱酸とその塩の平衡方程式をより正確に導き，酸塩基滴定をより詳細に調べる．

弱酸の解離

弱酸，HA の初濃度を $[HA]_0$ (mol l^{-1}) とする*．平衡では，四つの未知の濃度，$[H^+]$, $[HA]$, $[A^-]$, $[OH^-]$, がある．

---
* 簡単にするために，活量ではなく濃度を用いる．

$$K_a = \frac{[H^+][A^-]}{[HA]} \quad (1)$$

$$K_w = [H^+][OH^-] \quad (2)$$

A^- アニオンの質量収支：

$$[HA]_0 = [HA] + [A^-] \quad (3)$$

電荷収支：

$$[H^+] = [A^-] + [OH^-] \quad (4)$$

式 (4) はつぎのように書くことができる．

$$[A^-] = [H^+] - [OH^-] = [H^+] - \frac{K_w}{[H^+]} \quad (5)$$

式 (3) から，

$$[HA] = [HA]_0 - [A^-] = [HA]_0 - [H^+] + \frac{K_w}{[H^+]} \quad (6)$$

式 (5) と式 (6) を式 (1) に代入すると，つぎの式が得られる．

$$K_a = \frac{[H^+]([H^+] - K_w/[H^+])}{[HA]_0 - [H^+] + K_w/[H^+]} \quad (7)$$

これは $[H^+]$ の三次方程式であり，一般にこれを解くのは大変である．しかし，たいていの場合 $K_w/[H^+] \ll [H^+]$ なので式 (7) は簡単になり，

$$K_a = \frac{[H^+]^2}{[HA]_0 - [H^+]}$$

これは $[H^+]$ の二次方程式なので簡単に解ける．もし酸が非常に弱ければ，$[H^+] \ll [HA]_0$ なので，

$$K_a = \frac{[H^+]^2}{[HA]_0}$$

となる．この簡単な形は例題 8・1 で扱った．

弱酸とその塩

ここでは，$[HA]_0$ の弱酸（HA）と $[NaA]_0$ の塩（NaA）を最初に含む溶液の場合を考えてみる．はじめに酸解離定数の一般的な式を導き，それからいくつかの特別な状況を見てみよう．

式 (1) と式 (2) に加え，つぎのような関係を考慮する．

A^- アニオンの質量収支：

$$[HA]_0 + [NaA]_0 = [HA] + [A^-] \quad (8)$$

Na^+ カチオンの質量収支：

$$[NaA]_0 = [Na^+] \quad (9)$$

電荷収支:

$$[Na^+]+[H^+]=[A^-]+[OH^-] \quad (10)$$

上式の [ ] の中の量は平衡濃度であることを覚えておこう. 式(10)からつぎのように書ける.

$$[A^-]=[Na^+]+[H^+]-[OH^-]$$
$$=[NaA]_0+[H^+]-[OH^-]$$

式(8)から

$$[HA]=[HA]_0+[NaA]_0-[A^-]$$
$$=[HA]_0+[NaA]_0-[NaA]_0-[H^+]+[OH^-]$$
$$=[HA]_0-[H^+]+[OH^-]$$

これらを式(1)の $[A^-]$, $[HA]$ に代入すると,

$$K_a=\frac{[H^+]([NaA]_0+[H^+]-[OH^-])}{[HA]_0-[H^+]+[OH^-]}$$
$$=\frac{[H^+]([NaA]_0+[H^+]-K_w/[H^+])}{[HA]_0-[H^+]+K_w/[H^+]} \quad (11)$$

式(11)はいわば "基本" 式である. 二つの特別なケースについて考えてみよう.

ケース 1 塩が存在しなければ (つまり, 酸のみを扱っているとすると), $[NaA]_0=0$ なので, 式(11)はつぎのようになる.

$$K_a=\frac{[H^+]([H^+]-K_w/[H^+])}{[HA]_0-[H^+]+K_w/[H^+]}$$

この式は式(7)に一致する.

ケース 2 アニオンの塩の加水分解においては, 酸の初濃度は 0 (すなわち $[HA]_0=0$) である. さらに, 水素イオン濃度は通常, 水酸化物イオンの濃度に比べ無視できる, すなわち $[H^+]\ll K_w/[H^+]$ である. そのため, 式(11)はつぎの形をとる.

$$K_a=\frac{[H^+]([NaA]_0-K_w/[H^+])}{K_w/[H^+]}$$
$$=\frac{(K_w/[OH^-])([NaA]_0-[OH^-])}{[OH^-]}$$

この式を変形すると,

$$\frac{K_w}{K_a}=K_b=\frac{[OH^-]^2}{[NaA]_0-[OH^-]}$$

弱い一塩基酸の強塩基による滴定

酢酸 (三角フラスコ中) を NaOH (ビュレット中) で滴定する場合を考える.

$$CH_3COOH+OH^- \longrightarrow CH_3COO^-+H_2O$$

式(11)を使って, 滴定の各段階の混合物の pH を調べることができる. 最初, 塩基が加えられる前は, $[NaA]_0=0$ であり $[H^+]\gg [OH^-]$ であるため, 式(11)はつぎのように書かれる.

$$K_a=\frac{[H^+][A^-]}{[HA]}$$

これは式(1)と等価である. 塩基をいくらか加えた後では $[NaA]_0>0$ となる. しかし依然として $[H^+]\gg [OH^-]$ であるため, 式(11)はつぎの形をとる.

$$K_a=\frac{[H^+]([NaA]_0+[H^+])}{[HA]_0-[H^+]}$$

$[H^+]$ について解くと水素イオン濃度が得られ, したがって pH が求まる. 滴定の際希釈されるため, 体積の増加を考慮に入れて各段階での $[HA]_0$ と $[NaA]_0$ を計算しなければならないことを覚えておこう. 滴定が進むにつれ, OH^- イオンの濃度は増加し始め, その結果 $[H^+]\approx[OH^-]$ となり, $[H^+]$ を解くために式(11)または式(7)を使う必要がある. アニオンの塩の加水分解のため, 当量点での pH は 7 より大きくなると予想できる. そのため, 当量点以上では $[OH^-]\gg[H^+]$, すなわち $K_w/[H^+]\gg[H^+]$ であり, 式(11)は下式のようになる.

$$K_a=\frac{[H^+]([NaA]_0-K_w/[H^+])}{[HA]_0+K_w/[H^+]}$$
$$=\frac{[H^+]^2[NaA]_0-[H^+]K_w}{[H^+][HA]_0+K_w}$$

弱い二塩基酸の強塩基による滴定

二塩基酸 H_2A を, NaOH のような強塩基で滴定する場合の厳密な扱いは非常に複雑で, ここでは紹介しない. 代わりに滴定曲線のいくつかの定性的な特徴と pK_a 値の求め方について見てみよう.

弱い二塩基酸 H_2A では, 解離は

$$H_2A \rightleftarrows H^++HA^- \quad K_a'=\frac{[H^+][HA^-]}{[H_2A]}$$
$$HA^- \rightleftarrows H^++A^{2-} \quad K_a''=\frac{[H^+][A^{2-}]}{[HA^-]}$$

さらにつぎの等式が成り立つ.

$$K_w=[H^+][OH^-]$$

A^{2-} アニオンの質量収支:

$$[H_2A]_0=[H_2A]+[HA^-]+[A^{2-}]$$

電荷収支:

$$[H^+]+[Na^+]=[HA^-]+2[A^{2-}]+[OH^-]$$

である．A^{2-} アニオンの二つの負電荷を説明するために係数 "2" が必要であることに注意する．基本的に，これら五つの式だけで，この種の滴定について知るのに必要なすべてが表されている．しかし，ここでは，必要な式を数学的に導く代わりに，滴定を5段階に分け，いくつかの主要な特徴について調べてみよう．

1) 滴定の開始段階 ここでは第一解離段階にだけ注目する．

$$H_2A \rightleftharpoons H^+ + HA^-$$

$$K_a' = \frac{[H^+][HA^-]}{[H_2A]} \approx \frac{[H^+]^2}{[H_2A]_0}$$

すなわち

$$[H^+] = \sqrt{K_a'[H_2A]_0}$$

2) 半当量点 中和に必要とする量のちょうど半分まで滴定した状態を半当量点とよぶ．この点では，H_2A の半分が HA^- になっているため，

$$[HA^-] = [H_2A]$$

したがって，

$$K_a' = [H^+]$$

すなわち

$$pK_a' = pH$$

この関係を使って酸の第一解離定数が求まる．

3) 第一当量点 この段階では，第一解離プロトンは塩基によって完全に中和されている．HA^- のイオン化（$HA^- \rightleftharpoons H^+ + A^{2-}$）と HA^- の加水分解（$HA^- + H_2O \rightleftharpoons H_2A + OH^-$）を無視すると*，$[H_2A] = [A^{2-}]$ とおける．なぜなら，上記の仮定の下では，この両者は不均化反応（これは自己プロトリシスともよばれる：$2HA^- \rightleftharpoons H_2A + A^{2-}$）から生ずるからである．酸解離定数の積は

$$K_a'K_a'' = \frac{[H^+][HA^-]}{[H_2A]} \times \frac{[H^+][A^{2-}]}{[HA^-]} = [H^+]^2$$
$$[H^+] = \sqrt{K_a'K_a''}$$

すなわち

$$pH = \frac{pK_a' + pK_a''}{2}$$

---

* これらはたいていの二塩基酸にはかなり良い近似である．

4) 第二の半当量点 第二の半当量点は，酸 HA^- の中和における中間点に対応する．したがって，$[HA^-] = [A^{2-}]$ となる．

$$K_a'' = \frac{[H^+][A^{2-}]}{[HA^-]}$$

なので，この段階ではつぎのように書ける．

$$K_a'' = [H^+]$$

つまり

$$pK_a'' = pH$$

この方法で酸の第二解離定数が求まる．

5) 第二当量点 この段階では，加水分解の平衡がつぎのように表されるような Na_2A 溶液が存在する．

$$A^{2-} + H_2O \rightleftharpoons HA^- + OH^-$$

であり，

$$K_b'' = \frac{[HA^-][OH^-]}{[A^{2-}]} = \frac{K_w}{K_a''}$$

また，$[HA^-] = [OH^-]$ と $[A^{2-}] \approx [H_2A]_0$ を仮定すると，

$$[OH^-]^2 = \frac{[H_2A]_0 K_w}{K_a''}$$

そして，$[OH^-] = K_w/[H^+]$ なので，

$$[OH^-]^2 = \frac{K_w^2}{[H^+]^2} = \frac{[H_2A]_0 K_w}{K_a''}$$

すなわち下式のようになる．

$$[H^+] = \sqrt{\frac{K_a'' K_w}{[H_2A]_0}}$$

図 8・9 は上で述べた酸 H_2A の滴定曲線と pK_a', pK_a'' と

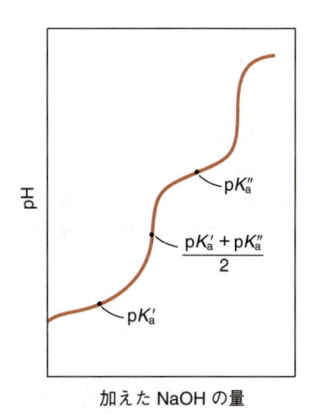

図 8・9 二塩基酸の同じ強さの水酸化ナトリウムによる滴定

pHの関係を示している．図8・9にたどり着く過程において，$K_a' \gg K_a''$ という暗黙の仮定をしている．しかしこの仮定は，二塩基酸の性質に依存し，実際の裏付けがある場合もない場合もあるであろう．理論的には，K_a' と K_a'' の値が4桁以上違わないと，第一当量点は観測するのは不可能ではないが，困難ではある（図8・10）．

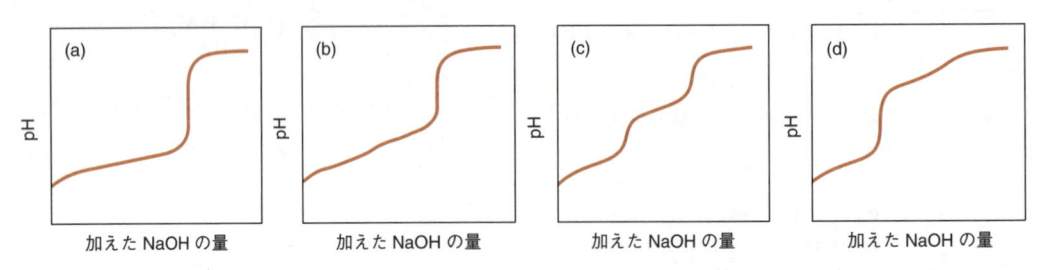

図8・10 二塩基酸の同じ強さの水酸化ナトリウムによる滴定．(a) pK_a'=4.0, pK_a''=4.60, (b) pK_a'=4.0, pK_a''=6.0, (c) pK_a'=4.0, pK_a''=8.0, (d) pK_a'=4.0, pK_a''=10.0. 図からわかるように，もし $K_a' \gg K_a''$ でなければ（およそ4桁の差），第一当量点を見つけるのは難しい．

参考文献

書籍

R. P. Bell, "Acids and Bases," Methuen & Co., London (Barnes & Noble, New York) (1969).

H. N. Christensen, "Body Fluids and the Acid-Base Balance," W. B. Saunders, Philadelphia (1964).

E. J. King, "Acid-Base Equilibria," Pergamon Press, Inc., Elmsford, NY (1965).

J. Lowenstein, "Acids and Bases," Oxford University Press, New York (1993).

E. J. Masoro, P. D. Siegel, "Acid-Base Regulation: Its Physiology and Pathophysiology," W. B. Saunders, Philadelphia (1971).

論文
総説：

F. Szabadvary, 'Development of the pH Concept,' *J. Chem. Educ.*, **41**, 105 (1964).

P. Jones, M. L. Haggett, J. L. Longridge, 'The Hydration of Carbon Dioxide,' *J. Chem. Educ.*, **41**, 610 (1964).

H. A. Neidig, R. T. Yingling, 'Thermodynamics of the Ionization of Acetic and Chloroacetic Acids,' *J. Chem. Educ.*, **42**, 484 (1965).

J. Waser, 'Acid-Base Titration and Distribution Curves,' *J. Chem. Educ.*, **44**, 274 (1967).

R. G. Bates, R. A. Robinson, A. K. Covington, 'pK Values for D_2O and H_2O,' *J. Chem. Educ.*, **44**, 635 (1967).

J. L. Bada, 'The pK_a of a Weak Acid as a Function of Temperature and Ionic Strength,' *J. Chem. Educ.*, **46**, 689 (1969).

G. V. Calder, T. J. Barton, 'Actual Effects Controlling the Acidity of Carboxylic Acids,' *J. Chem. Educ.*, **48**, 338 (1971).

H. L. Youmans, 'Measurement of pH of Distilled Water,' *J. Chem. Educ.*, **49**, 429 (1972).

R. A. Pacer, 'Conjugate Acid-Base and Redox Theory,' *J. Chem. Educ.*, **50**, 178 (1973).

M. D. Seymour, Q. Fernando, 'Effect of Ionic Strength on Eqilibrium Constants,' *J. Chem. Educ.*, **54**, 225 (1977).

P. A. Giguere, 'The Great Fallacy of the H^+ Ion,' *J. Chem. Educ.*, **56**, 571 (1979).

G. M. Bodner, 'Assigning the pK_a's of Polyprotic Acids,' *J. Chem. Educ.*, **63**, 246 (1986).

S. J. Hawkes, 'Arrhenius Confuses Students,' *J. Chem. Educ.*, **69**, 542 (1992).

J. J. Cawley, 'The Determination of 'Apparent' pK_a's,' *J. Chem. Educ.*, **70**, 596 (1993); **72**, 88 (1995).

M. Laing, 'There is No Such Thing as H_2SO_3,' *Educ. Chem.*, **30**, 140 (1993).

G. Schmitz, 'The Uncertainty of pH,' *J. Chem. Educ.*, **71**, 117 (1994).

S. J. Hawkes, 'Teaching the Truth About pH,' *J. Chem. Educ.*, **71**, 747 (1994).

L. Cardellini, 'Calculating $[H^+]$,' *Educ. Chem.*, **33**, 161 (1996).

S. J. Hawkes, 'pK_w Is Almost Never 14.0,' *J. Chem. Educ.*, **72**, 799 (1995).

S. J. Hawkes, 'Salts Are Mostly NOT Ionized,' *J. Chem. Educ.*, **73**, 421 (1996).

S. J. Hawkes, 'All Positive Ions Give Acid Solutions in Water,' *J. Chem. Educ.*, **73**, 516 (1996).

生体系の酸塩基平衡：

N. E. Good, *et al.*, 'Hydrogen Ion Buffers for Biological Research,' *Biochemistry*, **5**, 467 (1966).

G. E. Clement, T. P. Hartz, 'Determination of the Microscopic Ionization Constants of Cysteine,' *J. Chem.*

Educ., **48**, 395 (1971).

H. W. Davenport, 'Why the Stomach Does Not Digest Itself,' *Sci. Am.*, January (1972).

W. D. Hobey, 'Stomach Upset Caused by Aspirin,' *J. Chem. Educ.*, **50**, 212 (1973).

C. Minnier, 'Cystinuria: The Relationship of pH to the Origin and Treatment of a Disease,' *J. Chem. Educ.*, **50**, 427 (1973).

S. L. Hein, 'Physiochemical Properties of Antacids,' *J. Chem. Educ.*, **52**, 383 (1975).

C. A. Matuszak, A. J. Matuszak, 'Imidazole —— Versatile Today, Prominent Tomorrow,' *J. Chem. Educ.*, **53**, 280 (1976).

W. B. Batson, P. H. Laswick, 'Pepsin and Antacid Therapy: A Dilemma,' *J. Chem. Educ.*, **56**, 484 (1979).

P. Haberfield, 'What is the Energy Difference Between H_2NCH_2COOH and $^+H_3NCH_2CO_2^-$?' *J. Chem. Educ.*, **57**, 346 (1980).

R. C. Kerber, 'Carbon Dioxide Flooding: A Classroom Case Study Derived from Surgical Practice,' *J. Chem. Educ.*, **80**, 1437 (2003).

問　題

酸，塩基，解離定数および pH

8・1 つぎの化学種を，ブレンステッド酸か塩基，または両方であるか，それぞれ分類せよ．(a) H_2O, (b) OH^-, (c) H_3O^+, (d) NH_3, (e) NH_4^+, (f) NH_2^-, (g) NO_3^-, (h) CO_3^{2-}, (i) HBr, (j) HCN, (k) HCO_3^-

8・2 つぎの酸の共役塩基の式を書け．(a) HI, (b) H_2SO_4, (c) H_2S, (d) HCN, (e) $HCOOH$ (ギ酸)

8・3 つぎの化学種を弱酸か強酸であるかで分類せよ．(a) HNO_3, (b) HF, (c) H_2SO_4, (d) HSO_4^-, (e) H_2CO_3, (f) HCO_3^-, (g) HCl, (h) HCN, (i) HNO_2

8・4 つぎの化学種を弱塩基か強塩基であるかで分類せよ．(a) $LiOH$, (b) CN^-, (c) H_2O, (d) ClO_4^-, (e) NH_2^-

8・5 つぎの溶液の pH を計算せよ．(a) 1.0 M HCl, (b) 0.10 M HCl, (c) $1.0×10^{-2}$ M HCl, (d) $1.0×10^{-2}$ M NaOH, (e) $1.0×10^{-2}$ M $Ba(OH)_2$. 理想的なふるまいを仮定すること．

8・6 ある一塩基酸の 0.040 M 溶液は 13.5 % 解離している．この酸の解離定数はいくらか．

8・7 弱酸の K_a とその共役塩基の K_b を関連づける式を書け．K_a と K_b の関係を導くために NH_3 とその共役塩基である NH_4^+ を使え．

8・8 298 K において一塩基酸の解離定数が $1.47×10^{-3}$ である．解離の程度を，(a) 理想的なふるまいを仮定し，(b) 平均活量係数 $\gamma_\pm = 0.93$ を使って，それぞれ計算せよ．この酸の濃度は 0.010 M である．

8・9 25 ℃ での D_2O のイオン積は $1.35×10^{-15}$ である．(a) $pD = -\log[D^+]$ であるところの純 D_2O の pD の値を計算せよ．(b) D_2O 中ではどの pD 値で溶液は酸性になるか．(c) pD と pOD の関係を導け．

8・10 HF は弱酸であるが，その強さは濃度と共に増大する．これを説明せよ．[ヒント: F^- は HF と反応し HF_2^- を形成する．25 ℃ でのこの反応の平衡定数は 5.2 である．]

8・11 強酸の濃度が $1.0×10^{-7}$ M よりそれほど高くないとき，溶液の pH を計算する際，水のイオン化を考慮に入れなければならない．(a) H_2O からの $[H^+]$ への寄与が関与するとして，強酸溶液の pH の式を導け．(b) $1.0×10^{-7}$ M HCl 溶液の pH を計算せよ．

8・12 0.20 M $KHSO_4$ 溶液の HSO_4^-, SO_4^{2-}, H^+ の濃度はいくらか [ヒント: H_2SO_4 は強酸で，HSO_4^- の $K_a = 1.3×10^{-2}$].

8・13 0.025 M H_2CO_3 溶液の H^+, HCO_3^-, CO_3^{2-} の濃度はいくらか.

8・14 つぎのどの溶液に等体積の 0.60 M NaOH を加えると溶液の pH は下がるか．(a) 水, (b) 0.30 M HCl, (c) 0.70 M KOH, (d) 0.40 M $NaNO_3$

8・15 弱い一塩基酸，HA，とそのナトリウム塩，NaA，を共に，濃度 0.1 M 含む溶液がある．$[OH^-] = K_w/K_a$ を示せ.

8・16 メチルアミン (CH_3NH_2) 溶液の pH が 10.64 であった．この溶液 100.0 ml 中にメチルアミンは何 g あるか．

8・17 シアン化水素酸 (HCN) は弱酸であり，気体の形 (シアン化水素) ではドラフト内で扱われる劇毒の化合物である．適切な排気をしないでシアン化ナトリウムを酸 (HCl のような) で処理すると危険なのはなぜか．

8・18 ノボカインは歯医者で局所麻酔に使われる弱塩基である ($K_b = 8.91×10^{-6}$). 患者の血漿中 (pH = 7.40) での酸形と塩基形の濃度比はいくらか．

8・19 つぎの濃度での HF の解離度 (%) を計算せよ．(a) 0.50 M, (b) 0.050 M. 結果について考察せよ．

8・20 フェノールがメタノールより強い酸であるのはなぜか説明せよ．

C₆H₅—OH　　　CH₃—OH
フェノール　　　　メタノール

8・21 0.100 M H_3PO_4 溶液のすべての種の濃度を計算せよ．

8・22 魚の嫌な臭いはおもにアミノ基，$-NH_2$, を含む有機化合物 (RNH_2) による (ここで R は分子の残りの部分である). アミンはまさにアンモニアのような塩基である．レモン汁を少し魚にかけるとその臭いが大いに減るのはなぜか説明せよ．

塩の加水分解

8・23 つぎの塩のうちどれが加水分解するか,特定せよ.
KF, NaNO$_3$, NH$_4$NO$_2$, MgSO$_4$, KCN, C$_6$H$_5$COONa, RbI, Na$_2$CO$_3$, CaCl$_2$, HCOOK.

8・24 0.10 M NH$_4$Cl 溶液の pH を計算せよ.

8・25 0.36 M CH$_3$COONa 溶液の pH と加水分解の割合(％)を計算せよ.

酸塩基滴定

8・26 ある生徒が HCl 溶液を含む三角フラスコにビュレットから NaOH を加え,指示薬としてフェノールフタレインを使った.滴定の当量点で,その学生はかすかな赤みがかったピンク色を見た.しかし,数分後,その溶液は徐々に無色に変わっていった.何が起こったと思うか.

8・27 ある指示薬 HIn の K_a は $1.0×10^{-6}$ である.非イオン化形の色は赤で,イオン化形では黄色である.pH 4.00 の溶液中のこの指示薬の色は何色か.

8・28 ある指示薬の K_a は $2.0×10^{-6}$ である.HIn の色は緑で,In$^-$ は赤である.HCl 溶液に指示薬数滴を加えた後,NaOH 溶液で滴定した.指示薬の色が変化する pH はいくらか.

8・29 指示薬であるメチルオレンジの pK_a は 3.46 である.この指示薬が 90％ HIn から 90％ In$^-$ へ変化する pH の範囲はいくらか.

8・30 NaOH 溶液 200 ml を 2.00 M HNO$_2$ 溶液 400 ml に加えた.この混合溶液の pH はもとの酸溶液より pH が 1.5 高かった.NaOH 溶液のモル濃度を計算せよ.

8・31 0.100 M HCl 25.0 ml を 0.100 M CH$_3$NH$_2$ 溶液で滴定した.(a) CH$_3$NH$_2$ 10.0 ml を加えた後,(b) CH$_3$NH$_2$ 25.0 ml を加えた後,(c) CH$_3$NH$_2$ 35.0 ml を加えた後の溶液の pH を計算せよ.

8・32 フェノールフタレインは強酸と強塩基の滴定に一般的に使われる指示薬である.(a) もしフェノールフタレインの pK_a が 9.10 なら,pH 8.00 での指示薬の非イオン化形(無色)とイオン化形(赤みがかったピンク色)の比はいくらか.(b) もし,50.0 ml の体積を含む溶液の滴定に 0.060 M のフェノールフタレインが2滴使われたら,pH 8.00 でのイオン化形の濃度はいくらか(1滴 = 0.050 ml と仮定せよ).

8・33 下図は炭酸の水酸化ナトリウムによる滴定曲線である.抜けている化学種と pH,pK_a の値を書き込め.

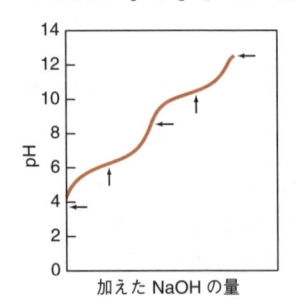

緩衝溶液

8・34 つぎのどの系が緩衝系に分類されるか特定せよ.
(a) KCl/HCl,(b) NH$_3$/NH$_4$NO$_3$,(c) Na$_2$HPO$_4$/NaH$_2$PO$_4$,
(d) KNO$_2$/HNO$_2$,(e) KHSO$_4$/H$_2$SO$_4$,(f) HCOOK/HCOOH

8・35 NH$_4^+$/NH$_3$ 緩衝系についてヘンダーソン・ハッセルバルヒの式を導け.

8・36 0.20 M NH$_3$/0.20 M NH$_4$Cl 緩衝液の pH を計算せよ.この緩衝液 65.0 ml に 0.10 M HCl を 10.0 ml 加えた後の pH はいくらか.

8・37 1.00 M CH$_3$COONa/1.00 M CH$_3$COOH 緩衝液 1.00 l に (a) 0.080 mol の NaOH,(b) 0.12 mol の HCl を加える前と後の pH をそれぞれ計算せよ(体積変化はないものとする).

8・38 0.45 M の酢酸溶液 26.4 ml が 0.37 M の水酸化ナトリウム溶液 31.9 ml に加えられたとする.最終溶液の pH はいくらか.

8・39 0.10 M Na$_2$HPO$_4$/0.10 M KH$_2$PO$_4$ 緩衝液の pH はいくらか.溶液中にあるすべての化学種の濃度を計算せよ.

8・40 あるリン酸緩衝液の pH は 7.30 である.(a) この緩衝液に存在するおもな共役対は何か.(b) もし,この緩衝液の濃度が 0.10 M であれば,この緩衝液 20.0 ml に 0.10 M HCl を 5.0 ml 加えた後の新たな pH はいくらか.

8・41 トリス(Tris)〔トリス(ヒドロキシメチル)アミノメタン〕は生体系を研究するための一般的な緩衝液である.

$$\text{HOCH}_2\text{—}\underset{\underset{\text{HOCH}_2}{|}}{\overset{\overset{\text{HOCH}_2}{|}}{\text{C}}}\text{—}\overset{+}{\text{NH}}_3 \underset{}{\overset{pK_a=8.1}{\rightleftharpoons}} \text{HOCH}_2\text{—}\underset{\underset{\text{HOCH}_2}{|}}{\overset{\overset{\text{HOCH}_2}{|}}{\text{C}}}\text{—}\text{NH}_2 + \text{H}^+$$

(a) 0.10 M のトリス 25.0 ml に,0.10 M の HCl 15.0 ml を混ぜた後のトリス緩衝液の pH を計算せよ.(b) この緩衝液がある酵素触媒反応の研究に使われた.その反応の結果,0.000 15 mol の H$^+$ が消費された.この反応の終点での緩衝液の pH はいくらか.(c) 緩衝液でなければ最終の pH はいくらになるであろうか.

8・42 pH 7.8 の 0.050 M のリン酸緩衝液 1 l を調製するいくつかの異なる方法を説明せよ.

8・43 0.12 M HCN と 0.34 M NaCN 溶液に存在するすべての化学種の濃度を計算せよ.溶液の pH はいくらか.この溶液は緩衝能をもつか.

8・44 血漿の pH は 7.40 である.おもな緩衝系は HCO$_3^-$/H$_2$CO$_3$ であるとして,[HCO$_3^-$]/[H$_2$CO$_3$] の割合を計算せよ.この緩衝液は加えられた酸または塩基のどちらに対して,より効果的であるか.

8・45 ある生徒がつぎの弱酸の一つを使って,pH 8.60 の緩衝溶液を調製するよう頼まれている.HA(K_a=2.7×10^{-3}),HB (K_a=4.4×10^{-6}),HC (K_a=2.6×10^{-9}),のどの酸を選ぶべきか.

8・46 緩衝溶液の範囲は pH＝pK_a±1 で定義される．この式に対応する［共役塩基］/［酸］の比の範囲を計算せよ．

8・47 0.20 M CH$_3$COONa/0.20 M CH$_3$COOH 緩衝溶液 1 l を，(a) CH$_3$COOH と CH$_3$COONa 溶液を混合する，(b) CH$_3$COOH 溶液を NaOH 溶液で反応させる，(c) CH$_3$COONa を HCl で反応させることにより，それぞれどうやって調製するか説明せよ．

8・48 pH 7.50 の緩衝溶液をつくるためには，0.10 M NaH$_2$PO$_4$ 溶液 200 ml に何 ml の 1.0 M NaOH 溶液を加えればよいか．

8・49 共に pH 3.5 である酸溶液と緩衝溶液を区別する化学的な試験を提案せよ．

8・50 pH 4.40，イオン強度 0.050 mol kg^{-1} の CH$_3$COONa/CH$_3$COOH 緩衝溶液をどのようにして調製するか．モル濃度を質量モル濃度に等しいとする．

8・51 25℃ でリン酸緩衝液の pH は 7.10 である．この緩衝液の 37℃ での pH はいくらか．関連する解離段階の $\Delta_r H°$ は 3.75 kJ mol^{-1} である．

アミノ酸

8・52 pH 7 という生理的な範囲で緩衝能力をもつのは表 8・6 のどのアミノ酸か．

8・53 0.035 M のセリン緩衝液の pH 9.15 でのイオン強度はいくらか．

8・54 表 8・6 にある pK_a の値から，アミノ酸のリシンとバリンの pI の値を計算せよ．

8・55 0.1 M アスパラギン酸塩化水素酸塩 100 ml を水酸化ナトリウムで滴定するときの滴定曲線を描け．

8・56 中性 pH で，アミノ酸は両性イオンとして存在する．グリシンを例として用い，カルボキシ基の pK_a を 2.3，アミノ基の pK_a を 9.6 とすると，pH 1，7，12 での分子のおもな形を予想せよ．式 (8・16) を使い，答えを理由づけよ．

補充問題

8・57 ルイス酸の強さを比べる手順を説明せよ．

8・58 K_w の温度依存性から (p.164 参照)，水の解離のエンタルピーを計算せよ．

8・59 新しく蒸留した脱イオン水の pH は 7 である．しかし，空気中に放置すると，水は徐々に酸性になる．平衡時のこの"溶液"の pH を計算せよ．〔ヒント：まず，例題 5・3 に従い，CO$_2$ の水への溶解度を計算する．CO$_2$ の分圧は 0.000 30 atm とする〕．

8・60 水中の弱い一塩基酸の酸解離定数，K_a は水の自己プロトリシスを無視できるとすれば，その濃度 c (mol l^{-1}) とその解離 α により，$K_a = \alpha^2 c/(1-\alpha)$ と関係づけられることを示せ．また，水の自己プロトリシスを考慮に入れると，$K_a = \frac{1}{2}\alpha^2 c[1+(1+4K_w\alpha^{-2}c^{-2})^{1/2}]/(1-\alpha)$ であることを示せ．

8・61 イオン強度の効果を補正するため，酸の解離定数をつぎのように書くことができる．

$$pK'_a = pK_a - \frac{0.509\sqrt{I}}{1+\sqrt{I}}$$

ここで，K_a はイオン強度 0 での酸の解離定数で，K'_a はイオン強度 I での解離定数である．298 K で 0.15 mol kg^{-1} KCl 中の酢酸の解離定数を計算せよ．酸それ自身の解離によるイオン強度の寄与は無視してよい．

8・62 Fe^{3+} イオンは溶液の pH に依存して，遊離のイオンの形として存在するか，または不溶性の沈殿，Fe(OH)$_3$ を形成するであろう (K_{sp}=1.0×10^{-36})．4.5×10^{-5} M の Fe^{3+} イオンの 90% が沈殿するであろう pH を計算せよ．pH が 7.40 である血漿中の Fe^{3+} イオンの濃度についてどのような結論を導けるか．

8・63 0.020 M の安息香酸水溶液の凝固点は −0.0392℃ である．安息香酸の解離定数を計算せよ．理想的なふるまいを仮定し，この低濃度ではモル濃度は質量モル濃度に等しいとせよ．

8・64 胃液の pH はおよそ 1.00 で血漿の pH は 7.40 である．37℃ で 1 mol の H$^+$ イオンを血漿から胃に分泌するのに必要なギブズエネルギーを計算せよ．理想的なふるまいを仮定せよ．

8・65 化学分析によると，ある血液試料 20 ml を酸で処理すると 12.5 ml の CO$_2$ ガスが生ずる (25℃，1 atm で測定した場合)．(a) 血液中に元々存在した CO$_2$ のモル数，(b) 平衡時での CO$_2$ と HCO$_3^-$ の濃度，(c) 平衡時での血液溶液上での CO$_2$ の分圧を計算せよ．ただし，理想的なふるまいを仮定する．血液の pH は 7.40 で，CO$_2$ のヘンリー係数は 29.3 atm mol^{-1} (kg H$_2$O) である．

8・66 シュウ酸カルシウムは腎臓結石の主要な成分である．表 8・1 の解離定数と CaC$_2$O$_4$ の溶解度積が 3.0×10^{-9} であることから，腎臓に存在する液体の pH を増加させるまたは減少させることで，腎臓結石の形成をできるだけ少なくすることができるかどうか予測せよ．通常の腎臓の液体の pH はおよそ 8.2 である．

8・67 298 K での 0.050 M のグリシン溶液の pH はいくらか．

8・68 表 8・1 にあるギ酸の解離定数から，298 K でのギ酸の解離のギブズエネルギーおよび標準ギブズエネルギーを求めよ．

8・69 (a) 一塩基酸であるアセチルサリチル酸 (アスピリン，C$_9$H$_8$O$_4$) 0.20 M のイオン化の割合 (%) を求めよ．ただし，K_a=3.0×10^{-4} である．(b) ある個人の胃の胃液の pH は 1.00 である．アスピリンを数錠飲んだ後，胃中のアセチルサリチル酸の濃度は 0.20 M である．この条件下でのこの酸のイオン化の割合 (%) を計算せよ．イオン化していない酸は胃の膜にどのような効果を与えるか．

8・70 0.400 M のギ酸 (HCOOH) 溶液の凝固点は −0.758℃ である．この温度での K_a の値を計算せよ〔ヒント：モル濃度は質量モル濃度に等しいとせよ〕．

8・71 炭酸アンモニウム [(NH$_4$)$_2$CO$_3$] のような塩の臭いをかぐ動作について説明せよ [ヒント: 鼻の通路にある水溶液の薄い膜はわずかに塩基性である].

8・72 酸塩基反応はたいてい完全に進む. つぎの場合のそれぞれの平衡定数を計算することで, このことを確認せよ. (a) 強塩基と反応する強酸, (b) 弱塩基(NH$_3$)と反応する強酸, (c) 強塩基と反応する弱酸(CH$_3$COOH), (d) 弱塩基(NH$_3$)と反応する弱酸(CH$_3$COOH) [ヒント: 溶液中で強酸は H$^+$ イオンで存在し, 強塩基は OH$^-$ イオンで存在する. K_a, K_b, K_w 値を調べる必要がある].

8・73 レモン汁をお茶に絞って入れたとき色が淡くなった. 一部は, 色の変化は希釈によるが, おもな原因は酸塩基反応である. この反応は何か [ヒント: お茶は"ポリフェノール"を含み, これは弱酸であり, またレモンジュースはクエン酸を含む].

8・74 最も一般的な抗生物質はペニシリンG (ベンジルペニシリン)であり, これはつぎの構造をもつ.

これは弱い一塩基酸であり

$$HP \rightleftharpoons H^+ + P^- \quad K_a = 1.64 \times 10^{-3}$$

ここで HP はもとの酸を表し, P$^-$ は共役塩基である. ペニシリンGは, 25℃, pH が 4.5〜5.0 の発酵槽中で成長しているカビにより生産される. この抗生物質の粗生成物は, 発酵肉汁を酸が可溶である有機溶媒により抽出することで得られる. (a) 酸として解離する水素原子を示せ. (b) 精製のある段階で, 粗ペニシリンGの有機抽出物は pH 6.50 の緩衝溶液で処理される. この pH でのペニシリンGの共役塩基の, 酸に対する比はいくらか. 共役塩基は酸より水に溶解すると期待できるか. (c) ペニシリンGは経口投与に適さないが, そのナトリウム塩 (NaP) は可溶なので, それに適している. この塩を含む錠剤をコップの水に溶かしたときの 0.12 M NaP 溶液の pH を計算せよ.

8・75 炭酸の第一解離定数 (pK_a) に対するイオン強度の効果を表す式を (デバイ・ヒュッケルの理論を使って)導け.

8・76 問題 8・36 にある緩衝液系を参考に, 100 倍に希釈したあとのその緩衝液の pH を計算せよ. もし, その緩衝液の塩基成分を同じ倍率で希釈すると pH 変化はどうなるか.

8・77 (a) $\Delta_rG^{\circ\prime}$ と pK_a の関係を導け. (b) pK_a が 4.20 である安息香酸の解離の $\Delta_rG^{\circ\prime}$ を計算せよ ($T = 298$ K とする).

8・78 トリス (Tris) [トリス (ヒドロキシメチル) アミノメタン] は生化学者に広く使われている緩衝液である. pK_a は 20℃で 8.30 である. 0.10 M トリス緩衝液 (Tris とその共役酸 TrisH$^+$ の両方を含む) の, (a) pH = 8.30 と, (b) pH = 10.30 での緩衝能を計算せよ. いずれの場合も, 0.020 mol H$^+$ イオンが緩衝溶液1l中に加えられたとする.

8・79 表 8・6 にある pK_a はすべて水溶液中の相互作用のない状態での酸に対するものである. 実際のところ, それらの値は周りの環境に依存する. すなわち, アミノ酸の pK_a は, そのアミノ酸が, タンパク質分子の一部となっている場合はかなり変化することがある. この点に関し, グルタミン酸について考察せよ. つぎの場合, 側鎖の pK_a はどのような影響(増加, 減少, または変化なし)を受けるだろうか. (a) 末端の −COO$^-$ 基が近くに置かれる場合, (b) 末端の −NH$_3^+$ 基が近くに置かれる場合, (c) タンパク質の表面に露出している場合, (d) タンパク質の内部に埋もれている場合.

8・80 トリス (Tris) 緩衝液の pK_a は 20℃で 8.30 である. 37℃での値はいくらか. トリスのモル解離エンタルピーは 48.0 kJ mol^{-1} である.

8・81 (a) 式(8・17)を使って, 溶液の pK_a と pH をもとに, 酸の割合 (f) を表す式を導け. (b) アスパルテームはジペプチドであるアスパルチルフェニルアラニンを含む人工甘味料である.

ここで数字は酸性の基の pK_a 値を表す. pH = 3.00 と 7.00 でのこのジペプチドの実効電荷を計算せよ. pK_a の値は他の解離基の存在に影響されないと仮定する. また, ジペプチドの等電点を計算せよ.

8・82 1 mol kg^{-1} グリシン溶液の体積は pH に依存する. pH がいくらのとき, 体積は最小になるか. それはなぜか. 温度は一定とする.

9

化学反応速度論

化学反応速度論を学ぶ目的は，反応速度および，濃度，温度，触媒といったパラメーターに対する反応速度の依存性を実験的に決定し，関与する素過程の数や生成する中間体の性質などの反応機構を理解することである．

化学反応速度論という分野は，熱力学や量子論などの他の物理化学の項目よりも概念的に理解しやすいが，エネルギー論による厳密な理論的取扱いは気相中での非常に単純な系でしかできない．しかし，反応速度論に対する巨視的，経験的なアプローチであっても，非常に有用な情報を与えてくれる．

本章では，化学反応速度論の一般的な項目を扱い，高速反応を含めたいくつかの重要な例について説明する．酵素反応速度論は第 10 章にて取扱う．

9・1 反応速度

化学反応速度は，時間に対する反応物の濃度変化として表される．化学量論的で単純なつぎの反応を考える．

$$R \longrightarrow P$$

反応物 R の時刻 t_1, t_2 ($t_2 > t_1$) における濃度（mol l^{-1}）を $[R]_1$, $[R]_2$ とする．時刻 t_1 から t_2 の間の反応速度は，次式で与えられる．

$$\frac{[R]_2 - [R]_1}{t_2 - t_1} = \frac{\Delta[R]}{\Delta t}$$

$[R]_2 < [R]_1$ なので，－の符号を付けて反応速度を正の量として定義する．

$$\text{反応速度} = -\frac{\Delta[R]}{\Delta t}$$

同様に，反応速度は生成物の量の変化によっても表現できる．

$$\text{反応速度} = \frac{[P]_2 - [P]_1}{t_2 - t_1} = \frac{\Delta[P]}{\Delta t}$$

この場合，$[P]_2 > [P]_1$ である．この表現は単に，特定の時間 Δt における反応物や生成物の量変化の平均でしかない．実際には，速度はある時間間隔における濃度の変化でなく，ある時刻 t での瞬間の速度として表されるものである．微積分の表現を用いて，Δt をどんどん小さくしていき，最終的に 0 に近づけたとき特定の時刻 t での前述の反応の速度は，次式により与えられる．

$$\text{反応速度} = -\frac{d[R]}{dt} = \frac{d[P]}{dt}$$

通常，反応速度の単位は，M s^{-1} か M min^{-1} である．

化学量論的により複雑な反応では，反応速度を一意的に定義する必要がある．つぎの反応を考える．

$$2R \longrightarrow P$$

$-d[R]/dt$ や $d[P]/dt$ は，やはり，それぞれ反応物や生成物の濃度変化の速度を示すが，反応物は生成物の生成速度の 2 倍の速さで消失するため，この二つはもはや等しくない．このため，反応速度は以下のように定義される．

$$\text{反応速度} = -\frac{1}{2}\frac{d[R]}{dt} = \frac{d[P]}{dt}$$

一般的に，つぎのような反応

$$aA + bB \longrightarrow cC + dD$$

では，その反応速度は

$$\text{反応速度} = -\frac{1}{a}\frac{d[A]}{dt} = -\frac{1}{b}\frac{d[B]}{dt}$$
$$= \frac{1}{c}\frac{d[C]}{dt} = \frac{1}{d}\frac{d[D]}{dt} \quad (9\cdot1)$$

で与えられる．[ ] は，反応開始から時間 t が経過した時刻での反応物，生成物の濃度を表している．

9・2 反応次数

化学反応速度と反応物の濃度の関係は，実験的に決定する必要のある複雑なものである．しかしながら，必ずしもいつもというわけではないが，先の一般的な反応式において反応速度は通常，次式のように表現することができる．

$$\text{反応速度} \propto [A]^x[B]^y = k[A]^x[B]^y \qquad (9・2)$$

この式は，**反応速度式**（rate law）として知られており，反応速度は一定ではなく，任意の時刻 t での反応速度は A や B の濃度の累乗に比例した値となる．比例定数 k は**速度定数**（rate constant）とよばれる．反応速度式は，反応物の濃度によって定義されるが，速度定数は反応物の濃度に依存しない．後で取扱うように，速度定数は温度のみに依存する定数である．

式(9・2)のような反応速度の表現から，**反応次数**（order of reaction）の定義が可能である．式(9・2)の反応は，反応物 A に関して x 次，反応物 B に関して y 次であるという．反応の全次数は $(x+y)$ 次である．理解する上で大事なのは，一般的に速度表現における反応物の次数と化学方程式の化学量論係数との間には何の関係もないことである*．たとえば，

$$2\,N_2O_5(g) \longrightarrow 4\,NO_2(g) + O_2(g)$$

の反応では，反応速度は，

$$\text{反応速度} = k[N_2O_5]$$

で与えられる．実際の反応は N_2O_5 に関して一次であり，化学方程式から推定される二次ではない．

反応次数は，経験的にわかる速度の濃度依存性を数値として示す．反応次数は，0, 整数値だけでなく，整数値でない値までとりうる．反応速度式を用いて，反応中の任意の各時刻においての反応物の濃度を決定できる．そのためには反応速度式を積分する必要がある．簡単のために整数値の次数の反応だけを取上げる．

零 次 反 応

次式

$$A \longrightarrow \text{生成物}$$

が零次反応の場合，その反応速度式は，

$$\text{反応速度} = -\frac{d[A]}{dt} = k[A]^0 = k \qquad (9・3)$$

で与えられる．$k\,(M\,s^{-1})$ が零次反応の速度定数である．この式からわかるように，反応速度は反応物の濃度に依存

---
* 化学方程式は多様な方法で釣り合いがとれているからであろう．

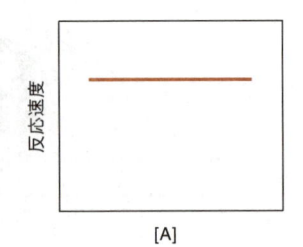

図 9・1 零次反応の反応速度対濃度のプロット

しない（図9・1）．式(9・3)を書き直すと，

$$d[A] = -k\,dt$$

となる．$t=0$ から $t=t$ まで（濃度 $[A]_0$ から $[A]$ まで）積分すると，

$$\int_{[A]_0}^{[A]} d[A] = [A] - [A]_0 = -\int_0^t k\,dt = -kt$$

$$[A] = [A]_0 - kt \qquad (9・4)$$

式(9・4)は，濃度 $[A]$ が時間に依存することを示しているが，この式は，反応速度に影響するすべての因子を記述できるものではないことに注意せよ．例として，タングステン表面上でのアンモニアガスの分解反応を考えよう．

$$NH_3(g) \longrightarrow \frac{1}{2}N_2(g) + \frac{3}{2}H_2(g)$$

ある条件下では，この反応は零次反応速度式に従う．たとえば，触媒の濃度により速度が決まってしまう場合は，零次反応になりうる．反応速度は次式のようになる．

$$\text{反応速度} = k'\theta A$$

k' は定数，θ は吸着されたアンモニア分子による金属表面の被覆率，A は触媒の全表面積である．アンモニアの圧力が十分に高いときは，$\theta=1$ で，反応はアンモニアに対し零次になる．逆に，圧力が十分に低いときは θ は気相中のアンモニアの濃度 $[NH_3]$ に比例し，反応はアンモニアに対し一次となる．また，反応速度は，触媒の量，すなわち表面積 A にも依存することに注意せよ．

一 次 反 応

一次反応は，反応速度が反応物の濃度に一次で依存するものである．

$$\text{反応速度} = -\frac{d[A]}{dt} = k[A] \qquad (9・5)$$

$k\,(s^{-1})$ は一次反応の速度定数である．式(9・5)を変形すると，

$$-\frac{d[A]}{[A]} = k\,dt$$

9・2 反応次数

となる．$t=0$ から $t=t$ まで（濃度 $[A]_0$ から $[A]$ まで）積分すると，次式が得られる．

$$\int_{[A]_0}^{[A]} \frac{d[A]}{[A]} = -\int_0^t k\,dt$$

$$\ln \frac{[A]}{[A]_0} = -kt \qquad (9・6)$$

$$[A] = [A]_0\,e^{-kt} \qquad (9・7)$$

$\ln([A]/[A]_0)$ を t に対してプロットすると，図9・2aのような勾配 $-k$（負の値）の直線となる．また式(9・7)から，一次反応での反応物の濃度は，時間と共に指数関数的に減少することがわかる（図9・2b）．

放射壊変も一次反応速度式に従う．たとえば，

$$^{222}_{86}\mathrm{Rn} \longrightarrow {}^{218}_{84}\mathrm{Po} + \alpha$$

α はヘリウムの原子核（He^{2+}）を表している．前述の $\mathrm{N_2O_5}$ の熱分解は，$\mathrm{N_2O_5}$ に関して一次である．ほかにも，メチルイソニトリルからアセトニトリルへの転位がこれに属する．

$$\mathrm{CH_3NC(g)} \longrightarrow \mathrm{CH_3CN(g)}$$

反応の半減期 反応速度論研究の中で，実質的に非常に重要な量は，反応の**半減期** (half-life)，$t_{1/2}$ である．反応の半減期は，反応物の濃度がその初期値の半分に減少するまでの時間として定義される．たとえば一次反応では，$[A] = [A]_0/2$ になる時間を $t = t_{1/2}$ とすると，式(9・6)から，

$$\ln \frac{[A]_0/2}{[A]_0} = -kt_{1/2}$$

$$t_{1/2} = \frac{\ln 2}{k} = \frac{0.693}{k} \qquad (9・8)$$

これより，一次反応における半減期は，初濃度に依存しないことがわかる（図9・3）．つまり，A が 1 M から 0.5 M まで減少するのにかかる時間は，0.1 M から 0.05 M まで減少するのにかかる時間と同じである．表9・1に，生化学の研究や医学によく用いられる放射性同位体の半減期をまとめた．

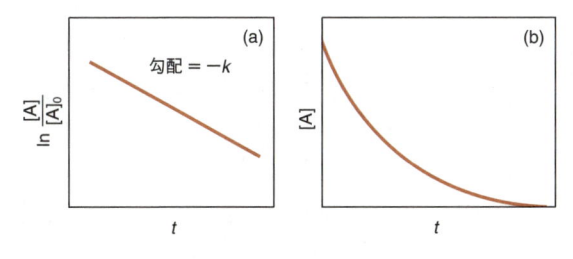

図 9・2 一次反応．(a) 式(9・6)をプロットしたもので勾配が $-k$ に相当する．(b) 式(9・7)に従うプロット．時間に対して [A] は指数関数的に減少する．

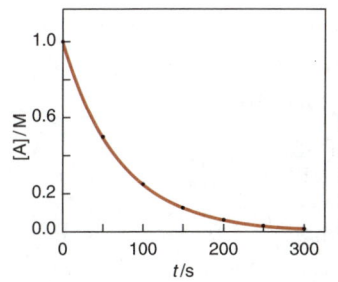

図 9・3 一次反応（A→生成物）の半減期．初濃度は任意に 1 M に固定した．A は一定の半減期 50 s で反応する．

表 9・1 おもな放射性同位体の半減期

同位体	壊変過程	$t_{1/2}$
${}^{3}_{1}\mathrm{H}$	${}^{3}_{1}\mathrm{H} \longrightarrow {}^{3}_{2}\mathrm{He} + {}^{0}_{-1}\beta$	12.3 年
${}^{14}_{6}\mathrm{C}$	${}^{14}_{6}\mathrm{C} \longrightarrow {}^{14}_{7}\mathrm{N} + {}^{0}_{-1}\beta$	5.73×10^3 年
${}^{24}_{11}\mathrm{Na}$	${}^{24}_{11}\mathrm{Na} \longrightarrow {}^{24}_{12}\mathrm{Mg} + {}^{0}_{-1}\beta$	15 時間
${}^{32}_{15}\mathrm{P}$	${}^{32}_{15}\mathrm{P} \longrightarrow {}^{32}_{16}\mathrm{S} + {}^{0}_{-1}\beta$	14.3 日
${}^{35}_{16}\mathrm{S}$	${}^{35}_{16}\mathrm{S} \longrightarrow {}^{35}_{17}\mathrm{Cl} + {}^{0}_{-1}\beta$	88 日
${}^{60}_{27}\mathrm{Co}$	γ 線放射	5.26 年
${}^{99m}_{43}\mathrm{Tc}^{\dagger}$	γ 線放射	6 時間
${}^{131}_{53}\mathrm{I}$	${}^{131}_{53}\mathrm{I} \longrightarrow {}^{131}_{54}\mathrm{Xe} + {}^{0}_{-1}\beta$	8.05 日

† 上つき文字 ^{m} は，核の励起エネルギー状態を意味する．

一次反応とは対照的に，他のタイプの反応の半減期は，すべて初濃度に依存する．一般的に，n を反応次数として次式により，半減期が初濃度に依存することが示せる．

$$t_{1/2} \propto \frac{1}{[A]_0^{n-1}} \qquad (9・9)$$

例題 9・1

2,2′-アゾビスイソブチロニトリル (2,2′-azobisisobutyronitrile, AIBN) の熱分解

$$\mathrm{N \equiv C - \underset{CH_3}{\overset{CH_3}{C}} - N = N - \underset{CH_3}{\overset{CH_3}{C}} - C \equiv N} \xrightarrow{\Delta}$$

$$2\,\mathrm{N \equiv C - \underset{CH_3}{\overset{CH_3}{C}} \cdot} + \mathrm{N_2}$$

は不活性有機溶媒中，室温で研究されている．反応の進行は，350 nm での AIBN の光吸収により追跡することができ，以下のデータが得られた．

t/s	A	t/s	A
0	1.50	8000	0.81
2000	1.26	10 000	0.72
4000	1.07	12 000	0.65
6000	0.92	∞	0.40

A は吸光度である．反応が AIBN に関して一次であるとして，速度定数を求めよ．

解 式(9・6)から，次式が得られる．

$$\ln \frac{[\text{AIBN}]}{[\text{AIBN}]_0} = -kt$$

$t=0$ と $t=\infty$ での吸光度の差 (A_0-A_∞) は，溶液中の AIBN の初濃度に比例する．同様に，A_t を時刻 t での AIBN の吸光度とすれば，(A_t-A_∞) という差も t における濃度 [AIBN] に比例する*．反応速度式は次式のように表せる．

$$\ln \frac{A_t-A_\infty}{A_0-A_\infty} = -kt$$

$A_0=1.50$，$A_\infty=0.40$ であるので，次表が得られる．

t/s	$\ln \frac{A_t-A_\infty}{A_0-A_\infty}$	t/s	$\ln \frac{A_t-A_\infty}{A_0-A_\infty}$
2000	-0.246	8000	-0.987
4000	-0.496	10 000	-1.235
6000	-0.749	12 000	-1.482

一次反応の速度定数を求めるには，図9・4のように，t に対してこの自然対数値をプロットすればよい．直線の勾配が速度定数に相当するので，求める値は，$1.24\times10^{-4}\,\text{s}^{-1}$ となる．

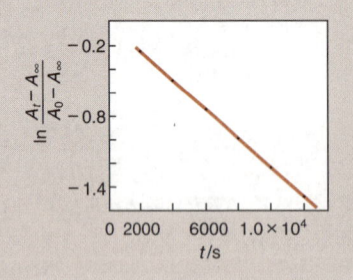

図 9・4 一次式 $y=-0.000\,124\,x-0.001\,67$ でフィッティング．したがって一次反応速度定数は，負の勾配の値から，$1.24\times10^{-4}\,\text{s}^{-1}$ になる．

二次反応

ここでは，二つのタイプの二次反応を考える．反応物が1種類の場合と二つの異なる反応物が関与する場合である．前者の反応は，一般的につぎのようなものである．

$$\text{A} \longrightarrow \text{生成物}$$

反応速度は，

---

* これは，時刻 t を無限大にしたとき，反応していない AIBN がほとんどないかまたはまったく残存せず，なおかつ生成物の吸収帯が 350 nm での AIBN の吸収帯と重ならない場合に正しいと言える．

$$\text{反応速度} = -\frac{\text{d}[\text{A}]}{\text{d}t} = k[\text{A}]^2 \qquad (9\cdot10)$$

となる．速度はAの濃度の2乗に比例し，$k\,(\text{M}^{-1}\,\text{s}^{-1})$ は二次反応の速度定数とよばれる．変数を分離して積分すると，

$$\int_{[\text{A}]_0}^{[\text{A}]}\frac{\text{d}[\text{A}]}{[\text{A}]^2} = -\int_0^t k\,\text{d}t$$

$$\frac{1}{[\text{A}]} - \frac{1}{[\text{A}]_0} = kt$$

$$\boxed{\frac{1}{[\text{A}]} = kt + \frac{1}{[\text{A}]_0}} \qquad (9\cdot11)$$

$[\text{A}]_0$ は初濃度である．$1/[\text{A}]$ を t に対してプロットすると，勾配が k に相当する直線が得られる（図9・5a）．二次反応の半減期を導くために，式(9・11)に，$[\text{A}]=[\text{A}]_0/2$ を代入して，

$$\frac{1}{[\text{A}]_0/2} = kt_{1/2} + \frac{1}{[\text{A}]_0}$$

$$t_{1/2} = \frac{1}{k[\text{A}]_0} \qquad (9\cdot12)$$

前述の通り，一次反応以外の他の反応の半減期はすべて濃度に依存する．

後者の二次反応は，次式のような形で表されるものである．

$$\text{A} + \text{B} \longrightarrow \text{生成物}$$

$$\text{反応速度} = -\frac{\text{d}[\text{A}]}{\text{d}t} = -\frac{\text{d}[\text{B}]}{\text{d}t} = k[\text{A}][\text{B}] \qquad (9\cdot13)$$

この反応は A に関して一次，B に関して一次，全体として二次になる．$x\,(\text{mol}\,\text{l}^{-1})$ を時刻 t までに消費された A，B の量とすると，

$$[\text{A}] = [\text{A}]_0 - x \qquad [\text{B}] = [\text{B}]_0 - x$$

式(9・13)から

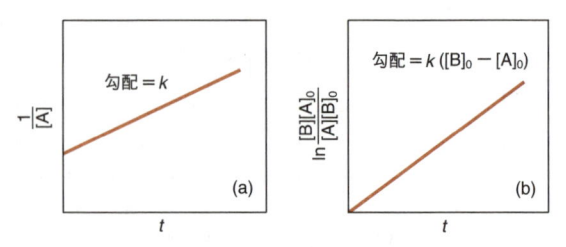

$$-\frac{\text{d}[\text{A}]}{\text{d}t} = -\frac{\text{d}([\text{A}]_0-x)}{\text{d}t} = \frac{\text{d}x}{\text{d}t} = k[\text{A}][\text{B}]$$
$$= k([\text{A}]_0-x)([\text{B}]_0-x)$$

図 9・5 二次反応．(a) 式(9・11)に基づいたプロット．(b) 式(9・14)に基づいたプロット．勾配から速度定数が求まる．

9・2 反応次数

表 9・2 A ⟶ 生成物の反応における速度式のまとめ

次数	微分形	積分形	半減期	速度定数の単位
0	$-\dfrac{d[A]}{dt} = k$	$[A]_0 - [A] = kt$	$\dfrac{[A]_0}{2k}$	$M\,s^{-1}$
1	$-\dfrac{d[A]}{dt} = k[A]$	$[A] = [A]_0 e^{-kt}$	$\dfrac{\ln 2}{k}$	s^{-1}
2	$-\dfrac{d[A]}{dt} = k[A]^2$	$\dfrac{1}{[A]} - \dfrac{1}{[A]_0} = kt$	$\dfrac{1}{[A]_0 k}$	$M^{-1}\,s^{-1}$
2†	$-\dfrac{d[A]}{dt} = k[A][B]$	$\dfrac{1}{[B]_0 - [A]_0} \ln \dfrac{[B][A]_0}{[A][B]_0} = kt$	—	$M^{-1}\,s^{-1}$

† A + B ⟶ 生成物の反応.

これを書き直すと

$$\frac{dx}{([A]_0 - x)([B]_0 - x)} = k\,dt$$

少し面倒だが回り道をせずに部分積分を用いて計算すると，最終的には次式が得られる．

$$\frac{1}{[B]_0 - [A]_0} \ln \frac{([B]_0 - x)[A]_0}{([A]_0 - x)[B]_0} = kt$$

$$\frac{1}{[B]_0 - [A]_0} \ln \frac{[B][A]_0}{[A][B]_0} = kt \quad (9 \cdot 14)$$

式(9・14)は，$[A]_0 < [B]_0$ の仮定の下に導かれたものである．$[A]_0 = [B]_0$ のときは，解は式(9・11)と同じになる．式(9・14)において $[A]_0 = [B]_0$ としても，式(9・11)は得られないことに注意せよ．式(9・14)をプロットしたものが図9・5bである．

二次反応の例をいくつかあげると，

$$Cl(g) + H_2(g) \longrightarrow HCl(g) + H(g)$$
$$2\,NO_2(g) \longrightarrow 2\,NO(g) + O_2(g)$$
$$C_2H_5Br(aq) + OH^-(aq) \longrightarrow C_2H_5OH(aq) + Br^-(aq)$$

二次反応の興味深く特殊な場合として，一方の反応物が大過剰に存在する例がある．つぎの塩化アセチルの加水分解が一例である．

$$CH_3COCl(aq) + H_2O(l) \longrightarrow CH_3COOH(aq) + HCl(aq)$$

塩化アセチル水溶液中の水の濃度は非常に高く（純水の濃度は約 55.5 M）[*1]，また塩化アセチルの濃度は 1 M 以下のオーダーなので，消費される水の量は元々存在する水の量に比べて無視できる程度である．したがって反応速度は

$$-\frac{d[CH_3COCl]}{dt} = k'[CH_3COCl][H_2O] = k[CH_3COCl]$$

と表せる．ただし $k = k'[H_2O]$ である．よって，反応は一次反応速度式に従うように見えるので，**擬一次反応**（pseudo-first-order reaction）とよばれる．

表9・2は，零次，一次，二次の各反応について，反応速度式と半減期をまとめたものである．三次反応は知られているもののあまり一般的でないためここでは取扱わない．

DNA の再結合── 事例研究　よく知られた二次反応の例としては，溶液中でのDNAの再結合があげられる．この過程の速度論的研究から，DNA分子の塩基配列に関する情報がわかる[*2]．典型的な実験として，DNAの大な固まりを音波処理（超音波振動によるかくはん）で壊し，ほぼ同じ大きさの小断片をつくるものがある．溶液を一時的に 90 ℃ まで加熱すると，DNA断片が変性して一本鎖になるが，それを冷却すると一本鎖は再結合して二本鎖の断片に戻る（図9・6）．再結合の速度は，DNA分子の性質に依存する．もしも，そのDNA分子が特異的な塩基配列をもったものならば，ある一本鎖が溶液中で相補鎖と出会う確率は小さくなり，再結合の速度は遅くなる．一方，DNA分子が多くの繰返し単位や"重複"配列をもっているときは，同じ構造の鎖の濃度が高くなり，その結果，再結合速度は速くなる．その端的な例が，アデニン（A）とチミン（T）という相補的な塩基対のみを含んだ合成DNAであり，それの再結合速度は，それ以外の二つの組合わせよりも速くなる．

DNAの再結合の速度論的解析を，AとBという二つの相補鎖の組合わせが二重らせんを形成する過程で考えていこう．

$$A + B \longrightarrow AB$$

$[A] = [B]$ なので，この二次反応速度は，次式で与えられる．

$$反応速度 = k[A][B] = k[A]^2$$

k は二次反応の速度定数である．式(9・11)から，次式のように書き表せる．

[*1] 1 l の水は 1000 g/(18.02 g mol^{-1}) すなわち，水 55.5 mol である．

[*2] DNA の構造と組成については，第16章を参照.

図 9・6 DNA の再結合実験．未変性の DNA 分子は，音波処理によってほぼ同じ大きさの二重鎖の断片に分かれる．この小さな断片は，加熱処理によって変性し，二本鎖がほどけてしまう．この相補的な一本鎖同士の再結合は二次反応速度論に従う．元々の DNA 分子が繰返し単位をほとんどまたはまったくもっていないとすると，対になる一本鎖の濃度は，全体の濃度から見て，非常に低くなってしまうだろう．結果として再結合の速度は遅くなるであろう．それに対して同じ塩基対（たとえば A と T）を含む合成 DNA では特定の一本鎖断片の濃度は高くなるので，再結合の速度はずっと速くなるであろう．

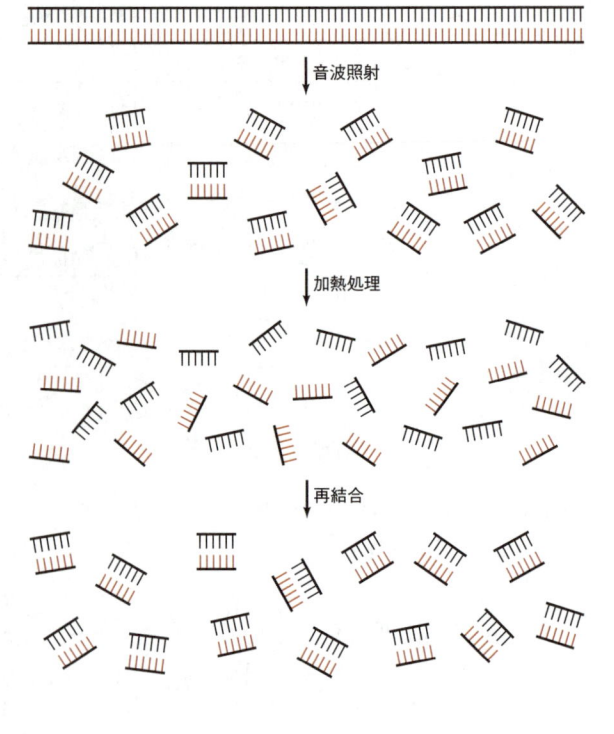

$$[A] = \frac{[A]_0}{1+[A]_0 kt} \qquad (9\cdot15)$$

$$\frac{[A]}{[A]_0} = f = \frac{1}{1+[A]_0 kt} \qquad (9\cdot16)$$

f は解離した一本鎖の割合である．また $[A]_0$ は断片 B（変性前）と相補的であった断片 A の初濃度〔1 l あたりのヌクレオチドの物質量（mol 単位）〕であり，$[A]$ は時刻 t での一本鎖 A の濃度である．C_0 を再結合前のすべての一本鎖の合計濃度とすると，$[A]_0$ と C_0 の間にはつぎのような関係が成り立つ．

$$[A]_0 = \frac{C_0}{2N} \qquad (9\cdot17)$$

N は塩基配列の最も短い繰返し単位であり，塩基対の**複雑度** (complexity) とよばれる量である（N が大きいほど配列はより複雑になる）．たとえば，合成 poly(A)・poly(T) DNA は，繰返し単位が 1 なので（A・T の塩基対のみで構成され，つぎの塩基対も同じものになる），$N=1$ で，$[A]_0 = C_0/2$ となる．一方，生物体から抽出した DNA が繰返し塩基配列をもたない場合は，N は存在する塩基対の総数になり，その大きさは 1×10^6，またはそれ以上の値となる．この場合には，各断片はそれぞれの一本鎖に特有なものになり，$[A]_0$ は非常に小さな値となる．

これらの値を用いて，式(9・16)は，次式のように書き表せる．

$$f = \frac{1}{1+C_0 tk/2N} \qquad (9\cdot18)$$

反応の半減期は，一本鎖の半分が再結合するのに要する時間で，すなわち $f=\frac{1}{2}$ [*1] となる時間は

$$\frac{C_0 t_{1/2} k}{2N} = 1$$

$$C_0 t_{1/2} = \frac{N}{k'} \qquad (9\cdot19)$$

となる．ここで $k'=k/2$ である．図 9・7 は異なる DNA 試料の $C_0 t$ を f に対してプロットしたものである．poly(U)・poly(A)（DNA とよく似たふるまいをする合成二本鎖 RNA 分子）では，$f=\frac{1}{2}$ の $C_0 t_{1/2}$ の値は 2×10^{-6} M s であり，$N=1$ なので式(9・19)から次式のようになる．

$$k' = \frac{1}{2\times10^{-6}\,\text{M s}} = 5\times10^5\,\text{M}^{-1}\,\text{s}^{-1}$$

二次反応の速度定数の値を用いて，DNA の N の値を決めることができる．たとえば，仔ウシ DNA では，$f=\frac{1}{2}$，$C_0 t_{1/2} = 3\times10^3$ M s であるので，

$$\begin{aligned}N &= k' C_0 t_{1/2} = (5\times10^5\,\text{M}^{-1}\,\text{s}^{-1})(3\times10^3\,\text{M s}) \\ &= 2\times10^9\end{aligned}$$

となり[*2]，この DNA 分子が非常に大きな複雑度の値を

[*1] $f=\frac{1}{2}$ のとき，解離された断片の割合は再結合された断片の割合と等しくなる．
[*2] 他の一本鎖でも二次反応の速度定数は同じであると仮定する．

9・2 反応次数

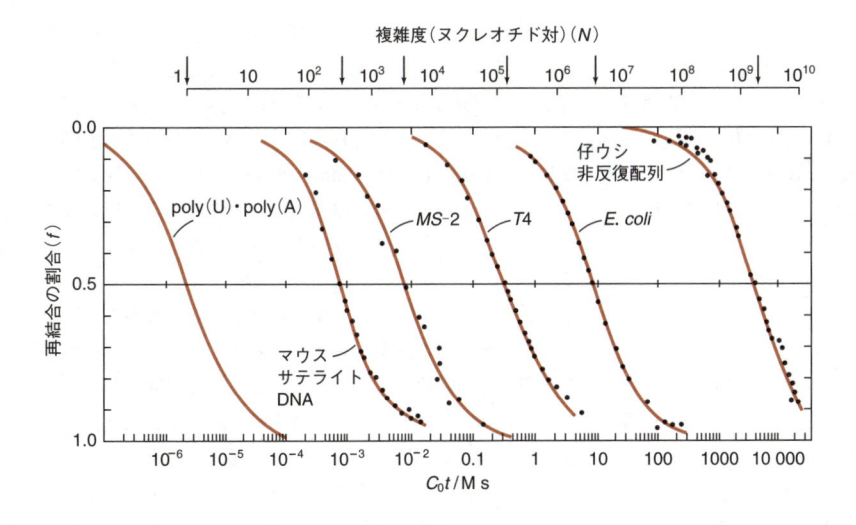

図 9・7 種々の DNA における再結合の割合 (f) の C_0t (対数軸) に対するプロット．上の目盛りは塩基対の複雑度(N)を表し，N が最も小さいのは，合成 poly(U)・poly(A) のときの1である．$f = \frac{1}{2}$ に相当する C_0t の値と二次反応速度定数から，他の DNA 分子の N を計算することができる〔R. J. Britten, D. E. Kohne, *Science*, **161**, 529 (1968). Copyright 1968 by the American Association for the Advancement of Science〕.

もっていることがわかる．

反応次数の決定

反応速度論の研究では，まず反応次数を決定しないといけない．反応次数の決定のためにはいくつかの方法が利用できる．ここでは四つの一般的な方法について簡単に述べる．

1. 積分法 反応中のさまざまな時間間隔で反応物の濃度を測定し，表 9・2 (p.191) の式にそのデータを代入するわかりやすい方法である．一連の時間間隔で速度定数の値ができるだけ一定になる式が，正確な反応次数に最も近い式である．実際には，この積分法は一次，二次反応を区別できるほどには正確でない．

2. 微分法 この方法は，1884年，van't Hoff が発展させたものである．n 次反応の速度 (v) は，反応物の濃度の n 乗に比例するので，次式のように書き表せる．

$$v = k[\text{A}]^n$$

以上述べた方法は，理想的な系にのみ適用できる．初速度決定の際にわずかな濃度変化が起こるなど，濃度測定における不確かさのためや，可逆反応や反応物と生成物とで反応が起こってしまうなどの，反応の複雑性のために，実際の反応次数の決定はとても困難である．ある程度までは次数決定の手順は試行錯誤で行い，反応速度データの分析にはコンピューターの利用が非常に適している．

反応次数が一度決まってしまえば，特定の温度での反応の速度定数は，反応速度と反応物の濃度（反応次数の累乗の形で寄与する）の比から計算できる．反応次数と速度定数を知っていれば，反応速度式を記述することができる．両辺の対数をとって

$$\log v = n \log [\text{A}] + \log k$$

これから，A の濃度を変えて v を測定し，$\log [\text{A}]$ に対して $\log v$ をプロットすることで n の値を求めることができる．満足のいくやり方の一つは，A の初濃度を変えて反応の初速度 (v_0) を測定することで，図 9・8 のようになる．初速度を利用する利点としては，1) 生成物の存在により起こりうる複雑性を避ける（反応次数に影響を与える可能性があるため），2) この時点での反応物の濃度が最も正確にわかる，という二つがあげられる．

3. 半減期法 反応次数を決定するもう一つの簡便な方法は，表 9・2 にあげた式や式(9・9)を用いて，初濃度に対する反応の半減期の依存性を見つける方法である．反応の半減期を測定することで反応次数が決定できる．この方法は半減期が濃度に依存しない一次反応で特に有効である．

4. 分離法 反応が 2 種類以上の反応物を含んでい

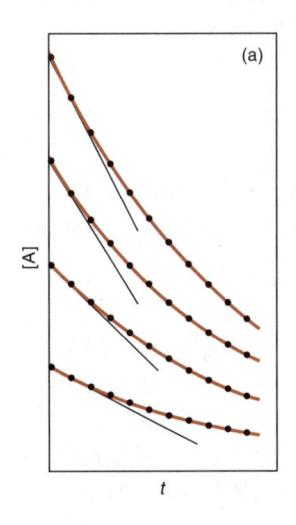

図 9・8 (a) 濃度を変えて反応の初速度 v_0 を測定したプロット．(b) $\log v_0$ の $\log [\text{A}]_0$ に対するプロット

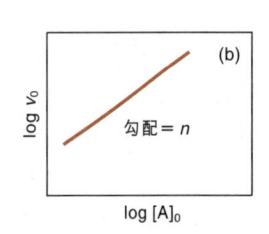

るときは，一つの反応物の濃度を除いてすべての反応物の濃度を一定にしてしまい，速度をその一つの反応物濃度の関数として測定する．速度変化はすべて，その反応物だけに依存することになる．この反応物の反応次数を決定したら，つぎの反応物についてこの操作を繰返していく．すべての反応物についてこの方法を行うことで，全体の反応次数がわかることになる．

9・3 反応分子数

反応次数を調べることは，反応がどのように起こるのかを詳細に理解する上での第一段階でしかない．化学方程式に書かれた通りに反応が進行していることはほとんどなく，一般に，全反応はいくつかの素過程の集まりになる．反応を起こす一連の素過程の流れは，**反応機構**（reaction mechanism）とよばれる．反応機構がわかるというのは，反応物分子同士が非常に接近したときに，分子が他の分子にどのように衝突していくのか，化学結合がどのように切れどのように形成されるのか，どのように電荷が移動するのか，などを理解することに相当する．ある反応に対して提案された反応機構は，全体の化学量論の関係，反応速度式，その他の既知の事実をすべて満たさねばならない．二酸化窒素と一酸化炭素との反応を考える．

$$NO_2(g) + CO(g) \longrightarrow NO(g) + CO_2(g)$$

実験的に反応速度式はつぎのようになることがわかっている．

$$反応速度 = k[NO_2]^2$$

反応物の一つ CO が反応速度式に現れてこないことから，反応は上の化学反応式が示すよりももっと複雑である．

次数（order）という語が，反応物から生成物への変化全体に対して適用される語であるのに対して，**反応分子数**（molecularity of reaction）は明確に速度論的な単一の過程（全反応の中の一つの過程にすぎないこともある）について用いられる．この反応は次式の 2 段階から成り立っていることが証明されている．

過程(1):　$NO_2(g) + NO_2(g) \xrightarrow{k_1} NO_3(g) + NO(g)$
過程(2):　$NO_3(g) + CO(g) \xrightarrow{k_2} NO_2(g) + CO_2(g)$

これらは**素過程**（elementary step）とよばれ，分子レベルで実際に起こっていることを表している．実験から得られた速度の依存性を，これら二つの素過程を用いて説明するにはどのようにすればよいのだろうか．簡単に，過程 1 の反応速度が過程 2 に比べて，著しく遅い場合（$k_1 \ll k_2$）を考える．そのとき，反応の全体の速度は，**律速段階**（rate-determining step）とよばれる過程(1)の速度によって完全に制御されてしまい，反応速度 = $k_1[NO_2]^2$（$k_1 = k$）となる．過程(1)と過程(2)の和をとると NO_3 種が相殺されて全反応式が得られる．このような種は，反応機構には現れるものの全反応の化学方程式には出てこないため，**反応中間体**（reaction intermediate）とよばれている．覚えておいて欲しいのは，中間体は常に反応の初期の素過程で生成し，引き続いて起こる後期の素過程で消費されることである．

これから，化学反応に対する知見が反応次数からではなく，反応分子数の理解から得られることを議論しよう．反応機構と律速段階についてわかれば，反応速度式を書くことができるが，それらは実験で決定された反応速度式と合致しなくてはいけない．ほとんどの反応は速度論的には複雑であるが，その中の多くは，分子レベルで議論できるほど十分に反応機構が理解されている．しかしながら，一般的には，個々の反応機構について議論することは非常に難しく[1]，とりわけ複雑な反応についてはほとんど不可能である．

ここで，三つの異なるタイプの反応分子数について説明しよう．反応次数とは異なり，反応分子数は 0 もしくは非整数値はとらない．

単分子反応

シス-トランス異性化反応，熱分解反応，開環反応，ラセミ化反応などの反応は，普通，素過程に一つの反応物分子しか含まない**単分子反応**（unimolecular reaction）である．たとえば，つぎの気相反応の素過程は単分子反応である．

$$N_2O_4(g) \longrightarrow 2NO_2(g)$$

$$\underset{\text{シクロプロパン}}{\underset{H_2C-CH_2}{\overset{CH_2}{\diagup\!\!\!\diagdown}}} \longrightarrow \underset{\text{プロペン}}{CH_3CH=CH_2}$$

単分子反応は一次反応速度式に従うことが多い．これらの反応は多分二分子の衝突（反応物分子が変形に必要なエネルギーをその衝突により得る）の結果起こるから，反応は二分子反応でそれゆえ二次反応になると予想される．この予測と実測の反応速度式の違いはどのように説明できるだろうか．この疑問に答えるために，英国の化学者，Frederick Alexander Lindemann（1886～1957）によって 1922 年[2] に提案された取扱いについて考えてみよう．反応物分子 A と別の分子 A が時々衝突して，片方の分子のエネルギーを消費してもう一方の分子がエネルギー的に励起される過程

---

[1] 法廷におけるのと同様，疑問の余地のない絶対的な証拠のみが要求される．
[2] 同様の取扱いは，Lindemann とは別に，デンマークの化学者，Jens Anton Christiansen（1888～1969）によってほとんど同時期に提案された．

9・3 反応分子数

$$A + A \xrightarrow{k_1} A + A^*$$

を考える．* は活性化された分子を示す．活性化された分子は，次式の素過程によって望みの生成物を生じる．

$$A^* \xrightarrow{k_2} 生成物$$

もう一つの起こってしまう可能性のある反応過程は，A^* 分子の失活である．

$$A^* + A \xrightarrow{k_{-1}} A + A$$

生成物の生成速度は，次式で与えられる．

$$\frac{d[生成物]}{dt} = k_2[A^*]$$

あと，しなくてはいけないのは，$[A^*]$ に関する式の誘導である．活性種 A^* はエネルギー的に励起された化学種であるために，安定性が非常に低く寿命も短い．気相中での濃度は低いだけでなく，加えて多分かなり一定である．この仮定の下に，以下のように定常状態近似を適用する．$[A^*]$ の濃度変化の速度は A^* の生成に至る過程から A^* の消失に至る過程を差し引いて与えられる．しかしながら，この定常状態近似に従うと，濃度変化の速度は 0 として取扱える．数式的には，次式になる*．

$$\frac{d[A^*]}{dt} = 0 = k_1[A]^2 - k_{-1}[A][A^*] - k_2[A^*]$$

$[A^*]$ について解くと，以下の式が得られる．

$$[A^*] = \frac{k_1[A]^2}{k_2 + k_{-1}[A]}$$

これにより生成物の生成速度は下式のようになる．

$$\frac{d[生成物]}{dt} = k_2[A^*] = \frac{k_1 k_2 [A]^2}{k_2 + k_{-1}[A]}$$

二つの重要な極限的な場合が上の式に適用できる．1 atm 以上の高圧では，たいていの A^* 分子が生成物を生じる代わりに失活し，以下のような条件になる．

$$k_{-1}[A][A^*] \gg k_2[A^*]$$
$$k_{-1}[A] \gg k_2$$

この場合の反応速度は，

$$\frac{d[生成物]}{dt} = \frac{k_1 k_2}{k_{-1}}[A]$$

---

* 定常状態近似は反応中間体に常に適用できるとは限らないことに注意せよ．これらが使えるかどうかは，実験的な証拠か理論的考察のどちらかで確かめなくてはならない．

となり，反応は A について一次反応である．一方，反応が低圧（0.5 atm 以下）で行われている場合，A^* の多くが失活されずに生成物を生じる．このとき以下の不等式が成立する．

$$k_{-1}[A][A^*] \ll k_2[A^*]$$
$$k_{-1}[A] \ll k_2$$

反応速度は次式となり，反応は A について二次になる．

$$\frac{d[生成物]}{dt} = k_1[A]^2$$

リンデマン機構は，多くの反応系について試されており基本的には正しいことがわかっている．二つの条件の中間の場合（$k_{-1}[A][A^*] \approx k_2[A^*]$）は，解析が複雑であるため，ここでは言及しない．

二分子反応

二つの反応物分子から成る素過程はすべて，**二分子反応**（bimolecular reaction）に相当する．気相での反応例には，以下の反応がある．

$$H + H_2 \longrightarrow H_2 + H$$
$$NO_2 + CO \longrightarrow NO + CO_2$$
$$2\,NOCl \longrightarrow 2\,NO + Cl_2$$

溶液相での反応例にはつぎのようなものがある．

$$2\,CH_3COOH \longrightarrow (CH_3COOH)_2 \,(無極性溶媒中)$$
$$Fe^{2+} + Fe^{3+} \longrightarrow Fe^{3+} + Fe^{2+}$$

三分子反応

最後に，三つの反応物分子が同時に衝突する素過程である**三分子反応**（termolecular reaction）について述べる．三体衝突の可能性は通常かなり低く，このような反応はいくつかが知られているに過ぎない．面白いことに，反応はすべて，反応物の一つとして一酸化窒素が関与している．

$$2\,NO(g) + X_2(g) \longrightarrow 2\,NOX(g)$$

X は Cl, Br, I である．他の三分子"反応"のタイプとしては，気相での原子の再結合がある．たとえば

$$H + H + M \longrightarrow H_2 + M$$
$$I + I + M \longrightarrow I_2 + M$$

M は，通常，N_2 や Ar などの不活性気体である．原子が結合して二原子分子になるとき，この分子は，過剰な運動エネルギーをもち，これが振動運動に変換され，その結果，結合解離が起こる．三体衝突では，M 種がこの過剰なエネルギーをもち去ることができるため，生成した二原子分

子の解離を防ぐことができる．

3を超える反応分子数をもつ素過程は知られてない．

9・4　より複雑な反応

これまで議論したすべての反応は，それぞれの場合で一つの反応だけが起こるという意味で簡単なものであった．あいにく現実には，この条件が成立しないことが多い．本節では，より複雑な反応について三つの例を取上げる．

可逆反応

多くの化学反応はある程度可逆的であり，このような場合，正反応，逆反応の反応速度の両方について考えなければならない．二つの素過程で進行する可逆反応

$$A \underset{k_{-1}}{\overset{k_1}{\rightleftharpoons}} B$$

では，[A] の正味の変化の速度は次式のように表される．

$$\frac{d[A]}{dt} = -k_1[A] + k_{-1}[B]$$

平衡状態では，時間に対する A の正味の濃度変化はないため，$d[A]/dt = 0$ となり

$$k_1[A] = k_{-1}[B]$$

となる．これから

$$\frac{[B]}{[A]} = \frac{k_1}{k_{-1}} = K$$

が導かれ，K は平衡定数とよばれる．

反応速度と平衡定数の関係は，反応速度論における非常に重要な原理に基づいて議論される．**微視的可逆性の原理**（principle of microscopic reversibility）が意味することは，平衡状態では正反応と逆反応の速度はどの素過程が起こる際にも等しいということである[*1]．これは，A→B の過程と B→A の過程が正確に釣り合っているということで，その結果，正反応 A→B と逆反応 B→C→A のような循環過程では平衡状態が維持できない．

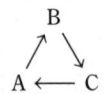

代わりにすべての素反応に対して，つぎのように逆反応を書くことができる．

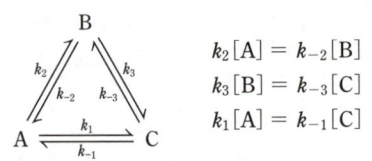

$$k_2[A] = k_{-2}[B]$$
$$k_3[B] = k_{-3}[C]$$
$$k_1[A] = k_{-1}[C]$$

これらの速度定数はすべてが独立なわけではない．簡単な代数的な操作により $k_{-1}k_2k_3 = k_1k_{-2}k_{-3}$（問題 9・56 参照）が得られる．微視的可逆性の原理は，平衡における逆反応の反応経路が正反応の反応経路と正確に逆になることを示し，有用である．それゆえ，正反応，逆反応の遷移状態[*2]は，まったく同じである．塩基触媒による酢酸とエタノールのエステル化反応について考えよう．

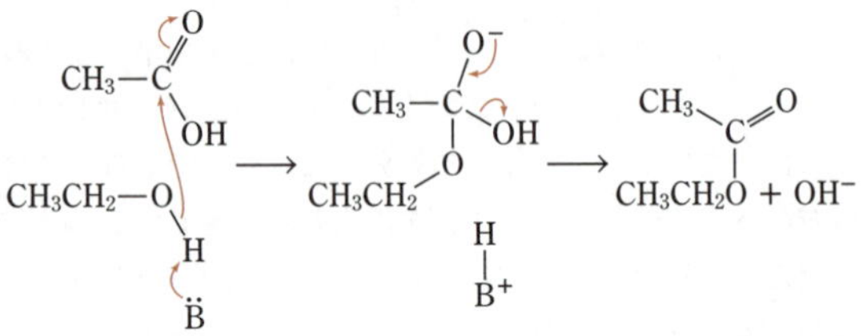

B は塩基（たとえば OH^-）である．一番はじめに生成する化学種は，四面体形の中間体である．ここで，先の微視的可逆性の原理を考えると，逆反応は，すなわち酢酸エチルの加水分解であり，酸触媒によって正反応と同じ四面体形中間体からエトキシドイオンが取れる過程のはずである．

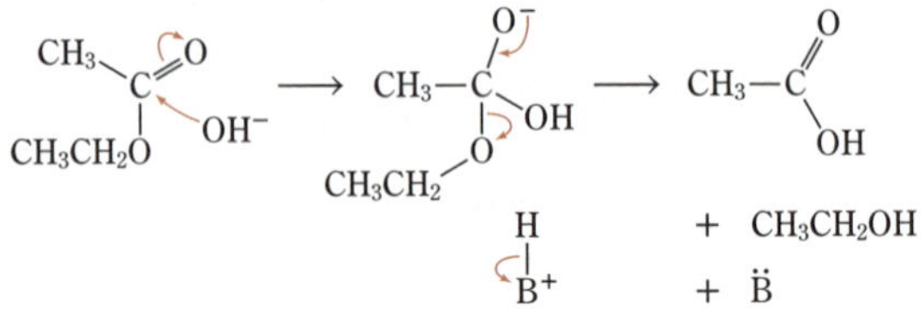

かくして，ある反応機構の可能性を考えるときに，常に指針となる原理に立ち戻ることができる．もし，逆反応の機構が正しくないように思われたら，提案された反応機構が間違っている可能性があり，別の反応機構を探す必要がある．

逐次反応

逐次反応は，最初の過程の生成物が第二の過程の反応物となる反応である．気相中におけるアセトンの熱分解がこの例に相当する．

[*1] 微視的可逆性の原理は，系の巨視的または微視的な動力学についての基本的な式（すなわちニュートンの法則やシュレーディンガー方程式）が，時刻 t を $-t$ に置き換えたり，すべての反応速度の符号を逆にしても同じ形をもっているという事実から導かれたものである．B. H. Mahan, *J. Chem. Educ.*, **52**, 299 (1975) 参照．

[*2] 反応の遷移状態は，反応座標上の反応物と生成物の間に生成する錯合体である（§9・7でさらに述べる）．

$$CH_3COCH_3 \longrightarrow CH_2=CO + CH_4$$
$$CH_2=CO \longrightarrow CO + \frac{1}{2}C_2H_4$$

多くの原子核壊変もまた逐次反応に属する．たとえば ^{238}U 放射性同位体が中性子を獲得して ^{239}U へ変換されると，次式のように壊変する．

$$^{239}_{92}U \longrightarrow {}^{239}_{93}Np + {}^{\ 0}_{-1}\beta$$
$$^{239}_{93}Np \longrightarrow {}^{239}_{94}Pu + {}^{\ 0}_{-1}\beta$$

二つの反応過程から成る逐次反応

$$A \xrightarrow{k_1} B \xrightarrow{k_2} C$$

では，各過程は一次反応であるので，反応速度式はつぎのようになる．

$$\frac{d[A]}{dt} = -k_1[A] \tag{9.20}$$

$$\frac{d[B]}{dt} = k_1[A] - k_2[B] \tag{9.21}$$

$$\frac{d[C]}{dt} = k_2[B] \tag{9.22}$$

初期にはAのみが存在し，その濃度は $[A]_0$ と仮定する．その結果，

$$[A] = [A]_0 e^{-k_1 t} \tag{9.23}$$

となる．反応中間体Bに対する反応速度式は非常に複雑であり，ここではあまり議論しない．しかしながら，Bに対して定常状態近似を用いると，取扱いは非常に簡単になる．すなわちある程度の時間，Bの濃度は一定であると仮定することによって，下式のように書ける．

$$\frac{d[B]}{dt} = 0 = k_1[A] - k_2[B] \tag{9.24}$$

$$[B] = \frac{k_1}{k_2}[A] = \frac{k_1}{k_2}[A]_0 e^{-k_1 t} \tag{9.25}$$

式(9.25)は $k_2 \gg k_1$ のとき成り立つ．この条件下でB分子は生成するとすぐにCに変換される．そのため[B]は一定であり，また[A]に比べて小さい．

[C]を表す式を得るために，どんなときも $[A]_0 = [A] + [B] + [C]$ であることに注意せよ．それゆえ，式(9.23)と式(9.25)より

$$\begin{aligned}[] [C] &= [A]_0 - [A] - [B] \\ &= [A]_0\left(1 - e^{-k_1 t} - \frac{k_1}{k_2} e^{-k_1 t}\right) \\ &= [A]_0(1 - e^{-k_1 t}) \end{aligned} \tag{9.26}$$

が得られる．$(k_1/k_2)\exp(-k_1 t)$ の項は1よりもずっと小さいので省いた．

図9・9は時間に対する[A]，[B]，[C]を速度定数を変えてプロットしたものである．どの場合でも，[A]は $[A]_0$ から0へと減少し，一方，[C]は0から $[A]_0$ まで増加する．Bの濃度は0から最大値まで増加したのち0まで減少する．k_2 が k_1 よりずっと大きくなっているときは，[B]はある間一定であるので，定常状態近似は妥当となることに注意されたい（図9・9c）．

より複雑ではあるが一般的な逐次反応は以下のようなものである．

$$A + B \underset{k_{-1}}{\overset{k_1}{\rightleftharpoons}} C \xrightarrow{k_2} P$$

Pは生成物を表す．この反応には，一つの反応中間体が反応物と平衡にある**前駆平衡**（pre-equilibrium）が，含まれている．前駆平衡は，反応中間体の生成速度と反応物に戻ってしまう分解速度が，生成物の生成速度よりも十分に速いとき，すなわち $k_{-1} \gg k_2$ のときに起こる．A, B, Cは平衡にあると考えられ，次式

$$K = \frac{[C]}{[A][B]} = \frac{k_1}{k_{-1}}$$

が成り立ち，Pの生成速度は下式のようになる．

$$\frac{d[P]}{dt} = k_2[C] = k_2 K[A][B]$$

第10章では酵素反応速度論に定常状態近似と前駆平衡の取扱いの両方を応用する．

連 鎖 反 応

最もよく知られた気相中での連鎖反応の一つは，230〜

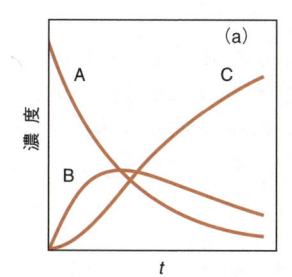

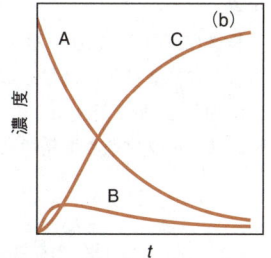

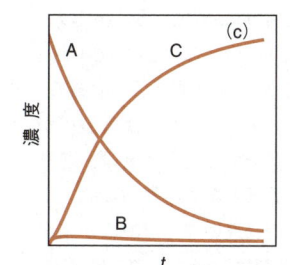

図9・9 逐次反応 $A \xrightarrow{k_1} B \xrightarrow{k_2} C$ におけるA, B, Cの濃度の時間 t に伴う変化．(a) $k_2 = k_1$；(b) $k_2 = 5k_1$；(c) $k_2 = 25k_1$

300 ℃ で分子状の水素と臭素から臭化水素が生成する反応である．

$$H_2(g) + Br_2(g) \longrightarrow 2\,HBr(g)$$

この反応が複雑であることは，反応速度式

$$\frac{d[HBr]}{dt} = \frac{\alpha[H_2][Br_2]^{1/2}}{1 + \beta[HBr]/[Br_2]} \qquad (9\cdot27)$$

からわかる．α, β は定数である．これから，反応は整数の反応次数ではないことがわかる．数多くの実験と化学的な考察が行われ，式(9・27)が導かれた．連鎖反応はつぎのように進行していると考えられている．

$$\begin{array}{lll}
Br_2 \xrightarrow{k_1} 2\,Br & & \text{連鎖開始} \\
Br + H_2 \xrightarrow{k_2} HBr + H & & \text{連鎖成長} \\
H + Br_2 \xrightarrow{k_3} HBr + Br & & \text{連鎖成長} \\
H + HBr \xrightarrow{k_4} H_2 + Br & & \text{連鎖阻害} \\
Br + Br \xrightarrow{k_5} Br_2 & & \text{連鎖停止}
\end{array}$$

つぎの反応は，反応速度にはほとんど影響しない．

$$\begin{array}{lll}
H_2 \longrightarrow 2\,H & & \text{連鎖開始} \\
Br + HBr \longrightarrow Br_2 + H & & \text{連鎖阻害} \\
H + H \longrightarrow H_2 & & \text{連鎖停止} \\
H + Br \longrightarrow HBr & & \text{連鎖停止}
\end{array}$$

そのためこれら反応過程は速度論的考察には含めない．反応中間体 H と Br について，定常状態近似を適用することで，上記の五つの素過程を用いて式(9・27)を導くことができる（問題 9・20 参照）．

9・5　反応速度に対する温度の影響

図 9・10 は，速度定数に対する反応温度の依存性を表しており，四つのタイプがある．(a)は，温度の増加と共に反応速度が増加する通常の一般的な反応である．(b)は，はじめは温度の増加と共に反応速度が増加し，最大値をとった後，さらなる温度上昇で反応速度が下がるものである．(c)は，温度増加と共に定常的に反応速度が減少する例である．反応速度は1秒あたりの反応分子の衝突数とその反応が起こるための活性化された分子の割合という二つの要因によるものであると考えられるため，(b), (c)のふるまいは意外に思われるかもしれない．この二つの値は共に，反応温度の増加に伴って増大するはずだからである．このように表向き異常なふるまいをする場合，反応機構が複雑な性質をもっていることを意味する．たとえば，酵素触媒反応では，酵素分子は基質分子とある特異的なコンホメーションをとって反応しているに違いない．酵素が未変性状態で存在していれば，反応速度は温度と共に上昇する．

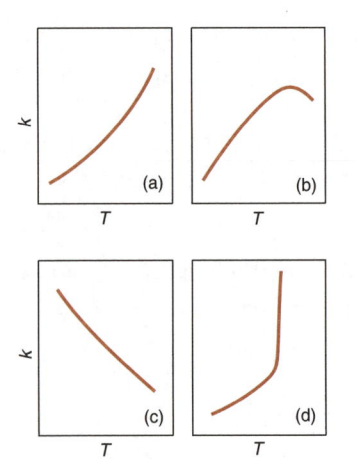

図 9・10　速度定数の温度依存性の四つのタイプ．本文参照

高温では，酵素分子が変性してしまい，触媒としての機能を失ってしまうこともあろう．その結果，反応速度は温度上昇と共に減少することになる．

図 9・10c のようにふるまう反応系は数例しか知られていない．一酸化窒素と酸素から二酸化窒素が生成する反応を考える．

$$2\,NO(g) + O_2(g) \rightleftharpoons 2\,NO_2(g)$$

反応速度式は，

$$\text{反応速度} = k[NO]^2[O_2]$$

となる．反応機構には次式の二つの二分子過程が関与すると考えられている．

速い過程*：　　　$2\,NO \rightleftharpoons (NO)_2 \qquad K = \dfrac{[(NO)_2]}{[NO]^2}$

遅い律速過程：　$(NO)_2 + O_2 \xrightarrow{k'} 2\,NO_2$

かくして全反応速度は

$$\begin{aligned}
\text{反応速度} &= k'[(NO)_2][O_2] = k'K[NO]^2[O_2] \\
&= k[NO]^2[O_2]
\end{aligned}$$

となり，ここで $k = k'K$ である．さらに，2 NO と $(NO)_2$ の間の平衡は，$(NO)_2$ 生成方向で発熱反応である．温度上昇における平衡定数 K の減少が k' の増加よりも大きいため，全反応速度はある温度範囲では温度増加に伴って減少する．

最後に，図 9・10d に示すふるまいは連鎖反応に相当することに注意せよ．はじめは，温度と共に反応速度は次第に増加する．ある温度になると連鎖成長反応が顕著になり，反応速度は文字通り爆発的に増大する．

───────────
＊ この反応も先に述べた前駆平衡の例である．

アレニウス式

1889年，スウェーデンの化学者 Svante Arrhenius (1859～1927) は，多くの反応の温度依存性が次式に従うことを発見した．

$$k = A e^{-E_a/RT} \quad (9 \cdot 28)$$

k は速度定数，A は頻度因子もしくは前指数因子とよばれる定数であり，E_a は活性化エネルギー（kJ mol^{-1}），R は気体定数，T は熱力学温度である．**活性化エネルギー**（activation energy）は，化学反応を開始するのに必要なエネルギーの最小値である．頻度因子 A は，反応物分子間の衝突の頻度を表している．指数部分 $\exp(-E_a/RT)$ は，ボルツマン分布則（式 3・22 参照）に似ており，活性化エネルギー（E_a）以上のエネルギーをもった分子の衝突の割合を示す（図 9・11）．指数項は数値であるから，A の単位は速度定数の単位と同じになる（一次反応なら s^{-1}，二次反応なら M^{-1}s^{-1}，…というように）．

後ほどわかるように，頻度因子 A は分子の衝突と関係するため，温度に依存する．しかしながら，ある限られた温度範囲（≤ 50 K）では温度依存性はほとんど指数項に取込まれる．式(9・28)の自然対数をとると，

$$\ln k = \ln A - \frac{E_a}{RT} \quad (9 \cdot 29)$$

が得られる．これから，$1/T$ に対する $\ln k$ のプロットは直線的になり，その勾配は負であり $-E_a/R$ に相当する（図 9・12）．式(9・29)では k と A は，無次元の量として取扱っていることに注意せよ．

また，温度 T_1, T_2 における速度定数 k_1, k_2 がわかっているならば，式(9・29)から，

$$\ln k_1 = \ln A - \frac{E_a}{RT_1} \quad \ln k_2 = \ln A - \frac{E_a}{RT_2}$$

であり，2式の差をとって，

$$\ln \frac{k_2}{k_1} = -\frac{E_a}{R}\left(\frac{1}{T_2} - \frac{1}{T_1}\right) \quad (9 \cdot 30)$$

が得られる．E_a がわかっているときは，異なる反応温度における速度定数を，式(9・30)を用いて計算できる．

アレニウス式の見地から，反応の速度定数を決めている要因について完全に理解するためには A と E_a の両方の値を計算できることが必要不可欠である．以下見ていくように，かなりの努力がこの問題のために費やされてきたのである．

9・6 ポテンシャルエネルギー面

活性化エネルギーについてより詳しく議論するには，反応のエネルギー論について学ぶ必要がある．最も単純な反応の一つに，H + H ⟶ H$_2$ のような二つの原子が結合して二原子分子を生じる反応があげられる．根本的には，より複雑な反応を図 3・16 に示したようなポテンシャルエネルギー曲線を用いて記述したい．しかしながら，ポテンシャルエネルギー図は，最も単純な系を除けば複雑すぎて手が出ない．そこで最も単純でよく研究されている系の一つとして，水素原子と水素分子の間の水素原子交換反応を考えよう．

$$\text{H} + \text{H}_2 \longrightarrow \text{H}_2 + \text{H}$$

このような三原子系でさえ，三つの結合長，もしくは二つの結合長と一つの結合角を，エネルギーに対してプロットするには，四次元プロットが必要である．最小エネルギーの立体配置は直線形になることを仮定すると問題は非常に簡単になり，二つの結合長を特定するだけでよくなる．結果として，プロットは三次元で十分である（図 9・13）．三つの水素原子を A, B, C と表記すると，反応はつぎのようになる．

$$\text{H}_A + \text{H}_B-\text{H}_C \longrightarrow [\text{H}_A\cdots\text{H}_B\cdots\text{H}_C] \longrightarrow \text{H}_A-\text{H}_B + \text{H}_C$$
活性錯合体

ポテンシャルエネルギー面（potential-energy surface）とよばれる図は，二つの原子間の間隔 r_{AB} と r_{BC} の値を変えて対応するポテンシャルエネルギーを等高線の形で描いたものである．どんな反応経路を通って反応が進行しても，エネルギーの最小値をとるには，図のような赤の曲線上を通らなければならない．この反応経路に沿って，系は最初の谷を通り，活性錯合体に相当する鞍点を通過し，つぎの谷を降りていく．反応座標に対するポテンシャルエネルギーをプロットして表したこの反応経路は，反応中における原子の位置を示すものである．図 9・14a は，H + H$_2$ 反応におけるプロットである．図 9・14b，図 9・14c は，反応物と生成物が異なる一般的な反応に対してよく用いられるプロットである．これらのプロットは，大きな分子が複数関与するという複雑さのせいで，定性的な反応経路の記

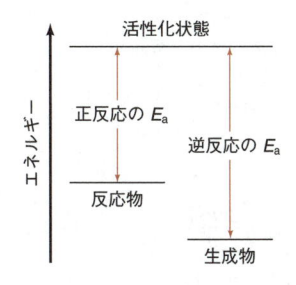

図 9・11 発熱反応における活性化エネルギーの概略図

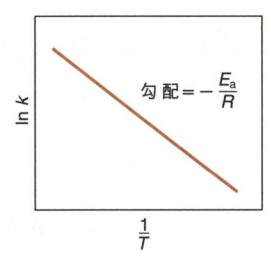

図 9・12 $1/T$ に対する $\ln k$ のプロット．直線の勾配は $-E_a/R$ に等しい．

図 9・13 $H+H_2 \rightarrow H_2+H$ 反応. (a) ポテンシャルエネルギー面, (b) ポテンシャルエネルギー面の等高線

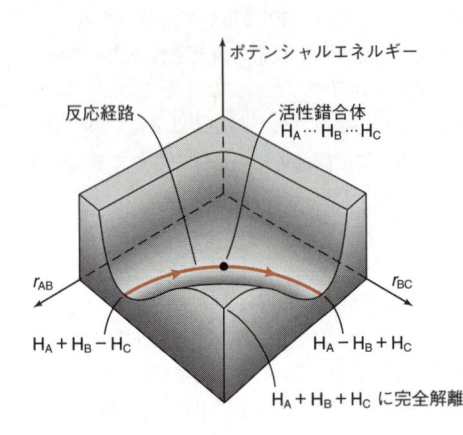

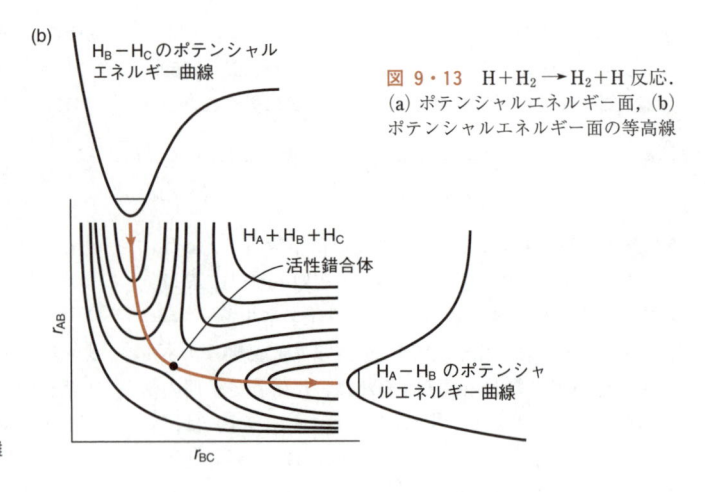

図 9・14 エネルギー最小の経路に沿ったポテンシャルエネルギー図. (a) $H+H_2 \rightarrow H_2+H$ 反応, (b) 発熱反応, (c) 吸熱反応

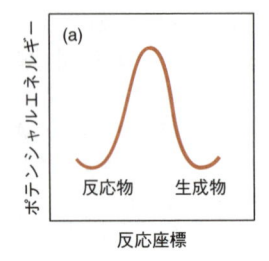

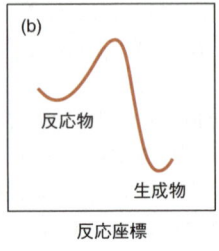

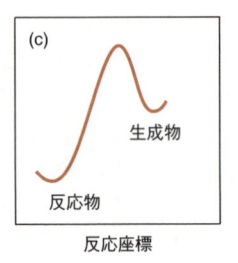

述しか示せないということを理解してほしい.

$H+H_2$ 反応についての活性化エネルギーの計算には, 多くの研究が行われてきた. 図 9・13a の反応経路に対する E_a の計算値と実測値はほとんど同じ ($36.8\,\mathrm{kJ\,mol^{-1}}$) であることから, 活性錯合体が直線形をとっているというモデルの妥当性が裏付けられる[*1]. これに対し, H_2 分子が一度解離してから再結合することによって反応が進行する場合には, $432\,\mathrm{kJ\,mol^{-1}}$ ものエネルギーを必要とすることは非常に興味深い.

9・7 反応速度論

ここまでで, 衝突理論と遷移状態理論という二つの重要な反応速度論について考察する用意が整った. これらの理論は, 反応に関してエネルギー論的な面でも反応機構の面でも多くの知見を与えてくれる.

衝突理論

反応速度における衝突理論は, 第 2 章で議論した気体分子運動論に基づいたものである. 最も簡単なのは, 気相における二分子反応への適用である. 次式の二分子素反応を考える.

$$A + A \longrightarrow 生成物$$

式(2・31)から, 1秒あたりの $1\,\mathrm{m^3}$ 区画での二つの "剛体球" A 分子の衝突数は

$$Z_{AA} = \frac{\sqrt{2}}{2}\pi d^2 \bar{c}\left(\frac{N_A}{V}\right)^2 = \frac{\sqrt{2}}{2}\pi d^2 \bar{c} N_A^2$$

で与えられる[*2]. 式(2・28)から,

$$\bar{c} = \sqrt{\frac{8k_B T}{\pi m}}$$

であるので下式のようになる.

$$Z_{AA} = 2N_A^2 d^2 \sqrt{\frac{\pi k_B T}{m_A}} \tag{9・31}$$

二つの異なる分子が反応するタイプの二分子反応

$$A + B \longrightarrow 生成物$$

での衝突数は,

$$Z_{AB} = N_A N_B d_{AB}^2 \sqrt{\frac{8\pi k_B T}{\mu}} \tag{9・32}$$

[*1] 理論的解析から, この反応の活性化エネルギーは $40.21\,\mathrm{kJ\,mol^{-1}}$ であることがわかっている. この単純な反応ですら, その計算には 80 日をも要した. D. D. Diedrich, J. B. Anderson, *Science*, **258**, 786 (1992) 参照.

[*2] ここでは, $V=1\,\mathrm{m^3}$ としたので N_A は $1\,\mathrm{m^3}$ あたりの分子数に相当する.

である．ここで，d_{AB} は，A, B間での衝突直径であり，μ は次式で与えられ，**換算質量**（reduced mass）とよばれる．

$$\mu = \frac{m_A m_B}{m_A + m_B} \tag{9・33}$$

〔式(9・33)を使えば，二体系でも，あたかも質量 μ をもった一つの粒子のみから成るとして取扱うことができる．それゆえ，これを"換算質量"とよぶ．〕ここで，衝突が100％完全に有効である，つまり，二体衝突1回ごとに生成物が一つ生じるとすると，反応速度は，Z_{AA} もしくは Z_{AB} のどちらかに等しくなるはずである．しかし，このようなことは起こらない．1 atm の気体中では，衝突数は298 Kで約 $10^{31} \, l^{-1} \, s^{-1}$ にも相当し，もし衝突ごとに生成物が一つ生じるとしたなら，すべての気相反応は約 10^{-9} s で完結してしまうことになり，これは経験上現実とは異なる．式(9・31)，式(9・32)に活性化エネルギーを含む項を加えることが必要である．A + B → 生成物の反応では

$$\begin{aligned}反応速度 &= Z_{AB} \, e^{-E_a/RT} \\ &= N_A N_B \, d_{AB}^2 \sqrt{\frac{8\pi k_B T}{\mu}} \, e^{-E_a/RT}\end{aligned} \tag{9・34}$$

と書き表せる．この速度を $N_A N_B$ で割ると，1分子単位での速度定数が得られる（SI単位系：m^3 分子$^{-1}$ s^{-1}）[*1]．

$$k = \frac{反応速度}{N_A N_B} = z_{AB} \, e^{-E_a/RT} \tag{9・35}$$

よって

$$z_{AB} = d_{AB}^2 \sqrt{\frac{8\pi k_B T}{\mu}}$$

であり，式(9・28)と式(9・35)を比較することによって次式を得る．

$$A = z_{AB} = d_{AB}^2 \sqrt{\frac{8\pi k_B T}{\mu}}$$

これから，頻度因子 A は，温度依存性をもつことがわかる．実際には，E_a 値を計算するときには，A は温度依存性をもたないものとして取扱うことがほとんどである．しかしながら，指数項，$\exp(-E_a/RT)$ が頻度因子 A に含まれる平方根の項よりもずっと温度依存性が高いため，このような取扱いをしても決して深刻な誤差は生じない．

衝突理論（式9・35）では，活性化エネルギーが既知であるならば，原子や単純な分子の関与する反応については，反応速度定数をかなり正確に予測することができる．しかしながら，複雑な分子の関与する反応では，予測値は実測値とかなりの隔たりが見られる．これらの反応については速度定数は，式(9・35)から求まる値よりも小さくなる傾向があり，10^6 分の1，もしくはそれ以下になることもある．これは，単純な分子運動論では，エネルギー的に十分な衝突をすべて有効なものとして取扱っているためである．実際には，たとえ十分なエネルギーをもっていたとしても，反応を起こすのに都合のよい向きで互いに接近できないこともあろう．このずれを補正するために，式(9・35)を次式のように修正する[*2]．

$$k = Pz \, e^{-E_a/RT} \tag{9・36}$$

P は**確率因子**（probability factor）もしくは**立体因子**（steric factor）とよばれ，衝突による錯合体中で反応が進行するためには，分子同士は反応に適した方向に配向される必要がある，という事実を考慮に入れたものである．この修正により改良はなされるが，P の見積もりはかなり難しい．また，式(9・36)と式(9・28)を比較すると，$A = Pz$ であることがわかる．

遷移状態理論

衝突理論は，複雑な数学的取扱いを用いずに直観的に受け入れやすい理論であるが，いくつかの重大な欠点がある．気体分子運動論に基づいているため，反応する化学種を剛体球であると仮定し分子構造をまったく考慮していない．このため，分子レベルで立体因子を十分に説明することができない．加えて，量子力学なしでは衝突理論を使って活性化エネルギーを計算することはできない．別法として，遷移状態理論（活性錯合体理論とも言う）とよばれるものがあり，これは米国の化学者，Henry Eyring (1901〜1981) らによって1930年代に提唱されたもので，分子レベルでの化学反応の詳細に，さらに大きな知見を与える．この理論から，かなり確実に速度定数を計算することが可能である．

遷移状態理論の出発点は，はじめは衝突理論と似ている．二分子衝突では，相対的に高いエネルギーをもった活性錯合体（遷移状態錯合体ともよばれる）が生成する．以下の素反応を考える．

$$A + B \rightleftharpoons X^\ddagger \xrightarrow{k} C + D$$

で，A, B は反応物，$X^\ddagger$ は活性錯合体を表す．遷移状態理論における基本的な仮定（そして衝突理論との相違を生み出す仮定）として，反応物が常に $X^\ddagger$ と平衡にあるという仮定がある．分解過程中に常に存在を仮定しているからといって，活性錯合体は安定で単離可能な中間体である，と

[*1] 式(9・35)は，$[(6.022 \times 10^{23} \text{分子 mol}^{-1})/(10^{-3} \, m^3 \, l^{-1})]$ の項を掛けて，モルを基準にした単位（$M^{-1} \, s^{-1}$）で表すこともできる．

[*2] 一般化するために z の下つき文字は省略した．

考えてはいけない．実際には活性錯合体は安定でもないし単離もできない[*1]．かくして，反応物と活性錯合体の間の平衡は今まで考えてきたようなタイプではない．それにもかかわらず，平衡定数は次式のように書き表せる．

$$K^{\ddagger} = \frac{[X^{\ddagger}]}{[A][B]} \qquad (9\cdot37)$$

反応速度は，エネルギー障壁の最上部に位置する活性錯合体の濃度と等しく，活性障壁を越える頻度 ν をかけて次式のように書き表せる．

反応速度 = 分解して生成物を生じる活性錯合体の数
= $\nu[X^{\ddagger}] = \nu[A][B]K^{\ddagger}$

また，反応速度は速度定数 k を用いて

反応速度 = $k[A][B]$

のようにも書き表せるので，次式が得られる．

$$k = \nu K^{\ddagger}$$

ν は s^{-1} の単位をもち，活性錯合体が生成物の形成に向かう振動運動の頻度を表す．この式から，k の算出は ν と $K^{\ddagger}$ を見積もれるか否かに依存することがわかる．統計熱力学を用い，$\nu = k_B T/h$ [*2]（h はプランク定数）と書き表せるので，

$$k = \frac{k_B T}{h} K^{\ddagger} (M^{1-m}) \qquad (9\cdot38)$$

となる．式(9・38)の両辺に同じ次元をもたせるため，M^{1-m} の項を付け加えたことに注意せよ．ここで，M はモル濃度，m は反応分子数である．単分子反応では，$m=1$，$M^{1-1}=1$ であり，一次反応速度定数 k は，$k_B T/h$（298 K で $k_B T/h = 6.21 \times 10^{12}\,s^{-1}$）と同次元である．二分子反応では，$m=2$ であり，右辺は $M^{-1} s^{-1}$ の次元をもち，二次反応速度定数の次元と等価になる．平衡定数 $K^{\ddagger}$ は，反応物分子の結合長，原子質量，振動運動の振動数などの基本的な物理的性質からもまた計算できる．この方法は絶対反応速度論ともよばれるが，それは，絶対的な，あるいは，基本的な分子の性質から k の値が求まるためである．

遷移状態理論の熱力学的記述

式(9・38)で表された速度定数は，反応の熱力学的な性質と関係づけることができる．

$$\Delta G^{\circ\ddagger} = -RT \ln K^{\ddagger}$$

であるので，

$$K^{\ddagger} = e^{-\Delta G^{\circ\ddagger}/RT} \qquad (9\cdot39)$$

となる．$\Delta G^{\circ\ddagger}$ は標準活性化モルギブズエネルギー（図9・15）であり，次式で与えられる．

$$\Delta G^{\circ\ddagger} = G^{\circ}(\text{活性錯合体}) - G^{\circ}(\text{反応物})$$

速度定数は，次式のように書き表せる．

$$k = \frac{k_B T}{h} e^{-\Delta G^{\circ\ddagger}/RT} (M^{1-m}) \qquad (9\cdot40)$$

$k_B T/h$ は A, B の性質に依存しないので，ある温度ではどんな反応の速度も $\Delta G^{\circ\ddagger}$ によって決まる．さらに，

$$\Delta G^{\circ\ddagger} = \Delta H^{\circ\ddagger} - T\Delta S^{\circ\ddagger}$$

であるので，式(9・40)は

$$k = \frac{k_B T}{h} e^{\Delta S^{\circ\ddagger}/R} e^{-\Delta H^{\circ\ddagger}/RT} (M^{1-m}) \qquad (9\cdot41)$$

となる．$\Delta S^{\circ\ddagger}, \Delta H^{\circ\ddagger}$ は，標準活性化モルエントロピー，標準活性化モルエンタルピーである．式(9・41)は，遷移状態理論の熱力学的な記述であり，より厳密に取扱う際は式(9・41)の右辺に透過係数という因子を加えるが，この透過係数は一般的に 1 であり考慮しなくても構わない．

ここまで述べてきた，速度定数の三つの式を比べてみると役に立つ．

$$k = A e^{-E_a/RT} \qquad (9\cdot28)$$

$$k = Pz e^{-E_a/RT} \qquad (9\cdot36)$$

$$k = \frac{k_B T}{h} e^{\Delta S^{\circ\ddagger}/R} e^{-\Delta H^{\circ\ddagger}/RT} (M^{1-m}) \qquad (9\cdot41)$$

一番上の式(9・28)は，経験的なものであり，A, E_a 共に実験から決定される．二つ目の式(9・36)は衝突理論に基づいたもので，気体分子運動論から z の値を求める．一方，

[*1] これは普遍的に正しいものではない．近年では，高速レーザーを使って，活性錯合体の存在の証拠を分光学的に得ている．A. H. Zewail, *Science*, **242**, 1645(1988) および *Sci. Am.*, December (1990) 参照．

[*2] 熱エネルギー（$k_B T$）が振動エネルギー（$h\nu$）と同程度の大きさであるとき，活性錯合体は生成物に解離する．第1章 (p.4) の物理化学の教科書を参照せよ．

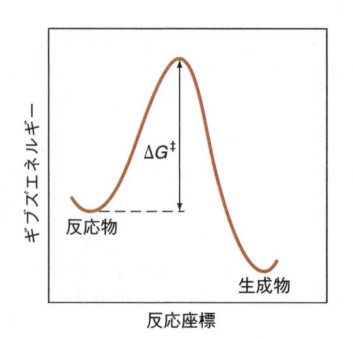

図 9・15 反応における $\Delta G^{\ddagger}$ の定義

P の大きさを正確に見積もることは一般的に非常に難しい．最後の式 (9・41) は遷移状態理論に基づいたものである．この式から，反応速度定数を熱力学的に記述することが可能になり，三つの式の中で最も信頼できるものである．また，適用が最も難しい式でもある．

$\Delta S^{\circ\ddagger}$, $\Delta H^{\circ\ddagger}$ の意味するところは何なのであろうか．式 (9・41) と式 (9・36) を比較し，$\Delta H^{\circ\ddagger} = E_a$ であることを考えると次式が得られる．

$$A = Pz = \frac{k_B T}{h} e^{\Delta S^{\circ\ddagger}/R} \quad (9 \cdot 42)$$

この式は，立体因子が標準活性化モルエントロピーで記述できることを示している．反応物が原子や単純な分子であるならば，相対的に小さなエネルギーが活性錯合体の種々の運動のタイプに再分配されることになる．結果として，$\Delta S^{\circ\ddagger}$ は小さな正の値か小さな負の値をとることになり，$\exp(\Delta S^{\circ\ddagger}/R)$ すなわち P は 1 に近い値となる．しかし，複雑な分子が反応系に関与している場合は，$\Delta S^{\circ\ddagger}$ は大きな正の値か大きな負の値をとることになる．前者の場合，衝突理論から予測されるよりもずっと速く反応は進行し，後者の場合にはずっと遅くなることが観測される．

標準活性化モルエンタルピー $\Delta H^{\circ\ddagger}$ は，活性錯合体ができるときの結合の切れやすさとできやすさに大きく関係する．$\Delta H^{\circ\ddagger}$ が小さいときは反応速度が速くなる．式 (9・41) と式 (9・36) において $1/T$ の係数を比較すると，$E_a = \Delta H^{\circ\ddagger}$ が得られるが，より厳密な取扱いでは，次式

$$E_a = \Delta U^{\circ\ddagger} + RT \quad (9 \cdot 43)$$

のようになる*．$\Delta U^{\circ\ddagger}$ は，標準活性化モル内部エネルギーである．定圧状態では，

$$\Delta H^{\circ\ddagger} = \Delta U^{\circ\ddagger} + P\Delta V^{\circ\ddagger}$$

であり，$\Delta V^{\circ\ddagger}$ は標準活性化モル体積として知られる量である．式 (9・43) から，

$$E_a = \Delta H^{\circ\ddagger} - P\Delta V^{\circ\ddagger} + RT \quad (9 \cdot 44)$$

が得られる．溶液反応では，$P\Delta V^{\circ\ddagger}$ の項は $\Delta H^{\circ\ddagger}$ に比べてかなり小さく，通常無視することができる．このため，$\Delta H^{\circ\ddagger} \approx E_a - RT$ となり，式 (9・41) は，次式のように書き表せる．

$$k = \frac{k_B T}{h} e^{\Delta S^{\circ\ddagger}/R} e^{-(E_a - RT)/RT} (M^{1-m})$$
$$= e \frac{k_B T}{h} e^{\Delta S^{\circ\ddagger}/R} e^{-E_a/RT} (M^{1-m}) \quad (溶液中) \quad (9 \cdot 45)$$

---

* 式 (9・43) の誘導については，本書の姉妹書である R.Chang 著，岩澤康裕，北川禎三，濱口宏夫訳，"化学・生命科学系のための物理化学" の補遺 12・2 を参照．

気相反応では，式 (9・44) に対して $P\Delta V^{\circ\ddagger} = \Delta n^{\ddagger} RT$ の関係式を用いて，

$$E_a = \Delta H^{\circ\ddagger} - \Delta n^{\ddagger} RT + RT \quad (9 \cdot 46)$$

となる．単分子反応では，$\Delta n^{\ddagger} = 0$ であり，式 (9・41) は，

$$k = e \frac{k_B T}{h} e^{\Delta S^{\circ\ddagger}/R} e^{-E_a/RT} (M^{1-m}) \quad (単分子, 気相) \quad (9 \cdot 47)$$

となり，式 (9・45) と等しくなる．二分子反応では，$\Delta n^{\ddagger} = -1$ であり，$E_a = \Delta H^{\circ\ddagger} + 2RT$ となり，式 (9・41) は次式のようになる．

$$k = e^2 \frac{k_B T}{h} e^{\Delta S^{\circ\ddagger}/R} e^{-E_a/RT} (M^{1-m}) \quad (二分子, 気相) \quad (9 \cdot 48)$$

例題 9・2

つぎに示す式

$$CH_3NC(g) \longrightarrow CH_3CN(g)$$

の単分子反応の前指数因子と活性化エネルギーは，それぞれ $4.0 \times 10^{13} \text{ s}^{-1}$ と 272 kJ mol^{-1} になる．300 K での $\Delta H^{\circ\ddagger}$, $\Delta S^{\circ\ddagger}$, $\Delta G^{\circ\ddagger}$ を計算せよ．

解 式 (9・47) の前指数因子を与えられた実験値に等しいとおくと

$$e \frac{k_B T}{h} e^{\Delta S^{\circ\ddagger}/R} = 4.0 \times 10^{13} \text{ s}^{-1}$$

であるので

$$e^{\Delta S^{\circ\ddagger}/R} = \frac{(4.0 \times 10^{13} \text{ s}^{-1}) h}{e k_B T}$$
$$= \frac{(4.0 \times 10^{13} \text{ s}^{-1})(6.626 \times 10^{-34} \text{ J s})}{(2.718)(1.381 \times 10^{-23} \text{ J K}^{-1})(300 \text{ K})}$$
$$= 2.354$$
$$\Delta S^{\circ\ddagger} = 7.12 \text{ J K}^{-1} \text{ mol}^{-1}$$

$\Delta n^{\ddagger} = 0$ であるので，式 (9・46) から，

$$\Delta H^{\circ\ddagger} = E_a - RT$$
$$= 272 \text{ kJ mol}^{-1} - \left[\frac{8.314}{1000} \text{ kJ K}^{-1} \text{ mol}^{-1} (300 \text{ K})\right]$$
$$= 270 \text{ kJ mol}^{-1}$$

最後に，

$$\Delta G^{\circ\ddagger} = \Delta H^{\circ\ddagger} - T\Delta S^{\circ\ddagger}$$
$$= 270 \text{ kJ mol}^{-1} - (300 \text{ K})\left(\frac{7.12}{1000} \text{ kJ K}^{-1} \text{ mol}^{-1}\right)$$
$$= 268 \text{ kJ mol}^{-1}$$

コメント　単分子反応では，$\Delta S^{\circ\ddagger}$ は正負どちらかの小さな値をとるので，この反応は非常にエンタルピーが支配する過程である（気相での二分子反応では，2分子が結合して活性錯合体という単一の種になるため，$\Delta S^{\circ\ddagger}$ は負の値をとるだろう）．一般的に，反応分子数にかかわらず，$\Delta H^{\circ\ddagger}$ は近似的に E_a と等しい．

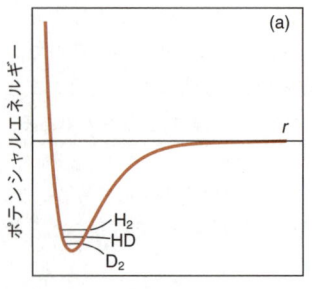

図 9・16　(a) H_2, HD, D_2 についてのゼロ点エネルギー準位．r は核間距離．(b) H_2 と D_2 の結合解離についての活性化エネルギー

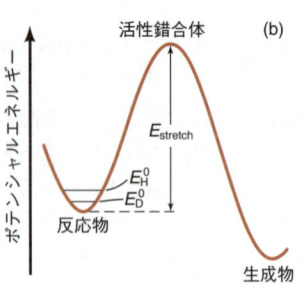

9・8　化学反応における同位体効果

反応物分子中の原子をその原子の同位体に置き換えると，反応の平衡定数と速度定数の両方が変わることがある．**静的同位体効果**（static isotope effect）という言葉は，同位体置換によって平衡定数の変化を生じることを表す．この置換によって反応速度の変化を生じる場合は**動的同位体効果**（kinetic isotope effect）とよばれる．同位体効果を調べることによって，化学の諸分野に適用されている反応機構についての情報を得ることができる．根底にある理論は複雑で，量子力学と統計力学の両方が必要とされる．したがって，ここでは定性的な説明のみにとどめることにする．

ある分子中で，同位体置換をしても，その分子の電子構造や分子が進みうるいかなる反応のポテンシャルエネルギー面も変化しないが，それにもかかわらず反応速度は置換による影響を大きく受けることがある．それがなぜかを知るために，H_2, HD, D_2 分子について考えてみよう．それぞれのゼロ点エネルギー，すなわち基底状態の振動エネルギーは 26.5 kJ mol^{-1}, 21.6 kJ mol^{-1}, 17.9 kJ mol^{-1} である[*1]．D_2 のゼロ点エネルギーが最も小さい（換算質量が最も大きいことによる）ので，解離させるには H_2 や HD に比べて大きなエネルギーが必要となる（図 9・16a）．結果として，$D_2 \to 2\,D$ の反応速度が他の二つの対応する解離と比較して最も遅くなる．大まかな概算として H_2 と D_2 の解離の速度定数の比，k_H/k_D を以下のように計算することができる．図 9・16b から，この二つの過程の活性化エネルギー，E_H と E_D は

$$E_H = E_{\text{stretch}} - E_H^0 \qquad E_D = E_{\text{stretch}} - E_D^0$$

で与えられる．ここで E_H^0 と E_D^0 はゼロ点エネルギー，E_{stretch} はポテンシャルエネルギーの取りうる最小値と活性錯合体のポテンシャルエネルギーとの差である．アレニウス式（式 9・28）を使うとつぎのように書ける．

$$\frac{k_H}{k_D} = \frac{A\,e^{-(E_{\text{stretch}} - E_H^0)/RT}}{A\,e^{-(E_{\text{stretch}} - E_D^0)/RT}} = e^{(E_H^0 - E_D^0)/RT}$$
$$= e^{(26.5 - 17.9) \times 1000\,\text{J mol}^{-1}/[(8.314\,\text{J K}^{-1}\,\text{mol}^{-1})(300\,\text{K})]} \approx 31$$

これは非常に大きな値である．

上記の例では D_2 と H_2 の間の速度定数の差をちょっと大げさに表現した．しかしながら実際は，水素と，炭素などそれ以外の原子との間の結合の切断などを扱うことの方が多い．例としてつぎのような反応を考えてみよう．

$$-\!\!\stackrel{|}{\underset{|}{C}}\!\!-H + B \longrightarrow -\!\!\stackrel{|}{\underset{|}{C}}\!\!\cdot + H\!-\!B$$
$$-\!\!\stackrel{|}{\underset{|}{C}}\!\!-D + B \longrightarrow -\!\!\stackrel{|}{\underset{|}{C}}\!\!\cdot + D\!-\!B$$

ここで B は水素原子を引き抜くことのできる基である．C−H と C−D 結合では基準振動数が異なるため，今度もまた動的同位体効果を予測することができる．しかしこの場合は，換算質量の値が近いため，H_2 と D_2 のときほど大きな違いは現れない（問題 9・39 参照）．それでも k_{C-H}/k_{C-D} の比は 5 倍程度なので容易に測定することができる．

結合の開裂過程[*2]に関与する原子の同位体置換により見られる同位体効果のことを一次動的同位体効果とよぶ．この効果は H, D, T といった軽い元素で最も顕著になる．たとえば水銀の同位体（^{199}Hg と ^{201}Hg）が関与する反応では，速度に測定できるほどの差が現れることはないだろう．同位体が結合の切断に直接かかわらないときは二次動的同位体効果が現れる．この場合は反応速度の違いは小さいと予想され，実際に実験的に確かめられている．

動的同位体効果は有機的，生物学的過程の謎を解き明か

[*1] ゼロ点エネルギーは，基準振動数を ν として，$E_{\text{vib}} = \frac{1}{2}h\nu$ と表される．この基準振動数は $\nu = (1/2\pi)\sqrt{k/\mu}$ と表される．ここで k は結合の力の定数，$\mu = m_1 m_2/(m_1 + m_2)$ で与えられる換算質量である．D_2 は μ の値が最も大きいため，振動数が最も小さく，つまり，E_{vib} が最小となる．逆のことが H_2 にも成り立つ．分子振動については第 14 章で詳しく述べる．

[*2] この結合の開裂過程が律速段階でもあると仮定する．

すために重要である．一般的に，軽い元素（塩素くらいまで）では一次動的同位体効果が非常に大きいため，多くの速度を容易にそして正確に測定することができる．一次動的同位体効果の応用例の一つは酵素機構の解明である．アルコールデヒドロゲナーゼは NAD^+ を補酵素としてさまざまな脂肪族アルコール，芳香族アルコールを対応するアルデヒドやケトンに酸化する酵素である．この酵素は酵母，ウマ，ヒトなどさまざまな生物から見つけられている．反応は次式のように表される．

$$CH_3CH_2OH + NAD^+ \longrightarrow CH_3CHO + NADH + H^+$$

化学者がする質問はこうだろう．アルコールデヒドロゲナーゼが触媒となるエタノールの酸化は，エタノールから NAD^+ へ水素が直接転移することで進んでいるのだろうか．答えはつぎのような実験によって得ることができる．CH_3CD_2OH の酸化は H_2O 中で起こり，NAD^+ は還元されて NADH となる．

生成した NADH は 1 分子あたり一つの重水素（ジュウテリウム）を含むことがわかった．（NADH は元々あった NAD^+ の C4 位の H 原子に加えて，重水素化エタノール由来の D 原子を一つ含んでいることに注意せよ．そこで，ここでは NADD と書き表した．）この反応を重水素化していないエタノールを用いて D_2O 中で行うと，NADH 中に重水素は現れなかった．これらの実験から，NAD^+ によるエタノールの酸化は水素原子が"直接"転移して進んでいることがわかる．つまり，溶媒との水素交換は起こっていない．生成物の NADD が，酵素と重水素で標識されていないアルデヒド CH_3CHO と反応すると，重水素はすべてアルデヒドに戻る．したがって，重水素あるいは水素は立体特異的な制限を受けて NAD^+ の片側に転移し（エタノールの酸化），同じ側から戻る（アルデヒドの還元）．もし立体特異的でなく，両側に転移するのであれば，50 % の（あるいは動的同位体効果により 50 % よりずっと少ない）重水素がアセトアルデヒドに戻ることになるだろう．約 5 倍の動的同位体効果（k_H/k_D）が測定されることから，プロトン転移が確かに律速段階であることが示される．

同位体効果は平衡過程にどのような変化を与えるのだろうか．平衡過程の正反応と逆反応では同じ反応経路をたどるはずだが，二つの速度定数における同位体効果は等しくなくてもよい．結果として平衡定数にも同位体効果が生じうる．簡単な例として，H_2O や D_2O 中での一塩基酸（酢酸など）の解離を考えてみよう．この解離は

$$CH_3COOH \rightleftharpoons CH_3COO^- + H^+$$
$$K_H = \frac{[H^+][CH_3COO^-]}{[CH_3COOH]}$$
$$CH_3COOD \rightleftharpoons CH_3COO^- + D^+$$
$$K_D = \frac{[D^+][CH_3COO^-]}{[CH_3COOD]}$$

のようになる〔D_2O 中ではイオン化されうるプロトン（陽子）のすべてが重陽子（ジュウテロン）で置換されている〕．実験では $K_H/K_D = 3.3$ となる．CH_3COOH の方が CH_3COOD よりも酸強度が大きくなるのは，重水素化されていない分子が（O–H 結合について）高いゼロ点振動準位をもち，水素の解離に必要なエネルギーが CH_3COOD の重水素の解離よりも小さいことに注目すれば説明できる．平衡における同位体効果に注意した有用な一般則は，より重い同位体との置換はより強い結合をつくりやすい，というものである．酢酸についての考察と同様に，H を D と置き換えると O–D 結合は強くなり，得られた分子は解離しづらい傾向がある．

9・9 溶液中での反応

気相反応と溶液中の反応との大きな違いは溶媒の役割にある．多くの場合，溶媒の果たす役割は小さく，二つの相で速度はそれほど変わらない．単純な分子運動論に基づけば，反応する分子同士の衝突頻度は反応物の濃度にのみ依存し，溶媒分子には影響されない．しかし，溶液中で反応物分子同士が出会う場合は，気相での分子衝突と比べて異なる結果が現れる．もし二つの分子が気相中で衝突して反応しなかった場合，普通は互いに離れていくだろう．同じ組合わせでもう一度衝突する可能性はほとんどありえない．それに比べて溶液中の溶質分子が拡散中に衝突したと

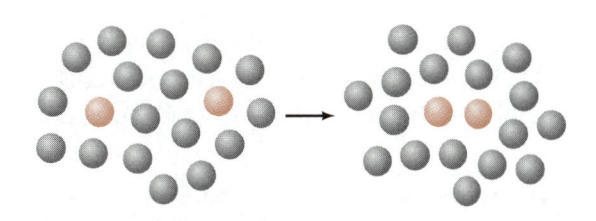

図 9・17 溶質分子（●）が溶媒の"かご"の中で拡散して互いに出会う様子．かごが壊れるまでに溶質分子同士の衝突は何百回も起こる．

きは，周囲をびっしりと溶媒分子に囲まれているため一度出会った後またすぐに別れ別れになることはできない．この場合，反応物分子は一時的に溶媒の"かご"に閉じ込められる（図9・17）．もちろん溶媒分子は絶えず動き回り位置を変えているためこのかごは固定されたものではない．それでもやはりこのかごの効果によって反応物分子は気相中にあるよりも長い間一緒にいて，離れていくまでに何百回も互いにぶつかり合うことになる[*1]．比較的小さな活性化エネルギーをもつ反応では，実際にかごの効果により，反応は出会いのたびに保証される．反応分子は衝突を繰返すうちに遅かれ早かれ反応に適した配向をとるため，もはや立体因子は重要な役割をもたなくなる．こういった状況では反応速度はどれだけ速く拡散中に出会うかによってのみ制限される．このような反応については次節で改めて述べよう．

反応物が電荷を帯びている場合，状況はまったく変わってくる．イオンの溶媒和は $\Delta S^{\ddagger}$ の正負と大きさを決定する際に評価しうる因子である．帯電した化学種が含まれている場合，$\Delta S^{\ddagger}$ の値は活性錯合体の相対的な実効電荷に依存する．活性錯合体が反応物より大きな電荷をもっている場合，錯合体周辺の溶媒和が増加するため $\Delta S^{\ddagger}$ は負になると考えられる．

$$(C_2H_5)_3N + C_2H_5I \longrightarrow (C_2H_5)_4N^+I^-$$
$$\Delta S^{\ddagger} = -172 \text{ J K}^{-1} \text{ mol}^{-1}$$

一方，活性錯合体が反応物より小さな実効電荷を帯びている場合，$\Delta S^{\ddagger}$ は正の値をもつことが予測される．

$$Co(NH_3)_5Br^{2+} + OH^- \longrightarrow Co(NH_3)_4Br(OH)^+ + NH_3$$
$$\Delta S^{\ddagger} = 83.7 \text{ J K}^{-1} \text{ mol}^{-1}$$

立体因子などの他の因子もエントロピーに大きな変化を与えることを記憶にとどめてほしい．

予想されるように，イオンが関与する反応速度は溶液のイオン強度に大きく影響される．この傾向は**速度論的塩効果**（kinetic salt effect）として知られている．速度定数に及ぼすイオン強度の効果は次式により与えられる[*2]．

$$\log \frac{k}{k_0} = z_A z_B B \sqrt{I} \quad (9 \cdot 49)$$

ここで，B は温度と溶媒の性質のみに依存する定数，k と k_0 はそれぞれイオン強度 I（反応物でない，系に添加された中性塩の）と無限希釈（$I=0$）での速度定数，z_A と z_B

[*1] 気相での分子衝突と溶液中での分子の出会いについて述べている．その違いは，分子は溶液中での出会いの後には互いに離れ離れになるまでに何度も衝突するかもしれない，ということである．
[*2] 式（9・49）はデバイ・ヒュッケルの極限法則から導かれ，それゆえに希薄溶液にのみ適用される．

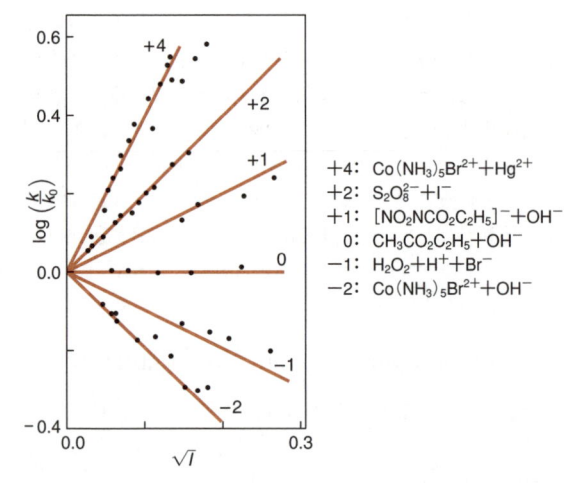

図 9・18 イオン強度が二つのイオン間の反応速度へ及ぼす効果．勾配は $z_A z_B$ によって決まる〔V. K. LaMer, *Chem. Rev.*, **10**, 179 (1932) より．Williams & Wilkins, Baltimore の許諾を得て転載〕．

は反応物 A と B のイオンの電荷数である．式（9・49）から以下のことが予想される．1) A と B が同じ符号をもつ場合，$z_A z_B$ は正になり速度定数 k は $\sqrt{I}$ と共に増加する．2) A と B が反対の符号をもつ場合，$z_A z_B$ は負になり k は $\sqrt{I}$ と共に減少する．3) A か B のどちらかが電荷をもたない場合，$z_A z_B = 0$ で k は溶液のイオン強度に依存しない．これらの予想が正しいことが図9・18より確かめられる．

9・10 溶液中での高速反応

大まかに言うと，10 から 10^9 の速度定数をもつ一次および二次反応は高速反応とよばれる．高速反応の例には，気相中や溶液中での反応性の化学種の再結合，酸塩基中和反応，電子交換反応，プロトン交換反応などが含まれる．これらの反応が化学的，生物学的に重要であるため，さらには，それら反応の半減期が数秒かそれ未満で，その過程を測定するための実験の設計が広く望まれているために，高速反応は著しい興味をひいてきた．

溶液中で反応はどのくらい速く起こるのだろうか．律速は反応分子の近づく速度によって定まり，近づく速度は拡散速度によって支配される．したがって最も速い反応は，反応物分子が出会うたびに反応が起こる**拡散律速反応**（diffusion-controlled reaction）である．半径 r_B と r_C の帯電していない 2 種類の反応物分子 B，C の溶液があるとしよう．ポーランド系米国人の物理学者 Roman Smoluckowski（1910〜）は，拡散律速の素反応，B + C → 生成物，の速度定数 k_D は次式のように表されることを示した．

$$k_D = 4\pi N_A (r_B + r_C)(D_B + D_C)$$

ここで N_A はアボガドロ定数，D_B と D_C は拡散係数である．

$D_B = D_C = D$, $r_B = r_C = r$ と仮定し，η を溶液の粘度として $D = k_B T/6\pi\eta r$ を用いると下式のようになる．

$$k_D = 4\pi N_A(2D)(2r)$$

$$k_D = \frac{16\pi N_A k_B T r}{6\pi \eta r} = \frac{8}{3}\frac{RT}{\eta} \quad (9\cdot 50)$$

完全な拡散律速反応には二つの特徴がある．第一にこのような反応は活性化エネルギーが 0 であること〔式(9·50)に $\exp(-E_a/RT)$ 項が含まれないことに注意〕．第二に速度が溶媒の粘度に反比例することである．粘度に及ぼす依存性で興味深いのは，η 自体が次式のように温度に依存するということである．

$$\eta = B\, e^{E_a/RT}$$

ここで E_a は粘度の"活性化エネルギー"（温度が上昇すると η は減少することに注意），B は溶媒に特有の定数である．したがって式(9·50)は

$$k_D = \frac{8RT}{3B} e^{-E_a/RT} \quad (9\cdot 51)$$

と書ける．式(9·51)はアレニウス式の形になっている．

例題 9·3

298 K における水中での拡散律速反応の速度定数を見積もれ．水の粘度は $8.9 \times 10^{-4}\,\mathrm{N\,s\,m^{-2}}$ とせよ．

解 1 J=1 N m であるから，粘度の単位は $\mathrm{J\,s\,m^{-3}}$ とも表される．式(9·50)より，

$$k_D = \frac{8(8.314\,\mathrm{J\,K^{-1}\,mol^{-1}})(298\,\mathrm{K})}{3(8.9 \times 10^{-4}\,\mathrm{J\,s\,m^{-3}})}$$
$$= 7.4 \times 10^6\,\mathrm{m^3\,mol^{-1}\,s^{-1}} = 7.4 \times 10^9\,\mathrm{M^{-1}\,s^{-1}}$$

コメント 式(9·12)より，拡散律速過程の半減期は，出発物質が同一の反応物であり，その濃度が 1 M に等しいとすると，

$$t_{1/2} = \frac{1}{1\,\mathrm{M} \times 7.4 \times 10^9\,\mathrm{M^{-1}\,s^{-1}}} = 1.4 \times 10^{-10}\,\mathrm{s}$$

と，非常に小さな値となる．

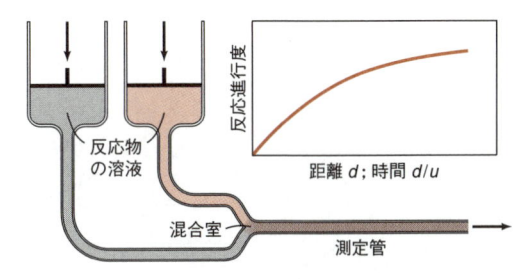

図 9·19 連続フロー法実験の概略図．混合溶液の速度が u．測定は管長に沿って行われる．

高速反応を研究するために工夫に富んだ様々な手法が考案されてきた．二つの例を簡単に述べよう．

流 通 法

流通装置には 2 種類ある．連続フロー法装置では 2 種類の反応物溶液ははじめに一緒に混合室に導入され，それから混合溶液が測定管に沿って流される．反応物または生成物のどちらかの濃度を管に沿って異なる何点かで分光測光法（反応物か生成物のどちらかの光の吸収を測定する）により観測することによって，反応の進行度を時間に対してプロットすることができる（図 9·19）．この場合の限界を決める要因は混合にかかる時間であり，0.001 秒まで短縮することができる．この手法の大きな欠点は，実験を行うたびに溶液を大量に使うことである．

図 9·20 にストップトフロー法装置を示す．ストップトフロー法の長所は，必要な反応物試料が少なくてすむ点である．したがって，酵素触媒反応などの生化学過程に非常に適している．

化学緩和法

元々平衡状態にある系に，外部から温度変化や圧力変化といった摂動を加える．変化が急に加えられると，系が新しい平衡に近づく（平衡に向かって緩和する）までに時間差が生じる．この時間差は**緩和時間**（relaxation time）とよばれ，正反応と逆反応の速度定数に関係がある．系にもよるが，化学緩和法によって半減期が $1 \sim 10^{-10}\,\mathrm{s}$ の反応を調べることができる．

反応の進行度に対して線形変化するすべての性質 X（た

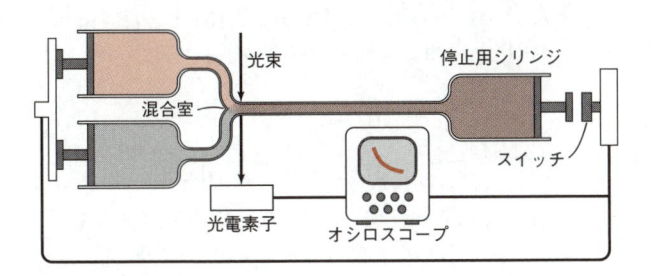

図 9·20 ストップトフロー法実験の概略図．普通は連結した二つの注射器を使って，連続フロー法の装置と同様に，異なる反応物を含む 2 種類の溶液を混合室に注入する．右側のもう一つのシリンジは流れてくる溶質を受けるためのもので，ピストンがある線を超えると流れが止まる仕組みになっている．同時にオシロスコープが起動して時間の原点を設定する．タイムスケールはオシロスコープの掃引振動数によって与えられ，これは時間に対する透過光強度のプロットを表示している．このような仕組みによって混合部と測定点（すなわち光の吸収を観測する点）の間の距離が短くてすむ．

図 9・21　緩和時間 τ の定義

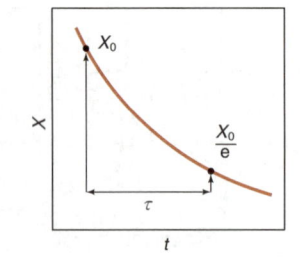

たとえば電気伝導度やスペクトルの吸収）は，壊変に伴い時間の関数として測定される．

$$X_t = X_0 \, e^{-t/\tau}$$

ここで X_t と X_0 はそれぞれ時間 $t=t$ と $t=0$ におけるその性質の値であり，τ は緩和時間である．$\tau = t$ のとき

$$X_t = \frac{X_0}{e} = \frac{X_0}{2.718}$$

したがって，X_0 から $X_0/2.718$ まで減少するのにかかる時間を測定することにより，緩和時間を決定することができる（図 9・21）．

ある温度において溶液中で平衡状態にある化学的な系を用いて，τ と速度定数の関係を導くことができる．

$$A + B \underset{k'_r}{\overset{k'_f}{\rightleftarrows}} C$$

平衡状態においては，

$$\frac{d[C]}{dt} = k'_f[A][B] - k'_r[C] = 0$$

ここで k'_f と k'_r は正反応と逆反応の速度定数である．温度ジャンプ法という実験では，コンデンサーに蓄えた電気を溶液を通して放電させたり，短く強力なパルスレーザー光を当てるなどして，溶液の温度を 10^{-6} s 以内に 5 K 程度上昇させる．温度ジャンプを起こした後，上昇した温度での新たな平衡状態に向かって系が "緩和" するのに伴い，A, B, C の濃度が変化する（このとき速度定数は k_f と k_r に変化する）．時間依存の反応の進行を示す変数として x を濃度で表そう．反応を化学量論的に考えて，温度ジャンプ後の任意の時間 t において，

$$[A] = [A]_{eq} + x$$
$$[B] = [B]_{eq} + x$$
$$[C] = [C]_{eq} - x$$

となる．ここで下つき文字 $_{eq}$ は新しい平衡状態での濃度であることを示す．平衡のずれる方向によって x の値は正にも負にもなりうることに注意．すると [C] の変化の速度は次式のように与えられる．

$$\frac{d[C]}{dt} = \frac{d\{[C]_{eq} - x\}}{dt} = -\frac{dx}{dt}$$
$$= k_f([A]_{eq} + x)([B]_{eq} + x) - k_r([C]_{eq} - x)$$
$$= \underbrace{k_f[A]_{eq}[B]_{eq} - k_r[C]_{eq}}_{\text{第 1 項}} +$$
$$\underbrace{\{k_f[A]_{eq} + k_f[B]_{eq} + k_r\}x}_{\text{第 2 項}} + \underbrace{k_f x^2}_{\text{第 3 項}}$$

平衡状態においては，正反応と逆反応の速度は等しくなるため第 1 項は 0 に等しい．また x の値が小さく（温度上昇が小さいため），$k_f x^2 \ll k_f[A]_{eq} x$（すなわち $k_f[B]_{eq} x$）であることから，第 3 項も無視できる．それゆえ

$$\frac{dx}{dt} = -\{k_f[A]_{eq} + k_f[B]_{eq} + k_r\}x = -\frac{x}{\tau}$$

ここで τ はつぎのように表される．

$$\tau = \frac{1}{k_f([A]_{eq} + [B]_{eq}) + k_r} \tag{9・52}$$

$[A]_{eq}$ と $[B]_{eq}$ は別の実験で求めることができる．温度ジャンプ直後の時間の濃度変化を観測することにより τ を測定することができる（図 9・21 参照）ので，上昇後の温度における反応の平衡定数（$K = k_f/k_r$）と組合わせて，これらの値から k_f と k_r の両方の値を決定することができる（未知数二つに対して方程式が二つ）．

例題 9・4

純水を試料として温度ジャンプを行った．この系（水）が 25 ℃ において新たな平衡に到達する緩和時間は 36 μs（36×10^{-6} s）であった．つぎの反応における k_f と k_r の値を計算せよ．

$$H^+ + OH^- \underset{k_r}{\overset{k_f}{\rightleftarrows}} H_2O$$

解　式 (9・52) より，

$$\tau = \frac{1}{k_f([H^+]_{eq} + [OH^-]_{eq}) + k_r}$$

平衡状態は

$$k_f[H^+]_{eq}[OH^-]_{eq} = k_r[H_2O]_{eq}$$

$k_r = k_f[H^+]_{eq}[OH^-]_{eq}/[H_2O]_{eq}$ を代入し，$[H^+]_{eq} = [OH^-]_{eq}$ を用いると，つぎの式が得られる．

$$\tau = \frac{1}{k_f(2[H^+]_{eq}) + k_f[H^+]_{eq}^2/[H_2O]_{eq}}$$
$$= \frac{1}{k_f(2[H^+]_{eq} + [H^+]_{eq}^2/[H_2O]_{eq})}$$

$[H^+]_{eq} = 1.0 \times 10^{-7}$ M と $[H_2O]_{eq} = 55.5$ M であることを用いると，つぎのように書くことができる．

9・11 振動反応

$$= \frac{1}{k_f[2(1.0 \times 10^{-7} \text{M}) + (1.0 \times 10^{-7} \text{M})^2/55.5 \text{M}]}$$

36×10^{-6} s

すなわち

$$k_f = 1.4 \times 10^{11} \text{ M}^{-1}\text{s}^{-1}$$

k_r の値を計算するためには，まず平衡定数 K の値を求める必要がある．これは次式のように与えられる．

$$K = \frac{k_r}{k_f} = \frac{[\text{H}^+]_{eq}[\text{OH}^-]_{eq}}{[\text{H}_2\text{O}]_{eq}}$$

$$= \frac{(1.0 \times 10^{-7} \text{M})(1.0 \times 10^{-7} \text{M})}{(55.5 \text{ M})} = 1.8 \times 10^{-16} \text{ M}$$

それゆえ

$$k_r = Kk_f = (1.8 \times 10^{-16} \text{ M})(1.4 \times 10^{11} \text{ M}^{-1}\text{s}^{-1})$$
$$k_r = 2.5 \times 10^{-5} \text{ s}^{-1}$$

コメント 1) 平衡定数，K はイオン積 (K_w) と $K = K_w/[\text{H}_2\text{O}]_{eq}$ の関係にあることに注意せよ．単位にも気をつけること．k_f は二次の速度定数 ($\text{M}^{-1}\text{s}^{-1}$) だが，$k_r$ は一次の速度定数 (s^{-1}) である．k_f の値が非常に大きいということは，溶液中での H^+ と OH^- イオンの結合が拡散律速であることを示している．2) 通常，K は無次元の量として扱われるが，速度定数を計算するために，この場合は M の単位が当てられている．K. J. Laidler, *J. Chem. Educ.*, **67**, 88 (1990) 参照．

上述したような単純な反応というのはめったにあるものではない．しばしば一つの反応にいくつもの緩和時間が存在し，解析が非常に複雑になることがある．それでもやはり，化学緩和法は速度の速い化学的，生化学的過程の研究に最も有用かつ応用範囲の広い手法の一つである．

9・11 振動反応

通常，化学反応は反応物が使い果たされるか，平衡状態に達するまで進行する．しかしながら，ある複雑な反応においては中間体の濃度が振動することがある．このような**振動反応** (oscillating reaction) は 19 世紀の終わりから知られていたが，再現性のない現象，または不純物が原因の見せかけの現象であるとされ，長い間ほとんどの化学者から相手にされなかった．熱力学第二法則から，閉じた系で一定温度と圧力においては，反応が平衡に近づくにつれて反応混合物のギブズエネルギー，G は減少し続けるはずである．振動反応は第二法則に反しているように思われる．

最終的に懐疑派を納得させた振動反応は 1958 年にロシアの化学者 B. P. Belousov によって発見され，後にロシアの化学者 A. M. Zhabotinsky によって詳細に研究されたものである．今日，一般的に，ベローゾフ・ザボチンスキー反応，または BZ 反応とよばれるこの反応は，マロン酸 [$\text{CH}_2(\text{COOH})_2$] と硫酸を臭素酸カリウム ($\text{KBrO}_3$) とセリウム塩 (セリウムイオン，$\text{Ce}^{4+}$ を含むもの) と一緒に水に溶かしたときに起こる．全反応は次式のように表される．

$$2\text{H}^+ + 2\text{BrO}_3^- + 3\text{CH}_2(\text{COOH})_2 \longrightarrow$$
$$2\text{BrCH}(\text{COOH})_2 + 3\text{CO}_2 + 4\text{H}_2\text{O}$$

この反応の機構は 30 年以上にわたって広範に調査され，18 個の素過程と 20 種類の異なる化学種 (!) が含まれていると信じられている．反応の間，溶液の色は淡黄色 (Ce^{4+}) から無色 (Ce^{3+}) へと周期的に変化する．図 9・22 に $\log[\text{Br}^-]$ と $\log([\text{Ce}^{4+}]/[\text{Ce}^{3+}])$ の振動を示す．

振動反応の熱力学的な説明はベルギーの化学者 Ilya Prigogine (1917～2004) によってなされた．微視的可逆性の原理 (p.196 参照) に反するため，閉じた系内の反応では平衡状態の周りで振動することはできない．しかしながら，Prigogine によれば，系が平衡から大きく外れていれば，化学反応中に中間体化学種の濃度の周期的な振動が起こりうる．これらの振動は系が平衡状態に近づくにつれて最終的には消滅する．はじめの反応物と最後の生成物は振動にあずかることはできない．それらは中間体ではないからである．しかしながら，外界とのエネルギーおよび物質の交換が共に許されている開いた系においては，平衡状

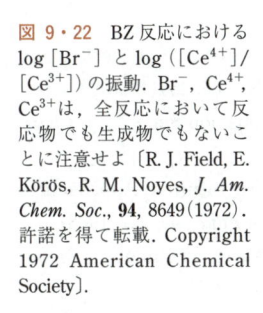

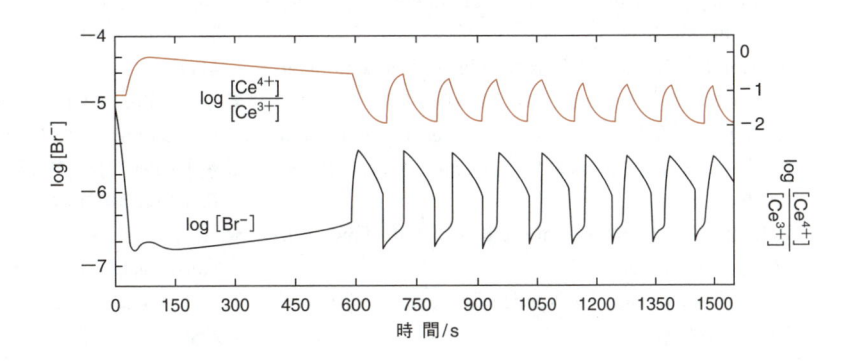

図 9・22 BZ 反応における $\log[\text{Br}^-]$ と $\log([\text{Ce}^{4+}]/[\text{Ce}^{3+}])$ の振動．Br^-, Ce^{4+}, Ce^{3+} は，全反応において反応物でも生成物でもないことに注意せよ [R. J. Field, E. Körös, R. M. Noyes, *J. Am. Chem. Soc.*, **94**, 8649 (1972). 許諾を得て転載. Copyright 1972 American Chemical Society].

態よりもむしろ定常状態が存続するため，振動が起こり，いつまでも続くことがある．

振動反応の研究は化学反応速度論に新たな次元を加え，最も急速に発展した化学分野の一つでもあり，化学動力学や反応機構に有用な知見をもたらしてきた．このような反応は，生体系においても大きな重要性をもつだろう．心臓の規則正しい鼓動はその一例である．解糖においても振動する反応が検出されている*．さらに，大気も，さまざまな気体成分の濃度が周期的な振動を示す開いた系である．

---

* A. Gosh, B. Chance, *Biochem. Biophys. Res. Commun.*, **16**, 174 (1964).

参考文献

書籍

M. Brouard, "Reaction Dynamics," Oxford University Press, New York (1998).

J. H. Espenson, "Chemical Kinetics and Reaction Mechanism," 2nd Ed., WCB/McGraw-Hill, New York (1995).

D. N. Hague, "Fast Reactions," Wiley-Interscience, New York (1971).

G. G. Hammes, "Principles of Chemical Kinetics," Academic Press, New York (1978).

P. L. Houston, "Chemical Kinetics and Reaction Dynamics," McGraw-Hill, Dubuque, IA (2001).

K. J. Laidler, "Chemical Kinetics," 3rd Ed., Harper & Row, New York (1987).

J. W. Moore, R. G. Pearson, "Kinetics and Mechanisms," John Wiley & Sons, New York (1981).

J. Nicholas, "Chemical Kinetics," John Wiley & Sons, New York (1976).

M. J. Pilling, P. W. Seakins, "Reaction Kinetics," Oxford University Press, New York (1995).

S. K. Scott, "Oscillations, Waves, and Chaos in Chemical Kinetics," Oxford University Press, New York (1994).

J. I. Steinfeld, J. S. Francisco, W. L. Hase, "Chemical Kinetics and Dynamics," 2nd Ed., Prentice Hall, Englewood Cliffs, NJ (1999).

論文

総説：

H. K. Zimmerman, 'Method for Determining Order of a Reaction,' *J. Chem. Educ.*, **40**, 356 (1963).

O. T. Benfey, 'Concept of Time in Chemistry,' *J. Chem. Educ.*, **40**, 574 (1963).

B. Perlmutter-Hayman, 'Unimolecular Gas Reactions at Low Pressures,' *J. Chem. Educ.*, **44**, 605 (1967).

D. D. Drysdale, A. C. Lloyd, 'Tables of Conversion Factors for Reaction Rate Constants,' *J. Chem. Educ.*, **46**, 54 (1969).

J. P. Birk, 'Mechanistic Ambiguities of Rate Laws,' *J. Chem. Educ.*, **47**, 805 (1970).

W. F. Sheehan, 'Along the Reaction Coordinate,' *J. Chem. Educ.*, **47**, 853 (1970).

K. J. Laidler, 'Unconventional Applications of Arrhenius's Law,' *J. Chem. Educ.*, **49**, 343 (1972).

C. D. Eskelson, 'Drinking Too Fast Can Cause Sudden Death,' *J. Chem. Educ.*, **50**, 365 (1973).

M. R. J. Dack, 'The Influence of Solvents on Chemical Reactivity,' *J. Chem. Educ.*, **51**, 231 (1974).

L. Volk, W. Richardson, K. H. Lau, M. Hall, S. H. Lin, 'Steady State and Equilibrium Approximations in Reaction Kinetics,' *J. Chem. Educ.*, **54**, 95 (1977).

R. K. Boyd, 'Some Common Oversimplifications in Teaching Chemical Kinetics,' *J. Chem. Educ.*, **55**, 84 (1978).

R. T. McIver, Jr., 'Chemical Reactions Without Solvation,' *Sci. Am.*, November (1980).

J. R. Murdoch, 'What is the Rate-Determining Step of a Multistep Reaction ?' *J. Chem. Educ.*, **58**, 32 (1981).

S. R. Logan, 'The Origin and Status of the Arrhenius Equation,' *J. Chem. Educ.*, **59**, 279 (1982).

D. C. Tardy, D. C. Cater, 'The Steady State and Equilibrium Assumptions in Chemical Kinetics,' *J. Chem. Educ.*, **60**, 109 (1983).

H. Maskill, 'The Extent of Reaction and Chemical Kinetics,' *Educ. Chem.*, **21**, 122 (1984).

R. A. Scott, A. G. Mauk, H. B. Gray, 'Experimental Approaches to Studying Biological Electron Transfer,' *J. Chem. Educ.*, **62**, 932 (1985).

V. I. Goldanskii, 'Quantum Chemical Reactions in the Deep Cold,' *Sci. Am.*, February (1986).

R. Logan, 'The Meaning and Significance of 'the Activation Energy' of a Chemical Reaction,' *Educ. Chem.*, **23**, 148 (1986).

'The Transition State,' (著者名なし) *J. Chem. Educ.*, **64**, 41 (1987).

K. J. Laidler, 'Rate-Controlling Step：A Necessary and Useful Concept ?' *J. Chem. Educ.*, **65**, 250 (1988).

K. J. Laidler, 'Just What Is a Transition State ?' *J. Chem. Educ.*, **65**, 540 (1988).

R. T. Raines, D. E. Hansen, 'An Intuitive Approach to Steady-State Kinetics,' *J. Chem. Educ.*, **65**, 757 (1988).

R. J. P. Williams, 'Electron Transfer in Biology,' *Molec. Phys.*, **68**, 1 (1989).

A. H. Zewail, 'The Birth of Molecules,' *Sci. Am.*, December(1990).

H. Maskill, 'The Arrhenius Equation,' *Educ. Chem.*, **27**, 111(1990).

C. Reeve, 'Some Provocative Opinions on the Terminology of Chemical Kinetics,' *J. Chem. Educ.*, **68**, 728(1991).

R. W. Carr, 'Chemical Kinetics,' "Encyclopedia of Applied Physics," ed. by G. L. Trigg, Vol. 3, p. 345, VCH Publishers, New York(1992).

G. F. Swiegers, 'Applying the Principles of Chemical Kinetics to Population Growth Problems,' *J. Chem. Educ.*, **70**, 364(1993).

G. Eberhardt, E. Levin, 'A Simplified Integration Technique for Reaction Rate Laws of Integral Order in Several Substances,' *J. Chem. Educ.*, **72**, 193(1995).

B. Carpenter, 'Reaction Dynamics in Organic Chemistry,' *Am. Sci.*, **85**, 138(1997).

A. J. Alexander, R. N. Zare, 'Anatomy of Elementary Chemical Reactions,' *J. Chem. Educ.*, **75**, 1105(1998).

A. T. Balabau, W. Seitz, 'Relevance of Chemical Kinetics for Medicine: The Case of Nitric Oxide,' *J. Chem. Educ.*, **80**, 662(2003).

動的同位体効果:

M. M. Kreevoy, 'The Exposition of Isotope Effects on Rates and Equilibria,' *J. Chem. Educ.*, **41**, 636(1964).

V. Gold, 'Application of Isotope Effects,' *Chem. Brit.*, **6**, 292(1970).

A. M. Rouhi, 'The World of Isotope Effects,' *Chem. Eng. News*, December 22(1997).

R. Chang, 'Primary Kinetic Isotope Effect —— A Lecture Demonstration,' *Chem. Educator*, 1997, 2(3): S1430-4171(97)03121-X. Avail. URL: http://journals.springer-ny.com/chedr.

触媒:

A. Haim, 'Catalysis: New Reaction Pathways, Not Just a Lowering of Activation Energy,' *J. Chem. Educ.*, **66**, 935 (1989).

G. L. Haller, 'Catalysis,' "Encyclopedia of Applied Physics," ed. by G. L. Trigg, Vol. 3, p. 67, VCH Publishers, New York(1991).

C. M. Friend, 'Catalysis on Surfaces,' *Sci. Am.*, April (1993).

緩和速度論:

J. H. Swinehart, 'Relaxation Kinetics,' *J. Chem. Educ.*, **44**, 524(1967).

J. E. Finholt, 'The Temperature-Jump Method for the Study of Fast Reactions,' *J. Chem. Educ.*, **45**, 394(1968).

L. Faller, 'Relaxation Methods in Chemistry,' *Sci. Am.*, May(1969).

E. Caldin, 'Temperature-Jump Techniques,' *Chem. Brit.*, **11**, 4(1975).

振動反応:

A. T. Winfree, 'Rotating Chemical Reactions,' *Sci. Am.*, June(1974).

I. R. Epstein, K. Kustin, P. De Kepper, M. Orbán, 'Oscillating Chemical Reactions,' *Sci. Am.*, March(1983).

B. F. Madone, W. L. Freedman, 'Self-Organizing Structures,' *Am. Sci.*, **75**, 252(1987).

R. M. Noyes, 'Some Models of Chemical Oscillators,' *J. Chem. Educ.*, **66**, 190(1989).

R. J. Field, F. W. Schneider, 'Oscillating Chemical Reactions and Nonlinear Dynamics,' *J. Chem. Educ.*, **66**, 195(1989).

W. Jahnke, A. T. Winfree, 'Recipes for Belousov-Zhabotinsky Reagents,' *J. Chem. Educ.*, **68**, 320(1991).

R. F. Melka, G. Olsen, L. Beavers, J. A. Draeger, 'The Kinetics of Oscillating Reactions,' *J. Chem. Educ.*, **69**, 596(1992).

J. J. Weimer, 'An Oscillating Reaction as a Demonstration of Principles Applied in Chemistry and Chemical Engineering,' *J. Chem. Educ.*, **71**, 325(1994).

O. Benini, R. Cervellat, P. Fetto, 'The BZ Reaction: Experimental and Model Studies in the Physical Chemistry Laboratory,' *J. Chem. Educ.*, **73**, 865(1996).

問題

反応次数, 反応速度式

9・1 つぎの反応について, 反応物の消失と生成物の出現に関してその速度を記せ.

(a) $3\,O_2 \longrightarrow 2\,O_3$

(b) $C_2H_6 \longrightarrow C_2H_4 + H_2$

(c) $ClO^- + Br^- \longrightarrow BrO^- + Cl^-$

(d) $(CH_3)_3CCl + H_2O \longrightarrow (CH_3)_3COH + H^+ + Cl^-$

(e) $2\,AsH_3 \longrightarrow 2\,As + 3\,H_2$

9・2 つぎの反応

$$NH_4^+(aq) + NO_2^-(aq) \longrightarrow N_2(g) + 2\,H_2O(l)$$

の速度式は, 速度$=k[NH_4^+][NO_2^-]$で与えられる. 25℃において速度定数は$3.0\times 10^{-4}\,M^{-1}\,s^{-1}$である. $[NH_4^+]=0.26\,M$, $[NO_2^-]=0.080\,M$のとき, この温度における反応速度を計算せよ.

9・3 三次反応における速度定数の単位は何になるか.

9・4 つぎの反応は A について一次であることがわかっている．

$$A \longrightarrow B + C$$

A のはじめの量の半分が 56 秒後に消費されるとして，6.0 分後に消費される割合を計算せよ．

9・5 ある完全な一次反応は 298 K において 49 分後に 34.5% 完了していた．速度定数はいくらになるか．

9・6 (a) 放射性 ^{14}C の壊変（一次反応）の半減期は約 5720 年である．この反応の速度定数を計算せよ．(b) 生体内での天然の ^{14}C 同位体存在度はモル分率にして $1.1×10^{-13}$ % である．ある考古学的な発掘物中から得られた物体について放射化学分析を行ったところ，^{14}C 同位体存在度はモル分率にして $0.89×10^{-14}$ % であった．この物体の年代を計算せよ．どのような仮定をおいたかを明示せよ．

9・7 ジメチルエーテルの気相分解

$$(CH_3)_2O \longrightarrow CH_4 + H_2 + CO$$

について，450 ℃ における一次速度定数は $3.2×10^{-4}$ s^{-1} である．反応は一定体積の容器内で行われた．始状態ではジメチルエーテルのみが存在し，圧力は 0.350 atm であった．この系の 8.0 分後の圧力はいくらになるか．理想気体としてふるまうと仮定する．

9・8 反応 A → B において A の濃度を 1.20 M から 0.60 M にすると，25 ℃ における半減期は 2.0 分から 4.0 分に増加した．反応次数と速度定数を計算せよ．

9・9 さまざまな時間における反応物の吸光度により，水溶液相での反応進行度を観測した．

時間/s	0	54	171	390	720	1010	1190
吸光度	1.67	1.51	1.24	0.847	0.478	0.301	0.216

反応次数と速度定数を決定せよ．

9・10 シクロブタンは，反応式

$$C_4H_8(g) \longrightarrow 2 C_2H_4(g)$$

に従ってエチレンへと分解する．下表の圧力に基づいて反応次数と速度定数を決定せよ．これらは 430 ℃ において一定体積の容器内で反応を行ったときの記録である．

時間/s	0	2000	4000	6000	8000	10000
$P_{C_4H_8}$/mmHg	400	316	248	196	155	122

9・11 与えられたある化合物試料の 75% が 60 分で分解したとすると，この化合物の半減期はいくらになるか．一次の速度論に従うものとする．

9・12 二次反応

$$2 NO_2(g) \longrightarrow 2 NO(g) + O_2(g)$$

の 300 ℃ における速度定数は 0.54 M^{-1} s^{-1} である．NO$_2$ 濃度が 0.62 M から 0.28 M に減少するのにかかる時間（秒）を求めよ．

9・13 N$_2$O の N$_2$ と O$_2$ への分解は一次反応である．この反応の 730 ℃ における半減期は $3.58×10^3$ 分である．N$_2$O の初期圧が 730 ℃ で 2.10 atm であるとして，最初の半減期後の全圧を計算せよ．ただし体積は一定であるとする．

9・14 零次反応 A → B における反応速度式（積分形）は，[A] = [A]$_0$ − kt である．(a) つぎのグラフを描け．(i) [A] に対する反応速度，(ii) t に対する [A]．(b) この反応の半減期を求める式を導け．(c) 積分形の反応速度式がもはや意味をなさなくなるとき，つまり [A] = 0 となるときの半減期における時間を計算せよ．

9・15 原子力産業において労働者の間には，どんな試料の放射能も半減期を 10 回繰返した後は比較的無害になる，という大ざっぱな経験則がある．この時間周期の後に残っている放射性試料の割合を求めよ〔ヒント：放射壊変は一次反応速度式に従う〕．

9・16 不均一系触媒を含む反応の多くは零次である，つまり反応速度 = k である．一つの例がタングステン (W) 上でのホスフィン (PH$_3$) の分解である．

$$4 PH_3(g) \longrightarrow P_4(g) + 6 H_2(g)$$

ホスフィンの圧力が十分に高く（≥ 1 atm）ならない限り，この反応の速度は [PH$_3$] に依存しない．理由を説明せよ．

9・17 零次反応の最初の半減期が 200 s であったとすると，つぎの半減期の長さはいくらになるか．

9・18 次式のような放射壊変を考える．

$$^{64}Cu \longrightarrow {}^{64}Zn + {}_{-1}^{0}\beta \qquad t_{1/2} = 12.8 \text{ hr}$$

はじめに 1 mol の ^{64}Cu があったとして，25.6 時間後に生成されている ^{64}Zn は何 g かを計算せよ．

反応機構

9・19 下式

$$S_2O_8^{2-} + 2 I^- \longrightarrow 2 SO_4^{2-} + I_2$$

の反応は水溶液中においてはゆっくりと進行するが，Fe^{3+} イオンを触媒として促進される．Fe^{3+} が I$^-$ を酸化し，Fe^{2+} が S$_2$O$_8^{2-}$ を還元できることがわかっているとして，この反応をうまく説明することのできる 2 段階反応機構を示せ．なぜ触媒が存在しないときの反応が遅いのか説明せよ．

9・20 H と Br の両方について定常状態近似を用いて式 (9・27) を導け．

9・21 大気中の励起オゾン分子，O$_3^*$，では次式の反応のうちどれか一つが進行する．

$$O_3^* \xrightarrow{k_1} O_3 \qquad (1) \text{ 蛍光}$$
$$O_3^* \xrightarrow{k_2} O + O_2 \qquad (2) \text{ 分解}$$
$$O_3^* + M \xrightarrow{k_3} O_3 + M \qquad (3) \text{ 失活}$$

ここで M は不活性分子である．分解が起こるオゾン分子の割合を，速度定数を用いて計算せよ．

9・22 つぎのデータは 700 ℃ における水素と一酸化窒素の間の反応について得られたものである．

$$2\,H_2(g) + 2\,NO(g) \longrightarrow 2\,H_2O(g) + N_2(g)$$

実験	[H₂]/M	[NO]/M	初速度/M s⁻¹
1	0.010	0.025	2.4 × 10⁻⁶
2	0.0050	0.025	1.2 × 10⁻⁶
3	0.010	0.0125	0.60 × 10⁻⁶

(a) この反応の速度式はどのようになるか．(b) 反応の速度定数を計算せよ．(c) 反応速度式と矛盾しない，適した反応機構を提案せよ〔ヒント: 酸素原子が中間体であると仮定せよ〕．(d) この反応をさらに詳細に調べたところ，反応物について広い濃度範囲にわたる反応速度式は

$$反応速度 = \frac{k_1[NO]^2[H_2]}{1 + k_2[H_2]}$$

となることがわかった．水素濃度が非常に高いときと非常に低いとき，反応速度式はどのようになるか．

9・23 オゾンの分子状酸素への分解 ($2\,O_3 \to 3\,O_2$) の反応速度式は，

$$反応速度 = k\frac{[O_3]^2}{[O_2]}$$

である．この過程の機構は

$$O_3 \underset{k_{-1}}{\overset{k_1}{\rightleftharpoons}} O + O_2$$
$$O + O_3 \overset{k_2}{\longrightarrow} 2\,O_2$$

であると考えられている．これらの素過程から反応速度式を導け．誘導の際に用いた仮定を明示すること．なぜ O_2 の濃度が増加すると反応速度が低下するのか説明せよ．

9・24 H_2 と I_2 から HI を生成する気相反応は 2 段階機構が関与している．

$$I_2 \rightleftharpoons 2\,I$$
$$H_2 + 2\,I \longrightarrow 2\,HI$$

HI の生成速度は可視光の強度と共に増大する．(a) この事実がなぜ与えられた 2 段階機構を支持するのか説明せよ〔ヒント: I_2 の蒸気は紫色である〕．(b) なぜ可視光が H 原子の生成に何の効果ももたないのか，説明せよ．

9・25 近年，クロロフルオロカーボン(chlorofluorocarbon, CFC)のせいで成層圏のオゾンが恐ろしいほどの速さで激減している．$CFCl_3$ などの CFC 分子はまずはじめに紫外光の照射により分解される．

$$CFCl_3 \longrightarrow CFCl_2 + Cl$$

つぎに塩素ラジカルがオゾンと以下のように反応する．

$$Cl + O_3 \longrightarrow ClO + O_2$$
$$ClO + O \longrightarrow Cl + O_2$$

(a) 後の二つの過程について全反応を書け．(b) Cl と ClO はどのような役割を果たしているか．(c) この機構においてはフッ素ラジカルが重要でないのはなぜか．(d) 塩素ラジカル濃度を減少させるための提案の一つは，エタン (C_2H_6) などの炭化水素を成層圏に添加することである．この方法はどのように作用するであろうか．(e) (Cl による) 触媒作用がある場合とない場合の，オゾン破壊，$O_3 + O \longrightarrow 2\,O_2$ について，反応進行度に対するポテンシャルエネルギーのグラフを描け．反応が発熱的か吸熱的かを決めるために，付録 2 の熱力学データを用いよ．

活性化エネルギー

9・26 式(9・28)を用いて，$E_a = 0, 2, 50$ kJ mol⁻¹ のときの 300 K における速度定数を計算せよ．どの場合も $A = 10^{11}$ s⁻¹ であるとする．

9・27 多くの反応は温度が 10 ℃ 上昇するごとに速度が 2 倍になる．そのような反応が 305 K と 315 K で起こっていると仮定する．ここで述べたことが成り立つには活性化エネルギーはどのようにならなければいけないか．

9・28 正常な体温から約±3 ℃ の範囲における代謝速度，M_T は $M_T = M_{37}(1.1)^{\Delta T}$ で与えられる．ここで M_{37} は正常な速度，ΔT は T の変化量である．この式について，可能な分子レベルでの解釈を用いて，議論せよ〔出典: J. A. Campbell, 'Eco-Chem,' *J. Chem. Educ.*, **52**, 327(1975)〕．

9・29 細菌による魚の筋肉の加水分解の速度は，2.2 ℃ においては −1.1 ℃ の 2 倍も大きくなる．この反応の E_a の値を概算せよ．魚を食料として貯蔵するときの問題とも何か関係があるだろうか〔出典: J. A. Campbell, 'Eco-Chem,' *J. Chem. Educ.*, **52**, 390(1975)〕．

9・30 溶液中での有機化合物の分解（一次反応）について，いくつかの温度における速度定数を測定した．

k/s⁻¹	4.92 × 10⁻³	0.0216	0.0950	0.326	1.15
t/℃	5.0	15	25	35	45

この反応の前指数因子（頻度因子）と活性化エネルギーをグラフを描いて決定せよ．

9・31 反応，$2\,HI \longrightarrow H_2 + I_2$ の 556 K における活性化エネルギーは 180 kJ mol⁻¹ である．式(9・28)を用いて速度定数を計算せよ．HI の衝突直径は 3.5×10^{-8} cm である．圧力は 1 atm とする．

9・32 ある一次反応の 350 ℃ における速度定数は 4.60×10^{-4} s⁻¹ である．活性化エネルギーが 104 kJ mol⁻¹ であるとしたときに，速度定数が 8.80×10^{-4} s⁻¹ となる温度を計算せよ．

9・33 コオロギの鳴く速度は 27 ℃ においては毎分 2.0×10^2 回だが，5 ℃ においてはわずか 39.6 回である．これらのデータから，コオロギの鳴き声の "活性化エネルギー" を計算せよ〔ヒント: 速度の比は速度定数の比に等しい〕．15 ℃ における鳴く速度を求めよ．

9・34 つぎのような並列反応を考える．

$$A \begin{array}{c} \xrightarrow{k_1} B \\ \xrightarrow{k_2} C \end{array}$$

活性化エネルギーは k_1 について 45.3 kJ mol^{-1}, k_2 について 69.8 kJ mol^{-1} である．320 K において速度定数が等しくなるとすると，$k_1/k_2 = 2.00$ となる温度はいくらか．

遷移状態理論の熱力学的記述

9・35 気相中での 500 ℃ におけるシクロプロパンのプロペンへの熱異性化の速度定数は 5.95×10^{-4} s^{-1} である．この反応の $\Delta G^{\circ\ddagger}$ の値を計算せよ．

9・36 ナフタレン ($C_{10}H_8$) とそのアニオンラジカル ($C_{10}H_8^-$) の間の電子交換反応の速度は拡散律速である．

$$C_{10}H_8^- + C_{10}H_8 \rightleftharpoons C_{10}H_8 + C_{10}H_8^-$$

反応は二分子反応で二次である．速度定数は，

T/K	307	299	289	273
$k/10^9$ M^{-1}s^{-1}	2.71	2.40	1.96	1.43

この反応の 307 K における E_a, $\Delta H^{\circ\ddagger}$, $\Delta S^{\circ\ddagger}$, $\Delta G^{\circ\ddagger}$ の値を計算せよ〔ヒント：式(9・41)を変形して $\ln(k/T)$ 対 $1/T$ のグラフを描け〕．

9・37 (a) 塩化 t-ブチルの加水分解における前指数因子と活性化エネルギーは，それぞれ 2.1×10^{16} s^{-1} と 102 kJ mol^{-1} である．この反応の 286 K における $\Delta S^{\circ\ddagger}$ と $\Delta H^{\circ\ddagger}$ の値を計算せよ．(b) 気相中での無水マレイン酸とシクロペンタジエンの付加環化の前指数因子と活性化エネルギーはそれぞれ 5.9×10^7 M^{-1} s^{-1} と 51 kJ mol^{-1} である．この反応の 293 K における $\Delta S^{\circ\ddagger}$ と $\Delta H^{\circ\ddagger}$ の値を計算せよ．

動的同位体効果

9・38 ヒトは H_2O の代わりに D_2O を長期間に（何日間という長さで）飲みつづけたら死んでしまうかもしれない．理由を説明せよ．D_2O と H_2O は実質的に同じ性質をもっているので，前者が被害者の体内に大量に存在することをどうやって調べればよいか．

9・39 アセトンの臭素化の律速段階には，炭素-水素結合の切断が関与している．この反応の 300 K における速度定数の比，k_{C-H}/k_{C-D} を見積もれ．これらの結合の振動は $\tilde{\nu}_{C-H} \approx 3000$ cm^{-1} と $\tilde{\nu}_{C-D} \approx 2100$ cm^{-1} である〔ν を振動数，c を光速度として，波数 ($\tilde{\nu}$) は ν/c で与えられる〕．

9・40 時計やその他の機械製品に用いられる潤滑油は長鎖の炭化水素でできている．長期間にわたる自動酸化を受けて，これらの油は固体の重合体となる．この過程の開始段階には水素の引き抜きが含まれる．これら油の日保ちを延ばすための化学的な方法を考案せよ．

補 充 問 題

9・41 フラスコの中には化合物 A と B の混合物が入っている．どちらの化合物も一次速度式に従って分解する．半減期は A が 50.0 分，B が 18.0 分である．A と B の最初の濃度が等しいとして，A の濃度が B の濃度の 4 倍になるのにどれだけの時間が必要だろうか．

9・42 <u>可逆的</u>という語は熱力学の章（第 3 章を参照）と本章の両方で使われている．どちらの場合にも同じ意味をもっているだろうか．

9・43 四塩化炭素などの有機溶媒中におけるヨウ素原子の再結合は拡散律速過程である．

$$I + I \longrightarrow I_2$$

20 ℃ における CCl_4 の粘度が 9.69×10^{-4} N s m^{-2} で与えられるとして，この温度における再結合の速度を計算せよ．

9・44 溶存 CO_2 と炭酸の間の平衡はつぎのように表される．

$$H^+ + HCO_3^- \underset{k_{21}}{\overset{k_{12}}{\rightleftharpoons}} H_2CO_3$$
$$k_{13} \Updownarrow k_{31} \qquad\qquad k_{23} \Updownarrow k_{32}$$
$$CO_2 \qquad + \qquad H_2O$$

このとき，

$$-\frac{d[CO_2]}{dt} = (k_{31} + k_{32})[CO_2] - \left(k_{31} + \frac{k_{23}}{K}\right)[H^+][HCO_3^-]$$

であることを示せ．$K = [H^+][HCO_3^-]/[H_2CO_3]$ である．

9・45 ポリエチレンは水道管，瓶，電気絶縁体，玩具，郵便の封筒など，さまざまな物に使われている．ポリエチレンは数多くのエチレン分子〔この基本単位のことは**単量体**（monomer）とよぶ〕が一つにつながってできていて，非常に大きな分子量をもつ**重合体**（polymer）である．重合の開始段階は

$$R_2 \xrightarrow{k_i} 2R \cdot \qquad \text{連鎖開始}$$

である．R・種（ラジカルとよぶ）がエチレン分子 (M) と反応すると，また一つラジカルが生じる．

$$R \cdot + M \longrightarrow M_1 \cdot$$

$M_1 \cdot$ ともう一つの単量体との反応が重合体鎖の成長につながっていく．

$$M_1 \cdot + M \xrightarrow{k_p} M_2 \cdot \qquad \text{連鎖成長}$$

この過程が何百もの単量体単位と繰返される．連鎖成長は二つのラジカルが結合することで停止してしまう．

$$M' \cdot + M'' \cdot \xrightarrow{k_t} M'-M'' \qquad \text{連鎖停止}$$

エチレン重合の一般的な開始剤は過酸化ベンゾイル〔$(C_6H_5COO)_2$〕である．

$$[(C_6H_5COO)_2] \longrightarrow 2 C_6H_5COO \cdot$$

これは一次反応である．過酸化ベンゾイルの 100 ℃ における半減期は 19.8 分である．(a) 反応の速度定数を計算

せよ（min^{-1} 単位で）．(b) 過酸化ベンゾイルの半減期が 70 ℃ において 7.30 時間，つまり 438 分であるとすると，過酸化ベンゾイルの分解の活性化エネルギーはいくらか（kJ mol^{-1} 単位で）．(c) 上記の重合過程の素過程について反応速度式を書き，反応物，生成物，中間体を明らかにせよ．(d) 長くて分子量の大きなポリエチレンの成長のためにはどのような条件が適しているだろうか．

9・46 不均一系触媒が関与する工業的過程において，触媒の体積（形状は球形）は 10.0 cm^3 である．(a) 触媒の表面積を計算せよ．(b) もしその球が，それぞれ体積 1.25 cm^3 の八つの球に分裂したとすると，それらの球の表面積の合計はいくらになるか．(c) 2 種類の幾何学的形状のうち，より効果的な触媒なのはどちらか〔ヒント: 球の表面積は r を球の半径として $4\pi r^2$ である〕．

9・47 なぜカントリーエレベーター（大穀物倉庫）内の穀物の粉塵が爆発性をもちうるのか，説明せよ．

9・48 温度があるところまで上昇すると，アンモニアは金属タングステン表面上で次式のように分解する．

$$NH_3 \longrightarrow \frac{1}{2}N_2 + \frac{3}{2}H_2$$

速度論的データは NH$_3$ の初期圧についての半減期の変化として表される．

P/Torr	264	130	59	16
$t_{1/2}$/s	456	228	102	60

(a) 反応次数を決定せよ．(b) 反応次数は初期圧にどのように依存するか．(c) 反応機構は圧力と共にどのように変化するか．

9・49 放射性試料の放射能とは 1 秒あたりの原子核の放射壊変数であり，存在する放射性原子核の数に一次速度定数を掛けたものに等しい．放射能の基本単位に**キュリー** (curie)，Ci があり，1 Ci は正確に毎秒 3.70×10^{10} 回の壊変に等しい．この壊変速度は 1 g の ^{226}Ra のそれに相当する．ラジウムの壊変の速度定数と半減期を計算せよ．1.0 g のラジウム試料から始めて，500 年後の放射能はいくらになるか．^{226}Ra のモル質量は 226.03 g mol^{-1} である．

9・50 X → Y の反応エンタルピーは -64 kJ mol^{-1}，活性化エネルギーは 22 kJ mol^{-1} である．Y → X 反応の活性化エネルギーはいくらか．

9・51 つぎのような並列一次反応を考える．

$$A \begin{array}{c} \xrightarrow{k_1} B \\ \xrightarrow{k_2} C \end{array}$$

(a) $t=0$ における A の濃度を $[A]_0$ として，時間 t における $d[B]/dt$ の式を書け．(b) 反応終了時の $[B]/[C]$ の比はいくらになるか．

9・52 チェルノブイリ原子力発電所の事故の間に放出された放射線にさらされた結果，ある人は体内のヨウ素 ^{131}I のレベルが 7.4 mCi（1 mCi = 1×10^{-3} Ci）に等しくなって しまった．この放射能に相当する ^{131}I 原子の数を計算せよ．原子力発電所の付近に住んでいた人達が，事故の後に大量のヨウ化カリウムを摂取するように勧められたのはなぜか．

9・53 モル質量 $\mathscr{M}$ のあるタンパク質分子，P は室温で溶液中に置いておくと二量化する．もっともらしい反応機構は二量化の前にまずタンパク質分子が変性するというものである．

$$P \xrightarrow{k} P^* \text{（変性）} \quad \text{遅い}$$
$$2P^* \longrightarrow P_2 \quad \text{速い}$$

この反応の進行度は，平均モル質量 $\overline{\mathscr{M}}$ に関係する粘度測定を行うことによって追跡できる．初濃度 $[P]_0$，時間 t における濃度 $[P]$，そして $\mathscr{M}$ を用いて，$\overline{\mathscr{M}}$ についての式を導け．このスキームと矛盾しない反応速度式を記せ．

9・54 アセトンの臭素化には酸触媒が作用する．

$$CH_3COCH_3 + Br_2 \xrightarrow{H^+} CH_3COCH_2Br + H^+ + Br^-$$

ある温度において，アセトン，臭素，H$^+$ イオンの濃度をいくつか変えて臭素の減少速度を測定した．

	[CH$_3$COCH$_3$] M	[Br$_2$] M	[H$^+$] M	Br$_2$の減少速度 M s^{-1}
(1)	0.30	0.050	0.050	5.7×10^{-5}
(2)	0.30	0.10	0.050	5.7×10^{-5}
(3)	0.30	0.050	0.10	1.2×10^{-4}
(4)	0.40	0.050	0.20	3.1×10^{-4}
(5)	0.40	0.050	0.050	7.6×10^{-5}

(a) この反応の反応速度式はどうなるか．(b) 速度定数を決定せよ．(c) この反応には以下の機構が提案されている．

$$\underset{\substack{\|\\O}}{CH_3-C-CH_3} + H_3O^+ \rightleftharpoons$$

$$\underset{\substack{\|\\{}^+OH}}{CH_3-C-CH_3} + H_2O \quad \text{（速い平衡）}$$

$$\underset{\substack{\|\\{}^+OH}}{CH_3-C-CH_3} + H_2O \longrightarrow$$

$$\underset{\substack{|\\OH}}{CH_3-C=CH_2} + H_3O^+ \quad \text{（遅い）}$$

$$\underset{\substack{|\\OH}}{CH_3-C=CH_2} + Br_2 \longrightarrow$$

$$\underset{\substack{\|\\O}}{CH_3-C-CH_2Br} + HBr \quad \text{（速い）}$$

この機構から導かれる反応速度式が (a) で示されたものと一致することを示せ．

9・55 反応，2 NO$_2$(g) → N$_2$O$_4$(g) の反応速度式は，反応速度 = $k[NO_2]^2$ である．k を変化させるのはつぎのうちどれか．(a) NO$_2$ 圧を 2 倍にする．(b) 有機溶媒中で反

応を行う．(c) 反応容器の体積を 2 倍にする．(d) 温度を下げる．(e) 反応容器に触媒を加える．

9・56 p.196 の循環過程について，$k_{-1}k_2k_3 = k_1k_{-2}k_{-3}$ であることを示せ．

9・57 代謝に必要な酸素はつぎの簡略化した式に従って，ヘモグロビン (Hb) がオキシヘモグロビン (HbO_2) を形成することによって摂取される．

$$Hb(aq) + O_2(aq) \xrightarrow{k} HbO_2(aq)$$

このとき 37 ℃ における二次の速度定数は 2.1×10^6 M^{-1} s^{-1} である．平均的な成人の場合，肺の中の血液に含まれる Hb と O_2 の濃度はそれぞれ 8.0×10^{-6} M と 1.5×10^{-6} M である．(a) HbO_2 の生成速度を計算せよ．(b) O_2 の消費速度を求めよ．(c) 運動している間は代謝速度を上げようとする要求を受けて，HbO_2 の生成速度は 1.4×10^{-4} $M\ s^{-1}$ に増加する．Hb 濃度は一定であるとして，この HbO_2 生成速度を満たすためには酸素濃度はどれくらい必要か．

9・58 一般に砂糖とよばれているスクロース ($C_{12}H_{22}O_{11}$) は，加水分解 (水との反応) を経てフルクトース ($C_6H_{12}O_6$) とグルコース ($C_6H_{12}O_6$) を生成する．

$$C_{12}H_{22}O_{11} + H_2O \longrightarrow \underset{\text{フルクトース}}{C_6H_{12}O_6} + \underset{\text{グルコース}}{C_6H_{12}O_6}$$

この反応はキャンデーの生産にとりわけ重要である．第一にフルクトースはスクロースよりも甘い．第二にフルクトースとグルコースの混合物〔**転化糖** (invert sugar) とよばれる〕は結晶化しないので，これらを組合わせてつくったキャンデーは粘りがあって結晶性のスクロースのように崩れない．スクロースは右旋性 (+) なのに対し，転化によって得られるグルコースとフルクトースの混合物は左旋性 (−) である．したがって，スクロース濃度が減少すれば旋光度も比例して減少する．(a) 以下の速度論的データから反応が一次であることを示し，速度定数を決定せよ．

時間/min	0	7.20	18.0	27.0	∞
旋光度(α)	+24.08°	+21.40°	+17.73°	+15.01°	−10.73°

(b) 水は反応物であるにもかかわらず，なぜ反応速度式に [H_2O] が含まれないのか，説明せよ．

9・59 タリウム(I) は溶液中でセリウム(IV) によって次式のように酸化される．

$$Tl^+ + 2\,Ce^{4+} \longrightarrow Tl^{3+} + 2\,Ce^{3+}$$

マンガン(II) が存在するときの素過程は次式の通りである．

$$Ce^{4+} + Mn^{2+} \longrightarrow Ce^{3+} + Mn^{3+}$$
$$Ce^{4+} + Mn^{3+} \longrightarrow Ce^{3+} + Mn^{4+}$$
$$Tl^+ + Mn^{4+} \longrightarrow Tl^{3+} + Mn^{2+}$$

(a) 反応速度式が，反応速度 $= k[Ce^{4+}][Mn^{2+}]$ であると

き，触媒，中間体，律速過程を明らかにせよ．(b) 触媒がない場合，この反応が遅い理由を説明せよ．(c) 触媒の種類を分類せよ (均一系か不均一系か)．

9・60 ある決まった条件下においては，オゾンの気相分解は O_3 について二次であり，分子状酸素によって抑制されることがわかった．以下の機構に定常状態近似を適用して反応速度式が実験結果と矛盾しないことを示せ．

$$O_3 \underset{k_{-1}}{\overset{k_1}{\rightleftharpoons}} O_2 + O$$
$$O + O_3 \xrightarrow{k_2} 2\,O_2$$

式を導く際に用いた仮定はすべて明らかにすること．

9・61 つぎの反応

$$CH_2=CH-CH=CH_2 + CH_2=CH-CHO \longrightarrow$$

の速度定数を温度を変えて測定した．

$10^3 k/M^{-1}s^{-1}$	0.138	1.63	7.2	36.8	81
$t/℃$	155.3	208.3	246.5	295.8	330.8

反応の前指数因子，E_a，$\Delta S^{°\ddagger}$，$\Delta H^{°\ddagger}$ の値を計算せよ．計算の際には，平均の温度を 516 K とせよ〔データは G. B. Kistiakowsky, J. R. Lacher, *J. Am. Chem. Soc.*, **58**, 123 (1936) より〕．

9・62 反応 $X + Y \rightarrow Z$ は二つの異なる機構で進み，その一つは pH 依存性である．反応速度式は

$$\frac{d[Z]}{dt} = k_1[X] + k_2[Y][H^+]$$

となる．pH = 3.4 で二つの反応の速度が等しいとき k_1/k_2 の比はいくらになるか．[X] = [Y] と仮定する．

9・63 心拍停止に陥ったのち生還した人への処置では，脳へのダメージを予防するために体温を普通下げている．この処置の物理化学的な根拠を述べよ．

9・64 Roman Smoluchowski (ポーランド系米国人の物理学者) は分子 A と B の間の拡散律速反応の速度定数 k_D は

$$k_D = 4\pi\,N_A(D_A + D_B)r_{AB}$$

で表されることを示した．r_{AB} は分子間の距離 (cm 単位)，D_A, D_B は拡散係数である．20 ℃ において，$D_A = 6.0 \times 10^{-5}\ cm^2\ s^{-1}$，$D_B = 2.5 \times 10^{-5}\ cm^2\ s^{-1}$，また $r_{AB} = 1.0 \times 10^{-8}$ cm として k_D を計算せよ．

9・65 メチルラジカル ($\cdot CH_3$) の直径は 3.80 Å である．二次の気相反応

$$2\,\cdot CH_3 \longrightarrow C_2H_6$$

について 50 ℃ で速度定数を計算せよ．これはとりうる最大の速度定数だろうか．説明せよ．

10

酵素反応速度論

反応速度論において最も魅力的な研究領域に酵素の触媒作用がある．酵素の触媒作用の特色は，一般的に反応速度を非常に速くしていること（10^6〜10^{18}程度の大きさ）と高い特異性にある．特異性とは，酵素分子が**基質**（substrate）とよばれるある反応物のみを他の分子と区別しつつ選択的に触媒作用で化学反応させるということを意味している．

本章では酵素の反応速度論の基本を数学的に取扱い，酵素反応速度論から見た反応阻害，アロステリック性，pHの影響について説明する．

10・1 触媒作用の一般原理

触媒（catalyst）とは，その過程において自身が消費されることなく反応速度を増加させる物質である．触媒が関係する反応は**触媒反応**（catalyzed reaction）とよばれ，その過程は**触媒作用**（catalysis）とよばれる．触媒作用を研究する際，つぎの特徴を記憶にとどめておこう．

1. 触媒は異なる反応機構を与えることによって活性化ギブズエネルギーを低くする（図10・1）．その機構は反応速度を高めるものであるが，そのことは正反応，逆反応の両方に適用される．
2. 触媒は反応の最初の段階において反応物と反応中間体を形成し，生成物形成段階においてはずれる．触媒は反応全体としては表に現れない．
3. 触媒はどのような反応機構や反応エネルギー論を考える場合でも，反応物と生成物のエンタルピーやギブズエネルギーを変えるものではない．すなわち，触媒は平衡へ到達する速度を速くするが，熱力学平衡定数を変えることはない．

人類は何千年もの間，食物の調理やワインの醸造において触媒を使ってきた．工業では何十兆円にものぼる化学製品が触媒の助けを得て毎年生産されている．触媒作用には不均一系，均一系，酵素の三つの型がある．不均一系触媒反応においては，反応物と触媒は異なる相にある（普通，気体/固体，液体/固体）．よく知られた例はアンモニア合成のハーバー法や硝酸合成のオストワルド法である．酸を触媒とするアセトンの臭素化

$$CH_3COCH_3 + Br_2 \xrightarrow{H^+} CH_2BrCOCH_3 + HBr$$

は，均一系触媒作用の例である．なぜなら反応物と触媒（H^+）の両方が水という媒体中に均一に分散しているからである．酵素の触媒作用もまた事実上は大部分が均一系触媒作用である．しかしながら酵素触媒作用は生物独自のものであり，上に述べた三つの型の触媒の中で最も複雑であるので，それは独立した範ちゅうとして取扱われる．酵素反応の機構がよく理解されている，いないにかかわらず，酵素は薬やさまざまな化学製品の製造だけではなく，食物や飲料の生産にも広く使用されている．

酵素触媒

1926年，米国の生化学者，James Sumner（1887〜1955）がウレアーゼ（尿素の，アンモニアと二酸化炭素への分解を触媒する酵素）を結晶化して以来，大部分の酵素がタンパク質であると認識されるようになった[*]．酵素は普通，

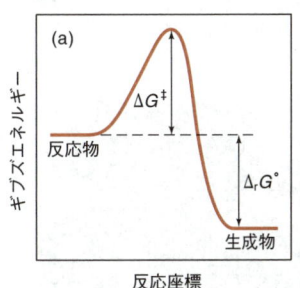

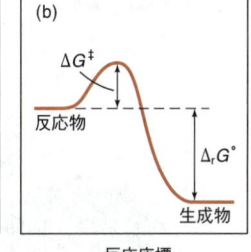

図10・1 （a）触媒のない反応および，（b）触媒のある反応に対するギブズエネルギー変化．触媒のある反応は，反応物と触媒の間に少なくとも一つの反応中間体の形成が必ず含まれている．$\Delta_r G°$は両方の場合で同じである．

---

[*] 1980年代前半に化学者はリボザイムとよばれるあるRNA分子もまた触媒の性質をもつことを発見した．

基質との反応が起こる**活性部位**（active site）を一つ以上含んでいる．活性部位はほんの数個のアミノ酸残基から成り，タンパク質の残りの部分は完全な三次元のネットワークを維持するために必要とされている．基質に対する酵素の特異性は分子ごとに異なる．多くの酵素は，エナンチオマー（鏡像異性体）の一方の反応は触媒するが，他方に対しては反応を触媒しないという点で，立体化学的特異性を示す（図10・2）．たとえば，タンパク質分解酵素はL-アミノ酸から成るペプチドの加水分解のみを触媒する．ある金属イオンのないときには触媒作用が不活性になる酵素もある．

1890年代にドイツの化学者 Emil Fischer（1852～1919）は酵素の特異性に関して鍵と鍵穴理論を提唱した．Fischer は，活性部位は形の固定された硬い構造をもち鍵穴に似ていると考えた．そして基質分子は相補的な構造をもち，鍵として機能する．いくつかの点でこの理論は興味をもたれたが，修正され，溶液中でのタンパク質の柔軟性が考慮に入れられている．酵素への基質の結合は基質を歪ませて，基質が遷移状態のコンホメーションをとるようにする，ということが今ではわかっている．同時に，酵素自身も基質に適合するように高次構造の変化を受ける（図10・3）．タンパク質が柔軟性をもつことも，協同性現象の説明になる．**協同性**（cooperativity）とは多くの結合部位をもった酵素へ基質が結合するとき，基質の結合によって酵素の残りの部位への基質の結合の親和性が変わることを指している．

他の触媒と同様に酵素もまた反応速度を増大させる．酵素の効率は式(9・41)を考察すると理解が進む．

$$k = \frac{k_B T}{h} e^{-\Delta G^{\circ\ddagger}/RT} (M^{1-m})$$

$$= \frac{k_B T}{h} e^{\Delta S^{\circ\ddagger}/R} e^{-\Delta H^{\circ\ddagger}/RT} (M^{1-m})$$

速度定数へは二つの項が寄与する．$\Delta H^{\circ\ddagger}$ と $\Delta S^{\circ\ddagger}$ である．活性化エンタルピーは近似的にアレニウス式における活性化エネルギー（E_a）に等しい（式9・28参照）．触媒の作用による E_a の減少は間違いなく反応速度定数を増大させるであろう．事実，一般の触媒の作用の仕方は通常このように説明されるが，酵素の触媒作用に対しては，これだけでは必ずしも十分ではない．というのは，活性化エントロピー，$\Delta S^{\circ\ddagger}$ もまた，酵素の触媒作用の効率の決定には重要な因子であるかもしれないからである．

二分子反応を考えてみよう．

$$A + B \longrightarrow AB^\ddagger \longrightarrow 生成物$$

ここで A と B は共に非直線分子であるとする．活性錯合体（$AB^\ddagger$）の形成前では各 A，B 分子は三つの並進，三つの回転，およびいくつかの振動自由度をもつ．これらの運動はすべて分子のエントロピーに寄与する．25℃では最大の寄与は並進運動（約 120 J K^{-1} mol^{-1}），続いて回転運動（約 80 J K^{-1} mol^{-1}）から来ている．振動運動は最も小さい寄与でしかない（約 15 J K^{-1} mol^{-1}）．活性錯合体の並進と回転のエントロピーは個々の A，B 分子のそれらよ

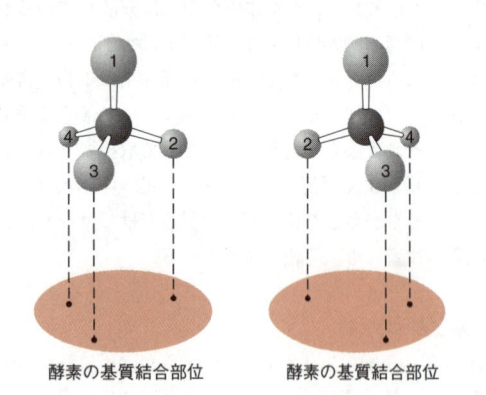

図 10・2 二つのエナンチオマーの酵素への結合の仕方が異なることを示す図．酵素の活性部位の立体配置は通常固定されている（つまり，上述の二つの配置のうちの一つのみを結合させることができる）ので，二つのエナンチオマーのうちの一つに対してのみ反応が起こる．特異性が生まれるには基質と酵素の間に最小限三つの接触点が必要である．

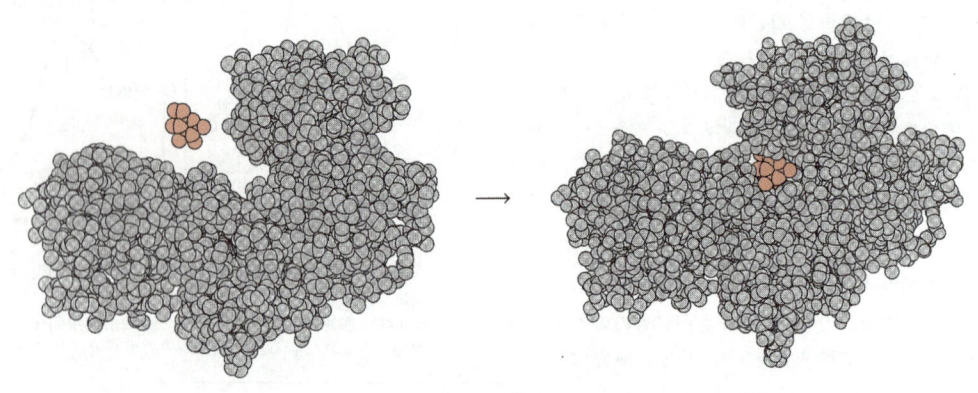

図 10・3 グルコースがヘキソキナーゼ（代謝経路の酵素である）に結合すると起こる高次構造変化〔出典: W. S. Bennet, T. A. Steitz, *J. Mol. Biol.*, **140**, 211 (1980)〕

図 10・4 酵素触媒反応での反応座標に対するギブズエネルギーのプロット

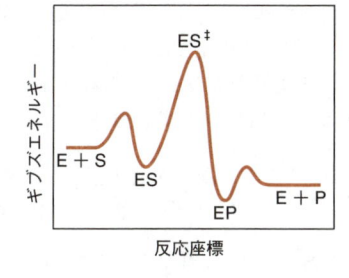

りもわずかに大きいだけである（これらのエントロピーは分子の大きさと共に緩やかに増大する）．それゆえ，活性錯合体が形成されるとき 1 分子相当分，つまり正味 200 J K^{-1} mol^{-1} のエントロピーの損失がある．エントロピーにおけるこの損失は，活性錯合体に生じる内部回転や振動の新しいモードにより少しは補償される．これとは違って，アルケンのシス–トランス異性化反応のような単分子反応の場合には，活性錯合体が単一分子種から形成されるのでほとんどエントロピー変化がない．単分子反応と二分子反応の理論的比較から，単分子反応を有利にする $e^{\Delta S^{\circ \ddagger}/R}$ 項について 3×10^{10} もの大きな違いが示される場合がある．

ある基質（S）がある生成物（P）に変換される単純な酵素触媒反応を考えてみよう．その反応はつぎのように進行する．

$$\mathrm{E+S \rightleftharpoons ES \rightleftharpoons ES^{\ddagger} \rightleftharpoons EP \rightleftharpoons E+P}$$

このスキームにおいて，酵素と基質は酵素–基質複合体，ES を形成するために，溶液中で互いにまず出会わなければならない．これは可逆反応であるが，S の濃度 [S] が高いとき，ES の形成が有利になる．基質が結合すると，活性部位内での力によって，基質と酵素の反応基が適当な向きに並び，活性錯合体（ES‡）が生じる．その反応は単分子反応と同じように，単一の実体である酵素–基質複合体（ES）で起こり，酵素–基質活性錯合体（ES‡）に活性化される．そのため，エントロピーの損失は非常に小さい．言い換えれば，並進と回転のエントロピーの損失は ES の形成中に起こるものであり，ES → ES‡ の段階で起こるものではない（このエントロピーの損失は基質の結合エネルギーによって大部分は補償される）．いったん ES‡ が形成されれば，ES‡ は酵素–生成物複合体（EP）へのエネルギー的な下り坂を進行し，最終的に酵素の再生を伴って生成物まで進行する．図 10・4 に反応座標に沿ったギブズエネルギーの変化のいくつかの段階をまとめて示す．

10・2 酵素反応速度論の式

酵素反応速度論においては，可逆反応と生成物による酵素の阻害とを最小にするために，反応の**初速度**（initial rate），v_0 を測定することがよく行われる．なお，初速度は実験で既知の一定基質濃度に対して求められる．基質濃度は時間が経つにつれて減少するからである．

図 10・5 は基質濃度 [S] に対する酵素触媒反応の初速度（v_0）の変化を示している．ここで下つき文字の $_0$ は最初の値ということを表す．低い基質濃度では反応速度は基質濃度 [S] に比例して急速に増加する．しかし高い基質濃度では漸近値に向かって徐々に収束する．この領域ではすべての酵素分子は基質分子と結合しており，反応速度は基質濃度に関して零次になる．数学的解析から，v_0 と [S] の関係は直角双曲線の式によって表されることがわかる．

$$v_0 = \frac{a[\mathrm{S}]}{b+[\mathrm{S}]} \quad (10 \cdot 1)$$

ここで a と b は定数である．次項では実験データを説明するために必要な式を導くことにする．

ミカエリス・メンテン速度論

1913 年に，フランスの化学者 Victor Henri（1872～1940）の研究をもとにして，ドイツの生化学者 Leonor Michaelis（1875～1949）とカナダの生化学者 Maud L. Menten（1879～1960）は酵素触媒反応の初速度の濃度依存性を説明するための機構を提案した．彼らはつぎに示すスキームを考えた．ここで ES は酵素–基質複合体である．

$$\mathrm{E+S} \underset{k_{-1}}{\overset{k_1}{\rightleftharpoons}} \mathrm{ES} \overset{k_2}{\longrightarrow} \mathrm{P+E}$$

生成物形成の初速度 v_0 は次式によって与えられる．

$$v_0 = \left(\frac{d[\mathrm{P}]}{dt}\right)_0 = k_2[\mathrm{ES}] \quad (10 \cdot 2)$$

測定可能な基質濃度を使って，反応速度をより簡単に表すために，Michaelis と Menten は，第一の段階*（ES の形成）は速い平衡過程として取扱えるように $k_{-1} \gg k_2$ を仮定した．定常状態では解離定数 K_S はつぎの式で与えられる．

$$K_\mathrm{S} = \frac{k_{-1}}{k_1} = \frac{[\mathrm{E}][\mathrm{S}]}{[\mathrm{ES}]}$$

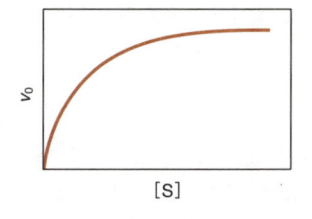

図 10・5 基質濃度に対する酵素触媒反応の初速度のプロット

---

* この段階は p.197 で取扱った前駆平衡に相当する．

反応開始直後の酵素の全濃度は，

$$[E]_0 = [E] + [ES]$$

それゆえ，

$$K_S = \frac{([E]_0 - [ES])[S]}{[ES]} \quad (10 \cdot 3)$$

[ES] について解くと次式を得る．

$$[ES] = \frac{[E]_0 [S]}{K_S + [S]} \quad (10 \cdot 4)$$

式(10・2)へ式(10・4)を代入すると初速度 v_0 に対してつぎの式を得る．

$$v_0 = \left(\frac{d[P]}{dt}\right)_0 = \frac{k_2 [E]_0 [S]}{K_S + [S]} \quad (10 \cdot 5)$$

このように，反応速度はいつも酵素の全濃度に比例する．

式(10・5)は，$a = k_2 [E]_0$ と $b = K_S$ とすると式(10・1)と同形である．低い基質濃度 $[S] \ll K_S$ では式(10・5)は $v_0 = (k_2/K_S)[E]_0[S]$ になる．すなわちこれは二次反応である（$[E]_0$ に対して一次，$[S]$ に対して一次）．この速度則は図10・5における図の最初の直線部分に相当する．高い基質濃度，$[S] \gg K_S$ では式(10・5)はつぎのように表現される．

$$v_0 = \left(\frac{d[P]}{dt}\right)_0 = k_2 [E]_0$$

この条件の下ではすべての酵素分子が酵素-基質複合体の形になっている．すなわち，反応系がSで飽和している．したがって，初速度は [S] に対して零次になる．この速度則は図の水平な部分に相当する．図10・5における曲線の部分は低基質濃度から高基質濃度への移行を表している．

すべての酵素分子がESとして基質と複合体をつくっている場合，測定される初速度は最大値（V_{max}）であるはずである．つまり，

$$V_{max} = k_2 [E]_0 \quad (10 \cdot 6)$$

ここで V_{max} は**最大速度**（maximum rate）とよばれる．$[S] = K_S$ のときを考えてみると，式(10・5)からこの条件が $v_0 = V_{max}/2$ を与えることがわかる．したがって初速度が最大速度の半分であるとき K_S はSの濃度と等しい．

定常状態速度論

英国の生物学者，George Briggs (1893〜1978) と John Haldane (1892〜1964) は1925年に，式(10・5)を導くのに酵素と基質が酵素-基質複合体と熱力学平衡状態にあると仮定する必要はないことを示した．彼らは酵素と基質が

混合された後すぐに酵素-基質複合体の濃度が一定値に達していると仮定した．したがってつぎのような定常状態近似を使用することができる（各分子種の濃度の時間変化については図10・6参照）*.

$$\frac{d[ES]}{dt} = 0 = k_1 [E][S] - k_{-1} [ES] - k_2 [ES]$$
$$= k_1 ([E]_0 - [ES])[S] - (k_{-1} + k_2)[ES]$$

[ES] について解くことによって次式が得られる．

$$[ES] = \frac{k_1 [E]_0 [S]}{k_1 [S] + k_{-1} + k_2} \quad (10 \cdot 7)$$

式(10・7)を式(10・2)へ代入し次式を得る．

$$v_0 = \left(\frac{d[P]}{dt}\right)_0 = k_2 [ES] = \frac{k_1 k_2 [E]_0 [S]}{k_1 [S] + k_{-1} + k_2}$$
$$= \frac{k_2 [E]_0 [S]}{[(k_{-1} + k_2)/k_1] + [S]}$$
$$= \frac{k_2 [E]_0 [S]}{K_M + [S]} \quad (10 \cdot 8)$$

ここで K_M は次式で定義される**ミカエリス定数**（Michaelis constant）である．

$$K_M = \frac{k_{-1} + k_2}{k_1} \quad (10 \cdot 9)$$

式(10・5)と式(10・8)を比較すると，それらが似たような基質濃度依存性をもっていることがわかる．しかしながら，$k_{-1} \gg k_2$ でなければ一般に $K_M \neq K_S$ である．

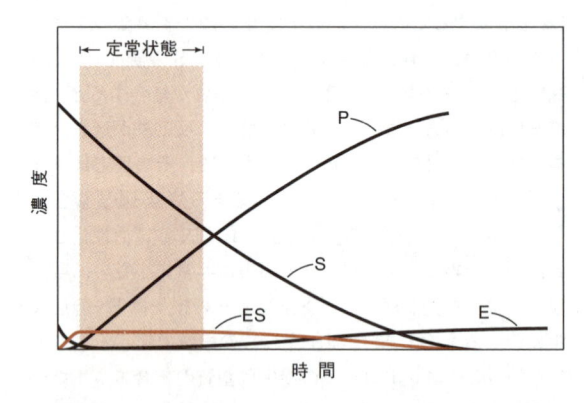

図10・6 酵素触媒反応，E + S ⇌ ES → P + E における各分子種の濃度の，時間に対するプロット．ここでは初期の基質濃度が酵素濃度よりもずっと高く，速度定数 k_1, k_{-1}, k_2（本文を参照）の大きさは同程度であると仮定している．

---

* 化学者の関心は**前定常状態速度論**（pre-steady-state kinetics）にも向けられている．すなわち，定常状態に到達する前の段階である．前定常状態速度論を研究するのはより困難であるが，酵素触媒作用の反応機構に関して有用な情報を与える．しかし代謝の理解のためには定常状態速度論はもっと重要である．なぜなら細胞内に存在する定常状態条件での酵素触媒反応の速度の尺度となるからである．

10・2 酵素反応速度論の式

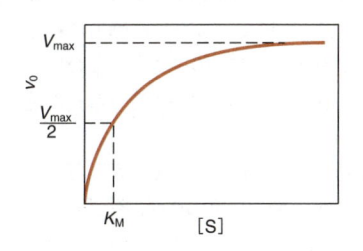

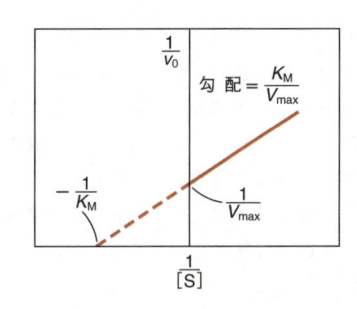

図 10・7 グラフを利用した V_{max} と K_M の求め方

図 10・8 ミカエリス・メンテン速度論に従う酵素触媒反応に関するラインウィーバー・バークプロット

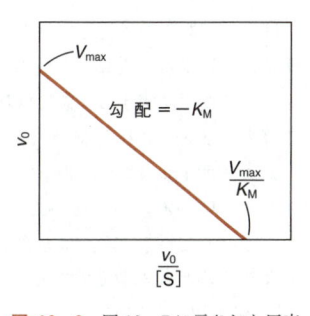

図 10・9 図 10・7 に示された反応のイーディー・ホフステープロット

ブリッグス・ホールデンの取扱いでは，式(10・6)と同じように正確に最大速度を定義する．$[E]_0 = V_{max}/k_2$ であるので式(10・8)もまたつぎのように表される．

$$v_0 = \frac{V_{max}[S]}{K_M + [S]} \quad (10 \cdot 10)$$

式(10・10)は酵素反応速度論の基本式であり，今後しばしばこれについて言及するであろう．初速度が最大速度の半分に等しいとき，式(10・10)はつぎのように表される．

$$\frac{V_{max}}{2} = \frac{V_{max}[S]}{K_M + [S]}$$

すなわち

$$K_M = [S]$$

である*．このように図 10・7 のようなプロットから V_{max} と K_M の両方が，少なくとも原理的には決定されうる．しかしながら実際には，[S] に対しての v_0 のプロットは V_{max} の値を決める際にはそれほど有益ではないことがわかる．なぜなら非常に高い基質濃度で漸近値 V_{max} を定めることはしばしば困難であるからである．米国の化学者，H. Lineweaver (1907〜) と Dean Burk (1904〜1988) によって提起されたより便利な方法は $1/[S]$ 対 $1/v_0$ の二重逆数プロットを利用するというものである．式(10・10)からつぎの式を得る．

$$\frac{1}{v_0} = \frac{K_M}{V_{max}[S]} + \frac{1}{V_{max}} \quad (10 \cdot 11)$$

図 10・8 が示すように，K_M と V_{max} の両方が直線の勾配と切片から得られる．

酵素反応速度論研究においてラインウィーバー・バークプロットは有益で広く使われているが，それは高い基質濃度での測定点を狭い領域に圧縮し，(逆に) しばしば最も正確さに欠ける低い基質濃度での測定点を強調してしまう欠点をもっている．反応速度データをプロットする他のいくつかの方法のうち，イーディー・ホフステープロットについて述べる．式(10・11)の両辺に $v_0 V_{max}$ を掛けると次式が得られる．

$$V_{max} = v_0 + \frac{v_0 K_M}{[S]}$$

上式を変形して，

$$v_0 = V_{max} - \frac{v_0 K_M}{[S]} \quad (10 \cdot 12)$$

この式は $v_0/[S]$ 対 v_0 のプロット，いわゆるイーディー・ホフステープロットが，$-K_M$ に等しい勾配をもち，v_0 軸での切片が V_{max}，$v_0/[S]$ 軸での切片が V_{max}/K_M となる直線を与えることを示している (図 10・9)．

K_M と V_{max} の重要性

ミカエリス定数，K_M は，酵素の種類によりかなり変化し，また同じ酵素でも基質が異なるとかなり変化する．定義によりミカエリス定数は最大速度の半分の値を与える基質濃度に等しい．別の言い方をすれば，K_M は，酵素の活性部位の半分が基質分子によって満たされているような基質濃度を表している．K_M の値は酵素-基質複合体，ES の解離定数と同一視されることがある (K_M が大きければ大きいほど酵素-基質複合体の結合は弱い)．しかしながら式(10・9)からわかるように，このことは $k_2 \ll k_{-1}$ つまり $K_M = k_{-1}/k_1$ のときのみ正しい．一般に K_M は三つの速度定数によって表現されるはずである．にもかかわらず，K_M (モル濃度単位) は酵素触媒反応で他の速度論パラメーターと共に報告されるのが慣習的である．その理由はまず第一に K_M は容易にかつ直接測定できる量であることがあげられる．さらに K_M は温度や基質の性質，pH，イオン強度や他の反応条件に依存する．それゆえ，その値 (K_M) は特定の条件での特定な酵素-基質系を特徴づけるのに役に立つ．K_M (同じ酵素と基質に対する) の多様性はしば

---

* K_M が大きければ大きいほど (結合が弱ければ弱いほど)，最大速度の半分に到達するのに必要な [S] は大きくなる．

しば阻害剤あるいは活性化剤の存在の指標となる．同様の反応を触媒する，異なった種由来の酵素の K_M 値を比較することで進化に関する有益な情報がまた得られる．大部分の酵素では K_M は 10^{-1} M と 10^{-7} M の間にある．

最大速度 V_{max} は理論的にも実験的にもはっきりと定義された意味のある量である．V_{max} は到達できる最大速度を表す．すなわち，V_{max} は全酵素が酵素-基質複合体として存在するときの速度である．式(10・6)に従って，もし $[E]_0$ が既知なら，前述したプロットの一つから計算された V_{max} の値から k_2 の値を決定できる．k_2 は一次の反応速度定数で，時間の逆数の次元をもつ（s^{-1} あるいは min^{-1}）ことに注意しよう．k_2 は**代謝回転数**（turnover number）とよばれる［k_{cat}，**触媒定数**（catalytic constant）とよばれることもある］．酵素の代謝回転数は酵素が十分に基質で飽和しているとき，単位時間あたりに生成物へ転換される基質分子の数（あるいは基質の物質量）である．大部分の酵素については，代謝回転数は生理的条件下で $1～10^5$ s^{-1} の間で多様である．二酸化炭素の水和と炭酸の脱水

$$CO_2 + H_2O \rightleftharpoons H_2CO_3$$

を触媒する酵素である炭酸デヒドラターゼは 25 ℃ において知られている最も大きな代謝回転数（$k_2 = 1 \times 10^6$ s^{-1}）をもつ酵素の一つである．したがって 1×10^{-6} M の酵素溶液で CO_2（代謝産物）と H_2O から毎秒 1 M の H_2CO_3 の生成を触媒することができる．すなわち，

$$V_{max} = (1 \times 10^6 \, s^{-1})(1 \times 10^{-6} \, M) = 1 \, M \, s^{-1}$$

酵素がなければ擬一次速度定数はおよそ 0.03 s^{-1} にすぎない．〔酵素の純度あるいは分子あたりの活性部位数が不明の場合，代謝回転数は計算できないことに注意しよう．その場合においては，酵素の活性は，単位タンパク質量（mg）あたりの活性単位（**比活性**（specific activity）とよばれる）で与えられる．国際単位の一つでは，1分間あたり1マイクロモル（1 μmol）の生成物を生じる酵素の量と決められている[*1]．〕

このようにして，基質の飽和状態，すなわち $[S] \gg K_M$ の条件下で反応速度を測定することによって，代謝回転数を決めることができる（式 10・8 参照）．生理的条件下では，$[S]/K_M$ の比はめったに 1 よりも大きくならない．事実，1 よりはるかに小さくなることがしばしばである．$[S] \ll K_M$ のとき，式(10・8)はつぎのようになる．

$$v_0 = \frac{k_2}{K_M}[E]_0[S] = \frac{k_{cat}}{K_M}[E]_0[S] \quad (10 \cdot 13)$$

式(10・13)が二次反応速度式を表していることに注意しよう．k_{cat}/K_M の比（$M^{-1} \, s^{-1}$ の単位をもつ）が酵素の触媒効率の尺度になることは興味深いところである．この比が大きいと生成物の生成が有利になる．比が小さいとその逆になる．

最後に"酵素の触媒効率の上限はどのくらいか"ということについて考えてみよう．式(10・9)から次式を得る．

$$\frac{k_{cat}}{K_M} = \frac{k_2}{K_M} = \frac{k_1 k_2}{k_{-1} + k_2} \quad (10 \cdot 14)$$

この比は $k_2 \gg k_{-1}$ のとき，すなわち，k_1 が律速で，ES 複合体が形成されたらすぐに酵素が生成物を生じるときに最大となる．しかしながら，k_1 は酵素と基質分子間の衝突頻度よりも大きくはなりえない．なぜなら k_1 は溶液中の拡散速度によって律速されているからである[*2]．拡散律速反応の速度定数は $10^8 \, M^{-1} \, s^{-1}$ のオーダーである．それゆえ，そのような k_{cat}/K_M 値をもった酵素は，基質分子と衝突するごとに毎回反応を触媒していることになる．表 10・1 は，アセチルコリンエステラーゼ，カタラーゼ，フマル酸ヒドラターゼ，そしておそらく炭酸デヒドラターゼが，そのような触媒作用について完璧の域に達していることを示している．

10・3 キモトリプシン：ケーススタディー

酵素反応速度論の基本式を発展させていくために，消化酵素の一つであるキモトリプシンによって触媒される反応を本章で考えてみよう．消化におけるキモトリプシンの重要な役割とは別に，キモトリプシン触媒は共有結合形成による酵素-基質複合体が一般的に存在することに対して最初に証拠が得られた系であることでも重要である．

キモトリプシンはセリンプロテアーゼの一つで，トリプシン，エラスターゼ，ズブチリシンを含む一連のタンパク質分解酵素に属する．キモトリプシン 1 mol は 24 800 ドルトン（Da）で，1分子あたり 246 のアミノ酸残基から成り，活性部位（セリン残基を含む）は一つである．キモトリプシンは哺乳類の膵臓で生成される．膵臓では不活性な前駆体のキモトリプシノーゲンの形をとる．いったんこの前駆体が腸に入ると，もう一つの酵素であるトリプシンによって活性化されキモトリプシンになる．このようにしてキモトリプシンは，食物を消化する前に自分自身を分解するのを避けている．キモトリプシンは結晶化によって高純

[*1] 訳注：これは U で表される国際単位である．酵素の国際単位には，これ以外にカタール（kat と略記される）がある．カタールは 1 秒間に 1 mol の基質を生成物に転換する酵素活性の量と定義される．1 U は 16.67×10^{-9} kat に相当する．

[*2] 実際には酵素触媒反応の速度が拡散律速の極限を超えることがある．酵素が組織的集合体と結合している（たとえば細胞膜にある）ときは，一つの酵素の生成物は，流れ作業で進むものもあるが，それと同程度につぎの酵素へチャネルで運ばれるものもある．そのような場合，触媒作用の速度は溶液中の拡散速度によって制限されない．

10・3 キモトリプシン：ケーススタディー

表 10・1 いくつかの酵素と基質に対する K_M, k_{cat}, k_{cat}/K_M の値

酵 素	基 質	K_M/M	k_{cat}/s^{-1}	(k_{cat}/K_M)/M^{-1} s^{-1}
アセチルコリンエステラーゼ	アセチルコリン	9.5×10^{-5}	1.4×10^4	1.5×10^8
カタラーゼ	H_2O_2	2.5×10^{-2}	1.0×10^7	4.0×10^8
炭酸デヒドラターゼ	CO_2	0.012	1.0×10^6	8.3×10^7
キモトリプシン	N-アセチルグリシンエチルエステル	0.44	5.1×10^{-2}	0.12
フマル酸ヒドラターゼ	フマル酸塩	5.0×10^{-6}	8.0×10^2	1.6×10^8
ウレアーゼ	尿 素	2.5×10^{-2}	1.0×10^4	4.0×10^5

度の形で調製することができる．

1953年に，英国の化学者，B. S. Hartley と B. A. Kilby は，キモトリプシンの触媒作用により，酢酸 p-ニトロフェニル（p-nitrophenyl acetate, PNPA）が加水分解し，p-ニトロフェノラートイオンと酢酸イオンを生じる反応を研究した．

この反応は分光学的に測定できる．なぜなら酢酸 p-ニトロフェニルは無色だが，p-ニトロフェノラートは 400 nm に吸収強大をもつ明るい黄色を呈するからである．Hartley と Kilby は過剰の酢酸 p-ニトロフェニルが存在するとき[*1]，p-ニトロフェノラートの脱離が時間に関して線形になることを発見した．さらに，彼らは 400 nm での吸収を時間 0 へ補外したとき，吸光度が 0 に収束しないことに気づいた（図 10・10）．反応速度測定から，p-ニトロフェノラートの脱離反応についてつぎのことがわかった．最初，反応は速く進行し（バースト[*2]），続いて反応が定常状態に達すると，代謝回転により生じた酵素により p-ニトロフェノラートが脱離してくる通常の零次反応が起こる．バーストは 1 mol の酵素に対する 1 mol の p-ニトロフェノラート生成に相当し，バーストが酢酸 p-ニトロフェニルとキモトリプシンの間の化学反応の結果であることを示唆している．

キモトリプシンの研究はこの反応が**二相**（biphasic）であることを明白に示している．酵素と基質との速い反応は，化学量論的の p-ニトロフェノラートイオンを先につくる．ひき続いて，酢酸イオンを生じる遅い定常状態反応

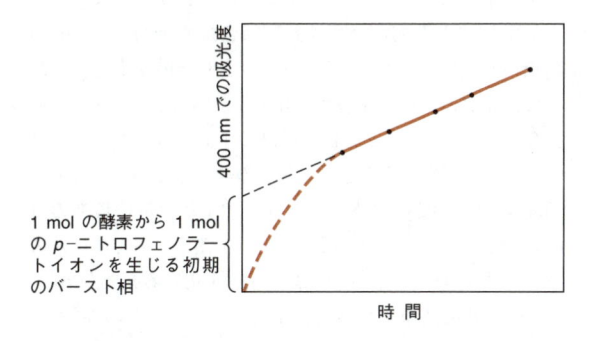

図 10・10 キモトリプシンを触媒とした酢酸 p-ニトロフェニルの加水分解．反応は p-ニトロフェノラートの初期のバーストを示す．吸光度の時間 0 への補外により，生成した p-ニトロフェノラートと消費された酵素量との間の化学量論比が 1：1 であることがわかる．

が起こる．次式は Hartley と Kilby の観測結果に一致する．

$$E+S \underset{k_{-1}}{\overset{k_1}{\rightleftharpoons}} ES \overset{k_2}{\longrightarrow} ES'+P_1 \overset{k_3}{\longrightarrow} E+P_2$$

ここで，P_1 は p-ニトロフェノラート，P_2 は酢酸イオン，さらに k_3 は加水分解反応の律速段階である．その反応機構はつぎの通りである．

ここで X は酵素（En）上の求核基を表し，それは活性部位でのセリン残基のヒドロキシ基である．最初の段階は，酢酸

[*1] 酵素が非常に高い K_M 値をもっているため，過剰の酢酸 p-ニトロフェニルがその研究で用いられた．
[*2] 訳注：ここでは，1 mol の触媒（キモトリプシン）から 1 mol の p-ニトロフェノラートが生成している相を指す．代謝回転によって再生した触媒ではなく元々存在した触媒と酢酸 p-ニトロフェニルの反応のため，反応が一気に進むという意味で英語では burst となっている．"瞬発"と訳している本もある．

p-ニトロフェニルによる X の速いアシル化反応で，ひき続きバーストにおいて化学量論量の p-ニトロフェノラートが脱離する[*1]．つぎの段階はアシル-酵素中間体（ES′）の遅い加水分解であり，続いて，酢酸 p-ニトロフェニルと（ES′ の遅い加水分解により生じた）基質の結合していない酵素（E）の速い再アシル化が起こる．ES′ の遅い加水分解反応のために p-ニトロフェノラート生成の代謝回転が遅くなる．

酢酸 p-ニトロフェニルおよび関連化合物のキモトリプシン触媒による加水分解は**共有結合加水分解**（covalent hydrolysis）の一つの例である．つまりその反応過程において，基質の一部が酵素と共有結合を形成し，中間体である化学種を与える．2 番目の段階で中間体はもう一つの反応を起こして生成物を生じ，基質の結合していない酵素を再生する．酢酸 p-ニトロフェニルの触媒反応の最初の段階はあまりに速いので，反応の進行を測定するためにはストップトフロー装置（図 9・20 参照）を用いる必要がある．しかしながらトリメチル酢酸 p-ニトロフェニルがキモトリプシンによって触媒されて p-ニトロフェノラートとトリメチル酢酸イオンへ加水分解される反応では，酢酸 p-ニトロフェニルの加水分解と特徴は同じだが，メチル基が立体障害となるために，反応はずっと遅く進行する．したがって，この反応は通常使われる分光計によって比較的容易に調べることができる．図 10・11 には，基質としてトリメチル酢酸 p-ニトロフェニルを用いたときの p-ニトロフェノラートの吸光度を時間の関数としてプロットしている．

次式から始めて，この反応の速度論的解析，すなわち，図 10・11 の実測値への理論曲線のフィッティングを行う．

$$[E]_0 = [E] + [ES] + [ES']$$
$$\frac{d[P_1]}{dt} = k_2[ES]$$
$$\frac{d[P_2]}{dt} = k_3[ES']$$
$$\frac{d[ES']}{dt} = k_2[ES] - k_3[ES']$$

5 個の未知数（k_2, k_3, $[E]_0$, および $[E]$, $[ES]$, $[ES']$ の三つの量のうちの二つ）に対して四つの式しかないので，さらに一つの式が必要になる．その式を得るために，最初の段階が速い平衡にあると仮定する．つまり，

$$E + S \underset{k_{-1}}{\overset{k_1}{\rightleftharpoons}} ES$$

そして，平衡定数は，

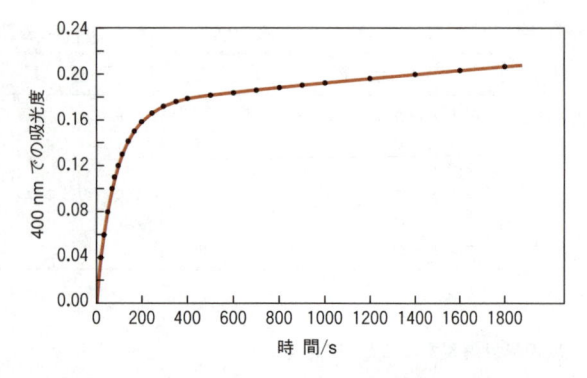

図 10・11　298 K での α-キモトリプシンが触媒するトリメチル酢酸 p-ニトロフェニルの加水分解〔M. L. Bender, F. J. Kézdy, F. C. Wedler, *J. Chem. Educ.*, **44**, 84 (1967)〕

$$K_S = \frac{k_{-1}}{k_1} = \frac{[E][S]}{[ES]}$$

これらの式から，図 10・11 に示された曲線を当てはめて，適切な速度定数を得ることができる[*2]．表 10・2 はその結果を示している．この機構に関して k_{cat}（触媒定数）はつぎのように定義される．

$$k_{cat} = \frac{k_2 k_3}{k_2 + k_3} \qquad (10 \cdot 15)$$

エステルの加水分解に対しては，$k_2 \gg k_3$ なので k_{cat} は本質的に k_3 に等しくなる．

表 10・2　α-キモトリプシンを触媒とするトリメチル酢酸 p-ニトロフェニルの pH 8.2 での加水分解の速度定数[†1, †2]

k_2	0.37 ± 0.11	s^{-1}
k_3	$(1.3 \pm 0.03) \times 10^{-4}$	s^{-1}
K_S	$(1.6 \pm 0.5) \times 10^{-3}$	M
k_{cat}	1.3×10^{-4}	s^{-1}
K_M	5.6×10^{-7}	M^{-1}

[†1] 出典：M. L. Bender, F. J. Kézdy, F. C. Wedler, *J. Chem. Educ.*, **44**, 84 (1967).
[†2] 0.01 M トリス-HCl 緩衝液，イオン強度 0.06，25.6 ± 0.1 ℃，1.8 % (v/v) アセトニトリル-水．

10・4　多基質系

これまで，たった一つの基質のみを含む酵素触媒を考えてきたが，多くの場合，二つ以上の基質が関係する．たとえば，つぎの反応

$$C_2H_5OH + NAD^+ \rightleftharpoons CH_3CHO + NADH + H^+$$

[*1] キモトリプシンの ES 複合体の形成において，ヒドロキシ基からのプロトンはそのヒスチジン残基へ渡される．

[*2] 誘導の仕方は，本書の姉妹書である R.Chang 著，岩澤康裕，北川禎三，濵口宏夫訳，"化学・生命科学系のための物理化学"の補遺 13・1 を参照．

はアルコールデヒドロゲナーゼによって触媒されるが，この酵素にはNAD$^+$および酸化されることになる基質の両方が結合する．単一基質系で展開された原理の多くは多基質系へ拡張できるであろう．数学的に細かいことは無視して，**二基質反応**（bisubstrate reaction），すなわち二つの基質を含む反応のいくつかの型について簡単に調べてみることにする．

二基質反応の全体像はつぎのように表される．

$$A + B \rightleftharpoons P + Q$$

ここでAとBは基質で，PとQは生成物である．多くの場合において，これらの反応では一つの基質（A）からもう一つの基質（B）への特定の官能基の転移が起こる．AとBの酵素への結合にはいろいろな方法があり，それらは**逐次機構**（sequential mechanism）と非逐次機構〔**ピンポン機構**（ping-pong mechanism）〕とに分類される．

逐次機構

いくつかの反応において，両方の基質が結合した後，生成物の遊離が起こる．これは逐次過程とよばれる．逐次過程はつぎのようにさらに分類されうる．

定序逐次機構 ある基質がもう一つの基質に比べ，必ず先に結合するというのがこの機構である．

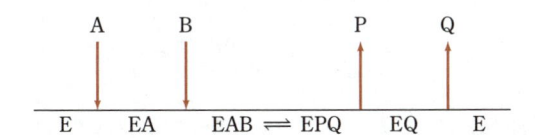

```
    A     B           P     Q
    ↓     ↓           ↑     ↑
─── E ── EA ── EAB ⇌ EPQ ── EQ ── E ───
```

酵素と酵素-基質複合体は水平線で，基質の連続的付加と生成物の脱離は↓，↑で示してある．↓，↑は実際には正反応と逆反応の両方を表す．この機構はNAD$^+$による基質の酸化においてしばしば観測されている．

ランダム逐次機構 基質の結合や生成物の脱離においてはっきりとした順番が決まっていない場合，それはランダム逐次機構とよばれる．その一般的な経路を下に示す．

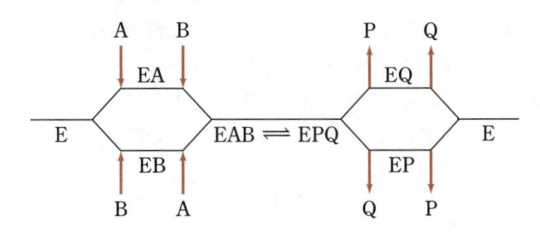

ATPによるグルコースのリン酸化でのグルコース6-リン酸イオンを生じる反応（これは解糖の第一段階であり，ヘキソキナーゼが酵素として関与している）は，このような機構に従っていると考えられる．

非逐次，または"ピンポン"機構

この機構は，1番目の基質が結合するとまず一つめの生成物が脱離し，つぎに2番目の基質が結合すると二つめの生成物が脱離するというものである．

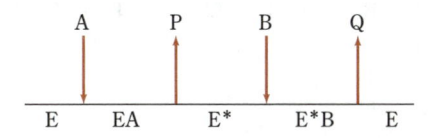

```
   A      P       B      Q
   ↓      ↑       ↓      ↑
── E ─── EA ─── E* ─── E*B ─── E ──
```

この過程は，二つの状態EとE*の間で酵素の基質結合の矢印がバウンドしている（↓, ↑）のを強調して，"ピンポン"機構とよばれている．ここでE*はEの修飾された状態で，E*はAの断片（フラグメント）をしばしば保持している．ピンポン機構の例にはキモトリプシン反応がある（§10・3で述べた）．

10・5　酵　素　阻　害

阻害剤（inhibitor）とは酵素触媒反応の速度を下げる化合物である．酵素阻害の研究は，活性部位における官能基の特異性や性質に関する知識を高めてくれる．一連の反応の初期の段階で，酵素の機能が最終生成物によって阻害されるようなフィードバック機構によって，酵素の活性が制御されているものもある（図10・12）．解糖系はフィードバック機構の典型例で，実際，つくられる生成物量が酵素阻害によって制御されている．

酵素上の阻害剤の働きには可逆的なものと不可逆的なものがある．**可逆阻害**（reversible inhibition）においては酵素と阻害剤との間に平衡が存在する．**不可逆阻害**（irreversible inhibition）においては阻害の度合いは時間の経過につれて次第に増大する．不可逆阻害剤の濃度が酵素濃度を超えた場合は酵素は完全に阻害される．

可　逆　阻　害

可逆阻害には三つの重要なタイプがある．それらは**競合阻害**（competitive inhibition），**非競合阻害**（noncompetitive inhibition），**不競合阻害**（uncompetitive inhibition）で

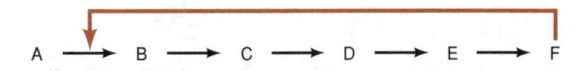

```
       ┌──────────────────────────────┐
       ↓                              │
   A ──→ B ──→ C ──→ D ──→ E ──→ F
```

図10・12　標準的な酵素の制御はしばしばフィードバック機構をもつ．酵素によって触媒されるこの一連の反応において，最初の酵素は生成物Fによって阻害される．反応の初期段階では，Fの濃度は低く，阻害の効果は小さい．Fの濃度がある程度にまで達すると，最初のステップで酵素を完全に阻害することができるようになる．それゆえ，生成物の供給源そのものが止まることになる．この作用は，あらかじめ設定した基準に周囲の温度が到達すると熱の供給を止めるサーモスタットに似ている．

ある．それぞれの型について順に議論していこう．

競合阻害 この場合，基質Sと阻害剤Iの両方が同じ活性部位に対して競合する（図10・13a）．その反応は

$$E + S \underset{k_{-1}}{\overset{k_1}{\rightleftharpoons}} ES \overset{k_2}{\longrightarrow} P + E$$
$$+$$
$$I$$
$$K_I \updownarrow$$
$$EI$$

のように表せる．ここで，K_I は酵素–阻害剤複合体の解離定数としてつぎのように定義される．

$$K_I = \frac{[E][I]}{[EI]} \quad (10 \cdot 16)$$

複合体 EI は S と反応せず，生成物を生じないことに注意しよう．ES に対して定常状態近似を適用すると*，次式が得られる．

$$v_0 = \frac{V_{\max}[S]}{K_M\left(1 + \frac{[I]}{K_I}\right) + [S]} \quad (10 \cdot 17)$$

式(10・17)は式(10・10)と同じ形をもっているが，K_M 項

が $(1+[I]/K_I)$ 倍に変わっていて，その分 v_0 が小さくなる点が異なるところである．ラインウィーバー・バークの式は次式によって与えられる．

$$\frac{1}{v_0} = \frac{K_M}{V_{\max}}\left(1 + \frac{[I]}{K_I}\right)\frac{1}{[S]} + \frac{1}{V_{\max}} \quad (10 \cdot 18)$$

式からわかるように [I] を一定として $1/[S]$ に対して $1/v_0$ をプロットすると直線が得られる（図10・14a）．式 (10・18)と式(10・11)の間の違いは，前者では勾配が後者の $(1+[I]/K_I)$ 倍になっているということである．$V_{\max}$ は変わらないので，$1/v_0$ 軸での切片は図10・14a と図 10・8で同じである．

よく知られた競合阻害剤の例はマロン酸，$CH_2(COOH)_2$ で，コハク酸デヒドロゲナーゼによって触媒される脱水素反応ではコハク酸と競合する．

$$\begin{array}{c}COOH \\ | \\ CH_2 \\ | \\ CH_2 \\ | \\ COOH\end{array} \underset{\text{デヒドロゲナーゼ}}{\overset{\text{コハク酸}}{\rightleftharpoons}} \begin{array}{c}H-C-COOH \\ \| \\ HOOC-C-H\end{array}$$

コハク酸　　　　　　　　　　　フマル酸

マロン酸は構造上コハク酸に似ているため，酵素と結合することができるが，その反応では何の生成物も生じない．

式(10・10)を式(10・17)で割ると，次式を得る．

$$\frac{v_0}{(v_0)_{阻害}} = 1 + \frac{K_M[I]}{K_M K_I + [S]K_I}$$

競合阻害に打ち勝つためには阻害剤の濃度に対して基質の濃度を高くする必要がある．つまり，$[S]K_I \gg K_M K_I$ のような高い基質濃度ではつぎのようになり，阻害の効果はほとんど無くなる．

$$\frac{v_0}{(v_0)_{阻害}} \approx 1 + \frac{K_M[I]}{[S]K_I} \approx 1$$

非競合阻害 非競合阻害剤は，基質結合部位とは異なった部位で酵素と結合する．それゆえ，非競合阻害剤は基質の結合していない酵素にも，また酵素–基質複合体にも結合することができる（図10・13b 参照）．阻害剤の結合は基質結合に対して何の影響も及ぼさない．また基質結合も阻害剤の結合に影響を与えない．反応は

$$E + S \underset{k_{-1}}{\overset{k_1}{\rightleftharpoons}} ES \overset{k_2}{\longrightarrow} E + P$$
$$+ \qquad\qquad +$$
$$I \qquad\qquad I$$
$$K_I\updownarrow \qquad\qquad K_I\updownarrow$$
$$EI + S \rightleftharpoons ESI$$

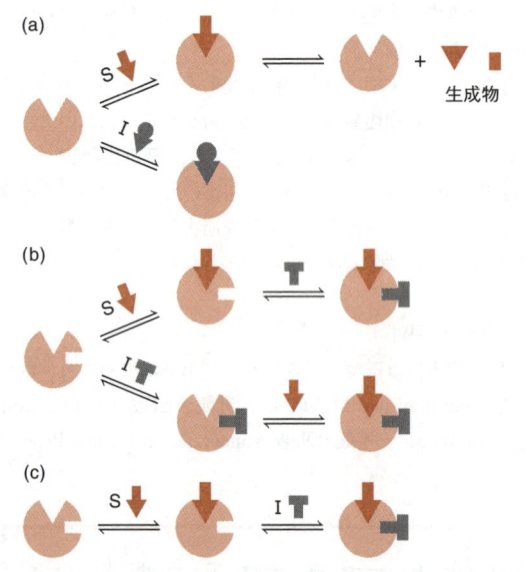

図10・13 可逆阻害の三つのタイプ．(a) 競合阻害．基質と阻害剤の両方が同じ活性部位に対して競合する．ES 複合体のみが生成物を生じる．(b) 非競合阻害．阻害剤は活性部位とは別の部位に結合する．ESI 複合体は生成物を生じない．(c) 不競合阻害．阻害剤は ES 複合体にのみ結合する．ESI 複合体は生成物を生じない．

---

* 式(10・17)と式(10・19)の誘導の仕方は，本書の姉妹書である R.Chang 著，岩澤康裕，北川禎三，濵口宏夫訳，"化学・生命科学系のための物理化学"の補遺 13・2 を参照．

10・5 酵素阻害

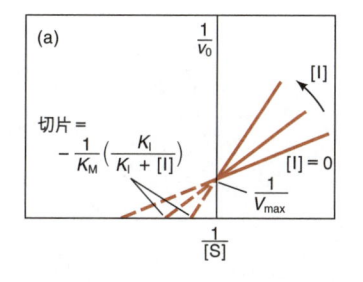

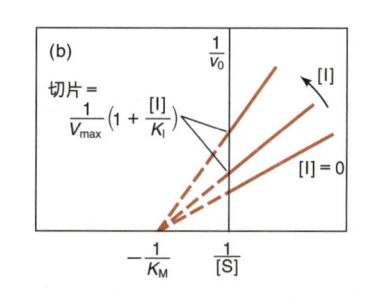

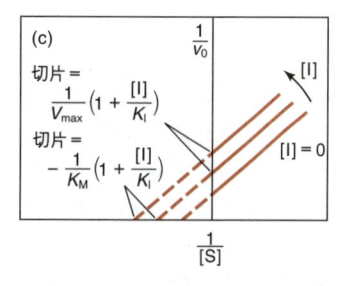

図 10・14 ラインウィーバー・バークプロット．(a) 競合阻害，(b) 非競合阻害，(c) 不競合阻害

のように表すことができる．EI も ESI も生成物を生じない．I は，競合阻害とは異なり，ES の形成に干渉しないので，基質濃度を増大させることによって非競合阻害の効果を減らすことはできない．初速度は次式によって与えられる．

$$v_0 = \frac{V_{\max}[S] \big/ \left(1+\frac{[I]}{K_I}\right)}{K_M+[S]} \quad (10\cdot 19)$$

式(10・10)と式(10・19)を比較すると，$V_{\max}$ については $(1+[I]/K_I)^{-1}$ の因子分だけ小さくなるが，K_M については変わらないことがわかる．ラインウィーバー・バークの式はつぎのようになる．

$$\frac{1}{v_0} = \frac{K_M}{V_{\max}}\left(1+\frac{[I]}{K_I}\right)\frac{1}{[S]} + \frac{1}{V_{\max}}\left(1+\frac{[I]}{K_I}\right) \quad (10\cdot 20)$$

図 10・14b において，1/[S] に対する $1/v_0$ のプロットを図 10・8 のプロットと比較すると，勾配および $1/v_0$ 軸での切片の値が増大した直線となっていることがわかる．式(10・10)を式(10・19)で割ると次式が得られる．

$$\frac{v_0}{(v_0)_{阻害}} = 1 + \frac{[I]}{K_I}$$

この結果，非競合阻害の程度は基質濃度 [S] に依存せず，[I] と K_I のみに依存するという最初の考えが正しかったことがわかる．

非競合阻害は多基質酵素に広く見られる．他の例として重金属イオンをもつ酵素によるシステイン残基のSH（スルフヒドリル）基間の可逆反応がある．

$$2\,\text{-SH} + \text{Hg}^{2+} \rightleftharpoons \text{-S-Hg-S-} + 2\,\text{H}^+$$
$$\text{-SH} + \text{Ag}^+ \rightleftharpoons \text{-S-Ag} + \text{H}^+$$

不競合阻害 基質の結合していない酵素には結合せず，代わりに酵素-基質複合体へ可逆的に結合し，不活性な ESI 複合体を生じる阻害剤を不競合阻害剤とよぶ（図 10・13c 参照）．反応はつぎのように示される．

$$\text{E} + \text{S} \underset{k_{-1}}{\overset{k_1}{\rightleftharpoons}} \text{ES} \overset{k_2}{\longrightarrow} \text{E} + \text{P}$$
$$+$$
$$\text{I}$$
$$K_I \updownarrow$$
$$\text{ESI}$$

ここで

$$K_I = \frac{[\text{ES}][\text{I}]}{[\text{ESI}]} \quad (10\cdot 21)$$

である．ESI 複合体は生成物を生じない．またこの場合も，I は ES の生成を邪魔しないので，基質濃度を増やしても不競合阻害の効果を減少させることはできない．初速度はつぎのように与えられる（問題 10・16 参照）．

$$v_0 = \frac{V_{\max}[S]\big/\left(1+\frac{[I]}{K_I}\right)}{K_M\big/\left(1+\frac{[I]}{K_I}\right)+[S]} \quad (10\cdot 22)$$

式(10・10)と式(10・22)との比較から $V_{\max}$ と K_M の両方が $(1+[I]/K_I)^{-1}$ の因子分だけ小さくなっていることがわかる．ラインウィーバー・バークの式はつぎのようになる．

$$\frac{1}{v_0} = \frac{K_M}{V_{\max}}\frac{1}{[S]} + \frac{1}{V_{\max}}\left(1+\frac{[I]}{K_I}\right) \quad (10\cdot 23)$$

[I] を一定としたとき，1/[S] に対して $1/v_0$ をプロットすると直線が得られる（図 10・14c 参照）．式(10・23)と式(10・11)の間の違いは $1/v_0$ 軸での切片が $(1+[I]/K_I)$ 倍になっていることである．しかし勾配は同じままである．式(10・10)を式(10・22)で割ると次式が得られる．

$$\frac{v_0}{(v_0)_{阻害}} = \frac{K_M+[S](1+[I]/K_I)}{K_M+[S]}$$

[S] ≫ K_M の条件では上式はつぎのようになる．

$$\frac{v_0}{(v_0)_{阻害}} = \frac{[S]+[S][I]/K_I}{[S]} = 1 + \frac{[I]}{K_I}$$

さらに非競合阻害の場合と同様に不競合阻害においても，

基質濃度を増やすことで阻害剤Iの効果は抑えられないことがわかる．

不競合阻害は単一基質系ではめったに観測されない．しかしながら，多基質系ではしばしば阻害剤の濃度を変えたとき，平行な直線プロットが得られ，不競合阻害が起こっていることがわかる（図10・14c）．

例題 10・1

ある化学者が阻害剤Aがある場合とない場合で，またこれとは別に阻害剤Bのある場合とない場合で酵素触媒反応の初速度を測定した．それぞれの場合において阻害剤の濃度は8.0 mM（8.0×10^{-3} M）であった．そのデータを下に示す．

[S]/M	阻害剤なし, v_0/M s^{-1}	阻害剤A, v_0/M s^{-1}	阻害剤B, v_0/M s^{-1}
5.0×10^{-4}	1.25×10^{-6}	5.8×10^{-7}	3.8×10^{-7}
1.0×10^{-3}	2.0×10^{-6}	1.04×10^{-6}	6.3×10^{-7}
2.5×10^{-3}	3.13×10^{-6}	2.00×10^{-6}	1.00×10^{-6}
5.0×10^{-3}	3.85×10^{-6}	2.78×10^{-6}	1.25×10^{-6}
1.0×10^{-2}	4.55×10^{-6}	3.57×10^{-6}	1.43×10^{-6}

(a) 酵素のK_MとV_{max}の値を求めよ．(b) 阻害剤Aによって起こる阻害の型を決定しK_Iの値を計算せよ．(c) 阻害剤Bについても同様の計算をせよ．

解 まず最初にデータを$1/[S]$と$1/v_0$に変換する．

$(1/[S])$/M^{-1}	阻害剤なし, $(1/v_0)$/M^{-1} s	阻害剤A, $(1/v_0)$/M^{-1} s	阻害剤B, $(1/v_0)$/M^{-1} s
2.0×10^3	8.0×10^5	1.72×10^6	2.63×10^6
1.0×10^3	5.0×10^5	9.6×10^5	1.60×10^6
4.0×10^2	3.2×10^5	5.0×10^5	1.00×10^6
2.0×10^2	2.6×10^5	3.6×10^5	8.0×10^5
1.0×10^2	2.2×10^5	2.8×10^5	7.0×10^5

つぎに，図10・15に示すようにこれら三つの速度論のデータに対してラインウィーバー・バークプロットをつくる．図10・15を図10・14a～cと比較して，Aが競合阻害剤であり，Bが非競合阻害剤であることがわかる．

(a) 阻害剤のない場合の直線フィッティングの計算結果は

$$\frac{1}{v_0} = 302.6 \frac{1}{[S]} + 1.96 \times 10^5$$

式(10・11)からつぎの結果を得る．

$$\frac{1}{V_{max}} = 1.96 \times 10^5 \text{ M}^{-1} \text{ s}$$

すなわち

$$V_{max} = 5.1 \times 10^{-6} \text{ M s}^{-1}$$

直線の勾配から

$$302.6 \text{ s} = \frac{K_M}{V_{max}}$$

よって

$$K_M = (302.6 \text{ s})(5.1 \times 10^{-6} \text{ M s}^{-1}) = 1.5 \times 10^{-3} \text{ M}$$

(b) 阻害剤Aは競合阻害剤であり，直線フィッティングの計算結果は

$$\frac{1}{v_0} = 757.8 \frac{1}{[S]} + 2.03 \times 10^5$$

〔阻害剤のない場合のプロットから得られた$1/V_{max}$の値（1.96×10^5）と阻害剤Aのある場合の値（2.03×10^5）との間にはわずかな差があるが，これは実験上の不確かさによることに注意せよ．〕式(10・18)から勾配はつぎのようになる．

$$757.8 \text{ s} = \frac{K_M}{V_{max}}\left(1 + \frac{[I]}{K_I}\right)$$
$$= \frac{1.5 \times 10^{-3} \text{ M}}{5.1 \times 10^{-6} \text{ M s}^{-1}}\left(1 + \frac{[I]}{K_I}\right)$$

$[I] = 8.0 \times 10^{-3}$ M なので

$$K_I = 5.1 \times 10^{-3} \text{ M}$$

(c) 阻害剤Bは非競合阻害剤であり，直線フィッティングの計算結果は

$$\frac{1}{v_0} = 1015.3 \frac{1}{[S]} + 5.95 \times 10^5$$

式(10・20)から勾配に関するつぎの表現を得る．

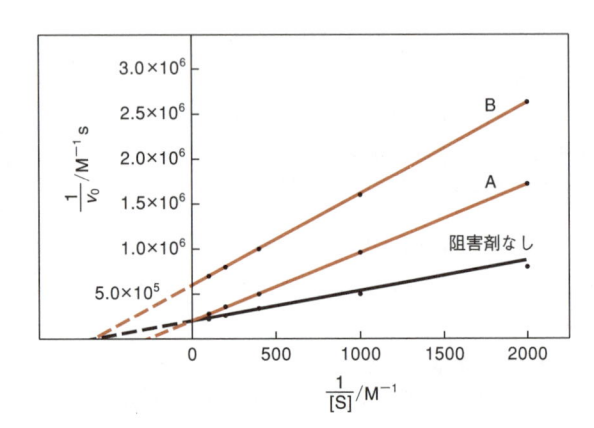

図10・15 例題10・1での速度論パラメーターと阻害剤の型を求めるためのラインウィーバー・バークプロット

$$1015.3\ \text{s} = \frac{K_M}{V_{max}}\left(1+\frac{[I]}{K_I}\right)$$
$$= \frac{1.5\times 10^{-3}\ \text{M}}{5.1\times 10^{-6}\ \text{M s}^{-1}}\left(1+\frac{[I]}{K_I}\right)$$

$[I] = 8.0\times 10^{-3}$ M なので

$$K_I = 3.3\times 10^{-3}\ \text{M}$$

この加水分解反応はアセチルコリンエステラーゼによって触媒される．この酵素（アセチルコリンエステラーゼ）の不可逆阻害は，阻害剤のリン原子と酵素のセリン残基のヒドロキシ基の酸素原子間の共有結合形成を経て起こる（図10・16）．形成された複合体はかなり安定であるので，神経ガスの被害を受けたヒトの体内で新しい酵素分子がつくられるまで，実際上は正常な神経作用は回復しない．

不可逆阻害

ミカエリス・メンテン速度論を不可逆阻害に適用することはできない．不可逆阻害の場合，阻害剤は酵素分子と共有結合を形成し，取り外すことができない．不可逆阻害剤の効率は平衡定数によって決まるのではなく阻害剤と酵素の結合が生じる速度によって決まる．ヨードアセトアミドやマレイミドはSH基に対して不可逆阻害剤として作用する．

$$-\text{SH} + \text{ICH}_2\text{CONH}_2 \longrightarrow -\text{S}-\text{CH}_2\text{CONH}_2 + \text{HI}$$

他の例としては，酵素，アセチルコリンエステラーゼに及ぼすジイソプロピルフルオロリン酸（ジイソプロピルホスホフルオリデート，神経ガス）の作用がある．神経が筋肉細胞を収縮させるとき，神経は少量のアセチルコリン分子を細胞に与える．アセチルコリンは神経伝達物質とよばれている．というのは，神経と最終目的地（この場合は筋肉細胞）の間の伝達物質として作用するからである．アセチルコリン分子は正しく機能し終わった後は，分解される必要がある．そうでなければアセチルコリン分子が結果として過剰に残るので，腺や筋肉が過剰に刺激され，けいれんや窒息，その他の苦痛を与える症状をひき起こすであろう．この神経ガスにさらされると多くの場合，体が麻痺し，ときには死に至る．過剰のアセチルコリンの効果的な除去は加水分解である（§7・5参照）．

$$\text{CH}_3\text{COOCH}_2\text{CH}_2-\overset{+}{\text{N}}(\text{CH}_3)_3 + \text{H}_2\text{O} \longrightarrow$$
アセチルコリン

$$\text{HOCH}_2\text{CH}_2-\overset{+}{\text{N}}(\text{CH}_3)_3 + \text{CH}_3\text{COOH}$$
コリン

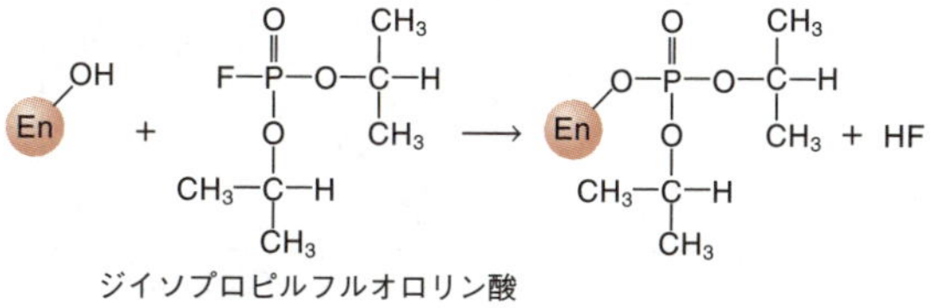

図10・16 不可逆阻害の例．神経ガスのジイソプロピルフルオロリン酸はアセチルコリンエステラーゼの活性部位であるセリン残基のヒドロキシ基と強い共有結合を形成する．

10・6 アロステリック相互作用

ある種の酵素の速度式はミカエリス・メンテンの式に従わない．通常の双曲線（図10・5参照）ではなく，これらの酵素の速度式はシグモイド曲線，すなわちS字形曲線を与える．この挙動は，多くの結合部位をもっていて，活性が阻害剤や活性化剤との結合によって制御される酵素について典型的に見られる．シグモイド曲線は正の協同性に特徴的である．正の協同性とは，ある部位にリガンドが結合することによって，異なった部位で他のリガンドに対して酵素の親和性が増大することをさす．協同性を示す酵素は**アロステリック性**（allosteric）（ギリシャ語で*allos*は"異なる"，*steros*は"空間または立体"の意味．なお，この議論では"空間または立体"はコンホメーションの意味）をもつと言われる．**エフェクター**（effector）という語は酵素のリガンドの一種で，同じ酵素の異なった部位への別のリガンド結合に影響を及ぼすものを指す．その2種のリガンドが同じ型である〔**ホモトロピック効果**（homotropic effect）〕か，異なった型である〔**ヘテロトロピック効果**（heterotropic effect）〕かで，アロステリック相互作用として四つのタイプができる．すなわち，正または負のホモトロピック効果，正または負のヘテロトロピック効果である．ここでの正と負という言葉はエフェクターとの結合の結果，他のリガンドに対する酵素の親和性がどう変化するかを表している．

ミオグロビンやヘモグロビンへの酸素結合

協同性の現象は酸素-ヘモグロビン系で最初に観測された．ヘモグロビンは酵素ではないけれども*，酸素との結合の仕方はアロステリック酵素の場合と類似している．図10・17にヘモグロビンとミオグロビンの酸素飽和曲線（%）を示す．ヘモグロビン分子は四つのポリペプチド鎖から成り，それらはそれぞれ141のアミノ酸残基をもつ二つのα鎖とそれぞれ146のアミノ酸残基をもつ二つのβ鎖である．それぞれの鎖は一つのヘムを含む．ヘムの中の鉄原子は八面体構造をもち，鉄原子はヘムの四つの窒素原子およ

---

* ヘモグロビンは名目上酵素に分類されることもある．

びヒスチジン残基の窒素原子と結合し，6番目の配位部位はリガンド結合（水または酸素分子）ができるように空いている．四つの鎖は似たような三次元構造を形成して折りたたまれている．完全なヘモグロビン分子ではこれら四つの鎖，つまり**サブユニット**（subunit）が集まって四量体を形成している．ミオグロビン分子は複雑さがより少なく，153のアミノ酸残基から成る一つのポリペプチド鎖のみでできている．ミオグロビンは一つのヘムをもち，構造的にはヘモグロビンのβ鎖に似ている．図10・17に示されているように，ミオグロビンの酸素飽和曲線は双曲線であり，酸素との結合には協同性をもたないことがわかる．この観測結果は，ヘムが一つしかなく，それゆえ結合部位も一つしかないという事実と一致している．他方，ヘモグロビンの酸素飽和曲線はシグモイド曲線であり，酸素に対する親和性が結合酸素の数と共に増大していることを示している．

ヘモグロビンへの酸素結合は生理的に非常に重要であるので，もっと詳細にその過程を見ていくことにしよう．ヘモグロビンに対する酸素親和性は，赤血球に含まれる他の物質，すなわち，プロトン，二酸化炭素，塩化物イオン，2,3-ビスホスホグリセリン酸イオン（2,3-bisphosphoglycerate, BPG）〔かつては2,3-ジホスホグリセリン酸イオン（DPG）として知られていた〕に依存する．

これらの物質の濃度の増大によって酸素結合曲線（図10・17参照）は右へ移動する．そのことは酸素親和性の減少を示している．このようにこれらすべてのリガンドは負のヘテロトロピックエフェクターとして作用する．二酸化炭素分圧とH$^+$イオン濃度が高い組織内ではオキシヘモグロビン分子はヘモグロビンと酸素に解離する傾向が強くなり，その酸素はミオグロビンに渡され，代謝過程に使われる．酸素分子が四つ放出される際に約二つのプロトンがヘモグロビン分子へ取込まれる．逆の効果が肺の肺胞の毛細血管で起こっている．肺における高い酸素濃度はデオキシヘモグロビンへ結合していたプロトンと二酸化炭素を放出させる．逆に言うと，pHが増すと（酸素結合によりプロトンを放出するため），ヘモグロビンは酸素を結合しやすくなるが，これは**ボーア効果**（Bohr effect）として知られていて，デンマークの生理学者であるChristian Bohr（1855〜1911）によって1904年に最初に報告された．図10・18aはヘモグロビンの酸素親和性におけるpHの効果を示している．

ヘモグロビンの酸素親和性におけるBPGの効果は米国の生化学者，Reinhold Benesch（1919〜1986）とRuth Benesch（1925〜）によって1967年に発見された．彼らはBPGがデオキシヘモグロビンのみに結合し，オキシヘモグロビンには結合しないこと，またBPGが酸素親和性を約1/25に減少させることを見いだした（図10・18b）．赤血球内でのBPG分子の数はヘモグロビン分子の数（2億8000万）と通常ほぼ同じであるが，酸素の欠乏がBPGの増加の引き金になり，それによって酸素の脱離が促進される．興味深いことに，ヒトが海抜0 m付近から高地（ここでは酸素分圧が低い）へ急に移動すると，そのヒトの赤血球内でのBPG濃度が増大する．この増加はヘモグロビンの酸素親和性を下げ，ヘモグロビンと結合していない酸素の濃度を高い状態に維持できるようにしている．ヒトの胎児もヘモグロビンFとよばれる独自のヘモグロビンをもっている．ヘモグロビンFは二つのα鎖と二つのγ鎖から成っている．成人のヘモグロビンAは二つのα鎖と二つのβ鎖から成っており，これとは異なる．普通の生理的条件下ではヘモグロビンFはヘモグロビンAよりも高い酸素親和性をもっている．親和性にこのような差があるおかげで母体の血液循環から胎児の血液循環へ酸素が移

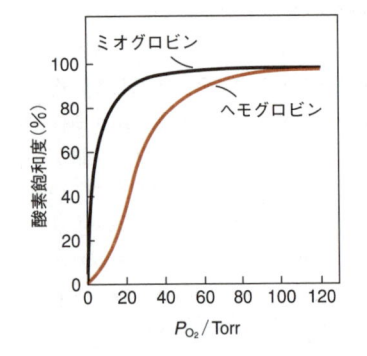

図10・17　ミオグロビンとヘモグロビンについての酸素飽和曲線

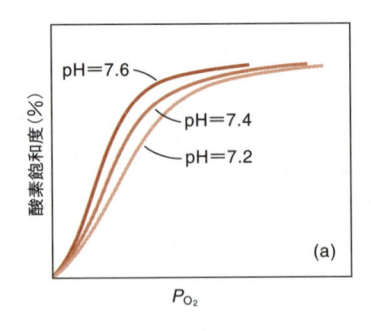

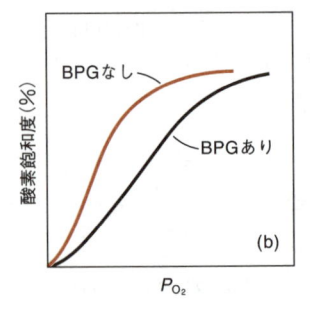

図10・18　(a) ボーア効果．pHの減少によりヘモグロビンの酸素親和性は低下する．(b) BPGが存在するとヘモグロビンの酸素親和性は低下する．

動しやすくなる．ヘモグロビン F における高い酸素親和性はヘモグロビン F がヘモグロビン A に比べて BPG との結合が弱いという事実による．これらの系の比較から，BPG はヘモグロビン A の β 鎖にのみ，またヘモグロビン F の γ 鎖にのみ結合することがわかる．

最後に，ミオグロビンへの酸素結合はこれらの因子のどれにも影響されない．しかしながら，もちろん酸素親和性は温度によって変わる．ミオグロビンとヘモグロビンの両方とも酸素親和性は温度の上昇と共に減少する．

ヒルの式

ここでミオグロビンとヘモグロビンへの酸素結合に対する現象論的な記述を紹介する．ミオグロビンはヘモグロビンよりも単純な系であるので，最初にミオグロビン（Mb）への酸素結合を考えよう．その反応はつぎの通りである．

$$\mathrm{Mb} + \mathrm{O_2} \rightleftharpoons \mathrm{MbO_2}$$

解離定数は次式で与えられる．

$$K_\mathrm{d} = \frac{[\mathrm{Mb}][\mathrm{O_2}]}{[\mathrm{MbO_2}]} \quad (10\cdot24)$$

つぎのような飽和分率，Y を定義して〔p.127, 式(6·21)参照〕，

$$Y = \frac{[\mathrm{MbO_2}]}{[\mathrm{MbO_2}]+[\mathrm{Mb}]} \quad (10\cdot25)$$

式(10·24)と式(10·25)から

$$Y = \frac{[\mathrm{O_2}]}{[\mathrm{O_2}]+K_\mathrm{d}} \quad (10\cdot26)$$

$\mathrm{O_2}$ は気体であるので分圧によってその濃度を表す方が便利である．さらに，ミオグロビンに対する酸素親和性を結合部位の半分，すなわち 50 % が満たされているとき（つまり $[\mathrm{Mb}]=[\mathrm{MbO_2}]$）の酸素分圧である P_{50} で表すならば，式(10·24)はつぎのようになる．

$$K_\mathrm{d} = \frac{[\mathrm{Mb}]P_\mathrm{O_2}}{[\mathrm{MbO_2}]} = P_\mathrm{O_2} = P_{50}$$

また，式(10·26)はつぎのようになる．

$$Y = \frac{P_\mathrm{O_2}}{P_\mathrm{O_2}+P_{50}} \quad (10\cdot27)$$

式を変形して，

$$\frac{Y}{1-Y} = \frac{P_\mathrm{O_2}}{P_{50}}$$

上式の両辺の対数をとると，次式を得る．

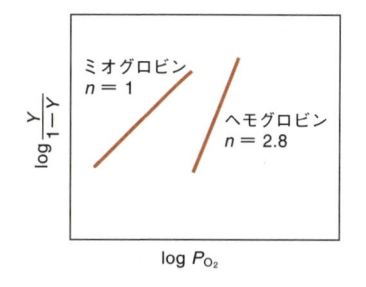

図 10·19 ヘモグロビンとミオグロビンについての $\log P_\mathrm{O_2}$ に対する $\log[Y/(1-Y)]$ のプロット

$$\log\frac{Y}{1-Y} = \log P_\mathrm{O_2} - \log P_{50} \quad (10\cdot28)$$

このように $\log P_\mathrm{O_2}$ に対する $\log[Y/(1-Y)]$ のプロットで勾配 1 をもった直線が得られる（図 10·19）．

式(10·28)は酸素とミオグロビンの結合を非常によく表すが，ヘモグロビンに対しては成立しない．ヘモグロビンに対してはつぎのように修正する必要がある．

$$\log\frac{Y}{1-Y} = n\log P_\mathrm{O_2} - n\log P_{50} \quad (10\cdot29)$$

この場合には図 10·19 に示すように，同様のプロットで 2.8 の勾配をもった（すなわち $n=2.8$）直線が得られる．勾配が 1 よりも大きいということは酸素とヘモグロビンの結合が協同的であることを示している．この取扱いで，酸素とヘモグロビンの結合現象が高次の反応であると仮定しては説明できないということに注意しよう．なぜなら，n は整数ではなく，結合部位の数と一致しないからである（もし仮に四つの部位がすべて等価で，互いに独立であるならば，式(6·30)を用いて結合曲線を解析できるであろう）．さらに，酸素分圧の非常に低いところや高いところでの直線の勾配が 1 になるという事実も高次反応機構と矛盾する．というのは，高次機構はどの酸素分圧でも勾配が一定であることを予想させるからである．式(10·29)はしばしば，英国の生化学者，Archibald Vivian Hill（1886〜1977）にちなんで**ヒルの式**（Hill equation）と言われ，n は**ヒル係数**（Hill coefficient）として知られている．ヒル係数は協同性の尺度であり，n が大きければ大きいほど協同性が高いことを意味する．もし，$n=1$ なら協同性がなく，$n<1$ なら負の協同性である．n の上限は結合部位の数であり，ヘモグロビンでは 4 である．

協同性の重要性とは何だろうか．重要なことは協同性をもつおかげで，ヘモグロビンはミオグロビンよりも効率よく酸素を運ぶことができることである．筋肉の毛細血管では酸素分圧はおよそ 20 Torr であるのに比べ，肺ではおよそ 100 Torr である．またヘモグロビンが 50 % 飽和に達す

るときの酸素分圧は約 26 Torr である (図 10・17 参照).
式 (10・29) から

$$\frac{Y}{1-Y} = \left(\frac{P_{O_2}}{P_{50}}\right)^n$$

肺では

$$\frac{Y_\text{肺}}{1-Y_\text{肺}} = \left(\frac{100}{26}\right)^{2.8}$$

これより

$$Y_\text{肺} = 0.98$$

筋では

$$\frac{Y_\text{筋}}{1-Y_\text{筋}} = \left(\frac{20}{26}\right)^{2.8}$$
$$Y_\text{筋} = 0.32$$

運ばれる酸素の量は次式で与えられる ΔY に比例する.

$$\Delta Y = Y_\text{肺} - Y_\text{筋} = 0.66$$

もし仮にヘモグロビンと酸素との結合に協同性がなかったならどのようなことが起こるであろうか. $n=1$ である場合には, 式 (10・27) から

$$Y_\text{肺} = \frac{100}{100+26} = 0.79$$

筋では

$$Y_\text{筋} = \frac{20}{20+26} = 0.43$$

このように $\Delta Y = 0.36$ になる. かくして, 酸素とヘモグロビンとの結合が協同的である場合には, 組織へおよそ 2 倍もの酸素が運ばれることになる.

式 (10・29) は協同性に対する実験的なアプローチであって, 関係する機構については何も語らない. 最近までの 60 年間にいくつかの理論が協同性を説明するために提唱された. つぎに, アロステリック相互作用の理解のために重要な役割を果たした二つの理論について簡単に議論しよう.

協奏モデル

1965 年に, Monod, Wyman, Changeux は協同性を説明するために**協奏モデル** (concerted model) とよばれる理論を提案した*. 彼らの理論ではつぎのことを仮定する.

---

* J. Monod, J. Wyman, P. P. Changeux, *J. Mol. Biol.*, **12**, 88 (1965).

1) タンパク質はオリゴマーである. すなわち, 二つ以上のサブユニットを含む. 2) それぞれのタンパク質分子は T (tense: ピンと張った), R (relaxed: 緩んだ) とよばれる二つの状態のどちらかで存在する. また, T と R は平衡状態にある. 3) 基質分子がないときには T 状態が有利である. 基質分子が酵素に結合すると平衡はしだいにリガンドに対する親和性のより高い R 状態へシフトする. 4) それぞれの状態における全結合部位は等価で, リガンドの結合に対して等しい解離定数 (T 状態に対して K_T, R 状態に対して K_R) をもっている. 図 10・20 にヘモグロビンと酸素との結合に対する協奏モデルを示す.

酸素の結合していないときの 2 状態間の平衡定数, L_0

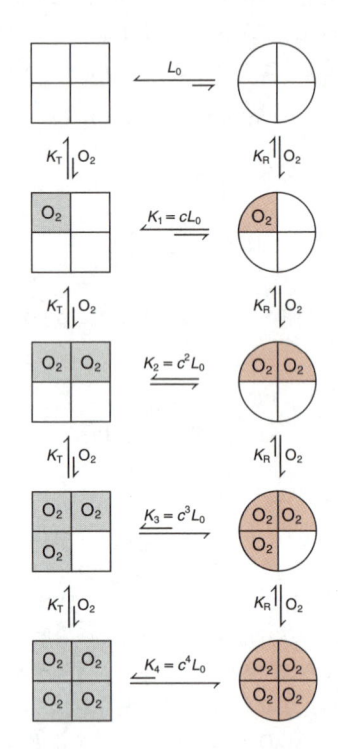

図 10・20 ヘモグロビンと酸素との結合に対する協奏モデル. 正方形は "ピンと張った (T)" 状態を, 扇形は "緩んだ (R)" 状態を表す.

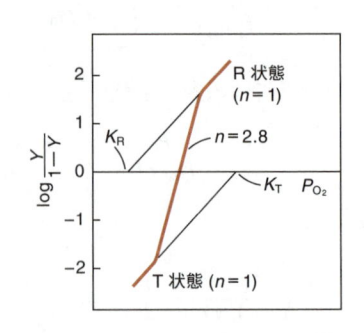

図 10・21 ヘモグロビンの P_{O_2} に対する $\log[Y/(1-Y)]$ のプロット

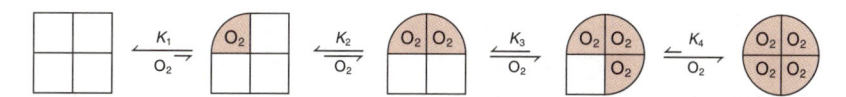

図 10・22 ヘモグロビンと酸素との結合に対する逐次モデル．正方形は"ピンと張った（T）"状態を，扇形は"緩んだ（R）"状態を表す．あるサブユニットへリガンドが結合すると，そのサブユニットのコンホメーションが変わる（T から R へ）．この転移によってリガンドに対する残りのサブユニットの親和性が増大する．解離定数は K_1 から K_4 へ行くにつれて減少する．

（下つき文字 $_0$ でそのことを示している）は次式のように与えられる．

$$L_0 = \frac{[T_0]}{[R_0]} \tag{10・30}$$

O_2 の結合していない場合，T 状態が有利であるので L_0 は 1 に比べて大きく，R 状態は無視できる量しか存在しない．酸素が存在すると，平衡はしだいに酸素親和性の高い R 状態へ移動する．リガンド分子が四つ結合すると，ヘモグロビン分子の事実上すべてが，R 状態になる．そして，それはオキシヘモグロビンのコンホメーションに相当する．解離定数の比として c を定義する．

$$c = \frac{K_R}{K_T} \tag{10・31}$$

R 状態が O_2 に対して高い親和性をもっているので，c は 1 よりも小さいはずである．リガンドに対する一つのサブユニットの親和性は T 状態にあるか R 状態にあるかにのみ依存し，隣接しているユニットにおける部位がリガンドで占有されているかどうかには依存しない．このように，K_R と K_T は飽和するまでのどの段階でも同じである．一つのリガンドが結合したとき，[T]/[R] の比は因子 c だけ変わる．二つのリガンドが結合したときは，[T]/[R] の比は因子 c^2 だけ変わる．以下，同様である．こう考えると図 10・20 で示された連続的なリガンド結合を次式で表すことができる（問題 10・28 参照）．

$$K_1 = cL_0$$
$$K_2 = cK_1 = c^2L_0$$
$$K_3 = cK_2 = c^3L_0$$
$$K_4 = cK_3 = c^4L_0$$

c は 1 より小さいので，T と R の間の平衡は O_2 分子が多く結合するにつれて R 形へ移動することがわかる．

もし仮にヘモグロビンが常にすべて T 状態にあるならば，酸素の結合は，弱いうえに，完全に非協同的であり，K_T によってのみ特徴づけられるであろう．逆に，もし仮にヘモグロビンが常にすべて R 状態にあるならば，酸素の結合は強いけれども，やはり完全に非協同的であり，K_R によってのみ特徴づけられるであろう．この非協同性は，あらゆるヘモグロビン分子において四つのサブユニットすべてが R 状態（R_4）であるか，あるいは T 状態（T_4）であるかのどちらかでなければならないという要請から生じる．協奏モデルでは，R_3T あるいは R_2T_2 のような混合形は存在しないものとみなされている．このことから，このモデルは"協奏の（concerted）"，"すべてか無かの（all-or-none）"，"対称性が保存された（symmetry-conserved）"モデルとよばれている．酸素飽和曲線（図 10・21）のフィッティングをすると $L_0 = 9000$ と $c = 0.014$ が得られる．このように酸素のないとき，平衡は T 状態を 9000 倍も有利にする．他方，c の値は R 状態にある部位への酸素の結合が T 状態にある部位への酸素の結合よりも 1/0.014 倍，すなわち 71 倍強いことを示している．上式が示しているように，つぎつぎ起こる酸素の結合は [T]/[R] の比を 9000（O_2 結合がないとき）から 126（1 分子の O_2 が結合），1.76（2 分子の O_2 が結合），0.025（3 分子の O_2 が結合），0.000 35（4 分子の O_2 が結合）へ変える．

協奏モデルでは負のホモトロピック協同性を説明できない．（負の協同性とは 1 番目のリガンド結合の結果，2 番目のリガンドが結合しにくくなるということを意味する．解糖における重要な酵素であるグリセルアルデヒド−3−リン酸デヒドロゲナーゼはこの挙動を示す．）にもかかわらず，ヘモグロビン（そして酵素）のアロステリックな挙動がまさに三つの平衡定数（L_0, K_R, K_T）のみによって記述できるのは注目すべきことである．

逐次モデル

Koshland, Némethy, Filmer によって示唆された協同性に関するもう一つのモデル*は，特別なリガンドのための空いた部位の親和性が他の部位の占有が進むにつれて次第に変わることを仮定している．ヘモグロビンへの酸素結合に関して言うと，このことは酸素分子が四つのサブユニットのうちの一つのサブユニットの空いた部位に結合するとき，相互作用によって，その部位にコンホメーション変化が起こり，立ち代わってそのコンホメーション変化がいまだ結合していない三つの部位の結合定数に影響を及ぼすということである（図 10・22）．これが順次起こるために，このモデルは**逐次モデル**（sequential model）とよばれる．協奏モデルとは違って，逐次モデルは R_2T_2 や R_3T のよう

---

* D. E. Koshland, Jr., G. Némethy, D. Filmer, *Biochemistry*, **5**, 365 (1966).

なR状態サブユニットとT状態サブユニットの両方から成る四量体をもつことが可能である．このモデルは，さらにシグモイド曲線をも予言する．O_2 分子に対する親和性は図10・22において左から右へ向けて増大する．

現在のところ，酵素の研究において生化学者は協奏モデルと逐次モデルの両方共使用している．ヘモグロビンに対しては現実の機構はもっと複雑であるように思われる．そして，両方のモデルはおそらく極限の場合として取扱われるべきであろう．ある場合には，負のホモトロピック協同性をも説明できる逐次モデルが協奏モデルよりも有利さをもつ．全体として，これら二つのモデルは多くの酵素の構造と機能に対するより深い洞察を生化学者に与えている．

酸素結合によって誘発されるヘモグロビンのコンホメーション変化

最後に，"ヘモグロビン分子の中で四つのヘムが互いに十分に離れているにもかかわらず（どの二つの鉄原子間をとっても最近接距離はおよそ25Å），酸素結合に関する情報をどのように伝達することができるのだろうか"という問題について考えてみる．"ヘム-ヘム相互作用"とよばれるヘム間のコミュニケーションはヘモグロビン分子のある種のコンホメーション変化によって起こると仮定することは理にかなっているだろう．デオキシヘモグロビンとオキシヘモグロビンとは異なる結晶を形成することが知られている．完全に酸素化されたヘモグロビン（オキシヘモグロビン）分子と，完全に脱酸素されたヘモグロビン（デオキシヘモグロビン）分子との間には，実際に構造の違いがあることがX線結晶構造解析からわかっている．膨大な研究の結果，現在では，一つのヘムへのO_2 の結合がどのようにして，一つのサブユニットから別のサブユニットへ大きな構造変化の引き金を引くのか，ということの理解が進んでいる．自然はヘモグロビンにおける協同性のために非常に精巧な機構を考案しているようである．デオキシヘモグロビンにおけるFe^{2+} イオンは高スピン状態〔四つの不対電子をもった$(3d)^6$〕であり[*1]，Fe^{2+} イオンはヘムのポルフィリン環の平面へすっぽりとはまり込むには大きすぎる（図10・23a）．したがって，鉄原子はわずかにドーム状になったポルフィリンの上の約0.4Åのところにある．O_2 の結合により，Fe^{2+} イオンは低スピンになり十分に小さくなるので，ポルフィリン環の面内へはまり込むことができる（図10・23b）．そして平面構造はドーム構造よりエネルギー的に有利な配置である（高スピン状態ではパウリの排他原理によって3d電子が互いに接近できないために電子雲が広がるので，高スピン状態イオンは低スピン状

図10・23 ヘモグロビンのヘムが酸素分子と結合するときに起こる変化を示す模式図．(a) デオキシヘモグロビンでのヘム．高スピン状態のFe^{2+} イオンの半径は大きすぎてポルフィリン環へ収まることができない．(b) しかしながら，O_2 がFe^{2+} へ結合すると，イオンはいくらか縮むのでポルフィリン環の面内に収まることができる．この動きはヒスチジン残基を環の方へ引き寄せ，一連の構造変化を始めさせる．このようにしてヘムに酸素分子が存在することが他のサブユニットに伝わる．この構造変化は残りのヘムの酸素分子に対する親和性に大きな影響を及ぼす．

態イオンよりも大きくなるという大きさの変化は十分理解できることである）．Fe^{2+} イオンがポルフィリン環の平面内に動く際，Fe^{2+} イオンのリガンドであるヒスチジンを引っ張り，一連の変形を始動させる．この一連の変形は最終的にはヘモグロビン分子の他の部分のコンホメーション変化を誘発する．これが一つのヘム部位での酸素の結合を他の部位へ伝達するメカニズムである．この考えを検証するために，化学者は遺伝子操作でヒスチジンをグリシンに置換し，ヒスチジンに似ているリガンドのイミダゾールでヒスチジン側鎖を置き換えてみた．この場合イミダゾールは，サブユニットのポリペプチド鎖から切り離された格好になる[*2]．

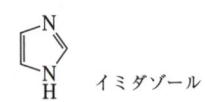

そのため酸素が鉄へ結合したときのイミダゾールの動きは，タンパク質分子のコンホメーションに何の影響ももたらさないであろう．実際には，この修飾された系では協同性はかなり小さくなるが，完全には無くならないという結果も示された．この結果は明らかに，いまだ十分には解明されていない他の構造変化もまた協同性に寄与していることを示している．

10・7 酵素反応速度論における pH の影響

酵素反応の機構を理解するために有効な方法として酵素触媒反応の速度をpHの関数として調べる方法がある．多くの酵素の活性はpHで変わり，その様式は酸や塩基の解

[*1] ヘムにおける鉄原子の電子構造については第12章で考察する．

[*2] D. Barrick, N. T. Ho, V. Simplaceanu, F. W. Dahlquist, C. Ho, *Nat. Struct. Biol.*, **4**, 78 (1997) 参照．

10・7 酵素反応速度論における pH の影響

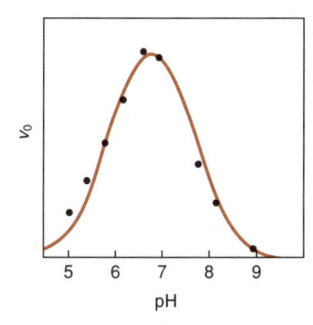

図 10・24 酵素であるフマル酸ヒドラターゼにより触媒される反応の、初速度に対する pH の効果〔C. Tanford, "Physical Chemistry of Macromolecules," Copyright 1967 by John Wiley & Sons. Charles Tanford の許諾を得て転載〕

離によってしばしば説明できる．このことはそれほど驚くべきことではない．なぜなら触媒作用において大部分の活性部位は一般的な酸や塩基として機能するからである．図 10・24 は，酵素であるフマル酸ヒドラターゼによって触媒される反応の初速度の pH に対するプロットである．見てわかるように，プロットは釣り鐘形曲線を与える．曲線の極大値を与える pH は**最適**（optimum）pH とよばれ，それは酵素の最大活性に相当し，これ以上，あるいはこれ以下の pH では活性が減少する．細胞内で活性な酵素の大部分は，細胞が正常に機能する pH 範囲内，あるいはそのかなり近くに最適 pH をもっている．たとえば，二つの消化酵素であるペプシンとトリプシンの最適 pH はそれぞれ，およそ pH 2 と pH 8 である．その理由を理解することは難しいことではない．ペプシンは pH がおよそ 2 である胃の内腔へ分泌される．他方，トリプシンは腸の塩基性環境下へ分泌されて機能する．腸内の pH はおよそ 8 である．というわけで，酵素活性に関する一般的な分析評価においては，溶液は触媒作用に対する最適 pH で緩衝化することに注意しよう．最後に，酵素活性に及ぼす pH の影響を研究するとき，pH の大きな変化によってもたらされるタンパク質の変性のような全体の構造変化を避けることに注意しないといけない．

図 10・24 に示された pH に対する初速度のプロットから，酵素触媒に関して非常に有益な速度論的または機構に関する情報が得られる．最も単純な場合として，酵素が活性型のときに両性イオンによる二つの解離できるプロトン（たとえば $-COOH$ と $-NH_3^+$）をもっていると仮定しよう．

$$\underset{EnH_2^+}{HOOC-\overset{+}{N}H_3-En} \underset{pK_a}{\rightleftharpoons} \underset{EnH\ 活性形}{^-OOC-\overset{+}{N}H_3-En} \underset{pK_a'}{\rightleftharpoons} \underset{En^-}{^-OOC-NH_2-En} + H^+ \quad + H^+$$

EnH 形の濃度は，pH が変わるとあるところで極大値をと

る．そのため速度もまた極大値をとることになる．酵素-基質複合体の場合にも（基質の結合していない酵素の場合のように），解離状態が 3 種類存在し，中間状態のみが生成物を生じるのかもしれない．図 10・25a はこの反応に対する酵素反応速度論の模式図である．低い基質濃度では，酵素は大部分が基質の結合していない状態で存在する．それゆえ，最適 pH は基質の結合していない酵素によって決まる．このように，低い基質濃度での初速度の実験による pH 依存性の解析から，結合していない酵素の pK_{a1} と pK_{a2} についての情報が与えられる．他方，高い基質濃度では，酵素が基質で飽和している場合の pH 依存性の解析から酵素-基質複合体の解離に関係する pK'_{a1} と pK'_{a2} を決定することができる．

図 10・25a において速度は次式で与えられる*．

$$v_0 = \frac{k_2[E]_0[S]}{K_S\left(1+\frac{K_{a2}}{[H^+]}+\frac{[H^+]}{K_{a1}}\right)+[S]\left(1+\frac{K'_{a2}}{[H^+]}+\frac{[H^+]}{K'_{a1}}\right)} \quad (10\cdot32)$$

低くて，かつ一定の基質濃度では，式 (10・32) における分母の第 2 項を無視することができるので，つぎのようになる．

$$v_0 = \frac{k_2[E]_0[S]}{K_S\left(1+\frac{K_{a2}}{[H^+]}+\frac{[H^+]}{K_{a1}}\right)} \quad (10\cdot33)$$

つぎの三つの場合を考えよう．

ケース 1 低い pH，言い換えると高い $[H^+]$ では，$[H^+]/K_{a1}$ 項が式 (10・33) の分母において大きいので，つぎのように書ける．

$$v_0 = \frac{k_2[E]_0[S]K_{a1}}{K_S[H^+]}$$

または

$$\log v_0 = \log\frac{k_2[E]_0[S]K_{a1}}{K_S} - \log[H^+]$$
$$= 定数 + pH \quad (10\cdot34)$$

このように pH に対する $\log v_0$ プロットは，低い pH では +1 の勾配をもった直線を与える．

ケース 2 高い pH，言い換えると低い $[H^+]$ では，$K_{a2}/[H^+]$ 項が式 (10・33) の分母において大きいので，つぎのように書ける．

---
* 誘導の仕方は，本書の姉妹書である R.Chang 著，岩澤康裕，北川禎三，濵口宏夫訳，"化学・生命科学系のための物理化学"の補遺 13・3 を参照．

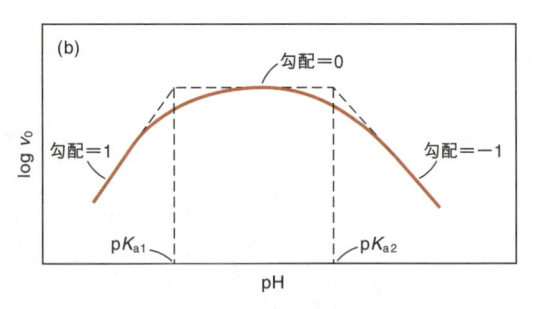

図 10・25 酵素反応速度に及ぼす pH の影響. (a) 酵素触媒反応の反応図. (b) 式(10・34)〜式(10・36)による pH に対する $\log v_0$ のプロット. 1 と 0 の勾配をもった直線の交点では pH=pK_{a1} である. 同様に, -1 と 0 の勾配をもった直線の交点では pH=pK_{a2} である.

$$v_0 = \frac{k_2 [\mathrm{E}]_0 [\mathrm{S}][\mathrm{H}^+]}{K_\mathrm{S} K_{a2}}$$

または

$$\log v_0 = \log \frac{k_2 [\mathrm{E}]_0 [\mathrm{S}]}{K_\mathrm{S} K_{a2}} + \log[\mathrm{H}^+]$$

$$= 定数 - \mathrm{pH} \tag{10・35}$$

この場合には, pH に対する $\log v_0$ プロットは高い pH では -1 の勾配をもった直線を与える.

ケース 3　中間の pH では, 1 番目の項 (つまり 1) が式(10・33)の分母において大きいので, つぎのように書ける.

$$v_0 = \frac{k_2 [\mathrm{E}]_0 [\mathrm{S}]}{K_\mathrm{S}}$$

または

$$\log v_0 = \log \frac{k_2 [\mathrm{E}]_0 [\mathrm{S}]}{K_\mathrm{S}} \tag{10・36}$$

右辺の項が定数であるので, $\log v_0$ は pH に依存しない. 図 10・25b におけるプロットは, これらの三つの状況と pK_{a1} と pK_{a2} の求め方を示している.

ここで重要なことを二つ指摘しておこう. 第一に, 上に述べた取扱いはミカエリス・メンテン速度論に基づいているということである. 現実には, 単一基質反応の場合ですら, さらに多くの解離定数をもった多くの中間体があるかもしれない. 第二には, 表 10・3 が示しているように, 活性部位でのアミノ酸残基に対する pK_a 値は, 溶液中において対応する単独のアミノ酸の pK_a 値とはまったく異なっている可能性があるということである (表 8・6 参照). この pK_a のずれは活性部位での水素結合, 静電的相互作用, または他の種類の相互作用のためである. したがって, 一般に pK_a 値のみから酵素触媒におけるアミノ酸を同定するのは信頼できる方法ではない. pH 依存性の測定データは, 分光学的または X 線回折の研究と組合わせて, 活性部位の三次元図を構築することに使われることが多い.

表 10・3 アミノ酸の pK_a 値

側鎖	単独の アミノ酸	活性部位 での値	酵　素
Glu	3.9	6.5	リゾチーム
His	6.0	5.2	リボヌクレアーゼ
Cys	8.3	4.0	パパイン
Lys	10.8	5.9	アセト酢酸デカルボキシラーゼ

参考文献

書 籍

M. L. Bender, L. J. Braubacher, "Catalysis and Enzyme Action," McGraw-Hill, New York (1973).

"The Enzymes," ed. by P. D. Boyer, Academic Press, New York (1970).

R. A. Copeland, "Enzymes: A Practical Introduction to Structure, Mechanism, and Data Analysis," VCH Publishers, New York (1996).

M. Dixon, E. C. Webb, "Enzymes," Academic Press, New York (1964).

A. Fersht, "Structure and Mechanism in Protein Science," W. H. Freeman, New York (1999).

H. Gutfreund, "Enzymes: Physical Principles," John Wiley & Sons, New York (1975).

I. M. Klotz, "Ligand−Receptor Energetics," John Wiley & Sons, New York (1997).

M. Perutz, "Mechanisms of Cooperativity and Allosteric Regulation in Proteins," Cambridge University Press, New York (1990).

I. H. Segal, "Enzyme Kinetics," John Wiley & Sons, New York (1975).

C. Walsh, "Enzymatic Reaction Mechanisms," W. H.

Freeman, San Francisco (1979).

J. Wyman, S. J. Gill, "Binding and Linkage: Functional Chemistry of Biological Macromolecules," University Science Books, Sausalito, CA (1990).

論 文
総 説:

M. L. Bender, F. J. Kézedy, F. C. Wedler, 'α-Chymotrypsin: Enzyme Concentration and Kinetics,' *J. Chem. Educ.*, **44**, 84 (1967).

B. R. Baker, 'Interactions of Enzymes and Inhibitors,' *J. Chem. Educ.*, **44**, 610 (1967).

G. E. Linehard, 'Enzyme Catalysis and Transition-State Theory,' *Science*, **180**, 149 (1973).

A. Ault, 'An Introduction to Enzyme Kinetics,' *J. Chem. Educ.*, **51**, 381 (1974).

W. W. Cleland, 'What Limits the Rate of an Enzyme-Catalyzed Reaction ?' *Acc. Chem. Res.*, **8**, 145 (1975).

H. B. Dunford, 'Collision and Transition State Theory Approaches to Acid-Base Catalysis,' *J. Chem. Educ.*, **52**, 578 (1975).

R. R. Rando, 'Mechanisms of Action of Naturally Occurring Irreversible Enzyme Inhibitors,' *Acc. Chem. Res.*, **8**, 281 (1975).

G. K. Radda, R. J. P. Williams, 'The Study of Enzymes,' *Chem. Brit.*, **12**, 124 (1976).

I. M. Klotz, 'Free Energy Diagrams and Concentration Profiles for Enzyme-Catalyzed Reactions,' *J. Chem. Educ.*, **53**, 159 (1976).

W. G. Nigh, 'A Kinetic Investigation of an Enzyme-Catalyzed Reaction,' *J. Chem. Educ.*, **53**, 668 (1976).

W. T. Yap, B. F. Howell, R. Schaffer, 'Determination of the Kinetic Constants in a Two-Substrate Enzymatic Reaction,' *J. Chem. Educ.*, **54**, 254 (1977).

M. I. Page, 'Entropy, Binding Energy, and Enzyme Catalysis,' *Angew. Chem. Int. Ed.*, **16**, 449 (1977).

J. A. Cohlberg, 'K_m as an Apparent Dissociation Constant,' *J. Chem. Educ.*, **56**, 512 (1979).

T. R. Cech, 'RNA as an Enzyme,' *Sci. Am.*, November (1986).

G. M. McCorkle, S. Altman, 'RNA's as Catalysts,' *J. Chem. Educ.*, **64**, 221 (1987).

O. Moe, R. Cornelius, 'Enzyme Kinetics,' *J. Chem. Educ.*, **65**, 137 (1988).

S. T. Oyama, G. A. Somorjal, 'Homogeneous, Heterogeneous, and Enzymatic Catalysis,' *J. Chem. Educ.*, **65**, 765 (1988).

J. Krant, 'How Do Enzymes Work ?' *Science*, **242**, 533 (1988).

R. E. Utecht, 'A Kinetic Study of Yeast Alcohol Dehydrogenase,' *J. Chem. Educ.*, **71**, 436 (1994).

K. L. Queeney, E. P. Marin, C. M. Campbell, E. Peacock-López, 'Chemical Oscillations in Enzyme Kinetics,' **1996**, 1 (3): S1430-4171 (96) 03035-X. Avali. URL: http://journals.springer-ny.com/chedr.

H. Bisswanger, 'Proteins and Enzymes,' "Encyclopedia of Applied Physics," ed. by G. L. Trigg, Vol. 15, p. 185, VCH Publishers, New York (1996).

D. B. Northrop, 'On the Meaning of K_m and V/K in Enzyme Kinetics,' *J. Chem. Educ.*, **75**, 1153 (1998).

R. S. Ochs, 'Understanding Enzyme Inhibition,' *J. Chem. Educ.*, **77**, 1453 (2000).

R. M. Daniel, M. J. Danson, R. Eisenthal, 'The Temperature Optima of Enzymes: A New Perspective on an Old Phenomenon,' *Trends Biochem. Sci.*, **26**, 223 (2001).

S. J. Benkovic, S. Hammes-Schiffer, 'A Perspective on Enzyme Catalysis,' *Science*, **301**, 1196 (2003).

アロステリック相互作用:

J. P. Changeux, 'The Control of Biochemical Reactions,' *Sci. Am.*, April (1965).

W. H. Sawyer, 'Demonstration of Allosteric Behavior,' *J. Chem. Educ.*, **49**, 777 (1972).

D. E. Koshland, Jr., 'Protein Shape and Biological Control,' *Sci. Am.*, October (1973).

L. D. Byers, 'Probe-Dependent Cooperativity in Hill-Plots,' *J. Chem. Educ.*, **54**, 352 (1977).

M. F. Perutz, 'Hemoglobin Structure and Respiratory Transport,' *Sci. Am.*, December (1978).

V. L. Hess, A. Szabo, 'Ligand Binding to Macromolecules: Allosteric and Sequential Models of Cooperativity,' *J. Chem. Educ.*, **56**, 289 (1979).

K. Moffat, J. F. Deatherage, D. W. Seybert, 'A Structural Model for the Kinetic Behavior of Hemoglobin,' *Science*, **206**, 1035 (1979).

K. S. Suslick, T. J. Reinert, 'The Synthetic Analogs of O_2-Binding Heme Proteins,' *J. Chem. Educ.*, **62**, 974 (1985).

T. S. Rao, R. B. Dabke, D. B. Patil, 'An Alternative Analogy for the Dissociation of Oxyhemoglobin,' *J. Chem. Educ.*, **69**, 793 (1992).

N. M. Senozan, E. Burton, 'Hemoglobin as a Remarkable Molecular Pump,' *J. Chem. Educ.*, **71**, 282 (1994).

J. Gonez-Cambronero, 'The Oxygen Dissociation Curve of Hemoglobin: Bridging the Gap between Biochemistry and Physiology,' *J. Chem. Educ.*, **78**, 757 (2001).

W. E. Royer, Jr., J. E. Knapp, K. Strand, H. A. Heaslet, 'Cooperative Hemoglobin: Conserved Fold, Diverse Quaternary Assemblies and Allosteric Mechanisms,' *Trends Biochem. Sci.*, **26**, 297 (2001).

問題

ミカエリス・メンテン速度論

10・1 触媒が両方向の反応速度に影響を及ぼすのが避けられないのはなぜか。説明せよ。

10・2 ある酵素触媒反応の測定によって $k_1 = 8 \times 10^6$ M^{-1} s^{-1}, $k_{-1} = 7 \times 10^4$ s^{-1}, $k_2 = 3 \times 10^3$ s^{-1} を得た。酵素-基質結合は平衡のスキームに従うか、あるいは定常状態のスキームに従うか。

10・3 アセチルコリンの加水分解は、酵素であるアセチルコリンエステラーゼによって触媒され、25 000 s^{-1} の代謝回転速度をもっている。その酵素がアセチルコリン1分子を切断するのに、どのくらいの時間がかかるか計算せよ。

10・4 式 (10・10) から次式を導出せよ。

$$\frac{v_0}{[\text{S}]} = \frac{V_{\max}}{K_M} - \frac{v_0}{K_M}$$

つぎにこの式から、グラフを使ってどのようにして K_M と $V_{\max}$ の値を得るのかを示せ。

10・5 K_M の値が 3.9×10^{-5} M である酵素が、最初の基質濃度 0.035 M で研究された。1分後 6.2 μM の生成物が生じたことがわかった。$V_{\max}$ の値と 4.5 分後に形成される生成物の量を計算せよ。

10・6 N-グルタリル-L-フェニルアラニン-p-ニトロアニリド (GPNA) の p-ニトロアニリンと N-グルタリル-L-フェニルアラニンへの加水分解は、α-キモトリプシンによって触媒される。つぎのデータが得られた。

[S]/10^{-4} M	2.5	5.0	10.0	15.0
v_0/10^{-6} M min^{-1}	2.2	3.8	5.9	7.1

ここで、S は GPNA である。ミカエリス・メンテン速度論を仮定し、ラインウィーバー・バークプロットを使って $V_{\max}$, K_M, k_2 の値を計算せよ。そのデータを処理する別の方法は $v_0/[\text{S}]$ に対して v_0 をプロットする方法であり、これはイーディー・ホフステープロットである。$[\text{E}]_0 = 4.0 \times 10^{-6}$ M としたとき、イーディー・ホフステーの取扱いから $V_{\max}$, K_M, k_2 の値を計算せよ〔出典：J. A. Hurlbut, T. N. Ball, H. C. Pound, J. L. Graves, *J. Chem. Educ.*, **50**, 149 (1973)〕。

10・7 基質としてヘキサ-N-アセチルグルコサミンが与えられたときリゾチームの K_M 値は 6.0×10^{-6} M である。リゾチームがつぎに示す濃度で分析された。(a) 1.5×10^{-7} M, (b) 6.8×10^{-5} M, (c) 2.4×10^{-4} M, (d) 1.9×10^{-3} M, (e) 0.061 M. 0.061 M で測定された初速度は 3.2 μM min^{-1} であった。他の基質濃度での初速度を計算せよ。

10・8 尿素の加水分解

$$(\text{NH}_2)_2\text{CO} + \text{H}_2\text{O} \longrightarrow 2\,\text{NH}_3 + \text{CO}_2$$

は多くの研究者によって研究されている。100 ℃ では、(擬)一次速度定数は 4.2×10^{-5} s^{-1} である。その反応は酵素であるウレアーゼによって触媒され、そして 21 ℃ では速度定数は 3×10^4 s^{-1} である。もし、触媒されていない反応と触媒された反応に対する活性化エンタルピーが、それぞれ 134 kJ mol^{-1} と 43.9 kJ mol^{-1} であるならば、(a) 21 ℃ での酵素による加水分解と同じ速度で酵素なしの尿素の加水分解が進行するとした場合、そのときの温度を計算せよ。(b) ウレアーゼによる $\Delta G^{\ddagger}$ の低下を計算せよ。(c) $\Delta S^{\ddagger}$ の符号を答えよ。$\Delta H^{\ddagger} = E_a$ で $\Delta H^{\ddagger}$ と $\Delta S^{\ddagger}$ は温度に依存しないと仮定せよ。

10・9 ある酵素はその酵素を含む溶液に、ある物質を添加することで不活性化される。その物質が可逆阻害剤かあるいは不可逆阻害剤であるかどうかを見つけだす方法を三つ示唆せよ。

10・10 銀イオンはタンパク質の SH 基と反応することが知られていて、それゆえ、ある酵素の作用を阻害する。ある反応において 0.0075 g の硝酸銀(I)、AgNO$_3$ が 5 ml のある酵素溶液を完全に不活性化するために必要になる。酵素のモル質量を計算せよ。なぜ得られたモル質量が最小値を表すのか説明せよ。酵素溶液の濃度は溶液1 ml あたり 75 mg の酵素を含む濃度である。

10・11 酵素触媒反応に対するさまざまな基質濃度での初速度がつぎのように示されている。

[S]/M	v_0/10^{-6} M min^{-1}
2.5×10^{-5}	38.0
4.00×10^{-5}	53.4
6.00×10^{-5}	68.6
8.00×10^{-5}	80.0
16.0×10^{-5}	106.8
20.0×10^{-5}	114.0

(a) この反応はミカエリス・メンテン速度論に従うか。(b) 反応の $V_{\max}$ 値を計算せよ。(c) 反応の K_M 値を計算せよ。(d) $[\text{S}] = 5.00 \times 10^{-5}$ M と $[\text{S}] = 3.00 \times 10^{-1}$ M での初速度を計算せよ。(e) $[\text{S}] = 7.2 \times 10^{-5}$ M で最初の 3 分間に形成される生成物の全量はいくらか。(f) 酵素濃度が 2 倍に増大すると、つぎのそれぞれの量、K_M, $V_{\max}$, v_0 はどうなるか ($[\text{S}] = 5.00 \times 10^{-5}$ M で計算せよ)。

10・12 $K_M = 2.8 \times 10^{-5}$ M, $V_{\max} = 53$ μM min^{-1} の値をもつ酵素がある。$[\text{S}] = 3.7 \times 10^{-4}$ M, $[\text{I}] = 4.8 \times 10^{-4}$ M であるとき、(a) 競合阻害剤、(b) 非競合阻害剤、(c) 不競合阻害剤に対して、v_0 の値を計算せよ (三つの場合すべてに対して $K_I = 1.7 \times 10^{-5}$ M とする)。

10・13 阻害率 i は、$i\,(\%) = (1 - \alpha) \times 100\,\%$ によって与えられる。ここで $\alpha = (v_0)_{阻害}/v_0$ である。問題 10・12 の (a)〜(c) に対する阻害率を計算せよ。

10・14 ある酵素触媒反応 ($K_M = 2.7 \times 10^{-3}$ M) は競合阻害剤 I ($K_I = 3.1 \times 10^{-5}$ M) によって阻害される。基質濃度

は 3.6×10^{-4} M とする.65 % 阻害のためにはどれだけの阻害剤が必要となるか.また阻害を 25 % まで下げるためには基質濃度をどの程度増やさねばならないか.

10・15 ある酵素触媒反応において 90 % の阻害を起こすために必要とされる非競合阻害剤 ($K_I=2.9\times10^{-4}$ M) の濃度を計算せよ.

10・16 式(10・22)を誘導せよ.

10・17 ヒトの体の中ではエタノールの代謝は肝のアルコールデヒドロゲナーゼ(ADH)によって触媒され,エタノールはアセトアルデヒドになり,最終的に酢酸イオンになる.対照的にメタノールは(同じように ADH によって触媒され)ホルムアルデヒドへ変換され,そのため失明したり,死にすら至ることもある.メタノールに対する解毒薬はエタノールであり,それは ADH に対して競合阻害剤として作用し,そのとき過度のメタノールは体から安全に排出されうる.50 ml のメタノール(致死的な服用量)を摂取した後,もとの値の 3 % まで ADH の活性を下げるためにヒトが飲まなければならない純エタノール(100 %)はどれくらいか.ヒトの体における全液体量は 38 l で,エタノールとメタノールの密度はそれぞれ,0.789 g ml^{-1},0.791 g ml^{-1} とする.メタノールに対する K_M 値は 1.0×10^{-2} M,エタノールに対する K_I 値は 1.0×10^{-3} M である.仮定したことがあったら,それについても述べよ.

アロステリック相互作用

10・18 (a) ヘモグロビンによる協同的な O_2 結合の生理的な意義は何か.なぜミオグロビンによる O_2 結合は協同的ではないのか.(b) ヘモグロビンと酸素の結合に関して協奏モデルと逐次モデルを比較せよ.

10・19 ヒトヘモグロビンの 50 % 以上が一酸化炭素と結合すると通常致命的である.しかしながら,貧血によってヘモグロビン含有量が本来の半分量に減っても機能面では正常であることがよくある.この理由を説明せよ.

10・20 競合阻害剤が少量存在するとき,アロステリック酵素に対してはしばしば活性化剤として作用する.なぜか.

10・21 ミオグロビン分子とヘモグロビン分子において疎水性領域にヘムをもっている利点は何か.

10・22 in vitro の実験における成人のヘモグロビン(HbA)の酸素親和性に対して,つぎの(a)〜(e)はどのような影響を及ぼすか.(a) pH の増大,(b) CO_2 の分圧の増大,(c) [BPG] の減少,(d) 四量体の単量体への解離,(e) Fe^{2+} の Fe^{3+} への酸化.

10・23 完全に脱酸素されたヘモグロビンと完全に酸素化されたヘモグロビンについて,X 線回折による研究は可能であるけれども,ヘモグロビン分子に酸素分子が 1〜3 個結合した結晶を得ることは,不可能ではないにしてもとても困難である.この理由を説明せよ.

10・24 デオキシヘモグロビン結晶は酸素にさらされると,壊れてしまう.他方,デオキシミオグロビンの結晶は酸素によって損なわれない.この理由を説明せよ.

補充問題

10・25 活性部位に一つの解離基を含んでいる酵素がある.触媒作用が起こるために,この基は解離した(すなわち負電荷をもった)形でなければならない.基質は正味の正電荷を帯びている.反応式はつぎのように表される.

$$EH \rightleftharpoons H^+ + E^-$$
$$E^- + S^+ \rightleftharpoons ES \longrightarrow E + P$$

(a) H^+ はどのような種類の阻害剤であるか.(b) 阻害剤が存在する場合の反応の初速度を表せ.

10・26 ある RNA 分子(リボザイム)が酵素として作用するという 1980 年代における発見は,多くの化学者にとって驚くべきことであった.なぜか.

10・27 過酸化水素の分解

$$2\,H_2O_2\,(aq) \longrightarrow 2\,H_2O\,(l) + O_2\,(g)$$

に対する活性化エネルギーは 42 kJ mol^{-1} である.一方,酵素であるカタラーゼによって反応が触媒されるとき,活性化エネルギーは 7.0 kJ mol^{-1} である.酵素触媒による 20 ℃ での分解速度と同じ速度で,酵素触媒を用いずに分解を進行させようとすると,温度を何度にしなければならないか.計算せよ.指数関数の前の係数は両方で同じであると仮定する.

10・28 p.233 で議論された協奏モデルでは,$K_1=cL_0$ であることを示せ.

10・29 24 ℃ で α-アミラーゼが触媒する反応について,V_{max} の pH 依存性に関してつぎのデータが得られた.活性部位でイオン化している官能基の pK_a 値についてどのようなことが結論づけられるか.

pH	3.0	3.5	4.0	4.5	5.0	5.5	6.0
V_{max} (任意の単位)	200	501	1584	1778	3300	5248	5250

pH	6.5	7.0	7.5	8.0	8.5	9.0
V_{max} (任意の単位)	5251	2818	2510	1585	398	158

10・30 (a) ある酵素触媒反応に対して得られたつぎのデータについてコメントを述べよ(計算の必要はない).

t/℃	10	15	20	25	30	35	40	45
V_{max} (任意の単位)	1.0	1.7	2.3	2.6	3.2	4.0	2.6	0.2

(b) 式(10・8)を参考にして,どのような条件であればアレニウスプロット(すなわち $1/T$ に対して $\ln k$ のプロット)が直線になるか述べよ.

10・31 ワニは自分の獲物を溺れさせるために長い時間(長いときは 1 時間)水中に沈んでいることができる.ワニのデオキシヘモグロビンに BPG は結合しないが,炭酸水素イオンは結合することが知られている.ヘモグロビンに結合したすべての酸素分子を,ワニがこの作用を使ってどのようにして実際に利用しているのか.説明せよ.

10・32 下に示すような，ある酵素触媒反応に対して，ラインウィーバー・バークプロットを説明せよ．

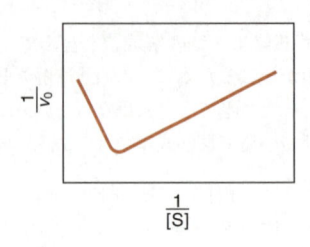

10・33 つぎのようなアレニウスプロットが，ある酵素に対して得られた．このプロットの形を説明せよ．

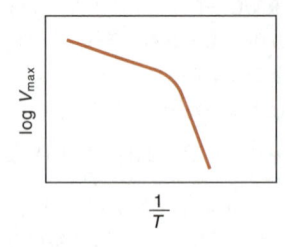

10・34 Lewis Carroll の物語 "鏡の国のアリス" において，アリスは "鏡の向こう側の世界のミルクは飲めるのかしら" と言うが，これについてどう思うか．

10・35 問題 9・64 を参考にし，20 ℃ での酵素（$D \approx 4 \times 10^{-7}$ cm^2 s^{-1}）と基質（$D \approx 5 \times 10^{-6}$ cm^2 s^{-1}）の酵素-基質反応の k_D 値を計算せよ．酵素と基質の距離は 5×10^{-8} cm とすればよいであろう．求めた結果と表 10・1 にある k_{cat}/K_M の値を比較せよ．

10・36 リンゴやナシのような果物を切ると，露出した面は茶色に変色し始める．これは酸化反応の結果である．この茶色になる反応はレモンジュースを数滴かけることで防いだり，遅くすることができる．この処理の化学的根拠は何か．

10・37 "茶色の肉（足）" にするか "白い肉（胸）" にするかは七面鳥を食べるときの好みである．肉の色を異なるものにするのは何か．説明せよ．

10・38 SF（科学小説）で読んだり，ホラー映画では見たことがあるかもしれないが，昆虫が人間の大きさまで成長することはとてもあり得ないことである．それはなぜか．

10・39 炭酸の脱水反応

$$H_2CO_3(aq) \rightleftharpoons CO_2(g) + H_2O(l)$$

の一次反応速度定数はおよそ 1×10^2 s^{-1} である．このかなり速い速度定数を考慮し，なぜ酵素（炭酸デヒドラターゼ）が肺での脱水反応速度を増大させるのに必要なのかを説明せよ．

10・40 式(10・12)を参考にし，(a) 競合阻害と，(b) 非競合阻害のイーディー・ホフステープロットを描け．

11 量子力学と原子の構造

これまでの章では，ものごとの巨視的な性質におもに注目してきた．熱力学や化学反応速度論は，化学的な過程について重要な情報を与えてくれるが，分子レベルで何が起こっているのかは説明できない．今度は，原子や分子の性質に注目しよう．というわけで，量子力学に慣れ親しむ必要がある．本章では，1900 年 Max Planck によって提唱された量子論のその後の発展について，簡単に述べる．プランクの量子論を理解するためには，放射の特性について知らなくてはならない．放射は空間を伝わる波という形でのエネルギーの放出と伝播を伴うので，波の性質と波としての光の理論を議論するところから始めよう．

11・1 波としての光の理論

光の性質の定量的な観測は，17 世紀に Newton によってはじめて行われた．Newton は，ガラスのプリズムを使うことで，太陽光は 7 色の光から成っていることを示し（7 色の光に分かれた），さらにその後 2 番目のプリズムを使うことで，今度は逆にそれらが集まり白色光になることを示した．18, 19 世紀の物理学者の研究によって，光は波としての性質をもつことが確信されるようになった．

図 11・1 は，x 方向への正弦波の伝播を示したものである．波の速度 v は，次式で与えられる．

$$v = \lambda \nu \tag{11・1}$$

ここで，λ は波長（単位は cm または m）で，ν は波の振動数〔単位は s^{-1} またはヘルツ，Hz ── ドイツの物理学者，Heinrich Rudolf Hertz（1857〜1894）にちなむ〕である．

干渉という現象は光が波としての性質をもつことのわかりやすい証拠の一つである．図 11・2 に示したような空間における二つの波の相互作用を考えてみよう．二つの波の相対的な位置の違い，すなわち**位相差**（phase difference）に従って（二つの波の最大点と最小点が空間的に同じ位置にあるかどうかに依存して），互いに強め合うように干渉するか弱め合うように干渉するかが決まる．実験的には，この現象は図 11・3 に示したような装置で観測することができる．光源からの光はフィルターを通り，単一の波長となる．スリット S_1 と S_2 は（これらの間の距離に比べると）ずっと小さな開きで，光源からの光を二つに分ける役割をしている．干渉はこの二つの光によって起こり，強め合うパターンと弱め合うパターンがスクリーン上に並んだ明線と暗線として，交互に観測される．

Maxwell は 1873 年，光が電磁波の一種であることを示

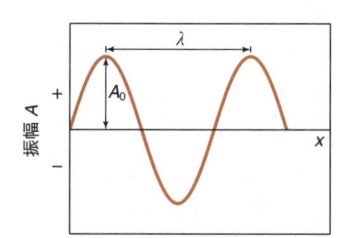

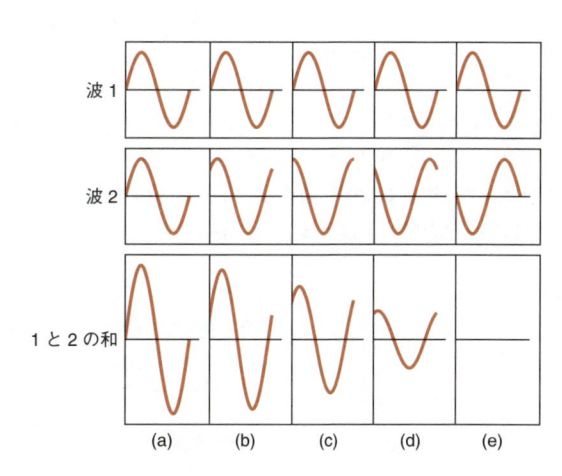

図 11・1　正弦波は $A = A_0 \sin x$ の形をしており，A_0 は波の振幅である．

図 11・2　波長と振幅の等しい二つの波の強めあう干渉と弱めあう干渉．(a) 二つの波は完全に位相が合っている．(b)〜(d) 二つの波は部分的に位相がずれている．(e) 二つの波は完全に位相がずれている．

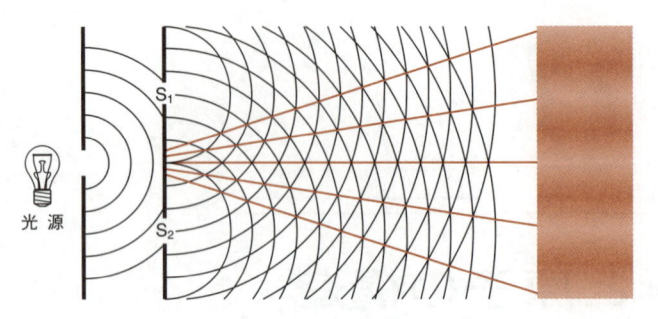

図 11・3 干渉現象を示す2スリット S_1 と S_2 の実験. スクリーン上のパターンは, 交互に並んだ明線と暗線から成る.

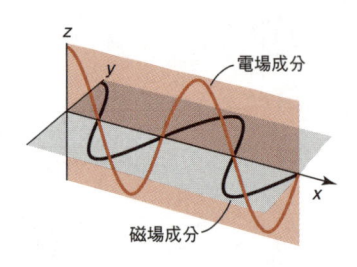

図 11・4 電磁波における電場と磁場の成分. 波は x 方向に進行する.

した. ほかにはマイクロ波, 赤外線 (IR), 紫外線 (UV), X 線なども電磁波である. 電磁波は, 電場の成分とそれに対して垂直な磁場の成分から成り, 共に空間において振動数 ν で振動している. それらの振動は波が進行する方向に対して垂直である (図 11・4). 普通の偏っていない光では, 電場と磁場の成分は x 軸 (波の進行方向) に垂直な平面内の任意の方向に振動できるが, 互いに必ず垂直な関係にある. 直線偏光とよばれるものは, これら二つの成分がある決まった二つの平面 (xy 平面と xz 平面) の中だけを振動しているものである. このことについては, さらに第 14 章で議論する.

図 11・5 に波長と振動数による電磁波の分類を示す. 光の速さは, 通過する媒質によるが, 多くの場合 (空気中や真空中) $3.00 \times 10^8 \text{ m s}^{-1}$ として扱える.

11・2 プランクの量子仮説

19 世紀の終わりまで, 物理学はうまく行っていた. 波としての光の理論は確立され, ニュートン力学は 17 世紀に定式化されて以来, ビリヤードの球から惑星に至るまでの系について運動をうまく記述できていた. 熱力学は化学や物理学の問題を解決するにあたって, 強力な道具となっていた. しかし, このうまく行っていた時代は続かなかった. 1899 年, ドイツの物理学者 Otto R. Lummer (1860～1925) と Ernst Pringsheim (1859～1917) らによって, 固体からの光の放出が温度によってどう変わるのかが研究され, 一連の曲線が得られたが, それらは波としての光の理論や熱力学の法則では説明できなかった. すぐに, この問題に対する適当な説明を発見しようと, 物理学は新たな活気にあふれた時代を迎えることになった.

絶対零度以上の温度では, すべての物質はある波長領域の光を放出する. 電熱器の赤い光や電球の明るい白い光はよくある例である. もし, 異なる温度における光の放出の強度を各波長で測定すれば, 図 11・6 に示したような一連の曲線が得られるはずである. これらのプロットはよく黒体放射の曲線とよばれる. **黒体** (blackbody) は, 完全な吸収体と定義され, それに当たるすべての光を吸収する. さらに, 外界と熱平衡になっているため, 黒体はまたすべての光を放出する.

1900 年, ドイツの物理学者, Max Planck (1858～1947) は, 古典物理学から思い切って離れた一つの仮定によって, 黒体放射の曲線の謎を解明した. 古典物理学では, 固体中の振動子 (原子や分子) の集まりから放出される放射のエネルギーは, ある連続した範囲のいかなる値もとりうることができると仮定されていた. しかしながら, この考え方から予想すると, 放射の曲線は極大値をもたず, 非常に短い波長領域で強度が無限大となってしまう [これは, **紫外発散** (ultraviolet catastrophe) とよばれている]. そこで Planck は, 放射のエネルギーは任意の値をとることはできず, その代わり, エネルギーは**量子** (quantum) とよばれる小さい一つ一つのかたまりとしてのみ放出されると仮定した. 放射のエネルギー, E は振動子の振動数, ν に比例し,

$$E \propto \nu$$
$$E = h\nu \tag{11・2}$$

ここで, h はプランク定数で, 6.626×10^{-34} J s に等しい. プランクの量子仮説によると, エネルギーは必ず $h\nu$ の整数倍で放出され, たとえば $h\nu$, $2h\nu$, $3h\nu$ であり, $1.68h\nu$, $3.52h\nu$ などということはない. 振動子が放出する光のエネ

図 11・5 電磁波の種類. 可視光の範囲は波長で 400 nm (紫) ～ 700 nm (赤)

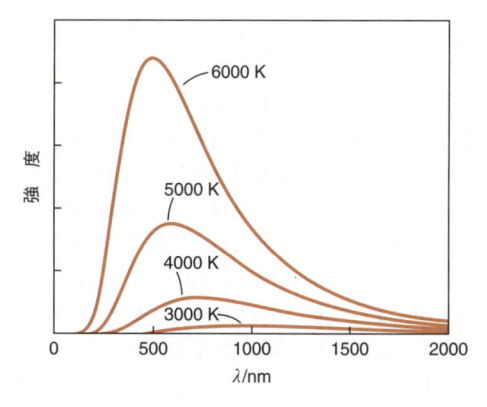

図 11・6 異なる温度における黒体放射の曲線

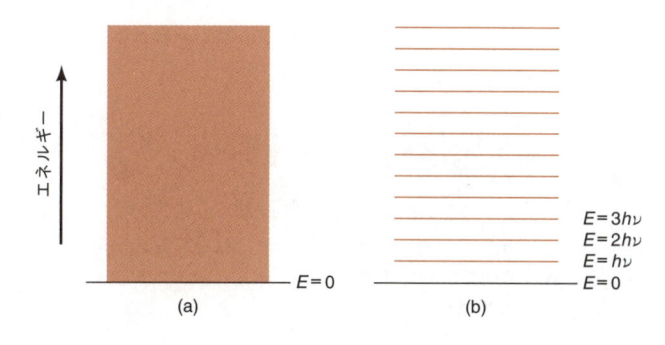

図 11・7 振動子のエネルギー準位．(a) 古典的モデル．(b) プランクのモデル．エネルギー準位は(a)では，連続的である．

ルギーのとりうる値についての，古典的モデルとプランクモデルの違いを，図11・7に示した．

11・3 光電効果

科学では，一つの大きな発見や重要な理論の定式化が活発な流れをよび起こす．これは，量子論においてもそうである．数年の間に，プランクの量子仮説は，以前から謎であった観測事実を数多く説明することの手助けとなった．このような謎の一つとして光電効果がある．

ある振動数をもった光を清浄な金属表面に照射すると，金属から電子が飛び出してくる．実験的にわかっていたことは，1) 飛び出してくる電子の数は光の強度に比例する，2) 飛び出してくる電子の運動エネルギーは照射した光の振動数に関係している，3) 光の振動数が **しきい(閾)振動数** または **限界振動数** (threshold frequency, ν_0) とよばれるある値より小さいときは，電子はまったく飛び出してこない，ということである．図11・8に光電効果を研究するための装置を示した．

波としての光の理論によると，放射のエネルギーは振幅の二乗に比例する．よって，エネルギーは振動数でなく強度によるのである．これは，先に述べた，2)の実験結果と矛盾するように思える．1905年，物理学者，Albert Einstein (1879～1955，ドイツ生まれ，米国に亡命) はこの困難をつぎのような方法で解決した．彼は，光は **光(量)子** (photon) とよばれる粒子からできており，そのエネルギーは光の振動数をνとして$h\nu$であると仮定した*．この仮定から，光が金属表面に当たることは，光子と電子が衝突することと考えることができる．エネルギー保存の法則によると，衝突前の全エネルギーと衝突後の全エネルギーは等しい．もし，νが先のしきい振動数より大きければ，アインシュタインの光電効果の方程式は，

$$h\nu = \Phi + \frac{1}{2}m_e v^2 \qquad (11・3)$$

となる．ここで，Φは仕事関数とよばれ，金属から電子を飛び出させるために最低限必要なエネルギーを表し，$\frac{1}{2}m_e v^2$は飛び出した電子の運動エネルギーを示す．仕事関数Φはどれだけ強く金属中に電子が束縛されているかを示す尺度にもなる．図11・9に光の振動数と飛び出した電子の運動エネルギーとの関係を示した．

式(11・3)は，上述した実験結果を説明することができる．すなわち，光の強度が増加すると，光子数も増加するから，強い光はより多くの電子を放出させる．また，光子のエネルギーは光の振動数と共に増加するから，高い振動

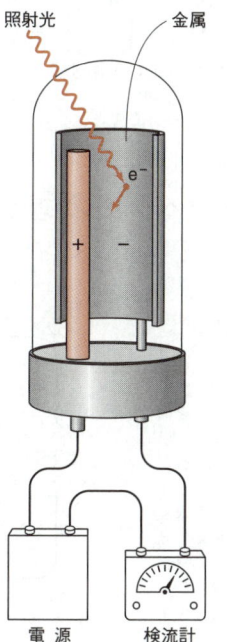

図 11・8 光電効果を研究するための装置．ある振動数の光が清浄な金属表面に照射される．飛び出した電子は，正の電極の方に引き寄せられる．電子の流れは，検流計によって記録される．飛び出した電子のエネルギーを測定できるようにするための阻止電圧のグリッドは省略してある．

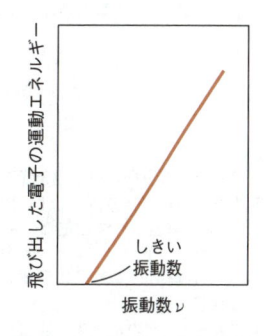

図 11・9 照射した光の振動数と飛び出した電子の運動エネルギーの関係を示したグラフ

---

* 光子のエネルギーは，式(11・2)と同じ形をしている．それは，エネルギーは光子の形で放出されたり吸収されたりするからである．

数の光によって放出させられた電子は，より高い運動エネルギーをもつ．

例題 11・1

クロロフィルの色は，この分子が約 435 nm の青い光と約 680 nm の赤い光を吸収する結果，緑色に見える．これらの波長における光子 1 mol あたりのエネルギーを計算せよ．

解 式 (11・1) と光子のエネルギー，$E = h\nu$ より，波長 435 nm における光子のエネルギーを計算できる．

$$E = \frac{hc}{\lambda} = \frac{(6.626 \times 10^{-34} \text{ J s})(3.00 \times 10^8 \text{ m s}^{-1})}{435 \text{ nm}(1 \times 10^{-9} \text{ m}/1 \text{ nm})}$$
$$= 4.57 \times 10^{-19} \text{ J}$$

これは，この波長における光子 1 個のエネルギーである．1 mol あたりならば，

$$E = (4.57 \times 10^{-19} \text{ J})(6.022 \times 10^{23} \text{ mol}^{-1})$$
$$= 2.75 \times 10^5 \text{ J mol}^{-1} = 275 \text{ kJ mol}^{-1}$$

同様に，680 nm における光子では，

$$E = 176 \text{ kJ mol}^{-1}$$

光に関する一つの問いに答えることによって，式 (11・3) はもう一つの問題を提起する．そもそも光の本質は何であろうか．波としての光の性質は疑いなく示されている．しかし一方で，光電効果は，光が粒子であるとしてしか説明できない．光は波でもあり粒子でもありうるのだろうか．この考え方は量子論が提案され始めたときは奇妙でなじみにくいものであったが，次第に科学者たちはミクロな粒子はマクロな物体とはかなり異なったふるまいを示すことに気づくようになった．

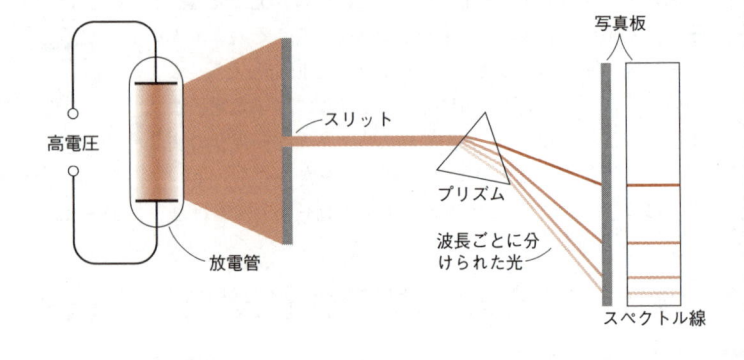

11・4 ボーアの水素原子の発光スペクトルの理論

19 世紀の物理学におけるもう一つの謎，すなわち原子の発光スペクトルに対しても，Einstein の研究によって解決への道が開かれた．

原子を高温にしたり，放電を行うと，ある特定の振動数をもった電磁波の放出が起こることは以前から知られていた．図 11・10 に水素原子の発光スペクトルを研究するための装置を示した．このスペクトルは，一連の鋭く明確な線をもつ．原子が異なれば，放出される電磁波の振動数も異なる．このスペクトルの線の起源はわかっていなかったが，この現象は，既知の元素スペクトルと比較することで未知試料や遠くの星に含まれる元素を同定したりすることに使われていた．

実験結果に基づいて，スイスの物理学者，Johannes Rydberg (1854～1919) は，水素原子の発光スペクトルにおいて観測されるすべての線を記述する以下の式を提案した．

$$\tilde{\nu} = \frac{1}{\lambda} = R_\infty \left(\frac{1}{n_f^2} - \frac{1}{n_i^2} \right) \quad (11 \cdot 4)$$

式 (11・4) はリュードベリの式として知られ，ここで $\tilde{\nu}$ は波数 (1 cm の単位長さあたりに入っている波の数で，分光学においては一般的な単位)，R_∞ は**リュードベリ定数** (Rydberg constant) で $R_\infty = 109\,737 \text{ cm}^{-1}$，$n_f$ と n_i は整数である ($n_i > n_f$)．発光スペクトルの線は，n_f の値によって分類することができる．表 11・1 に水素原子の発光スペクトルにおける五つの系列を示した．これらには，発見者の名前が付けられている．

リュードベリの式は有用ではあるが，スペクトル線の起源を説明するものではない．1913 年，デンマークの物理学者 Niels Bohr (1885～1962) は，水素原子の発光スペクトルを説明する理論を提案した．Bohr のモデルでは，水素原子中の電子は，原子核の周りの，いくつかの許された円軌道の上だけを運動している．このことは，電子のエネルギーが飛び飛びの値に量子化されていることを意味しており，電子はそれぞれの軌道に対応する特定のエネルギー準位にある，と言うことができる．Bohr は古典物理学とプランクの量子仮説とを用いて，水素原子中の電子が取りうるエネルギーは，以下の式で与えられることを示した．

図 11・10 原子や分子の発光スペクトルを研究するための実験装置．研究に使う気体 (水素) は，二つの電極をもつ放電管の中に入れられる．電子はカソードからアノードへ流れ，そのとき H_2 分子と衝突して原子に解離させる．水素原子は励起状態となっているが，すぐさま基底状態に遷移し，そのとき光を放出する．その光は，プリズムによって異なった成分ごと (波長ごと) に分けられる．波長ごとに分けられたスリットの像をスペクトルとよぶ．

表 11・1 水素原子の発光スペクトルの各系列

系列	n_f	n_i	領域
ライマン	1	2, 3, ...	紫外
バルマー	2	3, 4, ...	可視，紫外
パッシェン	3	4, 5, ...	赤外
ブラケット	4	5, 6, ...	赤外
プント	5	6, 7, ...	赤外

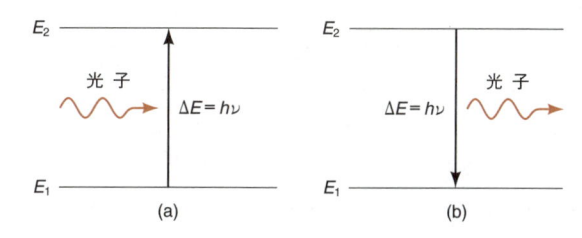

図 11・11 原子や分子と電磁波の相互作用．(a) 吸収，および (b) 放出．どちらの場合も，光子のエネルギー ($h\nu$) は二つのエネルギー準位の差，ΔE に等しい．

$$E_n = -hcR_\infty\left(\frac{1}{n^2}\right) \quad (11 \cdot 5)$$

ここで，E_n は n 番目の準位 ($n = 1, 2, 3 \cdots$) の電子のエネルギーであり，h はプランク定数，c は光速度である．この式の − の符号は，電子と水素原子核が無限に離れている場合のエネルギーを 0 としたときに，水素原子中における電子の許されるエネルギーは，それより低くなることを示している．E_n が負の大きな値をとるほど，電子と水素原子核との結びつきは強くなる．したがって，最も安定な状態は $n = 1$ で与えられる状態であり，この状態を**基底状態** (ground state) とよぶ．これに対して，$n \geq 2$ で与えられる状態を**励起状態** (excited state) とよぶ．

式(11・5)は，水素原子の発光スペクトルを解析するための基礎を与える．電子が，ある高いエネルギー準位 (E_i) から，別の低いエネルギー準位 (E_f) へと遷移する場合を考えよう．この電子遷移に関する条件*は，

$$\Delta E = E_f - E_i = h\nu \quad (11 \cdot 6)$$

となる．ここで，$h\nu$ は放出される光子のエネルギーであり，$E_i > E_f$ である（図 11・11b）．式(11・5)と式(11・6)から，次式を得る．

$$\Delta E = h\nu = hcR_\infty\left(\frac{1}{n_i^2} - \frac{1}{n_f^2}\right) \quad (11 \cdot 7)$$

したがって，

$$\frac{\nu}{c} = \frac{1}{\lambda} = \tilde{\nu} = R_\infty\left(\frac{1}{n_i^2} - \frac{1}{n_f^2}\right) \quad (11 \cdot 8)$$

式(11・7)や式(11・8)における ΔE や $\tilde{\nu}$ の符号について順序立てて考えてみよう．吸収においては（図 11・11a 参照），$n_f > n_i$ であるので，ΔE と $\tilde{\nu}$ は共に正の値である．一方，放出においては $n_f < n_i$ であり，ΔE は負となるが，これはエネルギーが系から外界に逃げていくという事実に対応する．しかし，このとき $\tilde{\nu}$ もまた負の値となってしまい，これは物理的に意味をもたない．遷移が吸収か放出かにかかわらず，計算で得られる $\tilde{\nu}$ の値が常に正となるように

---

* これは，しばしば共鳴条件とよばれる．

するには，$[(1/n_i^2) - (1/n_f^2)]$ の絶対値（すなわち符号は関係なく，その大きさ）を用いることにすればよい．

図 11・12 に水素原子のエネルギー準位図と，表 11・1 であげたいくつかの系列のスペクトルを生み出す放出を示した．

例題 11・2

水素原子における $n = 4 \rightarrow 2$ の遷移に対応する波長を nm 単位で計算せよ．

解 これは放出過程である．$n_f = 2$ なので，この遷移によるスペクトル線はバルマー系列に属する．式 (11・8) から $\tilde{\nu}$ の絶対値を計算する．

$$\tilde{\nu} = (109\,737\,\text{cm}^{-1})\left|\left(\frac{1}{4^2} - \frac{1}{2^2}\right)\right|$$
$$= 2.058 \times 10^4\,\text{cm}^{-1}$$

したがって，

$$\lambda = \frac{1}{\tilde{\nu}} = \frac{1}{2.058 \times 10^4\,\text{cm}^{-1}}$$
$$= 4.86 \times 10^{-5}\,\text{cm} = 486\,\text{nm}$$

コメント この場合も含め，可視光の領域に，バルマー系列の遷移による四つのスペクトル線がある．

11・5 ド・ブロイの仮説

物理学者たちは，ボーア説に困惑しつつ，また，興味をそそられた．なぜ水素の電子のエネルギーが量子化されるのか，疑問に思ったからだ．この疑問をもっと具体的に言えば，ボーア原子の電子の運動は，なぜ原子核からある決まった距離だけ離れた軌道上に制限されているのか，ということである．10 年ほど，誰も，Bohr 自身でさえ，論理的な説明を与えることはできなかった．1924 年，これに解決を与えたのが，フランスの物理学者，Louis de Broglie (1892〜1977) である．

de Broglie は Einstein と Planck の電磁波のエネルギーの表現から粒子と波の間の関係を考え，そのような波の古

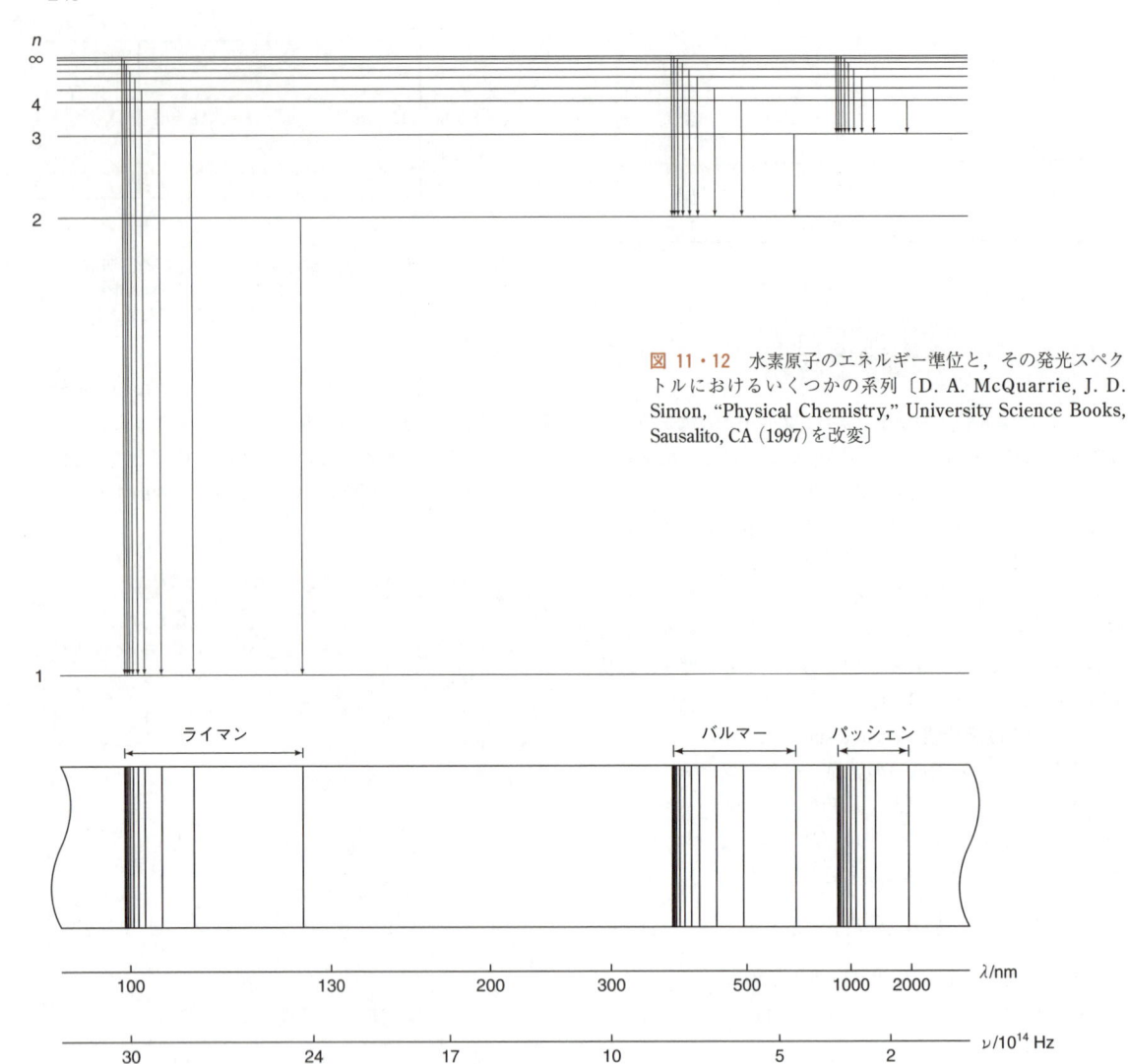

図 11・12 水素原子のエネルギー準位と，その発光スペクトルにおけるいくつかの系列〔D. A. McQuarrie, J. D. Simon, "Physical Chemistry," University Science Books, Sausalito, CA (1997)を改変〕

典的な運動量というものを考えた．その二つの表現は，

$$E = h\nu$$
$$p = \frac{E}{c} \qquad (11\cdot9)$$

ここで，p は運動量であり，c は光速である．E を $h\nu = hc/\lambda$ で置き換えれば，ド・ブロイの関係式を得る．

$$p = \frac{h}{\lambda}$$

または，

$$\lambda = \frac{h}{p} = \frac{h}{mv} \qquad (11\cdot10)$$

式(11・10)の意味は，質量が m で速さ v で運動するすべての粒子は，波長 λ で決められる波としての性質ももちあわせているということである．

式(11・10)の実験的な確証は，1927年の米国の物理学者，Clinton Davisson (1881～1958)，Lester Germer (1896～1972)の実験および，1928年の英国の物理学者，G. P. Thomson (1892～1975)の実験によって得られた．Thomson が薄い金箔に電子をぶつけたとき，スクリーン上につくられた同心円状のパターンは，波として知られている X 線がつくるパターンと似かよっていた．図 11・13 にアルミニウム箔の電子線と X 線の回折パターンを示す．

例題 11・3

テニスで最速のサーブは，大体 150 mph (マイル時)，すなわち 66 m s^{-1} くらいである．この速さで運動する 6.0×10^{-2} kg のテニスの球の波長を計算せよ．同

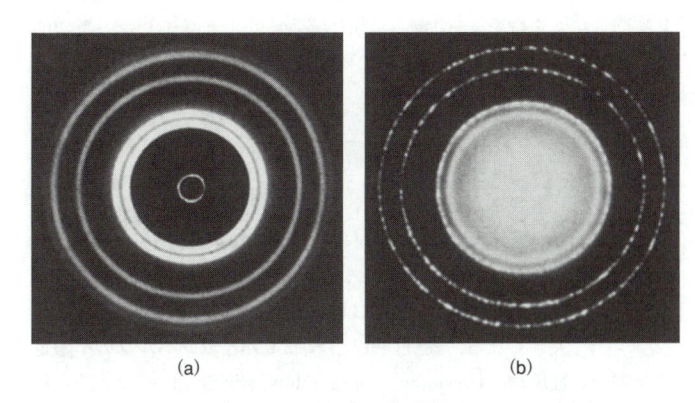

図 11・13 (a) アルミニウム箔の X 線回折パターン，(b) アルミニウム箔の電子線回折パターン．この二つのパターンが似ていることは，電子も X 線のようにふるまい，波としての性質をもつことを意味する〔提供：Education Development Center, Newton, MA.より．許諾を得て転載〕．

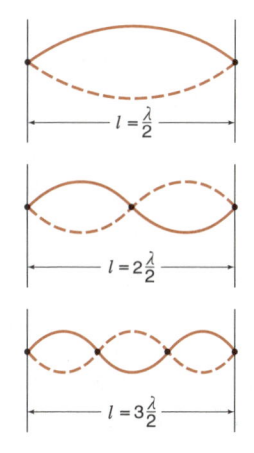

図 11・14 ギターの弦を弾くことにより定常波が生じる．弦の長さ l は，波の波長の半分 ($\lambda/2$) の整数倍でなくてはならない．

じ速さで運動する電子についても計算してみよ．

解 式(11・10)を用いて，

$$\lambda = \frac{6.626\times 10^{-34}\,\mathrm{J\,s}}{(6.0\times 10^{-2}\,\mathrm{kg})(66\,\mathrm{m\,s^{-1}})}$$

$1\,\mathrm{J}=1\,\mathrm{kg\,m^2\,s^{-2}}$ より，単位を変換すれば，

$$\lambda = 1.7\times 10^{-34}\,\mathrm{m}$$

原子の大きさが大体 1×10^{-10} m 程度であることを考えれば，これは非常に小さい値である．よって，テニスの球の波としての性質は，この世に存在するような測定装置では検出することはできない．電子については，

$$\lambda = \frac{6.626\times 10^{-34}\,\mathrm{J\,s}}{(9.109\,38\times 10^{-31}\,\mathrm{kg})(66\,\mathrm{m\,s^{-1}})}$$
$$= 1.1\times 10^{-5}\,\mathrm{m} = 1.1\times 10^{4}\,\mathrm{nm}$$

で，これは赤外領域に含まれる．

コメント この例は，ド・ブロイの式が，電子や原子や分子といった微視的なものに対してだけ重要となってくることを意味する．

de Broglie によると，原子核に束縛された電子は**定常波**(standing wave)のようにふるまう．定常波は，たとえばギターの弦を弾いたときに生じる．この波は，弦に沿って動いて行かないので，停止しているように描かれる（図11・14）．まったく動かない弦上のいくつかの点を**節**(node)という．これらの点では波の振幅は 0 である．振動の振動数が大きくなるにつれて，定常波の波長は短くなり，節の数は多くなる．図 11・14 からわかるように，弦上で運動が許容される波は，ある決まった波長の波だけである．de Broglie は，水素原子中の電子も定常波のように

ふるまい，軌道の円周に波の長さがぴったり合わなくてはいけないのではないかと考えた（図 11・15）．そうでなければ，波は軌道上の到る所でそれ自身同士で部分的に打ち消しあってしまい，結果的に波の振幅が 0 となってしまって，そのような波は存在できない．したがって，電子の波としての性質が，電子の占めることのできる軌道を制限し，電子のもちうるエネルギーも制限することになる．

電子に波としての性質があることを応用した一つの例は，電子顕微鏡である．ヒトの目は，約 400 nm から 700 nm までの光しか感じることができない．視覚によって小さな構造の細部を見分けるヒトの能力には分解能による限界がある．分解能は，物体を別々の存在として区別できる最小の距離のことである．分解能以下の距離しか離れていない二つの物体は，ぼやけて一つの物体として見えてしまう．ヒトの目の分解能の下限は，大体 0.2 mm であり，それ以下だと個々の物体として認識できない．一方，光学顕微鏡の分解能の下限は大体 200 nm，すなわち 0.2 μm である．つまり，光学顕微鏡の力を借りれば，われわれは紫色の光 (400 nm) の半分の波長の大きさの物体まで見ることができる．もっと高い分解能は，電子顕微鏡によって可能となる．なぜなら，電子線の波長は可視光よりも 100 000 倍も

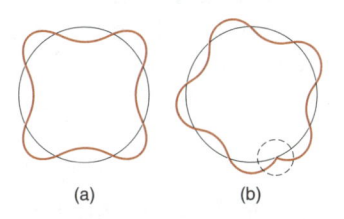

図 11・15 (a) 軌道の円周は波長の整数倍に等しい．これは許された軌道である．(b) 軌道の円周が波長の整数倍に等しくない．結果として，電子の波は自身をつなぎあわすことができない．これは許されない軌道である．

短いからである．電子線が加速用の静電場（電位差 VV の2枚の平行板）を通り抜けて来たときに，電子が得たポテンシャルエネルギー eV は，その運動エネルギーに等しく

$$eV = \frac{1}{2}m_e v^2$$

または，

$$v = \sqrt{\frac{2eV}{m_e}}$$

となる．ここで，e は電子一つの電荷量（電気素量，素電荷）である．上の速さの式を用いれば，式(11・10)は，

$$\lambda = \frac{h}{\sqrt{2m_e eV}} \qquad (11 \cdot 11)$$

となる．

例題 11・4

1.00×10^3 V の電位差によって加速された電子の波長はいくらか．

解 式(11・11)より，

$$\lambda = \frac{6.626 \times 10^{-34} \text{ J s}}{\sqrt{2(9.109 \times 10^{-31} \text{ kg})(1.602 \times 10^{-19} \text{ C})(1000 \text{ V})}}$$

1 J = 1 C × 1 V により単位変換すると，

$$\lambda = 3.88 \times 10^{-11} \text{ m} = 0.0388 \text{ nm}$$

キロボルト（kV）とかメガボルト（MV）の範囲の電位差をつくるのは比較的容易であり，これから非常に短波長の電子を得ることができる．電子顕微鏡が光学顕微鏡と異なる点は，可視光の代わりに電子線を用いることである．より短い波長はより高い分解能を生み出す．この技術によって，重い原子や大きな分子を"見る"ことができる．X線回折よりも電子顕微鏡が優れている点は，電子は電荷を帯びているということで，このため焦点を合わせるのが簡単であり，電場や磁場がレンズのように働いて像を結ぶことができる．一方，X線は電荷を帯びていないため，この方法では焦点を合わせることができない．X線を集光するようなレンズは知られていない．

11・6　ハイゼンベルクの不確定性原理

1927 年，ドイツの物理学者，Werner Heisenberg（1901~1976）は量子力学の考え方の土台となる重要な原理を提案した．彼は，粒子の運動量と位置を同時に測定したとき，それらの不確定性を掛け合わせると，その積は大体プランク定数を 4π で割った値に等しくなると推測した．数学的には，このことは

$$\Delta x \, \Delta p \geq \frac{h}{4\pi} \qquad (11 \cdot 12)$$

と表現される．ここで，Δ は"不確定性を有する"ということを示す．つまり Δx は位置の不確定性，Δp は運動量の不確定性である．もちろん，測定された位置や運動量の不確定性が大きいときには，それらの積は $h/4\pi$ よりかなり大きくなる．式(11・12)，つまり**ハイゼンベルクの不確定性原理**（Heisenberg uncertainty principle）の数学的表現において重要なのは，どんなによい条件で位置と運動量を測定したとしても，不確定性の積の最小値はいつも $h/4\pi$ ということである．

概念的に，なぜ不確定性原理が存在するのかを理解することができる．系を測定するときには，必然的に系をかき乱すことになる．量子力学の対象となる物体，たとえば電子の，位置を決めたいとしよう．Δx という距離の間に電子の位置を特定しようとすれば，波長が $\lambda \approx \Delta x$ 程度の光を用いなくてはならないだろう．すると，光子と電子の相互作用（衝突）によって，光子の運動量（$p = h/\lambda$）の一部が電子に移ってしまうだろう．つまり，電子を"見よう"という行為自体がその運動量を変えてしまうのである．もしも，もっと正確に電子の位置を特定しようとすれば，より短い波長の光を用いなければならない．結果的に，光の光子はより大きな運動量をもつようになり，それにつれて電子の運動量を大きく変えてしまうことになる．要するに，Δx をより小さくしようとすれば，運動量の不確定性 Δp は同時に大きくなってしまう．同様に，電子の運動量をできるだけ正確に決めようと実験を行えば，今度は位置の不確定性が同時に大きくなってしまう．覚えておいて欲しいのは，この不確定性は測定技術や実験技術が足りないからで<u>なく</u>，測定という行為の基本的な性質による原理的なものなのである．

では，巨視的な物体についてはどうであろうか．量子力学的な系に比べて，比較にならないほど大きいため，たとえば野球の球の位置と運動量を測定したときの観測による相互作用は完全に無視できる．したがって，われわれは巨視的な物体の位置と運動量を同時に正確に測定することができる．プランク定数は非常に小さい数なので，原子レベルの大きさの粒子を取扱うときだけ不確定性原理は重要となる．

例題 11・5

(a) ボーアの理論を用いると，水素原子の軌道半径を計算することができ，基底状態（$n=1$）では 0.529

Å, すなわち 5.29×10^{-11} m となる. これは**ボーア半径**(Bohr radius)とよばれる. この半径の 1% の正確さでこの軌道上の電子の位置を知ることができるとしたとき,電子の速さの不確定さを計算せよ. (b) 100 mph で投げられた野球の球 (0.15 kg) は 6.7 kg m s^{-1} の運動量をもつ. もし,この運動量の測定の不確定さが,運動量の測定値の 1.0×10^{-7} だけの割合であるとして,野球の球の位置の不確定さを計算せよ.

解 (a) 電子の位置の不確定さは,

$$\Delta x = 0.01 \times 5.29 \times 10^{-11} \text{ m} = 5.29 \times 10^{-13} \text{ m}$$

式(11・12)より,

$$\Delta p = \frac{h}{4\pi \Delta x} = \frac{6.626 \times 10^{-34} \text{ J s}}{4\pi (5.29 \times 10^{-13} \text{ m})}$$
$$= 9.97 \times 10^{-23} \text{ kg m s}^{-1}$$

$\Delta p = m_e \Delta v$ より,速さの不確定さは,

$$\Delta v = \frac{9.97 \times 10^{-23} \text{ kg m s}^{-1}}{9.1094 \times 10^{-31} \text{ kg}} = 1.1 \times 10^8 \text{ m s}^{-1}$$

電子の速さの不確定さは光速 (3×10^8 m s^{-1}) の大きさと同程度であることがわかる. この不確定さの程度では,現実的には電子の速さについて何の情報も得られない.

(b) 野球の球の位置の不確定さは,

$$\Delta x = \frac{h}{4\pi \Delta p} = \frac{6.626 \times 10^{-34} \text{ J s}}{4\pi \times 1 \times 10^{-7} \times 6.7 \text{ kg m s}^{-1}}$$
$$= 7.9 \times 10^{-29} \text{ m}$$

これはあまりに小さいので,まったく影響ない.

コメント 不確定性原理は,巨視的な物体の世界では無視できるが,電子のような小さな質量の物体に対しては非常に大切になる. この問題では,不確定さの最小値を求めるため,式(11・12)において ≥ でなく = の方を用いた.

最後に,ハイゼンベルクの不確定性原理はつぎのようにエネルギーと時間の項を用いても書き表せることを見ておこう. なぜなら,

$$\text{運動量} = \text{質量} \times \text{速さ}$$
$$= \text{質量} \times \frac{\text{速さ}}{\text{時間}} \times \text{時間}$$
$$= \text{力} \times \text{時間}$$

したがって,

$$\text{運動量} \times \text{距離} = \text{力} \times \text{距離} \times \text{時間}$$
$$= \text{エネルギー} \times \text{時間}$$

または

$$\Delta x \Delta p = \Delta E \Delta t$$

ここで,ΔE は系がある状態にあるときのエネルギーの不確定さ,Δt は系がその状態にある時間である. 式(11・12)は,

$$\Delta E \Delta t > \frac{h}{4\pi} \qquad (11 \cdot 13)$$

と書くこともできる. したがって,ある有限の時間で,完全に正確に粒子の(運動)エネルギーを測定する ($\Delta E = 0$ とする) ことはできない. 式(11・13)はスペクトル線の幅を見積もるのにも部分的にだが役に立つ(§14・1を参照). 量子力学の言葉では,位置と運動量は互いに共役であると言い,エネルギーと時間についても同様である. この点については,第14章でもう一度考察する.

11・7 シュレーディンガー波動方程式

ボーアの水素原子の理論は,量子論の前期における一つの成果だった. しかしながら,すぐに不適当な部分が見つかった. というのは,より複雑な原子(ヘリウムなど)の発光スペクトルや,磁場中での原子のふるまいを説明できなかったからだ. さらに,電子が原子核の周りのある決まった軌道を回っているというのは不確定性原理と矛盾する. 微視的な系に対する一般的な方程式が必要とされ,それは巨視的な物体に対するニュートンの運動方程式と矛盾しないものでなくてはならない. 1926年,オーストリアの物理学者,Erwin Schrödinger (1887〜1961) は,その必要とされる方程式を考え出した.

一次元(たとえば x 方向)のときは,シュレーディンガー方程式は,

$$-\frac{h^2}{8\pi^2 m} \frac{d^2\psi}{dx^2} + V\psi = E\psi \qquad (11 \cdot 14)$$

で与えられる. ここで,V はポテンシャルエネルギー,E は系の全エネルギーで,h はおなじみのプランク定数である. 粒子としての特性は質量 m で代表され,波としての特性は波動関数 ψ で代表される. 式(11・14)は時間 t を含まないので,**時間に依存しないシュレーディンガー方程式** (time-independent Schrödinger equation) とよばれる. 式(11・14)から得られる波動関数は**定常状態の波動関数** (stationary-state wave function) とよばれるが,それは時間によって変わらないからである*. 古典力学では,全エネルギー (E) は運動エネルギー (T) とポテンシャルエ

---

* より一般的なシュレーディンガー方程式は時間に依存する項を含み,たとえば分光学的な遷移を研究するときなどに応用される. しかしながら,化学者が興味をもつ問題の多くは,時間に依存しないシュレーディンガー方程式を用いて記述できる.

ネルギー（V）の和で与えられる．

$$T+V = E \tag{11・15}$$

式(11・14)と式(11・15)とのおもな違いは，前者においては T が運動エネルギー演算子（付録1参照）

$$-\frac{h^2}{8\pi^2 m}\frac{\mathrm{d}^2}{\mathrm{d}x^2}$$

で置き換えられている点である．シュレーディンガー波動方程式は，ニュートンの運動方程式と同じく，根源的な原理から導き出されうるものではなく，古典力学や光学との類似から推論して得られたということを覚えておこう．

さて，ψ をどのように解釈すればよいのだろうか[*1]．数学的な波動関数は，それ自身はまったく物理的な意味をもたない．事実，それは複素関数，すなわち虚数単位 $i=\sqrt{-1}$ を含むかもしれない．しかし，ドイツの物理学者 Max Born (1882～1970) は 1926 年に，たとえば一次元の系ならば，その粒子を x～$x+\mathrm{d}x$ の間に見いだす確率は $\psi^2(x)\mathrm{d}x$ で与えられると提案した[*2]．積 $\psi^2(x)$ は確率密度として解釈される．前に，光の強度は波の振幅の二乗に比例すると述べた．類推すると，ψ が粒子の波としての特性を表しているのなら，粒子が空間のある位置に存在する確率密度はその位置の ψ^2 で与えられるだろう．

式(11・14)をいろいろな系に適用するとき，ψ が波動関数として"適格にふるまう"ための条件は，

1. ψ は各点でただ一つの値をもつ．
2. ψ はどの点でも有限の値である．
3. ψ はその座標に対して滑らかで連続的な関数であり，それを座標で一階微分したものも連続的でなくてはならない．

条件1は，空間のある点に粒子を見いだす確率はただ一つしかないということを意味する．条件2が必要なのは，シュレーディンガー方程式の数学的な解はある点で無限に発散してしまうものもあり，そういうものは物理的に不適切であるからである．シュレーディンガー方程式は二階の微分方程式なので，条件3は $\mathrm{d}^2\psi/\mathrm{d}x^2$ が定義できるために必要であり，ψ と $\mathrm{d}\psi/\mathrm{d}x$ が連続的でなくてはならないこと

を意味する．図 11・16 には，波動関数として不適切な例をあげた．

シュレーディンガー方程式は，物理学に，波動力学あるいは量子力学という，新しい時代の始まりを切り開いた．

11・8 一次元の箱の中の粒子

シュレーディンガー方程式によって，ある特に簡単な問題，一次元の箱の中の粒子の問題を解くことができる．この問題はモデルとして，化学や生物学的に興味のもたれる現実問題にも応用することができる．

長さ L の一次元の箱の中に質量 m の粒子が閉じ込められているとしよう．真っすぐな1本の針金に沿って粒子が運動するところを想像すればよい．簡単のため，箱の中（針金の上）ではポテンシャルエネルギーは0であるとしよう．つまり $V=0$ で，運動エネルギーしかもたないのである．箱の両端はポテンシャルが無限大の壁になっていて，粒子を壁（$x=0$ と $x=L$）や箱の外に見つける確率はまったくない（図 11・17）．すると，式(11・14)は，

$$-\frac{h^2}{8\pi^2 m}\frac{\mathrm{d}^2\psi}{\mathrm{d}x^2} = E\psi \tag{11・16}$$

と書ける．知りたいのは粒子の E や ψ の値である．式(11・16)は波動関数 ψ は x に関して二階微分すると（定数倍を除いて）元の関数に戻ることを意味している．このような関数の例としては，三角関数や指数関数などが知られている．試しに解として，ψ を

$$\psi = A\sin kx + B\cos kx \tag{11・17}$$

としてみよう．ここで，A, B, k は定数である．これは二階微分のシュレーディンガー方程式の一般解である．さらに先に進み，この場合の解を求めるには**境界条件**（boundary condition）を用いて，定数を決めなくてはならない．箱の両端で粒子を見いだす確率は0なので，$\psi(0)$ と $\psi(L)$ は0である．$x=0$ では $\sin 0 = 0$，$\cos 0 = 1$ なので，B は0でなくてはならない．結局，式(11・17)は，

$$\psi = A\sin kx \tag{11・18}$$

となり，さらに ψ を x で微分することにより，

$$\frac{\mathrm{d}\psi}{\mathrm{d}x} = kA\cos kx$$

$$\frac{\mathrm{d}^2\psi}{\mathrm{d}x^2} = -k^2 A\sin kx = -k^2\psi \tag{11・19}$$

式(11・16)と式(11・19)を比べて，

$$k^2 = \frac{8\pi^2 mE}{h^2}$$

[*1] 一般的には，ψ は x, y, z の関数である．
[*2] 厳密に言えば，この確率は $\psi^*(x)\psi(x)\mathrm{d}x$ で与えられる．ここで，$\psi^*(x)$ は $\psi(x)$ の**複素共役**（complex conjugate）である．複素共役とは $\psi(x)$ の中の i をすべて $-i$ に置き換えることで得られる．たとえば，$\psi(x)$ が $a+ib$ で与えられる複素関数であるならば，$\psi^*(x)=a-ib$ であり，$\psi^*(x)\psi(x)=(a-ib)(a+ib)=a^2+b^2$ である．したがって，$\psi^*(x)\psi(x)$ は常に正で実数である．もし，$\psi(x)$ が実関数であれば（i を含まなければ），$\psi^*(x)$ は $\psi(x)$ と同じである．

11・8 一次元の箱の中の粒子

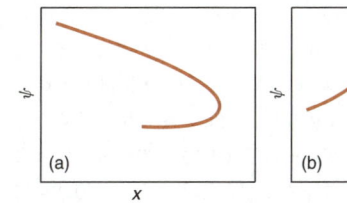

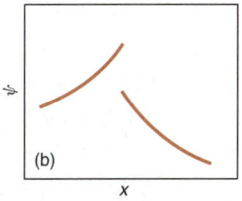

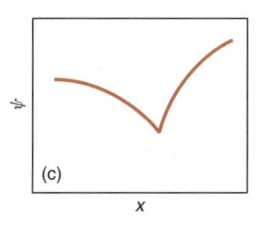

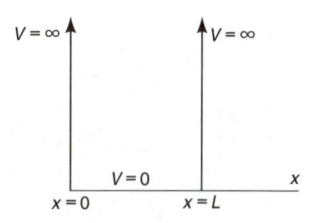

図 11・16 波動関数として不適切な例．(a) 波動関数が 1 価関数でない．(b) 波動関数が連続的でない．(c) 波動関数の勾配 $d\psi/dx$ が不連続である．

図 11・17 無限大のポテンシャル障壁をもつ一次元の箱

または

$$k = \left(\frac{8\pi^2 mE}{h^2}\right)^{1/2} \quad (11 \cdot 20)$$

を得る．式(11・20)を式(11・18)に代入して，

$$\psi = A\sin\left(\frac{8\pi^2 mE}{h^2}\right)^{1/2}x \quad (11 \cdot 21)$$

数学的には，A はいかなる値でもよく，式(11・21)を満たす解は無限にある．しかし，物理学的には ψ はつぎの境界条件を満たさなくてはならない．

$$x = 0 \text{ のとき，} \quad \psi = 0$$

かつ

$$x = L \text{ のとき，} \quad \psi = 0$$

2番目の条件を式(11・21)に適用すると，

$$0 = A\sin\left(\frac{8\pi^2 mE}{h^2}\right)^{1/2}L$$

$A = 0$ は物理的に意味がないから，一般的に[*1]，

$$\left(\frac{8\pi^2 mE}{h^2}\right)^{1/2}L = n\pi \quad \text{ここで } n = 1, 2, 3, \cdots$$

を得る．それは，

$$\sin\pi = \sin 2\pi = \sin 3\pi = \cdots = 0$$

だからである．結果的に，

$$E_n = \frac{n^2 h^2}{8mL^2} \quad (11 \cdot 22)$$

にたどり着く．ここで，E_n は n 番目のエネルギー準位である．式(11・22)を式(11・21)に代入することで，

$$\psi_n = A\sin\frac{n\pi}{L}x \quad (11 \cdot 23)$$

となる．

つぎの段階は A を決めることである．これには，粒子は箱の中にとどまっており，$x = 0$ から $x = L$ の間に粒子を見いだす確率の総和は1になるべきである，ということを考えればよい．そこで，**規格化**（normalization）とよばれる操作を行う．

$$\int_0^L \psi^2 dx = 1 \quad (11 \cdot 24)$$

ここで，$\psi^2 dx$ は $x \sim x + dx$ の間に粒子を見いだす確率を与える．ψ に実際に代入して

$$A^2 \int_0^L \sin^2\frac{n\pi}{L}x \, dx = 1$$

を得る．上の定積分を計算すると[*2]，

$$A^2 \frac{L}{2} = 1$$

または，

$$A = \sqrt{\frac{2}{L}}$$

となる．最終的に，規格化された波動関数は，

$$\psi_n = \sqrt{\frac{2}{L}}\sin\frac{n\pi}{L}x \quad (11 \cdot 25)$$

となる[*3]．許されたエネルギー準位について ψ と ψ^2 をプロットしたものを図 11・18 に示す．

このモデルから得られるいくつかの重要な結論は，

1. 粒子の（運動）エネルギーは式(11・22)によって量子化されている．

[*1] $n = 0$ は除いた．なぜなら $(8\pi^2 mE/h^2)^{1/2} = 0$ という結果になってしまい，式(11・21)からすべての x の値で $\psi = 0$ になってしまうからである．これは，箱の中のどこでも，粒子を見いだす確率が0であることを意味し，物理的におかしい．

[*2] この定積分は，以下の関係を使えばよい：
$$\int \sin^2 ax \, dx = \frac{x}{2} - \frac{\sin 2ax}{4a}$$

[*3] $\sqrt{2/L}$ という値は，規格化定数とよばれる．

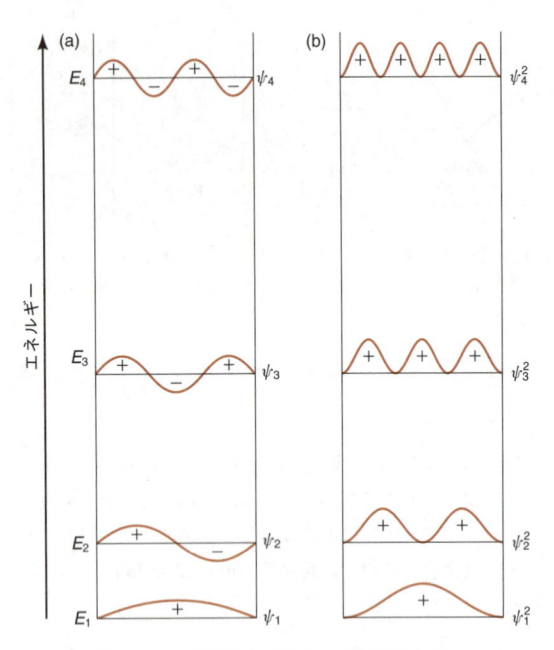

図 11·18 無限大のポテンシャル障壁をもつ一次元の箱の，エネルギー準位の低い方から順に四つめまでのプロット．(a) ψ，(b) ψ^2

2. 最も低いエネルギー準位は 0 でなく，$h^2/8mL^2$ である．この**ゼロ点エネルギー**（zero-point energy）はハイゼンベルクの不確定性原理によって説明される．もし，粒子が 0 の運動エネルギーをもつことができたら，その速さも 0 となってしまい，結果的にその運動量に不確定さが無くなってしまう．すると式 (11·12) により，Δx が無限大になってしまう．しかし，もし箱の大きさが有限であれば，粒子の位置を決める際の不確定さは L を超えることはできない．したがって，0 のエネルギーはハイゼンベルクの不確定性原理に抵触する．ゼロ点エネルギーは，その最も低いエネルギー準位が 0 ではなく，粒子は決して止まらないことを意味するということを覚えておこう．

3. n の値によって，粒子の波としてのふるまいは，式 (11·25) によって記述されるが，確率は常に正の値をとる ψ_n^2 により与えられる（事実，この波動関数は，図 11·14 で示した弦を振動させたときの定常波の組と同じように見える）．$n=1$ では，確率が最大となるのは，$x=L/2$ であり，$n=2$ では最大値は $x=L/4$ と $x=3L/4$ で起こり，確率は $x=L/2$ では 0 である．ψ（ゆえに ψ^2 も）が 0 である点を節という．一般的には，節の数が増えるほどエネルギーも増える．古典力学では，粒子を見つける確率はその運動エネルギーにかかわらず，箱の中ではどこでも同じである．

4. 式 (11·22) によると，系のエネルギーは粒子の質量に反比例する．巨視的な物体では，m は非常に大きく，隣り合うエネルギー準位の差は非常に小さくなる．これは，系のエネルギーが事実上連続的になっていることを意味する．エネルギーが L^2 に反比例していることも，もし分子を巨視的な次元の箱に閉じ込めたとしたら，そのエネルギーは量子化されているというよりもむしろ連続的になることを意味する．この結果には，第 2 章の気体の並進運動エネルギーの誘導の際にすでに出会っている．まとめると，巨視的な大きさの系を取扱うときには，量子力学的な効果は消えてしまい，古典力学的なふるまいをすると思えばよい．

例題 11·6

電子は 0.10 nm（原子の大きさほど）の一次元の箱に入っている．(a) $n=2$ と $n=1$ の状態の電子のエネルギーの差を計算せよ．(b) 10 cm の容器に入っている N_2 分子について，(a) と同じ計算をせよ．(c) (a) のとき，$n=1$ の状態で，$x=0$ と $x=L/2$ の間に電子を見いだす確率を計算せよ．

解 (a) 式 (11·22) より，$n=1$ と $n=2$ の状態のエネルギー差 ΔE は，

$$\Delta E = E_2 - E_1$$
$$= \frac{2^2 h^2}{8mL^2} - \frac{1^2 h^2}{8mL^2}$$
$$= \frac{(4-1)(6.626 \times 10^{-34} \text{J s})^2}{8(9.109 \times 10^{-31} \text{kg})[(0.10 \text{ nm})(1 \times 10^{-9} \text{m/1 nm})]^2}$$
$$= 1.8 \times 10^{-17} \text{J}$$

このエネルギー差は水素原子の $n=1$ と $n=2$ の状態の間のエネルギー差の大きさとほぼ同程度である（式 11·7 を参照）．

(b) N_2 分子の質量は 4.65×10^{-26} kg であり，

$$\Delta E = E_2 - E_1$$
$$= \frac{(4-1)(6.626 \times 10^{-34} \text{J s})^2}{8(4.65 \times 10^{-26} \text{kg})[(10 \text{ cm})(1 \times 10^{-2} \text{m/1 cm})]^2}$$
$$= 3.5 \times 10^{-40} \text{J}$$

このエネルギー差は (a) のときより 23 桁も小さく，N_2 分子の並進エネルギーは連続的であるとみなせる．この結果は，先に述べた，分子が巨視的な系に閉じ込められているとき，その並進運動は古典力学に支配されることに対応する．

(c) 電子が $x=0$ と $x=L/2$ の間に見いだされる確率 (P) は，

$$P = \int_0^{L/2} \psi^2 \, dx$$

式 (11·25) の規格化された波動関数を用い，$n=1$ として，

$$P = \frac{2}{L}\int_0^{L/2} \sin^2\frac{\pi}{L}x\,dx$$
$$= \frac{2}{L}\left[\frac{x}{2} - \frac{\sin 2(\pi/L)x}{4(\pi/L)}\right]_0^{L/2} = \frac{1}{2}$$

これは古典力学的にも量子力学的にも，意外な結果ではない．

この一次元の箱の中の粒子の問題は，微視的な粒子が**束縛状態**（bound state）にある，すなわちその運動がポテンシャル障壁によって制限されるとき，そのエネルギー値は量子化されることを示している．これは，原子中の電子とちょうど同じである．実は，モデルとして三次元の箱の中に入った粒子を取扱うことにより，いくつかの原子の性質を予想できる．たとえば，水素原子中の電子のエネルギーは量子化されている．さらに言うと，電子は三つの量子数（一つの次元に一つ）をもつ．このことや関連した系については，後でふれる．

ポリエンの電子スペクトル

一次元の箱の中の粒子の一つの応用として，ポリエンの電子スペクトルの解析がある．ポリエンは光合成や視覚（第15章参照）を担う共役π電子系（C－CとC＝Cが交互になっている）として重要である．最も単純なポリエンであるブタジエン

$$H_2C=CH-CH=CH_2$$

は四つのπ電子をもっている．他のすべてのポリエンと同様，ブタジエンは形が直線ではないが，π電子は分子に沿って一次元の箱の中の粒子のように動くと仮定しよう．分子鎖に沿ってポテンシャルエネルギーは一定だが，端で鋭く上がる．したがって，π電子のエネルギーは量子化される．この仮定は**自由電子モデル**（free electron model）とよばれ，これによりエネルギー準位の差が計算できたり，電子遷移の波長が予測できたりする．

図11・19にブタジエンのπ電子のエネルギー準位を示す．パウリの排他原理（§11・11参照）により，各エネルギー準位に電子は二つまで入ることができ，互いにスピ

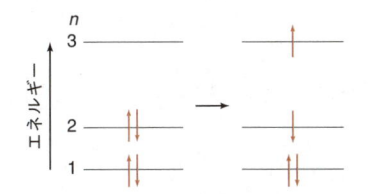

図11・19 ブタジエンのπ電子のエネルギー準位．示した電子の遷移は，電子の入った最も高いエネルギー準位から電子の入っていない最も低いエネルギー準位へ遷移するもの

ンは反対向きである．興味のある電子遷移は，電子が入っている最もエネルギーの高い準位から電子が入っていない最もエネルギーの低い準位への遷移であり（なぜなら通常実験的によく測定されるからである），すなわちここでは$n=2$から$n=3$への遷移である．式(11・22)を用いて，このような遷移の波長を求める一般的な式を，つぎのようにして得ることができる．炭素原子の数をNとすると，電子で満たされたエネルギー準位の数は$N/2$である．この$N/2$という数は，電子で満たされている最もエネルギーの高い準位の量子数でもある．よって，$N/2$の準位から$(N/2)+1$の準位への遷移のエネルギー差は，

$$\begin{aligned}\Delta E &= \frac{[(N/2)+1]^2 h^2}{8m_e L^2} - \frac{(N/2)^2 h^2}{8m_e L^2}\\ &= \left[\left(\frac{N}{2}+1\right)^2 - \left(\frac{N}{2}\right)^2\right]\frac{h^2}{8m_e L^2}\\ &= (N+1)\frac{h^2}{8m_e L^2}\end{aligned} \quad (11\cdot26)$$

$c=\lambda\nu$と$\Delta E=h\nu$の関係を使って，遷移の波長が以下のように求められる．

$$\lambda = \frac{hc}{\Delta E} = \frac{8m_e L^2 c}{h(N+1)} \quad (11\cdot27)$$

ブタジエンでは，$N=4$である．分子の長さLを計算するために，結合長としてC－C結合1.54 Å (154 pm)，C＝C結合1.35 Å (135 pm)，さらに両端の長さはC原子の半径（0.77 Å, 77 pm）に等しいとすると，分子の長さは$(2\times 135\,\text{pm})+154\,\text{pm}+(2\times 77\,\text{pm})=578\,\text{pm}$，すなわち$5.78\times 10^{-10}$ mとして，

$$\lambda = \frac{8(9.1094\times 10^{-31}\,\text{kg})(5.78\times 10^{-10}\,\text{m})^2(3.00\times 10^8\,\text{m s}^{-1})}{(6.626\times 10^{-34}\,\text{J s})(4+1)}$$
$$= 2.20\times 10^{-7}\,\text{m} = 220\,\text{nm}$$

実験的に測定される波長は217 nmである．粗いモデルにしてはよい一致であろう．

11・9 量子力学的トンネル効果

もしも，一次元の箱の粒子の周りのポテンシャルの壁が無限に高くはなかったとき，何が起こるであろうか．粒子の運動エネルギーがポテンシャル障壁のエネルギー以上であれば，粒子は逃げ出してしまうだろう．しかしながら，もっと驚くべきは，粒子の運動エネルギーがポテンシャル障壁のてっぺんに届くには十分でなくても，箱の外に粒子を見いだすことがあるという事実である．この現象は，**量子力学的トンネル効果**（quantum mechanical tunneling）として知られ，古典力学では類を見ない．これは，粒子に波の性質がある結果として起こる．量子力学的トンネル効

図 11・20 (a) 有限なポテンシャル障壁をトンネル効果で通り抜ける様子．粒子は左から右へ動く．入射した波のほとんどは後ろへ反射する．波のごく一部分が障壁を通り抜け，振幅が弱まって反対側に現れる．(b) 有限のポテンシャル障壁に閉じ込められた一次元の箱の中の粒子について ψ^2 をプロットしたもの．曲線が箱の外まで広がっていることに注目しよう．

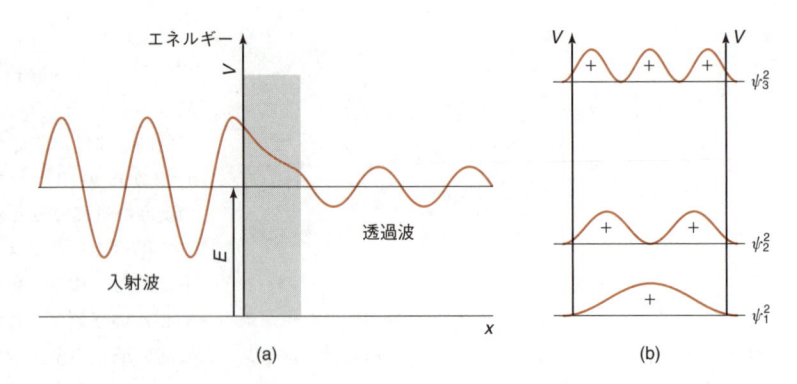

果は化学や生物学[*1]にも深遠な結果を与える．

量子力学的トンネル効果という概念は，1928 年，ロシア生まれの米国の物理学者，George Gamow（1904〜1968）らによって，α粒子，すなわちヘリウムの原子核（He^{2+}）を放出しながら原子核が自発的に崩壊する過程（α壊変とよばれる）を説明するために導入された．たとえば，

$$^{238}_{92}U \longrightarrow {}^{234}_{90}Th + \alpha \qquad t_{1/2} = 4.51 \times 10^9 \text{ yr}$$

物理学者が直面したジレンマは以下のようだった．^{238}U の崩壊に対して，測定されたα粒子の（運動）エネルギーは約 4 MeV であった[*2]．一方，クーロン力によるポテンシャル障壁は 250 MeV 程度である．（α粒子が原子核の中心にあるところを想像しよう．他の陽子に囲まれているので，一次元の箱の中に閉じ込められた粒子のようにふるまう．ポテンシャル障壁は他に存在する陽子による電気的な反発による．障壁の高さは原子核の半径と原子番号から計算できる．）すると，どうやってα粒子は障壁を乗り越え，原子核から離れるのかという疑問が自然にわいてくる．Gamow はα粒子は量子力学の対象となる物体なので，波のようにふるまい，図 11・20 に示したポテンシャル障壁を通り抜けることができるのではないか，と提案した．その説明は，後に正しいことがわかった．一般的に，有限のポテンシャル障壁に対しては，常に粒子を箱の外に見いだす確率はいくらかある．

粒子が障壁を通り抜ける確率（P）は以下の量に比例している[*3]．

$$P = \exp\left[-\frac{4\pi a}{h}\{2m(V-E)\}^{1/2}\right] \qquad V > E \qquad (11\cdot28)$$

ここで，exp は指数関数，V はポテンシャル障壁，E は粒子のエネルギー，a は障壁の厚さである．V が無限大または a が無限大でなければ，P はとても小さい値ではあるが有限となり，常に粒子が箱から逃げ出す確率は存在する．これはまさに，非常に長い半減期をもつ ^{238}U のα崩壊の場合に当てはまる．物理的には，P の値が非常に小さいということは，α粒子は原子核から離れるまでに何回も何回も障壁に衝突しなくてはならないことを意味する．式(11・28)より，量子力学的トンネル効果は，(もちろん V や a の値によるが) 電子や陽子，水素原子といった軽い（m が小さい）粒子で起こりやすい．

化学反応におけるエネルギー変化は普通，反応物の分子が活性化エネルギー障壁を越えるのに十分なエネルギーを獲得し，生成物へ至る，というように描かれる（図 9・14 参照）．しかしながら，いくつかの場合では（たとえばある種の電子交換反応），十分なエネルギーがないときでさ

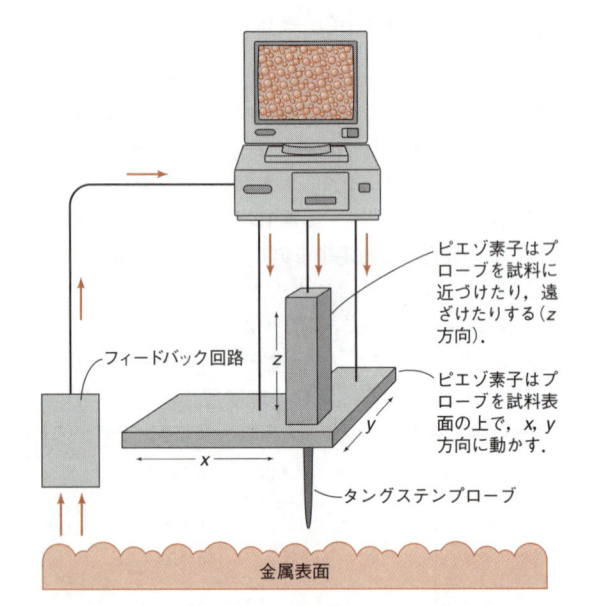

図 11・21 走査型トンネル顕微鏡（STM）．トンネル電流はプローブと試料の間に小さな電圧をかけると流れる．この電圧を供給するフィードバック回路は電流を感知し，ピエゾ素子（z 方向に動かす）上の電圧を変え，プローブと試料（金属表面）の間の距離を一定に保つようにする．金属表面上のプローブを x, y 方向に動かす電圧はコンピューターから供給される．

[*1] W. T. Scott, *J. Chem. Educ.*, **48**, 524(1971) に量子力学的トンネル効果に関する面白いイラストが載っている．
[*2] 原子核の物理学や化学では，エネルギーの単位として eV や MeV（1×10^6 eV）を用いる．ここで，1 eV=1.602×10^{-19} J である．
[*3] 誘導は，F. L. Pilar, "Elementary Quantum Chemistry," 2nd Ed., McGraw-Hill, New York(1990)を参照．

えも反応が進む．こういった結果は量子力学的トンネル効果に由来するものである．

量子力学的トンネル効果の実用的応用例として，図11・21に示した走査型トンネル顕微鏡（scanning tunneling microscope, STM）がある．STMには，非常に先のとがったタングステン金属の針があり，これがトンネル電子の源となる．電子が空間を通り抜け，試料に移動するように，針と試料の表面の間に電圧がかけられている．針が試料の表面を動くとき，表面から原子の直径の数倍程度の距離であると，トンネル電流が観測される．この電流は，針が試料から離れると減っていく．フィードバック回路を用いることによって，針先の鉛直位置は表面からの距離が一定になるように調節される．試料を調べたときのこの調節のされ方を記録することで，カラーではないが，試料表面の三次元画像が得られる．STMは化学，生物，材料科学の研究において最も有効な手段の一つである．DNAのような大きな生体分子は平滑な表面上に分子を載せて画像化されている．

11・10　水素原子のシュレーディンガー方程式

以上で，電子一つと陽子一つから成る，最も簡単な原子である水素原子を学ぶ準備ができた．これは，三次元の問題であるので，電子の波動関数 ψ は x, y, z に依存するだろう[*1]．シュレーディンガー波動方程式は以下で与えられる．

$$\frac{\partial^2 \psi}{\partial x^2} + \frac{\partial^2 \psi}{\partial y^2} + \frac{\partial^2 \psi}{\partial z^2} + \frac{8\pi^2 m_e}{h^2}(E-V)\psi = 0 \quad (11\cdot29)$$

ポテンシャルエネルギー（V）は電子と原子核の間のクーロン力による相互作用で，$-e^2/4\pi\varepsilon_0 r$ で与えられ，ここで r は電子と原子核の距離，ε_0 は真空の誘電率である．この引力は球対称性（r だけに依存する）をもつので，式 (11・29) は**極座標**（spherical polar coordinate）で考えると解くのに便利である．さらに言うと，この方法は結果をより解釈しやすくしてくれる．デカルト座標と極座標の関係を図11・22に示した．この変換を用いると，式 (11・29) は以下のように書き直すことができる．

$$\frac{\partial^2 \psi}{\partial r^2} + \frac{2}{r}\frac{\partial \psi}{\partial r} + \frac{1}{r^2 \sin\theta}\frac{\partial[\sin\theta(\partial\psi/\partial\theta)]}{\partial \theta}$$
$$+ \frac{1}{r^2 \sin^2\theta}\frac{\partial^2 \psi}{\partial \phi^2} + \frac{8\pi^2 m_e}{h^2}\left(E + \frac{e^2}{4\pi\varepsilon_0 r}\right)\psi = 0 \quad (11\cdot30)$$

幸運にも，この見た目に複雑な方程式はすでに解かれているので，ここではその結果を用いることにしよう．おもなポイントは波動関数が r, θ, ϕ の関数としてつぎのように

[*1] ψ は時間には依存しないと仮定する．

図 11・22　デカルト座標と極座標の関係．水素原子では，原子核が原点（$r=0$）で，電子は半径 r の球面上にある．

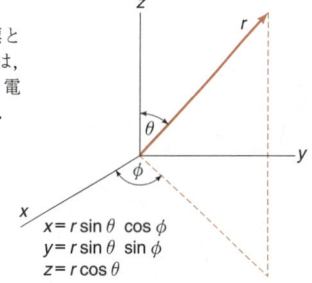

$x = r\sin\theta\cos\phi$
$y = r\sin\theta\sin\phi$
$z = r\cos\theta$

表されることである．

$$\Psi(r, \theta, \phi) = R(r)\Theta(\theta)\Phi(\phi) \quad (11\cdot31)$$

したがって，Ψ は互いに独立な波動関数である，**動径部分**（radial part），$R(r)$ と**角度部分**（angular part），$\Theta(\theta)\Phi(\phi)$ との積で書かれる．

式 (11・30) の解は，以下に示す性質をもつ n, l, m_l の三つの量子数によって規定される[*2]．**主量子数**（principal quantum number），n は波動関数の広がりと電子のエネルギーを決める．**方位量子数**〔azimuthal quantum number，または**軌道角運動量子数**（angular momentum quantum number）〕，l は波動関数の形を決める．最後に，**磁気量子数**（magnetic quantum number），m_l は空間における波動関数の方向を決める．これらの量子数によって，どのように水素原子の電子が記述されるのかを，すぐ後で見ていくことにする．

ある与えられた n に対して（ここで $n = 1, 2, \cdots$），l は n 個の値 $l = 0, 1, 2, \cdots, n-1$ をとりうる．与えられた l に対して，m_l は $(2l+1)$ 個の値 $m_l = 0, \pm1, \pm2, \cdots, \pm l$ をとりうる．よって，もし $n=3$ だったら，

$$l = 0, 1, 2$$
$$l = 0 \quad m_l = 0$$
$$l = 1 \quad m_l = 0, \pm1$$
$$l = 2 \quad m_l = 0, \pm1, \pm2$$

一つの電子の波動関数は，**軌道関数**または**オービタル**（orbital）とよばれる．ボーアの理論では原子核の周りに電子の軌道（orbit）がある．量子力学で電子の位置を議論するときには，その軌道でなく，波動関数つまりオービタル ψ によって考える[*3]．

同じ n をもつすべての軌道は，それぞれ原子の**電子殻**

[*2] 式 (11・30) の解の詳細な議論については，p.4 にあげた標準的な物理化学の教科書を参照せよ．

[*3] 訳注：オービタル ψ（正確には ψ^2）は，電子の存在確率密度分布を与えるものなので，ここで述べたように，ある決まった位置を運動するという意味での"軌道"ではない．しかし，慣習的にオービタルも"軌道"と言うことが多く，以下では"軌道"とよんでしまうことにする．

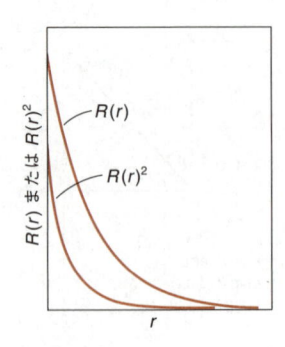

図 11・23 水素原子の 1s 軌道の $R(r)$ と $R(r)^2$ を r に対してプロットしたもの

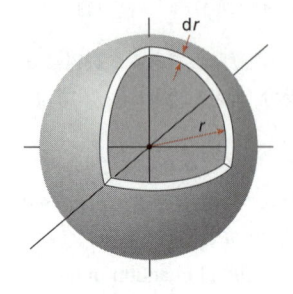

図 11・24 動径分布関数は，原子核から距離 r 離れた，厚さ dr の球殻の中に電子を見いだす確率を与える．殻の体積は r^2 に比例し，$r=0$（原子核）では 0 である．

表 11・2 $n=1,2,3$ における水素原子の波動関数

n	l	m_l	$R(r)$[1]	$\Theta(\theta)$	$\Phi(\phi)$[2]
1	0	0	$\dfrac{2}{\sqrt{a_0^3}} e^{-\rho}$	$\dfrac{1}{\sqrt{2}}$	$\dfrac{1}{\sqrt{2\pi}}$
2	0	0	$\dfrac{1}{\sqrt{2a_0^3}}\left(1-\dfrac{\rho}{2}\right)e^{-\rho/2}$	$\dfrac{1}{\sqrt{2}}$	$\dfrac{1}{\sqrt{2\pi}}$
2	1	0	$\dfrac{1}{\sqrt{24a_0^3}}\rho\, e^{-\rho/2}$	$\sqrt{\dfrac{3}{4}}\cos\theta$	$\dfrac{1}{\sqrt{2\pi}}$
2	1	±1	$\dfrac{1}{\sqrt{24a_0^3}}\rho\, e^{-\rho/2}$	$\sqrt{\dfrac{3}{4}}\sin\theta$	$\dfrac{1}{\sqrt{2\pi}}e^{\pm i\phi}$
3	0	0	$\dfrac{2}{\sqrt{27a_0^3}}\left(1-\dfrac{2}{3}\rho+\dfrac{2}{27}\rho^2\right)e^{-\rho/3}$	$\dfrac{1}{\sqrt{2}}$	$\dfrac{1}{\sqrt{2\pi}}$
3	1	0	$\dfrac{8}{27\sqrt{6a_0^3}}\rho\left(1-\dfrac{\rho}{6}\right)e^{-\rho/3}$	$\sqrt{\dfrac{3}{4}}\cos\theta$	$\dfrac{1}{\sqrt{2\pi}}$
3	1	±1	$\dfrac{8}{27\sqrt{6a_0^3}}\rho\left(1-\dfrac{\rho}{6}\right)e^{-\rho/3}$	$\sqrt{\dfrac{3}{4}}\sin\theta$	$\dfrac{1}{\sqrt{2\pi}}e^{\pm i\phi}$
3	2	0	$\dfrac{4}{81\sqrt{30a_0^3}}\rho^2\, e^{-\rho/3}$	$\sqrt{\dfrac{5}{8}}(3\cos^2\theta-1)$	$\dfrac{1}{\sqrt{2\pi}}$
3	2	±1	$\dfrac{4}{81\sqrt{30a_0^3}}\rho^2\, e^{-\rho/3}$	$\dfrac{\sqrt{15}}{2}\sin\theta\cos\theta$	$\dfrac{1}{\sqrt{2\pi}}e^{\pm i\phi}$
3	2	±2	$\dfrac{4}{81\sqrt{30a_0^3}}\rho^2\, e^{-\rho/3}$	$\dfrac{\sqrt{15}}{4}\sin^2\theta$	$\dfrac{1}{\sqrt{2\pi}}e^{\pm 2i\phi}$

[1] $\rho=r/a_0$ で，a_0 はボーア半径である． [2] i は虚数単位で，$\sqrt{-1}$ を表す．

（electron shell）を構成する．この殻は記号で，

$$n=1\quad 2\quad 3\quad 4\cdots$$
$$K\quad L\quad M\quad N\cdots$$

と表される．n の値が同じでも l の値が違う軌道は，その殻の**副殻**（subshell）を形成する．これらの副殻は一般的に，つぎのような s, p, d, … の記号で表される．

l	0	1	2	3	4	5
副殻の名称	s	p	d	f	g	h

よって，もし $n=2$ で $l=1$ であれば，その副殻は 2p とよばれ，その三つの軌道は（それぞれ $m_l=+1, 0, -1$ に対応）どれも 2p 軌道とよばれる．s, p, d, f といったあまりなじみのない文字の順序は，歴史的な起源による．原子の発光スペクトルを研究していた物理学者は，観測されたスペクトル線を，遷移にかかわる特定のエネルギー準位と関係づけようとした．線のいくつかは鋭く（sharp），いくつかは広がっており（diffuse），いくつかは強い（principal）線であった．結果的にそれぞれの特徴を表す頭文字をそのエネルギー状態に帰属した．しかし，f（fundamental）以降の文字で始まる軌道はアルファベット順である．

水素原子の電子のエネルギーは

$$E_n=-hcR_\infty\left(\dfrac{1}{n^2}\right)\qquad n=1,2,3,\cdots$$

で与えられ，式(11・5)に等しい．

原 子 軌 道

表 11・2 に $n=1,2,3$ の動径部分と角度部分の波動関数を示した．まず Ψ の動径部分を見てみよう．図 11・23 は水素原子の 1s 軌道について $R(r)$，$R(r)^2$ の r 依存性を示している．$R(r)^2\, dr$ は原子核から $r\sim r+dr$ の間の距離のある方向に電子を見いだす確率である．より有益な関数は，$r\sim r+dr$ の間のすべての方向に電子を見いだす確率の総和を与えてくれるものである．この計算のために，半径が $r\sim r+dr$ の二つの同心球を考える（図11・24）．二つの球の間の体積は $4\pi r^2\, dr^*$ であるから，この球殻の中に電子を見いだす確率は $4\pi r^2 R(r)^2\, dr$ である．$r^2 R(r)^2$ という関数は**動径分布関数**（radial distribution function）とよばれる．

* この関数は半径 r と半径 $r+dr$ の球の体積の差をとることによって求まる．これは $(4\pi/3)(r+dr)^3-(4\pi/3)r^3$ で，$(dr)^2$ や $(dr)^3$ の項を無視すればよい．

11・10 水素原子のシュレーディンガー方程式

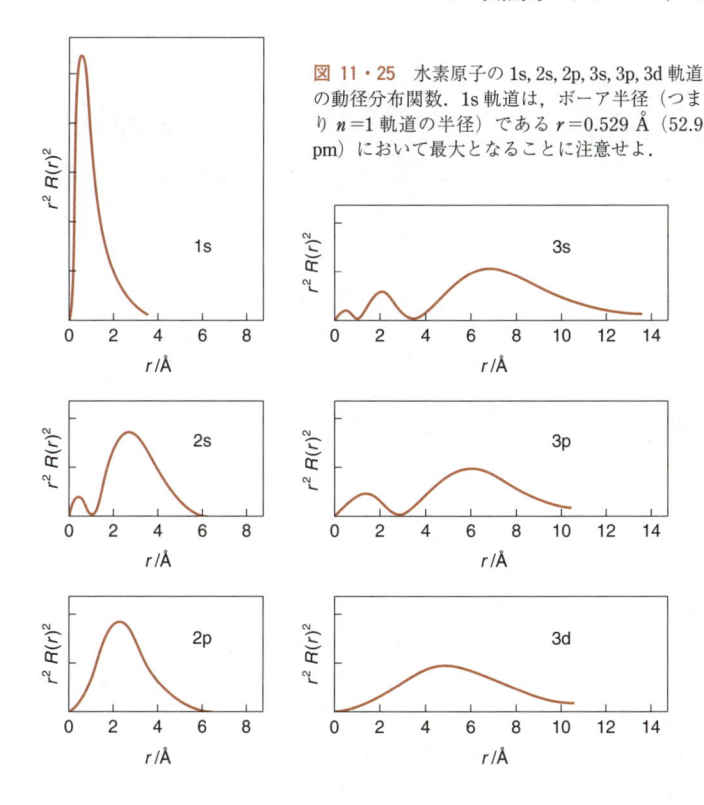

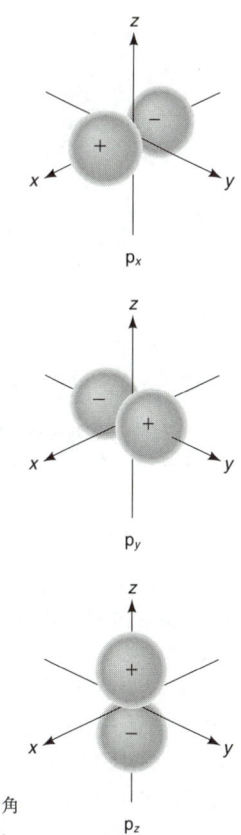

図 11・25 水素原子の 1s, 2s, 2p, 3s, 3p, 3d 軌道の動径分布関数．1s 軌道は，ボーア半径（つまり $n=1$ 軌道の半径）である $r=0.529$ Å（52.9 pm）において最大となることに注意せよ．

図 11・26 $l=1$ の水素原子の波動関数の角度部分のプロット．これらは p 軌道である．

図 11・25 に 1s, 2s, 2p, 3s, 3p, 3d 軌道の動径分布関数を示した．興味深いのは，1s 軌道では $r=0.529$ Å（52.9 pm）[*1] で最大となることで，**ボーア半径**（Bohr radius）とよばれる．これらのプロットからわかることは，どの軌道の電子もある決められた位置に存在するのではないということで，したがって電子の存在確率を記述するのに**電子密度**（electron density）とか**電子雲**（electron cloud）といった言葉を用いる方が便利である．数学的には，r が無限大に近づくときその確率は消えてしまう．しかしながら物理的には，比較的小さい距離（数 Å）における軌道しか考える必要がない．なぜならば，r が増加するにつれて急速にこの関数は減るからである．2s 軌道は二つの最大値をもつ．この場合，球殻のどこかに節をもった二つの同心球を考えることができる．p 軌道や d 軌道の動径分布関数は形がより複雑だが，同様の方法で解釈できる．

軌道の形は波動関数の角度部分によって決まり，表 11・2 に示されている．s 軌道は定数項だけであり，したがって球対称である．一方で，p 軌道は θ や ϕ に依存し，球対称性をもたない．図 11・26 は，x, y, z 軸に沿った三つのp 軌道の境界表面を示したものである．それぞれの軌道は亜鈴（ダンベル）形をした二つの隣接した領域から成っている．さらに言うと，波動関数は片方の領域では正で，もう一方の領域では負であり，間に節面がある．この面では波動関数は 0 であり，原子核を含む．これらの三つの軌道はその方向を除いてはまったく等価である．三つの軌道はどれも同じエネルギー準位にあり，これを**縮退**または**縮重**（degeneracy）しているという．波動関数の符号はそれ自身では物理的な意味はなく，意味がある量は電子を見いだす確率である（波動関数を二乗して得られ，常に正の値である）．しかしながら，符号は，たとえば化学結合の生成などにおける，軌道同士の相互作用を考えるときに役に立つ．図 11・27 に五つの d 軌道を示した[*2]．これらの軌道も空間における方向を除いては等価である．

式(11・31)による完全な波動関数の値は，動径部分と角度部分の積によって与えられる．軌道の広がりは前者によって，軌道の形は後者によって決められる．軌道はたとえば，図 11・28 のようないくつかの方法で表現される．境界表面を示す方法は実用的で単純であるが，もちろん情

[*1] オングストローム（Å）単位は分光学や結合長でよく使われる．

[*2] d_{z^2} 軌道は空間的に異なるように見えるが，他の四つの軌道と等価である．

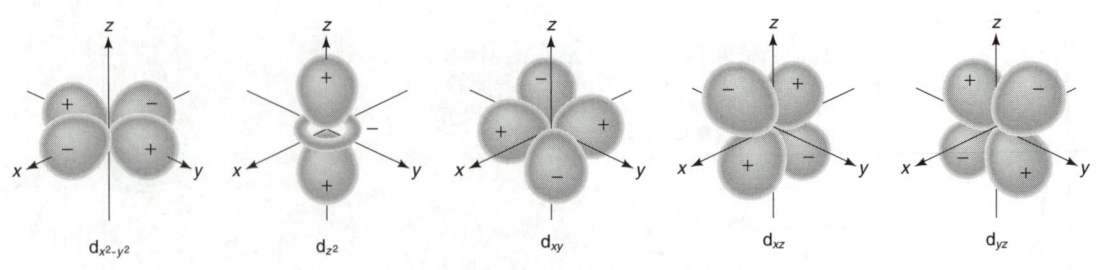

図 11・27 *l* ＝2 の水素原子の波動関数の角度部分のプロット．これらは d 軌道である．

図 11・28 水素原子の 1s 軌道の表現．(a) 電子雲，(b) 等高線（数値は相対的な電荷密度を表している），(c) 境界表面

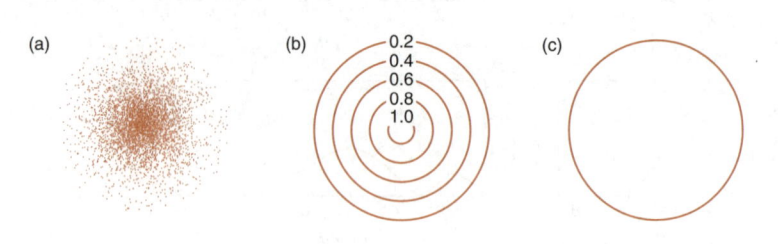

報量は少ない．等高線や電子密度で表現する方法は，より詳しい情報を提供するが，描くのに時間がかかってしまう．

水素原子のシュレーディンガー方程式の解は，電子に対して三つの量子数を与える．しかしながら，実は電子はそれに関連した四つめの量子数をもつ．各電子は自分自身を軸として時計回りか反時計回りのどちらかの向きで自転している（図 11・29）．（電荷を帯びた粒子の回転運動は磁場を生み出すので，各電子は小さな磁石のようにふるまう．）量子力学では，電子は $\frac{1}{2}$ のスピン，*S* をもち，スピン量子数は $m_s = \pm\frac{1}{2}$ であると言う．m_s の値は，電子の磁気双極子モーメント，言うならば磁石の N 極，S 極の位置を示すベクトルの方向を決める．したがって，m_s は空間における軌道の方向を決める m_l に似ている．

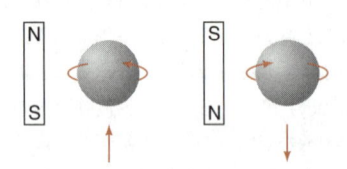

図 11・29 電子の二つのスピン運動．↑や↓の矢印はスピンの方向を記述するために一般的に用いられる記号である．スピン運動により生み出される磁場は，それぞれの二つの棒磁石と等しい．

11・11 多電子原子と周期表

水素のつぎに単純な原子はヘリウムである．ヘリウムは二つの電子と原子核（二つの陽子を含む）から成るので，これは三体問題である．ポテンシャルエネルギー，*V* は，

$$V(r) = -\frac{2e^2}{4\pi\varepsilon_0 r_1} - \frac{2e^2}{4\pi\varepsilon_0 r_2} + \frac{e^2}{4\pi\varepsilon_0 r_{12}} \quad (11\cdot32)$$

ここで，r_1 と r_2 は原子核からの二つの電子の距離で，r_{12} は二つの電子間の距離である．電子間の反発項（r_{12} を含む項）のため，水素原子のような二体問題のようには，ヘリウムに対するシュレーディンガー方程式の厳密解は得られない．

ヘリウムや他の多電子原子*に対するシュレーディンガー方程式を解くには近似が必要である．この問題に対する普通のアプローチは **SCF 法**（self-consistent field method）とよばれる．*N* 個の電子をもつ原子を考える．まず，一つの電子を除いて，他の電子の波動関数をそれぞれ予想する．たとえば，2, 3, 4, …, *N* 番目の電子の波動関数 $\psi_2, \psi_3, \psi_4, …, \psi_N$ を予想する．電子 1 は，原子核と $\psi_2, \psi_3, \psi_4, …, \psi_N$ の軌道の電子によりつくられるポテンシャルの下で運動しているとして，電子 1 のシュレーディンガー方程式を解くことができる．電子 1 と残りの電子の間の反発は，空間のそれぞれの点における平均電子密度の合計から計算できる．この手順により求められた電子 1 の波動関数を ψ_1' とよぶことにする．つぎに，電子 2 は原子核と $\psi_1', \psi_3, \psi_4, …, \psi_N$ の軌道の電子によりつくられるポテンシャルの下で運動しているとして，先と同じように電子 2 について計算を行う．この手順により電子 2 に対する新しい波動関数 ψ_2' が得られる．残りの電子に対してもこの手順を繰返して，すべての電子に対する新しい波動関数の $\psi_1', \psi_2', \psi_3', …, \psi_N'$ を得る．以上のことを新しい波動関数の組が前の組と一致するまで，必要なだけ何回も繰返す．こうして，**つじつまのあう場**（self-consistent field，自己無撞着場ともいう）が達成されると，これ以上の計算は必要ない．図 11・30 にこの手順を要約した．高速コンピューターの出現により，複雑な原子の軌道やエネルギーを正確に計算できるようになった．その結果によると，多電子原子の軌道

---

* 量子力学で "多" というのは二つ以上のことである．

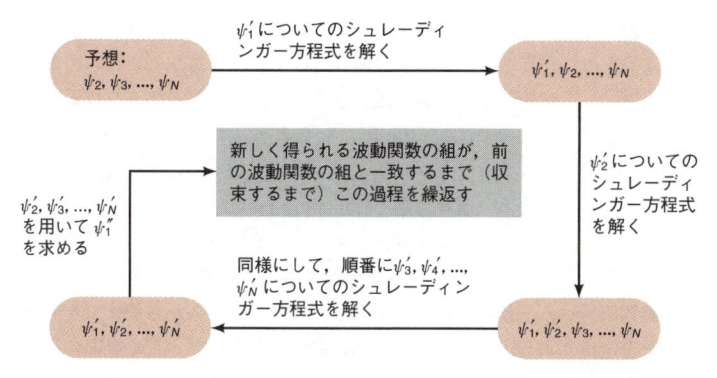

図 11・30 多電子原子の波動関数を得るための SCF 法の手順

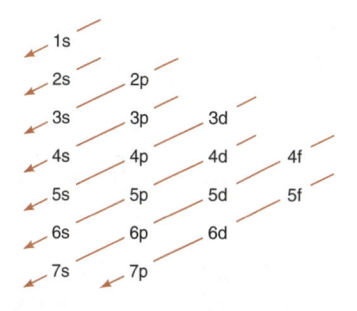

図 11・31 多電子原子において電子が入っていくエネルギー準位の順番

は定性的には水素原子の軌道と似ており，よって水素原子の軌道を記述するのに用いられたのと同じ量子数を用いて記述できる．

電子配置

水素原子や水素原子様のイオンに対しては，電子のエネルギーは主量子数 n だけによる（式 11・5 を参照）．したがって，その軌道をエネルギーが増える順番（安定性が減る順番）に並べ替えると，つぎのようになる．

$$1s < 2s = 2p < 3s = 3p = 3d < 4s = 4p = 4d < \cdots$$

しかしながら，多電子原子に対しては，電子のエネルギーは n と l の両方に依存し，エネルギーの増える順番に，

$$1s < 2s < 2p < 3s < 3p < 4s \\ < 3d < 4p < 5s < 4d < \cdots$$

となる．図 11・31 に多電子原子において，副殻に電子が入っていく順番を示した．水素原子と多電子原子の違いは，定性的にはつぎのように説明できる．2s と 2p 軌道を考えたとき，図 11・25 より，最も電子の存在確率の高い位置は 2s より 2p の方が原子核に近いが，実は原子核近くの電子密度は 2s の方が大きい．言い換えると，s 電子は p 電子より深く原子の中心に貫入している．したがって，2s 電子は 2p 電子を原子核から遮へいするが，その効果は 2p 電子が 2s 電子を遮へいする効果より大きい．結果的に，2p 電子のエネルギーは 2s 電子よりも高い．なぜなら 2s 電子が，2p 電子に対する原子核の引力をいくぶんか遮へいしているからである．一般的に，同じ n の値では，貫入する能力は以下の順で減る．

$$s > p > d > f > \cdots$$

それぞれの電子は，遮へいの結果，原子番号とは異なった有効な原子核の電荷を感じることになり，それゆえ，有効な原子番号 Z_{eff} をもつと考えることができる．

$$Z_{\text{eff}} = Z - \sigma \tag{11・33}$$

ここで，Z はその原子の原子番号で，σ は遮へい定数とよばれる．たとえば，炭素原子 ($Z=6$) では，1s 電子に対する有効な原子番号は 5.7，2s 電子では 3.2，2p 電子では 3.1 である．水素原子や水素原子様のイオンでは，たった一つの電子しかもっていないので，遮へいは起こらない．

水素原子において電子が最もエネルギーの低い準位にあるとき，それは基底状態であり，その電子配置を $(1s)^1$ と書き，1s 軌道に電子が一つ入っていることを意味する．電子の四つの量子数 (n, l, m_l, m_s) は $(1, 0, 0, +\frac{1}{2})$ か $(1, 0, 0, -\frac{1}{2})$ のどちらでもよい．磁場が存在しなければ，$m_s = +\frac{1}{2}, -\frac{1}{2}$ のどちらでも電子のエネルギーは同じである．ヘリウムは電子を二つもっているので，その基底状態の電子配置は $(1s)^2$ である．ヘリウム原子は反磁性なので，この二つの電子はスピンが反対向きでなければならず，正味生じる磁場は 0 である．したがって，一つの電子は $m_s = +\frac{1}{2}$，もう一つは $m_s = -\frac{1}{2}$ でなくてはならない．一方，他の三つの量子数は同じである．この結果は，オーストリアの物理学者，Wolfgang Pauli (1900～1958) にちなんで，**パウリの排他原理** (Pauli exclusion principle) としてまとめられ，"原子（や分子）において，二つの電子が四つの量子数すべてについて同一の値をもつことはできない"，というものである*．パウリの排他原理によれば，リチウム原子の三つめの電子は 2s 軌道に入るしかなく，リチウムの電子配置は $(1s)^2(2s)^1$ である．

原子の最も外側の殻に入っている電子は**価電子** (valence electron) とよばれ，原子がつくる化学結合において大きな役割を果たす．水素は 1s 軌道に一つ価電子をもっており，リチウムは 2s 軌道に一つ価電子をもっている．

このように電子をエネルギー準位の低い軌道から順に入

---

* パウリの排他原理の別の表現の仕方は，電子の全波動関数（空間部分とスピン部分から成る）が，どの二つの電子を交換しても，符号が反転するということである．

れていくと，周期表の第2周期の炭素原子〔$(1s)^2(2s)^2(2p)^2$〕まで行ったとき，三つのp軌道に二つの価電子を入れることになり，三つの異なった選択肢に直面する．

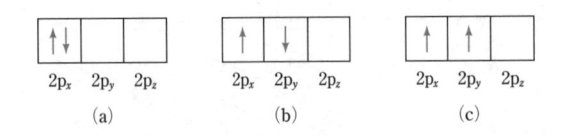

↑↓				↑	↓			↑		↑
$2p_x$	$2p_y$	$2p_z$		$2p_x$	$2p_y$	$2p_z$		$2p_x$	$2p_y$	$2p_z$
(a)				(b)				(c)		

各正方形は軌道を示す．どの三つの配置もパウリの排他原理に反してはいないので，どの配置が最も炭素原子を安定化させるのかを決定しなくてはならない．その答えは**フントの規則**〔Hund's rule，ドイツの物理学者，Friedrich Hund (1896~1997) にちなむ〕により与えられ，"二つ以上の電子がいくつかの縮退した準位に入るとき，最も安定な配置は平行なスピンが最も多い配置"である．ゆえに，(c)が最も安定な配置となる．フントの規則を物理的に解釈すると，"パウリの排他原理は原子中の二つの平行なスピンの電子が互いに近づくことを禁ずるものであり，二つの電子を違う軌道に配置すれば，それらの間の静電的な反発が少なくなり，したがってより安定になる"ということである．実際に，炭素原子の基底状態は，二つの不対電子をもつため，**常磁性**（paramagnetic）を示すことを実験的に確かめることができる．

このような元素の電子配置を書くための段階的な手順は**構成原理**（Aufbau principle）とよばれる*．元素を組立てるために陽子を一つ原子核に加えるとき，電子も同じように原子軌道に加えていく．表11・3にH（$Z=1$）からDs（$Z=110$）までの元素の基底状態の電子配置を示した．水素とヘリウムを除いたすべての元素の電子配置は**希ガスの核**（noble gas core）を用いて示され，最も近いその前の希ガス元素を〔〕で挟み，最外殻の最高被占副殻を表すために，その希ガスのあと電子が入っていく副殻の記号を続けて書く．この最外殻最高被占副殻電子配置は，ナトリウム（$Z=11$）からアルゴン（$Z=18$）までと，その前のリチウム（$Z=3$）からネオン（$Z=10$）までとでよく似ている．

多電子原子では3dの副殻の前に，4sの副殻に電子が入る．よって，カリウム（$Z=19$）の電子配置は $(1s)^2(2s)^2(2p)^6(3s)^2(3p)^6(4s)^1$ である．$(1s)^2(2s)^2(2p)^6(3s)^2(3p)^6$ はアルゴンの電子配置なので，カリウムの電子配置は $[Ar](4s)^1$ と略記できる（[Ar]は"アルゴン核"を示す）．同様に，カルシウム（$Z=20$）の電子配置は $[Ar](4s)^2$ と書ける．カリウムにおいて最外殻電子が4s軌道（3d軌道でなく）に入ることは，実験的な証拠からも支持されている．これから述べる比較もこの配置が正しいことを裏付ける．カリウムの化学的性質はリチウムやナトリウムといった

---

* "Aufbau"はドイツ語で"構成する"を意味する．

はじめの二つのアルカリ金属と非常に似ている．リチウムやナトリウムは共に最外殻はs軌道であり（これらの電子配置には特にあいまいさはない），したがってカリウムの最後の電子は3dよりむしろ4sに入っていると予測できる．

スカンジウム（$Z=21$）から銅（$Z=29$）までは遷移金属である．**遷移金属**（transition metal）は，不完全にしか満たされていないd殻をもつか，不完全にしか満たされていないd殻をもつカチオンを容易に生ずる元素のことである．最初の遷移金属の組，スカンジウムから銅までを考えよう．この組では，3d軌道の電子はフントの規則に従って入っている．しかしながら，二つの例外がある．クロム（$Z=24$）の電子配置は $[Ar](4s)^1(3d)^5$ であって，予測される $[Ar](4s)^2(3d)^4$ ではない．この種の例外は銅にも見られ，電子配置は $[Ar](4s)^2(3d)^9$ でなく $[Ar](4s)^1(3d)^{10}$ である．これらの例外が生じる原因は，副殻がちょうど半分〔$(3d)^5$〕または完全〔$(3d)^{10}$〕に満たされていると，わずかながらより安定化するからである．フントの規則によれば，クロムの軌道は

Cr [Ar] | ↑ |　| ↑ | ↑ | ↑ | ↑ | ↑ |
　　　　$(4s)^1$　　　　$(3d)^5$

であり，d電子が別々の軌道に入ることで，静電的な反発は小さくなる．よって，クロムは全部で六つの不対電子をもつ．銅の軌道は

Cu [Ar] | ↑ |　| ↑↓ | ↑↓ | ↑↓ | ↑↓ | ↑↓ |
　　　　$(4s)^1$　　　　$(3d)^{10}$

である．この配置の定性的な説明は以下のようである．同じ副殻に入っている電子のエネルギーは等しいが，その空間的な分布は異なり，結果として互いを遮へいする効果は相対的に小さくなる．よって，真の原子核の電荷が増えるにつれて有効な原子核の電荷も増えるので，完全に満たされた副殻〔(d^{10})〕は高い安定性をもつ．

Zn（$Z=30$）からKr（$Z=36$）までは，4sと4pの副殻が普通の順番で埋まっていく．ルビジウム（$Z=37$）で，電子は $n=5$ の準位に入り始める．2番目の遷移金属の組〔イットリウム（$Z=39$）から銀（$Z=47$）まで〕もまた例外があるが，ここでは詳しくは述べないことにしよう．

周期表の第6周期はセシウム（$Z=55$）とバリウム（$Z=56$）で始まり，それぞれの電子配置は $[Xe](6s)^1$ と $[Xe](6s)^2$ である．つぎには，ランタン（$Z=57$）が来る．5dと4f軌道のエネルギーは非常に近く，事実，ランタンにおいて4fは5dよりもわずかにエネルギーが高い．よって，ランタンの電子配置は $[Xe](6s)^2(5d)^1$ であって，$[Xe](6s)^2(4f)^1$ ではない．ランタンに続く，14個の元素〔セリウム（$Z=58$）からルテチウム（$Z=71$）まで〕は**ランタノイド**（lanthanoids）や**希土類**（rare earth series）として

11·11 多電子原子と周期表

表 11·3 元素の基底状態の電子配置[†]

原子番号	元素記号	電子配置	原子番号	元素記号	電子配置	原子番号	元素記号	電子配置
1	H	$(1s)^1$	38	Sr	$[Kr](5s)^2$	75	Re	$[Xe](6s)^2(4f)^{14}(5d)^5$
2	He	$(1s)^2$	39	Y	$[Kr](5s)^2(4d)^1$	76	Os	$[Xe](6s)^2(4f)^{14}(5d)^6$
3	Li	$[He](2s)^1$	40	Zr	$[Kr](5s)^2(4d)^2$	77	Ir	$[Xe](6s)^2(4f)^{14}(5d)^7$
4	Be	$[He](2s)^2$	41	Nb	$[Kr](5s)^1(4d)^4$	78	Pt	$[Xe](6s)^1(4f)^{14}(5d)^9$
5	B	$[He](2s)^2(2p)^1$	42	Mo	$[Kr](5s)^1(4d)^5$	79	Au	$[Xe](6s)^1(4f)^{14}(5d)^{10}$
6	C	$[He](2s)^2(2p)^2$	43	Tc	$[Kr](5s)^2(4d)^5$	80	Hg	$[Xe](6s)^2(4f)^{14}(5d)^{10}$
7	N	$[He](2s)^2(2p)^3$	44	Ru	$[Kr](5s)^1(4d)^7$	81	Tl	$[Xe](6s)^2(4f)^{14}(5d)^{10}(6p)^1$
8	O	$[He](2s)^2(2p)^4$	45	Rh	$[Kr](5s)^1(4d)^8$	82	Pb	$[Xe](6s)^2(4f)^{14}(5d)^{10}(6p)^2$
9	F	$[He](2s)^2(2p)^5$	46	Pd	$[Kr](4d)^{10}$	83	Bi	$[Xe](6s)^2(4f)^{14}(5d)^{10}(6p)^3$
10	Ne	$[He](2s)^2(2p)^6$	47	Ag	$[Kr](5s)^1(4d)^{10}$	84	Po	$[Xe](6s)^2(4f)^{14}(5d)^{10}(6p)^4$
11	Na	$[Ne](3s)^1$	48	Cd	$[Kr](5s)^2(4d)^{10}$	85	At	$[Xe](6s)^2(4f)^{14}(5d)^{10}(6p)^5$
12	Mg	$[Ne](3s)^2$	49	In	$[Kr](5s)^2(4d)^{10}(5p)^1$	86	Rn	$[Xe](6s)^2(4f)^{14}(5d)^{10}(6p)^6$
13	Al	$[Ne](3s)^2(3p)^1$	50	Sn	$[Kr](5s)^2(4d)^{10}(5p)^2$	87	Fr	$[Rn](7s)^1$
14	Si	$[Ne](3s)^2(3p)^2$	51	Sb	$[Kr](5s)^2(4d)^{10}(5p)^3$	88	Ra	$[Rn](7s)^2$
15	P	$[Ne](3s)^2(3p)^3$	52	Te	$[Kr](5s)^2(4d)^{10}(5p)^4$	89	Ac	$[Rn](7s)^2(6d)^1$
16	S	$[Ne](3s)^2(3p)^4$	53	I	$[Kr](5s)^2(4d)^{10}(5p)^5$	90	Th	$[Rn](7s)^2(6d)^2$
17	Cl	$[Ne](3s)^2(3p)^5$	54	Xe	$[Kr](5s)^2(4d)^{10}(5p)^6$	91	Pa	$[Rn](7s)^2(5f)^2(6d)^1$
18	Ar	$[Ne](3s)^2(3p)^6$	55	Cs	$[Xe](6s)^1$	92	U	$[Rn](7s)^2(5f)^3(6d)^1$
19	K	$[Ar](4s)^1$	56	Ba	$[Xe](6s)^2$	93	Np	$[Rn](7s)^2(5f)^4(6d)^1$
20	Ca	$[Ar](4s)^2$	57	La	$[Xe](6s)^2(5d)^1$	94	Pu	$[Rn](7s)^2(5f)^6$
21	Sc	$[Ar](4s)^2(3d)^1$	58	Ce	$[Xe](6s)^2(4f)^1(5d)^1$	95	Am	$[Rn](7s)^2(5f)^7$
22	Ti	$[Ar](4s)^2(3d)^2$	59	Pr	$[Xe](6s)^2(4f)^3$	96	Cm	$[Rn](7s)^2(5f)^7(6d)^1$
23	V	$[Ar](4s)^2(3d)^3$	60	Nd	$[Xe](6s)^2(4f)^4$	97	Bk	$[Rn](7s)^2(5f)^9$
24	Cr	$[Ar](4s)^1(3d)^5$	61	Pm	$[Xe](6s)^2(4f)^5$	98	Cf	$[Rn](7s)^2(5f)^{10}$
25	Mn	$[Ar](4s)^2(3d)^5$	62	Sm	$[Xe](6s)^2(4f)^6$	99	Es	$[Rn](7s)^2(5f)^{11}$
26	Fe	$[Ar](4s)^2(3d)^6$	63	Eu	$[Xe](6s)^2(4f)^7$	100	Fm	$[Rn](7s)^2(5f)^{12}$
27	Co	$[Ar](4s)^2(3d)^7$	64	Gd	$[Xe](6s)^2(4f)^7(5d)^1$	101	Md	$[Rn](7s)^2(5f)^{13}$
28	Ni	$[Ar](4s)^2(3d)^8$	65	Tb	$[Xe](6s)^2(4f)^9$	102	No	$[Rn](7s)^2(5f)^{14}$
29	Cu	$[Ar](4s)^1(3d)^{10}$	66	Dy	$[Xe](6s)^2(4f)^{10}$	103	Lr	$[Rn](7s)^2(5f)^{14}(6d)^1$
30	Zn	$[Ar](4s)^2(3d)^{10}$	67	Ho	$[Xe](6s)^2(4f)^{11}$	104	Rf	$[Rn](7s)^2(5f)^{14}(6d)^2$
31	Ga	$[Ar](4s)^2(3d)^{10}(4p)^1$	68	Er	$[Xe](6s)^2(4f)^{12}$	105	Db	$[Rn](7s)^2(5f)^{14}(6d)^3$
32	Ge	$[Ar](4s)^2(3d)^{10}(4p)^2$	69	Tm	$[Xe](6s)^2(4f)^{13}$	106	Sg	$[Rn](7s)^2(5f)^{14}(6d)^4$
33	As	$[Ar](4s)^2(3d)^{10}(4p)^3$	70	Yb	$[Xe](6s)^2(4f)^{14}$	107	Bh	$[Rn](7s)^2(5f)^{14}(6d)^5$
34	Se	$[Ar](4s)^2(3d)^{10}(4p)^4$	71	Lu	$[Xe](6s)^2(4f)^{14}(5d)^1$	108	Hs	$[Rn](7s)^2(5f)^{14}(6d)^6$
35	Br	$[Ar](4s)^2(3d)^{10}(4p)^5$	72	Hf	$[Xe](6s)^2(4f)^{14}(5d)^2$	109	Mt	$[Rn](7s)^2(5f)^{14}(6d)^7$
36	Kr	$[Ar](4s)^2(3d)^{10}(4p)^6$	73	Ta	$[Xe](6s)^2(4f)^{14}(5d)^3$	110	Ds	$[Rn](7s)^2(5f)^{14}(6d)^8$
37	Rb	$[Kr](5s)^1$	74	W	$[Xe](6s)^2(4f)^{14}(5d)^4$			

[†] [He] はヘリウム核とよばれ $(1s)^2$ を示す.[Ne] はネオン核とよばれ $(1s)^2(2s)^2(2p)^6$ を示す.[Ar] はアルゴン核とよばれ $[Ne](3s)^2(3p)^6$ を示す.[Kr] はクリプトン核とよばれ $[Ar](4s)^2(3d)^{10}(4p)^6$ を示す.[Xe] はキセノン核とよばれ $[Kr](5s)^2(4d)^{10}(5p)^6$ を示す.[Rn] はラドン核とよばれ $[Xe](6s)^2(4f)^{14}(5d)^{10}(6p)^6$ を示す.

知られている[*]. 希土類の金属は不完全にしか満たされていない 4f の副殻をもつか,不完全にしか満たされていない 4f の副殻をもつカチオンを容易に生じる.これらの系列では,電子は 4f 軌道に入っていくことになる.4f の副殻が完全に埋まると,つぎは電子はルテチウムの 5d の副殻に入り始める.ガドリニウム($Z=64$) の電子配置は $[Xe](6s)^2(4f)^8$ でなく,$[Xe](6s)^2(4f)^7(5d)^1$ であることに注意

[*] 訳注: IUPAC 命名法でのランタノイドの定義では,ランタンを含めた 15 元素の総称としている.**ランタニド** (lanthanide) の名称も許されている (1990 年規則).また,希土類はランタノイド元素にスカンジウムとイットリウムを加えた 17 元素を指すのが普通である.アクチノイド〔**アクチニド** (actinide)〕についても同様 (アクチニウムを含む).

しよう.クロムのように,ガドリニウムもちょうど半分副殻が埋まる〔$(4f)^7$〕ことで余分に安定化している.ランタンとハフニウム ($Z=72$) を含む金 ($Z=79$) までの 3 番目の遷移金属の組では,5d 軌道に電子が入っていく.つぎに 6s と 6p の副殻が埋まっていって,ラドン ($Z=86$) になる.つぎの元素の系列は,**アクチノイド** (actinoids) で,トリウム ($Z=90$) から始まり,5f の副殻が不完全にしか満たされていない.これらの元素の多くは天然には見つからず,人工的に合成される.

最後に,イオンについて電子配置を書く手順を考えよう.カチオンについては,まず原子から p 軌道の価電子を除き,s 軌道の価電子,そして必要な電荷になるまで (内殻の) d

電子を除く.たとえば,Mn の電子配置は [Ar](4s)²(3d)⁵ であるから,Mn²⁺ の電子配置は [Ar](3d)⁵ である.アニオンの電子配置は,つぎの希ガスの電子配置が達成されるまで原子に電子を加えていくことでつくられる.したがって,酸化物イオン(O^{2-})は,酸素の電子配置[He](2s)²(2p)⁴ に二つ電子を加えた,ネオンと同じ電子配置である[He](2s)²(2p)⁶ ということになる.

周期的性質の変化

電子配置の周期性の結果として,元素の化学的,物理的性質の周期性が生まれる.ここで,それらのいくつか,すなわち原子半径,イオン化エネルギー,電子親和力について考えよう.一般的な周期性としては,周期表の左から右へ行くと金属的性質が減り,同族で上から下へ行くと金属的性質が増す.これらの傾向は遷移元素には当てはまらない.遷移元素はすべて金属で似たような性質をもつ.

原子半径 原子は決まった大きさというものをもたない.数学的には,原子の波動関数は無限遠まで広がっている.したがって,何か適当な方法で原子の大きさを定義する必要がある.一つの方法は**共有結合半径**(covalent radius)を使うもので,分子における原子の原子核間の距離を測定し,それから原子の大きさを求めるものである.第2周期の元素を考えよう.Li から Ne まで原子番号が増えるにつれて,電子は 2s と 2p 軌道に加えられていく.同じ副殻の電子同士は互いにあまり遮へいできないので,有効な原子核の電荷,Z_{eff}(有効核電荷とよぶことが多い)は増え,電子の広がり,したがって原子の大きさを縮めるこ

表 11・4 はじめから 20 番目までの元素のイオン化エネルギー〔kJ mol⁻¹〕

Z	元素	第1	第2	第3	第4	第5	第6
1	H	1312					
2	He	2373	5251				
3	Li	520	7300	11 815			
4	Be	899	1757	14 850	21 005		
5	B	801	2430	3660	25 000	32 820	
6	C	1086	2350	4620	6220	38 000	47 300
7	N	1400	2860	4580	7500	9400	53 000
8	O	1314	3390	5300	7470	11 000	13 000
9	F	1680	3370	6050	8400	11 000	15 200
10	Ne	2080	3950	6120	9370	12 200	15 000
11	Na	495.9	4560	6900	9540	13 400	16 600
12	Mg	738.1	1450	7730	10 500	13 600	18 000
13	Al	577.9	1820	2750	11 600	14 800	18 400
14	Si	786.3	1580	3230	4360	16 000	20 000
15	P	1012	1904	2910	4960	6240	21 000
16	S	999.5	2250	3360	4660	6990	8500
17	Cl	1251	2297	3820	5160	6540	9300
18	Ar	1521	2666	3900	5770	7240	8800
19	K	418.7	3052	4410	5900	8000	9600
20	Ca	589.5	1145	4900	6500	8100	11 000

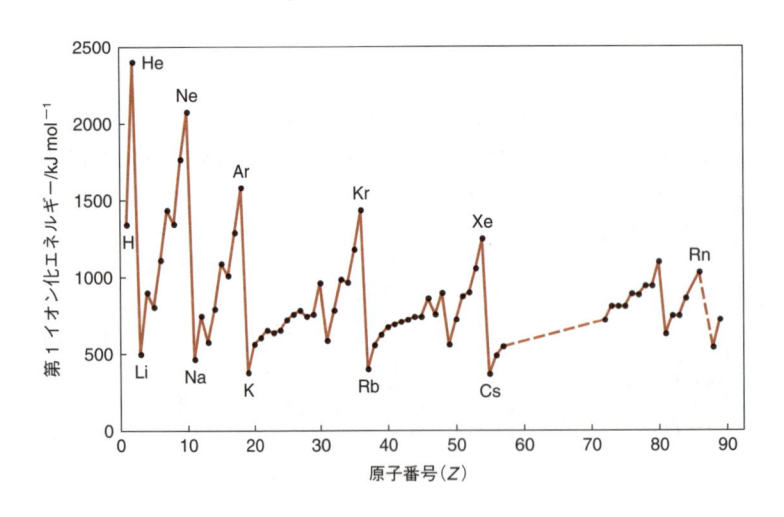

図 11・32 原子番号に対して第1イオン化エネルギーをプロットしたもの

とになる．また，同じ族では，原子番号が増えるほど原子半径は大きくなる．たとえば，アルカリ金属では，最外殻電子はns軌道に入っているが，主量子数nが増えるほど，軌道の大きさも大きくなり，原子の大きさもLiからCsへと順に大きくなる．

イオン化エネルギー　イオン化エネルギー(ionization energy)は，基底状態の気体状原子から電子を取去るのに必要な最小のエネルギーのことである．

$$エネルギー + X(g) \longrightarrow X^+(g) + e^-$$

ここで，Xはある元素の原子を示す．この測定により，第1イオン化エネルギーが得られる．これは第2，第3イオン化エネルギーと続き，

$$エネルギー + X^+(g) \longrightarrow X^{2+}(g) + e^-$$
$$エネルギー + X^{2+}(g) \longrightarrow X^{3+}(g) + e^-$$

表11・4にはじめから20番までの元素のイオン化エネルギーを示し，図11・32に原子番号に対して第1イオン化エネルギーをプロットしたものを示した．これは，明らかに周期性を示している．有効核電荷は周期表の左から右へ行くと増えるので，最外殻の電子はより強く原子核に引き付けられ，イオン化エネルギーは大きくなる．また，同族では，下に行くと最外殻電子はつぎの殻になり，内側の電子に遮へいされ，より電子を取去りやすくなる[*1]．

電子親和力　電子親和力(electron affinity)は，気体状原子が電子を受け入れてアニオンになるときに放出されるエネルギーとして定義される[*2]．

$$X(g) + e^- \longrightarrow X^-(g)$$

イオン化エネルギーに比べて，電子親和力は測定するのが難しい．表11・5にいくつかの代表的な元素の電子親和力を示した．電子親和力がより正であれば，それだけその原子は電子を受け入れる傾向が大きいことになる．

表 11・5　いくつかの代表的な元素と希ガスの電子親和力[†]〔kJ mol^{-1}〕

1(1A)	2(2A)	13(3B)	14(4B)	15(5B)	16(6B)	17(7B)	18(0)
H 73							He <0
Li 60	Be ≤0	B 27	C 122	N 0	O 141	F 328	Ne <0
Na 53	Mg ≤0	Al 44	Si 134	P 72	S 200	Cl 349	Ar <0
K 48	Ca 2.4	Ga 29	Ge 118	As 77	Se 195	Br 325	Kr <0
Rb 47	Sr 4.7	In 29	Sn 121	Sb 101	Te 190	I 295	Xe <0
Cs 45	Ba 14	Tl 30	Pb 110	Bi 110	Po ?	At ?	Rn <0

[†] 希ガス，Be，Mgの電子親和力は実験的には決定されていないが，0に近いか負であると考えられている．

[*1] 訳注：また，原子核からの距離が大きくなることも取去りやすくなることの原因である．
[*2] もしこの反応が発熱であれば電子親和力は正となり，吸熱であれば負となる．

参 考 文 献

書籍

P. W. Atkins, "Quanta: A Handbook of Concepts," Oxford University Press, New York (1991).

R. P. Bell, "The Tunnel Effect in Chemistry," Chapman and Hall, London (1980).

W. H. Cropper, "The Quantum Physicists," Oxford University Press, Inc., New York (1970).

D. DeVault, "Quantum-Mechanical Tunneling in Biological Systems," 2nd Ed., Cambridge University Press, New York (1984).

G. Herzberg, "Atomic Spectra and Atomic Structure," Dover Publications, New York (1944).

R. M. Hochstrasser, "Behavior of Electrons in Atoms," W. A. Benjamin, Menlo Park, CA (1964).

M. Karplus, R. N. Porter, "Atoms and Molecules: An Introduction for Students of Physical Chemistry," W. A. Benjamin, New York (1970).

論 文

量子論:

R. Furth, 'The Limits of Measurement,' *Sci. Am.*, July (1950).

K. K. Darrow, 'The Quantum Theory,' *Sci. Am.*, March (1952).

E. Schrödinger, 'What Is Matter?' *Sci. Am.*, September (1953).

G. Gamow, 'The Principle of Uncertainty,' *Sci. Am.*, January (1958).

A. B. Garrett, 'The Bohr Atomic Model: Niels Bohr,' *J. Chem. Educ.*, **39**, 534 (1962).

A. B. Garrett, 'Quantum Theory: Max Planck,' *J. Chem. Educ.*, **40**, 262 (1963).

W. Laurita, 'Demonstration of the Uncertainty Principle,' *J. Chem. Educ.*, **45**, 461(1968).

N. D. Christoudouleas, 'Particles, Waves, and the Interpretation of Quantum Mechanics,' *J. Chem. Educ.*, **52**, 573(1975).

A. S. Goldhaber, M. M. Nieto, 'The Mass of the Photon,' *Sci. Am.*, May(1976).

T. W. Hänsch, A. L. Schawlow, G. W. Series, 'The Spectrum of Atomic Hydrogen,' *Sci. Am.*, March(1979).

B. L. Haendler, 'Centrifugal Force and the Bohr Model of the Hydrogen Atom,' *J. Chem. Educ.*, **58**, 719(1981).

F. Cactano, L. Lain, M. N. Sanchez Rayo, A. Torre, 'Does Quantum Mechanics Apply to One or Many Particles?' *J. Chem. Educ.*, **60**, 377(1983).

G. D. Peckham, 'Illustrating the Heisenberg Uncertainty Principle,' *J. Chem. Educ.*, **61**, 868(1984).

B. de Barros Neto, 'Dice Throwing as an Analogy for Teaching Quantum Mechanics,' *J. Chem. Educ.*, **61**, 1044 (1984).

L. S. Bartell, 'Perspectives on the Uncertainty Principle and Quantum Reality,' *J. Chem. Educ.*, **62**, 192(1985).

G. M. Muha, D. W. Muha, 'On Introducing the Uncertainty Principle,' *J. Chem. Educ.*, **63**, 525(1986).

F. Rioux, 'Exercises in Quantum Mechanics,' *J. Chem. Educ.*, **64**, 789(1987).

D. C. Cassidy, 'Heisenberg, Uncertainty, and the Quantum Revolution,' *Sci. Am.*, May(1992).

O. G. Ludwig, 'On a Relation Between the Heisenberg and de Broglie Principles,' *J. Chem. Educ.*, **70**, 28(1993).

B.-G. Englert, M. O. Scully, H. Walther, 'The Duality in Matter and Light,' *Sci. Am.*, December(1994).

G. A. Rechtsteiner, J. A. Ganske, 'Using Natural and Artificial Light Sources to Illustrate Quantum Mechanical Concepts,' *Chem. Educator*, **1998**, 3(4): S1430-4171(98)04230-7. Avail. URL: http://journals.springer-ny.com/chedr.

D. Kleppner, R. Jackiw, 'One Hundred Years of Quantum Physics,' *Science*, **289**, 893(2000).

一次元の箱の中の粒子：

K. M. Jinks, 'A Particle in a Chemical Box,' *J. Chem. Educ.*, **52**, 312(1975).

G. M. Muha, 'On the Momentum of a Particle in a Box,' *J. Chem. Educ.*, **63**, 761(1986).

P. G. Nelson, 'How Do Electrons Get Across Nodes?' *J. Chem. Educ.*, **67**, 643(1990).

G. L. Breneman, 'The Two-Dimensional Particle in a Box,' *J. Chem. Educ.*, **67**, 866(1990).

K. Volkamer, M. W. Lerom, 'More About the Particle-in-a Box System: The Confinement of Matter and the Wave-Particle Dualism,' *J. Chem. Educ.*, **69**, 100(1992).

量子力学的トンネル効果：

V. I. Goldanskii, 'Quantum Chemical Reactions in the Deep Cold,' *Sci. Am.*, February(1980).

G. Binnig, H. Rohrer, 'The Scanning Tunneling Microscope,' *Sci. Am.*, August(1985).

R. J. P. Williams, 'Electron Transfer in Biology,' *Molec. Phys.*, **68**, 1(1989).

D. Beratan, J. N. Onuchic, J. R. Winkler, H. B. Gray, 'Electron Tunneling Pathways in Proteins,' *Science*, **258**, 1740(1992).

原子の構造：

G. Gamow, 'The Exclusion Principle,' *Sci. Am.*, July(1959).

R. E. Powell, 'The Five Equivalent d Orbitals,' *J. Chem. Educ.*, **45**, 45(1968).

L. Pauling, V. McClure, 'Five Equivalent d Orbitals,' *J. Chem. Educ.*, **47**, 15(1970).

F. Rioux, 'The Stability of the Hydrogen Atom,' *J. Chem. Educ.*, **50**, 550(1973).

F. L. Pilar, '4s is Always Above 3d! or, How to tell the Orbitals from the Wavefunctions,' *J. Chem. Educ.*, **55**, 2 (1978).

D. Kleppner, M. G. Littman, M. L. Zimmerman, 'Highly Excited Atoms,' *Sci. Am.*, May(1981).

R. D. Allendoerfer, 'Teaching the Shapes of the Hydrogenlike and Hybrid Atomic Orbitals,' *J. Chem. Educ.*, **67**, 37(1990).

P. G. Nelson, 'Relative Energies of 3d and 4s Orbitals,' *Educ. in Chem.*, **29**, 84(1992).

L. G. Vanquickenborne, K. Pierloot, D. Devoghel, 'Transition Metals and the Aufbau Principle,' *J. Chem. Educ.*, **71**, 469(1994).

J. C. A. Boeyens, 'Understanding Electron Spin,' *J. Chem. Educ.*, **72**, 412(1995).

M. Melrose, E. R. Scerri, 'Why the 4s is occupied Before the 3d,' *J. Chem. Educ.*, **74**, 498(1996).

周期表の傾向：

J. Mason, 'Periodic Contractions Among the Elements: or, On Being the Right Size,' *J. Chem. Educ.*, **65**, 17(1988).

R. T. Meyers, 'The Periodicity of Electron Affinity,' *J. Chem. Educ.*, **67**, 307(1990).

N. C. Pyper, M. Berry, 'Ionization Energies Revisited,' *Educ. Chem.*, **27**,135(1990).

J. C. Wheeler, 'Electron Affinities of the Alkaline Earth Metals and the Sign Convention for Electron Affinity,' *J. Chem. Educ.*, **74**, 123(1997).

E. R. Scerri, 'The Evolution of the Periodic System,' *Sci. Am.*, September(1998).

問題

量子論

11・1 波長 500 nm の光量子(光子)のエネルギーを計算せよ.

11・2 亜鉛の金属表面から電子を飛び出させるのに必要な光の振動数のしきい(閾)値は,8.54×10^{14} Hz である.金属から電子を飛び出させるのに必要なエネルギーの最小値を計算せよ.

11・3 水素原子の $n=2$ と $n=3$ のボーア軌道のエネルギーを計算せよ.

11・4 水素原子において $n=5$ から $n=3$ の準位への遷移の振動数と波長を計算せよ.

11・5 (a) 1.50×10^8 cm s^{-1} の速さで運動する電子,(b) 1500 cm s^{-1} で運動する 60 g のテニスの球のド・ブロイ波長を求めよ.

11・6 清浄な金属表面に 450 nm(青)のレーザーと 560 nm(黄)のレーザーをそれぞれ当てて,飛び出してきた電子の数と運動エネルギーを測定するという,光電効果の実験が行われた.どちらの光の方が多くの電子を飛び出させることができるか.またどちらの光が大きな運動エネルギーをもった電子を飛び出させるか.どちらのレーザーの光も金属表面に当たる光子数は同じで,しきい(閾)振動数(電子を飛び出させるのに必要な光の振動数のしきい値)を超えているとせよ.

11・7 科学者はどうやって太陽の表面の温度を見積もっているのか〔ヒント: 太陽からの放射は黒体からの放射と考えよ〕.

11・8 光電効果の実験で,ある学生は,その金属から電子を飛び出させるのに必要な振動数よりも大きな振動数の光源を用いた.長時間,ずっと金属の同じ領域に光を当て続けていたら,当てている光の振動数は一定なのに,飛び出してくる電子の運動エネルギーの最大値が減り始めることに気が付いた.このことはどうすれば説明できるか.

11・9 静止している状態の陽子を 3.0×10^6 V の電位差で加速したとき,最終的な波長を計算せよ.

11・10 原子中の円軌道を運動している電子の位置の不確定さが 0.4 Å であるとしたとき,速度の不確定さはいくらか.

11・11 77 kg の体重のヒトが 1.5 m s^{-1} でジョギングしている.(a) このヒトの運動量とド・ブロイ波長を求めよ.(b) ある瞬間,彼の運動量の不確定さが ± 0.05 % と測定できたとすると,位置の不確定さはどれくらいか.(c) この問題において,もしもプランク定数が 1 J s だったとき,どのような変化があるか.予想せよ.

11・12 回折現象は波長がスリットのサイズ程度のときに観測される.84 kg のヒトが 1 m の幅のドアで回折されるにはどれくらいの速さで走ればよいか.

11・13 ライマン系列とバルマー系列のスペクトル線は重ならない.このことが正しいことを,ライマン系列の最も長い波長とバルマー系列の最も短い波長を計算することによって示せ.

11・14 He$^+$ イオンは電子を一つしかもっておらず,よって水素原子様イオンである.He$^+$ イオンのバルマー系列のはじめの四つの遷移の波長を計算せよ.これらの波長を水素原子の同じ遷移の波長と比較せよ.そして,その違いについて述べよ(He$^+$ のリュードベリ定数は 8.72×10^{-18} J とせよ).

11・15 水素原子の励起状態の電子は二つの異なった方法で基底状態に戻ることができる.一つは,波長 λ_1 の光子を放出して直接遷移する,もう一つは,波長 λ_2 の光子を放出して励起状態の中間体となり,さらにそれが別の波長 λ_3 の光子を放出して基底状態に戻るというものである.$\lambda_1, \lambda_2, \lambda_3$ の間の関係式を導け.

11・16 ヒトの網膜は照射されたエネルギーが 4.0×10^{-17} J 以上であれば光を感じる.600 nm の光の場合,いくつの光子がこれに相当するか.

11・17 水は,二酸化炭素レーザーからの 1.06×10^4 nm の赤外線を吸収する.すべての放射が吸収され熱に変換されると仮定して,この波長で 368 g の水の温度を 5.00 ℃ 上げるのにいくつの光子が必要か.

11・18 成層圏のオゾン(O_3)は太陽からの有害な放射を,$O_3 \rightarrow O + O_2$ のように分解することで吸収する.(a) 付録2を参照して,この過程の $\Delta_r H°$ を計算せよ.(b) 光化学的にオゾンを分解するためのエネルギーをもった光子の最大波長(nm)を計算せよ.

11・19 科学者によって,量子数 n が数百の水素原子が星間で発見された.水素原子が $n=236$ から $n=235$ の遷移を起こしたときに放出される光の波長を計算せよ.この波長は電磁波の何という領域に相当するか.

11・20 ある学生は水素原子の発光スペクトルを記録していて,バルマー系列の一つのスペクトル線がボーア理論では説明できないことに気が付いた.気体の試料は純粋だと仮定し,この線に寄与している化学種は何か.

11・21 19世紀中頃,太陽からの発光スペクトル(連続帯)を研究していた物理学者は,地球上のいかなる放出線(輝線)とも一致しない暗線に気が付いた.彼らは,その線はまだ知られていない元素によるものだと結論した.後に,この元素はヘリウムだとわかった.(a) その暗線の起源は何か.これらの線はヘリウムの放出線とどのように関係しているか.(b) どうして地球の大気に,ヘリウムを見つけるのは難しいのか.(c) 地球上でヘリウムを見つけやすいところはどこか.

11・22 660 nm の光を吸収させて 5.0×10^2 g の氷を融解させるのに必要な光子数はいくらか.平均して,一つの光子はいくつの水分子を氷から水に変えることができるか〔ヒント: 0 ℃ で 1 g の氷を融解するのに 334 J 必要である〕.

一次元の箱の中の粒子

11・23 式(11・22)は，両辺で次元が合っていることを確かめよ．

11・24 式(11・22)によれば，エネルギーは箱の長さの二乗に反比例する．ハイゼンベルクの不確定性原理からこの依存性をどのように説明することができるか．

11・25 L を箱の長さとしたとき，一次元の箱の $L/4$ から $3L/4$ の間に粒子が位置している確率はいくらか．粒子は最も低いエネルギー準位にあるとせよ．

11・26 ド・ブロイの関係式を用いて，式(11・22)を導け〔ヒント：まず箱の長さを用いて，n 番目の準位にある粒子の波長を表せ〕．

11・27 一次元の箱の中の粒子の波動関数の重要な性質は，互いに直交していることである．

$$\int_0^L \psi_n \psi_m \, dx = 0 \qquad m \neq n$$

この式を ψ_1 と ψ_2 について式(11・23)を用いて証明せよ．

11・28 一次元の箱の中の粒子について，$n=1 \to n=2$ の電子遷移は箱のどこで起こりやすいか．理由を説明せよ．

11・29 本章で述べたように，一次元の箱の中のある位置に粒子が存在する確率は $\psi^2 dx$ で与えられる．短い距離の間に存在する確率ならば，積分なしに見積もることができる．2.000 nm の箱の中の $n=1$ の電子を考え，(a) 0.500 nm と 0.502 nm の間，(b) 0.999 nm と 1.001 nm の間に電子を見いだす確率を計算せよ．結果と近似の妥当性も述べよ．

電子配置や原子の性質

11・30 1s 軌道に電子があるとき，電子を見いだす確率が最も高い半径を求める式を書け．

11・31 表 11・2 の 2s の波動関数を用いて波動関数が 0 となる r ($r=\infty$ は除く) を計算せよ．

11・32 ヒトの体内で生物化学的に重要な役割を果たすつぎのイオンの基底状態の電子配置を書け．(a) Na^+，(b) Mg^{2+}，(c) Cl^-，(d) K^+，(e) Ca^{2+}，(f) Fe^{2+}，(g) Cu^{2+}，(h) Zn^{2+}

11・33 電子配置の観点から，Mn^{2+} が Mn^{3+} になるよりも Fe^{2+} が Fe^{3+} に酸化されやすい理由を考えよ．

11・34 原子から基底状態 ($n=1$) の電子を取去るのに必要なエネルギーがイオン化エネルギーである．普通は単位は kJ mol^{-1} である．(a) 水素原子のイオン化エネルギーを計算せよ．(b) $n=2$ の状態から電子を取去るとして，同じ計算をせよ．

11・35 プラズマは気体状のカチオンと電子から成る状態である．プラズマ状態において，水銀原子はその 80 個の電子をすべてはがされて，Hg^{80+} が存在したとする．このとき，最後のイオン化の過程に必要なエネルギーを計算せよ．

$$Hg^{79+}(g) \longrightarrow Hg^{80+}(g) + e^-$$

11・36 光電子分光法とよばれる方法は原子のイオン化エネルギー (E_i) を測定するのに用いられる．試料に紫外線を照射して，原子価殻から電子を飛び出させる．そして，飛び出した電子の運動エネルギーを測定する．紫外線の光子のエネルギーと飛び出した電子の運動エネルギーがわかれば，

$$h\nu = E_i + \frac{1}{2} m_e v^2$$

と書ける．ここで，ν は紫外線の振動数，m_e と v はそれぞれ電子の質量と速さである．ある実験で，波長 162 nm の紫外線を用いて，カリウムから飛び出した電子の運動エネルギーが 5.34×10^{-19} J とわかった．カリウムのイオン化エネルギーを計算せよ．またイオン化エネルギーが原子価殻の電子 (つまり，最も束縛の弱い電子) のエネルギーに一致するかどうか，どのように確かめたらよいだろうか．

11・37 つぎの過程には 1.96×10^4 kJ mol^{-1} のエネルギーが必要である．

$$Li(g) \longrightarrow Li^{3+}(g) + 3e^-$$

リチウムの第 1 イオン化エネルギーを 520 kJ mol^{-1} として，リチウムの第 2 イオン化エネルギー，すなわちつぎの過程に必要なエネルギーを計算せよ．

$$Li^+(g) \longrightarrow Li^{2+}(g) + e^-$$

11・38 ある元素の電子親和力は，気相中におけるその元素のアニオンから，レーザー光を用いて電子をたたき出すことで実験的に決定できる．

$$X^-(g) + h\nu \longrightarrow X(g) + e^-$$

表 11・5 を用いて，塩素の電子親和力に相当する光子の波長 (nm) を計算せよ．この波長は電磁波の何という領域に相当するか．

11・39 元素の標準原子化エンタルピーは，25 ℃ において，その元素が最も安定な形にあるとき，その原子 1 mol を単原子気体 1 mol にするのに必要なエネルギーである．ナトリウムの標準原子化エンタルピーは 108.4 kJ mol^{-1} であるとし，25 ℃ において金属ナトリウム 1 mol を Na^+ の気体 1 mol にするのに必要なエネルギー (kJ) を計算せよ．

11・40 窒素の両隣の元素である炭素と酸素はいくらかの正の電子親和力をもつのに対し，窒素は電子親和力がほとんど 0 なのはなぜか．説明せよ．

11・41 ナトリウムの単原子をイオン化するのに必要な光の最大波長 (nm) を計算せよ．

11・42 ある元素の第 1，2，3，4 イオン化エネルギーは，738 kJ mol^{-1}，1450 kJ mol^{-1}，7.7×10^3 kJ mol^{-1}，1.1×10^4 kJ mol^{-1} である．この元素は周期表のどの族に属するか．またそう考えるのはなぜか．

補充問題

11・43 二つの原子が衝突したとき，それらの運動エネ

ギーのいくらかは，片方または両方の原子中の電子のエネルギーに変換される．もし運動エネルギーの平均（$\frac{3}{2}k_BT$）がいくつかの許容な電子遷移のエネルギーに等しいならば，かなりの数の原子が非弾性衝突によるエネルギーを吸収し，電子励起状態に上がることができる．(a) 298 K において気体の原子一つあたりの平均運動エネルギーを計算せよ．(b) 水素原子における $n=1$ と $n=2$ の準位のエネルギー差を計算せよ．(c) どれくらいの温度であれば，衝突によって $n=1$ から $n=2$ の準位に水素原子を励起することができるか．

11・44 水の光解離，

$$H_2O(g) + h\nu \longrightarrow H_2(g) + \frac{1}{2}O_2(g)$$

は水素の供給源として提案されてきた．この反応の Δ_rH° は熱力学データからの計算によると，水 1 mol の分解で 285.8 kJ mol^{-1} である．これに必要なエネルギーを供給する光の最大波長（nm）を計算せよ．原理的に，この過程のエネルギー源として太陽の光を用いることは可能か．

11・45 壊変と量子力学的トンネル効果の議論に基づいて，放出された α 粒子と放射壊変の半減期の関係について説明せよ．

11・46 タングステン電球に供給される電気的エネルギーのうちほんの少しだけが可視光となる．残りのエネルギーは赤外線，つまり熱となる．75 W の電球は，それに供給されたエネルギーの 15.0 % が可視光に変換される．可視光の波長が 550 nm とすると，1 秒間あたり電球はいくつの光子を放出するか（1 W=1 J s^{-1}）．

11・47 水素原子の電子が基底状態から $n=4$ の状態に励起された．つぎの記述が正しいか誤りかを述べよ．(a) $n=4$ は第一励起状態である．(b) 電子を取去ってイオン化するのに，基底状態よりも $n=4$ の状態の方が，より多くのエネルギーを必要とする．(c) 基底状態よりも $n=4$ の状態の方が，電子は（平均して）原子核から遠くにある．(d) 電子が $n=4$ から $n=1$ に落ち込んだときに放出される光の波長は $n=4$ から $n=2$ のときよりも長い．(e) $n=1$ から $n=4$ に遷移するときに吸収する光の波長は，$n=4$ から $n=1$ に遷移するときに放出する光の波長と同じである．

11・48 ある元素のイオン化エネルギーは 412 kJ mol^{-1} である．しかしながら，この元素の原子が第一励起状態にあるときは，イオン化エネルギーはたった 126 kJ mol^{-1} である．この情報から，第一励起状態から基底状態に遷移するときに放出する光の波長を計算せよ．

11・49 日焼けにかかわる紫外線は，波長が 320～400 nm の範囲にある．この放射に 2.0 時間さらされたヒトに吸収された全エネルギー（J）を計算せよ．ただし，80 nm の範囲（320～400 nm）で 1 秒間，1 cm^2 あたり地球上に 2.0×10^{16} 個の光子が降り注ぐとし，さらされた人体の面積は 0.45 m^2 とせよ．さらに，放射のうち半分は吸収されたとして，残りの半分は人体によって反射されるとせよ〔ヒント：光子のエネルギーを計算するためには，平均の波長である 360 nm を用いてよいとする〕．

11・50 1996 年，物理学者は水素の反原子をつくり出した．そのような原子は普通の原子の反物質に等しいのだが，すべての構成粒子の電荷が逆転している．反原子核は反陽子でできており，陽子と同じ質量をもつが，負の電荷をもっている．一方，電子は反電子（陽電子とよばれる）に置き換わっており，電子と同じ質量をもち，正の電荷をもつ．反水素原子のエネルギー準位や発光スペクトル，原子軌道は水素原子のものと違うだろうか．反水素原子が水素原子と衝突したら何が起こるだろうか．

11・51 ある学生が純粋な金属セシウムに可視光を照射して，光電効果の実験を行った．彼女は，電子による電流が 0 となるような阻止電圧にして，飛び出した電子の運動エネルギーを決定した．その条件は，$eV = \frac{1}{2}m_ev^2$ のとき満たされ，ここで e は電気素量，V は阻止電圧である．彼女の結果は，

λ/nm	405	435.8	480	520	577.7	650
V/V	1.475	1.268	1.027	0.886	0.667	0.381

式 (11・3) を解釈のために書き直すと，

$$\nu = \frac{\Phi}{h} + \frac{e}{h}V$$

となる．h と Φ をグラフを書くことにより決定せよ．

11・52 式 (2・28) を使って，300 K における N$_2$ 分子のド・ブロイ波長を計算せよ．

11・53 肺胞は肺の中の小さな空気の袋である．これらの直径の平均は 5.0×10^{-5} m である．この袋の中に閉じ込められた酸素分子（5.3×10^{-26} kg）の速さの不確定さを計算せよ〔ヒント：分子の位置の不確定さの最大値は，袋の直径で与えられるとせよ〕．

11・54 太陽はコロナとよばれる白い輪様の気体物質で覆われており，皆既日食のときこのコロナを見ることができる．コロナの温度は摂氏数百万度で，分子を壊し，原子からいくつかまたはすべての電子をはぎ取ってしまう．天文学者がこれまでにコロナの温度を見積もってきた方法の一つは，ある元素のイオンの発光スペクトル線を解析することだった．たとえば，Fe^{14+} イオンの発光スペクトルが記録され，分析された．Fe^{13+} から Fe^{14+} にするのに 3.5×10^{14} kJ mol^{-1} 必要として，太陽のコロナの温度を見積もれ〔ヒント：気体 1 mol の運動エネルギーの平均を $\frac{3}{2}RT$ とせよ〕．

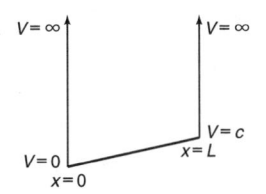

11・55 以下のような一次元の箱の中の粒子を考える．

粒子のポテンシャルエネルギーは箱の中のすべてで0ではないが，位置 x に依存して変わる．この系のシュレーディンガー方程式を書け．

11・56 水素原子中，あるいは水素様イオン中における電子のエネルギーを計算する式は $E_n = -(2.18\times10^{-18} \text{ J}) \cdot Z^2(1/n^2)$ である．ただし，Z はその元素の原子番号である．この式を多電子原子に適用するための一つの修正法は，Z を $(Z-\sigma)$ で置き換えることである．ここで，σ は遮へい定数とよばれる正の無次元量である．一例としてヘリウム原子を考えてみよう．σ の物理的な意味は，二つの 1s 電子がそれぞれ互いに及ぼしあう遮へい効果の大きさである．そのため，$(Z-\sigma)$ という量は，"有効核電荷"とよばれる．表 11・4 にあるヘリウムの第1イオン化エネルギーを用いて，σ の値を計算せよ．

11・57 放射性同位体 ^{60}Co は，核医学において，ある種のがんを治療するために用いられる．エネルギー 1.29×10^{11} J mol^{-1} をもつ放射された γ 線粒子の波長と振動数を計算せよ．

11・58 以下に示す図は，気相中における水素様イオンの発光スペクトルである．

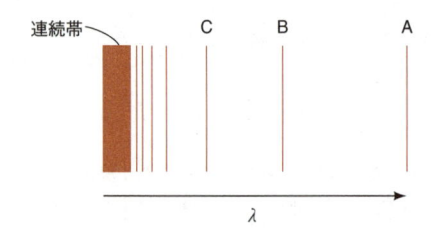

すべての輝線は，励起状態から $n=2$ の状態への電子遷移に起因している．(a) 輝線 B および C は，どのような電子遷移に対応しているか．(b) 輝線 C の波長が 27.1 nm であった場合，輝線 A および B の波長を計算せよ．(c) $n=4$ の状態にある電子を，このイオンから取除くために必要なエネルギーを計算せよ．(d) 連続帯の物理的意味は何か．

11・59 式(11・27)を用いて，$N=6, 8$, および 10 のポリエンにおける電子遷移の波長を計算せよ．分子の長さ L に伴う λ の変化について解説せよ．

11・60 式(11・22)を用いて，He と Ne との間の標準モルエントロピーの違いを説明せよ．

11・61 ハイゼンベルクの不確定性原理を用いて，電子が原子核の内部に閉じ込められてしまうようなことがないことを示せ．陽子について，その計算を行え．ただし，原子核の半径は 1×10^{-15} m とせよ．

11・62 窒素原子は，三つの 2p 軌道にそれぞれ一つずつの電子をもっている．表 11・2 を参照して，全体の電子密度は球対称であること，つまり θ と ϕ に依存しないことを示せ〔ヒント：波動関数の角度部分の絶対値二乗をとれ〕．

11・63 Na や K のようなアルカリ金属は，液体アンモニアに溶けて青色の溶液となるが，これは溶媒和電子の吸収によるものである．粗いモデルとして，溶媒和電子は一辺の長さが L の立方体の箱の中の粒子として考えることができる．光の吸収 ($\lambda=600$ nm) により，溶媒和電子は，その基底状態から第一励起状態に励起されるものとして，L の値を計算せよ〔ヒント：式(11・22)を拡張すると，式には三つの量子数 n_x, n_y および n_z が含まれることになる〕．

11・64 表 11・2 を参照して，2s 軌道および 3s 軌道について，節の位置における ρ の値を計算せよ．

12 化学結合

　量子力学および原子の電子構造について第11章で学んだことをもとに，本章では分子について考えることにする．たとえば，二つの水素原子は結合して安定な水素分子 H_2 を形成するのに二つのヘリウム原子は He_2 分子として安定に存在しないという事実を，どのようにして説明することができるだろうか．種々の化合物において結合の長さや強さはさまざまであるが，これらはどのように説明できるのだろうか．どうして水分子は折れ曲がり構造をもち，二酸化炭素分子は直線構造をもつのだろう．これらの問いに対する答えが量子力学から導かれる．

　本章では化学結合，分子の性質，生体系に存在する金属イオンの役割などに関する重要な基礎理論について述べる．

12・1 ルイス構造

　分子という概念そのものは17世紀から存在していた．しかし化学者が，どのようにして，なぜ，分子が形成されるのかを理解するようになったのは20世紀になってからのことである．1916年の"化学結合とは電子が共有されることである"という Lewis の学説が，この問題を解決するうえでの大きな転換点であった．Lewis は H_2 の結合形成をつぎのように説明した．

$$H \cdot + \cdot H \longrightarrow H-H$$

このような電子対形成は**共有結合**（covalent bond）の一例である．ここに示したものは**ルイス構造**（Lewis structure）とよばれ，1本線は共有電子対を表す．いくつかの分子のルイス構造を以下に示す．

$$:\!\ddot{F}\!-\!\ddot{F}\!: \quad H-\ddot{O}-H \quad \ddot{O}\!=\!C\!=\!\ddot{O}$$

$$:\!N\!\equiv\!N\!: \quad H-C\equiv C-H \quad \overset{H}{\underset{H}{>}}C\!=\!C\overset{H}{\underset{H}{<}}$$

ルイス構造の表記法では，共有結合の共有電子対は二つの原子を結ぶ1本線で表され，非共有電子対（結合にかかわらない電子の対で孤立電子対とよばれることもある）は各原子の脇の2点で表される．ルイス構造には最外殻電子のみが示される．

　ルイス構造を描く際の指針は**オクテット則**（octet rule）である．これは，水素原子以外の原子は最外殻に8個の価電子が取囲むようになるまで結合を形成する傾向があるというものである．原子のもつ電子数が8に満たない場合に（完全なオクテットを形成するのに不十分な場合に）共有結合が形成されると言い換えてもよい．共有結合を形成して電子を共有することにより，原子の周囲を8個の電子が取囲むことになる．

　ルイス構造において，**形式電荷**（formal charge）を示すと便利なことが多い．分子の中で各原子に与えられる形式電荷とは，原子が孤立状態にあるときの価電子数と，ルイス構造においてその原子に割り当てられる電子数の差である．形式電荷の計算にはつぎの関係式が用いられる．

$$\text{形式電荷} = \begin{matrix}\text{孤立状態}\\\text{の原子の}\\\text{価電子数}\end{matrix} - \text{非結合電子数} - \frac{1}{2} \cdot \text{結合電子数} \quad (12\cdot1)$$

式(12・1)から，オゾン分子，一酸化炭素分子，炭酸イオンに関して形式電荷は

$$\overset{+}{\ddot{O}}\!=\!\ddot{O}\!-\!\ddot{\ddot{O}}\!:^- \quad \!^-\!:\!C\!\equiv\!O\!:^+ \quad :\!\ddot{\ddot{O}}\!-\!\overset{\overset{\displaystyle:\ddot{O}:}{\|}}{C}\!-\!\ddot{\ddot{O}}\!:^-$$

と書かれる．形式電荷は分子内の実際の電荷分布を表すものではない．しかし形式電荷を考えることには，電荷分布に関する情報が得られること，適切なルイス構造を書くための助けとなること，という利点がある．たとえば，分子内で二つの原子が形式電荷をもっている場合，より電気陰性度が高い原子の上に負電荷があると考えてよいであろう（上に示した CO は例外である）．

　ルイスの理論により，化学結合に関する理解は非常に進歩した．しかしほどなく，この理論はさまざまな点で不適切であることが判明した．ある原子に関しては，安定に存

在する分子中で八つの価電子が割り当てられない場合（不完全オクテット，例：気相 BeH_2，BF_3）や八つの価電子以上が割り当てられる場合（過剰オクテット，例：PCl_5，SF_6），あるいは割り当て電子数が奇数の場合（例：NO，NO_2）があることが知られている．さらに，共有結合の形成は簡単に記述できるが，共有結合をたった一つしかもたない H_2 や F_2 のような分子においてさえ，結合の長さや強さに関する情報は得られない．それゆえ化学結合をきちんと取扱うためには量子力学を用いる必要がある．現在，分子の共有結合形成および電子状態を説明するための理論として，二つの量子力学的方法が用いられている．**原子価結合理論** (valence bond theory, VB theory) では，分子のもつそれぞれの電子が各原子の原子軌道を占有すると考える．この理論では，結合形成に個々の原子が関与する，という描像は損なわれない．二つめの**分子軌道理論** (molecular orbital theory, MO theory) とよばれる方法では，原子軌道から分子軌道が形成されると考える．これらの理論はどちらも，化学結合のすべての性質を完全に説明することはできないが，観測される分子の性質の多くを理解するのに大きな役割を果たしている．

12・2 原子価結合法

二つの H 原子から一つの水素分子 (H_2) が形成される場合を考えよう．二つの原子が近づくと，水素原子の 1s 軌道がどのように重なるかを図 12・1 に示す．片方の原子上の電子はもう一方の原子の核に引き寄せられ，この相互作用は 2 原子間の距離がある長さになるまで続く．それより短い距離では電子同士，原子核同士の反発力が電子-原子核相互作用による引力を上回る．二つの原子核の間の空間で電子密度が大きくなること，これが 2 原子をつなぎとめる"接着剤"の役割を果たす．上で述べたことは，"共有結合は原子が電子を共有することによって形成されるというルイスの理論"の，量子力学的な（VB 法の術語を用いた）説明である．

二つの H 原子が互いに接近するに従って，ポテンシャルエネルギーが変化する．まず二つの原子が無限に離れている場合，ポテンシャルエネルギーは定数であり任意の値にとれるので，これを 0 とする（図 12・2）．このとき二つの原子を記述するための波動関数は，個々の原子の波動関数の積，つまり

$$\psi = \psi_A(1)\psi_B(2) \tag{12・2}$$

である．ただし ψ_A，ψ_B は原子 A, B の 1s 軌道を表す波動関数であり，1, 2 は電子を区別するための番号である．この波動関数によるポテンシャルエネルギー（曲線 a）は原子核間距離およそ 1Å のところに浅い極小値（約 24 kJ mol^{-1}）

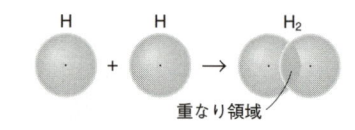

図 12・1 二つの水素 1s 軌道の重なりによる H_2 の共有結合形成

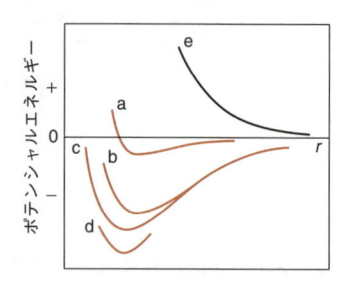

図 12・2 H_2 分子のポテンシャルエネルギー曲線．a～c は波動関数を順次改良したもの，d は実測値で，これからエネルギーおよび結合長がわかる．e は非結合状態に相当し，このとき 2 個の電子は平行スピンをもつ．簡単のため概略図を示した．

をもつ．これらの値は実験から求められた値 432 kJ mol^{-1} および 0.74 Å（曲線 d）とはずいぶん異なる*．式 (12・2) で与えられる波動関数では，原子 A の上に電子 2 が，原子 B の上に電子 1 がある状態を表すことができない．これは二つの電子が区別できないという原則に反する．したがって，式 (12・2) の波動関数は水素原子の結合を記述するには不適切である．この点を改良すると，波動関数は

$$\psi = \psi_A(1)\psi_B(2) + \psi_A(2)\psi_B(1) \tag{12・3}$$

のようになる．この場合ポテンシャルエネルギー曲線は b のようになり，極小値 300 kJ mol^{-1}，平衡核間距離 0.9 Å を与える（水素分子において二つの電子は，パウリの排他原理により互いに逆スピンをもつことを思い出してほしい）．波動関数をさらに改良するために，二つの電子がどちらも同じ原子核の方に偏って存在する可能性を考える．つまりつぎの図のような共有結合的構造とイオン的構造の両方を取入れることにする（曲線 c）．

H－H　　$H^- H^+$　　$H^+ H^-$
共　有　　　　イオン的

このときの波動関数は，

$$\psi = \psi_A(1)\psi_B(2) + \psi_A(2)\psi_B(1) + \lambda[\psi_A(1)\psi_A(2) + \psi_B(1)\psi_B(2)] \tag{12・4}$$

式中 $\psi_A(1)\psi_A(2)$ と $\psi_B(1)\psi_B(2)$ で表されるイオン構造が，分子の波動関数に対してどれだけ寄与するかを示す尺度として λ を用いた．二つの電子が同じ水素原子上で見つかる確率は，電子間の反発力を考えると明らかに低い（$\lambda \ll 1$）

---

* ポテンシャル井戸の深さは結合解離エネルギーの尺度となる．

けれども，そのような構造も分子の性質に多少なりとも影響を与えるのである．さらに改良するには，おのおのの電子が単一の原子核ではなく二つの原子核からの影響を受けていることから"有効"核電荷をそれぞれの原子核に割り当てるようにすること，一方の水素原子が他方の水素原子の電子雲を分極させゆがませる効果を考慮すること，などが考えられる．コンピューターが高速になったおかげで，今日，結合解離エネルギーや平衡核間距離に関して，実測値と良い一致を示すような計算結果を得ることができる．最後に，曲線 e は非結合状態を表している（ポテンシャル曲線は極小をもたない）．これは二つの H 原子が平行スピンをもった場合だと考えることができる（三重項状態）．原子がこのような状態であると，パウリの排他原理を満たさないことになり，安定な H_2 分子は形成されない．

二原子分子であるフッ素分子（F_2）およびフッ化水素分子（HF）に関しても同様の考え方が当てはまる．F_2 の場合は二つの 2p 軌道が重なることにより共有結合が形成され，HF の場合は水素原子の 1s 軌道とフッ素原子の 2p 軌道のうちの一つが重なりをもつことにより共有結合が形成される（図 12・3）．多重結合をもつ分子の場合はもっと複雑である．例として窒素分子（N_2）を考えてみよう．N 原子の電子配置は $(1s)^2(2s)^2(2p)^3$ である．この場合，N 原子の $2p_x, 2p_y, 2p_z$ の各軌道にある三つの電子が，もう片方の窒素原子でのそれぞれと同じ軌道と重なりをもつことにより，三重結合をつくる．このときこれら三つの結合すべてが等価なわけではない．結合軸を z 軸としよう．すると F_2 分子の場合と同様に，窒素原子間で $2p_z$ の端同士が重なることにより結合ができる．この結合は **σ 結合**（sigma bond, σ bond）とよばれ，結合する原子の原子核間の電子密度が高いことが特徴である（H_2, F_2, HF の結合はすべて σ 結合である）．各原子の $2p_x, 2p_y, 2p_z$ 軌道はそれぞれ互いに垂直方向を向いているために，$2p_x$ と $2p_y$ 軌道は側面でのみ重なりをもつことが可能であり（図 12・4），これに

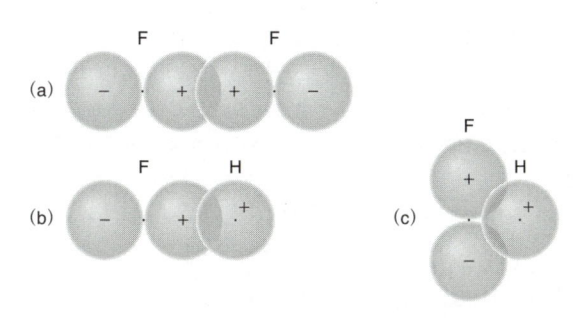

図 12・3 (a) フッ素の 2p 軌道が二つ向かい合わせに重なることで F_2 分子が形成される．(b) 2p 軌道と 1s 軌道が重なりをもつことにより HF 共有結合が形成される．(c) 2p 軌道が 1s 軌道と側面で重なりをもつ場合は，核間の電子密度の増減が互いに打ち消し合い，正味の電子密度増加がないため安定な結合は生まれない．

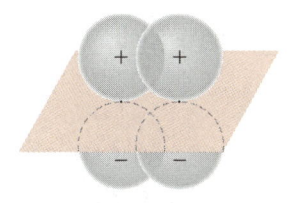

図 12・4 二つの p 軌道が側面で重なりをもつことにより π 結合が生まれる．

より二つの **π 結合**（pi bond, π bond）ができる．このときには，結合する原子の原子核を含む平面の上と下で電子密度が大きくなる．

12・3 原子軌道の混成

多原子分子の結合の理論は，結合と同時に分子の幾何構造をも説明するものでなくてはならない．この問題に対して，原子軌道の**混成**（hybridization）という，VB 理論に基づく方法がよく用いられる．

電子配置が $(1s)^2(2s)^2(2p)^2$ の炭素原子を考えよう．炭素原子には不対電子が 2 個あるから，最外殻に二つ電子をもつ（共有結合を二つつくる），と予想するかもしれない．確かにメチレン（あるいはカルベン），CH_2 が分子として存在することは知られているが，これは大変反応性の高い不安定な化学種である．安定な構造をもつ炭素化合物は 3 種類の化学結合で結合している．簡単な分子ではメタン，エチレン，アセチレンがよい例である．

メタン（CH_4）

メタンは炭化水素化合物の中で最も簡単な分子である．物理的および化学的研究により，4 本の C–H 結合の長さ，強さはすべて同じであり，分子が正四面体構造をとることがわかっている．二つの C–H 結合軸がなす角度は 109°28′ である．炭素はこのように最外殻に四つ電子をもつように見えるが，どうすればこの性質を説明できるだろうか．基底状態の炭素原子では 4 本の結合の形成は説明できない．そこで 2s 軌道の電子を一つ 2p 軌道に引き上げると，不対電子が四つできて〔$(2s)^1(2p)^3$〕，これらが 4 本の C–H 結合を形成するであろう．ただ，もしこのようなことが現実にあるとすればメタンにはある種の結合が三つと

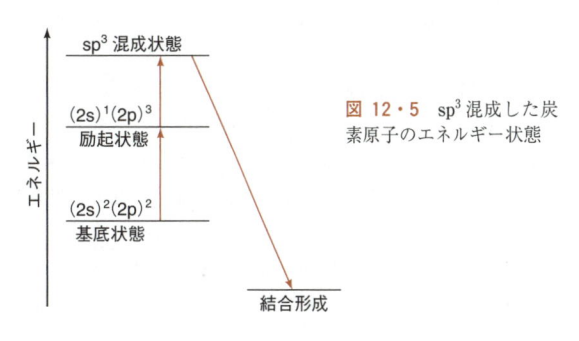

図 12・5 sp^3 混成した炭素原子のエネルギー状態

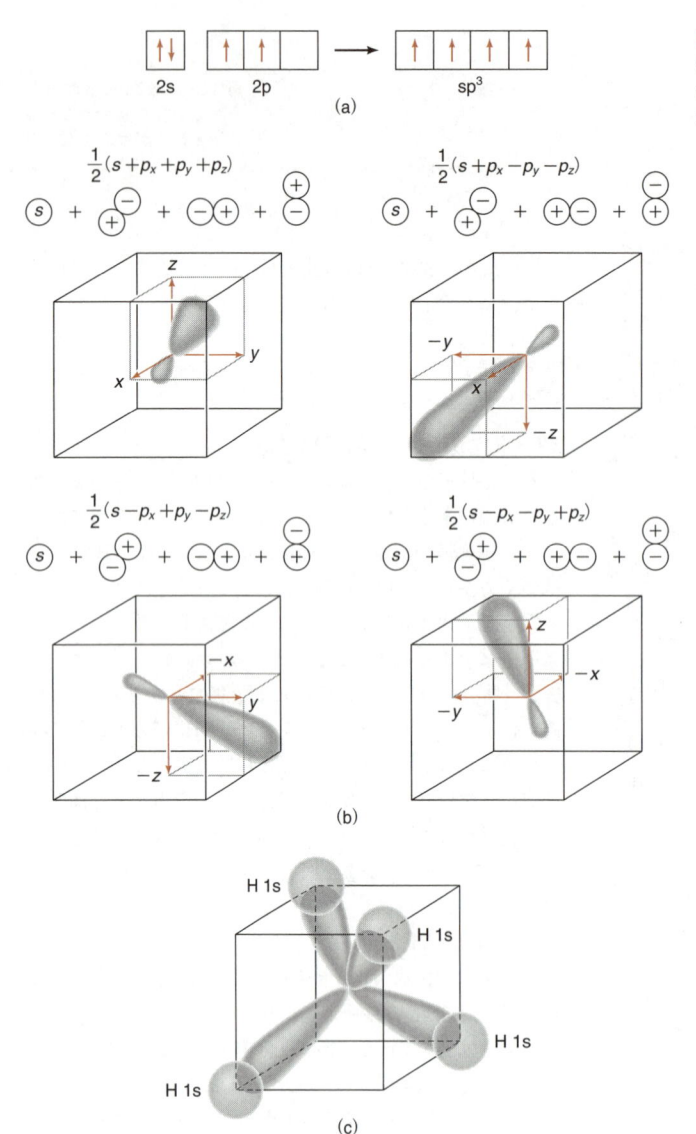

図 12・6 (a) sp³ 混成時の炭素の 2s, 2p 電子配置. (b) CH₄ の四つの sp³ 混成軌道. (c) sp³ 混成軌道と水素の 1s 軌道による C–H 結合形成

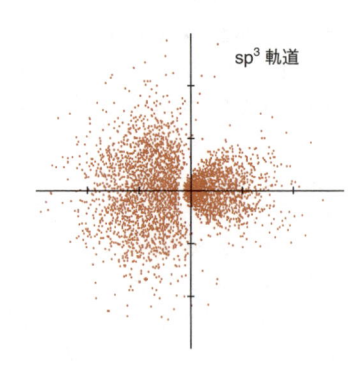

図 12・7 電子存在確率分布を表す sp³ 軌道断面図〔Robert Allendoerfer のプログラムによる. Chemical Education, Inc., プロジェクト SERAPHIM, *J. Chem. Educ.*より許諾を得て転載〕

別種の結合が一つ存在することになる．これは実験事実に反する．四つの結合が等価であるということは，炭素の結合性原子軌道がすべて等価であるということであり，s 軌道と p 軌道が混ざった，あるいは掛け合わさった，すなわち混成軌道が形成されているということを意味する．s 軌道が一つ，p 軌道が三つ関与するので，これを sp³ 混成とよぶ．

図 12・5 に軌道の混成によるエネルギー変化の様子を示した．$(2s)^1(2p)^3$ と記した状態が実際の準位で，分光学的に検出可能である．原子価状態，つまり等価な四つの混成軌道が形成された状態は，孤立した炭素原子においては存在しない，という意味で実在しない．しかし，メタン分子の形成の際にそのような準位を想定すると便利である．図 12・5 に示すように，原子価状態になるためには，言い換えれば原子軌道を混成させるためには，余分なエネルギーが必要になる．しかし結合の形成により放出されるエネルギーは，この余分なエネルギーを十分補償するものである．

数学的には，四つの原子軌道が混合して四つの混成軌道 t_1, t_2, t_3, t_4 を形成する様子は，つぎのように記述できる*．

$$\begin{aligned} t_1 &= \frac{1}{2}(s + p_x + p_y + p_z) \\ t_2 &= \frac{1}{2}(s + p_x - p_y - p_z) \\ t_3 &= \frac{1}{2}(s - p_x + p_y - p_z) \\ t_4 &= \frac{1}{2}(s - p_x - p_y + p_z) \end{aligned} \quad (12・5)$$

---

* 各混成軌道をつくるためには，s 軌道，p 軌道の**線形結合** (linear combination) をとればよい．ここでは線形結合とは，各軌道 (s と p) の一次の項のみを取上げることを指す．

12・3 原子軌道の混成

図12・8 (a) sp² 混成時の炭素の 2s, 2p 電子配置．(b) エチレンにおける炭素–水素間および炭素–炭素間の三つの σ 結合．(c) 二つの 2p_z 軌道の側面重なりにより形成された π 結合

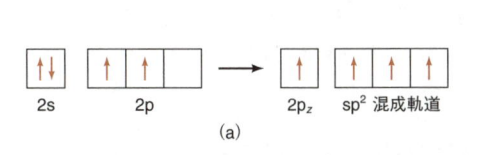

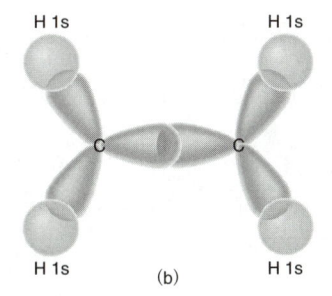

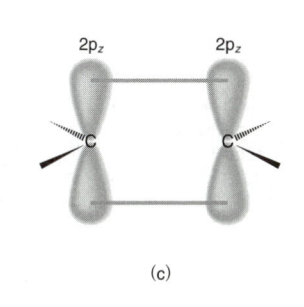

式中 s, p_x, p_y, p_z は炭素の 2s, 2p 原子軌道であり，$\frac{1}{2}$ は規格化定数である．各混成軌道に対する s 軌道，p 軌道の寄与はそれぞれ $\frac{1}{4}$ と $\frac{3}{4}$ になる．これらの sp³ 混成軌道は図 12・6 に示すような形状をしている．軌道の伸びる方向は式 (12・5) での相対的な係数の符号によって決まる．C–H の σ 結合は，炭素原子の sp³ 混成軌道と水素原子の 1s 軌道の重なりにより形成される．計算による sp³ 混成軌道の断面図は図 12・7 のようになる．

エチレン (C₂H₄)

エチレンは平面分子であり，HCH の角度は約 120°である．メタンとは異なり，各炭素原子が結合するのは三つの原子である．このような分子構造と結合を同時に理解するには，それぞれの炭素原子が sp² 混成状態にあると考えればよい．図 12・8a に示すように，s 軌道の電子を一つと p 軌道の電子を二つだけ（たとえば 2p_x と 2p_y としよう）混合することにすれば，三つの sp² 混成軌道（これらは三つとも xy 平面内に含まれる）と，純粋な p 軌道（2p_z 軌道）が生まれる．三つの混成軌道のうち，二つが水素原子と σ 結合を形成し，一つが隣の炭素原子と σ 結合をつくる（図 12・8b）．並んだ炭素原子の各 2p_z 軌道は互いに側面で重なりをもつことにより π 結合を形成する（図 12・8c）．三つの混成軌道は

$$
\begin{aligned}
t_1 &= \sqrt{\frac{1}{3}}\left(s + \sqrt{2}\, p_x\right) \\
t_2 &= \sqrt{\frac{1}{3}}\left(s - \sqrt{\frac{1}{2}}\, p_x + \sqrt{\frac{3}{2}}\, p_y\right) \\
t_3 &= \sqrt{\frac{1}{3}}\left(s - \sqrt{\frac{1}{2}}\, p_x - \sqrt{\frac{3}{2}}\, p_y\right)
\end{aligned}
\tag{12・6}
$$

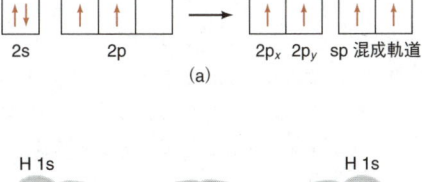

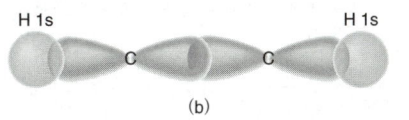

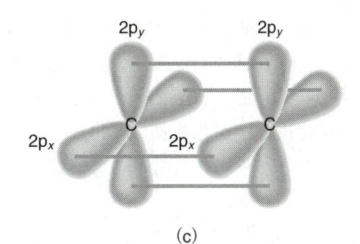

のように表記される．式中 $\sqrt{\frac{1}{3}}$ は規格化定数である．

アセチレン (C₂H₂)

アセチレンは直線形分子である．図 12・9a のように，2s 電子が p 軌道 1 個（2p_z）と混じって，二つの sp 混成軌道および二つの純粋な p 軌道（2p_x, 2p_y）が得られる．その結果，炭素原子はそれぞれ σ 結合を二つ（水素原子と一つ，炭素原子と一つ）形成し，π 結合を二つ（どちらも炭素原子と）形成する．この様子を図 12・9b，図 12・9c に示す．これら二つの混成軌道は

$$
\begin{aligned}
t_1 &= \sqrt{\frac{1}{2}}\,(s + p_z) \\
t_2 &= \sqrt{\frac{1}{2}}\,(s - p_z)
\end{aligned}
\tag{12・7}
$$

ここでの $\sqrt{\frac{1}{2}}$ も規格化定数である．

以上，軌道の混成を数学的に記述したが，これを物理的に解釈することも可能である．水素原子が炭素原子に近づくと，電子間，電子–原子核間の静電的相互作用により，炭素原子の s, p 軌道が変形する．s 軌道，p 軌道の特徴は失われ，その結果としてそれぞれの原子軌道は s 軌道に似た部分と p 軌道に似た部分とを併せもつ，と説明するのがより正確ということになる．たとえばメタンでは，三つの p 軌道のゆがみの程度は s 軌道のゆがみの程度とは異なるが，四つの sp³ 軌道はすべて構造的には等価である．

混成という概念は，炭素以外の元素に関しても同様に用いることができる．たとえばアンモニア分子では，各 N–H 結合が，やや変形した正四面体の頂点の方向を向く．このとき二つの N–H 結合軸のなす角度は，すべて 107°20′ で

図12・9 (a) sp 混成時の炭素の 2s, 2p 電子配置．(b) アセチレンにおける C–H 間および C–C 間の二つの σ 結合．(c) 2p_x, 2p_y 間の二つの π 結合

図 12・10 NH₃ 中の N 原子は sp³ 混成している．混成軌道のうちの一つに非共有電子対が入る．

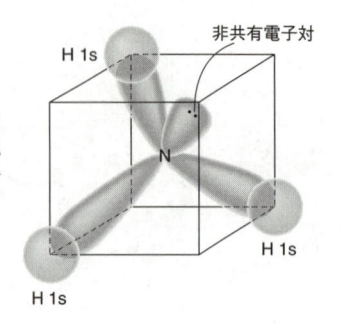

ある（図 12・10）．窒素の電子配置は $(1s)^2(2s)^2(2p)^3$ であるため，NH₃ がもつ結合は三つの p 軌道と水素原子の 1s 軌道の相互作用だと思えばよいようにもみえる．しかしその場合には，p 軌道はそれぞれ互いに垂直であるため，結合軸のなす角度は 90°であるはずである．窒素原子は水素原子よりも電気陰性度がずっと大きいから電荷分離のような状態ができて，その結果やや陰性な窒素原子とやや陽性な水素原子が生じる，という言い方ができるかもしれない．これら陽性な水素原子同士の反発により結合角は大きくなると考えることもできる．このような反発が起こることは間違いない．しかし，この効果は観測される結合角を説明するほどには大きくない．もっと良い説明は，アンモニア中で窒素原子が sp³ 混成軌道を形成すると考えることである．混成軌道のうちの一つは非共有電子対が占有する．この非共有電子対と，他の軌道を占有する電子との反発により，結合角が 109°28′ から 107°20′ に変化するのである．この非共有電子対はアンモニアの塩基性の原因でもある．アンモニアが水に溶けると，アンモニアはプロトンを受容して NH₄⁺ イオンになり，完全な正四面体構造をもつようになる．

最後に水分子を考えよう．HOH の角度は 104°31′ で，O 原子上に非共有電子対が 2 組存在する．酸素の電子配置は $(1s)^2(2s)^2(2p)^4$ である．水分子の構造も，酸素原子が sp³ 混成軌道を形成していると考えて説明されることが多い．sp³ 混成軌道のうちの二つが水素原子と σ 結合をつくり，二つの非共有電子対は残りの二つの sp³ 軌道に入る．非共有電子対と結合が強く反発することにより，HOH の角度が 109°28′ から 104°31′ になるという説明である．しかしながら，分光学的には O–H 結合は s 性をもたず，つまり O 原子は混成軌道をつくっていないということの証拠が得られている[*1]．酸素原子の 2s, 2p 電子のエネルギーは大きく離れている（2s は 2p より約 837 kJ mol⁻¹ 安定である）ため，これらが容易に相互作用して sp³ 混成軌道をつくる，ということはない．結合に 2p 軌道だけが含まれるとすれば，HOH の角度は 90°であることが予想される

が，O–H 結合にイオン性があるため互いの結合が反発し，その結果として角度が 104°31′ という大きな値になるのである．

混成に関して s 軌道，p 軌道のみを用いて検討してきたが，第 3 周期以降の元素では d 軌道が関与することもある．この点に関しては §12・8 で述べる．

12・4 電気陰性度と双極子モーメント

本節では，分子のイオン性や幾何構造を理解するために役立つ，電気陰性度および双極子モーメントという二つの性質について述べる．

電気陰性度

H₂, N₂ といった等核二原子分子においては電子の密度はこれら二つの原子に均等に分布している．HF や CO といった異核二原子分子においてはそうではない．これらの場合にいかに電子が不均一に分布しているか，ということを，**電気陰性度**（electronegativity），χ の差から直接知ることができる．これは原子が，分子の中でどれだけ電子を引きつけやすいかという傾向を表す量である．元素同士の電気陰性度を比べるにはいくつか方法がある．ここでは 1932 年に米国の化学者，Linus Pauling（1901～1994）が提唱した方法を論じてみよう．原子 A と B の電気陰性度の差をつぎのように定義する[*2]．

$$|\chi_A - \chi_B| = \sqrt{D_{AB} - (D_{A_2} D_{B_2})^{1/2}} \qquad (12・8)$$

D_{AB}, D_{A_2}, D_{B_2} はそれぞれ分子 AB, A₂, B₂ の結合解離エネルギーである．式 (12・8) からは電気陰性度の差しか得られないので，ある元素について電気陰性度の値を決めておく必要がある．そうするとその他の元素について電気陰性度が容易に求められる．Pauling はフッ素での値を $\chi_F = 4.0$ と決め，図 12・11 に示すような電気陰性度の値を求めた．

双極子モーメント

正電荷の中心と負電荷の中心が一致しない場合に，分子は電気**双極子モーメント**（dipole moment），μ をもつ．双極子モーメントは

$$\mu = Q \times r \qquad (12・9)$$

で与えられる．ここで Q は電荷（正数とする），r は正電荷，負電荷の中心間の距離である．双極子モーメントの SI 単位はクーロン・メートル（C m）である．Q が電子 1 個（1.602×10^{-19} C），r が 1 Å（10^{-10} m）であるとすれば，μ の値は

[*1] M. Laing, *J. Chem. Educ.*, **64**, 124 (1987) を参照．

[*2] χ は無次元数として扱う．

12・4 電気陰性度と双極子モーメント

図 12・11 元素の電気陰性度の値

1 1A	2 2A											13 3B	14 4B	15 5B	16 6B	17 7B	18 0
H 2.1																	He
Li 1.0	Be 1.5											B 2.0	C 2.5	N 3.0	O 3.5	F 4.0	Ne
Na 0.9	Mg 1.2	3 3A	4 4A	5 5A	6 6A	7 7A	8	9 ─8─	10	11 1B	12 2B	Al 1.5	Si 1.8	P 2.1	S 2.5	Cl 3.0	Ar
K 0.8	Ca 1.0	Sc 1.3	Ti 1.5	V 1.6	Cr 1.6	Mn 1.5	Fe 1.8	Co 1.9	Ni 1.9	Cu 1.9	Zn 1.6	Ga 1.6	Ge 1.8	As 2.0	Se 2.4	Br 2.8	Kr 3.0
Rb 0.8	Sr 1.0	Y 1.2	Zr 1.4	Nb 1.6	Mo 1.8	Tc 1.9	Ru 2.2	Rh 2.2	Pd 2.2	Ag 1.9	Cd 1.7	In 1.7	Sn 1.8	Sb 1.9	Te 2.1	I 2.5	Xe 2.6
Cs 0.7	Ba 0.9	La〜Lu 1.0〜1.2	Hf 1.3	Ta 1.5	W 1.7	Re 1.9	Os 2.2	Ir 2.2	Pt 2.2	Au 2.4	Hg 1.9	Tl 1.8	Pb 1.9	Bi 1.9	Po 2.0	At 2.2	Rn
Fr 0.7	Ra 0.9	Ac〜Lr 1.1〜1.5	Rf	Db	Sg	Bh	Hs	Mt	Ds	Rg							

$$\mu = 1.602 \times 10^{-19} \, \text{C} \times 10^{-10} \, \text{m}$$
$$= 1.602 \times 10^{-29} \, \text{C m} = 4.8 \, \text{D}$$

となる．ただし $1 \, \text{D} = 3.3356 \times 10^{-30} \, \text{C m}$ である．単位Dは**デバイ**（debye）とよばれる〔この分野で先駆的な研究を行ったDebyeにちなむ〕．双極子モーメントをもつ分子は**極性**（polar）分子とよばれる．

分子の双極子モーメントは簡単に測定することができる．ただしこの量は（電荷，距離という）二つの物理量の積として与えられるため，双極子モーメントの測定結果だけから結合長や結合角を求めることはできない．一般に，双極子モーメントを決める実験から電荷分離の様子を正確に知ることは困難である．しかしこれらの実験は，分子の**対称**（symmetry）を決定するためにきわめて有用である．CO_2 を例にとると，この分子は原理的には直線形にも折れ曲がり形にもなりうる．結合ごとの電荷分離の尺度として結合モーメントを定義し，これらをベクトルとして足し合わせることにより，分子全体の双極子モーメントを求めることができる（習慣として ⟵⟶ が，電気陰性度が小さい原子から大きい原子への電子密度の勾配を示す）．以下に示すように，直線形 CO_2 分子の場合には，その形の対称性のために結合モーメントは互いに打ち消し合い，他方，折れ曲がり構造の場合にはそうならない．CO_2 は双極子モーメントをもたないことが実験的に知られているから，分子構造は直線形であることがわかる．

O=C=O   O≋C≋O
           ─ 合成双極子
$\mu = 0$ $\mu \neq 0$

CO_2 の例から，結合モーメントを用いて分子の双極子モーメントを考えると便利であることがわかる．個々の結合モーメントのベクトル和により，分子の永久双極子モーメントが推定できる．表12・1に，いくつかの分子の双極

表 12・1 極性分子の双極子モーメント

分子	双極子モーメント/D	分子	双極子モーメント/D
HF	1.91	H_2O	1.87
HCl	1.08	H_2S	1.10
HBr	0.78	NH_3	1.46
HI	0.38	SO_2	1.60

子モーメントを示す．

双極子モーメントから，結合のイオン性(%単位)を推定することができる．もし二原子分子の原子間距離が既知ならば，それらの原子の間で電子1個分の電荷が分離していると仮定したときの双極子モーメント μ_{ionic} を計算することができる．結合のイオン性は次式のように計算できる．

$$\text{イオン性}(\%) = \frac{\mu_{\text{exp}}}{\mu_{\text{ionic}}} \times 100 \, \% \qquad (12 \cdot 10)$$

ここで μ_{exp} は実験的に決定された双極子モーメントである．図12・12に示すように，イオン性と，結合に関与する2原子の電気陰性度の差には良い相関がある．

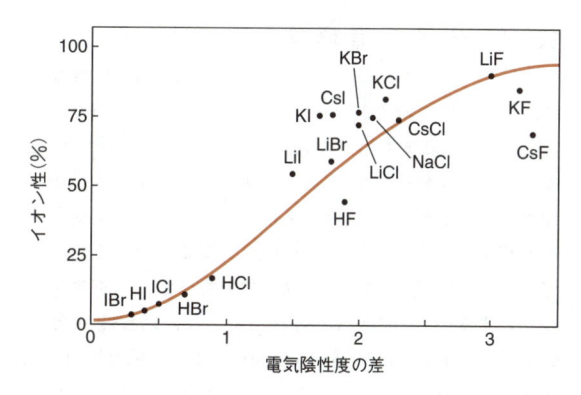

図 12・12 二原子分子を形成する二つの元素の電気陰性度の差と，イオン性との関係．純粋なイオン化合物は 100 % のイオン性を示し，純粋な共有結合による化合物は 0 % のイオン性を示す．

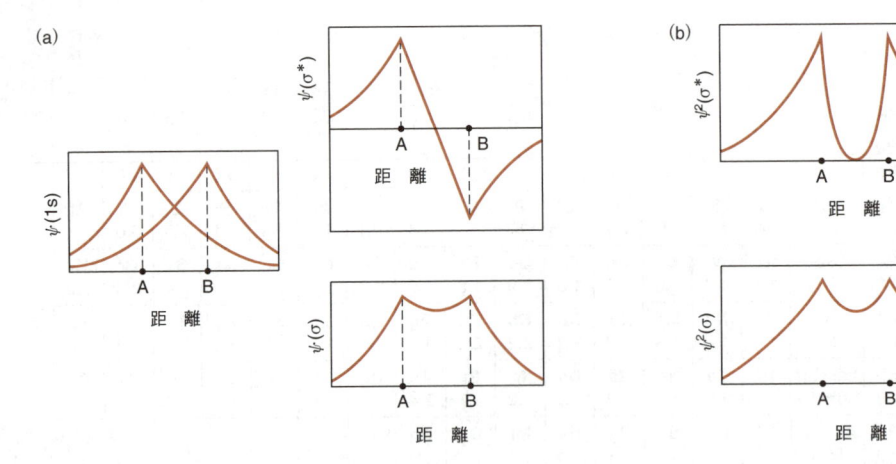

図 12・13 (a) 二つの水素原子 1s 軌道が加算的および減算的に相互作用した場合の分子波動関数．これらはそれぞれ結合性および反結合性 σ 軌道に相当する．黒点は核の位置を示す．(b) 分子波動関数の二乗値は結合性および反結合性 σ 軌道の電子存在確率の分布を表す．結合性分子軌道では核の間で電子密度が大きくなり，反結合性分子軌道では核の間で電子密度が小さくなる．

例題 12・1

HF の結合長は 0.92 Å (92 pm) である．H−F 結合のイオン性を計算せよ．

解 表 12・1 から，HF の双極子モーメントは 1.91 D あるいは $1.91 \times 3.3356 \times 10^{-30}$ C m = 6.37×10^{-30} C m である．これより

$$\text{イオン性}(\%) = \frac{6.37 \times 10^{-30} \text{ C m}}{(1.602 \times 10^{-19} \text{ C})(92 \times 10^{-12} \text{ m})} \times 100\ \% = 43.2\ \%$$

予想されるように，H と F の電気陰性度が大きく異なるため，H−F 結合は非常に極性が大きい．

コメント どんな化合物も，100 % のイオン性をもつことはない．

する．σ 軌道，σ* 軌道はそれぞれ，図 12・14 に示す極小をもつポテンシャル曲線，極小をもたないポテンシャル曲線に対応する．

σ 軌道および σ* 軌道は原子軌道の線形結合からつくられる．この **LCAO-MO** (**l**inear **c**ombination of **a**tomic **o**rbitals−**m**olecular **o**rbitals, 原子軌道の線形結合による分子軌道) モデルによると，分子軌道の波動関数はつぎのように与えられる*．

$$\psi(\sigma) = N(\psi_A + \psi_B) \quad (12 \cdot 11)$$
$$\psi(\sigma^*) = N(\psi_A - \psi_B) \quad (12 \cdot 12)$$

ここで + の記号は結合性 σ 軌道を，− の記号は反結合性 σ* 軌道を表現するためのものである．N は規格化定数である．

12・5 分子軌道理論

化学結合を説明する第二の理論，分子軌道 (MO) 理論では，二つの原子軌道が合体して分子軌道になると考える．例として，ここでも二つの H 原子から一つの H$_2$ 分子が形成される場合を考えよう．§11・1 で論じた干渉効果から類推されるように，二つの 1s 軌道は結合的にも反結合的にも相互作用することができる．これは二つの波動関数が，"重なり"領域において同符号をもつか，異符号をもつかによる．このような相互作用により，**結合性 σ 分子軌道** (bonding σ molecular orbital) および **反結合性 σ* 分子軌道** (antibonding σ* molecular orbital) が形成される (図 12・13)．結合性 σ 軌道では二つの原子核の間の電子密度が増大し，逆に反結合性 σ* 軌道では電子密度が減少

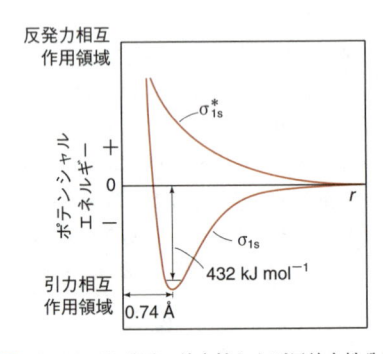

図 12・14 H$_2$ 分子の結合性および反結合性分子軌道のポテンシャルエネルギー曲線．反結合性軌道を示す曲線には極小値がないことに注意せよ．

---

* 重要な点として，式 (12・11) や式 (12・12) を式 (12・5) と混同してはならない．後者は全部，同じ炭素原子から生じた混成軌道であり，原子軌道であって，分子軌道ではない．

12・6 二原子分子

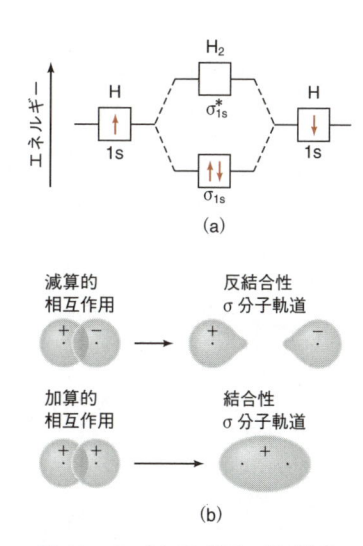

図 12・15 (a) H₂ 分子の分子軌道エネルギー準位図. (b) 1s 軌道の加算的および減算的相互作用の様子

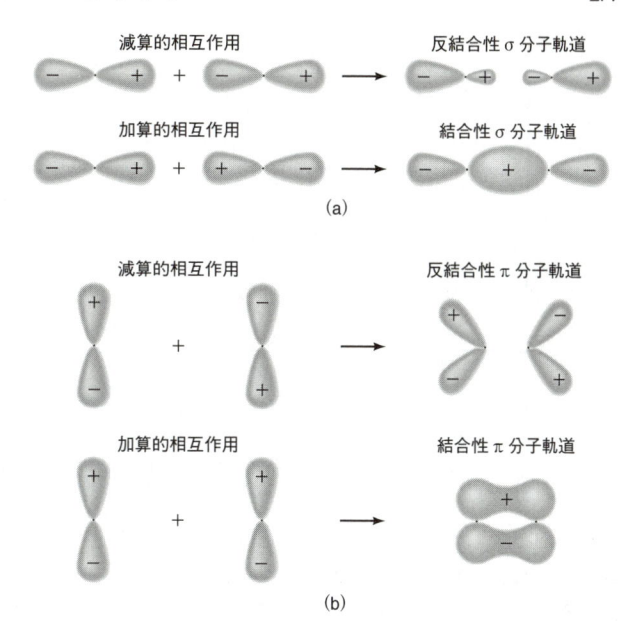

図 12・16 二つの 2p 軌道による, (a) σ 分子軌道, (b) π 分子軌道の形成

分子軌道は,原子軌道の概念を無理なく拡張したものである.H 原子の場合,電子は 1s 軌道に局在化していた.これと同じように,H₂ 分子にある電子対は結合性分子軌道の中に存在すると考えるのである.式(12・11)を両辺共二乗して

$$\psi(\sigma)^2 = N^2(\psi_A^2 + \psi_B^2 + 2\psi_A\psi_B) \quad (12・13)$$

を得る.式(12・13)の意味は,原子核 A, B の周りに電子を発見する確率は(規格化定数 N^2 は掛かるけれども)やはり ψ_A^2, ψ_B^2 で与えられること,原子核 A と B の間に電子密度の増加があること,である.電子密度の増加は二つの原子軌道の重なりによるものであり,その大きさは積 $2\psi_A\psi_B$ で与えられる.$\psi(\sigma^*)$ と $\psi(\sigma)$ の最大の相違は,反結合性軌道ではこの重なりが $-2\psi_A\psi_B$ で与えられる点である.これは電子密度が減少することに対応する.この特徴が"反結合性"という名前の由来である.

分子の電子配置に関しても,原子の場合と同じように,パウリの排他原理およびフントの規則が成り立たなければならない.H₂ の電子配置は単純に $(\sigma_{1s})^2$ と表される.ただし σ_{1s} は 1s 原子軌道から形成された結合性 σ 分子軌道を表すものとし,右肩の 2 は電子 2 個を表すものとする.結合性 σ 軌道に電子が入ることにより σ 結合が生まれる.σ_{1s}, σ_{1s}^* 分子軌道のエネルギーの相対関係を図 12・15 に示す.

二原子分子の安定性を,2 原子間の結合の数,あるいは **結合次数** (bond order) を計算することにより推定できる.これは次式で与えられる.

$$結合次数 = \frac{1}{2}(結合性分子軌道の電子数 - 反結合性分子軌道の電子数) \quad (12・14)$$

H₂ 分子の場合,結合性軌道に電子が 2 個あり反結合性軌道には電子がないため,結合次数は $\frac{1}{2}(2)=1$ である.結合次数 1 は共有結合が一つ存在すること,したがって水素分子が安定に存在することを意味する.結合次数は分数でもよいが,結合次数が 0(あるいは負数)の場合にはこの結合は安定ではなく,したがってこの場合には分子が存在しえないということに注意してほしい.結合次数は,分子の安定性の定性的な比較にのみ用いられる.

12・6 二原子分子

ここからは MO 理論をさまざまな二原子分子に適用する.その際これらの分子に関して,基底状態での電子配置,(結合次数から見積もった)安定性,磁性といった点に特に注意する.等核,異核二原子分子に関して考える.

第 2 周期元素から成る等核二原子分子

Li₂ Li 原子の電子配置は $(1s)^2(2s)^1$ であり,Li₂ 分子では四つの 1s 電子がそれぞれ対をなし σ_{1s} および σ_{1s}^* 軌道に入る.これに加えて σ_{2s}, σ_{2s}^* 軌道も存在する.2s 電子は 2 個しかないから,Li₂ 分子の電子配置は

$$(\sigma_{1s})^2(\sigma_{1s}^*)^2(\sigma_{2s})^2$$

と表される.結合次数は 1 であり,反磁性である.

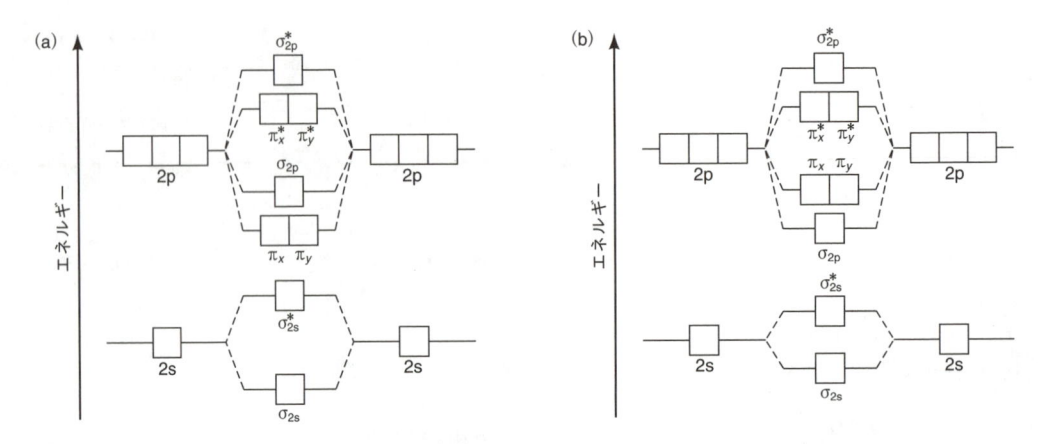

図 12・17 第2周期元素の等核二原子分子の分子軌道エネルギー準位図. (a) Li₂, B₂, C₂, N₂ の場合, (b) O₂, F₂ の場合. 簡単のため σ₁ₛ, σ₁ₛ* 軌道は省略した.

B₂ B 原子の電子配置は $(1s)^2(2s)^2(2p)^1$ である. p 軌道があるため, 2通りの相互作用が可能である. 図 12・16a に示すように p 軌道同士の直線的な重なりは σ 分子軌道をつくり, 図 12・16b に示すような場合には π 分子軌道ができる*¹. 先に述べたようにそれぞれの原子にはそれぞれ p 軌道が三つずつあるため, 簡単な対称性の考察から, 相互作用により σ 分子軌道一つ, π 分子軌道二つが形成されるということがわかる. 孤立した系では, 2p 軌道間の重なりが大きいことにより, σ 分子軌道の方が π 分子軌道より安定である. 分子軌道形成に 2s と 2p 原子軌道が関係するような分子の場合は状況はもっと複雑である. この場合は分子軌道のエネルギー図が 2通り書ける. 図 12・17a は Li₂ から N₂ まで, 図 12・17b は O₂ と F₂ に当てはまる. いずれの図においても, 2s 原子軌道が 2p 原子軌道よりも安定であるため, σ₂ₛ, σ₂ₛ* 軌道がエネルギー的に最も低い分子軌道である. これに対し σ₂ₚ と π₂ₚ 軌道の順序はそれぞれの図で異なる. この違いは, 一方の原子の 2s 軌道がもう一方の原子の 2p 軌道と相互作用するためである. いわば s-p を混ぜ合わせることで, 分子軌道のエネルギーが σ₂ₛ は下がり, σ₂ₚ は上がって, 分子軌道のエネルギーが離れてしまうような影響を受けるのである. B₂, C₂, N₂ では相互作用が非常に強いので σ₂ₚ 分子軌道は π₂ₚ 分子軌道よりも高いエネルギーの位置にある. O₂, F₂ では σ₂ₚ 分子軌道は π₂ₚ 分子軌道の下にある. これにより B₂ の電子配置は

$$(\sigma_{1s})^2(\sigma_{1s}^*)^2(\sigma_{2s})^2(\sigma_{2s}^*)^2(\pi_x)^1(\pi_y)^1$$

と書ける*². πₓ, πᵧ は 2pₓ, 2pᵧ 軌道から形成される π 分子軌道を表す. フントの規則の要請により, 二つの電子は平行スピンをもって縮退軌道に入る. そのため B₂ 分子は常磁性であり結合次数は 1 である.

N₂ N 原子の電子配置は $(1s)^2(2s)^2(2p)^3$ である. 図 12・17a を参考にして, N₂ 分子の電子配置を

$$(\sigma_{1s})^2(\sigma_{1s}^*)^2(\sigma_{2s})^2(\sigma_{2s}^*)^2(\pi_x)^2(\pi_y)^2(\sigma_{2p})^2$$

と書くことができる. ここで σ₂ₚ を 2pᵤ 軌道の重なりからできた分子軌道とした. この電子配置はわれわれの知識, すなわち N₂ は反磁性であり結合次数が 3 (つまり三重結合) である, ということと符合する.

図 12・18 磁極の間に固定される液体酸素. 常磁性物質は磁場に引き寄せられる〔Photo Researchers, Inc. より許諾を得て転載〕.

表 12・2 第2周期元素の等核二原子分子と水素分子の電子配置および結合の特性

分子	電子配置†	結合次数	結合エンタルピー kJ mol⁻¹	結合長 Å
H₂	$(\sigma_{1s})^2$	1	436.4	0.74
Li₂	KK$(\sigma_{2s})^2$	1	104.6	2.67
B₂	KK$(\sigma_{2s})^2(\sigma_{2s}^*)^2(\pi_x)^1(\pi_y)^1$	1	288.7	1.59
C₂	KK$(\sigma_{2s})^2(\sigma_{2s}^*)^2(\pi_x)^2(\pi_y)^2$	2	627.6	1.31
N₂	KK$(\sigma_{2s})^2(\sigma_{2s}^*)^2(\pi_x)^2(\pi_y)^2(\sigma_{2p})^2$	3	941.4	1.10
O₂	KK$(\sigma_{2s})^2(\sigma_{2s}^*)^2(\sigma_{2p})^2(\pi_x)^2(\pi_y)^2(\pi_x^*)^1(\pi_y^*)^1$	2	498.8	1.21
F₂	KK$(\sigma_{2s})^2(\sigma_{2s}^*)^2(\sigma_{2p})^2(\pi_x)^2(\pi_y)^2(\pi_x^*)^2(\pi_y^*)^2$	1	150.6	1.42

† 表中 KK は $(\sigma_{1s})^2(\sigma_{1s}^*)^2$, すなわち He₂ 分子の電子配置を表す.

*1 慣例的に, z 軸を二原子分子の結合軸方向にとることにする.

*2 電子配置は分光学的, 磁気的測定により確証される.

12・6 二原子分子

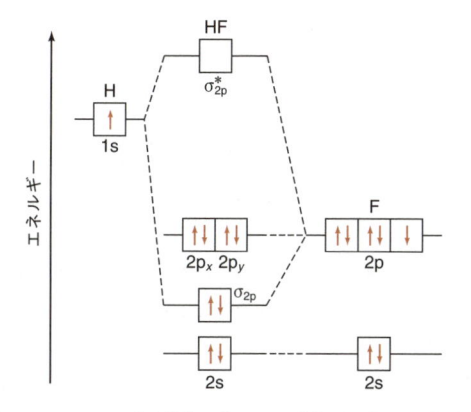

図 12・19 HF の分子軌道エネルギー準位図. 水素 1s 軌道およびフッ素 2p 軌道の位置は第 1 イオン化エネルギー値に基づく（表 11・4 参照）. 簡単のためフッ素の 1s 軌道は省略した.

O₂ O₂ 分子が常磁性である（図 12・18）ことは昔から知られていたが, ルイス構造, すなわち

$$\ddot{\text{O}}=\ddot{\text{O}}$$

では, この性質を説明することができなかった. O 原子の電子配置は $(1s)^2(2s)^2(2p)^4$ である. 図 12・17b によると O₂ 分子の電子配置は

$$(\sigma_{1s})^2(\sigma_{1s}^*)^2(\sigma_{2s})^2(\sigma_{2s}^*)^2(\sigma_{2p})^2(\pi_x)^2(\pi_y)^2(\pi_x^*)^1(\pi_y^*)^1$$

となり, π_x^*, π_y^* にある二つの不対電子により常磁性が説明される. さらに O₂ 分子の結合次数は 2 である. O₂ 分子の結合および磁性をうまく説明したことは, MO 理論の初期段階での成果の一つである.

表 12・2 に第 2 周期元素がつくる等核二原子分子のすべての電子配置とその他の性質についてあげた.

第 1, 第 2 周期元素から成る異核二原子分子

第 1, 第 2 周期の元素を含む異核二原子分子の取扱い方は, 基本的に等核二原子分子の場合と同じである. ただし, 二つの原子が異なるために, もはや分子軌道は, それぞれの原子軌道について対称的ではない. 特に, 結合性分子軌道は電気陰性度の高い方の元素の原子軌道によく似たものになる. 反結合性分子軌道についてはその逆, つまり電気陰性度の低い方の元素の原子軌道によく似たものになる, ということも言える.

フッ化水素 フッ化水素のルイス構造には, 単結合一つとフッ素原子上に三つの非共有電子対がある.

$$\text{H}-\ddot{\text{F}}:$$

図 12・19 に, HF 分子の原子軌道, 分子軌道の相対エネルギーを示す. ここには注目すべき点がいくつかある. まず H の 1s 原子軌道が F の 2p_z 原子軌道と相互作用して, フッ素の 2p_z の寄与が大きい σ 分子軌道を形成する. この σ 分子軌道の性質は, H–F 結合が極性をもち, 電子密度の大部分がフッ素近傍に分布する, という事実と符合する. σ* 分子軌道は水素原子 1s 軌道と同様の位置に存在し, よく似た形状をもつ. この水素の 1s 軌道はフッ素の 2p_x, 2p_y 軌道と相互作用しない. 結果的に二つの p 軌道は非結合性軌道である. そして三つの非共有電子対のうち二つはこの軌道に入っている. フッ素原子の 2s 軌道はエネルギー的にみて水素原子の 1s 軌道よりもずっと低いため, これらが相互作用することはない. そのためこの軌道もまた非結合性軌道であり, フッ素の三つめの非共有電子対を格納する.

数学的には, 結合性, 反結合性 σ 分子軌道は

$$\psi(\sigma) = c_1\psi_{1s} + c_2\psi_{2p_z} \quad (12・15)$$
$$\psi(\sigma^*) = c_3\psi_{1s} - c_4\psi_{2p_z} \quad (12・16)$$

と書かれる*. 係数 c_1, c_2 はそれぞれ σ 分子軌道の中の水素 1s 軌道, フッ素 2p_z 軌道の相対的な寄与を表す. H と F では電気陰性度が大きく異なるため $c_2 \gg c_1$ である. ゆえに HF 分子においては F の近傍で電子密度が非常に大きい. σ* 分子軌道に関しては逆が成り立つ. この軌道は通常占有されておらず, 電子励起状態で占有されることがある. σ* 軌道は水素 1s 軌道からの大きな寄与をもつ. すなわち $c_3 \gg c_4$ である.

一酸化炭素 一酸化炭素は N₂ 分子と**等電子**（isoelectronic）（つまり電子数が同じ）である. 確かに C 原子,

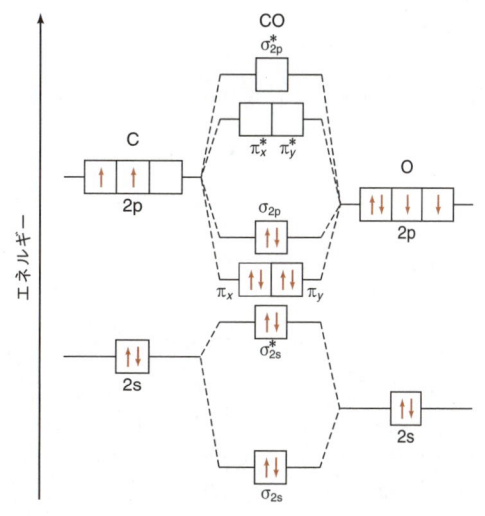

図 12・20 CO の分子軌道エネルギー準位図. 炭素および酸素 2p 軌道の位置は第 1 イオン化エネルギー値に基づく（表 11・4 参照）. 簡単のため 1s 軌道は省略した.

---

* 簡単のため規格化定数を省略した〔訳注: ただし, c_1〜c_4 が規格化の要請を満たすように決められているのならば, 式(12・15)と式(12・16)には規格化定数は不要である〕.

O原子の2s, 2p軌道はエネルギー的に互いに近いため、これらの間の相互作用はN_2分子での2s, 2p軌道間の相互作用とよく似たものである。図12・20にCOの分子軌道のエネルギー準位図を示す。ここでもC原子，O原子の原子軌道の配置は、第1イオン化エネルギーから決定される。HFの場合のように、より安定な分子軌道（結合性軌道）では、より電気陰性度が大きい原子（O原子）の軌道の係数が大きい。安定でない分子軌道（反結合性軌道）においては、より電気陰性度が小さい原子（C原子）の軌道の係数が大きい。CO分子の電子配置はN_2分子の場合と類似である（p.278参照）。

例題 12・2

一酸化窒素（NO）は光化学スモッグの原因の一つである。近年、この分子が神経伝達物質として機能すること、血圧の調節や遺伝子の調節に関係することが明らかになってきた。(a) この分子の電子配置を書け、(b) 結合次数を計算せよ、(c) 磁性を予測せよ、(d) この分子に関して、形式電荷を含めて二つのルイス構造を書け。

解 (a) N原子とO原子の電気陰性度は同程度である（図12・11参照）。そのため、形成される分子軌道は、N_2分子の場合やCO分子の場合とよく似ている。一酸化窒素の場合はN_2分子より電子数が一つ多いため、電子配置は

$$(\sigma_{1s})^2(\sigma_{1s}^*)^2(\sigma_{2s})^2(\sigma_{2s}^*)^2(\pi_x)^2(\pi_y)^2(\sigma_{2p})^2(\pi_x^*)^1$$

となる。
(b) 結合次数は

$$結合次数 = \frac{1}{2}(6-1) = 2.5$$

で与えられる。結合次数の計算に関して、内側（σ軌道）の電子の影響を全部足すと0になるため、これらは計算する必要がないことに注意しよう。
(c) 不対電子が一つあるため、常磁性である。
(d) ルイス構造は

$$\cdot \ddot{N}=\ddot{O}: \qquad {}^-\ddot{N}=\ddot{O}:{}^+$$

と書ける。N原子とO原子の間に三重結合があるようなルイス構造を書くことはできないことに注意してほしい。どちらのルイス構造においても、N原子とO原子の間にあるのは二重結合である。

形成である、という考え方がなお許される点にある。しかし、分子の性質がいつも単一の構造式で完全に表現できるわけではない。炭酸イオンの場合がこれに相当する。

このイオンは平面構造をとり、OCOの結合角は120°である。これらの性質は、炭素原子がsp^2混成軌道をもっていると考えれば容易に説明できる。しかし実験的に三つの炭素–酸素結合は同じ結合長をもち、同じ強さの結合であることがわかっているので、このイオンを表現するには、上に示した構造式は不適切である。C=O結合の位置は任意にとることができるから、つぎのような三つの構造式を考慮しなければならない。

$$A \qquad B \qquad C$$

⟷ は、これらの構造が炭酸イオンの**共鳴構造**（resonance structure）であることを意味する。**共鳴**（resonance）という単語は、単一のルイス構造では表現が不完全であるような一つの分子（あるいは、イオン）に対して、二つ以上のルイス構造を用いることを意味する。重要な点は、共鳴構造のそれぞれのうち、どれ一つとしてそれだけでは炭酸イオンを正しく表現するものではない、という点である。つまりこのイオンは、三つの共鳴構造すべての重ね合わせとして最も適切に表現されるのである。したがって、それぞれの炭素–酸素結合の性質は単結合と二重結合の中間であり、これはまた測定結果と一致する。分子構造が、これら三つの構造間を行ったり来たりしていることを示す証拠はまったくない。実際、これらの共鳴構造のそれぞれは実在しないイオンである。このような共鳴モデルを用いれば、結合長や結合の強さといった性質を説明しようとする際にうまくいく、というだけのことである*。

VB理論によると、炭酸イオンの波動関数はつぎのように書ける。

$$\psi = c_A\psi_A + c_B\psi_B + c_C\psi_C$$

---

* 共鳴を説明するための面白いたとえ話がある。中世ヨーロッパの旅人がアフリカ旅行から帰ったときのこと。サイを説明するために、彼は、それはグリフィン（訳注：ワシの頭、翼とライオンの胴体とをもち黄金の宝を守る怪獣）とユニコーン（訳注：額に1本のねじれた角と雄ジカの足とライオンの尾をもつウマに似た伝説上の動物）を掛合わせたものだ、と言った。つまり現実の動物を説明するために、（概念として）よく知られた想像上の動物がたとえとして用いられている。これと同じで、炭酸イオンという現実の化学種が、実際には存在しないけれども見た目にわかりやすい三つの構造を用いて表現されているのである。

12・7 共鳴と電子非局在化

軌道混成という概念の利点は、分子の幾何構造を説明することができるだけではなく、化学結合はつまり電子対の

12・7 共鳴と電子非局在化

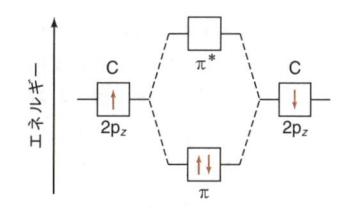

図 12・21 エチレンの結合性 π 分子軌道および反結合性 π* 分子軌道のエネルギー準位図

図 12・22 ベンゼンの結合性軌道三つ，および反結合性軌道三つのエネルギー準位図．π 電子波動関数も併せて示した（上から見たところ）．破線は節面を表す．

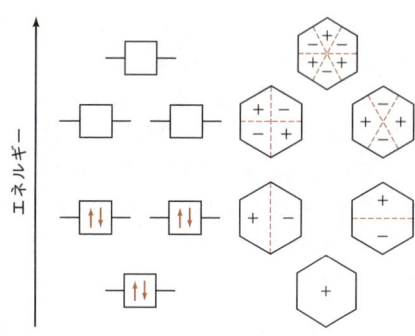

式中 ψ_A, ψ_B, ψ_C はそれぞれ三つの共鳴構造（A〜C）に関する個々の波動関数であり，係数 c_A, c_B, c_C はこれらの共鳴構造の寄与の重みや重要さを表す．ここでは三つの共鳴構造は等価な重みをもつから，c_A, c_B, c_C は互いに等しい．

共鳴の概念は芳香族炭化水素に対して最もよく適用される．1865 年ドイツの化学者，August Kekulé（1829〜1896）がはじめて，ベンゼンの環状構造を提案した．それ以来これらの分子に関する研究が大きく前進した．ベンゼンの炭素-炭素間の結合長の測定値は 1.40 Å であり，これは C−C 単結合（1.54 Å）と C=C 二重結合（1.33 Å）の中間の値である．つぎのように，二つのケクレ構造の共鳴を考えるのがより現実的である．

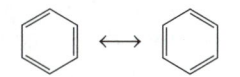

MO 理論は，上で論じた問題点に対する別な考え方を提供する．共鳴を考える代わりに，MO 理論では分子軌道の中で電子が非局在化すると考える．たとえばエチレンの場合，重なりをもつ二つの $2p_z$ 軌道が，結合性と反結合性の二つの分子軌道を形成する（図 12・21）．二つの電子は結合性 π 分子軌道に入る．このときこの軌道は二つの炭素原子にわたって分布する．より安定な σ 分子軌道はエネルギー的により低い位置に存在する．これと同様にベンゼン分子の場合，重なりをもつ六つの $2p_z$ 軌道が六つの分子軌道を形成する．これらのうち三つは結合性軌道，三つは反結合性軌道である（図 12・22）．それぞれの結合性分子軌道に一つずつ電子対が割り当てられる．これらの電子は，図 12・22 中の破線によって区切られた領域を自由に移動できる．たとえば，この場合に最低エネルギーをもつ分子軌道は，六つの $2p_z$ 軌道の線形結合（$\psi_1+\psi_2+\psi_3+\psi_4+\psi_5+\psi_6$）で形成される*．分子軌道のエネルギーが上がるにつれて，節の数が多くなる．これは第 11 章で論じた，箱の中の自由粒子の問題と同様である．MO 理論の枠組みの中では，ベンゼン分子はしばしば

のように表記される．ここで円が描かれているが，これは炭素原子間の π 結合が特定の二つの原子の間に存在するのではないこと，むしろ π 電子の密度がベンゼン分子全体にわたって平均的に分布していることを表すものである．このような表現でも，ベンゼンにおいてすべての炭素-炭素結合が同じ結合長や結合の強さをもつことがうまく説明できる．

MO 理論も VB 理論も化学結合を研究するために有用であるが，それぞれに長所，短所がある．MO 理論については電子の非局在化が，VB 理論では電子対形成による結合が，強調される傾向がある．同様に共鳴という概念は大変便利なものであるが，これを大きな分子に適用するためにはかなりの化学的直感が必要である．混成は，電子非局在化ではなく電子対という考え方を用いる VB 理論によくなじむものであるように思われる．実際には，混成は VB 理論だけではなく MO 理論においても，混成軌道から分子軌道が形成されるというように，同様によく用いられる考え方である．

ペプチド結合

ペプチド結合（すなわち，アミド基中の C と N の間の結合，−CO−NH−）は，タンパク質の構造を決める重要な役割を果たす．四つの原子（C, O, N, H）は同一平面内に存在することが X 線回折などの実験からわかっていて，これは C−N 結合周りの回転が制限されていることを示唆する．炭素-窒素結合の距離は 1.33 Å，これは C−N 単結合（1.49 Å）と C=N 二重結合（1.27 Å）の中間の値である．アミド基が平面である理由として，つぎのような共鳴構造による説明が考えられる．

---

* これより高いエネルギーをもつ π 分子軌道は，$2p_z$ 軌道の別な線形結合をとることにより表される．この場合，いくつかの係数が負数である．

C−N 結合がいくらか二重結合性をもつため回転が制限され，四つの原子が同一平面上に固定されるのである．

MO 理論によると，C 原子，N 原子は sp² 混成していると考えられる*．C 原子，O 原子にはそれぞれ混成にかかわらない $2p_z$ 軌道に一つずつ電子が存在し，窒素の混成にかかわらない $2p_z$ 軌道には二つ電子が存在する．これら三つの $2p_z$ 軌道の重なり合いから，つぎに示すような三つの分子軌道が形成される（図 12・23）．

$$\psi_1 = c_{11}\psi(O) + c_{12}\psi(C) + c_{13}\psi(N)$$
$$\psi_2 = c_{21}\psi(O) + c_{22}\psi(C) + c_{23}\psi(N)$$
$$\psi_3 = c_{31}\psi(O) + c_{32}\psi(C) + c_{33}\psi(N)$$

ここで ψ_1, ψ_2, ψ_3 は分子軌道であり，エネルギーが低いものから高いものの順番に並べてある．$\psi(O)$, $\psi(C)$, $\psi(N)$ はそれぞれの原子の $2p_z$ 軌道を表す．一次元の箱の中の自由粒子に関する最初の三つの状態（図 11・18 参照）からの類推で，係数に関してはつぎのような予想を立てることができる．

ψ_1: c_{11}, c_{12}, c_{13} はすべて正数
ψ_2: c_{21} は正数，c_{22} は 0，c_{23} は負数
ψ_3: c_{31} と c_{33} は正数，c_{32} は負数

分子軌道が分子の全体に非局在化することにより，炭素−窒素結合に二重結合性が生まれ，これによりアミド基の幾何構造が説明される．

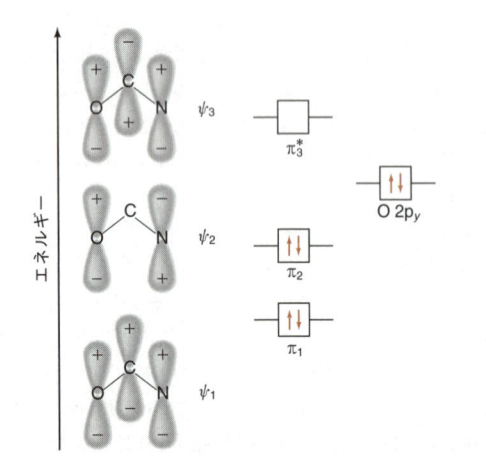

図 12・23 N, C, O の重なり合う $2p_z$ 軌道は結合性（ψ_1），非結合性（ψ_2），反結合性（ψ_3）という三つの π 分子軌道を形成する．ψ_1, ψ_2 にはそれぞれ二つ電子が入り，ψ_3 は空である．結合性 ψ_1 分子軌道により C−N 結合に多少の二重結合性が付与され，これによりアミド基の平面性が説明される．O の非共有電子対は $2p_y$ および 2s 軌道に存在する．

* O の $2p_x$ 軌道と C の sp² 軌道の間，および C と N の sp² 軌道の間に，σ 結合が形成される．

12・8 配位化合物

典型的な**配位化合物**（coordination compound）は，**錯イオン**（complex ion）すなわち一つあるいは複数の配位子をもった金属イオン，およびその対イオンから成る．対イオンは化合物の全電荷を 0 にするために必要である．例としては，[Co(NH₃)₅Cl]Cl₂ や K₃[Fe(CN)₆] があげられる．たとえば Fe(CO)₅ のように，錯イオンを含まない配位化合物も存在する．配位子と中心金属イオンの間での作用は，ルイス酸−ルイス塩基の相互作用に分類されることがある．すなわち，塩基（配位子）が酸（金属イオン）に電子対を供与して，配位結合を形成するのである．

錯体中の中心金属イオン（あるいは，酸）に関して，配位子を引き付ける能力によって，硬いおよび軟らかいというよび名を付けることが，米国の化学者，Ralph Gottfrid Pearson（1919〜）により提案された．硬い酸は小さく，引き締まって，分極しにくい（電荷密度分布がひずみにくい）金属イオンである．軟らかい酸は逆に，大きく，分極しやすい金属イオンである．配位子に関しても同様に，非共有電子対が電子供与原子にどれだけしっかり固定されているか，という点に注目して硬いあるいは軟らかいという分類をすることができる．原子の電気陰性度が大きくなるほど硬い塩基である．いわゆる HSAB（**H**ard and **S**oft **A**cids and **B**ases，硬い酸塩基・軟らかい酸塩基）の一覧を表 12・3 に示す．このように名前を付けると，一般に硬い酸は硬い塩基と結合しやすく軟らかい酸は軟らかい塩基と結合しやすい，ということがわかる点で意義深い．このような相関は多くの化学的，生物学的現象の過程を理解，予想するための手掛かりになる．配位化合物に共通した原子の立体配置を図 12・24 に示す．立体配置から**配位数**（**co**ordination **n**umber, CN）を定義することができる．これは錯体の中心金属原子を取囲む，（配位子の中の）電子供与原子の数である．

配位化合物に含まれる金属イオン，金属原子の多くは遷移金属である．表 12・4 に遷移金属の 1 列目（第 4 周期）の基底状態での電子配置を示す．電子が軌道に半分満たされた場合および全部満たされた場合に特に安定性が増す

表 12・3 配位子−金属反応における硬い酸塩基・軟らかい酸塩基の一覧表

	酸	塩基†
硬	H^+, Li^+, Na^+, K^+ Mg^{2+}, Ca^{2+}, Mn^{2+}, Al^{3+} Ga^{3+}, Co^{3+}, Cr^{3+}, Fe^{3+}	H_2O, NH_3, RNH_2 OH^-, F^-, Cl^-, NO_3^- CO_3^{2-}, CH_3COO^-, PO_4^{3-}
中間	Fe^{2+}, Co^{2+}, Ni^{2+}, Cu^{2+} Zn^{2+}, Sn^{2+}	N_2, Br^-, NO_2^-, SO_3^{2-} N_3^-, イミダゾール基
軟	Cu^+, Au^+, Pt^{2+}, Ag^+ Cd^{2+}, Hg^{2+}, Pb^{2+}	H^-, CN^-, SCN^-, I^- RSH, RS^-, R_3P, CO

† R はアルキル基あるいはアリール基．

12・8 配位化合物

の d 軌道はその向きにかかわらずすべて同じエネルギーをもつ．原子，イオンが配位子に囲まれている場合は，このようにはならない．**結晶場理論**（crystal field theory）では，金属と配位子の静電的相互作用に注目する．静電的相互作用には二通りが存在する．1) 金属カチオンと，負に荷電した配位子（たとえば Cl^-）や極性をもった配位子（たとえば H_2O）の負電荷末端との間に働く引力，2) 金属の価電子と配位子の非共有電子対との間の反発力，である．このような相互作用による電場のことを結晶場とよぶ．これはこの理論が，最初は結晶中のイオンの研究に適用されたことに由来する．

八面体錯体　配位子 6 個が八面体形で金属イオンを取囲んでいる場合を考えよう（図 12・25）．金属イオンと配位子の非共有電子対の間の静電的相互作用の強度は，関係する d 軌道がどの方向を向いているかにより決まる．$d_{x^2-y^2}$ 軌道を例にとろう．この軌道は八面体の頂点のうち

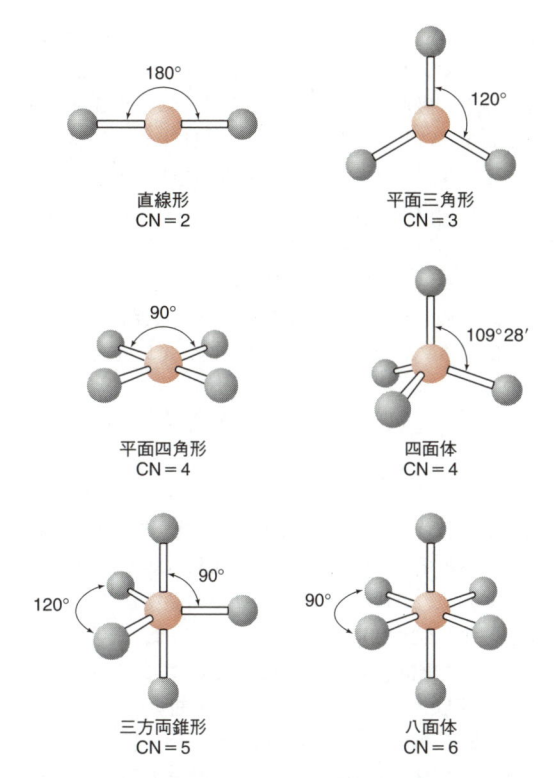

図 12・24　錯イオンの一般的な立体配置．赤色の球は金属イオンを，灰色の球は配位子を表す．CN は配位数の意味である．

（§11・11 参照）ため，$(d)^5$ と $(d)^{10}$ という二つの電子配置をとることが多い．

　配位化合物の結合を説明するための理論は同時に，化合物の色，磁性，立体配置，その他の特性を説明するものでなければならない．現在，配位化合物の研究には三つの理論が用いられている．これらについて以下で論じる．

結晶場理論

　孤立した状態の遷移金属元素あるいはイオンでは，五つ

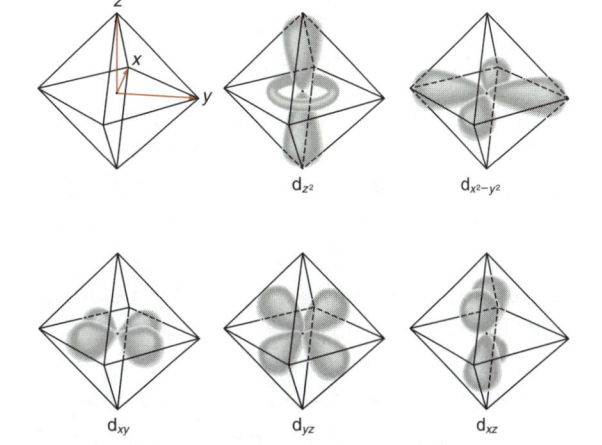

図 12・25　八面体環境での五つの d 軌道．金属イオンは八面体の中心に位置し，配位子の電子供与原子の非共有電子対 6 組は各頂点に位置する．

表 12・4　第 4 周期遷移金属の電子配置およびその他の特性

	Sc	Ti	V	Cr	Mn	Fe	Co	Ni	Cu
電子配置									
M	$(4s)^2(3d)^1$	$(4s)^2(3d)^2$	$(4s)^2(3d)^3$	$(4s)^1(3d)^5$	$(4s)^2(3d)^5$	$(4s)^2(3d)^6$	$(4s)^2(3d)^7$	$(4s)^2(3d)^8$	$(4s)^1(3d)^{10}$
M^{2+}	—	$(3d)^2$	$(3d)^3$	$(3d)^4$	$(3d)^5$	$(3d)^6$	$(3d)^7$	$(3d)^8$	$(3d)^9$
M^{3+}	[Ne]	$(3d)^1$	$(3d)^2$	$(3d)^3$	$(3d)^4$	$(3d)^5$	$(3d)^6$	—	—
イオン化エネルギー /kJ mol^{-1}									
第 1	631	658	650	652	717	759	760	736	745
第 2	1235	1309	1414	1591	1509	1561	1645	1751	1958
第 3	2388	2650	2828	2986	3251	2956	3231	3393	3578
半径/Å									
M	1.44	1.36	1.22	1.17	1.17	1.16	1.16	1.15	1.17
M^{2+}	—	0.90	0.88	0.85	0.80	0.77	0.75	0.72	0.72
M^{3+}	0.81	0.77	0.74	0.68	0.66	0.63	0.64	—	—

x, y 軸に沿った方向に広がっていて，その方向には非共有電子対が位置している．このときこの軌道に入っている電子は，たとえば d_{xy} 軌道に入っている電子に比べて，配位子からより大きな反発力を受けるであろう．この理由により，$d_{x^2-y^2}$ 軌道のエネルギーは d_{xy}, d_{yz}, d_{xz} 軌道に比べると高い．d_{z^2} 軌道のエネルギーも同様に高いであろう．なぜならこの軌道は z 軸に沿って配位子の方向を向いているからである．

図 12・26 に，d 軌道のエネルギーに及ぼす八面体結晶場の影響の様子を示す．ここに示した二つの d 軌道の組の間のエネルギー差は**結晶場分裂**（crystal-field splitting）とよばれ，Δ と表記される．球対称な結晶場に置かれたときと比較した場合の，錯イオン中での d 軌道が全体として得るエネルギーの減少（つまり余計に安定化する分）を指して，**結晶場安定化エネルギー**（crystal-field stabilization energy, CFSE）という．図 12・26 からわかるように，CFSE は Δ の値（これは配位子の形状に依存する）および存在する電子の数に依存する．これはつぎのように計算できる．

$$\text{CFSE} = n(e_g)(0.6\Delta) - n(t_{2g})(0.4\Delta) \quad (12 \cdot 17)$$

ただし $n(e_g)$，$n(t_{2g})$ はそれぞれ e_g，t_{2g} 軌道にある電子の数である．この式から，基底状態での電子配置では常に e_g 軌道よりも t_{2g} 軌道に多くの電子が入るために，CFSE は負（イオンは球対称場の中よりも八面体場中にある方が安定であることを意味する）あるいは 0 であることがわかる．後者の場合，安定化は起こらない．これは e_g および t_{2g} 軌道がいずれも空〔$(d)^0$〕であるか，いずれも完全に満たされているとき〔$(d)^{10}$〕である．

相互作用により生まれるパラメーター，Δ の大きさにより，配位子を**強結晶場配位子**（strong-field ligand），**弱結晶場配位子**（weak-field ligand）に分類することができる．Δ が大きくなるほど，配位子が強いことになる．溶液中での錯イオンの吸収スペクトルを測ることにより Δ を定量的に測定することができる．たとえば $TiCl_3$ が水に溶けた場合，水和 Ti^{3+} イオン〔$(3d)^1$〕は $Ti(H_2O)_6^{3+}$ として存在する．イオンの中の孤立した d 電子は t_{2g} 軌道に入るはずである．特定波長の光照射によって，この電子は e_g 軌道に励起される．図 12・27 に $Ti(H_2O)_6^{3+}$ の吸収スペクトルを示す．このスペクトルには 498 nm に極大が見られる．分光学的遷移（$\Delta = h\nu$）の条件および関係式 $\nu = c/\lambda$ から，

$$\Delta = \frac{hc}{\lambda} = \frac{(6.626 \times 10^{-34}\,\text{J s})(3.00 \times 10^8\,\text{m s}^{-1})}{498\,\text{nm} \times 10^{-9}\,\text{m/nm}}$$
$$= 3.99 \times 10^{-19}\,\text{J}$$

と書くことができる．これがイオン 1 個を励起するために必要なエネルギーである．イオン 1 mol あたり $\Delta = 240$ kJ mol^{-1} であり，これが水の配位による結晶場分裂である．配位子の強さを比較するための一つの方法は，金属イオンを共通にして配位子を変化させることである．これらの錯イオンの吸収スペクトルから Δ の値を知ることができ，また，d 軌道のエネルギー準位をどれだけ分裂させるか，という能力の順に配位子を並べた**分光化学系列**（spectrochemical series）を得ることができる．

$$I^- < Br^- < SCN^- < Cl^- < F^- < OH^- <$$
$$H_2O < NH_3 < \text{en} < NO_2^- < CN^- < CO$$

ここでエチレンジアミン配位子を **en** と省略した．CO と CN^- はどちらも，Δ の最大値を生むから，強結晶場配位子である．ハロゲン類，水酸化物イオンは弱結晶場配位子である．

配位子の強さを知ることにより，錯イオンの光学的，磁

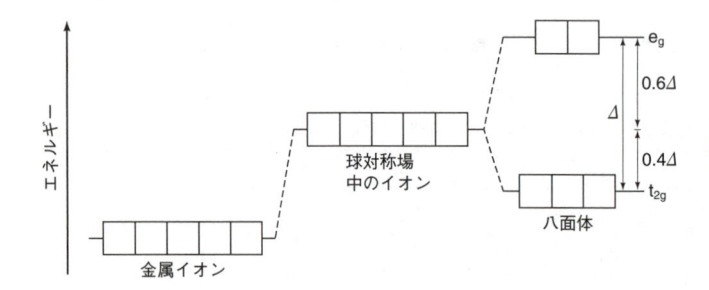

図 12・26 八面体環境での d 軌道に対する結晶場の影響．結晶場安定化エネルギーは式(12・17)により与えられる．e_g，t_{2g} はこれら 2 組の軌道を表すための群論（対称性に関する数学的理論）による記号である．

図 12・27 (a) $Ti(H_2O)_6^{3+}$ の電子遷移．吸収のための条件は $\Delta = h\nu$ が成り立つことである．(b) $Ti(H_2O)_6^{3+}$ の吸収スペクトル．498 nm に吸収極大をもつ．

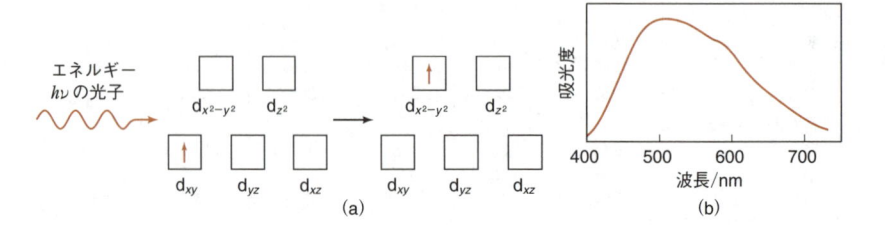

12・8 配位化合物

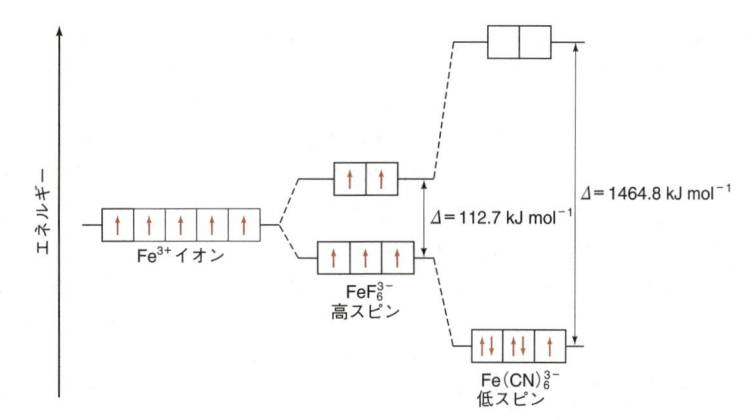

図 12・28 FeF_6^{3-} および $Fe(CN)_6^{3-}$ のエネルギー準位図

気的性質を理解するための手掛かりが得られる．3〜8個のd電子をもつ金属錯イオンにおいては，t_{2g}軌道，e_g軌道を満たす際，二通りの順序がある．例としてFeF_6^{3-}と$Fe(CN)_6^{3-}$という正八面体錯体を考えよう（図12・28）．Fe^{3+}の電子配置は$[Ar](3d)^5$であり，このとき5個のd電子の分布の仕方が二通りある．フントの規則によると，電子がそれぞれ平行スピンをもってそれぞれ別の軌道に入った場合に，達成される安定化が最大になる．しかしこの配置をとるためには，5電子のうち二つの電子は高エネルギー側のe_g軌道に昇位しなければならない．一方，五つの電子が全部t_{2g}軌道に入った場合には，同じd軌道に入った電子が互いに近接していることにより静電的反発力が大きくなりすぎる，という点に注意しよう．そうして実際の電子配置は，逆向きに働くこれら二つの効果を折衷したものになる．F^-は小さいΔを与える弱結晶場配位子であるためフントの規則の影響が優勢となり，その結果FeF_6^{3-}は**高スピン錯体**（high-spin complex）になる*．強結晶場配位子であるCN^-の場合には逆が成り立つ．すなわち$Fe(CN)_6^{3-}$では電子は優先的にt_{2g}軌道内で対になり，その結果**低スピン錯体**（low-spin complex）ができる．一般に錯イオンの電子配置と配位子の性質を知ることができれば，かなりの正確さで磁気的性質を予見することができる．

電子遷移は関係式$\Delta=h\nu$に従うため，錯イオンの色もまた配位子の種類に依存する．Δが大きいと遷移振動数は大きく，光の波長は短くなる．表12・5に吸収される波長と透過される波長のおよその関係を示す．たとえば$Ti(H_2O)_6^{3+}$イオンはおもに黄緑色周辺の光を吸収する（図12・27参照）ため紫色に見える．

四面体錯体・平面四角形錯体　四面体錯体と平面四角形錯体という二つの異なる錯体に関しても，d軌道のエネルギー準位の分裂は結晶場理論により説明される．実際に

表 12・5 波長−色の関係

吸収波長/nm	目に見える色	吸収波長/nm	目に見える色
400（紫）	黄緑	580（黄）	深青
450（青）	黄	600（橙）	青
490（青緑）	赤	650（赤）	緑
570（黄緑）	紫		

は，四面体イオンでの分裂の仕方は八面体錯体の場合と逆である（図12・29）．この場合d_{xy}, d_{yz}, d_{xz}軌道の方が配位子に近い方向を向いているため，これらが$d_{x^2-y^2}$軌道，d_{z^2}軌道より高いエネルギーをもつ．四面体形に並んだ配位子は，八面体形に並んだ場合ほどにはd軌道を区別しないので，結晶場分裂はより小さい．事実，同じ金属イオンで同じ配位子の場合に，四面体での分裂は八面体での分裂の$\frac{4}{9}$，つまり$\Delta_{tet}=\frac{4}{9}\Delta_{oct}$である．結果として四面体錯体の大部分は高スピン錯体として存在する．

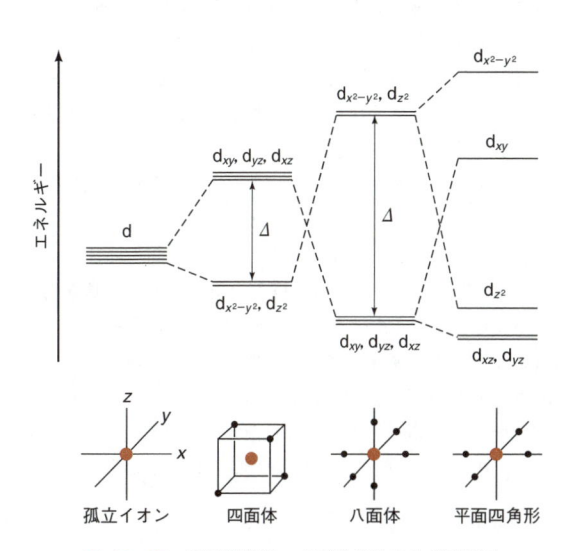

図 12・29 四面体構造，八面体構造および平面四角形構造の場合のd軌道の分裂の様子．結晶場分裂は四面体構造および八面体構造にのみ定義される．

---

* 金属イオンが同じ場合，高スピン錯体にはより多くの不対スピンが含まれる．

図 12・29 に示すように，平面四角形錯体の場合の分裂の起こり方が最も複雑である．$d_{x^2-y^2}$ 軌道が（八面体の場合のように）最も高いエネルギーをもち，d_{xy} 軌道がそのつぎに大きなエネルギーをもつ．そのつぎは d_{z^2} である．この軌道には，かなりの大きさの xy 平面内に広がる電子密度の帯がある．d_{xz}, d_{yz} 軌道は最も低いところに位置する．分裂がこのように起こる場合に八面体や四面体の場合と同じように結晶場分裂の大きさを定義することは不可能である．

例題 12・3

$Mn(CN)_6^{4-}$ について Δ を用いて CFSE を計算し，磁気的性質を推察せよ．

解 金属イオンは Mn^{2+} であり，$[Ar](3d)^5$ の電子配置をもつ．CN^- は強結晶場配位子であるため d 軌道の 5 個の電子はすべて t_{2g} 軌道に入る．式(12・17)に従い

$$CFSE = (0)(0.6\Delta) - (5)(0.4\Delta) = -2.0\Delta$$

を得る．五つの電子のうち四つが対をなしており，低スピン錯体であるが常磁性を示す．

コメント ここでは t_{2g} 軌道に入った電子同士が対をなすことによる反発を考慮していないため，実際の CFSE は -2.0Δ より小さい（より 0 に近い）ことに注意せよ．

分子軌道理論

結晶場理論は，概念的には容易に理解できるし，いろいろな錯体に関してスペクトルや磁気的性質をうまく説明することができる．しかしこの理論には重大な欠陥がある．この理論では静電的相互作用しか考慮されておらず，金属–配位子の共有結合的性質がまったく無視されているのである．この点をもっと適切に考慮した，よりよい方法として MO 理論[*1]があげられる．

エネルギー的に近接している二つの原子軌道はエネルギー的に遠く離れたものよりも強く相互作用する，という考え方を出発点としよう．たとえば一般に ML_6^{n+}（あるいは ML_6^{n-}，中心金属の電荷および配位子 L が負電荷をもっているかどうかによる）で表される八面体錯イオンを考える[*2]．先に述べたように（図 12・25 参照），$d_{x^2-y^2}$ と d_{z^2} 軌道は配位子の方を向いている．そのため，これらの軌道は配位子の非共有電子対の軌道と σ 分子軌道をつくる．一方，d_{xy}, d_{yz}, d_{xz} 軌道は配位子の間を向いているため，こ

[*1] 金属錯体を取扱うために分子軌道非局在化を含めて MO 理論を拡張したものを配位子場理論とよぶ．
[*2] ここでは M を遷移金属の第 1 列目（第 4 周期）とする．

れらは配位子と σ 結合をつくらない．4s 軌道は球対称であるためすべての配位子の非共有電子対の軌道と重なりをもつであろう．三つの 4p 軌道は，配位子の非共有電子対の軌道のうちの x, y, z 軸上にあるものと相互作用をするであろう．したがって $d_{x^2-y^2}$, d_{z^2}, 4s, $4p_x$, $4p_y$, $4p_z$ 軌道は σ 分子軌道形成に関与し，d_{xy}, d_{yz}, d_{xz} 軌道は非結合性分子軌道になると考えられる．

FeF_6^{3-} の分子軌道のエネルギー準位図を図 12・30 に示す．反結合性 e_g^* 軌道がおもに $d_{x^2-y^2}$ と d_{z^2} から形成されていて，配位子の軌道からの寄与がより少ないことに注意しよう．このように混合がほとんどないのは，配位子の軌道と金属の 3d 軌道のエネルギーが大きく異なるからである．このように，MO 理論でも，結晶場理論と同様に d 軌道の分裂を予測することができる．さらに MO 理論は，結合を理解するためのしっかりした基礎をもたらし，結晶場分裂に対してよりわかりやすい描像を与える．たとえば，F のように非常に電気陰性度の高い電子供与原子を含んだ配位子の場合，（電子が原子にしっかり捕捉されているため）非共有電子対の軌道のエネルギーは非常に低いであろう．その結果この軌道は金属原子の軌道と混合せず，そのため結晶場分裂はごく小さいものとなる．以上の理由により，FeF_6^{3-} は高スピン錯体である．

MO 理論のその他の利点としては，配位子と金属イオン間の π 結合相互作用（§12・9 を参照）をも説明できることがあげられる．しかしこの理論は一般に結晶場理論よりもずっと複雑である．

原子価結合（VB）理論

第三の方法では，配位子がそれぞれ金属イオンに電子対を供与して配位共有結合を形成することを考える．八面体錯体では金属イオンには結合形成可能な空軌道が六つ存在する．このときの電子配置を想像するには，金属イオンが混成軌道をもっていると考えるとよい．混成に関するこれまでの議論には d 軌道は含まれていなかったが，第 3 周期以降の元素についてはこれらも混成に関与すると考える．混成に関与できるかどうかには，d 軌道が s 軌道や p 軌道と近接したエネルギーをもっていることが基準となる．そういうわけで，P 原子が dsp^3 混成軌道であると考えれば PCl_5 が三方両錐形をしている理由が説明できる．リンの電子配置は $[Ne](3s)^2(3p)^3$ である．s 軌道の電子をエネルギーの低い 3d 空軌道に昇位させることで dsp^3 混成軌道が五つ形成される．その他の幾何構造に対応する混成軌道の例を表 12・6 に示す．

$Fe(CN)_6^{3-}$ などの八面体錯体では，金属イオンでは d^2sp^3 混成が起こる．このとき $3d_{x^2-y^2}$, $3d_{z^2}$, 4s, および三つの 4p 軌道が関係している．六つのシアノ基から 12 電子受け取ることで，[Fe^{3+} は $(3d)^5$ であるから] 金属イオンには合

図 12・30　八面体錯イオン ML_6^{n+}（あるいは ML_6^{n-}）の分子軌道エネルギー準位図. e_g 分子軌道は, 本質的には金属イオンの純粋な $d_{x^2-y^2}$ と d_{z^2} である.

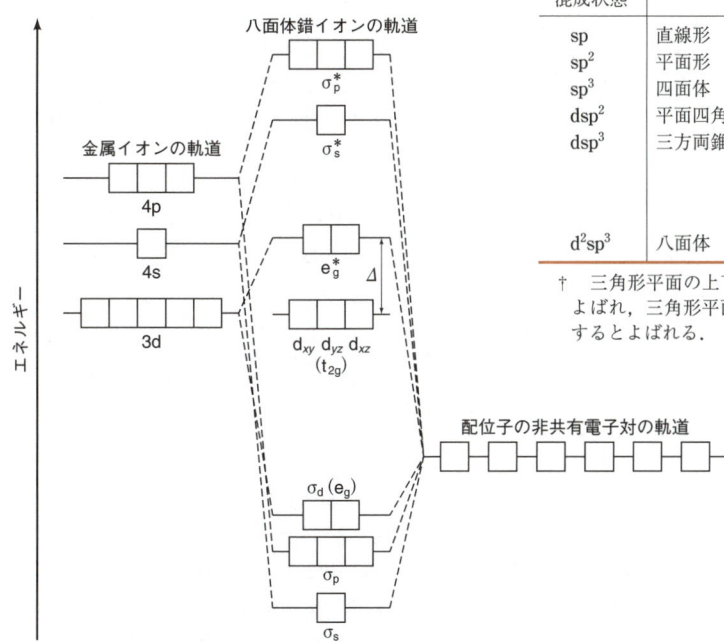

表 12・6　分子の軌道混成と構造

中心原子の混成状態	構造	結合角	例
sp	直線形	180°	HCN, C_2H_2
sp^2	平面形	120°	BF_3, C_2H_4
sp^3	四面体	109°28′	CH_4, NH_4^+
dsp^2	平面四角形	90°	$Ni(CN)_4^{2-}, PtCl_4^{2-}$
dsp^3	三方両錐形	90°（アキシアル－エクアトリアル）[†] 120°（エクアトリアル－エクアトリアル）	PCl_5
d^2sp^3	八面体	90°	$Ti(H_2O)_6^{3+}, SF_6$

[†] 三角形平面の上下に位置する原子はアキシアル位に位置するとよばれ, 三角形平面内に位置する原子はエクアトリアル位に位置するとよばれる.

計 17 電子が存在する. このときの電子配置は $(3d)^{10}(4s)^2(4p)^5$ である. 混成した後を考えると, 12 電子が六つの混成軌道に入り, その他の 5 電子が混成に関与しない d_{xy}, d_{yz}, d_{xz} 軌道に入る. VB 理論について最も問題なのは結晶場分裂がうまく説明できないこと, したがって錯体の色や磁性をうまく説明できないことがあげられる. しかし混成を考えることは分子構造を説明するために便利であるので, この理論はその価値を保っている.

12・9　生物学的な系での金属錯体

金属は多くの生体反応で中心的な役割を果たしている. 総括的な話や機能はここでは紹介できないので, いくつかの金属イオンについてそのものの性質と, タンパク質中や他の生体分子中に取込まれたときの構造的な面について述べることにする. すべての生物に対して鉄が重要であるので, 鉄の生物無機化学におもに焦点を絞ることにする.

鉄

進化の観点からは驚くには当たらないが, ミオグロビンやヘモグロビンやシトクロムのようなタンパク質中に, そしてカタラーゼやペルオキシダーゼのような酵素の中に鉄があり, 興味深いことには図 12・31 に示すようにその鉄は平面状のポルフィリン環の中心に置かれている. ポルフィリン分子の電子は芳香族炭化水素と同じように, 広範囲に非局在化している. ミオグロビンとヘモグロビンの両者では, 鉄は +II の酸化状態にあって, ポルフィリン環の窒素原子と四つの σ 結合を形成する. これらの分子は八面体錯体を形成できるように, あと二つの配位座を残しており, 第五配位子はタンパク質鎖の一部分であるヒスチジン残基によって与えられる. 酸素がない場合には, 第六配位座は空席になっていて*, 環の片側でヒスチジン残基が Fe^{2+} と結合し, 四方錐構造ができあがる（図 12・32）. オキシヘモグロビンでは, 分子状酸素が第六配位座に配位する. O_2 分子の結合の仕方には三つの異なった配向（図

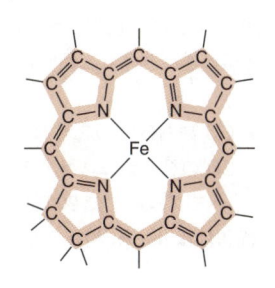

図 12・31　鉄-ポルフィリン系. 電子が非局在化している部分を赤色で示した. クロロフィル分子もまたポルフィリンに似た環状化合物を含んでいるが, 金属イオンは Mg^{2+} である.

* 訳注: 原著では"第六配位子は水"と書かれているが, Fe^{3+} のときのみ水が配位していて, Fe^{2+} では空席になっている. ヒスチジンのイミダゾール窒素が Fe^{2+} に配位し, 四方錐をつくるという表現の方が原著の八面体構造より正しいので修正した.

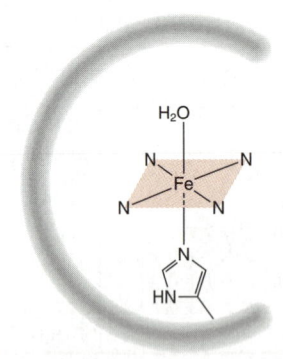

図 12・32 ヘモグロビン，ミオグロビンのヘム基．第五配位子はヒスチジンで，**近位 (proximal) ヒスチジン**とよばれている．もう一つ近くにあるヒスチジンは**遠位 (distal) ヒスチジン**とよばれ，近位ヒスチジンと区別される．酸素がないとき第六配位座は Fe^{2+} では空席，Fe^{3+} では水分子が占める．

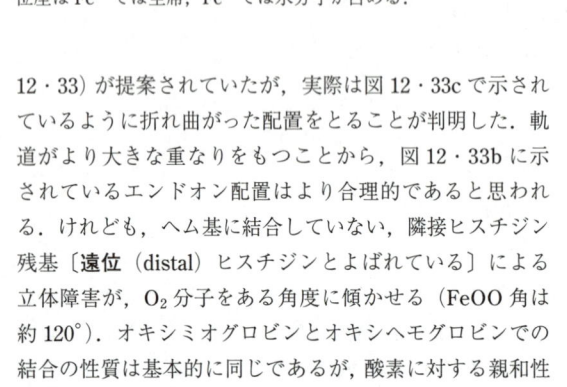

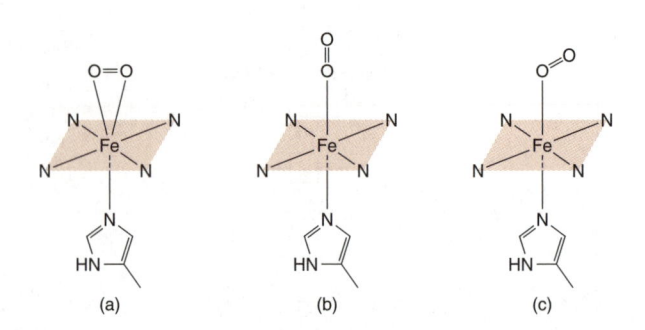

図 12・33 ヘモグロビンのヘムに O_2 が結合するときの三つの考えられる構造．(a) 示されている構造では配位数が 7 であり，鉄錯体としてはとりにくいと考えられている．(b) エンドオン配置は最も合理的であると思われる．実験的な証拠により正しいものは (c) の構造である．

12・33) が提案されていたが，実際は図 12・33c で示されているように折れ曲がった配置をとることが判明した．軌道がより大きな重なりをもつことから，図 12・33b に示されているエンドオン配置はより合理的であると思われる．けれども，ヘム基に結合していない，隣接ヒスチジン残基〔遠位 (distal) ヒスチジンとよばれている〕による立体障害が，O_2 分子をある角度に傾かせる（FeOO 角は約 120°）．オキシミオグロビンとオキシヘモグロビンでの結合の性質は基本的に同じであるが，酸素に対する親和性は劇的に違う．第 10 章で論じた協同効果がこの差の原因である[*1]．

第 10 章 (p.234) で，デオキシヘモグロビンは常磁性であるが，オキシヘモグロビンは反磁性であることを述べた．高スピン Fe^{2+} から低スピン Fe^{2+} への転換によりイオン半径が縮まるので，鉄原子はポルフィリン環の平面内に滑り込み協同効果の引き金となる．図 12・34 はデオキシヘモグロビンとオキシヘモグロビンのスピン状態の違いを示している．解離に伴い O_2 分子は放出され，低スピン Fe^{2+} イオンは高スピン状態に逆戻りすると同時に，ポルフィリン環の面外に出る．

酸素のほかに，CO や NO[*2] のような小分子も Fe^{2+} に結合する．事実，CO の結合性はミオグロビンでは O_2 よりも約 50 倍強く，ヘモグロビンで 200 倍強い．Fe^{2+} に対する CO の高い親和性は d_π-p_π 相互作用によるものである．CO の炭素原子は sp 混成をつくっている．非共有電子対を含む sp 混成軌道は鉄の d_{z^2} 軌道と重なり合い，σ 結合を形成する．これに加えて，鉄の満たされた d_{xz} 軌道は CO 上の空の π^* 軌道に電子密度を与える（図 12・35）．この相互作用の結果，Fe^{2+} と CO の間の結合はかなりの二重結合性をもっており，典型的な単結合よりも切断しにくくなる．Fe-C 結合の強さは軌道の重なりの程度に依存する．もし CO 分子が CO 軸がポルフィリン面に直行するエンドオン様式で Fe^{2+} イオンに結合するとしたら，ミオグロビンとヘモグロビンの Fe^{2+} に対する CO の親和性は O_2 の親和性の倍以上となるであろうが，幸運にも遠位ヒスチジンがそのような構造をとりにくくさせている（図 12・35 の訳注参照）．もしそうなっていなかったら，たとえばラッシュアワー時に短時間の運転をしただけで，ほとんどのヒトは酸素欠乏で致命的になってしまうであろう．シアン化物イオンは一酸化炭素と等電子であるが，Fe^{2+} の d 電子とシアン化物イオンの負電荷との間の反発によって，ヘモグロビンでは Fe^{2+} イオンと強い錯体をつくらない．シアン化物イオンの毒性は，呼吸酵素のシトクロムオキシダーゼを攻撃することによって生じる[*3]．鉄ポルフィリンをもつタンパク質をヘムタンパク質とよぶが，表 12・7 はいくつかの重要なヘムタンパク質のスピン状態を示している．

他のヘムタンパク質としてシトクロム c を例にあげるが，それはヘモグロビンとは違い，酸素の代わりに電子を運ぶ．この物質は光合成と呼吸系，両方の電子伝達鎖に存在している．酸化還元反応は

$$\text{Cyt } c \text{ Fe}^{3+} + e^- \rightleftharpoons \text{Cyt } c \text{ Fe}^{2+}$$

[*1] 酸素存在下では，溶液中の単離されたヘム基の Fe^{2+} イオンは容易に Fe^{3+} に酸化されるが，Fe^{3+} ヘムは O_2 と結合する能力をもたない．酸化のメカニズムとして O_2 が二つのヘムの間に挟まれた中間体を経由する必要があるが，ミオグロビンやヘモグロビンでは，タンパク質の三次元構造が立体障害をつくり，二つのヘムの接近を妨げている．そのため Fe^{2+} イオンのまま残る．

[*2] 訳注：原著では Fe^{3+} と Fe^{2+} を混乱している．"N_3^- が結合する"と書いてあるが，Fe^{2+} に N_3^- は結合しないので NO とした．

[*3] R. Chang, L. E. Vickery, *J. Chem. Educ.*, **51**, 800 (1974) および D. A. Labianca, *ibid.*, **56**, 789 (1979) を参照．

12・9 生物学的な系での金属錯体

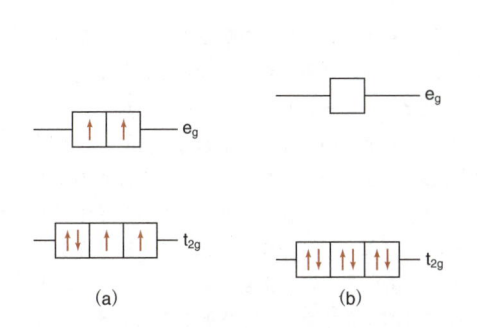

図 12・34 (a) デオキシヘモグロビン（高スピン）と (b) オキシヘモグロビン（低スピン）のスピン状態図．低スピン Fe^{2+} の電子雲の広がりは比較的小さいので，ポルフィリン環の面内に収まる．そのことが部分的に第 10 章で議論された協同効果の原因となる（図 10・23 参照）．

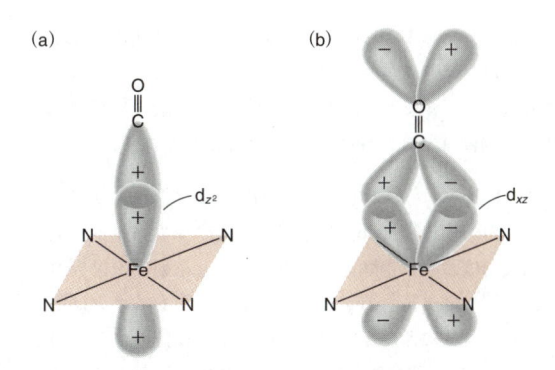

図 12・35 CO 配位子とヘムの Fe^{2+} イオンの間の σ 結合の形成 (a) と π 結合の形成 (b)．図 12・33c で O_2 分子に対して示されているような折れ曲がった配置を CO がとられるような立体障害があれば，構造の安定性が低下することに注意する．〔訳注：この部分の原著の記述は正しくないので訳は変えてある．X 線結晶構造解析により CO はヘム面にほぼ垂直になっていることは明らかになっており，それだけタンパク質と無理な相互作用をしているためエネルギーが高くなっている．その結果，CO の Fe^{2+} への親和性はタンパク質中では溶液中より相当低くなっている．〕

である．ここでも鉄はポルフィリン環の中心にありヒスチジンは第五配位子である．この場合，第六配位子はメチオニン残基の S 原子である（図 12・36）．鉄-硫黄結合は十分強く，このため酸素によるメチオニン配位子の置き換えは自然には起こらない．

ルブレドキシンとフェレドキシンは別のタイプの鉄タンパク質の例であり，これらはヘム基を含まない．この種の鉄タンパク質はすべての緑色植物，藻類，光合成細菌にみられる．それらはまた窒素固定や水の還元に重要な役割を果たしていて，シトクロムのように電子の運搬体として機能する．鉄原子がこれらの化合物の中心にあって四面体的に硫黄原子と結合していることがX線結晶解析の研究によって明らかになっている．

銅

銅イオンは呼吸鎖の酵素のシトクロム c オキシダーゼ，酸素運搬タンパク質のヘモシアニン，光合成系の電子運搬タンパク質のプラストシアニン，植物や動物中でアミノ酸のチロシンをメラニン色素へ変換する酵素であるチロシナーゼなど，さまざまなタンパク質や酵素の中に含まれる．Cu^+ の電子配置は $[Ar](3d)^{10}$ で，遷移金属イオンのカテゴリーに入らない．ほとんどの Cu^I 錯体は無色で四面体構造をもっている．銅の+II の酸化状態では，通常，銅は緑や青色の平面正方形あるいは八面体構造の錯体を形成する．たとえば，デオキシヘモシアニンは無色の Cu^I 種で，酸素が結合すると青色に変わり Cu^{II} が含まれていることがわかる．ヘモシアニン 1 分子あたり二つの銅原子をもっており，タンパク質と酸素の結合比は 1:1 である．

マンガン，コバルト，ニッケル

マンガン マンガンは多くの酸化状態をもつが，Mn^{II} と Mn^{III} だけが生物学的な系に重要である．マンガンは +II の酸化状態では常に高スピン八面体錯体を形成している．Mn^{3+} は錯体をつくっていなければ水溶液中で不

表 12・7 いくつかのヘムタンパク質のスピン状態

ヘムタンパク質	Feの酸化状態	第六配位子	不対電子数	スピン状態
ヘモグロビン	+2		4	高
オキシヘモグロビン	+2	O_2	0	低
ミオグロビン	+2		4	高
シアノヘモグロビン	+2	CN^-	0	低
一酸化炭素ヘモグロビン	+2	CO	0	低
メトヘモグロビン[†]	+3	H_2O	5	高
シアノメトヘモグロビン	+3	CN^-	1	低

† メトヘモグロビンは鉄が Fe^{3+} の状態のヘモグロビンである．

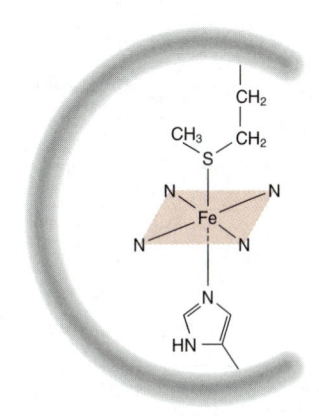

図 12・36 シトクロム c のヘム．この場合，第六配位子はメチオニン残基であり，外部の配位子とは簡単に置き換わらない．

安定である．ホウレンソウのような多くの高等植物では，マンガンがないと光合成は起こらない．それは，これら植物の酸素放出（すなわち水の分子状酸素への酸化）がタンパク質のMn^{III}錯体によって触媒されるからである．

コバルト　コバルトは，溶液中では銅のように普通，二つの酸化状態（Co^{II}とCo^{III}）をもつ．コバルトの生物学的役割はおもに補酵素のビタミンB_{12}系列での働きのみである*1．ビタミンB_{12}においてはコバルトイオンはポルフィリン構造に似た複合コリン環の中心に位置する（図12・37）．コリン環の四つの窒素原子が配位子となり，その不対電子はコバルトとσ結合を形成する．第五，第六配位子はベンゾイミダゾールとシアン化物イオンである．シアノ錯体それ自身は補酵素として働かないが，シアン化物イオンが多くの他の配位子によって置換され，その置換されたものが生物学的に活性である．

ニッケル　ウレアーゼ*2は，第10章で述べたように尿素をカルバミン酸イオンとアンモニウムイオンへ変換する酵素で，ニッケルイオンを含む．

$$(NH_2)_2CO + H_2O \longrightarrow NH_2COO^- + NH_4^+$$

実際，活性部位において4Å以内に二つのNi^{2+}イオンが存在する．ほかに少なくとも三つのニッケル含有酵素が知られている．ヒドロゲナーゼは水素(0)を水素(I)に酸化する反応を触媒する（$2H_2 + O_2 \rightarrow 2H_2O$）．この酸化還元過程にはニッケル(I)，(II)，(III)という三つの酸化状態がかかわる．一酸化炭素デヒドロゲナーゼはCOをCO_2への酸化を触媒し，メチル補酵素M還元酵素はCO_2をCH_4への変換を触媒する．

ある種の遷移金属イオンが錯体を形成する能力を利用することは，タンパク質の精製において役立つことが見いだされている．金属−キレートアフィニティークロマトグラフィー（metal−chelate affinity chromatography，MCAC）法では，$Ni^{2+}, Cu^{2+}, Zn^{2+}$のような金属イオンが固相のマトリックスに結合していて，これらはタンパク質分子中の露出したイミダゾール基（ヒスチジン残基）やSH基（システイン残基）と結合する．特に重要なのは，Ni^{2+}イオンとヒスチジン残基との結合である．典型的な手順では，不純物を含むタンパク質溶液をニッケルベースの固相マトリックスを含むカラムに流し込む．中性またはわずかに塩基性の条件では，イミダゾール環のN原子は脱プロトンし（図8・6を参照），Ni^{2+}と配位結合を形成する*3．このように，標的タンパク質はカラムに結合し，溶液から分離される．最終的に，その結合したタンパク質はpHの低い緩衝液またはNi^{2+}の結合部位を競合して占有するイミダゾール溶液で，溶出される．タンパク質が溶媒に露出するヒスチジン残基をもたない場合でも，小さなヒスチジンのペプチド（6個が選ばれる数）をタグとしてタンパク質のC末端またはN末端に付加することができる．この付加的な部分は精製後，もとのタンパク質から切り離すことが可能である．

亜　鉛

Zn^{2+}の電子配置は$[Ar](3d)^{10}$である．そのため遷移金属のカテゴリーに属さない．このことと，亜鉛化合物がおもに無色で反磁性である事実とはつじつまが合う．亜鉛はタンパク質中で構造形成の役割と触媒的な役割の両方を果たす．たとえば肝臓のアルコールデヒドロゲナーゼはつぎの反応を触媒する．

$$CH_3CH_2OH + NAD^+ \longrightarrow CH_3CHO + NADH + H^+$$

酵素のそれぞれのサブユニットは一つのNAD^+および二つの機能上非常に異なったZn^{2+}イオンと結合する．亜鉛錯体の構造は四面体である．Zn^{2+}イオンの一つは四つのシステイン残基と結合し，溶媒は接触できない．その機能は疑いなく構造形成の役割である．もう一つのZn^{2+}イオンは二つのシステイン，一つのヒスチジン，一つの水分子と結合している．すなわち触媒部分をつくり上げている．

すでに述べたように，$(d)^{10}$配置をもつ金属の八面体錯体のCFSEは0である．そのことは四面体錯体にも当てはまる（図12・38）．$(d)^{10}$配置をもつ金属イオンのあらゆる幾何構造に対してCFSEが0という事実は，タンパク質

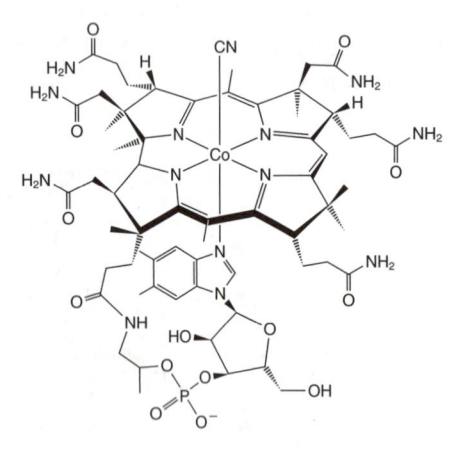

図12・37　ビタミンB_{12}の構造

---

*1 補酵素は酵素を活性化させる物質である．ほとんどの補酵素はビタミンである．

*2 ウレアーゼは1926年に単離され，結晶化された最初のタンパク質であった．化学者がこの酵素がNi^{2+}イオンを含むことに気づくのにそれから50年要した．

*3 表12・3からNi^{2+}はイミダゾール基に強く結合することがわかる．

12・9 生物学的な系での金属錯体

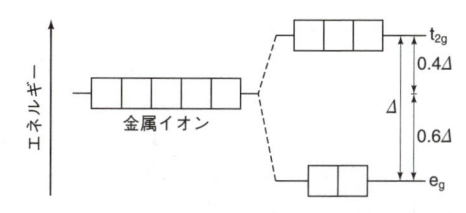

図12・38 四面体錯イオンの配位子場安定化エネルギー

中での Zn^{2+} の特異性と安定性を説明するのに役立つ．最近の研究では，DNA に結合するタンパク質と"構造的"な Zn^{2+} イオンが錯体を形成していると報告されている．そのうちの一つでは，Zn^{2+} が二つのシステインと二つのヒスチジン残基に四面体的に結合して，ループもしくは"フィンガー"を形成し，それが DNA の主溝にはまり込める（図12・39）．それでその部分が**ジンクフィンガー**（zinc finger）とよばれている．Zn^{2+} を他のイオンに置き換えるエネルギーを論じれば，ジンクフィンガーの熱力学的な安定性が容易に理解できるであろう．$Co(H_2O)_6^{2+}$ のような Co^{2+}〔$(3d)^7$〕が溶液中にあると仮定する．H_2O は弱結晶場配位子なので，結晶場分裂 Δ は 111 kJ mol^{-1} であり，式（12・17）で与えられる CFSE 値は $-\frac{4}{5}\Delta$，すなわち -89 kJ mol^{-1} である．Zn^{2+} を Co^{2+} で置き換えるためには，Co^{2+} は CFSE 値として $-\frac{6}{5}\Delta$ の値をもった四面体構造をとらなければならない[*1]．二つのシステインと二つのヒスチジン配位子をもつジンクフィンガー部位の Δ は 59 kJ mol^{-1} で，それによる CFSE 値は $-\frac{6}{5}(59 \text{ kJ mol}^{-1})$，すなわち -71 kJ mol^{-1} である．結果として，Co^{2+} イオンは，溶液中の八面体配置の構造からジンクフィンガー錯体の四面体配置に転移すると，CFSE 値にして $89 - 71 = 18$ kJ mol^{-1} 失うだろう．この考察から多くの亜鉛錯体の安定性を少なくとも部分的には説明でき，亜鉛を他の金属に置き換えることの難しさが理解できる．

毒性の重金属

カドミウム，水銀，鉛には，生物学的機能は知られていないが，生体系にとっては非常に有害である．これらの重金属はバッテリーや他の工業的過程において，また古い建物の塗料や上下水道管中に使われているので，その毒性は調べ尽くされ，十分理解されている．これらの金属は溶液中では，ほとんど2価カチオン〔Cd^{2+}: [Kr]$(4d)^{10}$; Hg^{2+}: [Xe]$(4f)^{14}(5d)^{10}$; Pb^{2+}: [Xe]$(6s)^2(4f)^{14}(5d)^{10}$〕として存在していて，軟らかい酸として働き，特にシステイン残基の SH 基や，程度としてはそれより少ないもののヒスチジン残基のイミダゾール基のような軟らかい塩基に対し，非常に親和性が高い．以上の結果として，それらの金属イオンは酵素を不活性化し，細胞中のエネルギー産生や酸素輸送におけるタンパク質機能を壊す．それらの d 軌道は完全に満たされているので，それらの錯体の配位構造について CFSE が及ぼす影響はない．Cd^{2+} イオンは優先的に四面体錯体を形成するのに対し，Hg^{2+} は，直線形錯体や四面体錯体と同じく八面体錯体をも形成する．無機水銀化合物よりもさらに危険なものは，$(CH_3)_2Hg$ や CH_3HgCl のような有機水銀化合物である．その理由は，生体膜がそれらをより透過させるからである[*2]．有機水銀化合物は血の中で濃縮され，タンパク質の -SH に結合することによって，脳や中枢神経系に即座に，またはゆっくりと永久的に影響を及ぼすことは疑いない．鉛中毒は腎臓や肝臓に影響を与え，ヘムの合成を阻害し，貧血症を起こす．

金属中毒は一般にキレート剤を投与することによって治

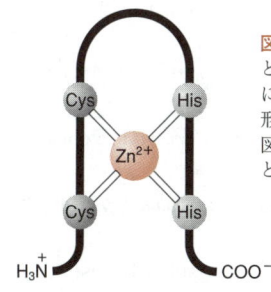

図12・39 二つのシステイン残基と二つのヒスチジン残基に四面体的に結合してジンクフィンガー部位を形成している亜鉛イオンを示す概略図．ジンクフィンガーは DNA 配列と接触し，DNA 配列を識別する．

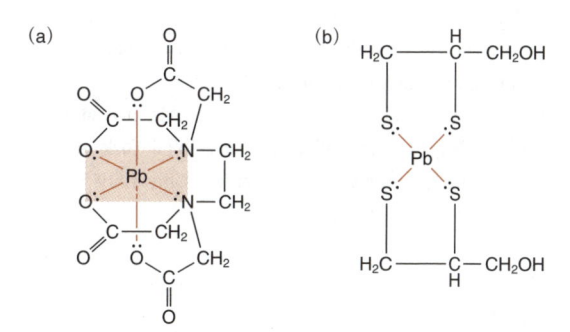

図12・40 (a) 鉛の EDTA 錯体．錯イオンは -2 の実効電荷をもっている．というのは各 O 供与原子が一つの負電荷をもち，鉛が Pb^{2+} として存在しているからである．Pb^{2+} の周りは八面体配置であることに注目しよう．(b) 鉛の BAL 錯体．この錯イオンもまた -2 の実効電荷をもっている．なぜなら各 S 原子が一つの負電荷をもっているからである．Pb^{2+} イオンは四つの S 原子に四面体的に結合している．

[*1] 四面体錯体の CFSE は以下のように与えられる: CFSE = $n(t_{2g})(0.4\Delta) - n(e_g)(0.6\Delta)$

[*2] X 線吸収分光法によって，魚の中に存在する水銀の化学的な形態が，メチル基とシステイン残基（表8・6参照）が Hg に配位した化合物であることがわかった．この構造は Hg^{2+} が軟らかい酸であり，システインの RS^- 基が軟らかい塩基である（表12・3参照）事実とも一致している．システインは大きなペプチドやタンパク質の一部であることが多い．この化合物は，$(CH_3)_2Hg$ や CH_3HgCl よりは毒性が小さいと考えられている〔H. H. Harris, I. J. Pickering, G. N. George, 'The Chemical Form of Mercury in Fish,' Science, **301**, 1203（2003）参照〕．

療される．最も効果的なキレート化合物は二つあって，それはエチレンジアミン四酢酸（ethylenediaminetetraacetate, EDTA）と 2,3-ジメルカプトプロパノールである*．後者はより一般的に BAL（British anti-Lewisite）とよばれている（図 12・40 参照）．興味深いことに，すべての動物組織はメタロチオネインというタンパク質を実際に含んでおり，それは重金属と結合することで中毒に対する最初の防御線として働く．このタンパク質はきわめて小さい（約 6500 Da）けれども，アミノ酸の 30〜35 % はシステイン残基であり，それらのおもな機能は重金属の毒性効果から細胞を防御することである．動物実験から，カドミウム，水銀，鉛を非致死量投与すると，メタロチオネインの合成が誘導されることがわかっている．

---

* 訳注：一般にジメルカプロールとよばれる．BAL のいわれは，英国でルイサイト（lewisite）という毒ガスの解毒に使われていたことによる．

参 考 文 献

書 籍

A. L. Companion, "Chemical Bonding," 2nd Ed., McGraw-Hill, New York (1979).

R. L. Dekock, H. B. Gray, "Chemical Structure and Bonding," 2nd Ed., University Science Books, Sausalito, CA (1989).

J. J. R. Fraústo da Silva, R. J. P. Williams, "The Biological Chemistry of the Elements," Clarendon Press, Oxford, England (1991).

M. Karplus, R. N. Porter, "Atoms and Molecules: An Introduction for Students of Physical Chemistry," W. A. Benjamin, New York (1970).

S. J. Lippard, J. M. Berg, "Principles of Bioinorganic Chemistry," University Science Books, Sausalito, CA (1994).

R. McWeeny, "Coulson's Valence," 3rd Ed., Oxford University Press, New York (1979).

W. G. Richards, P. R. Scott, "Energy Levels in Atoms and Molecules," Oxford University Press, New York (1994).

G. Wulfsberg, "Inorganic Chemistry," Univercity Science Books, Sausalito, CA (2000).

論 文

化学結合：

H. B. Gray, 'Molecular Orbital Theory for Transition Metal Complexes,' *J. Chem. Educ.*, **41**, 2 (1964).

F. A. Cotton, 'Ligand Field Theory,' *J. Chem. Educ.*, **41**, 466 (1964).

C. A. Russell, 'Kekulé and Benzene,' *Chem. Bri.*, **1**, 141 (1965).

R. G. Pearson, 'Hard and Soft Acids and Bases,' *J. Chem. Educ.*, **45**, 581, 681 (1968).

J. B. Lambert, 'The Shape of Organic Molecules,' *Sci. Am.*, January (1970).

A. C. Wahl, 'Chemistry by Computer,' *Sci. Am.*, April (1970).

W. F. Cooper, G. A. Clark, C. R. Hare, 'A Simple, Quantitative Molecular Orbital Theory,' *J. Chem. Educ.*, **48**, 247 (1971).

M. J. Demchik, V. C. Demchik, 'Size and Shape of a Molecule,' *J. Chem. Educ.*, **48**, 770 (1971).

B. M. Fung, 'Molecular Orbitals and Air Pollution,' *J. Chem. Educ.*, **49**, 26, 654 (1972).

L. Klevan, I. Peone, Jr., S. K. Madan, 'Molecular Oxygen Adducts of Transition Metal Complexes: Structure and Mechanism,' *J. Chem. Educ.*, **50**, 670 (1973).

D. H. Rouvray, 'Predicting Chemistry from Topology,' *Sci. Am.*, September (1986).

M. Laing, 'No Rabbit Ears on Water. The Structure of the Water Molecule: What Should We Tell the Students?' *J. Chem. Educ.*, **64**, 124 (1987).

R. B. Martin, 'Localized and Spectroscopic Orbitals: Squirrel Ears on Water,' *J. Chem. Educ.*, **65**, 668 (1988).

A. Haim, 'The Relative Energies of Molecular Orbitals for Second-Row Homonuclear Diatomic Molecules: The Effect of s−p Mixing,' *J. Chem. Educ.*, **68**, 737 (1991).

J.-I. Aihara, 'Why Aromatic Compounds Are Stable,' *Sci. Am.*, March (1992).

R. Hoffmann, 'How Should Chemists Think?' *Sci. Am.*, February (1993).

生物無機化学：

P. Saltman, 'The Role of Chelation in Iron Metabolism,' *J. Chem. Educ.*, **42**, 682 (1965).

J. Schubert, 'Chelation in Medicine,' *Sci. Am.*, May (1966).

E. Frieden, 'The Biochemistry of Copper,' *Sci. Am.*, May (1968).

J. I. Chisolm, Jr., 'Lead Poisoning,' *Sci. Am.*, February (1971).

L. E. Strong, 'Mercury Poisoning,' *J. Chem. Educ.*, **49**, 28 (1972).

E.-I. Ochiai, 'Environmental Bioinorganic Chemistry,' *J. Chem. Educ.*, **51**, 25 (1974).

E. D. Weinberg, 'Iron and Susceptibility to Infectious Disease,' *Science*, **184**, 952 (1974).

E. W. Ainscough, A. M. Brodie, 'The Role of Metal Ions in Proteins and Other Biological Molecules,' *J. Chem. Educ.*, **53**, 156(1976).

J. Bland, 'Biochemical Effects of Excited State Molecular Oxygen,' *J. Chem. Educ.*, **53**, 274(1976).

M. M. Jones, T. H. Pratt, 'Therapeutic Chelating Agents,' *J. Chem. Educ.*, **53**, 342(1976).

H. A. O. Hill, 'Metals, Models, Mechanisms, Microbes, and Medicine,' *Chem. Bri.*, **12**, 119(1976).

N. M. Senozan, 'Hemocyanin: The Copper Blood,' *J. Chem. Educ.*, **53**, 684(1977).

E.-I. Ochiai, 'Principles in Bioinorganic Chemistry,' *J. Chem. Educ.*, **55**, 631(1978).

M. F. Perutz, 'Hemoglobin Structure and Respiratory Transport,' *Sci. Am.*, December(1978).

R. J. P. Williams, 'Inorganic Elements in Biology and Medicine,' *Chem. Bri.*, **15**, 506(1979).

D. E. Carter, Q. Fernando, 'Chemical Toxicology: Part II. Metal Toxicity,' *J. Chem. Educ.*, **56**, 491(1979).

R. E. Dickerson, 'Cytochrome *c* and the Evolution of Energy Metabolism,' *Sci. Am.*, March(1980).

J. A. Ibers, R. H. Holm, 'Modeling Coordination Sites in Metallobiomolecules,' *Science*, **209**, 223(1980).

N. M. Senozan, R. L. Hunt, 'Hemoglobin: Its Occurrence, Structure, and Adaptation,' *J. Chem. Educ.*, **59**, 173 (1982).

N. L. Brown, 'Bacterial Resistance to Mercury,' *Trends Biochem. Sci.*, **10**, 400(1985).

N. M. Senozan, 'Methemoglobinemia: An Illness Caused by the Ferric State,' *J. Chem. Educ.*, **62**, 181(1985).

E. Frieden, 'New Perspectives on the Essential Trace Elements,' *J. Chem. Educ.*, **62**, 917(1985).

I. Bertini, C. Luchinat, R. Monnanni, 'Zinc Enzyme,' *J. Chem. Educ.*, **62**, 924(1985).

E.-I. Ochiai, 'Uniqueness of Zinc as a Bioelement,' *J. Chem. Educ.*, **65**, 943(1988).

R. P. Csintalau, N. M. Senozan, 'Copper Precipitation in the Human Body,' *J. Chem. Educ.*, **68**, 365(1991).

S. H. Snyder, D. S. Bredt, 'Biological Roles of Nitric Oxide,' *Sci. Am.*, May(1992).

J. R. Lancaster, Jr., 'Nitric Oxide in Cells,' *Am. Sci.*, **80**, 248(1992).

D. Rhodes, A. Klug, 'Zinc Fingers,' *Sci. Am.*, February (1993).

E.-I. Ochiai, 'Toxicity of Heavy Metals and Biological Defense,' *J. Chem. Educ.*, **72**, 479(1995).

E.-I. Ochiai, 'CO, N$_2$, NO, and O$_2$ — Their Bioinorganic Chemistry,' *J. Chem. Educ.*, **73**, 130(1996).

N. M. Senozan, J. A. Devore, 'Carbon Monoxide Poisoning,' *J. Chem. Educ.*, **73**, 767(1996).

N. M. Senozan, M. P. Christiano, 'Iron as Nutrient and Poison,' *J. Chem. Educ.*, **74**, 1060(1997).

M. J. Donlin, R. F. Frey, C. Putnam, J. K. Proctor, J. K. Baskin, 'Analysis of Iron in Ferritin, the Iron-Storage Protein,' *J. Chem. Educ.*, **75**, 437(1998).

V. Braun, H. Killman, 'Bacterial Solutions to the Iron-Supply Problems,' *Trends Biochem. Sci.*, **24**, 104(1999).

M. Brunori, 'Nitric Oxide Moves Myoglobin Centre Stage,' *Trends Biochem. Sci.*, **26**, 209(2001).

問　題

ルイス理論と関連問題

12・1 以下の分子の中で，最も窒素-窒素結合の距離が短いものはどれか．またその理由を述べよ： N$_2$H$_4$, N$_2$O, N$_2$, N$_2$O$_4$.

12・2 南極成層圏でのオゾン破壊に，硝酸塩素（ClONO$_2$）が関与していると考えられている．この分子に対して適切であると考えられるルイス構造を書け．

12・3 N$_2$O の共鳴構造を書け．原子配置は NNO であるとする．形式電荷を明らかにせよ．この構造は，NON の場合とどのような点で区別できるであろうか．

12・4 一酸化炭素の双極子モーメントは，C と O の電気陰性度の差がかなり大きい（$\chi_C = 2.5$ および $\chi_O = 3.5$）にもかかわらず，それほど大きくない（$\mu = 0.12$ D）．共鳴構造の考え方を用いると，この事実はどのように説明できるであろうか．

12・5 共鳴という概念は，ラバという，ウマとロバの合いの子に似たものであるというふうに説明されることがある．このたとえ話と，サイがグリフィンとユニコーンの合いの子であるという説明とを比較して，どちらがより適切であるか判じよ．それはなぜか．

12・6 酸素が常磁性をもつ理由を説明するためにつぎのような共鳴構造を用いることは適切であるか．説明せよ．

$$\cdot\ddot{\mathrm{O}}-\ddot{\mathrm{O}}\cdot$$

12・7 三フッ化ホウ素 BF$_3$ に関して以下のようなルイス構造を考えよう．この構造はオクテット則を満たしているだろうか．満たしていなければ，オクテット則を満たすような別の共鳴構造を描け．いずれの共鳴構造が重要であるかを証明するための実験を提案せよ．

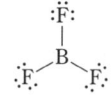

原子価結合理論と混成

12・8 タンパク質分子の三次元構造においてジスルフィド結合は重要な役割を果たしている．−S−S− 結合がどのようなものであるか，論じよ．

12・9 HCl について考える．ψ_{1s} 軌道を水素の 1s 軌道とし，ψ_{3p} を塩素の 3p 軌道としよう．(a) 結合が純粋に共有結合的である場合，(b) 結合が純粋にイオン結合的，つまり電子が H から Cl に移動している場合，(c) 結合が極性をもつ場合，を想定して HCl の VB 波動関数を書け．

12・10 カルベンあるいはメチレン CH_2 という不安定な分子が単離され，分光学的に研究が行われてきた．この分子に存在すると考えられる 2 種類の結合を示．CH_2 に存在する結合の様式を決定するためにはどうすればよいか．

12・11 CO_2 および C_3H_4 (アレン) の結合を混成という考え方を用いて説明せよ．アレンにおけるσ結合，π結合の形成を図を書いて説明せよ．

分子軌道法，共鳴，電子非局在化

12・12 以下の化学種に関して，分子軌道法に基づいて結合の機構を書け： H_2^+, H_2, He_2^+, He_2. これらを安定な順番に並べよ．

12・13 F_2 と F_2^+ では結合長はどちらが長いか．分子軌道法を用いて説明せよ．

12・14 以下の分子の中で最も長い結合をもつものはどれか： CN^+, CN, CN^-.

12・15 ボラジン ($B_3N_3H_6$) はベンゼンと等電子である．この分子の結合を (a) 共鳴，(b) 分子軌道法を用いて定性的に記述せよ．

12・16 ナフタレンとビフェニルでは，どちらの分子においてπ電子の非局在化の度合いが大きいか．

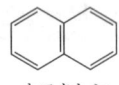

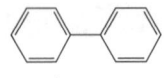

ナフタレン　　　　　ビフェニル

12・17 分子軌道法を用いて NO^+, NO, NO^- の結合を記述せよ．結合エネルギー，結合長を比較せよ．

12・18 MO 理論による H_2 分子の記述，つまり波動関数を

$$\psi = [\psi_A(1) + \psi_B(1)][\psi_A(2) + \psi_B(2)]$$

と表すことと，式 (12・4) のような VB 理論による取扱いとを比較せよ．どのような場合にこれら二つの方法は等価になるか．

12・19 アセチレン (C_2H_2) は，CaC_2 や MgC_2 のようなイオン化合物において見られるのと同様に，プロトン (H^+) を二つ失ってカーバイド (炭化物) イオン (C_2^{2-}) になる傾向がある．C_2^{2-} における結合を，分子軌道法の用語を用いて記述せよ．C_2^{2-} の結合次数を C_2 の場合と比較せよ．

12・20 硝酸イオン NO_3^- における結合を，非局在化した分子軌道を用いて説明せよ．

12・21 単結合は通常σ結合であり，二重結合は通常σ結合とπ結合から成る．第 2 周期元素の等核二原子分子のうちで，例外はあるだろうか．

結晶場理論

12・22 電子配置として $(d)^4$, $(d)^5$, $(d)^6$, $(d)^7$ をもつ遷移金属イオンの八面体錯体に関して，低スピンおよび高スピンの場合のエネルギー準位図を書け．

12・23 平面四角形構造をもつ $Ni(CN)_4^{2-}$ イオンは反磁性であり，一方，四面体構造をもつ $NiCl_4^{2-}$ イオンは常磁性である．これら二つの錯体について，結晶場分裂の様子を図示せよ．

12・24 以下の錯イオンに関して不対電子の数を予想せよ．(a) $Cr(CN)_6^{4-}$, (b) $Cr(H_2O)_6^{2+}$.

12・25 遷移金属錯体は，CN^- を含む場合は黄色であることが多く，H_2O を含む場合は青色もしくは緑色であることが多い．理由を説明せよ．

12・26 錯イオン $Co(NH_3)_6^{3+}$ の吸収極大は 470 nm である．(a) この錯体の色を推定せよ．(b) 結晶場分裂の強度を kJ mol^{-1} 単位で計算せよ．

12・27 とあるブランドのマヨネーズのラベルには，食品保存料の欄に EDTA と書かれている．EDTA はどのようにしてマヨネーズの劣化を防ぐのであろうか．

12・28 水和 Mn^{2+} イオンは五つの 3d 電子をもっているが，実際には無色である．理由を説明せよ〔ヒント：不対電子数の変化を伴うような電子遷移は簡単には起こらない〕．

12・29 オキシヘモグロビンは明赤色でありデオキシヘモグロビンは紫色である．鉄の電子配置を念頭において，これら二つの錯体の色の違いを説明せよ．

補充問題

12・30 炭素とケイ素はどちらも 14 (4B) 族に属するが，Si=Si 結合はほとんど知られていない．一般にケイ素–ケイ素二重結合が不安定である理由を説明せよ〔ヒント：C と Si の共有結合半径を比較せよ〕．

12・31 混成を念頭において，FeF_6^{3-} と $Fe(CN)_6^{3-}$ の結合を比較せよ．

12・32 化学分析の結果から，ヘモグロビンのうち鉄は重量にして全体の 0.34 % を占めることがわかっている．ヘモグロビンのモル質量を最も小さく見積もった場合，いくらになるか．ヘモグロビンの実際のモル質量は 65 000 g である．ここで考えた最小値と実際の値が食い違う点に関して，どのように説明できるか．

12・33 O_2 分子に関して，分子軌道のエネルギー準位図を用いて，以下のルイス構造が励起状態を表すものであることを示せ．

$$\ddot{O}=\ddot{O}$$

12・34 Co は Fe よりポルフィリン環に結合しやすいが、Co^{2+} が酸化されて Co^{3+} になる傾向は、Fe^{2+} が酸化されて Fe^{3+} になる傾向よりも小さい。ヘモグロビンやミオグロビン中にある金属が Co ではなく Fe である理由を述べよ。

12・35 窒息死した場合は顔色が紫色に見えるが、一酸化炭素による中毒死の場合は頬が紅色である。この理由を述べよ。

12・36 cis-ジクロロエチレンの双極子モーメントは 25 ℃ において 1.81 D である。加熱すると双極子モーメントが減少し始める。この現象に対して適切な説明を与えよ。

12・37 ヒドロキシルラジカル（・OH）は大気中にごく微量しか存在しないが、強力な酸化剤であり、多くの有害物質と反応しうるため、大気化学において重要な役割を果たしている。このラジカルが HF 分子に類似の物質であり、酸素の $2p_x$ 軌道と水素の 1s 軌道が重なりをもつことにより分子軌道が形成されていると考えよう。(a) ・OH に関して σ, σ* 分子軌道を図示せよ。(b) これら二つの分子軌道のうち、どちらがより水素の 1s 軌道の性質をもったものであるか。(c) 分子軌道のエネルギー準位図を示し、ラジカルの電子配置を書け。酸素の非結合性軌道にある電子は π 電子的な性質をもつので、そのように帰属されるべきであることに注意せよ。(d) ・OH の結合次数を推定せよ。またこの値を OH^+ の場合と比較せよ。

12・38 H_3^+ イオンは多原子分子の中で最も簡単なものであり、正三角形構造をもつ。(a) この化学種を表現するための三つの共鳴構造を書け。(b) MO 理論に従ってこのイオンの結合性分子軌道を記述せよ。エネルギー的に最も低い分子軌道の波動関数を書け。この非局在化分子軌道は σ であるか、π であるか。(c) $2H + H^+ \rightarrow H_3^+$ の反応では $\Delta_r H = -849$ kJ mol^{-1}、$H_2 \rightarrow 2H$ の反応では $\Delta_r H = 436.4$ kJ mol^{-1} であることを既知として、$H^+ + H_2 \rightarrow H_3^+$ の反応における $\Delta_r H$ の値を計算せよ。$\Delta_r H$ の大きさに関して解説せよ。

12・39 電子運搬を行う新奇なタンパク質は金属として亜鉛のみを含むことがわかった。この発見を解説せよ。

12・40 HBrC=C=CHBr という分子は双極子モーメントをもつか。

12・41 O_3 分子の中心にある O 原子はどのような混成状態にあるか。非局在化分子軌道を念頭において O_3 分子の結合を記述せよ。

12・42 シュウ酸（$H_2C_2O_4$）はしばしば、流し台や風呂桶に付着したサビを除去するのに用いられる。このような清浄化の背景に存在する化学に関して説明せよ。

12・43 箱の中の粒子のモデルを用いて、式(12・2)および式(12・3)から得られるポテンシャルエネルギー曲線の相違を説明せよ。

12・44 以下のそれぞれに関して結晶場分裂を説明するための定性的な図を書け。(a) 直線形錯イオン ML_2、(b) 平面三角形錯イオン ML_3、(c) 三方両錐形錯イオン ML_5。

12・45 同じ濃度の $FeCl_2$ および $FeCl_3$ の溶液があるとしよう。一方は淡黄色、他方は茶色である。色のみに基づいて、いずれの溶液がどちらであるか判別せよ。

12・46 本章で論じてきた分子の幾何構造では、いずれの場合も単純明瞭に結合角を知ることができた。四面体は例外であり、この場合、結合角を図示することは難しい。例として CCl_4 を考えてみよう。これは四面体構造をもっていて無極性である。ある C-Cl 結合の結合モーメントが、残り三つの合成結合モーメントと逆向きで、大きさが等しいものだとして、結合角がすべて等しく 109.5° になることを示せ。

12・47 光合成系で見られる銅含有タンパク質であるプラストシアニンは銅イオンが +I と +II の酸化状態の間で変換することで電子伝達に関与する。銅イオンはヒスチジン残基二つとシステイン残基、メチオニン残基一つずつにより四面体形に配位されている。これら二つの酸化状態間で結晶場分裂 (Δ) はどのように変化するか。

12・48 S 原子が配位した Cu^{2+} イオンは四面体錯体を形成しやすいが、N 原子が配位した Cu^{2+} イオンは八面体錯体を形成しやすい。これを説明せよ。

12・49 $[Pt(NH_3)_2Cl_2]$ は I と II で表される二つの幾何異性体で存在し、それらはつぎのようにシュウ酸と反応する。

$$I + H_2C_2O_4 \longrightarrow [Pt(NH_3)_2C_2O_4]$$
$$II + H_2C_2O_4 \longrightarrow [Pt(NH_3)_2(HC_2O_4)_2]$$

I と II の構造についてコメントせよ。

12・50 第1イオン化エネルギーが低いのは O と O_2 のどちらか。その理由を説明せよ。

12・51 下に示すポルフィリン環は、多くの生物学的な系において金属-ポルフィリン錯体を形成する。

(a) ポルフィリン基を長さ L の二次元の正方形の箱として扱い、箱の中の電子のエネルギーを表す式を書け〔ヒント: 式(11・22)を二つの量子数 n_x と n_y を含むように拡張する〕。(b) 26π 電子を含む M^{2+}-ポルフィリン錯体を考える。ここで、M^{2+} はヘムでは Fe^{2+}、クロロフィルでは Mg^{2+} である（図 12・31 と図 15・3 を参照）。この系のエネルギー準位の図を描け。多くのエネルギー準位が縮退していることに注意せよ。(c) その箱の長さを 10 Å として、エネルギーが最も低い二つの電子遷移について、その波長を nm の単位で計算せよ。

12・52 平面正方形白金錯体、Pt(abcd) の幾何異性体の数はいくつあるか。abcd の各文字は単座配位子を表す。

13

分 子 間 力

　第12章では，共有結合を論じ，原子を結合させる力と原子軌道間の重なりとを関連づけた．分子間の相互作用を説明するには，幾種類かの分子間力によって論じるのが最もよいだろう．分子間力によってたとえば気体の液化，タンパク質の安定化，といった現象を説明することができる．特に，水素結合という特別な相互作用は，DNAや水の構造や性質を決める重要な役割を果たす．

13・1　分子間相互作用

　二つの分子が互いに接近すると，一方の分子の電子・原子核と他方の分子の電子・原子核のさまざまな相互作用により，ポテンシャルエネルギーが生じる．距離が十分離れていて分子間相互作用*がない場合には，系のポテンシャルエネルギーを0とすることができる．その状態から分子が互いに近づく間，静電的な引力が反発力を上回っており，分子は互いに引きつけあう（図13・1上参照）．このときポテンシャルエネルギーは負の値である．ポテンシャルエネルギーが極小になるまでこの傾向が続く．極小点を過ぎると（つまり原子間距離がさらに小さくなると）反発力が優勢になり，ポテンシャルエネルギーが増加する（正の向きに大きくなる）．

　分子間相互作用を議論する際には，力とポテンシャルエネルギーを区別するのがよい．力学では仕事は力と距離の積で与えられる．相互作用しあう二つの分子を微小距離（dr）移動させるとき，なされた仕事（dw）はつぎのように表される．

$$\mathrm{d}w = -F\,\mathrm{d}r \qquad (13\cdot1)$$

仕事の符号は，分子同士が互いに引きつけあい（つまり F が負値），dr が正である（つまり分子同士が離れてゆく）場合に，dw は正である．距離が r 離れた分子間でのポテンシャルエネルギー（V）はつぎのように表される．ある分子がある場所に固定されているとしよう．この分子に対して無限遠から距離 r の地点まで別の分子を運んでくるときにどれだけの仕事がなされるか知ることができれば，この仕事が系のもつポテンシャルエネルギーであり，

$$V = \int_{\infty}^{r} \mathrm{d}w$$

で与えられる．式(13・1)より

$$V = -\int_{\infty}^{r} F\,\mathrm{d}r \qquad (13\cdot2)$$

である．式(13・2)は相互作用のポテンシャルエネルギーと2分子間に働く力とを関係づける式である．式(13・2)を変数 r で微分して

$$F = -\frac{\mathrm{d}V}{\mathrm{d}r} \qquad (13\cdot3)$$

を得る．つまり力は，V の r 依存性を描く曲線の勾配にマイナス符号を付けたものである．図13・1にポテンシャルエネルギーと力の関係を示す．

13・2　イオン結合

　分子間の相互作用を検討する前に，まず比較のために，イオン対の間での結合を調べることにしよう．高温条件下ではNaClのようなイオン化合物は蒸発してイオン対を形成する．このイオン対や類似のハロゲン化アルカリ金属のイオン対は，ハロゲン化水素の約10倍程度の大きな双極子モーメントをもっていることから，結合が大きなイオン性をもっていることがわかる．Na$^+$とCl$^-$の間の引力に由来するポテンシャルエネルギーはクーロンの法則（p.95参照）による．すなわち

$$V = -\frac{q_{\mathrm{Na}^+}\,q_{\mathrm{Cl}^-}}{4\pi\varepsilon_0 r} \qquad (13\cdot4)$$

---

* 分子間力の存在を簡単に実演するためには，ステッキの取っ手を持ち上げたときにどうして先端が一緒に持ち上がるのか，問うてみるとよい．

である*. ここで r は 2 原子間の間隔であり, この式では電荷の (符号を含まない) 大きさのみが書かれている. しかしこれらのイオン間の電子同士, 核同士の反発を表す項も取入れなければならない. この項は通常 $b\,e^{-ar}$ や b/r^n といった形をとる. a, b はイオンの組ごとに与えられる定数, n は通常 8〜12 の整数である. 二つめに示した表記を用いてポテンシャルエネルギーの式を完全な形にすると,

$$V = -\frac{q_{Na^+} q_{Cl^-}}{4\pi\varepsilon_0 r} + \frac{b}{r^n} \quad (13\cdot5)$$

となる. ポテンシャルエネルギー曲線の極小点では $dV/dr = 0$ である (図 13・1 参照) ことにより, r_e をイオン対の平衡結合距離として

$$\frac{dV}{dr} = 0 = \frac{q_{Na^+} q_{Cl^-}}{4\pi\varepsilon_0 r_e^2} - \frac{nb}{r_e^{n+1}}$$

あるいは

$$b = \frac{q_{Na^+} q_{Cl^-}}{4\pi\varepsilon_0 n} r_e^{n-1} \quad (13\cdot6)$$

であることから, これにより b を求めることができる. 式 (13・6) を式 (13・5) に代入して次式を得る.

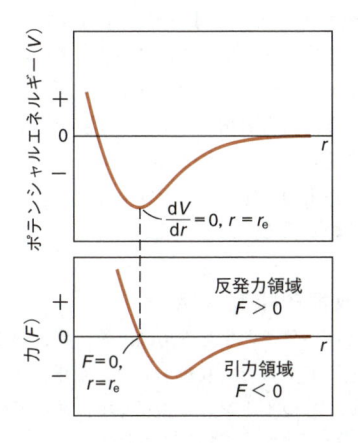

$$V_0 = -\frac{q_{Na^+} q_{Cl^-}}{4\pi\varepsilon_0 r_e} + \frac{q_{Na^+} q_{Cl^-}}{4\pi\varepsilon_0 n r_e}$$
$$= -\frac{q_{Na^+} q_{Cl^-}}{4\pi\varepsilon_0 r_e}\left(1 - \frac{1}{n}\right) \quad (13\cdot7)$$

図 13・1 ポテンシャルエネルギーと力の関係. $F = -dV/dr$ であるため, r の関数である $V(r)$ の極小では $F = 0$ となる. $r < r_e$ の範囲では, ポテンシャルエネルギーは負値であるが力は反発力になる.

---

* ここでは空気が媒質であるとして, どの場合も比誘電率は 1 とする.

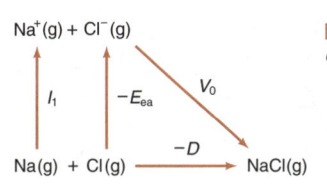

図 13・2 気体状態の NaCl のイオン対形成を示すボルン・ハーバーサイクル

V_0 は原子が最も安定な距離 (r_e) にある場合のポテンシャルエネルギーである. NaCl(g) の結合長が 2.36 Å (236 pm) であること, 電気素量が 1.602×10^{-19} C であること, 反発力に関して $n = 10$ とすること, を用いて, 1 mol の Na^+ と Cl^- のイオン対に関して

$$V_0 = -\frac{(1.602\times10^{-19}\,\text{C})^2\,(6.022\times10^{23}\,\text{mol}^{-1})\,(1-0.1)}{4\pi(8.854\times10^{-12}\,\text{C}^2\,\text{N}^{-1}\,\text{m}^{-2})\,(236\times10^{-12}\,\text{m})}$$
$$= -5.297\times10^5\,\text{N m mol}^{-1} = -529.7\,\text{kJ mol}^{-1}$$

という計算値を得る. これが気相で Na^+ と Cl^- から 1 mol の NaCl イオン対が形成される際の反応

$$Na^+(g) + Cl^-(g) \longrightarrow NaCl(g)$$

によって放出されるエネルギーである.

しかし, 解離後の系の基底状態はイオンではなく原子から成る. つまり

$$NaCl(g) \longrightarrow Na(g) + Cl(g)$$

この過程に関して結合解離エンタルピーを計算するために, 図 13・2 に示すような**ボルン・ハーバーサイクル** (Born–Haber cycle) を用いる. ヘスの法則に基づき, この方法では, NaCl(g) 形成を Na のイオン化エネルギーおよび Cl の電子親和力を含むいろいろな段階に分離して考える. NaCl(g) を原子にするための結合解離エネルギーを D としよう. つまり

$$-D = I_1 - E_{ea} + V_0 \quad (13\cdot8)$$

このとき I_1 は Na の第一イオン化エネルギー, E_{ea} は Cl の電子親和力である. 表 11・4 および表 11・5 の数値を用いて

$$-D = 495.9\,\text{kJ mol}^{-1} - 349\,\text{kJ mol}^{-1} - 529.7\,\text{kJ mol}^{-1}$$
$$= -383\,\text{kJ mol}^{-1}$$

ゆえに NaCl の結合を切って Na 原子と Cl 原子にするためのエンタルピーは 383 kJ mol^{-1} である. この値は実験値 (414 kJ mol^{-1}) とやや異なる. 反発を表す項が不正確であること, 現実の結合には少し共有結合的性質があること, が理由として考えられる.

13・3 分子間力の様式

ここからはさまざまなタイプの分子間力を見ていこう. 完全を期して, 分子間力だけではなく, イオン-分子間に働く力についても議論する.

双極子-双極子相互作用

双極子-双極子(dipole–dipole)型の分子間相互作用は, 双極子モーメントをもった極性分子の間に起こる. 距離が r 離れた場所にある二つの双極子 μ_A および μ_B の間に働く静電的相互作用を考えよう. 極端な場合, 二つの双極子は図13・3に示したように配向する. 上側の例では相互作用のポテンシャルエネルギーは

$$V = -\frac{2\mu_A\mu_B}{4\pi\varepsilon_0 r^3} \quad (13・9)$$

で与えられ, 下側の例では

$$V = -\frac{\mu_A\mu_B}{4\pi\varepsilon_0 r^3} \quad (13・10)$$

である. ここで − 符号は相互作用が引力として働くことを示す. つまり, これら二つの分子が相互作用するとエネルギーが放出されるのである. 一方の双極子の電荷を逆符号にすると V は正の値になる. この場合の分子間相互作用は反発力として働く.

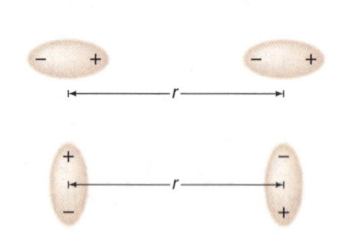

図13・3 二つの永久双極子が引力的相互作用を行うような, 二つの極端な配向の例

例題 13・1

2個の HCl 分子 ($\mu=1.08$ D) が空気中 4.0 Å (400 pm) 離れた距離にある. これらの分子が末端を突き合わせて, すなわち H−Cl H−Cl のように並んでいるとした場合の双極子-双極子相互作用を kJ mol^{-1} 単位で計算せよ.

解 式(13・9)を用いる. 数値は

$\mu = 1.08$ D $= 3.60\times10^{-30}$ C m (§12・4 参照)
$r = 4.0$ Å $= 4.0\times10^{-10}$ m

であり, この相互作用に基づくポテンシャルエネルギーは

$$V = -\frac{2(3.60\times10^{-30}\,\text{C m})(3.60\times10^{-30}\,\text{C m})}{4\pi(8.854\times10^{-12}\,\text{C}^2\,\text{N}^{-1}\,\text{m}^{-2})(4.0\times10^{-10}\,\text{m})^3}$$
$$= -3.6\times10^{-21}\,\text{N m} = -3.6\times10^{-21}\,\text{J}$$

ポテンシャルエネルギーを 1 mol あたりの数値で表すと

$$V = (-3.6\times10^{-21}\,\text{J})(6.022\times10^{23}\,\text{mol}^{-1})$$
$$= -2.2\,\text{kJ mol}^{-1}$$

となる.

コメント ここでは空気の比誘電率を 1 と考えた. 一般的には相互作用する双極子の間にある媒質の比誘電率 (ε_r) を式(13・9)の分母に入れる (§5・7 参照).

すべての可能な方向を向いた双極子が含まれる巨視的な系では引力と反発力が同じだけ働くため, V の平均値は 0 になる, と期待するかもしれない. しかし液体や気体で自由回転が可能な条件の下であっても, ポテンシャルエネルギーが低くなるような配向は高くなるような配向より, ボルツマン分布則(第3章参照)に従って多くなる. やや複雑な式展開により, 永久双極子の相互作用は平均値, あるいは合計値として次式のようになることが示される.

$$V = -\frac{2}{3}\frac{\mu_A^2\mu_B^2}{(4\pi\varepsilon_0)^2 r^6}\frac{1}{k_B T} \quad (13・11)$$

ここで k_B はボルツマン定数, T は絶対温度である. V が r^6 に反比例すること, つまり相互作用エネルギーは距離が離れると急に小さくなることに注意しよう. また V は T に反比例する. これは高温では分子の平均運動エネルギーが大きくなり, 引力的相互作用により双極子が配向するには不利になる条件だからである. 言い換えると, 双極子-双極子相互作用の平均値は, 温度上昇と共に徐々に 0 に近づいていくのである.

イオン-双極子相互作用

イオンと極性分子の相互作用は, 先に第5章でイオンの水和に関連して論じた. 双極子 μ と, 距離 r 離れた場所にある電荷 q をもつイオンとの相互作用によるポテンシャルエネルギーは次式のように与えられる.

$$V = -\frac{q\mu}{4\pi\varepsilon_0 r^2} \quad (13・12)$$

式(13・12)はイオンと双極子とが同じ軸上にある場合にのみ適用できる. イオン化合物が極性溶媒に溶解することは, おもにこの引力的相互作用により説明される.

13·3 分子間力の様式

例題 13·2

ナトリウムイオン (Na$^+$) が空気中で，1.08 D の双極子をもった HCl 分子から 4.0 Å (400 pm) の距離にあるとする．式(13·12)を用いて，相互作用のポテンシャルエネルギーを kJ mol^{-1} 単位で求めよ．

解 用いる数値は

$$\mu = 1.08 \text{ D} = 3.60 \times 10^{-30} \text{ C m}$$
$$r = 4.0 \text{ Å} = 4.0 \times 10^{-10} \text{ m}$$

式(13·12)より

$$V = -\frac{(1.602 \times 10^{-19} \text{ C})(3.60 \times 10^{-30} \text{ C m})}{4\pi(8.854 \times 10^{-12} \text{ C}^2 \text{ N}^{-1} \text{ m}^{-2})(4.0 \times 10^{-10} \text{ m})^2}$$
$$= -3.2 \times 10^{-20} \text{ J}$$

1 mol あたりでは

$$V = (-3.2 \times 10^{-20} \text{ J})(6.022 \times 10^{23} \text{ mol}^{-1})$$
$$= -19 \text{ kJ mol}^{-1}$$

となる．

イオン-誘起双極子および双極子-誘起双極子相互作用

ヘリウム原子のような中性の無極性化学種においては，電子の電荷分布は核に対して球対称である．帯電した物体，たとえばカチオンがヘリウム原子の近くに置かれたとすると，静電的相互作用により電荷密度分布の再分配が起こる（図 13·4b）．そのため原子は，荷電粒子により誘起された双極子をもつことになる．**誘起双極子モーメント**(induced dipole moment)，μ_{ind} の大きさは電場の大きさ E に正比例する．すなわち

$$\mu_{\text{ind}} \propto E = \alpha' E \tag{13·13}$$

式中の比例定数 α' は**分極率**（polarizability）とよばれる．相互作用に由来するポテンシャルエネルギーは，ヘリウム原子を無限遠（$E=0$）から r の距離（$E=E$）まで運ぶのになされる仕事から計算され，

$$V = -\int_0^E \mu_{\text{ind}} \, dE = -\int_0^E \alpha' E \, dE$$
$$= -\frac{1}{2} \alpha' E^2 \tag{13·14}$$

である．電荷 q をもったイオンが原子上につくる電場は（補遺 5·1 参照）

$$E = \frac{q}{4\pi\varepsilon_0 r^2}$$

で与えられる．この E の式を式(13·14)に代入して，

$$V = -\frac{1}{2} \frac{\alpha' q^2}{(4\pi\varepsilon_0)^2 r^4} \tag{13·15}$$

を得る．定性的には分極率は原子や分子の電子密度分布が外部電場によりどれだけひずみやすいかの尺度である．C=C や C=N などの不飽和結合，ニトロ基 ($-NO_2$)，フェニル基 ($-C_6H_5$)，DNA の塩基対，負イオンなどは非常に分極しやすい．一般に，電子数が多く分子内での電子雲の広がりが大きいほど分極率は大きくなる．しかし，式(13·13)に定義されるように，α' の単位は C m^2 V^{-1} というふうにやや扱いにくいものである．そのため次式で与えられるような，単位が m^3 である分極率 α を用いるのがより便利である．

$$\alpha = \frac{\alpha'}{4\pi\varepsilon_0}$$

式(13·15)は，これにより

$$V = -\frac{1}{2} \frac{\alpha q^2}{4\pi\varepsilon_0 r^4} \tag{13·16}$$

のように表される．

永久双極子モーメントが，無極性分子に双極子モーメントを誘起することもある（図 13·4c 参照）．双極子-誘起双極子相互作用の相互作用ポテンシャルエネルギーは

$$V = -\frac{\alpha' \mu^2}{(4\pi\varepsilon_0)^2 r^6} = -\frac{\alpha \mu^2}{4\pi\varepsilon_0 r^6} \tag{13·17}$$

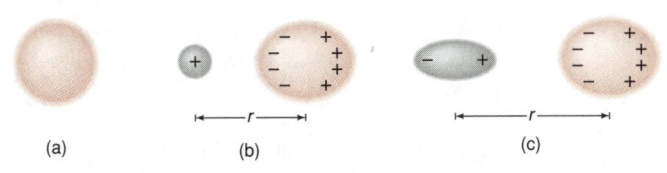

図 13·4 (a) 孤立したヘリウム原子は球対称な電子密度をもつ．(b) 正イオンによるヘリウムの誘起双極子モーメント．(c) 永久双極子によるヘリウムの誘起双極子モーメント．ヘリウム中の＋，－の符号は電荷密度の増減を表す．

表 13·1 原子・分子の分極率

原子	$\alpha/10^{-30}$ m^3	分子	$\alpha/10^{-30}$ m^3
He	0.20	H$_2$	0.80
Ne	0.40	N$_2$	1.74
Ar	1.66	CO$_2$	2.91
Kr	2.54	NH$_3$	2.26
Xe	4.15	CH$_4$	2.61
I	4.96	C$_6$H$_6$	10.4
Cs	42.0	CCl$_4$	11.7

となる．ここで α は無極性分子の分極率，μ は極性分子の双極子モーメントである．式(13・16)および式(13・17)は温度に無関係であることに注意しよう．これは，双極子モーメントの誘起は即時的に起こるために，V の値が分子の熱運動に影響されることはないからである．表 13・1 に，原子および簡単な分子について分極率の値を示す．

一般に，イオン-誘起双極子相互作用も双極子-誘起双極子相互作用も，イオン-双極子相互作用に比べるとかなり弱いものである．NaClのようなイオン化合物やアルコールのような極性分子がベンゼンや四塩化炭素といった無極性溶媒に難溶であるのはそのためである．

例題 13・3

空気中でナトリウムイオン（Na$^+$）が窒素分子から 4.0 Å（400 pm）の距離にある．式(13・16)を用いてイオン-誘起双極子相互作用のポテンシャルエネルギーを kJ mol^{-1} 単位で計算せよ．

解 用いる数値は（表 13・1 参照）

$\alpha(\mathrm{N_2}) = 1.74 \times 10^{-30}$ m^3 $r = 4.0$ Å $= 4.0 \times 10^{-10}$ m

である．式(13・16)より

$$V = -\frac{1}{2} \frac{(1.74 \times 10^{-30} \text{ m}^3)(1.602 \times 10^{-19} \text{ C})^2}{4\pi (8.854 \times 10^{-12} \text{ C}^2 \text{ N}^{-1} \text{ m}^{-2})(4.0 \times 10^{-10} \text{ m})^4}$$
$$= -7.8 \times 10^{-21} \text{ J}$$

1 mol あたりでは

$$V = (-7.8 \times 10^{-21} \text{ J})(6.022 \times 10^{23} \text{ mol}^{-1})$$
$$= -4.7 \text{ kJ mol}^{-1}$$

となる．

分散相互作用，あるいはロンドン相互作用

これまで考えてきた系は，相互作用するもののうちに，荷電したイオンあるいは双極子モーメントを少なくとも一つ含んでいた．これらは古典物理学によりうまく説明することができた．さて，ここで，つぎのような問題を考えなければならない．すなわち，ヘリウムや窒素などの無極性気体を凝縮させることができるが，一体どのような引力的相互作用が原子間，無極性分子間に働いているのであろうか，という問題である．

ヘリウムの電荷密度が球対称に分布している，と言った場合，それはある時間（たとえばわれわれがこのような系に関して物理的測定を行う際の十分長い時間）の間で平均した場合に，核からある距離離れた位置での電子密度がどの方向においても同じであるということを意味する．実際には不可能であるが，もしも個々のヘリウム原子の瞬間的な原子配置を写真に収めることができたならば，それぞれの原子の球対称性は，原子間の相互作用を受けて，さまざまな程度で崩れている様子を見ることができるはずである．そのような各瞬間に生成される一時的な双極子であっても，周囲の原子に双極子を誘起することができるので，原子間には引力的相互作用が生じることになるであろう．この相互作用は弱いものであると考えられる．実際，ヘリウムの沸点（4 K）は低く，これは液体状態において原子間に働く力が非常に弱いことを示している．しかし分極率が非常に大きい分子に関しては，この相互作用は双極子-双極子相互作用や双極子-誘起双極子相互作用と同程度，もしくはむしろ大きいぐらいである．たとえば無極性分子の四塩化炭素（CCl$_4$）は大きな分極率をもち（表 13・1 参照），沸点は 76.5 ℃であるが，これは極性分子であるフッ化メチル（CH$_3$F）の沸点（-141.8 ℃）よりもかなり高い．

無極性分子間の相互作用に関する量子力学的取扱いは，ドイツの物理学者，Fritz London（1900~1954）により 1930 年はじめて行われ，二つの同じ原子，あるいは無極性分子の相互作用により生じるポテンシャルエネルギーが

$$V = -\frac{3}{4} \frac{\alpha'^2 I}{(4\pi\varepsilon_0)^2 r^6}$$
$$V = -\frac{3}{4} \frac{\alpha^2 I}{r^6} \qquad (13 \cdot 18)$$

で与えられることが示された．式中の I は着目している原子または分子の第 1 イオン化エネルギーである．等価でない二つの原子や分子（A, B）に対しては式(13・18)は

$$V = -\frac{3}{2} \frac{I_A I_B}{I_A + I_B} \frac{\alpha'_A \alpha'_B}{(4\pi\varepsilon_0)^2 r^6}$$
$$V = -\frac{3}{2} \frac{I_A I_B}{I_A + I_B} \frac{\alpha_A \alpha_B}{r^6} \qquad (13 \cdot 19)$$

となる．このような相互作用によりうまれる力は**分散力**（dispersion force）あるいは**ロンドンの分散力**（London dispersion force）とよばれる．

例題 13・4

4.0 Å 離れた二つのアルゴン原子の間での相互作用によるポテンシャルエネルギーを計算せよ．

解 用いる数値は

$\alpha = 1.66 \times 10^{-30}$ m^3 （表 13・1 より）
$I = 1521$ kJ mol^{-1} （表 11・4 より）

であり，式(13・18)より

$$V = -\frac{3}{4}\frac{(1.66\times 10^{-30}\text{ m}^3)^2(1521\text{ kJ mol}^{-1})}{(4.0\times 10^{-10}\text{ m})^6}$$
$$= -0.77\text{ kJ mol}^{-1}$$

となる.

双極子-双極子,双極子-誘起双極子,および分散による力は,まとめて**ファンデルワールス力**(van der Waals force)とよばれる.気体のふるまいが第2章で論じたような理想的なものと異なる理由は,これらの力による.

反発および全相互作用

これまでに論じてきた引力的相互作用に加えて,原子や分子は互いを遠ざける相互作用をもたなければならない.そうでなければこれらはついには融合してしまうであろう.電子雲同士,核同士の間に強い反発が働くことにより*,このような融合が起こらないようになっている.反発によるポテンシャルエネルギーは極端に近距離的(短距離的)であり,n を 8〜12 の数として,$1/r^n$ に比例する.英国の物理学者,John Edward Lennard-Jones 卿(1894〜1954)により,非イオン系での引力的および反発力的相互作用を表すため,つぎのような定式化が提案された.

$$V = -\frac{A}{r^6} + \frac{B}{r^{12}} \quad (13\cdot 20)$$

ここで A, B は相互作用する二つの原子,分子により決まる定数である.式(13・20)の第1項は引力を表す(これまで見てきたように,双極子-双極子,双極子-誘起双極子お

表 13・2 原子・分子のレナード-ジョーンズパラメーター

物質	ε/kJ mol^{-1}	σ/Å	物質	ε/kJ mol^{-1}	σ/Å
Ar	0.997	3.40	O$_2$	0.943	3.65
Xe	1.77	4.10	CO$_2$	1.65	4.33
H$_2$	0.307	2.93	CH$_4$	1.23	3.82
N$_2$	0.765	3.92	C$_6$H$_6$	2.02	8.60

よび分散力はすべて $1/r^6$ の依存性をもつ).第2項は($1/r^{12}$ 依存という)非常に短距離で影響をもつものであり,分子間の反発を記述する.式(13・20)のより一般的な形は**レナード-ジョーンズの(12,6)ポテンシャル**〔Lennard-Jones (12,6) potential〕とよばれ,次式で与えられる.

$$V = 4\varepsilon\left[\left(\frac{\sigma}{r}\right)^{12} - \left(\frac{\sigma}{r}\right)^6\right] \quad (13\cdot 21)$$

2分子間のレナード-ジョーンズポテンシャルを図 13・5 に示す.1組の分子を考えるとき,ε はポテンシャル井戸の深さ,σ は $V=0$ になるときの距離である.表 13・2 にいくつかの原子・分子に関しての ε 値,σ 値を示す.レナード-ジョーンズポテンシャルは計算化学によく用いられるが,$1/r^{12}$ 項は反発を表すには不十分な表現である.正確に取扱うためには,a を定数として $e^{-ar/\sigma}$ という表し方がよりよい.

全相互作用ポテンシャルに関していくつかの点を指摘しておこう.第一に,第二ビリアル係数 B(§2・4 参照)は,分子間ポテンシャルと関係づけることができる.式(2・14)によると,この係数は(三次および高次のビリアル係数を無視するとして)Z–P プロットの勾配から実験的に求められる.したがって,B を求めることで分子間ポテンシャルを決定することができる.第二に,σ 値は結合していない原子が互いにどの程度まで近接することが可能であるか,の尺度である.これは**ファンデルワールス半径**(van der Waals radius)とよばれ,結合していない二つの原子が結晶内でとる核間距離の半分の数値である.たとえば Cl$_2$ 結晶中で,近接しているが結合していない Cl 原子間の距離は 3.60 Å であり,このときファンデルワールス半径は 3.60 Å/2 つまり 1.80 Å となる.この値は Cl 原子の共有結合半径 1.01 Å よりかなり大きい.表 13・3 にいくつかの原子とメチル基のファンデルワールス半径を示

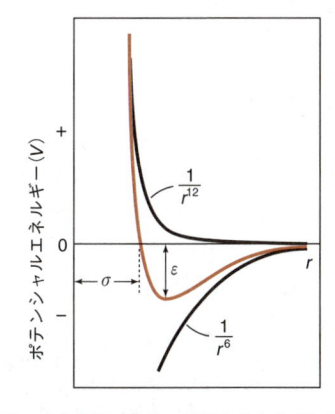

図 13・5 二つの分子間,あるいは結合をもたない二つの原子間でのポテンシャルエネルギー曲線は,$1/r^6$ 項(引力項)と $1/r^{12}$ 項(反発力項)との和から成る.井戸の深さは ε により,$V=0$ となる分子の中心間の距離は σ により与えられる.

表 13・3 原子およびメチル基のファンデルワールス半径

原子	半径/Å	原子	半径/Å	原子	半径/Å
H	1.2	P	1.9	Br	1.95
C	1.5	S	1.85	I	2.2
N	1.5	F	1.35	–CH$_3$	2.0
O	1.4	Cl	1.80		

---

* 原子間および分子間の反発は,電子が空間の同じ位置を占めることを禁じたパウリの排他原理から来る直接の帰結である.

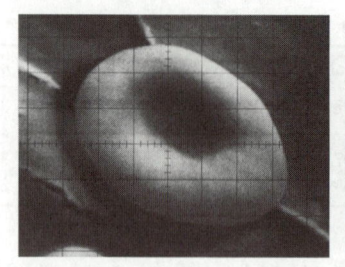

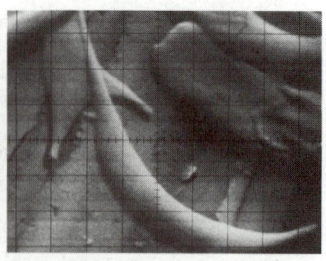

図 13・6 正常赤血球細胞（左）と鎌状赤血球細胞（右）の電子顕微鏡写真〔Phillips Electronic Instruments, Inc. の許諾を得て転載〕

す．空間充塡模型での原子の大きさはファンデルワールス半径に基づいていることに注意しよう．第三に分子間ポテンシャルと分子内ポテンシャルの相対的な大きさを比較してみると興味深い．二つの H_2 分子間の相互作用と，H_2 分子のポテンシャルエネルギーを考えよう．前者においてはポテンシャル井戸の深さは約 0.3 kJ mol^{-1}，"結合長"は 3.4 Å (340 pm) である．後者に関してこれに対応する量はそれぞれ 432 kJ mol^{-1}，0.74 Å (74 pm) である（図 12・14 参照）．このように通常の化学結合は，分子間力により結びついた場合よりも 2～3 桁安定であり，また結合した原子は，分子の中で非常に近接している．

鎌状赤血球貧血における分散力の役割

分散力はタンパク質構造で重要な役割を果たしている．リポタンパク質膜の中では，脂質分子の炭化水素鎖間の相互作用はおもに分散力やファンデルワールス力によるものである．ヘモグロビンやミオグロビンにおいては，側鎖によって形成される"ポケット"中でヘムを保持することに分散力が一部役立っている．

第 1 章で述べたように，ヘモグロビンの β 鎖の 6 番目の位置にあるグルタミン酸がバリンに置き換わると（ヘモグロビン S とよばれる），鎌状赤血球貧血として知られる病気をひき起こす．ヘモグロビン表面上のバリン残基の無極性アルキル基は，分散力によって，別のヘモグロビン分子のデオキシ型の無極性ポケットにぴったりはまり込める．オキシヘモグロビンになるとコンホメーション変化が起こるため，ポケットは十分に変形され，タンパク質間にそれほど大きな相互作用は起こらない．赤血球中のヘモグロビン濃度は非常に高く，約 350 mg ml^{-1} であり，個々のヘモグロビン分子間の平均距離はわずか 10 Å である．このような接近した状態のため，デオキシヘモグロビン分子間の疎水性相互作用は強められて会合する可能性をもっている．ある条件になって突然凝集したヘモグロビン S 分子は溶液から沈殿して繊維状になる．通常は円盤状の形をした赤血球細胞は沈殿によって三日月形，別の言い方をすると鎌状になる（図 13・6）．これらの変形した細胞は毛細血管をふさぎ，生命維持に直接必要な諸器官への血液

の流れを妨げる．鎌状赤血球貧血の一般的な症状は，腫脹，疼痛，その他の合併症である．鎌状赤血球貧血は Pauling によって分子病とよばれたが，それは，有害な作用は分子レベルで理解され，病気は実際に分子の欠陥による*ものだからである．

集中的な研究が現在行われているけれども，この病気についての治療法は見つかっていない．尿素やイソシアン酸イオンなどの抗鎌状化剤が，広く処置に使われている．

$$H_2N-\underset{\underset{O}{\parallel}}{C}-NH_2 \qquad O=C=N^-$$
　　　尿　素　　　　　　　イソシアン酸イオン

尿素を 10 % 糖溶液に入れて静脈へ投与しても限られた効果しか収めていない．シアン酸イオンはより効果的な抗鎌状化剤であるが，かなり深刻で有毒な副作用をもっている．もう一つの有望な治療薬はヒドロキシ尿素である．

$$HO-NH-\underset{\underset{O}{\parallel}}{C}-NH_2 \qquad \text{ヒドロキシ尿素}$$

これらの分子は，ヘモグロビン S 分子間の分散力を断ち切って，赤血球の鎌状化を防ぐ．

13・4　水素結合

表 13・4 に，本節で議論する水素結合を含めたいろいろなタイプの分子間力をまとめてある．水素結合は特別なタイプの分子間相互作用であり，水素原子を含む極性の結合（たとえば O−H や N−H）が酸素，窒素，フッ素などの電気陰性度の高い原子と相互作用してできる．この相互作

---

* 余談ではあるが，鎌状赤血球貧血がマラリアに対する抵抗性を高めることは興味深い．マラリア原虫はその生活環の一部を宿主の赤血球の中で過ごす．マラリア原虫が存在すると細胞内の体液の pH がわずかに下がり，赤血球細胞は鎌状になりやすくなる（p.230 で述べたボーア効果から，低 pH ではデオキシヘモグロビンの生成が有利であることがわかる）．鎌状になると細胞は K^+ イオンを透過しやすくなるのでイオンが周囲へ漏れ出し，結果として K^+ イオン濃度の低下はマラリア原虫を殺すことになる．この非常に興味深いメカニズムは，異型接合体（すなわち，ヘモグロビン S という欠陥のある遺伝子を片親から受け継ぎ，正常な遺伝子をもう一方の親から受け継いだヒト）がマラリアの脅威にさらされる特にアフリカで，生き延びていることの説明になる．

13・4 水素結合

表 13・4 分子間相互作用

相互作用のタイプ	距離依存性	例	大きさの程度[†1] (kJ mol^{-1})
共有結合[†2]	単純な表現はない	H–H	200〜800
イオン–イオン	$\dfrac{q_A q_B}{4\pi\varepsilon_0 r}$	Na$^+$Cl$^-$	40〜400
イオン–双極子	$\dfrac{q\mu}{4\pi\varepsilon_0 r^2}$	Na$^+$(H$_2$O)$_n$	5〜60
双極子–双極子	$\dfrac{2}{3}\dfrac{\mu_A^2 \mu_B^2}{(4\pi\varepsilon_0)^2 r^6}\dfrac{1}{k_B T}$	SO$_2$ SO$_2$	0.5〜15
イオン–誘起双極子	$\dfrac{1}{2}\dfrac{\alpha q^2}{4\pi\varepsilon_0 r^4}$	Na$^+$ C$_6$H$_6$	0.4〜4
双極子–誘起双極子	$\dfrac{\alpha\mu^2}{4\pi\varepsilon_0 r^6}$	HCl C$_6$H$_6$	0.4〜4
分散相互作用	$\dfrac{3}{4}\dfrac{\alpha^2 I}{r^6}$	CH$_4$ CH$_4$	4〜40
水素結合	単純な表現はない	H$_2$O···H$_2$O	4〜40

[†1] 実際の値は間隔,電荷,双極子モーメント,分極率,媒体の比誘電率に依存する.
[†2] 比較の目的のためのみにあげた.

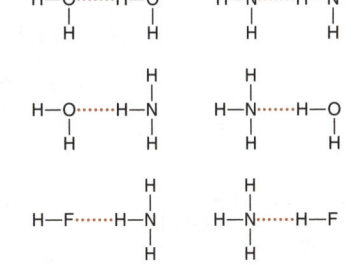

図 13・7 水素結合のいくつかの例. ······ は水素結合を表している.

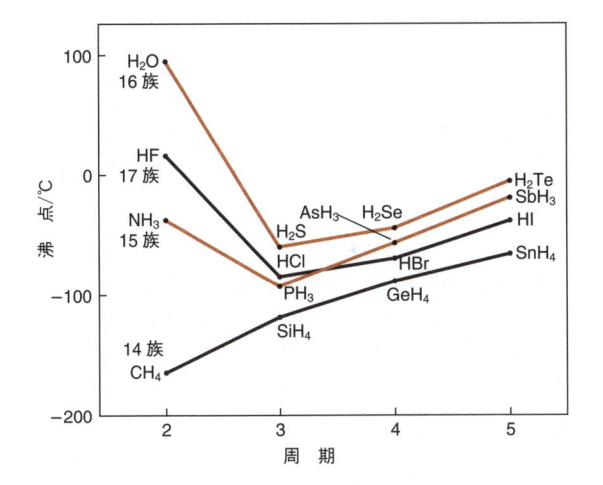

図 13・8 14, 15, 16, 17 族元素の水素化合物の沸点. 通常,族の下の方へ行くに従い沸点は増加すると予想されるが,分子間水素結合のために,NH$_3$, H$_2$O, HF は異なったふるまいをすることがわかる.

は A–H···B と表される.ここで A と B は電気陰性度の高い原子であり,点線は水素結合を表している*.図 13・7 に水素結合の例をいくつか示す.水素結合は比較的弱い(およそ 40 kJ mol^{-1} 以下)けれども,多くの化合物の性質を決めるうえで中心的な役割を果たしている.

水素結合についての証拠は,はじめ化合物の沸点の研究から得られた.通常,同じ族の元素を含む同様の化合物の系列の沸点は分子量が増えるに従い(したがって分極率が増えるに従い)高くなる.しかし,図 13・8 に示すように,15, 16, 17 族元素の二元水素化合物はこの傾向に従わない.それぞれの系列では,最も軽い化合物(NH$_3$, H$_2$O, HF)が最も高い沸点をもつが,それはこれらの化合物の分子間に広範囲の水素結合が存在するからである.

このタイプの結合は水素に独特のものであり,それはおもに水素原子が 1 個しか電子をもっていないことによる.その電子が電気陰性度の高い原子と共有結合をつくることに使われると水素の原子核は部分的に遮へいが無くなる.その結果,プロトンは別の分子の電気陰性度の高い原子と直接相互作用することができる.相互作用の強さによっては,そのような結合は,固相や液相と同様に気相においても存在しうる.固相や液相では,HF はつぎのようにつながった鎖を形成する.

最も安定なのは,普通は供与体対(AH)と受容体(B)が一直線上にある配置(すなわち ∠AHB = 180°)であるが,150° まで直線からずれた構造も知られている.

水素結合はタンパク質構造の安定性を生む大きな要因である.ポリペプチド鎖の >C=O 基と >N–H 基との間の分子内水素結合によって α ヘリックスが生じる.一方,二つのポリペプチド鎖の間の分子間水素結合によって β プリーツシート構造が生じる.これらの構造についての議論は第 16 章で行うことにして,ここでは,DNA 中の水素結合の重要性について考えよう.

DNA 分子はモル質量が数百万〜数百億 g の高分子である.それらは三つの部分から成る.リン酸基,糖(デオキシリボース),およびプリン塩基(アデニン,グアニン)あるいはピリミジン塩基(シトシン,チミン)である.図 13・9 に DNA 二重らせんのワトソン・クリックモデルを示す.これは米国の生物学者 James Dewey Watson(1928〜)と

---

* X 線を使った詳細な研究によると,O···H の水素結合やおそらく他のタイプの強い水素結合も,相当の共有結合性をもっている.この結論は量子力学計算によって支持されている.E. D. Isaacs, A. Shukla, P. M. Platzmann, *et al.*, *Phys. Rev. Lett.*, **82**, 600 (1999) および,*Science*, **283**, 614 (1999) を参照.

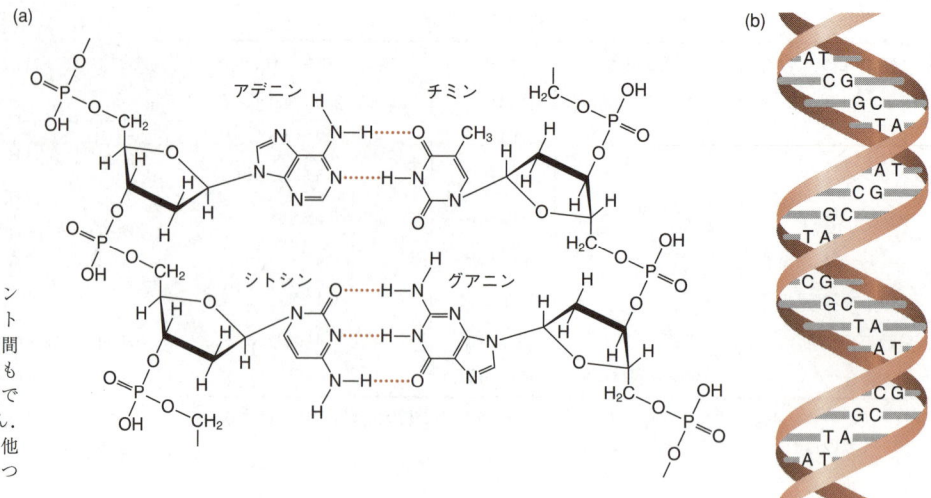

図 13・9 (a) アデニン(A)・チミン(T)間，シトシン(C)・グアニン(G)間の塩基対形成．(b) 最も一般的な DNA の構造である右巻き二重らせん．2 本の鎖は水素結合と他の分子間力によって一つになっている．

英国の生物学者 Francis Harry Compton Crick（1916～2004）が見いだしたものである．分子の骨格は糖とリン酸基が交互に並んだものである．それぞれの糖はプリンあるいはピリミジン塩基につながっている．DNA の 2 本の鎖上の塩基間に水素結合ができ，それが二重らせん構造を生み出している．塩基はらせんの軸にほぼ垂直であり，それぞれは 4 種類の塩基のうちただ一つとだけ強い水素結合をつくることができる．遺伝暗号の保管場所としての機能に必要な DNA 分子の安定性は，塩基対形成にこのような特異性があるためにもたらされる．

エネルギー的に，DNA において最も有利な対形成はアデニン(A)・チミン(T)とシトシン(C)・グアニン(G)であり，図 13・9b に示すように，2 本の鎖は相補的である．水素結合を壊すのに必要なエネルギーの量はかなり小さい（約 5 kJ mol^{-1}）けれども，DNA の二重らせん構造は通常の生理的条件では安定である．この分子の安定性は水素結合形成の協同的な性質によっている．室温で溶液中の二つのヌクレオチド，C と G の対形成について考える*．水素結合塩基対に対する結合していない塩基の比はボルツマン分布則から計算することができる．

$$\frac{(C, G)_{水素結合していない塩基}}{(C \cdot G)_{水素結合している塩基}} = e^{-\Delta E/RT} =$$
$$\exp\left(\frac{-3 \times 5000 \text{ J mol}^{-1}}{8.314 \text{ J K}^{-1} \text{mol}^{-1} \times 300 \text{ K}}\right) = 0.00244$$

このように 1 対の水素結合していない塩基に対して 409 対の水素結合をした塩基がある．それぞれ二つのシトシンとグアニンから成る鎖をもつジヌクレオチドでは，複合体は水素結合していない塩基に比べて 409×409 倍すなわち 1.67×10^5 倍有利である．明らかに，何千もの塩基を含むポリヌクレオチドでは平衡は圧倒的に水素結合のある構造に有利になる．

ここまで行った，水素結合形成についての議論は，非常に電気陰性度の高い原子，N，O，F に集中していた．これらの原子を含まない化合物においても水素結合が存在するという証拠が豊富にある．H$_2$O，NH$_3$，HF での水素結合に比べてその大きさが小さいという意味で "弱い" 水素結合の例を下に示す．

興味深いことに，多くの電子をもつアセチレンの三重結合はフッ化水素と水素結合をつくる．同様に，ベンゼンの非局在化した π 電子は弱い水素結合をつくる．

13・5 水の構造と性質

水は非常に一般的な物質であるので，しばしばそのユニークな性質が見落とされてしまう．たとえば，その分子量からすると，水は室温では気体であると予想される．しかし，水素結合のために，1 atm では 373.15 K の沸点をもつ．本節では，氷と液体の水の構造を調べ，水の生物学的に重要な点について考える．

---

* シトシン・グアニン塩基対は三つの水素結合をもっている．

13・5 水の構造と性質

○ = O
● = H

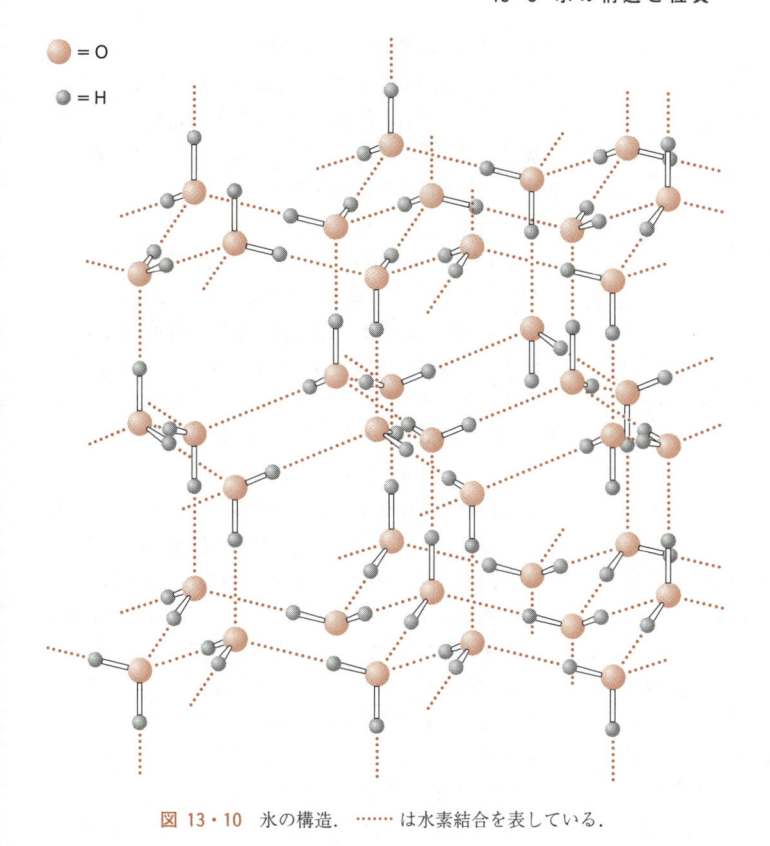

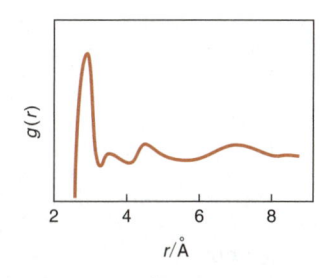

図 13・10 氷の構造. ……… は水素結合を表している.

図 13・11 実験から得られた 4 ℃ の水の動径分布関数. 高温ではピークは幅広くなる.

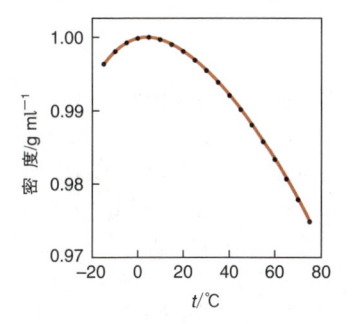

図 13・12 液体の水の，温度に対する密度のプロット. 4 ℃ で水の密度は最大値に達する. 0 ℃ での氷の密度は 0.9167 g cm^{-3} である.

氷の構造

水のふるまいを理解するためには，まず氷の構造について調べなければならない. 氷の結晶形は九つ知られていて，その多くは高圧下でのみ安定である. 氷 I は普通に見られる結晶形であるが，徹底的に研究されており，それは 273 K, 1 atm で 0.924 g ml^{-1} の密度をもっている.

H_2O と NH_3，HF のような他の極性分子との間には，重要な違いがある. 水の場合，水素結合の正側の端となる水素原子の数は，負側の端となる酸素原子の非共有電子対の数に等しい.

その結果，それぞれの酸素原子が二つの共有結合と二つの水素結合によって四つの水素原子と四面体のように結合し，広範囲の三次元ネットワークが生じる. プロトンと非共有電子対の数が等しいというこの性質は，NH_3 や HF には見られない性質である. その結果，NH_3 や HF は環や鎖をつくりうるのみで，広範囲の三次元構造をつくることはできない.

図 13・10 は氷 I の構造を示している. 隣り合う酸素原子間の距離は 2.76 Å である. O-H の距離は 0.96 Å から 1.02 Å で，O…H の距離は 1.74 Å から 1.80 Å である. すき間の多い格子のために氷は水よりも密度が低い. この事実は生態学的に意味深い重要性をもっている. 氷の水素結合がこのようなユニークなタイプのものでなければ，他のたいていの固体の物質のように，その対応する液体よりも密度が高かったであろう. そうすると，凍るときに水は湖や池の底に沈み，そして次第にすべての水が凍ってしまい，水中のほとんどの生き物が死んでしまうだろう. 幸運にも，水は 277.15 K (融点よりも 4 K 上) で最大の密度をもつ. 277.15 K 以下に冷やすと，水の密度は減少し，そのために表面に上昇し，そこで凍結する. 表面の氷の層は沈まない──それはまさしく重要なことで，表面にある氷はその下にある生物環境を守る断熱材として働くのである.

水の構造

液体について議論するときに構造という言葉を使うのは奇妙であるけれども，多くの液体は近距離秩序をもっている. 液体の構造を調べるのに便利な方法は**動径分布関数** (radial distribution function), $g(r)$ を用いることである. この関数の定義は，$4\pi r^2 g(r)\,dr$ が，ある分子の中心を原点にとったとき原点から距離 r 離れた所で幅 dr の球面殻内

表 13・5　水の物理化学的性質

融　点	0 ℃ (273.15 K)
沸　点	100 ℃ (373.15 K)
水の密度	0.999 87 g ml^{-1} (0 ℃)
氷の密度	0.9167 g ml^{-1} (0 ℃)
モル熱容量	75.3 J K^{-1} mol^{-1}
モル融解エンタルピー	6.01 kJ mol^{-1}
モル蒸発エンタルピー	40.79 kJ mol^{-1} (100 ℃)
比誘電率	78.54 (25 ℃)
双極子モーメント	1.82 D
粘　度	0.001 N s m^{-2}
表面張力	0.072 75 N m^{-1} (20 ℃)
拡散係数	2.4×10^{-9} m^2 s^{-1} (25 ℃)

水のいくつかの物理化学的性質

表13・5は水の重要な物理化学的性質の一覧を示している．いくつかの性質が異常に高い値をもつために，水は特に生命系を支えるのに適した独特の溶媒となっている．その理由を以下に簡潔に議論する．

1. 水はすべての液体の中で最も高い比誘電率をもつものの一つである（表5・3参照）．この性質のためにイオン化合物にとっては非常に優れた溶媒になる．加えて，水素結合をつくることができるため，水は炭水化物，カルボン酸，アミンを溶かすことができる．

2. その強い水素結合のために水は非常に高い熱容量をもつ．$\Delta H = C_P \Delta T$，$\Delta T = \Delta H / C_P$ となるが，このことは水溶液の温度を1K上昇させるのに大量の熱が必要であることを意味する．この性質は代謝の過程で発生する熱により細胞の温度を変えないようにするのに重要である．環境の見地から言うと，大きな温度上昇を伴わず大量の熱を吸収する水の能力は，地球の気候に大きな影響を与えるということを指摘できる．湖や海は太陽の放射を吸収したり大量の熱を放出しても温度変化の量は小さい．このため，海に近いところの気候は内陸の気候に比べて穏やかである．

3. 水は高いモル蒸発エンタルピーをもっている（41 kJ mol^{-1}）．このため，発汗は体温を調節する効果的な方法である．ただし，発汗は体温を下げる唯一の機構ではなく，過剰な熱の一部は体の周囲に放射される．というのは，平均して，60 kg のヒトは 1×10^7 J の熱を代謝によって毎日発生する．もし，発汗が体温を下げる唯一の機構であるならば，一定温度を保つために $(1 \times 10^7 \text{ J})/(41 \times 1000 \text{ J mol}^{-1}) = 244$ mol，つまり約 4.4 l の水を蒸発させなければならない．普通ヒトはこれほどは汗をかかない（たとえば，7月の中旬にテキサス州ヒューストンでマラソンの練習をするなどという場合を除けば）．また，氷のモル融解エンタルピーは特別高くはないけれども（6 kJ mol^{-1}），それでも相当大きく，体が凍ることを防ぐ．

4. 氷に比べて高い，水の密度の生態学的な重要性については，すでに議論した（p.305）．

5. 水素結合による強い分子間相互作用のために水は高い表面張力をもつ．このため，生物器官は表面張力を下げるよう洗剤様の化合物（界面活性物質とよばれる）を生産しなければならない．さもなければ表面張力によって機能が阻害されてしまうことがあるだろう．たとえば肺には肺胞界面活性物質があって，肺胞空間を広げ効果的な呼吸を可能にして，必要な仕事量を減らしている．

6. 水の多くの特異的な性質とは異なり，水の粘度は他

にもう一つの分子が見いだされる確率を与えるというものである[*1]．結晶固体では r に対する $g(r)$ のプロットは一連の鋭い線を与える．それは結晶には長距離秩序があるためである．対照的に図13・11に示すように，4 ℃ での水の動径分布曲線は 2.90 Å に大きなピークを，3.50，4.50，7.00 Å に弱いピークをもつ．7.00 Å 以上では，この関数は本質的に1の値をとり[*2]，局所秩序はこの距離を越えて広がっていないことを意味する．氷IのX線回折による研究によるとO-O距離は 2.76 Å である．2.90 Å の強いピークは液体においても非常に似た四面体配列があることを意味している．3.50 Å にあるピークは氷Iのいかなる結合長にも対応しない．しかしながら，氷Iではそれぞれの O 原子から 3.50 Å の距離に侵入できる格子間間隙がある．それゆえ氷が溶けるとき，いくつかの水分子は束縛を脱してこれらの間隙に閉じ込められ，これが 3.50 Å にあるピークの原因となる．4.50，7.00 Å のピークも四面体配列と合う．

上の議論は，結合は曲がったりゆがんだりしているかもしれないが，氷Iを特徴づける強い三次元水素結合構造が水においてもほとんど損なわれていないことを示す．融解するときに単量体の水分子が残りの "氷様" 格子の間隙に入る．そのため水の密度は氷に比べて大きい．温度が上がるにつれて水素結合が壊れていくと同時に分子の運動エネルギーが増加する．その結果，より多くの水分子が間隙に入るものの，運動エネルギーが増えて分子の占める体積が増えるために，水の密度は減少する．最初，単量体の水分子が間隙に入ることによる体積減少は運動エネルギーの増加による体積膨張に勝る．したがって0 ℃から4 ℃まで密度は上昇する．この温度を超えると，膨張が優位となる．したがって温度が上がるにつれて密度が低下する（図13・12）．

[*1] この動径分布関数は第11章（p.256参照）で水素原子について適用したものに似ている．分布関数は，液体のX線回折パターンの強度から組立てることができる．

[*2] 訳注: 原著では0となっているが訳者が修正した．

13・6 疎水性相互作用

表 13・6 25 ℃における無極性溶質の有機溶媒から水への移行に関する熱力学量

過程	ΔH/kJ mol^{-1}	ΔS/J K^{-1} mol^{-1}	ΔG/kJ mol^{-1}
CH$_4$(CCl$_4$) → CH$_4$(H$_2$O)	−10.5	−75.8	12.1
CH$_4$(C$_6$H$_6$) → CH$_4$(H$_2$O)	−11.7	−75.8	10.9
C$_2$H$_6$(C$_6$H$_6$) → C$_2$H$_6$(H$_2$O)	−9.2	−83.6	15.7
C$_6$H$_{14}$(C$_6$H$_{14}$) → C$_6$H$_{14}$(H$_2$O)	0.0	−95.3	28.4
C$_6$H$_6$(C$_6$H$_6$) → C$_6$H$_6$(H$_2$O)	0.0	−57.7	17.2

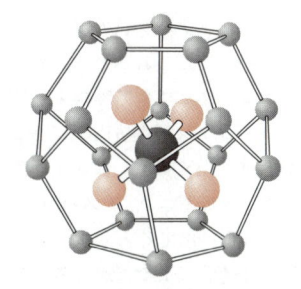

図 13・13 水中のメタン（メタン水和物）として考えられる構造．メタン分子は水素結合によって集まった水分子（灰色の球）のかごに閉じ込められている．

の多くの液体と同程度である．巨大分子（たとえばタンパク質や核酸）があると溶液の粘度がかなり増加してしまうので，水は粘度の高い流体ではないという事実は，血液の流れや媒質中での分子やイオンの拡散にとって都合が良い．

13・6 疎水性相互作用

経験から，水と油は混じり合わないことを知っていると思う．一見，これは水と無極性の油分子との間の双極子–誘起双極子相互作用や分散力が弱いということが理由のように思える．この観察から混合エンタルピー（ΔH）は正であり，ΔG が正（$\Delta G = \Delta H - T\Delta S$）になると結論してしまうかもしれない．このため水への油の溶解度は非常に低い，というように．しかし，この説明は正しくない．溶解を不利にする相互作用は，おもに**疎水性相互作用**（hydrophobic interaction）〔**疎水性効果**（hydrophobic effect）あるいは**疎水結合**（hydrophobic bond）ともよばれる〕である．疎水性相互作用は，無極性の物質が水との接触をできるだけ小さくするために寄り集まろうとする作用で，米国の化学者 Walter Kauzmann（1916～）によりつくられた術語である．この相互作用はセッケンや洗剤の洗浄作用，生体膜の形成，タンパク質構造の安定化を含めた多くの重要な化学および生物学的現象の基礎になっている．

表 13・6 は無極性溶媒から水へ小さな無極性分子を移したときの熱力学量を示している．この表の最も際立った特徴は，すべての化合物について ΔS は負であるということである．無極性分子が水性の媒質に入ったとき，溶質のための空き空間をつくるためにいくつかの水素結合を壊さなければならない．この壊れる水素結合は双極子–誘起双極子相互作用や分散相互作用よりもはるかに強いので，この部分に関しては吸熱的である．それぞれの溶質分子は，水素結合によって保持された一定数の水分子から成るクラスレート（かご形）化合物（包接化合物）モデルとよばれる，氷に似たかご形構造に閉じ込められる（図 13・13）．クラ

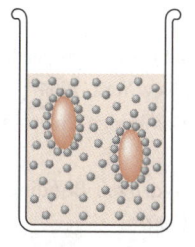

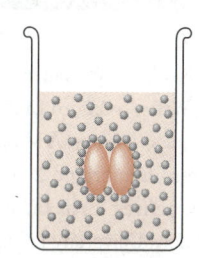

図 13・14 （左）水の中への無極性分子の溶解は発熱過程（$\Delta H<0$）であるが，クラスレート形成による大きなエントロピー減少を伴うので不利である．その結果，$\Delta G>0$ となる．（右）疎水性相互作用の結果として，無極性分子は寄り集まり，秩序立ったいくつかの水分子を放出し，そのためエントロピーが増大する．この過程は，つくられる水素結合よりも壊れる水素結合の方が多いので，吸熱過程（$\Delta H>0$）であるが，熱力学的には有利になる（$\Delta G<0$）．

無極性溶質が会合せずに溶解している状態
$\Delta H < 0$
$\Delta S < 0$
$\Delta G > 0$

無極性溶質が疎水性相互作用によって会合している状態
$\Delta H > 0$
$\Delta S > 0$
$\Delta G < 0$

スレート化合物の生成によって二つの重要なことが起こる．第一に，新しく生成した水素結合（発熱過程）は空孔をつくるために最初に壊される水素結合を，部分的にあるいはすべて補償する．このため，ΔH は全過程について負，0，正になりうる．さらに，かご形構造は非常に秩序立っている（微視的状態の数の減少）ので，かご形構造形成によるエントロピーの減少はかなり大きく，溶質と水分子の混合によるエントロピーの増大をはるかにしのぐ．したがって ΔS は負になる．このように，無極性分子と水とが混じり合わないということや疎水性相互作用は，エンタルピー駆動というよりむしろエントロピー駆動である*．

疎水性相互作用はタンパク質の構造に重要な影響を及ぼ

---

* 無極性分子の溶解度を水中のイオン化合物と比べると有益である．後者では，強いイオン–双極子相互作用による大きなエンタルピー減少（$\Delta H<0$）があり，水が荷電イオンの周りでより構造化したときに，エンタルピー減少はエントロピー減少（$\Delta S<0$）をしのぐ．したがって $\Delta G<0$ となる．イオンを取巻く水和殻の構造はクラスレート（かご形）構造とは異なることに注意せよ．

している．タンパク質のポリペプチド鎖が溶液中で三次元構造に折りたたまれるとき，無極性のアミノ酸（たとえば，アラニン，フェニルアラニン，プロリン，トリプトファン，バリン）はタンパク質内部にあって水と少し接触するかあるいはまったく接触しない．一方で極性アミノ酸残基（たとえば，アルギニン，アスパラギン酸，グルタミン酸，リシン）は表面に出てくる．水溶液中に無極性分子が二つあるモデルを考えるだけで，このエントロピー駆動の過程への洞察が得られる（図13・14）．無極性分子は，疎水性相互作用のために一つの空孔へ寄り集まって，表面積を減らすことで水との不利な相互作用を減らす．これに対応してかご形構造の一部が壊れ，$\Delta S>0$ と，ゆえに $\Delta G<0$ を生じる．さらに，元々のかご形構造のいくつかの水素結合が壊されるので，エンタルピーは増加する（$\Delta H>0$）．タンパク質の折りたたみはこれと同様の現象で，無極性表面が水へできるだけ露出しないようタンパク質は折りたたまれる．タンパク質の安定性については第16章でより多くのことを述べる．

参考文献

書籍

D. Eisenberg, W. Kauzmann, "The Structure and Properties of Water," Oxford University Press, New York (1969).

F. Franks, "Water: A Matrix of Life," Cambridge University Press, Cambridge (2000).

G. A. Jeffrey, "An Introduction to Hydrogen Bonding," Oxford University Press, New York (1997).

G. A. Jeffrey, W. Saenger, "Hydrogen Bonding in Biological Structures," Springer-Verlag, New York (1994).

J. L. Kavanau, "Water and Water-Solute Interactions," Holden-Day, San Francisco (1964).

G. C. Pimentel, A. L. McClellan, "The Hydrogen Bond," W. H. Freeman, San Francisco (1960).

M. Rigby, E. B. Smith, W. A. Wakeham, G. C. Maitland, "The Forces Between Molecules," Clarendon Press, Oxford (1986).

S. N. Vinogrador, R. H. Linnell, "Hydrogen Bonding," Van Nostrand Reinhold, New York (1971).

論文
総説：

B. V. Derjaguin, 'The Force between Molecules,' *Sci. Am.*, July (1960).

T. H. Benzinger, 'The Human Thermostat,' *Sci. Am.*, January (1961).

L. Pauling, 'A Molecular Theory of General Anesthesia,' *Science*, **134**, 15 (1961).

J. F. Brown, Jr., 'Inclusion Compounds,' *Sci. Am.*, July (1962).

M. M. Hagan, 'Clathrates: Compounds in Cages,' *J. Chem. Educ.*, **40**, 643 (1963).

H. H. Jaffé, 'Chemical Forces,' *J. Chem. Educ.*, **40**, 649 (1963).

L. Holliday, 'Early Views on Forces between Atoms,' *Sci. Am.*, May (1970).

P. C. Hiemenz, 'The Role of van der Waals Forces in Surface and Colloid Chemistry,' *J. Chem. Educ.*, **49**, 164 (1972).

G. K. Vemulapalli, S. G. Kukolich, 'Why Does a Stream of Water Deflect in an Electric Field ?' *J. Chem. Educ.*, **73**, 887 (1996).

鎌状赤血球貧血：

A. Cerami, C. M. Peterson, 'Cyanate and Sickle-Cell Disease,' *Sci. Am.*, April (1975).

E. Frieden, 'Non-Covalent Interactions,' *J. Chem. Educ.*, **52**, 754 (1975).

J. Dean, A. N. Schechter, 'Sickle-Cell Anemia: Molecular and Vellular Bases of Therapeutic Approaches,' *New Engl. J. Med.*, **299**, 752, 804, 863 (1978).

I. M. Klotz, D. N. Havey, L. C. King, 'Rational Approaches to Chemotherapy: Antisickling Agents,' *Science*, **213**, 724 (1981).

水素結合/水の構造：

J. Donohue, 'On Hydrogen Bonds,' *J. Chem. Educ.*, **40**, 598 (1963).

L. K. Runnels, 'Ice,' *Sci. Am.*, December (1966).

A. L. McClellan, 'The Significance of Hydrogen Bonds in Biological Structure,' *J. Chem. Educ.*, **44**, 547 (1967).

H. S. Frank, 'The Structure of Ordinary Water,' *Science*, **169**, 635 (1970).

M. D. Joesten, 'Hydrogen Bonding and Proton Transfer,' *J. Chem. Educ.*, **59**, 362 (1982).

K. Liu, J. D. Cruzan, R. J. Saykally, 'Water Clusters,' *Science*, **271**, 929 (1996).

M. Gerstein, M. Levitt, 'Simulating Water and the Molecules of Life,' *Sci. Am.*, November (1998).

A. Martin, 'Hydrogen Bonds Involving Transition Metal Centers Acting As Proton Acceptors,' *J. Chem. Educ.*, **76**, 578 (1999).

M. S. Weiss, M. Brandl, J. Sühnel, D. Pal, R. Hilgenfeld, 'More Hydrogen Bonds for the (Structural) Biologists,' *Trends Biochem. Sci.*, **26**, 521 (2001).

疎水性相互作用：

G. Némethy, 'Hydrophobic Interactions,' *Angew. Chem. Intl. Ed.*, **6**, 195 (1967).

E. M. Huque, 'The Hydrophobic Effect,' *J. Chem. Educ.*, **66**, 581 (1989).

C. Tanford, 'How Protein Chemists Learned About the Hydrophobic Effect,' *Protein Science*, **6**, 1358 (1997).

T. P. Silverstein, 'The Real Reasons Why Oil and Water Don't Mix,' *J. Chem. Educ.*, **75**, 116 (1998).

問題

分子間力

13・1 つぎの分子に関して起こると考えられる分子間相互作用をそれぞれすべて列挙せよ：Xe, SO_2, C_6H_5F, LiF.

13・2 以下のものを，融点が高い順に並べ替えよ：Ne, KF, C_2H_6, MgO, H_2S.

13・3 Br_2 と ICl は同数の電子をもっているが，Br_2 は $-7.2\,°C$ で融解するのに対して，ICl の融点は $27.2\,°C$ である．この理由を説明せよ．

13・4 アラスカに住むとして，以下の天然ガス，すなわちメタン (CH_4), プロパン (C_3H_8), ブタン (C_4H_{10}) のうち，冬場，屋外の備蓄タンクに入れるものとしてはどれを選ぶのが良いか．その理由を説明せよ．

13・5 以下に示す分子（あるいは基本となる単位）の間でどのような種類の分子間相互作用が存在するか列挙せよ．(a) ベンゼン (C_6H_6), (b) CH_3Cl, (c) PF_3, (d) $NaCl$, (e) CS_2.

13・6 ペンタン (C_5H_{12}) には三つの構造異性体があり，それぞれ沸点が $9.5\,°C$, $27.9\,°C$, $36.1\,°C$ である．これら三つの構造を書き，沸点が高い順に並べよ．またそのような順序となる理由を説明せよ．

13・7 空気中，$2.76\,Å$ の距離を隔てて水分子が二つある．式 (13・9) を用いて双極子-双極子相互作用を計算せよ．水の双極子モーメントは $1.82\,D$ である．

13・8 クーロン力は通常，長距離力または遠達力 ($1/r^2$ に比例) とよばれるのに対して，ファンデルワールス力は短距離力または近距離力 ($1/r^7$ に比例) とよばれる．(a) 力 (F) が距離のみに依存すると考えて，F が r の関数であるとして $r=1\,Å$, $2\,Å$, $3\,Å$, $4\,Å$, $5\,Å$ のときの値をプロットせよ．(b) 上での結果を用いて，通常 $0.2\,M$ の非電解質溶液は理想的なふるまいを見せること，$0.02\,M$ の電解質溶液は顕著に理想からずれたふるまいを見せることを，説明せよ．

13・9 I_2 分子に関して，分子の中心から $5.0\,Å$ 離れた場所にある Na^+ による誘起双極子モーメントを計算せよ．I_2 の分極率は $12.5 \times 10^{-30}\,m^3$ であるとする．

13・10 式 (13・21) を r で微分して，σ および ε を表す式の形を導け．σ を用いて平衡核間距離 r_e を表せ．また $V=-\varepsilon$ であることを示せ．

13・11 LiF の結合エンタルピーを，ボルン・ハーバーサイクルを用いて計算せよ．LiF の結合長は $1.51\,Å$ である．その他の数値に関しては，表 $11・4$ および表 $11・5$ を参照のこと．式 (13・7) では $n=10$ とせよ．

13・12 (a) 表 $13・2$ の数値を用いて，アルゴンのファンデルワールス半径を求めよ．(b) この半径を用いて，$1\,mol$ のアルゴンが $25\,°C$, $1\,atm$ で占める体積を求めよ．

水素結合

13・13 ジエチルエーテル ($C_2H_5OC_2H_5$) の沸点は $34.5\,°C$, 1-ブタノール (C_4H_9OH) の沸点は $117\,°C$ である．これら二つの分子は同種類，同数の原子からできている．これらの沸点の差異を説明せよ．

13・14 水分子が直線形分子であるとした場合，(a) やはり極性をもつだろうか．(b) 水分子同士で水素結合を形成することはやはり可能であろうか．

13・15 $(CH_3)_4NOH$ と $(CH_3)_3NHOH$ ではいずれが強塩基か．理由を説明せよ．

13・16 アンモニアは水に可溶であるのに対し，NCl_3 は不溶であるのはなぜか．

13・17 酢酸は水と混じり合うが，ベンゼンや四塩化炭素などの無極性溶媒にも溶ける．理由を述べよ．

13・18 以下の分子のうちで，より融点が高いのはどちらか．理由を説明せよ．

13・19 DNA の $A \cdot T$ 対と $G \cdot C$ 対を判別するためには，どのような化学分析が必要か．

13・20 塩基対一つあたりの水素結合エネルギーが $10\,kJ\,mol^{-1}$ であるとしよう．それぞれ塩基対にして 100 個分を含む相補的な 2 本の DNA 鎖があるとして，溶液中 $300\,K$ において，2 本が別個に存在するものと水素結合して二重らせんになったものとが，どれぐらいの割合で存在するか計算せよ．

補充問題

13・21 溶解度を説明する際，"似たものは似たものを溶かす"という言葉がしばしば用いられる．これは何を意味するか，説明せよ．

13・22 水中でヘモグロビン分子の間に働く分子内および

分子間相互作用をすべてあげよ．

13・23 水中の小さな油滴はたいてい球形である．この理由を説明せよ．

13・24 以下に述べる性質のうち，液相での強い分子間相互作用の存在を示すものはどれか．(a) 表面張力が非常に小さいこと，(b) 臨界温度が非常に小さいこと，(c) 沸点が非常に低いこと，(d) 蒸気圧が非常に低いこと．

13・25 図 13・9 に示すように，DNA 分子の軸に平行な方向に測った場合，塩基対間の平均距離は 3.4 Å である．ヌクレオチド対の平均モル質量は 650 g mol^{-1} である．モル質量 5.0×10^9 g mol^{-1} の DNA 分子の長さを cm 単位で計算せよ．この分子にはおよそいくつの塩基対が含まれているか．

13・26 表 13・1 や化学ハンドブックに示された値を用いて，希ガスの分極率を沸点に対してプロットせよ．同じグラフに沸点に対してモル質量をプロットせよ．このときの傾向に関して解説せよ．

13・27 水およびアンモニアについて

	H$_2$O	NH$_3$
沸点	373.15 K	239.65 K
融点	273.15 K	195.3 K
モル熱容量	75.3 J K^{-1} mol^{-1}	8.53 J K^{-1} mol^{-1}
モル蒸発エンタルピー	40.79 kJ mol^{-1}	23.3 kJ mol^{-1}
モル融解エンタルピー	6.0 kJ mol^{-1}	5.9 kJ mol^{-1}
比誘電率	78.54	16.9
粘度	0.001 N s m^{-2}	0.0254 N s m^{-2} (240 K)
表面張力	0.072 75 N m^{-1} (293 K)	0.0412 N m^{-1} (244 K)
双極子モーメント	1.82 D	1.46 D
相 (300 K)	液体	気体

のような一般的な性質があるとしよう．アンモニア媒質の中では，(知っている範囲の) 生態系は発展できたであろうか．この問題に関して解説せよ．

13・28 HF$_2^-$ イオンは

$$\left[:\ddot{\text{F}}\text{—H} \cdots :\ddot{\text{F}}: \right]^-$$

として存在する．二つの H–F 結合の距離が同じ長さであるという事実から，プロトンのトンネル効果が起こっていると考えられる．(a) このイオンの共鳴構造を書け．(b) このイオンの水素結合に関して分子軌道を（エネルギー準位図を含め）記述せよ．

13・29 (a) 剛体球モデルに基づいて，2 原子のポテンシャルエネルギー曲線を描け．(b) 剛体球ポテンシャルとレナード-ジョーンズポテンシャルの中間のモデルとして，$r < \sigma$ では $V = \infty$，$\sigma \leq r \leq a$ では $V = -\varepsilon$，$r > a$ では $V = 0$ で定義される箱形（井戸形）ポテンシャルがある．このポテンシャルを図示せよ．

13・30 ヘリウム二量体 (He$_2$) のポテンシャルエネルギーは

$$V = \frac{B}{r^{13}} - \frac{C}{r^6}$$

で与えられる．式中，$B = 9.29 \times 10^4$ kJ Å^{13}(mol dimer)$^{-1}$ および $C = 97.7$ kJ Å^6(mol dimer)$^{-1}$ である．(a) He 原子間の平衡核間距離を計算せよ．(b) 二量体の結合エネルギーを計算せよ．(c) 二量体は室温 (300 K) で安定であるだろうか．

13・31 固体アルゴン中，最近接のアルゴン原子間の核間距離はおよそ 3.8 Å である．アルゴンの分極率は 1.66×10^{-30} m^3，第一イオン化エネルギーは 1521 kJ mol^{-1} である．アルゴンの沸点を予想せよ．〔ヒント：固体アルゴンに関して分散相互作用によるポテンシャルエネルギーを計算せよ．この量と気体アルゴン 1 mol の平均運動エネルギー，すなわち $\frac{3}{2}RT$ が等しいと考えて式を立てよ．〕

14

分　光　学

　分光学とは，量子力学的な現象である，電磁波と物質との相互作用を研究する学問である．原子や分子のスペクトルを解析することで，分子内および分子間のさまざまな過程だけでなく，構造や結合についての詳細な情報が得られる．本章では，分光学で用いる用語を紹介し，いくつかの分光学的手法および光学活性について論ずる．

14・1　用　語
　本節では，分光学でよく使ういくつかの用語について知識を深めよう．

吸収および発光（放出）
　分光法には2種類のカテゴリーがある——吸収と発光（放出）である．これらの過程については，第11章で手短に述べてある．吸収と放出に関する基本的な式は次式である．

$$\Delta E = E_2 - E_1 = h\nu \tag{14・1}$$

ここで，E_1とE_1は遷移に関与する二つの量子化されたエネルギー準位のエネルギーである（図11・11参照）．マイクロ波分光法，赤外分光法，電子分光法，核磁気共鳴，電子スピン共鳴は，通常吸収過程を使って研究される．蛍光やりん光は放出過程である．レーザーは誘導放出とよばれる特殊な種類の放出である．

単　位　系
　スペクトル線の位置は，遷移に関与する二つの準位間のエネルギー差に相当する．この位置はいくつかの異なる単位で測定される．

1. **波長**（wavelength）　　波長（λ）は，メートル（m），マイクロメートル（μm），ナノメートル（nm）で測定される．ここで，

$$1\,\mu m = 1\times 10^{-6}\,m \quad 1\,nm = 1\times 10^{-9}\,m$$

である．

2. **振動数**（frequency）*　　振動数（ν）はs^{-1}もしくはHzで与えられる．

3. **波数**（wavenumber）　　波数（$\tilde{\nu}$）は1 cm あたりの波の数である．

$$\tilde{\nu} = \frac{1}{\lambda} = \frac{\nu}{c} \tag{14・2}$$

ここでcは光速である．エネルギーは波数に正比例することに注意する（エネルギーは振動数にも正比例するが，波数とは異なり振動数はあまりに大きな数値となるので，使用するのに実用的ではない）．

　それぞれの分光法により，これらの単位のいずれかがスペクトル中の線を標識するのに使用される．基本的な式である$c=\lambda\nu$を覚えている限り，混乱することはない．

スペクトル領域
　分子運動を解析する分光学のおもな分野の特徴を，図14・1にまとめる．化学および生物学で対象とする系を研究するうえで，最も広く用いられている分光学的手法は，赤外，可視，紫外，核磁気共鳴，蛍光スペクトルである．さらによく全体像をつかむために，マイクロ波，電子スピン共鳴，りん光分析についても議論することになろう．レーザー技術の出現は分光法に革命的な変化をもたらしたので，これについても1節を割くことにする．

線　幅
　すべてのスペクトル線は有限の，0ではない幅をもち，その幅は通常ピークの半値幅で定義される．分光学的な遷

---
* 訳注: 電波（ラジオ波）やマイクロ波の領域では，振動数と同義で周波数が用いられる．

14. 分光学

	γ線	X線	紫外	可視	赤外	マイクロ波	ラジオ波
波長/nm	0.0003　0.03	10　30	400	800　1000	3×10^5　3×10^7	3×10^{11}	3×10^{13}
振動数/Hz	1×10^{21}　1×10^{19}	3×10^{16}　1×10^{16}	8×10^{14}	4×10^{14}　3×10^{14}	1×10^{12}　1×10^{10}	1×10^6	1×10^4
波数/cm^{-1}	3×10^{10}　3×10^8	1×10^6　3×10^5	3×10^4	1.3×10^4　1×10^4	33　3	3×10^{-5}	3×10^{-7}
エネルギー/〔kJ mol^{-1}〕	4×10^8　4×10^6	1.2×10^4　3×10^3	330	170　125	0.4　4×10^{-3}	4×10^{-7}	4×10^{-9}
観測される現象	核の遷移	内殻電子の遷移 $\sigma\to\sigma^*$	外殻電子の遷移 $\pi\to\pi^*$, $n\to\pi^*$		分子振動	分子回転, 電子スピン共鳴	核磁気共鳴
分光法の種類	メスバウアー	X線　紫外	紫外-可視		赤外, ラマン	マイクロ波, ESR	NMR

図 14・1　分光法の分類. メスバウアーおよびラマン分光法は本書では議論しない.

移に関与する二つの状態が正確かつ明確なエネルギーを有するとき，それらのエネルギー差もまた正確に測定可能な量である．この場合，幅のないスペクトル線を観測することになる．しかしながら実際には，多くの現象によりすべてのスペクトル線は有限の幅をもつ（図 14・2）．以下に，最も基本的な三つの機構について議論する．

自然幅　スペクトル線におけるいわゆる自然幅は，以下に示すハイゼンベルクの不確定性原理の結果生じる（式 11・13 参照）．

$$\Delta E\,\Delta t > \frac{h}{4\pi}$$

この式は，ある状態にある系のエネルギーの不確定さと，その状態の寿命とを関係づけている．その状態にある系のエネルギーを長く測定するほど（Δt が大きいほど），このエネルギーはより正確に決定される（ΔE は小さくなる）．吸収過程において，終状態（励起状態）は有限の寿命 t をもつ．それゆえに，エネルギーを測定する時間 Δt は，t を超えることはできない．その結果，その状態におけるエネルギーの不確定さは次式で与えられる．

$$\Delta E \geq \frac{h}{4\pi\Delta t}$$

$E=h\nu$ なので，$\Delta E=h\,\Delta\nu$ となる．すなわち，

$$\Delta\nu = \frac{1}{4\pi\Delta t}$$

となる．ここで等号を用いて $\Delta\nu$ の最小値をとっていることに注意せよ．エネルギーにおける不確定性（Hz で表されている）はスペクトル線幅となって表れている．この幅が自然幅とよばれている．なぜなら，これは系に固有のものであり，温度や濃度などの外部パラメーターにより影響を受けない（減少しない）からである．自然幅は遷移の種類に大きく依存する．たとえば回転エネルギー準位間の遷移では，典型的な寿命は約 10^3 s であり，自然幅に直すと約 8×10^{-5} Hz となる．一方，電子励起状態の寿命は 10^{-8} s のオーダーなので，その結果何と 8×10^6 Hz もの不確定さをもつことになる．

ドップラー効果　実験では，スペクトル線幅は，励起状態の寿命だけから予測される値よりも常にずっと大きくなる．それゆえに，線広がりの原因となる他の機構がなければならない．スペクトル線のドップラー広がりは，興味深いことに**ドップラー効果**（Doppler effect）〔オーストリアの物理学者，Christian Doppler（1803〜1853）にちなむ〕の結果生じる．光が放射されるとき，その振動数は検出器に対する原子や分子の相対速度に依存する*．同じ理由で，読者に向かって走ってくる汽車の汽笛は実際よりも高い振

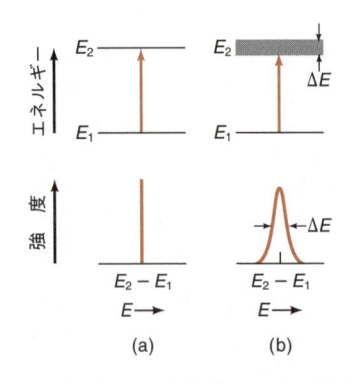

図 14・2　(a) 幅のない仮想的な吸収線．(b) 半値幅 ΔE を有する実際の吸収線．基底状態の寿命は非常に長いので，そのエネルギーは明確に定義されている．

---
* 吸収過程についても同様なことが言える．すなわち，ドップラー効果は放出（発光）と吸収のスペクトル線の両方の線幅に影響を与える（線幅を増加させる）．

動数として聞こえるし，また，汽車が読者から遠ざかるとき汽笛は実際よりも低い振動数として聞こえる．ドップラー効果を記述する式は

$$\nu = \nu_0\left(1 \pm \frac{v}{c}\right) \quad (14\cdot3)$$

である．ここで，ν_0 は分子の発光の振動数，ν は検出器で測定された振動数，v は試料中の分子の平均速度，c は光速度である．$\pm$ の符号は，検出器の方向に動く分子（$+$）と離れる方向に動く分子（$-$）を示す．

ドップラー効果により線幅がどの程度広がったかを見積もることができる．300 K における N_2 分子について，式（$2\cdot23$）を用いて根平均二乗速度を計算すると，517 m s^{-1} となる．この値を式（$14\cdot3$）に代入すると

$$\nu = \nu_0\left(1 \pm \frac{517 \text{ m s}^{-1}}{3.00\times10^8 \text{ m s}^{-1}}\right) = \nu_0(1 \pm 1.72\times10^{-6})$$

を得る．N_2 分子の典型的な電子遷移の振動数（ν_0）として 1×10^{15} Hz を用いると，全振動数シフト（正および負）は約 2×10^9 Hz となり，これは自然幅より約 400 倍大きい．ドップラー効果による線幅広がりは温度と共に増加する．これは，分子の速さ分布の広がりが，より大きくなるからである．この効果を最小にするためには，低温の試料のスペクトルを測定しなければならない．

圧力効果　スペクトル線幅に影響を及ぼすものとしては，ほかに圧力，もしくは衝突広がりとよばれるものがある．分子同士の衝突は励起状態を失活させ，それにより寿命は短くなる．τ を各衝突間の平均時間とし，それぞれの衝突により二つの状態間で遷移が起こるとすると，ハイゼンベルクの不確定性原理により $1/4\pi\tau$ で与えられる広がり $\Delta\nu$ が生じる．§$2\cdot8$ を参照すると，$\tau=1/Z_1$ であることがわかる．ここで，Z_1 は衝突頻度である．Z_1 は圧力に正比例するので，圧力の増加は線幅の広がりをもたらす．図 $14\cdot3$ に蒸気および液体の状態のベンゼンの電子吸収スペクトルを示す．衝突頻度は液体の方が大きいので，スペクトル線はずっと広がっている．衝突広がりを最小にするには，スペクトルは（できれば）低圧の蒸気の状態で測定すべきである．

最後に，解離，回転，電子およびプロトン移動のような反応過程でも線幅が広がることを注意しておく．これらの効果のいくつかの例についてはのちほどふれる．

分　解　能

線幅と関係しているのが，あるスペクトル線を他と分離する，**分解**（resolution）とよばれるものである（図 $14\cdot4$）．あらゆる分光学的手法において，装置の**分解能**（resolving

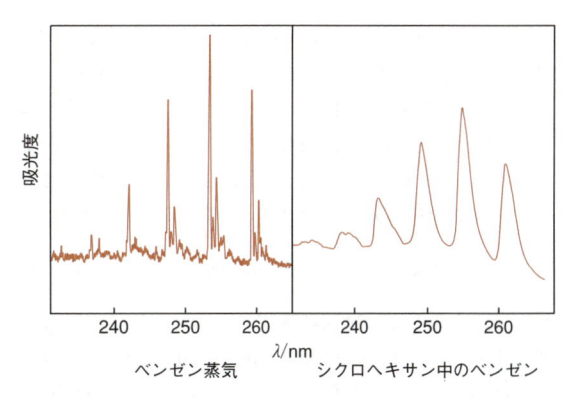

図 $14\cdot3$　ベンゼン蒸気（左）と，シクロヘキサン中のベンゼン（右）の，電子吸収スペクトル〔Varian Associates, Palo Alto, CA の許諾を得て転載〕

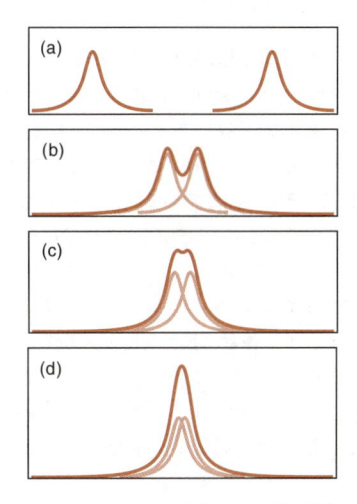

図 $14\cdot4$　(a) 二つの十分分解された線．(b)～(d) 二つの重なり合った線．(b) から (d) まで，観測される線の形は二つの重なり合った線の和になっている．

power），R とは，近接した線を互いに区別できる，分光器の能力の尺度である．高分解能の装置は二つの近接した線を分離して示すことができ，一方，低分解能の装置ではそれらは重なり合う．二つの線として見ることのできる最近接の線同士の波長間隔を $\Delta\lambda$ とすると，分解能は次式で与えられる．

$$R = \frac{\lambda}{\Delta\lambda} \quad (14\cdot4)$$

ここで，λ は線の平均波長である．同様の式を振動数で表すと $R=\nu/\Delta\nu$ となる．

強　　度

吸収線の強度に影響を及ぼすいくつかの要因があり，それは分光学的遷移に寄与する分子の数に関係している．こ

こでは，1917年に Einstein が示した方法について論ずる．$\Delta E = E_n - E_m$ だけ離れた2準位系を考える．$\Delta E = h\nu$ のような振動数 ν をもつ放射に分子がさらされたとき，低い状態 m から高い状態 n への遷移が生じる．高い状態への遷移速度 N_{mn} は，低い状態にある分子数 N_m と，この振動数における放射密度 $\rho(\nu)$ との両方に比例する．したがって

$$N_{mn} \propto N_m \rho(\nu) = B_{mn} N_m \rho(\nu) \qquad (14\cdot 5)$$

となる．ここで B_{mn} は**誘導吸収のアインシュタイン係数**（Einstein coefficient of stimulated absorption）である．Einstein はまた，放射が励起状態にある分子を低い状態へ遷移させるよう誘導することも理解していた．この誘導放出の速度 N_{nm} は

$$N_{nm} = B_{nm} N_n \rho(\nu) \qquad (14\cdot 6)$$

である．ここで B_{nm} は**誘導放出のアインシュタイン係数**（Einstein coefficient of stimulated emission）であり，N_n は励起状態にある分子数である．ここで注意すべきことは，遷移と同じ振動数の放射だけが，励起状態から低い状態への遷移を誘導することである．二つの係数 B_{mn} と B_{nm} は等しい．これに加えて，励起状態の分子は放射の振動数によらない速度で自然放出によりエネルギーを失う．この速度は $A_{nm} N_n$ により与えられる．ここで，A_{nm} は**自然放出のアインシュタイン係数**（Einstein coefficient of spontaneous emission）である．これら三つの状態は図 14・5 にまとめてある．平衡状態にあるとき，m から n へ移動する分子数は n から m へ移動する分子数と等しい．したがって

$$N_m B_{mn} \rho(\nu) = N_n B_{nm} \rho(\nu) + N_n A_{nm}$$

もしくは

$$\rho(\nu) = \frac{A_{nm}}{B_{nm}} \frac{N_n}{N_m - N_n} = \frac{A_{nm}}{B_{nm}} \frac{1}{(N_m/N_n) - 1} \qquad (14\cdot 7)$$

なぜなら $B_{mn} = B_{nm}$ であるからである．比 N_n/N_m はボルツマン分布則（式 3・22 参照）により与えられ，

$$\frac{N_n}{N_m} = e^{-h\nu/k_B T}$$

したがって

$$\frac{N_m}{N_n} = e^{h\nu/k_B T} \qquad (14\cdot 8)$$

となる．式(14・8)を式(14・7)に代入すると，次式を得る．

$$\rho(\nu) = \frac{A_{nm}}{B_{nm}} \frac{1}{e^{h\nu/k_B T} - 1} \qquad (14\cdot 9)$$

放射密度は Planck により次式のように示されている．

$$\rho(\nu) = \frac{8\pi h \nu^3}{c^3} \frac{1}{e^{h\nu/k_B T} - 1} \qquad (14\cdot 10)$$

式(14・10)を式(14・9)に代入すると，

$$A_{nm} = B_{nm} \frac{8\pi h \nu^3}{c^3} \qquad (14\cdot 11)$$

となる．ここで，A_{nm} の振動数依存性に注意する．電子分光法では，ν は大きな数なので，自然放出の確率は誘導放出のそれより通常非常に大きくなる（このため，先に述べたように電子励起状態は短寿命である）．マイクロ波や磁気共鳴分光のように，振動数がもっとずっと小さくなると，誘導放出が優勢になる．誘導放出の現象についてはレーザーの節でもう一度見ることにする．

どのようなスペクトルの形態（吸収もしくは放出）であっても，実際には個々の分子からの多くの遷移の重ね合わせであることに注意せよ．たいていの分光計は，単一分子によるエネルギーの吸収や放出を検出するように設計されてはいない．一方，1個の光子と1個の分子との相互作用は，たった一つの遷移，したがって1本の線を与える．多くの場合スペクトルは二つ以上の遷移を含んでおり，実際にはすべての遷移の統計的な和となっている．

選 択 律

放射の振動数が共鳴条件（$\Delta E = h\nu$）を満たしているからといって，原子や分子のどの2準位間でも遷移が起こるとは限らない．一般に，遷移は特定の**選択律**（selection rule）に従わなければならない．これは，時間依存型の量子力学計算から理論的に得られる条件である．このため，選択律に基づくと，遷移はその起こり方によって**許容**（allowed）（高い確率をもつ）と**禁制**（forbidden）（低い確率をもつ）とに分類できる．

理論的には，スピン禁制遷移と対称禁制遷移の，2種類の禁制遷移を予測できる．

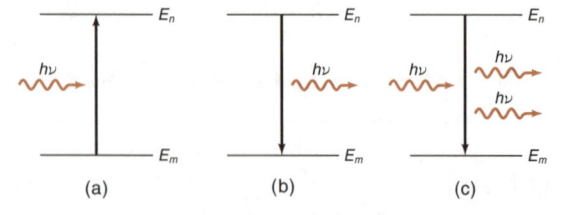

図 14・5 (a) 誘導吸収，(b) 自然放出，(c) 誘導放出．入射および放出光子のエネルギーは $h\nu$ である．

14・1 用 語

表 14・1 原子・分子のスピン多重度

不対電子の数	電子のスピン, S	$2S+1$	多重度
0	0	1	一重項
1	$\frac{1}{2}$	2	二重項
2	1	3	三重項
3	$\frac{3}{2}$	4	四重項

スピン禁制遷移　スピン禁制遷移は，**スピン多重度**（spin multiplicity）の変化と関係がある．スピン多重度は $(2S+1)$ で与えられ，不対スピンが外部磁場により整列する仕方が何通りあるかという数である．ここで，S は系のスピン量子数である（表 14・1）．選択律によると，スピン多重度は遷移で変化しない，すなわち，$\Delta S=0$ でなければならない．例をあげると，通常一重項から三重項，もしくはその逆への遷移は強い禁制である．

対称禁制遷移　遷移強度の定量的な目安は，つぎの**遷移双極子モーメント**（transition dipole moment），μ_{ij} で与えられる．

$$\mu_{ij} = \int \psi_i \mu \psi_j \, d\tau \tag{14・12}$$

ここで，ψ_i と ψ_j は i 番目と j 番目の状態に対する波動関数であり，μ はこれら二つの状態をつなげる双極子モーメントベクトルである．積分はすべての座標に対して行い，$d\tau$ は体積要素を表す（$d\tau = dx\,dy\,dz$）．許容遷移に対して，$\psi_i \mu \psi_j$ は偶関数でなければならない[*1]．μ は座標について一次の依存性しかもたないので奇であり，積が偶であるためには ψ_i と ψ_j は互いに異なる対称性（偶奇もしくは奇偶）をもたなければならない．

遷移双極子モーメントについて理解するため，水素原子の電子遷移を考える．遷移双極子モーメントベクトルの物理的な意義は，その遷移が起こっている間に生じる電子の電荷分布の変動，ということである．図 14・6 は，水素の 1s から 2s，もしくは 2p への遷移に伴う電荷分布の変動を示している．図を見てわかるように，1s→2s 遷移の過程では，電荷分布がずっと球対称を保っているために，この遷移は禁制である．一方で，1s→2p 遷移の場合は，その過程で電荷分布が双極的に変動するため許容となる．これらの例で見られたことは，$\Delta l = \pm 1$ という選択律に一般化できる．ここで，l は方位量子数である．

非常に複雑でここにはあげていない機構により，選択律の破れがさまざまな程度で生じる．その結果，禁制として

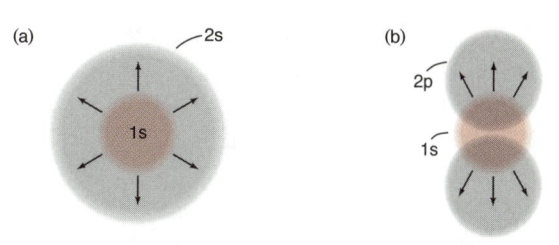

図 14・6　(a) 1s→2s 遷移では，電荷分布は球対称的に変動するので，この遷移の過程で双極子モーメントは発生しない．結果として，この遷移は対称禁制である．(b) 1s→2p 遷移では，遷移に伴う電荷分布の変動が双極子を発生させる．これは許容遷移である．

予測された遷移は弱い線として現れることがある．

信号対雑音比

記録されたスペクトルは，信号検出の際に生じる**雑音**（noise）とよばれる電子信号のランダムな変動を常に含んでいる．研究対象である試料による信号の検出感度は，信号がどの程度容易に雑音と区別できるかに依存する．信号対雑音比を増す有効な方法は，信号の平均をとる，すなわち，同じスペクトルを繰返し測定し加算する，という方法である．理論的には，スペクトル信号を N 回平均すると，強度は N に比例して増加し，雑音は $\sqrt{N}$ に比例して増加する．したがって，信号対雑音比は $N/\sqrt{N}$ すなわち $\sqrt{N}$ だけ増加するので，同じスペクトルを 10 回測定すると，信号対雑音比は $\sqrt{10}$ すなわち 3.2 の因子だけ増大する．フーリエ変換の技術（§14・5，p.331 参照）を使うと，数百もしくは数千ものスキャンを妥当な時間で蓄積することができるほど，スペクトルの高速測定が可能である．この方法は，弱い遷移や低濃度の試料を研究するうえで非常に有効である．

ランベルト・ベールの法則

吸収を定量的に研究するうえで有用な式は，ランベルト・ベールの法則である．単色光線，すなわち，単一波長の光が，溶液のような均一な媒質を通過することを考える．I_0 と I を入射光強度，透過光強度とし[*2]，I_x を位置 x における光強度とする（図 14・7）．光の微小減少量 $-dI_x$ は $I_x\,dx$ に比例する．すなわち，

$$-dI_x \propto I_x\,dx = kI_x\,dx \tag{14・13}$$

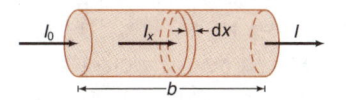

図 14・7　光路長 b の一様な媒質による光の吸収

[*1] 偶関数 $f(x)$ は，x の符号を反転させても変化しない，すなわち $f(x)=f(-x)$ という特性をもつ．奇関数については，その逆 $f(x)=-f(-x)$ が成り立つ．したがって，x^2 は偶関数であり，x^3 は奇関数である．

[*2] 光の強度は単位時間に単位面積を通る光子数（$cm^{-2}\,s^{-1}$）により決定される．

ここで，k は吸収媒質の性質に依存する定数である．式(14・13)を書き直すと，次式が得られる．

$$\frac{dI_x}{I_x} = -k\,dx$$

積分すると，

$$\ln I_x = -kx + C$$

となる．ここで，C は積分定数である．$x=0$ では $I_x = I_0$ であるので，$C = \ln I_0$ である．吸収媒質の全長を考慮に入れると，I_x は I（透過光強度）に，x は b に置き換わる．したがって，

$$\ln I = -kb + \ln I_0$$
$$-\ln \frac{I}{I_0} = kb$$

もしくは

$$-\log \frac{I}{I_0} = k'b \tag{14・14}$$

ここで，$k = 2.303\,k'$ である．比 I/I_0 は**透過率**（transmittance），T とよばれ，媒質通過後の透過光量の尺度である．式(14・14)は，さらに便利な以下の形に書き表される．

$$-\log T = A = \varepsilon bc$$

もしくは

$$\boxed{A = \varepsilon bc} \tag{14・15}$$

ここで，A は**吸光度**（absorbance），ε は**モル吸光係数**（molar extinction coefficient）[**モル吸収係数**（molar absorption coefficient）]，b は**光路長**（pathlength）（cm 単位），c は mol l^{-1} 単位での濃度である．

式(14・15)は，ドイツの天文学者，Wilhelm Beer（1797～1850）とドイツの数学者，Johann Heinrich Lambert（1728～1777）にちなんで，ランベルト・ベールの法則として知られている．吸光度は，10 を底とする透過率の対数をとり，− 符号を付けたものと等しいことがわかる．したがって，透過率が小さいほど（したがって $-\log T$ が大きいほど），光の吸収は大きくなる．吸光度は無次元の量であるので，ε は l mol^{-1} cm^{-1} の単位をもつ．理論的には A は任意の正の値をとる．実際には，紫外・可視分光計では，A の値は普通 0 から 1 の間をとる．

ランベルト・ベールの法則は，すべての吸収分光法の定量的な基礎となっている．この法則は，二量体化やイオン対形成のような溶質分子間の相互作用がない限り成立する．式(14・15)の興味深い応用はパルスオキシメーター（患者のヘモグロビン分子の酸素化の程度を，血液を採取することなくモニターする装置）である．指先に光を当て透過光により，動脈中の血液の吸光度を波長や時間を変えて測定する．酸素化，脱酸素化したヘモグロビンの，既知のモル吸光度を用いることで，血液中で酸素化したヘモグロビンの割合を決定できる．

14・2 マイクロ波分光法

マイクロ波分光法は分子の回転運動に関係する．HCl や CO のような異核二原子分子を考えよう．これら分子は，剛体回転子，すなわち，ダンベルのようにふるまうものと見なせる．重心に関する分子の**慣性モーメント**（moment of inertia），I は次式で与えられる．

$$I = m_1 r_1^2 + m_2 r_2^2 \tag{14・16}$$

ここで，m_1 と m_2 は原子の質量，r_1 と r_2 は核から重心への距離である（図 14・8）．また，重心の条件から以下の式も要請される．

$$m_1 r_1 = m_2 r_2 \tag{14・17}$$

したがって，つぎのようになる．

$$r_1 = \frac{m_2}{m_1} r_2 = \frac{m_2}{m_1}(r - r_1) \tag{14・18}$$

式(14・18)から，つぎのようになる．

$$r_1 = \frac{m_2}{m_1 + m_2} r \tag{14・19}$$

$$r_2 = \frac{m_1}{m_1 + m_2} r \tag{14・20}$$

式(14・19)と式(14・20)を式(14・16)に代入すると，次式を得る．

$$I = m_1 \left(\frac{m_2}{m_1 + m_2}\right)^2 r^2 + m_2 \left(\frac{m_1}{m_1 + m_2}\right)^2 r^2$$
$$= \frac{m_1 m_2}{m_1 + m_2} r^2 = \mu r^2 \tag{14・21}$$

ここで，μ は**換算質量**（reduced mass）であり，次式で定義される．

$$\boxed{\frac{1}{\mu} = \frac{1}{m_1} + \frac{1}{m_2}} \tag{14・22}$$

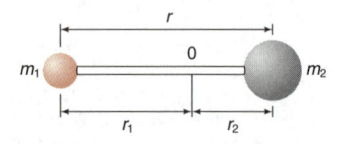

図 14・8 剛体回転子としての二原子分子．0 は重心を示す．

したがって

$$\mu = \frac{m_1 m_2}{m_1 + m_2}$$

換算質量の導入により，分子の回転を，半径 r の円運動をする質量 μ の単一粒子として取扱うことが可能である．

シュレーディンガー方程式の解から，以下の量子化された回転エネルギーが得られる．

$$E_{\text{rot}} = \frac{J(J+1)h^2}{8\pi^2 I} = BJ(J+1)h \quad (14 \cdot 23)$$

ここで，B は $h/8\pi^2 I$ で与えられる**回転定数** (rotational constant)，J は回転量子数 ($J = 0, 1, 2, \cdots$) である．最低回転エネルギー準位は 0 であることがわかる*．

低エネルギー準位から高エネルギー準位への遷移は，試料の分子に適当な振動数のマイクロ波を照射することで誘起できる．$\Delta J = \pm 1$ という選択律のため，すべての遷移が許容であるわけではない．式(14・23)から，$J=0$ 準位から $J=1$ 準位への遷移に対するエネルギー差 ΔE_{rot} は次式で与えられる．

$$\Delta E_{\text{rot}} = E_1 - E_0 = 2Bh$$

$J=1$ から $J=2$ への遷移に対しては，ΔE_{rot} は次式で与えられる．

$$\Delta E_{\text{rot}} = Bh[2(2+1) - 1(1+1)] = 4Bh$$

以下同様である．結果はつぎのように一般化される．J' と J'' をそれぞれ上準位と下準位の回転量子数とする．エネルギー差は次式で与えられる．

$$\Delta E_{\text{rot}} = BJ'(J'+1)h - BJ''(J''+1)h$$
$$= Bh[J'(J'+1) - J''(J''+1)]$$

$J'-J''=1$ であるから，上式はつぎのようになる．

$$\Delta E_{\text{rot}} = 2BhJ' \quad J' = 1, 2, 3, \cdots \quad (14 \cdot 24)$$

したがって，$J=0\to1, 1\to2, 2\to3, \cdots$ という吸収は $2Bh, 4Bh, 6Bh, \cdots$ のエネルギー差をもち，$2Bh$ だけ離れた等間隔の線が得られる（図 14・9）．

分解能が高いと，回転スペクトルの隣り合った線間の間隔が J の値の増加に伴い減少するのがわかる．より高いエネルギー準位では，分子はより高速に回転するので，核間の結合は遠心力のため幾分伸びる．結合長 r の増加により慣性モーメント I が増加するので，E_{rot} は減少する（式

---

*回転エネルギー（および回転の運動量）が 0 であることはハイゼンベルクの不確定性原理を破らない．なぜなら，剛体回転子は無限に多くの方向を向くことができるからである．言い換えれば，角度方向について完全に不確定である．

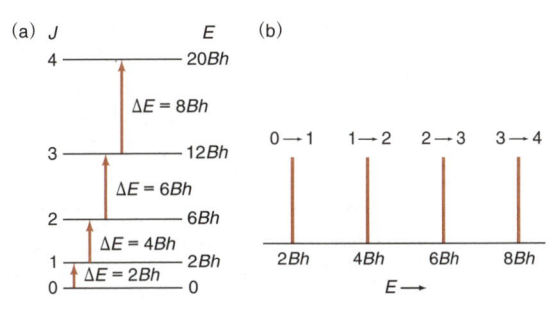

図 14・9 (a) 二原子分子のマイクロ波遷移に関する許容共鳴条件，(b) 等間隔の回転線．実際にはこれらの線は異なる強度をもつ．

14・23 参照）．より正確には，この効果は式(14・23)に 1 項加えることにより，次式のように補正される．

$$\Delta E_{\text{rot}} = BJ(J+1)h - D[J(J+1)]^2 h \quad (14 \cdot 25)$$

ここで D は，**遠心力ひずみ定数** (centrifugal distortion constant) であり，B の約 $1/1000$ 程度である．したがって，J が大きい数でなければ，第 2 項は通常無視できる．

マイクロ波分光法は分子の構造を決定するうえで重要な方法である．隣り合う線間の間隔から，回転定数 B と慣性モーメント，そして核間距離 r が得られる．

例題 14・1

一酸化炭素のマイクロ波スペクトルは 1.15×10^{11} Hz だけ離れた一連の線から成る．CO の結合長を計算せよ．

解 図 14・9 は，一連の線間の間隔が $2Bh$（ΔE_{rot} に等しい）であることを示している．したがって，振動数差 $\Delta \nu$ は次式で与えられる．

$$\Delta \nu = \frac{\Delta E_{\text{rot}}}{h} = 2B = 2 \times \frac{h}{8\pi^2 I}$$

I について解くと次式を得る．

$$I = \frac{h}{4\pi^2 \Delta \nu} = \frac{6.626 \times 10^{-34} \text{ J s}}{4\pi^2 (1.15 \times 10^{11} \text{ s}^{-1})}$$
$$= 1.46 \times 10^{-46} \text{ kg m}^2$$

式(14・21)から，

$$I = \frac{m_1 m_2}{m_1 + m_2} r^2$$
$$1.46 \times 10^{-46} \text{ kg m}^2$$
$$= \frac{(12.01 \text{ u})(16.00 \text{ u})(1.661 \times 10^{-27} \text{ kg u}^{-1})}{(12.01 \text{ u} + 16.00 \text{ u})} r^2$$
$$r^2 = 1.28 \times 10^{-20} \text{ m}^2$$
$$r = 1.13 \times 10^{-10} \text{ m} = 1.13 \text{ Å}$$

コメント マイクロ波分光により，多くの結合長は小数点以下 4 か 5 桁の正確さで決定されている．

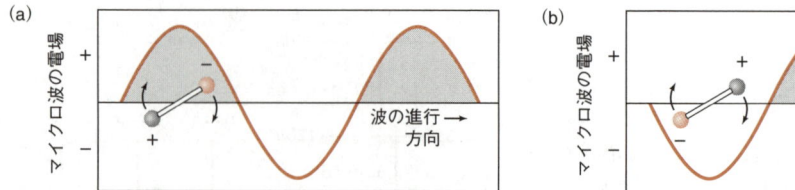

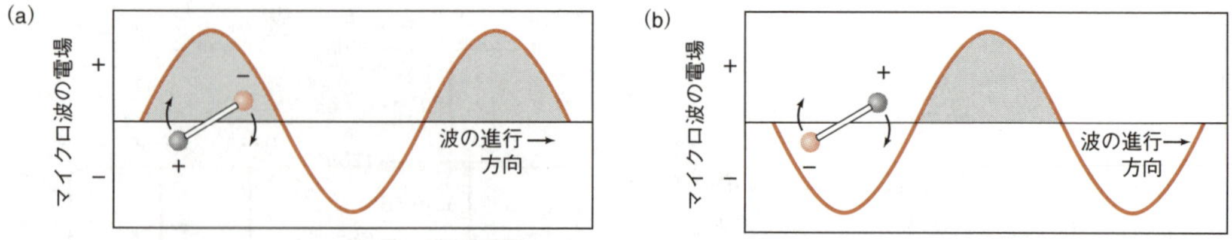

図 14・10 マイクロ波放射の電場成分と電気双極子との相互作用．(a) 双極子は電磁波の電場に従い時計回りに回転する．(b) 分子が新しい位置に回転した後，電磁波もちょうどつぎの半周期に移行すると，同方向の回転がさらに加速される．無極性分子ではそのような相互作用は起こらない．

多原子分子のマイクロ波スペクトルの解析は非常に複雑なのでここでは述べない．代わりに，直線形の三原子分子であるカルボニル硫化物 OCS について手短に論ずる．CO と同様，OCS はマイクロ波スペクトルにおいて等間隔の一連の線を与える．しかしながら二つの結合長があるので，慣性モーメントは二つの未知数 r_{CO} と r_{CS} で表される．同位体置換が結合長を変えないと仮定することで，この困難を克服することができる．$^{16}O\,^{12}C\,^{32}S$ と $^{16}O\,^{12}C\,^{34}S$ のマイクロ波スペクトルを測定すると，これらに相当する慣性モーメントを得ることができ，二つの方程式と二つの未知数をもつ系を解いて二つの結合長を決定できる．

無極性分子（たとえば N_2 や O_2 のような等核二原子分子）はマイクロ波領域で放射を吸収しないので，マイクロ波不活性であると言われる．CO のような極性分子が，なぜ異なるふるまいを示すのか理解するため，図 14・10 に示されたような，双極子と，電磁波の振動電場との相互作用について考える．図 14・10a では，双極子は電磁波の電場に従い時計回りに回転する．分子が 180°回転したとき，電磁波もちょうどつぎの半周期に移行すると（図 14・10b），同方向の回転がさらに加速される．電磁波の振動数が分子の回転振動数と等しくないと，双極子は電磁波からエネルギーを吸収してより速く回転することができない．この古典的な波としての記述は，より低い回転エネルギー準位からより高い回転エネルギー準位への遷移に対する，量子力学的な描像を補足するものである．これにより，なぜ無極性分子がマイクロ波不活性かということもわかる．無極性分子は，放射の電場成分と相互作用しないからなのである．

最後に，マイクロ波分光法は一般に気相中の分子にしか適用できないということを注意しておく．溶液では，分子間衝突の頻度が分子の回転振動数よりずっと大きくなる．その結果，分子は十分回転運動をすることができず，マイクロ波スペクトルは得られなくなる．

14・3 赤外 (IR) 分光法

赤外 (IR) 分光法は分子の振動に関係する．分子振動について考えるため，古典（すなわちニュートン）力学に従う系から始めることにする．図 14・11 にそのような系を示す．質量 m の物体がバネにつながっている．フックの法則〔英国の自然哲学者，Robert Hooke (1635～1703) にちなむ〕によると，物体に作用する力 f は平衡位置からの変位 x に比例する．

$$f \propto -x = -kx \quad (14 \cdot 26)$$

ここで，k は**力の定数** (force constant) であり，N m^{-1} の単位で測定されるバネの強さを特徴づける量である．−符号は力が x と逆方向に作用することを意味する．もし x が正なら（バネが伸びていたら），f は負であり，物体を上に引き上げる復元力があることを意味する．バネを圧縮するときにはその逆が成り立つ．もし物体を下向きに引っ張り離すと，**単 (調和) 振動** (simple harmonic oscillation) として知られる周期的振動運動を行い，時間 t における変位 x は正弦関数で与えられる．

$$x = A \sin \alpha t \quad (14 \cdot 27)$$

ここで，A は振動の振幅，α は定数である．振動数 ν は

$$\nu = \frac{1}{2\pi}\sqrt{\frac{k}{m}} \quad (\alpha = 2\pi\nu) \quad (14 \cdot 28)$$

式 (14・28) の右辺のすべての項は定数であるので，この式から，一つの特徴的な，すなわち固有の振動数が存在するということが言える．ちょうど一周期の振動をする間に，粒子の運動エネルギーはバネのポテンシャルエネルギーに

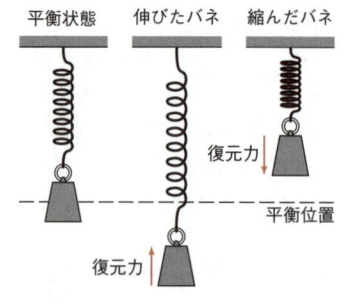

図 14・11 バネの付いた重りは，下向きに引っ張って離すと単調和振動を行う．

14・3 赤外(IR)分光法

$$E_{\text{vib}} = \left(v + \frac{1}{2}\right)h\nu \qquad (14 \cdot 32)$$

ここで, v は**振動量子数**(vibrational quantum number)である($v=0, 1, 2, \cdots$). したがって, 振動エネルギーは量子化されている. さらに, 最低の振動エネルギー状態($v=0$)は 0 ではなく $\frac{1}{2}h\nu$ に等しくなる. このことは, 分子が絶対零度においてすら振動することを意味する. この**ゼロ点エネルギー**(zero-point energy)はハイゼンベルクの不確定性原理に従っている. もし分子が振動していないとすると, 分子の振動のエネルギーと, それに伴う運動量は 0 となる. この場合, 運動量の不確定さもまた 0 になり, (原子の存在する)位置の不確定さは無限大になる. しかしながら, 原子同士は有限の距離だけ離れているので, 不確定さは結合長程度であるべきであり, 無限大にはならない.

つぎの例が示すように, 赤外(IR)スペクトルから決まる基本振動数から結合の強さに関する情報が得られる.

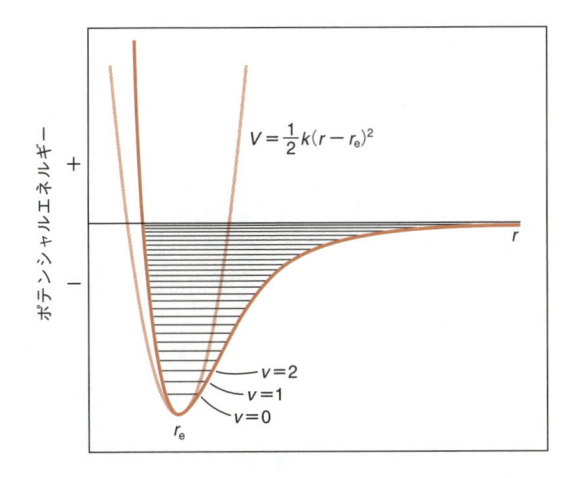

図 14・12 二原子分子のポテンシャルエネルギー曲線. 対称的な曲線は式(14・31)で与えられる. もう一つの曲線は分子の実際のふるまいを示している. $v=0$ から r 軸までの縦方向の間隔は分子の結合解離エネルギーである. 各振動準位に付随する回転エネルギー準位は示されていない.

変換され, またその逆も起こる. 系のポテンシャルエネルギーは次式で与えられる.

$$V = \frac{1}{2}kx^2 \qquad (14 \cdot 29)$$

単調和振動のこの解析は二原子分子の振動に応用できる. 回転運動のときのように, 換算質量 μ を用いることで, 系が1粒子から構成されるとして取扱うことができる. その結果,

$$\nu = \frac{1}{2\pi}\sqrt{\frac{k}{\mu}} \qquad (14 \cdot 30)$$

となる. ここで, ν は分子の基本振動数である. もし分子が調和振動子のようにふるまうならば, ポテンシャルエネルギーは次式で書き表される.

$$V = \frac{1}{2}k(r-r_e)^2 \qquad (14 \cdot 31)$$

ここで, r は 2 原子間の距離, r_e は平衡結合距離である. 図 14・12 において, 式(14・31)に従うポテンシャルエネルギー曲線と, 一酸化窒素 NO のような実際の分子のそれとを比較している. r_e から微小変位した位置では, 二つの曲線は非常によく一致するので, 振動は調和的である. しかしながら, より高いエネルギーの振動のため r が増加すると, かなりのずれが発生する. そうすると, 振動は**非調和**(anharmonic)振動とよばれる特徴を示す. この点については後ほどふれる.

調和振動子に対するシュレーディンガー方程式の解はつぎのような振動エネルギーを与える.

例題 14・2

H^{35}Cl 分子の基本振動数は 2886 cm^{-1} である. 分子の力の定数を計算せよ(^{35}Cl の原子質量は 34.97 u である).

解 はじめに, cm^{-1} から Hz に変換する必要がある.

$$\nu = c\tilde{\nu} = (3.00 \times 10^{10} \text{ cm s}^{-1})(2886 \text{ cm}^{-1})$$
$$= 8.66 \times 10^{13} \text{ Hz}$$

つぎに, 分子の換算質量を次式のように計算する.

$$\mu = \frac{m_{\text{H}} m_{\text{Cl}}}{m_{\text{H}} + m_{\text{Cl}}}$$
$$= \frac{(1.008 \text{ u})(34.97 \text{ u})(1.661 \times 10^{-27} \text{ kg u}^{-1})}{1.008 \text{ u} + 34.97 \text{ u}}$$
$$= 1.627 \times 10^{-27} \text{ kg}$$

式(14・30)を書き換えるとつぎのようになる.

$$k = 4\pi^2 \nu^2 \mu = 4\pi^2 (8.66 \times 10^{13} \text{ s}^{-1})^2 (1.627 \times 10^{-27} \text{ kg})$$
$$= 4.82 \times 10^2 \text{ kg s}^{-2} = 4.82 \times 10^2 \text{ kg m s}^{-2} \text{ m}^{-1}$$
$$= 4.82 \times 10^2 \text{ N m}^{-1}$$

コメント 力の定数は, 単位長さ(m あたり, もしくは Å あたり)だけ結合を引き伸ばすのにどれほどの力が必要かという尺度である. 予想される通り, 三重結合は二重結合よりも大きい力の定数をもち, 二重結合は単結合よりも大きな力の定数をもつ. たとえば, k は C—C 結合では 450 N m^{-1}, C=C 結合では 930 N m^{-1}, C≡C 結合では 1600 N m^{-1} である.

分子は正確には調和振動子としてふるまわない．たとえば，r が増加するにつれ，化学結合は弱くなり，その結果，解離が起こる．分子振動のより現実的な表現は，図 14・12 にある非対称的な曲線で表される．水平な線のそれぞれは振動準位を表している．隣り合った準位間の間隔は，振動の非調和性のため v の増加と共に減少する．補正として，式 (14・32) はつぎのように書かれる．

$$E_{\text{vib}} = \left(v + \frac{1}{2}\right)h\nu - x\left(v + \frac{1}{2}\right)^2 h\nu \quad (14 \cdot 33)$$

ここで，x は**非調和定数**（anharmonicity constant）である．回転の遠心力ひずみと同様に，大きな v 以外では x は無視できる．

振動エネルギー準位間の選択律は $\Delta v = \pm 1$ である．エネルギー準位間の間隔が大きいため，たいていの分子は室温で基底状態に存在する．したがって，赤外光の吸収はほぼ常に $v = 0 \to 1$ 遷移〔**基本バンド**（fundamental band）とよばれる〕に寄与する．もし分子が調和振動子としてふるまうならば，**ホットバンド**（hot band，温度の上昇と共に強度が増大するため）とよばれる $v = 1 \to 2$ 遷移が，基本バンドと同じ振動数で生じる．しかしながら，もしある程度の非調和性があると，ホットバンドはスペクトル上でわずかに低振動数側にずれて，基本バンドと区別できる．非調和性の他の結果として，選択律の破れが生じる．その結果，$v = 0 \to 2, 0 \to 3$ 遷移が可能になる．これらは**倍音**（overtone）とよばれる[*1]．第一倍音バンド（$v = 0 \to 2$）は基本バンドの振動数のちょうど 2 倍のところには現れない．例題 14・2 で述べたように，$H^{35}Cl$ の基本バンドは $2886\ \text{cm}^{-1}$ に現れる．第一倍音バンドは $5668\ \text{cm}^{-1}$ に観測され，それは $2 \times 2886\ \text{cm}^{-1}$ すなわち $5772\ \text{cm}^{-1}$ よりも幾分低い．その差異は非調和性による．

赤外光を吸収する，すなわち IR 活性な特定の振動に対して，次式が成り立つ．

$$\frac{d\mu}{dr} > 0$$

すなわち，電気双極子モーメントは振動によって変化しなければならない．より直感的な放射の波動的描像を再度用いると，ある振動モードが励起されるためには，赤外光の振動電場の振動数が，その結合の振動数と一致していなければならない．分子により光エネルギーが吸収されても，結合の振動数は変化しないということを注意すべきである．増加するのは振幅である[*2]．振動により，双極子モーメントが変化しなければならないという要請から，すべての等核二原子分子は赤外活性ではなくなることになる．

エネルギー等分配の法則（equipartition of energy theorem）に従って，分子のエネルギーはすべての運動の型，すなわち**自由度**（degree of freedom）に等しく分配される．単原子気体の場合には，それぞれの原子の位置を完全に記述するためには，三つの座標 (x, y, z) が必要となる．したがって，それぞれの原子は三つの並進自由度をもつことになる．分子の場合には，内部回転運動や振動運動が存在するために，さらにそれらを記述するための自由度が必要となる．N 個の原子を含む分子の場合，その運動を記述するためには，全部で $3N$ 個の座標が必要であろう．その中で，三つの座標は分子の並進運動〔たとえば，分子の質量中心（重心）の運動〕を記述するために必要となり，残る ($3N - 3$) 個の座標が回転および振動の記述に用いられる．分子の回転を定義するためには，分子の質量中心を通り互いに直交する 3 本の軸の周りの三つの角度が必要である．よって，これを差し引いて残る ($3N - 6$) 個の座標が振動の自由度に割り当てられる．直線形分子の場合には，回転の記述には二つの角度だけで十分である．分子軸周りでの回転は原子核の位置を変えないので，この運動は回転とはならないためである．したがって，HCl や CO_2 のような直線形分子は，($3N - 5$) 個の振動自由度をもつことになる．H_2O のような非直線形分子は，($3 \times 3 - 6$) 個，すなわち 3 個の振動自由度をもつ．一見複雑な H_2O の振動運動も，図 14・13 に示す三つの基本振動数を用いて解析で

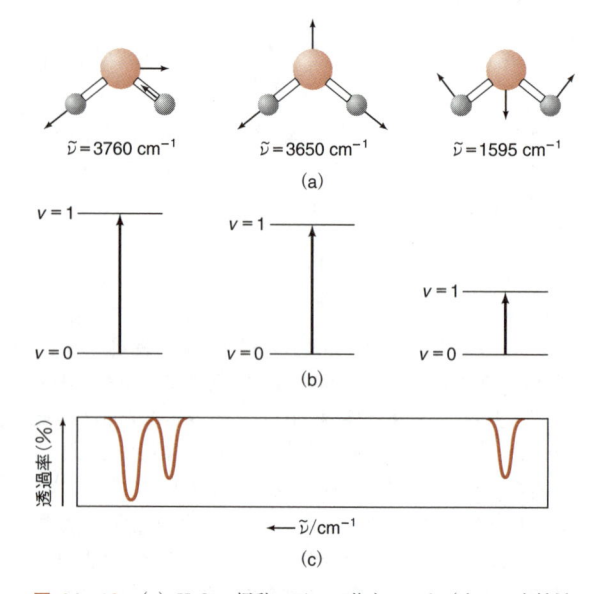

図 14・13 (a) H_2O の振動の三つの基本モード（すべて赤外活性）．分子の対称性から，群論とよばれる数学的手続きにより，振動の詳細，すなわち，個々の原子の運動を決定することができる．それぞれの場合において，振動している間，分子の重心は変化しない．(b) エネルギー準位．(c) 赤外線の透過スペクトル

[*1] 倍音バンドの強度は，基本バンドの強度と比べてはるかに弱い．
[*2] この効果は，ブランコに乗っている人を押す状況とよく似ている．ブランコの振動に対して"同位相で"押してやると，エネルギーはブランコの運動の振幅を増加させるが，振動数は増加しない．

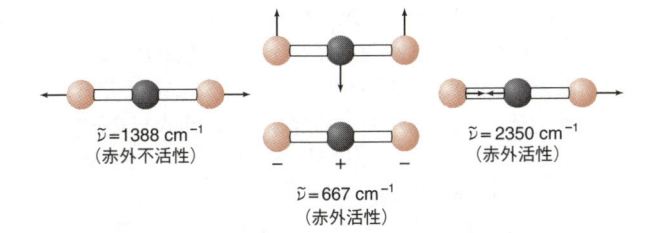

図14・14 CO_2 の振動の四つの基本モード．中心の二つの振動は同じ振動数をもつので，縮退しているといわれる．"+"と"−"の符号は，原子が紙面のこちら側もしくは向こう側に動くことを示している．赤外不活性な伸縮モードの振動数は，本書では議論していない他の分光学的な方法（ラマン法）により決定されている．

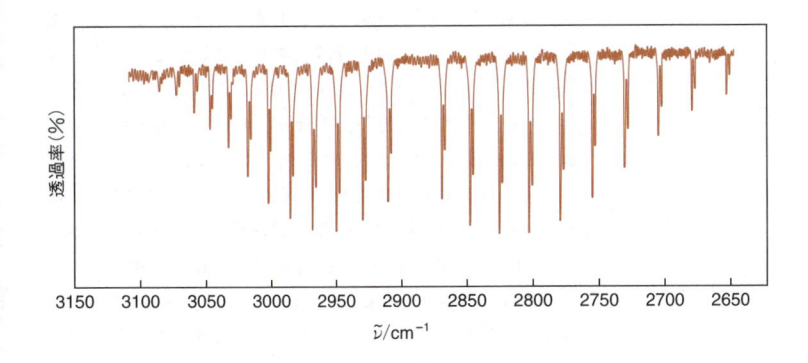

図14・15 HCl ガスの IR スペクトル．それぞれの二重線のうち，より強い線は $H^{35}Cl$ (75 %) によるものである．弱い線は $H^{37}Cl$ (25 %) による〔J. L. Hollenberg, *J. Chem. Educ.*, **47**, 2 (1970) より〕．

きる．この図によると，それぞれの振動モードについて $v=0 \rightarrow 1$ の遷移のみを考えた場合，3本の振動線が現れることになる．

他の例として，四つの振動自由度（$3N-5=4$）をもつ直線分子である，CO_2 を考えよう（図14・14）．CO_2 は永久電気双極子モーメントをもたないが，振動による双極子モーメントの変化があるため，四つの振動のうち三つは赤外活性である．四つの振動のうち二つは同じ振動数をもつため，縮退しているといわれる．

振動・回転の同時遷移

どのような振動状態 v に関しても，一連の回転準位が存在する．したがって，分子は絶えず回転運動・振動運動を同時に行う．図14・9に示された回転エネルギー準位は $v=0$ であると仮定して描かれたものである．一般に，$v=0 \rightarrow 1$ 遷移は，上下二つの振動状態に帰属される二つの回転準位間の同時遷移も伴う．この場合にも，$\Delta J = \pm 1$ という選択律はやはり成り立つ．溶液中では，分子間の衝突が実効的に分子の回転を阻害する．一方，分子振動は，振動数が衝突頻度より高いため，衝突にほとんど左右されない．気相中の分子では状況は異なり，回転・振動エネルギーの変化が同時に生じる．たとえば，気相中の二原子分子では，回転の微細構造が観察されるため，高分解能スペクトルを得ることが可能である（図14・15）．

式(14・23)と式(14・32)から，振動・回転準位間の同時遷移に対するエネルギー差はつぎのように書くことができる．

$$\Delta E = \left(v' + \frac{1}{2}\right)h\nu + BJ'(J'+1)h - \left(v'' + \frac{1}{2}\right)h\nu - BJ''(J''+1)h \quad (14 \cdot 34)$$

ここで，v' と v'' は高および低振動状態を表し，J' と J'' はそれぞれ v' と v'' 状態における回転準位を表す[*]．$v=0 \rightarrow 1$ 遷移すなわち $v'-v''=1$ に対しては，次式を得る．

$$\Delta E = h\nu + Bh[J'(J'+1) - J''(J''+1)] \quad (14 \cdot 35)$$

もしくは，波数表示では，

$$\Delta \tilde{\nu} = \tilde{\nu} + \frac{B}{c}[J'(J'+1) - J''(J''+1)] \quad (14 \cdot 36)$$

となる．多くの場合，IR スペクトルは，以下の条件に従って P と R とよばれる二つの枝に分けられる（図14・16）．

P枝: $J' = J'' - 1 \quad \Delta \tilde{\nu} = \tilde{\nu} - \dfrac{2BJ''}{c}$
$J'' = 1, 2, 3, \cdots$ $\quad (14 \cdot 37)$

R枝: $J' = J'' + 1 \quad \Delta \tilde{\nu} = \tilde{\nu} + \dfrac{2B(J''+1)}{c}$
$J'' = 0, 1, 2, \cdots$ $\quad (14 \cdot 38)$

赤外分光法は化学分析に非常に有用な技術である．分子振動は複雑であるため，異なる二つの分子が同じ IR スペクトルをもつことは実際上ないと言える．未知の化合物の

---

[*] この式が成り立つのは，回転と振動の間で相互作用がないか，分子が完璧な剛体回転子としてふるまうときである．実際には，回転定数 B は分子の振動状態に影響されるので，補正が必要である．

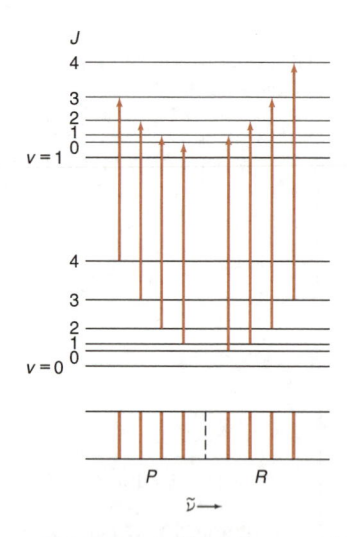

図 14・16 二原子分子の $v=0→1$ 遷移に伴う回転エネルギー準位間の遷移

IR スペクトルと標準物質の IR スペクトルが同一であるか合わせて見ることは，**指紋法**（finger-printing）として知られている手続きであり，決定的な同定の方法である．これまで 200 000 を超える参照スペクトルが記録され，指紋法のために蓄積されている．IR スペクトルの細かい構造から，分子の構造や結合についての多くの有用な情報を知ることができる．表 14・2 に特性振動数を，図 14・17 には比較的単純な分子である 2-プロペンニトリル，$CH_2=CHCN$ の IR スペクトルと，おもなピークの帰属を示した．

表 14・2　いくつかの結合の伸縮振動数

結合	$\tilde{\nu}/cm^{-1}$	結合	$\tilde{\nu}/cm^{-1}$
O−H	2500〜3600	C=C	1600〜1700
N−H	3300〜3500	C=O	1700〜1800
C−H	2800〜3300	C≡C	2100〜2200
C−O	1000〜1200	C≡N	2200〜2300

14・4 電子分光法

可視や紫外（UV）領域における光の吸収は電子遷移と関係しており，電子スペクトルを生じる．二原子分子と多原子分子の電子スペクトルには，一見大きな相違がある．はじめに，スペクトルがよりよく分解されている二原子分子について議論しよう．

図 14・18 に二原子分子の電子基底状態と電子励起状態のポテンシャルエネルギー曲線とそれぞれの振動エネルギー準位 v'' と v' とを示す．ボルツマン分布によると，室温では事実上すべての遷移は振動基底状態から生じる．電子遷移についてつぎの二つの特徴は注目に値する．第一に，ある電子状態内での振動遷移において成り立つ選択律 $\Delta v=\pm 1$ は成り立たない．したがって，Δv は任意の値を仮定できる（図 14・18 参照）．第二に，バンドの相対強度を予想するうえで，**フランク・コンドン原理**〔Franck−Condon principle，ドイツの物理学者，James Franck（1882〜1964）と米国の物理学者，Edward Uhler Condon（1902〜1974）にちなむ〕を用いることができる．この原理によると，分子にとって電子遷移（約 10^{-15} s）に比べ振動（約 10^{-12} s）の方が非常に長い時間がかかるため，原子核は電子遷移の間その位置をほとんど変えない．したがって，最も起こりやすい（最も強い）遷移は，図 14・18 に示したように核間距離が変化しないものである．

気相中での二原子分子の電子スペクトルは，高分解能で測定すると振動バンドと回転の微細構造の両方が見られる．これらのスペクトルは非常に複雑で，数百，もしくは数千もの線から構成されているが，それらの線は多くの分子において特定の振動回転遷移に帰属されている．そのような解析から，N_2 や I_2 のような等核二原子分子の結合長を決定できる．興味深いのは，電子基底状態の I_2 の結合長は 2.67 Å であるのに対し，第一励起状態では 3.02 Å に変化することである．これは，遷移により電子が反結合性分子軌道に収容されるためである．

多原子分子では状況は大きく異なる．慣性モーメントが大きいため，これらの分子の回転の微細構造を分解するの

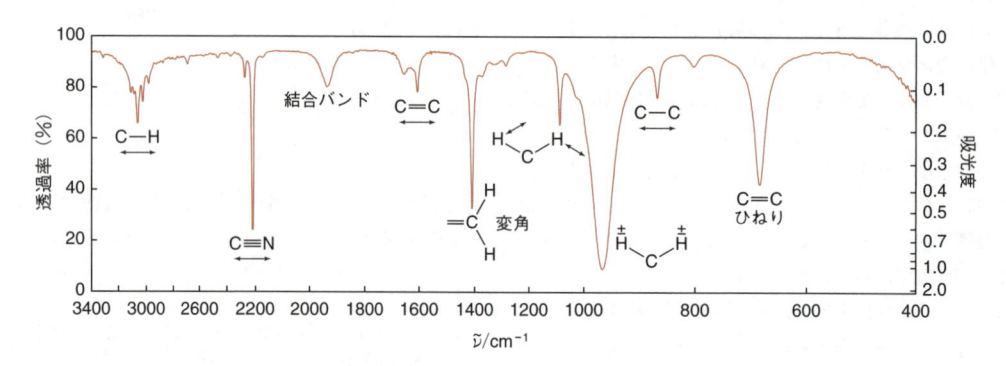

図 14・17　2-プロペンニトリルの IR スペクトル

14・4 電子分光法

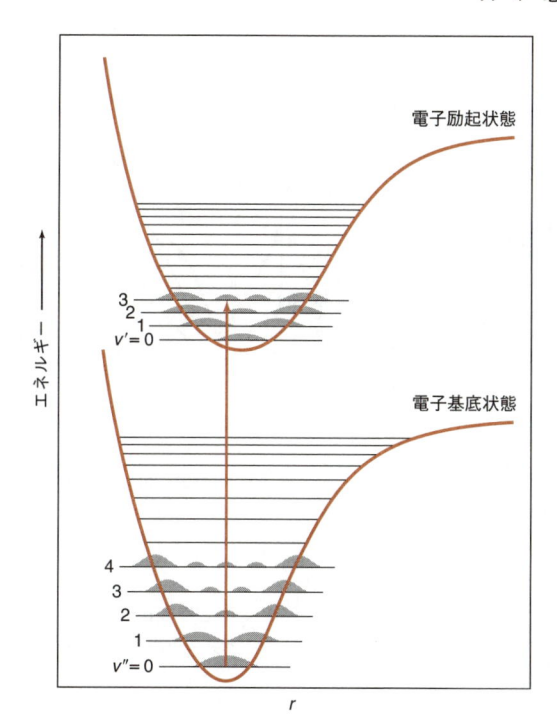

図 14・18 二原子分子において生じる可能性の高い電子遷移を示した概念図. 分子の存在する確率の高い状態をつなげるような遷移を起こす核間距離のとき, 遷移は起こりやすい (すなわち, 強い線となる). 言い換えれば, 遷移は, 基底状態において振動の確率密度関数 (ψ^2) が大きい r の付近から始まり, 励起状態において ψ^2 の値がやはり適当な大きさをもつ r の付近で終わる.

表 14・3 代表的な発色団とそのおよその吸収極大波長

発色団	λ_{max}/nm
$\diagdown$C=C$\diagup$	190
$\diagdown$C=C−C=C$\diagup$	210
(ベンゼン環)	190 260
$\diagdown$C=O	190 280
−C≡N	160
−COOH	200
−N=N−	350
−NO$_2$	270

が困難になっている. 溶液では, 通常電子スペクトルは幅広で分解できないバンドになる. 有機分子, 遷移金属錯体, 電荷移動相互作用をもつ分子の, 3種類の多原子分子の電子スペクトルについて, 簡単にふれよう.

有 機 分 子

アルカンのような飽和有機分子においては, 電子遷移は $\sigma \to \sigma^*$ 型である. $>$C=C$<$ と $>$C=O 基をもつ芳香族分子や化合物は $\pi \to \pi^*$, $\sigma \to \pi^*$, $n \to \pi^*$ 遷移ももっている. ここで, n は非結合性軌道を示す. $\sigma \to \pi^*$, $n \to \pi^*$ 遷移は対称禁制であるため弱い遷移である. 電子スペクトルは**発色団** (chromophore) とよばれる特別な原子団によって, しばしば特徴づけられる (赤外におけるグループ振動数と似ている). 表 14・3 に代表的な発色団の吸収波長をあげる. これらの発色団の実際の吸収極大波長は, 溶媒や温度が変わることによっても影響されるため, 発色団を含む化合物だけではなく環境にも依存する.

たいていのアミノ酸の電子スペクトルは, 230 nm 以下の遠紫外領域における $\sigma \to \sigma^*$ 遷移により生じる. 例外はフェニルアラニン, トリプトファン, チロシンであり, それらはすべてフェニル (−C$_6$H$_5$) 発色団を有するため 250 nm

以上を強く吸収する (図 14・19). おもにトリプトファンとチロシン残基の $\pi \to \pi^*$ 遷移に起因する 280 nm における吸光度は, タンパク質溶液の濃度を測定するうえで有用である.

図 14・20 に, DNA や RNA の構成単位であるプリン (アデニンとグアニン) やピリミジン (シトシン, チミン, ウラシル) の電子スペクトルを示す. DNA, RNA 共に, **淡色効果** (hypochromism) とよばれる興味深い現象を示す. 一般に, 通常の (未変性の) DNA のモル吸光係数は, そこに存在するヌクレオチドの数から予想されるより 20〜40 % 低い. たとえば, 仔ウシの胸腺の DNA の 260 nm におけるモル吸光係数は, 高分子が熱的な変性を受けると約 6500 から 9500 l mol^{-1} cm^{-1} まで増加する. 淡色効果の理論は本書の範囲を超えているが, この現象は, 光吸収によ

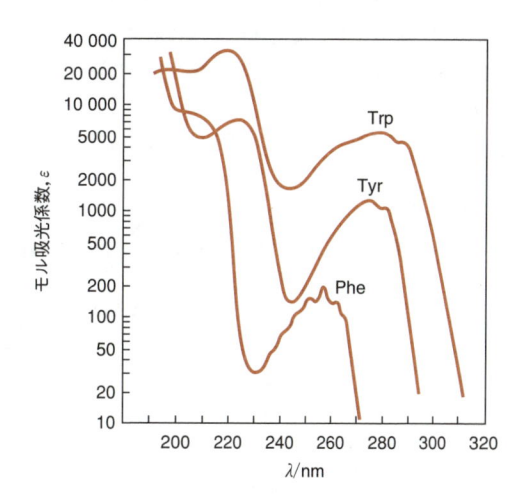

図 14・19 フェニルアラニン (Phe), トリプトファン (Trp), チロシン (Tyr) の UV スペクトル〔D. C. Neckers, *J. Chem. Educ.*, **50**, 164 (1973)〕

図 14・20 プリンとピリミジンの UV スペクトル．核酸溶液の濃度は 260 nm の吸光度で決定される．〔A. L. Lehninger, "Biochemistry," 2nd Ed., Worth Publishers, New York (1975)〕

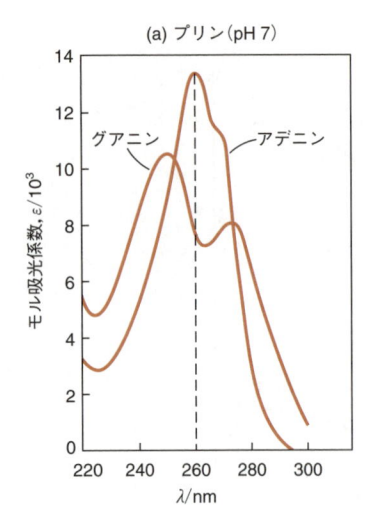

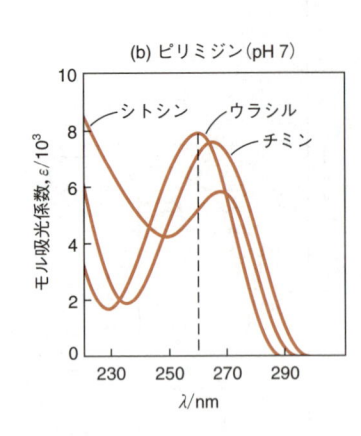

り塩基対中に誘起された，電気双極子間のクーロン相互作用のためであるとされている．この相互作用は，互いの双極子の相対的な配向方向に依存する．ランダムな配向では，相互作用はほとんどないか，まったくないため，吸収スペクトルに影響は現れない．未変性の状態では，双極子は互いの真上に平行に積まれているので，吸光度の減少をもたらす．この淡色効果は，DNA 中におけるヘリックス–コイル遷移のモニターとして使うことができる．図 14・21 に DNA 溶液の融解曲線 (melting curve) を示す．ここでの融解とは，二重らせん構造がほどけることを指す．融点 T_m は曲線の変曲点に当たる（変曲点は二次微分が 0 になるところである）．その値は DNA の塩基対の組成に依存する．G·C 対は水素結合を 3 本つくるのに対し A·T 対は 2 本であるから，(G·C)/(A·T) の比がポリヌクレオチド中で大きければ大きいほど T_m は高くなる．ヘリックス–コイル遷移が非常に狭い温度範囲で起こることに注意してほしい（遷移が協同的であることの特徴である）．したがって，DNA の二重らせんの構造はだんだんほどけるのではなく，構造全体が適当な温度でばらばらになるのである．

遷移金属錯体

遷移金属錯体の色と吸収スペクトルは §12・8 で論じた．電子遷移は，結晶場分裂により生じる d 軌道のエネルギー準位間で起こる．このため，これらの遷移はよく d–d 遷移とよばれる．

電荷移動相互作用下にある分子

一対の分子の間の**電荷移動**（charge-transfer）相互作用により，特殊なタイプの電子スペクトルが生じる．電子受容体であるテトラシアノエチレン $[(CN)_2C=C(CN)_2]$ を四塩化炭素中に溶かすと，無色の溶液が得られる．その理由は，テトラシアノエチレンの $\pi \to \pi^*$ 遷移が紫外領域に存在するからである．電子供与体（ベンゼンやトルエンのような芳香族炭化水素）を溶液に少量加えると，溶液は直ちに黄色に変わる（図 14・22）．多くの同様な反応（たとえばヨウ素とベンゼンの組など）が観測されている．米国の化学者，Robert Mulliken (1896～1986) は，1952 年，電荷移動錯体のスペクトルを説明するため，つぎのようなスキームを提案した．

$$D + A \rightleftharpoons [(D, A)] \xrightarrow{h\nu} [(D^+, A^-)]^*$$
$$\text{基底状態} \qquad \text{励起状態}$$

ここで，D は供与体分子，A は受容体分子であり，(D, A) と (D^+, A^-) はそれぞれ電荷移動錯体の共有結合とイオン結合の共鳴構造である．基底状態では，ファンデルワールス力が分子を結合させており，D から A への実際の電荷移動は，あったとしてもほとんどない．しかしながら，分子が適当な波長で励起されると，大きな電荷移動が生じ，励起状態ではイオン構造がおもな寄与を示す．励起波長が可視まで下がってくると，溶液は着色するであろう．この電子遷移と通常の吸収には興味深い違いがある．この電子遷移の場合，電子は供与体分子の低い状態（結合性分子軌道）から受容体分子の高い状態（反結合性分子軌道）へと

図 14・21 温度を横軸にとった，260 nm における DNA の相対吸光度．融点 (T_m) は約 90 ℃ である．

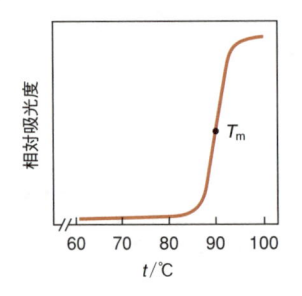

図 14・22 四塩化炭素中におけるテトラシアノエチレン (TCNE)–トルエン電荷移動錯体の可視吸収スペクトル

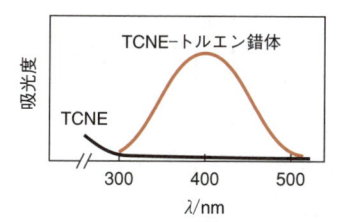

励起されるのである．電荷移動の形成のしやすさは，一般に供与体のイオン化エネルギーと受容体の電子親和力に依存する．多くの遷移金属錯体もまた電荷移動スペクトルを示す．その場合，吸収過程は配位子から金属，もしくは金属から配位子への電子移動を伴う．これらの電荷移動遷移は，しばしば強い吸収帯を生じるが，遠紫外領域に位置するため，d–d 遷移とは区別できる．一方，たいていの d–d 遷移は可視領域において生じる（したがって，これらの錯イオンに色を与える）．

ランベルト・ベールの法則の応用

化合物の同定に関して，紫外–可視分光法は，赤外分光法ほど信頼性が高くない．なぜなら，電子スペクトルは一般に IR スペクトルがもつような微細構造をもたないためである．しかしながら，電子分光法は定量的な分析には有用な手法である．ランベルト・ベールの法則を用いると，吸光度の測定により，（モル吸光係数が既知の場合）溶液の濃度を容易に決めることができる．分析する溶液がしばしば X と Y という 2 種類の化学種を含んでおり，しかもそれぞれの吸収帯が重なっている場合がある．それぞれの波長 λ における吸光度 (A) は加算的であるので，ランベルト・ベールの法則から次式を得る．

$$A = A^X + A^Y = \varepsilon_\lambda^X b[X] + \varepsilon_\lambda^Y b[Y]$$
$$= b(\varepsilon_\lambda^X[X] + \varepsilon_\lambda^Y[Y]) \quad (14 \cdot 39)$$

ここで，ε はモル吸光係数であり，b は光路長である．異なる二つの波長 λ_1 と λ_2 において，X と Y 両方のモル吸光係数がわかっている場合，それぞれの波長における吸光度はつぎのように表される．

$$A_1 = b(\varepsilon_1^X[X] + \varepsilon_1^Y[Y]) \quad (14 \cdot 40)$$
$$A_2 = b(\varepsilon_2^X[X] + \varepsilon_2^Y[Y]) \quad (14 \cdot 41)$$

式 (14・40) と式 (14・41) を [X] と [Y] について解くことで，つぎの結果を得る．

$$[X] = \frac{1}{b} \frac{\varepsilon_2^Y A_1 - \varepsilon_1^Y A_2}{\varepsilon_1^X \varepsilon_2^Y - \varepsilon_2^X \varepsilon_1^Y} \quad (14 \cdot 42)$$

$$[Y] = \frac{1}{b} \frac{\varepsilon_1^X A_2 - \varepsilon_2^X A_1}{\varepsilon_1^X \varepsilon_2^Y - \varepsilon_2^X \varepsilon_1^Y} \quad (14 \cdot 43)$$

ここで，吸収が重なっている波長帯の中のある波長において，二つの化学種のモル吸光係数が等しくなっている状況を考えよう．その場合，溶液中の二つの化合物のモル濃度の和が一定であれば，両者の比率が変わったとしても，その波長における吸光度は不変に保たれることになる．この不変点は**等吸収点**（isosbestic point）とよばれる．ある系において，一つ以上の等吸収点が存在することは，2 種類の化合物が化学平衡にあることを示す良い指標となる．たとえば，図 14・23 はさまざまな pH におけるチロシンの吸収スペクトルである．以下に示す平衡のために，267 nm と 277 nm に二つの等吸収点が存在している．

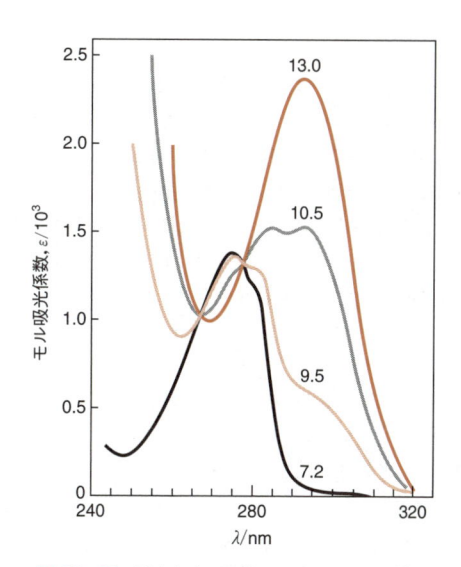

図 14・23 示された pH 値でのチロシンの吸収スペクトル．267 nm と 277.5 nm に等吸収点がある〔D. Schugar, *Biochem. J.*, **52**, 142 (1952)〕．

14・5 核磁気共鳴（NMR）分光法

ある種の原子核はスピンをもつので，それに起因する磁気モーメントをもつことになる．核スピン I は以下の値の中の一つをとる．

$$I = 0, \frac{1}{2}, 1, \frac{3}{2}, 2, \cdots$$

0 は，核がスピンをもたないことを意味する．表 14・4 には原子番号と中性子数から核スピンを決める法則を示す．

図 14・24 (a) 外部磁場 B_0 中での核スピンのエネルギー準位の差. (b) 外部磁場に平行・反平行な核スピンの配列の古典的な描像. (c) ラーモア周波数での核スピンの歳差運動

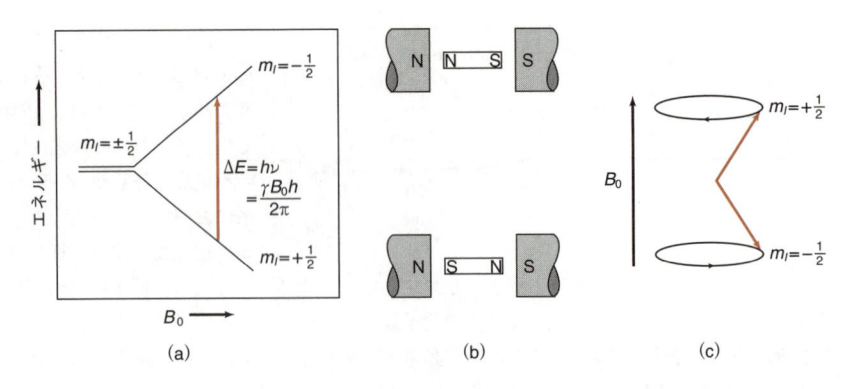

スピン I をもつ核は $(2I+1)$ のスピンの方向をとることができ,磁場がないときにはそれらは縮退している.$I=\frac{1}{2}$ であるプロトン (^{1}H) について考える.核スピン量子数 m_I の二つの値は $+\frac{1}{2}$ と $-\frac{1}{2}$ である.外部磁場を印加すると,縮退は解ける.あるスピン状態 E_I のエネルギーは,m_I と磁場の強さ B_0 に正比例し,

$$E_I = -m_I B_0 \frac{\gamma h}{2\pi} \quad (14\cdot44)$$

となる.ここで,γ は**磁気回転比**(gyromagnetic ratio または magnetogyric ratio)であり,着目している核を特徴づける定数である.−符号にしてあるのは,正の m_I をもつ状態がより低い(負の)エネルギーをもつようにする,という慣習による.$I=\frac{1}{2}$ の核スピンのエネルギー準位が磁場強度により分裂する様子を図 14・24a に示す.エネルギー差 ΔE は次式で与えられる.

$$\begin{aligned}\Delta E &= E_{-\frac{1}{2}} - E_{+\frac{1}{2}} \\ &= -B_0\left[\left(-\frac{1}{2}\right)-\left(+\frac{1}{2}\right)\right]\frac{\gamma h}{2\pi}\end{aligned}$$

$$\boxed{\Delta E = \frac{\gamma B_0 h}{2\pi}} \quad (14\cdot45)$$

核磁気共鳴 (NMR),すなわち,$m_I=+\frac{1}{2}$ の準位から $m_I=-\frac{1}{2}$ の準位への遷移は,印加した電磁波の振動数(周波数)ν ($\Delta E/h$ または $\gamma B_0/2\pi$ で与えられる)もしくは磁場強度 B_0 を,共鳴条件が満たされる ($\Delta E = h\nu$) まで変化させることにより観測することができる*.核スピンのエネルギー準位間の遷移における選択律は $\Delta m_I = \pm 1$ である.

$m_I = \pm\frac{1}{2}$ である二つの磁気モーメントは,外部磁場方向に,あるいはその逆方向に沿って静的に並んでいるわけではなく,印加された場の軸の周りを,回転しているコマのように揺れ動いている.つまり,軸の周りで歳差運動しているのである(図 14・24c).この歳差運動の振動数は,**ラーモア角振動数**(Larmor angular frequency),ω とよばれ,次式で与えられる.

$$\omega = \gamma B_0 \quad (14\cdot46)$$

ラーモア角振動数は 1 秒あたりのラジアン (rad s^{-1}) で与えられるが,次式のようにラーモア周波数 ν にも変換可能である(付録 1 参照).

$$\nu_{歳差} = \frac{\omega}{2\pi} = \frac{\gamma B_0}{2\pi} \quad (14\cdot47)$$

この歳差周波数は m_I によらないため,核のスピンはどの状態にあっても,この周波数で磁場中を歳差運動する.式 (14・47) は,上で述べた核磁気共鳴を観測する周波数と同じになっていることに注意する.なぜなら,共鳴するためには,印加した電磁波の周波数はラーモア周波数と等しくならなければならないからである.

磁場の強さは,ギリシャの技術者であり発明家である Nikola Tesla (1856~1944) にちなんで,**テスラ** (tesla),T という単位で測定される.ここで,

$$1\,\mathrm{T} = 10^4\,ガウス$$

である.磁気回転比は T^{-1} s^{-1} の単位をもつ.表 14・5 に磁気回転比,NMR 周波数 (4.7 T の場合),いくつかの同位体の天然存在比をあげる.これらの周波数はラジオ波の領域にある.ある核子について考えるならば,その核子の

表 14・4 核スピンを予測する法則

陽子数 (Z)	中性子数†	核スピン (I)
偶	偶	0
偶	奇	$\frac{1}{2}, \frac{3}{2}, \frac{5}{2}, \cdots$
奇	偶	$\frac{1}{2}, \frac{3}{2}, \frac{5}{2}, \cdots$
奇	奇	$1, 2, 3, \cdots$

† 核が中性子をもたない(すなわち,^{1}H 同位体)ときのみ "0" は偶数として扱い,$I=\frac{1}{2}$ となる.

* マイクロ波,IR,電子吸収分光法と違い,NMR 分光法では,電磁波の磁場成分と核の磁気モーメントとの相互作用について考えている.

14・5 核磁気共鳴 (NMR) 分光法

表 14・5 磁気回転比, NMR 周波数 (4.7 T の場合), 同位体の天然存在比

同位体	I	$\gamma/10^7\,\mathrm{T^{-1}\,s^{-1}}$	ν/MHz	天然存在比(%)	同位体	I	$\gamma/10^7\,\mathrm{T^{-1}\,s^{-1}}$	ν/MHz	天然存在比(%)
^{1}H	$\frac{1}{2}$	26.75	200	99.988 5	^{17}O	$\frac{5}{2}$	3.63	27.2	0.038
^{2}H	1	4.11	30.7	0.011 5	^{19}F	$\frac{1}{2}$	25.17	188.3	100
^{13}C	$\frac{1}{2}$	6.73	50.3	1.07	^{31}P	$\frac{1}{2}$	10.83	81.1	100
^{14}N	1	1.93	14.5	99.636	^{33}S	$\frac{3}{2}$	2.05	15.3	0.75
^{15}N	$\frac{1}{2}$	2.71	20.3	0.364					

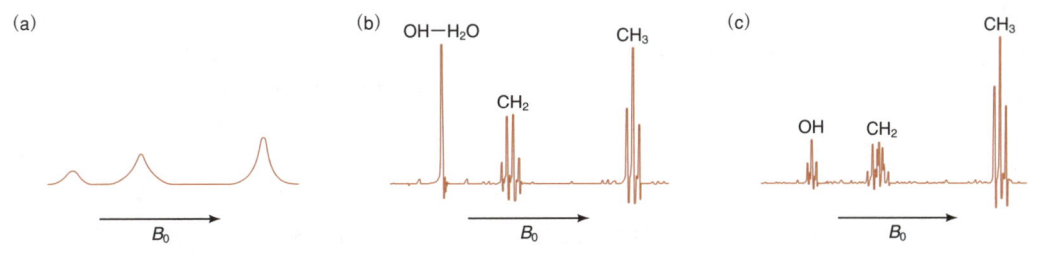

図 14・25 エタノールの (a) 低分解能 ^{1}H NMR スペクトル, (b) 高分解能 ^{1}H NMR スペクトル. (c) 無水純エタノールの NMR スペクトル〔(b), (c) G. Glaros, N. H. Cromwell, *J. Chem. Educ.*, **48**, 202 (1971)〕

γ が大きな値であるほど,対応する NMR シグナルは検出しやすい.したがって,最も平易に研究されている核子は ^{1}H, ^{19}F, ^{31}P である.しかしながら,最新の装置開発により,^{13}C のような,γ が小さく非常に低い天然存在比でありながら有機化学や生化学においてきわめて重要な物質における NMR も,容易に研究することができる.

例題 14・3

^{1}H における,400 MHz の歳差周波数に対応する磁場 B_0 を計算せよ.

解 式 (14・47) と表 14・5 から,

$$B_0 = \frac{2\pi\nu}{\gamma} = \frac{2\pi(400\times10^6\,\mathrm{s^{-1}})}{26.75\times10^7\,\mathrm{T^{-1}\,s^{-1}}} = 9.40\,\mathrm{T}$$

コメント 200 MHz かそれ以上の周波数をもつ核子を NMR で研究するためには,強磁場を必要とする.したがって,これらの実験には超伝導磁石を使わなければならない.

ボルツマン分布

NMR は吸収分光法の一つであるため,その感度はボルツマン分布に依存する.磁場中の ^{1}H 核子の試料を 9.40 T,300 K で測定することを考える.式 (14・45) から,

$$\Delta E = \frac{(26.75\times10^7\,\mathrm{T^{-1}\,s^{-1}})(9.40\,\mathrm{T})(6.626\times10^{-34}\,\mathrm{J\,s})}{2\pi}$$
$$= 2.65\times10^{-25}\,\mathrm{J}$$

となり,また $k_\mathrm{B}T = 4.14\times10^{-21}$ J である.したがって,下準位に対する上準位の核スピンの個数比は

$$\frac{N_{-\frac{1}{2}}}{N_{+\frac{1}{2}}} = e^{-\Delta E/k_\mathrm{B}T} = \exp\left(\frac{-2.65\times10^{-25}\,\mathrm{J}}{4.14\times10^{-21}\,\mathrm{J}}\right) = 0.999\,94$$

この数は 1 に非常に近く,2 準位はほとんど等しい個数で分布していることを意味する[*].この分布は試料における大きな熱運動の結果であり,磁場中でスピンをそろえようとする傾向を上回る.にもかかわらず,下準位におけるスピンがほんの少量過剰であれば,NMR シグナルを検出するに十分である.

化学シフト

これまでの議論ではすべてのプロトンが同じ周波数に共鳴しているとしていたが,実際はそういうわけではない.実際には,ある ^{1}H 核に対する共鳴周波数は,適当な磁場強度の下,対象としている分子のどの位置にその ^{1}H 核があるかによる.**化学シフト** (chemical shift) とよばれるこの効果により,NMR 分光法は非常に有用なものとなる.

図 14・25a にエタノール (CH_3CH_2OH) の NMR スペクトルを示す.相対面積で 1:2:3 の三つのピークは,それぞれヒドロキシプロトン,メチレンプロトン,メチルプロトンである.三つの分離したピークが観測されることから,それぞれの核の位置における局所磁場は外部磁場 B_0 とは異なることがわかる.電磁気の理論によると導線を通る電流は磁場を生ずる.同様に考えると,核の周りの電子は,外部磁場 (B_0) を掛けるとオービタルに沿って環状

---

[*] IR や電子分光法では,エネルギー準位間の間隔が比較的大きいため,この比は非常に小さい(吸収過程に有利に働く).

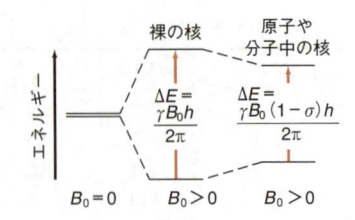

図 14・26 核磁気共鳴条件における電子遮へい効果

表 14・6 さまざまなプロトンの化学シフトの範囲[†]

プロトンの型	δ〔ppm〕	プロトンの型	δ〔ppm〕
C–H	0 ~2	ArOH	4.0~ 9.5
X–C–H	1.6~6.0	C=C–H	4.5~ 8.0
H–C≡C	1.8~3.0	ArH	6.0~ 9.0
ROH, RNH$_2$	0.4~5.0	RCHO	9.5~10.5
RCONH$_2$	4.0~9.5	RCOOH	9.7~12

[†] TMS は基準物質であるため化学シフトは 0 ppm である.

に動き,それによって生ずる誘起磁場は外部磁場を打ち消す反対の向きになる.核が実際に感ずる正味の磁場 (B) は

$$B = B_0(1-\sigma) \quad (14\cdot 48)$$

で与えられ,ここで σ は無次元の定数で[*1],**遮へい定数** (shielding constant または screening constant) とよばれる核の周りの電子的な構造に依存する値である.この遮へいの結果,ある核における共鳴周波数は次式のようになる.

$$\nu = \frac{\gamma B_0(1-\sigma)}{2\pi} \quad (14\cdot 49)$$

図 14・26 に共鳴条件の修正を示した.エタノールのプロトンは三つの化学的に異なる環境にあるため三つの異なる B の値を感じ,そのため三つのシグナルを観測することになる.核の遮へいが大きければ大きいほど (σ が大きければ大きいほど),その共鳴周波数は小さくなり,NMR スペクトルにおいて右に出現することを記憶にとどめておくように.このとき,エタノールではメチルプロトンの遮へいが最大で,ヒドロキシルプロトンの遮へいが最小ということになる.

NMR ピークの,裸のプロトンで予想される値からの絶対的なシフトには一般には関心がなく,ピークの相対位置の方に関心がある.したがって一般には,注目している核 (ν) と参照用核 (ν_{ref}) との共鳴周波数の差を用いて,化学シフトパラメーター (δ) として化学シフトを定義する.ここで,

$$\delta = \frac{\nu - \nu_{\text{ref}}}{\nu_{\text{spec}}} \times 10^6 \quad (14\cdot 50)$$

であり,ν_{spec} は分光計の観測周波数である.ν と ν_{ref} の違いは典型的には数百 Hz のオーダーであり,ν_{spec} は典型的には数百 MHz であるので,その比に 10^6 を掛けると,δ は扱いやすい便利な数となる.このため,化学シフトは ppm(百万分の一)の単位で表される.周波数差 ($\nu-\nu_{\text{ref}}$) は ν_{spec} で割ってあることに注意する.このことは,δ がそれを測定する磁場にはよらないということを意味する.たいていの有機物で基準物質として選ばれるのはテトラメチルシラン (tetramethylsilane, TMS), (CH$_3$)$_4$Si である[*2].なぜなら,これはつぎに述べるような利点をもっているからである: 1) TMS は同じタイプの 12 種のプロトンをもっているので,内部の参照としてはごく少量しか必要としない, 2) 化学的に不活性である, 3) 他のたいていのプロトンで観測されるものより小さい共鳴周波数をもつので,観測物質の化学シフトを正の値とすることができる.表 14・6 に,TMS を基準として,いくつかのプロトンの化学シフトを ppm 単位で示す.

慣習的に,NMR スペクトルは右から左に ν(そして δ)が増加するようにプロットする.化学者はときどき,化学シフトを参照する際,"より遮へいされている",もしくは"あまり遮へいされていない"ということを,それぞれ"高磁場"もしくは"低磁場"とよぶ.化学シフトは,式 (14・50) を用いると,試料と参照ピークの周波数間隔に容易に変換し直すことができる.たとえば,ベンゼンの化学シフトは約 7.3 ppm であるので,もし分光計が 200 MHz で操作されていれば,

$$\begin{aligned}\nu_{\text{ベンゼン}} - \nu_{\text{TMS}} &= \delta \times \nu \times 10^{-6} \\ &= (7.3 \times 10^{-6})(200 \times 10^6 \text{ Hz}) \\ &= 1.46 \times 10^3 \text{ Hz}\end{aligned}$$

となる.もし信号が 400 MHz の分光計で記録されていたならば,周波数差は 2.92×10^3 Hz となる.このように,δ は周波数とは独立であるが,ある NMR スペクトルにおけるそれぞれのピークは,分光計の周波数(すなわち磁場の強さ)に比例して分離される.このため,意味のある解析を行ううえで,多くの重なったピークの分離が重要であるタンパク質溶液の研究分野において,強磁場 NMR(2004 年で 1000 MHz に達する)が次第に普及してきている[*3].

スピン-スピン結合

高分解能では,エタノールのスペクトルは図 14・25b

[*1] σ はプロトンでは小さく約 10^{-5} である.

[*2] 慣習的に,TMS の化学シフトを 0 ppm とする.
[*3] 強磁場 NMR の他の利点として,ボルツマン分布差の増大による感度の増大がある.

に示すようになる．$-CH_2$ と $-CH_3$ のピークは，実際はそれぞれ相対強度 1:3:3:1 と 1:2:1 の，四つおよび三つの線から構成されている．一群の線同士の間隔は，分光計の周波数には依存していない（このスペクトルの横軸が B であることに注意）．したがって，これは先に述べた化学シフトの効果ではありえない．では，このような観測結果はどのように説明したらよいだろうか．$I \neq 0$ であるそれぞれの核は核磁気モーメントをもっており，この核によりつくられた磁場は隣の核の感じる磁場に影響を及ぼす．それゆえ，隣の核がNMR吸収を起こすときの周波数は若干違ったものになる．液相もしくは気相中では，分子が高速に回転しているので，双極子相互作用とよばれる直接の核スピン-スピン相互作用は，平均すると 0 になる．

しかしながらさらに，結合電子を介した核スピン間の間接の相互作用も存在する．この相互作用は分子回転の影響を受けず，NMRのピークを分裂させる．エタノールでは，メチレン基におけるそれぞれの核スピンに対して二つの可能な方向が存在するため，一つめのメチレン基のプロトンにより生じた磁場により，メチル基のピークは2本に分裂する．これら2本の線は，二つめのメチレン基のプロトンによりさらに分裂し，合計で四つの線が生じる．$-CH_3$ について3本の線しか観測されないのは，二つの線が互いに重なっているからであり，1:2:1 の強度分布になっている．同様に，$-CH_2$ 基に対しては，メチル基のプロトンによる分裂のため，四つの線が得られる（図 14・27）．それぞれの基における線の間隔から**スピン-スピン結合定数**（spin-spin coupling constant），J が得られ，その大きさは磁気的相互作用の大きさにより決まる．スピン-スピン相互作用については，つぎの点に注意する．

1. スピン-スピン結合が生じるには，核は磁気的に非等価でなければならない．たとえば，エタノールのメチル基におけるプロトンは磁気的に等価であるので，互いに相互作用しない．メチル基のプロトンがメチレン基のピークを分裂させるのは，メチレン基のプロトンがメチル基のプロトンに対して単に磁気的に非等価であるためである．
2. 四つの結合以上離れていない二つの核に対してのみ，スピン-スピン結合は観測される．
3. ^1H（もしくは $I=\frac{1}{2}$ をもつ任意の核）について，一群の n 個の等価なプロトンによる線の分裂は，$(n+1)$ 則により支配され，強度は**二項分布**（binomial distribution）（表 14・7）で与えられる．ここで見たエタノールや他の水素を含んだ化合物でも，NMRの分裂パターンは二項分布でよく説明できる．

表 14・7 二項分布[†]の係数

n	強度比	多重度
0	1	一重線
1	1　1	二重線
2	1　2　1	三重線
3	1　3　3　1	四重線
4	1　4　6　4　1	五重線
5	1　5　10　10　5　1	六重線

[†] 係数は式 $(1+x)^n$ により得られる．強度比は1から始まり，x, x^2 の係数と続く．

NMRと反応過程

エタノールのスペクトルについての議論を終えるためには，メチレン基とヒドロキシ基との間のスピン-スピン相互作用が存在しないことを説明しなければならない．実際は，純粋なエタノールでは，ヒドロキシ基のピークはメチレン基により 1:2:1 の三重線に分裂し，メチレン基の四つの線はヒドロキシ基のプロトンによりさらにそれぞれ等強度の二重線に分裂する（図 14・25c）．$-OH$ 基と $-CH_3$ 基の間で分裂が見られないのは，これらのプロトンが四つ以上の結合だけ離れているからである．少量の水が存在すると，$-OH$ 基と H_2O 間，C_2H_5OH とプロトン化した C_2H_5OH 間で，高速のプロトン交換反応が起こり，$-OH$ 基と $-CH_2$ 基のスピン-スピン相互作用が実効的に消滅する．

$C_2H_5OH' + H_3O^+ \rightleftharpoons C_2H_5OHH'^+ + H_2O$
$C_2H_5OHH'^+ + C_2H_5OH \rightleftharpoons C_2H_5OH + C_2H_5OHH'^+$

H' は，交換反応に関与するプロトンを示す．

実際に，NMR分光法は，プロトン交換反応の速度や，化学結合周りの回転，環反転のような他の多くの化学過程の速度を研究するうえで便利な方法である．たとえば，シクロヘキサンで生じる構造変化，すなわち"環反転"について考えてみよう．

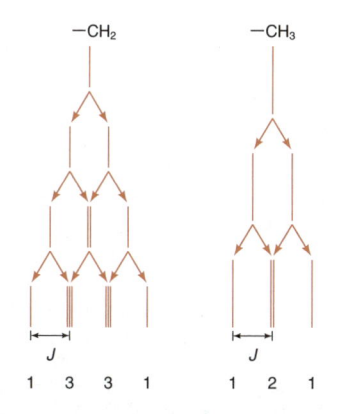

図 14・27 NMRスペクトルにおいて三重線と四重線を生じる，エタノールの $-CH_2$ 基と $-CH_3$ 基におけるスピン-スピン分裂．結合定数（J）は両方において同じである．

シクロヘキサンの NMR スペクトルは，スピン–スピン相互作用のため，かなり複雑である．しかしながら，重水素置換化合物の $C_6D_{11}H$ を用い，**スピンデカップリング** (spin decoupling) という名で知られている方法を適用することにより，これらの相互作用を無くし，たった二つの線，一方はアキシアル位のプロトン，もう一方はエクアトリアル位のプロトンだけを残して観測できる（図 14・28）．$-89\,℃$ では環反転速度は非常に遅いので，試料中のプロトンの半数がアキシアル位に，もう半分がエクアトリアル位にある状態に対応する，2 本の線が観測される．試料を温めるとピークは広がる．$-60\,℃$ ではピークは単一の線になり，温度がさらに上昇するにつれ先鋭になる．この化学交換（アキシアル位とエクアトリアル位の間の）はハイゼンベルクの不確定性原理により理解される．

$$\Delta E = \frac{h}{4\pi\tau}$$

すなわち

$$\Delta\nu = \frac{1}{4\pi\tau}$$

ここで，τ はある磁気環境下におけるプロトンスピンの平均寿命であり，$\Delta\nu$ は NMR の線幅である．交換過程により寿命は短くなり，大きな $\Delta\nu$，すなわち自然線幅（寿命広がり）を越える線の広がりが生じる．環反転速度は温度と共に急速に増加する．交換速度 $1/\tau$ が，二つの線の間の周波数差に比べて大きいとき，スペクトルは一つの線にまとまる．反転の速度がさらに大きくなると，二つのプロトンは非常に高速に位置を変えるので，系はあたかも一つのプロトンが存在しているかのようにふるまう．観測されたスペクトルは，交換による先鋭化領域とよばれる（$-49\,℃$ で記録されたピーク）．温度による線幅変化を解析することにより，シクロヘキサンの環反転のための活性化エネルギーが $42\,\text{kJ mol}^{-1}$ であることがわかっている．

^1H 以外の核の NMR

プロトン NMR は最もよく見られる NMR であるが，化学，生物学系を研究するうえで，他の核種もまた重要である．フーリエ変換分光法の発展のおかげで，^{13}C は ^1H に次いで NMR 核としてよく使われる．プロトンについて議論したスピン–スピン結合は，^{13}C 核とそれに結び付いた任意のプロトン間でも生じる．したがって，メチレン基の

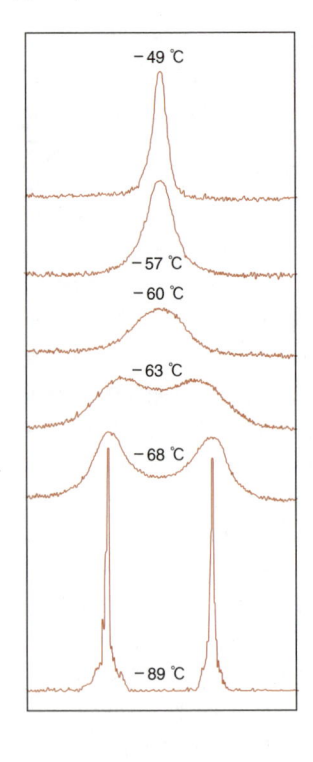

図 14・28 さまざまな温度（℃）での重水素置換シクロヘキサン（$C_6D_{11}H$）の ^1H NMR スペクトル〔F. A. Bovey, "Nuclear Magnetic Resonance Spectroscopy," Academic Press, Inc., New York (1969)〕

^{13}C NMR スペクトルは，^{13}C と二つのプロトンとの相互作用により，三重線として観測される．ここで，^{13}C 同位体の天然存在比が低いことが有利に働く——二つの ^{13}C 原子が互いに結合している確率は非常に小さいため，$^{13}C-^{13}C$ 分裂が観測されない．実際の ^{13}C NMR スペクトルでは，スペクトルがより簡単に解析できるよう，すべての $^{13}C-^1H$ 分裂を消滅させる方法[*1]である，**プロトンデカップリング**（proton-decoupling）を行っている．^{13}C NMR の化学シフトは約 250 ppm の領域に広がっており，それはプロトン NMR の領域よりも 1 桁大きい．

^{13}C のほかに，同位体 ^{15}N, ^{19}F, ^{31}P も NMR 分光法に重要である．なぜなら，これらの元素は化学，生物学で扱う多くの化合物中に存在するからである．興味深い例として，1990 年代に，水素結合すなわち N–H…N に寄与している，二つの ^{15}N 核間のスピン–スピン結合が検出されたことは注目に値する[*2]．この発見は，この水素結合，そして実際には一般のすべての水素結合が，いくらか共有結合性をもつというはっきりした証拠を与えたため，重要である．スピン–スピン結合が結合電子を介して起こることを以前

[*1] デカップリングは，^1H 共鳴周波数を試料に照射しながら，^{13}C スペクトルを測定することにより得られる．C–H 基の ^{13}C NMR スペクトルは二重線を示す（ほかに磁気を帯びた核がないと仮定している）．デカップリング周波数における電磁波のパワーが十分大きいと，^1H スピン配向変化の速度が結合定数よりもずっと大きくなり，二重線は一つのピークになる．

[*2] NMR の判定は X 線の実験（§13・4, p.302 で先に述べた）と矛盾しない．

述べた．したがって，水素結合が純粋に静電引力であるとすると，そのような相互作用は起こらない．このため，供与体基（N–H）と受容体（N）間には，いくらか波動関数の重なりがなければならないと結論されるのである．

図 14・29 に，重要な生体分子であるアデノシン 5′-三リン酸（ATP）の ^{1}H, ^{13}C, ^{31}P の NMR スペクトルを示す．

フーリエ変換 NMR

近年，フーリエ変換の技術がいくつかの分光法に深く絶大な影響を与えている．ここでは，フーリエ変換 NMR（FT-NMR）について議論する．

§14・5 で述べたように，核磁気共鳴は，外部磁場を一定に保って印加するラジオ波の周波数（rf）を変化させることにより，もしくは，ラジオ波の周波数を一定に保って共鳴条件が満足されるまで磁場を掃引することにより観測される．技術的には，ラジオ波を一定に保ち，磁場を変化させる方が簡単である．しかしながらどちらの場合でも，放射は試料に絶えず照射されているので，分光計は cw（連続波）モードで動作する．結果として，そのような装置で NMR スペクトルを測定すると数分はかかる．

FT-NMR がどのように機能するかを理解するために，$I=\frac{1}{2}$ という多くの同一スピンから成る試料を考える．強

図 14・29 アデノシン 5′-三リン酸（ATP）の ^{1}H, ^{13}C, ^{31}P NMR スペクトル．^{13}C スペクトルでは，^{1}H のスピンデカップリングの結果，異なる種類の炭素原子の化学シフトだけを見ていることに注意する〔Varian Associates, Palo Alto, CA の許諾を得て転載〕．

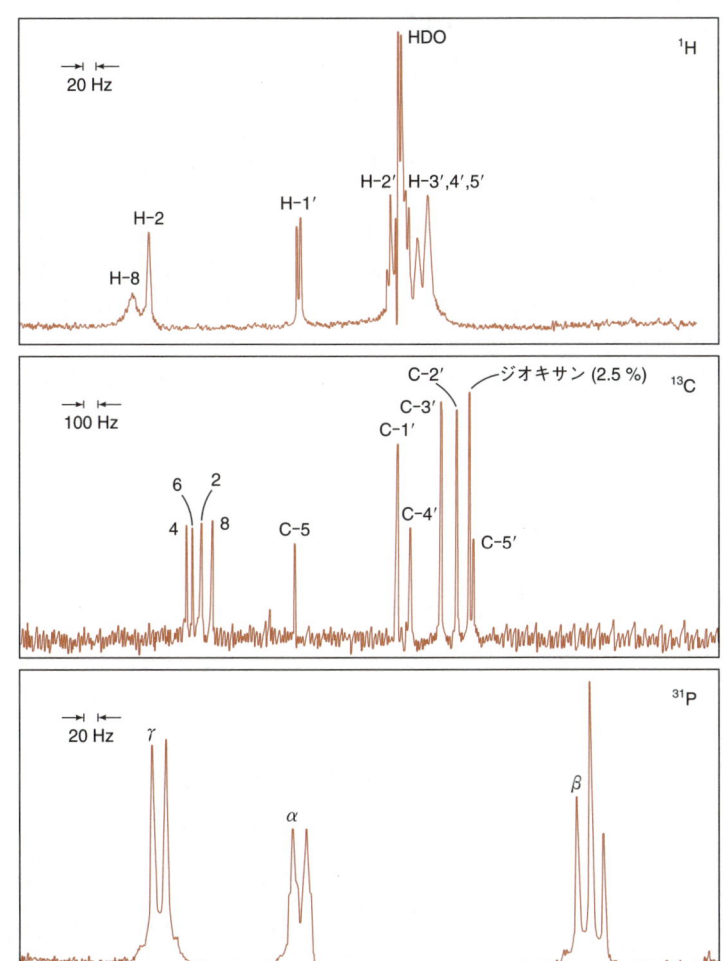

い外部磁場 B_0 下におくと，核は加印された場に平行もしくは反平行に整列するが，低エネルギー準位に相当する平行配列の方がわずかに多い．正味の磁化 M は B_0 (z 軸) の周りをラーモア周波数で歳差運動する (図 14・30)．パルス NMR の実験では，x 軸方向に強さ B_1 の，単一で短く高強度のバースト磁場が試料に印加される．結果として，正味の磁化は次式で与えられる角度 α だけ回転する．

$$\alpha = \gamma B_1 t_p \tag{14・51}$$

ここで，γ は磁気回転比，t_p は印加したパルスの幅である．t_p を適当に選ぶと，磁化が z 軸から y 軸へと回転する ($\alpha = 90°$ なので，これは 90°パルスとよばれる)．NMR シグナルは，y 軸に沿った検出用コイルにより測定される．パルス照射直後 (B_1 が切られたとき)，磁化ベクトルは xy 平面上をラーモア周波数で回転し始める．引き続き，緩和機構により y 軸方向の磁化は減少し，その結果，熱平衡状態では z 軸方向に戻る．時間の関数としての NMR シグナルの減衰は**自由誘導減衰** (free induction decay, FID) とよばれる．最終的に，フーリエ変換 (後述) を適用することで，FID は吸収ピークに変換される．

図 14・30d は，核が同一で rf 光 (B_1) がラーモア周波数に合致するよう選ばれている状況に当たる．しばしばわれわれは，化学シフトやスピン-スピン結合の結果としてラーモア周波数が異なっている核を研究する．そのような場合，異なる核の一群は異なる周波数で歳差するので干渉効果が生じ，その結果 FID はずっと複雑な様相を呈する．

パルス NMR の本質的な特徴は，たとえ単一周波数の rf 場を印加したとしても，異なる化学シフトをもつ核を同時に励起できるという点である．10 μs ($1\,\mu\text{s} = 10^{-6}\,\text{s}$) 幅のパルスについて考える．ハイゼンベルクの不確定性原理から，

$$\Delta E\, \Delta t = \frac{h}{4\pi}$$

$\Delta E = h\,\Delta \nu$ であるので，次式のようになる．

$$\Delta \nu = \frac{1}{4\pi\,\Delta t} = \frac{1}{4\pi(10 \times 10^{-6}\,\text{s})} \approx 8 \times 10^3\,\text{s}^{-1} = 8\,\text{kHz}$$

この周波数領域は，たいていのプロトンの化学シフトをカバーする十分な広さである．FID に相当する，時間により変化するシグナル強度を記述する関数 $f(t)$ を解釈することは困難であるので，より認識可能な形である，周波数により変化する強度の関数 $I(\nu)$ に変換しなければならない．これら二つのスペクトル関数は次式のようにフーリエ変換の関係にある．

$$f(t) = \int_{-\infty}^{+\infty} I(\nu) \cos(\nu t)\,d\nu \tag{14・52}$$

$$I(\nu) = \int_{-\infty}^{+\infty} f(t) \cos(\nu t)\,dt \tag{14・53}$$

図 14・31a にアセトアルデヒド (CH_3CHO) の FID を示す．FID の曲線は非常に複雑になっているが，それはそれぞれが特有の周波数で歳差運動する六つの成分 (六つのピーク) から構成される磁化ベクトルの歳差運動により生じるためである．式 (14・53) を用いてフーリエ変換を行うことにより，ピーク強度を周波数についてプロットしたアセトアルデヒドの通常の NMR スペクトルが得られる (図 14・31b)．FT-NMR は高速でデータを収集，処理できるので，これを用いると，比較的短い時間間隔にわたるシグナル平均として，文字通り数百本や数千本といった類似のスペクトルを記録することができる．さらに，近年はその機器化も進歩し，NMR は最も強力で，かつ幅広く用いられる分光手法の一つとなっている．

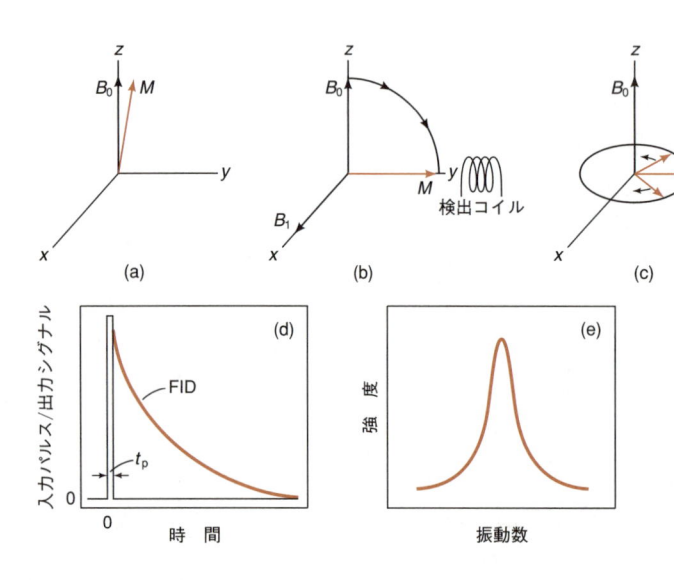

図 14・30 (a) スピン集団の正味の磁化の，z 軸方向の外部磁場 B_0 についての歳差運動．(b) 90°パルス (x 軸方向の rf 場 B_1) は，検出用コイルの置かれた y 軸まで磁化ベクトルをフリップさせる．(c) パルス直後から，スピンは xy 平面上で歳差運動し始める．歳差運動が続く間，磁化ベクトルのシグナルは最大と最小を交互に繰返す．(d) 90°パルスとそれに続いて起こる FID (自由誘導減衰) の時間的な順序．(e) FID [$f(t)$] のフーリエ変換により，振動数に対する強度のスペクトルが得られる．

図 14・31　アセトアルデヒド (CH₃CHO) の FID (a) とそのフーリエ変換スペクトル (b)

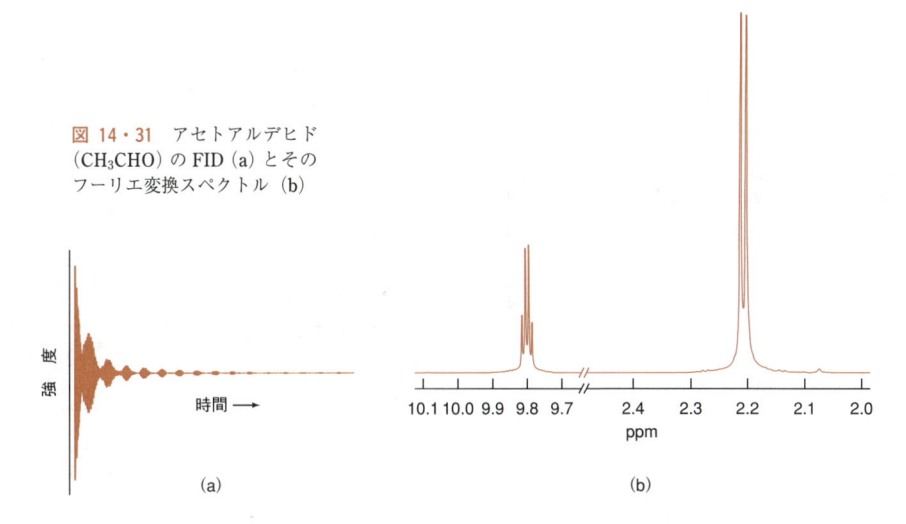

磁気共鳴画像 (MRI)

　MRI は人体の断層図を見るための非侵襲的な手法であり，X 線 CT（コンピューター断層装置）や CT スキャンとは違って，患者を電離放射線にさらすこともない．図 14・32 は MRI の基礎的な概念を図示したものである．二つの水の試料が空間的に離れて置かれている（これは，人体の中における異なる部位の水に対応している）．通常の NMR スペクトルの場合では，これら二つの水のプロトンは磁気的に等価であるので，水の示すピークは 1 本である．ここで，通常の磁場 B_0 に加えて，x 軸方向に沿った勾配をもつ磁場 G_x が存在する場合を考えてみよう．この勾配をもった磁場の強さは位置に依存して変わるので，左側のフラスコの所での磁場の強さは，右側のフラスコの所とは異なったものとなる．このため，パルス NMR の実験をすると，FID をフーリエ変換して得られるスペクトルには，今度は 1 本ではなくて，2 本のピークが現れることになる．ただし，三次元の画像を得るためには，x 方向，y 方向，z 方向のそれぞれの軸に沿った勾配をもつ磁場をかける必要がある．さらに，MRI では，シグナル強度を通常のように周波数に対して表示するのではなくて，位置に対して表示する．

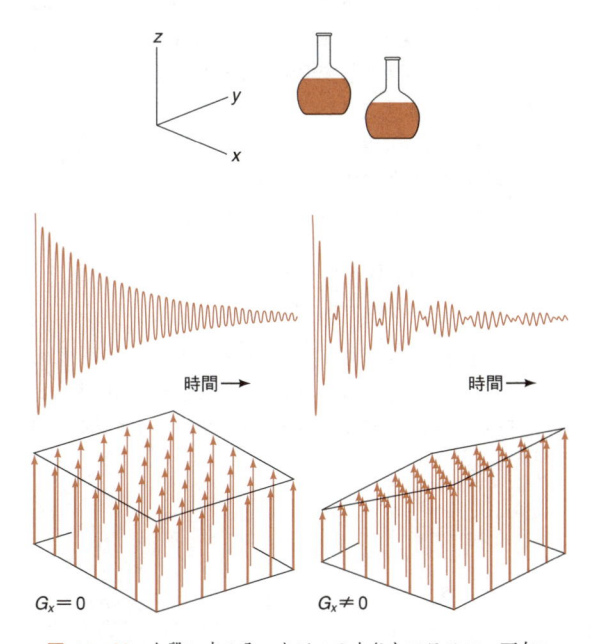

図 14・32　上段: 水の入った二つの小さなフラスコ．下左: 勾配磁場が存在しない場合，B_0 磁場（z 軸方向）は，矢印の集合で表されているように，フラスコ内のすべての場所において同じ強さである．ここに短いラジオ波のパルスを照射すると FID（中段）が得られるが，このフーリエ変換は 1 本のピークを与える．下右: ここでは，勾配磁場 G_x が x 軸方向に沿って加えられている．この場合，二つのフラスコ内の水分子は，それぞれ異なった強さの磁場にさらされることになる．この結果，得られる FID のフーリエ変換は 2 本のピークを与える．

14・6　電子スピン共鳴分光法

　電子スピン共鳴 (electron spin resonance, ESR) は **電子常磁性共鳴** (electron paramagnetic resonance, EPR) ともよばれ，理論上は NMR ときわめて類似している．電子は $S = \frac{1}{2}$ のスピンをもつ．電子のスピン運動は磁場を生じ，外部磁場 (B_0) 中での電子の磁気モーメントの配向は電子スピン量子数 $m_S = \pm \frac{1}{2}$ により特徴づけられる．共鳴条件は次式で与えられる．

$$\Delta E = h\nu = g\beta B_0 \qquad (14\cdot54)$$

ここで，g はランデの g 因子とよばれる無次元の定数であり，自由電子では 2.0023 に等しい*．β はボーア磁子であり，$eh/4\pi m_e$ で与えられる．ここで，e と m_e はそれぞれ電子の電荷と質量である（図 14・33a）．

---

* g 因子は電子の磁気モーメントとスピン角運動量との比である．

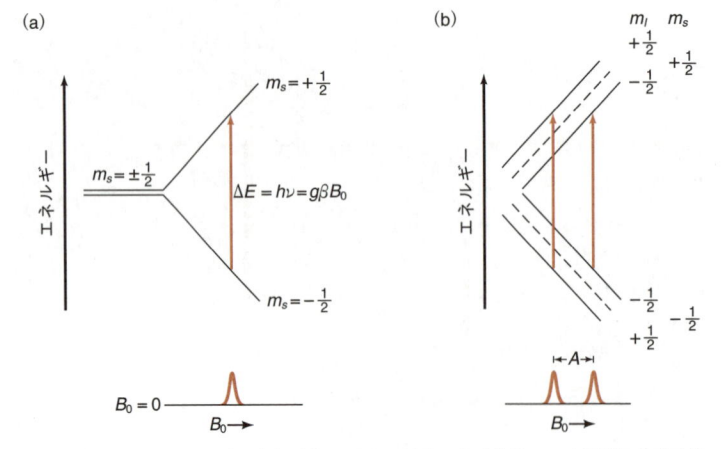

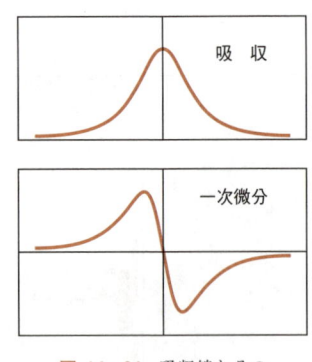

図 14・33 (a) 電子の共鳴条件. (b) 水素原子中の電子の共鳴条件. A は超微細分裂定数である.

図 14・34 吸収線とその一次微分との関係

電子の磁気モーメントはプロトンのそれより約 600 倍大きいため, ESR 測定は通常, 約 0.34 T の磁場下で, マイクロ波領域である 9.5×10^9 Hz すなわち 9.5 GHz の周波数で行われる. たいていの分光計は, ESR の線が吸収線の一次微分として表示されるよう設計されている (図 14・34).

孤立電子, あるいは媒質 (マトリックス) 中に孤立状態で閉じ込められた電子は一つの遷移しかないので, ただ一つの線しか観測されないが, 水素原子の ESR スペクトルは図 14・33b に示すように等強度の二つの線から構成されている. この**超微細分裂** (hyperfine splitting) は不対電子と核との磁気的相互作用の結果生じるが, それは先に NMR で議論したスピン-スピン相互作用と類似のものである. しかしながら, 選択律 $\Delta m_s = \pm 1$ と $\Delta m_I = 0$ のために, ただ二つの遷移しか許容ではない. 選択律の一つの解釈として, 核の運動が電子の運動よりずっと遅いため, 電子スピンがその方向を変える時間の間, 核スピンは再配向しない, と考えることができる. これら二つの線の間隔が**超微細分裂定数** (hyperfine splitting constant), A である. 一般に, 超微細構造線の数は, $(2nI+1)$ という量で予測できる. ここで, n は等価な核の数, I は核スピンである.

NMR のときと同様に, プロトンの超微細分裂により生じる線の強度は二項分布で与えられる.

パウリの排他原理が要請するように, たいていの分子において電子は反対のスピンをもつ電子と規則的に対をなしている. したがって, ESR の実験はそのような分子に対しては行うことはできない. NO, NO_2, ClO_2, O_2 を含むいくつかの分子は, 基底状態に一つ以上の不対電子をもっている. これらの分子の ESR スペクトルが研究されている. 化学的もしくは電気化学的手法により反磁性分子を還元し, アニオンラジカルに変換することが可能である. たとえば, ベンゼンとナフタレンをテトラヒドロフランのような不活性有機溶媒に溶かし, 無酸素および無水状態でカリウム金属を用いて処理すると, ベンゼンとナフタレンのアニオンラジカルが生成する (図 14・35a, b).

$$C_6H_6 + K \longrightarrow C_6H_6^- K^+$$
$$C_{10}H_8 + K \longrightarrow C_{10}H_8^- K^+$$

安定な中性ラジカルのうち重要なのはニトロキシド類である. これらの分子では, 不対電子は窒素と酸素原子に局在している. 一つの例がジ-*tert*-ブチルニトロキシドラジカルである.

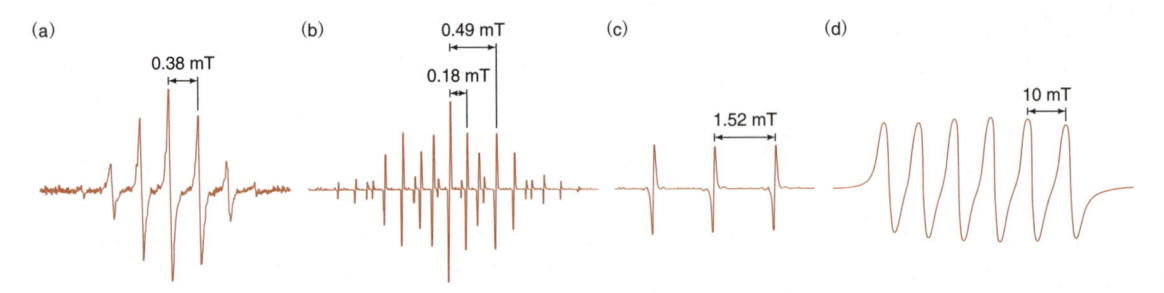

図 14・35 ESR スペクトル. (a) ベンゼンアニオンラジカル, (b) ナフタレンアニオンラジカル, (c) ジ-*tert*-ブチルニトロキシドラジカル, (d) 水中の Mn^{2+}. ナフタレンには 2 種類のプロトンがあるので, 二つの異なる結合定数が存在することに注意する.

^{16}O は磁気モーメントをもたないため ($I=0$), 超微細分裂は ^{14}N 核[*1] のみにより, 等強度の三つの線がすべて観測されている (図 14・35c)[*2]. 安定性と ESR スペクトルの単純さゆえ, ニトロキシドはタンパク質の構造や動力学を探るためのスピンラベルとして, 広く使われている.

多くの遷移金属イオンは不対 d 電子をもっているので, ESR の研究に特に適している[*3]. 生体系に存在するため, 特に興味深いのは Cu^{2+}, Co^{2+}, Fe^{3+}, Ni^{3+}, Mn^{2+} イオンである. Mn^{2+} ($I=\frac{5}{2}$) の ESR スペクトルには六つの等間隔な線が現れる (図 14・35d). Cu^{2+} イオンはただ一つの不対電子しかもたないため, ESR の研究に特に敏感に応答する. 超微細相互作用のため (^{63}Cu と ^{65}Cu は共に核スピン $I=\frac{3}{2}$ をもつ), そのスペクトルは四つの線のパターンになる.

14・7 蛍光とりん光

もし, 光による分子の励起——これまで考察した分光技術の基礎をなすもの——が, 解離や再配列のような化学反応, 衝突によるエネルギー移動を起こさないならば, 分子は最終的にエネルギー $h\nu$ の光子を放出して基底状態に戻る. 放出された光子はルミネセンス (発光) として表れる. ルミネセンスには, 励起状態の分子がエネルギーを失って基底状態に戻るうえでの二つの経路, すなわち蛍光とりん光とが存在する.

蛍　光

蛍光 (fluorescence) とは, スピン多重度を変化させずに励起状態から基底状態への電子遷移をひき起こす, 光の放射である. 分子中の電子はパウリの排他原理に従い対をなしており, たいていの分子は正味の電子スピンをもたないため, 吸収は基底一重項状態, S_0 から第一励起一重項, S_1 (もしくはそれよりいくらか高い一重項準位) への遷移により起こる. 一見, 蛍光は吸収過程のちょうど逆過程のように見える. これは原子のレベルでは正しいが, 分子の吸収と発光スペクトルを比較すると, それらは重なってはいない. その代わり, それらは通常互いに鏡像をなし, 発光スペクトルはより長波長側に移動している (図 14・36).

[*1] ^{14}N の天然存在比は 99.636% である.
[*2] ^{14}N の核スピンは 1 であるので, $(2nI+1)$ 則に従い, $2\times 1\times 1+1=3$ となる.
[*3] オランダの物理学者, Hendrik Kramers (1894〜1952) の定理によると, ESR の研究に最も適したイオンは奇数の電子数をもつものである.

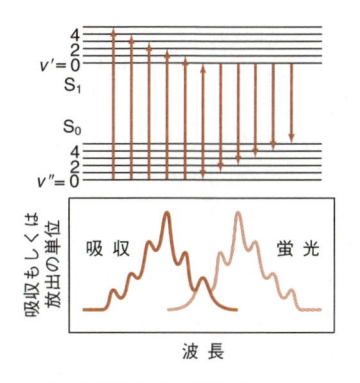

図 14・36　吸収と蛍光の関係〔D. A. McQuarrie, J. D. Simon, "Physical Chemistry," University Science Books, Sausalito, CA (1997) を改変〕

振動エネルギー移動に要する時間 (約 10^{-13} s) は蛍光状態の減衰もしくは平均寿命 (約 10^{-9} s) より非常に短いので, 過剰エネルギーのほとんどは熱として周囲に散逸し, 電子的に励起された分子は振動基底状態まで緩和した後失活する.

蛍光の量子収率 Φ_F は, 蛍光で放出された光子数と, 元々吸収された全光子数の比として定義される. Φ_F の最大値は 1 であるが, 通常そうであるように, 励起された分子を失活させる他の過程があるならば, 1 より相当小さくなりうる. 励起光が消された後に放射される光強度は次式で与えられる.

$$I = I_0 e^{-t/\tau} \quad (14\cdot 55)$$

ここで, I_0 は $t=0$ における強度, I は時刻 t における強度, τ は蛍光状態の平均寿命である. 平均寿命は, もとの強度が $1/e$ すなわち 0.368 まで減少する時間に等しい ($t=\tau$ のとき $I=I_0/e$ である). 式 (14・55) は, 蛍光の減衰が一次反応の速度論 (式 9・7 参照) に従うことを示しており, 減衰の速度定数 k は $1/\tau$ で与えられる.

液体シンチレーション計数　蛍光法は, 励起状態の分子の電子構造についての情報が得られるほか, 化学的・生化学的分析にも有用である. たとえば, **液体シンチレーション計数** (liquid scintillation counting) という, トレーサーで標識された ^{3}H, ^{14}C, ^{32}P, ^{35}S を含む放射性化合物の分析を行う一般的な方法において, 蛍光法が用いられている. シンチレーターとは固相もしくは溶液中で励起される化合物のことである. これらの化合物の発光強度は, 励起源の量と関係づけられる. 液体シンチレーション計数の一般的な方法では, はじめにシンチレーター (蛍光体とよばれる) を溶媒 (トルエンやジオキサン, 研究する試料の性質に依存する) に溶かし, "カクテル"とよばれるものをつくる. つぎに, 放射性の試料をカクテルに加えると, 以下の一連

の事象が起こる. 1) 放射性核から放出されるβ粒子により衝撃を与えられ，溶媒分子が励起される，2) 励起された溶媒分子がシンチレーターにエネルギーを移す，3) シンチレーター分子の蛍光が測定される，4) 前もって較正してある蛍光対濃度の測定から，もとの試料中に存在する放射性核の量が決定される.

大きな Φ_F により特徴づけられる蛍光体は，衝突のような無放射な機構を通して溶媒（たとえばトルエン）からもらったエネルギーにより，励起される*. この一重項-一重項エネルギー移動はつぎのように表される.

$$D(S_1) + A(S_0) \longrightarrow D(S_0) + A(S_1)$$

ここで，供与体分子（D）は励起されたトルエン，受容体分子（A）は蛍光体である．蛍光体から放出された光子の波長が検出器の最も感度の高い領域になければ，もう一つ蛍光体が加えられる．二つめの蛍光体は，はじめの蛍光体から放出された光子を吸収し，検出器により適した，より長波長の蛍光を再放出する．最も一般的に使われる第一の蛍光体は 2,5-ジフェニルオキサゾール（PPO）であり，最も一般的に使われる第二の蛍光体は 1,4-ビス[2-(5-フェニルオキサゾリル)]ベンゼン（POPOP）である.

PPO

POPOP

りん光

りん光（phosphorescence）は，励起された分子が光を放出して基底状態へ戻る，今一つの経路である．りん光は二つの特徴により蛍光と容易に区別される．第一に，りん光は蛍光より非常に長い，約 10^{-3} から数秒の寿命をもっている．第二に，りん光状態の分子は常磁性であり，二つの不対電子をもっている．すなわち，三重項状態である．励起状態の一重項と三重項の電子状態は，図 14・37 に示された**ジャブロンスキー図**（Jablonski diagram）〔ポーランドの物理学者，Alexander Jablonski (1898~1980) にちなむ〕により簡便に図解できる．はじめに，電子は S_0 から S_1 へと励起される．励起後**無放射遷移**（radiationless transition）とよばれる過程が起こるが，その際電子はス

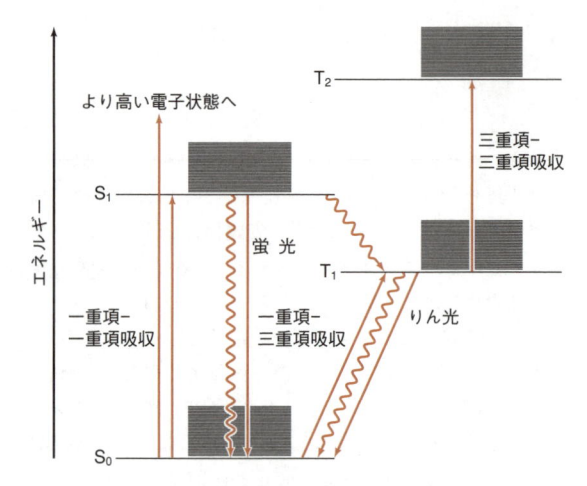

---

* 長距離分子間エネルギー移動を起こす他の機構は，供与体分子の発光帯と受容体分子の吸収帯との重なりに依存する．励起された供与体は，双極子-双極子機構を通じて基底状態の受容体と相互作用する．

図 14・37 吸収，蛍光，りん光を示すジャブロンスキー図. ～ は無放射遷移を示す. 間隔の密な線は振動準位を示す.

ピンを引っくり返し，光を放出せずに S_1 から T_1 という最低励起三重項準位へと落ちる．最終的に，T_1 から S_0 への放射遷移が起こる．この過程がりん光とよばれる．遷移にはスピン多重度の変化（三重項から一重項）が関与しているので，遷移はスピン禁制であり，それゆえ遷移確率は低く，長寿命で観測されることが説明される．励起状態（T_1）は，長寿命のため衝突により容易に失活するため，りん光は蛍光と違って液相では研究することが困難である．りん光は，液体窒素温度（77 K）かそれ以下で，試料が透明なガラス状固体中にある状態で，最もよく研究される.

14・8 レーザー

レーザー（laser）は**放射の誘導放出による光の増幅**（<u>l</u>ight <u>a</u>mplification by <u>s</u>timulated <u>e</u>mission of <u>r</u>adiation）の頭文字である．レーザーは原子もしくは分子の関与する特別な形態の放射である．はじめに 2 準位系を考える．N 個の分子が放射エネルギー密度 $\rho(\nu)$ の光で照射されたとする．§14・1 では，誘導吸収の速度が $B_{mn}\rho(\nu)N(1-x)$，誘導放出の速度が $B_{nm}\rho(\nu)Nx$ で与えられた．ここで，x は励起状態の分子の割合である．さらに，励起された分子は自然放出も起こし，その速度は $A_{nm}Nx$ で与えられる．平衡状態では吸収と放出の速度は等しいので，つぎのようになる.

$$B_{mn}\rho(\nu)N(1-x) = B_{nm}\rho(\nu)Nx + A_{nm}Nx \quad (14\cdot56)$$

もしくは

$$x = \frac{B_{nm}\rho(\nu)}{2B_{nm}\rho(\nu) + A_{nm}} \quad (14\cdot57)$$

（$B_{mn}=B_{nm}$ であることを思い出せ）．それゆえ，x の最大値

14・8 レーザー

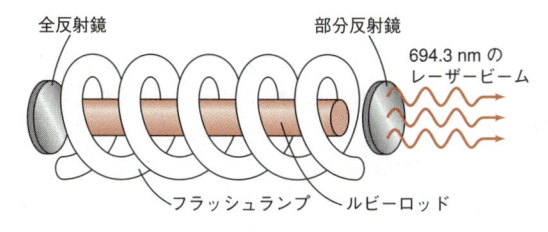

図 14・38 ルビーレーザーからの光の放出

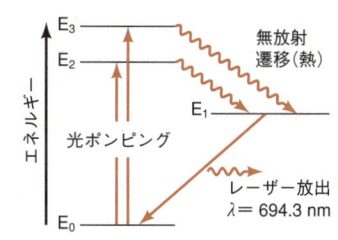

図 14・39 ルビーレーザーで用いる Cr^{3+} イオンのエネルギー準位図

は 0.5 であり，これは $\rho(\nu)$ が無限大に近づいたときにのみ達成される．

上の議論で意味することは，$x>0.5$ という条件は 2 準位系では決して得られないということである．もし通常の放射過程を用いずに，なんとかして上準位に分布をつくることができたら，**占有数の逆転**（population inversion）が起こって x が 0.5 を超えるかもしれない．そのような場合，系に適当な振動数の光子を照射することにより，強い放出が誘起されうる．実はこの目標は，3 準位や 4 準位系を用いると達成でき，たいていのレーザー動作はこれに基づいている．

最初のレーザーは，米国の物理学者であり技術者である Theodore Harold Maiman（1927～）によってつくられた．1960 年に Maiman は，結晶格子中で Cr^{3+} が Al^{3+} イオンのいくつかと置き換わるよう，合成サファイア（Al_2O_3）に約 0.5 %の Cr_2O_3 をドープしたルビーロッドを作成した．ルビーレーザーの概略図を図 14・38 に示す．Cr^{3+} イオンのエネルギー準位を図 14・39 に示す．はじめにレーザー系を，たとえばフラッシュランプの放電のような短時間で高強度の放射にさらす〔**光ポンピング**（optical pumping）とよばれる〕と，Cr^{3+} の E_0 準位から E_2 と E_3 準位への遷移が起こる．つぎに，励起状態は無放射遷移により E_1 状態へと落ちる．$E_1 \to E_0$ 遷移はスピン禁制であるので，E_1 状態の寿命はかなり長く，室温で約 0.003 s 程度である．もしポンピングが有効に起こると，E_1 状態の分布が E_0 状態の分布より多くなり，波長 694.3 nm の光子を伴う遷移が誘起され，レーザー遷移がもたらされる．

現在，さまざまなレーザーが利用可能である．固相，液相，気相で作動し，赤外から紫外，X 線までの光が放出される．ここではレーザーの種類について概説しないが，占有

数の逆転を達成する機構はレーザーが違うと非常に異なるということは指摘しておく．たとえば，原子気体レーザーの一例であるヘリウム–ネオンレーザーでは，まず He 原子が電子との衝突によってより高い電子状態に励起され，それから Ne 原子と衝突することで失活する．Ne の上の方の励起状態における分布は増大し，下の方の励起状態の分布を上回ると，レーザー発振が生じる（図 14・40）．

表 14・8 に，よく知られているレーザーの特性をまとめる．レーザーは，異なる二つの方式のうちのどちらか一つで動作する．すなわち連続波（cw）動作もしくはパルス動作である．名前が示す通り，cw 動作ではレーザー光は連続して放出され，一方パルス動作では光はパルスとして放出される．その中には 1×10^{-14} s すなわち 10 fs（1 フェムト秒 = 10^{-15} 秒）程度の短いものもある．実際の方式は，系，ポンピング方式，装置の設計に依存する．たと

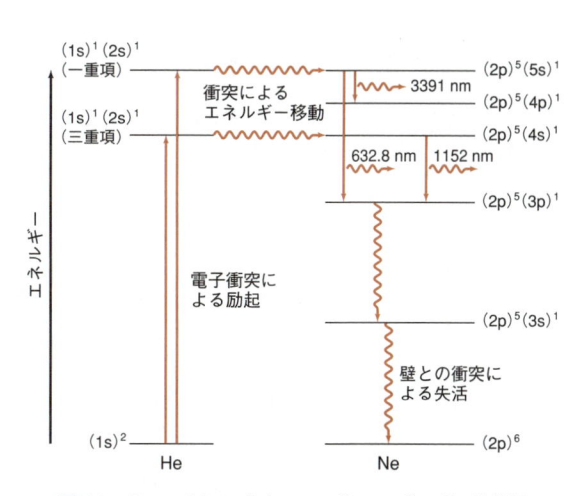

図 14・40 ヘリウム–ネオンレーザーのエネルギー準位図

表 14・8 よく知られたレーザー系

レーザー	放出波長/nm	モード[†1]
ルビー	694.3	パルス
He–Ne(g)	632.8	cw
	1152	
	3391	
Ar^+(g)	457	cw
	488	
	514.5	
N_2(g)	337.1	パルス
Nd^{3+}: YAG[†2]	1064.1	cw/パルス
CO_2(g)	10 600	cw/パルス

[†1] cw: 連続波．
[†2] このレーザー系は，イットリウムアルミニウムガーネット結晶（yttrium aluminum garnet, $Y_3Al_5O_{12}$）中にトラップされたネオジムイオン（Nd^{3+}）からできている．**振動数ダブリング**（frequency doubling）とよばれる方法により，1064 nm の光を 532 nm と 266 nm に変換することが可能であり，そちらの方が光化学や光生物学の研究によく応用される．

えば，もしポンピング速度が上のレーザー準位からの失活速度より小さいならば，占有数の逆転は維持されず，パルス動作することになり，パルス幅は減衰の動力学に支配される．もしレーザーが生み出す熱が容易に散逸し，占有数の逆転が維持されるなら，レーザーは連続的に動作する．

レーザー光の特性と応用

レーザービームは三つの特性により特徴づけられる．高強度，高コヒーレンス，高単色性である．これらの特性とそれに基づいた応用について簡単に議論する．

強度 レーザー光は地球上の光の中で最も高い強度をもつ．例として，150 ps（$1\,\text{ps}=10^{-12}\,\text{s}$）のパルス中，1064.1 nm において，$7.0 \times 10^{15}$ の光子を出す Nd^{3+}：YAG レーザー（表 14・8 参照）について考える．$E = h\nu = hc/\lambda$ であるので，全エネルギー出力は次式で与えられる．

$$E = \left(\frac{hc}{\lambda}\,\text{光子}^{-1}\right)(7.0 \times 10^{15}\,\text{光子})$$
$$= \frac{(6.626 \times 10^{-34}\,\text{J s})(3.00 \times 10^{8}\,\text{m s}^{-1})(7.0 \times 10^{15})}{1064.1 \times 10^{-9}\,\text{m}}$$
$$= 1.3 \times 10^{-3}\,\text{J}$$

$1.3 \times 10^{-3}\,\text{J}$ は大きい値に思えないが，非常に短い時間に出されている．そのようなビームのピークパワーは次式のように計算される．

$$\text{パワー（出力）} = \frac{\text{エネルギー}}{\text{時間}} = \frac{1.3 \times 10^{-3}\,\text{J}}{150 \times 10^{-12}\,\text{s}}$$
$$= 8.7 \times 10^{6}\,\text{J s}^{-1} = 8.7 \times 10^{6}\,\text{W}$$

（パワーの単位はワットで，W と表示される[*1]．ここで，$1\,\text{W} = 1\,\text{J s}^{-1}$）これは，パルスレーザー動作中の放出された放射束である．そのようなレーザービームが $0.01\,\text{cm}^{2}$ の領域の小さな標的に集光されると，**パワー密度**（power flux density）はたとえば，次式で与えられる．

$$\text{パワー密度} = \frac{\text{出力}}{\text{面積}} = \frac{8.7 \times 10^{6}\,\text{W}}{0.01\,\text{cm}^{2}} = 8.7 \times 10^{8}\,\text{W cm}^{-2}$$

短パルスで集光領域が小さいほど，高いパワー密度が生じる．

高強度のレーザービームは，金属の切断，溶接のほか，核融合にも使われている．医学面では，レーザーは手術に使われている．たとえば，剥離した網膜を，網膜を支えている脈絡膜に"スポット溶接する"ため，パルスアルゴンレーザーが使われる．この手法が，伝統的な手法を凌ぐ利点として，非侵襲性で麻酔処置の必要がないという点があ

[*1] 通常の 60 ワットの電球は，60 W すなわち $60\,\text{J s}^{-1}$ の定常的な出力である．

げられる．

高強度なレーザービームにより，"多光子吸収"，すなわち，分光学的遷移において分子が 2 個以上の光子を吸収する過程が起こる．従来の分光測定では，原子や分子は基底状態と励起状態間の間隔と同じエネルギーの光子を一つ吸収していた．これは通常の 1 光子過程である．しかしながら，系に ν_1 の振動数の高出力のレーザービームが照射されると，系はある決まった方式（図 14・41）で 2 光子を吸収して励起状態に到達するという，2 光子吸収が起こることがある．二つの光子が一つの分子に占められた空間領域を本質的に同時に通過しなければならないため，2 光子過程には非常に高強度のレーザービームを必要とする．多光子分光学の興味深い結論としては，選択律が異なる，ということがあり，その結果，1 光子吸収では厳密に禁制であった遷移が 2 光子過程では起こることになる[*2]．加えて，振動数が加算されるために，紫外領域で起こる遷移を可視レーザー光を用いて検索することができる．

コヒーレンス コヒーレント（coherent）であるとは，レーザー中の光子が互いに同位相で放出されていることを意味する．誘導放出は個々の分子の放射を同期させ，その結果，一つの分子から放出された光子が他の分子を刺激し，他の分子ははじめの光子と正確に同位相で同じ波長の光子を放出する．この事実により，高度のコヒーレンスが生じる．レーザーのコヒーレンスの一つの応用に，**ホログラフィー**（holography）という三次元像をつくりだす技術がある．この過程では，物体からの反射光の強度（従来の二次元写真におけるように）だけでなくその位相の情報も含む，**ホログラム**（hologram）というものをつくる．そのため，ホログラムに光を照射すると，三次元像が再構成できる．

単色性 原子もしくは分子の，同一の二つのエネルギー準位間の遷移の結果としてすべての光子が放出されて

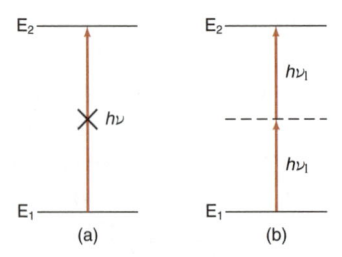

図 14・41 (a) 1 光子吸収過程では禁制の遷移．(b) 2 光子吸収過程では同じ遷移が許容になる．$\nu = 2\nu_1$ に注意せよ．

[*2] §14・1 で述べたように，許容遷移の場合には ψ_i と ψ_f とは互いに異なる対称性をもたなければならない．2 光子過程については，始状態と終状態間に中間状態の存在を考えることができる．すなわち，遷移は 2 段階で起こる．したがって，始状態と終状態とは同じ対称性をもたなければならない（偶偶もしくは奇奇）．

いるため，レーザー光は非常に単色性がよい（同じ波長をもつ）．したがって，レーザーは同一の振動数および波長をもつ．たとえばルビーレーザーでは，放出される光は694.3 nm を中心とし，0.01 nm より狭い幅をもつ．狭い線幅は，通常の光（たとえば白熱電球）と**モノクロメーター**（monochromator，異なる波長の光を分けるプリズムや回折格子）を組合わせて用いることでも得られるが，ある特定の波長におけるレーザービーム強度は，従来型の光源から得られるものより6桁大きい．

　レーザー光の高単色性により，多くの分子における電子，振動，さらには回転エネルギー準位間における特定の遷移を誘起，識別でき，それゆえ高分解能吸収スペクトルを得ることができる．これまで議論した系ではすべて，一つもしくはいくつかの別々の波長の光を放出する，振動数固定のレーザーであった．したがって，連続した波長域をスキャンする必要がある通常の吸収法には適さない．有機色素レーザーは，波長可変，すなわち，連続的に波長を変えられるため，こういった応用に適している．最も広く使われている有機色素の一つに，多くの振動モードをもつローダミン 6G ($C_{28}H_{31}N_2O_3BF_4$) がある．ローダミン 6G 溶液の電子吸収スペクトルは，液相中での強い分子間相互作用により，幅広なピークを示す（溶媒分子との衝突により，遷移における振動構造は広がり，分解できないバンドになる）．結果として，長波長で起こる色素の発光も，幅広なピークとして表れる．溶液をレーザーでポンピングすると，ローダミン 6G の占有数の逆転によりレーザー動作させることができる．適切な回折格子を用いると，用途に応じて特定の波長に合わせることが可能である．たとえば，メタノール中のローダミン 6G を用いた色素レーザーは 570 nm から 660 nm の範囲で連続的に波長可変である．異なる色素を用いることで，分光学者は色素レーザーの波長可変領域を 200 nm から 1000 nm にまで広げた．この技術は，高分解能分光法の領域を大きく広げている．

　最後に，レーザー光の高強度性，高単色性，波長可変性により，原子や分子を励起し，ひき続いて起こるこれらからの蛍光をモニターできることに注意しよう．通常の光源より生じた蛍光に比べ，いわゆる**レーザー誘起蛍光**（laser-induced fluorescence, LIF）の利点とは，それが非常に感度がよいことである．たとえば，元素分析では，試料溶液は炉や火炎の中で原子にされ（核種に分解され），それからレーザービームを照射して原子発光を起こさせる．この方法により，分光学者は 10^{-11} g ml^{-1} の濃度領域で（もとの溶液の）濃度を検出することが可能である．レーザー光源の高単色性と狭い線幅により，分子を電子励起状態の特定の回転準位および振動準位に励起し，その後に起こる発光を観測することができる．蛍光強度が励起レーザーの振動数または波長の関数として記録される場合は線スペクトルが得られる．低い準位から高い準位への許容遷移の条件が満足される共鳴条件の振動数ごとに，分子が励起され続いて蛍光が生ずる．この方法により，励起状態の電子構造について価値ある情報が得られる．特に，火炎の中で生成したラジカルのような小さい過渡種を研究するうえで，この方法は有用である．

14・9　旋光分散と円（偏光）二色性

　本節では光学活性のいくつかの側面について議論するが，これは，タンパク質や核酸のような生体分子にとって非常に重要である．

分子の対称性と光学活性

　分子の対称性は光学活性の研究において中心的な役割を果たす．ある分子が偏光面を回転させる（後述）とき，その分子は**光学活性**（optical activity，**旋光性**ともいう）をもつ，あるいは**キラル**（chiral）であるという．キラルの一般的な基準は，分子とその鏡像を重ね合わせることができないことである．しかし，三次元モデルを実際に組まずに，この規則を複雑な分子に適用するのは難しい．分子の対称性に基づいて考えると，対称面または対称心をもつ分子はどんな分子でも光学活性ではなく，**アキラル**（achiral）とよばれる．〔対称面とは分子を二分し，分子の半分がもう半分の鏡像になるような面である．分子の中の各原子の座標 (x, y, z) を ($-x, -y, -z$) に換えてももとの立体配置と区別ができないとき，分子には対称心があるという．〕有機化学や生体系でのキラル分子は少なくとも一つの不斉炭素原子*をもっている．すなわち四つの異なる原子または原子団に結合した炭素原子を含んでいる．分子中に不斉炭素原子が存在しなくても，分子が対称面をもたない場合には，結果としてキラルとなることもある，ということを記憶にとどめておくように．

偏光と旋光性

　第11章で見たように，電磁波は電場成分 (E) とそれに直交する磁場成分 (B) をもつ．どちらの成分も同じ波長と振動数で空間中を振動している．光は**横波**で，すなわち E と B の面は伝搬方向に直交している．通常の偏っていない光では，E と B の方向は高速にランダムに変化している（図 14・42a）．偏っていない光が偏光子を通過すると偏光となって出てくる．これは，図 14・42b のように，電場成分が一つの面内に制限されたことを意味する．偏光子には方解石（$CaCO_3$）の結晶であるニコルプリズムや，ヨウ素で着色されたポリビニルアルコールからつくら

---

* 不斉炭素原子をステレオジェン中心（stereogenic center）ともよぶ．

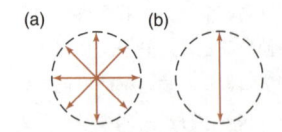

図 14・42 光源に向かって見た図.(a)偏っていない光.光の電場ベクトルはあらゆる方向に振動している.(b)直線偏光の光.電場ベクトルは一つの平面に限られている.どちらも↕は最大の波と最小の波の間の振幅を示す.

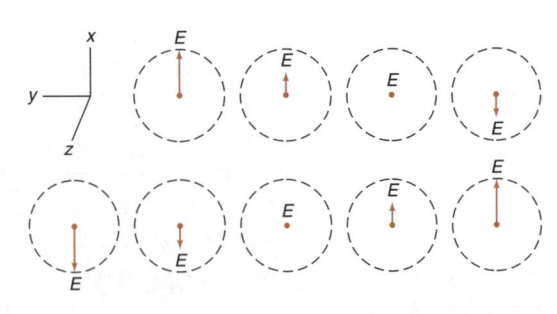

図 14・43 電場ベクトル(E)は二つの回転するベクトル E_L と E_R の合成ベクトルである.〔C. Djerassi, "Optical Rotatory Dispersion" より改変.© 1960 by McGraw-Hill Book Company. McGraw-Hill Company から許諾を得て転載.〕

れるポラロイドシートがある.これらの偏光子はいわゆる**直線偏光**(linearly polarized light)または**平面偏光**(plane-polarized light)の光をつくりだす.

直線偏光の電場 E は二つのベクトル成分,E_L と E_R に分解できる.これらは,それぞれ左回り,右回り**円偏光**(circularly polarized light)に対応する.円偏光は,直線偏光の光を **1/4 波長板**(quarter-wave plate)として知られる光学素子を通過させてつくることができる.図 14・43 に二つの回転するベクトルの結果として生じる E(E_L と E_R の和はあらゆる点における E を与える)の変化を示す.通常の媒質では,E_L と E_R は同じ速度で回転するので,E は xz 平面に制限される.光学活性な媒質中では,E_L と E_R は異なる速度で回転し,光は偏光しているが,E を含む面は x 軸と角度 α をなす(図 14・44).こうした偏光面の回転が起こるのは,光学活性な媒質中では**屈折率**(refractive index),n —— 真空中の光速度と媒質中の光速度との比 —— が左回りと右回りの円偏光で異なるためである.この屈折率の違いが,E_L と E_R との回転速度の違いの原因となる.そのような媒質は**円複屈折性**(circular birefringence)をもつとよばれる.

旋光(optical rotation)を調べるには**旋光計**(polarimeter)が用いられる(図 14・45).旋光計の中で,偏光子と検光子(もう一つの偏光子)ははじめ,光が検光子を通過しないように配置されている.旋光計管の中にある物質が光学活性であれば,その媒質が偏光面を回転させるので,光はいくらか透過してくる.再び光が透過して来なくなるまで検光子を調整することで,回転角 α を測定することができる.キラルな化合物を特徴づける有用な量が,

$$[\alpha]_\lambda^T = \frac{\alpha}{lc} \tag{14・58}$$

で定義される**比旋光度**(specific rotation)である.ここで l は dm 単位で表した光路長,c は g cm^{-3} 単位で表した光学活性な物質の濃度である.比旋光度は光の波長および温度の関数なので,慣習としてこれら両方の因子を式(14・58)に示したように表記する.T が摂氏温度であることに注意しよう.比旋光度の単位は deg dm^{-1} cm^3 g^{-1} である(SI 単位系では,比旋光度は deg m^2 kg^{-1} で表される).純液体に対しては,式(14・58)は

図 14・44 E_L と E_R が x 軸と等しくない角度をなすときの,E の回転(α によって測定される)〔C. Djerassi, "Optical Rotatory Dispersion" より.© 1960 by McGraw-Hill Book Company. McGraw-Hill Company から許諾を得て転載〕

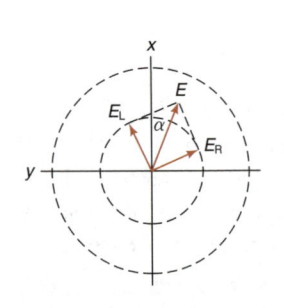

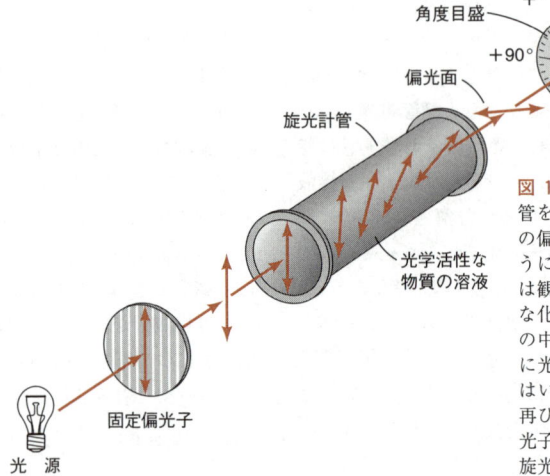

図 14・45 旋光計の働き.まず,試料管をアキラルな溶媒で満たす.検光子の偏光面が偏光子のそれと直交するように検光子を回す.この条件では,光は観測者に届かない.つぎに,キラルな化合物の入った溶液を図のように管の中に入れる.管の中を通過するときに光の偏光面が回転し,その結果,光はいくらか観測者に届くようになる.再び光が観測者に届かなくなるまで検光子を(左か右のどちらかに)回すと,旋光度 α を測定することができる.

$$[\alpha]_\lambda^T = \frac{\alpha}{ld} \tag{14・59}$$

となる．d は液体の密度である．さらに旋光に関係した量として，次式で与えられる**モル旋光度**（molar rotation）$[\Phi]_\lambda^T$ がある．

$$[\Phi]_\lambda^T = \frac{[\alpha]_\lambda^T \mathcal{M}}{100} \tag{14・60}$$

ここで $\mathcal{M}$ は光学活性な化合物のモル質量である．モル旋光度の単位は $deg\ dm^{-1}\ cm^3\ mol^{-1}$ である（SI 単位系では，モル旋光度の単位は $deg\ m^2\ mol^{-1}$ である）．比旋光度とモル旋光度は共に溶液の濃度，セルの光路長によらない．

媒質が偏光面を右に回転させる場合，**右旋性**（dextrorotatory）といい，（+）と表記する．左に回転させる場合は，**左旋性**（levorotatory）といい，（−）と表記する．

例題 14・4

L-リシン（$C_6H_{14}N_2O_2$）の比旋光度は，589.3 nm，25 ℃ で $+13.5°\ dm^{-1}\ cm^3\ g^{-1}$ である．(a) 10 cm のセルに入れたリシン溶液（濃度 $0.148\ g\ cm^{-3}$）の旋光度 α を計算せよ．(b) モル旋光度はいくらか．ただし，リシンのモル質量は $146.2\ g\ mol^{-1}$ とする．

解 (a) 式(14・58)から

$$c = 0.148\ g\ cm^{-3} \quad l = 10\ cm = 1.0\ dm$$

したがって，

$$+13.5°\ dm^{-1}\ cm^3\ g^{-1} = \frac{\alpha}{1\ dm \times 0.148\ g\ cm^{-3}}$$

$$\alpha = +2.0°$$

(b) 式(14・60)から

$$[\Phi]_\lambda^T = \frac{13.5°\ dm^{-1}\ cm^3\ g^{-1} \times 146.2\ g\ mol^{-1}}{100}$$

$$= 19.7°\ dm^{-1}\ cm^3\ mol^{-1}$$

旋光分散（ORD）と円二色性（CD）

媒質の屈折率は定数ではなく，用いた光の波長に依存する．このことから，屈折率に依存する旋光度 α も波長により変化するはずである．図 14・46 に 2 種類の**旋光分散**（optical rotatory dispersion, ORD）曲線を示す．これは，旋光性が波長によりどのように変化するかを示している．ORD 曲線を測定する装置は**分光偏光計**（spectropolarimeter）とよばれ，単一波長のみを用いる偏光計とは異なるものである．これら ORD 曲線は，最大値および最小値をもたないため，**単純分散曲線**とよばれる．可視領域で吸収のない化合物では，旋光は非常に小さい——旋光を単一波

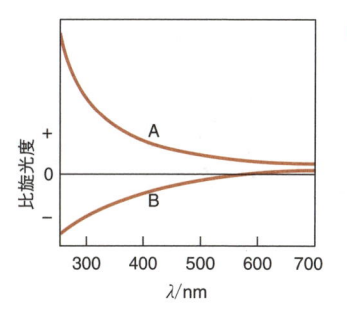

図 14・46 2 種類の旋光分散曲線．正の単純分散 (A) と負の単純分散 (B)

長であるナトリウムの D 線* で測定していた時代に実験が困難であった理由である．

たいていの有機，生物学的化合物の光学活性は，一般に短波長領域に行くにつれ増加する．なぜなら，これらの化合物は紫外の領域に光学活性吸収帯（$\pi \to \pi^*$，$n \to \pi^*$，$\sigma \to \sigma^*$ 遷移）をもつからである．これらの吸収帯に対応する発色団は，内在性不斉（すなわち不斉炭素原子はもたない）か，あるいは不斉な環境との相互作用の結果不斉になったかのどちらかである．先に述べたように，旋光度 α は波長の関数である．光学活性吸収帯のスペクトル領域の中では，旋光度の異常が観測される．この現象は**コットン効果**（Cotton effect）〔フランスの物理学者，Aimé Cotton（1869〜1951）にちなむ〕として知られている．正のコットン効果は，ORD 曲線が波長の減少と共にはじめ立ち上がり，吸収帯の最大値より長波長側で最大値（ピークとよばれる）に達することで特徴づけられる．この点を越えると，曲線の勾配は変化し，吸収帯の最大値より短波長側で最小値（谷とよばれる）に達する（図 14・47）．負のコットン効果ではちょうど逆が成り立つ．ピークと谷との垂直方向の

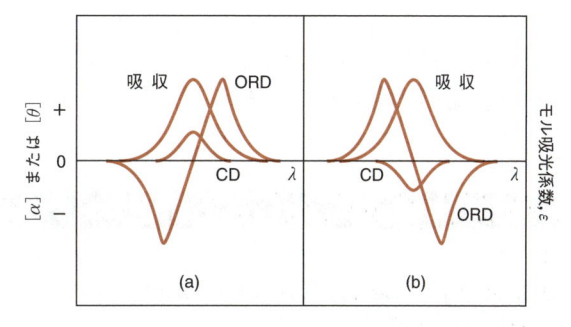

図 14・47 鏡像対 (a) と (b) におけるコットン効果．本文にあるように，コットン効果は (a) で正，(b) で負である．CD ピークの符号が異なることにも注意する．一般に，CD ピークの大きさは吸収ピークより数桁小さい．理想的な光学活性遷移の場合には，CD バンドの半値幅は，吸収バンドの半値幅と等しくなる．

---

* 実際には，よく知られているナトリウムの D 線の黄色は，589.0 nm と 589.6 nm のわずかに離れた二重線である．D という記号で，波長が約 589.3 nm であることを示す．

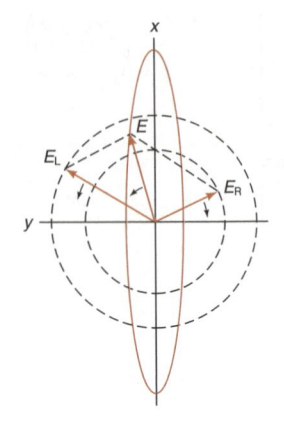

図 14・48 円二色性による E の変化. E ベクトルは楕円を描く〔C. Djerassi, "Optical Rotatory Dispersion" より. © 1960 by McGraw-Hill Book Company. McGraw-Hill Company から許諾を得て転載〕.

図 14・49 左巻きと右巻きのヘリックス. 時計回りに回すと入って行く普通の金属ネジが右巻きであることを覚えておくと, 参考として役に立つ. ヘリックスは上下逆様にしても同じ巻き方を保つことに注意する. ポリペプチドの α ヘリックスは右巻きのらせん構造をもつ.

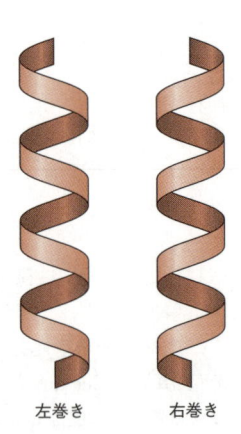

左巻き 右巻き

距離はコットン効果の大きさの目安であり, 一方, 2 点間の水平方向の距離はコットン効果曲線の幅を与える.

光学活性は, 円偏光成分におけるモル吸光係数 ε_L と ε_R における微小な違いにも表れる. このとき, 媒質は**円二色性** (circular dichroism, CD) を示すと言う. ε_L と ε_R が異なるために, 左右円偏光の強度もそれぞれ異なった変化をし, その結果 E はもはや単一の軸上で振動せずに, 図 14・48 に示すように楕円を描くことになる. ε の値の違いは次式に従って測定される.

$$[\theta] = 3300(\varepsilon_L - \varepsilon_R) \tag{14・61}$$

ここで $[\theta]$ はモル楕円率であり, 光学活性な化合物において deg cm^2 dmol^{-1} の単位をもつ. 吸収帯と対照的なことに, CD バンドは符号をもつ. というのも, $(\varepsilon_L - \varepsilon_R)$ の差は正にも負にもなりうるからである (図 14・47 参照).

ORD と CD は共に, 溶液中の生体分子の構造を研究するうえで重要な方法である. 初期の仕事の多くは, モデル物質であるポリ-γ-ベンジル-L-グルタミン酸塩やポリ-L-プロリンのような合成ポリペプチドに対して行われてきた. これらの分子に対しても, タンパク質と同様に二つの異なる要因が光学活性に寄与する. すなわち, L-アミノ酸の存在と, ポリペプチド鎖の折りたたみ (たとえば α ヘリックスへの変化) である. ヘリックスには, 図 14・49 に示されているように, 左巻きと右巻きとがある. タンパク質のヘリックスはもっぱら右巻きであり, L-アミノ酸とは反対の方向に平面偏光の光を回転させる. 多くのタンパク質分子の旋光を研究することで, 生化学者はらせん構造の割合を見積もっている. 温度, pH などによる旋光度の変化から, ヘリックス-コイル転移をモニターすることもできる.

CD 測定装置が市販されるようになって以来, タンパク質や核酸の構造の研究では, ORD は大規模に CD に取って代わられている. その理由は, CD が非常に高い分解能をもつためである. 図 14・47 に示したように, 電子遷移に伴う CD バンドは, λ_{max} から離れるにつれ鋭く落ちるが, 一方, ORD では, 遷移の寄与は非常にゆっくりと減少する. このゆっくりとした変化のために, 近接した遷移を ORD で分解するのはきわめて困難であるということが言える. ORD が CD を凌駕する唯一の利点としては, 吸収領域が CD 測定装置の範囲外にあったり, 溶液の吸収により不明瞭になったりし, CD 測定が不可能であるような化合物でも, ORD では研究できる, という点がある.

参 考 文 献

書 籍

D. L. Andrews, "Lasers in Chemistry," 3rd Ed., Springer-Verlag, New York (1997).

G. M. Barrow, "The Structure of Molecules," W. A. Benjamin, New York (1963).

G. M. Barrow, "Molecular Spectroscopy," McGraw-Hill, New York (1962).

P. Crabbé, "ORD and CD in Chemistry and Biochemistry," Academic Press, New York (1972).

C. Djerassi, "Optical Rotatory Dispersion," McGraw-Hill, New York (1960).

H. B. Dunford, "Elements of Diatomic Molecular Spectra," Addison-Wesley, Reading, MA (1968).

"Circular Dichroism and the Conformational Analysis of Biomolecules," ed. by G. D. Fasman, Plenum Press, New York (1996).

S. Gibilisco, "Understanding Lasers," Tab Books, Blue Ridge Summit, PA (1989).

P. J. Hore, "Nuclear Magnetic Resonance," Oxford University Press, New York (1995).

B. Jirgensons, "Optical Rotatory Dispersion of Proteins and Other Macromolecules," Springer-Verlag, New York (1969).

J. R. Lakowicz, "Principles of Fluorescence Spectroscopy," Kluwer Academic Publishers, Norwell, MA (1999).

R. S. Macomber, "A Complete Introduction to Modern NMR Spectroscopy," John Wiley & Sons, New York (1998).

A. Roger, B. Norden, "Circular Dichroism and Linear Dichroism," Oxford University Press, New York (1997).

"Spectroscopy," ed. by B. P. Straughan, S. Walker, Vols. 1, 2, 3, John Wiley & Sons, New York (1976).

B. Stuart, "Biological Applications of Infrared Spectroscopy," John Wiley & Sons, New York (1997).

H. M. Swartz, J. R. Bolton, D. C. Borg, "Biological Applications of Electron Spin Resonance," Wiley-Interscience, New York (1972).

J. E. Wertz, J. R. Bolton, "Electron Spin Resonance: Elementary Theory and Practical Applications," Chapman & Hall, New York (1986).

C. H. Yoder, C. D. Schaeffer, Jr., "Introduction to Multinuclear NMR," Benjamin/Cummings, Reading, MA (1987).

R. N. Zare, "Laser: Experiments for Beginners," University Science Books, Sausalito, CA (1995).

論文
総説：

G. Feinberg, 'Light,' *Sci. Am.*, September (1968).

V. F. Weisskopf, 'How Light Interacts With Matter,' *Sci. Am.*, September (1968).

N. Slagg, 'Chemistry and Light Generation,' *J. Chem. Educ.*, **45**, 103 (1968).

M. V. Orna, 'The Chemical Origin of Color,' *J. Chem. Educ.*, **55**, 478 (1978).

K. Nassau, 'The Causes of Color,' *Sci. Am.*, October (1980).

C. L. Berg, R. Chang, 'Demonstration of Maxwell Distribution Law of Velocity by Spectral Line Shape Analysis,' *Am. J. Phys.*, **52**(1), 80 (1984).

D. Onwood, 'A Time Scale for Fast Events,' *J. Chem. Educ.*, **63**, 680 (1986).

L. F. Olsson, 'Band Breadth of Electronic Transitions and the Particle-in-a-Box Model,' *J. Chem. Educ.*, **63**, 756 (1986).

H. D. Burrows, A. C. Cardoso, 'Radiationless Relaxation and Red Wine,' *J. Chem. Educ.*, **64**, 995 (1987).

R. N. Bracewell, 'The Fourier Transform,' *Sci. Am.*, June (1989).

N. C. Thomas, 'The Early History of Spectroscopy,' *J. Chem. Educ.*, **68**, 631 (1991).

P. Lykos, 'The Beer-Lambert Law Revisited,' *J. Chem. Educ.*, **69**, 730 (1992).

E. Grunwald, J. Herzog, C. Steel, 'Using Fourier Transform to Understand Spectral Line Shape,' *J. Chem. Educ.*, **72**, 210 (1995).

V. B. E. Thomsen, 'Why Do Spectral Lines Have Linewidth?' *J. Chem. Educ.*, **72**, 616 (1995).

R. S. Macomber, 'A Unified Approach to Absorption Spectroscopy at the Undergraduate Level,' *J. Chem. Educ.*, **74**, 65 (1997).

核磁気共鳴：

I. L. Pykett, 'NMR Imaging in Medicine,' *Sci. Am.*, May (1982).

R. G. Shulman, 'NMR Spectroscopy in Living Cells,' *Sci. Am.*, January (1983).

R. G. Bryant, 'The NMR Time Scale,' *J. Chem. Educ.*, **60**, 933 (1983).

R. G. Brewer, E. L. Hahn, 'Atomic Memory,' *Sci. Am.*, December (1984).

D. L. Rabenstein, 'Sensitivity Enhancement by Signal Averaging in Pulsed/Fourier Transform NMR Spectroscopy,' *J. Chem. Educ.*, **61**, 909 (1984).

R. S. Macomber, 'A Primer on Fourier Transform NMR,' *J. Chem. Educ.*, **62**, 213 (1985).

L. J. Schwartz, 'A Step-by-Step Picture of Pulsed (Time-Domain) NMR,' *J. Chem. Educ.*, **65**, 959 (1988).

D. J. Wink, 'Spin-Lattice Relaxation Times in ^{1}H NMR Spectrscopy,' *J. Chem. Educ.*, **66**, 810 (1989).

S. Cheatham, 'Nuclear Magnetic Resonance in Biochemistry,' *J. Chem. Educ.*, **66**, 111 (1989).

M. K. Ahn, 'A Comparison of FTNMR and FTIR Techniques,' *J. Chem. Educ.*, **66**, 802 (1989).

K. Wüthrich, 'Protein Structure Determination in Solution by NMR Spectroscopy,' *Science*, **243**, 45 (1989).

L. A. Hull, 'A Demonstration of Imaging on an NMR Spectrometer,' *J. Chem. Educ.*, **67**, 782 (1990).

B. Faust, 'NMR of Whole Body Fluids,' *Educ. Chem.*, **32**, 22 (1995).

A. M. Chippendall, 'Structural Determination by Nuclear Magnetic Resonance Spectroscopy,' "Encyclopedia of Applied Physics," ed. by G. L. Trigg, Vol. 20, p.119, VCH Publishers, New York (1997).

その他の分光法：

F. E. Stafford, C. W. Holt, G. L. Paulson, 'Vibration-Rotation Spectrum of HCl,' *J. Chem. Educ.*, **40**, 245 (1963).

P. E. Stevenson, 'The Ultraviolet Spectra of Aromatic Molecules,' *J. Chem. Educ.*, **41**, 234 (1964).

H. H. Jaffé, A. L. Miller, 'The Fates of Electronic Excitation Energy,' *J. Chem. Educ.*, **43**, 469(1966).

G. R. Penzer, 'Applications of Absorption Spectroscopy in Biochemistry,' *J. Chem. Educ.*, **45**, 692(1968).

N. J. Turro, 'The Triplet State,' *J. Chem. Educ.*, **46**, 2 (1969).

W. Yang, E. K. C. Lee, 'Liquid Scintillation Counting,' *J. Chem. Educ.*, **46**, 277(1969).

D. R. Johnson, C. T. Moynihan, 'Infrared Spectrometry,' *J. Chem. Educ.*, **46**, 431(1969).

A. M. Lesk, 'Progress in Our Understanding of the Optical Properties of Nucleic Acids,' *J. Chem. Educ.*, **46**, 821 (1969).

W. A. Pryor, 'Free Radicals in Biological Systems,' *Sci. Am.*, August(1970).

J. L. Hollenberg, 'Energy States of Molecules,' *J. Chem. Educ.*, **47**, 2(1970).

A. G. Briggs, 'Vibrational Frequencies of Sulfur Dioxide,' *J. Chem. Educ.*, **47**, 391(1970).

R. Chang, 'ESR Study of Electron Transfer Reactions,' *J. Chem. Educ.*, **47**, 563(1970).

D. H. Levy, 'The Spectroscopy of Supercooled Gases,' *Sci. Am.*, February(1984).

N. J. Bunce, 'Introduction to the Interpretation of Electron Spin Resonance Spectra of Organic Radicals,' *J. Chem. Educ.*, **64**, 907(1987).

H. F. Blanck, 'Introduction to a Quantum Mechanical Harmonic Oscillator Using a Modified Particle-in-a-Box Problem,' *J. Chem. Educ.*, **69**, 98(1992).

D. A. Ramsay, 'Molecular Spectroscopy,' "Encyclopedia of Applied Physics," ed. by G. L. Trigg, Vol. 10, p. 491, VCH Publishers, New York(1994).

H. H. R. Schor, E. L. Teixeira, 'The Fundamental Rotational-Vibrational Band of CO and NO,' *J. Chem. Educ.*, **71**, 771 (1994) および **75**, 258(1998).

レーザー：

E. N. Leith, J. Upatnieks, 'Photography by Laser,' *Sci. Am.*, June(1965).

D. L. Rousseau, 'Laser Chemistry,' *J. Chem. Educ.*, **43**, 566 (1966).

K. S. Pennington, 'Advances in Holography,' *Sci. Am.*, February(1968).

A. L. Schawlow, 'Laser Light,' *Sci. Am.*, September(1968).

D. R. Harriott, 'Applications of Laser Light,' *Sci. Am.*, September(1968).

P. Sorokin, 'Organic Lasers,' *Sci. Am.*, February(1969).

M. S. Feld, V. S. Letokhov, 'Laser Spectroscopy,' *Sci. Am.*, December(1973).

S. R. Leone, 'Applications of Lasers to Chemical Research,' *J. Chem. Educ.*, **53**, 13(1976).

R. N. Zare, 'Laser Separation of Isotopes,' *Sci. Am.*, February(1977).

A. M. Ronn, 'Laser Chemistry,' *Sci. Am.*, May(1979).

W. F. Coleman, 'Laser —— An Introduction,' *J. Chem. Educ.*, **59**, 441(1982).

D. R. Crosley, 'Laser-Induced Fluorescence in Spectroscopy, Dynamics, and Diagnostics,' *J. Chem. Educ.*, **59**, 446(1982).

E. W. Findsen, M. R. Ondrias, 'Lasers: A Valuable Tool for Chemists,' *J. Chem. Educ.*, **63**, 479(1986).

W. D. Phillips, H. J. Metcalf, 'Cooling and Trapping of Atoms,' *Sci. Am.*, March(1987).

A. M. Sessler, D. Vaughan, 'Free Electron Lasers,' *Am. Sci.*, **75**, 34(1987).

V. S. Letokhov, 'Detecting Individual Atoms and Molecules With Laser,' *Sci. Am.*, September(1988).

D. L. Matthews, M. D. Rosen, 'Soft X-ray Lasers,' *Sci. Am.*, December(1988).

A. H. Zewail, 'The Birth of Molecules,' *Sci. Am.*, December(1990).

M. W. Berns, 'Laser Surgery,' *Sci. Am.*, June(1991).

S. Chu, 'Laser Trapping of Neutral Molecules,' *Sci. Am.*, February(1992).

I. Itzkan, J. A. Izatt, 'Medical Use of Lasers,' "Encyclopedia of Applied Physics," ed. by G. L. Trigg, Vol.10, p.33, VCH Publishers, New York(1994).

P. Brumer, M. Shapiro, 'Laser Control of Chemical Reactions,' *Sci. Am.*, March(1995).

G. R. van Hecke, K. K. Karukstis, J. M. Underhill, 'Using Lasers to Demonstrate the Concept of Polarizability,' *Chemical Educator*, **1997**, 2(5)：S1430-4171(97)05147-X. Avail. URL: http://journals.springer-ny.com/chedr.

L. J. Kovalenko, S. R. Leone, 'Innovative Laser Technique in Chemical Kinetics,' *J. Chem. Educ.*, **65**, 681(1998).

J. S. Baskin, A. H. Zewail, 'Freezing Atoms in Motion: Principles of Femtochemistry and Demonstration by Laser Spectroscopy,' *J. Chem. Educ.*, **78**, 737(2001).

旋光分散と円二色性：

L. L. Jones, H. Eyring, 'A Model for Optical Rotation,' *J. Chem. Educ.*, **38**, 601(1961).

P. Urnes, P. Doty, 'Optical Rotation and the Conformation of Polypeptides and Proteins,' *Adv. Protein Chem.*, **16**, 421(1961).

J. G. Foss, 'Absorption, Dispersion, Circular Dichroism, and Rotatory Dispersion,' *J. Chem. Educ.*, **40**, 593(1963).

R. E. Lyle, G. G. Lyle, 'A Brief History of Polarimetry,' *J. Chem. Educ.*, **41**, 308(1964).

J. P. Schelz, W. C. Purdy, 'An Experiment in Optical

Rotatory Dispersion,' *J. Chem. Educ.*, **41**, 645(1964).

S. F. Mason, 'Optical Activity and Molecular Dissymmetry,' *Chem. Brit.*, **1**, 245(1965).

C. A. Coulson, 'Symmetry,' *Chem. Brit.*, **4**, 113(1968).

D. F. Mowery, Jr., 'Criteria for Optical Activity in Organic Molecules,' *J. Chem. Educ.*, **46**, 269(1969).

W. E. Elias, 'The Natural Origin of Optically Active Compounds,' *J. Chem. Educ.*, **49**, 448(1972).

R. E. Pincock, K. R. Wilson, 'Spontaneous Generation of Optical Activity,' *J. Chem. Educ.*, **50**, 455(1973).

G. L. Baker, M. E. Alden, 'Optical Rotation and the DNA Helix to Coil Transition,' *J. Chem. Educ.*, **51**, 591(1974).

K. P. Wong, 'Optical Rotatory Dispersion and Circular Dichroism,' *J. Chem. Educ.*, **51**, A573(1974); **52**, A9 (1975).

C. D. Mickey, 'Optical Activity,' *J. Chem. Educ.*, **57**, 442 (1980).

R. R. Hill, B. G. Whatley, 'Rotation of Plane-Polarized Light,' *J. Chem. Educ.*, **57**, 467(1980).

J. Applequist, 'Optical Activity: Biot's Bequest,' *Am. Sci.*, **75**, 58(1987).

D. J. Brand, J. Fisher, 'Molecular Structure and Chirality,' *J. Chem. Educ.*, **64**, 1035(1987); **67**, 358(1990).

J. J. Weir, 'Polarized Light and Rates of Chemical Reactions,' *J. Chem. Educ.*, **66**, 1035(1989).

G. Q. Chen, 'Symmetry Elements and Molecular Achirality,' *J. Chem. Educ.*, **69**, 159(1992).

J. E. Gurst, 'Chiroptical Spectroscopy,' *J. Chem. Educ.*, **72**, 827(1995).

S. Clark, 'Polarized Starlight and the Handedness of Life,' *Am. Sci.*, **87**, 336(1999).

S. M. Mahurin, R. N. Compton, R. N. Zare, 'Demonstration of Optical Rotatory Dispersion of Sucrose,' *J. Chem. Educ.*, **76**, 1234(1999).

問題

一般

14・1 15 000 cm^{-1} を波長 (nm) と振動数に変換せよ.

14・2 450 nm を波数と振動数に変換せよ.

14・3 つぎの透過率を吸光度に変換せよ. (a) 100 %, (b) 50 %, (c) 0 %.

14・4 つぎの吸光度を透過率に変換せよ. (a) 0.0, (b) 0.12, (c) 4.6

14・5 分子が放射エネルギーを吸収すると, 励起状態の分子が形成される. 十分な時間の後には, 試料中のすべての分子が励起され, もはや吸収が起こらなくなるように思われる. しかしながら実際には, 試料における吸収はどの波長においても時間と共には変化しない. なぜか.

14・6 電子的に励起された分子の平均寿命は 1.0×10^{-8} s である. 光の放射が 610 nm に起こるとすると, 振動数 ($\Delta \nu$) と波長 ($\Delta \lambda$) における不確定さはいくらか.

14・7 よく知られたナトリウムの黄色の D 線は, 実際には 589.0 nm と 589.6 nm の二重線である. これら 2 本の線のエネルギー差を (J 単位で) 計算せよ.

14・8 可視スペクトルと紫外スペクトルの分解能は, 低温でスペクトルを測定すると通常向上する. なぜこの方法がうまくいくのか.

14・9 スペクトル線幅が寿命広がりのみで生じたと仮定し, (a) 1.0 cm^{-1}, (b) 0.50 Hz の線幅をもつ状態の寿命を見積もれ.

14・10 0.16 mol l^{-1} 溶液の入った 1.0 cm のセルをビームが通過するとき, ある波長の光を 86 % 吸収する溶質のモル吸光係数はいくらか.

14・11 有機化合物のベンゼン溶液のモル吸光係数は 422 nm において 1.3×10^2 l mol^{-1} cm^{-1} である. 濃度 0.0033 mol l^{-1} 溶液の入った 1.0 cm のセルを通過するとき, その波長の光強度の減少量をパーセントで計算せよ.

14・12 希釈した試料を一度だけ NMR スキャンすると, シグナル対雑音 (S/N) 比は 1.8 となった. 各スキャンに 8.0 分かかるとしたとき, 20 の S/N 比をもつスペクトルを得るのに必要な最小の時間を計算せよ.

マイクロ波, 赤外, 電子分光

14・13 つぎの分子のどれがマイクロ波活性か: C_2H_2, CH_3Cl, C_6H_6, CO_2, H_2O, HCN.

14・14 二原子剛体回転子における, $J = 7$ の回転エネルギー準位の縮退度はいくらか〔縮退度は $(2J+1)$ で与えられる〕.

14・15 二原子分子の $J = 3 \rightarrow 4$ 遷移は 0.50 cm^{-1} で起こる. この分子の $J = 6 \rightarrow 7$ 遷移の波数はいくつか. 分子は剛体回転子であると仮定せよ.

14・16 一酸化窒素 (^{14}N^{16}O) における平衡位置での結合長は 1.15 Å である. (a) NO の慣性モーメント, (b) $J = 0 \rightarrow 1$ 遷移のエネルギーを計算せよ. $J = 1$ の準位では, 分子は 1 秒間に何回回転するか.

14・17 つぎの分子のどれが赤外活性か: (a) N_2, (b) HBr, (c) CH_4, (d) Xe, (e) H_2O_2, (f) NO.

14・18 (a) O_3, (b) C_2H_2, (c) CBr_4, (d) C_6H_6 の振動の基本モードの数を計算せよ.

14・19 赤外不活性な BF_3 分子の振動モードを書け.

14・20 ゴムバンドの端からつるされた 500 g の物体は 4.2 Hz の振動数をもつ. ゴムバンドの力の定数を計算せよ.

14・21 一酸化炭素の基本振動数は 2143.3 cm^{-1} である. 炭素-酸素結合の力の定数を計算せよ.

14・22 もし分子がゼロ点振動エネルギーをもたなかったならば, $v = 0 \rightarrow 1$ 遷移が起こることは可能か.

14・23 IR スペクトルにおけるホットバンドは，どのような条件だと観測可能か．

14・24 (a) 二硫化炭素（CS_2）および，(b) 硫化カルボニル（OCS）のすべての振動の基本モードを書き，どれが赤外活性かを示せ．

14・25 9272 原子から成るヘモグロビン分子の振動自由度の数を計算せよ．

14・26 つぎの分子のうち，どれが最も基本振動数が高いか：H_2, D_2, HD.

14・27 $D^{35}Cl$ の基本振動数は $\tilde{\nu}=2081.0$ cm^{-1} である．力の定数 k を計算し，例題 14・2 における $H^{35}Cl$ に対して得られた力の定数と比較せよ．得られた結果についてコメントせよ．

14・28 アントラセンは無色であるが，テトラセン（ナフタセン）は明るいオレンジ色である．理由を説明せよ．

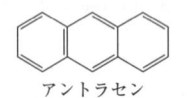

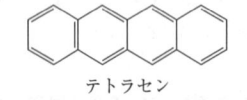

アントラセン　　　テトラセン

14・29 ヘキサトリエンの電子吸収スペクトルにおける最長波長のピークを計算するため，一次元の箱に入った粒子のモデルを用いよ〔ヒント：式(11・27)参照〕．

14・30 芳香族炭化水素の多くは無色であるが，それらのアニオンやカチオンラジカルは，しばしばはっきりした着色を示す．この現象を定性的に説明せよ〔ヒント：π 分子軌道のみを考えよ〕．

14・31 図14・21を参考に，なぜ (C+G) のモル分率が増加するにつれ T_m の値が増加するのか説明せよ．

NMR と ESR 分光

14・32 60 MHz で作動している分光計を用いると，化合物の NMR シグナルが TMS ピークから 240 Hz 下方にあった．TMS に対する化学シフトを ppm 単位で計算せよ．

14・33 NMR と ESR 分光法は共に，本章で議論した他の分光法とは異なる重要な点が一つある．説明せよ．

14・34 600 MHz の ^1H の周波数をつくるには，場の強さはいくら必要か（テスラ単位で）．

14・35 アセトアルデヒド（図14・31参照）の NMR スペクトルを 200 MHz と 400 MHz とで測定したとする．200 MHz から 400 MHz へと変化したとき，つぎのそれぞれの量は不変もしくは異なるか述べよ：(a) 検出感度，(b) $|\delta_{CH_3}-\delta_H|$，(c) $|\nu_{CH_3}-\nu_H|$，(d) J.

14・36 印加した場が 9.4 T のとき（400 MHz 分光計を用いている），δ の値が 2.5 だけ異なる二つのプロトンにおける周波数の違いを計算せよ．

14・37 つぎのそれぞれの分子に対して，^1H NMR のピークがいくつあるか，また，どのピークが一重線，二重線，三重線などであるか述べよ：(a) CH_3OCH_3，(b) $C_2H_5OC_2H_5$，(c) C_2H_6，(d) CH_3F，(e) $CH_3COOC_2H_5$．

14・38 つぎに示す化学シフトのデータから，イソブチルアルコール〔$(CH_3)_2CHCH_2OH$〕の NMR スペクトルをスケッチせよ：$-CH_3$ 0.89 ppm，$-C-H$ 1.67 ppm，$-CH_2$ 3.27 ppm，$-O-H$ 4.50 ppm．

14・39 トルエンの ^1H NMR スペクトルは，メチルプロトンと芳香族プロトンによる二つのピークから成っており，60 MHz と 1.41 T で記録されている．(a) 300 MHz では磁場はいくらになるか．(b) 60 MHz では，共鳴周波数はメチルプロトンが 140 Hz，芳香族プロトン 430 Hz である．300 MHz の分光計で測定すると，周波数はいくつになるだろうか．(c) 60 MHz と 300 MHz のデータを両方用いて，二つのシグナルの化学シフト（δ）を計算せよ．

14・40 メチルラジカルは平面構造をもつ．$\cdot CH_3$ の ESR スペクトルでは何本の線を観測するか．$\cdot CD_3$ ではどうか．

14・41 図14・35に示されているベンゼンとナフタレンのアニオンラジカルについて，ESR スペクトルで観測される線数について説明せよ．

14・42 膜組織の構造（§5・10参照）を研究する方法の一つに，スピンラベルという，以下の構造をもつニトロキシドラジカルを用いる方法がある．

ここで，R はホスファチジン酸誘導体の疎水性の部分を表す．このスピンラベルの ESR スペクトルは，ジ-t-ブチルニトロキシドと同様に等強度 3 本線を示す．ニトロキシドが，アスコルビン酸塩のような還元剤と接触したとき，ESR のシグナルは急速に消滅する．ある実験では，これらスピンラベルされた分子は，約 5% の濃度で膜組織の脂質二重膜に組込まれている．ニトロキシドの ESR シグナル振幅は，アスコルビン酸塩を加えて数分後に初期値の 35% まで減少する．残りのスペクトルの振幅は約 7 時間の半減期で指数関数的に減衰する．これらの観測を説明せよ．

蛍光，りん光，レーザー

14・43 蛍光とりん光の重要な違いについていくつかあげよ．

14・44 ナフタレン（$C_{10}H_8$）における最低三重項は 77 K において最低励起一重項電子状態より約 11000 cm^{-1} 低い．これら二つの状態の分布比を計算せよ〔ヒント：ボルツマン分布の式は $N_2/N_1=(g_2/g_1)\exp(-\Delta E/k_BT)$ で与えられる．ここで，g_1 と g_2 は準位 1 と 2 における縮退度である〕．

14・45 ある有機分子のルミネセンス（発光）の一次の減衰から以下のデータが得られた．

t/s	0	1	2	3	4	5	10
I	100	43.5	18.9	8.2	3.6	1.6	0.02

ここで，I は相対強度である．この過程における平均寿命

τ を計算せよ．これは蛍光か，りん光か．

14・46 なぜ PPO は POPOP よりも短波長の光を吸収するのか，定性的に説明せよ（§14・7, p.336 参照）．

14・47 タンパク質の蛍光はトリプトファン，チロシン，フェニルアラニンによる（タンパク質は蛍光する置換基を含まないと仮定する）．ヨウ化物イオンはトリプトファンの蛍光を消光することが知られている．タンパク質にただ一つのトリプトファン残基があることがわかっており，ヨウ化物でその蛍光を消光することができないならば，トリプトファン残基の位置についてどのようなことを結論することができるか．

14・48 レーザーの三つの特性をあげよ．

14・49 2準位系ではなぜレーザー光をつくることができないのか述べよ．

14・50 3準位のレーザー系で，準位Aから準位Cへの吸収に対応する波長は466 nm であり，準位BとC間の遷移に対応する波長は752 nm である．準位AとB間の遷移に対応する波長はいくらか．

14・51 1光子と多光子過程との相違は何か．2光子過程などを観測するうえで，レーザーを用いることが望ましいのはなぜか．

14・52 四重項状態の分子にはいくつの不対電子があるか．

旋光分散と円二色性

14・53 1,3-ジクロロアレン（$C_3H_2Cl_2$）はキラルか．

14・54 スクロース溶液（濃度：100 ml 溶液中に 9.6 g）の旋光度は，10 cm のセルを用いて，室温でナトリウムのD線により測定すると +0.34° である．スクロースの比旋光度とモル旋光度を計算せよ．

14・55 L-ロイシン溶液（濃度：100 ml の溶液中に 6.0 g）の旋光度は，20 cm の旋光計セルを用いて，25℃ において 589.3 nm の光で測定すると +1.81° である．(a) 比旋光度を計算せよ．(b) L-ロイシンのモル質量を 131.2 g mol^{-1} として，モル旋光度を計算せよ．

14・56 +27.6° と −19.5° の比旋光度をもつAとBの光学異性体が，溶液中で平衡状態にある．混合物の比旋光度が 16.2° であったとき，A⇌B 過程の平衡定数を計算せよ．

14・57 二つの物質AとBが同じ吸収スペクトル，同じCD曲線を有している．ただし，一方のCD曲線は正で，他方は負である．AとBにはどのような構造的な関係があるか．

14・58 旋光測定において，光路長 l のセルにある濃度 c の溶液を測定したとき，旋光度は −12.7° であった．347.3° の時計回りの回転は，12.7° の反時計回りの回転と等価であるということを考慮に入れたとき，−12.7° が正しい回転で，(−12.7°+360°) すなわち 347.3° ではないと言うためには，どのようにして確認すればよいか．

14・59 トリプトファンのCDスペクトルは，どの波長領域で見られるか〔ヒント：図 14・19 参照〕．

14・60 タンパク質溶液のCDは，ある種のアキラルな化合物を加えるとかなり変化する．何が起こったのか．

14・61 α-D-グルコースの試料の旋光度は +112.2° であり，β-D-グルコースのそれは +18.7° である．これら二つの糖の混合物は 56.8° の旋光度を示す．混合物の組成を計算せよ．

14・62 ワイン製造業者は，ブドウ園のブドウの成熟度を見るのに，しばしばポケット旋光計を用いる．どのように機能するのか説明せよ．

14・63 スクロース（$C_{12}H_{22}O_{11}$）はサトウキビの糖として知られている．菓子産業では，スクロースは希釈した酸や転化酵素により次式のようにグルコースやフルクトースに加水分解される．

$$C_{12}H_{22}O_{11} \longrightarrow C_6H_{12}O_6 + C_6H_{12}O_6$$
$$+66.48° \qquad +112.2° \qquad -132°$$

ここですべての比旋光度は，ナトリウムのD線を用いて 25℃ で測定された．グルコースもフルクトースも，共に同じ分子式をもつが，フルクトースは負の比旋光度をもつ．スクロースがフルクトースに及ばない理由の一つは，フルクトースが既知の糖の中で最も甘い糖であるという点である．(a) この過程から製造された糖はなぜ"転化糖"とよばれるのか．(b) フルクトースとグルコースの混合物が，キャンデーをつくる際に純粋なスクロースより優れているさらなる利点とは何か．

14・64 d-α-ピネン（$C_{10}H_{16}$）の旋光度は，光路長 1.0 cm のセルで 20℃ においてナトリウムのD線を用いて測定すると +4.4° である．液体の密度が 0.859 g ml^{-1} であるとして，α-ピネンの比旋光度を計算せよ．回転の正の符号はどのような意味をもつか．

14・65 問題 14・64 の結果を用いて，α-ピネンのモル旋光度を計算せよ．

14・66 25℃ でナトリウムのD線を用いて測定した L-リブロース溶液の偏光面の回転は −3.8° である．セルの光路長は 10 cm で，$[\alpha]_D^{25}$ は −16.6° dm^{-1} cm^3 g^{-1} である．溶液の濃度は g ml^{-1} 単位でいくらか．

補充問題

14・67 マイクロ波分光法，赤外分光法，電子スペクトル法における，遷移の典型的なエネルギー差は 5×10^{-22} J，0.5×10^{-19} J，1×10^{-18} J である．それぞれの場合について，300 K における二つの隣り合った準位（たとえば，基底状態と第一励起状態など）に存在する分子数の比を計算せよ〔ヒント：問題 14・44 参照〕．

14・68 664 nm における溶質のモル吸光係数は 895 l mol^{-1} cm^{-1} である．その波長の光が，溶質を含む溶液の入った 2.0 cm のセルを通過するとき，74.6% の光が吸収された．溶液の濃度を計算せよ．

14・69 液相における分子の衝突頻度は約 1×10^{13} s^{-1} である．線幅に寄与する他のすべての機構を無視し，(a) す

べての衝突が振動を介して分子を失活させるときと，(b) 40 回に 1 回の衝突が有効であるときの，振動遷移のスペクトル幅を (Hz 単位で) 計算せよ．

14・70 図 14・17 に IR スペクトルが示されている 2-プロペンニトリル分子について考える．300 K では，以下のエネルギーのうちどれが，占有したエネルギー準位を最も多くもつか: 電子，C-H 伸縮振動，C=C 伸縮振動，HCH 変角振動，回転．

14・71 ドップラー効果により広がった線の解析から，半値幅 $\Delta\lambda$ は次式で与えられる．

$$\Delta\lambda = 2\left(\frac{\lambda}{c}\right)\left(\frac{2k_BT}{m}\right)^{1/2}$$

ここで，c は光速，T は温度 (ケルビン単位)，m は遷移に関与する種の質量である．太陽のコロナは，イオン化した ^{57}Fe 原子 (分子量 0.0569 kg mol^{-1}) のため約 677 nm の位置にスペクトル線がある．線幅が 0.053 nm であったならば，コロナの温度はいくらか．

14・72 温度 T における剛体二原子回転子において，最も分布している回転エネルギー準位に対応する J の表式を導け．25 ℃ における HCl (B=10.59 cm^{-1}) の式を評価せよ 〔ヒント: 問題 14・14 参照〕．

14・73 図 14・29 に示された，ATP における ^{31}P の NMR スペクトルを分析せよ．

14・74 水溶液が A, B の二つの種を含んでいる．300 nm における吸光度は 0.372，250 nm におけるそれは 0.478 である．A と B のモル吸光係数は

A: $\varepsilon_{300} = 3.22 \times 10^4$ l mol^{-1} cm^{-1}
    $\varepsilon_{250} = 4.05 \times 10^4$ l mol^{-1} cm^{-1}

B: $\varepsilon_{300} = 2.86 \times 10^4$ l mol^{-1} cm^{-1}
    $\varepsilon_{250} = 3.76 \times 10^4$ l mol^{-1} cm^{-1}

セルの光路長が 1.00 cm であるとき，A と B の濃度を mol l^{-1} 単位で計算せよ．

14・75 分子 XY$_2$ は線形であることが知られているが，Y-X-Y か X-Y-Y かは明らかではない．この構造を決定するうえで，赤外分光法をどのように用いればよいか．

14・76 N,N-ジメチルホルムアミド

の NMR スペクトルは，25 ℃ において二つのメチルのピークを示す．130 ℃ まで熱すると，メチルプロトンに起因するピークは一つだけになる．説明せよ．

14・77 本問では振動基底状態にある二原子分子の分子振動の振幅について取扱う．(a) 分子が平衡位置から x だけ伸ばされたとき，ポテンシャルエネルギーの増加はつぎの積分で与えられる．

$$\int_0^x kx\,dx$$

ここで，k は力の定数である．この積分を計算せよ．(b) 振動の振幅を計算するに当たって，このポテンシャルエネルギーを，基底状態における振動エネルギーに等しいとおいて書き表せ．ただし，振動の最大振幅を表す記号として x_{max} を用いよ．(c) H^{35}Cl の力の定数が 4.84×10^2 N m^{-1} であるとしたとき，v=0 状態における振動の振幅を計算せよ (^{35}Cl 34.97 u)．(d) 結合長 (1.27 Å) に比べて振幅は何 % か．(e) 力の定数が 1.85×10^3 N m^{-1} で結合長が 1.13 Å であるとしたとき，一酸化炭素に対して (c) と (d) の計算を行え．

14・78 一酸化炭素-ヘモグロビン複合体の IR スペクトルは，カルボニル伸縮振動数に起因するピークが約 1950 cm^{-1} の位置にある．(a) この値を，自由な CO の基本振動数 2143.3 cm^{-1} と比較せよ．その相違についてコメントせよ．(b) この振動数を kJ mol^{-1} 単位に変換せよ．(c) 一つしかバンドが存在しないという事実から何が結論されるか．

14・79 真か偽か答えよ．(a) 赤外活性であるためには，多原子分子は永久双極子モーメントをもたなければならない．(b) マイクロ波スペクトルから測定された二原子分子の慣性モーメントは，結合の力の定数についての情報を与える．(c) 分子の発光スペクトルは吸収スペクトルより短波長側で生じる．(d) 600 MHz の NMR 分光計は 400 MHz の分光計よりも高感度である．(e) りん光はスピン禁制の過程である．(f) ESR スペクトルにおける超微細分裂を観測するためには，関与する核は $I \neq 0$ でなければならない．(g) 分子があるエネルギー準位から他のエネルギー準位に移るときには，いつでも 2 準位間のエネルギー差に等しいエネルギーの光子を放出もしくは吸収しなければならない．

14・80 ランベルト・ベールの法則 〔式 (14・15) を見よ〕は，吸光度の濃度に対する比例関係を予測できる．この法則は，高濃度においてしばしば破綻するが，これはなぜか．

14・81 電子スペクトルにおいて，発色団の吸収波長は溶媒の影響を受けることが多い．たとえば，極性溶媒は n→π* 遷移においては，励起状態と比べて基底状態をより大きく安定化する．一方，π→π* 遷移の場合には，逆に励起状態をより大きく安定化する．これらの電子遷移について，発色団の環境が無極性溶媒中から極性溶媒中に変わった場合のエネルギー準位の変化の様子を図示し，吸収波長のシフトを予測せよ．

14・82 (a) 4.70 T の磁場中における ^{1}H と ^{13}C の二つのスピン状態の間のエネルギー差を計算せよ．(b) この磁場中における ^{1}H 原子核，および ^{13}C 原子核の歳差運動の周波数を求めよ．(c) プロトンの歳差運動周波数が 500 MHz となる磁場の強さを求めよ．

14・83 酸素はその電子基底状態が三重項状態であるために，蛍光の効果的な消光剤となる．O$_2$ の二つの不対ス

ピンが，蛍光分子の励起状態に作用して，一重項状態から三重項状態への項間交差をひき起こす．すなわち，S$_1$→T$_1$（図14・37参照）である．(a) この機構を実験的に確認するためには，どのようにしたらよいか．(b) 蛍光消光の速度定数（すなわち，O$_2$ と蛍光分子との衝突の速度定数）を 1.0×10^{10} M^{-1} s^{-1} とする．溶液中において一つの蛍光分子が，1秒あたりに O$_2$ と衝突する平均の回数を求めよ．ただし，蛍光分子を F として，それぞれの濃度は [O$_2$]=3.4×10^{-4} M，[F]=0.5 M である．(c) ピレンは生体系の蛍光プローブとして頻繁に用いられる分子であるが，その蛍光寿命は 500 ns である．一方，トリプトファンの蛍光寿命は約 5 ns である．通常の大気圧条件下では，O$_2$ はピレンの蛍光のみを妨害して，トリプトファンの蛍光は妨害しないのであるが，この理由を説明せよ．(d) 蛍光消光に関する定量的な関係は，次式のシュテルン・フォルマーの式によって表される．

$$\frac{I_0}{I} = 1 + k_Q \tau_0 [Q]$$

ここで，I_0 と I は，それぞれ消光剤が存在しないときと，存在するときの蛍光強度であり，k_Q は消光速度定数である．また，τ_0 は消光剤が存在しない条件での蛍光性状態の平均寿命であり，[Q] は消光剤の濃度である．この方程式を用いて，(c) での結論を裏づけよ．

14・84 DNA 溶液の 260 nm における吸光度は，25 ℃ 以下（完全に二重らせん構造）では 0.120 であり，90 ℃ 以上（完全に変性）では 0.142 である．70 ℃ において，吸光度が 0.131 であった場合，残っている二重らせん構造の割合を計算せよ．

14・85 アリは，電子レンジの中で加熱されていても，動き回ることによって生き残ることがある．これを説明せよ．

15

光化学と光生物学

　光化学の研究者は電子励起状態にある分子がたどる運命に興味がある．光励起された分子がたどる道筋は，光励起された条件やその分子の属する系によって異なる．光励起された分子は，他の分子との衝突によってそれ自身がもつエネルギーを熱として放出する場合もあるし，光(量)子を放出することによって，すなわち，蛍光やりん光を出すことによって基底状態へと戻ることもある．それらとは別に，異性化や解離，イオン化のような化学反応を起こす場合もある．第14章では蛍光やりん光といった現象を取扱ったが，本章ではまず光化学反応の用語を学び，光合成と視覚という二つの重要な光生物学的過程について議論する．放射の生物学的影響についても学ぶ．

15・1　はじめに

　まず，本章で用いられるいくつかの用語を紹介しつつ，光化学的および光生物学的過程で起こる事象について学ぼう．

熱反応と光化学反応

　化学反応は，熱反応と光化学反応に分けることができる．第9章で議論した**熱反応**（thermal reaction）は，電子基底状態における原子や分子を取扱ったものであった．**光化学反応**（photochemical reaction）は，光照射下で起こる現象と定義される．ここで光とは通常，可視や紫外領域の放射や，X線やγ線といったより高エネルギーの放射を指す．

　電子励起状態にある分子が余分にもつエネルギーの一般的な値を 4×10^{-19} J (2×10^4 cm^{-1}) と仮定した場合，ボルツマン分布則（式3・22参照）を用いると室温25℃において $N_2/N_1 \approx 6\times10^{-43}$ となることから，無視できるほどわずかの分子しか電子励起状態には存在しないことがわかる．熱的に分子を電子励起するには，電子励起状態にある分子の濃度をたった1%にするのでさえ，およそ6000℃もの高温が必要とされる．そのような温度においては，実際にはほとんどすべての分子が電子基底状態（振動励起状態）のまま素早く熱分解を起こしてしまうので，電子励起状態として十分な濃度を生成することは不可能であろう．

　一方，電子遷移に必要とされるおよそ500 nmの波長の放射を吸収すると，分子は電子励起される．電子励起状態にある分子の濃度は，放射の強度や励起状態の分子が基底状態へ戻る速度といったいくつかの要因に依存する．さらには，励起エネルギーが化学結合を切るために使われる場合もあり，そのときには化学変化が起こりうる．このように，光化学反応にとっての励起のエネルギーは熱反応にとっての活性化エネルギーに類似している．

一次過程と二次過程

　光化学反応は**一次過程**（初期過程，primary process）と**二次過程**（後続過程，secondary process）とに分類される．一次過程とは振動緩和や他分子との衝突による振動エネルギーの損失，蛍光，りん光，異性化や解離などを含む．励起分子の解離は反応性に富んだ中間体を生み出すことがあり，それが熱反応である二次過程を起こすこともある．

　気相中におけるヨウ化水素の分解について一次過程と二次過程を示そう．反応の全体はつぎのようなものである．

$$2\,\text{HI} \longrightarrow \text{H}_2 + \text{I}_2$$

適切な波長の光が照射されたとき，反応はつぎのように進む．

$$\begin{aligned}
\text{HI} &\xrightarrow{h\nu} \text{H} + \text{I} & \text{光化学反応（一次過程）}\\
\text{H} + \text{HI} &\longrightarrow \text{H}_2 + \text{I} & \text{熱反応（二次過程）}\\
\text{I} + \text{I} &\longrightarrow \text{I}_2 &\\
\text{H} + \text{H} &\longrightarrow \text{H}_2 &
\end{aligned}$$

反応全体として： $2\,\text{HI} \longrightarrow \text{H}_2 + \text{I}_2$

ここで $h\nu$ は吸収される光子のエネルギーを表す．

量子収率

　光化学反応を研究するうえで有用な比率を表す量が**量子**

収率（**量子収量**, quantum yield），Φ であり，それは生成した分子数（あるいは消費された反応物の分子数）と吸収された光（量）子の数との比である．

$$\Phi = \frac{\text{生成した分子の数}}{\text{吸収された光量子の数}} \quad (15\cdot 1)$$

式(15・1)はモル量として次式のように表すこともできる．

$$\Phi = \frac{\text{生成物のモル数}}{\text{吸収されたアインシュタイン数}} \quad (15\cdot 2)$$

1アインシュタイン（einstein，記号 E）は光量子1モルに等しい．

光化学反応における量子収率は系によって大きく変化するものであり，Φ の値から光化学過程に含まれる機構についてしばしば情報が得られる．上で論議したヨウ化水素の反応では，1個の光子が吸収されることによって2個の反応分子 HI が消費されるので量子収率は2である．アセトン分子におよそ280 nmの紫外光を照射すると，高い量子収率でメチルラジカルとアセチルラジカルを次式のように生成する．

$$(CH_3)_2CO \xrightarrow{h\nu} CH_3\cdot + CH_3CO\cdot$$

しかし，液相においては溶媒のかご効果（p.205 参照）のためにこれらのラジカルは再結合しやすい．そのために，この反応の全体としての量子収率は0.1以下である．

水素と塩素の混合気体は室温で安定であるが，可視光（およそ400 nm）が照射されると，混合気体は爆発的に反応して塩化水素を生成する．その反応機構は次式の通りである．

$$Cl_2 \xrightarrow{h\nu} Cl + Cl$$
$$Cl + H_2 \longrightarrow HCl + H \quad (a)$$
$$H + Cl_2 \longrightarrow HCl + Cl \quad (b)$$

この反応は**連鎖反応**（chain reaction）であり，その成長段階は(a)と(b)である．この反応における量子収率はおよそ 10^5 にもなる．一般に量子収率が2よりも大きいことが反応が連鎖機構であることの証拠となる．

上での議論とは別に，光化学反応は速度定数の観点からも解析できる．つぎのような状況を考えてみる．

$$A \xrightarrow{h\nu} A^*$$
$$A^* \xrightarrow{k_1} A$$
$$A^* \xrightarrow{k_2} \text{生成物}$$

ここで A は反応物であり，A^* は電子的に励起された分子である．定常状態であるとすると，次式のように書ける．

$$A^* \text{の生成速度} = A^* \text{の消滅速度} = k_1[A^*] + k_2[A^*]$$

ここで，反応生成物についての量子収率 Φ_P は次式のように与えられる．

$$\Phi_P = \frac{\text{生成物の生成速度}}{A^* \text{の全消滅速度}}$$
$$= \frac{k_2[A^*]}{k_1[A^*] + k_2[A^*]} = \frac{k_2}{k_1 + k_2} \quad (15\cdot 3)$$

Φ（および Φ_P）と反応速度とはまったく関係がないことに注意しないといけない．異なる分子の光反応の量子収率がほとんど同じ値であっても，反応速度定数が大きく異なることはありうることである．つぎの光化学分解反応を考えてみる．

$$C_6H_5COCH_2CH_2CH_3 \xrightarrow{k} C_6H_5COCH_3 + CH_2{=}CH_2$$
$$\Phi = 0.40 \qquad k = 3\times 10^6\ s^{-1}$$

$$CH_3COCH_2CH_2CH_3 \xrightarrow{k} CH_3COCH_3 + CH_2{=}CHCH_3$$
$$\Phi = 0.38 \qquad k = 1\times 10^9\ s^{-1}$$

Φ と反応速度の間の差異についての洞察から，光化学反応の速度に影響を及ぼす因子に注目する必要が生じるが，それはつぎのように表される．

$$\text{反応速度} = IFf\Phi_P \quad (15\cdot 4)$$

ここで I は光の吸収速度であり，F は全入射光のうち吸収される光の割合，f は吸収された光のうちで反応性のある状態を生み出すものの割合で，Φ_P は反応生成物の量子収率である．反応する分子が異なると，I と F と f が異なるので，たとえ二つの反応が同じ Φ 値をもっていてもなぜ全体の反応速度が大きく異なるのかがわかるであろう．

光強度の測定

光化学反応における反応機構がいかなるものであれ，光化学反応の速度は光吸収の速度に比例するべきものである．したがって，光化学反応の速度論的研究においては光強度の正確な測定が要求されることになる．光強度は**化学量計**（chemical actinometer）――それは光化学的なふるまいが定量的に理解されている化学システムである――で測定される．液相化学量計の中で最も便利なものの一つとして，シュウ酸鉄(Ⅲ)カリウム化学光量計がある．$K_3[Fe(C_2O_4)_3]$ の硫酸溶液に 250 nm から 470 nm の領域の光を照射すると，Fe^{3+} イオンが Fe^{2+} イオンへと還元され，同時にシュウ酸イオンが二酸化炭素へと酸化される．この過程を簡潔に表す化学式は次式のようになる．

$$2\ Fe(C_2O_4)_3^{3-} \longrightarrow 2\ Fe^{2+} + 5\ C_2O_4^{2-} + 2\ CO_2$$

この反応は詳細に研究され，さまざまな波長での量子収率が知られている．生成される Fe^{2+} イオンの量は，フェナントロリン滴定によりモル吸光係数が既知である赤色の1,10-フェナントロリン-鉄(Ⅱ)錯イオンの形成から容易に

決定することができる．このようにして所定の時間内で吸収される光子の総量を決定することができる．

例題 15・1

35 ml の $K_3[Fe(C_2O_4)_3]$ 溶液に 468 nm の単色光を 30 分間照射する．そしてその溶液を赤色の 1,10-フェナントロリン-鉄(II)錯体を形成する 1,10-フェナントロリンで滴定する．この錯イオンの吸光度は，セル長 1 cm，波長 510 nm において 0.65 ($\varepsilon_{510}=1.11\times 10^4$ l mol^{-1} cm^{-1}) と測定されている．この波長での分解の量子収率を 0.93 と仮定して，1 秒間あたりに吸収される光量子の数（アインシュタイン単位）と吸収された全エネルギーを計算せよ．

解 式 (14・15) から

$$c = \frac{A}{\varepsilon b} = \frac{0.65}{(1.11\times 10^4 \text{ l mol}^{-1}\text{ cm}^{-1})(1\text{ cm})}$$
$$= 5.86\times 10^{-5}\text{ M}$$

吸収される光量子の数（アインシュタイン単位）は次式のように与えられる（式 15・2 参照）．

$$\frac{\text{生成した Fe}^{2+}\text{の量（モル単位）}}{\text{量子収率}}$$
$$=\frac{(5.86\times 10^{-5}\text{ mol/l})(1\text{ l}/1000\text{ ml})(35\text{ ml})}{0.93}$$
$$= 2.2\times 10^{-6}\text{ mol} = 2.2\times 10^{-6}\text{ E}（アインシュタイン）$$

光吸収の速度は次式のように与えられる．

$$\frac{2.2\times 10^{-6}\text{ E}}{30\times 60\text{ s}} = 1.2\times 10^{-9}\text{ E s}^{-1}$$

したがって最終的に，

$$\begin{aligned}\text{吸収された全エネルギー}\\= \text{光子の数}\times h\nu\\= (2.2\times 10^{-6}\text{ mol})(6.022\times 10^{23}\text{ mol}^{-1})\\\times (6.626\times 10^{-34}\text{ J s})\left(\frac{3.00\times 10^8\text{ m s}^{-1}}{468\times 10^{-9}\text{ m}}\right)\\= 0.56\text{ J}\end{aligned}$$

コメント 光強度は光子数 cm^{-2} s^{-1}（あるいは J cm^{-2} s^{-1}）を単位とする．光化学の観点においては，試料に注がれた光エネルギーの量により興味があるのであって，それは吸収強度とよばれている．吸収強度は，単位体積，単位時間あたりに反応系に投入されたエネルギーであり J cm^{-3} s^{-1} の単位をもつ．上述の例における吸収強度はつぎのようになる．

$$\frac{0.56\text{ J}}{(35\text{ cm}^3)(30\times 60\text{ s})} = 8.9\times 10^{-6}\text{ J cm}^{-3}\text{ s}^{-1}$$

作用スペクトル

系の応答や効率を照射する光の波長の関数として測定した場合，光化学過程や光生物学的過程に直接関与する化学種について非常に有用な情報を得られることがしばしばある．この手法は**作用スペクトル**（action spectrum）を与える．一般的に，1 種類の分子のみを含む単純な系ならば，作用スペクトルは吸収スペクトルに良く似るはずのものであり，まさにそうなっている．複雑な生物系においては，関心のある波長領域全体にわたって，入射光を強く吸収するいくつかの異なった化合物が存在するのが普通である．光化学反応を担う分子は非常に低い濃度でしか存在しない場合があり，その結果，吸収スペクトルを必ずしも検出できるとは限らない．しかし，通常の吸収スペクトルの代わりに作用スペクトルを測定することで，それらの分子の存在を明らかにすることができる（図 15・1）．

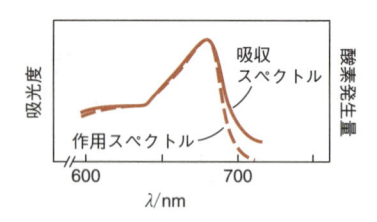

図 15・1 単細胞緑藻類のクロレラの吸収スペクトルと作用スペクトルの比較．異なった波長の光による光合成効率（酸素の発生を縦軸に目盛る），つまり作用スペクトルは，クロロフィル分子の吸収スペクトルとほぼ一致している．700 nm 近傍における差異は "レッドドロップ" として知られている（後述する）．この比較により，クロロフィルが光合成において重要な役割を果たしていることが強く示唆される〔R. K. Clayton, "Light and Living Matter," Vol.2, Copyright 1971 by McGraw-Hill Book Company. McGraw-Hill 社の許諾を得て転載〕．

15・2 光 合 成

光合成はすべての光生物学的な反応の中で最も重要である．それは植物や他の有機生命体が，太陽エネルギーを利用して炭酸ガスを炭水化物や他の複雑な分子へと変換する過程である．緑色植物の光合成は多くの複雑な段階を伴うが，全体としての変化はつぎのように表すことができる．

$$6\,CO_2 + 6\,H_2O \xrightarrow{h\nu} C_6H_{12}O_6 + 6\,O_2 \quad \Delta_rG° = 2879\text{ kJ mol}^{-1}$$

この熱力学的にかなり不利な反応は光によって駆動されるのである（この反応は炭水化物の酸化的代謝のまさしく逆の反応である）．簡単な形では次式のように書ける．

$$CO_2 + H_2O \xrightarrow{h\nu} (CH_2O) + O_2 \quad \Delta_rG° = 480\text{ kJ mol}^{-1}$$

酸素の生成は副産物であって光合成生物において普遍的なものではない．たとえば光合成細菌においては反応はつぎのようになる．

図 15・2 (a) 柑橘類の葉における葉緑体の電子顕微鏡写真〔提供：Kenneth R. Miller 氏〕. (b) 葉緑体の概略図. 積み重ねられた, 密に詰まった膜はグラナとよばれる. 光子を捕獲して光反応する光合成の一次過程は葉緑体で行われる. (a) における黒い粒子はプラストグロビュールとよばれ脂質から成る. 電子顕微鏡で用いられる染色技法のために黒く見えている.

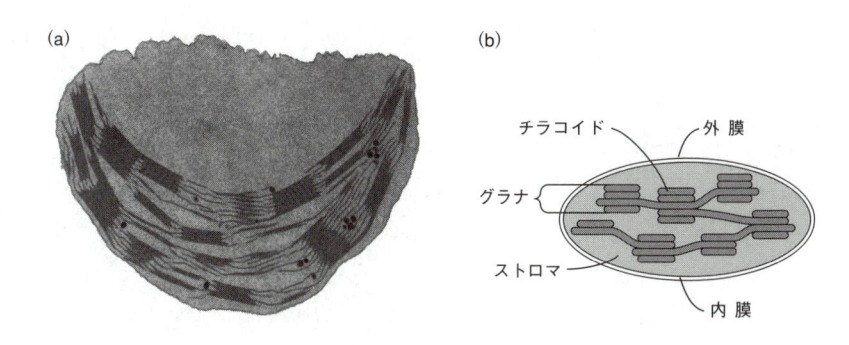

$$2\,H_2S + CO_2 \xrightarrow{h\nu} (CH_2O) + H_2O + 2\,S$$

このように，光合成の一般的な化学式は

$$2\,H_2A + CO_2 \xrightarrow{h\nu} (CH_2O) + H_2O + 2\,A$$

であり，ここで H_2A は水素供与体であり，CO_2 は水素受容体として働く．

光合成の研究は，化学物理学や分子生物学をも含む科学のさまざまな領域で行われている．ここ 50 年来に行われてきた研究により，光合成の全過程のかなり完全な記述ができるようになった．ここでは，光吸収の一次過程とそれに続けざまに起こるいくつかの反応のみを議論しよう．光合成は二つの主要な段階で起こる．第一段階は**明反応** (light reaction) とよばれ，ピコ秒 ($1\,\mathrm{ps} = 10^{-12}\,\mathrm{s}$) で起こる光子の吸収を含む．この段階の後に，光が存在しない状態で起こるために，ときとして**暗反応** (dark reaction) とよばれる*一連の化学的な変換が続く．明反応では NADPH と ATP を生産するために光エネルギーを使用し，暗反応では CO_2 と H_2O から糖を合成するためにそれら NADPH と ATP を必要とするのである．

葉 緑 体

真核生物（藻類と高等植物）において光合成が行われる場所は**葉緑体** (chloroplast) である．一般的な植物細胞は，長さおよそ 5000 Å の葉緑体を 50〜200 個含んでいる（図 15・2）．葉緑体には，外膜, 内膜に加えて内部にも膜構造があり，**チラコイド** (thylakoid) とよばれる小胞を形成している．チラコイドは何層にも積み重なって円柱状の**グラナ** (grana) をつくっている．明反応はグラナで起こり，暗反応は酵素, RNA, DNA, タンパク質を合成するリボソームを高濃度に含む**ストロマ** (stroma) で起こる．

1937 年に米国の生化学者 Robert Hill（1899〜1991）が，ヘキサシアノ鉄(III)酸イオン, $[Fe(CN)_6]^{3-}$ のような適切

---

* 暗反応は，実際には，単に光によって直接影響を受けない反応という意味である．

な電子受容体の存在下で光照射すると，単離した葉緑体が酸素を放出することを発見した．O_2 の生成は電子受容体の還元に付随して起こっていた．この実験は CO_2 が存在しない条件で行われたので，酸素が CO_2 よりもむしろ水に由来するものであるということを示す点で意義があった．Hill の結論はつぎのような同位体標識実験で確かめられた．

$$CO_2 + H_2{}^{18}O \xrightarrow{h\nu} (CH_2O) + {}^{18}O_2$$

すべての O_2 が同位体標識した水由来の酸素の重い同位体 (^{18}O) になったのである．

葉緑体と他の色素分子

クロロフィル分子は光合成生物に存在して実際に光を吸収する発色団である．クロロフィル分子にはいくつかのタイプがあり，それらを 2 種以上含んでいる生物もいる．緑色植物は，図 15・3 のようにクロロフィル a とクロロフィル b をもっている．クロロフィルには高度な共役系をもつポルフィリン類似部分があり，それによって可視領域の光を吸収する．図 15・4 に示すように，クロロフィル a は青色と赤色領域の光を強く吸収するが, 緑および黄, オレンジ色の領域の光を透過するので，結局，それ特有の緑色をしているのである．クロロフィル a と b のモル吸光係数の極大は有機化合物の中でも最大であり，$10^5\,\mathrm{cm}^{-1}\,\mathrm{l}\,\mathrm{mol}^{-1}$ の桁である．

クロロフィルと同様に他の色素分子もまた，太陽エネルギーを集光するのを助け，光反応が起こる場所へと中継する**アンテナ** (antenna) 分子として役立つ．これら分子のうち二つが，図 15・3 に示すフィコエリトロビリンと β カロテンである．図 15・4 からわかるように，これらの色素（とここに示していない他の色素）を合わせると，太陽の放射スペクトルにおける可視光のほとんどを吸収する．

反 応 中 心

光合成の一次過程は, 光を吸収することと, 光エネルギーを光反応が起こる場所である**反応中心** (reaction center)

図 15・3 いくつかの光合成色素の構造. クロロフィルと β カロテンは高等植物に存在する. フィコエリトロビリンはある種の藻にだけ見られる.

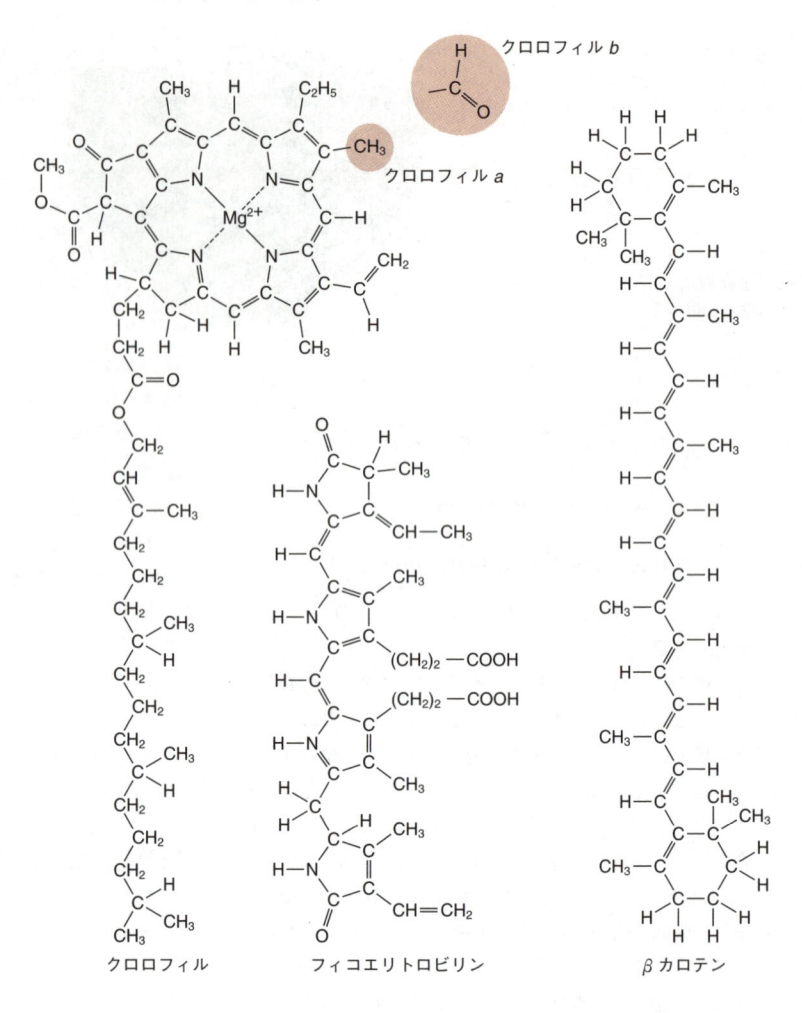

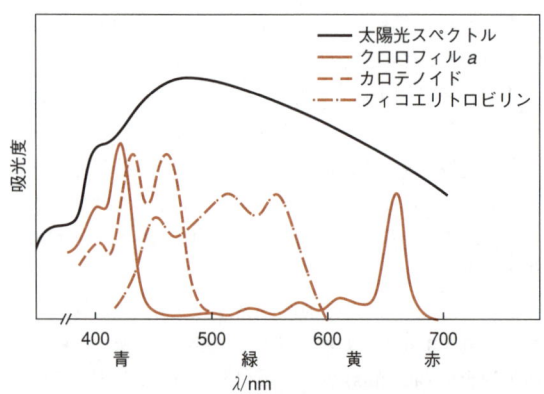

クロロフィル b

クロロフィル a

クロロフィル　　　フィコエリトロビリン　　　β カロテン

図 15・4 いくつかの光合成色素の吸収スペクトル. 足し合わせると, 可視領域の太陽の発光スペクトルを効果的にカバーする.

へと伝達することである. この過程に関する知見は, 緑藻類クロレラ (*Chlorella*) による酸素発生を研究した米国の生物学者である Robert Emerson (1903〜1959) によりもたらされた. Emerson はクロレラの細胞に数マイクロ秒 ($1\,\mu s = 10^{-6}\,s$) 持続する閃光を照射したが, 閃光強度が弱いと, 8 個の光子の吸収に対しておよそ 1 個の O_2 分子が発生することを発見した. Emerson は, 光強度が増加すると閃光ごとの O_2 の収率は, それぞれのクロロフィル分子が光子を一つ吸収するまで増加するであろうと考えた. しかし, 実験によると, 飽和強度の閃光でも 2500 個のクロロフィル分子存在下でたった 1 分子の O_2 しか発生しなかった. 一つの O_2 が発生するには少なくとも 8 光子が吸収されなければならないので, この結果は反応中心では $2500/8 \approx 300$ 個のクロロフィル分子が単位となって励起されていることを示している.

300 個すべてのクロロフィル分子が光化学過程にかかわることはありそうにないが, その後の実験によって, 確かにクロロフィルのほとんどは光反応にはかかわらずにアンテナ分子として働くことが示された. 図 15・5a はアンテナ分子と反応中心から構成される**光合成単位** (photosynthetic unit) の概略図を示している. エネルギー移動機構は, 無放射過程であり, 供与体分子の発光スペクトルと受容体分子の吸収スペクトルに重なりのあることが必要である. このエネルギー移動の効率は, これらの分子の相対的

図 15・5 (a) 光合成単位. はじめにアンテナクロロフィル分子が光励起される. 無放射遷移機構によって（その経路はまったくランダムである）, エネルギーは最終的に反応中心のクロロフィル二量体（灰色領域）に捕獲される. (b) 励起移動を説明するエネルギー準位図. 反応中心クロロフィル二量体の励起状態のエネルギーはアンテナクロロフィル分子のそれよりも低いので, 励起エネルギーは反応中心に捕獲される. 吸収された光の 95% 以上が反応中心へ運ばれる.

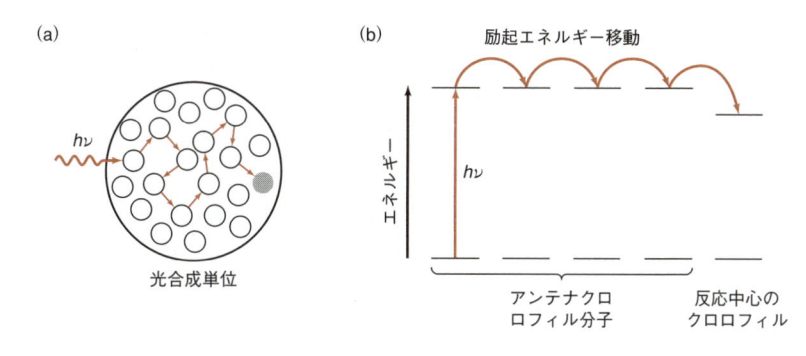

な配向と, 供与体と受容体間の距離を r として $1/r^6$ の形で距離に依存している[*1]. 最終的には, 励起エネルギーはクロロフィルによって反応中心に蓄えられる. 反応中心に存在するクロロフィルは, 化学的にはアンテナクロロフィルのそれと同一であるが, 異なった環境にあるがために, わずかに低い励起状態エネルギーをもっている（図 15・5b）.

光化学系 I および光化学系 II

1956 年に Emerson と彼の共同研究者により, 光合成は図 15・5 に示されるよりもより複雑なものであることが示された. 彼らは単離した葉緑体における光合成の量子収率[*2] を波長の関数として測定したが, そこで興味深い効果を発見したのであった. 単一の光受容体では量子収率は吸収スペクトル全体にわたる波長に依存しないと期待される. 400 nm という短波長から始まって量子収率はほとんど一定のままであり, 680 nm までに最大値近くに達するが, 680 nm を超えると, クロロフィル a 分子が 680 nm から 700 nm の領域で光を吸収するのにもかかわらず（図 15・4 参照）, 収率は立ち所に 0 へ減少する〔**レッドドロップ**（red drop）とよばれる〕. これと同時に, たとえば 600 nm より短い波長の光を葉緑体に照射すると収率は回復する. さらに言うと, 600 nm と 700 nm の光を同時に照射したときの収率が, これら二つの波長の光を別個に照射したときの収率の和よりも大きいのである. この現象は今日では**エマーソン増強効果**（Emerson enhancement effect）とよばれていて, **光化学系 I**（photosystem I, PS I）および**光化学系 II**（photosystem II, PS II）とよばれる二つの独立した光化学系が存在することを示している. これら系のどちらも 680 nm よりも短い波長の光で駆動されるが, 片方の系だけは, より長い波長の光でも駆動されるのである. どちらの光化学系もそれ自身の光合成単位をもっ

ていて, およそ 300 個の集光性クロロフィルとその他の色素を含んでいる. クロロフィル b に対するクロロフィル a の比率は PS II よりも PS I においてずっと大きい.

植物における光合成では PS I と PS II の相互作用が重要である. 700 nm 以下の光で励起される PS I は, $NADP^+$ を NADPH に還元できる強力な還元剤として働き, それと同時に弱い酸化剤としても働く. PS II は 680 nm 以下の光を必要とするが, 水を酸素まで酸化することのできる強力な酸化剤として働き, それと同時に弱い還元剤としても働く. PS II から PS I への電子移動は, それぞれの光化学系内の電子移動と同じように, 膜を隔てたプロトン勾配を生じ, それが ATP の生成を駆動する. この過程は**光リン酸化**（photophosphorylation）[*3] とよばれる.

これら二つの光化学系は互いにどのように関連しているのであろうか, また光合成過程全体におけるそれらの役割は何であろうか. PS II から考えてみよう. PS II についての知見は, 紅色細菌における類似の光化学系に対する構造研究によって大きく進展した. その反応中心についての X 線結晶解析により, 電子伝達鎖に沿って存在する化合物の種類やそれらの空間的な配向についての詳細な情報が明らかになった. PS II における反応中心は 680 nm に吸収極大をもつ（そのため P680 —— P は色素の pigment から ——とよばれる）クロロフィル二量体を含む. P680 は光子を受け取って, P680* と表示される電子励起状態になる. P680* は還元剤なので, 隣に結合しているフェオフィチン（Ph）へ電子を移動させる（Ph は Mg^{2+} イオンを含んでい

[*1] このエネルギー移動機構に類似の機構については, R. Chang, *The Physics Teacher*, p.593, December(1983) を参照.

[*2] 量子収率は, 吸収された光子数と放出される酸素分子数との比である.

[*3] p.154 で述べたように, 光リン酸化で起こる ATP 合成の原理は, 酸化的リン酸化に対する原理とほぼ同じである. 1966 年, 米国の生化学者 André Jagendorf（1926～）は Mitchell の化学浸透圧説に対する強力な証拠を提出した. 彼の実験では, チラコイドは酸性溶媒（pH 4 の緩衝液）に懸濁され平衡状態になるまでおかれた. 続いて素早く pH 8 の緩衝溶液に移された. 結果として, チラコイド膜を横切る pH にして 4 の差異が生じ, 膜の外に対して膜の内部は酸性となる. ADP と無機リン酸（P_i）を溶媒に加えることによって, 光や電子伝達の存在しない状態で大量の ATP がつくられることを, Jagendorf は見いだした. この単純であるがみごとな実験が示すのは, ATP 合成を駆動するのはプロトン勾配である, ということである.

ないという点以外はクロロフィル a に類似している）．

$$P680^* + Ph \longrightarrow P680^+ + Ph^-$$

そして Ph^- イオンは過剰の電子をプラストキノン（Q）へ伝達し，結果的にはそれをヒドロキノンの形（QH_2）へと還元する．$P680^+$ は水を酸素へと酸化できる強力な酸化剤である．

$$2\,H_2O \longrightarrow O_2 + 4\,H^+ + 4\,e^-$$

この反応はマンガンを含むタンパク質サブユニットで触媒される．

水からキノンまでの電子移動はつぎのような標準還元電位で表されるように上り坂の過程である．

$$O_2 + 4\,H^+ + 4\,e^- \longrightarrow 2\,H_2O \qquad E^{\circ\prime} = 0.82\,V$$
$$Q + 2\,H^+ + 2\,e^- \longrightarrow QH_2 \qquad E^{\circ\prime} = 0.1\,V$$

ヒドロキノン（QH_2）は水よりも強い還元剤なのでより容易に酸化される．上り坂の電子移動反応の駆動力は吸収した光子から生ずる．波長 680 nm の光子のエネルギーは，$E = h\nu$ の関係から 3×10^{-19} J となる．$1\,eV = 1.6 \times 10^{-19}$ J なので，光子のエネルギーは電子ボルト単位で，$(3 \times 10^{-19}\,J)/(1.6 \times 10^{-19}\,J\,eV^{-1})$ すなわち 1.9 eV であり，これは標準状態条件下で電子ポテンシャルエネルギーを 0.72 V（0.82 V から 0.1 V まで）だけ変えるのに十分である．

電子伝達鎖を続けて眺めていくと，QH_2 から PS I への電子の流れがあって，エネルギー的に下り坂の過程となっている．電子のいくらかはシトクロム b_6 とシトクロム f（シトクロム bf 複合体とよばれる）および銅タンパク質プラストシアニンを経由する．

さらに続いて PS I について考察する．PS II と同様に，PS I はその反応中心に，吸収極大が 700 nm のクロロフィル二量体を含み，P700 とよばれる．光子吸収後の $P700^*$ は受容体のクロロフィル分子へと電子を伝達し $P700^+$ となる．受容体であるクロロフィル分子はキノンや 3 個の鉄-硫黄クラスターやフェレドキシンから成る鎖に沿って電子を伝達する．続いて，2 個の還元型フェレドキシンが $NADP^+$ に電子を渡して NADPH が生成する．（$NADP^+$ の構造は，図 6・20 の NAD^+ の構造とかなり良く似ている．）$P700^+$ は最終的には還元型プラストシアニンから電子を受け取り，P700 へと戻って別の光子を吸収する準備をする．以上の全体の過程は，Z 機構とよばれる模式図にまとめられる．Z 機構という名前は P680 から $P700^*$ への酸化還元ダイヤグラムがアルファベットの Z 文字に似ていることに由来している（図 15・6）．また，正味の反応は下のようになる．

$$2\,H_2O + 2\,NADP^+ \longrightarrow O_2 + 2\,NADPH + 2\,H^+$$

Z 機構に関してはつぎのいくつかの点が注目に値する．まずフェレドキシンからの電子が，$NADP^+$ へ移動せずに，循環的過程でシトクロム bf 複合体に戻ることがあるとい

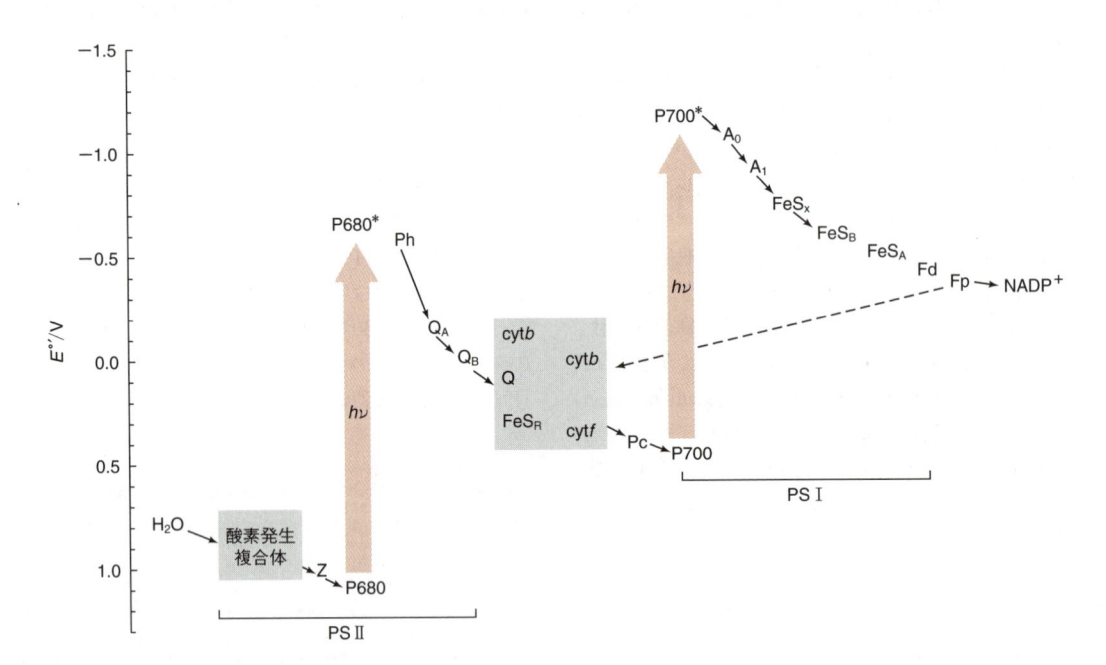

図 15・6 H_2O から $NADP^+$ への電子の流れを示す Z 機構．略号はつぎの通り．Z, PS II への電子供与体；Ph, フェオフィチン；Q_A, Q_B, Q, 異なった種のキノン；$cyt\,b$ および $cyt\,f$, シトクロム b および f；FeS_R, リスケ鉄-硫黄タンパク質；Pc, プラストシアニン；A_0 および A_1, PS I の初期電子受容体；FeS_x, FeS_B, FeS_A, 鉄-硫黄タンパク質；Fd, フェレドキシン；Fp, フラビンタンパク質．破線は PS I を回る循環的な電子移動経路を示している〔R. E. Blankenship, R. C. Prince, *Trends Biochem. Sci.*, **10**, 383(1985) による〕．

うことである．そして電子はプラストシアニンを経由してP700⁺へと戻るが，これにより膜を横切ってプロトンが汲み出される．§7・6で議論した化学浸透圧説によれば，結果として生ずるプロトンの濃度勾配はATPの合成を駆動する．PSⅡはこの循環過程には関与しない．

非循環過程では，プロトンの濃度勾配は二つの部位（PSⅡとシトクロム bf 複合体であり，PSⅡで水が分子状酸素に酸化される）でつくられる．非循環電子移動過程による O_2 の1分子の生成につき，全体でおよそ12個のプロトンが膜を横切る．4個のプロトンが移動するごとに1個のATPが合成されるので，O_2 が発生するごとに 12/4＝3 個のATP分子が生成することになる見積もりとなる．

またZ機構によって，レッドドロップとエマーソン増強効果を説明することが可能である．今まで見てきたように，PSⅠは長波長の赤色光（700 nm 以上）で最も効率的に駆動される．PSⅡを駆動させるのに必要な短い波長の光がないときには，水分子が酸素分子に酸化されないので，Z機構に沿った電子の流れはすぐに途絶えてしまう．680 nm よりも短い波長の光のみで照射すると収率は増すが，収率が最大になるのは両方の波長を用いたときである．

最後に細菌における光合成を簡単に眺めてみよう．先に述べたように，紅色細菌の反応中心は緑色植物のPSⅡの反応中心に似ている．多くの光合成細菌は酸素を発生しない．水から $NADP^+$ への方向をもった（非循環的な）電子移動をせずに，これらの細菌は単一の循環的な光合成系を利用している．その反応中心はバクテリオクロロフィル二量体を含んでいて，PSⅡのクロロフィル二量体と比べると，わずかな構造上の差異のため吸収極大が 870 nm へシフトしている以外は良く似ている．その吸収極大の波長から，バクテリオクロロフィル二量体は P870 とよばれている．光誘起電子移動の基本的な機構は緑色植物のそれと同じであるが，電子供与体と受容体の鎖は連結されていて，正味の酸化と還元は起こらない．光子のエネルギーのうちのいくらかは，ATPの生成のために保存されていて，そのエネルギーはこの場合，H_2S あるいは有機酸からの電子を用いて NAD^+ の還元を駆動する．こうして生成したNADHは，光によって生み出されたATPと共にさまざまな細胞反応に用いられるのである．

暗 反 応

光合成における一次過程の電子伝達段階は極度に速くピコ秒の桁で起こる．続いて起こる段階である暗反応はずっと遅い反応である．暗反応では大気中から CO_2 を取込み，

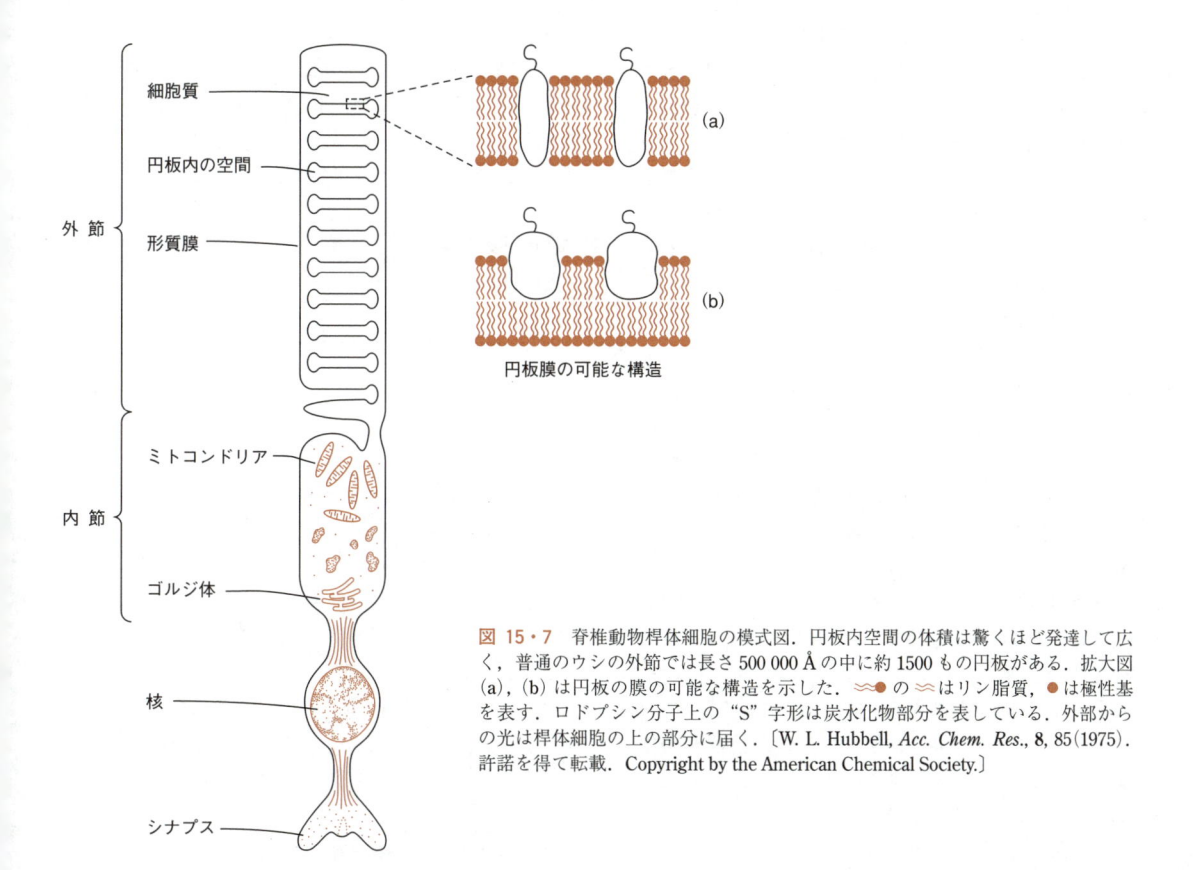

図 15・7 脊椎動物桿体細胞の模式図．円板内空間の体積は驚くほど発達して広く，普通のウシの外節では長さ 500 000 Å の中に約 1500 もの円板がある．拡大図 (a)，(b) は円板の膜の可能な構造を示した．≈● の ≈ はリン脂質，● は極性基を表す．ロドプシン分子上の "S" 字形は炭水化物部分を表している．外部からの光は桿体細胞の上の部分に届く．〔W. L. Hubbell, *Acc. Chem. Res.*, **8**, 85(1975). 許諾を得て転載．Copyright by the American Chemical Society.〕

図 15・8 11-*cis*-レチナールと全 *trans*-レチナールの構造

光エネルギーで合成した ATP と NADPH を用いてグルコース分子を生成する．この過程は**炭酸固定**（carbon dioxide fixation）とよばれている．興味をもたれた読者は，暗反応に関する詳細な解説としては標準的な生化学の本を調べてみると良い．

15・3 視　覚

光合成と同じく，視覚における第一段階は光エネルギーの吸収である．可視光を吸収する発色団はビタミン A アルデヒド，すなわちレチナールである．目の網膜には数億の桿体細胞と 500 万の錐体細胞がある．細胞と脳へつながる神経繊維との間にはシナプスという接合部分が存在する（図 15・7）．レチナールは**オプシン**（opsin）とよばれるタンパク質と結合している．オプシンには 4 種の異なった型があり，1 種類は桿体細胞に，他の 3 種類は錐体細胞に存在している．発色団と桿体細胞オプシンの複合体は**ロドプシン**（rhodopsin），発色団と錐体細胞オプシンの複合体は**イオドプシン**（iodopsin）とそれぞれよばれている．米国の動物学者 George Wald（1906～1997）らによる研究の結果，今日では視覚の基本的な機構はかなり良く理解されている．光による励起の後に起こる変化は，ロドプシンとイオドプシンとでは基本的に同じであって，それはすなわち，発色団のシス-トランス異性化である．

図 15・8 には幾何異性体である 11-*cis*-レチナールと全 *trans*-レチナールを示した．実際には，6 個の幾何異性体がありうるが，視覚過程においてはこれら二つの異性体のみが重要である．光は 11-*cis*-レチナールから全 *trans*-レチナールへの異性化を開始するのに利用されるだけである．ここが視覚の場合と光合成の場合とで光の役割が基本的に異なるところである．光合成においては光エネルギーは，電気化学的勾配に抗して電子を運び，ATP と NADPH 分子を合成するという化学的な活動に使用されるが，視覚においては，光エネルギーによって化学合成は起こらない．光が作用する神経繊維は放電するばかりの状態になっている．なぜなら，レチナールの励起とはまったく無関係の化学反応によってその神経繊維はあらかじめ電位をもった状態にあるからである．光はその放電を開始するためにのみ必要なのである．

ロドプシンの構造

オプシンは 1 mol およそ 38 000 Da のタンパク質である．ロドプシンでは 11-*cis*-レチナールのアルデヒド基がオプシン上のリシンのアミノ基とシッフ塩基*を形成している．

11-*cis*-レチナール　リシン

プロトン化シッフ塩基

図 15・9 からわかるように，プロトン化シッフ塩基を形成すると，11-*cis*-レチナールからロドプシンになることによって，11-*cis*-レチナールでは λ_{max} がおよそ 380 nm であったのが 500 nm へシフトする．ロドプシンのモル吸光係数はおよそ 40 000 l mol^{-1} cm^{-1} であり，これはレチナール分子における長い π 電子共役系によるものである．

視覚の機構

初期の *in vitro* での研究で，網膜が光にさらされるとロ

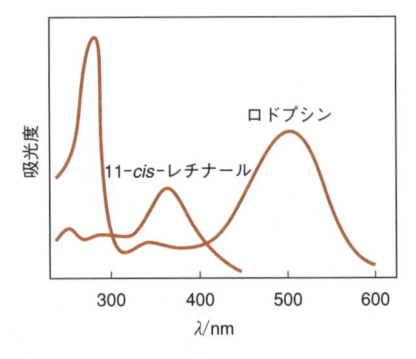

図 15・9　11-*cis*-レチナールとロドプシンの吸収スペクトル．280 nm の吸収はオプシンタンパク質によるものである．500 nm におけるロドプシンのモル吸光係数はおよそ 40 000 l mol^{-1} cm^{-1} である．

＊シッフ塩基（イミン）は，カルボニル基と第一級アミンとの間で形成される官能基 C=N を含む化合物である．

C=C 結合周りの内部回転

11-cis-レチナールから全 trans-レチナールへの異性化をより良く理解するために,この過程をエネルギー的に考察してみる.まずはじめに,エタンのような C-C 単結合周りの内部回転は,まったく自由であることに注目しておこう.そこには,隣接した炭素原子に結合している水素原子間の立体障害のために,およそ 10 kJ mol^{-1} のわずかに小さな回転障壁があるのみである.それに対して,C=C 結合を含む分子では σ 結合に加えて二つの炭素原子の間に π 結合が存在するので,内部回転が制限される.この場合には,内部回転が制限されることにより幾何的な異性現象がひき起こされる.図 15・12 にシス-トランス異性化における結合切断段階と結合生成段階を示す.異性化反応に対する活性化エネルギーは通常 120 kJ mol^{-1} の桁である.加熱や光照射,化学的な触媒が幾何的な異性化をひき起こす通常の手段である.

光異性化はシスからトランスあるいはトランスからシスへの変化をひき起こしうる.したがって,どちらの異性体に長時間の光照射をしてもシス体とトランス体の濃度がある比率をもった定常状態になる.この比の実際の値はそれぞれの異性体のモル吸光係数と照射光の波長に依存する.C=C 結合を光励起することは π→π* 遷移を起こすことになり,分子は第一励起一重項状態か最低三重項状態になるであろう.図 15・13 には,ロドプシンの基底状態と励起状態についての単純化したポテンシャルエネルギー図が,C11 と C12 間の結合の周りの内部回転角の関数として示されている.回転角が 0° のときは,光吸収前の,ロドプシン中の 11-cis-レチナールに相当し,回転角が 180° のときは,全 trans-レチナール形(バソロドプシン)に相

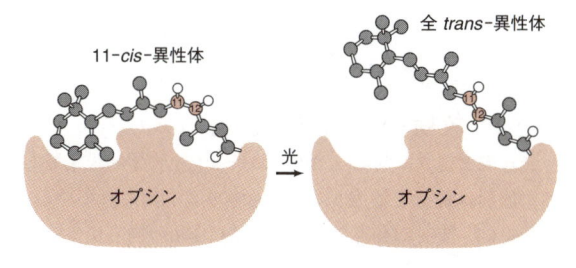

図 15・10 ロドプシンにおける異性化過程の概略図

ドプシンがオプシンと全 trans-レチナールとに分解することが示された.暗条件でオプシンが 11-cis-レチナールと結合することによって,ロドプシンが再生できるので,光が C11 と C12 間の二重結合周りでレチナールの異性化をひき起こすのだという結論になった(図 15・10).短いレーザーパルスを用いた実験により,ロドプシンの初期光励起によって,ひずんだ全 trans-レチナールをもつ,**バソロドプシン**(bathorhodopsin)とよばれる種が生成することが示唆された.この変化が,全 trans-レチナールの放出に至る一連の反応中間体を生み出す(図 15・11).これらの過渡種において吸収特性が異なるのは,コンホメーションや電荷分布が異なっているからである.最終的に,酵素によって触媒される過程により,暗中で全 trans-レチナールが 11-cis-レチナールへと異性化し,シッフ塩基を形成することでロドプシンが再生する.

視覚はメタロドプシン II の形成の段階で起こる.メタロドプシン II の形成は,カチオン特異的チャネルを閉め,神経シグナルを発生するに至る酵素のカスケード反応(多段階増幅反応経路)をひき起こす.このシグナルは脳に伝達され,処理を受けて視覚的な像へと変換される.

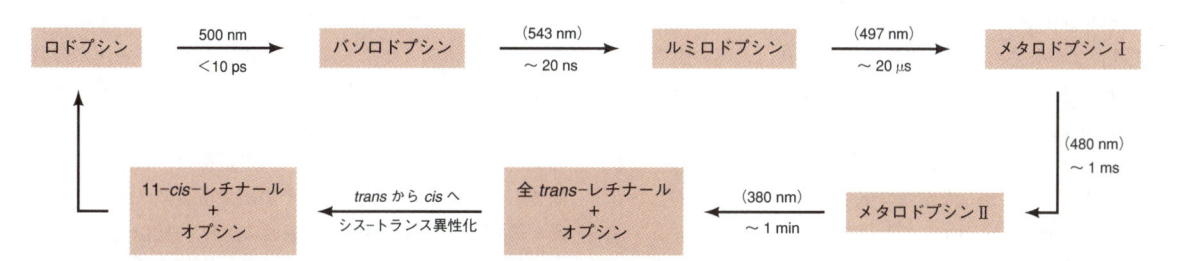

図 15・11 視覚のサイクル.はじめにロドプシン分子が 500 nm の光子を吸収する(これが光吸収が関与する唯一の段階である).10 ps 以内に,ロドプシンはバソロドプシンへと変化する.吸収極大と平均寿命とで特徴づけられる一連の中間体によって示されるように,レチナールとタンパク質の両方が,コンホメーション変化を続ける.最終的に,全 trans-レチナールはオプシンから解離し,暗所で酵素作用により 11-cis-レチナールへと異性化した後,オプシン分子とシッフ塩基を形成してもとに戻る.

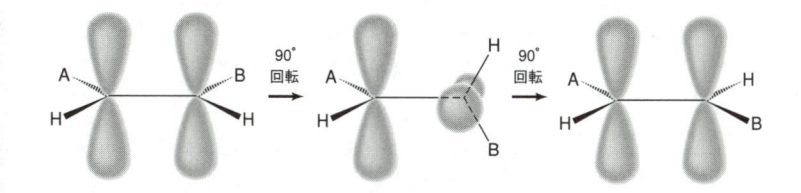

図 15・12 シス-トランス異性化過程における π 結合の切断と再生.中間状態において,二つの p 軌道が互いに垂直であることに注目しよう.π 結合の切断は C-C 結合の周りの内部回転を可能にする.

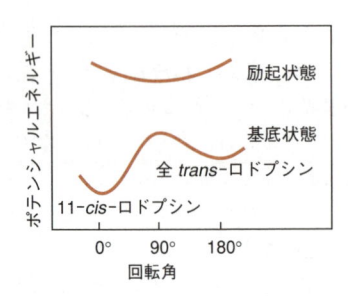

図15・13 11-*cis*-ロドプシンおよび全 *trans*-ロドプシンの電子基底状態とそれらに共通な励起状態のポテンシャルエネルギー曲線. 回転角0°は11-*cis*-レチナールに相当し, 一方, 回転角180°は全 *trans*-レチナールへと異性化した分子を意味する. 励起状態においては, 回転角がおよそ90°の場所でエネルギー最小状態をとる.

当する. これら2種の相対的なポテンシャルエネルギーに注目しよう. 溶液中の遊離状態では11-*cis*-レチナールは, C13のメチル基とC10の水素原子間の立体的な相互作用のために全 *trans*-異性体よりも不安定である. ロドプシンにおいては, 11-*cis*-レチナールとオプシンの間の相互作用の方が全 *trans*-異性体の場合より有利になるのである. 励起状態のポテンシャルエネルギーは回転角が90°になるときに最小となる(再び図15・12参照). 最終的に, 励起状態は基底状態へと緩和するが, そこでバソロドプシンか元々の11-*cis*-レチナールのどちらかになる. 実験測定によると, 初期励起の後に生成する一重項状態の$\frac{2}{3}$はバソロドプシンとなる.

興味深いことに, 光がない場合は37℃という生理的な温度では, レチナールのシス-トランス異性化は1000年にたった一度の割合でしか起こらない. このように, ヒトが光を知覚することにおいては, 実際上バックグラウンドの"雑音"がない. これは重要な点であり, 人間の眼の感度は非常に高く, 見えるという感覚になるのにたったの5個か6個の光子が必要なだけである.

ロドプシンは, たとえば夜中のような光強度が低いときに機能する. しかしながらロドプシンは一つの色素しかもたないので色を区別することはできない. イオドプシンには3種類あるが, それらは光吸収のλ_{max}が426 nm(青)と530 nm(緑)と560 nm(黄)の色素となっていて, 錐体細胞における色覚を担っている. 吸収極大が560 nmの色素は, 赤色もまた同様に知覚できるように, 感度をより長波長領域へと広げている. 錐体細胞は桿体細胞よりも光に対して感度の点でずっと劣るので, 薄暗い光の下ではすべての物体が灰色の陰のように見えてしまう. ヒトに加えて, 霊長類の動物や魚類, 鳥類は錐体細胞をもっているので少なくとも幾種類かの色を認識できる. 一方, ネコやウシの網膜はほとんど桿体細胞なので, これらの動物は色盲である*.

15・4 放射の生物学的影響

光合成と視覚は共に自然界における光生物学的現象であり, 放射は病気を治療するのにもうまく利用されている. 本節では, 放射の有害な作用と有益な作用の両方について議論しよう.

太陽光と皮膚がん

米国では, 毎年およそ百万人の皮膚がん患者が発生し, 他のすべての種類のがんの発生率と拮抗している. これらのうちでおよそ4万人が悪性のメラノーマであり, 致死率は18%に及ぶ. 症例の大部分において, 皮膚がんの原因は太陽光放射である.

太陽からの有害な放射は主として紫外(UV)領域にあって, UV-C(200~280 nm)とUV-B(280~320 nm), UV-A(320~400 nm)とよばれる三つの領域に分けられる. 最も有害な放射はUV-Cである. 幸運なことに, ほとんどのUV-C放射は成層圏のオゾン層に吸収される. UV-B放射は少量が地球表面まで到達し, 皮膚赤みや水泡や日焼けによる皮剝けの原因となる(皮膚が赤みがかるのは, 皮膚下の血管が放射に応答して拡張し血流が増加することが原因である). UV-B放射は皮膚がんの張本人である. 最もエネルギーの低い放射であるUV-Aは, いわゆる"日焼け"をひき起こす.

UV-AあるいはUV-Bが, 皮膚下にある色素を生産するメラノサイト細胞に当たると, **メラニン**(melanin)とよばれる紫外光を吸収する黒色色素が生まれる. この物質は放射の一部を遮り, 皮膚の下層の損傷を最小にするのを助ける. これに加えて, 層の外にある損傷した細胞を取替えるために, メラノサイト細胞は普段よりもより急速に分裂し始める. 通常, 皮膚の新しい細胞が表面に到達するまでには数週間かかる. 表面では皮膚の更新サイクルの役割として古い皮膚ははがれていく. この過程は, 太陽光に長時間さらされることで速まり, その結果多数のメラニンを含んだ細胞が数日のうちに皮膚表面に達し, 日焼けが生じる.

光によってひき起こされるがんを理解するためには, UV放射のDNAへの影響を見てみなければならない. DNA分子は260 nmに吸収極大をもち, 200 nmから300 nmの間の放射を強く吸収する(図14・20を参照). ピリミジンとは異なり, プリン(アデニンとグアニン)のUV光に対する感受性はずっと低い. チミンの二量体化が, DNA分子中で起こる最も重要な光化学反応であるという

―――――――――
* それゆえマタドール(闘牛士)は, 牛を挑発するための赤いケープを本当は必要としない.

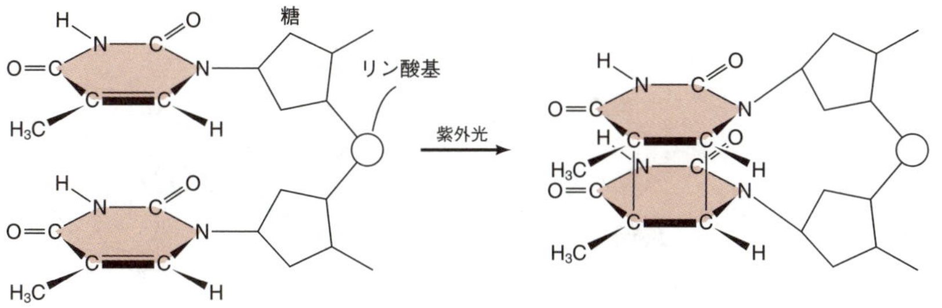

図 15・14　DNA分子の同じ鎖上にある隣接チミン塩基の二量体化

ことが，実験でわかっている．通常チミン溶液のUV光に対する感受性は比較的低いが，チミン単量体の凍結溶液に比較的強いUV光を照射すると高収率でチミンの二量体化が進行する．チミン二量体が凍結状態でのみ形成されることは，二量体化反応にとっては，二つのチミン分子が互いに接近しているのみならず，ある配向をもって保持されていることが必要であることを示している．DNA分子中では，二つの隣接したチミン塩基の対は，互いに接近していてかつ，同じ鎖上の位置に固定されている．以上のことから，DNA分子はUV光にさらされるとチミン二量体が形成されると予想されるが，まさに実際そうなっている（図15・14）．おそらくこのことが，皮膚細胞中の特定の遺伝子の突然変異における第一段階である．たとえば，この突然変異が正常な遺伝子を成長プロモーター（腫瘍遺伝子）へと変えた場合，細胞は過度に再生する可能性がある．また別の可能性として，突然変異によって通常細胞の成長を制限する遺伝子（腫瘍サプレッサー遺伝子）が不活性化されることもある．

チミン二量体は，光回復を経て単量体の形へ回復することができる．光回復とは，光回復酵素つまりDNAフォトリアーゼとよばれる光吸収する酵素が，可視光のエネルギーを利用して二量体のシクロブタン環を切断し，DNAを修復する過程のことである．フォトリアーゼは単量体のタンパク質で，発色団として働く二つのフラビン補因子をもっている．フォトリアーゼ酵素は，光に依存しない反応でDNA基質と結合する．そして結合した酵素のうちの一つの発色団が可視光の光子を吸収し，双極子-双極子相互作用によって2番目のフラビンへとエネルギー移動を起こして，今度はフラビンがDNA中のチミン二量体へと電子を伝達する．その結果二量体は切断される．逆向きの電子伝達によって，発色団フラビンは機能できる形態へと回復し，酵素はつぎの触媒サイクルに対する準備が整う．二量体の分裂においては正味の酸化還元の変化はない．興味深いことに，フォトリアーゼは光によって駆動される酵素の中で唯一光合成に関与しない酵素である．

光医学

光医学とは，光化学と光生物学の原理を病気の治療と診断に応用することである．この目的への関心は，UV光を照射することで結核による顔面の損傷を直すことができることが発見された19世紀までさかのぼる．光医学は，UV光が微生物を殺し，太陽光がビタミンD欠乏症（くる病）の治療や予防に有効であるという発見によって活発化した．以下の2例について簡潔に議論しよう．

光化学療法　光化学療法では光を利用してがん化した細胞を破壊することができる活性物質を生産する．患者は**光増感剤**（photosensitizer）とよばれる化合物を含んだ溶液を静脈注射されるが，1日ほどたつと，この溶液は体中に行き渡る．その後，特別に設計された光ファイバーのプローブを治療したい細胞を含む領域に差し込んで，色素レーザーにより光増感剤を照射する．すると次式のような反応が起こる．

$$S_0 \xrightarrow{h\nu} S_1 \quad \text{一重項} \longrightarrow \text{一重項の励起}$$
$$S_1 \longrightarrow S_0 + h\nu \quad \text{蛍光}$$
$$S_1 \longrightarrow T_1 \quad \text{項間交差}^{*1}$$
$$T_1 + {}^3O_2 \longrightarrow S_0 + {}^1O_2 \quad \text{エネルギー移動による一重項酸素の生成}$$

ここでS_0とS_1は光増感剤の基底状態と第一励起一重項状態，T_1は最低三重項状態（図14・37参照），${}^3O_2$と${}^1O_2$は酸素分子の三重項状態と一重項状態である[*2]．一重項酸素には高い反応性があるので，近隣の腫瘍細胞を破壊することができる．

光化学療法における薬品として成功を収めるには，光増感剤は三つの要件を満足しなければならない．第一に無害でなるべく水に可溶でなくてはならない．第二に光増感剤は，可視スペクトルにおける赤色領域から近赤外領域において強い吸収をもたねばならない．なぜならば，注射の後，光増感剤を含んだ溶液は皮膚を含む体中に行き渡るので，もし化合物が短波長の可視や紫外の光を強く吸収するとしたら，患者は太陽光による光傷害を受けやすくなり，明ら

[*1] 項間交差とは，分子がある電子状態からスピン多重度の異なった別の電子状態へと遷移する無放射遷移のことである．
[*2] フントの規則に従うと，O_2の最低電子状態，すなわち基底電子状態は，二つの不対電子をもつ三重項である．

図 15・15 DNA 分子の異なった鎖上にあるチミン分子と 8-MOP との間の化学結合形成の概略図. この架橋結合のために, 複製の際に鎖がほどけることはない.

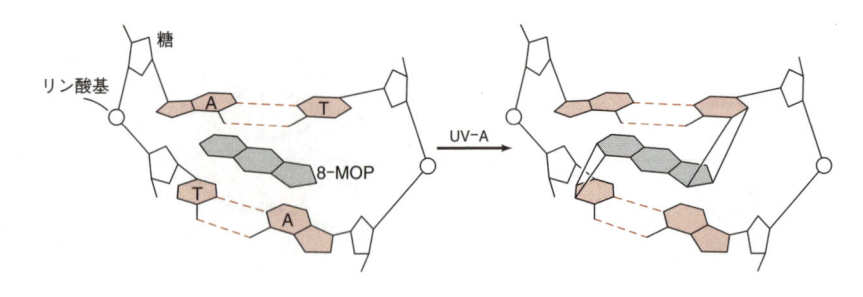

かに望ましくない副作用を起こしてしまうだろう. 第三に, 健康な組織への損傷をできるだけ減らすために, 光増感剤は選択的にがん細胞にとどまっていなければならない. このために, その蛍光を調べることで化合物の位置を監視することができることが望ましい.

光化学療法の展望は明るい. がん治療のほかに, 光増感剤は細菌の殺傷にもまた大きな効果があるらしい. 現在のところ, 医療への適用に関して適切な光化学的および化学的な性質をもった, 光増感剤 (たいていの場合, ポルフィリン環系を含んだ複雑な構造をもつ化合物である) の合成に多大の努力が払われている.

光活性化薬剤　古代エジプト人は *Ammi majus* とよばれるありふれた植物が光によって医学的性質をもつようになることに気づいていた. *Ammi majus* はナイル川の岸に生育する雑草である. 当時の医者は, その植物を摂取した後では異常ないほどに日焼けしやすくなることを発見した. そのために, その植物はある種の皮膚の疾患を治療するのに用いられた. 化学的分析から, この植物における有効成分はソラレン類とよばれる一群の化合物の一つであることがわかった. その例として, 8-メトキシソラレン (8-methoxypsoralen, 8-MOP) がある.

8-メトキシソラレン (8-MOP)

医学的研究により 8-MOP は光によって活性化する効果的な抗がん剤であることが明らかにされた.

皮膚 T 細胞リンパ腫 (cutaneous T-cell lymphoma, CTCL) は白血球における悪性腫瘍であり, 予後は悪い. しかしながら, 8-MOP と光による治療法は CTCL 治療における有望な結果を出している. 典型的な方法では, およそ 500 ml の血液 (これは 1 回の献血の量とほぼ同じである) が患者から採取される. 遠心分離によって血液は赤血球と白血球と血漿の 3 成分に分離されるが, 白血球と血漿は 8-MOP が加えられた塩溶液と混ぜられる. つぎに, この溶液に高強度の UV-A 光を照射する. 光照射後, 赤血球を, 採取されたもとの血液の残りの部分に戻した後, 患者に輸血する. 光がないと 8-MOP は不活性であり人体にまったく害はない.

図 15・15 に, 白血球の細胞核中の DNA 分子の塩基対の間に滑り込むことのできた 8-MOP の大きさと形を図示する. 光照射によって 8-MOP は DNA 二重鎖の両方の鎖上の塩基と化学結合をつくり架橋する. すると強力な化学結合が DNA の複製を妨げ, 細胞死に至る. この治療法は非選択的であり, 悪性腫瘍細胞にも健康な細胞にも両方共に損傷を与える. 興味深いことに, 損傷を受けた悪性腫瘍細胞が患者の血液中に戻されると, それらは何らかの形で, 8-MOP と光照射による治療を受けていない腫瘍細胞を破壊する免疫系を誘導する. DNA に対するより大きな親和性をもつ薬とそれらを体内で活性化する方法を見いだすために, より多くの研究がなされる必要性があるが, がんや他の病気に対する治療薬として, 光活性化薬品が重要な役割を果たすであろうことはまず疑いない.

参 考 文 献

書　籍

R. E. Blankenship, "Molecular Mechanisms of Photosynthesis," Blackwell Science, Oxford (2002).

R. K. Clayton, "Light and Living Matter," Vols.1, 2, McGraw-Hill, New York (1971).

R. K. Clayton, "Photosynthesis: Physical Mechanisms and Chemical Patterns," Cambridge University Press, New York (1980).

W. A. Cramer, D. B. Knaff, "Energy Transduction in Biological Membranes," Springer-Verlag, New York (1991).

D. O. Hall, K. K. Rao, "Photosynthesis," 5th Ed., Cambridge University Press, New York (1994).

W. Harm, "Biological Effects of Ultraviolet Radiation," Cambridge University Press, New York (1980).

D. G. Nicholls, S. J. Ferguson, "Bioenergetics," 2nd Ed.,

Academic Press, New York (1992) (光合成について論じている第6章).

P. Suppan, "Chemistry and Light," Royal Society of Chemistry, London (1994).

N. J. Turro, "Modern Molecular Photochemistry," University Science Books, Sausalito, CA (1991).

論文
総説:

H. H. Jaffë, A. L. Miller, 'The Fates of Electronic Excitation Energy,' *J. Chem. Educ.*, **43**, 469 (1966).

N. J. Turro, 'Photochemical Reactivity,' *J. Chem. Educ.*, **44**, 536 (1967).

G. Oster, 'The Chemical Effects of Light,' *Sci. Am.* September (1968).

J. S. Swenton, 'Photochemistry of Organic Compounds,' *J. Chem. Educ.*, **46**, 7, 217 (1969).

D. C. Neckers, 'Photochemical Reactions of Natural Macromolecules,' *J. Chem. Educ.*, **50**, 164 (1973).

A. D. Baker, A. Casadavell, H. D. Gafney, M. Gellender, 'Photochemical Reactions of Tris(oxalato)Iron(III),' *J. Chem. Educ.*, **57**, 317 (1980).

A. Vogler, H. Kunkely, 'Photochemistry and Beer,' *J. Chem. Educ.*, **59**, 25 (1982).

J. H. Fendler, 'Photochemistry in Organized Media,' *J. Chem. Educ.*, **60**, 872 (1983).

F. W. Taylor, 'Atmospheric Physics,' "Encyclopedia of Applied Physics," ed. by G. L. Trigg, Vol.1, p.489, VCH Publishers, New York (1994).

P. Engelking, 'Laser Photochemistry,' "Encyclopedia of Applied Physics," ed. by G. L. Trigg, Vol.8, p.283, VCH Publishers, New York (1994).

K. L. Stevenson, O. Horváth, 'Reactions Induced by Light,' "Encyclopedia of Applied Physics," ed. by G. L. Trigg, Vol.16, p.117, VCH Publishers, New York (1996).

S. R. Logan, 'Does a Photochemical Reaction Have a Reaction Order?,' *J. Chem. Educ.*, **74**, 1303 (1997).

光合成:

Govindjee, R. Govindjee, 'The Absorption of Light in Photosynthesis,' *Sci. Am.*, December (1974).

K. R. Miller, 'The Photosynthetic Membrane,' *Sci. Am.*, April (1979).

P. Borrell, D. T. Dixon, 'Electrode Potential Diagrams and Their Use in the Hill-Bendall or Z-Scheme for Photosynthesis,' *J. Chem. Educ.*, **61**, 83 (1984).

C. L. Bering, 'Energy Conversions in Photosynthesis,' *J. Chem. Educ.*, **62**, 659 (1985).

R. E. Blankenship, R. C. Prince, 'Excited State Redox Potentials and the Z Scheme for Photosynthesis,' *Trends Biochem. Sci.*, **10**, 382 (1985).

M. B. Bishop, C. B. Bishop, 'Photosynthesis and Carbon Dioxide Fixation,' *J. Chem. Educ.*, **64**, 302 (1987).

D. C. Yonvan, B. L. Marrs, 'Molecular Mechanism of Photosynthesis,' *Sci. Am.*, June (1987).

Govindjee, W. J. Coleman, 'How Plants Make Oxygen,' *Sci. Am.*, February (1990).

R. E. Blankenship, 'Photosynthesis,' "Encyclopedia of Inorganic Chemistry," p.3828, John Wiley & Sons, New York (1994).

J. Barber, B. Andersson, 'Revealing the Blueprint of Photosynthesis,' *Nature*, **370**, 31 (1994).

J. J. MacDonald, 'Photosynthesis: Why Does It Occur?' *J. Chem. Educ.*, **72**, 1113 (1995).

J. Whitmarsch, 'Photosynthesis,' "Encyclopedia of Applied Physics," ed. by G. L. Trigg, Vol.13, p.513, VCH Publishers, New York (1995).

N. Lewis, 'Artificial Photosynthesis,' *Am. Sci.*, **83**, 534 (1995).

R. E. Blankenship, H. Hartman, 'The Origin and Evolution of Oxygenic Photosynthesis,' *Trends Biochem. Sci.*, **23**, 94 (1998).

V. A. Szalai, G. W. Brudvig, 'How Plants Produce Dioxygen,' *Am. Sci.*, **86**, 542 (1998).

M. Freemantle, 'Mimicking Natural Photosynthesis,' *Chem. Eng. News*, **76** (43), 37 (1998).

A. T. Jagendorf, 'Chance, Luck and Photosynthesis Research: An Inside Story,' *Photosynthesis Research*, **57**, 215 (1998).

R. E. Blankenship, 'Photosynthesis: The Light Reactions,' "Plant Physiology," ed. by L. Taiz, E. Zeiger, Benjamin Cummings, Redwood City, CA (1999).

A. W. Rutherford, P. Fuller, 'The Heart of Photosynthesis in Glorious 3D,' *Trends Biochem. Sci.*, **26**, 341 (2001).

視覚:

R. Hubbard, A. Kropf, 'Molecular Isomers in Vision,' *Sci. Am.*, June (1967).

S. B. Hendricks, 'How Light Interacts With Living Matter,' *Sci. Am.*, September (1968).

U. Weisser, 'The Process of Vision,' *Sci. Am.*, September (1968).

R. H. Masland, 'The Functional Architecture of the Retina,' *Sci. Am.*, December (1986).

J. L. Schnapf, D. A. Baylor, 'How Photoreceptor Cells Respond to Light,' *Sci. Am.*, April (1987).

L. Stryer, 'The Molecules of Visual Excitation,' *Sci. Am.*, July (1987).

J. Nathans, 'Rhodopsin: Structure, Function, and Genetics,' *Biochemistry*, **31**, 4923 (1992).

H. Kolb, 'How the Retina Works,' *Am. Sci.*, **91**, 28 (2003).

放射の生物学的影響:

R. A. Deering, 'Ultraviolet Radiation and Nucleic Acid,' *Sci. Am.*, December (1962).

P. C. Hanawalt, R. H. Haynes, 'The Repair of DNA,' *Sci. Am.*, February (1967).

G. Oster, 'The Chemical Effects of Light,' *Sci. Am.*, September (1968).

R. J. Wurtman, 'The Effects of Light on the Human Body,' *Sci. Am.*, July (1975).

J. Bland, 'Biochemical Effects of Excited State Molecular Oxygen,' *J. Chem. Educ.*, **53**, 274 (1976).

P. Howard-Flanders, 'Inducible Repair of DNA,' *Sci. Am.*, November (1981).

C. L. Greenstock, 'Radiation Sensitization in Cancer Therapy,' *J. Chem. Educ.*, **58**, 156 (1981).

A. C. Upton, 'The Biological Effects of Low-Level Ionizing Radiation,' *Sci. Am.*, February (1982).

A. C. Wilbraham, 'Phototherapy and the Treatment of Hyperbilirubinemia: A Demonstration of Intra- Versus Intermolecular Hydrogen Bonding,' *J. Chem. Educ.*, **61**, 540 (1984).

R. L. Edelson, 'Light Activated Drugs,' *Sci. Am.*, August (1988).

C. M. Lovett, Jr., T. N. Fitsgibbon, R. Chang, 'Effect of UV Irradiation on DNA as Studied by Its Thermal Denaturation,' *J. Chem. Educ.*, **66**, 526 (1989).

J. S. Taylor, 'DNA, Sunlight, and Skin Cancer,' *J. Chem. Educ.*, **67**, 835 (1990).

D. W. Daniel, 'A Simple UV Experiment of Environmental Significance,' *J. Chem. Educ.*, **71**, 83 (1994).

A. Sancar, 'Structure and Function of DNA Photolyase,' *Biochemistry*, **33** (1): 2 (1994).

D. J. Leffell, D. E. Brash, 'Sunlight and Skin Cancer,' *Sci. Am.*, July (1996).

D. R. Kimbrough, 'The Photochemistry of Sunscreens,' *J. Chem. Educ.*, **74**, 51 (1997).

C. Walters, A. Keeney, C. T. Wigal, C. R. Johnston, R. D. Cornelius, 'The Spectrophotometric Analysis and Modeling of Sunscreens,' *J. Chem. Educ.*, **74**, 99 (1997).

A. M. Rouhi, 'Let There Be Light and Let It Heal,' *Chem. & Eng. News*, **76** (44), 22 (1998).

J. Miller, 'Photodynamic Therapy: The Sensitization of Cancer Cells to Light,' *J. Chem. Educ.*, **76**, 592 (1999).

E. P. Zovinka, D. R. Sunseri, 'Photochemotherapy: Light-Dependent Therapies in Medicine,' *J. Chem. Educ.*, **79**, 1331 (2002).

N. Lane, 'New Light on Medicine,' *Sci. Am.*, January (2003).

問 題

一 般

15・1 光化学反応において，化学結合を切るのに 428.3 kJ mol^{-1} のエネルギーが必要である．光照射においてどのぐらいの波長の光が適当だろうか．

15・2 450 nm を kJ E^{-1} 単位に換算せよ（E はアインシュタイン）．

15・3 溶液によって光吸収の速度を測定する実験系を考えよ．

15・4 ある有機分子が 549.6 nm の光を吸収する．0.031 mol の分子が 1.43 E の光で励起された場合，この過程の量子収率はどれほどであろうか．またこの過程で吸収された全エネルギーを計算せよ．

15・5 ある化合物の光化学分解において，5.4×10^{-6} E s^{-1} の強度の光が用いられた．最も理想的な条件を仮定して 1 mol の化合物を分解するのに要する時間を見積もれ．

15・6 ナフタレン（C$_{10}$H$_8$）の蛍光とりん光の一次速度定数はそれぞれ 4.5×10^7 s^{-1} と 0.50 s^{-1} である．光励起終了後，1.0 % の蛍光とりん光が放出されるのにどのくらいの時間がかかるか計算せよ．

15・7 光化学反応は同じ反応物でも，しばしば熱反応とは異なる生成物を与える．それはなぜか．

15・8 なぜいくつかの光化学反応においては，励起状態の寿命がマイクロ秒かナノ秒の桁であるのにもかかわらず，十分な収率を達成するためには，何時間あるいは何日間かでさえも試料を照射していなければならないのだろうか．光吸収の速度が 2.0×10^{19} 光子 s^{-1} であると仮定せよ．

15・9 励起一重項状態 S$_1$ が，速度定数が k_1, k_2, k_3 の三つの異なった機構によって失活しうると仮定する．S$_1$ の減衰速度は，$-d[S_1]/dt = (k_1+k_2+k_3)[S_1]$ で与えられる．(a) τ が平均寿命，すなわち，[S$_1$] が元々の値の 1/e つまり 0.368 倍に減少するのに要する時間であるとして，$(k_1+k_2+k_3)\tau=1$ であることを示せ．(b) 全体の速度定数 k はつぎのように与えられる．

$$\frac{1}{\tau} = k = k_1 + k_2 + k_3 = \frac{1}{\tau_1} + \frac{1}{\tau_2} + \frac{1}{\tau_3}$$

量子収率 Φ_i がつぎのように与えられることを示せ．

$$\Phi_i = \frac{k_i}{\sum_i k_i} = \frac{\tau}{\tau_i}$$

ここで i は i 番目の減衰機構を示している．(c) $\tau_1 = 10^{-7}$ s, $\tau_2 = 5 \times 10^{-8}$ s, $\tau_3 = 10^{-8}$ s の場合に，一重項状態の寿命と τ_2 をもつ経路についての量子収率を計算せよ．

15・10 光異性化 A $\rightleftharpoons$ B を考える．650 nm において，順反応と逆反応の量子収率はそれぞれ 0.73 と 0.44 である．

AとBのモル吸光係数がそれぞれ 1.3×10^3 l mol^{-1} cm^{-1} と 0.47×10^3 l mol^{-1} cm^{-1} である場合に，光定常状態における [B]/[A] の比率はいくらか．

光生物学

15・11 太陽の発光スペクトルにおいて 500 nm 付近に λ_{max} があるという事実の生物学的な重要性は何だろうか．

15・12 海洋では，光強度は深度と共に減少する．たとえば，海面よりも 20 m 下の深さでは，光強度は海面のそれの $\frac{1}{2}$ である．実際に光の 99 % が水に吸収されると，完全に暗黒となる．緑藻が海面近くで見られるのに，赤藻が 100 m ほどもの深さにあるのはなぜかを説明せよ．

15・13 Fe, Cu, Co, Mn のような遷移金属は呼吸や光合成にとって必要であるが，Zn, Ca, Na のような非遷移金属は必要でない．この理由を説明せよ．

15・14 光合成において**要求量子数**（quantum requirement）という用語は，1 個の CO_2 分子を (CH_2O) へ還元するのに必要な光子数を表している．

$$H_2O + CO_2 \longrightarrow (CH_2O) + O_2$$

この過程の収率は用いられる光の波長に依存している．必要量子数が 8 であると仮定して，光の波長が，(a) 400 nm と，(b) 700 nm の場合，標準状態条件で 1 mol のグルコースを合成する収率を計算せよ．

15・15 光強度が低いときには，光合成の速度は強度と共に直線的に増加する．しかし，光強度が高くなると，光合成の速度は一定（飽和速度）となる．分子レベルでの解釈を提案せよ．飽和速度は温度によって変化する．この理由を説明せよ．

15・16 650 nm, 2.1 E の光子を光合成生物が吸収したとき，80 % の収率で合成される ATP は何 mol か計算せよ〔ヒント: ADP と P$_i$ から ATP を合成する際の $\Delta_r G^{\circ\prime}$ は 31.4 kJ mol^{-1} である〕．

15・17 ロドプシンの広がった吸収スペクトル（図 15・9 参照）の利点は何か．

15・18 溶液中における 11-*cis*-レチナールの吸収極大は 380 nm である．ロドプシンにおいては吸収極大は 500 nm である．これを説明せよ．

15・19 2×10^{-16} W の光源はヒトの目で観測するには十分な強度である．光の波長を 550 nm として，光を認識するうえでロドプシンが 1 秒間に吸収しなければならない光子の数を計算せよ〔ヒント: 視覚はわずかに 1/30 秒だけ持続するにすぎない〕．

15・20 DCMU（ジクロロフェニルジメチル尿素，<u>d</u>ichloro<u>p</u>henyl<u>dim</u>ethyl<u>u</u>rea）は除草剤である．その機能は光リン酸化と酸素発生の阻害である．しかし，人工の電子受容体が存在する場合，DCMU は酸素の発生を阻害しない．DCMU の阻害作用の箇所を示唆せよ．DCMU は植物が循環的光電子伝達をする能力に影響を与えるか〔ヒント: 図 15・6 を参照〕．

15・21 ADP と P$_i$ から ATP を光リン酸化により合成する（$\Delta_r G^{\circ\prime} = 31$ kJ mol^{-1}）のに必要な pH 勾配の最小値を推定せよ．[ATP]/[ADP][P$_i$] の比を 1×10^3, $T=298$ K と仮定せよ〔ヒント: p.357 に述べられているように，ATP 1 分子の合成につき四つのプロトンが輸送される〕．

16

巨 大 分 子

　巨大分子は，その大きなモル質量（$10^4 \sim 10^{10}$ g mol^{-1}）を特徴とする化学種である．巨大分子あるいは**高分子**（polymer）の化学は，通常の小分子の化学とは大きく異なっている．こうした巨大な分子の性質を調べるには，特殊な手法が必要である．

　高分子は天然物と合成物の2種類に分けられる．**天然高分子**（natural macromolecule）としては，タンパク質，核酸，多糖鎖（セルロース），ポリイソプレン（ゴム）などがあげられる．**合成高分子**（synthetic macromolecule）の多くは，有機高分子（有機ポリマー）である．たとえば，ポリヘキサメチレンアジポアミド（ナイロン），ポリエチレンテレフタラート〔poly(ethylene terephthalate)，PET〕，ポリメタクリル酸メチル（アクリル樹脂）などである．

　本章では，巨大分子の性質を調べるために使われている手法について述べ，その構造と立体配座について検討する．さらに，タンパク質の安定性と折りたたみについても調べる．

16・1 巨大分子の大きさ，形状，モル質量を調べる方法

　モル質量は，巨大分子においては特別な意味をもつ．ショ糖溶液中では，すべての溶質分子は同じモル質量をもっている．異なった方法でモル質量を求めても，同じ値が得られる．ヘモグロビンやその他の溶液中のタンパク質分子でも，サブユニットへの解離がなければ，同じことが言える．しかし，ポリスチレン，DNA，コラーゲンのような繊維タンパク質，ゴムやその他の高分子から成る物質の場合は事情が異なる．これらの場合，分子は均一ではなく，モル質量の分布は一様ではない．すべての分子が均一なモル質量である高分子系を**単分散**（monodispersity）といい，不均一なモル質量をもつ高分子系を**多分散**（polydispersity）であるという．

巨大分子のモル質量

　高分子のモル質量を定義するには，いろいろな方法がある．最も一般的な二つの定義法は，**数平均モル質量**（number-average molar masses）と**質量平均モル質量**（mass-average molar masses）である．

　数平均モル質量（$\overline{\mathcal{M}}_\text{n}$）　　モル質量 $\mathcal{M}_1$ の分子が n_1 個，モル質量 $\mathcal{M}_2$ の分子が n_2 個…と全部で N 個の高分子から成る試料を考える．数平均モル質量は以下のように定義される．

$$\overline{\mathcal{M}}_\text{n} = \frac{n_1\mathcal{M}_1 + n_2\mathcal{M}_2 + \cdots}{n_1 + n_2 + \cdots} = \frac{\sum_i n_i \mathcal{M}_i}{\sum_i n_i}$$

$$\boxed{\overline{\mathcal{M}}_\text{n} = \frac{\sum_i n_i \mathcal{M}_i}{N}} \quad (16 \cdot 1)$$

ここで $\sum_i n_i = N$ である．したがって，$\overline{\mathcal{M}}_\text{n}$ は単純にすべてのモル質量の相加平均である．

　質量平均モル質量（$\overline{\mathcal{M}}_\text{w}$）　　これは以下のように定義される．

$$\overline{\mathcal{M}}_\text{w} = \frac{n_1\mathcal{M}_1^2 + n_2\mathcal{M}_2^2 + \cdots}{n_1\mathcal{M}_1 + n_2\mathcal{M}_2 + \cdots} = \frac{\sum_i n_i \mathcal{M}_i^2}{\sum_i n_i \mathcal{M}_i} \quad (16 \cdot 2)$$

多分散系では，$\overline{\mathcal{M}}_\text{w} > \overline{\mathcal{M}}_\text{n}$ になり，単分散系では $\overline{\mathcal{M}}_\text{n} = \overline{\mathcal{M}}_\text{w}$ となる．それゆえに，二つの異なる方法でモル質量を求めれば，原理的には観察している系の均一性がわかる．

超遠心機を用いた沈降法

　溶液に懸濁した粒子が地球の重力によって下方に引っ張られていることは普段から経験しているだろう．この移動は粒子の浮力によって一部は打ち消されている．地球の重力場は弱いために，多くの場合，巨大分子の溶液は分子の無秩序な熱運動によって，一様になっている．

　移動界面沈降　　回転している遠心管中の溶液のような，強い重力場の影響を受けている溶液について考えてみよう．質量 m の溶質粒子には $m\omega^2 r$ の遠心力が働く．ω

はローターの角速度でラジアン毎秒（角度とラジアンの関係は付録 1 を参照）で表し，r は回転中心から粒子までの距離を，$\omega^2 r$ はローターの遠心加速度を表す（図 16・1）．

遠心力に加え，粒子によって溶媒分子が置換されることによって生じる粒子の浮力についても考慮しなくてはならない．この浮力は，排除された溶媒の質量に $\omega^2 r$ を掛けた分だけ粒子にかかる力を減らす．したがって粒子にかかる正味の力は，

$$\text{正味の力} = \text{遠心力} - \text{浮力}$$
$$= \omega^2 rm - \omega^2 rm_S = \omega^2 rm - \omega^2 rv\rho \quad (16 \cdot 3)$$

浮力は，排除された溶媒の質量（m_S）と遠心加速度を掛けたものに等しく，v と ρ はそれぞれ粒子の体積と溶媒の密度を表す．

ニュートンの運動第二法則によると，粒子に働いている正味の力によって粒子は加速される．同時に粒子には，媒体から沈降速度 dr/dt に比例する摩擦力がかかる．摩擦力は，摩擦係数 f（単位は $\mathrm{N\,m^{-1}\,s}$）と沈降速度の積に等しい．摩擦力は正味の力とは逆向きに働く．定常状態では，摩擦力は正味の力と等しく，粒子は dr/dt の速度でセルの底に向かって動く．

$$f\frac{dr}{dt} = \omega^2 rm - \omega^2 rv\rho \quad (16 \cdot 4)$$

粒子の体積を測定するのは難しいので，便宜的には**部分比体積**（partial specific volume），$\bar{v}$ を用いる．これは，1 g の乾燥した溶質を大きな体積の溶媒に溶かしたときの，体積増加分として定義される．$m\bar{v}$ 量は，質量 m の分子 1 個を溶媒に加えたときに増加する増分体積のことで，粒子の体積 v としてこの値を用いる．ほとんどのタンパク質では，$\bar{v}$ はおよそ $0.74\,\mathrm{ml\,g^{-1}}$ の値を示す．式 (16・4) は，ここで次式のように書ける．

$$f\frac{dr}{dt} = \omega^2 rm - \omega^2 rm\bar{v}\rho = \omega^2 rm(1-\bar{v}\rho) \quad (16 \cdot 5)$$

式 (16・5) を書き換えると，

$$s = \frac{dr/dt}{\omega^2 r} = \frac{m(1-\bar{v}\rho)}{f}$$
$$s = \frac{\mathscr{M}}{N_A}\frac{1-\bar{v}\rho}{f} \quad (16 \cdot 6)$$

$\mathscr{M}$ は溶質のモル質量，N_A はアボガドロ定数である．

式 (16・6) の左辺の量を，**沈降係数** (sedimentation coefficient)，s とよび，スウェーデンの化学者で超遠心分離法の開拓者である Theodor Svedberg（1884～1971）にちなんで，**スベドベリ**（svedberg）単位で表す．1 スベドベリ (Sv) は $10^{-13}\,\mathrm{s}$ である．英国の物理学者，Sir George Gabriel Stokes（1819～1903）は，半径 r_s の球状の溶質粒子の摩擦係数が式 (16・7) で与えられることを示した[*1]．

$$f = 6\pi\eta r_s \quad (16 \cdot 7)$$

ここで η は溶媒の粘度である．式 (16・6) から

$$\mathscr{M} = \frac{sN_A f}{1-\bar{v}\rho} = \frac{sN_A(6\pi\eta r_s)}{1-\bar{v}\rho} \quad (16 \cdot 8)$$

溶質分子の動きやすさは，$k_B T$（k_B はボルツマン定数，T は絶対温度）で表される分子の熱エネルギーと摩擦係数 f とに依存する．$k_B T$ が大きければ大きいほど分子の動きは激しく，f が大きいほど溶媒が溶質に及ぼす摩擦力は大きくなる．Einstein によれば，これら二つの対抗する因子は，その比をとると，溶質の拡散係数 D を与える．

$$D = \frac{k_B T}{f} \quad (16 \cdot 9)$$

それゆえ，D（$\mathrm{m^2\,s^{-1}}$ または $\mathrm{cm^2\,s^{-1}}$ の単位をもつ）の値は溶質分子が溶液中で拡散するしやすさを示す[*2]．式 (16・9) を変形して

$$f = \frac{k_B T}{D} \quad (16 \cdot 10)$$

を得る．式 (16・10) を式 (16・8) に代入して

$$\mathscr{M} = \frac{sN_A k_B T}{D(1-\bar{v}\rho)} = \frac{sRT}{D(1-\bar{v}\rho)} \quad (16 \cdot 11)$$

が得られる．ここで $N_A k_B = R$，気体定数である．

D と $\bar{v}$ は独立した実験から求められるので，モル質量を決めるために測定が必要な量は，沈降係数だけである．定義により，

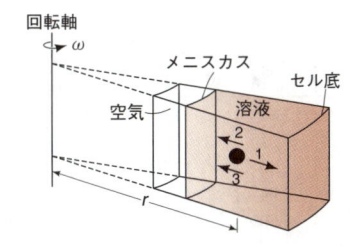

$$s = \frac{dr/dt}{\omega^2 r}$$

図 16・1 超遠心機で角速度 ω で回転している扇形セル中の分子にかかっている力．1 は遠心力，2 は浮力，3 は摩擦力を示す．分子から回転の中心までの距離は r である．最初は溶液は均一である．

[*1] 非球状分子や溶媒和された分子には，より厳密な取扱いが必要である．

[*2] 拡散の議論については第 1 章の参考文献 (p.4) にあげた物理化学の教科書を参照せよ．

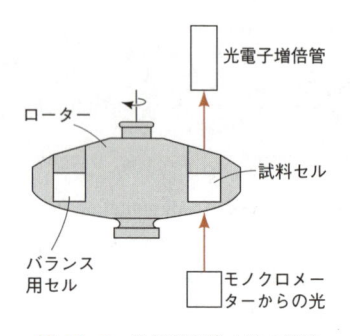

図 16・2 分析用超遠心機の概略図．ローターは抵抗を減らすために真空チャンバーに設置する．

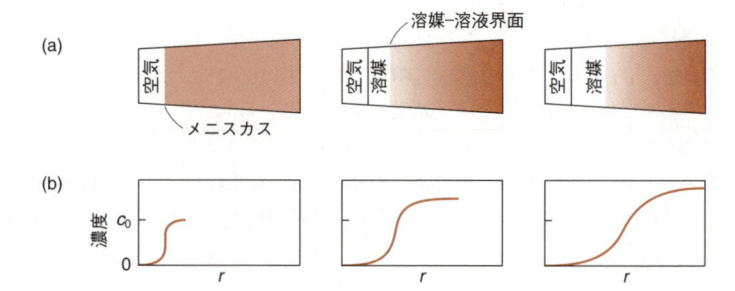

図 16・3 沈降速度測定．(a) 遠心時間とセル内のタンパク質の分布の関係．遠心が始まってすぐに，溶媒-溶液界面が現れ，徐々に左から右へ動く．(b) 回転中心からの溶媒-溶液界面の距離と濃度の関係．最初のタンパク質溶液の濃度は c_0 である．

すなわち

$$s\, dt = \frac{1}{\omega^2} \frac{dr}{r}$$

$r = r_0\, (t = 0)$ から $r = r\, (t = t)$ まで粒子が移動したとして両辺を積分すると，

$$\int_0^t s\, dt = \frac{1}{\omega^2} \int_{r_0}^r \frac{dr}{r}$$

$$s = \frac{1}{t\omega^2} \ln \frac{r}{r_0}$$

したがって

$$\ln \frac{r}{r_0} = s\omega^2 t \tag{16・12}$$

t に対する $\ln r$ のプロットは，勾配 $s\omega^2$ の直線になり，その勾配から s の値を計算することができる．

図 16・2 は，沈降係数を測定するために設計された分析用超遠心機の概略図である．ローターは真空チャンバー内で，一定温度に保たれており，70 000 rpm（<u>r</u>evolutions <u>p</u>er <u>m</u>inute, 分あたりの回転数）で回転する．まず最初に，均一なタンパク質溶液を扇形セルに移す．遠心分離している間，タンパク質分子はセルの底に向かって移動し，溶媒-溶液間の界面がつくられる（図 16・3）．吸光度（あるいは濃度）を r に対して測定すると境界面の位置がわかり，それを時間を変えて求めると，一連のプロットから境界面の移動がわかる．異なった時間での境界面の位置 r を決め，上述したように $\ln r$ を t に対してプロットして s の値を求める（ω は既知）ことができる（図 16・4）．

分子の沈降係数は，ローターの角速度に<u>依存しない</u>ことを明記しておく．$\omega^2 r$ が増加するにつれて dr/dt も増加するので，その比は一定のままである．s の値がわかると，式 (16・11) からモル質量 $\mathcal{M}$ を計算することができる．このような方法でモル質量が測定できるということは，生体高分子が巨大分子である最初の決定的な証拠となった．拡散係数を決めるのが不便なので，この手法は近年ではそれほど頻繁には使われなくなった．しかし，D（拡散係数）を短時間に正確に決定できるレーザー光散乱法が使えるようになったので，移動界面法がモル質量を求める手法として再び盛んに使われるようになるだろう．

表 16・1 は超遠心実験におけるいくつかのタンパク質のさまざまな性質を示している．それぞれのタンパク質は固有の沈降係数をもっている．しかし，s は $\bar{v}, \rho, f$ に依存するが，それらの値はまたタンパク質の溶けている媒質や温度によって左右されるので，異なった実験条件下で求めた値を比較するためには，標準状態で補正しなければならない．標準状態は，20 °C の純水中で沈降するとしたときの値である．この規格化された沈降係数を $s_{20,w}$ と表す．

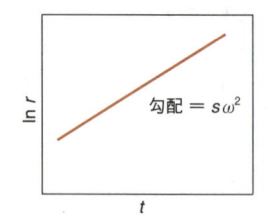

図 16・4 t に対する $\ln r$ のプロットは，$s\omega^2$ の勾配の直線を与える（式 16・12 参照）．

表 16・1 293 K, 水中のタンパク質の物理的性質[†]

タンパク質	$s_{20,w}$ 10^{-13} s	D 10^{-7} cm^2 s^{-1}	$\bar{v}$ ml g^{-1}	$\mathcal{M}$ g mol^{-1}
シトクロム c_1（ウシ心臓）	1.71	11.40	0.728	13 370
リゾチーム（トリ卵白）	1.91	11.20	0.703	13 930
リボヌクレアーゼ（ウシ腎臓）	2.00	13.10	0.707	12 640
ミオグロビン	2.04	11.3	0.74	16 890
ヒト血清アルブミン	4.60	6.10	0.733	68 460
アルコールデヒドロゲナーゼ（ウマ肝臓）	4.88	6.50	0.751	73 050

[†] "Handbook of Biochemistry," ed. by H. A. Sober, Copyright by The Chemical Rubber Co., 1968. The Chemical Rubber Co. の許諾を得て転載．

例題 16・1

20 ℃ でカタラーゼ(ウマ肝臓由来)の拡散係数は $4.1\times10^{-11}\,\text{m}^2\,\text{s}^{-1}$,沈降係数は $11.3\times10^{-13}\,\text{s}$ である. 20 ℃ での水の密度は,$0.998\,\text{g ml}^{-1}$ である.粒子の比体積を $0.715\,\text{ml g}^{-1}$ としたとき,カタラーゼのモル質量を計算せよ.

解 式(16・11)から,次式のように書ける(変換因子は $1\,\text{J}=1\,\text{kg m}^2\,\text{s}^{-2}$).

$$\mathcal{M} = \frac{sRT}{D(1-\bar{v}\rho)} = \frac{(11.3\times10^{-13}\,\text{s})(8.314\,\text{J K}^{-1}\,\text{mol}^{-1})(293\,\text{K})}{(4.1\times10^{-11}\,\text{m}^2\,\text{s}^{-1})[1-(0.715\,\text{ml g}^{-1})(0.998\,\text{g ml}^{-1})]}$$
$$= 234\,\text{kg mol}^{-1} = 2.34\times10^5\,\text{g mol}^{-1}$$

ゾーン遠心法 移動界面法は複雑な混合物を十分に分けられないという欠点がある.移動の速い分子(大きな s 値をもつ)は,たいてい遅い分子溶液を通過して沈降するため,前者の速い分子の沈降が遅い分子の影響を受けてしまう.理想的な手法は,溶媒だけを通過して,それぞれの成分が沈降することであろう.**ゾーン**(zonal)超遠心法〔**バンド**(band)法ともいう〕は,この目的をほぼ達成した方法である.ゾーン遠心法の第一段階は,さまざまな密度のショ糖溶液をセルロイドの遠心管内で配合して密度勾配をつくることである.タンパク質を含んだ少量の溶液を勾配の上に載せる(図 16・5).ローターを回転させると,タンパク質は密度勾配を通過して移動し,沈降係数に従って分かれる.一番速いタンパク質が管の底に到達する前に遠心分離を止める.管の底に穴を開け,落ちてきた溶液を,タンパク質の分離したバンドごとに異なる管に注いで集める.そして,異なった成分をそれぞれ,触媒作用や,結合能,あるいは他の性質について検定する.

沈降平衡 ここでは,高分子のモル質量を正確かつ直接決定できる**沈降平衡**(sedimentation equilibrium)とよばれる手法について考えてみよう.

濃度勾配は,沈降速度実験によってつくられる.ローターのスピードが十分速いときは,すべての溶質は最終的にセルの底に集まってしまうであろう.ここで,ローターの速度を 60 000 rpm (つまり沈降速度実験に必要な速度)ではなく,約 10 000 rpm に落とした場合を考えてみよう.その回転数では,沈降と拡散がちょうど釣り合いをとるような状態へ到達する.拡散では,溶質分子は高濃度から低濃度へと移動し,沈降では反対方向の動きが起こる.平衡に達したとき,正味の移動は起こらなくなる.

ドイツ人の生理学者,Adolf Eugen Fick(1829~1901)は通常の拡散過程において,単位面積,単位時間あたりの溶質の正味の通過量である**流束**(flux),J が濃度勾配に比例することを示した.

$$J \propto -\frac{dc}{dr} = -D\frac{dc}{dr} \qquad (16\cdot13)$$

ここで (dc/dr) が濃度勾配(r 方向における濃度 c の変化)であり,D が拡散係数である.濃度勾配は拡散の方向に負であるから,流束 J を正の量とするためにマイナスの符号を付ける必要がある.しかしながら沈降平衡実験では,濃度勾配は実際には r の値の増加に伴って<u>増加する</u>.それゆえ,式(16・13)から

$$J = D\frac{dc}{dr} = \frac{k_B T}{f}\frac{dc}{dr} = \frac{RT}{fN_A}\frac{dc}{dr} \qquad (16\cdot14)$$

となる.式(16・5)によれば,濃度 c の溶液中の溶質分子の沈降速度は

$$\frac{dr}{dt} = \frac{\omega^2 rm}{f}(1-\bar{v}\rho)$$

すなわち

$$c\frac{dr}{dt} = \frac{c\omega^2 rm}{f}(1-\bar{v}\rho) \qquad (16\cdot15)$$

平衡では,拡散速度は沈降速度と等しいので,次式のようになる.

$$c\frac{dr}{dt} = \frac{RT}{fN_A}\frac{dc}{dr}$$

つまり,

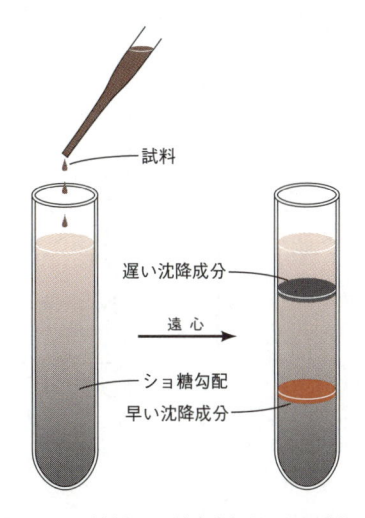

図 16・5 試料をショ糖密度勾配の上に重ねる.遠心によってタンパク質の質量に応じて異なるバンドが現れる.これらのタンパク質は遠心管の底に細い穴を開けて,別の回収管に溶液を注ぎ込むことにより,それぞれ分離して集めることができる.

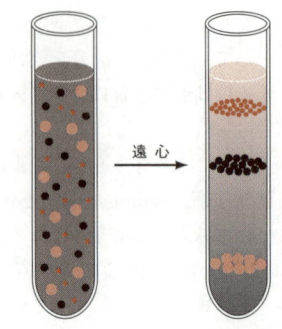

図 16・6 6 M CsCl 中の巨大分子の均一溶液を超遠心で回す. 平衡に達すると CsCl の密度勾配に沿って, それぞれのモル質量に応じ, 分子はバンドとして分離される.

$$c\omega^2 rm(1-\bar{v}\rho) = \frac{RT}{N_A}\frac{dc}{dr} \quad (16\cdot 16)$$

書き換えると, 次式が得られる.

$$\frac{dc}{c} = \frac{M\omega^2 r(1-\bar{v}\rho)}{RT}dr \quad (16\cdot 17)$$

ここで, M はモル質量であり, mN_A に等しい. $r_1(c_1)$ から $r_2(c_2)$ までで積分すると,

$$\int_{c_1}^{c_2}\frac{dc}{c} = \frac{M\omega^2(1-\bar{v}\rho)}{RT}\int_{r_1}^{r_2}r\,dr$$

$$\ln\frac{c_2}{c_1} = \frac{M\omega^2(1-\bar{v}\rho)}{2RT}(r_2^2-r_1^2) \quad (16\cdot 18)$$

が求まる. ここでも, 光学的手法によって, r_1 と r_2 における溶質の濃度 c_1 と c_2 が測定できるので, もし $\bar{v}, \rho, \omega$ がわかれば, M の値を計算できる. 沈降速度法に比べて, この方法は分子の形状やその拡散係数などを必要としない. それゆえに, これはモル質量を決定する最も正確な方法の一つである.

密度勾配沈降法　ある技術の発展によって, 超遠心技術の範囲は大きく広がった. それは塩化セシウム沈降平衡法である. この方法では, 濃 CsCl 溶液 (6 M くらい) と混合した巨大分子溶液をセルロイドのセルに入れ, 平衡に達するまで回転させる (図 16・6). 平衡状態では, CsCl 密度勾配が管に沿って形成される. ある r の位置では, 溶液の密度 ρ は, 巨大分子の部分比体積の逆数と等しくなる. つまり, $\rho=1/\bar{v}$ となる. これは $(1-\bar{v}\rho)=0$ を意味するから, 式(16・5)から沈降速度 dr/dt も 0 であることがわかる. その結果, それぞれの種類の巨大分子が密度勾配に沿って, それぞれの場所でバンドを形成することになる. 一般にバンドは狭く, 分離はよい. 平衡状態のバンド位置の上方 (回転の中心に近い方) では, $\rho<1/\bar{v}$ であり,

$(1-\bar{v}\rho)$ は正である. 沈降は巨大分子をバンド位置に向かって下方に動かす. バンド位置の下方 (管の底の方) では, $\rho>1/\bar{v}$ であり, $(1-\bar{v}\rho)$ は負である. このとき, 浮力は巨大分子をバンド位置に向かって上方に動かす. このように, CsCl の密度勾配は, 温度変化や機械的なかく乱によってバンドが崩れるのを防ぎ, 安定化させる力として働く. この手法のおかげで, ^{14}N と ^{15}N の同位体含有の違いしかない DNA 分子の分離が可能となった (§16・3 参照). 通常の沈降平衡法では, 拡散があるために, このような分解能の高いバンドはつくれない.

CsCl 沈降平衡法のもう一つの長所は, 一度平衡に達してしまえば, 遠心機から管を取出すことができ, セルロイド管の底に穴を開けて, 違う管にそれぞれのタンパク質を集めることによって, それぞれのバンドを他のバンドと互いに分けることができるというところである. この点では, この手法はショ糖勾配法と似ている. しかし, 二つの手法の違いは, CsCl 法では, 密度勾配ができるのと同時にバンドが形成されるので, 巨大分子はそれ以上動かない点にある.

粘度(粘性率)

流体の**粘度**(**粘性率**, viscosity)は, 流れに対する抵抗の大きさを示す指数である. 粘度測定のための比較的簡単な器具はオストワルド粘度計〔ドイツ人化学者の Wolfgang Ostwald (1883~1943) によって考案された〕で, それは x と y の印を入れた球形部分(A), それにつながる毛細管(B), および液だめとなる球形部分(C) から成る(図 16・7). ある決まった体積の測定しようとしている液体を C に入れ, A の中に吸い上げる. そして, その液体が x と y の間を流れるのに要する時間を記録する. 実際には, 溶

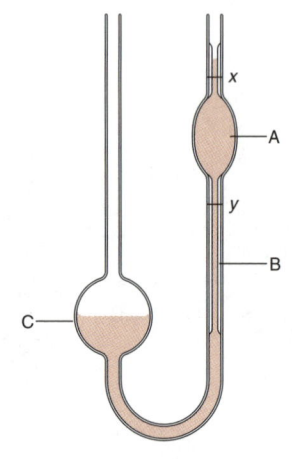

図 16・7 オストワルド粘度計. x と y の印の間を流体が流れ落ちるのに要する時間を測定し, 参照流体の時間と比べる. A: バルブ, B: 毛管, C: 貯水バルブ

液の粘度は標準物質のそれとの比較で決め，標準物質として通常は溶媒を用いる．その場合には，次式で定義される**相対粘度**（relative viscosity），η_{rel} が得られる．

$$\eta_{rel} = \frac{\eta}{\eta_0} = \frac{\rho}{\rho_0}\frac{t}{t_0} \quad (16\cdot19)$$

ここで，η と η_0 はそれぞれ溶液と標準物質の粘度である．t と t_0 はそれぞれの流動時間，ρ と ρ_0 はそれぞれの密度を示す．溶質分子が存在すると，普通，液体は滑らかに流れにくくなるので，粘度が上昇し，η_{rel} は，たいてい 1 よりも大きくなる．このほかにもつぎのような粘度の定義がある．

比 粘 度（specific viscosity）： $\eta_{sp} = \eta_{rel} - 1$ $\quad(16\cdot20)$

換算粘度（reduced viscosity）： $\eta_{red} = \dfrac{\eta_{sp}}{c}$ $\quad(16\cdot21)$

固有粘度（intrinsic viscosity）： $[\eta] = \lim\limits_{c \to 0} \dfrac{\eta_{sp}}{c}$ $\quad(16\cdot22)$

ここで，c は $g\ ml^{-1}$ または $g\ (100\ ml)^{-1}$ を単位とする濃度である．

相対粘度は，純粋な溶媒の粘度と比較して，溶液の粘度がどれだけ変わるかという尺度を表す．比粘度は相対粘度が1に比べてどれだけ大きいかという尺度である．濃度を考慮に入れる，すなわち溶質の単位濃度あたりの比粘度の大きさを求めるために，η_{sp} を c で割って η_{red} を求める．η_{sp} それ自身が濃度に依存するので，さらに別の量が必要となる．そこで，図 16・8 に示すように補外によって求めることのできる固有粘度 $[\eta]$ を定義する．

固有粘度とモル質量の関係を表す便利な式は，つぎの通りである．

$$[\eta] = K\mathcal{M}^\alpha \quad (16\cdot23)$$

ここで，$\mathcal{M}$ は高分子のモル質量で，K と α は経験的な定数である．α の値は巨大分子の形状，つまり構造に依存している．球状のときは $\alpha = 0$，ランダムコイルでは $\alpha = 0.5$，そして長くて固い棒状の場合は $\alpha \approx 1.8$ である．K と α が既知である巨大分子では，固有粘度を測定すれば，式(16・23)からすぐにモル質量を計算できる．逆に，もし巨大分子のモル質量がわかっている場合，式(16・23)によって分子の形状を推測することができる．

固有粘度は，タンパク質の構造変化を追跡するためによく使われてきた．たとえば，球状タンパク質（後ほど議論する）がほどけてランダムコイルになると，固有粘度は増す．しかし，コラーゲンやミオシンなどのような棒状の形をしたタンパク質がほどけると，分子の非対称性が減少するために，固有粘度は減少する．表 16・2 にはいろいろな巨大分子の固有粘度を示している．

表 16・2 いくつかの巨大分子の固有粘度

分 子	形 状	$[\eta]$ $ml\ g^{-1}$	$\mathcal{M}$ $g\ mol^{-1}$
ミオグロビン	球 状	3.1	17 800
ミオグロビン[†1]	ランダムコイル	21	17 800
ヘモグロビン	球 状	3.6	64 450
ヘモグロビン[†1]	ランダムコイル	19	64 450
リボヌクレアーゼ	球 状	3.4	13 683
ウシ血清アルブミン	球 状	3.7	67 500
ウシ血清アルブミン[†1]	ランダムコイル	51	67 500
ミオシン	棒 状	217	440 000
タバコモザイクウイルス	棒 状	37	39 000 000
コラーゲン	棒 状	1150	350 000
ポリスチレン[†2]	ランダムコイル	130	500 000

[†1] 変性している．　　[†2] トルエン中．

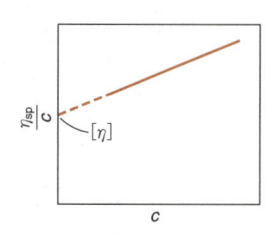

図 16・8 固有粘度の決定

電 気 泳 動

電気泳動（electrophoresis）は電場がかけられた影響下でのイオンの移動を意味する．沈降の場合と同様に，電気泳動中の溶質は外部場の影響下で動く．しかし，電気泳動は，溶質のモル質量ではなく，おもに電荷に依存している．この手法はタンパク質混合物を分離し，それぞれのモル質量を決定するのに便利である．

溶液に電場 E をかける．荷電した溶質分子に働く力は，zeE で与えられる．ここで，z は分子の電荷の数，e は電子の電荷である．沈降の場合と同じように，それぞれのイオンは場がかけられた直後，きわめて短時間で直ちに加速する．そして，静電力と溶媒による摩擦力との釣り合いがとれたところで定常状態に達する．このとき，イオンは一定速度 v で動いており，そして

$$zeE = fv = 6\pi\eta r_s v \quad (16\cdot24)$$

したがって，

$$v = \frac{zeE}{f} \quad (16\cdot25)$$

電気泳動移動度（electrophoretic mobility），u を電場の単位大きさあたりの速度として定義して，以下のように書く．

$$u = \frac{v}{E} = \frac{ze}{f} = \frac{ze}{6\pi\eta r_s} \qquad (16 \cdot 26)$$

電気泳動移動度の単位は $m^2 s^{-1} V^{-1}$ である.

式 (16・26) から, イオン粒子の移動のしやすさは, その電荷に依存し, 粒子の大きさと媒体の粘度に反比例していることがわかる. この式は, イオンを球状と仮定しているため現実を単純化しすぎている. さらに, この式はイオンの移動におけるイオン雰囲気 (第5章参照) の影響も無視している. それにもかかわらず, この方法で電気泳動移動度を見積もることができ, そのため, 巨大分子の混合物を単一の成分に分離する簡便な方法として役立つ.

電気泳動移動度を測定する簡単な方法の一つは, **移動界面法** (moving-boundary method) を用いることである. 図 16・9 にこの手法の装置を示す. まず調べる溶液を U 字管の底に注ぎ込み, つぎに境界面がはっきりできるように注意しながら緩衝液をゆっくりと加える. 電極は, 電気分解によって生じた産物が境界面域に落ちないように, 横手に差し込む. そして装置全体を恒温槽に浸す. もし, 分子表面に過剰な電荷をもつタンパク質が溶液中に含まれていたなら, 層をなした緩衝液の境界面は逆符号の電極に向かって動くであろう. タンパク質分子の移動する方向は, その正味の電荷が媒体の pH に依存するので, 動く方向も pH に依存することとなる. 等電点 (§8・7 参照) よりも高い pH の場合, タンパク質は負の電荷を帯びており, 境界面はアノードに向かって動くだろう. 一方, 等電点より低い pH のときには, タンパク質の正味の電荷は正なので, 境界面はカソードに向かって動くだろう. 等電点では, タンパク質の正味の電荷は 0 なので, 境界面は静止したままである (図 16・10). タンパク質の分離は, 異なる等電点をもっている場合にのみ可能である. 表 16・3 はいくつかの一般的なタンパク質の等電点を示す. 移動界面法は, スウェーデンの生化学者, Arne Tiselius (1902〜1971) によって 1930 年代に開発された. この手法のおもな欠点は, 移動するタンパク質に対流混合が起こってしまうことであり, 今では移動界面法は**ゾーン電気泳動** (zone electrophoresis) に取って代わられた. ゾーン電気泳動法は, 沪紙やセルロースやゲルなどの固形支持体の中で試料を動かす方法である.

ゲル電気泳動 ゲル電気泳動 (gel electrophoresis) は巨大分子を分離するのに最もよく使われている手法の一つである. ゲルには通常ポリアクリルアミドやアガロースを用いる. ポリアクリルアミドにはつぎのような長所がある. 1) 化学的に不活性である, 2) 温度変化による対流を抑える, 3) 単量体アクリルアミドと N,N'-メチレンビスアクリルアミド (架橋剤) から合成する場合は, 孔の大きさを制御することができる. そのため電気泳動の媒体となるのに加えて, ゲルは小さな分子に比べて大きな分子の移動を遅らせる分子ふるいとしての役割も果たしている. その結果, タンパク質の分離がより良くなる.

ゲル電気泳動法の変型である, **ドデシル硫酸ナトリウム–ポリアクリルアミドゲル電気泳動法** (sodium dodecyl sulfate–polyacrylamide gel electrophoresis, SDS–PAGE) という方法によって, 変性条件下でのタンパク質のモル質量を決定することができる. この手法を用いるとき, 変性剤であるドデシル硫酸ナトリウム (SDS) と 2-メルカプトエタノールあるいはジチオトレイトール (両方ともタンパク質のジスルフィド結合を還元させる) でタンパク質を処理しておく必要がある.

$$CH_3-(CH_2)_{10}-CH_2OSO_3^--Na^+$$
ドデシル硫酸ナトリウム (SDS)

$$HOCH_2CH_2SH$$
2-メルカプトエタノール

$$HSCH_2(CHOH)_2CH_2SH$$
ジチオトレイトール

SDS 変性剤は, ほとんどのタンパク質と強く結合し (1 g のタンパク質におよそ 1.4 g の SDS が結合), 2-メルカプ

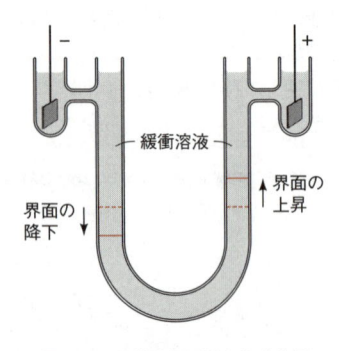

図 16・9 移動界面電気泳動装置の概略図. 破線の水平線は電場をかける前の位置を示している.

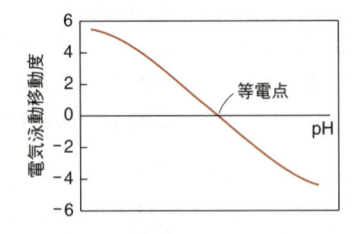

図 16・10 pH の関数として電気泳動移動度をプロットし, タンパク質の等電点を決定する. 等電点よりも低い pH では, タンパク質は正の電荷を帯び, カソードに向かって移動する. 等電点よりも高い pH では, タンパク質は負の電荷を帯び, アノードに向かって移動する. 等電点では移動は起こらない.

表 16・3 いくつかのタンパク質の等電点[†1]

タンパク質	pI
ウシ血清アルブミン	4.9
β ラクトグロブリン	5.2
カルボキシペプチダーゼ	6.0
ヘモグロビン	6.7
ヘモグロビン S[†2]	6.9
リボヌクレアーゼ	9.5
シトクロム c	10.7
リゾチーム	10.7

[†1] 精密な値は温度と溶液のイオン強度に依存する.
[†2] 鎌状赤血球ヘモグロビン.

トエタノールはタンパク質のジスルフィド結合を壊す．SDS-タンパク質複合体の表面電荷は，ほとんどが露出した硫酸イオンによるものである．複合体は完全なランダムコイルではなく，むしろ，一定の幅をもった長い棒状の形をしていると推測される．この長さが，タンパク質のモル質量と相関をもつ．重要な点は，ポリペプチド鎖の電荷によらず，複合体の単位長さあたりの表面電荷は一定であるという点である．その結果，電気泳動移動度は，ポリペプチド鎖の正味の電荷よりもむしろその大きさ（つまり，長さ）にのみ依存している．支持媒体としてポリアクリルアミドゲルを用いた電気泳動の実験から，科学者はいろいろなSDS-タンパク質複合体について，高い分解能でバンドを得ることができる（図16・11）．

タンパク質のモル質量の対数をそのSDS複合体の電気泳動移動度に対してプロットすると，負の勾配をもった直線が引ける（図16・12）．未知のタンパク質のモル質量は，そのSDS複合体の電気泳動移動度と標準検量線から容易に決められる．この手法のさらなる長所は，SDSがオリゴマータンパク質を解離して，ポリペプチド鎖を1本1本にすることである．それゆえに，モル質量の決定から，いくつのサブユニットから成っているかという数もしばしば導き出せる．たとえば，グリセルアルデヒド-3-リン酸デヒドロゲナーゼのモル質量は，超遠心法から140 000 gとわかっている．しかし，SDS-PAGE法では，同じタンパク質のモル質量がたったの36 500 gと測定された．したがって，この酵素は四つのサブユニットをもつと結論されることになる．

等電点電気泳動 等電点電気泳動法（isoelectric focusing technique）では，まず電極間にpH勾配をつくる．その結果，異なったタンパク質が勾配に沿って移動するが，

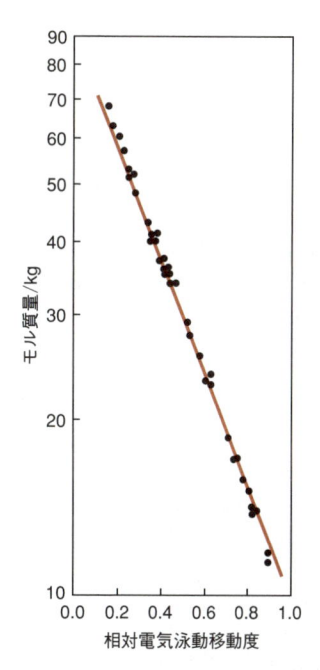

図16・12 いろいろなタンパク質のSDS-PAGEでの相対電気泳動移動度に対するモル質量の対数プロット〔K. Weber, M. Osborn, *J. Biol. Chem.*, **244**, 4406(1969)〕

等電点と等しいpHの点で静止し，バンドを形成する．pH勾配は特殊な方法でつくりだす．はじめに，低モル質量の両性高分子電解質*をいくつか混合して水に溶かし，広い領域にわたって等電点をもつようにする．電場をかける前は，溶液のpHは隅から隅まで同じである（pHは溶液中の全両性高分子電解質がつくるものの平均値である）．電場がかかると，両性高分子電解質は電極に向かって移動を開始する．それぞれの電解質がもつ緩衝能のために，電極の間にpH勾配が次第につくられる．最終的に，それぞれの種類の両性高分子電解質は，自身でつくった勾配の中で，自分自身の等電点に相当する点で静止するようになるだろう．タンパク質混合液が媒体におかれると，それぞれの種類のタンパク質はその等電点に相当する場所に移動し，その結果，いくつかのバンドを形成するであろう．ある特定のバンドを他のものから分離して，その性質を調べることができる．等電点電気泳動法は，原理的には先に述べたCsCl密度勾配法と類似しているという点に注目しよう．

等電点電気泳動は，SDS-PAGEと組合わせると，きわめて高分解能の分離ができるようになる．まず，一つの試料を等電点電気泳動にかけて，タンパク質のもつ異なったpI値に応じて垂直に並んだ一連のバンドをつくる．つぎに，この1列に分かれたゲルをSDS-ポリアクリルアミド

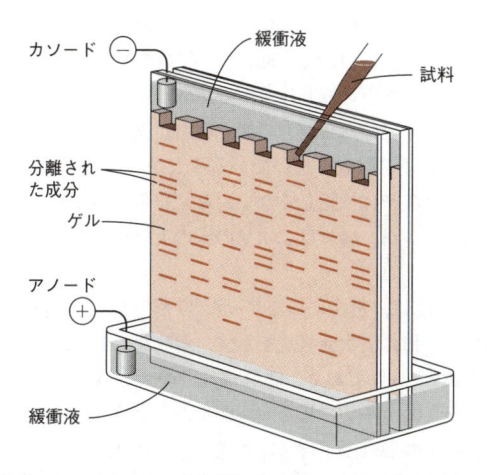

図16・11 SDS-PAGE用装置の概略図．1枚の平板ポリアクリルアミドゲルで，いくつかの試料の電気泳動を行う．負電荷のSDS-タンパク質複合体はアノードに向かって下方に移動していく．

* 両性高分子電解質は，脂肪族のアミノ基とカルボン酸基をもつ，低モル質量（300～6000 g mol^{-1}）の物質の混合物である．

平板の上部に，バンドが水平に並ぶ向きに置く．タンパク質は下方に向かって，先の泳動とは垂直方向に電気泳動して行き，斑点の二次元パターンが得られる．二つの異なるタンパク質が同じ p*I* 値でかつ同じモル質量をもつことは，ほとんどありえないだろうから，それぞれの点は単一のタンパク質に対応する．生化学者は，この二次元電気泳動法によって，細菌である大腸菌 (*Escherichia coli*, *E. coli*) から 1000 以上のタンパク質を 1 回の実験で分離することができるようになった．

表 16・4 にモル質量を決定するさまざまな手法をまとめた．

表 16・4 モル質量測定のための方法

方 法	およその範囲[†2]	測定可能モル質量
凝固点降下	≤ 500	$\overline{M}_n$
浸透圧	≤ 100 000	$\overline{M}_n$
粘 度	無制限	$\overline{M}_w$
超遠心	≥ 5000	$\overline{M}_w$
X 線回折[†1]	無制限	$\overline{M}_n$
ゲル電気泳動	≥ 5000	$\overline{M}_w$
電子顕微鏡[†1]	≥ 100 000	$\overline{M}_n$
光散乱[†1]	≥ 5000	$\overline{M}_w$

[†1] 本書では述べていない．　[†2] 単位 g mol^{-1}．

16・2 合成高分子の構造

巨大分子のモル質量や全体の形状を決めることは，比較的容易であるが，このような系における個々の原子の三次元配置を決めることはもっと難しい．X 線回折は巨大分子の構造のすべてについて詳細を与えるが，それは結晶固体の場合に限られる．巨大分子の溶液中での構造は，結晶構造とはかなり違っているだろう．化学者は近年発展したいくつかの手法を用いて*，巨大分子の構造上の異なった側面を調べている．それぞれがジグソーパズルの断片のような情報の断片を組合わせると，ある程度の全体像を描くことができる．本節では，巨大分子の立体化学について簡単に考えてみよう．

立体配置と立体配座

まず，分子構造を述べるときに使われる二つの用語を区別する必要がある．**立体配置** (configuration) と **立体配座** (conformation) である．分子の立体配置は，対称性の点で互いに関係した二つの配置で，結合を切断せずに変換することはできない立体的な配置のことをいう．たとえば，*cis*- と *trans*-ジクロロエチレンは C$_2$H$_2$Cl$_2$ 分子の二つの立体配置である．

─────────
* NMR 法では現在，溶液中の 100 000 ドルトン (Da) くらいまでのタンパク質を調べることができる．

cis-ジクロロエチレン　　*trans*-ジクロロエチレン

光学異性体のほかの例では，脂環式化合物誘導体である *cis*-1,2- と *trans*-1,2-ジブロモシクロプロパンのようなものもある．これに対し，立体配座は結合を切らなくても実現できる，原子の配置のことである．エタンだと，分子は無限個の立体配座のうち，ある配座で存在し，最も安定なものはねじれ配座，最も不安定なものは重なり配座とよばれる．

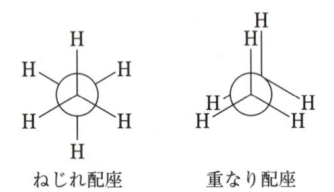

ねじれ配座　　重なり配座

ランダム歩行モデル

たとえば $-\text{CH}_2-$ のように，同じ単位から成る長い高分子鎖が溶媒に溶けている状態を想像してみよう．単純化するために，溶質-溶媒間および溶質-溶質間のすべての相互作用を無視する．ここでつぎのような問いが出てくる．高分子はどのような形状をしているのか．一つの極端な場合は，鎖が完全に伸び切った状態であろう．もう一方の極端な場合は，鎖は糸でできた球のようにそれ自身をすっかり巻込んだ状態であろう．実際の構造は，一般的には，二つの間にある．

高分子の繰返し単位が決まった配向性をもたない場合，その構造を決めるのに **ランダム歩行モデル** (酔歩モデル，random-walk model) を用いることができる．酔った人を大きな部屋の真ん中に置いて，連続して同じ歩幅で歩くように指示する．彼の動く方向について何の制限も加えなければ，それぞれの足取りは，前の足取りにはまったく無関係である．連続した足取りの間を結んだ線は，きわめて正しく高分子鎖の配置を描いていることがわかる．しかし，この類推は厳密には正しくない．なぜなら，高分子は三次元構造をもつが，酔歩は二次元の床の上で起こるからである．

図 16・13 は，自由につながった 50 個の等しい単位から成る高分子鎖の二次元表現を示す．興味深い量は，鎖の両端間の距離 (r) であり，これは分子の大きさについての情報を与える．多くの異なった酔歩から計算した平均値から，距離 r の二乗の平均値は次式で与えられるということがわかった．

$$\overline{r^2} = nl^2 \tag{16・27}$$

16・2 合成高分子の構造

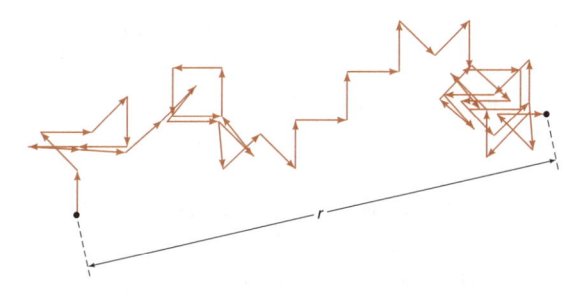

図 16・13 二次元，50歩のランダム歩行モデル〔P. J. Flory, "Principles of Polymer Chemistry," Copyright 1953 by Cornell University. Cornell University Press の許諾を得て転載〕

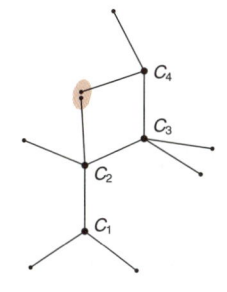

図 16・15 ポリエチレンの近接した炭素原子上の水素原子間（●の領域）の立体的な相互作用

ここで，n は結合の数を表し，l は結合の長さである．根平均二乗距離は，

$$r_{\rm rms} = \sqrt{\overline{r^2}} = l\sqrt{n} \quad (16 \cdot 28)$$

たとえば，1.54 Å の長さの C-C 結合を 1000 個含む鎖では，つぎのようになるだろう．

$$r_{\rm rms} = 1.54 \,\text{Å} \times \sqrt{1000} = 48.7 \,\text{Å}$$

これは，完全に伸び切った鎖の長さ，1000×1.54 Å $= 1540$ Å に比べてかなり短い．

さらに，この高分子鎖が占める体積についても見積もることができる．もし，直径を 48.7 Å とすると，体積は $\frac{4}{3}\pi \cdot (48.7 \,\text{Å}/2)^3 = 6.0 \times 10^4$ Å^3 となる．この鎖が占めている実際の体積はこの体積のほんのわずかな部分だけである．では，この球の体積の意味は何であろうか．溶液中では，高分子鎖は静止状態でじっとしているわけではなく，熱運動によってその形状と大きさを絶えず変化させている．計算で出てきた体積は，平均として高分子が占めている空間体積を表す．

別の重要な値は，距離 r だけ離れたところに高分子鎖の両端を見いだす確率 $P(r)$ である．この確率を求めることは，よく知られた数学の問題である．完全解はつぎの形をとる．

$$P(r) = Ar^2 \exp\left(-\frac{3r^2}{2nl^2}\right) \quad (16 \cdot 29)$$

ここで A は定数である．r に対する $P(r)$ をプロットしたのが図 16・14 である．曲線が示すように，二つの端が出会う（$r=0$）確率と無限遠に行く（$r \to \infty$）確率は 0 である．$P(r)$ が最大値をとる距離 r の値を，最も確からしい距離 $r_{\rm mp}$ という．

式 (16・29) から得られた結果は，高分子鎖が溶液の中でどのようになっているかということについて，かなり良い描像を与える．ランダム歩行モデルは，三次元の対象物を二次元で表すという点以外でも*，単純化しすぎている点がある．第一に，鎖の結合は互いに自由な方向をとることはできない．たとえば，ポリエチレンでは，すべての結合角は 109° に近い値をとる．

第二に，近接する炭素原子のそれぞれに結合している水素原子間の立体障害も考慮に入れないといけない（図 16・15）．これら両方の効果は，鎖のコンパクトさを減少させ，$r_{\rm rms}$ 値を増加させる傾向がある．幸い，補正はつぎのように簡単にできる．

$$\overline{r^2} = Cnl^2 \quad (16 \cdot 30)$$

ここで，C は個々の高分子のタイプについての定数である．この値は多くの場合 2～10 の間にある．第三に，ランダム歩行モデルの酔っぱらいは，彼が望むだけ何回も 1 度歩いた経路を横切ることができるが，高分子では二つの原子が同時に同じ場所を占有することはできない．この**排除体積効果**（excluded volume effect）もまた考慮しないといけない．しかし，われわれの目的には，式 (16・30) がたいていの場合，適当である．

高分子の実際の立体配座は溶媒の性質に依存する．"良"溶媒，すなわち，高分子と混ぜたときに伴う熱がないかあるいは負（発熱過程）である溶媒中では，鎖は伸びた形をしているだろう．一方，"貧"溶媒，すなわち，高分子と

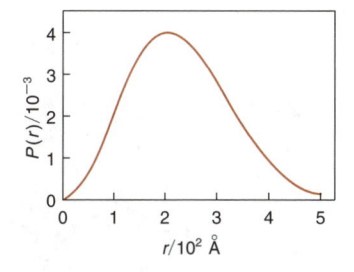

図 16・14 式 (16・29) に従い，$n = 1 \times 10^4$ と $l = 2.5$ Å とした r に対する $P(r)$ のプロット〔P. J. Flory, "Principles of Polymer Chemistry," Copyright 1953 by Cornell University. Cornell University Press の許諾を得て転載〕

---

* 式 (16・29) は三次元モデルにも適用できる．

混ぜたときに伴う熱が正（吸熱過程）である溶媒中では，鎖は糸でできた球のように巻き込まれているであろう．

16・3 タンパク質と DNA の構造

最も簡単な高分子系は，ポリエチレンのように，同じ単位からできているものである．多くの天然につくられた高分子は，ポリエチレンに比べてはるかに複雑な構造をもつ．このような系は，理論的な扱いがとても難しい．複雑な高分子のうち，特に重要な二つのグループは，タンパク質とDNA である．

タンパク質

タンパク質はアミノ酸の重合した高分子である．タンパク質分子の合成における最初の段階は，あるアミノ酸のアミノ基と別のアミノ酸のカルボキシ基との縮合反応である．二つのアミノ酸から成る分子を**ジペプチド**（dipeptide）といい，二つをつなぐ結合を**ペプチド結合**（peptide bond）という．

ここで，R は H 原子あるいはその他の基を示す．−CO−NH− を**アミド基**（amide group）という．続く縮合反応は，**トリペプチド**（tripetide）を形成する．反応は繰返され，図 16・16 のように**ポリペプチド**（polypeptide）鎖が形成される．タンパク質は 20 種類のアミノ酸から成る（表 8・6 参照）．グリシン以外はすべてが光学活性であり，それらは L 体である．インスリンのようにわずか 50 個のアミノ酸残基から成る小さなタンパク質でさえ，化学的に異なる分子の数は，20^{50} 個つまり 10^{65} 個にもなりうる．これは，アボガドロ定数がわずか 6×10^{23} であることを考えれば，桁外れに大きい数である．しかし，今までに見つかっている実際のタンパク質の数は，この概算に比べはるかに少ない．

1930 年代に，Linus Pauling と Robert Corey（米国の化学者，1897～1971）は X 線回折法を用いて，系統的にタンパク質構造を調べた．彼らは，モデル化合物として，アミノ酸，ジペプチド，トリペプチドを研究し，以下のような結論に達した．

1. アミド基にはつぎの共鳴構造があるので，本質的に平面構造をとる．

ここで，C_α はアミド基の炭素原子に隣接する炭素原子を表している．C−N 結合は，およそ 30～40 % の二重結合性をもっている．その結果，この結合の回転は，およそ 40～80 kJ mol^{-1} の活性化エネルギーによって制限されている．C_α−C および C_α−N 結合周りの回転は制限を受けていない．図 16・17 に平面アミド基を示す．

2. シス異性体では，隣り合った C_α に結合した原子団同士に立体障害が生じるので，トランス配置の方が，シス配置に比べて安定である．

シス　　　　　トランス

3. ポリペプチドの骨格である，−C−C−N−C−C−N− 鎖は，構造形成の上で，側鎖よりも重要である．さらに，すべての残基は，等価であると考えられる．

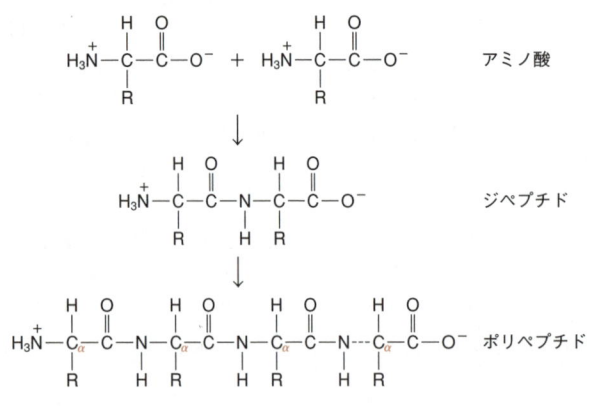

図 16・16　ジペプチドとポリペプチドを形成するアミノ酸の縮合

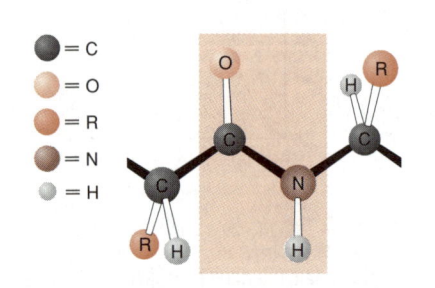

図 16・17　平面アミド基

16・3 タンパク質とDNAの構造

4. 水素結合はポリペプチド鎖の構造を安定化するのに不可欠な役割を果たしている．いずれの場合においても水素原子は N⋯O 線上の 30° 以内のところにある．最も安定な形は，N−H⋯O=C の 4 原子が同一直線上に並んだものである．

$$\diagdown N-H \cdots\cdots O=C \diagdown$$

これらの発見から，Pauling と Corey はポリペプチド鎖にとって安定な配置は，α ヘリックス構造であると予測した．なぜなら，α ヘリックス構造をとることによって，水素結合を最も多くつくることができ，結合の長さや角度のひずみは最小ですむからである（図 16・18）．

アミド基は，本質的に平面構造をとるので，ポリペプチド鎖単位（残基）あたりの回転の自由度は 2 個に制限されている．一つは，C_α−N 結合周りの回転で，角度 ϕ で表し，もう一つは C_α−C 結合周りの回転で，角度 ψ で表す（図 16・19）．実際，ポリペプチド鎖の三次元構造は，これら二つの角度によって完全に決定できる．右巻き α ヘリックスでは，$\phi = -57°$ と $\psi = -47°$ である．安定な立体配座をとるのに，ϕ と ψ の組合わせがすべて可能というわけではない．たとえば，$\phi = 0°$ と $\psi = 0°$ のとき，アミド基の水素原子間に厳しい立体障害が生じる．

X 線回折の研究から予測されたもう一つの重要な構造は，β プリーツシート（あるいは簡単に β 構造）である．この構造は，2 本の伸びたポリペプチド鎖間の**分子間水素結合**によってつくられる場合と，1 本のタンパク質分子の折りたたみによる分子内水素結合によってつくられる場合がある．α ヘリックスに比較して，β 構造内の水素結合は，ポリペプチド鎖の伸びている方向に対して，おおよそ垂直に突き出している．水素結合をつくる 2 本のポリペプチド鎖の相対的な向きにより，**平行**（parallel）と**逆平行**（antiparallel）とよばれる二つの異なった配列が知られている（図 16・20）．

ポリペプチド鎖の構造安定性を調べるための一つに，ラ

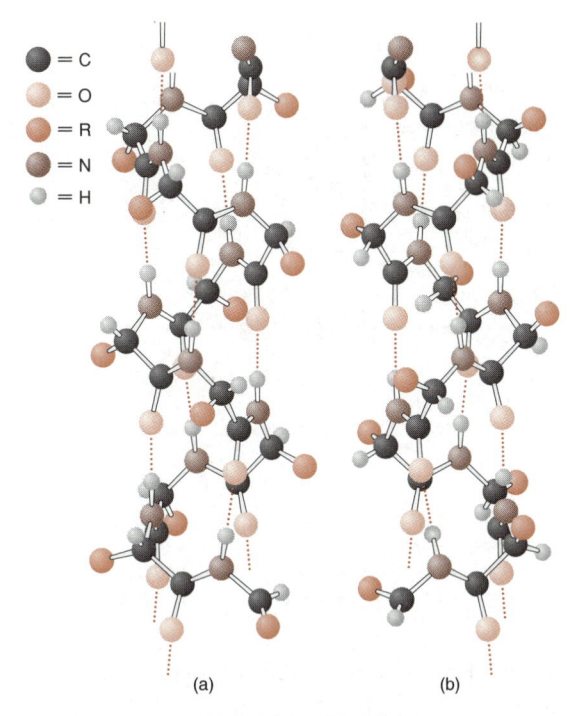

図 16・18 （a）左巻きと，（b）右巻き α ヘリックス．R の球（●）はアミノ酸側鎖を示す．

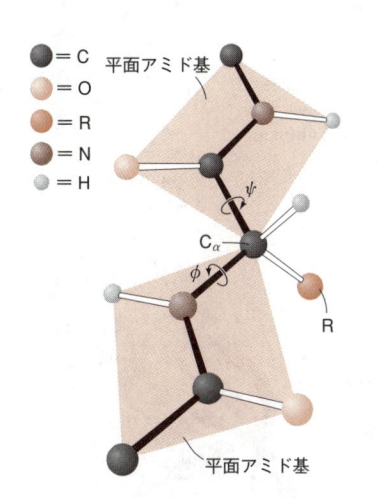

図 16・19 角 ϕ と ψ は図に示すように，ポリペプチド鎖が平面上にあり，かつ鎖が伸びたジグザグ構造をとるときを 180° とする．これらの角度は C_α 原子から見て時計回りに増えるようになる．

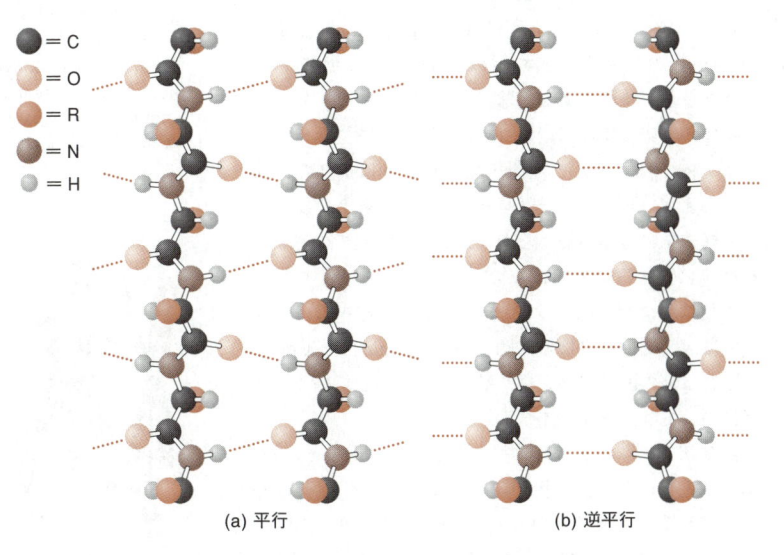

図 16・20 （a）平行 β 構造で，ポリペプチド鎖がすべて同じ向きに走っている．（b）逆平行 β 構造で，隣り合うポリペプチド鎖が反対の向きに走っている．

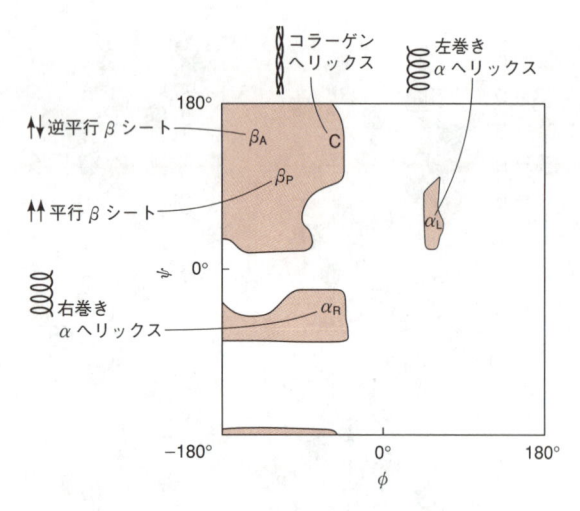

図 16・21 ポリ-L-アラニンの許容な ϕ と ψ 値を示すラマチャンドランプロット（■の領域）．すべてのタンパク質は右巻き α ヘリックスである．左巻き α ヘリックスはエネルギー的に不利である．

マチャンドランプロット (Ramachandran plot) がある．これは，インドの化学者 G. N. Ramachandran (1922～) にちなんでおり，図 16・21 に示した．これはポリペプチド鎖の ϕ と ψ の値をプロットするもので，それぞれ $-180°$～$+180°$ をとることによって，二つの角度の組合わせでポリペプチド鎖のとりうるすべての構造を表すことができる．線で囲まれた領域は，立体障害が小さく ϕ と ψ の組合わせが可能になる領域を表している．許容な領域が離れて三つ存在し，これらは左巻き，右巻き α ヘリックスと β 構造に当たる．

タンパク質は α ヘリックスと β 構造の両方をいろいろな割合で含んでおり，Pauling と Corey の理論を実証している．一般に，タンパク質は**球状** (globular) と**繊維状** (fibrous) の 2 種類に分けられる．球状タンパク質は，コンパクトさが特徴である．球状タンパク質では，ほんのわずかばかり空の体積 (空隙) を残し，ポリペプチド鎖はドメイン内ではほとんどの空間を埋めるように折りたたまれる．ミオグロビンやヘモグロビンは 75 % 以上の α ヘリックス構造を含んでいる．しかし，これはすべての球状タンパク質に言えることではない．リゾチームの α ヘリックス含量はおよそ 40 %，パパインでは 20 %，キモトリプシンでは，実質上 0 である．明らかに，Pauling と Corey の基準とは別の因子がタンパク質構造に寄与している．この点については，次節で述べる．

繊維状タンパク質は，羊毛や毛髪そして絹などにある．羊毛や毛髪にある繊維状タンパク質は**ケラチン** (keratin) とよばれる．ケラチンの α ヘリックスは羊毛の柔軟性と弾性を生んでいる．異なった鎖間での相互作用は起こらないために，羊毛繊維はそれほど強くない．絹は，β 構造を

もつ．ポリペプチド鎖がすでに伸び切った構造をしているために，絹は弾性と伸長性には欠けるが，分子間の水素結合があるために，とても強い．コラーゲンは繊維状タンパク質のもう一つの例である．これは人間の体にある全タンパク質の $\frac{1}{3}$ を占めている．コラーゲンは軟骨，靭帯，腱のような結合組織の最も重要な構成成分である．コラーゲンの基本構造単位はトロポコラーゲンで，伸張した三重らせんである．これは三つのポリペプチド鎖が絡み合って直径およそ 15 Å，長さ 3000 Å の超らせんを形成している．コラーゲンの最も顕著な性質は，剛性とゆがみに対する耐性であり，この二つの性質は筋肉によって生じる機械的な力を伝えるのに必須である．

タンパク質の構造は，四つの階層に分けるのが通例である．**一次構造** (primary structure) はポリペプチド鎖のアミノ酸配列をさす．**二次構造** (secondary structure) は，α ヘリックスのように水素結合によって安定化されたポリペプチド鎖の部分構造をいう．**三次構造** (tertiary structure) は，ファンデルワールス力，水素結合，静電力のような非共有結合性の力に加えて，システイン残基間のジスルフィド結合によって安定化された三次元構造のことである．三次構造における水素結合とは，ポリペプチド鎖上では離れているけれども，鎖の折りたたみの結果として近くに来る残基同士をつなぐものである．図 16・22 に，α ヘ

図 16・22 異なった割合の α ヘリックスと β 構造をもつ 3 種類のタンパク質のリボン図．α ヘリックスはコイルのように示し，β 構造鎖の矢印は（N 末端から C 末端への方向），平行か逆平行かの配置がわかるように示している．〔S. J. Lippard, J. M. Berg, "Principles of Bioinorganic Chemistry," University Science Books, Sausalito, California (1994) を改変．許諾を得て転載．〕

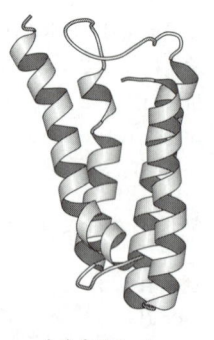

シトクロム c'
おもに α ヘリックス

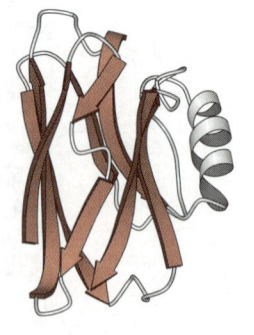

アズリン
おもに β シート

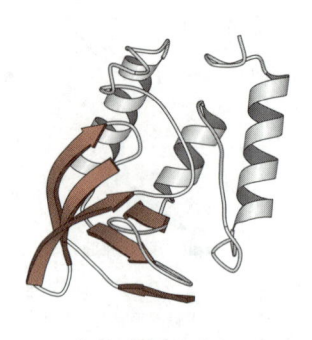

ブドウ球菌ヌクレアーゼ
(pTp 錯体)
α ヘリックスと β シートの混合

16・3 タンパク質と DNA の構造

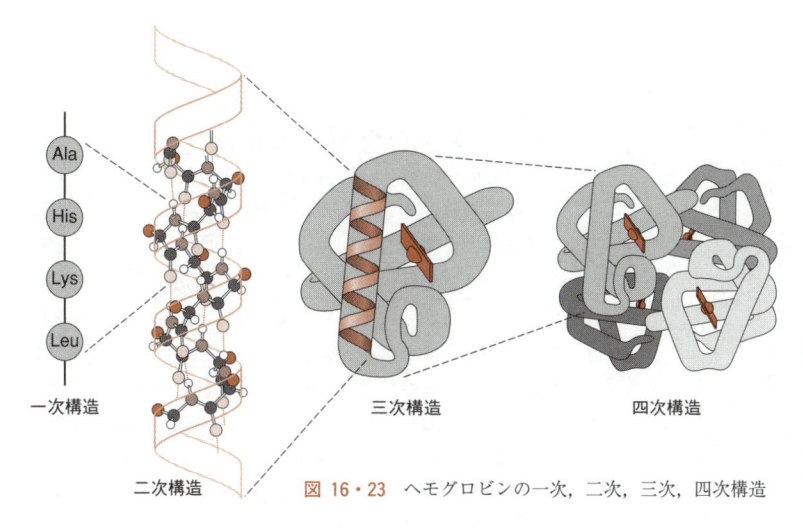

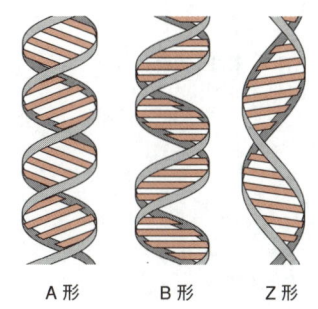

図 16・23 ヘモグロビンの一次, 二次, 三次, 四次構造

図 16・24 DNA の三つの形. A形 DNA と B形 DNA は共に右巻き二重らせんであるが, Z形 DNA は左巻き二重らせんである. 生体内では B形 DNA が有利な高次構造であるが, それにもかかわらず RNA 二重らせんは A形の高次構造をとっている. 自然界に Z形 DNA が存在するかどうかは不明である. [S. J. Lippard, J. M. Berg, "Principles of Bioinorganic Chemistry," University Science Books, Sausalito, CA(1994). 許諾を得て転載.]

リックスと β プリーツシートを異なった割合で含む三つのタンパク質の三次構造を示す. **四次構造**(quaternary structure)は, 二つ以上のサブユニットから成る分子のサブユニットの相対的な配置に関するものである. ヘモグロビンの四つのポリペプチド鎖つまり四つのサブユニットの例のようにポリペプチド鎖間の相互作用によって生じる. これらの鎖は, 分散力や静電力のような非共有結合性の力によって, 結合する(図 16・23).

DNA

DNA 分子は, タンパク質が 20 種類のアミノ酸から成るのに比べて 4 種類の塩基対しかないので, タンパク質のような構造の複雑さは見られない. その結果, DNA は二次構造までしかなく, 三次構造あるいは四次構造に相当するものはない. DNA の構造は図 13・9 に示すようなもので Watson と Crick によって提唱された. この構造は, 現在では B 形 DNA として知られているが, 二つのポリヌクレオチドがそれぞれ反対の方向に向かって, 共通の軸を中心にらせんを巻いており, 右巻きヘリックスを形成している*. 近年, DNA 結晶の詳細な X 線解析の結果, A 形 DNA と Z 形 DNA とよばれる二つの異なった構造異性体が見つかった(図 16・24).

DNA 分子は巨大である. 抽出源によるが, 数百から数百万の塩基対を含み, 長さは 10^4 Å から 10^{10} Å すなわち 1 m 近くにもなる. それに対して, ほぼ球状のヘモグロビン分子の直径は約 65 Å, 最も長いタンパク質の一つであるコラーゲンでも長さが約 3000 Å である. 二重らせん

DNA の非常に伸張した形と剛性のために, 細胞が保護的な環境にない場合は, 機械的な損傷に対して DNA は影響を受けやすい. 加熱によって塩基対間の水素結合が壊れ, その結果, 分子の二つの鎖は離れる. この過程を**融解**(melting)という. 図 16・25 は C+G の存在率が異なる二つの DNA 分子の融解曲線を示している. 半数のらせん構造が壊れる温度を融解温度(T_m)とよぶ. 熱によって変性した DNA 分子は, ゆっくり冷却すると再生することが可能であり, この過程を**アニーリング**(annealing)とよぶ. もし冷却を急速に行うと, 相補鎖が相手を見つけるのに十分な時間がなく, 先に部分的にできた塩基対の構造で固定してしまう.

DNA 複製 ワトソン・クリック塩基対モデルから, 塩基配列が遺伝情報を保有していることが直ちに示唆される. 複製において, 二重らせんのそれぞれの鎖は, 新しい相補鎖を合成する際の**鋳型**(template)として働く. 複製によってできた 2 分子の娘二重鎖は, それぞれ 1 本の古い

* DNA は環状や高次コイル形をしていることもある.

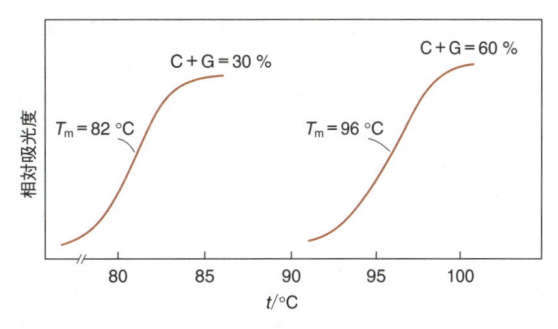

図 16・25 異なった C+G の割合をもつ二つの DNA の融解曲線

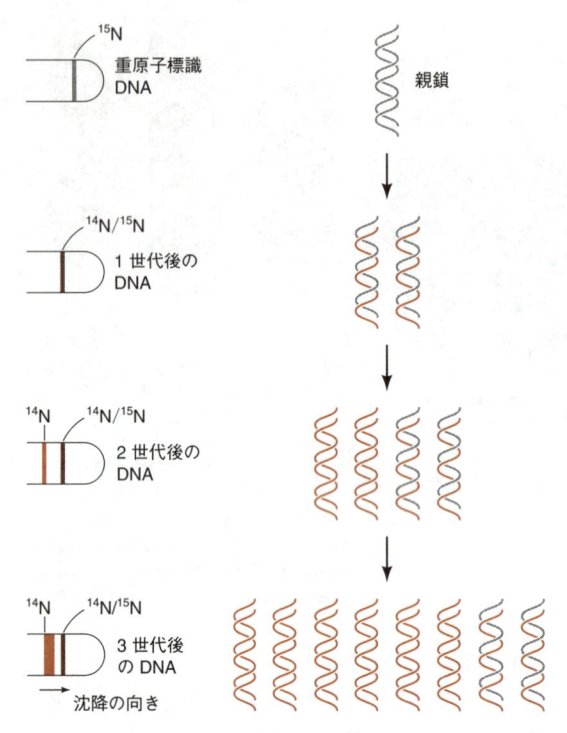

図 16・26 メセルソン・スタールの実験．DNA 複製の半保存的性質を示す．

鎖（保存される鎖）と1本の新しい鎖から成るので，これを**半保存的モデル**（semiconservative model）という．この仮説に対する厳密な実験が，米国の生化学者，Matthew Meselson（1930～）と Franklin Stahl（1929～）によって1958年に行われた[*1]．多世代にわたって大腸菌（*E. coli*）を ^{15}N に富んだ培地で育て，重い N 同位体を組込んだ通常の密度よりも大きな DNA をつくりだした．この標識された細菌を突然 ^{14}N 含有培地に移し，1回あるいは2回の複製を行わせる．

メセルソン・スタールの実験[*2]の結果を図 16・26 に要約する．複製の前後で細胞から DNA を分離し，前述した CsCl 密度勾配法によって分析を行った．複製前は，^{15}N を含む DNA の単一なバンドが観察された．1世代後は，2本の娘鎖それぞれに ^{14}N 鎖と ^{15}N 鎖を1本ずつ含み，ここでも単一なバンドが，完全な ^{15}N のバンドよりも上方に（分子量がより小さいことを意味する）観察された．2世代後には，2本のバンドが現れるが，これらは ^{14}N 単一の DNA と ^{14}N と ^{15}N の混成体 DNA によるものである．3世代後は，8本の娘鎖のうち6本は ^{14}N だけから成り，残りの2本は ^{14}N と ^{15}N の混成体である．これらの発見は，ワ

[*1] M. Meselson, F. Stahl, *Proc. Natl. Acad. Sci. U.S.A.*, **44**, 671 (1958).
[*2] Meselson と Stahl の研究は，生物学における最もみごとな実験と言われている．

トソン・クリックモデルと完全に一致する．

16・4 タンパク質の安定性

Pauling と Corey の仕事は，彼らの理論が多くのタンパク質構造を推測できるようにした点で，タンパク質化学における偉大な業績を残した．しかし，シトクロム *c* など他のタンパク質では，α ヘリックスや β 構造がきわめて少なかったり，あるいはそれらをまったくもたないタンパク質も見つかっている．現在，化学者は，Pauling と Corey が水素結合とポリペプチド鎖骨格の重要性を強調しすぎたことを認識しており，タンパク質構造を完全に説明するためには，静電力やファンデルワールス力（第13章で論じた）のような他の種類の相互作用も必要であることが明らかになっている．残基側鎖の性質もまた全体のタンパク質の安定性に重要な役割を果たしているようである．図 16・27 に，タンパク質分子内にある多くの非共有結合性の相互作用を示した．これに加えて，システイン残基は酸化的雰囲気下においてジスルフィド結合を形成しうる．

$$2-CH_2SH + \frac{1}{2}O_2 \longrightarrow -CH_2-S-S-CH_2- + H_2O$$

ジスルフィド結合はタンパク質の三次元構造を安定化するのに役立つ．

疎水性相互作用

タンパク質構造に影響を与えるもう一つの因子は疎水性相互作用である．これは，原子対や二つの分子団の間で起こるような他の種類の分子間力とは異なって，大量の水分子がかかわった相互作用である（§13・6, p.306 参照）．

タンパク質構造を研究するときにまず気づくことは，バリン，ロイシン，イソロイシン，トリプトファン，フェニルアラニンの無極性残基が，通常，わずかにかあるいはまったく水と接しないで，タンパク質内部に位置しているということである．これは，天然状態のタンパク質，すなわち，

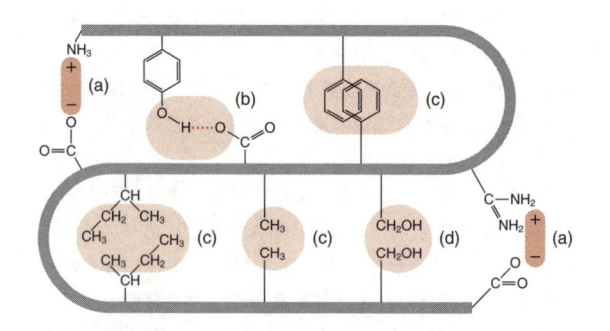

図 16・27 タンパク質分子中にあるさまざまな非共有結合性の相互作用．(a) 静電的相互作用，(b) 水素結合，(c) 分散力，(d) 双極子−双極子力

正常に機能する状態にあるタンパク質で見られる配置である．もしポリペプチド鎖の折りたたみ構造がほどけて，無極性基が水分子と接するようになればどうなるだろうか．見積もりとして，298 K で 1 mol の炭化水素をベンゼンのような無極性溶媒から，水に移したときの熱力学的変化について以下に考察してみよう．メタンでは，$\Delta S = -75.8$ J K^{-1}，$\Delta H = -11.7$ kJ，$\Delta G = 10.9$ kJ（表 13・6 参照）である．ΔG が正なので，過程は自発的には起こらない．この過程は発熱過程であり，そのため起こる場合にはエンタルピー駆動で起こる．何が過程を自発的には起こさせないのだろうか．その原因は，エントロピーの大きな減少である．§13・6 で，無極性の炭化水素を水に溶かしたときにつくられる包接化合物について論じた．炭化水素周りに水分子が秩序立って並ぶことで，ΔS は大きな負の値を示す．それゆえに，疎水性相互作用は，大半がエントロピー駆動の過程である．逆の過程，すなわち，水溶液中で R$_1$ と R$_2$ の二つの無極性基が，下のような相互作用

$$R_1(H_2O)_n + R_2(H_2O)_n \longrightarrow R_1 \overset{\text{疎水性相互作用}}{\bullet} R_2 + 2n\, H_2O$$

をすることによって，元々 R$_1$ と R$_2$ の周りに並んでいた水分子は解放される．その結果，系のエントロピーは増大する．個々の R 基と水との結合は熱を放出するため，水分子を解放する上述の過程は，通常，吸熱過程になる．すなわち，ΔH は正になる．室温では，$T\Delta S$ の項が優勢なので，$\Delta G\,(=\Delta H - T\Delta S)$ は負となり，反応は左から右へ自発的に起こる．より低温では，$T\Delta S$ の項が減少し，ΔG の符号は，ΔH によって決まる．この場合，ある温度で ΔG が正になり，R$_1$ と R$_2$ の間の疎水性相互作用が壊れて，その結果，タンパク質の折りたたみはほどける．低温感受性酵素——ピルビン酸カルボキシラーゼのように低温でその活性を失う酵素——の中には，このような説明にかなうものがある．

変　性

溶液中のタンパク質の安定性を知るための有益な手掛かりは，分子がどのように変性するかを調べることである．タンパク質の変性とは，三次元構造が天然状態の構造から別の構造へと変化する過程を指す．天然状態構造とは，通常の，生理的な状態でのタンパク質の構造のことをいう．厳密に言えば，タンパク質の天然状態とは，細胞など，生体内 (*in vivo*) にしかない．環境をまったく変えずにタンパク質を単離することは不可能なので，タンパク質は生体外 (*in vitro*) ではおそらく幾分かの変性は起こっているだろう．

元々タンパク質は多くのコンホメーション（立体配座）をとりうる可能性がある．その中の一方の極端な例の一つは，天然状態のタンパク質であり，もちうる最大数の非共有結合性相互作用とジスルフィド結合をもつ．もう一端の例は，完全に変性した状態で，ほとんどの非共有結合性相互作用とジスルフィド結合は壊れ，分子はランダムコイルの形をしている．タンパク質の種類と環境条件によっては，タンパク質は中間体というさらに別の構造もとりうる．

タンパク質の変性はいろいろな方法で起こる．温度，pH，イオン強度などの変化，および，有機溶媒や 8 M 尿素，6 M 塩酸グアニジンの添加などが，タンパク質分子を変性させる．尿素の働きは，水素結合や疎水性結合を破壊すると考えられる．エタノールやエチレングリコールなどの有機溶媒はタンパク質分子の表面にある極性残基と水素結合を形成する．2-メルカプトエタノールは以下のように特にジスルフィド結合を切断する．

$$R_1\!-\!S\!-\!S\!-\!R_2 + 2\,HOCH_2CH_2SH \longrightarrow$$
$$R_1\!-\!SH + R_2\!-\!SH + \underset{\underset{S-CH_2CH_2OH}{|}}{S\!-\!CH_2CH_2OH}$$

タンパク質の変性を研究することで，タンパク質の安定性に関する重要な情報が得られてきた．米国の生化学者，Christian Anfinsen (1916〜) のリボヌクレアーゼに関する仕事は，特に興味深い．ウシ膵臓から単離されたリボヌクレアーゼはモル質量 13 700 g の酵素で，124 アミノ酸残基から成っており，四つのジスルフィド結合をもっている．その三次元構造は X 線回折法によって決定されている（図 16・28）．リボヌクレアーゼの固有の働きは，リボ核酸のホスホジエステル結合の加水分解反応を触媒することである．

リボヌクレアーゼ溶液に 2-メルカプトエタノールと 8 M 尿素を加えて変性させる．この条件下では，すべてのジスルフィド結合は，還元されてスルフヒドリル (−SH) 基になっている．すなわち，

$$-S\!-\!S\!-\; \xrightarrow{\;2\,H\;}\; 2\,-SH$$

そして，ほとんどあるいはすべての二次構造と三次構造は崩壊している（図 16・29）．この形では，酵素は完全に不活性になる．変性剤存在下で，変性した酵素を酸素で酸化すると，その産物はいろいろな構造をもつ混合物となる．もし，二つのシステイン残基間でジスルフィド結合をつくる確率がどれも等しいと仮定すると，統計的に，8 個のシステイン残基から形成される異なった構造異性体の総数は，$7 \times 5 \times 3 = 105$ となる．最初のシステイン残基は，S−S 結合を形成するのに七つの選択肢があり，つぎのシステイン残基は五つの選択肢，と続くのである．この関係は，$(N-1)(N-3)(N-5)\cdots 1$ というように一般化することができる．ここで，N は存在しているシステイン残基の総数（偶数）を表している（問題 16・30 参照）．混合物——ごちゃ混ぜになったタンパク質——の観測された活性は，天

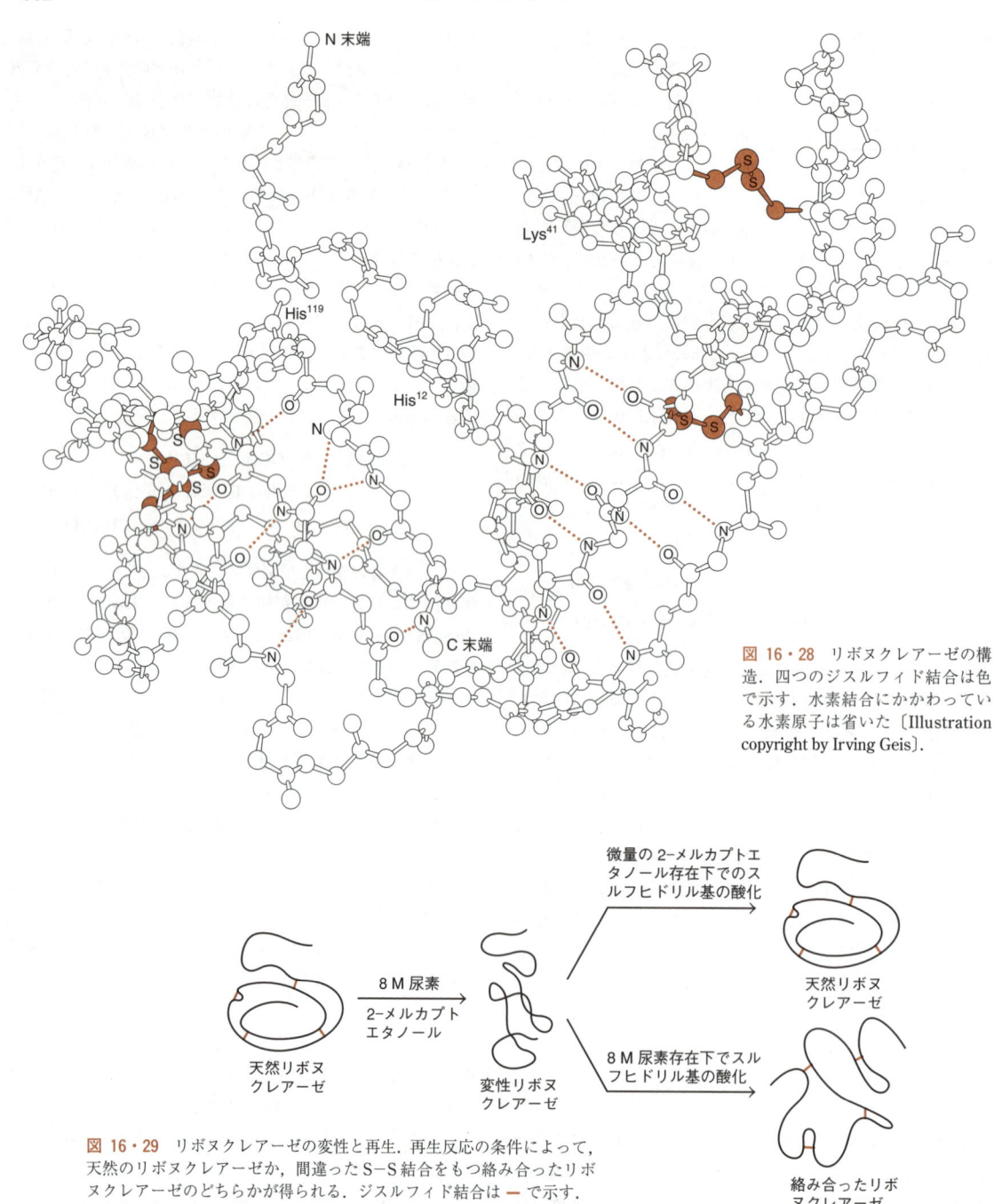

図 16・28 リボヌクレアーゼの構造．四つのジスルフィド結合は色で示す．水素結合にかかわっている水素原子は省いた〔Illustration copyright by Irving Geis〕．

図 16・29 リボヌクレアーゼの変性と再生．再生反応の条件によって，天然のリボヌクレアーゼか，間違ったS−S結合をもつ絡み合ったリボヌクレアーゼのどちらかが得られる．ジスルフィド結合は — で示す．

然状態酵素の活性の1％にも満たない．この知見は，105個のとりうる構造の中で，たったの1個の構造が本来の状態に相当するという事実と一致する（1/105＜0.01）．一方，尿素は存在していないが，ジスルフィド間の交換を促進する微量の2-メルカプトエタノールが存在する状態で，もし酸化すると，活性やその他の点で天然状態のリボヌクレアーゼと識別することのできない均一な産物が得られる．

Anfinsen の仕事から，重要な結論が導かれた．**熱力学的な仮説**（thermodynamic hypothesis）では，タンパク質の天然状態は最小のギブズエネルギーをとるということになる．天然状態のタンパク質構造は，分子内相互作用全体によって決まる，言い換えれば，一次構造すなわちアミノ酸配列によって決まる．したがって，105個の異なった構造はどれも速度論的には形成することが可能だが，天然状態のリボヌクレアーゼは最も熱力学的に安定である唯一の決まった構造に折りたたまれている．同様の結果は，リゾ

16・4 タンパク質の安定性

チームやプロインスリンなどのような他の系でも得られている．

リボヌクレアーゼの研究から，別の興味深い結果も出ている．初期のころに信じられていたこととは反するが，ジスルフィド結合は折りたたみ過程において不可欠な役割を果たしてはいないということである．その代わり，ジスルフィド結合は，形成した後の三次元構造の安定化のために働いている．上述した実験のように，タンパク質の折りたたみはほとんど非共有結合性の力によって制御されている．すなわち，三次元ネットワークが確立された後に，正しいシステイン対が近くに寄せられ，ジスルフィド結合ができる．

変性過程は通常，協同的である．天然状態からの変性過程，すなわちヘリックスからランダムコイル構造への転移は，温度や，pH，あるいは変性剤の濃度などを少し変えただけで起こる．実験的にはこの転移は，最も便利な方法として，粘性，旋光性，光吸収などを使って調べられている．図 16・30 は，温度に対するリボヌクレアーゼの変性した分率を，いくつかの異なった物理化学的手法で追跡してプロットしたものである．それぞれの変化がよく一致しており，さらに温度を低い方から高い方へ変化させても，逆に高い方から低い方へ変化させても転移が同じであるということは，事実上存在するのは二つの構造状態のみであるということを示唆している．この状況は**二状態モデル**（two-state model）の例となっている．タンパク質における転移，

$$N \underset{k_r}{\overset{k_f}{\rightleftarrows}} RC$$

の平衡定数は，以下の式から求まる．

$$K = \frac{k_f}{k_r} = \frac{[RC]}{[N]} = e^{-\Delta G°/RT} = e^{-(\Delta H° - T\Delta S°)/RT} \quad (16 \cdot 31)$$

N と RC はそれぞれ，天然状態の構造とランダムコイル構造を示す．正反応（右向き）と逆反応（左向き）の速度定数，k_f, k_r は第 9 章で議論した緩和法などの適当な方法によって，測定することができる．それぞれ直接に測定して求めた平衡定数 K や，k_f/k_r 比から，転移に伴うギブズエネルギーの変化を見積もることができる．

タンパク質変性に伴う熱力学的性質の変化を調べることは興味深い．リボヌクレアーゼが 30 ℃，pH 2.5 の水溶液中で変性するときの熱力学量は，$\Delta G° = 3.8$ kJ mol^{-1}，$\Delta H° = 238$ kJ mol^{-1}，$\Delta S° = 744$ J K^{-1} mol^{-1} である．キモトリプシノーゲンやミオグロビンなど，他のタンパク質の変性からも同様の値が得られている．はじめは，$\Delta S°$ が大きな正の値をもつことを奇妙に感じるに違いない．というのは，天然状態にタンパク質を保持する疎水性相互作用の重要性について，前に議論したことと矛盾しているからである（タンパク質が変性すると，内部の無極性残基が水に露出するのでエントロピーの減少が起こることを，表 13・6 のデータは示唆している）．実際には，二つの因子が $\Delta S°$ 値に寄与していることを理解しておく必要がある．疎水性相互作用の崩壊は，負の $\Delta S°$ 値を与える．一方，天然状態では，個々のタンパク質はたった一つの構造しかとらないのに対して，変性したタンパク質では多くの構造をとる可能性がある．第 4 章で見たように，孤立系における，とりうる状態数が少ない方から多い方へ変化する過程は，微視的状態の数の増大，それゆえエントロピーの増大を生じる．したがって，$\Delta S°$ の符号は，これら二つの逆向きの効果の大きさに左右される．リボヌクレアーゼでは，"秩序から無秩序へ"の転移によるエントロピーの増大の方が，無極性残基が水に露出することによるエントロピーの減少よりも大きい．それゆえ，$\Delta S°$ は正になる．

変性に伴う別の興味深い結果は，$\Delta \overline{C}_P$ が大きな値をとることである．これは，次式で与えられる．

$$\Delta \overline{C}_P = (\overline{C}_P)_{変性} - (\overline{C}_P)_{天然}$$

リボヌクレアーゼでは，$\Delta \overline{C}_P = 8.4$ kJ K^{-1} mol^{-1} である．変性したリボヌクレアーゼ水溶液中では，加えた熱は無極性残基周りのクラスター構造（水分子によってつくられている）の融解に使われる（p.307，§ 13・6 参照）．変性タンパク質溶液（天然状態ではない）の熱容量に対するこの寄与は，大きな $\Delta \overline{C}_P$ 値を与える理由となっている．

多くの場合，いくつかの段階を経て，換言すれば中間体

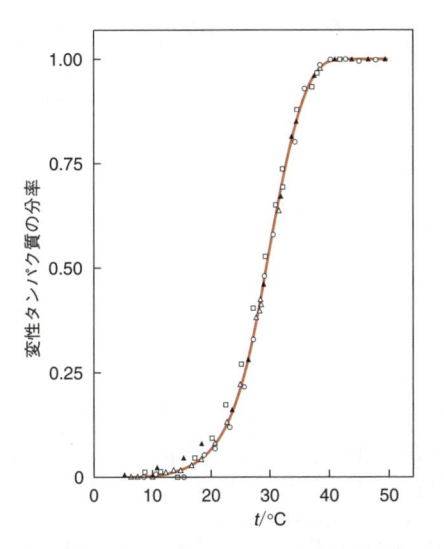

図 16・30 粘性率（□）の増加，365 nm の旋光性（○）の減少，287 nm の紫外吸収（△）の減少を，測定して求めたウシリボヌクレアーゼの熱変性．▲ は，41 ℃から冷却後 16 時間して二度目の融解測定の結果を示す〔Thomas. E. Creighton, "Proteins: Structures and Molecular Properties," 2nd Ed., Copyright 1984, 1993 by W. H. Freeman and Company. 許諾を得て転載〕．

を経て転移が進むので，タンパク質変性は簡単な二状態モデルで表すことができない．多状態モデルは，理論的にも実験的にも取扱いがより難しい．

タンパク質の折りたたみ

生物学の最も重要な問題の一つは，タンパク質折りたたみ問題，つまり，折りたたまれていないポリペプチド鎖のアミノ酸配列という一次元の情報から，天然状態タンパク質がとる唯一の三次元構造ができあがる機構の問題が中心にある．Anfinsen の仕事は，完全に変性したタンパク質が自発的に天然状態の構造へ再び折りたたむことを示したが，これがどのようにして起こっているのかは説明していない．粗い計算でも，タンパク質がすべての可能なコンホメーション（立体配座）を無作為検索して天然状態へと折りたたまれてはいないことはわかるだろう．N 残基から成るタンパク質を仮定しよう．一つの三次元構造をとる天然状態では，それぞれの残基は他の残基と相対的な空間的位置が決まっている．もし，立体配置が残基あたり 3 個の幾何学的パラメーター（つまり，三つの共有結合周りの三つの回転の自由度）を使って，それぞれの残基の空間的位置を仮定するなら，$3N$ 個の内部幾何学的パラメーターを規定する必要がある．さらに，それぞれの幾何学的パラメーターが，（控えめにざっと見積もって）二つの値だけ（二つの角度のような）をとりうると仮定してみよう．そうすると，タンパク質のとりうる構造の総数は，2^{3N}，100 残基から成るタンパク質だと 2^{300} になる．もしタンパク質が，単結合が再配向できる速度，およそ 10^{13} s^{-1} で，すべての構造を無作為抽出しようとすると，タンパク質がすべての構造を検索するのに，$2^{300}/10^{13}$ s^{-1} = 2×10^{77} s，つまり，6×10^{69} 年かかる．宇宙の年齢が，たったの 100 億年（10^{10} 年）であることを考えると，これはなんと想像もつかない途方もなく長い時間であろうか．

タンパク質の折りたたみを研究する上で，変性状態に対する天然状態のコンホメーションの相対的な安定性を比較するのが有益なやり方である（図 16・31）．熱力学的な測定結果によると，天然状態のタンパク質（N）は変性タンパク質（RC）よりもわずか 20〜40 kJ mol^{-1} 安定なだけである．この驚くほど小さな値は，典型的な水素結合 1 個のエネルギーと同程度である．実際に天然状態のタンパク質

が（変性したタンパク質に比べて）ごくわずかしか安定でないという事実のおかげで，アロステリック相互作用の場合のような素早いコンホメーション変化が可能なのである（§10・6 を参照）．コンホメーション変化が容易なタンパク質は，細胞膜をよりたやすく横切って拡散することもできる．

多くのタンパク質がわずか数秒のうちに天然状態の構造に折りたたまれる[*1]．それゆえに，折りたたみの過程は，膨大な数の重要でないコンホメーションを試すことを避けるために，不安定な中間体を通る速度論で表されるような経路を経由するはずである[*2]．多くの場合，折りたたみの初期段階では，柔軟で特定の構造を取っていないポリペプチド鎖が折り重なり，部分的に規則性をもった構造〔**モルテングロビュール**（molten globule, MG）とよばれる〕へたたまれている（図 16・32）．モルテングロビュールは天然構造（N）がもつ二次構造のほとんどをもち，α ヘリックスや β シートさえもちうるが，天然構造よりコンパクトではなく，内部の側鎖は動くことができる．一つの主要な経路（一つのモルテングロビュール）を通って折りたたまれるタンパク質もあれば，複数の経路（二つ以上のモルテングロビュール）を通って，折りたたまれるタンパク質もある．

タンパク質の折りたたみの機構をやや詳細に調べることは理解の助けになる．最初のステップは疎水性残基を水との接触から遠ざけ，互いに接触するようにすることと考え

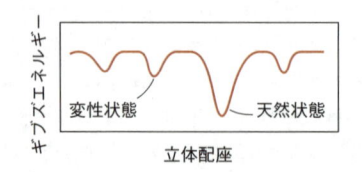

図 16・31 同じタンパク質の未変性状態と変性状態の相対的な安定性を比較した概略図

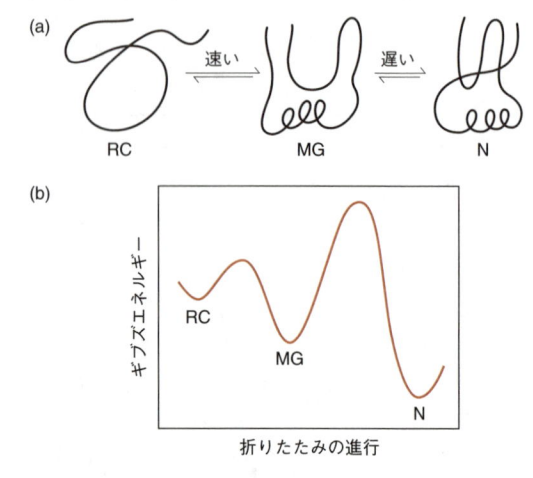

図 16・32 (a) モルテングロビュールを中間体として経由するタンパク質の折りたたみ．(b) (a)の折りたたみ過程のギブズエネルギー図．RC，ランダムコイル；MG，モルテングロビュール；N，天然タンパク質．

[*1] Anfinsen の実験では，リボヌクレアーゼの未変性状態への再折りたたみに，およそ 10 時間かかっていた．ジスルフィド結合の交換を触媒する酵素，タンパク質ジスルフィドイソメラーゼの存在下では，再生に要する時間は約 2 分間に短縮された．これらは in vitro の実験であることに注意せよ．

[*2] 多くの小さなタンパク質（100 残基以下）は二状態モデルで折りたたまれる．すなわち，中間体を経由しない．

られている.このステップは,ギブズエネルギーを大きく減少させ,検索しなければならない可能なコンホメーションの数を大きく減らす.この部分的な折りたたみは,また,αヘリックスとβシートの形成につながる.このように,これら二次構造における水素結合は結果であり,モルテングロビュールを形成する駆動力ではない.折りたたみの最中,**タンパク質ジスルフィドイソメラーゼ**(protein disulfide isomerase)という酵素がジスルフィド交換を触媒して,間違ってできたジスルフィド結合をもつ中間体を取除く.ペプチド基においては,トランス配置がより安定であることはすでに学んだ(§16・3,p.376参照).実際,相対的な安定性はおよそ1000対1でトランス体が有利である.一方,cis-プロリンはtrans-プロリンよりわずかに4倍不安定なだけである.このため,タンパク質中のほとんどのプロリンはトランス配置をとるが,シス体も存在することが知られている.変性状態ではこれらの二つの異性体が平衡にある.したがって,ポリペプチド鎖が折りたたまれる際,いくつかの分子では一つか二つのプロリンが間違った配置にある.酵素の助けのないシス-トランス異性体間の構造変化は正確に測定できないほど遅いが,この過程の反応速度は,**ペプチジルプロリル cis-trans-イソメラーゼ**(peptidylprolyl cis-trans-isomerase)という酵素によって加速される.

一般的に,小さいポリペプチドは試験管の中で自然に折りたたまれるが,細胞の中では,多くの新しく合成された(新生の)タンパク質は,**分子シャペロン**(molecular chaperone)というある種の特別な分子のおかげで効率的な折りたたみをすると考えられている.分子シャペロンは in vivo でタンパク質構造の非共有結合的な組立てを手伝うタンパク質である.複合体を形成している場合や,非常に濃縮された細胞内環境で生じる,折りたたまれていないタンパク質では,多くの疎水性領域が水に露出している.その結果,それらは同じ種類同士や別の構成成分間で非常に凝集しやすく,そのため,沈殿ができたり,間違った折りたたみ構造になったりする.シャペロンという元々の意味——人間でいう介添人——のように,分子シャペロンは新生タンパク質間の不適当な相互作用を阻害し,より好ましい組立てを促進する.

多数の異なったタンパク質の組立てと折りたたみを助ける役目をするのはほんのわずかな分子シャペロンだけである.つまり,分子シャペロンとタンパク質との結合は非特異的なようである.分子シャペロンが,結合したタンパク質の正しい折りたたみを触媒していることを示唆する証拠は今のところない.分子シャペロンのおもな機能は,ほどけたポリペプチド鎖が凝集しないように,隔離しておくことにあるようだ.分子シャペロンからタンパク質を解放するのはエネルギーを要する反応であり,ATPの加水分解が必要である.

タンパク質折りたたみの実験的な研究 多くの物理学的な技術と化学的手法によってタンパク質構造についてかなり詳細な研究が可能になっている.旋光分散(ORD)や円偏光二色性(CD)などはもちろんのこと,第14章で検討したいくつかの種類の分光法はタンパク質のコンホメーション変化のモニターに特に便利である.たとえば,構造が異なるものに対して,ポリペプチドのORDやCDスペクトルは明らかに違う(図16・33).タンパク質の折りたたみを研究するために化学者が用いる方法を,三つの場合を例にとって,簡単に検討してみよう.

<u>ケース1: シトクロム c</u> シトクロム c は,電子伝達タンパク質である.実験開始段階では,タンパク質は 4.3 M の塩酸グアニジン溶液(変性剤)中で,変性状態で存在している.ストップトフローCD実験では,タンパク質溶液を素早く緩衝液と混合して,変性剤の濃度を下げる.そして,CDの波長を222 nm(αヘリックス)と289 nm(芳香族側鎖)に合わせて,折りたたみ速度をモニターする.222 nm の測定では,再折りたたみ反応に伴う全変化の44%が,ストップトフロー実験の不感時間(混合に必要な時間)内に起こってしまっている.これは,ヘリックス二次構造のかなりの量が,4 ms 以内に形成されていることを示唆している.この波長における楕円率(§14・9,p.342参照)の残りの変化は,40 ms と 0.7 s 付近で起こっている.289 nm で測定している芳香族CDバンドは,固くパッキングされたコアの形成を示唆しているが,この変化は 400 ms の段階で現れ始め,最後の 10 s の相で完成する*.

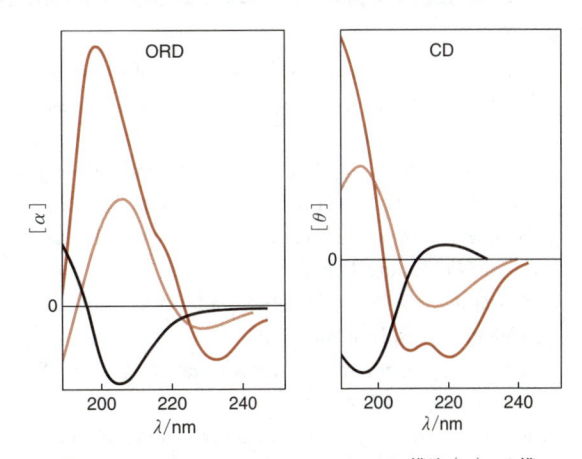

図 16・33 ポリ-L-リシンのαヘリックス構造(—),β構造(—),ランダムコイル構造(—)のORDとCDスペクトル〔N.Greenfield, G. Fasman, *Biochemistry*, **8**, 4108(1969)〕

---

* G. Elöve, A. F. Chaffotte, H. Roder, M. E. Goldberg, *Biochemistry*, **31**, 6879(1992).

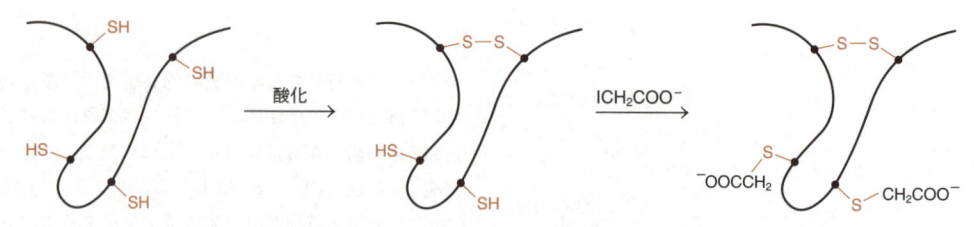

図 16・34　タンパク質の折りたたみにおけるヨード酢酸によるスルフヒドリル基の捕捉

ケース 2: ウシ膵臓トリプシンインヒビター　このタンパク質がトリプシン (消化酵素) を膵臓で不活性化しているおかげで，トリプシンは分泌前に器官を消化してしまうことがない．58 残基から成り，三つのジスルフィド結合をもっている．還元剤が存在していると，すべてのジスルフィド結合はスルフヒドリル (-SH) 基になっており，タンパク質は変性状態になる．変性剤を除いて -S-S- 結合の再生を可能にすることで折りたたみは開始する．タンパク質が折りたたまれるにつれて，最終的な分子にあるのとは異なるジスルフィド結合をもった中間体が，現れたり消えたりする．スルフヒドリル基をブロックするヨード酢酸を異なった時間間隔で加えて，中間体をトラップすることで，折りたたみ経路を追跡することができる (図 16・34)．

$$-SH + ICH_2COO^- \longrightarrow -SCH_2COO^- + HI$$

中間体は各成分に分離して解析される．-SH 基の位置を知ることで，化学者は折りたたみ順序の描像を明らかにできる*．

ケース 3: リボヌクレアーゼ　変性したタンパク質を重水 (D_2O) で置換し，すべての不安定な H 原子を D 原子と置換する．その後，変性剤を除く．折りたたみが進むに従って，本来水素結合 ($>$N-H⋯O-) するところが，"重水素" 結合 ($>$N-D⋯O-) を形成するだろう．ある時点で，普通の水 (H_2O) を試料に加えると，保護されていない —— すなわち，溶媒に露出している —— 重水素原子は，H 原子と交換する．NMR 分光法を用いると，個々の NH 共鳴を検出でき，よって保護された重水素を含むコンパクトな分子の領域を同定することができる．この方法により，他の部分よりも早く折りたたまれる場所を決めることができる．H_2O を加える時間を変えることによって，いくつかの異なった中間体構造のできる順番もわかる．リボヌクレアーゼの研究結果は，分子の中心にある酵素の β シート部分が早く形成することを示している．

---

* T. E. Creighton, *Biochem. J.*, **270**, 12 (1990).

参考文献

書籍

R. Blake, "The Informational Biopolymers of Genes and Gene Expression," University Science Books, Sausalito, CA (2005).

"Biophysical Chemistry," ed. by V. A. Bloomfield, R. E. Harrington, W. H. Freeman, San Francisco (1975).

C. Branden, J. Tooze, "Introduction to Protein Structure," Garland Publishing, New York (1999).

C. Calladine, H. Drew, "Understand DNA," 2nd Ed., Academic Press, New York (1997).

C. R. Cantor, P. R. Schimmel, "Biophysical Chemistry," W. H. Freeman, New York (1980).

T. E. Creighton, "Proteins: Structures and Molecular Properties," 2nd Ed., W. H. Freeman, New York (1993).

A, Fersht, "Structure and Mechanism in Protein Science," W. H. Freeman, New York (1999).

D. Freifelder, "Physical Biochemistry: Applications to Biochemistry and Molecular Biology," W. H. Freeman, New York (1982).

J. Kyte, "Structure in Protein Chemistry," Garland Publishing, New York (1994).

M. F. Perutz, "Protein Structure: New Approaches to Disease and Therapy," W. H. Freeman, New York (1992).

J. F. Robyt, B. J. White, "Biochemical Techniques: Theory and Practice," Waveland Press, Prospect Heights, IL (1987).

W. Saenger, "Principles of Nucleic Acid Structure," Springer-Verlag, New York (1984).

G. E. Schultz, R. H. Schirmer, "Principles of Protein Structure," Springer-Verlag, New York (1979).

論文
総　説:

P. J. W. Debye, 'How Giant Molecules Are Measured,' *Sci. Am.*, September (1957).

J. T. Yang, 'The Viscosity of Macromolecules in Relation to

Molecular Conformation,' *Adv. Protein Chem.*, **16**, 323 (1961).

J. T. Bailey, W. H. Beattie, C. Booth, 'Average Quantities in Colloid Science,' *J. Chem. Educ.*, **39**, 196(1962).

R. A. Day, E. J. Ritter, 'Errors in Representing Structures of Proteins and Nucleic Acids,' *J. Chem. Educ.*, **44**, 761(1967).

G. Némethy, 'Hydrophobic Interaction,' *Angew. Chem. Int. Ed.*, **6**(3), 195(1967).

S. Lande, 'Conformation of Peptides,' *J. Chem. Educ.*, **45**, 587(1968).

A. Rudin, 'Molecular Weight Distributions of Polymers,' *J. Chem. Educ.*, **46**, 595(1969).

D. H. Napper, 'Conformation of Macromolecules,' *J. Chem. Educ.*, **46**, 305(1969).

C. E. Carraher, Jr., 'Polymer Models,' *J. Chem. Educ.*, **47**, 581(1970).

C. C. Price, 'Some Stereochemical Principles from Polymers,' *J. Chem. Educ.*, **50**, 744(1973).

J. Svasti, B. Panijpan, 'SDS-Polyacrylamide Gel Electrophoresis,' *J. Chem. Educ.*, **54**, 560(1977).

A. McPherson, 'Macromolecular Crystals,' *Sci. Am.*, March(1989).

L. C. Rosenthal, 'A Polymer Viscosity Experiment With No Right Answers,' *J. Chem. Educ.*, **67**, 78(1990).

A. J. Olson, D. S. Goodsell, 'Visualizing Biological Molecules,' *Sci. Am.*, November(1992).

J. L. Richards, 'Viscosity and Shapes of Macromolecules,' *J. Chem. Educ.*, **70**, 685(1993).

C. M. Guttman, B. Fanconi, 'Molecular Properties of Polymers,' "Encyclopedia of Applied Physics," ed. by G. Trigg, Vol. 14, p. 549, VCH Publishers, New York(1996).

DNA:

G. L. Baker, 'DNA Helix to Coil Transition: A Simplified Model,' *Am. J. Phys.*, **44**, 599(1976).

B. Panijpan, 'The Buoyant Density of DNA and the G+C Content,' *J. Chem. Educ.*, **54**, 172(1977).

J. C. Wang, 'DNA Topoisomerases,' *Sci. Am.*, July(1982).

R. E. Dickerson, 'The DNA Helix and How It is Read,' *Sci. Am.*, December(1983).

G. Felsenfeld, 'DNA,' *Sci. Am.*, October(1985).

R. R. Sinden, 'Supercoiled DNA : Biological Significance,' *J. Chem. Educ.*, **64**, 294(1987).

K. B. Mullis, 'The Unusual Origin of the Polymerase Chain Reaction,' *Sci. Am.*, April(1990).

S. S. Zimmerman, 'Conformational Analysis,' "Encyclopedia of Applied Physics," ed. by G. L. Trigg, Vol. 4, p. 229, VCH Publishers, New York(1992).

M. D. Frank-Kamenetskii, 'Nucleic Acids,' "Encyclopedia of Applied Physics," ed. by G. L. Trigg, Vol.12, p.19, VCH Publishers, New York(1995).

L. M. Adleman, 'Computing with DNA,' *Sci. Am.*, August (1998).

タンパク質:

J. Gross, 'Collagen,' *Sci. Am.*, May(1961).

J. C. Kendrew, 'Three-Dimensional Structure of a Protein,' *Sci. Am.*, December(1961). (ミオグロビン)

M. F. Perutz, 'The Hemoglobin Molecule,' *Sci. Am.*, November(1964).

D. C. Phillips, 'The Three-Dimensional Structure of an Enzyme Molecule,' *Sci. Am.*, November(1966). (リゾチーム)

R. D. B. Fraser, 'Keratins,' *Sci. Am.*, August(1969).

R. E. Dickerson, 'The Structure and History of an Ancient Protein,' *Sci. Am.*, April(1972). (シトクロム *c*)

C. B. Anfinsen, 'Principles That Govern the Folding of Protein Chains,' *Science*, **181**, 223(1973).

A. Cerami, C. M. Peterson, 'Cyanate and Sickle-Cell Disease,' *Sci. Am.*, April(1975).

D. Blackman, 'Amino Acid Sequence Diversity in Proteins,' *J. Chem. Educ.*, **54**, 170(1977).

M. F. Perutz, 'Electrostatic Effects in Proteins,' *Science*, **201**, 1187(1978).

R. E. Dickerson, 'Cytochrome *c* and the Evolution of Energy Metabolism,' *Sci. Am.*, March(1980).

R. F. Doolittle, 'Proteins,' *Sci. Am.*, April(1985).

M. Karplus, J. A. McCammon, 'The Dynamics of Proteins,' *Sci. Am.*, April(1986).

R. L. Baldwin, 'How Does Protein Folding Get Started ?' *Trends Biochem. Sci.*, **14**, 291(1989).

G. B. Ralston, 'Effect of 'Crowding' in Protein Solutions,' *J. Chem. Educ.*, **67**, 857(1990).

F. M. Richards, 'The Protein Folding Problem,' *Sci. Am.*, January(1991).

G. U. Nienhaus, R. D. Young, 'Protein Dynamics,' "Encyclopedia of Applied Physics," ed. by G. L. Trigg, Vol. 15, p.163, VCH Publishers, New York(1996).

C. Tanford, 'How Protein Chemists Learned About the Hydrophobic Effect,' *Protein Science*, **6**, 1358(1997).

M. Gerstein, M. Levitt, 'Simulating Water and the Molecules of Life,' *Sci. Am.*, November(1998).

T. E. Elgren, 'Consideration of Lewis Acidity in the Context of Heme Biochemistry: A Molecular Visualization Exercise,' *Chem. Educator*, **1998**, 3(3) : S1430-4171(98) 03206-7. Avail. URL: http://journals.springer-ny.com/chedr.

R. Hardison, 'The Evolution of Hemoglobin,' *Am. Sci.*, **87**, 126(1999).

R. L. Baldwin, G. D. Rose, 'Is Protein Folding Hierarchic ?

I. Local Structure and Peptide Folding,' *Trends Biochem. Sci.*, **24**, 26 (1999).

R. L. Baldwin, G. D. Rose, 'Is Protein Folding Hierarchic? II. Folding Intermediates and Transition States,' *Trends Biochem. Sci.*, **24**, 77 (1999).

C. M. Jones, 'Protein Unfolding of Metmyoglobin Monitored by Spectroscopic Techniques,' *Chem. Educator*, **1999**, 4 (3): S1430-4171 (99) 032998-5. Avail. URL: http://journals.springer-ny.com/chedr.

A. P. Capaldi, S. E. Radford, 'An Unfolding Story,' *Trends Biochem. Sci.*, **26**, 753 (2001).

C. N. Chiu, G. von Heijne, J. W. L. de Gier, 'Membrane Proteins Shaping Up,' *Trends Biochem. Sci.*, **27**, 231 (2002).

H. R. Saibil, N. A. Ranson, 'The Chaperon Folding Machine,' *Trends Biochem. Sci.*, **27**, 627 (2002).

H. M. Berman, D. S. Goodsell, P. E. Bourne, 'Protein Structures: From Famine to Feast,' *Am. Sci.*, **90**, 350 (2002).

J. King, C. Hasse-Pettingell, D. Gossard, 'Protein Folding and Misfolding,' *Am. Sci.*, **90**, 445 (2002).

V. Daggett, A. R. Fersht, 'Is There a Unifying Mechanism for Protein Folding?,' *Trends Biochem. Sci.*, **28**, 18 (2003).

P. J. Hogg, 'Disulfide Bonds as Switches for Protein Function,' *Trends Biochem. Sci.*, **28**, 210 (2003).

問 題

モル質量決定

16・1 多分散溶液は下のような分布をしている.

分子の数	モル質量/g mol^{-1}
10	25 000
7	17 000
24	31 000
16	49 000

$\overline{M}_n$ と $\overline{M}_w$ の値と溶液の多分散性を計算せよ (多分散性は $\overline{M}_w/\overline{M}_n$ で定義される).

16・2 セルロプラスミン (フェロオキシダーゼ) は血漿中に存在するタンパク質である. 重量にして 0.33 % 銅を含んでいる. (a) 最小モル質量を計算せよ. (b) セルロプラスミンの実際のモル質量は 150 000 g mol^{-1} である. それぞれのタンパク質分子あたりにいくつの銅原子が含まれているか.

16・3 実験条件によって, 水溶液中のヘモグロビンのモル質量測定は, 溶液が単分散であったり多分散であったりする結果を示してしまう. 理由を説明せよ.

16・4 60 000 rpm で超遠心を行っている. (a) ω の値 (rad s^{-1}) を計算せよ. (b) 回転中心から 7.4 cm の点での, $\omega^2 r$ で与えられる加速度 a を計算せよ. (c) この加速度は "何 g" になるか.

16・5 沈降係数 s はタンパク質 (球状と仮定する) の質量にどのように依存しているのか. それぞれ 70 000 g と 35 000 g のモル質量をもつ二つのタンパク質の沈降速度を比較せよ.

16・6 $\overline{v} = 0.74$ ml g^{-1} のタンパク質が 20 ℃ の水に沈降している. もし, $s_{20,w} = 3.0 \times 10^{-13}$ s で $D = 1.5 \times 10^{-6}$ cm^2 s^{-1} のとき, このタンパク質のモル質量はいくらか. 溶液の密度は 0.998 g ml^{-1} である.

16・7 293 K で沈降平衡実験を行うと, あるタンパク質分子についてつぎのようなデータが得られた. $\omega = 19\ 000$ rpm, $s = 2.15 \times 10^{-13}$ s, $\overline{v} = 0.71$ ml g^{-1}, $\rho = 1.1$ g ml^{-1} である. 回転中心からの距離 r_1 と r_2 の相対濃度は $c_1 = 4.72$ ($r_1 = 5.95$ cm) と $c_2 = 12.98$ ($r_2 = 6.23$ cm) である. このタンパク質のモル質量を求めよ.

粘度と電気泳動

16・8 式 (16・19) ~ 式 (16・22) で定義されたさまざまな粘度の単位は何か.

16・9 グルコース 1×10^{-3} g を溶解すると, 水あるいは 10 % グリセロール水溶液の相対粘度よりも大きくなるだろうか.

16・10 リボヌクレアーゼの固有粘度は 20 ℃ で 3.4, 50 ℃ で 6 である. ここから構造の変化について何が言えるだろうか.

16・11 式 (16・25) の zeE の単位を力の単位で示せ.

16・12 pH 6.5 におけるカルボキシヘモグロビンの電気泳動移動度は 2.23×10^{-5} cm^2 s^{-1} V^{-1} で, 鎌状赤血球のカルボキシヘモグロビンは 2.63×10^{-5} cm^2 s^{-1} V^{-1} である. 電位勾配が 5.0 V cm^{-1} のとき, 二つのタンパク質が 1.0 cm 離れるのにかかる時間を計算せよ.

16・13 タンパク質水溶液の電気泳動実験において, 2種類のタンパク質のモル質量がそれぞれ 60 000 と 30 000 であることがわかった. この溶液は重量の 1.85 % のタンパク質を含んでいる. 大きい方のタンパク質の画分が 70 % のとき, $\overline{M}_w$ と $\overline{M}_n$ を計算せよ.

16・14 ポリアクリルアミドゲルでのいろいろなタンパク質-SDS 複合体の相対電気泳動移動度は下表のようである.

タンパク質	モル質量/g mol^{-1}	相対電気泳動移動度
ミオグロビン	17 200	0.95
トリプシン	23 300	0.82
アルドラーゼ	40 000	0.59
フマル酸デヒドラターゼ	49 000	0.50
炭酸デヒドラターゼ	29 000	0.73

相対電気泳動移動度に対する log(モル質量)をプロットせよ．クレアチンキナーゼの相対電気泳動移動度は 0.60 である．モル質量はいくらか．超遠心によって求められた 80 000 というモル質量と計算結果とを比較せよ．どのような結論が導き出せるか．

16・15 タンパク質分子が，どの程度球状タンパク質のようなふるまいをするかを摩擦比 f/f_0 で調べることができる．ここで f_0 はストークスの法則（式 16・7）における摩擦係数，f は拡散係数（式 16・9）から求めた摩擦係数である．球状タンパク質では $f/f_0 = 1$ である．1 からのずれによって分子の非球状形を測定することができる．ヘモグロビンとヒトフィブリノーゲン（モル質量 339 700 g mol^{-1}, $s = 7.63 \times 10^{-13}$ s, $D = 1.98 \times 10^{-7}$ cm^2 s^{-1}, $\bar{v} = 0.725$ ml g^{-1}）について考えよ．分子の形状についてどのような結論が導き出されるか．（球状タンパク質と仮定したとき，半径 r は式 $\mathcal{M} = 4\pi N_A r^3/3\bar{v}$ で求められる．$\mathcal{M}$ はモル質量．）$T = 298$ K，水の粘度は 0.001 01 N s m^{-2} と仮定する．

タンパク質と DNA

16・16 図 16・28 を参照すると，リボヌクレアーゼの β 構造は平行か逆平行か．

16・17 疎水性相互作用は，共有および非共有結合とはどのように区別されるか．また，タンパク質の構造と安定性にどのような働きをしているか．

16・18 α ヘリックスのピッチ（連続するターンの間の距離）は平均 5.4 Å である．ヒトの毛髪も同じピッチであると仮定して，毛髪が毎月 0.6 インチ（1 インチ = 25.4 mm）伸びるとしたら，毎秒何ターンの α ヘリックスがつくられているだろうか（1 カ月は 30 日とする）．

16・19 毛髪は α ヘリックスがさらに巻いて超らせんを形成したケラチンからできている．α ヘリックス間をつなぐジスルフィド結合は，毛髪の形に大きな影響を及ぼす．このことから，"パーマネントウェイブ（毛髪のパーマ）"はどのようにつくられるかを説明せよ．

16・20 ポリ-L-リシンの α ヘリックス構造は pH 10 で形成し，ランダムコイルは pH 7 で形成する．この pH 依存の構造変化を説明せよ．

16・21 トリプシンやカルボキシペプチダーゼのようなプロテアーゼ（タンパク質分解酵素）はタンパク質のペプチド結合の加水分解を触媒する（消化）．主鎖が十分に伸びて標的のペプチド結合に近づくためには，このような酵素はどのように基質タンパク質と結合するか説明せよ．どのような種類の構造と似ているだろうか．

16・22 尿素や SDS のような化合物によって変性したタンパク質は透析によって変性剤を取除くと再生することができる．一方，熱変性したタンパク質はしばしば不可逆である．理由を説明せよ〔ヒント：ペプチド結合のトランス配置を考慮せよ〕．

16・23 タンパク質は一般に非常に異なった構造をしているが，一方，核酸はよく似た構造をしている．理由を説明せよ．

16・24 コンパクトディスク（CD）は 4.0×10^9 ビットの情報を保存している．この情報は二進数のデータとして保存されている．すなわち，それぞれのビットが 0 か 1 である．(a) DNA 配列における特定のヌクレオチド対は何ビットをとりうるだろうか．(b) 3×10^9 ヌクレオチド対から成るヒトゲノム情報は何枚の CD に収まるであろうか．

16・25 1 世代後に DNA 試料を熱的に変性させ，アニーリングしたならば CsCl 密度勾配クロマトグラフィーで何本のバンドが見られるだろうか．図 16・26 を参照して考えよ．

16・26 つぎの T_m データが二重鎖 DNA についてある緩衝溶液中で得られた．

試料	(C+G) の割合（%）	T_m/℃
1	40.0	86.6
2	49.0	90.0
3	62.0	95.0
4	71.0	98.4

(a) (C+G) の割合（%）と T_m との関係式を誘導せよ．
(b) (C+G) の含量（%）を $T_m = 88.3$ ℃ の試料について計算せよ．

16・27 あるタンパク質の変性におけるエンタルピー変化は 125 kJ mol^{-1} である．エントロピー変化が 397 J K^{-1} mol^{-1} ならば，タンパク質が自発的に変性する最低温度は何度か，計算せよ．

16・28 つぎのタンパク質の二量体の生成を考える．

$$2\text{P} \longrightarrow \text{P}_2$$

25 ℃ で $\Delta_r H° = 17$ kJ mol^{-1}, $\Delta_r S° = 65$ J K^{-1} mol^{-1} であった．この温度での二量体は有利であろうか．温度を下げる効果についてコメントせよ．いわゆる低温感受性酵素についてどのような一般的な結果が得られるか．

16・29 鎌状赤血球ヘモグロビン（HbS）の原因と性質については第 13 章で述べた．ある条件下では，体温で起こった HbS 分子の凝集が，温度を下げることで解消する．理由を説明せよ．

16・30 本章では N 個のスルフヒドリル基が結合をつくる場合，$(N-1)(N-3)(N-5)\cdots 1$ 通りの方法があるという式を誘導した．ここで N は偶数である．N が奇数の場合の式を導け．

16・31 水素-重水素交換法を用いて，タンパク質の折りたたみを研究するにはどんな仮定をしなくてはならないか．

16・32 変性タンパク質は 10 個のシステイン残基をもっている．天然のタンパク質が，(a) 5 個のジスルフィド結合，(b) 3 個のジスルフィド結合をそれぞれもっているとしたら，酸化の際に，適当な結合を無秩序につくりうる分子の割合はどうなるだろうか．

16・33 本章で述べられているように，アミド基におい

てトランス配置はシス配置よりずっと安定である（およそ1000倍）．唯一の例外はプロリン残基に見られる．この場合，シス配置はトランス配置よりわずか4倍不安定なだけである．このため，cis-プロリンはいくつかのポリペプチド鎖で見つかる．C_α 原子がプロリン残基の一部になっているアミド基のシス体とトランス体の構造を描け．また，これら二つの立体配置の立体的な相互作用の差が他の残基に比べあまり顕著でないことを示せ．

16・34 ポリ-L-グルタミン酸のコンホメーションがランダムコイルやαヘリックスになる pH はいくらであると予測されるか．

16・35 スカンクに臭いをつけられてしまった犬から臭いを取除くために効果的な手段は，かけられた範囲を過酸化水素と炭酸水素ナトリウムの溶液でよくこすることである．この作業の化学的な根拠は何か〔ヒント：スカンクが放出する臭いの成分は 2-ブテン-1-チオール，$CH_3CH=CHCH_2SH$ である〕．

16・36 密度勾配沈降実験において，通常 DNA 溶液に EDTA が加えられる．EDTA なしでは，結果が実験ごとに異なるであろう．これを説明せよ．

付録 1　　数学の概論

この付録 1 は物理化学において役立つ基礎的な方程式や公式の概論である．

指数と累乗

大きな数は 10 の累乗として表すとより扱いやすくなる．たとえば

$$1 = 10^0 \qquad 100 = 10^2$$
$$0.1 = 10^{-1} \qquad 100\,000 = 10^5$$
$$0.000\,23 = 2.3 \times 10^{-4} \qquad 3.1623 = 10^{0.5}$$

一般に a^n と書き，a を **底**（base），n を **指数**（exponent）とよぶ．この表現は "a の n 乗" と読み次式の関係がある．

演算子	例
$a^m \times a^n = a^{m+n}$	$10^{0.2} \times 10^3 = 10^{3.2}$
$(a^m)^n = a^{m \times n}$	$(10^4)^2 = 10^8$
$\dfrac{a^m}{a^n} = a^{m-n}$	$\dfrac{10^3}{10^7} = 10^{-4}$

ここで a^0（a の 0 乗）は $a=0$ を除くすべての数 a に対して 1 であり，$0^n=0$（n はどんな n に対しても）である．さらに，$1^n=1$ であり，どんな n に対しても成立する．

対 数　対数の概念は指数の概念を拡張したものである．a を底とする x の対数を y とすると，y は a を底とする指数に等しく，$x=a^y$ の関係が成立する．つまり，

$$x = a^y$$

ならば

$$y = \log_a x$$

である．たとえば，$3^4 = 81$ ならば

$$4 = \log_3 81$$

である．10 を底とする対数は以下の通りである．

対 数	指 数
$\log_{10} 1 = 0$	$10^0 = 1$
$\log_{10} 2 = 0.3010$	$10^{0.301} = 2$
$\log_{10} 10 = 1$	$10^1 = 10$
$\log_{10} 100 = 2$	$10^2 = 100$
$\log_{10} 0.1 = -1$	$10^{-1} = 0.1$

10 を底とする対数を **常用対数**（common logarithm）とよぶ．慣習的に a の常用対数を $\log_{10} a$ ではなく $\log a$ と表す．

ある数の対数は指数であり，したがって指数と対数は似た性質をもつ．常用対数においては以下の関係がある．

対 数	指 数
$\log AB = \log A + \log B$	$10^A \times 10^B = 10^{A+B}$
$\log \dfrac{A}{B} = \log A - \log B$	$\dfrac{10^A}{10^B} = 10^{A-B}$
$\log A^n = n \log A$	

e を底とする対数は **自然対数**（natural logarithm）とよばれる．e の大きさは次式で与えられる．

$$\begin{aligned} \mathrm{e} &= 1 + \frac{1}{1!} + \frac{1}{2!} + \frac{1}{3!} + \cdots \\ &= 2.718\,281\,828\,45\cdots \\ &\simeq 2.7183 \end{aligned}$$

ここで記号！は階乗という．たとえば，3! は $3 \times 2 \times 1$ である．また，定義により 0! = 1 である．

物理化学において指数関数 $y = \mathrm{e}^x$ は非常に重要である．両辺の自然対数をとると，

$$\ln y = x \ln \mathrm{e} = x$$

が得られる．ここで，"ln" は $\log_\mathrm{e}$ を表す．自然対数と常用対数の関係は以下の通りである．

$$y = \mathrm{e}^x$$

この式から始めよう．両辺の常用対数をとり，$x = \ln y$ の関係を用いると，

$$\begin{aligned} \log y &= x \log \mathrm{e} \\ &= \ln y \log \mathrm{e} \end{aligned}$$

が得られる．$\log \mathrm{e} = \log(2.7183) = 0.4343$ であるから，

$$\log y = 0.4343 \ln y$$

また，

$$2.303 \log y = \ln y$$

となる．

簡単な方程式

一次方程式
一次方程式は
$$y = mx + b$$
と表される．x に対して y をプロットすると，勾配 m と切片 b ($x=0$ のときの y の値) の直線になる．

二次方程式
二次方程式は
$$y = ax^2 + bx + c$$
と表される．ここで，a, b, c は定数であり $a \neq 0$ である．x に対して y をプロットすると放物線が得られる．

つぎの二次方程式について考えよう．
$$y = 3x^2 - 5x + 2$$
x に対して y をプロットすると図1になる．曲線と x 軸 ($y=0$) の交点は $x = 1$, 0.67 の二つある．以下のように方程式を解くことができる．$y=0$ とおくと，
$$3x^2 - 5x + 2 = 0$$
$$x = \frac{-b \pm \sqrt{b^2 - 4ac}}{2a} = \frac{5 \pm \sqrt{25 - 4 \times 3 \times 2}}{2 \times 3}$$
$$= 1.00 \quad \text{または} \quad 0.67$$
が得られる．

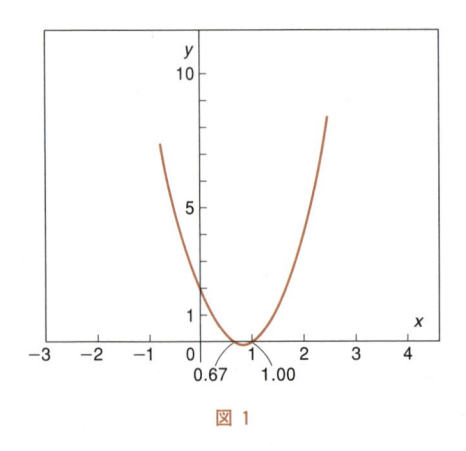

図 1

平均値

測定を繰返すと，前回得られた値と異なった値を得ることがしばしばあり，この場合二つの平均により結果を表すことが適当である．最も一般的な平均値は**相加平均** (arithmetic mean) である．a と b の二つの値に対して相加平均は $(a+b)/2$ によって得られる．測定値のばらつきがランダムでないときには，**相乗平均** (geometric mean) を使う方が良い場合もある．相乗平均は $\sqrt{ab}$ によって得られる．

級数と展開

等差級数
$$1, 2, 3, 4, \cdots \quad \text{または} \quad a, 2a, 3a, 4a, \cdots$$

等比級数
$$1, 2, 4, 8, \cdots \quad \text{または} \quad a, 2a, 4a, 8a, \cdots$$

二項展開
$$(1+x)^n = 1 + nx + \frac{n(n-1)}{2!}x^2 + \frac{n(n-1)(n-2)}{3!}x^3 + \cdots$$

指数の展開
$$e^{\pm x} = 1 \pm \frac{x}{1!} \pm \frac{x^2}{2!} \pm \frac{x^3}{3!} \pm \cdots$$
$$e^{\pm ax} = 1 \pm \frac{ax}{1!} \pm \frac{(ax)^2}{2!} \pm \frac{(ax)^3}{3!} \pm \cdots$$

三角関数の展開
$$\sin x = x - \frac{x^3}{3!} + \frac{x^5}{5!} - \frac{x^7}{7!} + \cdots$$
$$\cos x = 1 - \frac{x^2}{2!} + \frac{x^4}{4!} - \frac{x^6}{6!} + \cdots$$

対数の展開
$$\ln(1+x) = x - \frac{x^2}{2} + \frac{x^3}{3} - \frac{x^4}{4} + \cdots$$

角度とラジアン

普通に使われる角度の単位は**度** (degree) であり，1度は円の 1/360 として定義される．物理化学でしばしば用いられる別の角度の単位は**ラジアン** (radian) (単位記号，rad) とよばれている．角度とラジアンの関係は次式のように理解される．半径 r の円の一部について考える．円弧の長さ (s) は角度 θ と半径 r に比例する．
$$s = r\theta$$
であり，ここで θ はラジアン単位で表した角度である．1 rad は円弧 s と半径 r が等しくなるときの角に対応すると定義される．

円全体を円弧と考えたとき
$$s = 2\pi r = r\theta \quad \text{または} \quad 2\pi = \theta$$
となるから，$\theta = 2\pi$ rad は $\theta = 360°$ に対応することを意味する．よって，
$$1 \text{ rad} = \frac{360°}{2\pi} \simeq \frac{360°}{2 \times 3.1416} = 57.3°$$

一方，

$$1° = \frac{2\pi}{360°} \simeq \frac{2 \times 3.1416}{360°} = 0.0175 \text{ rad}$$

である．

ラジアンは角度の単位であるが，物理的次元はないことに注意せよ．たとえば，半径 5 cm の円周は $2\pi(\text{rad}) \times 5$ cm $= 31.42$ cm と与えられる．

面積と体積

三角形 辺 $a, b, c,$ 高さ h (a を底辺としたとき) の三角形について考える．半周 s は

$$s = \frac{a+b+c}{2}$$

で得られる．三角形の面積 (A) は

$$A = \frac{1}{2}ah = \sqrt{s(s-a)(s-b)(s-c)} = \frac{1}{2}ab\sin C$$

で得られる．ここで角 C は辺 c の対角である．辺 a, b, c をもつ直角三角形で辺 c を斜辺とすれば

$$c^2 = a^2 + b^2$$

となる．これはピタゴラスの定理である．

長方形 辺 a, b の長方形の面積は ab である．

平行四辺形 辺 a, b の平行四辺形の面積は ah である．ここで h は長さが a である二つの平行な辺上の一点から他辺に下ろした垂線の長さである．

円 半径を r とすると，円周は $2\pi r$ で円の面積は πr^2 である．

球 半径を r とすると，球の表面積は $4\pi r^2$ で体積は $\frac{4}{3}\pi r^3$ である．

円柱 半径 r，高さ h の円柱の側面の面積は $2\pi rh$ であり，体積は $\pi r^2 h$ である．

円錐 円錐の側面の面積は πrl である．ここで r は底面の半径で，l は斜面の長さである．体積は $\frac{1}{3}\pi r^2 h$ で h は鉛直方向の高さ（底面から頂点まで）である．

演算子

§11・7で演算子の使い方について述べた．演算子は具体的に数や関数にどのような操作を行うかを表す数学的記号である．以下は演算子の例である．

演算子	数や関数	結果
log	24.1	$\log 24.1 = 1.382$
$\sqrt{}$	974.2	$\sqrt{974.2} = 31.21$
sin	61.9°	$\sin 61.9° = 0.882$
cos	x	$\cos x$
$\dfrac{d}{dx}$	e^{kx}	$\dfrac{de^{kx}}{dx} = ke^{kx}$

微分学と積分学

一変数関数 以下に示すのは，一般的な関数の導関数である．

$y = f(x)$	dy/dx	$y = f(x)$	dy/dx
x^n	nx^{n-1}	$\cos x$	$-\sin x$
e^x	e^x	$\cos(ax+b)$	$-a\sin(ax+b)$
e^{kx}	ke^{kx}	$\ln x$	$1/x$
$\sin x$	$\cos x$	$\ln(ax+b)$	$\dfrac{a}{ax+b}$
$\sin(ax+b)$	$a\cos(ax+b)$		

よく使われる積分

$$\int x^n \, dx = \frac{1}{n+1}x^{n+1} + C$$

$$\int \frac{dx}{x} = \ln x + C$$

$$\int \frac{dx}{ax+b} = \frac{1}{a}\ln(ax+b) + C$$

$$\int \sin x \, dx = -\cos x + C$$

$$\int \cos x \, dx = \sin x + C$$

$$\int \ln x \, dx = x\ln x - x + C$$

$$\int e^x \, dx = e^x + C$$

$$\int e^{kx} \, dx = \frac{e^{kx}}{k} + C$$

これらすべての積分は不定積分であり結果に定数 C を加えなくてはならない．

全微分および偏微分

y を x の関数とすると，ある x の値での $y(x)$ の微分は

$$\frac{dy}{dx} = \lim_{\Delta x \to 0} \frac{y(x+\Delta x) - y(x)}{\Delta x}$$

で定義される．dy/dx は全微分とよばれ，x に対する y の変化の割合である．つまり x に対する y のプロットで，x を変化させたとき y がどれだけ速く変化するかである．

熱力学では，二つ以上の変数をもつ関数を扱うことが多い．たとえば，理想気体の圧力 P は温度と体積と物質量（モル数）に依存する（$P = nRT/V$）．P は三つの独立した変数で

$$P = f(n, T, V)$$

と表せる．ここで二つの独立した変数 x, y の関数 z を考える．

$$z = f(x, y)$$

この関数は y を一定にして x について微分することができる．

$$\left(\frac{\partial z}{\partial x}\right)_y = \left[\frac{\partial f(x, y)}{\partial x}\right]_y$$

したがって,

$$z = 3x^2 - 4xy + 6y^2 \tag{1}$$

とすると

$$\left(\frac{\partial z}{\partial x}\right)_y = 6x - 4y$$

となる.偏微分の記号として "∂" を使っていることに注意しよう.また,下つきの添え字 $_y$ は y を一定としたことを意味する.

同様に x が一定での z の y に関する偏微分は

$$\left(\frac{\partial z}{\partial y}\right)_x = -4x + 12y$$

となる.図2にこれらの量の幾何学的な解釈を示す.

一定量の理想気体(n が定数)について $P \ (=nRT/V)$ の T と V に対する偏微分は

$$\left(\frac{\partial P}{\partial T}\right)_V = \frac{nR}{V} \quad \text{および} \quad \left(\frac{\partial P}{\partial V}\right)_T = -\frac{nRT}{V^2}$$

と書くことができる.

一般に微分する順序は重要でない.式(1)で,二次微分は x で先に微分するかまたは y で先に微分するかによらず等しい値になる.すなわち,

$$\left(\frac{\partial^2 z}{\partial x \partial y}\right) = \left(\frac{\partial^2 z}{\partial y \partial x}\right) = -4$$

ここではどの変数を一定にしているかは示さない,というのはそれぞれの偏微分で変化するからである.

最後に,

$$y = f(x_1, x_2, x_3, \cdots)$$

のような関数があるとすると,x_1 に対する y の偏微分は

$$\left(\frac{\partial y}{\partial x_1}\right)_{x_2, x_3, \cdots}$$

のように書かなければならない.

出 典:

E. W. Anacker, S. E. Anacker, W. J. Swartz, 'Some Comments on Partial Derivatives in Thermodynamics,' *J. Chem. Educ.*, **64**, 670(1987).

G. A. Estévez, K. Yang, B. B. Dasgupta, 'Thermodynamic Partial Derivatives and Experimentally Measurable Quantities,' *J. Chem. Educ.*, **66**, 890(1989).

練 習:

1 1 mol のファンデルワールス気体の偏微分 $(\partial P/\partial V)_T$ と $(\partial P/\partial T)_V$ を導け〔ヒント:最初に式(2・13)を変形して P を V と T の関数として示せ〕.

完全微分と不完全微分

二つの変数 x と y の関数 z を考えよう.

$$z = f(x, y)$$

y を一定にして x をごくわずか変化させた際,それに対応する z の変化は $dz = (\partial z/\partial x)_y dx$ で与えられる.同様に,x を一定にして y をごくわずか変化させたときは $dz = (\partial z/\partial y)_x dy$ となる.今,x と y が共にごくわずか変化したならば,そのときの z の変化は dx と dy による変化の和である.

$$dz = \left(\frac{\partial z}{\partial x}\right)_y dx + \left(\frac{\partial z}{\partial y}\right)_x dy \tag{2}$$

ここで,dz は dx と dy の両方で表されるので,**全微分** (total differential) とよばれる.

つぎの全微分の例を考えてみよう.1 mol の気体の圧力は体積と温度の関数である.

$$P = f(V, T)$$

全微分 dP はつぎのように書くことができる.

$$dP = \left(\frac{\partial P}{\partial V}\right)_T dV + \left(\frac{\partial P}{\partial T}\right)_V dT \tag{3}$$

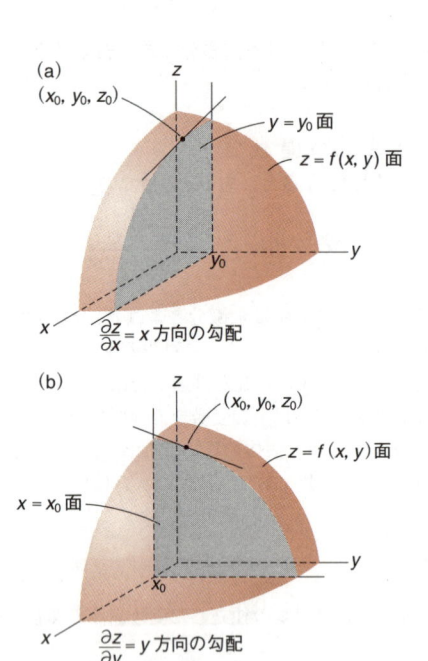

図 2 偏微分の幾何学的な解釈.(a) $(\partial z/\partial x)_y$.固定値,$y_0$ に対して,点 (x, y_0, z) は $y=y_0$ で表される垂直面をつくる.もし,$z=f(x, y)$ で,y が $y=y_0$ に固定されていれば,対応する点 $[x, y_0, f(x, y_0)]$ は三次元空間内に一つの曲線をつくる.この曲線は $z=f(x, y)$ 面と $y=y_0$ 平面の交線である.この曲線上の点では,$(\partial z/\partial x)$ は単純に $y=y_0$ 平面内の曲線の接線の勾配である.すなわち,$(\partial z/\partial x)$ は x 方向の接線の勾配である.(b) $(\partial z/\partial y)_x$.偏微分は同様に説明される.

前述の練習1より，ファンデルワールス気体について，以下のような式が導き出せる．

$$\left(\frac{\partial P}{\partial V}\right)_T = -\frac{RT}{(V-b)^2} + \frac{2a}{V^3} \quad \text{および} \quad \left(\frac{\partial P}{\partial T}\right)_V = \frac{R}{V-b}$$

これらの式を式(3)に代入してファンデルワールス気体の全微分 dP が得られる．

$$dP = \left[-\frac{RT}{(V-b)^2} + \frac{2a}{V^3}\right]dV + \frac{R}{V-b}dT \quad (4)$$

全微分の式は**完全微分**（exact differential）または**不完全微分**（inexact differential）で，両者には重要な差異がある．以下のタイプの全微分

$$dz = M(x,y)\,dx + N(x,y)\,dy$$

はつぎの条件が満たされれば完全微分といわれる．

$$\left(\frac{\partial M}{\partial y}\right)_x = \left(\frac{\partial N}{\partial x}\right)_y$$

これはオイラーの定理として知られている〔スイスの数学者，Leonhard Euler（1707～1783）にちなむ〕．つぎの式で与えられる関数を考えよう．

$$dz = (y^2 + 3x)\,dx + e^x\,dy$$

ここで $M(x,y) = y^2+3x$ および $N(x,y) = e^x$ である．オイラーの定理を適用すると

$$\left(\frac{\partial M}{\partial y}\right)_x = \left[\frac{\partial(y^2+3x)}{\partial y}\right]_x = 2y$$

および

$$\left(\frac{\partial N}{\partial x}\right)_y = \left(\frac{\partial e^x}{\partial x}\right)_y = e^x$$

が得られる．したがって，dz は完全微分ではない．

他方，式(4)の dP は以下の式で確かめられるように完全微分である．

$$\left[\partial\left(-\frac{RT}{(V-b)^2} + \frac{2a}{V^3}\right)\Big/\partial T\right]_V = -\frac{R}{(V-b)^2}$$

および

$$\left[\partial\left(\frac{R}{V-b}\right)\Big/\partial V\right]_T = -\frac{R}{(V-b)^2}$$

完全微分の重要な点は，（f を x と y の関数として）df が完全微分ならばつぎの積分値は下限および上限の値のみに依存する，ということである．すなわち，

$$\int_1^2 df = f_2 - f_1$$

しかし，もし đf が不完全微分ならば

$$\int_1^2 đf \neq f_2 - f_1$$

である．ここで，不完全微分を表すのに đ という記号を用いた．変数 x と y の関係式がわからなければ $\int_1^2 đf$ の積分は計算できない．すでにわれわれは dU と dH が完全微分であるのに対し，đw と đq が不完全微分であることを知っている．これの意味するところは，仕事量やある過程の熱の交換は系の始状態と終状態だけでなく，その変化の経路に依存するということである．かくして，熱力学関数 X が状態量ならば，dX は完全微分であると言える．

練 習：
2 ある一定量の理想気体について，$V=f(P,T)$ と書ける．dV は完全微分であることを証明せよ．
3 練習2の結果を用い，đw が đ$w = -P\,dV$ で表され，不完全微分であることを示せ．

付録 2 　熱力学データ

1 bar, 298 K の元素と無機化合物の熱力学データ[†]

物　質	$\Delta_f \overline{H}°$ / kJ mol^{-1}	$\Delta_f \overline{G}°$ / kJ mol^{-1}	$\overline{S}°$ / J K^{-1} mol^{-1}	$\overline{C}_P$ / J K^{-1} mol^{-1}	物　質	$\Delta_f \overline{H}°$ / kJ mol^{-1}	$\Delta_f \overline{G}°$ / kJ mol^{-1}	$\overline{S}°$ / J K^{-1} mol^{-1}	$\overline{C}_P$ / J K^{-1} mol^{-1}
Ag(s)	0	0	42.7	25.49	Cu$^+$(aq)	71.67	49.98	40.6	
Ag$^+$(aq)	105.9	77.11	72.68	37.66	Cu^{2+}(aq)	64.77	65.49	−99.6	
AgBr(s)	−99.5	−95.94	107.11	52.38	Cu$_2$O(s)	−168.6	−146.0	93.14	
AgCl(s)	−127.0	−109.72	96.2	50.79	CuO(s)	−157.3	−129.7	42.63	44.35
AgI(s)	−62.4	−66.3	114.2	54.43	CuS(s)	−48.53	−48.95	66.53	47.82
AgNO$_3$(s)	−129.4	−33.41	140.9	93.05	CuSO$_4$(s)	−771.36	−661.8	109	100.8
Al(s)	0	0	28.32	24.34	F$_2$(g)	0	0	202.8	31.3
Al^{3+}(aq)	−531.0	−485	−321.7		F$^-$(aq)	−329.11	−276.5	−13.8	
AlCl$_3$(s)	−704.2	−628.8	110.67	91.84	HF(g)	−271.1	−273.2	173.5	29.08
Al$_2$O$_3$(s)	−1669.8	−1576.4	50.99	78.99	Fe(s)	0	0	27.2	25.23
Ar(g)	0	0	154.8	20.79	Fe^{2+}(aq)	−89.1	−86.3	−137.7	
Ba(s)	0	0	62.8	26.36	Fe^{3+}(aq)	−48.5	−4.7	−315.9	
Ba^{2+}(aq)	−537.6	−560.8	10		Fe$_2$O$_3$(s)	−824.2	−742.2	90.0	104.6
BaO(s)	−553.5	−525.1	70.3	47.45	H(g)	218.2	203.3	114.7	
BaCl$_2$(s)	−858.6	−810.9	123.7	75.31	H$_2$(g)	0	0	130.6	28.8
BaSO$_4$(s)	−1464.4	−1353.1	132.2	101.75	H$^+$(aq)	0	0	0	
Be(s)	0	0	9.54	17.82	OH$^-$(aq)	−229.6	−157.3	−10.75	
BeO(s)	−610.9	−581.6	14.1	25.4	H$_2$O(g)	−241.8	−228.6	188.7	33.6
Br$_2$(l)	0	0	152.23	75.69	H$_2$O(l)	−285.8	−237.2	69.9	75.3
Br$^-$(aq)	−121.6	−103.96	82.4		H$_2$O$_2$(l)	−187.8	−120.4	109.6	89.1
HBr(g)	−36.4	−53.45	198.7	29.12	He(g)	0	0	126.1	20.79
C(グラファイト)	0	0	5.7	8.52	Hg(l)	0	0	77.4	27.98
C(ダイヤモンド)	1.90	2.87	2.4	6.11	Hg^{2+}(aq)	171.1	164.4	−32.2	
CO(g)	−110.5	−137.3	197.9	29.14	HgO(赤色)	−90.8	−58.5	70.29	44.06
CO$_2$(g)	−393.5	−394.4	213.6	37.1	I$_2$(s)	0	0	116.13	54.44
CO$_2$(aq)	−413.8	−386.0	117.6		I$^-$(aq)	55.19	51.57	111.3	
CO$_3^{2-}$(aq)	−677.1	−527.8	−56.9		HI(g)	26.48	1.7	206.3	29.16
HCO$_3^-$(aq)	−692.0	−586.8	91.2		K(s)	0	0	64.18	29.58
H$_2$CO$_3$(aq)	−699.65	−623.1	187.4		K$^+$(aq)	−252.38	−283.27	102.5	
HCN(g)	135.1	124.7	201.8	35.9	KOH(s)	−424.8	−379.1	78.9	
CN$^-$(aq)	151.6	172.4	94.1		KCl(s)	−436.8	−409.1	82.59	51.3
Ca(s)	0	0	41.42	25.31	KClO$_3$(s)	−391.2	−289.9	142.97	100.3
Ca^{2+}(aq)	−542.8	−553.6	53.1		KNO$_3$(s)	−492.7	−393.1	132.9	96.3
CaO(s)	−635.6	−604.2	39.8	42.8	Kr(g)	0	0	164.08	20.79
Ca(OH)$_2$(s)	−986.6	−869.8	83.4	84.52	Li(s)	0	0	28.03	23.64
CaCl$_2$(s)	−795.8	−748.1	104.6	72.63	Li$^+$(aq)	−278.5	−293.8	14.23	
CaCO$_3$(方解石)	−1206.9	−1128.8	92.9	81.9	LiOH(s)	−487.2	−443.9	50.21	
Cl$_2$(g)	0	0	223.0	33.93	Mg(s)	0	0	32.68	23.89
HCl(g)	−92.3	−95.3	186.5	29.12	Mg^{2+}(aq)	−466.9	−454.8	−138.1	
Cl$^-$(aq)	−167.2	−131.2	56.5		MgO(s)	−601.8	−569.6	26.78	37.41
Cr(s)	0	0	23.77	23.35	MgCO$_3$(s)	−1095.8	−1012.1	65.7	75.5
Cr$_2$O$_3$(s)	−1128.4	−1046.8	81.2	118.74	MgCl$_2$(s)	−641.3	−591.8	89.62	71.3
CrO$_4^{2-}$(aq)	−881.2	−727.8	50.2		N$_2$(g)	0	0	191.6	29.12
Cr$_2$O$_7^{2-}$(aq)	−1490.3	−1301.1	261.9		NH$_3$(g)	−46.3	−16.6	192.5	35.66
Cu(s)	0	0	33.15	24.47	NH$_4^+$(aq)	−132.5	−79.3	113.4	

[†] ほとんどが NBS, "Tables of Chemical Thermodynamic Properties (1982)" からのデータである．Li$^+$(aq) のような水溶液中のイオン（1 M）についての値は，H$^+$(aq) の値を 0 とする基準で表されている．

1 bar，298 K の元素と無機化合物の熱力学データ（つづき）

物　質	$\Delta_f \overline{H}°$ / kJ mol^{-1}	$\Delta_f \overline{G}°$ / kJ mol^{-1}	$\overline{S}°$ / J K^{-1} mol^{-1}	$\overline{C}_P°$ / J K^{-1} mol^{-1}	物　質	$\Delta_f \overline{H}°$ / kJ mol^{-1}	$\Delta_f \overline{G}°$ / kJ mol^{-1}	$\overline{S}°$ / J K^{-1} mol^{-1}	$\overline{C}_P°$ / J K^{-1} mol^{-1}
NH$_4$Cl(s)	-314.4	-202.87	94.6		PO$_4^{3-}$(aq)	-1277.4	-1018.7	-221.8	
N$_2$H$_4$(l)	50.63	149.4	121.2	139.3	P$_4$O$_{10}$(s)	-2984.0	-2697.0	228.86	211.7
NO(g)	90.4	86.7	210.6	29.86	PCl$_3$(g)	-287.0	-267.8	311.78	71.84
NO$_2$(g)	33.9	51.84	240.5	37.9	PCl$_5$(g)	-374.9	-305.0	364.6	112.8
N$_2$O$_4$(g)	9.7	98.29	304.3	79.1	S（斜方）	0	0	31.88	22.59
N$_2$O(g)	81.56	103.6	220.0	38.7	S（単斜）	0.30	0.10	32.55	23.64
HNO$_3$(l)	-174.1	-80.7	155.6	109.87	SO$_2$(g)	-296.1	-300.1	248.5	39.79
HNO$_3$(aq)	-207.6	-111.3	146.4		SO$_3$(g)	-395.2	-370.4	256.2	50.63
Na(s)	0	0	51.21	28.41	SO$_4^{2-}$(aq)	-909.3	-744.5	20.1	
Na$^+$(aq)	-240.12	-261.9	59.0	46.4	H$_2$S(g)	-20.63	-33.56	205.8	33.97
NaBr(s)	-361.06	-348.98	86.82	52.3	H$_2$SO$_4$(l)	-814.0	-690.0	156.9	
NaCl(s)	-411.15	-384.14	72.13	50.5	H$_2$SO$_4$(aq)	-909.27	-744.53	20.1	
NaI(s)	-287.78	-286.06	98.53	54.39	SF$_6$(g)	-1209	-1105.3	291.8	97.3
Na$_2$CO$_3$(s)	-1130.9	-1047.7	135.98	110.5	Si(s)	0	0	18.83	19.87
NaHCO$_3$(s)	-947.7	-851.9	102.1	87.6	SiO$_2$(s)	-910.9	-856.6	41.84	44.43
NaOH(s)	-425.61	-379.49	64.46	59.54	Xe	0	0	169.6	20.79
Ne(g)	0	0	146.3	20.79	Zn(s)	0	0	41.63	25.06
O(g)	249.4	231.73	161.0		Zn^{2+}(aq)	-153.9	-147.1	-112.1	
O$_2$(g)	0	0	205.0	29.4	ZnO(s)	-348.3	-318.3	43.64	40.25
O$_3$(g)	142.7	163.4	237.7	38.2	ZnS(s)	-202.9	-198.3	57.74	45.19
P（黄リン）	0	0	41.09	23.22	ZnSO$_4$(s)	-978.6	-871.6	124.9	117.2

1 bar，298 K の有機化合物の熱力学データ[†]

化 合 物	状 態	$\Delta_f \overline{H}°$/kJ mol^{-1}	$\Delta_f \overline{G}°$/kJ mol^{-1}	$\overline{S}°$/J K^{-1} mol^{-1}
酢　酸（CH$_3$COOH）	l	-484.2	-389.9	159.8
	aq	-485.8	-396.5	178.7
酢酸イオン（CH$_3$COO$^-$）	aq	-485.8	-369.3	86.6
アセトアルデヒド（CH$_3$CHO）	l	-192.3	-128.1	160.2
アセトン（CH$_3$COCH$_3$）	l	-248.1	-155.4	200.4
アセチレン（C$_2$H$_2$）	g	226.6	209.2	200.8
ベンゼン（C$_6$H$_6$）	l	49.04	124.5	172.8
安息香酸（C$_6$H$_5$COOH）	s	-385.1	-245.3	167.6
エタノール（C$_2$H$_5$OH）	l	-277.0	-174.2	161.0
エタン（C$_2$H$_6$）	g	-84.7	-32.9	229.5
エチレン（C$_2$H$_4$）	g	52.3	68.12	219.5
ギ　酸（HCOOH）	l	-424.7	-361.4	129.0
ギ酸イオン（HCOO$^-$）	aq	-410.0	-334.7	91.6
α-D-グルコース（C$_6$H$_{12}$O$_6$）	s	-1274.5	-910.6	210.3
β-D-グルコース（C$_6$H$_{12}$O$_6$）	s	-1268.1	-908.9	228.0
グリシン（C$_2$H$_5$O$_2$N）	s	-537.2	-377.7	103.5
グリシルグリシン（C$_4$H$_8$O$_3$N$_2$）	eq buf	-523.0	-379.9	158.6
	s	-746.0	-491.5	190.0
乳　酸（C$_3$H$_6$O$_3$）	eq buf	-734.3	-493.1	
	s	-694.0	-523.3	143.5
乳酸イオン（C$_3$H$_5$O$_3^-$）	aq	-686.6	-516.7	146.4
メタン（CH$_4$）	g	-74.85	-50.79	186.2
メタノール（CH$_3$OH）	l	-238.7	-166.3	126.8
2-プロパノール（C$_3$H$_7$OH）	l	-317.9	-180.3	180.6
ピルビン酸（C$_3$H$_4$O$_3$）	l	-585.8	-463.4	179.5
ピルビン酸イオン（C$_3$H$_3$O$_3^-$）	aq	-596.2	-472.4	171.5
スクロース（C$_{12}$H$_{22}$O$_{11}$）	s	-2221.7	-1544.3	360.2
尿　素 [(NH$_2$)$_2$CO]	s	-333.5	-197.3	104.6
	aq	-317.7	-202.7	173.9

[†] ほとんどが NBS，"Tables of Chemical Thermodynamic Properties (1982)" からのデータである．eq buf は pH 7 の緩衝水溶液中で平衡状態にある混合種を示す．すべての値は濃度 1 M の溶液についてのものである．

用　語　解　説[*]

あ　行

アインシュタイン（einstein）　光（量）子 1 mol の単位（§15・1）．

アクチノイド（actinoids）　5f 軌道が不完全に占有されている元素，または 5f 軌道が不完全に占有されているカチオンに容易になる元素（§11・11）．

圧縮因子（Z）（compressibility factor）　$(P\bar{V}/RT)$ によって与えられる量．この因子の 1 からのずれは，気体が非理想的にふるまうことを示す（§2・4）．

圧　力（pressure）　単位面積あたりに働く力（§1・2）．

アボガドロ定数（N_A）（Avogadro constant）　6.022 140 76 ×10^{23} mol^{-1} と厳密に定義された基礎物理定数．1 mol は 6.022 140 76×10^{23} 個の要素粒子を含む（§1・3）．

アボガドロの法則（Avogadro's law）　圧力，温度が一定なら，気体の体積は分子数に比例するという法則（§2・3）．

α ヘリックス（α-helix）　ポリペプチド鎖がらせん状形態をとる二次構造（§16・3）．

アレニウス式（Arrhenius equation）　速度定数 k を前指数因子（A）と活性化エネルギー（E_a）で表す関係式；$k = A \times \exp(-E_a/RT)$（§9・5）．

アロステリック相互作用（allosteric interaction）　タンパク質分子の構造により媒介される遠距離相互作用．空間的に活性中心と隔たった部位にリガンドが結合することにより働く（§1・1, §10・6）．

アンテナ分子（antenna molecule）　光合成の過程で光エネルギーを吸収し，そのエネルギーを反応中心に渡す役割をする分子（§15・2）．

暗 反 応（dark reaction）　光合成で直接光エネルギーを必要としない過程．たとえば CO_2 と H_2O からの炭水化物合成（§15・2）．

イオノフォア（ionophore）　特定のイオンと親和性が高く，膜を通してそのイオンを輸送する機能をもつ化合物（§5・10）．

イオン化エネルギー（ionization energy）　基底状態にある原子（またはイオン）から電子を 1 個とるのに必要な最小のエネルギー（§11・11）．

イオン強度（I）（ionic strength）　$I = \frac{1}{2}\sum_i m_i z_i^2$ で定義される電解質溶液を特徴づける量．ここで m_i は i 番目のイオンのモル濃度，z_i は電荷である（§5・8）．

イオン－双極子相互作用（ion-dipole interaction）　イオンと分子の電気双極子との間に働く静電的相互作用（§13・3）．

イオン雰囲気（ionic atmosphere）　水溶液中のイオンを取囲む逆符号の電荷の層（§5・8）．

イオン－誘起双極子相互作用（ion-induced dipole interaction）　イオンと（イオンによって）無極性分子に誘起された双極子との間に働く静電的相互作用（§13・3）．

一次構造（primary structure）　タンパク質分子のアミノ酸配列（§16・3）．

一次反応（first-order reaction）　反応物の濃度の一次に比例する速度をもつ反応（§9・2）．

一重項状態（singlet state）　電子スピンが 0 の原子，分子の状態（$S=0$）（§14・1）．

ウィーン効果（Wien effect）　非常に高いポテンシャル勾配下で電解質の電気伝導率が顕著な増加を示すこと（§5・8）．

液体シンチレーション計数（liquid scintillation counting）　トレーサーで標識された化合物を蛍光によって検出する分析法（§14・7）．

SI　→ 国際単位系

SCF 法（self-consistent field method）　繰返し操作により，多電子原子についてつじつまの合う波動関数の組を得る方法（§11・11）．

エネルギー（energy）　仕事をするまたは変化を生じるための能力（§1・2）．

エネルギー準位（energy level）　エネルギー準位は量子化により許されたエネルギーのことである．いくつかの状態が同じエネルギーをもつとき，エネルギー準位は縮退しているという（§11・4）．

エフェクター（effector）　アロステリック酵素の活性化因子（§10・6）．

塩析効果（salting-out effect）　イオン強度の高い電解質で溶解度が低下する現象（§5・8）．

エンタルピー（H）（enthalpy）　定圧で起こる熱変化を記述する熱力学量．$H = U + PV$ によって定義される．ここでそれぞれ U は系の内部エネルギー，P は圧力，V は体積である（§3・2）．

エントロピー（S）（entropy）　分子レベルにおいて，系の乱雑さ，無秩序を表す熱力学量．熱力学的には，$dS = dq_{rev}/T$ として，エントロピー変化で定義される．ここで dq_{rev} は，温度 T において系に熱として可逆的

---

[*] （ ）の中は，その項の初出の節または補遺を表している．

用 語 解 説

に供給される微小量のエネルギーである．エントロピーの統計力学上の定義では，ボルツマンの式により $S=k_B \cdot \ln W$ で与えられる．ここで k_B はボルツマン定数であり，W は系の全エネルギーが同じになるような分子配置の総数である（§4・2）．

円二色性（circular dichroism）　左回りと右回りの円偏光に対して異なるモル吸光係数をもつ物質の性質（§14・9）．

円複屈折性（circular birefringence）　左回りと右回りの円偏光に対して異なる屈折率をもつ物質の性質（§14・9）．

円偏光（circularly polarized light）　進行方向に対して垂直な面内を一定の角速度で回転する電場ベクトルをもつ光（§14・9）．

塩溶効果（salting-in effect）　イオン強度の高い電解質で溶解度が上昇する現象（§5・8）．

オクテット則（octet rule）　水素以外の原子は8個の電子によって取囲まれるように共有結合をつくる傾向があることを述べた規則（§12・1）．

か 行

外界（surroundings）　系の外部である宇宙の残りの部分（§2・1）．

解糖（glycolysis）　グルコース1分子をピルビン酸2分子に変換する酵素反応．嫌気的環境下で進行し，2分子のATPと2分子のNADHという形でエネルギーを生成する（§6・6）．

化学シフト（chemical shift）　基準物質と注目している核のNMR共鳴周波数の差を，分光計の観測周波数で割った比（§14・5）．

化学浸透圧説（chemiosmotic theory）　ATP合成が，膜の両側での電気化学的プロトン勾配による電子移動と連動しているという学説（§7・6）．

化学ポテンシャル（μ）（chemical potential）　部分モルギブズエネルギーともいう．混合物中の i 番目の成分の化学ポテンシャルは，

$$\mu_i = \left(\frac{\partial G}{\partial n_i}\right)_{T,P,n_j}$$

として定義される．化学ポテンシャルは，単一成分系のギブズエネルギーと同様に，混合系の自発過程の方向を予測するのに用いられる（§5・2）．

可逆過程（reversible process）　可逆過程では系は常に限りなく平衡に近い．実際には実現不可能であるが理論的に興味ある過程である（§3・1）．

可逆阻害（reversible inhibition）　透析によって阻害剤を除去できる阻害（§10・5）．

拡散（diffusion）　気体，液体，溶液中の分子が運動によって他の分子と徐々に混ざっていくこと（§2・9）．

核酸（nucleic acid）　ヌクレオチドから成る巨大分子（§16・3）．

拡散律速反応（diffusion-controlled reaction）　反応物分子が出会うたびに反応が起こるため，反応物分子の拡散速度が反応の律速過程となっている反応（§9・10）．

活性化エネルギー（activation energy）　化学反応を起こすために必要な最小のエネルギー（§9・5）．

活性錯合体（activated complex）　化学反応において反応物と生成物の中間にあり，エネルギー的に励起された状態．遷移状態ともよばれる（§9・7）．

活性部位（active site）　酵素中の部位で基質が結合することにより，触媒作用を可能にする部位（§10・1）．

活動電位（action potential）　刺激の瞬間に神経や筋細胞の表面に発生する過渡的な電位変化（§7・7）．

活量（activity）　理想的ふるまいからのずれを考慮した実効的な熱力学濃度（§5・5）．

活量係数（activity coefficient）　理想溶液からのずれを示す量．活量と濃度を関係づける（§5・5）．

価電子（valence electron）　化学結合に関与する原子の最外殻電子（§11・11）．

カルノーサイクル（Carnot cycle）　熱を吸収する等温膨張，断熱膨張，熱を放出する等温圧縮，断熱圧縮の四つの可逆過程から成る仮想的サイクル．このサイクルでは吸収された熱の一部が仕事に変換される．カルノーサイクルはエントロピーが状態量であることを示す際や，熱効率の式の誘導に用いられる（§4・2）．

換算質量（μ）（reduced mass）　質量 m_1, m_2 の二つの物体の換算質量は

$$\frac{1}{\mu} = \frac{1}{m_1} + \frac{1}{m_2}$$

と定義される（§14・2）．

緩衝液（buffer solution）　(a) 弱酸または弱塩基と，(b) その塩，の二つの成分から成る溶液．少量の酸や塩基を加えてもpHが変化しないよう抵抗する性質をもつ溶液（§8・5）．

緩衝能（buffer capacity）　酸や塩基を加えたときのpH変化に対する緩衝液の抵抗性を示す指標（§8・5）．

慣性モーメント（I）（moment of inertia）　質量 m_i をもち回転軸（多くの場合重心を通る）から距離 r_i に存在する質点から成る物体の慣性モーメントは，$I = \sum_i m_i r_i^2$ によって与えられる（§14・2）．

希ガスの核（noble gas core）　考えている元素より電子数が少なくかつ最も近い希ガス元素の電子配置（§11・11）．

気体定数（R）（gas constant）　理想気体の状態方程式に含まれる普遍的定数．0.08206 l atm K^{-1} mol^{-1} または 8.314 J K^{-1} mol^{-1} の値をもつ（§2・3）．

軌道関数（orbital）　原子，分子における一電子波動関数（§11・10）．

希土類金属（rare earth metals）　→ランタノイド

揮発性（volatile） 物質が測定可能な蒸気圧をもつこと（§5・4）．

ギブズエネルギー（G）（Gibbs energy） $G=H-TS$ によって定義される熱力学量．ここで，H, T, S はそれぞれエンタルピー，温度，エントロピーである．定温定圧下での系のギブズエネルギー変化は $\Delta G = \Delta H - T\Delta S \leq 0$ で表せる．ここで $\Delta G = 0$ は系が平衡にあるときに成立し，自発的に進行する過程では $\Delta G < 0$ となる（§4・6）．

ギブズ・ヘルムホルツの式（Gibbs-Helmholtz equation） 系のギブズエネルギーの温度依存性を，エンタルピーによって表す式（§4・8）．

逆浸透（reverse osmosis） 浸透圧より高い圧力を掛けて，半透膜を通して濃い溶液から薄い溶液に溶媒を移動させる過程（§5・6）．

吸エルゴン過程（endergonic process） 熱力学的に不利であり，ギブズエネルギーが正の変化（$\Delta G>0$）を示す過程（§4・6）．

球状タンパク質（globular protein） 球状に丸まったタンパク質（§16・3）．

吸熱反応（endothermic reaction） 周囲(外界)から熱を吸収する反応（§3・2）．

境界表面図（boundary-surface diagram） 原子軌道の電子密度の大部分（約 90 %）を含む領域を示す図（§11・10）．

鏡像異性体（enantiomer） エナンチオマー．互いに重ならない鏡像体の関係にある立体異性体．光学異性体とも言われる（§14・9）．

協奏モデル（concerted model） ヘモグロビンに対する酸素の結合の協同性を説明するためのモデル．ヘモグロビンには T 状態と R 状態の二つの状態があり，その二つの状態は平衡にある．酸素が存在しないときは，酸素と親和性の低い T 状態が優勢である．酸素と結合すると，酸素と親和性の高い R 状態に向けて平衡が移動する．このモデルはアロステリック酵素にも適用される（§10・6）．

協同性（cooperativity） タンパク質に一つのリガンドが結合することで他のリガンドとの結合が促進される作用（§10・1）．

共鳴（resonance） ある分子を表すのに二つ以上のルイス構造を用いること（§12・7）．

共鳴構造（resonance structure） 二つ以上のルイス構造を用いないと完全には記述できない分子について，そのうちの一つのルイス構造のこと（§12・7）．

共役反応（coupled reaction） 発エルゴン反応に共役して吸エルゴン反応が進むこと．生化学的共役反応は酵素によって促進されて起こる（§6・6）．

共有結合（covalent bond） 一つ以上の電子対の共有によって形成される化学結合（§12・1）．

巨視的状態（macrostate） 巨視的な性質によって記述される系の状態（§4・5）．

キラル（chiral） 自身と鏡像とを重ねることができないことを意味する物質の性質．化合物ではキラルは光学活性と同義である（§14・9）．

キルヒホッフの法則（Kirchhoff's law） T_1 と T_2（$T_2 > T_1$），二つの温度での反応エンタルピーの差が，生成物と反応物を T_1 から T_2 に加熱するために必要なエンタルピー変化の差と等しいことを記述した法則（§3・6）．

クエン酸回路（citric acid cycle） NAD^+ 3分子と FAD 1分子を還元し，アセチル CoA のアセチル基を分解して CO_2 と H_2O に変換する生化学経路（§7・6）．

クラウジウス・クラペイロンの式（Clausius-Clapeyron equation） 1 相が凝縮相，他相が理想気体として扱える気相のときのクラペイロンの式の近似式（§4・9）．

クラペイロンの式（Clapeyron equation） 平衡にある 2 相での圧力変化と温度変化の関係式．

$$\frac{dP}{dT} = \frac{\Delta \bar{H}}{T\Delta \bar{V}}$$

相図での境界線の勾配を表す（§4・9）．

グレアムの拡散の法則（Graham's law of diffusion） 定温定圧下の気体の拡散速度が気体の分子量の平方根に反比例することを記述した法則（§2・9）．

グレアムの噴散（エフュージョン）の法則（Graham's law of effusion） 定温定圧下で開口部からの気体の流出速度が気体の分子量の平方根に反比例することを記述した法則（§2・9）．

系（system） 全宇宙のうち興味の対象となる特定の部分（§2・1）．

蛍光（fluorescence） 物質に光を当てたときに，物質から放射される電磁波．蛍光は寿命が短く（約 10^{-9} s），発光状態と基底状態が同じスピン多重度をもつ（一般には一重項）ことを特徴とする（§14・7）．

形式電荷（formal charge） ルイス構造で原子に割り当てられた電子の数と，孤立状態の原子の価電子数との差（§12・1）．

系の状態（state of the system） 適切に選んだ系の巨視的量．たとえば成分・体積・圧力・温度の組の値（§2・1）．

結合エンタルピー（bond enthalpy） 多原子分子の化学結合を切るために必要なエンタルピー変化（§3・7）．

結合解離エンタルピー（bond dissociation enthalpy） 二原子分子の化学結合を切るために必要なエンタルピー変化（§3・7）．

結合次数（bond order） 結合性分子軌道を占有する電子数と反結合性分子軌道を占有する電子数の差を，2 で割った数（§12・5）．

結合性分子軌道（bonding molecular orbital） それを構成している原子軌道よりも低いエネルギーをもつ分子軌道（§12・5）．

結合モーメント（bond moment） 化学結合の極性の程

度を表す量.二原子分子の場合,結合モーメントは双極子モーメントに等しく,その値は電荷の大きさと電荷間の距離の積で与えられる（§12・4）.

結晶場安定化エネルギー（crystal-field stabilization energy） 錯イオン中のd軌道のエネルギーが,球対称の結晶場中に比べてどの程度低下しているかを表すエネルギー差（§12・8）.

結晶場理論（crystal field theory） 配位化合物中の配位子の負の電荷が,静電的相互作用によりd軌道の縮退を解くと仮定する理論.この理論が"結晶場"理論と言われるのは,中心金属がイオン結晶格子中の電場と同様な静電場を配位子から受けるからである（§12・8）.

ゲル電気泳動（gel electrophoresis） ゲルの薄い平板を支持体とした電気泳動（§16・1）.

原子価結合法（valence bond theory） 分子の電子構造の理論.原子軌道中の電子によるスピン対生成によって結合を記述する（§12・2）.

光化学系（photosystem） 光エネルギーを吸収して,その一部を化学エネルギーに変換する構造体.植物ではPSⅠ,PSⅡとよばれる二つの光化学系がある（§15・2）.

光化学反応（photochemical reaction） 光による反応物分子の励起（通常高い電子状態へ）の結果として起こる反応（§15・1）.

光学異性体（optical isomer） →エナンチオマー

項間交差（intersystem crossing） スピン多重度の異なる電子状態への分子の無放射遷移（§14・7）.

光合成（photosynthesis） 光エネルギーを捕集して,CO_2とH_2Oから炭水化物を合成する作用（§15・2）.

光子（photon） 光の粒子.光量子ともいう（§11・3）.

格子エネルギー（lattice energy） 1 molの固体が気化するときのエンタルピー変化（§5・7）.

構成原理（Aufbau principle） 原子核に陽子を1個ずつ加え,同時に電子を原子軌道に1個ずつ加えていくことによって,元素を構成していく原理（§11・11）.

酵素（enzyme） 生物学的触媒.タンパク質やRNA分子（§10・1）.

高張液（hypertonic solution） 高い浸透圧をもつ高濃度溶液（§5・6）.

光電効果（photoelectric effect） 最小振動数を超える振動数をもった光の照射によって金属表面から電子が飛び出す現象（§11・3）.

国際単位系（SI）（International System of Units） 国際度量衡総会で採用されたメートル単位系（§1・2）.

コットン効果（Cotton effect） 吸収帯付近の旋光分散曲線が特有の波長依存性を示す現象（§14・9）.

孤立系（isolated system） 外界と物質もエネルギーもやりとりしない系（§2・1）.

孤立電子対（lone pair） 非共有電子対.共有結合の形成に関与しない価電子（§12・1）.

混成（hybridization） 異なる空間分布をもつ新しい原子軌道をつくるために,エネルギーが近接した複数の原子軌道を混ぜる過程（§12・3）.

混成軌道（hybrid orbital） 異なった二つまたはそれ以上の原子軌道を混成した原子軌道（§12・3）.

根平均二乗速度（root-mean-square velocity） 各分子の速度の二乗（平方）の合計を全分子数で割った平均値の平方根値（§2・6）.

さ　行

最確の速さ（most probable speed） 気体分子の集合で,最も分布数の大きい分子の速さ（§2・7）.

最大速度（V_{max}）（maximum rate） すべての酵素が基質に結合したときの酵素触媒反応の速度（§10・2）.

錯イオン（complex ion） 一つ以上の配位子の付いた金属イオン（§12・8）.

作用スペクトル（action spectrum） 系の光化学的応答や作用効率を光の波長の関数として表示する吸収スペクトル（§15・1）.

酸化的リン酸化（oxidative phosphorylation） ミトコンドリア内膜での電子移動と結合したATP合成（ADPからATPへのリン酸化）（§7・6）.

残基（residue） ポリペプチド鎖中の個々のアミノ酸単位（§16・3）.

三次構造（tertiary structure） タンパク質分子中のポリペプチド鎖全体の折りたたみによりつくられる特定の三次元構造（§16・3）.

三重項状態（triplet state） 系のスピン量子数が$S=1$である原子,分子の状態.スピン多重度が$(2S+1)=3$となる（§14・1）.

三分子反応（termolecular reaction） 三分子が関与する素過程（§9・3）.

しきい（閾）振動数（threshold frequency） 金属表面から電子を飛び出させるのに必要な最小の光の振動数（§11・3）.

示強性（intensive property） 物質の量に依存しない性質（§2・1）.

σ結合（σ bond） 原子軌道が端同士で重なってできる共有結合.結合した二つの原子の核と核の間に電子密度が集中している（§12・2）.

仕事（work） 古典力学的には力×距離.熱力学的には気体の膨張（圧縮）や,電池中での電気的仕事が,典型的な例である（§3・1）.

ジスルフィド結合（disulfide bond） 二つのシステイン残基のスルフヒドリル基間の共有結合（§16・4）.

自発過程（spontaneous process） 与えられた条件で自然に起こる過程（§4・1）.

ジャブロンスキー図（Jablonski diagram） 分子の電子状態のエネルギー関係とそれぞれの電子状態に属する振動準位を示す図.電子状態間の無放射および放射遷移も

示す（§14・7）．

シャルルの法則（Charles' law） 定圧下で一定量の気体の体積が絶対（熱力学）温度に比例することを記述する法則（§2・3）．

自由度（degree of freedom） 分子が行うことのできる運動（並進，回転，振動）の数（§14・3）．相律においては，平衡にある相の数を変えずに独立に変えることができる示強性変数（圧力，温度，組成）の数（§4・9）．

縮退（degeneracy） 同じエネルギー準位に二つ以上の状態が重なっていること（§11・10）．

受動輸送（passive transport） 直接的なエネルギーの注入を必要としない，単純拡散による膜を通した物質の輸送（§5・10）．

シュレーディンガー方程式（Schrödinger equation） 量子力学における基本的な方程式．原子，分子のエネルギーと波動関数とを解として与える（§11・7）．

常磁性（paramagnetic） 常磁性物質は一つ以上の不対電子をもち，磁石に引きつけられる（§11・11）．

状態（state） 特定の性質の観測によって可能な限り完全に指定された系の状態．たとえば温度，圧力，成分のような熱力学的性質によって示された熱力学的状態はその一例である（§2・1）．

状態方程式（equation of state） 気体に関して，n, P, T, Vのような系の状態を決定する物理量の間に成立する数学的関係式（§2・3）．

状態方程式のビリアル展開（virial expansion of equation of state） 実在気体の状態方程式．モル体積あるいは圧力のべき級数として展開した式（§2・4）．

状態量（quantity of state） 状態関数とも言う．系の状態だけで決まる性質．ある過程での状態量の変化は経路に依存しない（§3・1）．

衝突頻度（Z_1）（collision frequency） 単位時間あたりの分子の衝突数（§2・8）．

触媒（catalyst） それ自体は消費されずに反応速度を増大させる物質（§10・1）．

触媒定数（k_{cat}）（catalytic constant） →代謝回転数

示量性（extensive property） 物質量に依存する性質（§2・1）．

神経伝達物質（neurotransmitter） 他の神経細胞や筋細胞に結合し，その機能に影響を与える神経終末から放出される分子（§7・7）．

浸透（osmosis） 溶媒または希薄溶液からより濃い溶液に半透膜を通って溶媒分子が移動する現象（§5・6）．

浸透圧（osmotic pressure） 浸透を止めるのに必要な圧力（§5・6）．

振動反応（oscillating reaction） 一つ以上の中間体の濃度が時間や空間での周期的変化を示す反応（§9・11）．

水素結合（hydrogen bond） 電気陰性度の高い原子と結合している水素原子と，電気陰性度の高い原子との間に働く特別な相互作用で，双極子-双極子相互作用性と共有結合性をもつ（§13・4）．

水和数（hydration number） 水溶液中のイオンや溶質分子と会合している水分子の数（§5・7）．

スピン-スピン結合（spin-spin coupling） NMRスペクトルの微細構造を与える核スピン間の相互作用（§14・5）．

スピン多重度（spin multiplicity） スピン多重度は$(2S+1)$によって与えられる．ここでSは系のスピン量子数である（§14・1）．

スベドベリ（svedberg） 沈降係数に使われる単位．10^{-13} sと等しい（§16・1）．

生体エネルギー論（bioenergetics） 生体系でのエネルギー変換に関する学問（§6・6）．

静電容量（capacitance） キャパシタンス．コンデンサーの極板上の電荷と電位差との比（補遺5・1）．

節（node） 波動関数が0になる点（§11・5）．

絶対温度目盛（absolute temperature scale） 最低温度として絶対零度を基準にした温度目盛（§2・3）．

絶対零度（absolute zero） 理論的に到達可能な最低温度（§2・3）．

Z機構（Z scheme） 光合成中にPSⅡとPSⅠの間で電子が流れる機構（§15・2）．

ゼロ点エネルギー（zero-point energy） 系がもちうる最小エネルギー（§11・8）．

遷移金属（transition metal） d副殻が不完全に占有された元素，またはd副殻が不完全に占有されたカチオンを容易に生成する元素（§11・11）．

遷移状態（transition state） →活性錯合体

繊維状タンパク質（fibrous protein） 繊維状または長いシート状に配列したポリペプチドから成るタンパク質（§16・3）．

遷移双極子モーメント（transition dipole moment） 分光学的遷移が起こる過程で生じる，電荷分布の双極的変動の大きさ．遷移双極子モーメントが0でないときに遷移は許容となる（§14・1）．

旋光計（polarimeter） 光学異性体による直線偏向の回転を測定する装置（§14・9）．

旋光分散（optical rotatory dispersion） 旋光性が波長に依存して変化する現象（§14・9）．

線スペクトル（line spectrum） 特定波長だけを吸収あるいは放出する物質によるスペクトル（§11・4）．

選択律（selection rule） 特定の分光学的遷移の状態間の変化が起こりうるかどうかを予測する法則（§14・1）．

相（phase） はっきりとした境界により系の他の部分と接し，かつ隔てられている均一な系の部分（§4・9）．

双極子-双極子相互作用（dipole-dipole interaction） 二つの極性分子の電気双極子間の静電的相互作用（§13・3）．

双極子モーメント（dipole moment） 分子の双極子モー

メントは，分子の結合モーメントのベクトル和として近似的に表せる．分子の極性を表す（§12・4）．

双極子-誘起双極子相互作用（dipole-induced dipole interaction） 極性分子の電気双極子と，極性分子により無極性分子に誘起された電気双極子間の静電的相互作用（§13・3）．

相 図（phase diagram） 物質が気体，液体，固体として存在する条件（温度，圧力）を示す図（§4・9）．

双性イオン（zwitterion） → 両性イオン

相 律（phase rule） 系が平衡にあるときの自由度 f と成分数 c と相数 p の関係式；$f=c-p+2$（§4・9）．

阻 害 剤（inhibitor） 酵素触媒反応の進行を止めたり遅らせたりする物質（§10・5）．

素 過 程（elementary step） 分子レベルで実際に進行している反応（§9・3）．

束一的性質（colligative property） 溶液に溶けている溶質粒子数のみで決まり，粒子の性質には依存しない性質（§5・6）．

速度定数（rate constant） 反応速度と反応物の濃度との間の比例定数（§9・2）．

速度論的塩効果（kinetic salt effect） 溶液中のイオン強度が反応速度に及ぼす効果（§9・9）．

疎水性相互作用（hydrophobic interaction） 水との接触を最小にするために無極性分子がクラスターを生成する際の相互作用（§13・6）．

た 行

代謝回転数（turnover number） 酵素が基質で飽和しているとき，酵素1分子によって1秒あたりに処理される基質分子の数．触媒定数（k_{cat}）ともよばれる（§10・2）．

多 分 散（polydispersity） 高分子系がモル質量の不均一な分散をもつこと（§16・1）．

炭酸固定（carbon dioxide fixation） 光合成による二酸化炭素の取込みと最終的な炭水化物化（§15・2）．

淡色効果（hypochromism） DNAが変性したひも構造から二重らせん構造に転移すると 260 nm の UV 光の吸光度が減少する現象．この現象は DNA の変性，再生をモニターする目的に使われる（§14・4）．

弾性衝突（elastic collision） 弾性衝突時には，並進運動から回転や振動のような内部モードへのエネルギーの移動がない（§2・6）．

断熱過程（adiabatic process） 系とその外界との間で熱の移動を伴わない過程（§3・4）．

タンパク質の変性（protein denaturation） 熱や化学物質によってタンパク質の構造が壊れ，天然状態の三次元構造や生理活性を失うこと（§16・4）．

単 分 散（monodispersity） すべての分子が均一なモル質量をもつ高分子系（§16・1）．

単分子反応（unimolecular reaction） 1分子のみが関与する素過程（§9・3）．

力（force） ニュートンの運動の第二法則によれば，力は質量と加速度の積に等しい（§1・2）．

力の定数（k）（force constant） フックの法則 $f=-kx$ に従う質点系において，復元力（f）と質点の位置（x）の比例定数 k を調和振動子の力の定数という．化学結合の強さの尺度としても重要である（§14・3）．

逐次反応（consecutive reaction） A→B→C…のようなタイプの反応（§9・4）．

逐次モデル（sequential model） 酸素のヘモグロビンへの結合の協同性を説明するために使われるモデル．四つのサブユニットの空の結合部位の一つに酸素が結合すると，相互作用によって残りの三つのサブユニットの空の結合部位に酸素が結合しやすくなるようなコンホメーション変化が誘起される．このモデルはアロステリック酵素にも適用される（§10・6）．

超臨界流体（supercritical fluid） 臨界温度を超えた物質の状態（§2・5）．

調和振動子（harmonic oscillator） フックの法則に従う物体．分子振動の研究においては，分子は調和振動子として（よい近似で）取扱われる（§14・3）．

直線複屈折（linear birefringence） 二つの直線偏光に対して異なる屈折率をもつ物質は直線複屈折性である（§14・9）．

直線偏光（linearly polarized light） 偏光子を通過した結果，電場成分が一つの面に制限されている偏りのある光．平面偏光ともよばれる（§14・9）．

沈降係数（s）（sedimentation coefficient） 遠心分離中に沈降する速度を決める量（§16・1）．

沈降平衡（sedimentation equilibrium） 遠心分離中に，粒子が沈降しようとする運動と，濃度勾配が無くなる方向への拡散による逆方向の運動との間に成り立つ平衡（§16・1）．

定常状態近似（steady-state approximation） 反応の進行中ほとんどの時間で中間体の濃度が一定と仮定する近似（§9・3, 10・2）．

低 張 液（hypotonic solution） 低い浸透圧をもつ低濃度溶液（§5・6）．

デバイ・ヒュッケルの極限法則（Debye-Hückel limiting law） イオン強度の低い範囲で，電解質溶液の平均活量係数を与える計算式（§5・8）．

電気陰性度（electronegativity） 化学結合において原子が自身の側へと電子を引き付ける能力（§12・4）．

電気泳動（electrophoresis） 電場をかけた溶液中で帯電した高分子が移動する過程．タンパク質，核酸を分離精製するのに使用される（§16・1）．

電気泳動移動度（electrophoretic mobility） 単位電場あたりのイオンの移動度（§16・1）．

電子親和力（electron affinity） 気体状原子が電子を得てアニオンになったときのエネルギー変化に－符号を付けた値（§11・11）．

電磁波（electromagnetic wave） 電場とそれに垂直な磁場をもつ波動（§11・1）．

電子配置（electron configuration） 原子や分子のさまざまな軌道に電子がどのように収容されるかを示す形式（§11・11）．

電磁放射（electromagnetic radiation） 電磁波の形で吸収されたり放出されたりする放射（§11・2）．

等温（isotherm） 一定温度での気体の体積に対する圧力のプロットを等温曲線とよぶ（§2・2）．

等温過程（isothermal process） 一定温度の条件下で進行する過程（§3・4）．

等吸収点（isosbestic point） 吸収スペクトルにおいて，平衡にある二つの成分の吸光度に対する寄与が等しくなる点．吸光度が二つの成分の相対濃度によらず，総濃度のみに依存する波長が少なくとも一つはある（§14・4）．

動径分布関数（radial distribution function） 方向によらず$r \sim r+dr$の間に粒子を見つける確率を$4\pi r^2 R(r)^2 \, dr$で与える関数$r^2 R(r)^2$のこと．rは座標原点からの距離である（§11・10）．

透析（dialysis） 半透膜を通す拡散により，低分子量の溶質を溶液に加えたり，除去したりすること（§6・5）．

等張液（isotonic solution） 同じ濃度，したがって同じ浸透圧をもつ溶液（§5・6）．

動的同位体効果（kinetic isotope effect） より重い同位体に置換することによる反応速度の減少．ゼロ点振動準位の低下によって生じる効果である（§9・8）．

等電子（isoelectronic） 同数の電子を有する原子とイオンあるいは分子とイオンを意味する形容詞（§12・6）．

等電点（pI）（isoelectric point） タンパク質などの高分子のもつ電荷の総計が0になるpH．結果としてこのpHではタンパク質は電場中で移動しない（§8・7）．

等電点電気泳動法（isoelectric focusing technique） 前もってpH勾配を付けたゲル支持体に電場を掛けることで，タンパク質の混合物をその成分に分類する技術（§16・1）．

閉じた系（closed system） エネルギーの移動（通常，熱として）はあるが，外界との物質の移動がない系（§2・1）．

ドップラー効果（Doppler effect） 発生源と観測者の相対運動によって音や電磁波の観測振動数が変化する現象（§14・1）．

ドナン効果（Donnan effect） 高分子イオンは透過することができないが低分子イオンは透過することができる膜の片側に高分子電解質が存在する場合，膜の両側で低分子イオンが異なる濃度で分布する効果（§5・9）．

ドルトンの分圧の法則（Dalton's law of partial pressure） 混合気体の全圧は，個々の気体がそれぞれ別個に存在するとした場合の圧力の和に等しいことを記述する法則（§2・3）．

な 行

内部エネルギー（internal energy） 系の内部エネルギーは系のすべてのエネルギー成分の総和である．分子の並進，回転，振動，電子の各エネルギー，核エネルギー，分子間相互作用によるエネルギーから成る（§3・2）．

二次構造（secondary structure） αヘリックス，βシートのようなポリペプチド鎖の折りたたみによる局所構造．二次構造はペプチド結合中のアミド結合の水素とカルボニル酸素との間の水素結合で維持されている（§16・3）．

二次反応（second-order reaction） 反応速度が反応物の濃度の二乗または二つの反応物の濃度の積に依存する反応（§9・2）．

二分子反応（bimolecular reaction） 2個の分子が関与する素反応（§9・3）．

熱（heat） 温度差によって誘起されるエネルギー移動過程を記述する量（§3・1）．

熱運動（thermal motion） 無秩序な分子の運動．熱運動のエネルギーが増加するほど温度は高くなる（§2・6）．

熱化学（thermochemistry） 化学反応に伴う熱変化に関する学問（§3・6）．

熱効率（thermodynamic efficiency） （熱機関によりなされた正味の仕事）/（熱機関で吸収された熱），で表される比．$1-(T_1/T_2)$と表される．ここでT_2は熱機関が熱を吸収する高温の熱源の温度，T_1は仕事に変換されなかった熱を受け取る低温の熱源の温度である（§4・2）．

熱反応（thermal reaction） 電子基底状態にある反応分子による反応．反応速度は反応分子の熱運動によって支配される（§15・1）．

熱容量（heat capacity） 一定量の物質の温度を1℃上げるのに必要なエネルギー（§3・3）．

熱容量比（γ）（heat capacity ratio） $\bar{C}_P/\bar{C}_V$で与えられる比（§3・4）．

熱力学（thermodynamics） 熱エネルギーと他の形態のエネルギーの間の変換に関する学問（§3・1）．

熱力学第一法則（first law of thermodynamics） エネルギーは形を変えて移動はするが，生成したり消滅したりすることはないことを示す法則．化学においては，第一法則は$\Delta U=q+w$で表される．ここでUは系の内部エネルギー，qは系と外界との熱のやりとり，wは系が外界に対してする仕事または外界からされる仕事である（§3・2）．

熱力学第三法則（third law of thermodynamics） すべての物質は有限の正のエントロピーをもつが，絶対零度では，エントロピーは0になるであろう．そして，このことは完全な結晶状態の純物質で成立するということを記述した法則（§4・5）．

熱力学第二法則（second law of thermodynamics） 孤立

系のエントロピーは不可逆過程では増大し，可逆過程では不変である．したがってエントロピーは決して減少することはない，ということを記述した法則．有限の変化についてこの法則の数学的表現は，$\Delta S_{\text{univ}} = \Delta S_{\text{sys}} + \Delta S_{\text{surr}} \geq 0$ である．ここで ΔS_{univ}, ΔS_{sys}, ΔS_{surr} は，それぞれ宇宙，系，外界のエントロピー変化である（§4・3）．

熱力学第零法則（zeroth law of thermodynamics）　系 A と系 B，系 B と系 C が熱平衡にあるなら系 A と系 C も熱平衡にあることを述べた法則（§2・2）．

熱力学平衡定数（thermodynamic equilibrium constant）　活量（溶液中の溶質の場合）あるいはフガシティー（気体の場合）で濃度項を表した平衡定数の表式（§6・1）．

ネルンスト式（Nernst equation）　電池の標準起電力（$E°$）と電極反応の活量比によって起電力を表す関係式．

$$E = E° - \frac{RT}{\nu F} \ln Q$$

ここで ν は化学量論係数，Q は活量比である（§7・3）．

能動輸送（active transport）　分子を濃度勾配に逆らって膜を通過させる作用でエネルギーを必要とする（§5・10）．

は 行

配位化合物（coordination compound）　典型的には錯イオンと対イオンとから成る化合物．$Fe(CO)_5$ など，錯イオンを含まない配位化合物もある（§12・8）．

配位子場理論（ligand-field theory）　金属錯体を扱えるように，非局在化軌道を含めて拡張した分子軌道理論（§12・8）．

π 結合（π bond）　軌道側面での重なりによる共有結合．電子密度は結合原子の原子核をつなぐ線の上下で高い（§12・2）．

ハイゼンベルクの不確定性原理（Heisenberg uncertainty principle）　運動量と位置を同時に正確に知ることが不可能であることを述べた原理（§11・6）．

パウリの排他原理（Pauli exclusion principle）　原子や分子中の二つの電子が四つの量子数すべてについて同じ値をもてないことを述べた原理（§11・11）．

発エルゴン過程（exergonic process）　熱力学的に有利であり，ギブズエネルギーが負の変化（$\Delta G < 0$）を示す過程（§4・6）．

発色団（chromophore）　特定波長の光を吸収する分子の一部分（§14・4）．

発熱反応（exothermic reaction）　周囲（外界）に熱を放出する反応（§3・2）．

反結合性分子軌道（antibonding molecular orbital）　それを構成している原子軌道より高いエネルギーをもつ分子軌道（§12・5）．

半減期（half-life）　反応物の濃度が初期値の半分になるまでに要する時間（§9・2）．

反磁性（diamagnetism）　反磁性物質は，対となった電子のみをもち，わずかに磁石に反発する（§12・6）．

半透膜（semipermeable membrane）　溶媒分子とある種の溶質分子は通過できるが，他の溶質分子は通過できない膜（§5・6）．

反応機構（reaction mechanism）　生成物の生成に至る一連の素過程の流れ（§9・3）．

反応次数（order of reaction）　反応速度式に現れるすべての反応物の濃度にかかる指数の合計（§9・2）．

反応速度式（rate law）　速度定数と反応物の濃度で表現した反応速度の表式（§9・2）．

反応中間体（reaction intermediate）　全体の反応式には現れないが，反応機構（素過程）には現れる種（§9・3）．

反応中心（reaction center）　光エネルギーの化学エネルギーへの変換を媒介する光合成細胞の一部（§15・2）．

反応比（reaction quotient）　平衡からずれた点における生成物の濃度の反応物の濃度に対する比．いずれの濃度にも化学量論係数が付く（§6・1）．

反応分子数（molecularity of reaction）　素過程に関与している分子の数（§9・3）．

半保存的モデル（semiconservative model）　DNA 分子の 2 本の相補的な鎖が分離することによって複製が起こると考える DNA 複製モデル．それぞれの一本鎖は保存され，新しい相補的な鎖を合成するための鋳型として働く（§16・3）．

pH　溶液中の水素イオンの活量を示す．pH$= -\log a_{\text{H}^+}$．希薄溶液では pH$= -\log [\text{H}^+]$ と定義される（§8・2）．

非局在化分子軌道（delocalized molecular orbital）　二つ以上の原子に広がる分子軌道（§12・7）．

微視的可逆性の原理（principle of microscopic reversibility）　平衡が成立しているとき，関与するすべての素反応について正反応と逆反応の速度が等しいことを述べた原理（§9・4）．

微視的状態（microstate）　原子，分子など個々の成分の実際の性質によって記述した系の状態（§4・5）．

比旋光度（specific rotation）　与えられた波長，温度でキラルな物質を含む溶液を通過した直線偏光の回転角を，溶液濃度，光路長によって規格化したもの（§14・9）．

比 熱（specific heat）　物質 1 g の温度を 1 ℃ 上げるのに必要なエネルギー（§3・3）．

比誘電率（ε_r）（relative permittivity, dielectric constant）　媒質の比誘電率は，物質があるときのコンデンサーの静電容量 C と，ないときの静電容量 C_0 との比で $\varepsilon = C/C_0$ である（§5・7, 補遺 5・1）．

標準還元電位（standard reduction potential）　還元半反応；Ox$+\nu e^- \rightarrow$Rd，における物質の電極電位．ここで Ox, Rd は物質の酸化体，還元体，ν は化学量論係数である．Ox, Rd は標準状態にあり，その電位は標準水素電極を基準として測定される（§7・2）．

標準状態（standard state）　熱力学量を定義する際に基

準にする状態．固体や液体の標準状態は 1 bar，特定温度での最も安定な形である．理想気体の標準状態は 1 bar，特定温度での純粋な気体である（§3・6）．

標準水素電極（standard hydrogen electrode）　つぎの可逆半反応；$H^+(1\,M) + e^- \rightleftharpoons \frac{1}{2}H_2(g)$，を含む電極．298 K で気相の圧力が 1 bar，H^+ イオンの濃度が 1 M のとき，電位を 0 にとる（§7・2）．

標準反応エンタルピー（standard enthalpy of reaction）　ある温度において標準状態の反応物が標準状態の生成物に変化するときのエンタルピー変化（§3・6）．

標準モル生成エンタルピー（standard molar enthalpy of formation）　ある温度で 1 bar の標準状態にある構成元素単体から 1 mol の化合物を生成するときのエンタルピー変化（§3・6）．

標準モル生成ギブズエネルギー（standard molar Gibbs energy of formation）　ある温度で 1 bar の標準状態にある構成元素単体から 1 mol の化合物を生成するときのギブズエネルギー変化（§4・7）．

開いた系（open system）　外界と物質，エネルギー（たいていは熱）を交換することができる系（§2・1）．

ヒル係数（n）（Hill coefficient）　協同性の尺度（§10・6）．

頻度因子（frequency factor）　アレニウス式の指数項の係数（A）．前指数因子ともよぶ（§9・5）．

ファラデー定数（F）（Faraday constant）　電子 1 mol のもつ電荷量．96 485 C mol^{-1}（§7・3）．

ファンデルワールスの式（van der Waals equation）　実在気体の P，V，T，n を記述する状態方程式（§2・4）．

ファンデルワールス力（van der Waals force）　双極子-双極子，双極子-誘起双極子，分散力など，弱い引力の総称（§13・3）．

ファントホッフ係数（van't Hoff factor）　平衡状態の溶液中に実際に存在するイオン数の溶かした分子（化学式単位）数に対する比（§5・9）．

ファントホッフの式（van't Hoff equation）　反応エンタルピーにより平衡定数の温度依存性を示す式（§6・4）．

$$\left(\frac{\partial \ln K}{\partial T}\right)_P = \frac{\Delta_r H^\circ}{RT^2}$$

不可逆阻害（irreversible inhibition）　酵素の活性部位と共有結合をつくる阻害剤による阻害．阻害剤は透析により除去することができない（§10・5）．

フガシティー（f）（fugacity）　実効的な熱力学的圧力（§6・1）．

フガシティー係数（γ）（fugacity coefficient）　気体のフガシティー（f）と圧力（P）を関係づける係数．$f = \gamma P$（§6・1）．

不揮発性（nonvolatile）　測定可能な蒸気圧をもたないこと（§5・4）．

フックの法則（Hooke's law）　物体が平衡位置へ戻ろうとする復元力 f が平衡位置からの変位 x に比例する，すなわち $f = -kx$ であることを記述した法則．ここで，k は比例定数で力の定数とよばれる（§14・3）．

負の協同性（negative cooperativity）　リガンドの結合によりその後のリガンドの結合能を低下させる機構（§10・6）．

部分比体積（$\bar{v}$）（partial specific volume）　1 g の溶質を多量の溶媒に溶かしたときの体積の増加分（§16・1）．

部分モル体積（partial molar volume）　混合物中の i 番目の成分の部分モル体積は

$$\overline{V}_i = \left(\frac{\partial V}{\partial n_i}\right)_{T,P,n_j}$$

で定義される．温度，圧力，他の成分のモル数を一定に保ちながら i 番目の成分を加えたときの溶液の体積変化を示している．一般的に溶液の体積は分子間相互作用により成分の体積の合計にならないのでこの関数が必要になる（§5・2）．

フランク・コンドン原理（Franck-Condon principle）　分子系においては，電子状態間の遷移がきわめて速く起こるので，遷移の過程では原子核を静止しているとみなすことができるという原理（§14・4）．

分極率（α）（polarizability）　原子（分子）の電子密度分布のゆがみやすさ．数学的には印加電場の強度（E）と誘起双極子（μ_{ind}）の間の比例定数になる（$\mu_{ind} = \alpha E$）（§13・3）．

分光化学系列（spectrochemical series）　d 軌道のエネルギー準位を分裂させる能力の順に並べた配位子のリスト（§12・8）．

噴散（effusion）　エフュージョン．高圧ガスが小さい間隙を通って容器の一つの区画から別の区画へと漏れ出ること（§2・9）．

分散相互作用（dispersion interaction）　電子密度のゆらぎによる引力的分子間相互作用．ロンドン相互作用とも言われる（§13・3）．

分子軌道（molecular orbital）　分子中の電子の運動を記述する波動関数（§12・5）．

分子軌道理論（molecular orbital theory）　分子の電子構造を説明する理論．電子は分子全体に広がる分子軌道を占有していると仮定する．分子軌道は分子中の原子の原子軌道の線形結合でつくられる（§12・5）．

分子シャペロン（molecular chaperone）　タンパク質の折りたたみを介添えする分子（§16・4）．

フントの規則（Hund's rule）　副殻に電子を配置する場合，平行スピンが最も多い配置が最も安定であることを記述した法則（§11・11）．

分配図（distribution diagram）　pH の関数として，溶液中の酸と共役塩基の分率を表した図（§8・4）．

平均活量係数（mean activity coefficient）　溶液中のイオンのふるまいを理想的なふるまいからのずれとして記述

する量（§5・8）．

平均自由行程（λ）（mean free path） 衝突と衝突が起こる間の分子の平均移動距離（§2・8）．

平衡蒸気圧（equilibrium vapor pressure） ある温度で蒸気と平衡にある液体の蒸気圧．しばしば単に蒸気圧とよばれる（§2・5）．

平面偏光（plane-polarized light） → 直線偏光

ヘスの法則（Hess's law） 反応物が生成物に変化するときのエンタルピー変化は一段階反応でも多段階反応でも不変であることを記述した法則（§3・6）．

βプリーツシート（β-pleated sheet） β構造ともいう．延びたポリペプチド鎖が水素結合によってシート状に結合したタンパク質の二次構造．β-ケラチンのような分子ではβシートは分子間にも存在する（§16・3）．

ペプチド（peptide） 二つ以上のアミノ酸がペプチド結合によって結合した分子（§16・3）．

ペプチド結合（peptide bond） ペプチド中でアミノ酸をつないでいる結合．一つのアミノ酸の α-カルボキシ基とつぎのアミノ酸の α-アミノ基との間のアミド結合である（§12・7, 16・3）．

ヘルムホルツエネルギー（A）（Helmholtz energy） $A=U-TS$ によって定義される熱力学量．定温定積下で系のヘルムホルツエネルギー変化は，$\Delta A=\Delta U-T\Delta S \leq 0$ である．ここで $\Delta A=0$ は系が平衡にあるときに成立し，自発的に進行する過程では $\Delta A<0$ となる（§4・6）．

ヘンリーの法則（Henry's law） 気体の液体への溶解度が，気体の圧力に比例することを記述した法則（§5・4）．

ボーア効果（Bohr effect） ヘモグロビンの酸素平衡に対するpH効果．pHが低下するとヘモグロビンの酸素に対する親和性は低下する（§10・6）．

ボーア半径（a_0）（Bohr radius） 水素原子の最低エネルギー軌道の半径．0.529 Å に等しい（§11・10）．

ボイルの法則（Boyle's law） 等温で一定量の気体の体積が圧力に反比例することを記述する法則（§2・3）．

補酵素（coenzyme） 酵素の機能発現機構に必要な小さな有機分子（§12・9）．

ポテンシャルエネルギー曲線（potential-energy curve） 原子系（分子）のポテンシャルエネルギーを原子座標に対してプロットした曲線（§3・7）．

ポテンシャルエネルギー面（potential-energy surface） 可能なすべての原子位置における原子系（分子）のポテンシャルエネルギーを相対的な位置に対してプロットした曲面（§9・6）．

ポリペプチド（polypeptide） ペプチド結合により連結したアミノ酸鎖（§16・3）．

ボルツマン分布則（Boltzmann distribution law） 温度 T で熱平衡にある系で，エネルギー E_i の状態の占有数（分子数）を記述する法則．二つのエネルギー E_1 および E_2 をもつ状態の占有数の比（N_2/N_1）を計算するのに用いられる．式は下のようになる（§3・3）．

$$\frac{N_2}{N_1} = \exp\left(-\frac{E_2-E_1}{k_B T}\right)$$

ま 行

マクスウェルの速度分布関数（Maxwell velocity distribution function） ある温度で熱平衡にある気体で，それぞれの速度をもつ分子の相対数を与える理論式（§2・7）．

マクスウェルの速さ分布関数（Maxwell speed distribution function） ある温度で熱平衡にある気体で，それぞれの速さをもつ分子の相対数を与える理論式（§2・7）．

膜電位（membrane potential） 膜の両側のイオンの濃度差によって生じる膜を介した電位差（§7・7）．

ミカエリス・メンテン速度論（Michaelis-Menten kinetics） 酵素の反応が，酵素と基質の前駆平衡状態と，それにひき続いて起こる酵素-基質複合体からの生成物の生成の2段階で進行すると仮定した理論式（§10・2）．

明反応（light reaction） 光エネルギーが直接関与する光合成の第一段階．光リン酸化と水の酸化による $NADP^+$ の NADPH への還元により，ATP が合成される（§15・2）．

モル（mole） 物質量のSI基本単位．記号 mol．1 mol＝$6.022\,140\,76\times10^{23}$/（アボガドロ定数）で定義され，1 mol は正確に $6.022\,140\,76\times10^{23}$ 個の要素粒子（原子，分子，イオンなど）を含む（§1・3）．

モル吸光係数（molar extinction coefficient） ランベルト・ベールの法則の比例定数．化合物が特定の波長の光を吸収する能力を表す（§14・1）．

モル質量（molar mass） 1 mol の原子，分子，その他の粒子の質量（g, kg 単位）（§1・3）．

モル分率（mole fraction） 混合物中のある成分のモル数の全成分のモル数の総和に対する比（§2・3）．

や 行

融解温度（melting temperature） DNAが変性し，二重らせんの含量が半分になる温度（§16・3）．

葉緑体（chloroplast） 植物や藻の細胞中で光合成を行う細胞小器官（§15・2）．

四次構造（quaternary structure） 二つ以上の折りたたまれたポリペプチドが会合してつくる機能性タンパク質の構造（§16・3）．

ら 行

ラウールの法則（Raoult's law） 溶液中のある成分の分圧がその成分の蒸気圧とモル分率との積で与えられることを記述した法則（§5・4）．

ラマチャンドランプロット（Ramachandran plot） ポリペプチド中のあるアミノ酸骨格の可能なすべての構造を示す図（§16・3）．

ランタノイド（lanthanoids） 4f 軌道が不完全に占有された元素または 4f 軌道が不完全に占有されたカチオンを容易に生成する元素．希土類金属ともよばれる（§11・11）．

ランダム歩行モデル（random-walk model） 酔歩モデルともいう．高分子の三次元構造の数学的モデル．特にポリペプチド鎖の始端から終端までの距離についての情報を与える（§16・2）．

ランベルト・ベールの法則（Lambert–Beer's law） 特定波長の吸光度（A）を溶液濃度（c）とセルの光路長（b）と関係づける法則．$A = \varepsilon bc$．ここで ε はその波長の光を吸収する種のモル吸光係数である（§14・1）．

理想気体の式（ideal-gas equation） 圧力，体積，温度と理想気体の量との間に成立する関係式；$PV = nRT$（R は気体定数）（§2・3）．

理想希薄溶液（ideal-dilute solution） 溶質がヘンリーの法則に従い，溶媒がラウールの法則に従う溶液（§5・5）．

理想溶液（ideal solution） 溶媒および溶質が共にラウールの法則に従う溶液（§5・4）．

律速段階（rate-determining step） 生成物に至る一連の素過程の中で最も遅い段階（§9・3）．

立体配座（conformation） 三次元空間の原子配置．一般に，分子には無数の立体配座がある．たとえばエタンの C–C 結合の回転によって生ずる原子配置は，すべて異なる立体配座である（§16・2）．

立体配置（configuration） 対称性によって互いに関係づけられる分子中の原子の空間的な配置で，結合を切ることによってのみ，互いに変換可能なもの．たとえば幾何異性体の空間的な配置（§16・2）．

粒子と波の二重性（particle-wave duality） 粒子は波の性質ももち，また波も粒子の性質をもつ（§11・5）．

量子収率（$\varPhi$）（quantum yield） 光化学過程により生成する分子数の吸収された光（量）子数に対する比（§15・1）．

量子数（quantum number） 原子や分子の電子，振動，回転，スピン状態を指定する整数や半整数（§11・10）．

量子力学（quantum mechanics） 物質，電磁放射や，物質と放射の相互作用についての理論．主として原子，分子系に適用される（§11・7）．

量子力学的トンネル効果（quantum mechanical tunneling） 粒子の運動エネルギーがポテンシャル障壁より低いときに，古典論では禁止されているポテンシャル障壁を越えた領域に波動関数がしみ出すこと（§11・9）．

両 性（amphoterism） 酸と塩基の両方の性質を兼ね備えること（§8・2）．

両性イオン（amphoteric ion） 双性イオン．正負の等しい電荷を共にもつ物質（§8・7）．

臨界温度（critical temperature） それ以上の温度では気体が液化できなくなる温度（§2・5）．

りん光（phosphorescence） 光照射を受けた後に物質の放出する電磁波．寿命が長く（秒単位），放射状態と基底状態でスピン多重度が異なっている（三重項と一重項）ことを特徴とする（§14・7）．

ルイス構造（Lewis structure） 2 原子間で共有される電子を線または 1 対の点で示す共有結合の表示法．非共有電子対は原子上の 1 対の点として表示する（§12・1）．

ルシャトリエの原理（Le Chatelier's principle） 平衡にある系に外部からストレスが加わったとき，そのストレスを打ち消す方向に系の平衡が移動することを述べた法則（§6・4）．

零次反応（zero-order reaction） 反応速度が反応物の濃度に依存しない反応（§14・2）．

レーザー（laser） 放射の誘導放出による光の増幅（light amplification by stimulated emission of radiation）の頭文字をとった造語．レーザーの作用のためには，原子や分子の高いエネルギー準位の占有数が，低いエネルギー準位の占有数より大きくなる，占有数の逆転が必要である（§14・8）．

連鎖反応（chain reaction） 一つの段階で生成された中間体が他の物質と反応し新たな中間体を生成し，連鎖的に進行する反応（§9・4）．

ロンドン力（London interaction） → 分散相互作用

問題の解答——偶数番号の計算問題

第 2 章

2・6 32.0 g mol^{-1}
2・8 2.98 g l^{-1}
2・10 (a) $1.1 \times 10^{-7} \text{ mol l}^{-1}$,
(b) 18 ppm
2・12 (a) 0.85 l
2・14 (a) 4.9 l, (b) 6.0 atm,
(c) 0.99 atm
2・16 N_2O
2・18 3.2×10^7 個, 2.5×10^{22} 個
2・20 O_2: 28 %, N_2: 72 %
2・24 N_2: 88.9 %, H_2: 11.1 %
2・26 13 日
2・28 349 mmHg
2・30 0.45 g
2・32 4.8 %
2・38 $P_T = 1.02 \text{ atm}$, $P_{Ar} = 0.30 \text{ atm}$, $P_{He} = 0.720 \text{ atm}$,
$x_{Ar} = 0.29$, $x_{He} = 0.71$
2・42 $a = 18.7 \text{ atm l}^2 \text{ mol}^{-2}$,
$b = 0.120 \text{ l mol}^{-1}$
2・52 0.29 atm
2・54 $6.07 \times 10^{-21} \text{ J}$; $3.65 \times 10^3 \text{ J mol}^{-1}$
2・56 460 K
2・58 42.6 K
2・62 N_2: $1.33 \times 10^4 \text{ m}$;
He: $9.31 \times 10^4 \text{ m}$
2・64 $c_{rms} = 2.8 \text{ m s}^{-1}$, $\bar{c} = 2.7 \text{ m s}^{-1}$
2・68 $c_{mp} = 406 \text{ m s}^{-1}$, 0.0427
2・72 $3.53 \times 10^{-8} \text{ m}$;
7.70×10^{31} 衝突数 $\text{l}^{-1} \text{ s}^{-1}$
2・74 12.0 K
2・76 1.0 atm では: $Z_1 = 3.4 \times 10^9$ 衝突数 s^{-1}, $Z_{11} = 4.0 \times 10^{34}$ 衝突数 $\text{m}^{-3} \text{ s}^{-1}$. 0.10 atm では: $Z_1 = 3.4 \times 10^8$ 衝突数 s^{-1}, $Z_{11} = 4.0 \times 10^{32}$ 衝突数 $\text{m}^{-3} \text{ s}^{-1}$.
2・78 16.0 g mol^{-1}; CH_4
2・80 CO: 54 %, CO_2: 46 %
2・82 H_2: 0.5857, D_2: 0.4143
2・84 $5.27 \times 10^{18} \text{ kg}$
2・86 $1.07 \times 10^3 \text{ mmHg}$
2・92 (b) 509 K
2・94 (a) 61.3 m s^{-1},
(b) $4.57 \times 10^{-4} \text{ s}$, (c) 328 m s^{-1}
2・96 16.3
2・100 NO
2・102 30 %

第 3 章

3・4 (a) -112 J, (b) -230 J
3・6 $-2.27 \times 10^3 \text{ J}$
3・10 $\Delta U = 0$, $q = -20 \text{ J}$
3・14 (a) と (b) どちらも $\Delta U = 0$, $\Delta H = 0$.
3・20 0.71 atm
3・22 50.8 ℃
3・26 $\bar{C}_V = 22 \text{ J K}^{-1} \text{ mol}^{-1}$; $\bar{C}_P = 30 \text{ J K}^{-1} \text{ mol}^{-1}$
3・34 (a) 207 K, (b) 226 K
3・36 24.8 kJ g^{-1}; 603 kJ mol^{-1}
3・38 25.0 ℃
3・40 (a) $-2905.6 \text{ kJ mol}^{-1}$,
(b) $1452.8 \text{ kJ mol}^{-1}$,
(c) $-1276.8 \text{ kJ mol}^{-1}$
3・42 (a) $-167.2 \text{ kJ mol}^{-1}$,
(b) $-229.6 \text{ kJ mol}^{-1}$
3・44 -337 kJ mol^{-1}
3・46 $-23.2 \text{ kJ mol}^{-1}$
3・48 500 J mol^{-1}
3・50 -197 kJ mol^{-1}
3・52 1.9 kJ mol^{-1}
3・54 $-238.7 \text{ kJ mol}^{-1}$
3・56 0
3・58 (b) 75.3 kJ mol^{-1}
3・60 $-2758 \text{ kJ mol}^{-1}$;
$-3119.4 \text{ kJ mol}^{-1}$
3・66 $2.8 \times 10^3 \text{ g}$
3・68 $1.19 \times 10^4 \text{ K}$
3・72 (a) $-65.2 \text{ kJ mol}^{-1}$,
(b) -9.4 kJ mol^{-1}
3・74 47.8 K; $4.1 \times 10^3 \text{ g}$
3・76 7.60 %
3・78 $9.90 \times 10^8 \text{ J}$; 305 ℃
3・86 56 ℃
3・88 $7.6 \times 10^4 \text{ K}$

第 4 章

4・8 $\Delta U = 43.34 \text{ kJ}$, $\Delta H = 46.44 \text{ kJ}$, $\Delta S = 126.2 \text{ J K}^{-1}$
4・10 4.5 J K^{-1}. 変わらない.
4・12 (a) 75.0 ℃,
(b) $\Delta S_A = 22.7 \text{ J K}^{-1}$, $\Delta S_B = -20.79 \text{ J K}^{-1}$, $\Delta S_T = 1.9 \text{ J K}^{-1}$
4・14 0.36 J K^{-1}
4・16 (a) $\Delta S_{sys} = 5.8 \text{ J K}^{-1}$, $\Delta S_{surr} = -5.8 \text{ J K}^{-1}$, $\Delta S_{univ} = 0$.
(b) $\Delta S_{sys} = 5.8 \text{ J K}^{-1}$, $\Delta S_{surr} = -4.15 \text{ J K}^{-1}$, $\Delta S_{univ} = 1.7 \text{ J K}^{-1}$.
4・18 0
4・20 (a) $-543.8 \text{ J K}^{-1} \text{ mol}^{-1}$,
(b) $-117.0 \text{ J K}^{-1} \text{ mol}^{-1}$,
(c) $284.4 \text{ J K}^{-1} \text{ mol}^{-1}$,
(d) $19.4 \text{ J K}^{-1} \text{ mol}^{-1}$
4・22 (a) $\Delta S_{sys} = 5.8 \text{ J K}^{-1}$, $\Delta S_{surr} = -5.8 \text{ J K}^{-1}$, $\Delta S_{univ} = 0$.
(b) $\Delta S_{sys} = 5.8 \text{ J K}^{-1}$, $\Delta S_{surr} = -3.4 \text{ J K}^{-1}$, $\Delta S_{univ} = 2.4 \text{ J K}^{-1}$.
4・24 $\Delta_r S° = 24.6 \text{ J K}^{-1} \text{ mol}^{-1}$, $\Delta S_{surr} = -607 \text{ J K}^{-1} \text{ mol}^{-1}$, $\Delta S_{univ} = -582 \text{ J K}^{-1} \text{ mol}^{-1}$
4・28 (a) $w = -1.5 \times 10^3 \text{ J}$, $q = 1.5 \times 10^3 \text{ J}$, $\Delta U = 0$, $\Delta H = 0$, $\Delta S = 5.3 \text{ J K}^{-1}$, $\Delta G = -1.5 \times 10^3 \text{ J}$;
(b) ΔU, ΔS, ΔG は (a) と同じ.
$w = -6.3 \times 10^2 \text{ J}$, $q = 6.3 \times 10^2 \text{ J}$
4・30 $-222.7 \text{ kJ mol}^{-1}$
4・32 $-75.9 \text{ kJ mol}^{-1}$
4・34 (a) $\Delta_r H° = 1.90 \text{ kJ mol}^{-1}$, $\Delta_r S° = -3.3 \text{ J K}^{-1} \text{ mol}^{-1}$,
(b) $1.4 \times 10^4 \text{ bar}$
4・42 -2.20 K
4・50 88.9 Torr
4・54 0.20 J K^{-1}
4・56 $\Delta U = -1.25 \times 10^3 \text{ J}$, $\Delta H = -2.08 \times 10^3 \text{ J}$, $\Delta S = -15.1 \text{ J K}^{-1}$
4・58 352 ℃
4・62 $S_{sys} = 162 \text{ J K}^{-1}$, $S_{surr} = -158 \text{ J K}^{-1}$, $\Delta S_{univ} = 4 \text{ J K}^{-1}$
4・66 $\Delta H° = -11.5 \text{ kJ mol}^{-1}$, $\Delta G° = 12.0 \text{ kJ mol}^{-1}$
4・76 $-6.24 \times 10^3 \text{ J}$
4・80 $1.20 \text{ kJ K}^{-1} \text{ mol}^{-1}$; アミノ酸あたり $9.84 \text{ J K}^{-1} \text{ mol}^{-1}$

第 5 章

5・2 2.28 M
5・4 $5.0 \times 10^2 \text{ mol kg}^{-1}$; 18.3 M
5・8 10 mol kg^{-1}
5・10 (a) 11.53 J K^{-1}, (b) 50.45 J K^{-1}
5・22 2.7×10^{-3}

5・28 3.91×10^3 ml. よい.
5・30 10.2 atm
5・32 O_2: 4.6×10^{-6}; N_2: 8.9×10^{-6}
5・34 $\Delta P = 6.147 \times 10^{-5}$ mmHg; $\Delta T_f = 2.67 \times 10^{-4}$ K; $\Delta T_b = 7.3 \times 10^{-5}$ K; $\Pi = 2.67$ Torr
5・36 39.7 g mol^{-1}
5・38 できない.
5・40 A: 1.2×10^2 g mol^{-1}; B: 2.5×10^2 g mol^{-1}. 物質はベンゼン中で二量体になる.
5・42 溶液中: $x_A = 0.65$, $x_B = 0.35$. 蒸気中: $x_A = 0.81$, $x_B = 0.19$
5・44 A: 0.19; B: 0.81
5・46 0.5114 K mol^{-1} kg
5・50 22.3 J mol^{-1}
5・52 0.63
5・54 (a) 0.10 mol kg^{-1}; 0.69, (b) 0.030 mol kg^{-1}; 0.67, (c) 1.0 mol kg^{-1}; 9.1×10^{-3}
5・56 $m_\pm = 0.32$ mol kg^{-1}, $a_\pm = 0.041$, $a = 7.0 \times 10^{-5}$
5・58 24.8 Å
5・60 (a) $\gamma_+ = 0.70$, $\gamma_- = 0.91$. (b) $\gamma_\pm = 0.83$
5・64 7.2×10^5 g mol^{-1}
5・66 -14 kJ
5・68 22.2 kJ mol^{-1}
5・72 168 m
5・74 (a) 2.5×10^{-3} g l^{-1}. (b) 3.9×10^{-4} g l^{-1}.
5・76 (a) 5.1×10^{-5} M, (b) [Oxa^{2-}] = 3.0×10^{-7} M, [Ca^{2+}] = 0.010 M
5・78 [Co(NH$_3$)$_5$Cl]Cl$_2$
5・80 (a) 0.150 atm, (b) 0.072 atm
5・82 -35.8 kJ

第 6 章
6・2 (a) 0.49, (b) 0.23, (c) 0.036, (d) >0.036 mol
6・4 (b) (i) 1.4×10^5, (ii) CH$_4$: 2 atm; H$_2$O: 2 atm; CO: 13 atm; H$_2$: 38 atm
6・6 (a) $K_c = 1.07 \times 10^{-7}$, $K_P = 2.67 \times 10^{-6}$, (b) 22 mg m^{-3}
6・8 1.74×10^5 J mol^{-1}
6・10 2.59×10^4 J mol^{-1}
6・12 $\Delta_r G°$/kJ mol^{-1}: 23, 11, 0, -11, -23
6・14 $K_P = 0.116$, $\Delta_r G° = 5.33 \times 10^3$ J mol^{-1}
6・16 575.3 K
6・20 NO$_2$: 0.96 bar; N$_2$O$_4$: 0.21 bar
6・28 1.1×10^{-5}
6・30 -29.2 kJ mol^{-1}
6・32 29.5 kJ mol^{-1}; 6.72×10^{-6}
6・34 $\Delta_r H° = -3.9 \times 10^4$ J mol^{-1}; $\Delta_r S° = -1.3 \times 10^2$ J K^{-1} mol^{-1}
6・36 (a) 1.59×10^{-4}, (b) 4.00×10^{-5}
6・38 9.1 kJ mol^{-1}
6・40 -7.3×10^3 J mol^{-1}
6・42 イソブタン: 70 %; ブタン: 30 %
6・46 4; 1.7×10^{-4}

第 7 章
7・2 1.125 V; 1.115 V
7・6 0.531 V
7・8 (a) $E° = 0.913$ V, $\Delta_r G° = -1.76 \times 10^5$ J mol^{-1}; $K = 7.34 \times 10^{30}$, (b) 0.824 V, -1.59×10^5 J mol^{-1}, 7.12×10^{27}, (c) 0.736 V, -3.55×10^5 J mol^{-1}; 1.60×10^{62}
7・10 0.50 bar
7・12 2.55; -2.32×10^3 J mol^{-1}
7・14 0.010 V
7・16 -0.142 V
7・18 1.45×10^4
7・20 117 mol
7・22 2.97×10^4 J mol^{-1}; 16.17×10^{-6}
7・24 (a) -0.197 V, (b) -0.241 V
7・26 1.4 mol の ATP
7・28 -18 mV
7・30 4.81×10^{-13}
7・34 1.124×10^{-4} V K^{-1}; 1.098 V
7・36 10.1×10^{-14}
7・38 (a) X^{2+}/X は負; Y^{2+}/Y は正. (b) 0.59 V
7・42 3.3×10^2 bar
7・44 -86.3 kJ mol^{-1}
7・46 1.09 V

第 8 章
8・6 8.4×10^{-4}
8・8 (a) 0.32, (b) 0.34
8・12 [HSO$_4^-$] = 0.16 M, [H$^+$] = 4.5×10^{-2} M, [SO$_4^{2-}$] = 4.5×10^{-2} M
8・14 (c)
8・16 2.7×10^{-3} g
8・18 2.8×10^{-2}
8・24 5.13
8・28 5.70
8・30 1.3 M
8・32 (a) 12.6, (b) 8.8×10^{-6} M
8・36 9.25; 9.18
8・38 6.8
8・40 (a) H$_2$PO$_4^-$/HPO$_4^{2-}$, (b) 6.76
8・44 10.5
8・48 13 ml
8・54 リシン: 9.74; バリン: 5.97
8・58 52 kJ mol^{-1}
8・62 3.783
8・64 38 kJ mol^{-1}
8・68 21.4 kJ mol^{-1}
8・70 1×10^{-4}
8・74 (b) 5.2×10^3, (c) 7.93
8・76 9.25; 純 NH$_3$ では, pH 変化は 11.28〜10.26
8・78 (a) 0.054 M H$^+$ (pH 単位)$^{-1}$ (b) 0.014 M H$^+$ (pH 単位)$^{-1}$
8・80 7.83

第 9 章
9・2 6.2×10^{-6} M s^{-1}
9・4 0.99
9・6 (a) 1.21×10^{-4} 年$^{-1}$, (b) 2.1×10^4 年
9・8 二次. $k = 0.42$ M^{-1} min^{-1}
9・10 1.19×10^{-4} s^{-1}
9・12 3.6 s
9・18 47.95 g
9・22 (a) 速度 = k[NO]^2[H$_2$], (b) 0.38 M^{-2} s^{-1}
9・26 10^{11} s^{-1}; 4.5×10^{10} s^{-1}; 2.0×10^2 s^{-1}
9・30 $A = 3.38 \times 10^{16}$ s^{-1}, $E_a = 100$ kJ mol^{-1}
9・32 371 °C
9・34 298 K
9・36 $E_a = 13.4$ kJ mol^{-1} $\Delta H°^\ddagger = 10.8$ kJ mol^{-1}, $\Delta S°^\ddagger = -29.3$ J K^{-1} mol^{-1}, $\Delta G°^\ddagger = 19.8$ kJ mol^{-1}
9・46 (a) 22.5 cm^2, (b) 44.9 cm^2
9・48 一次
9・50 86 kJ mol^{-1}
9・52 2.7×10^{14}
9・54 (b) 3.8×10^{-3} M^{-1} s^{-1}
9・58 (a) 1.11×10^{-2} min^{-1}
9・62 4×10^{-4} M
9・64 6.4×10^9 M^{-1} s^{-1}

第 10 章
10・6 $V_{max} = 1.3 \times 10^{-5}$ M min^{-1}, $K_M = 1.2 \times 10^{-3}$ M, $k_2 = 3.3$ min^{-1}. どちらのプロットも同じ値を与える.
10・8 (a) 898 K, (b) 76.4 kJ mol^{-1}
10・10 8.5×10^3 g mol^{-1} (最小分子量)
10・12 (a) 16 μM min^{-1}, (b) 1.7 μM min^{-1}, (c) 1.8 μM min^{-1}
10・14 [I] = 6.5×10^{-5} M; [S] = 1.4×10^{-2} M

第 11 章

11・2 5.66×10^{-19} J
11・4 2.34×10^{14} s^{-1}
11・10 1×10^6 m s^{-1}
11・12 7.9×10^{-36} m s^{-1}
11・14 He$^+$(H): n_3: 164 nm (656 nm); n_4: 122 nm (486 nm); n_5: 109 nm (434 nm); n_6: 103 nm (410 nm)
11・16 1.2×10^2
11・18 (a) 106.7 kJ mol^{-1}, (b) 1.12×10^3 nm
11・22 1.67×10^{25}; 30
11・34 (a) 1.313×10^3 kJ mol^{-1}, (b) 3.282×10^2 kJ mol^{-1}
11・36 4.173×10^2 kJ mol^{-1}
11・38 343 nm
11・44 419 nm
11・46 3.1×10^{19}
11・48 419 nm
11・52 2.75×10^{-11} m
11・54 2.8×10^6 K
11・56 0.649
11・58 (a) B: $n_i=4 \to n_f=2$; C: $n_i=5 \to n_f=2$. (b) A: 41.0 nm, B: 30.4 nm. (c) 2.18×10^{-18} J. (d) 連続帯はイオン化を表す.
11・64 (a) 2, (b) 1.9 および 7.1

第 12 章

12・26 (b) 255 kJ mol^{-1}
12・32 1.6×10^4 g mol^{-1}; ヘモグロビン一つが Fe を四つ含む.
12・38 (c) -413 kJ mol^{-1}

第 13 章

13・12 (a) 1.70 Å, (b) 5.1×10^{-4}
13・20 0
13・30 (a) 2.98 Å, (b) 7.60×10^{-2} kJ

第 14 章

14・2 2.2×10^4 cm^{-1}; 6.7×10^{14} s^{-1}
14・4 (a) 100 %, (b) 76 %, (c) 0.0025 %
14・6 8.0×10^6 s^{-1}; 9.9×10^{-6} nm
14・10 5.3 l mol^{-1} cm^{-1}
14・12 16 時間
14・14 15
14・16 1.02×10^{11} s^{-1}
14・18 (a) 3, (b) 7, (c) 9, (d) 30
14・20 3.5×10^2 N m^{-1}
14・26 H$_2$
14・32 4.0 ppm
14・34 14.1 T
14・36 1.0×10^3 Hz
14・44 1.6×10^{-90}
14・50 1225 nm
14・54 $[\alpha]_\mathrm{D}^{25}=3.5$ deg dm^{-1} cm^3 g^{-1}; $[\Phi]_\mathrm{D}^{25}=12$ deg dm^{-1} cm^3 mol^{-1}
14・56 0.319
14・64 51 deg dm^{-1} cm^3 g^{-1}
14・66 0.23 g ml^{-1}
14・68 3.3×10^{-4} M
14・72 3
14・74 A: 6.04×10^{-6} M; B: 6.21×10^{-6} M
14・78 (b) 23.3 kJ mol^{-1}
14・82 (a) ^{1}H: 1.33×10^{-25} J; ^{13}C: 3.34×10^{-26} J. (b) ^{1}H: 200 MHz; ^{13}C: 50.3 MHz. (c) 11.7 T
14・84 0.50

第 15 章

15・2 266 kJ E^{-1}
15・4 0.022; 3.11×10^5 J
15・6 2.01×10^{-2} s
15・10 4.6
15・14 (a) 20.0 %, (b) 35.1 %
15・16 9.9 mol

第 16 章

16・2 (a) 1.9×10^4 g mol^{-1}, (b) 8
16・4 (a) 6283 rad s^{-1}, (b) 2.9×10^6 m s^{-2}, (c) 3.0×10^5 g
16・6 19 kg mol^{-1}
16・12 14 時間
16・14 3.90×10^4 g mol^{-1}; 二つのサブユニットに分裂する.
16・18 11 回 s^{-1}
16・24 (a) 2 ビット, (b) 2 枚
16・26 (b) 44.5 %
16・32 (a) 1/945, (b) 1/3150
16・34 pH 7 を越えるとランダムコイル, pH 4.25 より下では α ヘリックス.

和 文 索 引

あ

IR(→ 赤外の項も見よ) 242
IR スペクトル
　　— の同定 322
　　HCl ガスの — 321
　　2-プロペンニトリルの — 322
IUPAC 64
IUPAC 命名法 261
アインシュタイン 351
アインシュタイン係数 314
アインシュタイン数 351
アインシュタインの光電効果の方程式 243
亜 鉛
　　生体系の — 290
亜鉛電極 145
アガロース 372
アキシアル位 287, 330
アキラル 339
アクアポリン 107
悪性腫瘍 362
アクチニウム 261
アクチニド 261
アクチノイド 261
アクリル樹脂 366
アスコルビン酸 165
アスパラギン 175
アスパラギン酸 174, 175, 308
アスパルチルフェニルアラニン 186
アスパルテーム 186
アスピリン 165
アズリン 378
アセチル CoA 151
アセチルコリン 157, 223, 229
アセチルコリンエステラーゼ
　　　　　　　158, 222, 223, 229
アセチルサリチル酸 165
アセチルラジカル 351
アセチレン 271, 273
　　— の三重結合 304
アセトアルデヒド
　　— の FID 332
アセトン
　　— クロロホルム系 85
　　— 二硫化炭素系 85
　　— の臭素化 217
　　— の熱分解 196
2,2′-アゾビスイソブチロニトリル 189
圧 縮
　　気体の — 26〜29
圧縮因子 10
圧 力 6, 11
　　— と体積 7
　　— の SI 単位 2
　　気体の — 14
　　ギブズエネルギーの — 依存性 67
　　平衡定数に対する — の影響 126
　　モルギブズエネルギーの — 依存性 69
圧力波 17

圧力広がり 313
アデニン 303, 360
　　— の電子スペクトル 323
　　— の UV スペクトル 324
アデノシン 5′-一リン酸 133
アデノシン 5′-三リン酸 38, 107, 108, 132, 133
　　— の NMR スペクトル 331
アデノシントリホスファターゼ 38, 108
アデノシン 5′-二リン酸 38, 108, 133
アニオン 95, 98
アニオンラジカル 334
　　ナフタレン, ベンゼンの — 334
アニリン 167
アニーリング 379
アノード 144, 146, 149, 372
アノード室 149
アボガドロ数 4
アボガドロ定数 4, 206, 376
アボガドロの法則 8
アミド基 281, 282, 376, 377
　　— の共鳴構造 376
　　— の平面性 282
アミノ基 177
アミノ酸 174, 308, 376
　　— の解離 174
　　— の重合 376
　　— の pK_a 値 236
　　多塩基 — 176
L-アミノ酸 218
アラニン 175, 308
RNA 323, 379, 381
アルカリ金属 147, 260, 263
アルカリ土類金属 147
アルギニン 175, 308
アルコールデヒドロゲナーゼ 205, 290, 368
アルゴン 260
アルゴン核 260, 261
R 状態 232, 233
rpm 368
α ヘリックス 303, 342, 377, 378, 380, 385
アルミニウム箔
　　— の X 線回折・電子線回折 247
アレニウス式 199, 204, 207, 218
アレン 294
アロステリック性 229
アロステリック相互作用 1, 229, 232, 384
アンテナ分子 353, 354
アントラセン 346
暗反応 353, 357
アンフォールディング 39
アンペア 2
アンモニア 123, 163, 167, 179, 274
　　— 生成のエントロピー 62
　　— の双極子モーメント 310
　　— の粘度 310
　　— の比誘電率 310
　　— の表面張力 310
　　— の沸点 310
　　— のモル蒸発エンタルピー 310
　　— のモル熱容量 310

　　— のモル融解エンタルピー 310
　　— の融点 310
アンモニア合成 217
アンモニウムイオン 163

い, う

胃 液 169
ESI 複合体 226, 227
ESR(スペクトル) 312, 333〜335
ES 複合体 226
イオドプシン 358, 360
イオノフォア 109
イオン
　　— の平均活量(係数) 99
　　— の平均質量モル濃度 98
　　— の膜透過性 107
イオン-イオン相互作用 303
イオン化エネルギー 263, 297
イオン化合物
　　— の溶解 298
　　— の溶解度 307
イオン活量 98
イオン強度 100, 102, 103, 206, 372
　　— と緩衝溶液 171
イオン結合 296
イオン性 275
　　二原子分子の — 275
　　フッ化水素の — 276
イオン生成エンタルピー 97
イオン積 209
イオン-双極子相互作用 95, 298, 303
イオン担体 109
イオンチャネル 109, 111
イオン対 95, 102, 104, 296
イオン半径 95, 109
イオン雰囲気 100, 101, 372
イオン-誘起双極子相互作用 299, 303
異核二原子分子 274, 277, 279, 316
鋳 型 379
異型接合体 302
e$_g$ 284
異性化 350
　　レチナールの — 359
位 相 241
位相差 241
イソシアン酸イオン 302
イソロイシン 175, 380
位 置
　　— と不確定性 248
1s 軌道 257
　　— の重なり 270
　　水素原子の — 276
位置エネルギー 29
一塩基酸 168, 171
　　— の滴定 180
一次過程 350, 357
一次元の箱の中の粒子 250, 254, 282
一次構造 378

和文索引

一次動的同位体効果　204
一次反応　188, 189
　——の半減期　189
一次反応速度式　191, 194
一次反応速度定数　190, 202, 209
一次反応速度論　335
一次方程式　391
一重項　151, 315, 335, 336
一重項酸素　361
一成分系　68
1価関数　251
一酸化炭素　269
　——の毒性　288
　——の分子軌道エネルギー準位図　279
　——のマイクロ波スペクトル　317
一酸化炭素デヒドロゲナーゼ　290
一酸化炭素ヘモグロビン　289
一酸化窒素　280
イットリウム　260, 261
イットリウムアルミニウムガーネット　337
EDTA　291
イーディー・ホフステーブロット　221
遺伝情報　379
移動界面沈降　366
移動界面電気泳動装置　372
移動界面法　368, 369, 372
EPR　333
イミダゾール基（環）　176, 177, 234, 290, 291
イミダゾール窒素　287
イミン　358
イリジウム　150
色
　化合物の——　283
インスリン　376
引力　14
引力的相互作用
　永久双極子の——　298

ウィーン効果　101
ウシ血清アルブミン　371, 372
ウシ膵臓トリプシンインヒビター　386
右旋性　216, 341
宇宙　52, 57
ウラシル
　——の電子スペクトル　323
　——のUVスペクトル　324
ウレアーゼ　217, 223, 238, 290
運動エネルギー　29, 249, 253
　——と温度　15
運動量　11, 14, 246
　——と不確定性　248

え，お

永久運動機械　127
永久双極子　110, 299
　——の引力的相互作用　298
永久双極子モーメント　299
AMP　133
A形DNA　379
液化
　二酸化炭素の——　13
液相　71
液相線　69
液体酸素　278
液体シンチレーション計数　335
エクアトリアル位　330
SI基本単位　2
SI単位系　2
SH基　290, 381
s軌道　272

SCF法　258
S字形曲線　229
SDS　372
SDS-PAGE　372, 373
STM　255
エステル
　——の加水分解　224
エステル化反応　196
sp混成軌道　273, 288
sp^2混成（軌道）　273
　ペプチド結合の——　282
sp^3混成（軌道）　271, 272, 274
　炭素原子の——　273
　窒素の——　274
エタノール　90, 381
　——のNMRスペクトル　327
　——の酸化　205
　——の部分モル体積　82, 83
エタン　374
エチルアミン　167
エチレン　271, 273
エチレングリコール　91, 381
エチレンジアミン　284
エチレンジアミン四酢酸　291
エチレン重合　214
X線　242, 312
X線回折（法）　374, 376
　アルミニウム箔の——　247
X線結晶解析　289
X線CT　333
HSAB　282
HClガス
　——のIRスペクトル　321
ADH　93
ATP　108, 132, 133, 355, 357, 358
　——のNMRスペクトル　331
　——の加水分解　133, 138
　——の合成　154, 355
ADP　38, 108, 133, 355
　——の共鳴構造　133
ATPアーゼ　38, 154
ATP合成酵素　154
エナンチオマー　218
NADH　132, 136, 205
$NADP^+$　356
NADPH　358
NMR（→核磁気共鳴も見よ）　325, 326
NMRスペクトル　328
　——と反応過程　329
　——の分裂パターン　329
　アデノシン 5'-三リン酸の——　331
　エタノールの——　327
　ATPの——　331
　シクロヘキサンの——　330
$(n+1)$則　329
エネルギー　6, 29
　——のSI単位　3
　光子の——　350
エネルギー移動（機構）　336, 354
エネルギー収支　52, 63
エネルギー準位　33, 63, 121, 245, 246, 311, 337
　振動子の——　243
　d軌道の——　285
　ブタジエンのπ電子の——　253
エネルギー準位図
　FeF_6^{3-}および$Fe(CN)_6^{3-}$の——　285
　分子軌道の——　286
　ヘリウム－ネオンレーザーの——　337
　ベンゼンの——　281
エネルギー転移　361
エネルギー等分配の法則　320
エネルギー保存の法則　243

FID　332
　アセトアルデヒドの——　332
エフェクター　229
FT-NMR　331, 332
エフュージョン　19
エマーソン増強効果　355, 357
MRI　333
8-MOP　362
MO理論　276
エラスターゼ　222
LCAO-MO　276
塩　94
　——の加水分解　167
遠位ヒスチジン　288
塩化アセチル
　——の加水分解　191
塩化アンモニウム　167
塩化水素
　——の双極子－双極子相互作用　298
塩化セシウム沈降平衡法　370
塩化セシウム密度勾配法　380
塩化ナトリウム　90
　——の結合解離エンタルピー　297
塩化物イオン　106
塩基　94, 196, 304
　——の解離　165
　——の定義　163
塩基解離定数　166, 167
塩基対　304
塩基配列　379
　DNAの——　191
塩橋　144
円弧　392
塩効果　206
塩酸　174
塩酸グアニジン　381
演算子　391, 393
遠心管　366
遠心力　317, 366
遠心力ひずみ定数　317
塩析　130
塩析効果　102
　硫酸アンモニウム水溶液の——　103
遠達力　309
エンタルピー　30, 41
　イオン生成の——　97
エンタルピー駆動　307, 381
エンタルピー支配　64
エンタルピー変化　96, 120
　タンパク質変性の——　39
　理想気体の——　34
エンドオン配置　288
エントロピー　52, 53, 73, 88, 92, 121, 381, 383
　——と確率　54
　——の意味　62
　——の減少　307
　——の統計学的な定義　53
　——の熱力学的な定義　55
　アンモニア合成の——　62
　イオン生成の——　97
　化学反応における——　61, 63
　加熱の——　63
　系の——　62, 63
　ゴムの——　72
　相転移の——　63
　等温気体混合の——　63
　等温気体膨張の——　63
エントロピー駆動　307, 381
エントロピー支配　64
エントロピー変化　52, 54, 55, 58, 60, 120
　外界の——　57, 58
　系の——　58

和 文 索 引

エントロピー変化（つづき）
　　相転移による―― 58
　　熱による―― 58
円複屈折性 340
円偏光 340
円(偏光)二色性 339, 341, 342, 385
塩溶効果 102

ORD 341
　　ポリペプチドの――スペクトル 385
オイラーの定理 395
黄リン 41
オキシヘモグロビン
　　177, 178, 230, 233, 234, 287～289, 302
オキシミオグロビン 288
オクテット則 269, 293
オストワルド粘度計 370
オストワルド法 217
オゾン 269
オゾン層 360
オービタル 255
オプシン 358, 359
オリゴマータンパク質 373
折りたたみ
　　タンパク質の―― 384, 386
　　ポリペプチド鎖の―― 308
オングストローム 107
温　度 6, 383
　　――と気体の体積 7
　　――の定義 6
　　運動エネルギーと―― 15
　　反応速度に対する――の影響 198
　　平衡定数に対する――の影響 124
温度依存性
　　ギブズエネルギーの―― 67
　　速さ分布曲線の―― 16
　　反応エンタルピーの―― 42
　　モルギブズエネルギーの―― 69
温度ジャンプ 208
音波 17

か

外　界 6, 26, 29, 56, 57, 62, 63
　　――のエントロピー変化 57, 58
外殻電子
　　――の遷移 312
開管型マノメーター 3
開環反応 118, 194
会　合
　　無極性溶質の―― 307
海　水
　　――の蒸留 94
回折格子 339
回転運動 33, 34, 316, 321
回転エネルギー 29, 317
回転エネルギー準位 33, 317～319, 321
　　二原子分子の―― 322
回転定数 317, 321
回転量子数 317
解　糖 134, 135, 137, 233
解糖系 151, 153, 154
外部磁場 326
壊　変 189, 197, 208
界面活性物質 306
解　離 166, 179, 350
　　アミノ酸の―― 174
　　塩基の―― 165
　　酢酸の―― 163
　　酸の―― 165
　　ヨウ素分子の―― 125

解離エンタルピー 171
解離性プロトン 176
解離定数 127, 128, 219, 221, 232, 236
　　共役塩基の―― 166
　　酸の―― 166
　　弱塩基の―― 167
　　弱酸の―― 165
　　水の―― 164
解離度 165
化学緩和法 207, 209
化学結合 269～295
化学光量計 351
化学シフト 327, 328, 332
　　炭素原子の―― 331
化学浸透圧説 154, 355, 357
　　酸化的リン酸化の―― 153
化学的エネルギー 144
化学電池 65, 144, 146
化学反応
　　――におけるエントロピー 61, 63
化学反応速度論 26, 187～216
化学平衡 118～143, 163
化学方程式 188
化学ポテンシャル 81, 82, 84, 86, 87, 89, 92,
　　　　　　　　93, 98, 99, 108, 118, 130
化学量論係数 40, 66, 118, 188
鍵と鍵穴理論 218
可逆過程 27, 28, 35, 55～57, 72
可逆阻害 225
可逆的 27
可逆電池 146
可逆反応 146, 196
架　橋 72
核 357
　　――の遷移 312
核間距離 204
拡　散 19, 104, 108
核　酸 324, 366
拡散係数 206, 367～370
　　水の―― 306
拡散速度 222, 369
拡散律速 206, 209, 222
拡散律速反応 206, 207
核磁気共鳴(→ NMR も見よ) 311, 326, 331
核磁気共鳴分光法 325, 386
核磁気モーメント 329
核　種 339
核スピン 325, 326, 334
核スピン量子数 326
角速度 367, 368
角　度 392
確　率 62, 256
　　――とエントロピー 54
確率因子 201
確率密度 250
確率密度関数 323
化合物
　　――の精製 83
かご形化合物 307
かご効果
　　溶媒の―― 351
重なり座置 374
過酸化ベンゾイル 214
可視(吸収)スペクトル 311
　　電荷移動錯体の―― 325
可視光 242, 247, 312
荷重平均 4
過剰オクテット 270
可視レーザー光 338
加水分解 134, 173, 180, 381
　　――の速度定数 224
　　エステルの―― 224

ATPの―― 133, 138
　　塩化アセチルの―― 191
　　塩の―― 167
　　酢酸 p-ニトロフェニルの―― 223
カスケード反応 359
ガス塞栓 86
加速度 2
カソード 144, 146, 149, 372
硬い酸塩基・軟らかい酸塩基 282
カタラーゼ 222, 223, 287
カタル 222
カチオン 95, 98
活性化エネルギー 17, 199～201, 204, 207, 376
　　環反転の―― 330
活性化エンタルピー 218
活性化エントロピー 218
活性化ギブズエネルギー 217
活性錯合体 199, 201, 206, 218, 219
活性錯合体理論 199, 201
活性種 195
活性部位 218, 223, 235, 236
活動電位 156, 157
活　量 87, 99, 148, 150, 164, 165, 179
　　溶質の―― 88
活量係数 87, 100, 101, 150
価電子 259～261
価電子数 269
カドミウム 291
ガドリニウム 261
加　熱
　　――のエントロピー 63
カーバイド 294
カフェイン 167
鎌状赤血球貧血 302
鎌状赤血球ヘモグロビン 372
ガラス電極 150
カリウム
　　――の電子配置 260
カリウムイオン 107, 108
カリウムチャネル 109
加　硫 72
カルノーサイクル 56
ガルバニ電池 144～146
カルバミノヘモグロビン 178
カルバミン酸 290
カルベン 271
カルボキシ基 177
カルボキシペプチダーゼ 372
カルボニル基 358
過冷却 59
β カロテン 353
カロメル電極 150
カロリー 3
カロリメトリー 37
還　元(→ 酸化還元の項も見よ)
　　ジスルフィド結合の―― 372
換算質量 201, 204, 316, 319
換算粘度 371
干　渉 241
緩衝液 130, 169, 171, 177, 372
緩衝作用
　　血液の―― 177
緩衝能 172
緩衝溶液 169, 170
　　――の調製 172
　　イオン強度と―― 171
緩衝領域 172
慣性モーメント 316～318
完全結晶 60, 61
完全微分 30, 394
観測周波数 328
桿体細胞 357, 358, 360

和文索引

か

カンデラ 2
寒天 144
環反転 329, 330
γ 線 242, 312
緩和時間 207
緩和法 383

き，く

気圧計 3
擬一次反応 191
規格化 251
規格化された沈降係数 368
規格化定数 251, 273, 277
希ガス 260, 262
　——の電子親和力 263
　——の熱容量 33
希ガス核 260
気化 31
奇関数 315
基質 127, 217, 220, 224, 227, 235
　——の飽和状態 222
基質結合部位 226
　酵素の—— 218
基質濃度 219～221, 226, 227, 235
基準振動数 204
偽性グロブリン 103
キセノン 34
キセノン核 261
気相 71
気相-液相曲線 71
気相線 69
気相反応 205
気体 68
　——系の化学平衡 118
　——の圧縮 26～29
　——の圧力 14
　——の凝縮 12
　——の状態方程式 27
　——の性質 6～25
　——の等温膨張 26
　——の分圧 80
　——の膨張 26～29, 35
気体定数 8, 34
気体分子運動論 13, 14, 17, 202
基底二重項状態 335
基底状態 245, 263, 350, 359
　——の電子配置 259, 261, 277, 284
　元素の—— 261
　炭素原子の—— 260
起電力 144, 146～148
　——の温度依存性 148
起電力測定 150
軌道角運動量量子数 255
軌道関数 255
軌道混成 287
希土類 260, 261
キニーネ 167
絹 378
キノン 356
希薄溶液 92, 93, 99, 130
揮発性液体
　——の二成分混合物 84
ギブズエネルギー 52, 63, 64, 66, 81, 92, 100, 108, 135, 146, 155, 202, 219, 382
　——の圧力，温度依存性 67
　イオン生成の—— 97
ギブズエネルギー変化
　　65, 89, 108, 109, 118, 132, 152, 383
ギブズの自由エネルギー 64
ギブズ・ヘルムホルツの式 67

基本振動数 319
基本定数 2
基本バンド 320
基本モード
　振動の—— 320, 321
キモトリプシノーゲン 222, 383
キモトリプシン 222～224, 378
逆浸透 94
逆反応 196, 217
逆平行 377, 378
逆平行 β 構造 377
キャパシタンス 110
吸エルゴン的 64
吸エルゴン反応 134, 135
吸光度 223, 316, 322～325, 368
吸収 311
　——線の強度 313
　——と蛍光の関係 335
　——波長と色の関係 285
吸収強度 352
吸収極大波長 323
吸収スペクトル 352, 354
　クロレラの—— 352
　錯イオンの—— 284
　遷移金属錯体の—— 324
　チロシンの—— 325
　pH と —— 325
　レチナールとロドプシンの—— 358
90° パルス 332
球状タンパク質 371, 378
級数 392
球対称場 284
吸熱過程 307, 376
吸熱反応 30, 40, 45, 120, 200
キュリー 215
境界条件 250, 251
強結晶場配位子 284～286
凝固 59, 68
競合阻害 225～227
競合阻害剤 228
凝固点 89～91
凝固点降下 69, 88, 90, 99
強酸 165
強酸強塩基滴定 173
強酸弱塩基滴定 173
強磁場 NMR 328
凝縮 12
凝縮相 70, 126
　——の化学反応 31
鏡像 339
鏡像異性体 218
協奏モデル 232, 233
気溶体 80
強電解質 104, 167
強度
　吸収線の—— 313
　レーザー光の—— 338
協同性 39, 218, 229, 231, 234
共鳴 280, 326
　ベンゼンの—— 281
共鳴構造 280
　アミド基の—— 376
　ADP の—— 133
　炭酸イオンの—— 280
　ペプチド結合の—— 281
　リン酸の—— 133
共鳴周波数 328
共鳴条件 245, 314, 317, 326, 331, 333
　電子の—— 334
共役 135, 163, 249
共役塩基 163, 167, 170, 172
　——の解離定数 166

共役酸 163
共役 π 電子系 253
共役反応 134, 138
共有結合 269, 303, 305
　——の加水分解 224
　水素分子の——形成 270
　二原子分子の——形成 271
　フッ化水素分子の——形成 271
　フッ素分子の——形成 271
共有結合半径 262
共有電子対 269
局在化 277
極座標 255
極性 275, 279
極性アミノ酸 308
極性基 106
極性分子 95, 298
　——の双極子モーメント 275, 300
巨視的状態 62
虚数単位 250
巨大分子 366～390, 374
　——の形状 371
　——の固有粘度 371
　——のモル質量 93, 366
　金属イオンの——への結合 127
　配位子の——への結合 127
許容 314
キラル 339, 340
キルヒホッフの法則 43
キレート化合物 291
キレート剤 291
キログラム 2
均一系触媒作用 217
近位ヒスチジン 288
近距離秩序 305
近距離力 301, 309
禁制 314
禁制遷移 314
金属
　——の生体での役割 287
金属イオン 282, 283
　——の巨大分子への結合 127
金属-キレートアフィニティークロマトグラフィー 290
金属-抗生物質錯体 109
金属-ポルフィリン錯体 295

グアニン 303, 360
　——の電子スペクトル 323
　——の UV スペクトル 324
偶関数 315
クエン酸 165
クエン酸回路 137, 151～154
屈折率 340
クラウジウス・クラペイロンの式 69, 70
クラウンエーテル 109
クラスレート 307
グラナ 353
グラファイト(黒鉛) 40, 70
　——の燃焼 66
クラペイロンの式 69～71
グラミシジン A 110
グリシン 174, 175, 376
　——の滴定曲線 174
グリセルアルデヒド 3-リン酸 135
グリセルアルデヒド-3-リン酸
　　　　　　　デヒドロゲナーゼ 233, 373
クリプトン核 261
グルコキナーゼ 135
グルコース 108, 135, 216, 358
　——のコンホメーション変化 218
　——の分解 151

グルコース (つづき)
　——のリン酸化　225
グルコースパーミアーゼ　108
グルコース 6-リン酸　135, 225
グルタミン　175
グルタミン酸　175, 302, 308
N-グルタリル-L-フェニル
　　アラニン-p-ニトロアニリド　238
クレアチン　167
グレアムの法則　19
クレゾールレッド　174
クレブス回路　152
クロム
　——の電子配置　260
クロレラ　354
　——の吸収スペクトル　352
クロロフィル　244, 287, 352, 353
クロロフィル a　353
クロロフィル二量体　355
クロロフィル b　355
クロロフェノールブルー　174
クロロフルオロカーボン　213
クロロホルム-アセトン系　85
クーロン　146
クーロンの法則　95, 99, 296
クーロン力　254, 255
群　論　284

け, こ

系　6, 26, 29, 57, 62
　——のエントロピー　58, 62, 63
系間交差 → 項間交差
蛍　光　311, 335, 350, 361
　——と吸収の関係　335
蛍光スペクトル　311
蛍光体　335
蛍光プローブ　107
形式電荷　269
形質膜　357
ゲイリュサックの法則　7, 8
系　列
　スペクトルの——　245
経　路　28, 36
K_a　166
ケクレ構造　281
血圧調節　280
血　液　177, 178
　——による酸素-二酸化炭素の輸送と放出
　　　　178
　——の緩衝作用　177
　——の凝固点　91
　——の pH　176
結　合
　——のイオン性　275
　——の伸縮振動数　322
結合エネルギー　43
結合エンタルピー　43, 44, 278
　水素分子の——　43
結合解離　204
結合解離エネルギー　297, 319
結合解離エンタルピー　44
　塩化ナトリウムの——　297
結合角　274, 275
結合次数　277, 278, 280
結合性軌道
　ベンゼンの——　281
結合性原子軌道　272
結合性 σ 分子軌道　276, 277
結合性 π 分子軌道　281
結合性分子軌道　276, 279, 280, 324

結合長　43, 275, 278, 317
　等核二原子分子の——　322
　フッ化水素の——　276
結合バンド　322
結合部位　127
　——の飽和分率　127
結合モーメント　275
血　漿　106, 169, 177, 178
結　晶　306
結晶場安定化エネルギー　284
　八面体結晶場の——　284
結晶場分裂　284〜287, 291, 324
　——と配位子　284
結晶場理論　283, 285
ゲート機構　109
K_b　166
ケラチン　378
ゲル電気泳動　372
ケルビン　2
ケルビン温度目盛　7
限界振動数　243
嫌気的　137
検光子　340
原　子
　——の構造　241〜268
　——の質量　3
　——の分極率　299
原子価結合法　270, 286
原子気体レーザー　337
原子軌道　256
　——の混成　271
　——の線形結合　276
原子軌道の線形結合による分子軌道　276
原子発光　339
原子半径　262
原子番号　259
原子量　3
原子量表　3
減　衰　335
元　素
　——の基底状態　261
　——の電気陰性度　275
検量線　373
光医学　361
光エネルギー　358
高エネルギーリン酸結合　133
高温の熱源　56
光化学
　——と光生物学　350〜365
光化学系 I　355
光化学系 II　355
光化学スモッグ　280
光化学反応　350
光化学分解反応　351
光化学療法　361
光学活性　339, 376
　分子の対称性と——　339
光学顕微鏡　247
光活性化薬剤　362
抗鎌状化剤　302
項間交差　361
好気性　137
抗原-抗体反応　127
光合成　288, 290, 352, 357
光合成細菌　352, 357
光合成色素　354
光合成単位　354
硬骨魚類　94
高コヒーレンス　338
光　子　243
　——のエネルギー　245, 350, 356

格子エネルギー　96
高磁場　328
光障害　361
紅色細菌　357
後水晶体線維形成　10
高スピン　234, 285, 288, 289
高スピン錯体　285, 286
構成原理　260
合成高分子　366, 374
合成サファイア　337
抗生物質-金属錯体　109
合成ベクトル　340
合成ポリペプチド　342
酵　素　127, 134, 135, 176, 198, 217, 218, 220,
　　　　224, 225
構造形成イオン　95
構造破壊イオン　95
酵素-基質活性錯合体　219
酵素-基質複合体　219〜222, 225〜227, 235
後続過程　350
光速度　245, 246
高速反応　207
　溶液中での——　206
酵素触媒反応　198, 217, 219〜221
酵素-生成物複合体　219
酵素阻害　225
酵素-阻害剤複合体　226
酵素濃度　220
酵素反応速度論　217〜240
　——における pH の影響　234
　——の式　219
剛体回転子　316, 321
高単色性　338
高　張　93
光電効果　243
高分解能　313, 373
高分解能スペクトル (IR)　321
高分解能 ¹H NMR スペクトル　327
高分子　366
　——電解質イオン　104
高分子鎖　374, 375
抗利尿ホルモン　93
光量子 → 光子
光リン酸化　355
光路長　315, 316, 325, 340
CoA　151
氷
　——の構造　305
　——の融解　31, 58
氷 I　305
コカイン　167
呼吸酵素　151, 288
呼吸鎖　151, 153
国際キログラム原器　2
国際純正応用化学連合　64
国際単位　222
国際単位系　2
国際度量衡総会　2
黒鉛 → グラファイト
黒　体　242
黒体放射　242
黒リン　41
固　相　71
固相-液相曲線　71
固溶線　69
コットン効果　341
コハク酸　165, 226
コハク酸デヒドロゲナーゼ　226
コバルト
　生体系の——　289
コヒーレンス (コヒーレント)　338
ゴ　ム　366

和　文　索　引

――のエントロピー　72
――の弾性　72
固有解離定数　128
固有粘度　371
　巨大分子の――　371
固溶体　80
コラーゲン　366, 371, 378, 379
孤立系　6, 57
孤立電子対　269, 274
コリン　158
コリン環　290
ゴルジ体　357
ゴールドマンの式　156
コレステロール　106
混　合
　――の熱力学　82
　二成分の――　83
　理想気体の――　58, 82
混合エンタルピー　83
混合エントロピー　58, 83
混合ギブズエネルギー　83
混　成
　原子軌道の――　271
混成軌道　272, 276
コンデンサー　110
コンピューター断層装置　333
根平均二乗距離　375
根平均二乗速度　15, 313
根平均二乗速さ　17
金平糖状化　93
コンホメーション　233, 234, 381, 384
コンホメーション変化　384
　グルコースの――　218
　ヘモグロビンの――　234

さ，し

最外殻電子　260, 263, 269
最確の速さ　16, 17
再結合
　DNAの――　191, 193
最高被占軌道　260
歳差運動　326, 332
再　生　382
最大速度　220, 222
最低三重項状態　359
最低振動エネルギー準位　43, 44
最適pH　235
細胞質　157, 357
細胞体　155
細胞膜　106, 107, 109
錯イオン　282
　――の色　285
　――の吸収スペクトル　284
　――の立体配置　283
酢　酸　158, 166, 170, 172
　――の解離　163
酢酸ナトリウム　166, 167, 170, 172
酢酸 p-ニトロフェニル　223, 224
　――の加水分解　223
錯　体　110, 282
左旋性　216, 341
雑　音　315
サブユニット　230, 233, 234, 373
サーモグラム　39
作用スペクトル　352
酸　94, 172
　――と塩基　163～186
　――の解離　165
　――の解離定数　165, 166
　――の定義　163

酸塩基指示薬　173, 174
酸塩基(中和)反応　163, 206
酸解離定数　166, 179, 181
酸　化
　エタノールの――　205
酸化還元電位　151
酸化還元反応　65, 144, 145, 151, 356
三角関数　392
酸化的リン酸化　151, 153, 154, 355
　――の化学浸透圧説　153
三次元ネットワーク　305
三次構造　378
三重結合　271, 319
　アセチレンの――　304
三重項　151, 271, 315, 336, 361
三重項酸素　361
三重点　72
三重らせん　378
酸性雨　134
酸　素　177, 279
　――とヘモグロビンの結合　232, 234
　――の電子配置　274
　――の毒性　10
　血液による――の輸送と放出　178
酸素親和性　230
　ヘモグロビンの――　178, 230
酸素飽和曲線　233
　ヘモグロビンとミオグロビンの――　230
三体問題　258
三フッ化ホウ素　293
三分子反応　195
三方両錐形分子　283, 287
シアノヘモグロビン　289
シアノメトヘモグロビン　289
シアン化物イオン　290
　――の毒性　288
ジイソプロピルフルオロリン酸　229
ジイソプロピルホスホフルオリデート　229
CN　282
CFSE　284, 291
四塩化炭素　325
磁　化　332
紫外線(→UVの項も見よ)　242, 312, 360
紫外発散　242
視　覚　247, 358
　――のサイクル　359
磁化ベクトル　332
時　間
　――の単位　2
時間に依存しないシュレーディンガー方程式　249
しきい(閾)振動数　243
しきい(閾)ポテンシャル　157
磁気回転比　326, 327, 332
磁気共鳴画像　333
色素レーザー　339
磁気的等価，非等価　329
磁気モーメント　333
示強性　6, 32, 40, 81
示強性変数　146
磁気量子数　255
軸　索　155, 157
軸索原形質　157
σ 結合　271, 277
σ→σ* 遷移　323
σ 分子軌道　278, 281, 286
シグモイド曲線　229, 234
シクロヘキサン
　――のNMRスペクトル　330
　――の環反転　330
cis-ジクロロエチレン　374

$trans$-ジクロロエチレン　374
ジクロロフェニルジメチル尿素　365
仕　事　26, 28, 30, 146, 296
　――の符号　30
仕事関数　243
自己プロトリシス　164
自己無撞着場　258
示差走査熱量測定法　39
脂　質　106
脂質二重層　106, 107, 111
指示薬　173
指　数　391
　――の展開　392
次　数　194
指数関数　391
システイン　175, 227
システイン残基　290, 291, 380, 381
シス-トランス異性化反応　118, 194, 219, 359
シス配置　376
ジスルフィド結合　380～382, 386
　――の還元　372
ジスルフィド交換　385
磁　性　277, 283
自然線幅　330
自然対数　150, 391
自然幅　312
自然放出　314
自然放出のアインシュタイン係数　314
cw モード　331
ジチオトレイトール　372
失　活　336
実効電荷　176, 206
実在気体　10, 122
実在溶液　81, 86
シッフ塩基　358, 359
質　量　6
　――の基本単位　2
　原子の――　3
質量収支　128, 168, 179
質量パーセント　80
質量分率　80
質量平均モル質量　366
質量モル濃度　80, 90, 98～100, 102, 123
CD　341, 342
　ポリペプチドの――スペクトル　385
CTスキャン　333
シトクロム　151, 153, 287
シトクロム f　356
シトクロムオキシダーゼ　151, 288, 289
シトクロム c　288, 372, 378, 380, 385
　――のヘム　289
シトクロム c_1　368
シトクロム b_6　356
シトクロム bf 複合体　356
シトシン　303
　――の電子スペクトル　323
　――のUVスペクトル　324
シナプス　157, 357, 358
シナプス結合　157
シナプス後膜　158
磁　場　242, 339
自発過程　52, 53, 57, 60, 62, 64, 82, 83, 108, 118, 122, 132, 134, 148
ジヒドロキシアセトンリン酸　135
2,5-ジフェニルオキサゾール　336
ジ-$tert$-ブチルニトロキシドラジカル　334
$trans$-1,2-ジブロモシクロプロパン　374
ジペプチド　138, 376
四方錐構造　287
2,3-ジホスホグリセリン酸イオン　230
N,N-ジメチルホルムアミド　348
2,3-ジメルカプトプロパノール　292

ジメルカプロール　292
四面体形中間体　196
四面体構造　283, 285
四面体錯体　285
四面体配置　291
四面体分子　287
指紋法　322
弱塩基
　　――の解離定数　167
弱塩基滴定　173
弱結晶場配位子　284, 285, 291
弱　酸　163, 179
　　――の塩　179
　　――の解離定数　165
弱酸強塩基滴定　173
ジャブロンスキー図　336
遮へい　259, 260, 328
遮へい定数　328
シャペロン　385
斜方硫黄　41
シャルルの法則　7, 8
自由エネルギー　64
臭化水素　198
周期表　258, 260, 262
重金属
　　――の毒性　291
重　合
　　アミノ酸の――　376
集光性クロロフィル　355
重合体　214
集合的性質　88
シュウ酸　165
シュウ酸鉄(Ⅲ)カリウム化学光量計　351
重水素　205, 386
重水素置換化合物　330
臭素化　217
従属栄養生物　135
臭素酸カリウム　209
ジュウテリウム　205
ジュウテロン　205
終　点　174
自由電子　333
自由電子モデル　253
自由度　72, 320, 384
周波数　311
自由誘導減衰　332
重陽子　205
重量パーセント　80
重力加速度　26
重力場　366
縮　重　257
縮　退　257, 326
樹状突起　155
寿　命　312, 330, 335
寿命広がり　330
腫瘍遺伝子　361
腫瘍サプレッサー　361
受容体分子　324
主量子数　255, 263
ジュール　3, 29
シュレーディンガー(波動)方程式
　　　　　　249, 250, 255, 258, 259
　　水素原子の――　255
準　位　245
循環的光電子伝達　365
循環的電子移動過程　356
純粋液体　124
純粋固体　124
瞬　発　223
昇　華　70, 72
蒸　気　68, 84
蒸気圧　12, 71, 84, 85, 88, 89
　　水の――　70
　　溶液の――　80
　　溶質の――　85
蒸気圧降下　88
蒸　散　94
硝酸合成　217
常磁性　260, 279, 280, 286, 336
常磁性物質　278
状態関数　28
状態方程式　8, 10, 11, 27
状態量　28, 30, 36, 41, 54, 57, 58, 64
衝　突　336
衝突数　17, 18, 200
衝突断面積　17
衝突直径　200
衝突広がり　313
衝突頻度　14, 17, 18, 313
衝突理論　200
蒸　発　68, 69, 89
蒸発エンタルピー　58
蒸発エントロピー　58
常用対数　150, 391
蒸　留
　　海水の――　94
初期過程　350
触　媒　187, 188, 205, 211, 217
　　平衡定数に対する――の影響　126
触媒効率　222
触媒作用　217
触媒定数　222, 224
触媒反応　217
初速度　193, 219, 227, 235
ショ糖　366
ショ糖勾配法　370
ショ糖密度勾配　369
ショ糖溶液　369
示量性　6, 32, 54, 60, 81
示量性変数　147
真空の誘電率　95, 110
ジンクフィンガー　291
神経インパルス　155
神経ガス　229
神経筋接合部　157
神経細胞　155
神経伝達物質　157, 229, 280
信号対雑音比　315
伸縮振動数(結合)　322
親水性　106
腎　臓　93, 179
シンチレーター　335
心電図　158
浸　透　91
浸透圧　88, 91, 93, 104～106
　　――と植物　94
　　溶液の――　92
浸透圧測定　99
振動運動　33, 34, 321
振動エネルギー　29, 202, 350
振動エネルギー準位　33, 320, 322
振動・回転
　　――の同時遷移　321
振動緩和　350
振動基底状態　322
振動子
　　――のエネルギー準位　243
振動自由度　320
振動準位　319
振動数　204, 241, 242, 311
振動数ダブリング　337
振動遷移　322
振動の基本モード　320, 321
振動反応　209

振動量子数　319
振動励起状態　350
振　幅　241, 247, 250, 318
親和性　233

す～そ

水　銀　291
水銀柱　3
水素イオン濃度勾配　154
水素化合物
　　――の沸点　303
水素気体電極　145
水素結合　302, 303, 307, 377, 378, 380, 386
　　三次元――　306
　　DNAの――　303
水素原子　377
　　――の1s軌道　256, 276
　　――の座標　255
　　――のシュレーディンガー方程式　255
　　――の電子のエネルギー　256
　　――の動径分布関数　257
　　――の発光スペクトル　244～246
　　――の波動関数　256
　　ボーアの――　244
水素-酸素燃料電池　149
水素電極　151
水素分子　270
　　――の共有結合形成　270
　　――の結合エンタルピー　43
　　――の分子軌道エネルギー準位図　277
　　――のポテンシャルエネルギー曲線
　　　　　　　　　　　　　　　　270, 276
錐体細胞　358, 360
酔歩モデル　374
水　和　95, 97, 104, 164
水和エンタルピー　96
水和エントロピー　97
水和圏　95, 104
水和数　95
数平均モル質量　366
スカラー量　16
スカンジウム　260, 261
スキャッチャードプロット　129, 131
スクロース　91, 103, 216
　　――の水溶液　88
ステレオジェン中心　339
ストップトフロー法　207, 224, 385
ストリキニーネ　167
ストロマ　353
スピン　289, 315, 333
スピン禁制　151, 336, 337
スピン禁制遷移　314
スピン-スピン結合　328～330
スピン-スピン結合定数　329
スピン-スピン相互作用　329, 330
スピン多重度　315, 336
スピンデカップリング　330, 331
スピンラベル　335, 346
スピン量子数　315
ズブチリシン　222
スペクトル
　　――線の線幅　311
　　電荷移動錯体の――　324
スペクトル系列　245, 246
すべてか無か　39, 233
スベドベリ　367
スルフヒドリル(基)　381, 386

生化学者の標準状態　132, 133, 152
正弦波　241

和文索引

正四面体構造 271, 274
静水圧 9, 91
精 製
　化合物の—— 83
生成物 187, 202
生体エネルギー論 132
生体過程
　——の効率 137
生体系
　——の半反応 153
生体酸化 151
生体膜 106
静的同位体効果 204
静電気学 110
静電的相互作用 273, 286, 298, 299, 380
静電的反発力 285
静電ポテンシャル 100, 110
静電容量 110
静電力 110
正の協同性 229
正のコットン効果 341
正反応 196, 217
成 分 68
赤外活性 320
赤外線 242, 312
赤外不活性 321
赤外分光法(→ IR スペクトル) 311, 318
積 分 393
積分法
　反応次数決定の—— 193
斥 力 14
セシウム 260
節 247
絶縁体 110
赤血球 93, 106, 108, 177, 178
　——の電子顕微鏡写真 177, 302
絶対エントロピー 61
絶対温度 16
絶対温度目盛 7
絶対零度 7, 60, 61, 319
Z 形 DNA 379
Z 機構 356, 357
セリウム 260
セリウムイオン 209
セリン 175, 222, 223
セリンプロテアーゼ 222
セルシウス温度目盛 7
セルロース 366
ゼロ点エネルギー 43, 44, 204, 252, 319
ゼロ点振動準位 205
全 圧 9
遷 移 311, 312
遷移確率 336
遷移金属元素 260, 282, 283
遷移金属錯体 324
　——の吸収スペクトル 324
遷移元素 262
遷移状態 196
遷移状態錯合体 201
遷移状態理論 199, 201～203
繊維状タンパク質 366, 378
遷移双極子モーメント 315
全宇宙のエネルギー 29
前駆平衡 197, 198, 219
線形結合 272, 281
　原子軌道の—— 276
旋光計 340
旋光性 339, 341, 383
旋光度(角) 340
旋光分散 339, 341, 385
旋光分散曲線 341
前指数因子 199

潜水夫病 10
全相互作用ポテンシャル 301
選択律 314, 320, 322, 326, 334, 338
前定常状態速度論 220
全 trans-レチナール 358, 359
　——のポテンシャルエネルギー曲線 360
全微分 393
線 幅 311, 330
　スペクトル線の—— 311
占有数の逆転 337～339

相 68
相加平均 366, 392
双極子 298
双極子-双極子相互作用 298, 300, 303, 380
双極子モーメント 110, 274, 296, 298, 303, 315
　アンモニアの—— 310
　極性分子の—— 275, 300
　二酸化炭素分子の—— 275
　水の—— 306, 310
双極子-誘起双極子相互作用 299, 300, 303
双曲線 219, 229
走査型トンネル顕微鏡 255
相乗平均 98, 129, 392
相 図 70, 90
　二酸化炭素の—— 71
　水の—— 71
双性イオン 174
相対電気泳動移動度 373
相対粘度 371
相転移 58, 60, 61, 69
　——によるエントロピー変化 58, 63
　水の—— 59
相平衡 68, 69
相補鎖 379
相 律 72
阻害剤 127, 225～228
素過程 194, 209
束一的性質 88
　電解質溶液の—— 103, 104
　非電解質溶液の—— 104
促進拡散 107
速 度 371
速度式 191
速度支配 138
速度定数 188, 190, 191, 196, 199, 201, 202, 204, 206, 208, 220
　——の温度依存性 198
　一次反応の—— 190
　加水分解の—— 224
速度論的塩効果 206
束縛状態 253
側方拡散 107
阻止電圧 243
疎水結合 307
疎水性 106, 107
疎水性相互作用 307, 380, 381
組 成 82
素電荷 248
素反応 200, 206
ソラレン類 362
存在確率 259
ゾーン(超)遠心法 369
ゾーン電気泳動 372

た～つ

対イオン 282
第 1 イオン化エネルギー 262, 280
第一解離定数 129, 168, 181
第一水和圏 95

第一当量点 181
第一級アミン 358
体温調節 306
大気圧 92
　——の測定 3
第三法則エントロピー 61
代 謝 220
代謝回転数 222
代謝経路 218
代謝老廃物 93
対称禁制遷移 314, 323
対称心 339
対称性 284
　分子の—— 275, 339
対称性が保存されたモデル 233
対 数 391
　——の展開 392
体 積 6, 393
　——と圧力 7
　温度と気体の—— 7
体積要素 315
大腸菌 374, 380
第二解離定数 129, 168
第 2 周期元素
　——から成る等核二原子分子 277, 278
第二当量点 181
ダイヤモンド 41, 70
第 4 周期元素 282
多塩基酸 168, 176
多基質酵素 224, 227
多原子分子 318, 322
多光子吸収過程 338
多重結合 271
多状態モデル
　タンパク質変性過程の—— 384
多段階増幅反応経路 359
脱分極 156
多電子原子 258, 259
多糖鎖 366
谷 341
ダニエル電池 144
タバコモザイクウイルス 371
多分散 366
単 位 2
　濃度の—— 80
単位活量 145
単位電荷 110
炭化物 294
単極電位 145
短距離力 301, 309
タングステンプローブ 254
単結合 319
単原子気体 36, 320
　——の熱容量 33
炭 酸 168
　——系の分配図 169
炭酸イオン 269, 280
　——の共鳴構造と波動関数 280
炭酸塩 168
炭酸カルシウム
　——の熱分解 123
炭酸固定 358
炭酸水素イオン 106, 177, 178
炭酸水素塩-塩化物シフト 179
炭酸デヒドラターゼ 177, 178, 222, 223
単純拡散 107
単純分散曲線 341
淡色効果 323
単色性 338
単振動 318
淡水化 94
炭水化物 352

和文索引

弾性
　ゴムの―― 72
弾性的衝突 14
炭素 86
　――のsp³混成軌道 273
　――の基底状態 260
　――の混成 271
担体 107
単調和振動 318
断熱 37
断熱可逆膨張 35, 37
　理想気体の―― 36, 37
断熱的 35
断熱不可逆膨張 37
断熱膨張 35, 36
タンパク質 102, 104, 106, 366
　――構造の安定性 303
　――と分散力 302
　――の折りたたみ 384, 386
　――の構造 376, 380
　――の沈殿 103
　――の滴定 176
　――の物理的性質 368
　――の変性 39, 381
　――の溶解度 101
　――溶液の濃度測定 323
タンパク質ジスルフィドイソメラーゼ
　　　　　　　　　384, 385
タンパク質分解酵素 218
単分散 366
単分子反応 194, 204, 219
単量体 214

力 296
　――のSI単位 2
力の定数 318, 319
逐次機構 225
逐次近似法 166
逐次反応 196, 197
逐次モデル 233
Ti³⁺イオン 284
窒素
　――のsp³混成軌道 274
¹⁵N NMR 330
窒素分子 271, 278
窒素麻酔 10
チミン 303, 360～362
　――の電子スペクトル 323
　――のUVスペクトル 324
チミン二量体 360, 361
チモールブルー 174
チャネル 107
中心金属イオン 282
中和 173
超遠心機 366～368
超遠心法 373
長距離秩序 306
長距離力 309
長鎖炭化水素 106
超微細分裂 334
超微細分裂定数 334
超らせん 378
超臨界流体 12
調和振動子 319, 320
直接プロット 129
直線形分子 273, 275, 283, 287
直線偏光 242, 340
直角双曲線 219
チラコイド 154, 353, 355
チロシナーゼ 289
チロシン 175
　――の吸収スペクトル 325

　――のUVスペクトル 323
沈降 369, 371
沈降係数 367, 368
沈降速度 367～370
沈降速度法 368～370
沈降平衡 369
沈降平衡法 370
沈降法
　超遠心機を用いた―― 366
沈殿
　タンパク質の―― 103

つじつまの合う場 258
強めあう干渉 241

て, と

底 391
定圧過程 30, 32, 67
定圧熱容量 32, 396, 397
定圧熱量計 38
定圧モル熱容量 34
DNA 323, 362, 366, 379
　――とジンクフィンガーの結合 291
　――二重らせん 303
　――の塩基配列 191
　――の構造 376
　――の再結合 191, 193
　――の水素結合 303
　――の相対吸光度 324
　――のモル吸光係数 323
　――の融解 324
DNAフォトリアーゼ 361
DNA複製 379
　――の半保存的性質 380
TMS 328
低温感受性酵素 381
低温の熱源 56
d軌道 257, 274, 283, 284, 324
　――のエネルギー準位 285
　――の分裂 285
低磁場 328
定常状態 108, 138, 219, 351, 371
　――の波動関数 249
定常状態近似 195, 197, 198, 226
定常状態速度論 220
定常波 247, 252
定序逐次機構 225
低スピン 234, 285, 288, 289
低スピン錯体 285, 286
低体温
　熱容量と―― 34
低張 93
d–d遷移 324
t₂g 284
低分解能 313
低分解能¹H NMRスペクトル 327
定容過程 30, 32
定容熱容量 32
定容ボンベ熱量計 37
定容モル熱容量 32, 34
定量性 1
デオキシヘモグロビン 230, 234, 288, 302
デオキシヘモシアニン 289
デオキシリボース 303
デカップリング 330
デカルト座標 255
滴定
　一塩基酸の―― 180
　グリシンの―― 174

タンパク質の―― 176
　二塩基酸の―― 180
　リボヌクレアーゼの―― 176
滴定曲線 173, 174
テスラ 326
鉄
　生体系の―― 287
鉄–硫黄タンパク質 356
鉄–ポルフィリン系 287
テトラシアノエチレン 324
テトラセン 346
テトラメチルシラン 328
デバイ 275
デバイの熱容量式 61
デバイ・ヒュッケルの極限法則 100, 102, 206
デバイ・ヒュッケルの理論 99～101
電位 6, 110, 155
電位依存性イオンチャネル 109
電位勾配 154
電位差 109, 248
電荷 6, 110
展開 392
電解質 102
　――の溶解過程 94, 95
電解質溶液 94, 98, 144
　――の束一的性質 103, 104
電荷移動 324
電荷移動錯体
　――のスペクトル 324, 325
電荷移動相互作用 324
電荷収支 179
転化糖 216
電荷密度 95
電荷密度分布 299
電気陰性度 274, 279, 286, 303
　元素の―― 275
　二原子分子の―― 275
電気泳動 371
電気泳動移動度 371～373
電気化学 144～162
電気化学ポテンシャル 155
電気双極子モーメント 274, 320
電気素量 248
電気的エネルギー 144
電気的な仕事 65
電気伝導性 94
電気伝導率測定 101
電気分解 144, 146
電気ポテンシャル 109
電極 110
電極触媒 149
電極電位 145～147
電極反応 149
電子
　――的エネルギー 29
　――的エネルギー準位 33
　――の軌道 255
　――の共鳴条件 334
　――の存在確率分布 272
電子雲 257, 258
電子殻 255
電磁気学 95
電子基底状態 323, 350, 360
電子吸収スペクトル
　ベンゼンの―― 313
電子供与原子 282
電子顕微鏡 247
電子顕微鏡写真
　赤血球の―― 177, 302
　葉緑体の―― 353
電子交換反応 206
電子受容体 153, 324

和文索引

電子常磁性共鳴　333
電子親和力　263, 297
　　希ガスの——　263
電子スピン共鳴(分光法)　311, 312, 333
電子スピン量子数　333
電子スペクトル　324
　　アデニン，ウラシル，グアニン，シトシン，
　　　　　　　　　　　　チミンの——　323
　　ピリミジンの——　323
　　プリンの——　323
　　ポリエンの——　253
電子線　247
電子遷移　245, 253, 284, 285, 322〜324, 335
電子線回折
　　アルミニウム箔の——　247
電子対　269, 282
電子伝達　151, 357
電子伝達鎖　153, 288, 356
電子伝達タンパク質　385
電磁波　241, 244, 245, 339
　　——の種類　242
電子配置　259, 271, 277〜279, 285〜287
　　カリウムの——　260
　　基底状態の——　259, 261, 277
　　クロムの——　260
　　酸素の——　274
　　第4周期遷移金属の——　283
　　マンガンの——　262
　　リチウムの——　259
電子非局在化　280
電子分光法　311, 322, 325
電子ボルト　356
電子密度　257, 271, 275, 276, 279, 288
電子励起状態　312, 323, 350
電池図式　144
伝導率測定セル　101
天然高分子　366
天然ゴム　72
天然状態　39, 380〜384
電波　311
電場　110, 242, 339, 371
電場ベクトル　340
電離　104

度　392
糖　303
銅　260
　　生体系の——　289
等イオン点　176
同位相　338
同位体効果　204
同位体存在率　3
同位体置換　204
同位体天然存在比　327
統一原子質量単位　3
等温　7, 131
等温圧縮
　　——の理想気体　68
等温可逆膨張　37
　　理想気体の——　37, 55, 58
等温気体混合
　　——のエントロピー　63
等温気体膨張　26, 55, 57
　　——のエントロピー　63
等温曲線　7, 12
等温滴定熱量測定　130, 131
等温膨張　26, 28, 35, 36, 55, 57
　　理想気体の——　57
等核二原子分子　274, 277, 278, 318, 320
　　——の結合長　322
　　——の分子軌道エネルギー準位図　278
　　第2周期元素から成る——　277, 278

透過光　315
透過酵素　108
透過率　316, 322
等吸収点　325
統計(学)
　　エントロピーの——的定義　53
　　気体分子の——的取扱い　15
動径部分　255
動径分布関数　256, 305
　　水素原子の——　257
等差級数　392
糖脂質　106
透析　130
同素体　40, 70
糖タンパク質　91
等 張　93
動的同位体効果　204, 205
銅電極　145
等電子　279
等電的　174
等電点　106, 174, 372
等電点電気泳動法　176, 373
等比級数　392
当量点　173
特異性　217
特性振動数　322
独立栄養生物　135
閉じた系　6
突然変異　361
ドップラー効果　312
ドップラー広がり　312, 313
ドデシル硫酸ナトリウム　372
ドナン効果　104〜106, 178
ド・ブロイの仮説　245
ド・ブロイの関係式　246
ドライアイス　72
トランス配置　376, 385
トリウム　261
トリス　171, 184
トリス(ヒドロキシメチル)アミノメタン
　　　　　　　　　　　　　171, 184
トリプシン　222, 235, 386
トリプトファン　175, 308, 380
　　——のUVスペクトル　323
トリペプチド　376
トリメチル酢酸イオン　224
トリメチル酢酸 p-ニトロフェニル　224
Torr　3
トルエン　324, 336
トルエン-ベンゼン系　85
ドルトン　3
トルトンの規則　78
ドルトンの分圧の法則　9, 87
トレオニン　175
トレーサー　335
トロポコラーゲン　378
トンネル効果　253, 254
トンネル電流　254

な 行

内殻電子
　　——の遷移　312
内部エネルギー　14, 29, 38, 44
内部エネルギー変化　35
内部回転　359
　　C=C結合周りの——　359
内部回転角　359
ナイロン　366
ナトリウム　260
　　——のD線　341

ナトリウムイオン　107, 108
ナトリウム/カリウムATPアーゼ　108
Na$^+$, K$^+$-ATPアーゼ　108
ナトリウム-カリウムポンプ　108
ナフタセン　346
ナフタレン　334
　　——の燃焼　38
ナフタレンアニオンラジカル　334
鉛　291
鉛中毒　291
波
　　——としての光　241
二塩基酸　168, 169
　　——の滴定　180
二階微分　250
二基質反応　225
二原子分子　33, 277, 316, 321, 322
　　——のイオン性　275
　　——の回転エネルギー準位　322
　　——の共有結合形成　271
　　——の結合解離エンタルピー　45
　　——の電気陰性度　275
　　——のポテンシャルエネルギー曲線
　　　　　　　　　　　　　319, 322
二元水素化合物　303
二項展開　392
二項分布　329
ニコチン　167
ニコチンアミドアデニンジヌクレオチド
　　　　　　　　　　　　　132, 136
ニコルプリズム　339
二酸化炭素　72, 168, 177
　　——の液化　13
　　——の振動の基本モード　321
　　——の双極子モーメント　275
　　——の相図　71
　　——の溶解度　168
　　血液による——の輸送と放出　178
二次過程　350
二次元電気泳動法　374
二次構造　378
二次動的同位体効果　204
二次反応　190, 191
二次反応速度式　222
二次反応速度定数　191〜193, 209
二次方程式　392
二重逆数プロット　129
二重結合　280, 319
二重結合性　282, 376
二重らせん　303, 304, 379
二状態遷移　40
二状態モデル
　　タンパク質変性過程の——　383, 384
二成分系　82, 86
二成分混合物　83
　　揮発性液体の——　84
二 相　68, 223
二体衝突　18, 201
二体衝突数　18
二体問題　258
ニッケル
　　生体系の——　289
ニトロ基　299
p-ニトロフェノラート　224
p-ニトロフェノラートイオン　223
二分子
　　——の衝突　194
二分子反応　195, 202, 203, 219
乳 酸　135, 137, 165
入射光　315
ニュートン　2

和文索引

ニュートンの運動の第二法則　14
ニュートンの運動方程式　249
ニュートン力学　242
ニューロン　155
尿　93
尿素　167, 217, 223, 290, 302, 381, 382
二硫化炭素-アセトン系　85
二量体化
　　チミンの──　360

ネオジムイオン　337
ネオン　260
ネオン核　261
ねじれ配座　374
熱　29
　　──によるエントロピー変化　58
　　──の符号　30
熱運動　15
熱エネルギー　202
熱化学　40
熱化学カロリー　29
熱機関　56, 66
熱源　56
熱効率　56
熱的平衡　62, 64
熱反応　350
熱分解　194, 350
　　アセトンの──　196
　　炭酸カルシウムの──　123
　　硫化銅の──　134
熱平衡　6, 33
熱変性　383
熱容量　31, 32, 38, 43, 306
　　──と低体温　34
　　──の温度依存性　32
熱容量比　36
熱力学　26, 62
　　──的な仮説　382
　　エントロピーの──的定義　55
　　化学電池の──　146
　　混合の──　82
熱力学温度　199
熱力学関数　52, 96
熱力学支配　138
熱力学第一法則　26～51, 29, 35, 52, 63, 65, 73
熱力学第三法則　60, 62
熱力学第二法則　52～79, 56, 57, 63
熱力学第零法則　7
熱力学的溶解度積　102
熱力学データ　396, 397
熱力学平衡状態　220
熱力学平衡定数　123, 126, 165, 217
熱量　30
熱量計　37
熱量測定　37
ネルンスト式　148, 156
燃焼
　　グラファイトの──　66
　　ナフタレンの──　38
燃焼エンタルピー　66
　　メタンの──　45
燃焼熱　37
粘性　383
粘性率　370
粘度　207, 367, 370, 371
　　アンモニアの──　310
　　水の──　306, 310
燃料電池　65, 66, 149

濃淡電池　149
濃度
　　──の単位　80

能動輸送　106, 108, 109
濃度勾配　106, 108, 369
ノナクチン　109
ノボカイン　167

は

肺　177
配位化合物　282
配位結合　282
配位子　129, 131, 282～284, 286, 287
　　──の巨大分子への結合　127
　　結晶場分裂と──　284
配位子場理論　286
配位数　282, 283
倍音（バンド）　320
π結合　271, 359
媒質　242, 334
排除体積効果　375
ハイゼンベルクの不確定性原理
　　248, 252, 312, 317, 330, 332
π電子　253
　　──のエネルギー準位　253
π電子共役系　358
π電子波動関数
　　ベンゼンの──　281
π→π* 遷移　323, 324
π分子軌道　278
肺胞　306
パウリの排他原理
　　234, 253, 259, 260, 270, 277, 301, 334
バクテリオクロロフィル　357
バクテリオクロロフィル二量体　357
箱の中の粒子　250
橋かけ結合　72
波数　311, 321
パスカル　2
バースト　223
バースト磁場　332
バソプレシン　359
八面体結晶場
　　──の結晶場安定化エネルギー　284
八面体構造　283, 285, 287, 291
八面体錯イオン　286
　　──の分子軌道エネルギー準位図　287
八面体錯体　283, 287, 289
波長　241, 242, 247, 311
発エルゴン的　64
発エルゴン反応　134
発汗　306
白金　150
白金電極　145
白血球　362
発光　311
発光スペクトル　244, 354
　　──の系列　245
　　水素原子の──　245, 246
パッシェン系列　245
発色団　323, 341
発熱過程　307
発熱反応　30, 40, 45, 64, 120, 199, 200
波動関数
　　249, 251, 252, 255, 257, 258, 270, 276, 315
　　──の重なり　276
　　水素原子の──　256
　　多電子原子の──　259
　　炭酸イオンの──　280
パパイン　378
ハーバー法　217
ハフニウム　261
速い平衡　219

パラメーター　284
バリウム　260
バリノマイシン　109
バリン　175, 302, 308, 380
バール　3
バルク　95, 104
パルス　332, 337
パルスアルゴンレーザー　338
パルス NMR　332
パルスオキシメーター　316
パルスレーザー　338
バルマー系列　245
パワーフィードバック　131
パワー密度　338
反結合性 e_g^* 軌道　286
反結合性 σ 分子軌道　277, 279
反結合性 σ* 分子軌道　276
反結合性分子軌道　276, 280, 322, 324
半減期　189, 191, 207
　　一次反応の──　189
　　放射性同位体の──　189
半減期法
　　反応次数決定の──　193
反磁性　259, 277, 278, 288
半値幅　311
半電池反応　144～146, 150
バンド　370, 380
半透膜　91, 93, 104, 130
バンド法　369
反応エンタルピー
　　──の温度依存性　42
反応過程
　　NMR と──　329
反応機構　194, 212
反応ギブズエネルギー変化　119, 132
反応経路　199
反応座標　196, 202, 219
反応次数　188, 191, 193
反応進行度　118
反応速度　17, 62, 187, 201, 202, 204, 206, 351
　　──に対する温度の影響　198
反応速度式　188
反応速度定数　203, 351
反応速度論　18, 200, 217
反応中間体　194, 195, 197, 217
反応中心　353～355
反応熱　40
反応比　121, 123
反応物　187, 202
反応分子数　194
反発力　298
半反応　152
半保存的性質（半保存的モデル）　380
　　DNA 複製の──　380

ひ

pI　174
非 SI 単位　3
PS I　355～357
PS II　355～357
ピエゾ素子　254
pH　151, 170, 172, 173, 177, 383
　　──と吸収スペクトル　325
　　──と電気泳動移動度　372
　　──の決定　150
　　血液の──　176
　　酵素反応速度論における──の影響　234
pH 勾配　373
pH メーター　151
pOH　164

POPOP 336
B形DNA 379
比活性 222
光
　波としての—— 241
光医学 361
光異性化 359
光エネルギー 358
光回復 361
光回復酵素 361
光活性化薬剤 362
光障害 361
光生物学
　光化学と—— 350〜365
光増感剤 361
光ポンピング 337
p軌道 257, 272, 359
非競合阻害 225, 226, 227
非競合阻害剤 226, 228
非共有結合性 378
非共有結合性相互作用 380, 381
非共有電子対
　　269, 274, 279, 282, 283, 286〜288, 305
非局在化 287
非局在化π電子 304
非極性基(→無極性基) 106
ピーク 341
　IRスペクトルと——の帰属 322
ピークパワー 338
pK_a 170, 172
　アミノ酸の——値 236
pK_w 164
非結合性軌道 279, 323
非結合性分子軌道 286
微細構造 321, 325
微視的可逆性の原理 196
微視的状態 60, 62, 63, 73, 83, 97
微視的状態の数 307
非自発過程 109, 134
非循環的電子移動過程 357
微小過程 55
微小変化 57
微少変化量 30, 31
ヒスチジン 175〜177, 234, 287, 288, 290, 291
1,4-ビス[2-(5-フェニルオキサゾリル)]
　　ベンゼン 336
1,3-ビスホスホグリセリン酸 135
2,3-ビスホスホグリセリン酸イオン 230
BZ反応 209
比旋光度 340
ピタゴラスの定理 393
ビタミンAアルデヒド 358
ビタミンB_{12} 290
左円偏光 340
左巻きヘリックス 378, 379, 342
非逐次機構 225
非調和振動 319
非調和定数 320
非電解質溶液 80〜94
　——の束一的性質 104
非電解質溶質 123
ヒト血清アルブミン 103, 368
ヒドロキシ基 223
ヒドロキシ尿素 302
ヒドロキシプロトン 328
ヒドロキソニウムイオン 164
ヒドロキノン 356
ヒドロゲナーゼ 290
P700 356
P700$^+$ 356
比熱容量 29
ひねり振動 322

比粘度 371
P870 357
ppm 328
PPO 336
BPG 230
皮膚がん 360
皮膚T細胞リンパ腫 362
微分 393
微分法
　反応次数決定の—— 193
日焼け 360
比誘電率 95, 96, 106, 110, 111, 298, 303
　アンモニアの—— 310
　水の—— 306, 310
ヒューズ・クロッツプロット 129, 131
秒 2
標準エントロピー変化 125
標準温度・圧力 8
標準化学ポテンシャル
　　82〜84, 91, 98, 105, 119, 130
標準活性化モルエンタルピー 202, 203
標準活性化モルエントロピー 202, 203
標準活性化モルギブズエネルギー 202
標準活性化モル体積 203
標準活性化モル内部エネルギー 203
標準還元電位 145〜147, 151, 153
標準起電力 147
標準ギブズエネルギー 134
標準ギブズエネルギー変化 123, 132, 147
標準凝固点 7, 71
標準強度
　アルコールの—— 113
標準状態 40, 61, 68, 124, 132, 152, 368
　生化学者の—— 132, 133, 152
　物理化学者の—— 132, 133, 152
標準水素電極 145
標準生成エンタルピー 40
標準生成ギブズエネルギー 97
標準生成モルエンタルピー 61
標準大気圧 3
標準電極電位 146, 150
標準燃焼エンタルピー 41
標準反応エンタルピー 40, 97, 98
標準反応ギブズエネルギー変化
　　119〜121, 138
標準物質 371
標準沸点 7, 70
標準モルエントロピー 61, 97, 396, 397
標準モル生成エンタルピー 40, 42, 396, 397
標準モル生成ギブズエネルギー 66, 396, 397
標準融点 71
表面張力
　アンモニアの—— 310
　水の—— 306, 310
開いた系 6
ビリアル係数 11, 92, 301
ビリアル展開 11
ピリジン 167
非理想電解質溶液 99
非理想溶液 80, 81, 85〜88, 92
　——反応の見かけの平衡定数 123
ピリミジン 303, 360
　——の電子スペクトル 323
　——のUVスペクトル 324
ヒル係数 231
ヒルの式 231
ピルビン酸 135, 151
ピルビン酸カルボキシラーゼ 381
P680 355
P680$^+$ 356
頻度因子 199, 201
ピンポン機構 225

貧溶媒 375

ふ

ファラッド 111
ファラデー定数 109, 146, 155
ファンデルワールス定数 11
ファンデルワールスの式 10
ファンデルワールス半径 301
ファンデルワールス力 301, 302, 378, 380
ファントホッフ係数 103
ファントホッフの式 125
ファントホッフプロット 126
フィコエリトロビリン 353, 354
フィードバック回路 39, 254
フィードバック機構 225
フィブリノーゲン 103
フェオフィチン 355, 356
フェナントロリン滴定 351
フェニルアラニン 175, 308, 380
　——のUVスペクトル 323
フェニル基 299
フェノールフタレイン 174
フェレドキシン 289, 356
フォトリアーゼ 361
不可逆過程 28, 35, 55, 57, 59
不可逆阻害 225, 229
不確定性(原理) 248, 312
フガシティー 122, 124, 126, 150
不完全オクテット 270
不完全微分 30, 394, 395
不規則性 62
不揮発性溶質 88〜90
不競合阻害 225〜227
不競合阻害剤 227
不均一系触媒反応 217
不均一系平衡 123
副殻 256, 259〜262
複屈折 340, 403
復元力 72, 73, 318
複雑度 192, 193
複素関数 250
複素共役 250
不斉 341
不斉炭素原子 339
ブタジエン 253
不対電子
　　151, 260, 271, 279, 280, 290, 315, 334, 361
フッ化水素
　——のイオン性 276
　——の共有結合形成 271
　——の結合長 276
　——の分子軌道エネルギー準位図 279
　——のルイス構造 279
物質量 81
物質量濃度 80
^{19}F NMR 330
フッ素分子 271
沸点 14, 58, 89, 303
　アンモニアの—— 310
　水素化合物の—— 303
　水の—— 306, 310
沸点上昇 88, 89, 92
沸騰 61
物理化学 1
物理化学者の標準状態 132, 133, 152
不定積分 393
ブドウ球菌ヌクレアーゼ 378
不凍剤 90
負の協同性 231, 233, 234
負のコットン効果 341
部分比体積 367, 370

部分モルギブズエネルギー　81, 82
部分モル体積　81, 92
　　——の決定　82
　　　エタノールの——　82, 83
　　　水の——　82, 83
部分モル量　81
不変系　72
不飽和結合　299
フマル酸　165, 226
フマル酸ヒドラターゼ　222, 223
ブラケット系列　245
プラストキノン　356
プラストグロビュール　353
プラストシアニン　289, 295, 356, 357
フラビンアデニンジヌクレオチド　151
フラビンタンパク質　356
フランク・コンドン原理　322
プランク定数　202, 242, 245, 248, 249
プランクの量子仮説　242～244
フーリエ変換　315, 330, 332
フーリエ変換 NMR　331
プリズム　241, 339
ブリッグス・ホールデンの取扱い　221
フリップ-フロップ拡散　107
浮力　367
プリン　303, 360
　　——の電子スペクトル　323
　　——の UV スペクトル　324
フルクトース　216
フルクトース 1,6-ビスリン酸　135
フルクトース 6-リン酸　135
ブレンステッド塩基　163
ブレンステッド酸　163
ブレンステッドの酸塩基の定義　163
プロインスリン　383
プロトン　163, 164, 328
プロトン交換反応　206, 329
プロトン勾配　355
プロトンデカップリング　330
プロパン-酸素燃料電池　150
プローブ　254
2-プロペンニトリル
　　——の IR スペクトル　322
プロモーター　361
ブロモチモールブルー　174
ブロモフェノールブルー　174
プロリン　175, 308, 385
分圧　9
　　気体の——　80
分解　313
分解能　247, 313
分極　110, 282
分極率　299, 300, 303
　　原子，分子の——　299
　　無極性分子の——　300
分光化学系列　284
分光学　311～349
分光学的遷移　284
分光測光法　207
分光偏光計　341
噴散　19
分散相互作用　300, 303
分散力　300, 380
　　鎌状赤血球貧血と——　302
　　タンパク質と——　302
分子
　　——の回転　312
　　——の振動　204, 312
　　——の対称性と光学活性　339
　　——の分極率　299
　　IR スペクトルと——の構造　322
分子運動論　201

分子間衝突　17
分子間水素結合　377
分子間相互作用　10, 14, 81, 296, 298, 303
分子間力　11, 296～310
分子軌道
　　ペプチド結合の——　282
分子軌道エネルギー準位図　286, 287
　　一酸化炭素の——　279
　　水素分子の——　277
　　等核二原子分子の——　278
　　八面体錯イオンの——　287
　　フッ化水素の——　279
分子軌道理論　270, 276, 286
分子シャペロン　385
分子状酸素　153
分子内水素結合　377
　　ポリペプチド鎖の——　303
分子内相互作用　382
分子ふるい　93
分子流　19
分子量　3
ブント系列　245
フントの規則　260, 277, 285, 361
分配図　169
　　炭酸系の——　169
　　リン酸系の——　169
分布
　　エネルギーの——　62
　　マクスウェル——　16
分離法
　　反応次数決定の——　193

へ，ほ

閉管型マノメーター　3
平均イオン活量係数　164
平均運動エネルギー　15
平均活量係数　100
平均結合エンタルピー　44
平均二乗速さ　15
平均質量モル濃度　99
平均自由行程　17, 18
平均相対速さ　18
平均値　392
平均の速さ　17, 18
平衡　64, 68, 84, 118, 207, 208, 370
平行　377, 378
平衡核間距離　270
平衡距離　44
平衡蒸気圧　12, 87
平衡状態　27, 105
平衡スピン　285
平衡定数　120～122, 125, 127, 137, 167, 202, 204, 209, 232, 233, 383
　　——に対する圧力の影響　126
　　——に対する温度の影響　124
　　——に対する触媒の影響　126
平衡透析　130
平行 β 構造　377
平衡膜電位　156
並進運動　15, 33, 320
並進エネルギー　29
並進エネルギー準位　33
平板ポリアクリルアミドゲル　373
平面三角形分子　283
平面四角形分子　283, 285, 287
平面性
　　アミド基の——　282, 376
平面分子　273, 287
平面偏光　340
ヘキサシアノ鉄(III)酸イオン　353

ヘキソキナーゼ　135, 138, 218, 225
ベクトル　110
ベクトル量　16
ヘスの法則　41, 96, 297
β カロテン　353
β 構造（β プリーツシート，β シート）
　　303, 377～380, 385, 386
PET　366
ヘテロトロピック　230
ヘテロトロピック効果　229
ペニシリン G　186
ペプシン　235
ペプチジルプロリル cis-trans-イソメラーゼ
　　385
ペプチド結合　281, 376
　　——の sp² 混成　282
　　——の共鳴構造　281
　　——の分子軌道　282
HEPES　171
ヘム　86, 151, 229, 230, 234, 288, 302
　　シトクロム c の——　289
ヘムタンパク質　288, 289
ヘム-ヘム相互作用　234
ヘモグロビン
　　1, 86, 103, 130, 176, 177, 229～232, 287～289, 302, 316, 366, 371, 372, 378, 379
　　——と酸素の結合　232
　　——のコンホメーション変化　234
　　——の酸素親和性　178, 230
　　——の酸素飽和曲線　230
　　——のモル質量　93
　　——の溶解度　103
ヘモグロビン A　230
ヘモグロビン S　302, 372
ヘモグロビン F　230
ヘモシアニン　289
ヘリウム　86, 258, 259, 299
ヘリウム核　261
ヘリウム-ネオンレーザー　337
　　——のエネルギー準位図　337
ヘリックス　383
ヘリックス-コイル遷移　324, 342
ペルオキシダーゼ　287
ヘルツ　241
ヘルムホルツエネルギー　64, 72
ベローゾフ・ザボチンスキー反応　209
変角振動　322
変曲点　324
偏光　339
偏光子　339, 340
偏光面　340
ベンジルペニシリン酸　186
変性　39, 191, 371, 381～384
　　リボヌクレアーゼの——　382
変性剤　39, 372, 383, 386
ベンゼン　324, 334
　　——の共鳴　281
　　——の結合性軌道　281
　　——の電子吸収スペクトル　313
　　——の反結合性軌道　281
ベンゼンアニオンラジカル　334
ベンゼン-トルエン系　84, 85
ベンゾイミダゾール　290
ヘンダーソン・ハッセルバルヒの式　170, 171
偏微分　32, 35, 393
ヘンリー係数　86
ヘンリーの法則　85, 87
　　——からのずれ　86

ボーア効果　230
ボーア磁子　333
ボーア半径　249, 257

和文索引

ボーアモデル　244, 245, 255
ボイルの法則　7, 36
方位量子数　255
方解石　339
芳香族炭化水素　324
ホウ酸　165
放　射　242
放射エネルギー密度　336
放射壊変　189
放射性試料　215
放射性同位体
　　――の半減期　189
放射能　215
放射の誘導放出による光の増幅　336
放射密度　314
包接化合物　307
ホウ素分子　278
膨　張
　　気体の――　26~29, 35
方程式　391
飽和速度　365
飽和分率　129
補酵素　290
補酵素A　151
ホスファチジン酸　106
3-ホスホエノールピルビン酸　135
2-ホスホグリセリン酸　135
3-ホスホグリセリン酸　135
ホスホグリセリン酸キナーゼ　136
ホスホジエステル結合　381
ホットバンド　320
ポテンシャルエネルギー　82, 110, 204, 249, 250, 253, 255, 258, 296, 298
ポテンシャルエネルギー曲線　43, 199, 297, 319
　　水素分子の――　270, 276
　　全 trans-レチナールの――　360
　　二原子分子の――　319, 322
　　11-cis-レチナールの――　360
ポテンシャルエネルギー面　199
ポテンシャル障壁　251, 253, 254
ホモトロピック協同性　233, 234
ホモトロピック効果　229
ボラジン　294
ポラロイドシート　340
ポリアクリルアミド　372, 373
ポリ-L-アラニン　378
ポリイソプレン　72, 366
ポリエチレン　214, 375, 376
ポリエチレンテレフタラート　366
ポリエン
　　――の電子スペクトル　253
ポリスチレン　366, 371
ポリテレフタル酸エチレン　366
ポリヌクレオチド　304
ポリビニルアルコール　339
ポリ-L-プロリン　342
ポリヘキサメチレンアジポアミド　366
ポリペプチド(鎖)　376, 377, 380
　　――の ORD スペクトル　385
　　――の折りたたみ　308
　　――の CD スペクトル　385
　　――の分子内水素結合　303
ポリ-γ-ベンジル-L-グルタミン酸塩　342
ポリメタクリル酸メチル　366
ポリ-L-リシン　385
ボルタ電池　144
ボルツマン定数　15, 16, 33, 54, 298
ボルツマンの式　54, 60, 62
ボルツマン分布　34, 322, 327, 328
ボルツマン分布則　33, 298, 304, 314
ポルフィリン　287

ポルフィリン環　234, 287, 289
ポルフィリン環系　362
ボルン・ハーバーサイクル　297
ホログラフィー　338
ホログラム　338
ポンピング　338
ポンプ　108
ボンベ　37

ま　行

マイクロ波　242, 311, 312, 334
　　一酸化炭素の――スペクトル　317
マイクロ波分光法　311, 316
マイクロファラッド　111
膜間腔　154
膜脂質　106, 302
マクスウェルの速さ分布関数　16
マクスウェル分布則　16
膜チャネルタンパク質　107
膜電位　155, 156
膜透過性　158
　　イオンの――　107
膜輸送　107
膜容量　111
マクローリンの定理　89
摩擦係数　367
摩擦力　7
末端呼吸鎖　137, 151~154
マトリックス　154, 155, 334
マノメーター　3
マラリア　302
マラリア原虫　302
マロン酸　209, 226
マンガン　286
　　――の電子配置　262
　　生体系の――　289

ミオグロビン　86, 103, 176, 230, 231, 287, 289, 302, 368, 371, 378, 383
　　――の酸素飽和曲線　230
ミオシン　371
ミカエリス定数　220, 221
ミカエリス・メンテン速度論　219, 221, 229, 236
見かけの平衡定数　123, 126
　　非理想溶液反応の――　123
見かけの溶解度積　102
右円偏光　340
右巻きヘリックス　342, 377~379
未熟児網膜症　10
水
　　――における酸と塩基の性質　164
　　――の解離定数　164
　　――の拡散係数　306
　　――の気化　31
　　――の凝固　59
　　――の構造と性質　304, 305
　　――の蒸気圧　70
　　――の振動の基本モード　320
　　――の双極子モーメント　306, 310
　　――の相図　71
　　――の相変化　59
　　――の動径分布関数　305
　　――の粘度　306, 310
　　――の比誘電率　306, 310
　　――の表面張力　306, 310
　　――の沸点　306, 310
　　――の物理化学的性質　306
　　――の部分モル体積　82, 83
　　――の密度　305, 306

　　――のモル蒸発エンタルピー　70, 306, 310
　　――のモル熱容量　306, 310
　　――のモル融解エンタルピー　306, 310
　　――の融点　306, 310
　　――分子　274
　　過冷却の――　59
水のイオン積　164
水の自己プロトリシス　164
密　度　6
　　水の――　305, 306
密度勾配　369, 370
密度勾配沈降法　370
ミトコンドリア　107, 154, 155, 357
ミトコンドリア内膜　154
ミトコンドリア外膜　154
ミリメートル水銀柱　3

無機化合物
　　――の熱力学データ　396
無極性残基　380
無極性分子　96, 300, 318
　　――の分極率　300
　　――の溶解度　307
　　――の会合　307
無機リン酸　38, 355
無秩序　62
無秩序運動　14
無放射過程　354
無放射遷移　336, 337

明反応　353
メスバウアー　312
メセルソン・スタールの実験　380
メタロチオネイン　292
メタロドプシンI　359
メタロドプシンII　359
メタン　271
　　――の混成軌道　272
　　――の燃焼エンタルピー　45
メチオニン　175, 289
メチルアミン　167
メチルオレンジ　174
メチルブルー　174
メチルプロトン　328, 329
メチル補酵素M還元酵素　290
メチルラジカル　351
メチレン　271
メチレンプロトン　329
8-メトキシソラレン　362
メトヘモグロビン　289
メートル　2
メラニン　360
メラノサイト細胞　360
メラノーマ　360
2-メルカプトエタノール　372, 381
面　積　6, 393

毛　髪　378
網　膜　358, 360
モノクロメーター　339
モル　2~4
モルエントロピー　69
モルギブズエネルギー　68, 82
　　――の圧力依存性　69
　　――の温度依存性　69
　　理想気体の――　82
モル吸光係数　316, 324, 325, 342, 351, 358
　　DNAの――　323
モル凝固点降下定数　90
モル質量　4, 16, 38, 90, 105, 106, 341, 368~371, 373, 374
　　――の決定　92

モル質量（つづき）
　巨大分子の── 93, 366
　ヘモグロビンの── 93
モル蒸発エンタルピー 70, 89
　アンモニアの── 310
　水の── 70, 306, 310
モル数 80, 81, 92
モル旋光度 341
モル体積 10, 31, 69～71, 92
モル楕円率 342
モルテングロビュール 384
モル熱容量 32, 33
　アンモニアの── 310
　水の── 306, 310
モル濃度 80, 92, 102, 105
モル比 131
モルヒネ 167
モル沸点上昇定数 90
モル分率 80, 82, 84, 87, 90
モル融解エンタルピー 90
　アンモニアの── 310
　水の── 306, 310
モル融解エントロピー 59
モル融解熱 59
モル量 12
モル臨界体積 12
モレキュラーシーブ 93

や 行

軟らかい酸塩基 282

融解 61, 69, 379
　氷の── 31, 58
　DNAの── 324
融解エンタルピー 58
融解温度 39, 379
融解曲線 324
融解熱 58
有機化合物
　──の熱力学データ 397
　──分子の電子遷移と吸光度 323
有機高分子（有機ポリマー） 366
有機色素レーザー 339
有機水銀化合物 291
誘起双極子 110
誘起双極子モーメント 299
有限過程 65
有効核電荷 259, 260, 262, 263
有効な原子番号 259
融点 58, 69, 324
　アンモニアの── 310
　水の── 306, 310
誘電体 110
誘電率 104
誘導吸収 314, 336
誘導吸収のアインシュタイン係数 314
誘導放出 311, 314, 336
誘導放出のアインシュタイン係数 314
UV（→ 紫外の項も見よ） 242
UV-A 360
UV-C 360
UVスペクトル 311
　アデニン, ウラシル, グアニン, シトシン,
　　　　　　　　　　チミンの── 324
　チロシンの── 323
　トリプトファンの── 323
　ピリミジンの── 324
　フェニルアラニンの── 323
　プリンの── 324
UV-B 360

溶液 80～117
　──中での反応 205
　──中での高速反応 206
　──の蒸気圧 80
　──の浸透圧 92
溶解
　電解質の── 94
溶解エンタルピー 96
溶解度 86, 93, 102
　イオン化合物の── 307
　タンパク質の── 101
　二酸化炭素の── 168
　ヘモグロビンの── 103
　無極性分子の── 307
溶解度積 102
ヨウ化水素
　──の分解 350
要求量子数 365
溶血 93
溶質 80, 87, 205
　──の活量 88
　──の蒸気圧 85
ヨウ素 339
　──分子の解離 125
溶媒 80, 87, 95, 206, 336
　──としての水 306
　──のかご効果 206, 351
溶媒かご 206
溶媒和 96, 206
羊毛 378
葉緑体 154, 353
　──の電子顕微鏡写真 353
四次構造 379
ヨード酢酸 386
弱めあう干渉 241
1/4波長板 340

ら～わ

ライマン系列 245
ラインウィーバー・バークの式 226, 227
ラインウィーバー・バークプロット
　　　　　　　　　　　221, 227, 228
ラウールの法則 84, 85, 87, 88
　──からの正のずれ 85
βラクトグロブリン 372
ラジアン 326, 367, 392
ラジオ波 242, 311, 312, 331
ラジカル 214, 334, 339
ラセミ化 118, 194
ラドン 261
ラドン核 261
ラマチャンドランプロット 377, 378
ラマン分光法 312, 321
ラーモア角振動数 326
ラーモア周波数 326, 332
ランタン 261
ランタノイド 260, 261
ランダムコイル 371, 381, 383, 385
ランダム逐次機構 225
ランダム歩行モデル 374
ランタン 260, 261
ランデの g 因子 333
ランベルト・ベールの法則 315, 316, 325

リガンド 232, 233
リシン 175, 308, 358
理想気体 7, 10, 14, 35, 58, 67, 70, 118
　──のエンタルピー変化 34
　──の混合 58, 82
　──の断熱可逆膨張 36, 37, 55

──の等温圧縮 68
──の等温可逆膨張 58
──の等温膨張 55, 57
──のモルギブズエネルギー 82
理想気体の式 8
理想気体の状態方程式 15
理想希薄溶液 87, 88
理想溶液 80, 81, 83, 85, 87, 93, 99
リゾチーム 368, 372, 378, 383
リチウム 260
　──の電子配置 259
　──分子 277
リチウム電池 147
律速段階 194, 204
立体因子 201
立体化学的特異性 218
立体障害 224, 375
立体配座 374, 375, 381
立体配置 72, 374
リボ核酸 → RNA
リボザイム 217
リボソーム 353
リボヌクレアーゼ
　　　176, 368, 371, 372, 381～384, 386
　──の滴定 176
　──の変性と再生 382
硫化銅
　──の熱分解 134
硫酸亜鉛 144
　──濃淡電池 149
硫酸アンモニウム 130
　──水溶液の塩析効果 103
硫酸銅 144
流束 369
流通法 207
流動モザイクモデル 106
リュードベリ定数 244
リュードベリの式 244
量子 242
量子化 33, 44, 252, 253, 311, 317
量子収率 335, 350, 351, 355
量子収量 351
量子数 255, 259
量子力学 241～268, 248
量子力学的トンネル効果 253, 254
量子論 243
両性イオン 174
両性高分子電解質 373
両性電解質 105
良溶媒 375
臨界温度 12, 13
臨界現象
　六フッ化硫黄の── 12
臨界状態 12
臨界体積 12
臨界定数 12
臨界点 12, 71
りん光 311, 335, 336, 350
リンゴ酸 165
リン酸 168, 179
　──系の分配図 169
　──の共鳴構造 133
リン酸化
　グルコースの── 225
^{31}P NMR 330
リン酸水素二ナトリウム 172
リン酸二水素ナトリウム 172
リン脂質 106
リンデマン機構 195

ルイサイト 292
累乗 391

ルイス塩基　282
ルイス構造　269, 279, 280
　　フッ化水素の——　279
ルイス酸　282
ルイスの酸塩基の定義　163
ルシャトリエの原理　125, 126
ルテチウム　260, 261
ルビジウム　260
ルビーレーザー　337, 339
ルビーロッド　337
ルブレドキシン　289
ルミネセンス　335
ルミロドプシン　359

励起一重項状態　335, 359, 361
励起状態　245, 350, 359, 360
零次反応　188
レーザー　311, 336

レーザー光散乱法　368
レーザービーム　338
　　——の強度　338
レーザー誘起蛍光　339
レチナール　358
　　——の異性化　359
11-*cis*-レチナール　358, 359
　　——のポテンシャルエネルギー曲線　360
レッドドロップ　352, 355, 357
レドックス反応　144
レナード-ジョーンズの(12,6)ポテンシャル
　　　　　　　　　　　　　　　301
連鎖開始　198
連鎖成長　198
連鎖阻害　198
連鎖停止　198
連鎖反応　197, 351

連続波(cw)
　　——モードの分光計　331
　　レーザーの——動作　337
連続フロー法　207

ロイシン　175, 380
六フッ化硫黄
　　——の臨界現象　12
ロジウム　150
ローダミン6G　339
ロドプシン　357〜360
ロンドン相互作用　300
ロンドンの分散力　300

ワット　338
ワトソン・クリック塩基対モデル　379
ワトソン・クリックモデル　303, 380

欧 文 索 引

A

absolute temperature scale　7
absolute zero　7
absorbance　316
achiral　339
actinide　261
actinoide　261
action potential　157
action spectrum　352
activation energy　17, 199
active site　218
active transport　108
activity　87
activity coefficient　87
ADH　93
adiabatic　35, 37
ADP　108, 133
aerobic　137
AIBN　189
all-or-none　233
allosteric　229
allosteric interaction　1
allowed　314
amide group　376
AMP　133
ampere　2
amphoteric ion　174
anaerobic　137
Andrews, T.　12
Anfinsen, C.　381, 384
angular momentum quantum number　255
angular part　255
anharmonic　319
anharmonicity constant　320
annealing　379
anode　144
antenna　353
antibonding σ^* molecular orbital　276
antiparallel　377
apparent equilibrium constant　123
arithmetic mean　392
Arrhenius, S.　199
atm　3, 85
ATP　108, 132
Aufbau principle　260
autoprotolysis　164
autotroph　135
Avogadro constant　4
Avogadro, A.　4, 8
Avogadro's law　8
axon　155
azimuthal quantum number　255
2,2′-azobisisobutyronitrile　189

B

BAL　292
bar　3

base　391
bathorhodopsin　359
Beer, W.　316
Belousov, B. P.　209
Benesch, R.　230
bicarbonate−chloride shift　179
bimolecular reaction　195
binary collisions　18
binomial distribution　329
biological oxidation　151
biphasic　223
2,3-bisphosphoglycerate　230
bisubstrate reaction　225
blackbody　242
Bohr effect　230
Bohr radius　249, 256
Bohr, C.　230
Bohr, N.　244, 245
Boltzmann, L. E.　15, 16
Boltzmann distribution law　33
bomb　37
bond dissociation enthalpy　44
bond enthalpy　44
bond order　277
bonding σ molecular orbital　276
Born, M.　250
Born−Haber cycle　297
bound state　253
boundary condition　250
Boyle, R.　7
Boyle's law　7
BPG　230
Briggs, G.　220
British anti-Lewisite　292
Brønsted, J. N.　163
buffer capacity　172
buffer range　172
Burk, D.　221

C

c_{mp}　17
cal　3
calomel electrode　150
candela　2
capacitance　110
capacitor　110
carbon dioxide fixation　358
Carnot, S.　55
catalysis　217
catalyst　217
catalytic constant　222
catalyzed reaction　217
cathode　144
CD　342, 385
cell diagram　144
centrifugal distortion constant　317
CFC　213

CFSE　284
chain reaction　351
Changeux, P. P.　232
charge-transfer　324
Charles, J. A.　7
Charles' law　8
chemical actinometer　351
chemical potential　82
chemical shift　327
chemiosmotic theory　154
chiral　339
Chlorella　354
chlorofluorocarbon　213
chloroplast　353
cholesterol　106
chromophore　323
circular birefringence　340
circular dichroism　342
circularly polarized light　340
citric acid cycle　151
Clapeyron, B-P-É.　70
Clausius, R. J.　70
closed system　6
CN　282
CoA　151
coherent　338
collective property　88
colligative property　88
collision frequency　17
common logarithm　391
competitive inhibition　225
complex conjugate　250
complex ion　282
complexity　192
compressibility factor　10
concentration cell　149
concerted　233
concerted model　232
Condon, E. U.　322
configuration　374
conformation　374
conjugate　163
cooperativity　218
coordination compound　282
coordination number　282
Corey, R.　376, 380
Cotton, A.　341
Cotton effect　341
Coulomb, C. A. de　95
coupled reaction　134
covalent bond　269
covalent hydrolysis　224
covalent radius　262
crenation　93
Crick, F. H. C.　304, 379
critical point　12
critical temperature　12
crystal-field splitting　284
crystal-field stabilization energy　284
crystal field theory　283

CTCL   362
curie   215
cutaneous T-cell lymphoma   362
cytochrome oxidase   151

D

Da   3
Dalton, J.   9
dalton   3
Dalton's law of partial pressure   9
Daniell cell   144
dark reaction   353
Davisson, C.   246
DCMU   365
de Broglie, L.   245
Debye, P.   61, 100, 275
debye   275
Debye-Hückel limiting law   100
degeneracy   256
degree   392
degree of freedom   72, 320
dextrorotatory   341
dichlorophenyldimethylurea   365
dielectric   110
dielectric constant   95
differential scanning calorimetry   39
diffusion   19
diffusion-controlled reaction   206
dipole moment   274
dipole-dipole   298
dispersion force   300
distal   288
distribution   16
distribution diagram   169
Donnan, F. G.   104
Doppler, C.   312
Doppler effect   312
double reciprocal plot   129
DPG   230
DSC   39

E

E. coli   374, 380
ECG   158
EDTA   292
effector   229
effusion   19
Einstein, A.   243〜245, 314
einstein   351
Einstein coefficient of spontaneous emission   314
Einstein coefficient of stimulated absorption   314
Einstein coefficient of stimulated emission   314
EKG   158
elastic   14
electric field   110
electric potential   110
electrocardiogram   158
electrocatalyst   149
electromotive force   144
electron affinity   263
electron cloud   256
electron density   256
electronegativity   274
electron paramagnetic resonance   333
electron shell   256
electron spin resonance   333
electrophoresis   371
electrophoretic mobility   371
elementary step   194
Emerson, R.   354
Emerson enhancement effect   355
emf   144
end point   174
endergonic   64
endothermic reaction   40
enthalpy   30
enthalpy of fusion   58
entropy   53
EPR   333
equation of state   8
equilibrium dialysis   130
equilibrium distance   44
equilibrium vapor pressure   12
equipartition of energy theorem   320
Escherichia coli   374
ESR   333
ethylenediaminetetraacetate   292
Euler, L.   395
exact differential   395
excited state   245
excluded volume effect   375
exergonic   64
exothermic reaction   40
exponent   391
extensive property   6
extent of reaction   118
Eyring, H.   201

F

facilitated diffusion   107
$FADH_2$ 151
Faraday, M.   146
fibrous   378
Fick, A. E.   369
FID   332
Filmer, D.   233
finger-printing   322
first law of thermodynamics   29
Fischer, E.   218
fluid mosaic model   106
fluorescence   335
flux   369
forbidden   314
force constant   318
formal charge   269
formation   40
fractional saturation of sites   127
Franck, J.   322
Franck-Condon principle   322
free electron model   253
free energy   64
free induction decay   332
frequency   311
FT-NMR   331
fuel cell   149
fugacity   122
fundamental band   320

G

galvanic cell   144
Gamow, G.   254
gas   68
gas constant   8

Gay-Lussac, J. L.   7
Gay-Lussac's law   8
gel electrophoresis   372
geometric mean   392
Germer, L.   246
Gibbs, J. W.   64, 72
Gibbs energy   64
Gibbs free energy   64
glass electrode   150
globular   378
glycolipid   106
glycolysis   134
Goldman, D. E.   156
Goodyear, C.   72
GPNA   238
Graham, T.   19
grana   353
ground state   245
gyromagnetic ratio   326

H

Haldane, J.   220
half-cell reaction   144
half-life   189
Hard and Soft Acids and Bases   282
Hartley, B. S.   223
heat   29
heat capacity   31
heat capacity ratio   36
heat of fusion   58
heat of reaction   40
Heisenberg, W.   248
Heisenberg uncertainty principle   248
Helmholtz, H. L.   64
Helmholtz energy   64
hemolysis   93
Henri, V.   219
Henry, W.   85
Henry's law   85
HEPES   171
Hertz, H. R.   241
Hess, G. H.   41
Hess's law   41
heterotroph   135
heterotropic effect   229
high-energy phosphate bond   133
high-spin complex   285
Hill, A. V.   231
Hill, R.   353
Hill coefficient   231
Hill equation   231
hologram   338
holography   338
homotropic effect   229
Hooke, R.   318
hot band   320
HSAB   282
Hund, F.   260
Hund's rule   260
hybridization   271
hydration number   95
hydrophobic bond   307
hydrophobic effect   307
hydrophobic interaction   307
hydrostatic   9
hyperfine splitting   334
hyperfine splitting constant   334
hypertonic   93
hypochromism   323
hypotonic   93

I

Hückel, W. K. 100

ideal-gas equation 8
ideal solution 85
in vitro 381
in vivo 381
induced dipole moment 299
inexact differential 395
inhibitor 225
initial rate 219
intensive property 6
International System of Units 2
intrinsic dissociation constant 128
intrinsic viscosity 371
invariant system 72
invert sugar 216
iodopsin 358
ionic atmosphere 100
ionic strength 100
ionization energy 263
ionophore 109
ion product of water 164
IR 242
irreversible inhibition 225
isoelectric 174
isoelectric focusing 175
isoelectric focusing technique 373
isoelectric point 106, 174
isoelectronic 279
isoionic point 176
isolated system 6
isosbestic point 325
isotherm 7
isothermal 35
isothermal titration calorimetry 130
isotonic 93
ITC 131
IUPAC 64

J, K

Jablonski, A. 336
Jablonski diagram 336
Jagendorf, A. 355
Joule, J. P. 3
joule 3

k_2 222
k_{cat} 222, 224
K_M 220, 221
K_S 224
kat 222
Kauzmann, W. 307
Kekulé, A. 281
kelvin 2
keratin 378
Kilby, B. A. 223
kilogram 2
kinetic isotope effect 204
kinetic salt effect 206
Kirchhoff, G-R. 43
Kirchhoff's law 43
Koshland, D. E. 233

L

Lambert, J. H. 316

lanthanide 261
lanthanoid 260
Larmor angular frequency 326
laser 336
laser-induced fluorescence 339
lattice energy 96
LCAO−MO 276
Le Chatelier, H. L. 125
Le Chatelier's principle 125
Lennard-Jones, J. E. 301
Lennard-Jones (12, 6) potential 301
levorotatory 341
Lewis, G. N. 100, 163, 269
Lewis structure 269
lewisite 292
LIF 339
light amplification by stimulated emission of radiation 336
light reaction 353
Lindemann, F. A. 194
linear combination 272
linear combination of atomic orbitals − molecular orbitals 276
linearly polarized light 340
Lineweaver, H. 221
liquid scintillation counting 335
London, F. 300
London dispersion force 300
Lord Kelvin 7
low-spin complex 285
Lummer, O. R. 242

M

magnetic quantum number 255
magnetogyric ratio 326
Maiman, T. H. 337
mass-average molar masses 366
mass fraction 80
maximum rate 220
Maxwell, J. C. 16, 241
Maxwell speed distribution function 16
MCAC 290
mean free path 18
mean ionic molality 98
mean-square velocity 15
melting 379
melting curve 324
membrane potential 155
Menten, M. L. 219
Meselson, M. 380
metal−chelate affinity chromatography 290
meter 2
method of successive approximation 166
8−methoxypsoralen 362
MG 384
Michaelis, L. 219
Michaelis constant 220
Mitchell, P. 153
mmHg 3
model for the kinetic theory of gases 14
mol 4
molality 80
molar absorption coefficient 316
molar boiling-point-elevation constant 90
molar extinction coefficient 316
molar freezing-point-depression constant 90
molarity 80
molar mass 4
molar rotation 341
mole 2, 4

molecular chaperone 385
molecularity of reaction 194
molecular orbital theory 270
mole fraction 80
molten globule 384
moment of inertia 316
monochromator 339
Monod, J. 232
monodisperse 366
monomer 214
8−MOP 362
most probable speed 17
MO theory 270
moving-boundary method 372
MRI 333
Mulliken, R. 324

N

N_A 4
NADH 132, 136, 151
Na^+, K^+−ATPase 108
natural logarithm 391
natural macromolecule 366
Némethy, G. 233
Nernst, W. H. 148
Nernst equation 148
neuromuscular junction 157
neurotransmitter 157
Newton, I. 2, 241
newton 2
nitrogen narcosis 10
p−nitrophenyl acetate 223
NMR 325
noble gas core 260
node 247
noise 315
noncompetitive inhibition 225
normalization 251
number-average molar masses 366

O

octet rule 269
open system 6
opsin 358
opticall activity 339
optical pumping 337
optical rotation 340
optical rotatory dispersion 341
optimum 235
orbit 255
orbital 255
ORD 341, 385
order 194
order of reaction 188
oscillating reaction 209
osmosis 91
osmotic pressure 91
Ostwald, W. 370
overtone 320
oxidation−reduction reaction 144
oxidative phosphorylation 151

P

P680 355
P680* 356
P680$^+$ 356

欧文索引

P700　356
P700*　356
P700⁺　356
P870　357
parallel　377
paramagnetic　260
partial molar quantity　81
partial molar volume　81
partial pressure　9
partial specific volume　367
Pascal, B.　2
pascal　2
path　28
pathlength　316
Pauli, W.　259
Pauli exclusion principle　259
Pauling, L.　274, 376, 380
Pearson, R. G.　282
peptidylprolyl *cis-trans*-isomerase　385
percentage by mass　80
percentage by weight　80
permittivity of vacuum　95
PET　366
Ph　355
phase　68
phase diagram　70
phase difference　241
phase rule　72
phospholipid　106
phosphorescence　336
photochemical reaction　350
photon　243
photophosphorylation　355
photosensitizer　361
photosynthetic unit　354
photosystem I　355
photosystem II　355
pi bond　271
π bond　271
ping-pong mechanism　225
Planck, M.　241, 242, 245, 314
planepolarized light　340
pm　256
PNPA　223
polar　275
polarimeter　340
polarizability　299
poly(ethylene terephthalate)　366
polydisperse　366
polymer　214, 366
polypeptide　376
POPOP　336
population inversion　337
potential-energy curve　43
potential-energy surface　199
power flux density　338
PPO　336
pre-equilibrium　197
pre-steady-state kinetics　220
Prigogine, I.　209
primary process　350
primary structure　378
principal quantum number　255
principle of microscopic reversibility　196
Pringsheim, E.　242
probability factor　201
proton-decoupling　330
proximal　288
PS I　355〜357
PS II　355〜357
pseudo-first-order reaction　191
pump　108

Q, R

quantity of state　28
quantum　242
quantum-mechanical tunneling　253
quantum requirement　365
quantum yield　351
quarter-wave plate　340
quaternary structure　379

rad　392
radial distribution function　256, 305
radial part　255
radian　392
radiationless transition　336
Ramachandran, G. N.　378
Ramachandran plot　378
random-walk model　374
Raoult, F. M.　84
Raoult's law　85
rare earth series　260
rate constant　188
rate-determining step　194
rate law　188
reaction center　353
reaction intermediate　194
reaction mechanism　194
reaction quotient　121
red drop　355
redox reaction　144
reduced mass　201, 316
reduced viscosity　371
refractive index　340
relative permittivity　95
relative viscosity　371
relaxation time　101, 207
resolution　313
resolving power　313
resonance　280
resonance structure　280
respiratory chain　151
respiratory enzyme　151
retrolental fibroplasia　10
reverse osmosis　94
reversible　27
reversible cell　146
reversible inhibition　225
revolutions per minute　368
rhodopsin　358
root-mean-square velocity　15
rotational constant　317
rpm　368
Rydberg, J.　244
Rydberg constant　244

S

salt bridge　144
salt hydrolysis　167
salting-in effect　102
salting-out effect　102
scanning tunneling microscope　255
Scatchard, G.　129
Scatchard plot　129
SCF　13
Schrödinger, E.　249
screening constant　328
SDS　372
SDS-PAGE　372, 373
second　2

secondary process　350
secondary structure　378
second law of thermodynamics　57
sedimentation coefficient　367
sedimentation equilibrium　369
selection rule　314
self-consistent field　258
self-consistent field method　257
semiconservative model　380
semipermeable membrane　91
sequential mechanism　225
sequential model　233
SHE　145
shielding constant　328
SI　2
sigma bond　271
σ bond　271
simple diffusion　107
simple harmonic oscillation　318
Smoluckowski, R.　206
sodium dodecyl sulfate-polyacrylamide gel electrophoresis　372
sodium/potassium-ATPase　108
sodium/potassium pump　108
specific activity　222
specific rotation　340
specific viscosity　371
spectrochemical series　284
spectropolarimeter　341
spherical polar coordinate　255
spin decoupling　330
spin multiplicity　315
spin-spin coupling constant　329
spontaneous　52
Stahl, F.　380
standard enthalpy of reaction　40
standard hydrogen electrode　145
standard molar enthalpy of formation　40
standard reduction potential　145
standard temperature and pressure　8
standing wave　247
state function　28
static isotope effect　204
stationary-state wave function　249
stereogenic center　339
steric factor　201
STM　255
Stokes, G. G.　367
STP　8
stroma　353
strong-field ligand　284
structure-breaking ion　95
structure-making ion　95
subshell　256
substrate　217
subunit　230
Sumner, J.　217
supercritical fluid　13
surroundings　6
Svedberg, T.　367
svedberg　367
symmetry　275
symmetry-conserved　233
synaptic junction　157
synthetic macromolecule　366
system　6

T

template　379
termolecular reaction　195

tertiary structure　378
Tesla, N.　326
tesla　326
tetramethylsilane　328
thermal motion　15
thermal reaction　350
thermochemical calorie　29
thermodynamic equilibrium constant　123
thermodynamic hypothesis　382
thermodynamics　26
third law of thermodynamics　60
Thomson, G. P.　246
Thomson, W.　7
threshold frequency　243
threshold potential　157
thylakoids　353
time-independent Schrödinger equation　249
Tiselius, A.　372
TMS　328
Torr　3, 85
Torricelli, E.　3
total differential　394
transition dipole moment　315
transition metal　260
transmittance　316
transpiration　94
tripeptide　376
Tris　171, 184
turnover number　222
two-state model　383

U, V

U　222
ultraviolet catastrophe　242
uncompetitive inhibition　225
unified atomic mass unit　3
unimolecular reaction　194
UV　242
UV-A　360
UV-B　360
UV-C　360

V_{max}　220〜222
valence bond theory　270
valence electron　259
van der Waals, J. D.　10
van der Waals equation　10
van der Waals force　301
van der Waals radius　301
van't Hoff, J. H.　103, 193
van't Hoff equation　125
vapor　68
vapor pressure　12
VB theory　270
vibrational quantum number　319
virial expansion　11
viscosity　370
voltaic cell　144
vulcanization　72

W, Z

Wald, G.　358
Watson, J. D.　303, 379
wavelength　311
wavenumber　311
weak-field ligand　284
weighted mean　4
Wien, W.　101
Wien effect　101
work　26
Wyman, J.　232

zero-point energy　44, 252, 319
zeroth law of thermodynamics　7
Zhabotinsky, A. M.　209
zinc finger　291
zone electrophoresis　372
zwitter ion　174

いわ さわ やす ひろ
岩 澤 康 裕
 1946年 埼玉県に生まれる
 1968年 東京大学理学部 卒
 現 電気通信大学燃料電池イノベーション
     研究センター長・特任教授
 東京大学名誉教授
 専攻 物理化学，触媒化学，表面科学
 理 学 博 士

きた がわ てい ぞう
北 川 禎 三
 1940年 京都市に生まれる
 1963年 大阪大学工学部 卒
 現 兵庫県立大学大学院生命理学研究科 客員研究員
 自然科学研究機構分子科学研究所名誉教授
 専攻 物理化学，生体分子科学
 理 学 博 士

はま ぐち ひろ お
濱 口 宏 夫
 1947年 東京に生まれる
 1970年 東京大学理学部 卒
 現 株式会社分光科学研究所 代表取締役
 東京大学名誉教授
 台湾國立交通大學終身講座教授
 専攻 物理化学，分子分光学
 理 学 博 士

第1版 第1刷 2006年10月19日 発行
第10刷 2021年10月14日 発行

生命科学系のための 物理化学

Ⓒ 2 0 0 6

訳 者	岩 澤 康 裕
	北 川 禎 三
	濱 口 宏 夫

発行者　住 田 六 連

発 行　株式会社 東京化学同人
東京都文京区千石3丁目36-7（☎112-0011）
電話 (03) 3946-5311・FAX (03) 3946-5317
URL　http://www.tkd-pbl.com/

印 刷　三美印刷株式会社
製 本　株式会社 松岳社

ISBN 978-4-8079-0645-1
Printed in Japan
無断転載および複製物（コピー，電子データなど）の無断配布，配信を禁じます。

基礎物理定数の値

物理量（記号）	数値
アボガドロ定数（N_A）	$6.022\,140\,76 \times 10^{23}$ mol^{-1}
気体定数（R）	$8.314\,462\,618\cdots$ J K^{-1} mol^{-1}
真空中の光速度（c）	$299\,792\,458$ m s^{-1}
真空の誘電率（ε_0）	$8.854\,187\,8128(13) \times 10^{-12}$ C^2 N^{-1} m^{-2}
中性子の質量（m_n）	$1.674\,927\,498\,04(95) \times 10^{-27}$ kg
電気素量（e）	$1.602\,176\,634 \times 10^{-19}$ C
電子の質量（m_e）	$9.109\,383\,7105(28) \times 10^{-31}$ kg
ファラデー定数（F）	$96\,485.332\,12\cdots$ C mol^{-1}
プランク定数（h）	$6.626\,070\,15 \times 10^{-34}$ J s
ボーア半径（a_0）	$5.291\,772\,109\,03(80) \times 10^{-11}$ m
ボルツマン定数（k_B）	$1.380\,649 \times 10^{-23}$ J K^{-1}
陽子の質量（m_p）	$1.672\,621\,923\,69(51) \times 10^{-27}$ kg
リュードベリ定数（R_∞）	$109\,737.315\,681\,60(21)$ cm^{-1}

種々の温度の水蒸気圧

温度/℃	水蒸気圧/mmHg	温度/℃	水蒸気圧/mmHg
0	4.58	55	118.04
5	6.54	60	149.38
10	9.21	65	187.54
15	12.79	70	233.7
20	17.54	75	289.1
25	23.76	80	355.1
30	31.82	85	433.6
35	42.18	90	525.76
40	55.32	95	633.90
45	71.88	100	760.00
50	92.51		

ギリシャ文字と読み

A	α	アルファ	I	ι	イオタ	P	ρ	ロー
B	β	ベータ	K	κ	カッパ	Σ	σ	シグマ
Γ	γ	ガンマ	Λ	λ	ラムダ	T	τ	タウ
Δ	δ	デルタ	M	μ	ミュー	Y	υ	ウプシロン
E	ε	イプシロン	N	ν	ニュー	Φ	ϕ	ファイ
Z	ζ	ゼータ	Ξ	ξ	グザイ	X	χ	カイ
H	η	イータ	O	o	オミクロン	Ψ	ψ	プサイ
Θ	θ	シータ	Π	π	パイ	Ω	ω	オメガ